ALBUM

DE

L'EXPOSITION UNIVERSELLE

TOME TROISIÈME

PARIS. — IMPRIMERIE DE J. CLAYE

RUE SAINT-BENOIT, 7.

ALBUM

DE

L'EXPOSITION UNIVERSELLE

DÉDIÉ

A S. A. I. LE PRINCE NAPOLÉON

PAR

M. LE BARON L. BRISSE

EX-LIQUIDATEUR DES FORÊTS DE L'ANCIENNE LISTE CIVILE

PUBLIÉ AVEC LE CONCOURS DE MM.

DUMAS, sénateur; — ARLÈS-DUFOUR, secrétaire général de la Commission impériale ;
LE PLAY, commissaire général de l'Exposition universelle;
F. DE MERCEY, commissaire spécial de l'Exposition des Beaux-Arts;
MICHEL CHEVALIER, conseiller d'État, etc.

PARIS

BUREAUX DE L'ABEILLE IMPÉRIALE

23, QUAI VOLTAIRE

—

1859

EXPOSITION UNIVERSELLE

PRODUITS DE L'INDUSTRIE

SEIZIEME CLASSE

FABRICATION DES OUVRAGES EN MÉTAUX D'UN TRAVAIL ORDINAIRE.

Les classificateurs de l'Exposition universelle, embarrassés eux-mêmes au milieu de l'abondance infinie des produits métallurgiques, ont subi l'arbitraire d'un ordre systématique qui s'imposait à tous avec ses caprices d'origine, de composition et de forme. Le fer les gênait principalement : après l'avoir introduit dans la 1re classe, ils l'ont compris dans la 4e, dans la 5e, dans la 6e, dans la 7e et la 14e; il a fallu lui consacrer, sans réserve, le terrain de la classe 15e, et, non content de ces concessions, l'intrépide envahisseur vient heurter aux portes de la classe suivante. Qu'elles lui soient ouvertes, puisque nous ne pouvons rien lui refuser; mais qu'il veuille bien permettre aux autres métaux d'y figurer avec lui.

L'usage des métaux est devenu fort commun : par leur malléabilité et leur ténacité, ils se prêtent, d'une manière tellement commode, aux exigences multiples de l'industrie générale et de la vie domestique, qu'on voit chaque jour le bois dépossédé de ses plus anciens priviléges. Expression rustique d'une civilisation dont les derniers vestiges disparaissent, le bois bat en retraite devant cinq ou six métaux communs ligués contre lui; métaux entre lesquels le *zinc*, l'*étain*, le *plomb*, la *fonte de fer* et le *cuivre* jouent le premier rôle. Pour rencontrer ces seaux, ces cuvettes, ces assiettes et ces cuillers de bois qui constituaient naguère la vaisselle de cuisine des pauvres *campagnards*, il faut s'enfoncer dans les vallées sauvages du Tyrol et des Asturies, dans les marais de l'Irlande, dans les steppes de la Suède et dans les déserts de la Sibérie. L'Allemagne, la Flandre, la Suisse, dont les ménagères ne voyaient rien de mieux que leurs baquets en bois, cerclés de fer

III.

ou de cuivre, leur substituent des vases métalliques plus légers, plus durables, et d'un entretien de propreté beaucoup plus facile.

Disons quelques mots sur la métallurgie, sur l'extraction et le mode de fabrication des principales matières brutes qui servent aux usages ordinaires.

ZINC.

Le zinc, doué d'une densité moindre que le fer, très-malléable à la température de 100°, se dilate beaucoup et distille un rouge blanc. On le rencontre, dans la nature, à l'état de zinc carbonaté ou calamine, de sulfure ou blende et de silicate, minerais qu'accompagne une gangue argileuse ou calcaire. Le zinc carbonaté et le zinc sulfuré sont les seuls exploités. On débute par un grillage dans des fours semblables aux fours à chaux ; opération qui transforme le minerai en oxyde de zinc. On le pulvérise ensuite, on le mêle avec moitié de son poids de houille, puis on introduit la matière dans des cornues que l'on chauffe au rouge. L'oxyde alors se réduit, le zinc passe par une allonge que l'on adapte à l'extrémité de la cornue, et se verse ensuite dans une lingotière pouvant renfermer 15 litres de la matière en fusion. Cette opération terminée, il faut refondre les lingots et leur donner la forme qu'exige tel ou tel genre de travail, soit que l'on coule la matière en plaques quand le métal doit être laminé en feuilles, soit qu'on la coule en baguettes rondes quand il faut le tréfiler.

Les plus beaux échantillons de minerais de zinc provenaient de la Belgique, de la Prusse rhénane et du grand-duché de Bade ; les spécimens les plus remarquables de feuilles laminées sortaient des usines de la Nouvelle-Montagne, de la Vieille-Montagne et de l'usine de Risle.

Ce laminage s'opère avec des laminoirs semblables à ceux qu'on emploie dans la fabrication de la tôle ; mais pour que le zinc acquière toute la malléabilité dont il est susceptible, il faut que la température en soit élevée à 100°. Le doublage des navires, la couverture des ateliers et des maisons, la construction des marquises, la fabrication de mille vases différents, expliquent assez l'importance énorme qu'a prise l'industrie du zinc.

Depuis 1849, le zinc, sous la dénomination de zinc embouti, s'est ouvert un essor considérable dans l'ornementation : le zinc embouti s'obtient par un simple estampage ordinairement suivi de deux recuits. Un moule en fonte qui présente en creux la forme que doit avoir la pièce finie ; un mouton à la partie inférieure duquel figure en relief la forme de la pièce, composent l'estampe. Placez la feuille de zinc sur le moule en fonte, soumettez-la aux chocs réitérés du mouton, et vous produisez l'estampage. Mais, pour que la feuille devienne malléable, il faut qu'elle subisse un recuit sous l'action persistante d'une température de 80°. Cette espèce d'ornement peut remplacer, d'une manière très-économique, les ornements en fonte, et ils ne sont pas moins durables, car la fonte est cassante.

Dans le style artistique et ornemental, on coule en zinc quantité d'œuvres remarquables

d'exécution et d'effet. Nous n'en chercherons pas d'autre exemple que la statue équestre de l'Empereur Napoléon III, posée à l'entrée du pavillon de l'Est de l'Exposition.

« Le moulage en fonte de zinc ne présente rien de particulier pour les pièces de l'importance de celle-ci, disait un juge du concours. Il comporte les mêmes opérations que le moulage en fonte ou en cuivre ; mais, quand les pièces doivent être reproduites à un grand nombre d'exemplaires, tels que les sujets de pendules, les candélabres, etc.. etc., on peut employer, pour couler le zinc, des moules en métal qui servent à peu près indéfiniment. Le prix du moulage, très-élevé pour les ornements en fonte de fer ou en bronze, est presque nul avec un moule qui ne se renouvelle pas. »

Aujourd'hui, les chevilles des navires, les pointes du tapissier, les clous du couvreur en ardoises sont faits avec du zinc ; heureuse innovation, car ce métal coûte bien moins que le cuivre et présente sur le fer l'avantage d'une plus grande résistance à l'oxydation. On fabrique à froid les fils et les clous. Les fils s'obtiennent par le même procédé que les fils de fer, mais on ne soumet le fil de zinc à aucun recuit. Après avoir coulé une baguette de la longueur de 1^m 50, on la passe au laminage jusqu'à ce qu'elle soit réduite à une grosseur de 8 millimètres ; puis on l'enroule sur une bobine, ensuite on fait passer le fil par des trous d'un diamètre de plus en plus petit, trous percés dans une plaque d'acier trempé nommée filière. Engagé dans le trou de cette filière, fixé sur une bobine à laquelle on imprime un mouvement de rotation, le fil s'enroule sur cette bobine, traverse le trou de la filière, s'enroule sur une bobine nouvelle, et passe par d'autres trous jusqu'à ce qu'on ait atteint la limite de décroissance désirée. Cette opération, qui prouve l'extrême ductilité du zinc, s'appelle tréfilage. Quant aux pointes et aux clous, ils se font avec des machines spéciales, s'ils sont de petite dimension. Dans le cas contraire, on les découpe dans une feuille de zinc, et on les martelle comme du fer, jusqu'à ce que l'excès de longueur refoulé sur lui-même ait formé la tête des clous. Des échantillons nombreux de fils de zinc, de pointes et de clous garnissaient plusieurs compartiments de l'Exposition.

ÉTAIN.

Ce métal, que le commerce débite à l'état de saumons et de lames ou baguettes, provient, en général, des mines de la Bohème, de la Saxe, de la province de Cornouailles (Royaume-Uni) et de l'Inde. Les étains les plus estimés sont ceux de Cornouailles, de Banca et de Malacca.

Le minerai d'étain, soit à l'état d'alluvion, soit à l'état de filons, est toujours un deutoxyde, mélangé plus ou moins avec d'autres substances, notamment avec de l'arsenic. On opère le grillage du minerai, puis son lavage, et, en troisième analyse, sa fusion, soit dans un fourneau à tuyères, soit dans un four à réverbère. Coulé de la sorte en saumons, l'étain se dispose sur la sole d'un fourneau à réverbère, d'où il s'écoule dans un bassin d'affinage, en laissant un résidu chargé de fer sur lequel on place de nouveaux saumons, et ainsi de suite. La liquation accomplie, on plonge des bûches de bois vert dans

le bain d'étain fondu ; aussitôt une écume formée d'oxyde d'étain et d'oxyde de fer se soulève en même temps que la vapeur d'eau, et les différentes matières contenues dans le bain prennent un rang conforme à leur plus ou moins de densité. L'étain extrapur, l'étain de première qualité, surnage ; on le coule dans des moules pour obtenir les objets désirés ; on soumet ensuite au raffinage les couches inférieures, jusqu'à l'extinction complète de la matière mélangée.

L'étain est devenu d'un usage extrêmement multiplié ; on peut le regarder comme constituant l'argenterie du pauvre. Les Anglais surtout en ont tiré un parti merveilleux, par des combinaisons habiles avec d'autres métaux. Chez nous, il sert à la fabrication des mesures pour les liquides alcooliques, à celle des tables de débitants de vin, etc. La soudure d'étain sert à réunir les pièces en cuivre et les alliages du même métal ; son application sur de minces feuilles de tôle donne naissance au fer-blanc, métal de cuisine qui, depuis plus d'un siècle, lutte d'élégance et de légèreté avec la rosette et le fer battu.

Quand on verse l'étain fondu contre une paroi inclinée, et qu'on amincit ensuite son épaisseur avec le marteau, on obtient, sous le nom de paillon, des feuilles si minces qu'elles servent à fixer le mercure dans l'étamage des glaces. Pour obtenir cet effet, il faut étendre la feuille d'étain sur une table faite exprès, glisser le verre de telle sorte qu'on enlève l'excès de mercure, sans laisser entre les deux surfaces la moindre bulle d'air ; puis on charge la glace de poids d'une pression uniforme, afin de compléter l'adhérence et d'achever le départ du mercure inutile. Les feuilles d'étain servent aussi d'enveloppes pour quantité d'objets, surtout pour des comestibles onctueux et gras, comme certains bonbons, comme le chocolat, etc. Elles les préservent du contact de l'air, de la rancidité, et prolongent leur conservation.

Ce n'est point ici le lieu de parler des œuvres d'art qui, sous le nom de bronze français, ont fait, avec un certain éclat, leur entrée dans le monde commercial. Mais nous devons signaler le bon marché d'un produit qui, moyennant la multiplicité des exemplaires du même sujet, permet aux classes les moins riches d'avoir, presque à vil prix, d'excellents moulages d'une faible épaisseur quoique suffisamment résistante. A certain point de vue, nous préférons même les moulages d'étain aux moulages de bronze, pour pendules et petits sujets d'ornementation. Cette teinte grisaille est beaucoup plus gaie que la teinte sombre du bronze et du zinc.

PLOMB.

Le carbonate et le sulfure de plomb, ou galène, sont les seuls minerais de plomb qui aient une importance notable d'extraction. La galène contient presque toujours de l'argent, même en quantité suffisante pour qu'on l'isole. C'est de l'Angleterre, de l'Espagne, de l'Autriche et de plusieurs régions du Nouveau-Monde que provient presque tout le plomb du commerce.

L'extraction du plomb et sa liquéfaction pour en former des masses, s'effectue de trois

manières différentes : tantôt on grille partiellement le minerai, et on le réduit au moyen du fer à l'état métallique ; tantôt on le grille d'une manière absolue, et on le réduit par le charbon ; tantôt, après l'avoir grillé et avoir opéré le dégagement d'une quantité plus ou moins considérable d'acide sulfureux, on obtient la fusion complète du métal.

Quand on s'est assuré qu'un minerai de plomb renferme une quantité d'argent assez considérable, on opère l'oxydation du plomb, et l'argent se manifeste à l'état métallique ; mais cette méthode deviendrait trop onéreuse pour les minerais qui contiennent peu d'argent. Anciennement, l'industrie métallurgique les abandonnait ou n'avait égard qu'au plomb qu'ils recélaient ; aujourd'hui, grâce à la méthode anglaise imaginée par M. Pattison, les plus pauvres minerais n'échappent point au feu du fondeur. Le procédé de M. Pattison, que l'on désigne sous le nom d'affinage par cristallisation, repose sur ce principe, que, dans un alliage de plomb et d'argent abandonné au refroidissement, il se forme de petits cristaux de plomb presque pur, lesquels, enlevés après leur manifestation, permettent de concentrer presque tout l'argent dans la masse excédante.

Pour les balles de fusil, pour les contre-poinçons d'estampage, c'est le plomb que l'on emploie. Il figure aussi, en certaine proportion, dans la fabrication des tuyaux d'orgue ; mais l'usage auquel il sert le plus, c'est à la confection des conduits d'eau, surtout depuis qu'on a trouvé le moyen de leur donner une longueur indéfinie, en faisant passer le métal pâteux par une filière à noyau plein, comme pour les tuyaux de drainage. Après le passage du noyau, les deux lèvres se rapprochent et se soudent hermétiquement.

La propriété que possède le plomb de se souder ainsi sur lui-même, contribue beaucoup à l'extension de son usage dans les arts. Des fondeurs allemands ont exécuté beaucoup d'instruments et d'appareils de physique et de chimie où il n'entre que du plomb pour matière première. Il est le seul des métaux dont on puisse se servir dans la fabrication de l'acide sulfurique.

Les anciens architectes tiraient du plomb un grand parti pour consolider les crampons et les attaches des arcs-boutants qui soutiennent les édifices religieux, et ceux des pierres sculptées portées au faîte de ces mêmes constructions, avec une hardiesse qu'explique l'ardeur de la foi plus encore que la science du calcul. A la même époque, le plomb servait de croix pectorale aux princes de l'Eglise qu'on descendait au tombeau, et de dernier asile aux grandeurs humaines qui dédaignaient la pierre et le bois de chêne.

Aujourd'hui, le plomb se prête encore à la même destination ; mais on le convertit en feuilles très-minces qui garnissent la cage intérieure des cercueils.

C'est également avec des feuilles de plomb, préférables aux feuilles de zinc, mais beaucoup plus chères, qu'on forme la couverture de certains édifices. Enfin, depuis que M. Durand a eu l'heureuse idée d'exécuter en plomb des statues remarquables, et de couronner d'un épi du même métal la Sainte-Chapelle de Paris, le plomb reprend faveur.

On se rappelle qu'au dernier siècle, les Cifflé, les Guibal et plusieurs autres artistes-sculpteurs distingués, forcés de renoncer à la fonte de bronze, dont le prix est si élevé,

se sont servis avec bonheur, tantôt du plomb seul, tantôt d'alliage où ce métal entrait dans des proportions variables.

Prédécesseur du plomb, de l'étain, de l'argent, de l'or, du fer, et peut-être de tous les métaux connus, le cuivre, que la nature présente, soit à l'état natif, soit à l'état d'oxyde, soit à l'état de cuivre carbonaté ou sulfuré, se dégage facilement de la gangue argileuse ou quartzeuse qui l'accompagne. Cette propriété, rendue plus précieuse par la facilité avec laquelle on le travaille, explique la faveur dont il jouit depuis les âges primitifs.

Quand le minerai se compose d'oxyde de cuivre ou de cuivre carbonaté, il faut le fondre au contact du charbon, dans un fourneau à cuve, et en activer la combustion par un courant d'air forcé: on mélange le minerai avec des scories; on dispose, par lits alternatifs, le minerai et le combustible, et alors, la différence de densité des scories et du cuivre laissant ce dernier isolé, il s'écoule à l'état de *cuivre noir* qu'on livre au commerce après lui avoir fait subir un raffinage.

Si le minerai renferme du sulfure de cuivre, du fer et d'autres substances, la séparation du cuivre devient beaucoup plus difficile et nécessite des grillages successifs, ainsi que des fusions. Par ces opérations, le cuivre, le fer s'oxydent, le soufre se transforme en acide sulfureux, puis le fer se combine avec les fondants et forme une scorie fusible, tandis qu'une partie du soufre se dégage, de telle sorte qu'à l'aide d'un raffinage on obtient du cuivre presque sans mélange de soufre et de fer.

C'est à l'air libre, en tas, ou dans des fours à réverbère, que l'on pratique le grillage; quant à la fusion, elle s'effectue également dans des fours à réverbère, ou bien dans des fourneaux à cuve. Le charbon de bois ou le coke alimentent les fourneaux à cuve, tandis que les fours à réverbère n'exigent que de la houille.

Pour raffiner le cuivre, on fait fondre du cuivre noir dans un four à réverbère ou dans un petit foyer *brasqué;* on soumet à l'action d'une flamme oxydante le cuivre en fusion, et il se forme une scorie nouvelle qui achève d'entraîner le fer et le soufre avec lesquels le cuivre s'alliait encore. Ce cuivre, ainsi raffiné, s'appelle *cuivre rosette.* L'oxyde de cuivre qu'il renferme lui ôte sa malléabilité; mais, sous l'empire d'une nouvelle fusion opérée en contact d'une certaine quantité de charbon, l'oxyde se réduit et la rosette devient excellente.

Voilà par quelles combinaisons passe le minerai de cuivre, avant que ce métal obtienne sa valeur marchande et qu'on puisse le laminer, l'embouter et le forger. La différence d'habileté des fondeurs, non moins que la différence d'origine du minerai, établit le degré de valeur qu'on accorde aux échantillons.

Le cuivre natif du lac Supérieur (Algérie), les minerais de Tenès, rivalisaient, dans l'Annexe du Palais de l'Exposition, avec les cuivres pyriteux du duché de Nassau et du grand-duché de Toscane. Le minerai argentifère canadien y figurait également, et l'on ne savait, sous le rapport du produit brut, auquel donner la préférence, du minerai transat-

lantique ou du minerai qui sort des montagnes de la Hongrie avec une gangue sillonnée d'argent et de mercure. Entre ces divers spécimens, nous étions naturellement attirés par les spécimens algériens, dont l'exploitation future ménage à la France une source féconde de richesse. La société métallurgique de la Haute-Hongrie ayant eu la bonne pensée de joindre à ses minerais d'échantillon des produits qui correspondaient à chaque phase de la méthode d'extraction, d'épuration et de raffinage qu'elle emploie, l'œil le moins exercé, l'intelligence la plus vulgaire, ont pu saisir les phases de cette intéressante manipulation.

En fait de cuivre laminé, embouté, étiré, les usines françaises de Romilly, de Givet et de Saint-Denis, les usines prussiennes de Neiderbruck, ne laissaient rien à désirer. Leurs œuvres se recommandent par la légèreté, l'uniformité, la délicatesse d'un laminage très-puissant, et par un martelage des plus habiles.

FONTE DE FER.

Le bon marché de la fonte et son abondance lui ont valu, depuis quelques années, les préférences des économistes et des constructeurs. Nous ne répéterons pas ce que nous en avons dit à l'article *Constructions civiles;* mais nous citerons, comme spécimens de mécanique, deux arbres creux du poids de 3,000 kilogr., et plusieurs autres pièces non moins remarquables sorties de l'usine de Niederbronn. A cet égard, le Royaume-Uni, la Prusse, la Suède ne nous envient rien. Nous pouvons, de notre côté, tenir haut le parallèle.

Quant aux poteries en fonte, marmites, casseroles, lèche-frites; quant aux meubles, tels que gardes-feu, gardes-parapluies, la France réunit les deux conditions d'élégance et de légèreté. Pour la solidité, elle dépend de la composition intime de la matière et du coup de main. Ainsi, d'une part, la nature du minerai y contribue, et d'autre part la façon. Jusqu'à présent la Prusse semble primer les autres Etats européens. C'est en sable vert que sont moulés les appareils de chauffage et les pièces de fonte.

La fonte ayant l'inconvénient grave de s'oxyder, on a d'abord tâché, par un étamage et par des vernis, de la préserver d'une disposition aussi fâcheuse. Les vernis sont impossibles pour les objets qui vont au feu, comme les objets de cuisine. Restait l'étamage, procédé peu solide et d'une pratique assez difficile. On lui préfère l'émail.

Composé de borax et de quartz fondus ensemble, puis mélangés avec de l'argile, l'émail forme une pâte qu'on saupoudre avec une poussière d'oxyde de zinc, de borax et de feldspath; puis on place le vase dans un four à température suffisamment élevée pour que l'émail se fonde et devienne adhérent. Cette industrie fructueuse, encore récente. mais dont le développement marche à pas de géant, brille de tout son éclat dans les vastes ateliers de MM. Henrick et fils, à Stafford (Royaume-Uni). On cite quelques autres fabriques anglaises, allemandes et françaises, mais aucune ne rivalise d'importance avec celle de Stafford.

La fonte ornementale, soit qu'on la coule à plat, soit qu'on la coule en relief, exige une

grande habileté de manœuvre quand on l'exerce sur de larges surfaces ou sur des reliefs considérables. Dans les cas habituels, le moulage des ornements plats ne présente aucune difficulté ; on emploie du sable vert, et les modèles en métal présentent des formes de nature à être dégagées du sable sans altérer le moule. Pour obtenir des surfaces bien lisses, il faut des modèles polis, du sable très-fin, et laisser reposer les modèles , c'est-à-dire les replacer dans le moule après en avoir saupoudré l'extérieur avec du poussier de charbon de bois.

Quelquefois les ornements en relief présentent les plus grandes difficultés de moulage; on brise le modèle quand on le retire du moule, et on se trouve dans l'obligation continue d'une refonte qui ne réussit pas toujours mieux que la première, à moins d'éluder la difficulté en modifiant le moule.

Pour certains objets d'une importance majeure, on se sert de châssis formés de plusieurs pièces d'où la fonte puisse se dégager sans obstacle. On a aussi recours au moulage à pièces de rapport, moulage qui s'opère en couvrant le modèle de pièces de sable, tassées fortement, et appareillées de telle façon que l'on puisse les retirer toutes sans les briser. Dès que le modèle est recouvert de la sorte, on l'entoure d'un double châssis, puis on tasse du sable entre les parois de ce châssis et le modèle. On sépare ensuite les deux parties du châssis qui maintiennent les empreintes extérieures des pièces rapportées, et chacune des pièces, successivement enlevée, demeure fixée à sa place, au moyen d'épingles en fil de fer. Cette opération terminée, il faut que le moule soit desséché d'une manière absolue. Les noyaux qui doivent former les ornements à l'intérieur des pièces se font en tassant du sable dans un moule, en deux parties au moins, moule dans l'intérieur duquel on place des armatures disposées de manière à consolider le noyau et à former le vide nécessaire au dégagement du gaz. Quand le moule et le noyau sont suffisamment secs, on procède au remoulage ; opération qui consiste à placer le noyau entre les deux parties du moule que l'on réunit ensuite avec solidité. Ce sont des entretoises placées dans les vides où doit couler la fonte, qui maintiennent les positions respectives du moule et du noyau.

Le moule étant disposé comme nous venons de le décrire, on coule la fonte : si l'objet d'art qu'on veut obtenir se trouve fractionné en divers moules, la réussite présente plus de chances favorables que s'il n'existe qu'un seul moule, surtout si ce moule a de grandes dimensions.

Quant aux ornements en relief pour lesquels la fonte de fer a remplacé le cuivre, on emploie les mêmes procédés de moulage , mais avec la précaution de choisir un sable plus gros et plus réfractaire, puisque le point de fusion du fer occupe un degré supérieur à celui du cuivre.

L'acier fondu, utilisé, comme la fonte, pour des usages auxquels on n'avait jamais appliqué ce métal, donne à l'Exposition universelle de 1855 un caractère spécial duquel n'approche même pas l'Exposition universelle de Londres. Les difficultés énormes que présente la transformation de l'acier fondu par la forge, les moyens trouvés de fabriquer d'une seule pièce des objets de toute dimension et de toute forme , la réduction presque à rien du travail finisseur, ont imprimé à cette branche d'industrie un cachet par-

ticulier d'innovation. Nous citerons, entre autres objets, les cloches d'acier fondu, réponse victorieuse à un problème manufacturier posé comme insoluble.

Les usines de MM. Barbezat et Cie, au Val-d'Osne ; de M. Ducel, à Pocé ; celles de la Compagnie anglaise de Coalbrokdale et de MM. Requilé-Pecqueur et Buckens, de Liége, rivalisaient de savoir-faire dans le concours universel de 1855. Nous ne saurions à laquelle donner la préférence pour l'exécution matérielle, quoique chez tous elle offre encore des perfectionnements désirables et possibles.

CHAUDRONNERIE, QUINCAILLERIE, FERRONNERIE, LITERIE, SERRURERIE.

Depuis l'application de la vapeur à la grande industrie, les chaudières ont acquis des dimensions énormes : chaudières de paquebots, chaudières de wagons, chaudières de sucrerie, chaudières de teinture, chaudières de lessivage, etc. Ici, deux problèmes sont toujours en présence : la solidité et la minceur des parois ; l'économie du combustible et la capacité du vase. Indépendamment des chaudières, le chaudronnier fabrique aujourd'hui quantité d'objets et d'appareils qui augmentent les applications de sa spécialité et qui la mettent en rapport avec les différentes branches de la métallurgie. Après les phases décourageantes d'une époque critique, la Société anonyme de Romilly a enfin doté la France d'une fabrication considérable commencée en 1782, poursuivie sans relâche, perfectionnée sans mesure, et en témoignage du progrès de laquelle les galeries de l'Exposition possédaient une immense planche de cuivre rouge, une coupole et divers autres objets.

La quincaillerie, c'est le tonneau des Danaïdes : énumérez les choses qu'elle comporte, et plus vous avancerez dans ce travail, plus les limites du travail reculeront devant vous. A la quincaillerie se rattachent toutes les créations de la petite fonte et du petit marteau de la métallurgie : boucles, vis, pointes, ferrures de harnachement, outils, instruments divers, ressorts de montres, de pendules et de lampes, etc.

La quincaillerie allemande, la quincaillerie belge, mais surtout la quincaillerie anglaise, jouissent d'une réputation solidement acquise. Par la bonne entente et la perfection de ses modèles, par la modicité de ses prix, la quincaillerie française ne craint aucune concurrence.

Les ustensiles de ménage en fer étamé ont une vogue qui s'accroît chaque jour, grâce surtout aux fabricants de France, de Prusse, de Belgique et du Royaume-Uni.

La tréfilure est une des branches si nombreuses de la quincaillerie. Dans les usines de ses principaux représentants français, sont appliqués, d'une manière large et puissante, les procédés d'étirage et d'emboutissage, les moyens de fabrication des tubes sans soudure pour presses hydrauliques ; celle des objets de literie, de treillage, etc. Nous avons remarqué des fils de laiton destinés à la fabrication des tissus métalliques et des cardes, mesurant une longueur de 90,000 mètres. Dans cette section figuraient les câbles ronds ou plats pour les ponts suspendus et pour les mines ; câbles dont l'importance augmente tous les jours.

L'industrie des estampés, si considérable en Prusse, a pris chez nous beaucoup d'accroissement depuis une vingtaine d'années. Sous le rapport du goût, nous l'emportons sur nos voisins, mais nous leur sommes inférieurs au point de vue de la solidité. Les plus beaux ouvrages en métal repoussé, considérés par rapport au faire, sortent des ateliers de Paris, de Londres et de Toscane. Les zincs estampés de la Vieille-Montagne, les tôles repoussées de Berlin, de Paris, de l'Alsace, tiennent un rang distingué parmi les objets d'art usuel et d'ornementation.

Pour le laminage des tôles polies, une famille de Huy, près de Liége, qui depuis soixante ans s'occupe de cet objet, la famille Delloye-Mathieu, ne permet à aucune concurrence de s'établir à son encontre, tant elle s'est placée haut par l'intelligence du chef, par la perfection des moyens, et par l'économie des procédés.

Les fabricants de coffres-forts et de serrures de sûreté de tous les pays de l'Europe semblaient s'être donné rendez-vous au palais de l'Exposition de 1855.

En général, les divers systèmes de serrures appliqués à ces coffres-forts, ainsi qu'à toutes les fermetures imaginables, reposent sur les deux principes inventés dès longtemps par Bramah et par Chubb, la serrure à pompe et la serrure à garnitures mobiles. Cependant on a modifié ces systèmes d'une manière souvent heureuse ; on a trouvé des combinaisons habiles : telle est cette magnifique serrure imaginée par l'Américain Newal, introduite en Europe par Hobbs ; copiée ensuite par un ouvrier autrichien et envoyée à l'Exposition universelle ; telle est encore la serrure Parnell de Londres. Cette dernière repose sur une idée neuve, ingénieuse, mais d'une complexité d'application peut-être trop grande. A côté des Newal, des Parnell figure, de la manière la plus distinguée, l'habile mécanicien Grangoir.

L'élaboration industrielle des métaux précieux, or, argent, platine, etc., formait une section spéciale dans cette classe seizième si variée, si intéressante et si riche. Les maisons Desmoutis, Chapuis et Quennessen (France), qui fabriquent, depuis tant d'années, la plupart des instruments de platine employés à la concentration de l'acide sulfurique et à l'affinage des métaux précieux ; les maisons Favrel à Paris ; Fuchs et fils (Bavière) ; Schtazler ; Birkner et Hartmann (Nuremberg), ont mérité de hautes récompenses, sans primer néanmoins d'une manière absolue des industriels éminents comme MM. Johnson et Matthey (Londres ; Ammon ; Brandéis jeune et Kuhn (Nuremberg) ; Meyer (Bavière) ; Feschotte (Amsterdam), et Delaporte jeune, à Paris. Leurs produits soignés n'ont plus qu'un pas à franchir pour occuper le rang supérieur auquel les appellent l'importance de leur fabrication et l'étendue de leur commerce. Mais nous reviendrons sur quelques-uns d'entre eux dans la classe dix-septième, où vont s'étaler les principales richesses artistiques de l'Europe.

REVUE DES PRINCIPAUX OBJETS

EXPOSÉS DANS LA SEIZIEME CLASSE

SOCIÉTÉ DE BOCHUM (Prusse).

C'est à la Société de Bochum qu'appartenaient les trois cloches d'acier fondu qui ont attiré les regards de tous les visiteurs à l'Exposition universelle.

Ces trois cloches étaient la solution de l'un des plus difficiles problèmes qui puissent être posés en industrie ; il consistait à obtenir en acier, plus légères, aussi sonores, avec une économie de 50 pour 100, les cloches qu'on fabrique habituellement avec des alliages coûteux et lourds. Des hommes compétents avaient déclaré que la fonte des cloches en acier constituait une entreprise chimérique : on conçoit, en effet, qu'une telle coulée d'acier ne pouvait s'obtenir qu'avec beaucoup de soins et de peines. La Société de Bochum, sans se laisser décourager, a surmonté tous les obstacles ; et ce n'était pas moralement un des moindres, que d'avoir vu les praticiens les plus célèbres du genre déclarer que le but poursuivi n'était pas réalisable.

Les expériences faites par le Jury d'examen ont démontré que ces cloches d'acier, outre leur exécution soignée et une économie qui, nous l'avons dit, réduit la dépense de moitié, jouissent aussi d'un son d'une remarquable beauté. Aucune cloche peut-être, parmi celles de fonte ordinaire, ne donnerait naissance à des ondes sonores plus unies et plus pleines.

Cette nouvelle application de l'acier est une véritable découverte, qui sans doute passera rapidement dans l'usage général.

La Société de Bochum a obtenu la Grande médaille d'honneur.

MM. BARBEZAT et Cᵉ, a Paris (France).

La maison Barbezat et Cᵉ exposait une importante collection d'objets moulés de fonte de fer de première et de deuxième fusion, provenant de ses superbes usines du Val-d'Osne (Haute-Marne).

Rien ne saurait donner une plus haute et plus complète idée de la variété de destination, de l'excellence de fabrication, et de la valeur véritablement artistique de ces nombreux produits, que leur appréciation faite, dans les rapports officiels de l'Exposition universelle, par un homme compétent s'il en fut en pareille matière.

Voici en quels termes s'exprimait M. de Rossius Orban, rapporteur unique de la XVIᵉ classe, non-seulement à propos des articles envoyés par MM. Barbezat et Cᵉ au Palais de l'Industrie, mais encore quant aux travaux généraux, à l'organisation industrielle et au rang commercial de cette association. Une semblable citation vaut tous les commentaires possibles.

Grille de Jardin, par MM. Barbezat et Comp., à Paris.

« M. Barbezat était un des plus habiles directeurs de la maison André, à laquelle il a succédé, et qu'il continue à diriger sous la raison sociale Barbezat et Cᵉ.

« De toutes les maisons parisiennes qui s'occupent de l'industrie si importante des fontes d'ornement, soit de première, soit de seconde fusion, elle est incontestablement la plus considérable, par la grande variété et par la beauté de ses produits, dus au choix intelligent de ses modèles.

« A part les moulages de grosse fonte, elle livre annuellement au commerce 12 à 1,500,000 kilogrammes de fonte d'ornement, valant environ 1 million, et pour la production desquels elle n'occupe pas moins de 500 ouvriers.

« Toutes les parties du Palais de l'Exposition et de ses annexes contiennent des objets sortant des grands ateliers de la maison Barbezat.

« On peut signaler tout particulièrement des candélabres, des vases, des balcons et une table de jardin d'une réussite parfaite ; deux fragments de la rampe du grand escalier du Ministère des affaires

Fontaine placée au centre du Palais de l'Industrie pendant l'Exposition Universelle, de MM. Barbezat et Comp., a Paris.

étrangères, véritable chef-d'œuvre de fonte ; une grande grille de jardin d'un beau style d'ornementation ; enfin, cette colossale et importante fontaine que l'on a jugée digne d'être placée au centre du Palais. et dont la fonte, l'exécution et l'ajustage ne laissent rien à désirer.

Table de jardin, par MM. Barbezat et Comp., à Paris.

« L'excellente direction qui est imprimée à ce vaste établissement, le goût qui préside au choix des modèles, et la supériorité incontestable de ses produits, sont des titres suffisants pour que la Médaille d'honneur soit décernée à M. Barbezat. »

Figurine fondue dans les ateliers de MM. Barbezat et C⁻ de Paris.

Le Jury international a pleinement confirmé les conclusions de M. de Rossius Orban; il a voté à M. Barbezat et Cᵉ la MÉDAILLE D'HONNEUR.

VEUVE DIÉTRICH ET FILS, A NIEDERBRONN, BAS-RHIN (FRANCE).

Cette grande et ancienne maison est connue dans l'industrie par ses belles fontes au charbon de bois, dont la qualité est vraiment supérieure. L'intelligente direction de madame veuve Diétrich et de ses fils suit tous les progrès de la science dans ses découvertes applicables à leur spécialité; aussi leur réputation se maintient toujours au même niveau.

Le choix des minerais de fer traités par le charbon de bois, et un mélange habile de fer de différentes provenances, permettent à l'établissement Diétrich d'obtenir des pièces de fonte qui jouissent d'un grand nombre des qualités du fer forgé ; ses feuilles de fonte de grande longueur sont aussi souples et se ploient avec la même facilité que la tôle ; ses pièces destinées aux machines sont de la plus belle et de la plus parfaite exécution; ses bandages de roues, ses essieux, présentent une solidité parfaite. Inutile après cela de parler de ses objets de forgerie ordinaire, grosse et moyenne, de ses ustensiles de ménage de toute forme et de toute grandeur. Rappelons pourtant ses barres de fonte tournées en spirale, qui ont à bon droit appelé l'attention des visiteurs de l'Exposition universelle.

Le Jury a décerné la MÉDAILLE D'HONNEUR à Madame veuve Diétrich et fils.

COMPAGNIE D'EXPORTATION DE WURTEMBERG, A STUTTGARD (WURTEMBERG). Cet établissement est d'une grande importance et d'une triple utilité quant à la propagation, au perfectionnement et à la vente à bon marché d'ouvrages en métaux d'un travail ordinaire. MÉDAILLE DE PREMIÈRE CLASSE.

M. LE COMTE DE STOLBERG-WERNIGERODE, A ISENBURG (PRUSSE), pour les notables perfectionnements apportés dans les moulages de fonte, au double point de vue du fini et de la délicatesse, a obtenu aussi la MÉDAILLE DE PREMIÈRE CLASSE.

M. J.-J. DUCEL, a Paris (France).

La fonte de fer, cette matière redoutable qui, ailleurs, sert à façonner les plus effroyables engins de la guerre ou du travail, de lourdes caronades ou de bruyants arbres de machines, joue un rôle plus léger chez M. Ducel; elle affecte toutes les coquetteries, toutes les richesses, toutes les splendeurs du bronze, du cuivre, du porphyre, de l'albâtre, du plâtre, du marbre et du bois sculpté. Elle est matière d'art, et ne doit servir qu'à l'ornement de nos habitations, de nos églises et de nos promenades.

Les fonderies de M. J.-J. Ducel n'avaient pas attendu l'ouverture de l'Exposition universelle de 1855 pour attirer sur leurs produits l'attention des gens de goût.

C'est de 1825 que date pour elles l'application de la fonte de fer à l'ornementation des bâtiments, écuries, jardins, places publiques. On s'est avancé peu à peu. D'abord on a fabriqué de simples balustrades, puis des grilles, puis des colonnes, et ensuite sont venus les vases, les patères, les acrotères, les statues, les vasques, les ornements de bassins vulgaires, et enfin les vraies nymphes, les vrais dieux des fontaines, les statues élégantes de la véritable sculpture. Depuis quelques années seulement, à ces profanes applications de la fonte de fer s'est adjointe l'ornementation religieuse.

Il n'y avait pas beaucoup d'expositions, au Palais de l'Industrie, d'un aspect aussi fier et d'un attrait aussi puissant pour retenir longtemps les visiteurs, que l'exposition des mille merveilles dont les fonderies de Pocé (Indre-et-Loire) peuvent encore être orgueilleuses. On croyait arriver devant quelque collection choisie d'un musée ; on s'imaginait avoir sous les yeux des marbres et des bronzes illustres. Et cependant aucun effort spécial n'avait été fait par M. Ducel pour créer un ensemble de produits d'élite destinés à figurer honorablement dans le grand concours de l'industrie ; il n'avait eu qu'à choisir au hasard les échantillons des œuvres qui chaque jour s'achevaient dans ses ateliers ; il ne donnait pas en spectacle des choses créées particulièrement pour un jour ; il exposait un simple spécimen de sa fabrication journalière. Retournons en idée à l'époque de l'Exposition universelle ; arrêtons-nous devant ces fontes habiles, et admirons avec quelle souplesse la brutale matière a été contrainte de s'animer, avec quelle docilité elle s'est faite l'esclave de l'art....

Tout ce que la science a successivement découvert pour rendre l'art de la fonte plus sûr et plus délicat, aussitôt les fonderies de Pocé l'ont accueilli et pratiqué avec soin. De là cette perfection singulière qui fait qu'on hésite devant la plupart de ces œuvres, et qu'on se demande si l'on n'a pas devant soi du vrai bronze ou du vrai marbre.

Ce qui rend l'illusion plus grande et ne contribue pas médiocrement à donner un caractère élevé à sa fabrication, c'est que M. J.-J. Ducel n'a pas dépensé le métal en des moules vulgaires. Ce que la fonte a l'honneur de représenter, ce sont les chefs-d'œuvre de la statuaire antique et de la statuaire ou de la sculpture moderne. Les musées ou les ateliers illustres fournissent le modèle ; de cette manière, tout est pour le mieux, et nul ne peut se prendre à regretter qu'on rende impérissables des simulacres indignes de cet honneur. Nos jardins, nos places publiques, nos fontaines, nos vestibules, ont désormais une décoration toute prête, et cette décoration est à la fois la plus belle et la plus durable.

Peut-être y a-t-il lieu de remarquer, à côté de ces mérites, la hardiesse et le bonheur avec lesquels quelques-unes des pièces exposées ont été fondues. Au reste, il n'y a qu'à citer ces belles choses que les connaisseurs admirent presque toutes depuis longtemps :

Un Neptune, orgueilleux, puissant, qui, plus grand que nature, avec ses draperies, la coquille, les monstres et les rochers, est fondu d'un seul jet, comme les Fleuves des Keller, à Versailles.

Une vasque énorme, fondue également d'un même jet, et d'un diamètre de 3^m25.

Puis une œuvre exquise, le magnifique groupe des trois Grâces de Germain Pilon, toujours fondu d'un seul jet, et qui, à l'Hôtel-de-Ville, décore si bien les salons aux jours de fête.

Puis les coureurs de Coustou, la Diane de Gabier, une fière, une rapide, une bien belle Diane, comparable pour plusieurs à l'autre Diane; et encore un Mercure de Jean de Bologne, et cet Enfant à l'Oie

dont Bosio, il me semble, a refait la tête, cet enfant si enfant avec sa bête dont le marbre rend si bien la plume moelleuse. Eh bien ! regardez de près la fonte peinte en blanc : c'est presque le même duvet et la même chair.

Nous ne nous les énumérons pas toutes, ces statues excellentes, assises sur des piédestaux de fonte peints aux couleurs du marbre rouge, du jaspe, de la malachite et du porphyre.

Et les forêts de candélabres antiques, les forêts de candélabres modernes, les animaux isolés et les animaux en groupes, ce renard, ce sanglier, cet aigle, ces lions copiés d'après Barye et la nature, puis des vases dans lesquels fleuriront les géraniums et les roses ; des grilles de toute forme, de tous les styles, la grille du XIIIᵉ siècle comme la grille dessinée hier par les Hittorf et les Duban....

Il nous reste à parler de la plus récente des applications de la fonte, c'est-à-dire de l'ornementation religieuse. M. Ducel fond pour les églises des statues, il fond même des tableaux. Sa Vierge à l'Enfant, haute de deux mètres, et fondue d'un seul jet, est la reproduction de l'un des chefs-d'œuvre de Pigale, la Vierge qui prie sans repos devant la confrérie de l'Adoration perpétuelle à Saint-Sulpice. Il fond des tableaux, disions-nous ; aussi exposait-il des bas-reliefs, un Chemin de la Croix, dessiné, exécuté et peint d'après le grand peintre du *Déluge* et de l'*Arcadie*.

Le Jury de la XVIᵉ classe a décerné à M. J.-J. DUCEL la MÉDAILLE DE PREMIÈRE CLASSE.

MM. COLLAS FRÈRES, FONDERIE DE MOUTIERS (FRANCE), pour une belle médaille de S. M. l'Empereur des Français, des bas-reliefs, pilastres et grilles, exécutés avec un soin et un fini remarquables, ont obtenu du Jury la MÉDAILLE DE PREMIÈRE CLASSE.

MM. VIVAUX ET Cᵉ, A DAMMARIE (FRANCE), exposaient une grande pièce de fonte qui, par ses fortes dimensions, présentait une difficulté réelle d'exécution. Cette grande pièce, destinée à une machine, était on ne peut mieux moulée. MÉDAILLE DE PREMIÈRE CLASSE.

M. C.-D. PIEPENSTOCK, A NEUVRÈGE, WESTPHALIE (PRUSSE) : Remarquables produits d'un très-beau travail, parmi lesquels on distinguait surtout des cylindres en fonte d'une belle venue ; tôle noire, fer-blanc. MÉDAILLE DE PREMIÈRE CLASSE.

M. A. KITSCHELT, A VIENNE (AUTRICHE). Cette maison figure à la tête des fonderies de la ville de Vienne. La trop grande distance à franchir l'avait empêchée d'expédier toutes les grosses pièces qu'elle aurait pu faire figurer avec honneur à l'Exposition universelle. Elle a dû se borner à quelques spécimens de zinc et de fonte de fer, d'un beau travail. MÉDAILLE DE PREMIÈRE CLASSE.

M. PECHINEY AÎNÉ, A PARIS (FRANCE) : Moulages en maillechort d'une excellente fabrication. MÊME RÉCOMPENSE.

MM. D.-T. STEWARD ET Cᵉ, A GLASGOW (ROYAUME-UNI), ont aussi obtenu la MÉDAILLE DE PREMIÈRE CLASSE pour une belle machine servant au prompt moulage des tuyaux.

M. E.-A.-A. BECHU FILS, A PARIS (FRANCE), exposait un bassin de fontaine en fonte et un bouquet de fleurs d'une rare élégance. Le moulage parfait de ces pièces, leur netteté, leur bon goût, le fini des plus petits détails, ont mérité à cet exposant LA MÉDAILLE DE PREMIÈRE CLASSE.

SOCIÉTÉ ANONYME DE GRIVEGNÉE (BELGIQUE).

Les usines de Grivegnée appartiennent à la maison J.-M. Orban et fils. La présence de M. de Rossius Orban dans le Jury de la XVIᵉ classe, dont il était le seul rapporteur, s'est opposée à ce qu'on décernât à cet établissement la plus haute récompense, à laquelle il avait droit, particulièrement pour son superbe assortiment de fers tréfilés.

III. 3

Au reste, les usines de Grivegnée ont déjà été citées dans la 1re classe, pour leurs échantillons de fonte, de tôle et de fers de la meilleure qualité.

La Société de Grivegnée possède des hauts-fourneaux, des fours à coke, des fonderies, des laminoirs à tôles et à fer en barres de toute espèce, une fonderie et une tréfilerie. Elle utilise elle-même une partie des objets qu'elle produit dans les chantiers qu'elle possède, pour la construction des navires en fer, bateaux à vapeur, ponts de fer et charpentes de même nature, ainsi que des gazomètres.

On voit que cette maison, par son importance, prend le premier rang parmi les fonderies de la Belgique; ses vastes ateliers renferment neuf machines à vapeur et deux roues hydrauliques. Elle est mentionnée ici seulement pour mémoire, les raisons que nous avons énoncées au commencement de cet article la mettant hors de concours.

MM. ESTIVANT FRÈRES, A PARIS (FRANCE).

La même cause qui ôtait les bénéfices du concours à la maison Orban, les enlevait aussi à MM. Estivant : l'un d'entre eux faisait partie du Jury international.

On doit regretter cette circonstance, qui prive ces habiles industriels de la haute récompense à laquelle ils avaient des droits incontestables. En effet, c'est à la maison Estivant que la France est redevable en grande partie des progrès réalisés dans ces derniers temps par l'industrie du cuivre. En 1851, la maison Estivant se présenta à l'Exposition de Londres avec des produits si remarquables, que ce fut en quelque sorte une révélation pour nos voisins, qui croyaient pouvoir s'attribuer le monopole du commerce du cuivre.

MM. Estivant reçurent alors la *grande médaille (council medal)* ; et, depuis lors, entre leurs mains, l'industrie du cuivre n'a fait que progresser ; aussi le Jury international, se voyant dans l'impossibilité de leur accorder la récompense qu'ils méritaient , a du moins recommandé d'une manière toute spéciale M. Ed. Estivant au Conseil des présidents du Jury.

MM. C. DELLOYE-MATHIEU , A HUY (BELGIQUE).

M. Delloye-Mathieu est un de ces habiles industriels qui , par leurs procédés très-consciencieux et rigoureusement appliqués, font faire à une fabrication déjà ancienne de tels progrès, qu'ils la mènent, pour ainsi dire, à son apogée.

On a admiré au Palais de l'Exposition les magnifiques tôles polies sortant des forges et des laminoirs de Huy. Ce degré de supériorité, particulier à M. Delloye-Mathieu, est le fruit d'une longue expérience, pour ainsi dire traditionnelle dans sa famille. Du reste, tous les jours il s'efforce de perfectionner encore ce qui semble déjà si parfait ; aussi ses produits jouissent d'une grande réputation près des maîtres de forges et parmi toutes les branches de l'industrie qui peuvent les utiliser.

La maison Delloye-Mathieu n'a pas moins de soixante années d'existence , et s'est toujours spécialement occupée du laminage des tôles de fer. La magnificence sans rivale de ses tôles polies lui a fait décerner par le Jury la GRANDE MÉDAILLE D'HONNEUR.

SOCIÉTÉ ANONYME DE ROMILLY (FRANCE).

C'est l'établissement le plus ancien de France pour la fabrication et la mise en œuvre du cuivre. Sa réputation européenne a été dignement justifiée par les produits envoyés à l'Exposition, et l'on doit lui savoir gré d'avoir sans cesse soutenu ses travaux, même dans les circonstances défavorables où l'industrie nationale s'est parfois trouvée, depuis l'année 1782, époque de sa fondation.

Le chiffre annuel des affaires de cette société s'élève à 4,500,000 francs. On emploie à Romilly des

forces mécaniques considérables, et, à l'aide de ces puissants moyens, on y produit les ouvrages les plus
difficiles et les plus parfaits. La plus grande attention y est apportée à la fabrication des foyers de loco-
motive et des tubes bouilleurs étirés sans soudure. Par la grande production de ces articles, la Société
anonyme de Romilly a rendu à l'industrie les plus grands services.

Parmi les objets qu'elle a fait exposer, figuraient une planche de cuivre rouge de la plus grande dimension (7m32 sur 2m40), qui, à cause de son peu d'épaisseur (0,007), avait dû être d'une exécution
extrêmement difficile, et une colossale coupole en cuivre rouge d'une fabrication parfaite. Médaille
d'honneur.

M. P.-J.-F. MOUCHEL, à l'Aigle (France).

Les produits de M. Mouchel, qui doivent être placés auprès de ceux de la Société de Romilly, sont
connus dans le commerce pour leur parfaite qualité ; et d'ailleurs, dans les précédents concours, on
avait déjà pu apprécier combien leur excellente fabrication se maintenait avec soin au niveau des progrès les plus récents.

L'exposition de M. Mouchel se composait d'un grand nombre d'objets laminés, tréfilés, battus et repoussés, tous parfaits d'exécution, surtout ses incomparables fils de laiton mesurant, malgré leur ténuité, jusqu'à 90,000 mètres de longueur.

M. Mouchel est aussi d'une grande habileté pratique dans l'élaboration de tous les métaux, et il excelle
surtout dans la combinaison de certains alliages du cuivre avec le zinc.

Mentionnons encore nominativement, dans cette remarquable exhibition, des planches en cuivre de
grande longueur et de forte épaisseur, des gros barreaux ronds et carrés, des bassines battues et repoussées, des fils de cuivre rouge, de maillechort, de fer, d'acier et de plomb. Le Jury a décerné à M. Mouchel la Médaille d'honneur, et S. M. l'Empereur l'a promu au grade d'officier de la Légion-d'Honneur
pour ses grands progrès industriels.

La SOCIÉTÉ CHAMEROY et Cie, à Paris (France), fabrique des tuyaux combinés de manière à
servir à la conduite du gaz et de l'eau; le bitume, dans cette fabrication, est allié à la tôle. Le prix de
ces produits est très-bas, et les nombreuses applications faites récemment à Paris et aux environs démontrent que de tels tuyaux sont d'un long et excellent usage, et d'un assemblage sur place des plus commodes, tous leurs bouts se vissant ensemble. Médaille de première classe.

MM. FALATIEU ET CHAVANNE, à Bains en Vosges (France).

Lorsqu'on s'arrêtait, en visitant l'Exposition, devant les produits des forges de Bains, devant ce
temple construit en fer, décoré de fer, on se sentait là sur le domaine de l'une de ces grandes industries
qui nourrissent les autres, qui fouillent audacieusement les entrailles de la terre, et qui luttent avec les
métaux, pour donner des instruments au travail de l'homme. Sous un portique, formé de deux colonnes
cannelées et d'une architrave, avaient été réunis, comme des tapisseries, comme des tentures, en faisceaux, en trophées, en guirlandes, les produits de ces usines. C'était la richesse de l'industrie active, le
luxe de la force. Ces guirlandes, ces trophées, ces faisceaux, ces tentures, montraient le fer brutal
de la nature, travaillé, adouci, aplani, découpé, et préparé, comme un esclave, aux divers rôles que les
industries particulières lui feront jouer. Pour être austère, cette décoration n'en avait pas moins sa
beauté.

Le fond de l'édifice était tendu de larges lames : des tôles décapées, des tôles moirées, des tôles ternes, les *soieries* de la forge, des plaques d'acier travaillées au double marteau, des lames plombées ; ici,
de l'acier ordinaire, sans lustre ; ailleurs, de l'acier lustré ; plus loin, du zinc, etc. Les miroitements de

la lumière se jouaient au milieu de ces métaux vaincus et assouplis comme la pâte du verre. Le chef-d'œuvre, la lame la plus hardiment, la plus heureusement produite, le plus beau décor, en un mot, se composait d'une tôle douce qui, longue de 2 mètres 50 centimètres, large de 1 mètre, épaisse de 9 millimètres, pesait 207 kilogrammes.

Des réseaux de fil et de rubans se suspendaient à ces lames puissantes; c'étaient des fils et des rubans de cuivre, d'acier et de fer; il y en avait qui, tendus dans l'air, transmettent silencieusement à présent le fluide électrique et la parole de l'homme. Tel autre fil était un fil de fer cuivré; à côté des rubans étamés brillaient ceux qui avaient passé sous le cylindre.

Sur un plan moins éloigné se voyaient les échantillons orgueilleux : fers traités par d'autres procédés et qu'attendaient d'autres usages. Il y avait le *fer de fiches de Comté*, le *fer de cercles*, le *fer au bois rond*, étampé; le *fer fin* carré, travaillé au marteau; de l'*acier fin, brut, naturel*. Cela deviendra des arbres, des essieux; le mouvement y trouvera ses meilleurs leviers; ce fer travaillé travaillera à son tour.

En avant, deux faisceaux de piques, de baguettes, de longues barres; de l'*acier au sapin, corroyé, plat, méplat, au ciseau forgé, carré sept étoiles*, ou bien du *fer de rubans et de Comté*, du *fer à cornières*, du *fer à biseau*, de la *verge martinée*.

Mais l'œuvre délicate, au milieu de ces faisceaux, l'œuvre qui représentait la mignardise et la gentillesse dans cet arsenal robuste, c'était un livre, un joli et menu livre de tôle fine qui ressemblait à de la baudruche, et qui se pliait sous le doigt d'un enfant comme une feuille de papier de soie. Cette tôle n'avait qu'un vingt-unième de millimètre d'épaisseur.

Cette exposition, qui réunissait des produits si divers et si soignés, a fait le plus grand honneur aux usines de Bains.

Établi dans les Vosges et la Haute-Saône, le grand atelier de Bains et dépendances forme un groupe de six usines, qu'un même cours d'eau met presque toutes en activité, et qui sont voisines les unes des autres. Exploitées d'abord par MM. le baron Joseph Falatieu aîné et Louis-Joseph Falatieu jeune, elles sont placées aujourd'hui sous la main de MM. Falatieu et Chavanne, leurs successeurs.

Ces usines ont chacune leur fabrication spéciale; néanmoins, en un besoin, l'organisation du travail y est telle qu'elles se peuvent entr'aider. Douze feux produisent pour ces fabrications du fer fin au bois dit de Comté; elles le transforment en barres, en fers martelés, laminés, en fers-blancs, en tôles de mille sortes, en fils, en rubans. A côté de ces douze feux se trouvent deux feux d'acier naturel, dont les produits sont travaillés suivant les demandes du commerce, mais qui, en général, entrent dans le domaine de la coutellerie, et servent aussi à aciérer les outils de taillanderie des ouvriers de Bains. Un autre accessoire important de la fabrication, c'est le travail des aciers de cémentation.

Ces feux ne s'éteignent jamais; on peut évaluer leur produit total à deux millions et demi de kilogrammes de fer, qu'élaborent à leur tour des fours à réchauffer et des laminoirs.

La manufacture de Bains date de 1733. C'est un des premiers établissements de France où il ait été fabriqué du fer-blanc, et c'est au baron Falatieu que sont dus les progrès de cette fabrication, qui, n'opérant d'abord qu'à l'aide de simples marteaux, produisait des feuilles bien imparfaites. Après de malheureux essais de laminage tentés en 1774, de nouveaux efforts, en 1807, furent couronnés de succès, et, en 1809, récompensés par une médaille d'or de la Société d'encouragement. Peut-être ces laminoirs de 1809 étaient-ils les premiers laminoirs qui eussent fonctionné chez nous. Une autre création de la manufacture de Bains, ce sont les fours à réchauffer le fer sous le laminoir, avant l'étirage, fours établis sur les feux d'affinerie au charbon de bois, et dont l'incontestable utilité a rendu tant de services à la métallurgie.

Depuis ces grands travaux, d'autres perfectionnements n'ont cessé d'être introduits dans la manufacture de Bains, et, en même temps qu'on s'y est toujours appliqué à produire des marchandises de première qualité, on a voulu en varier et en diviser, autant que cela est possible, les diverses espèces. Il n'est guère de travail qu'on n'y exécute; et, quant aux progrès accomplis, en voici un exemple : le mau-

vais fer-blanc se vendait autrefois dans les dimensions de 0^m 325 sur 0^m 244 ; le fer-blanc perfectionné peut se vendre aujourd'hui dans les dimensions de 1 mètre sur 0^m 325. La longueur d'autrefois est devenue la largeur d'aujourd'hui.

Ce ne sont pas seulement des fers-blancs qu'exécute la manufacture ; elle livre de véritables tôles *étamées en brillant*, et elle les livre dans des conditions d'une étendue extraordinaire, qui peut aller jusqu'à une longueur de 1^m 40 sur 0^m 70 de largeur; avant d'arriver à l'étamage de ces tôles, on y avait travaillé la tôle plombée.

Enfin, il n'a pas suffi jusqu'à présent de faire face à toutes les exigences, de satisfaire à tous les besoins de l'industrie de notre temps; on a essayé, par avance, de prévenir les caprices de l'avenir. Si l'emploi des fers fins cessait tout à coup ou se restreignait d'une manière considérable, M. Falatieu est prêt pour les remplacer.

Déjà il avait fait monter, en 1848, un marteau-pilon du poids de trois mille kilogrammes qui devait servir à la fabrication des grosses pièces de forge, et qui a été employé spécialement à la préparation des *massiaux*. Les massiaux sont, pour ainsi dire, la pâte que l'on étend pour faire la tôle. Ce marteau-pilon marche à la vapeur. Tout le reste des appareils de l'usine est mû par l'eau courante. Rien ne manque aux usines de Bains. Il y a des *laminoirs à tôle* montés de manière à produire des tôles larges de 1^m 40, et d'une longueur indéterminée. C'est la manufacture qui exécute tous les travaux dont elle a besoin: elle a transformé en *turbines* la plupart de ses moteurs hydrauliques; elle a un atelier d'ajustage; elle possède enfin une fonderie qui s'occupe de la fabrication des cylindres trempés.

S'il est quelques établissements pour la gloire desquels les éloges particuliers ne soient pas utiles, la manufacture de Bains est le premier d'entre eux. Sa réputation est ancienne et étendue; elle a rendu les plus importants services à toutes les industries françaises qui relèvent de la métallurgie; elle a, l'une des premières, produit le fer-blanc; la première, elle a établi chez elle des laminoirs; elle ne cesse d'améliorer la qualité des produits qui ont été sa plus vieille richesse; et aussi elle ajoute chaque jour quelque nouveau travail à ses travaux anciens. C'est ainsi que quelques mois à peine après l'ouverture de sa fabrique de taillanderie, elle présentait au concours régional de l'Est des outils de drainage qui obtenaient une médaille d'argent.

Ni le succès ni les récompenses honorifiques n'ont fait défaut à cette importante manufacture. Les personnes qui la dirigent n'oublient pas qu'elles portent le nom de l'un des industriels qui ont le plus travaillé pour la fortune de la France: aussi le Jury de la XVIe classe, qualifiant d'admirables les produits sans nombre de leur forgerie, a décerné à MM. FALATIEU et CHAVANNE la MÉDAILLE DE PREMIÈRE CLASSE.

L'ADMINISTRATION IMPÉRIALE DE LA FONDERIE DE LAITON, A ACHENRAIN, TYROL (AUTRICHE). L'envoi très-remarquable de cette administration, dont les affaires sont considérables, se composait de produits d'une fabrication parfaite. Elle exposait encore du tombac en feuilles, des fils de laiton et de cuivre. Elle a obtenu la MÉDAILLE DE PREMIÈRE CLASSE.

Les Exposants dont les noms suivent ont aussi obtenu la MÉDAILLE DE PREMIÈRE CLASSE :

MM. OSWALD ET VARNOD FRÈRES, A NIEDERBRUCK (FRANCE), pour leur cuivre laminé, fils de cuivre, traits d'or et d'argent faux, le tout d'une exécution irréprochable. Les produits de cette maison sont très-variés; à l'industrie du cuivre elle joint celle du tombac et du maillechort.

MM. BOUILLON JEUNE ET FILS ET Ce, A LIMOGES (FRANCE). Cette maison importante se recommande par la bonne qualité de ses produits (fils de fer étirés et clous), qui justifie pleinement le chiffre élevé de ses affaires.

M. E. BOUCHER FILS, A PARIS (FRANCE) : pour ses fils de fer galvanisé, ses fils de zinc d'une grande finesse et son étamage des ornements de fonte de fer. Cette maison s'occupe aussi, sur une grande échelle, de la production des articles de fonte, ustensiles de ménage, etc.

MM. MIGNARD-BILLINGE et fils, à Belleville (France).

M. Mignard-Billinge, le doyen des Expositions de l'industrie française, a fait figurer les produits de sa tréfilerie dans tous les grands concours du travail, et chaque fois elle y a gagné quelque nouvelle victoire.

Fondée en 1791 par M. Billinge, beau-père de M. Mignard-Billinge, la manufacture de Belleville n'a cessé, depuis sa fondation, d'agrandir le champ de ses travaux. Dans les derniers temps du premier Empire, aux jours de la lutte difficile, elle fabriquait à la filière des baguettes de fusil ; plus tard elle produisait, pour les fabriques d'aiguilles, des fils d'acier qui satisfaisaient aux conditions du programme de la Société d'Encouragement ; dès l'année 1827, elle tréfilait des cordes d'acier plus nerveuses et plus sonores pour les pianos, et rivalisait heureusement avec les établissements de Berlin et de Birmingham.

Le fer, l'acier fondu et le laiton y sont travaillés avec le même succès : dans une expérience solennelle, un fil d'acier long de 6 décimètres, d'une épaisseur de $0^m,00066$, a résisté à un poids de 37 kilogrammes.

Les ouvriers eux-mêmes fabriquent leurs outils et établissent les filières qui donnent de si beaux résultats. Des bancs à tirer d'une très-grande force y fonctionnent.

A l'aide de filières composées avec un soin particulier, on y tréfile de l'acier fondu sous forme de pignons de toute grosseur et de six ou de douze ailes au moins. Ces pignons sont d'un utile emploi dans l'horlogerie.

Mais le principal produit de cette manufacture, ce sont les *tuyaux de cuivre rouge sans soudure* pour les presses hydrauliques. Jusqu'à ce que M. Mignard-Billinge eût fourni au commerce ces conduits étirés, on n'avait pas de tuyaux capables d'une grande résistance et susceptibles d'être cintrés dans tous les sens.

L'importance d'une pareille fabrication est manifeste ; aussi le Jury, dont l'attention a été particulièrement captivée par les filières en fonte pour tréfilerie inventées, quant à la composition, par M. Mignard-Billinge, lui a-t-il décerné la MÉDAILLE DE PREMIÈRE CLASSE.

SOCIÉTÉ DE HUSTEM, près d'Armberg (Prusse). La fabrication de cette Société jouit d'une haute réputation, et se distingue surtout dans les fils de fer, tôles fines et les fers-blancs en feuilles. MÉDAILLE DE PREMIÈRE CLASSE.

MM. J.-J. LAVEISSIÈRE et fils, à Paris (France)

MM. Laveissière présentaient les nombreux produits de leurs usines de Deville près Rouen, dont voici les principales spécialités :

La fonte des minerais de plomb et d'argent ; le traitement des plombs argentifères ; la transformation des plombs bruts en tuyaux repoussés de longueur indéfinie et en tables de grandes dimensions ; la fonte des minerais de cuivre et l'affinage des cuivres étrangers ; la fonte des minerais d'antimoine ; enfin la fabrication de tubes en laiton *sans soudure*, que MM. Laveissière et fils ont les premiers en France entrepris sur une grande échelle.

Au reste, ces importants industriels se distinguent, non-seulement par la variété de leurs produits d'un intérêt tout spécial, mais aussi par le mérite des procédés qu'ils emploient. Cette intelligence de fabrication a valu à l'ensemble de leur exposition la qualification de parfaite d'exécution et de supérieure de qualité, dans le rapport officiel de la XVIe classe, dont le Jury a voté à MM. J.-J. Laveissière et fils la MÉDAILLE DE PREMIÈRE CLASSE.

MM. J. RUSSEL et Cᵉ, a Londres (Royaume-Uni) : maison de date récente, mais dont la fabrication promet le plus bel avenir. Elle exposait de fort belles collections de pièces, destinées aux accouplements. M. J. Russel est inventeur de tuyaux en fer non soudé pour la conduite du gaz. Même récompense.

MM. RUSSELL et fils, a Londres (Royaume-Uni) : pour des produits de même nature. Même récompense.

BIRMINGHAM PATENT TUBE COMPANY (Royaume-Uni) : pour ses remarquables collections de courbes et d'accouplements. Même récompense.

M. ANDRÉ TOPPER, a Neubruck (Autriche). Il possède une usine très-importante qui produit des tôles et tuyaux étirés de qualité supérieure. Même récompense.

FABRIQUE DE TOLES de WOLLERDOFF (Autriche) : pour ses bonnes tôles de fer, son fer-blanc de qualité supérieure, et sa vaste fabrication. Même récompense.

MM. Oscar DELLOYE et Cᵉ, a Huy (Belgique) : pour leurs tôles de fer, de fer plombé et leur excellent fer-blanc. Même récompense.

M. F. DELLOYE-DAUTREBANDE, a Huy (Belgique). Cette grande maison prépare des tôles de fer justement renommées, au charbon de bois et au coke. Même récompense.

MM. R. CUBAIN et Cᵉ, a Rouen (France). L'exposition de MM. Cubain et Cᵉ présentait, par sa variété autant que par l'importance de ses produits, un intérêt tout particulier : auprès de très-grandes et fortes pièces en cuivre jaune, d'une réussite parfaite, on remarquait des pièces de tréfilage très-fin, des barreaux d'excellentes pièces de cuivre rouge, etc. Médaille de première classe.

M. P. FOUQUET, a Rugles (France). Cette maison se faisait remarquer au Palais de l'Industrie par une pièce de cuivre pesant 1,500 kilogrammes, la plus lourde qui jamais ait été fondue dans son genre. Avec cette pièce figuraient des barreaux de cuivre jaune, des planches de cuivre, des planches et fils de laiton. Même récompense.

MM. LÉTRANGE, DAVID et Cᵉ, a Paris (France). Ces fabricants produisent à la fois du cuivre rouge et jaune, du plomb, de l'étain et du zinc. Leur exposition très-complète, et qui révélait à quel point de perfection les procédés de leur maison sont parvenus, se composait de feuilles et barres de cuivre rouge et jaune, de tuyaux de plomb étirés et refoulés, de plomb en tables, de zinc en planches et en barres, etc. Médaille de première classe.

MM. GANDILLOT et Cᵉ, a Paris (France). Ils exposaient des tuyaux de fer de grandes dimensions, pour l'eau et pour le gaz, produits de leur importante usine, qui se distingue par une grande habileté de procédés. Ils ont reçu la Médaille de première classe.

MM. ROCK et GRANER, a Biberach (Wurtemberg). Pour leur bel assortiment de ferblanterie vernie à bon marché, ils ont obtenu la Médaille de deuxième classe.

M. H. KARCHER et WESTERMANN, a Arcis-sur-Moselle (France). Cette maison semble s'être attachée principalement a obtenir une production de bonne qualité, malgré les prix excessivement bas qui l'ont fait avantageusement connaître. Sa belle collection d'ustensiles de ménage en tôle de fer estampée et étamée, ses fils de fer et ses rivets, lui ont valu la Médaille de première classe.

MM. A. KENRICK et fils, a West-Bromwich (Royaume-Uni). Leur grande fabrique n'occupe pas moins de sept cents ouvriers ; ils exposaient un bel assortiment d'objets divers, manufacturés en fonte de fer, qui ont généralement obtenu un légitime succès ; c'étaient des ustensiles de cuisine et de mé-

nage en fonte étamée, de la quincaillerie, des vis et clous en fonte, etc. Le Jury a décerné à MM. Kenrick la MÉDAILLE DE PREMIÈRE CLASSE.

MM. J.-F. GRIFFITHS ET C°, A BIRMINGHAM (ROYAUME-UNI). Ils ont obtenu la MÊME RÉCOMPENSE pour une exposition de même nature. Toutefois, plus encore que MM. Kenrick, ils se distinguaient par la variété et le bon marché des objets fabriqués par eux, qui ont des applications journalières appréciables pour toutes les classes de la société. Leurs ustensiles de cuisine et de ménage, fabriqués de toute matière, fer, étain, fer-blanc, tôle vernie, et même en cuivre, offraient un ensemble excessivement remarquable par la bonne appropriation de leurs formes, pourtant élégantes, à leurs usages très-divers.

MM. J.-H. HOPKINS ET FILS, A BIRMINGHAM (ROYAUME-UNI), trouvent une honorable place auprès de MM. Griffiths : leurs produits, en tout semblables, ont été récompensés de la même manière. MÉDAILLE DE PREMIÈRE CLASSE.

M. A. SCHOELLER, A BERNDORF (AUTRICHE). La fabrication de M. Schœller comprend une plus grande variété de métaux que celle des exposants qui précèdent. Il avait envoyé une feuille de maille-chort d'une longueur considérable ; et en même temps, il exposait du nickel, du cuivre, du cobalt oxydé, etc. Ces beaux produits, remarquables tout d'abord comme qualité et comme difficulté vaincue dans leur fabrication, méritaient encore, sous un autre point de vue, toute l'attention des fabricants spéciaux. Le nickel et le cobalt sont des métaux anciennement connus, il est vrai, mais qui, par leur rareté et leur prix élevé, ne sont point encore entrés dans la consommation générale. Aussi, tout ce qui se rattache à eux présente un degré d'intérêt vraiment exceptionnel, soit qu'il s'agisse de leur production, soit encore qu'ils reçoivent de nouvelles et utiles applications usuelles. La MÉDAILLE DE PREMIÈRE CLASSE a été décernée à M. Schœller.

M. A. HILDEBRAND, A SENOUSE, VOSGES (FRANCE), fabrique des couverts en fer battu, de la quincaillerie très-soignée, et de la bonne taillanderie. Cette maison fait un commerce très-considérable. MÉDAILLE DE PREMIÈRE CLASSE.

MM. SHOOLBRED ET C°, A WOLVERHAMPTON (ROYAUME-UNI). Leur belle collection d'objets de fer-blanterie et tôle vernie, à un aspect de netteté et de propreté remarquable, joignait une grande solidité. La fabrication des objets exposés présentait d'ailleurs de grandes difficultés. MM. Shoolbred et C° ont obtenu la MÉDAILLE DE PREMIÈRE CLASSE.

MM. J. DIXON ET FILS, A SHEFFIELD (ROYAUME-UNI), exposaient une collection d'objets en métal dit britannia et en plaqué, tels que cafetières, plats, etc., d'une fabrication très-soignée. MM. Dixon et fils avaient aussi envoyé de l'orfèvrerie. Ils ont obtenu la MÉDAILLE DE PREMIÈRE CLASSE.

M. RAU ET C°, A GOEPPINGEN (WURTEMBERG), pour des cages et volières en fil de fer, des plateaux et des meubles en tôle vernie, et pour divers objets de ferblanterie, le tout d'excellente qualité et d'une véritable élégance, ont obtenu la MÉDAILLE DE PREMIÈRE CLASSE.

M. F. VETTER, A LUDWIGSBOURG (WURTEMBERG). Ses plateaux en tôle vernie, ses cages en fil de fer, ont mérité à M. Vetter, par leur bonté et leur bas prix, la MÉDAILLE DE PREMIÈRE CLASSE.

M. F. GIRARD, A PARIS (FRANCE).

Après plusieurs années de recherches et d'essais, M. F. Girard a résolu une question qui ne manque pas d'importance : celle de l'étamage du fer à bas prix. Il a entièrement transformé les anciens procédés, et substitué au suif, employé jusqu'alors dans l'étamage, le chlorure de zinc.

L'Académie des sciences (voir le rapport de la séance du 12 juillet 1852) a apprécié l'habileté avec laquelle avaient été écartées les difficultés qui semblaient rendre cette substitution impossible.

Il en résulte que l'étamage, s'opérant à une température plus élevée, devient plus solide ; et l'économie, en moyenne, est de 25 pour 100.

Rien n'est plus facile que de voir les avantages que l'industrie et le commerce trouvent dans de pareils perfectionnements : déjà la fabrication des ustensiles de ménage a baissé de prix, et c'est là un service rendu à tous qui mérite d'être signalé. Du reste, M. Girard, gendre de M. Félix Gomme, l'inventeur et fondateur de l'industrie des ustensiles de ménage en fer battu (nommé chevalier de la Légion-d'Honneur à l'occasion de l'Exposition universelle pour cette création d'utilité publique), se devait de rester à la tête d'une branche si populaire des travaux du fer.

Il ne se borne pas à fabriquer à bon marché ces ustensiles et à perfectionner l'étamage au point de vue de leur fabrication, il cherche encore à attirer l'attention sur divers échantillons d'emboutissage, sur ses tôles, ses fils de fer, ses clous et ses feuillards.

Les tôles étamées qu'il exposait sont un produit remarquable sous le rapport des dimensions aussi bien que de la qualité. Il faut rendre la même justice à ses tôles plombées.

Le Jury a décerné à M. F. Girard la MÉDAILLE DE DEUXIÈME CLASSE.

M. F.-A. THOUMIN, à PARIS (FRANCE).

L'exposition de M. Adolphe Thoumin établissait toutes les ressources que l'ameublement en général est maintenant à même de demander au cuivre estampé et fondu, pour obtenir une ornementation aussi élégante que solide et peu chère.

Grâce aux recherches scientifiques, aux perfectionnements continuels, et surtout à l'habileté pratique de ce fabricant, le métal qui jadis, en dehors de ses vulgaires applications aux usages domestiques, ne pouvait prétendre à un rôle plus élevé, à une destination décorative par exemple, que sous un aspect d'emprunt, sous la livrée coûteuse de la dorure, ce métal inférieur s'est transformé, transfiguré, ennobli. M. Thoumin l'a révélé avec une apparence toute nouvelle, qui pourtant n'a rien de factice, n'est due qu'à l'ingéniosité du travail, ne compense pas sa richesse par l'élévation de ses prix de revient ; et le cuivre verni est entré en concurrence victorieuse avec le cuivre doré.

Pour bien faire juger la valeur de la spécialité exploitée par cet intelligent industriel, il suffit de rappeler ici certains des objets si divers de formes, si variés de destination, sortis de ses ateliers pour aller briller à l'Exposition universelle. Là, le cuivre et le bronze se montraient côte à côte, et, preuve incontestable de la transfiguration indiquée ci-dessus, le vernis et la dorure étincelaient sur la même pièce métallique, sans transition appréciable de l'un à l'autre éclat.

C'étaient un corps de pendule, des lustres, des candélabres, des flambeaux dessinés et travaillés avec un goût exquis ; un ciel de lit, formé d'une jonchée de roses suspendues ; un garde-feu, des têtes de chenets, des coupes, des statuettes ; enfin, une collection variée d'ornements d'église, devants d'autel, fondus ou estampés, etc., etc. ; tout cela fabriqué d'après des modèles originaux et charmants, appartenant en propre à M. Thoumin.

Il y avait aussi des cadres mignons, cercles de fleurs taillés dans le cuivre, pour s'enchâsser dans le palissandre ou l'ébène, d'une délicatesse inouïe d'exécution.

Mais ce qui intéressait surtout les hommes spéciaux dans cette exposition, c'étaient des pièces de cuivre repoussé, longues de 0ᵐ 70 et de 0ᵐ 76 de relief, dimensions encore sans précédents, qui attestaient le mérite exceptionnel de leur fabricant, et constituaient un véritable service rendu à son industrie.

Le Jury de la XVIᵉ classe a décerné à M. Thoumin la MÉDAILLE DE DEUXIÈME CLASSE.

MM. A. ROSWAG ET FILS, à SCHELESTADT (FRANCE).

La fabrication des toiles métalliques était brillamment représentée à l'Exposition universelle ; les ex-

positions précédentes n'en avaient point présenté une quantité si considérable ni d'aussi belles. La maison Roswag se plaçait au premier rang de cette industrie.

Au reste, cette maison possède un grand nombre d'établissements ; son siège principal est Schélestadt; mais elle a des succursales à Paris, à Lyon, à Bockenheim, près Francfort. Un grand nombre d'ouvriers, sous une habile direction , produisent par les procédés habituels du tissage, des toiles métalliques fortes ou fines, de toute largeur; et c'est M. Roswag qui le premier a appliqué à ces tissus le métier Jacquart.

Ces différents articles, qui figuraient au Palais de l'Industrie, étaient d'une exécution irréprochable, et, pour se faire une idée de la perfection de leur confection, il suffit de savoir que le pouce carré de certains d'entre eux contenait au moins 100,000 mailles.

En 1800, la plus grande finesse obtenue ne s'élevait pas au-delà de 10,000 fils ; on concevra aisément, en comparant ces deux chiffres, quels progrès a réalisés la maison Roswag.

Le Jury lui a décerné la MÉDAILLE D'HONNEUR.

M. L. LANG, A SCHÉLESTADT (FRANCE). Sans avoir l'importance de la maison Roswag, cet établissement a cependant rendu à l'industrie d'importants services. On lui doit la fabrication, très-perfectionnée, des tissus de laiton pour les machines à papier ; ce sont de fort beaux produits, parfaitement appropriés à leur usage. Beaucoup d'ouvriers sont employés par M. Lang, et son chiffre d'affaires est fort élevé. MÉDAILLE DE PREMIÈRE CLASSE.

MM. FELTEN ET GUILLAUME, A COLOGNE (PRUSSE). Cette maison s'applique particulièrement à la fabrication des câbles en fils de fer, servant à la télégraphie électrique sous-marine ; elle fabrique aussi des fils de fer galvanisé, des cordes plates ou rondes destinées à divers emplois d'utilité générale. Ce grand établissement, qui livre ses produits au meilleur marché possible, a reçu la MÉDAILLE DE PREMIÈRE CLASSE.

MM. R.-S. NEWAL ET Cᵉ, A GATESHEAD (ROYAUME-UNI). La fabrication des câbles en cuivre, laiton argenté et doré, appliqués à la télégraphie sous-marine et terrestre, est la spécialité de cette maison, qui se distingue aux mêmes titres que celle de MM. Felten et Guillaume, et a reçu comme elle la MÉDAILLE DE PREMIÈRE CLASSE.

M. A. MAGE AÎNÉ, A LYON (FRANCE).

La plus complète exposition particulière de toiles métalliques que contenait le Palais de l'Industrie, était bien certainement celle de M. Mage aîné. Elle montrait les meilleures applications de cet ingénieux compromis du travail, qui a prêté à quelques-uns des produits de la métallurgie une partie des propriétés malléables des étoffes ordinaires.

Entre autres objets, le garde-feu à bon marché et le garde-manger couvre-plats de M. Mage méritent surtout d'être rappelés. Cette dernière invention, principalement, a tous les droits possibles pour devenir populaire : elle garantit l'aliment du contact des insectes et permet de le placer sur l'appui d'une fenêtre; elle supprime aussi son séjour dans la chambre souvent unique de l'ouvrier. Un seul reproche pourrait lui être adressé, celui de ne pas éloigner suffisamment la poussière des mets réservés.

En somme, tous les produits exposés par M. Mage étaient de qualité supérieure et d'usage général par la modicité de leurs prix. De plus, son commerce important a nécessairement contribué au développement de l'industrie des toiles métalliques. Aussi S. M. l'Empereur a récompensé les mérites de M. A. Mage aîné en le nommant chevalier de la Légion-d'Honneur, le Jury de la XVIᵉ classe lui a décerné une MÉDAILLE DE PREMIÈRE CLASSE, et celui de la XXXIᵉ a rappelé honorablement cette dernière distinction.

MM. W. KUPER et Cᵉ, a Londres (Royaume-Uni). Leurs câbles métalliques et leurs cordes plates et rondes en fils de fer et laiton, pour la télégraphie, d'une fabrication extrêmement remarquable, a valu à MM. Kuper et Cᵉ la Médaille de première classe.

M. J.-G. CLASON, a Furudal (Suède). La qualité des câbles-chaines de tout calibre livrés par M. J.-G. Clason est irréprochable, et son établissement représente en Suède cette industrie toute moderne, dans laquelle l'Angleterre et la France ont pris l'initiative. Le chiffre de ses affaires est très-considérable. Médaille de première classe.

M. H.-P. PARKES, a Dudley (Royaume-Uni), pour ses chaines et câbles en fer de toutes grosseurs et d'une exécution bien réussie, malgré ses difficultés, a obtenu la même récompense.

M. le comte DUBSKY, a Lissitz (Autriche), exposait une collection remarquable et complète de clous et de pointes dits de Paris. Vu l'importance presque sans rivale et l'excellence hors ligne de sa fabrication, il a reçu la Médaille de première classe.

MM. A. DAWANS et H. ORBAN, a Liège (Belgique). La fabrique de clous de la maison Dawans et H. Orban comprend tous les modèles employés par toutes les nations ; elle exporte dans toutes les parties du monde ; et son exposition était un résumé de cette fabrication si variée et s'occupant d'objets si nombreux. Une quantité considérable d'ouvriers travaillent dans ses ateliers, et plusieurs machines à vapeur activent la besogne. On remarquait dans son exposition des clous forgés et des clous mécaniques sur différents modèles. Le Jury a décerné à MM. Dawans et Orban la Médaille de première classe.

M. LAUBENIÈRE, a Rouen (France).

La fabrique d'enclumes de M. Laubenière a résolu le problème du bon marché, sans préjudice pour la qualité réelle du produit, — et, il est bon de le dire, — sans préjudice pour le salaire moyen des ouvriers qu'elle emploie. Aucun de ces ouvriers ne gagne moins de trois francs par jour ; les principaux frappeurs et les ajusteurs peuvent gagner de trois francs vingt-cinq centimes à quatre francs : les chauffeurs et les forgerons, de cinq à neuf francs.

Les enclumes envoyées par ce magnifique établissement à l'Exposition universelle étaient corroyées avec de vieux essieux de voitures, ce qui leur donnait déjà un avantage énorme de solidité sur les produits similaires fabriqués avec du fer neuf. Quant à l'aciérage, la fabrique de M. Laubenière le pratique avec des aciers fondus et corroyés, de 25 à 30 millimètres de large sur 6 à 8 millimètres d'épaisseur : on coupe ces aciers par bouts de 45 à 55 millimètres de long ; on les réunit dans un châssis ad hoc, et l'aciérage se fait debout sur la table de l'enclume. C'est là un système bien supérieur pour la fermeté, pour la résistance sous le marteau du forgeron, à l'ancien mode qui applique à plat sur la tête, des bouts d'acier soudés.

Ainsi, — emploi de fers déjà éprouvés, — solidité d'aciérage, — fabrication garantie pour plusieurs années,—voilà ce qui constitue, entre autres avantages, la supériorité pratique des enclumes dont il s'agit, supériorité que l'intelligence du fabricant a su concilier avec les exigences du bon marché.

M. Laubenière exposait aussi une petite forge portative très-économique et des mieux combinées.

Ce qui doit valoir à cet habile rénovateur d'une industrie d'utilité générale l'intérêt de tous les gens de cœur, c'est que, sorti des derniers rangs illettrés de la classe ouvrière, il n'est arrivé qu'avec les seules ressources de son intelligence et de son courage à créer l'important établissement, où il traite maintenant plus de sept cent mille francs d'affaires par an.

Le Jury a décerné à M. Laubenière la Médaille de première classe.

MM. V. LEFEBVRE et Cᵉ, a Chercq (Belgique). Les produits de cet établissement, sans avoir la variété de ceux de la maison Dawans et H. Orban, ne laissent pas cependant d'être fort nombreux.

M. V. Lefebvre occupe aussi un grand nombre d'ouvriers et plusieurs machines à vapeur, et son chiffre annuel d'affaires est fort élevé. MÉDAILLE DE PREMIÈRE CLASSE.

MM. DANDOY MAILLARD, LUCQ ET Cᵉ, A MAUBEUGE (FRANCE). C'est une des maisons les plus renommées pour son esprit d'innovation dans les outils, qu'elle fabrique d'une qualité tout à fait exceptionnelle. Son exposition, qui donnait un spécimen de cette fabrication variée, lui fait le plus grand honneur, et justifie la faveur dont elle jouit dans le commerce. On y remarquait des étaux, filières, clefs anglaises, broches de métiers parfaitement travaillées, et une collection complète d'outils d'industries diverses. La maison Dandoy-Maillard, Lucq et Cᵉ a reçu la MÉDAILLE DE PREMIÈRE CLASSE.

M. J.-C. BENNINGHAUS, A THALE (PRUSSE). C'est l'une des plus grandes maisons de grosse serrurerie. Ses pièces diverses sont parfaitement forgées et remarquables surtout par les progrès réalisés dans leur fabrication. MÉDAILLE DE PREMIÈRE CLASSE.

MM. JAPY FRÈRES, A BEAUCOURT (FRANCE).

Ce n'est que pour mémoire qu'on rappelle ici cette grande maison, qui déjà dans la VIIIᵉ classe, pour son exposition d'horlogerie, a obtenu une GRANDE MÉDAILLE D'HONNEUR.

Cependant, les objets de quincaillerie et de moyenne serrurerie envoyés par MM. Japy frères étaient tellement nombreux, tellement parfaits, que nul concurrent au monde ne pouvait, sur ce nouveau terrain, leur disputer la plus haute récompense. Ils occupent à Beaucourt au moins 3,000 ouvriers, et leur fabrication est activée par des machines à vapeur et des roues hydrauliques d'une force collective de 380 chevaux.

Il est difficile de concevoir quelle variété de formes et de destinations la tôle et le fer-blanc reçoivent sous la direction de ces habiles industriels ; il faut reconnaître que, sous le rapport de l'invention pour ainsi dire habituelle et journalière, ils sont aussi recommandables qu'au point de vue de la qualité des objets fabriqués. Personne mieux que MM. Japy frères ne réalise le progrès dans ce qu'il a de plus profitable.

MM. HAFFNER FRÈRES, A PARIS (FRANCE).

* Ils exposaient des coffres-forts d'une fabrication excessivement remarquable. Cette maison, qui s'occupe sur une large échelle de ce genre d'industrie, a considérablement amélioré le système employé en Angleterre par M. Bramah, système qui, entre les mains de MM. Haffner, est redevenu pour ainsi dire une nouveauté. Le Jury leur a décerné la MÉDAILLE DE PREMIÈRE CLASSE.

MM. F. WERTHEIM ET F. WIESE, A VIENNE (AUTRICHE). Ils ont employé un très-remarquable système de sûreté dans la fabrication de leurs coffres-forts, qui sont d'un excellent travail. ... DE PREMIÈRE CLASSE.

MM. AURAND ET SUDHAUS, A ISERLOHN (PRUSSE) : pour divers articles destinés aux voya; excellents produits donnés à des prix très-modérés. MÉDAILLE DE PREMIÈRE CLASSE.

MM. SOMMERMEYER ET Cᵉ, A MAGDEBOURG (PRUSSE) : pour un coffre-fort, à prix modique, d'un remarquable travail, mais de combinaisons assez simples. MÉDAILLE DE PREMIÈRE CLASSE.

MM. HART ET FILS, A LONDRES (ROYAUME-UNI). Ils exposaient un assortissement considérable de belles serrures, d'élégants chandeliers d'église, etc. Cette maison, dont le chiffre d'affaires est considérable, a reçu la MÉDAILLE DE PREMIÈRE CLASSE.

MM. MIGEON et VIEILLARD, a Morvillards (France).

La maison Migeon et Vieillard avait envoyé à l'Exposition universelle un bel assortiment de vis à bois, de gonds, de boulons et de pitons, qui prouvait toutes les ressources de ses vastes manufactures de Grandvillards et de Morvillards, pour les grands travaux de construction.

Ces usines contiennent en outre des tireries de fil de fer justement renommées. Mais ce qui a attiré plus spécialement l'attention du Jury sur MM. Migeon et Vieillard, c'était leur collection aussi bien exécutée que largement comprise de quincaillerie. Elle n'a pas peu contribué à leur valoir la MÉDAILLE DE PREMIÈRE CLASSE.

En outre, comme M. Vieillard, dans l'importante exploitation de sa maison, a réussi à rendre de véritables services à la classe ouvrière de l'arrondissement de Belfort, S. M. l'Empereur l'a nommé chevalier de la Légion-d'Honneur.

MM. HOBBS et Cᵉ, a Londres (Royaume-Uni). M. Hobbs se recommandait à l'attention par le remarquable perfectionnement et la propagation qu'il a donné au système américain de Newall, pour les serrures de sûreté. MÉDAILLE DE PREMIÈRE CLASSE.

M. A. BRAMAH, a Londres (Royaume-Uni). C'est l'inventeur du système de serrure dit à pompe. Ses coffres et serrures de sûreté étaient d'un beau travail. MÉDAILLE DE PREMIÈRE CLASSE.

MM. CHUBB et Fils, a Londres (Royaume-Uni). M. Chubb a inventé la serrure à garnitures mobiles : mêmes motifs. MÊME RÉCOMPENSE.

SOCIÉTÉ DES MINES ET FONDERIES DE ZINC DE LA SILÉSIE, a Breslau (Prusse .
Tout le monde connaît cet important établissement, qui, dans sa spécialité, a fait faire à l'industrie des progrès si considérables. Son exposition se composait de statues, d'ornements de zinc, soit estampés ou fondus, et tous ses produits prouvaient ses constants efforts pour arriver à la perfection, que les procédés de traitement du zinc réclament encore. Cette Société a reçu la MÉDAILLE DE PREMIÈRE CLASSE.

MM. L. GRADOS et Vᵉ FUGÈRE, a Paris (France). Cette maison s'occupe pour ainsi dire spécialement des objets de zinc estampé, à l'emploi desquels elle a donné une extension très-considérable. Elle les applique aux bâtiments, en ornements tels que vases, balcons, etc. On remarquait surtout dans son exposition un kiosque d'un beau travail. MÉDAILLE DE PREMIÈRE CLASSE.

M. T. LEPAN, a Lille (France). Les propriétés vénéneuses du plomb lui font perdre chaque jour de l'ancienne importance qu'il avait dans l'industrie. Il est donc juste de reconnaître et de signaler les efforts faits par quelques fabricants pour mieux diriger les applications de cet utile métal, en l'employant à des objets où ses redoutables qualités ne soient plus en état de nuire. M. Lepan fabrique dans cette acception de remarquables tuyaux de plomb et d'étain, de formes et de calibres divers. Il a obtenu la MÉDAILLE DE PREMIÈRE CLASSE.

M. J.-B. EGGER, a Villach (Autriche). Le mérite de cet exposant consistait surtout dans la difficulté vaincue. Ses tuyaux de plomb sont d'un beau travail, et sa fabrication est la plus considérable de l'Autriche. MÉDAILLE DE PREMIÈRE CLASSE.

MM. WOLF et FILS, a Heilbronn (Wurtemberg). Ces habiles fabricants exposaient des appareils destinés aux laboratoires de chimie et de pharmacie d'une excellente fabrication. Ils avaient pareillement envoyé divers produits d'étain. Ils ont obtenu la MÉDAILLE DE PREMIÈRE CLASSE.

MM. DESMOUTIS, CHAPUIS et QUENNESSEN, a Paris (France).

L'exhibition collective de MM. Desmoutis, Chapuis et Quennessen fournissait, par la nature même de ses principaux produits, des preuves incontestables et palpables à l'appui de cette vérité scientifique : que la chimie a trouvé dans le platine, employé sous forme d'appareils ou d'instruments de ses laboratoires, un puissant auxiliaire pour conquérir les progrès pratiques les plus difficiles à réaliser.

L'application de ce précieux métal au matériel servant à l'élaboration de l'acide sulfurique, a été surtout un véritable bouclier contre bien des inconvénients graves ; elle a procuré en outre d'énormes économies de temps et de main-d'œuvre à une industrie dont la production consommée, suivant une expression pareillement appliquée au fer, est le thermomètre de la civilisation d'un pays.

La physique, l'orfèvrerie, la décoration, la fabrication de la porcelaine, l'art du dentiste, bien d'autres professions industrielles et artistiques, qu'il serait trop long d'énumérer, demandent aussi son concours au platine, soit comme matière première, soit pour accomplir leurs opérations, ou pour compléter leurs ouvrages.

Une note qu'on ne saurait omettre d'inscrire ici, car elle constate une supériorité de plus acquise à notre nation, dans la comparaison de ses conquêtes pacifiques sur le terrain du labeur avec celles des autres peuples, — c'est que le travail du platine, qui prend aujourd'hui un développement si grandiose et si utile, est une spécialité toute française. Commencé à Paris par Janetty, continué par MM. Bréant et Couturier, il doit tous ses perfectionnements à nos fabricants actuels, entre lesquels MM. Desmoutis, Chapuis et Quennessen tiennent le premier rang.

Aussi, dans les plus belles usines, dans les principaux laboratoires de l'ancien et du nouveau monde, fonctionnent des appareils d'une valeur de 30,000 à 90,000 fr., sortis des ateliers de ces grands industriels. Citer, parmi ceux qui les ont achetés, des personnages universellement connus dans le commerce ou dans la science, comme MM. Gardner, Powers et Weightman, Lennig en Amérique : Kuhlmann, Kestner, Poisat, Bérard et la fabrique de Saint-Gobain, en France ; Vander-Elst, Hermann (docteur), F. Curtius, Wagenmann et Seybel, dans le reste de l'Europe ; c'est s'éviter tout commentaire sur la valeur de forme et de fond de pareils produits, car une telle quantité d'illustrations compétentes, d'expériences spéciales, en les employant comme d'un commun accord, leur décerne aux yeux de tous une véritable garantie d'excellence sans rivale.

Au reste, on a pu voir à l'Exposition universelle ce que l'association Desmoutis, Chapuis et Quennessen était capable d'exécuter dans ce genre. Pour prouver la malléabilité de son métal, elle avait soumis au concours un appareil de concentration dont la chaudière, de 250 litres de capacité, était d'un seul morceau sans aucune soudure, et qui avait encore cela de remarquable, que l'acide s'y introduisait par un nouveau système accélérant la concentration, protégeant le vase, et économisant le combustible.

Cette association exposait de plus des tubes sans soudures, des fils et des plaques amincies jusqu'à la dernière limite possible, et d'une qualité qui expliquait sa réputation, si généralement établie, de supériorité dans toutes les branches de son exploitation.

Enfin, une magnifique coupe de *palladium*, de grandes quantités d'*osmium*, de *rhodium* et d'*iridium* prouvaient les persévérantes recherches de MM. Desmoutis, Chapuis et Quennessen pour étendre encore le domaine scientifique de la métallurgie, ainsi que leurs énergiques tentatives pour révolutionner salutairement cette industrie au point de vue pratique, en l'enrichissant par des applications usuelles des nouveaux métaux précités, dont les qualités diffèrent essentiellement de celles des produits métalliques anciens.

Les maisons réunies Desmoutis, Chapuis et Quennessen, qui, selon les termes formels du rapporteur de la XVIe classe, fabriquent depuis bien des années la plus grande partie des instruments de platine

employés à la concentration de l'acide sulfurique et à l'affinage des métaux précieux, ont reçu du Jury la MÉDAILLE DE PREMIÈRE CLASSE, qu'elles auraient bien certainement obtenue chacune séparément si, dans le but généreux d'offrir un champ plus vaste, par conséquent plus utile aux observations compétentes, elles n'avaient mêlé leurs divers produits.

MM. G.-L. FUCHS ET FILS, A FURTH (BAVIÈRE). Leur bronze en poudre obtenu mécaniquement, leur métal battu, leur clinquant et leur fabrication considérable, ont valu à ces industriels la MÉDAILLE DE PREMIÈRE CLASSE.

M. J.-E. SCHAETZLER, A NUREMBERG (BAVIÈRE). Il exposait de l'or de deux couleurs, des feuilles d'or, de l'argent fin, de l'or battu en gros et en clair. MÉDAILLE DE PREMIÈRE CLASSE.

MM. BIRKNER ET HARTMANN, A NUREMBERG (BAVIÈRE) : pour leurs diverses couleurs de bronze, leur or pur battu de bonne qualité, et l'importance de leur fabrication, MÉDAILLE DE PREMIÈRE CLASSE.

M. A.-F.-J. FAVREL, A PARIS (FRANCE). Il exposait de l'or, du platine et de l'argent en feuilles, et remarquablement travaillés. MÉDAILLE DE PREMIÈRE CLASSE.

SEIZIÈME CLASSE

FABRICATION DES OUVRAGES EN MÉTAUX, D'UN TRAVAIL ORDINAIRE

RÉCOMPENSES DÉCERNÉES PAR LE JURY INTERNATIONAL

(Extrait du *Moniteur* du 8 décembre 1873.)

GRANDES MÉDAILLES D'HONNEUR.

Delloye-Mathieu (C.), Huy, Liège. Belgique.
Société anonyme des mines et fonderies de Bochum (Westphalie). Prusse

MÉDAILLES D'HONNEUR.

Barbezat et comp , Val d'Osne (Haute-Marne). France.
Dietrich (veuve et fils), Niederbronn (Bas-Rhin). id.
Mouchel (P.-J.-F), l'Aigle (Orne). id.
Roswag (A.) et fils, Schelestadt (Bas Rhin). id.
Société anonyme des fonderies de Romilly. id.

MÉDAILLES DE 1ʳᵉ CLASSE.

Aurand et Sudhaus, Iserlohn (Westphalie) Prusse.
Bechu fils (E.-A.-A.), Paris France.
Bennighaus (J. C.), Thale (Saxe). Prusse
Birkner et Hartmann, Nuremberg. Bavière.
Birmingham patent tube Company. Royaume-Uni.
Boucher (E.) et fils, Paris. France.
Bouillon jeune et fils, Limoges id
Bramah et comp , Londres Royaume-Uni.
Clubb et fils, Londres. Royaume-Uni
Clason (J.-G), Furudal (Dalécarlie). Suède
Collas frères, Moutiers. France
Compagnie anonyme des forges d'Audincourt. Paris. id.
Compagnie d'exportation du Wurtemberg , Stuttgard Wurtemberg.
Cubain (R) et comp , Rouen. France.
Dandoy, Maillard, Lucq et comp., Maubeuge. id.
Dawans (A.) et Orban (H.). Liège. Belgique.
Delloye (Oscar) et comp , Huy. id.
Delloye-Dautrebande (F.), Huy. id.
Desmoutis, Chapuis et Quennessen, Paris. France.
Dixon et fils, Sheffield. Royaume-Uni
Dubski (le comte), Lissitz (Moravie). Autriche.
Ducel (J.-J.), Pocé (Indre-et-Loire). France.
Egger (J.-B.), Villach (Carinthie). Autriche.
Fabrique de tôles de Wollerdorf. id
Falatieu et Chavanne, Bains-en-Vosges. France.
Favrel (Ad.-Fr.-J.), Paris. id.
Felten et Guillaume, Cologne. Prusse.
Fonderie impériale de laiton, Achenrain (Tyrol). Autriche.
Fouquet (P), Rugles (Eure). France.
Fuchs et comp. (G.-L.), Furth. Bavière.
Gandillot et comp , Paris. France.
Grados (L.) et veuve Fugère, Paris. id.
Griffiths (J.-F) et comp., Birmingham. Royaume-Uni.

Haffner frères, Paris. France.
Hart et fils, Londres. Royaume-Uni.
Hildebrand (And.), Sémouse (Vosges) France.
Hobbs et comp., Londres. Royaume-Uni.
Hopkins (J.-H.) et fils, Birmingham Royaume-Uni.
Karcher et Westerman (A.), Ars-sur-Moselle. id
Kenrick (A.) et fils, West-Bromwich. Royaume-Uni.
Kitschelt (A), Vienne. Autriche.
Kuper (W.) et comp., Londres. Royaume-Uni.
Lang (L.), Schelestadt (Bas-Rhin). France.
Laubenière, Rouen. id
Laveissière (J.-J) et fils Paris. id
Lefebvre (V.) et comp., Chercq (Hainaut). Belgique
Lepan (T , Lille. France.
Létrange, David et comp., Paris. id.
Mage aîné (Ant), Lyon. id.
Migeon et Vieillard, Morvillards (Haut-Rhin). France
Mignard Billinge fils, Belleville (Seine). id.
Newall (R.-S.) et comp. Gateshead (Durham). Royaume-Uni.
Oswald et Varnod frères, Niederbruck (Haut-Rhin) France.
Parkes (H.-P.), Dundley (Worcestershire). Royaume-Uni
Pechiney aîné, Paris. France.
Piepenstock (C.-D.), Neuvrège (Westphalie). Prusse.
Rau et comp , Gœppingen. Wurtemberg.
Rock et Graner, Biberach. id.
Russell (J) et comp . Londres. Royaume-Uni.
Russel et fils, Wednesbury (Staffordshire), id.
Schœtzler (G.-E.), Nuremberg Bavière
Schœller (Al.), Berndorf (basse Autriche) Autriche.
Shoolbred et comp , Wolverhampton. Royaume-Uni.
Société anonyme des forges et usines de Dillingen Prusse.
Société Chameroy et comp , Paris France.
Société de Hasten, Husten (Westphalie). Prusse
Société des mines et fonderies du zinc de la Silésie, Breslau. Prusse.
Sommermeyer et comp., Magdebourg (Saxe). id
Steward (D.-T.) et comp., Glasgow (Lanark). Royaume-Uni
Stolberg-Wernigerode (comte de), Ilsenburg (Magdebourg). Prusse.
Topper (And) Neubruck (Basse Autriche). Autriche.
Vetter (Fr.), Ludwigsburg Wurtemberg.
Vivaux (H) et comp , Dammarie (Meuse) France
Wertheim (Fr.) et Wiese (F), Vienne. Autriche.
Wolff (F.-A.) et fils, Heilbronn. Wurtemberg.

MÉDAILLES DE 2ᵉ CLASSE.

Administration des mines et forges de Brixlegg, Brixlegg (Tyrol). Autriche.

Allen et Moore. Birmingham (Warwick). Royaume-Uni.
Altenloh, Brinck et comp., Milspe (Westphalie). Prusse.
Ammon (J.-P.), Nurnberg. Bavière
Andriessens frères (Joh.), Roermond. Pays Bas.
Association des serruriers. Velberg (Prusse rhénane).
Baker (W.-L.), Kimbolton (Huntingshire). Royaume-Uni.
Bartelmus (Tr.), Brünn. Autriche.
Basse et Fischer, Ludenscheid (Westphalie). Prusse
Batz (G -W.), Offenbach Grand-duché de Hesse.
Berninghauss fils, Velbert (Prusse rhénane). Prusse.
Besson (G.), Angers. France.
Beylen (J). Cologne. Prusse.
Blosch (Fréd.), Bienne (Berne). Suisse.
Boecker (Ph.), Limbourg (Westphalie). Prusse.
Bouillant et comp., à Paris. France.
Bourreilf et comp., à Paris. Id
Brandeis (J.) jeune, Furth. Bavière.
Bricard et Gauthier, Paris. France.
Brochon (André). Id
Buckens (J G.), Liége. Belgique
Burckhardt et Müller, Berlin. Prusse.
Burdin (J.-Cl.) fils aîné, Lyon. France.
Buyer (R de), la Chaudeau (Haute-Saône). Id.
Buys-van-Cutsem, Bruxelles. Belgique.
Callar (J.-Antoine). Thubœuf (Orne). France.
Carlier (Frédéric), Chênée (Liége). Belgique.
Carmoy (L.), Paris. France.
Chantraine (H), Ans (Liége) Belgique
Chaventré (Michel), Paris France.
Chaillot (Ch). Paris Id.
Ciani (G.). Fusignano. Toscane.
Clark et comp , Wolverhampton (Staffordshire) Royaume-Uni.
Compagnie des Indes orientales, colonies anglaises. Id.
Consentius et comp., Magdebourg (Saxe) Prusse
Corcoran (B.) et comp , Londres Royaume-Uni.
Cormann et comp., Bruxelles. Belgique.
Cottam et Hallen, Londres. Royaume-Uni.
Cotterill (E.) Birmingham (Warwick). Id
Daire, (Saint-Roch-les-Amiens (Somme). France.
Dalhoff (J.-B.), Copenhague (Seland). Danemark.
Dechany (L.-V.). Paris. France.
Delâge (J) jeune, Angoulème (Charente) Id.
Delaporte (J.-Charles) jeune, Paris. Id
Delloye-Masson (E.) et comp., Laeken (Brabant) Belgique.
Desjardin-Lieux (Ch.-D.), Paris. France.
Desprats (F.- L), Paris. Id.
Dreyse et Collenbusch, Soemmerde (Saxe). Prusse.
Dunker (J.), Iserlohn (Westphalie) Id.
Duval (C. P.), Paris. France.
Ebbinghaus et Schrimpff, Iserlohn (Westphalie). Prusse
Erkelenz (D'), Delforge et comp , Ougrée (Liége). Belgique.
Fabian (M), Berlin Prusse.
Fassbender. Paris. France
Fehr (H.-J.), Augsbourg. Bavière
Feschotte (F.-L.-A), Amsterdam. Pays-Bas.
Fichet (A.), Paris. France
Fonderie royale de fers. Berlin. Prusse
Fonderies de Conches, Conches (Eure) France
Forges impériales à Neusohl, Neusohl. Autriche.
Fougere Parquin, Paris France.
Fraigneux frères, Liége. Belgique.
Funck et Hueck, Hagen Westphalie) Prusse.
Ganz (A.), à Ofen Bude (Hong le). Autriche.
Garnier (E.), Dangu (Eure). France.
Geck (A -T), Iserlohn (Westphalie). Prusse
Girard (F.), Paris. France.
Gobi (Mathieu) et comp., Unter Merzen (Hongrie) Autriche.
Godard (P.-H), Paris. France.
Gœns et Vertongen, Termonde Belgique.
Goussel jeune, Metz. France.
Gressmann (G.), Zella Salt-Blasi. Saxe-Coburg-Gotha
Hardy (J et T.-V) Paris. France
Hart et fils, Londres Royaume-Uni.

III.

Hauschild (C), Berlin. Prusse.
Heckel (G.), Saarbruck (Prusse rhénane). Id.
Heckel (les héritiers). Aftersberg, près Nurnberg Bavière
Herberg Buschhaus et comp., Haiver (Westphalie). Prusse.
Heus (H. de) et fils, Utrecht. Pays-Bas.
Hildebrand (A.), Paris. France.
Holland (J.-S.). Londres. Royaume-Uni.
Hollaubkau (Mines d') (Bohème). Autriche.
Houssay frères. Paris. France.
Hoye (H.), Copenhague (Seland). Danemark.
Hueber (François), Josephsthal Autriche.
Jenkins, Hill et Jenkins, Birmingham. Royaume-Uni.
Johnson (Rich.) et frères Manchester Id.
Johnson et Matthey. Londres Id.
Joiris (P.). Liége. Belgique.
Kahn (J) et comp , Cologne Prusse.
Kaltenecker (J -L) et fils, Munich. Bavière
Keller (A.), Gand (Flandre orientale) Belgique.
Klett et comp , Nurnberg Bavière.
Kosak (J), Vienne. Autriche.
Kutterath (A.), Mariaweiler (Prusse rhénane). Prusse.
Kuhlmann frères. Grunne (Westphalie). Id.
Kuhn (E.), Nurnberg Bavière
Lamal P), Bruxelles. Belgique.
Langenard (F.), Paris. France
Langlois frères, Darnay (Vosges). Id
Laroche et Lacroix, Angoulème. Id.
Lassence (A) Liége Belgique.
Lecocq (N. H.), Paris. Id.
Legrand. Paris Id.
Lepaul (C.-L). Paris. Id.
Letroteur (A.), Paris. Id.
Louvrié (de), Saint-Marc (Puy-de-Dôme). Id.
Luders (Henri), Brunswick Duché de Brunswick
Maquennehen oncle et neveu. Escarbotin (Somme). France.
Marrian (J.-P.). Birmingham. Royaume-Uni.
Masini, Florence. Toscane.
Mathez (J.-Ad.), Toulouse. France.
Mathys (J.) aîné, Bruxelles. Belgique.
Meyer (C.), Furth. Bavière.
Muel Wahl et comp. Tusey (Meuse) France.
Neuhauss et comp., Berne. Suisse
Oesciger (L.), Mesdach et comp , Biache Saint-Vaast (as-de-Calais) France.
Paravicini (L.), à Belle-Fontaine Berne) Suisse.
Parnell et Puckridge, Londres. Royaume-Uni.
Parys (Ad.), Paris. France.
Paubian (J.). Paris. Id.
Perry (Edw). Wolverhampton. Royaume-Uni.
Petit et Edelbrock (J), Gescher (Westphalie). Prusse.
Pieron (L.-A). Paris France.
Poensgen (R.), Schleiden (Prusse rhénane). Prusse.
Pow et Fawens. Northschields. Royaume-Uni.
Rama (J.). Aubervilliers France.
Ratisseau et Sion, Orleans (Loiret) Id.
Rechsteiner (J -B.), Connewitz, près Leipsick. Saxe royale.
Regniaud (J.), Paris. France.
Reiss (V), Vienne. Autriche.
Reissmann (George), Zella Saint-Blasi. Saxe-Cobourg-Gotha.
Rexer (C). Stuttgard. Wurtemberg.
Reynolds (J.) et comp., Saint-Germain-lès-Pont-Audemer (Eure) France.
Richard (J.-J), Paris. Id.
Rock et Graner, Biberach. Wurtemberg.
Rodelix L.), Paris. France.
Roeper (C.) et fils, Altagen (Westphalie) Prusse.
Roessel (C), Stuttgard. Wurtemberg.
Rossignol fils et comp., Laigle (Orne), France.
Rubenzurcker (M.). Steyer (Haute-Autriche). Autriche.
Ruffer et comp., Breslau (Silesie) Prusse
Schmerber père et fils. Togelsheim (Haut-Rhin) France.
Schmole (R -G), Minden (Westphalie). Prusse.
Schmole, Wiemann et comp., Minden. Id.
Schweitzer (A.), Furth. Bavière

5

Sculfort et Meurisse, Maubeuge France.
Neohass et comp. Offenbach Grand duché de Hessse
Silva et fils (Em.-Ant.), Lisbonne Portugal.
Spitaeller (la veuve d'Édouard), Vienne. Autriche.
Stohrer (J.-F.) Stuttgard. Wurtemberg.
Strouvelle (J.-B.) et fils, Fraulautern (Prusse rhénane). Prusse.
Tangres (Constant). Paris France.
Thomde (Fr.), Werdohl (Westphalie). Prusse.
Thoumin (F.-A.), Paris. France.
Tonks (W.) et fils, Birmingham (Warwick). Royaume-Uni.
Trousset (A.). Angoulême. France
Tupper et Carr. Londres Royaume-Uni.
Tylor (J.) et fils. Londres. Id.
Vandel ainé et comp., Laferrière-sous-Jougne (Doubs). France.
Vauthier et Guyot, Paris. Id
Verstaen, Paris Id
Wagner (G.), Esslingen Wurtemberg.
Weber (J.), Nancy. France.
Wiesnegg (J.-P.), Paris Id.
Wolff et Erbsloh, Barmen (Prusse rhénane). Prusse.
Wood (H.) et comp., Staffordshire. Royaume-Uni.

MENTIONS HONORABLES.

Ancian, Paris, France.
Arnhelm (S.-J.), Berlin. Prusse.
Atzlinger (G.), Steyer (Haute-Autriche). Autriche
Aubry et Châteauneuf, Saint-Etienne (Loire). France.
Auger fils, Paris. Id.
Baqué (Baz.), Marseille. Id.
Birbou (N.-V.-D.), Paris. Id.
Barwell (J.). Birmingham (Warwick). Royaume-Uni.
Bavard (M.), Herstal (Liége), Belgique.
Benhams et Froud, Londres. Royaume-Uni.
Bergstrom (J.-W.). Stockholm. Suède.
Bergue (Ch.-de), Londres. Royaume-Uni.
Blecher (J.-H.). Hambourg Villes hanséatiques.
Bouillant-Dupont (A.-G.) et Cᵉ, Evreux (Eure) France.
Boutmy père et fils et Cᵉ, Carignan (Ardennes). Id
Butler (I.-R.) et fils, Londres. Royaume-Uni.
Cidet et Cᵉ, Paris. France.
Camion (Aug.), Vrignes-aux-Bois (Ardennes). Id.
Caïdôzo (Z.) et Pereira, Porto. Portugal.
Cardôzo et fils. Porto. Id.
Caumes (M.-F.). Paris. France.
Chapuis frères. Paris. Id.
Charlat et Destot, Paris. Id.
Charlois, lieutenant au 55ᵉ de ligne, Paris. Id.
Chauffriat père et fils, Saint-Etienne (Loire) Id
Cheyssac (M.), Saint-Bonnet-le-Château (Loire). Id.
Christiernsson (A.) et fils, Askersund (Orebro). Suède.
Clostre, Paris. France.
Cope et Collinson, Londres. Royaume-Uni
Cordier frères, Paris. France.
Cornelse, Metz. Id.
Cornfort (J.), Birmingham. Royaume Uni.
Corporation des cloutiers de la ville de Steyer, Steyer (Haute-Autriche). Autriche.
David (J.-L.), Stuttgard. Wurtemberg.
Daser (Alex.) et comp., Paris. France.
Delcroix-Mangin (R.-Ad.). Châlons-sur-Marne. Id.
Delfosse (J.), Liége. Belgique.
Demalle et comp., Paris France
Deddulph (J.) et comp., Newport. Royaume-Uni.
Diez (Ern.), Saint-Johann (Carinthie). Autriche.
Direction royale des nouvelles prisons cellulaires, Moabit, près Berlin. Prusse.
Dopfeld et Beazard, Pont-Audemer (Eure). France
Douillet (Th.), Dinan (Côtes du-Nord). Id.
Du Bois (J.-E.), Hanovre. Hanovre.
Dubuisson (J.) fils ainé, Chambon-Feugerolles (Loire). France.
Duchaufaur-Périn, Lille. Id.
Dufour (F.-B.), La Géroulde (Eure). Id.

Dunn (P.), Montréal. Canada.
Dupuy (C.), Francheville. France.
Enthoven (J.-L.) et comp., La Haye. Pays-Bas.
Enzenberg (comte d'), Schwartz (Tyrol). Autriche.
Everitt (All.) et fils, Birmingham. Royaume-Uni.
Farr (J.-M.), Ulm. Wurtemberg.
Fauchet, Paris. France
Fauconier-Delire (veuve), Châtelet (Hainaut). Belgique.
Faure-Soumet et comp., Monistrol-sur-Loire (Haute-Loire), France.
Fayet-Baron, Fismes (Marne) Id.
Gabler frères, Schorndorf. Wurtemberg.
Gueneau (Cl.-Ch.), Saint-Thibault-les-Vignes (Seine-et-Marne) France.
Gerdes (Arn.) Altena (Westphalie) Prusse.
Giovagnoli (J.), San Sepolcro. Toscane.
Gottschalk (A.) et Lindstedt (L.), Vienne Autriche.
Gries (Fr.-W.), Nuenrade (Westphalie). Prusse.
Groll (Josephine), Munich Bavière.
Groult et Vicaire, Paris France.
Guillemot (Ch.-Ad.) Paris. Id.
Guislain (A.-J.), Cambrai. Id.
Hagen (Fr.), Cologne. Prusse.
Hansen (J.-F.) et Rames. Likeaborg (Blekinges). Suède.
Hedenstrom, Worteralz Id.
Hedlund (G.), Eskiltuna (Sudermanie). Id.
Herdevit (J.-M.), Paris. France.
Hesse (F.-A.) et fils Francfort-sur-le-Mein. Ville libre.
Hodges (T.), Dublin (Irlande). Royaume-Uni.
Huby (L.), Paris France.
Jacquemart, Queyray et comp., Charleville (Ardennes). Id
Jardinier et fils, Vrignes-au-Bois (Ardennes). Id
Jexmayer (Ign.), Steyer (Haute-Autriche). Autriche.
Jouvensel (J.-Fr.). Paris. France.
Klewitz Brockaus et comp., Iserlohn (Westphalie). Prusse.
Kotesch (H.). Stettin. Id.
Konig et Rossing, Joest (Westphalie). Id
Labbe et Legendre, Gorcy (Moselle). France.
Lambert (J.-Fr.), Vuillafans (Doubs). Id.
Lambert (A.), Missy-sur-Aisne. Id.
Lanfrey et Baud (C.), Lyon. Id
Laperche jeune, Paris. Id.
Lea (W.-J.), Wolverhampton (Staffordshire). Royaume-Uni
Lecerf (F.), La Chapelle Saint-Denis. France.
Lecharpentier (Ed.), Paris. Id.
Lemenager (Henri), Paris. Id.
Lenicolais. Jourdeval-Labarre (Manche). Id.
Lescure (H.). Mauzé (Deux-Sèvres). Id
Létang père et fils, Paris Id.
Linz (J.-L.), Furth. Bavière.
Lucas, Montargis (Loiret). France.
Mareuillo et fils, Paris. Id.
Mauel (T.). Marseille Id.
Meinecke (H.), Breslau (Silésie). Prusse.
Meuser (Aug.), Metz. France.
Miniscloux-Huart, Lille. Id.
Miette Marille, Braux (Ardennes). Id.
Montelatici (Andr.), Livourne. Toscane.
Montel (P.-Aub.), Paris. France.
Moore (P.) et fils, Birmingham. Royaume-Uni.
Morel (G.), Lyon. France.
Motheau (M.), Paris Id.
Muller (A.), Stuttgard. Wurtemberg.
Murphy (J.), Dublin (Irlande). Royaume-Uni.
Novak (Jean), Steinbuckel (Carniole). Autriche.
Oble (E.-F.), Breslau (Silésie). Prusse.
Onin-Delacroix, Paris. France.
Pechule (C.-V.), Copenhague (Séeland). Danemark
Pernot-Minne (Ad.), Gand (Flandre orientale). Belgique.
Perrault (Em.-Alp.), Paris. France.
Petrement (Fréd.). Paris. Id.
Pierrot-Grisard, Nouzon (Ardennes). Id.
Pottecher (B.), Bussang (Vosges). Id.
Province de Roumélie et d'Anatolie. Turquie.
Raoult, Paris. France.

Requité (J.-G) et Pecqueur (L.-M.), Liège Belgique.
Riou, Montréal Canada.
Richard aîné, Paris France.
Rivain, Paris. Id.
Roussel, Orthes (Mayenne). Id.
Rouy-Thiriet, Raucourt (Ardennes). Id.
Russler-Brewer, Paris. Id
Saint-Paul et Rowag Paris. Id.
Samassa (Ant.), Leybach (Styrie). Autriche.
Sargent (F.) et comp., Paris. France.
Schiervei (L.), Herstall (Liège). Belgique
Seel (R.), Elberfeld (Prusse rhénane). Prusse.
Sessler (les héritiers de F.-V), Vordernberg et Krieglach (Styrie). Autriche.
Seyfarth (S) Gernsbach. Grand-duché de Bade.
Sirey, Paris. France.
Sirot père (les héritiers de) Trith-lez-Valenciennes. Id.
Société de Saint-Eloi, Villefranche (Aveyron) Id
Storken frères, Londres. Royaume-Uni.
Strokirk (J.), Olsboda (Orebro) Suède.
Thillard, Rouen (Seine-Inférieure). France.
Torley (W.), Lüdenscheid (Westphalie) Prusse.
Tucker et Reeves, Londres. Royaume-Uni.
Turck (veuve P.-J.), Lüdenscheid (Westphalie) Prusse.
Vandenbrande et comp., Schaerbeek (Brabant) Belgique.
Vandercamer (J A.), Bruxelles. Belgique.
Vankalech et com., Marly (Nord) France.
Vivant-Delmas, Paris Id.
Vogel (M.) (pour la comp d'exportation), Stuttgart. Wurtemberg.
Von der Berke (J.-G), Hemer (Westphalie). Prusse.
Weiler (W.-M.), Angoulème. France
Wennemann (veuve W), Bochum (Westphalie). Prusse.
Wilson (R et W.). Londres. Royaume-Uni.
Wulf (Ch. de), Bruges (Flandre orientale). Belgique.
Yserman et fils (M.), La Haye. Pays-Bas.

COOPÉRATEURS,
CONTRE-MAITRES ET OUVRIERS.

MÉDAILLES DE 1re CLASSE.

Anger (Léon), Givet. France.
Delalande (Jean François), Angleur. Belgique.
Soret, Paris. France
Vital-Salichon, Saint-Chamond. Id.

MÉDAILLES DE 2e CLASSE.

Aubriet (Nicolas), Dammarie. France.
Becker (Louis), Neunkirchen. Prusse.
Beger (Th.), Reutlingen. Wurtemberg.
Bonamy (Jules), Fourchambault. France.
Buiret (Pierre), Daignies Id.
Charmot (J.-Bapt.), Fourchambault Id.
Cock (Joseph), Chercq. Belgique.
Coquart (Pierre). Fourchambault. France
Courtat (Jean), Fourchambault. Id.
Derouet (J.-Bapt), Fourchambault. Id.
Dorguin (Emile), Torteron. Id.
Gebauer (A.). Lissitz Autriche.
Gericke, Berlin. Prusse.
Gomme (Felix), Paris. France.
Greffiths Georges, Fourchambault Id.
Greffiths père, Fourchambault. Id.

Henri (Hyacinthe), Liège. Belgique.
Herrmann (Ch), Neunkirchen. Prusse.
Holkevi le (Louis Joseph), Woincourt. France.
Hor (Ferdinand). Friedrich-Wilhemshütte. Prusse.
Julien (Jacques), La Païque France.
Juris, Imphy. Id.
Mathie (Jacques), Paris Id.
Pinxon jeune, Fourchambault. Id.
Pol-de-Vin (Jacques , Id.
Remy (Ferd.), Neunkirchen. Prusse.
Revel, Ars-sur-Moselle. France.
Schmidt (Georges), Neunkirchen. Prusse
Vollgold, Berlin. Id.

MENTIONS HONORABLES.

Bellange (Frédéric), Romilly. France.
Bibet François) Huy. Belgique.
Bourgeo s (Jean), Evreux. France.
Brauer (Charles) Niederhronn. Id.
Cambresy (Gaspard-Joseph), Angleur. Belgique.
Clemut père. Lyon. France.
Chavanne (Jean-Marie) Saint-Etienne. Id.
Chenelle pere Givet. Id.
Combet, Lyon. Id.
Croisardt (Pierre), Bruxelles Belgique.
Croisier (Joseph-Desire . Givet. France.
Crouhé Sébastien. Vaucouleurs. Id.
Debouge (Jacques-Joseph), Bruxelles. Belgique.
Degrolard (Jean-Joseph). Givet France.
Demarche (Edouard) Givet Id.
Denis (Etienne . Vaucouleurs Id.
Eberth (Jean), Vienne. Autriche.
Florin (Al xis). Huy. Belgique.
Fret (Mich l . Bruxelles. Id.
Goebl (Georges), Untermetzenseifen. Autriche.
Guillet, Lyon France.
Ignasti, Florence Toscane.
Joachim (Hippolyte), Paris France.
Imbert (Georges , Lyon Id
Jacquemin François-Georges, Grivegnée. Belgique.
Jean (Baptiste Louis). Givet. France.
Larcelet (Remi), Vaucouleurs. Id.
Pierrot Nicolas). Vaucouleurs Id
Primard (Eugène), Vaucouleurs. Id.
Primard (Hippolyte), Vaucouleurs. Id.
Kramarsch V . Bude. Autriche.
Laurent (Christ.), Saint-Etienne. France.
Linard (Jean-Joseph , Givet. Id.
Lindenheim (Henri), Vienne Autriche.
Magnée (Pie-In. . Grivegnée. Belgique.
Marchal. Paris. France.
Meeck (Philippe , Niederbronn. Id.
Merley (Jean-Baptiste), Saint-Etienne. Id.
Prost (Lue), Saint-Etienne. Id.
Rinkenbach (Georges). Schelestadt Id.
Sauty (Aug.), Saint-Etienne. Id.
Schaaf (Henri), Niederbronn. Id.
Suby (Pre.-Jos.), Huy. Belgique.
Tart (Mathias), Angleur. Id.
Thoumart (Lamb) Herstall. Id.
Valentin (Nic.), Huy. Id.
Vandermulen (Ch.) Bruxelles. Id.
Vinel (Claude-Ant.), Niederbronn. France.
Vittal-Salichon, Saint-Chamond. Id.
Williams Thomas. Givet. Id.

EXPOSITION UNIVERSELLE

PRODUITS DE L'INDUSTRIE

DIX-SEPTIÈME CLASSE

---

1. ORFÈVRERIE, BIJOUTERIE, JOAILLERIE.—2. BRONZE ET IMITATIONS.—3. GALVANOPLASTIE.

Plus qu'aucune autre classe, celle-ci présente l'alliance féconde de l'art avec l'industrie ; de l'art dans ses transformations multiples pour complaire aux caprices d'un public exigeant ; de l'industrie dans ses moyens tour à tour économiques et somptueux, pour contenter les fortunes médiocres et captiver le caprice de l'opulence.

Chez les peuples anciens comme chez les nations sauvages, la *joaillerie*, la *bijouterie*, *l'orfèvrerie* se sont produites en même temps que la civilisation. Arts de fantaisie, inhérents au désir de plaire, ils ont suivi les progrès du goût, les vicissitudes diverses de la société; ils ont mêlé, suivant les exigences, le vrai au faux, la pierre fine à la pierre commune, l'or au chrysocale, et quand, au VIᵉ siècle, la reine Brunechilde punissait certains artistes saxons qui fabriquaient de la bijouterie fausse, elle constatait un fait déjà vieux, dont il fallait arrêter les progrès.

Aujourd'hui, grâce à la chimie, à la police des marques et des estampilles, au contrôle judicieux et sévère qu'on exerce, presque personne ne devient victime de sa bonne foi, et le commerce jouit d'une latitude de fabrication qui centuple la valeur de la matière brute. L'Exposition universelle, si remarquable par ses ouvrages en métaux précieux, l'est peut-être plus encore par l'extrême bon marché des objets confectionnés avec les métaux vulgaires, tels que la fonte de fer, le zinc, le cuivre, le plomb, l'étain, etc., et par l'exécution brillante des argentures et des dorures auxquelles plusieurs industriels ont imprimé leur nom.

Ces derniers composés s'obtiennent par l'action de l'électricité, de la manière suivante : Dans un bain de cyanure de potassium il faut opérer la dissolution d'un sel d'or ou d'un sel d'argent ; on place ensuite au pôle négatif d'une pile de Bunsen assez énergique les pièces de cuivre à recouvrir, tandis qu'au pôle positif se trouve une lame d'or ou d'argent. Dès que le courant passe, le métal précieux se dépose sur le cuivre, et, comme celui de la plaque se dissout, la liqueur, conservant toujours la même saturation, peut fournir un dépôt homogène. Pour recouvrir de cuivre les objets en zinc et obtenir les produits désignés sous le nom de bronze-composition, on agit d'une manière complètement analogue : on substitue aux sels d'or ou d'argent du sulfate de cuivre ajouté au cyanure de potassium, et de la sorte une anode de cuivre remplace les plaques des métaux précieux.

Divers fabricants ont découvert, celui-ci un métal imitant l'argent, sans alliage de cuivre, solide, ne présentant nul danger dans son usage et n'ayant pas besoin d'argenture ; celui-là, des alliages massifs, sans placage, remplaçant l'argenterie et coûtant infiniment moins. MM. Ruolz en France, Elkington dans le Royaume-Uni, à part les services hygiéniques rendus à l'humanité par leurs découvertes, sont devenus les consolateurs des gens à fortune médiocre qui, aimant le beau, ne pouvaient se le procurer ; ils méritent la gratitude de tous ceux auxquels les objets de goût et de luxe sont indispensables. Il en est de même des bijoutiers fabriquant le faux, enchâssant du strass au milieu de feuillages délicats, d'émaux aux couleurs vives, de filigranes d'une finesse capillaire, de reliefs ménagés avec toute la science du contraste et de la perspective.

Sans la consolation que l'on se procure en acquérant ces imitations précitées, il y aurait vraiment lieu de déplorer avec amertume sa médiocrité devant ces splendides vitrines dont l'étalage fait le plus grand honneur aux artistes fabricants. Ici, des coupes, des vases d'or et d'argent niellés, encadrent de charmantes figurines en ronde-bosse ou en demi-relief ; là des fleurs de pierreries se détachent de feuillages émaillés ; ailleurs c'est le corail, ce sont les perles vraies et les perles fausses qui figurent en broches, en colliers, bracelets et pendants d'oreilles. Les ordres maçoniques d'un fabricant spécial ne présentaient pas moins d'éclat que les décorations diverses exposées au Palais de l'Industrie ; mais toutes ces splendeurs pâlissaient et s'effaçaient devant la collection des diamants et pierres fines de la couronne, réunis au nombre de 64,800 sous la rotonde du Panorama, et valant 21 millions. Le plus riche des objets, estimé 14,700,000 francs, forme une couronne de 5,200 brillants, 146 roses et 59 saphirs.

Une femme sans bijoux, on l'a dit depuis longtemps, est un rosier dépouillé de ses fleurs. Cependant, sous les insignes du deuil, quand la tristesse officielle impose au regard l'obligation d'être humble, une femme du monde ne saurait se permettre la moindre fantaisie d'ornement. Que faire alors ? Certains joailliers y ont pourvu. Par eux des feuilles de vigne, des grappes de raisin, des chaînes, des bagues, des bracelets en jais donnent à la peau un relief, une blancheur qu'elle va perdre dès que le deuil cessera. Cependant, comme transition, d'autres spécialistes viendront lui proposer leurs parures d'acier, intermédiaire de demi-deuil, placé entre le jais qui est trop sombre, et les bijoux d'or qui sont encore trop gais.

Ces parures de circonstance tiennent au culte des souvenirs. Il en est d'autres, accessoires d'un culte plus respectable encore, le culte divin.

Parmi ces dernières se remarquaient à l'Exposition universelle un ostensoir, dessiné par M. Desjardins, architecte, d'après le style du xii° siècle ; un autel en orfèvrerie repoussée, exécuté dans le style du xii° siècle d'après le modèle dû à M. Questel, architecte, autel commandé pour l'église Saint-Martin d'Ainay, à Lyon ; enfin, en vermeil et cuivre doré, un autel dont M. Violet-le-Duc avait fourni le dessin et qui décore aujourd'hui la cathédrale de Clermont.

En regard de ces petits monuments nous placerons un livre d'heures que rehaussaient quatre bas-reliefs dus au sculpteur Justin, dont les sujets puisés dans l'Écriture Sainte se trouvent encadrés sur des lames d'argent, accostés de rinceaux d'or exécutés avec une délicatesse merveilleuse ; et, sur la même ligne, la reliure d'un missel en argent découpé, gravé et ciselé, sorti des ateliers d'un artiste d'Anvers, qui n'a pas, dans toute la Belgique, de rival pour l'orfèvrerie religieuse.

L'Espagne, même dégénérée, brille encore par ce genre d'orfèvrerie, par ses lustres, ses ostensoirs, ses calices, et elle tiendrait dignement sa place, si les figurines répondaient au reste de l'ornementation.

Passer des objets pieux aux objets mondains, des idées graves aux idées futiles, c'est agir ainsi que l'on agit chaque jour. Personne ne s'étonnera donc qu'après les livres d'heures, les autels et les ostensoirs, viennent les coffrets de boudoirs, les albums, les étagères, les fantaisies de salons, de chambres à coucher et de cabinets d'étude. Parmi l'innombrable profusion des produits dont l'aspect nous frappe, citons, entre autres, ce vase d'argent repoussé, œuvre d'un Français qui habite depuis quelque temps l'Angleterre, et qui s'est inspiré à l'école florentine de la Renaissance : ce surtout de table, argent et or, garni de figurines admirablement agencées ; ce surtout de thé, argent émaillé, dans le style arabe ; cet autre service, or et argent, décoré de gravures à l'eau-forte, qui ont fait tant d'honneur à l'orfèvrerie parisienne.

L'Angleterre, qui nous côtoie de si près pour la finesse d'exécution, l'emporte par la somptuosité et le massif des ornements. Il faut des fortunes colossales pour inspirer un tel luxe. Le groupe qui représente Richard II donnant à la compagnie des orfèvres de Londres ses privilèges, groupe en argent massif, exécuté d'après un bon modèle ; la fontaine en style arabe, argent et or avec émail, qui fut exécutée pour la reine d'Angleterre ; le combat de chevaliers ; le Jupiter foudroyant les Titans, œuvre remarquable d'un artiste français fixé à Londres, sont des compositions du plus grand mérite.

Quel chasseur ne s'est point extasié devant ce bouclier en tôle repoussée, où les figures d'hommes et d'animaux en ronde bosse, faisant saillie au centre de médaillons feuillés, sont de bronze argenté par la voie électrique? Pour accessoires du bouclier, nous placerons dans un trophée un couteau de chasse, style Louis XV, avec poignard de défense, dont la gaîne et la poignée sont fondues et ciselées en argent, d'après les dessins de M. Diéterle ; nous y placerons également le magnifique poignard que tout le monde

se rappelle, sur la gaîne duquel en voit Satan refoulant un damné dans les enfers, et dont la poignée représente un squelette hideux de vérité.

Après la chasse, après la guerre, après les longs voyages et les périlleuses aventures, viennent le besoin de repos, et l'attrait du coin du feu, et le charme des récits, et toutes les habitudes d'intimité. L'art de luxe sait en doubler le prix par une infinité d'inventions heureuses qui se sont produites à l'Exposition, au milieu même de nos préoccupations belliqueuses, comme pour laisser pressentir aux militaires revenus d'Orient les jouissances qui les attendaient sous le toit domestique. D'abord, voici des armes de luxe, incrustées d'émail, d'argent, d'or et de pierreries; voici un échiquier en nacre, dont les échecs sont en argent et en vermeil; voici la couronne de feuilles de laurier émaillées sur or dont la ville de Barcelone a décoré le front d'Espartero, moins digne assurément d'un tel honneur que le front des premiers troupiers qui franchirent les barrières de l'Alma et de Malakoff. A côté de surtouts de table, argent et or, d'un ensemble non moins agréable que somptueux, s'élèvent, presque sans différence d'aspect, d'autres surtouts en métal commun; plus loin sont des vitrines remplies de pommes de cannes, de cachets, de presse-papier, en or, en argent, en bronze, mais plus précieux par le travail que par la matière; ailleurs brillent étalées des tabatières de toutes formes, les unes ciselées, les autres gravées en nielles, plusieurs avec incrustations de pierres fines et de diamants. Des coffrets multiples, façonnés en toute espèce de manière, parsemés d'émaux, plaqués de lames d'argent ou de bronze rehaussées d'or, semblent attendre les bijoux d'une fiancée. Mais quelle boîte sera digne de contenir cette collerette magnifique, formée d'une constellation d'étoiles d'argent reliées entre elles par des fils si légers qu'on dirait de la dentelle? A quelle fiancée millionnaire est destiné ce bouquet de lis et de roses en argent?

Quantité d'industriels étrangers ont imité, copié le genre français. C'est un grand tort. Il ne faut pas renoncer au sentiment de sa nationalité. Nous rendons grâce aux orfèvres d'Espagne, de Prusse, du Royaume-Uni surtout, qui sont restés eux-mêmes; à ceux de Hollande, qui ont aussi produit des objets qui leur sont personnels. Nos élégantes s'arrêtaient avec complaisance devant les petits paniers d'argent à jour, d'un tissu fin comme dentelle, qui resplendissaient dans la vitrine d'un exposant de La Haye.

Par l'invention d'un système d'orfèvrerie nouveau, dit intercristal, un novateur a réalisé des merveilles d'élégance. Dans une coupe, dans un vase, dans l'épaisseur d'une tasse ou d'une assiette, il dispose avec grâce des guirlandes d'or et d'argent. Un autre artiste non moins distingué fait de l'orfèvrerie avec les plantes : à l'aide du fluide électrique, il recouvre les fleurs et les feuilles naturelles d'une couche d'or ou d'argent, et trouve, dans la partie ligneuse des feuilles desséchées du cactus, des éléments variés de composition. On doit à un troisième artiste français un magnifique arbuste avec des oiseaux, obtenu d'après nature, au moyen de la galvanoplastie.

En nous léguant les admirables produits de leur imagination et de leurs fourneaux, les émailleurs du moyen-âge n'avaient point oublié de nous initier à leurs procédés; mais, depuis Louis XV, surtout depuis Louis XVI, on n'émaillait presque plus. L'art, devenu sévère comme l'époque, ne s'occupait plus de mignardises, et pendant cinquante

années les habitudes, les modes nouvelles firent oublier presque entièrement un genre auquel l'école limousine a dû toute sa gloire. Avec le goût du moyen-âge, l'émail fut recherché, et les vieux produits acquérant beaucoup de valeur, on en fabriqua de modernes, tantôt d'après d'anciens modèles, tantôt d'après des modèles nouveaux. Un émailleur, le restaurateur des émaux de la crypte de Saint-Denis, a exposé du bronze avec dessins champ-levés, remplis d'émaux fondus rappelant les formes et le caractère des émaux de la dernière période byzantine; on a décoré d'émaux encastrés d'ornements ingénieux, et rehaussés par des feuilles ou du filigrane d'or, plusieurs vases et diverses coupes où l'élégance le dispute à la richesse; on a su imiter, avec un rare bonheur, les couleurs et les dessins de Bernard de Palissy; on a trouvé le moyen de simuler le jaspe et le lapis-lazuli. Les artistes émailleurs d'origine française tiennent un rang de primauté sur la plupart des artistes étrangers dans le même genre, non-seulement par l'importance de l'œuvre, mais encore par la perfection du dessin et le bon goût de l'ornementation.

La mosaïque, d'origine italienne, conserve le bouquet de sa provenance. Dans ce genre, rien ne nous a paru valoir ces broches, où des têtes d'hommes, de femmes et d'animaux, d'une finesse et d'une expression singulières, sont formées par des morceaux de marbre microscopiques. Cependant nous aimons mieux, comme type d'art et de goût, les tables de marbre ornées ainsi de guirlandes de fleurs d'un naturel charmant. Un de nos modernes mosaïstes a consacré dix années de sa vie à un tableau d'environ 2 mètres de longueur sur 0,80 centimètres de hauteur, représentant une vue de Campo-Vaccino, à Rome, œuvre admirable de patience courageuse qui nous rappelle les travaux divers des moines du moyen âge. Au reste, les cailloux de la Seine n'envieront plus la glorieuse destinée des marbres de la péninsule italienne; on s'en est servi pour représenter, dans le genre mosaïque, un chien grand comme nature. Quant à la table si remarquée en mosaïque de lapis-lazuli, elle n'est pas moins précieuse par l'extrême délicatesse de cette peinture ineffaçable, que par l'idée et l'exécution heureuse du cadre qui l'entoure et du pied d'argent qui la supporte.

Si, franchissant les mers, nous allons demander compte à l'Inde de ce qu'elle a fait dans son essor industriel, elle nous présentera deux vitrines remplies d'objets d'orfèvrerie qui sont vraiment admirables sous le rapport de l'originalité des formes : colliers, bracelets, boucles d'oreilles, bijoux de toutes sortes, les uns remontant à plusieurs siècles d'ancienneté, les autres modernes, montés avec élégance, enchâssés dans un lacis de filigranes d'or et d'argent plus déliés que la dentelle. Des coupes émaillées, des coffrets d'ivoire et d'ébène, des aiguières élancées, apparaissent dans les mêmes vitrines et donnent l'idée de l'ornementation intérieure des boudoirs d'une immense presqu'île réputée barbare, parce qu'elle ne parle pas notre langue et qu'elle ne sacrifie point aux mêmes autels.

L'Égypte, au lieu de bijoux, a produit des armes damasquinées, enrichies de pierreries, et des narghilés d'or. La Grèce et la Turquie se sont fait remarquer bien plus par leurs tissus et leurs marbres que par leurs bijoux.

BRONZES ET IMITATIONS.

Réunis dans trois salles contiguës, au nord-ouest de la grande nef, « les bronzes français, dit un critique éminent, n'avaient jamais présenté un ensemble aussi complet. Nos fabricants ont rivalisé d'efforts pour que leur industrie, unique dans le monde, ne laissât rien à désirer, et le nombre des produits a été tel qu'on en retrouvait encore de tous côtés dans la nef, alors que chacun des compartiments individuels était déjà surchargé de mille sujets admirablement choisis. »

Dans l'industrie des bronzes, la sculpture, le moulage, la ciselure et la dorure, réciproquement solidaires d'une œuvre qui leur est commune, marchent nécessairement à l'unisson. Mais, par cela même que plusieurs mains différentes concourent au même objet et qu'elles y mettent un temps considérable, l'objet dépasse souvent un chiffre proportionné aux fortunes médiocres. Aussi, divers fabricants ont-ils réduit de moitié, des deux tiers, la valeur intrinsèque de l'œuvre, en substituant au bronze le zinc, l'étain et le plomb, qui se cisèlent avec beaucoup plus de facilité et qui, lorsqu'on opère la fonte dans des moules de métal, n'exigent souvent aucune retouche. Ordinairement on recouvre le zinc d'une couche de cuivre au moyen du galvanisme, puis on bronze ce cuivre. De nombreux produits dans ce genre économique ont été distingués d'une manière honorable. Les candélabres, les lustres, les pendules trompent l'œil du connaisseur, qui croit rencontrer le bronze là où n'existe que le zinc, sous des couches fallacieuses de vernis, d'argentures et de dorures adroitement combinées. Une tour byzantine, jardinière énorme, qui figurait à l'extrémité de la grande nef, nous a semblé, pour l'instant, la merveille du genre.

Afin de procéder avec ordre, dans un immense concours où l'art actuel ne le cède certainement point à l'art des Grecs et des Romains, car, s'il se montre inférieur par les formes, il l'emporte sur lui par l'expression, commençons notre examen en suivant d'abord la grande nef.

Au fond de cet immense sanctuaire resplendit la statue d'une femme couronnée, duchesse ou reine, entièrement dorée. Elle n'aura point été consultée par l'artiste, car elle eût préféré certainement la sévérité d'aspect du bronze aux reflets chatoyants que produit la lumière sur les traits de sa physionomie. En ne promenant de la dorure que sur les draperies de ses torchères, un autre exposant a mieux compris l'exigence des surfaces métalliques différentes.

Ailleurs, nous avons parlé des réductions mathématiques qu'on opère mécaniquement, à une échelle déterminée, de toutes les statues monumentales et de tous les bas-reliefs imaginables. Les procédés de M. Collas sont bien connus, mais jamais leur utilité artistique n'avait été mise en évidence comme elle le fut à l'Exposition universelle. Le Laocoon, la Vénus de Milo, la porte du célèbre baptistère de Florence, chef-d'œuvre de Lorenzo Ghiberti, le Moïse de Michel-Ange, le Jour et la Nuit du même artiste, la Pénélope de Cavelier, l'Atalante et la Sapho de Pradier, le Danseur et le Musicien

napolitains de M. Duret, les Animaux de M. Barye, le François Ier de Clésinger, et d'autres grands sujets empruntés par nos fabricants aux plus célèbres statuaires, faisaient apprécier le service, immense rendu par l'invention Collas, plus utile encore peut-être lorsqu'elle s'applique à des sujets de moindre grandeur.

Parmi quantité de choses imaginées pour l'ornementation des appartements, nous avons distingué un bénitier byzantin, émaux et or, et des amphores de l'habile Henri Cabieux, sculpteur si plein d'avenir, que la mort vient de frapper dans le cours de ses premiers succès ; le service de table en bronze doré exécuté pour l'ex-ambassadeur de Russie baron Kisseleff ; une pendule représentant l'alliance de l'Art et de la Science ; les compositions artistiques de deux sculpteurs provinciaux ; la ménagerie presque vivante, tant elle est nature, de M. Barye ; le Faune de M. Lequesne ; divers groupes d'animaux ; l'Ecce-Homo et la Vierge de Calmels ; l'Industrie écrasant l'Ignorance ; un groupe d'esclaves ; Bonaparte à cheval ; le groupe d'Héloïse et d'Abailard de M. E. Chatroux ; la Religion chrétienne, œuvre éminente d'un artiste ignoré... Tous ces sujets sont des sujets de pendule. Dans la nomenclature qui précède, nous nous sommes attaché d'autant plus à nommer certains artistes sculpteurs, que MM. les fabricants les confondent trop souvent tous sous leur niveau personnel. Il n'en a point été de même d'un honnête négociant, M. Vauvray, qui, désirant consacrer par un sujet spécial le souvenir de l'Exposition universelle, s'est entendu avec MM. E. Gallien, architecte, Salmon et Deurbergue, sculpteurs, pour enfanter un petit chef-d'œuvre : le Génie des Arts et de l'Industrie fait un appel à tous les peuples ; l'Europe, l'Afrique, l'Asie, l'Amérique accourent chargées de produits distinctifs que l'Océanie regarde étonnée. L'Art et la Science, statues allégoriques, forment la base des deux candélabres qui accompagnent cette pendule, dont le premier dessin est dû à son inventeur, mais dont chaque artiste coopérant a signé son œuvre personnelle.

Des ateliers de M. Matifat père sont sortis vivants, comme d'une volière et d'une serre chaude, les oiseaux et les feuillages en bronze doré qui encadrent une glace de laquelle un exposant a fait l'une des gloires de sa vitrine. Le groupe de sept figures, fondu d'un seul jet par M. Grignon-Meusnier ; certains lustres où la porcelaine et l'émail se marient d'une manière si agréable avec le bronze et la dorure, peuvent servir de pendant à l'œuvre de M. Matifat, sans l'effacer. N'oublions pas surtout le lustre du Cirque, dessiné par M. Hittorf.

La coquetterie du petit bronze est une coquetterie éminemment française, comme la coquetterie des fleurs artificielles et des articles-Paris. Aussi, à quelle distance considérable les diverses nations de l'Europe ne se tiennent-elles pas derrière nous ! Cependant, à Berlin, quelques fondeurs exécutent des statuettes de bronze irréprochables, coulent en fonte des groupes d'animaux d'un beau fini. De Saxe, des objets d'art sont venus tenir une place distinguée parmi les œuvres du même genre coulées en France. Une statue en fonte d'un genre sérieux, le *Tueur d'aigles*, de John Bell, et des produits multiples, ont permis, sinon d'apprécier l'art anglais comme il le mérite sans doute, du moins de rendre justice aux ingénieux efforts de nos voisins d'outre-Manche. Un habile fabricant d'Amster-

dam, d'origine italienne, avait envoyé différentes statuettes fondues d'après les modèles
de M. Royer : Ruyter, Rembrandt, Laurent Coster, Guillaume Iᵉʳ. Le sculpteur et le fondeur se sont placés à la hauteur de ces nobles et grandes figures.

Semblable aux vieux guerriers reposant sur leurs armes, laissant les jeunes soldats
s'élancer au combat, et n'y prenant part qu'à la fin pour décider la victoire, la ville de Michel-Ange, de Cellini et du Giotto, Florence, n'a dit qu'une parole, n'a fait qu'un pas, et
soudain Benvenuto Cellini, Michel-Ange, sont sortis de la tombe pour inspirer à M. Papi
l'idée d'exposer la tête de David de l'un, le Persée de l'autre; tandis que la nature, maître sublime en toute choses, présentait au fondeur florentin, qui l'accepta volontiers, une
plante d'aloës dont l'imitation devint la merveille de l'Exposition, le problème presque
insoluble des artistes fondeurs.

GALVANOPLASTIE.

Arrêté depuis quelque temps devant un magnifique bas-relief en argent galvanique,
nous nous demandions par quels moyens ingénieux une aussi grande surface, avec des
saillies de figures si hardies, avait pu se produire. Ce tableau, long de deux mètres, haut
d'un mètre, représente la ville de Berlin venant féliciter le prince et la princesse de
Prusse à l'occasion du quinzième anniversaire de leur mariage. Sous le rapport artistique, nous préférons toutefois les points de vue des rives rhénanes et la reproduction du
tableau de Gendron, la *Ronde des Willis*; mais, dans l'une comme dans l'autre de ces
œuvres, le mérite d'exécution reste le même, et, à côté d'elles, les sujets divers, groupes,
bustes, ornements, les pendules, les coffrets, les clichés d'imprimerie, les productions
variées des plus habiles exposants de ce genre, pâlissent singulièrement, malgré le mérite réel qu'on ne peut s'empêcher de leur accorder. En revanche, les statues de cuivre
galvanique exposées par MM. Elkington et Mason, les épreuves de grandes gravures,
les clichés, les statuettes, sortis des ateliers galvanoplastiques de l'Imprimerie impériale
autrichienne; certain bas-relief de M. Lefèvre, qui sait obtenir, avec le moulage dont il
est l'inventeur, des pièces d'un relief considérable, ont captivé tour à tour l'attention des
hommes pratiques et celle du vulgaire intelligent. Il y a là de l'art, beaucoup d'art; il
y a un goût approprié aux divers caprices d'ornementation que suggère la demi-fortune
inspirée par l'éducation.

De l'époque encore récente où la gutta-percha fut introduite dans les ateliers galvano-
plastiques, datent les succès véritablement sérieux de cette industrie nouvelle. La gutta-
percha se ramollit par la chaleur; on l'applique alors sur l'objet à reproduire, et, moyennant une forte pression, on fait pénétrer cette matière éminemment plastique dans tous
les creux du modèle. Après le refroidissement, son élasticité permet de l'arracher du
moule sans compromettre le moins du monde la délicatesse et la fidélité de l'empreinte.
Disposé de la sorte, le moule de gutta-percha devient conducteur de l'électricité quand,
avec un pinceau, on l'a recouvert de plombagine en poudre. Pour obtenir la reproduction,
il suffit de l'immerger dans le bain électro-chimique. La pile à l'aide de laquelle on pro-

voque la précipitation du cuivre par l'action décomposante de l'électricité, ne présente absolument rien de particulier : c'est l'appareil ordinaire des cabinets de physique. On place la pile en dehors du bain ; on plonge dans le liquide ses deux fils conducteurs ; on attache le moule au pôle négatif, et à l'autre pôle une plaque de cuivre dont la proximité peut influer beaucoup sur le résultat. A mesure que du métal se dépose sur le moule, le cuivre de la plaque positive se dissout, de sorte que la liqueur conservant toujours le même degré de saturation, le cuivre se transporte, en quelque sorte, de la plaque au moule. Plusieurs jours sont nécessaires pour que le moule soit complètement recouvert, circonstance sans laquelle l'opération serait incomplète. Quand on n'emploie pas une pile extérieure, on place dans le bain un vase poreux dans lequel du zinc et de l'acide sulfurique développent un courant d'électricité, qui arrive jusqu'au moule par un fil métallique reliant le moule à la plaque de zinc. Mais comme la dissolution l'épuiserait insensiblement, il faut placer au sein de la liqueur un sac renfermant des cristaux de sulfate de cuivre, qui, moyennant leur dissolution dans l'eau, remplacent l'agent métallique dont le dépôt s'effectue sans relâche.

Cette application de l'électricité, l'une des plus ingénieuses que l'on connaisse, semble placée aux points de contact de la science et de l'art, pour montrer comme ils s'entr'aident : la science facilitant l'essor de l'art, et l'art popularisant la science en la rendant aimable et utile.

REVUE DES PRINCIPAUX OBJETS

EXPOSÉS DANS LA DIX-SEPTIÈME CLASSE

M. ALLARD, à Paris (France).

M. ALLARD est tout ensemble, et avec un égal talent, graveur, estampeur, dessinateur et mécanicien. On doit le citer en première ligne quant à la fabrication des couverts, qui constituait, il y a à peine quinze années, une industrie quasi-primitive, où la main de l'homme intervenait trop pour que ses produits jouissent du bon marché nécessaire à leur admission dans la consommation générale. Par ses inventions mécaniques, il a surtout contribué à rendre très-importante cette branche de l'orfévrerie, l'a vulgarisée pour ainsi dire en lui enlevant l'élévation du prix et la difficulté de l'exécution, en lui donnant et le confortable de la forme et la diversité de l'emploi. Mais, pour arriver à de pareils résultats, M. ALLARD enfin a dû dessiner lui-même ses modèles, graver ses poinçons, estamper ses matrices. Mentionnons surtout, comme le principal agent de ses progrès, la machine à estamper établie dans ses ateliers sur ses indications. Fruit de dix ans d'étude, cette belle machine, par la seule puissance d'un levier, peut débiter sans secousse deux mille pièces par jour.

Les produits de M. ALLARD, quoiqu'ils soient d'un bon marché plus grand de 20 ou même 30 pour 100 que ceux des autres fabricants, se recommandent par leur bel aspect, le goût parfait de leur dessin, et la perfection de leur fini. Ils sont en argent, en métal blanc, en argenture, ou simplement en fer. Le plus grand avenir est réservé à cette exploitation déjà si vaste.

Outre ses couverts de table et ses poinçons de reproduction, M. ALLARD exposait des cadres à portraits en doublé d'or, qui, dit le Rapport officiel, « sont, dans leur genre, de véritables chefs-d'œuvre, » et dont le prix n'est que de 3 à 4 francs.

Le Jury a décerné à cet artiste fabricant la MÉDAILLE D'HONNEUR.

M. DUPONCHEL, à Paris (France).

La statue de Minerve, exposée aux Beaux-Arts, reproduction de la statue de Phidias, Minerve Poliade, avait été, pour toutes ses parties en vermeil, exécutée par M. DUPONCHEL. Cette reproduction offrait les plus immenses difficultés, qui ne pouvaient être heureusement surmontées que par un fabricant disposant d'un outillage complet et dont le talent artistique fût en même temps à la hauteur de sa tâche. M. DUPONCHEL partage avec le sculpteur M. Simart le mérite de cette œuvre importante. Il exposait aussi deux coupes, l'une en cristal, l'autre en lapis, qui, parfaites dans certaines parties, laissent pourtant à désirer comme ornementation.

Le Jury a décerné à M. DUPONCHEL la MÉDAILLE D'HONNEUR.

M. FROMENT-MEURICE, a Paris (France).

La maison Froment-Meurice est généralement connue dans l'orfèvrerie d'art ; aussi son exposition offrait-elle le plus haut intérêt. Elle se composait de pièces capitales, dont quelques-unes malheureusement n'étaient point achevées, particulièrement un surtout formé de deux candélabres et de quatre coupes d'un goût parfait, et deux groupes en ivoire avec draperies en argent.

Parmi les pièces entièrement terminées, il faut citer un charmant cadre de portrait dans lequel on avait fait un très-intelligent emploi de l'émail, et un triptique fort curieux qui dénotait un grand mérite d'invention.

M. Froment-Meurice exposait en outre, comme joaillier, de jolis bouquets de pierreries, de délicieux bracelets, des broches d'un fini de détails très-remarquable.

L'ensemble plein de goût de cette brillante collection a valu à M. Froment-Meurice la Médaille d'honneur.

M. ROUVENAT, a Paris (France).

Nous devons une mention toute particulière à l'exposition de M. Rouvenat, car, contrairement à bon nombre de ses concurrents, il ne présentait à l'appréciation du Jury que des objets exécutés dans sa fabrique, qui, dans son genre, est une des plus importantes de France. Elle livre annuellement au commerce pour une valeur d'environ quinze cent mille francs de bijoux.

Il exposait :

1° Un ostensoir en or massif, du poids de huit kilogrammes, enrichi de diamants, de rubis et d'émeraudes ;

2° Un sabre turc, en or et argent, rehaussé par des diamants et des pierres précieuses ;

3° Une épée d'honneur en or et argent, dont la poignée porte un chiffre en diamants ;

4° Une riche garniture de robe en diamants, qui, grâce à la combinaison des formes artistiques et des montures habilement dissimulées, peut former séparément, et à volonté, un collier-rivière, un diadème, un bracelet et une broche ;

5° Une broche montée en diamants sur or fin, représentant un aigle posé sur son nid, et défendant ses œufs contre l'attaque d'un serpent ;

6° Enfin, plusieurs parures, bracelets, broches, bagues, etc.; toutes pièces ornementées avec des diamants ou d'autres pierres précieuses, et qui offrent des dessins nouveaux et réellement originaux, bien que pour la plupart d'une grande valeur : ces pièces présentent tous les caractères d'une fabrication courante, représentation fidèle du travail journalier de ses ateliers.

Grand industriel, consciencieux artiste en joaillerie, M. Rouvenat a encore un titre qui, à nos yeux, n'est pas le moindre : il introduit sans cesse d'ingénieuses innovations dans l'exécution de ses œuvres. Ainsi il pratique l'emploi du modèle en cire, représentant exactement la pièce lorsqu'elle doit être reproduite plusieurs fois et exécutée par des ouvriers différents.

Jusqu'à ce jour, on s'est généralement servi, à titre de modèle et de guide, d'un simple dessin fait au trait sur le papier ; mais le dessin n'indiquant pas la forme, le relief et les contours de l'objet, son exécution est alors livrée aux soins, à l'intelligence et à la fantaisie de l'ouvrier, qui interprète et reproduit le modèle à sa façon. Il résulte de cette manière de faire un grave inconvénient, celui d'obtenir dix modèles à peu près différents si dix ouvriers ont travaillé séparément à l'un d'eux d'après le dessin donné.

Par l'application générale du modèle en cire, M. Rouvenat ramène à une ressemblance unique la fabrication répétée du même bijou.

Sans être l'inventeur de ce procédé, M. ROUVENAT l'a toutefois introduit l'un des premiers dans notre bijouterie ; il est même à constater qu'il est le seul qui, jusqu'à présent, l'ait appliqué manufacturiè-rement à la joaillerie.

Les produits par lui exposés se distinguaient par l'invention du dessin et l'exécution irréprochable. La plus originale, quant au dessin, est un *bracelet à rosace*, formé de plusieurs enlacements à la manière des dessins grecs.

L'ostensoir, surtout, est une œuvre très importante, où l'on retrouve à la fois le travail perfec-tionné de trois industries distinctes : de l'orfèvrerie, de la bijouterie, et de la joaillerie. — Cet ostensoir, du prix de 110,000 francs, avait été commandé par le consul général du Mexique pour une église catholique du pays.

M. ROUVENAT a reçu du Jury la MÉDAILLE D'HONNEUR.

M. GUEYTON, A PARIS (FRANCE).

On a déjà mentionné, dans la IXme classe, l'extension donnée depuis quelques années aux procédés galvanoplastiques : M. GUEYTON en présentait quelques belles applications. Son orfèvrerie d'art se main-tient sur le pied d'une supériorité incontestable ; elle se distingue par une grande richesse de modèle, la bonne réussite du repoussé, et le fini de la ciselure. Les moulages au moyen de la gutta-percha sont parfaitement réussis.

M. GUEYTON avait exposé quatre médaillons et une descente de croix du plus bel effet ; mais on re-marquait surtout une parfaite reproduction en argent d'un buste de S. M. l'Impératrice. Il a obtenu la MÉDAILLE D'HONNEUR.

M. AUCOC AINÉ, A PARIS (FRANCE), par son orfèvrerie de nécessaires et diverses pièces d'argen-terie en vermeil d'un mérite tout particulier d'exécution, tenait un rang distingué parmi les expo-sants. Il se recommande par un emploi fort intelligent de la gravure et du guilloché, ainsi que par l'heureux choix des formes des objets, parfaitement appropriées à leur destination. MÉDAILLE DE PRE-MIÈRE CLASSE.

M. AUDOT, A PARIS (FRANCE), avait exposé, entre autres objets, une jolie table couverte de diver-ses pièces d'intérieur de nécessaires en argent, d'un bon travail. MÉDAILLE DE PREMIÈRE CLASSE.

MM. BALAINE ET FILS, A PARIS (FRANCE). Une théière de plaqué, ciselée en grisaille, d'une exécution parfaite, était exposée par MM. BALAINE et fils. Leurs produits en orfèvrerie plaquée , d'une excellente qualité, leur ont valu la MÉDAILLE DE PREMIÈRE CLASSE.

M. A. VEYRAT, A PARIS (FRANCE).

M. VEYRAT exposait d'importantes pièces en argent massif et en plaqué, entre lesquelles on remarquait spécialement :

En argent massif : 1° le charmant coffre à bijoux ci-après reproduit, reposant sur un socle de marbre noir, et dont deux coupes aussi en argent, avec socles pareillement en marbre noir, délicate-ment ornés d'un sujet de chasse en repoussé, forment les dignes nécessaires. La meilleure louange à faire de ces objets précieux, c'est de rappeler que S. M. l'Impératrice a daigné complimenter M. Veyrat pour la suave composition et l'exécution parfaite d'une œuvre aussi capitale.

2° une corbeille de fleurs et de fruits, habile mélange de cristal et de feuillages en argent, dépendant d'un superbe service de table que l'exposant, faute d'espace, n'avait pu transporter tout entier au Palais de l'Industrie, mais dont les modèles de compotiers, étagères, candélabres, etc., existent dans ses ateliers ; — 3° un tête-à-tête, style Louis XV, d'un attrayant aspect ; — 4° un huilier, deux salières jumelles et un moutardier composé de branches de vigne et d'olivier, sculptés et ciselés d'une manière très-remarquable ; — 5° un plateau ovale, dont le fond gravé au burin a valu à l'artiste chargé de ce travail une médaille d'argent au Conservatoire des Arts-et-Métiers ; — 6° une foule d'objets, tels que cafetières, théières, sucriers, pots à lait, etc., tous parfaitement réussis

Coffret à bijoux de M. Veyrat, de Paris.

En plaqué : 1° un surtout de table comprenant une pièce de milieu avec bougies, deux corbeilles à fruits, deux seaux à champagne, quatre compotiers, et deux candélabres à côtes torses et ornements de vigne ; — 2° un plateau ovale, d'un mètre de longueur, style rocaille, décoré en argent.

Cette nomenclature prouve, par l'autorité des faits, l'importance de la fabrique de M. VEYRAT tant pour l'orfèvrerie d'argent que pour celle en plaqué, et les mérites des produits de cet habile industriel. L'exécution soignée, le fini des détails, la beauté de l'ensemble, n'ont pas seulement signalé ces travaux consciencieux à l'attention du Jury international, mais encore leur prix relativement modéré, qui leur donnait un caractère tout particulier : celui du luxe accessible presque à toutes les bourses,—partant du luxe utile. Voilà surtout ce qui explique la réputation de la maison VEYRAT et le développement toujours croissant de ses affaires.

Sa fabrication embrasse, outre l'orfèvrerie artistique et courante, l'orfèvrerie argentée par le procédé Ruolz ; et si l'expiration des brevets monopolisant cette dernière branche d'industrie en avait permis le

libre exercice plus tôt que vers la fin de l'Exposition universelle, il est à supposer que M. Veyrat, obéissant à son esprit habituel d'initiative, serait vaillamment entré en lutte, sur le terrain pacifique du concours, avec la seule maison qui ait soumis de pareils articles aux appréciations compétentes.

Quoi qu'il en soit, cet honorable orfèvre emploie un grand nombre d'ouvriers et d'artistes. Son tact exceptionnel, sa science pratique se montrent surtout dans le bon choix de ses coopérateurs, ce qui lui vaut des produits partout estimés. Il faut le répéter, leur coût modique, comparé à leur valeur réelle, ne contribue pas peu à les faire apprécier et rechercher des consommateurs; aussi leur producteur atteint-il annuellement un chiffre d'opérations considérable.

Au reste, il y a longtemps déjà que M. Veyrat tient une place distinguée sous tous les rapports dans son industrie. La fondation de son établissement remonte à 1815, et les récompenses obtenues aux précédentes Expositions nationales ont été dignement suivies et complétées par la MÉDAILLE DE PREMIÈRE CLASSE que lui a décernée le Jury international.

M. J. WIÉSE, à PARIS (FRANCE).

La bijouterie, la joaillerie et l'orfèvrerie, ces branches d'une industrie luxueuse entre toutes et du plus difficile exercice, vu ses coûteuses matières premières, ont trouvé dans M. WIÉSE un représentant remarquable. Les rapports officiels sur chacune des parties qui composaient son exposition le constatent.

D'un côté, M. Ledagre, membre de la Chambre de commerce de Paris, ancien président du tribunal de commerce de la Seine, et rapporteur de la dix-septième classe pour la section de l'orfèvrerie, mettait les produits de M. WIÉSE au rang des meilleurs de l'orfèvrerie artistique française, par ces lignes dont la concision ne saurait qu'augmenter la portée : « Mérite supérieur de modeleur et d'inventeur. Charmant miroir de main avec feuillage et oiseaux. Excellente garniture de livre, etc. »

D'autre part, avec plus de laconisme encore, mais peut-être avec une autorité plus grande, parce qu'elle s'appuyait sur l'expérience due à une longue pratique, M. Fossin, ancien joaillier de la Couronne, rapporteur de la dix-septième classe pour la division de la bijouterie et de la joaillerie, signalait « les jolies fantaisies, le travail consciencieux, les conceptions heureuses, » de l'exposant, et le portait, de même que M. Ledagre, parmi les fabricants ayant mérité la médaille de première classe.

Sans la décision de l'autorité compétente, qui proscrivait un pareil double emploi, ce ne serait donc pas une seule, mais deux récompenses du même ordre qu'aurait reçues M. WIÉSE. Au reste, cette remarque prouve que son exposition a été divisée et examinée par le Jury international comme il convenait, puisqu'elle appartenait à deux genres souvent exercés par des commerçants différents, ce qui doit être pris en considération. Aussi la complexe mais égale valeur de M. WIÉSE comme orfèvre et comme bijoutier lui donne un certain avantage sur ses concurrents, récompensés seulement pour leurs mérites dans l'une ou l'autre de ces professions.

Il n'est besoin que de rappeler l'ensemble du remarquable envoi de M. WIÉSE pour confirmer notre opinion à cet égard. Ces délicieux coffrets, ces vases purs et sévères, ces coupes gracieuses, tous ces charmants objets émaillés, niellés, enrichis de pierres fines, plus riches encore de formes et de détails, c'était bien là de l'orfèvrerie d'art, une orfèvrerie du genre de celle de Benvenuto Cellini, non-seulement fabriquée, mais composée, créée par l'exposant, ex-contre-maître de M. Froment-Meurice, et qui, à peine sorti d'un atelier célèbre pour marcher dans sa voie personnelle, se voyait déjà citer officiellement entre ceux par lesquels l'orfèvrerie artistique française ne pouvait être mieux représentée. La bijouterie fine de M. WIÉSE était digne d'une appréciation aussi flatteuse. Ses brillants émaux, sa peinture sur émail si vive et si riche de nuances, ses splendides incrustations d'or et de pierreries sur damas et sur acier, constituaient autant d'ingénieuses innovations, où l'on ne savait que préférer de la beauté de la matière ou de l'habileté du travail.

M. WIÉSE a obtenu la MÉDAILLE DE PREMIÈRE CLASSE.

M. COSSON-CORBY, A Paris (France). Pour son excellente orfèvrerie d'un usage journalier, et ses services de table d'une bonne exécution : MÉDAILLE DE PREMIÈRE CLASSE.

M. DURAND, A Paris (France). Pour les mêmes produits, appartenant à la *grosserie* : même récompense.

M. HENRY HAYET, A Paris (France). Il avait exposé divers objets d'une composition extrêmement remarquable comme orfèvrerie artistique : trois bénitiers, une aiguière, une coupe supportée par des enfants. Il faut encore citer un petit bas-relief en bandeau, véritable chef-d'œuvre de ciselure. Même récompense.

M. JARRY AINÉ, A Paris (France). La bijouterie exposée par M. JARRY présentait le plus bel ensemble. Un charmant guéridon en argent, avec dessus en mosaïque et lapis, représentait la pièce capitale de cette exposition; il était supporté par trois enfants à mi-corps, tenant une corne d'abondance. La ciselure et la main-d'œuvre offraient une grande perfection. On remarquait encore un charmant porte-cigare, et un bandeau en doublé d'or véritablement admirable. MÉDAILLE DE PREMIÈRE CLASSE.

M. LEBRUN, A Paris (France). Il exposait diverses pièces ciselées, style Louis XVI : une cassolette d'entremets, une tasse, une soupière; en outre, une bouilloire ciselée par les frères Fagnières, mais non terminée. Ces divers objets font le plus grand honneur à la fabrication de M. LEBRUN. Même récompense.

M. MARREL AINÉ, A Paris (France). Cet exposant avait envoyé un surtout en cuivre doré, style mauresque, d'un caractère et d'une exécution parfaits, ainsi qu'un beau bouclier artistique fort bien ciselé, et un café complet en argent rehaussé d'émail bleu. MÉDAILLE DE PREMIÈRE CLASSE.

M. MAURICE MAYER, A Paris (France). Pour sa brillante exposition, dans laquelle figurait un thé indien d'un beau caractère et d'une rare réussite : même récompense.

M. POUSSIELGUE-RUSAND, A Paris (France). La spécialité de cet industriel est l'orfèvrerie d'église. Il avait exposé un bel autel en orfèvrerie de cuivre repoussé, doré et émaillé, style byzantin, composé sur les dessins de M. Questel. La composition de cet autel est parfaite, son goût très-pur, son exécution fort heureuse. Les accessoires eux-mêmes se faisaient remarquer par leur élégance. Le tout révélait les importants progrès réalisés par ce fabricant, dont les affaires sont fort étendues. MÉDAILLE DE PREMIÈRE CLASSE.

M. ROSSIGNEUX, A Paris (France). Outre un cadre en bois d'un travail très-remarquable, M. Rossigneux exposait une coupe d'argent qui, malgré son petit volume, était une des meilleures de l'Exposition. La finesse des ciselures la rend digne de figurer parmi les œuvres les plus délicates de la bijouterie. Même récompense.

M. RUDOLFI, A Paris (France). Les objets exposés par M. RUDOLFI se faisaient remarquer par leur grand caractère. On distinguait entre tous un prie-Dieu émaillé, un guéridon avec lapis pareillement émaillé, et un beau vase représentant en frise les sept Péchés capitaux, composé par M. Geoffroy de Chaumes et ciselé par M. Poux. Même récompense.

M. THIERRY, A Paris (France). Il excelle dans la fabrication de l'orfèvrerie d'église, moyen âge ou byzantine, et dans l'emploi des émaux et des pierreries. Même récompense.

M. THOURET, A Paris (France). M. THOURET exposait une grande variété de modèles d'orfèvrerie de

cuivre argentée par l'électricité. La fabrication de cet exposant est excellente. Son moulage par la gutta-percha est aussi très-bon. Médaille de première classe.

M. TRIOULLIER, à Paris (France). Dans son orfévrerie d'église, style byzantin, il a fait une heureuse application de l'émail. On remarquait surtout un bel ostensoir exposé par lui. Même récompense.

M. BRUNEAU, à Paris (France). L'exposition de ce fabricant était une des plus complètes dans la petite partie d'or et d'argent. On remarquait surtout un déjeuner en vermeil fort gracieux, et plusieurs menus objets d'un usage général, tels que tabatières, nécessaires de poche, etc. Médaille de première classe.

M. DOTIN, à Paris (France). La spécialité de ce fabricant semble être la reproduction des anciens émaux-de Limoges, dont il rend quelquefois tout l'aspect par son dessin, sa belle composition et sa couleur. On remarquait aussi dans son exposition des émaux gris de perle et à reflets de Burgau, qui révèlent un progrès fort notable. Même récompense.

M. GRANGER, à Paris (France). M. Granger est metteur en œuvre pour le théâtre : sa fabrication porte en conséquence sur des objets quasi-historiques, dont l'exécution, outre le mérite d'un travail fini et bien réussi, exige celui d'une rigoureuse observation des styles et des époques. Il exposait des casques, des cuirasses, des parures, des armes de toute sorte. Même récompense.

M. GRICHOIS, à Paris (France). Cet exposant est l'inventeur du genre qu'il exploite ; il exhibait des coffrets et des tasses d'argent découpées avec une rare élégance. Même récompense.

M. HANCOCK, à Londres (Royaume-Uni).

L'orfévrerie envoyée par M. Hancock était excellente ; dans les œuvres qu'il exposait, le travail du metteur en œuvre n'était point absorbé par celui du ciseleur. On distinguait surtout un thé flamand, une belle coupe, et une grande canette artistique en repoussé extrêmement remarquable, plusieurs beaux groupes, et divers articles de bureau en cuivre doré d'un fini parfait. M. Hancock est de plus, en bijouterie, un véritable artiste. Le Jury lui a décerné la Médaille d'honneur.

MM. GARRARD et Cᵉ, à Londres (Royaume-Uni).

Une belle pièce de milieu, représentant une pagode en argent, figurait parmi les objets exposés par MM. Garrard et Cᵉ. Cette pièce, dans laquelle on avait habilement employé l'émail et la dorure, était d'une grande originalité d'aspect. Presque sur le même rang artistique figuraient le joli groupe *un émouchet sur sa proie*, et plusieurs vases fort riches.

Cette maison fabrique des objets d'orfévrerie décorative d'un genre particulier, et destinés pour les Indes. Le Jury lui a décerné la Médaille d'honneur.

MM. HUNT et ROSKELL, à Londres (Royaume-Uni).

MM. Hunt et Roskell avaient fait un des envois les plus considérables à l'Exposition universelle ; outre les objets exposés sous leur raison sociale, il faut encore leur tenir compte d'un surtout composé de cinq pièces montées, exposé à part comme appartenant à la corporation des orfèvres de Londres. Ces cinq pièces étaient d'une composition très-hardie ; elles se faisaient remarquer par la mise en scène des personnages, par l'intérêt des sujets choisis, plutôt que par la perfection de la forme.

Quant aux ouvrages exposés directement par MM. Hunt et Roskell, ils étaient nombreux ; mais cinq d'entre eux surtout méritent une mention spéciale. M. Wechte, artiste français, les avait ciselés, et en avait

fait des œuvres de pure plastique. C'étaient un bouclier en repoussé, et quatre vases en argent oxydé, qui révèlent une grande richesse d'imagination et une prodigieuse facilité d'exécution.

Ces exposants se sont pareillement fait remarquer parmi les joailliers; ils ont obtenu la MÉDAILLE D'HONNEUR.

MM. CARTWRIGHT, HIRONS et WOODWARD, a BIRMINGHAM (ROYAUME-UNI). Ces exposants présentaient divers objets de table en orfèvrerie argentée par l'électricité, d'une excellente exécution. MÉDAILLE DE PREMIÈRE CLASSE.

M. COLLIS, a BIRMINGHAM (ROYAUME-UNI). Pour les mêmes produits, a reçu aussi la MÉDAILLE DE PREMIÈRE CLASSE.

MM. JAMES DIXON et fils, a SHEFFIELD (ROYAUME-UNI). Pour leur belle orfèvrerie en métal britannia, dont l'exploitation est considérable, ont pareillement obtenu la MÉDAILLE DE PREMIÈRE CLASSE.

M. VOLLGOLD, a BERLIN (PRUSSE).

M. VOLLGOLD avait exposé un grand bas-relief obtenu par la galvanoplastie, et d'un aspect magnifique. Le mérite de la difficulté vaincue et de l'application sur une grande échelle recommande surtout M. VOLLGOLD, qui produit spécialement de l'orfèvrerie d'argent et de l'argenture par l'électricité. Le Jury lui a décerné la MÉDAILLE D'HONNEUR.

ACADÉMIE DE DUSSELDORF, a DUSSELDORF (PRUSSE).

L'ACADÉMIE DE DUSSELDORF exposait une superbe garniture d'album appartenant au prince royal de Prusse. Cet ouvrage, remarquable par son fini, son heureux agencement et sa richesse d'ensemble, a été exécuté par plusieurs artistes d'un grand mérite. MÉDAILLE D'HONNEUR.

M. WINKELMANN, a LENNA (PRUSSE). Parmi plusieurs objets de laiton argentés et dorés, M. WINKELMANN exposait un ouvrage remarquable au double point de vue de son exécution même et des procédés employés pour sa confection: un *Méléagre* en cuivre, obtenu par la galvanoplastie, riflé ensuite et dont la réussite était parfaite. M. WINKELMANN a reçu la MÉDAILLE DE PREMIÈRE CLASSE.

M. SCHOLLER, a BERNDORF (AUTRICHE). Pour ses couverts en packfond, produits d'un bon marché extrême, et les larges bases de son exploitation, il a obtenu la MÉDAILLE DE PREMIÈRE CLASSE.

M. LE BARON DE SCHLICK, a COPENHAGUE (DANEMARK). M. le baron DE SCHLICK avait exposé deux plats avec reliefs, parfaitement ciselés. MÉDAILLE DE PREMIÈRE CLASSE.

M. J. ROUCOU, a BELLEVILLE (FRANCE). Pour ses belles armes damasquinées de fil d'or ou d'argent par son procédé de champ-levé obtenu à l'eau forte: MÉDAILLE DE PREMIÈRE CLASSE

LA VILLE D'AMSTERDAM, pour LES LAPIDAIRES DIAMANTAIRES DE HOLLANDE
(PAYS-BAS).

La taille des diamants est en quelque sorte une industrie purement hollandaise; chaque jour elle transforme en véritables trésors des cristaux presque sans valeur à leur état brut. M. Coster, un de ses représentants, avait taillé pour l'Exposition de Londres le beau diamant dit la *Montagne de Lumière*; pour l'Exposition de 1855 il a taillé un second diamant, l'*Étoile du Sud*, qui ne le cède en rien au

premier comme travail. Cet habile artiste doit donc s'attribuer la meilleure part dans la MÉDAILLE D'HONNEUR décernée AUX DIAMANTAIRES DE HOLLANDE.

Ont aussi obtenu la MÉDAILLE DE PREMIÈRE CLASSE :

MM. CHEVASSUS CADET, PÈRE ET FILS, A PARIS (FRANCE), pour leur taille habile et de formes variées, de la plus grande utilité pour le commerce des pierres fines.

MICHELLINI, A PARIS (FRANCE). Comme objets de commerce, les camées exposés par M. Michellini ne laissent rien à désirer.

CORRADINI, A ROME (ÉTATS-PONTIFICAUX), pour sa grande mosaïque, *Neptune déchaînant les tempêtes*, ouvrage d'un beau dessin, mais dont le ton manque peut-être de vigueur.

M. MOREL, A PARIS (FRANCE).

L'exposition de M. MOREL se composait de diverses coupes remarquables par la finesse extrême du travail de bijouterie, et aussi par le mérite de la lapidairerie, qui appartient en propre à M. Morel ; car, fait exceptionnel, il est non-seulement le fabricant nominatif, mais l'exécuteur très-réel des objets exposés par lui.

Parmi eux il faut citer une grande coupe en jaspe, *Persée délivrant Andromède*, qui est l'œuvre dans laquelle M. MOREL s'est montré tout à la fois le plus éminemment lapidaire et bijoutier. Il a retrouvé ou plutôt inventé l'art de tailler le jaspe, malgré sa dureté, et de lui procurer toute la souplesse et tout le fini des matières plus tendres que l'on travaille habituellement. Ce n'est qu'à l'aide de la poussière de diamants mêlée à l'émeri qu'il a obtenu ce résultat, dont quelques ouvrages anciens seuls pouvaient donner une idée avant les siens. Cet habile fabricant, usant d'ingénieux procédés, est parvenu à réaliser la mise au point d'une colossale tête de Méduse aussi en jaspe, parfaite de moulure et d'ajusté, et d'un relief dont l'exécution par la gravure eût été presque impossible. Comme émailleur, il a surmonté les plus grandes difficultés du modelé pour les figures de ronde-bosse.

Le Jury a décerné à M. MOREL la GRANDE MÉDAILLE D'HONNEUR.

M. BAPST, A PARIS (FRANCE).

M. BAPST, pour une jolie Sévigné en perles et brillants, un diadème remarquable comme masse et comme feu des pierres, et une épée de belle forme et d'un travail très-précieux, a obtenu la MÉDAILLE D'HONNEUR.

M. MARRET-BEAUGRAND, A PARIS (FRANCE).

La riche joaillerie de cet exposant se fait remarquer par un travail d'une grande distinction et d'une heureuse hardiesse de dessin : citons particulièrement une guirlande de bluets, et un collier de perles noires rubans, d'un très-bon goût, enfin une ombrelle à perles noires très-satisfaisante. MÉDAILLE D'HONNEUR.

M. MELLERIO, A PARIS (FRANCE).

Il exposait à peu près les mêmes produits que M. Marret-Beaugrand, et ne le cédait en rien à ce dernier comme mérite d'exécution. M. MELLERIO fait un heureux usage de la flexibilité du métal, pour donner dans sa joaillerie de la légèreté aux grappes de fleurs. MÉDAILLE D'HONNEUR.

MM. MARRET et JARRY frères, a Paris (France).

MM. Marret et Jarry exposaient un charmant corsage en rubis et brillants, d'un travail achevé dans toutes ses parties pour le dessin, les ornements et la fabrication. Médaille d'honneur.

Ont obtenu la Médaille de première classe comme joailliers et bijoutiers :

MM. LECOINTE, a Paris (France), pour sa joaillerie et bijouterie d'un ensemble de bon goût, ses bijoux et petits objets bien dessinés.

LEMOINE, a Paris (France), pour ses travaux difficiles, mais bien réussis, quoique manquant un peu de légèreté, et pour ses beaux ordres en brillants.

LEMONNIER a Paris (France), pour sa joaillerie ordinaire, mais d'un travail parfait. Il exposait des couronnes impériales d'un goût simple, d'un bon dessin et d'une exécution très-satisfaisante.

BOUILLETTE et YVELIN, a Paris (France), pour une très-bonne entente de la monture et du jeu des pierres fausses. Leur dessin ne laisse rien à désirer.

J. PHILIPS, a Londres (Royaume-Uni), pour divers bijoux de façon antique, entre autres une broche et des boucles d'oreilles, et pour ses objets de fantaisie parfaitement finis.

WATERSTON-BRODGDEN, a Londres (Royaume-Uni), pour son excellente bijouterie courante, modelée spécialement dans sa fabrique.

DUBOIS, a la Chaux-de-Fonds (Confédération Helvétique), pour des dessins de boîtes parfaitement gravés, dont la perfection de travail atteint les limites de l'art.

DURON, a Paris (France), pour sa bijouterie parfaite, comme le révélaient ses bracelets en émail incrusté de roses remarquables de fini, et son joli bracelet en émeraudes avec figures d'enfants.

DUTERTRE, a Genève (Confédération Helvétique), qui est à la fois horloger et bijoutier ses bijoux sont beaux, faits avec soin, et le livre d'heures qu'il y a joint était surtout magnifique.

FRIEDMANN, a Francfort-sur-le-Mein (Villes Hanséatiques), pour sa joaillerie fort bien fabriquée et d'un prix très-modéré.

BISSON, a Jersey (Royaume-Uni), inventeur de chaînes-lames, qui produisent un grand effet comme poli, en conservant la souplesse la plus complète.

HALLEY, a Paris (France), pour des croix de divers ordres très-bien fabriquées.

DAFRIQUE, a Paris (France), pour ses camées-coquilles décorés, son très-beau bracelet et son élégante mantille en filigrane d'argent.

M. PAYEN, a Paris (France). La fabrication de cet exposant a pour but principal l'exportation : ses bijoux légers sont remarquables, ainsi que ses filigranes ; il exposait un tableau collectif des filigra-

nes de tous les pays, travail d'un grand intérêt, mais manquant complètement d'importance commerciale. MÉDAILLE DE PREMIÈRE CLASSE.

M. AVOGLIO, A NAPLES (DEUX-SICILES). Pour ses coraux gravés et taillés d'un précieux travail, et constituant une industrie importante : même récompense.

MM. SAVARY ET MOSBACH, A PARIS (FRANCE), se distinguent par leur spécialité dans l'imitation des pierres de couleur. Ils sont parvenus à donner à leurs cristaux une dureté capable de rayer le verre ; malheureusement la taille laisse un peu à désirer, et l'éclat est amoindri par la combinaison défectueuse des facettes, inconvénient qu'ils finiront sans doute par faire disparaître. Ils exposaient une intéressante collection de diamants historiques. Le Jury leur a décerné la MÉDAILLE DE PREMIÈRE CLASSE.

M. SAVARD, A PARIS (FRANCE). L'industrie du doublé et du doré est intéressante, parce qu'elle offre au commerce français un moyen de soutenir la concurrence des fabricants étrangers qui travaillent l'or de bas titre. Les objets exposés par M. SAVARD, variés à l'infini, prouvaient la supériorité du goût français dans ce genre de fabrication. MÉDAILLE DE PREMIÈRE CLASSE.

M. BRUNEAU, A PARIS (FRANCE), pour les mêmes produits, a aussi obtenu la MÉDAILLE DE PREMIÈRE CLASSE.

M. CONSTANT VALÈS , A PARIS (FRANCE). Cet exposant a porté l'imitation des perles à un rare degré de perfection. Les perles fausses qui sortent de cette maison ont non-seulement l'aspect, mais encore le poids des vraies perles. MÉDAILLE DE PREMIÈRE CLASSE.

M. A. DE GOURDIN, A PARIS (FRANCE), exposait une grande collection de pièces de corail d'un travail soigné et d'un beau relief, qui peuvent faire une concurrence active aux produits de Rome et de Naples, dont elles égalent l'effet et surpassent le fini. MÉDAILLE DE PREMIÈRE CLASSE.

M. BOURGAIN. A PARIS (FRANCE). Pour ses bijoux d'acier d'un travail très-fin et d'un beau poli, ainsi que pour un joli coffret dans lequel la difficulté d'exécution s'allie à l'élégance de la forme, a obtenu la MÉDAILLE DE PREMIÈRE CLASSE.

M. PÉROT, A PARIS (FRANCE), exposait quelques objets seulement, mais remarquables sous tous les rapports. C'étaient de véritables damasquinés sur acier et pierres fines. MÉDAILLE DE PREMIÈRE CLASSE.

LA VILLE DE NAPLES (DEUX-SICILES). On connaît toute l'importance de la taille et de la gravure des coraux à Naples. Une MÉDAILLE DE PREMIÈRE CLASSE a été décernée à la ville de NAPLES pour cette belle industrie et ses précieux travaux.

M. BARYE, A PARIS (FRANCE).

Dans la catégorie des bronzes d'art proprement dits, l'exposition de M. BARYE devait tout naturellement obtenir la première place ; l'opinion publique y mettait à l'avance les produits de ce grand sculpteur, qui tente, non sans succès, de rivaliser avec certains maîtres dont les âges nous ont transmis les chefs-d'œuvre. Aussi, grâce à M. BARYE, le bronze antique à fleur de fonte reparaît travaillé comme aux beaux temps d'Athènes et de Rome; seulement il se soumet aux exigences des goûts et du commerce modernes.

Le *Thésée combattant le Minotaure*, par exemple, réunissait dans ses dimensions réduites toutes les perfections du style des grandes époques païennes. Outre ce superbe groupe, M. BARYE exposait plusieurs de ces animaux à la représentation desquels il semble appliquer quelque système inconnu de pétrification, leur conservant l'expression vivante de l'acte où ils sont surpris par la reproduction diminuée mais immuable du bronze.

Son *Tigre vainqueur d'un Crocodile* était admirable. Dans tous ces travaux, la fonte est parfaitement venue, le grain est des plus purs : et M. BARYE ne fait usage de la ciselure que pour enlever les coutures du moule.

Le Jury international a voté à M. BARYE la grande MÉDAILLE D'HONNEUR.

MM. ECK ET DURAND, A PARIS (FRANCE).

L'exposition de MM. ECK ET DURAND comprenait une grande variété d'objets de fonte monumentale, dont la pièce capitale était un groupe de *Thésée terrassant le Minotaure*, œuvre colossale de M. Ramey, d'après un marbre des Tuileries.

Ces exposants avaient pareillement envoyé une statue de l'Infante d'Espagne, dont l'aspect était loin d'être satisfaisant, mais dont le modèle leur avait été imposé, ce qui excuse l'unique manque de goût qu'on pourrait reprocher à MM. ECK ET DURAND, qui sont les véritables représentants de leur branche d'industrie.

La MÉDAILLE D'HONNEUR leur a été décernée par le Jury.

M. EUSEBIO ZULOAGA, A MADRID (ESPAGNE).

Ce fabricant est élève de Lepage, chez lequel il a travaillé pendant douze années. Il exposait plusieurs pièces fort remarquables sous tous les rapports, et notamment un couteau de chasse, dont la damasquinure était la plus belle qu'il soit possible d'imaginer. Les ornements, parfaitement conçus, brillaient aussi comme exécution ; enfin cet objet d'art prenait place parmi les meilleurs de l'Exposition.

Des boîtes à parfums, des pistolets, des fusils complétaient l'envoi de M. ZULOAGA ; peut-être l'ornementation de ces dernières armes était-elle surchargée, mais il avait dû satisfaire aux exigences des personnes auxquelles ces fusils étaient destinés. MÉDAILLE D'HONNEUR.

M. P. ZULOAGA, A MADRID (ESPAGNE), cisèle aussi bien qu'il damasquine, et ne le cède en rien comme mérite à son père, M. Eusebio Zuloaga. Il exposait des groupes d'oiseaux en fer forgé et dont le plumage montrait son talent de ciseleur en rivalité heureuse avec la nature. Un bouclier seulement ébauché prouvait que M. P. ZULOAGA possède à fond la manière de Cellini. Enfin, une reliure d'album en fer damasquiné or et argent démontrait la science pour l'ornementation et le goût parfait de cet artiste. Il a reçu la MÉDAILLE DE PREMIÈRE CLASSE.

ARTS ET MÉTIERS DE BERLIN (PRUSSE). De nombreuses incrustations d'or et d'argent ont été pratiquées sur la statue en bronze de S. M. le roi de Prusse, par M. Kiss. La cuirasse, l'épée, la bordure du manteau en sont couvertes. Cette riche ornementation, pratiquée à queue d'arronde et dessinée dans le goût antique, suit la draperie dans ses replis les plus profonds, avec un scrupule, une patience et une habileté d'exécution vraiment admirables ; son ensemble seul manque un peu d'animation. Mais le Jury n'en a pas moins trouvé dignes d'encouragement les artistes qui, sous la direction de M. Mencke, ont accompli un pareil travail : ils ont collectivement reçu la MÉDAILLE DE PREMIÈRE CLASSE.

M. DELAFONTAINE, A PARIS (FRANCE). Bon goût dans les modèles dus au ciseau de M. Duret, soin et ménagement dans la ciselure, tels étaient les principaux caractères de l'exposition de M. DELA-FONTAINE, où primaient surtout un beau vase dans le genre de Ballin, une coupe ciselée et dorée à figure d'argent, et un trépied antique sévèrement dessiné. MÉDAILLE DE PREMIÈRE CLASSE.

MM. FEUQUIÈRE ET MARGUERITE, à Paris (France). Ces industriels vulgarisent les bronzes d'art en leur appliquant, avec une rare intelligence, les procédés de la galvanoplastie. Les creux de plâtre, la gutta-percha et les matières les plus diverses servent à la confection de leurs moules, dont les excellents produits coûtent environ moitié moins que ceux des autres fabricants. Les spécimens qu'ils exposaient étaient aussi remarquables que nombreux : citons particulièrement la reproduction du bas-relief surbaissé de Lucca della Robbia, celle d'un camée de Dioscoride, et celle de coupes dont Benvenuto Cellini a ciselé le pied. Il y avait là jusqu'à des fruits et des feuilles d'arbres moulés sur nature avec une adresse merveilleuse. MÉDAILLE DE PREMIÈRE CLASSE.

M. PAPI, à Florence (Toscane). Il exposait deux superbes spécimens dont la patine était d'une beauté irréprochable. L'un était la fonte à cire perdue de la tête colossale du David de Michel-Ange ; l'autre, la réduction du Persée tenant la tête de Méduse, de Benvenuto Cellini. MÉDAILLE DE PREMIÈRE CLASSE.

M. H. GENTILHOMME, à Paris (France).

Voici les termes du rapport officiel de la XVIIe classe, à propos de l'exposition de M. Gentilhomme : « Croix d'ordres. Bonne bijouterie courante, invention et nouveauté dans la forme ; chaînes très-bien faites. »

Sous sa laconique simplicité, cette appréciation renferme les conditions où doit se maintenir le bijoutier qui, tout en voulant satisfaire au besoin de la fabrication courante, y apporte cependant tout le soin et tout le luxe que peut désirer l'homme de goût.

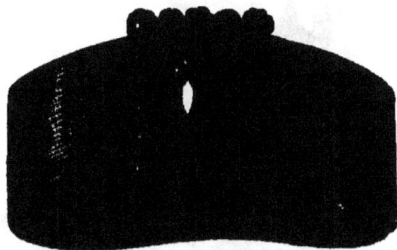

Bracelet sortant des ateliers de M. Gentilhomme, de Paris.

Or, pour arriver à ces résultats, le fabricant est sans cesse entravé par la considération de mettre son œuvre à la portée de toutes les fortunes ; aussi, réussir dans une telle voie est sans contredit aussi méritoire que dans celle où l'artiste n'a pas à se préoccuper des dépenses que les caprices du goût peuvent lui occasionner.

Au reste, M. Gentilhomme a prouvé par son envoi qu'il ne sait pas moins conserver l'exécution artistique, tout en la faisant entrer franchement dans la catégorie vraiment commerciale.

A l'appui de cette opinion, nous citerons le bracelet dont nous donnons ci-dessus le dessin. Ce bracelet, d'une simplicité charmante et d'une souplesse extrême, car il présente 7,000 à-jour, est d'une régularité d'exécution qui ne pouvait être obtenue qu'à l'aide de procédés nouveaux introduits dans la fabrication et qui sont le fait de M. Gentilhomme. « C'est un véritable tissu, » a dit S. M. l'Empereur, en en commandant un pour S. M. l'Impératrice. Cette preuve d'une auguste satisfaction, et le brevet de fournisseur de S. M. l'Empereur qui en a été la suite, en disent plus que tout commentaire élogieux.

La chaîne à gilet aussi reproduite par la gravure ci-contre, montrait une égale valeur d'idée et de faire de la part de son auteur. Des aumônières cotte-de-mailles, des bracelets, broches, chaînes de tous modèles, depuis le simple jaseron jusqu'aux formes capricieuses autant que riches, établissent aussi

l'ingéniosité et le fini du travail de M. Gentilhomme, un véritable fils de ses œuvres, qui, à force de mérite et d'expérience, est arrivé à se créer une fabrique employant quatre-vingts ouvriers, et produisant annuellement pour un million d'orfévrerie.

M. Gentilhomme a reçu du Jury la Médaille de deuxième classe.

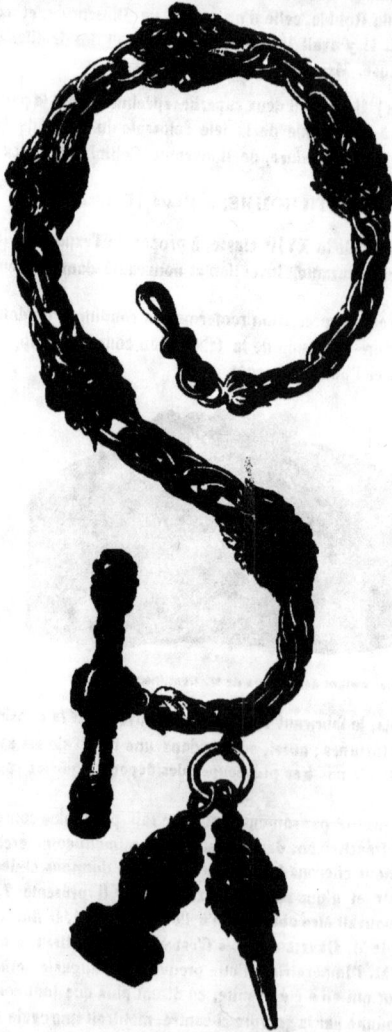

Chaîne à gilet sortant des ateliers de M. Gentilhomme, de Paris.

M. A. LACARRIÈRE, a Paris (France).

La maison A. Lacarrière, dont la raison sociale est aujourd'hui A. Lacarrière père et fils et C°, fabrique sur une grande échelle des bronzes et des appareils d'éclairage au gaz, dont elle exporte des quantités considérables.

M. A. Lacarrière, artisan lui-même de sa fortune et simple ouvrier en 1824, fut le premier à fabriquer ces belles devantures en cuivre étiré sur bois dont, à Paris, les galeries Véro-Dodat et d'Orléans conservent encore des spécimens remarquables.

Plus tard, l'emploi de ces sortes de devantures ayant été délaissé, cet industriel donna tous ses soins à la fabrication des appareils à gaz, dont les modèles étaient loin d'avoir, à cette époque, l'élégance de ceux d'aujourd'hui.

Jusqu'alors, dans la construction des appareils à gaz, on n'avait pas dévié de l'angle droit. Il essaya et parvint à vaincre les difficultés du passage du gaz dans des branches contournées, et à combiner l'élégance artistique de ces appareils avec leur emploi usuel.

Là ne se bornent pas les perfectionnements et les améliorations apportées par M. Lacarrière dans son industrie; les récompenses qu'il a obtenues à tous les grands concours de l'industrie, depuis 1834, en ont constaté et le nombre et le mérite.

« M. Lacarrière, dit le Rapport officiel, a d'excellents lustres pour gaz, exécutés sur les modèles de Poitevin et de Liénard. Sa ciselure est soignée, et sa dorure fort belle. »

Pour compléter l'énumération des objets exposés par M. Lacarrière, nous citerons :

1° Deux candélabres, le *Jour et la Nuit*, dus à l'habile ciseau de M. Ferrat, élève de Pradier ;

2° Un lustre de 365 becs, destiné au théâtre de Bordeaux ;

3° Un lustre dit *Végétation*, sculpté par Vilms.

Enfin, un autre lustre à cristaux et de 20 becs, dont l'effet était ravissant.

Si nous ajoutons qu'à Paris les lustres du Palais de l'Élysée, ceux du Cirque impérial, du Cirque Napoléon, du Jardin Mabile, etc., sortent des ateliers de M. Lacarrière, et qu'il fournit les grands établissements de presque toutes les capitales de l'Europe, on se fera une idée de l'importance de sa maison. Le Jury lui a décerné la Médaille de première classe.

M. DÉNIÈRE FILS, a Paris (France).

L'exposition de M. Dénière, quoique appartenant à la catégorie des bronzes d'ameublement, pouvait se ranger en grande partie dans celle des bronzes d'art proprement dits. Malgré l'extension de son exploitation au point de vue commercial, M. Dénière ne sacrifie pas le cachet artistique à la nécessité de produire vite et beaucoup. Il sait allier dans ses travaux l'inspiration de la forme avec la richesse de la matière, car sa spécialité comprend surtout ces pièces de grand luxe qui, destinées aux classes élevées, doivent, pour leur plaire, être plutôt des œuvres que des ouvrages. Les objets exposés qui faisaient le plus d'honneur à la haute intelligence de cet éminent industriel étaient : son superbe service doré et sa table style Louis XVI, sa charmante reproduction en bronze d'un ivoire monté de la Renaissance, et ses réductions parfaites du Mercure de Pigalle, et de l'amiral Chabot fondu sur un délicieux modèle de feu J. Feuchère.

Le Jury a décerné à M. Dénière fils la Médaille d'honneur.

M. CHARPENTIER, a Paris (France). Son exploitation est d'assez grande échelle. On remarquait surtout ses bronzes fondus sur les modèles de Fratin, et ses charmants enfants d'après les modèles de Buhaut. Médaille de première classe.

M. F. GAUTIER, à Paris (France). Dans son exposition brillaient une Vénus de Falconet et un Faune de Lequesne, remarquablement ciselés, à côté d'une superbe pendule de bronze et de beaux vases de bronze vert destinés au roi de Hollande. **MÉDAILLE DE PREMIÈRE CLASSE.**

M. de LABROUE, à Paris (France), fait fondre ses bronzes par fragments, qu'il ajuste ensuite au mieux. Sa riche corbeille dorée, soutenue par des enfants, était ravissante à voir; mais son petit groupe d'esclaves noire et blanche ne lui cédait en rien pour la beauté du modèle et les qualités de la fonte. Même récompense.

MM. LEROLLE FRÈRES, à Paris (France), exposaient, entre autres, une grande cheminée Louis XVI, d'un majestueux effet, ainsi qu'une statue antique, l'Adorant, fort belle comme ciselure, mais chargée de deux accessoires, une couronne sur la tête et une coupe dans la main, d'un goût plus que contestable. **Même récompense.**

M. L. MARCHAND, à Paris (France). Modelées par Klagmann, ses torchères composées de branches enchaînées, portées par des femmes, étaient les pièces importantes et charmantes de son exposition. Même récompense.

MM. RAINGO FRÈRES, à Paris (France). Ils exploitent en grand. Un beau vase de bronze d'un prix modique, de ravissants petits groupes de Clodion, des candélabres des quatre Saisons, parfaitement et sobrement ciselés, enfin leur soin tout particulier dans la dorure, les ont fait distinguer par le Jury qui leur a voté une **MÉDAILLE DE PREMIÈRE CLASSE.**

M. GRAUX-MARLY, à Paris (France). L'ampleur était le caractère de leur exposition, dont les modèles sont moelleusement ciselés : des candélabres portés par des enfants, fondus en bronze, en constituaient les pièces principales. **Même récompense.**

M. V. PAILLARD, à Paris (France). Cet éminent industriel aurait obtenu certainement la plus haute récompense pour ses beaux produits tant en zinc qu'en bronze, si sa position de membre du Jury de la XVIIe Classe ne l'eût tenu hors du concours. Nous ne l'en citerons pas moins ici, surtout pour ses excellentes applications du zinc, un métal peu coûteux, qui lui devra peut-être de se vulgariser tout à fait comme moyen de reproduction; car la statue équestre de l'Empereur, fondue et montée par M. V. PAILLARD, sur le modèle de M. J. Debay, prouvait incontestablement les ressources que le zinc peut offrir dans des mains habiles. Les produits en bronze de M. Paillard portent aussi l'empreinte d'un progrès incessant.

MM. SUSSE FRÈRES, à Paris (France).

La première, la maison Susse frères a publié les productions des artistes avec le nom de leurs auteurs. C'était là un acte d'intelligence autant que d'équité, qui devait lui rendre largement, en fructueuse réputation, ce qu'il semblait tout d'abord avoir de contraire à l'intérêt égoïste et mercantile généralement admis.

Aussi MM. Pradier, Cumberworth, Mélingue, A. Moine, et tant d'autres sculpteurs célèbres, ont-ils vendu leurs œuvres, avec une préférence marquée, aux industriels honorables qui leur laissaient tout le bénéfice moral de leur célébrité. La brillante exposition de MM. Susse frères était donc parmi ses pu-

blications généralement remarquables, comme perfection de l'exécution et comme choix des modèles, la *Sapho*, le *Jupiter et Hébé*, l'*Enfant au cygne*, de Pradier; le *Paul et Virginie*, de Cumberworth : le *Génie de la Chasse*, de J. Debay, etc.

La Sapho par Pradier, réduite ou grandie à l'aide du p océdé Sauvage, par MM. Susse frères, de Paris.

Au reste, à l'aide du procédé Sauvage, la maison Susse a fait réduire tous les principaux chefs-d'œuvre de la statuaire ancienne et moderne, fût-elle la *Vénus de Milo*, cette reine des antiques. *Les Grâces* de Germain Pilon, cette aspiration puissante vers l'idéal de l'antiquité, peuvent décorer, fidèles d'aspect comme dans un miroir, tous les cabinets des amateurs du beau incarné dans le marbre ou le bronze.

L'excellence de leur fabrication et le choix de leurs modèles ont valu à MM. Susse frères, déjà en possession de la *prize medal* de la grande Exposition de Londres, la Médaille de première classe.

M. A. LECHESNE, a Paris (France).

Ainsi s'exprimait, à propos de M. Lechesne, dans son rapport officiel sur la section de la XVIIe classe

Groupe par M. Lechesne, de Paris.

consacrée aux bronzes d'art, un des artistes les plus consciencieux, les plus convaincus, les plus érudits

Coffret par M. Lechesne, de Paris.

de notre époque, M. Devéria, que la mort a enlevé trop tôt au poste de conservateur des estampes à la Bibliothèque impériale, dont il était si digne :

Vases par M. Lechesne, de Paris.

« Les coffrets ciselés, aiguières, les bassins à compartiments divisés par les lambrequins, les figures, les animaux et les feuillages si caractéristiques de la belle période du XVI° siècle, sont admirablement représentés par le travail d'artiste de M. Lechesne... »

Autre part il ajoute encore :

« Nous avons à regretter que la position de membre du Jury de M. Lechesne le tienne en dehors du concours : ses merveilleuses ciselures lui eussent tout naturellement mérité une médaille d'honneur. »

Il suffit de jeter les yeux sur les dessins de vases, de coffrets, de groupes intercalés dans cet article, pour s'associer aux regrets de M. Devéria. Il suffit encore de se rappeler cette *Chasse au sanglier*, œuvre capitale du genre à l'Exposition universelle, pour comprendre de quelle puissance de conception et d'exécution est doué l'habile sculpteur ornemaniste qui tente, soit de rivaliser avec les chefs-d'œuvre que nous ont transmis les âges, soit de vulgariser des types de bon goût jusqu'alors inaccessibles au plus grand nombre.

S. M. l'Empereur a créé M. Lechesne chevalier de la Légion-d'honneur.

M. Ch. DE DIEBISTCH, DE BERLIN (PRUSSE), exposait une immense jardinière ouvragée et peinte, d'un goût mauresque qui rappelait l'ornementation magique de l'Alhambra. Ses candélabres du même style, aussi exposés, ne copient pas tout à fait la franchise d'allures de leurs modèles, mais ils sont d'un prix véritablement modéré comparativement à leur valeur d'exécution. MÉDAILLE DE PREMIÈRE CLASSE.

Ont pareillement reçu la MÉDAILLE DE PREMIÈRE CLASSE :

MM. GEISS, A BERLIN (PRUSSE), emploie avec succès la galvanoplastie pour établir ses fontes de zinc. Son cerf bronzé, d'après Rauch, offrait une ciselure irréprochable.

MORRIS FILS, A PARIS (FRANCE), mérite d'être cité en première ligne parmi les fondeurs de zinc, comme le prouvaient son Ange d'enfer, d'après Faillot, véritable œuvre d'art; son Amazone moulée par lui-même, bel ouvrage d'un prix fort modique ; sa chèvre Amalthée et ses Chevaux de Marly.

MIROY FRÈRES, A PARIS (FRANCE). Ils fabriquent des zincs bronzés d'un mérite incontestable, ce qu'on ne saurait dire de leurs bronzes. Ils exposaient des pièces dignes de captiver l'attention, et entre autres une Pomone, d'après Moreau, une Amazone, et une statuette de femme drapée dans un châle.

ALB. MEWES, A BERLIN (PRUSSE), présentait à l'Exposition un groupe d'un Génie et d'un cygne formant fontaine, d'une belle exécution et parfaitement bronzé, puis une quantité de petits objets en fer fort remarquables.

XVIIᵉ CLASSE

ORFÈVRERIE, BIJOUTERIE, INDUSTRIE DES BRONZES D'ART

RÉCOMPENSES DÉCERNÉES PAR LE JURY INTERNATIONAL

(EXTRAIT DU *Moniteur* DU 8 DÉCEMBRE 1855.)

GRANDES MÉDAILLES D'HONNEUR.

Barye (Ant.-L.), Paris. France.
Morel (J.-V.), Sèvres (Seine-et-Oise). Id.

MÉDAILLES D'HONNEUR.

Allard (V.-Fl.), Paris. France.
Académie de Dusseldorf. Prusse.
Baspt et neveu. Paris. France.
Denière fils. Paris. Id.
Duponchel, Paris. Id.
Eck et Durand, Paris. Id.
Froment-Meurice, Paris. Id.
Garrard (R. et S.) et comp., Londres. Royaume-Uni.
Gueyton (Al.), Paris. France.
Hancock C.-F.), Londres. Royaume-Uni.
Hunt et Roskell, Londres. Id.
La Province rhénane. Prusse.
La ville d'Amsterdam. Pays-Bas.
Marret, Baugrand, Paris. France.
Marrat et Jarry frères, Paris. Id.
Mellerio, Paris. Id.
Rouvenat, Paris. Id.
Vollgold (D.) et fils. Berlin. Prusse.
Zuloaga (Eus.) père, Madrid. Espagne.

MÉDAILLES DE PREMIÈRE CLASSE.

Arts et métiers de Berlin. Prusse.
Aucoc aîné, Paris. France.
Audot, Paris. Id.
Avoglio, Naples. Deux-Siciles.
Balaine (Ch.) et fils, Paris. France.
Bisson (M), Jersey. Royaume-Uni.
Bouillette et Hyvelin. Paris. France.
Bourgain fils (J.-B.), Paris. Id.
Bruneau (L.-M.), Paris. Id.
Cartwright, Hirons et Woodward, Birmingham (Warwick), Royaume-Uni.
Charpentier (N.-G.), Paris. France.
Chevassus-Cadet père et fils, Saint-Claude. Id.
Collis (J.-R.), Birmingham (Warwick), Royaume-Uni.
Carrodini (G.), Rome. États Pontificaux.
Cosson Corby (Ant.), Paris. France.
Dafrique (F.-Fr. Paris. Id.
Delafontaine (A.-M.), Paris. Id.
Diebitsch (Ch. de), Berlin. Prusse.
Dixon (J.) et fils, Sheffield (Yorkshire), Royaume-Uni.
Dotin (Ch.), Paris. France.
Dubois (Ad.), Chaux-de-Fonds (Neuchâtel) Suisse.
Durand (Fr.), Paris. France.

Duron (Ch.), Paris. France.
Dutertre (Aug.), Genève. Suisse.
Feuquières et Marguerite. Paris. France.
Friedmain (J.). Francfort-sur-le-Mein. Villes libres.
Gauthier (Fr.), Paris. France.
Geiss (M), Berlin. Prusse.
Gourdin (Ars. de), Paris, France.
Granger (Ed.), Paris. Id.
Graux-Marly, Paris. Id.
Grichois (J.-P. Ph.), Paris. Id.
Hallay (L.-G.), Paris. Id.
Henri-Hayet (J.-A.), Paris. Id.
Jarry aîné, Paris. Id.
Labroue (de E.), Paris. Id.
Lacarrière (A.), Paris. Id.
Lebrun (A), Paris. Id.
Lecointe (A.-J.-L.), Paris. Id.
Lemoine (J.-V), Paris. Id.
Lemonnier (G), Paris. Id.
Lerolle frères, Paris. Id.
Marchand (L.), Paris. Id.
Marret aîné. Paris. Id.
Meyer (Maurice), Paris. Id.
Mewes (Alb.), Berlin, Prusse.
Michellini (L.), Paris. France et États Pontificaux.
Miroy frères, Paris, Id.
Moris fils, Paris. France.
Naples (la ville de) Deux-Siciles.
Papi (...), Florence. Toscane.
Payen (Ad.-R.), Paris. France.
Perot (G.-J.), Paris. Id.
Phillips (R.), Londres. Royaume-Uni.
Poussielgue-Rusand (H), Paris. France.
Raingo frères, Paris. Id.
Rossigneux (Ch.), Paris. Id.
Rouen (J) Belleville (Seine). Id.
Rudolph (F.-G.), Paris. Id.
Savard (A.), Paris. Id.
Savary et Mosbach. Paris. Id.
Schück (le baron de), à Copenhague. Danemark.
Scholler (M), Berndorf (basse Autriche). Autriche.
Susse frères, Paris. France.
Thierry (A.-S.-M), Paris. Id.
Thouret (F.-A.), Paris. Id.
Trioubier, Paris. Id.
Valès (G.) et comp., Paris. Id.
Veyrat (Ad.), Paris. Id.
Watherston, Brogden, Londres. Royaume-Uni.
Wiese (J), Paris. France.
Winkelmann (J.), Zinna (Brandebourg). Prusse.
Zuloaga (P.) fils, Madrid. Espagne.

III.

9

MÉDAILLES DE DEUXIÈME CLASSE.

Albitès (T.), Paris. France.
Alix (J.-B.), Paris. Id.
Alliez, Berguer, Genève. Suisse.
Bachelet (L.-Ch.), Paris. France.
Barbaroux et Mégy (J.) Marseille. Id.
Baulte, Rossel et comp. Suisse
Barberi, Paris. France et Etats pontificaux.
Bertault et Dufour, Paris. France.
Berthet (J. F.), Paris. Id.
Bion (V.), Paris. Id.
Birahim-Tiam, Sénégal. Colonies françaises.
Bovy (L.-M.). la Chaux-de-Fonds. Suisse.
Boy (J.), Paris. France.
Boyer (N.-P.) et fils, Paris. Id.
Brasseux (G.-J.-H), Paris. Id.
Bruckmann et fils, Heilbronn. Wurtemberg.
Cailloue (J.-G), Paris. France.
Charles (Ad.-Ad.), Paris. Id.
Charlot fils (L.), Paris. Id.
Chauchefoin et comp., Paris. Id.
Chiquet (E.-E.) et Tavernier (A.), Paris. Id.
Chobillon (J.), Paris. Id.
Colin (C) fils, Hanau. Hesse électorale.
Corplet (C.-A), Paris. France.
Daniel jeune (E.) et Lesourd. Paris. Id.
Debain (Al.-F.), Paris. Id.
Dépensier (H.), Paris. Id.
Devarance (I-P.) et fils, Berlin. Prusse.
Deverdun (G.-Cl.), Paris. France.
Dufour (J.-L.), Paris. Id.
Dufour (J.), Bruxelles. Belgique.
Duplan et Salles, Paris. France.
Durafour (J.-M.), Lyon. Id.
Einsiedel (fonderie du comte d'), Lauchhammer, près Mückenberg (province de Saxe) Prusse.
Faasse (P.-Ad.), Paris. France.
Favien et neveu. Lyon, Id.
Fischer (Ch.-H). Berlin. Prusse.
Fester, Paris. France.
Fougères et Parquin, Paris. Id.
Fray (M.), Paris. Id
Friedeberg fils (S.), Berlin. Prusse
Gantier (L.-Yv.-Alph.), Paris. France.
Garaudy père, fils et comp. Marseille. Id.
Gaudin (M-H.), Paris. Id.
Gautier et Lenoir, Paris. Id.
Gentilhomme (H.-H.), Paris. Id.
Giroux (Alph.), et comp, Paris Id.
Goggin (C.), Dublin (Irlande). Royaume-Uni.
Goldschmitt (H.-S.), Prague (Bohême). Autriche.
Genon (C.), Belleville. France.
Gonsse (Ch.-L.), Paris. Id
Grohmann (J.). Prague (Bohême). Autriche.
Halem-ben-Sadoun, Tlemcen. Algérie.
Halphen (C.) et comp., Paris. France.
Hogarth (J.), Sydney (Australie). Colonies anglaises.
Houdebine (H.) et comp., Paris. France.
Houtiel (Le). Paris. Id.
Hubert fils (J-A.), Paris. Id.
Isaura. Barcelone. Espagne.
Java (orfèvres et bijoutiers de). Colonies hollandaises.
Krammer, Paris. France.
Kundert (F.), la Chaux-de-Fonds (Neuchâtel) Suisse.
Künne (A.), Altena (Westphalie). Prusse.
Langevin, Paris. France.
Laureau (L.), Paris. Id.
Lelong (A.-E.), Paris Id.
Lemaire (A.), Paris. Id.
Lenoir, Paris. Id.
Lévy frères et comp, Paris. Id.
Lionnet frères, Paris. Id.
Leroy et fils, Paris. Id.
Lobkowitz (prince de), Bilin (Bohême). Autriche.
Lorbinet, Paris. France.

Lubasco, Amsterdam. Pays-Bas.
Lyonnet frères, Paris. France.
Maquis (A.-L.), Paris. Id.
Marrel jeune, l'Isle-Adam (Seine-et-Oise). Id.
Mercier (D.), Paris. Id.
Mercier (Sigism), Genève. Suisse.
Merk (Godefroy). Munich. Bavière.
Meynadier (A.) et comp., Genève. Suisse.
Miauel (Th. de), Madrid. Espagne.
Mollenborg, Stockholm. Suède.
Morizot (J.), Paris. France.
Murat (Ch.), Paris. Id.
Oldenbourg. Grand-duché d'Oldenbourg.
Paillard (E), Paris. France.
Patry (Ch.), Paris. Id.
Paul (A.) et frères, Paris. Id.
Perret, Paris Id.
Perrot (H.). Paris. Id.
Philip (John) et comp., Liége. Belgique.
Picard, Paris. France.
Pickard (Ch.) et Punant (Ad.), Paris. Id.
Pilchon (V.), Paris. Id.
Plique, Paris. Id.
Popon (N), Paris. Id.
Potalier et comp., Paris Id.
Prime et fils, Birmingham. Royaume-Uni.
Ratzersdorfer (Armand). Vienne. Autriche.
Rentrop et Kunne, Altena (Westphalie). Prusse.
Robert Barré. Paris. France
Robineau Sorin frères, Paris. Id.
Romain (D.), Rotterdam. Pays-Bas.
Rossel, Baulte et comp., Genève. Suisse.
Salem-ben-Ichou, Tlemcen. Igérie.
Sandoz (V), Bruxelles Belgique.
Schaw et Fischer. Sheffield. Royaume-Uni.
Schoenborn (comte Ervin de), Dlazkowic (Bohême). Autriche.
Schuh (M.-Ch), Vienne. Id.
Sonnois (E) et comp., Paris France
Spagnia (P.-P.), Rome Etats pontificaux.
Sy et Wagner, Berlin. Prusse.
Thénard (P). Paris France.
Tiennet et Pingot, Paris. Id.
Thirion (J. P.) et Guidon (V.-A). Paris. Id.
Topart frères, Paris. Id.
Tournay et Munerede, Paris. Id.
Truchy (Ch Erp), Paris Id.
Vauvray frères. Paris. Id.
Viette. Paris. Id.
Villemsens, Paris. Id.
Vogeno (J-H.). Aix-la-Chapelle (prov. du Rhin). Prusse.
Wagner (Ch.), Paris. France.
Waterhouse et comp., Dublin (Irlande). Royaume-Uni.
Weygand (A.-L.), Paris. France.
Willerme (J-M). Septmoncel (Jura). Id.
Wilm (H-J.), Berlin. Prusse.
Zimmermann (E-G.), Francfort-sur-le-Mein. Villes libres.

MENTIONS HONORABLES.

Audot (L.-J.), Paris. France.
Benoît-Gouin (V.), Maulnes (Jura). Id.
Berthet (J.-Fr), Paris. Id.
Bolzani et comp., Vienne. Autriche.
Bonnotte (Ed.), Paris. France.
Boulonnais (M.-M.), Paris. Id.
Bourdon (Alph.), Paris. Id.
Brichon et comp., Paris. Id.
Brooks (P.-J.). Birmingham. Royaume-Uni.
Carreras (F.), Barcelone. Espagne.
Carreier-Rouge. Lyon. France.
Cosson, Paris. Id.
Coulon (Aud.), Lyon. Id.
Dahlgren G), Malmo. Suède.
Daubrée (Alf.), Paris. France.
Delajuveny (A) et comp., Paris. Id.

Délacourt (J.), veuve Béchet et comp. Paris. France.
Dessales (A.-J.), Paris. Id.
Désorcy (Fr.), Paris. Id.
Duchâteau et comp., Paris. Id.
Fabregas, Barcelone. Espagne.
Faye (P.-G.), Paris. Id.
Flosange (E.-H.), Paris. France.
Foëx (L.) et comp., Paris. Id.
Folker (G -Th), Stockholm. Suède
Fostrup (J.-U.-H.), Christinia. Norwège.
Gallois aîné (J -P.-B.), Paris. France.
Georgi, Paris Id.
Heiman (J.-S), Paris. Id.
Henri, Paris. Id.
Henry (Fr.), Paris. Id.
Jahan-Manchon. Paris. Id.
Jansse (Th.), Paris. Id.
Janvier, Paris. Id.
Knoll (L.), Berlin. Prusse.
Krischer (J.), Dusseldorf. Prusse.
Laquis (D), Paris. France.
Lateltin (J.), Paris. Id
Leclercq (Fr.-P), Paris. Id.
Lesueur aîné (A.-J.), Paris. Id.
Lœwenthal et comp., Cologne. Prusse.
Magniadas (F.), Paris. France.
Médoc et Gaillard, Paris. Id.
Michelsen, Copenhague (Séeland) Danemark.
Moratilla (F.), Madrid. Espagne.
Nouvelle-Grenade. République de la Nouvelle-Grenade.
Palmgren (P.-F.), Stockholm. Suède.
Parhaut (veuve) et comp., Paris. France
Patural, Paris. Id.
Piéhler (C.), Prague (Bohème). Autriche.
Pompon (J.-J.), Paris. France.
Pilloud aîné. Paris. Id.
Ramires, Madrid. Espagne.
Ray (J), Paris. France.
Renardeux et Claude. Paris. Id.
Ribeiro (F.-M. da Sila), Lisbonne. Portugal.
Rivand (P.), Paris. France.
Roger (And.), Anvers. Belgique.
Rollin (F -G), Paris. France.
Rudzki, Paris. Id.
Sanders (H.), Paris. Id
Sanson et Davenport, Sheffield Royaume-Uni.
Scheidi frères, Vienne. Autriche.
Servant et fils, Paris. France.
Soier y Perick. Barcelone. Espagne.
Sollier (Ch.), Paris. France.
Tunis. États de Tunis.
Uben (J.-Emm.). Paris. France.
Viey (Ch.) et Gibot, Paris. Id.
Villemot, Paris. Id.
Watlé (Eg.-J.), Anvers. Belgique.
Weddellick, Amsterdam. Pays-Bas.
Wien (Joel.). Prague (Bohème). Autriche.

COOPÉRATEURS,
CONTRE-MAITRES ET OUVRIERS.

GRANDE MÉDAILLE D'HONNEUR.

Wechte. Paris. France.

MÉDAILLES DE PREMIÈRE CLASSE.

Billois (J.), Londres. Royaume-Uni.
Bovillet (Henri). Paris. France.
Brockx, Paris. Id.
Carrier, Paris. Id.
Cavalier. Paris. Id
Fannières frères, Paris. Id.
Geoffroy de Chaume, Paris. Id.
Honoré, Paris. Id.
Jeannest, Birmingham. Royaume-Uni.

Maheu (P.-J.). Paris. France.
Poux, Paris. Id.
Voorzanger, Amsterdam. Pays-Bas.

MÉDAILLES DE DEUXIÈME CLASSE.

Armstead (H.-H.), Londres. Royaume-Uni.
Audoin, Niort (Deux-Sèvres). France.
Begley, Londres Royaume-Uni,
Blancheleau, Paris. France.
Berthemy (M⁻), Paris. Id.
Bertin (Jules). Paris. Id.
Betouille (R.-Z.) Paris. Id.
Blanc (A), Paris. Id
Bouhon (Edouard), Paris. Id.
Brown (Al.), Londres. Royaume-Uni.
Châtain (P.) Paris. France.
Chéron (Charles), Paris. Id.
Chertier. Paris. Id
Classon (Félix) Paris. Id.
Clavier (E), Paris. Id.
Clavier (F -D). Paris. Id.
Clive (T). Londres. Royaume-Uni.
Cornaire (P.). Paris. France.
Cornin (P.), Paris. Id.
Cornu (Eugène), Paris. Id.
Cottereil (E.), Londres. Royaume-Uni.
Dalberg, Paris France.
Deeg (Louis), Berlin. Prusse.
Delafontaine, Paris. France.
Devitte (L.), Paris Id.
Duret (J -C.), Genève. Suisse.
Elliott (G), Londres. Royaume-Uni.
Fouquet (J -A.), Paris. France.
Frantz. Berlin. Prusse.
Glasbrenner, Berlin Id.
Gosset, Paris France.
Grillat (A.). Paris. Id.
Kabelaczy (François), Bilin (Bohème). Autriche.
Krazenberg (J.-A.), Berlin. Prusse.
Leblanc (A.). Paris. France.
Lecompte, Paris Id.
Legost, Paris. Id.
Lelièvre, Paris Id.
Lescures, Niort Deux-Sèvres. Id.
Moreau aîné, Paris. Id.
Mulleret (A), Sèvres. Id.
Paulmier, Paris. Id.
Quignard (Noël), Paris. Id.
Rambert, Paris. Id.
Robert, Paris. Id.
Raccheggiani père et fils, Rome. Etats pontificaux.
Rosenhaum, Paris. France.
Ryland (Williams). Londres Royaume-Uni.
Schropp, Paris. France.
Salmson, Paris. Id.
Salamon (Ferdinand), Paris. Id.
Theodoros (W.). Londres. Royaume-Uni.
Thuillier (M⁻ L.-A.), Paris. France.
Willms (A.), Paris. Id.

MENTIONS HONORABLES.

Artaud (François). Paris. France.
Briese (H.). Berlin. Prusse.
Barre, Paris. France.
Béguin, Paris. Id.
Besse, Paris. Id.
Bethan (Joseph), Berndorf (Basse-Autriche). Autriche.
Bette (L.-M.) Paris France.
Borchardt (J.), Berlin Prusse.
Clarck (W), Londres. Royaume-Uni.
Day (W). Londres. Id.
Douix, Paris. France.
Ete (Lucien). Paris. Id.
Fédide (Charles). Paris. Id.

Fevrier, Paris. France.
Firmann, Berlin. Prusse.
Gagne, Paris. France.
Grant (Ch.), Londres. Royaume-Uni.
Grèle (Maurice), Paris. France.
Grotzinger, Paris. Id.
Hardelet, Paris. Id.
Howard (F.), Londres Royaume-Uni.
James, Paris. France.
Janin (E.), Paris. Id.
Lambersaint, Paris. Id.
Ledoux, Paris. Id.
Leroux-Villois, Paris. Id
Liot (Charles), Paris. Id.
Maillot (Germain), Paris. Id.
Masson, Paris. Id.
Millewarel (Williams), Londres. Royaume-Uni.
Mougin, Lyon. France.
Mourot, Paris. Id.
Neubauer (Antoine), Berndorf. (Basse-Autriche). Autriche

Paillard (Frédéric), Paris France.
Pernot, Paris. Id.
Perrot, Paris. Id.
Pfeiffer (Jean), Berndorf (Basse-Autriche). Autriche.
Pougny (François), Paris. France.
Prévoteau, Paris. Id
Prouha, Paris Id.
Pyat, Paris. Id
Quatresous, Paris. Id.
Roche fils, Paris. Id
Sch-archendorff (G.), Berlin. Prusse.
Serret, Paris. France.
Suret (A.), Berlin. Prusse.
Verner (Edouard), Bruxelles Belgique
Viard (E.), Paris. France.
Vogeno (M.), Aix-la-Chapelle (province du Rhin). Prusse.
Vrai (Constant), Paris. France
Will (T.), Londres. Royaume-Uni.
Wriebel (Charles), Vienne. Autriche.

EXPOSITION UNIVERSELLE

PRODUITS DE L'INDUSTRIE

DIX-HUITIÈME CLASSE

INDUSTRIE DE LA CÉRAMIQUE ET DE LA VERRERIE.

Voulez-vous apprécier exactement une société d'après ses usages domestiques, con-
sultez la céramique. Dans toutes les familles, on la voit se produire à livre ouvert :
chacun peut y lire : le savant, l'ignorant reconnaîtront d'un coup d'œil le degré de
civilisation, la limite des habitudes intimes de ceux dont la vaisselle est exhibée de la
sorte. Chez les peuples primitifs, l'art ne se généralise jamais, car l'idée demeure longtemps personnelle, et la céramique la plus rudimentaire suffit pour y répondre. Mais
aussitôt que la société se constitue en Etat, aussitôt qu'elle devient nation, qu'elle a des
chefs élus et des lois écrites, la céramique se perfectionne, se transforme, s'agrandit, et
bientôt, ne suffisant plus aux exigences, elle appelle à son aide la verrerie, puis le bronze,
puis le fer, puis les métaux précieux. Voilà le progrès. Aussi j'aurais voulu que, dans
l'ordre des classes de l'Exposition Universelle, la céramique fût placée immédiatement
après l'agriculture.

Tout élégante et perfectionnée que soit la céramique des modernes, elle ne saurait
effacer la céramique des anciens. Les Chaldéens, les Egyptiens, les Hébreux, les Etrusques, les vieux Chinois ne lui ont pas seulement demandé de leur venir en aide dans
l'application matérielle du besoin, ils l'ont chargée de décorer les appartements et même
les édifices.

Quand l'art oriental s'introduisit en Grèce, la céramique précéda le bronze. Athènes
lui fit un tel accueil, qu'on appela du nom de Céramique le quartier de sa vieille enceinte
où se fabriquaient les objets en terre cuite. Ces Hellènes, qui possédèrent autant de statues

de marbre que de soldats, ne négligèrent pas pour cela la céramique sous le rapport monumental. Du temps des Phidias, des Praxitèle, les statues en terre cuite étaient beaucoup plus communes que les statues de marbre et de métal ; on n'hésitait point à les introduire au sein des temples, et quantité de monuments célèbres qu'on croyait fondus et ciselés, ont été perdus pour nous parce qu'ils n'étaient qu'en terre.

Les Romains suivirent l'exemple et les traditions artistiques de la Grèce ; mais les formes sévères qui leur venaient des Etrusques servirent à modifier, d'après leurs habitudes sociales, différentes des habitudes de l'Hellénie, la céramique monumentale et la céramique domestique. Ils eurent une céramique à eux, qu'on pourrait d'autant mieux qualifier de céramique nationale, qu'ils en propagèrent les formes et le mode de composition matérielle sur tous les points du monde occupés par eux.

Après l'invasion des Barbares, la céramique sommeilla. Ce fut à peine si de loin en loin, sous le souffle instigateur de Brumchlide, de Charlemagne, d'Othon-le-Grand, elle fit des tentatives de résurrection. Pour que l'art renaisse, il faut plus qu'un homme de génie, il faut une époque, c'est-à-dire une disposition des esprits telle que la société consente à l'acceptation, à l'appropriation usuelle des objets qu'imaginent les esprits chercheurs. Les croisades furent une époque ; la Renaissance fut une époque : aussi, remarquez avec quelle spontanéité merveilleuse les populations adoptent une façon d'être qu'on semble absorber par les pores de l'intelligence comme l'air s'absorbe par les pores de la peau.

Dans ce grand mouvement des peuples occidentaux vers l'Orient, dans cet autre mouvement réactionnaire de la philosophie contre le spiritualisme biblique, naquirent des idées nouvelles, des besoins nouveaux, un art nouveau ; art tout à fait chrétien sous l'influence des croisades ; art païen, au contraire, sous l'influence de la raison pure que le xvie siècle accrédita. Entre ces deux extrêmes, ces deux antipodes de l'esprit, la céramique accomplit deux phases bien différentes ; elle fut successivement simple et naïve, ferme et décidée, gracieuse et coquette, surtout expressive ; puis elle devint grave et sévère, élégante de forme, mais froide de sentiment. Au lieu de courir avec une ardeur fiévreuse à la recherche des procédés qu'avaient suivis leurs devanciers, les artistes qui pullulaient dans les principales villes d'Italie et dans quelques villes flamandes et françaises, tâchèrent d'idéaliser toutes les formes, de perfectionner tous les profils, tous les contours. Ils ne s'enquirent presque pas de la couleur, ils négligèrent la finesse de la pâte, la perfection de l'émail ; mais l'ensemble de chaque objet fut irréprochable.

Pendant un siècle, on n'imagina rien de mieux que les majoliques de Pise et de Faenza, les faïences limousines, les émaux et les figurines de Palissy. L'art fit école chez de simples potiers de terre ; longtemps encore nous le trouverons là plus ferme, plus robuste, plus original et plus vrai qu'il n'apparaîtra au milieu des royales fantaisies de Versailles.

Nos fréquents rapports avec la Chine et le Japon allaient bientôt modifier l'ornementation des appartements et substituer le goût des magots à celui des groupes mythologiques de la Renaissance. D'ailleurs, le marbre, le bronze, l'émail étaient hors de prix ; la terre

cuité semblait bien fragile : on exécuta de la porcelaine imitée de celle du Céleste-Empire, et la vogue qu'elle acquit dépassa l'espoir qu'on en avait conçu.

Ce fut en France et en Saxe qu'après d'heureuses tentatives on obtint des résultats qui firent pâlir les deux industries chinoise et japonaise. La série non interrompue d'essais que la science a faits à Sèvres depuis cent cinquante années a été le principe des progrès successifs de l'art céramique appliqué à la porcelaine. Manufacture type, où la science et l'art n'ont cessé de marcher dans une heureuse alliance, Sèvres est devenu le centre où nos industriels ont puisé tout à la fois les procédés qui assurent une manipulation supérieure, et les inspirations du goût. Rien d'étonnant dès lors que cette fabrique modèle tienne incontestablement son rang exceptionnel, soit au point de vue de l'utilité d'exploitation scientifique, soit à celui des satisfactions si variées que réclame le luxe dans les différentes parties du monde.

En France, en Angleterre, en Saxe, en Prusse, en Italie, deux genres de porcelaine, rivaux, sont en présence : la porcelaine dure, et la porcelaine tendre.

La porcelaine dure a pour base le kaolin et le feldspath, qu'on remplace quelquefois par un mélange de craie, de feldspath et de sable. Ces matières, réduites en une pâte homogène, battues, puis livrées à une longue macération, sont ensuite façonnées, tantôt au moyen du tour, tantôt avec des moules ou à l'aide du scalpel. Quand on y a mis la dernière main, on les sèche, on les cuit modérément, et elles forment ce qu'on appelle du biscuit. Elles reçoivent alors une couche de vernis dont le feldspath constitue la base; après quoi, on les soumet à une dernière cuisson qui dure trente ou trente-six heures.

Si l'on juge convenable d'orner de couleurs unies, de peintures ou de dorures les porcelaines ainsi traitées par le feu, il faut que ces additions se fondent, s'imprègnent au grand feu avec la pâte, ou bien il faut interposer l'action d'oxydes et de fondants métalliques qui déterminent l'adhérence sous une température moindre.

La porcelaine tendre diffère de la porcelaine dure en ce que sa pâte, renfermant plus de feldspath, se trouve plus fusible, et en ce que son émail contient de l'oxyde de plomb. La porcelaine anglaise renferme, au contraire, du phosphate de chaux et de la baryte.

« La porcelaine tendre que l'on fabrique maintenant, dit un homme très-compétent, n'est pas semblable à celle qui a joui d'une si grande réputation sous le nom de vieux Sèvres. Dans celui-ci il n'entrait pas d'argile, et sa constitution chimique le rapprochait davantage des verres que des porcelaines; la couverte était plombeuse et très-fusible. Cette porcelaine, fabriquée à une basse température, offrait de grandes ressources au décorateur; et c'est au mérite des peintures qui la recouvrent qu'il faut attribuer la vogue dont elle jouit encore. » La manufacture de Sèvres va, dit-on, reprendre cette fabrication, qui, au reste, n'a jamais entièrement cessé; car les fabriques de Tournon, en Belgique, et de Saint-Amand, en France, contrefont le vieux Sèvres à s'y méprendre.

Les poteries dites *grès cérames* offrent une notable analogie avec la porcelaine : leur pâte colorée est formée d'argiles qui contiennent des oxydes de fer; leur manipulation est plus facile que celle de la porcelaine, et, cuites à une température très-élevée, elles possèdent assez de consistance pour que la couverte ne soit pas d'une absolue nécessité. Mais

cette couverte rehaussant beaucoup la physionomie des produits, on leur donne souvent pour glaçure un silicate double d'alumine et de soude, qui se produit en jetant tout simplement quelques poignées de sel marin dans le four, au moment où la température atteint son *summum*.

Les Anglais fabriquent un genre de faïences fines, vrai cailloutage qui a de grands rapports avec les grès cérames. Sa pâte se compose d'argile plastique, de silex broyé très-fin; sa couverte, vitreuse, est quelque peu mélangée de plomb. Wegvood, le Bernard Palissy de la Grande-Bretagne, potier par excellence, règne en maître dans ce genre d'industrie. Elle lui doit ses perfectionnements principaux, sa prospérité présente et son avenir.

Quant à la faïence commune, on la façonne avec des argiles mélangées de quartz en quantité plus ou moins considérable, et l'on obtient une pâte dont la consistance plastique se prête bien mieux que la pâte ordinaire de porcelaine aux formes qu'on veut obtenir, aux conditions d'une cuisson qu'il faut renouveler. La première cuisson s'opère à une haute température; la seconde cuisson, qui a pour objet de fondre la couverte, n'exige qu'une température ordinaire. Cette couverte, à base de plomb, renferme d'autant plus de minium que le produit doit être moins sûr. Les fines faïences du Royaume-Uni n'en contiennent même pas du tout.

Nous ne parlerons ici ni de ces poteries communes fabriquées avec des argiles qu'on ne lave même pas, ni des briques et des tuiles, car nous nous y sommes arrêtés en parlant des constructions civiles. Tout au plus pourrions-nous signaler les alcarazzas, vases poreux auxquels on donne maintenant des formes gracieuses, et qui, par leurs pores, laissant suinter les liquides qu'ils renferment, produisent une réfrigération notable.

Les *émaux*, verres colorés par des oxydes métalliques et rendus opaques par l'addition d'une certaine quantité d'oxyde d'étain, sont fixés sur un corps que l'on appelle excipient, et qui a varié d'après le sentiment artistique et d'après le goût de chaque époque. Chez les Égyptiens, les Assyriens et les Hébreux, on émaillait sur terre cuite; chez les Grecs et les Romains, on émaillait sur métal; on infusait dans des creux, et cette dernière méthode traversa le moyen âge pour disparaître avec le XIVe siècle. Dès lors, au lieu de creuser l'excipient, on le recouvrit d'émail blanc, sur lequel on appliqua des couleurs vitrifiables, identifiées à la première couverte par l'action du feu.

L'art de l'émailleur, inséparable de la Renaissance, se promena sur les bijoux, sur les armes, sur les petits meubles de fantaisie, sur les montres; il atteignit un haut degré de perfection; il fut cultivé par des artistes du premier mérite, au nombre desquels on ne saurait oublier le célèbre Léonard de Limoges; il eut des sanctuaires de prédilection, des ateliers exclusifs en France, en Espagne, en Flandre, en Italie; puis, tout-à-coup, on le vit disparaître ou plutôt se transformer, malgré les mignardises du XVIIIe siècle, les bergers de Watteau, les amours de Boucher, qui semblaient devoir s'y prêter admirablement. Par intervalles néanmoins, par caprices plutôt que par modes, l'émail se produisait: il décora les surtouts du Régent; il fut appliqué aux pendules, aux montres, aux tabatières des fermiers-généraux; il resplendit en médaillon sur la poitrine des nobles dames; puis il se cacha de nouveau pendant la Révolution française et l'Empire, pour renaître vers le

milieu du XIXᵉ siècle. La fabrication des émaux ayant repris récemment à la manufacture
de Sèvres une valeur d'ornementation remarquable, l'Exposition vit apparaître, dans la
galerie des Panoramas, des peintures émaillées sur fer, des coupes émaillées sur cuivre, et
divers autres objets d'une perfection de forme, d'une splendeur de coloris et d'une finesse
de peinture qui ne laissaient rien à désirer.

La part ainsi faite aux phases historiques de l'art, formulons quelques rapides appréciations sur les produits si multipliés qui se confondaient et se pressaient dans le Palais
de l'Industrie.

Les fabricants-artistes de la France voyaient leurs œuvres au premier rang parmi
toutes ces belles choses. Ceux de la Touraine avaient envoyé, et cette grenouille debout
sur ses pattes de derrière, que chaque visiteur se rappelle encore, et ces reptiles si vivants, et ces plantes si gracieuses, et ces oiseaux que l'on croyait entendre chanter, et ces
charmantes poteries destinées à la décoration des appartements, surtout des boudoirs.
Ceux du Limousin, que nous voudrions nommer tous, car combien de savoir, d'habileté,
d'adresse et de modestie se cachaient entre leurs milliers de sujets, remarquables par le
choix minutieux de la matière primitive, par la grâce des formes, le fini des contours et
les reliefs, avaient imprimé aux moindres objets un caractère de grandeur et de puissance.

En matière d'art appliqué aux choses usuelles, rien ne surpassait, sous le rapport
du bon goût et de la richesse élégante, un service de table où brillaient certains détails
filiformes, jusque-là réservés à l'orfèvrerie seule ; c'était un mélange harmonieux de tiges
de blé et de maïs entremêlées de légumes et de fruits, et disposées sur fond émaillé avec
reliefs. Au service se trouvait joint un surtout du biscuit le plus pur, supporté par un
pied à tiges de palmier, dont les feuilles recourbées abritent trois cigognes et servent de
garniture à la coupe, que couronne un groupe de mésanges. Les difficultés de cuisson
d'un ensemble de pièces aussi délicates, aussi déliées, sont vraiment effrayantes pour
ceux qui connaissent le métier.

Un fabricant français avait prouvé qu'au moyen de la lithochromie il pouvait reproduire sur porcelaine toute espèce de peinture sans recourir au pinceau de l'artiste, et
même sans la moindre retouche. Ainsi, telle assiette qui serait vendue 100 francs, coûtera
5 francs. C'est assurément une belle découverte, mais elle ruinera les artistes peintres
qui vivent, en si grand nombre, aux dépens du luxe de table.

Un autre inventeur de notre pays avait trouvé certains procédés de dorure dont la
préparation et le brunissage se font avec beaucoup d'économie et d'un seul jet. Tout porte
à présumer que le temps n'aura pas plus d'action sur ce mode de finir la dorure que sur
l'ancien mode ; peut-être même les procédés chimiques lui donneront-ils une ténacité supérieure. Dans tous les cas, on possède ainsi la ressource de la renouveler sans dépense
trop considérable.

La porcelaine de luxe de quelques producteurs suivait de très-près la porcelaine fabriquée à Sèvres. S. M. l'Empereur l'a distinguée par l'achat de plusieurs pièces magnifiques. Rien ne manquait à ces produits : pâte d'une finesse admirable, coloris
brillant, glaçure parfaite, peintures bien choisies, copiées d'après les meilleurs artistes et

réduites par des mains capables. Personne n'a sans doute oublié ce vase grand modèle où étaient peints trois Muses imitées de Lesueur et un Amour du Guide, pas plus qu'on n'a oublié quatre vases dont les originaux furent remarqués à l'Exposition de Londres en 1851; deux autres vases sur lesquels étaient représentées une chasse au sanglier et une chasse au cerf, enfin deux vases forme étrusque, couleur terre d'ombre pour le fond, et couleur terre d'Italie brûlée pour les personnages, ont captivé sans doute également les regards des connaisseurs.

Les poteries si variées de forme et de destination méritaient aussi une place d'estime qu'elles ont obtenue. Des serres portatives, des alambics, d'ingénieuses cornues multi-formes destinées aux expériences chimiques, faisaient bien ressortir le mérite des hommes qui plient leur intelligence artistique selon les besoins matériels de la science et de la vie.

Parmi les applications de la porcelaine aux exigences de l'architecture, aux caprices de l'ornementation, au sentiment de la statuaire, nous citerons une cheminée en porcelaine aussi heureuse de formes qu'acceptable pas son prix médiocre, et plusieurs grandes pièces en biscuit, de grandeur presque naturelle, résistant à l'air mieux que le marbre : tels un cerf et une statue de Bernard Palissy, à laquelle nous serions tenté de reprocher de la mollesse et un manque de tenue, si nous ne savions l'énorme difficulté qu'ont dû éprouver les modeleurs dans l'opération du four. C'était, au reste, une noble pensée de rattacher ainsi à l'art moderne l'art de la Renaissance, personnifié par Palissy.

Certains fabricants, en sachant associer un modelage correct, souvent irréprochable, à des idées riches, ont fait de l'art en faisant de l'industrie. Deux vases représentant, l'un une Bacchante, l'autre une fête de Cérès, vases dont les personnages sont en demi-relief, et deux grands vases céladons, méritent une mention toute spéciale : c'est la finesse du ciseau taillant le marbre, c'est l'antiquité, tour-à-tour sévère et gracieuse, mariée avec les inspirations de notre état social.

Des articles courants, des séries de plats ovales, assiettes, soupières, se distinguaient par l'harmonie des proportions, par la blancheur de l'émail, par le fini d'une fabrication soignée, toutes choses essentielles, mais d'une réalisation difficile dans le bon marché des produits. Voilà ce que c'est de faire de l'art en même temps que du commerce : l'habileté d'artistes éminents semble se déteindre sur les autres, qui, piqués d'émulation et subissant l'influence du bon exemple, donnent aux objets les plus communs une tournure distinguée.

N'omettons pas non plus de rappeler les exposants de Sarreguemines, qui font à la fois le genre gréco-romain de la Renaissance et le genre gothique des pays d'outre-Rhin, sorte de compromis, véritable pacte d'alliance entre l'art ancien et l'art moyen-âge. C'est de la poterie fine plutôt que de la porcelaine; poterie remarquable sous le rapport de la variété des pâtes, de la richesse élégante des formes et de l'heureuse imitation du bas-relief.

La fabrique de Toulouse, avec une hardiesse méridionale qui ne connaît point d'obstacle infranchissable, porte le moulage en terre jusqu'aux créations architecturales les

plus compliquées. Son portique d'église figurait, avec raison, parmi les pièces notables de l'Exposition.

Que dire maintenant de la manufacture de Creil et Montereau qui n'ait été déjà dit ? Sa demi-porcelaine, genre d'exploitation récent et heureux, équilibrera, par la facilité commerciale de son écoulement, les sacrifices que la direction s'impose dans les objets de luxe. Parmi les choses charmantes et remarquables sortant des ateliers de Creil, mentionnons toutefois ce tête-à-tête en demi-porcelaine, avec semis de fleurs en relief, sans coloration, dépourvu d'anses, mais si facilement maniable que des anses sembleraient une superfluité.

A la suite de Creil et Montereau marche Bordeaux, qui se voue à l'imitation de la faïence dite anglaise. Ses services de table, bleus, imprimés, sont estimés par la qualité de l'émail qui recouvre la pâte.

Rubelles, près Melun, possède aussi son mode spécial de fabrication. Les assiettes vertes avec feuillages ombrés, dont la physionomie campagnarde se marie si bien aux diverses ornementations naturelles des villas les plus coquettes, sortent des ateliers de Rubelles, et résultent de l'application de l'émail ombrant par les procédés lithophaniques.

Cette nomenclature nationale, déjà si longue et que nous pourrions allonger du double, tant les œuvres sont nombreuses, nous la terminerons en signalant une industrie véritablement française, devant laquelle la fière Angleterre a dû baisser pavillon. Il s'agit des boutons en porcelaine, objet minime, croirait-on, mais qui cache, sous une apparence mesquine, le mouvement d'un capital considérable. Le mode d'encastage des boutons fait le succès pécuniaire de nos fabricants. Tandis que l'industriel anglais faisait placer à la main chaque bouton sur des lambeaux de terre cuite, le nôtre les forçait d'aller se ranger d'eux-mêmes sur une plaque de terre rougie au four, laquelle plaque passait, avec les boutons qui la recouvraient, sur un moufle allongé, aplati, dans lequel ils demeuraient l'espace de dix minutes.

Par la nature et le genre de ses produits, la Belgique n'a pas une céramique différente de la céramique française ; mais la Belgique présente, pour toute espèce d'objets, des prix plus doux, circonstance qui est due aux facilités plus grandes qu'offre la vie matérielle chez nos voisins.

En Prusse, les prix sont bien moindres encore, sans que pour cela les œuvres soient moins belles. « La manufacture royale de Berlin nous a envoyé des vases en porcelaine tendre, qui seraient dignes de figurer dans l'exposition de Sèvres. La peinture en est remarquable, le doré aussi pur, la porcelaine aussi belle que ce que fait de mieux notre manufacture impériale. Comme fabrication, les autres pièces ne sont pas moins belles. Le bon marché de ces produits est surprenant : à cet égard jamais, en France, nous ne pourrons lutter avec l'Allemagne. Les prix n'atteignent pas la moitié des nôtres. Deux services à thé se font remarquer par la pureté, la conception savante du dessin, le fini de la peinture et l'harmonie générale de l'œuvre. Ces thés, genre camaïeu, sont des plus remarquables ; aussi plusieurs ont-ils été retenus par les premiers fabricants d'Angleterre, et un par le musée céramique de Sèvres. Ce fait atteste assez la valeur de la ma-

nufacture royale de Berlin. » (H. Tresca. *Visite à l'Exposition Universelle de* 1855, p. 653.)

L'Angleterre ne brille généralement pas, comme la Prusse, sous le rapport du bon marché ; mais, sous le rapport de la diversité des modèles et de leur application directe aux caprices des plus chauds partisans du *confort*, MM. Copeland, Minton et Rose ont fait une exposition complète. M. Copeland brilla par la richesse et la variété des vases, et par l'exécution soignée, fine et noble de ses bustes en biscuit. M. Minton, qui produisait aussi des vases du plus grand mérite, notamment des vases camaïeu, a fait voir qu'il savait aborder tous les genres, soit dans la porcelaine tendre, soit dans la demi-porcelaine ; ses carreaux incrustés en plusieurs couleurs dans la pâte, avant sa cuisson, formeraient seuls une spécialité remarquable : elle se confond au milieu de l'œuvre immense d'une maison qui n'a point sa pareille en France. Quant à MM. Rose, nous ne voyons d'eux que des services de table, mais ils sont d'une richesse, d'une splendeur d'exécution des plus étonnantes. Combien de talents ignorés, perdus dans la foule, combien d'imitateurs consciencieux, de copistes habiles et de créateurs éminents ont dépensé là leur vie morale tout entière ! Aucun n'a signé ! Est-ce une dérision à l'adresse des heureux du siècle qui profitent du travail sans comprendre sa portée ? ou plutôt, je le crains, est-ce le résultat de l'exploitation des hommes par celui qui paye et qui absorbe, moyennant quelques livres d'or, les bénéfices des sueurs et des pensées d'autrui ?

VERRERIE ET CRISTALLERIE.

L'art de la verrerie remonte très-haut dans l'histoire. La Bible en fait mention. Les verreries de Sidon et d'Alexandrie furent célèbres ; mais le climat de l'Orient, les habitudes nomades des peuples qui l'occupaient, rendaient l'usage du verre très-restreint : surtout pour ce qui concerne le bâtiment, sa fabrication fut sans doute peu considérable. Rome n'employa qu'au IIIe siècle le verre à vitre. Il s'insinua lentement dans les pays septentrionaux, où l'inclémence de l'air le rendait si utile, et il faut arriver au VIIe siècle pour voir le verre en table, blanc ou coloré, concourir à la fermeture des édifices. La France et l'Angleterre donnèrent l'exemple, l'Allemagne les suivit ; l'Italie, l'Espagne, ne vinrent qu'après.

Pendant toute la durée de l'époque byzantine, la verrerie monumentale fit peu de progrès ; les jours étaient épargnés. Mais avec le système ogival, elle prit un essor prodigieux. L'Italie, la Bohème, la Westphalie, l'Alsace, la Lorraine, le Languedoc, la Provence, l'Angleterre, l'Irlande se distinguèrent alors par leurs verreries, et le verre devint d'un usage très-commun. La première glace soufflée sortit, à ce qu'on assure, de la presqu'île de Murano, près de Venise, et fut le prélude d'une immense industrie qui florit pendant quatre siècles. Quoi qu'il en soit de cette origine, plusieurs fabriques du même genre prospérèrent vers la même époque, sur divers points de l'Europe.

Henri IV, ce monarque qui avait un sens si éminemment pratique, voulant fonder et encourager à peu de frais la fabrication des bouteilles appelées *tlettes,* dont la prodigieuse

extension fait aujourd'hui l'une des principales ressources de l'Argonne, eut l'idée d'a-
noblir tous les maîtres verriers du pays : ils prirent dès lors le titre de gentilshommes
verriers. Des industriels du même genre, coulant les glaces et faisant les verres de couleur destinés aux églises, furent également anoblis par les derniers ducs de Lorraine.

Colbert, qui opérait sur les nations rivales de la France des conquêtes plus certaines
que celles des généraux de Louis XIV, voulant arracher aux Vénitiens le monopole de la
fabrication des glaces soufflées, encouragea d'une manière éclatante cette industrie, dont
la première usine se fit à Tourlaville, près Cherbourg, en 1665. Trois années après, Colbert ne protégea pas moins Abraham Thévart, qui construisit à Paris, rue de Reuilly,
un vaste atelier pour couler les glaces ; manufacture à laquelle il donna bientôt beaucoup
plus d'extension en la transférant à Saint-Gobain, près La Fère. Cette manufacture, d'où
sont sortis des ouvrages en verre très-considérables, a toujours passé pour la plus importante de l'Europe ; cependant les usines de Cirey (Vosges) et de Montluçon rivalisent
avec Saint-Gobain. Depuis vingt années surtout, ces deux derniers établissements ne
laissent rien à désirer sous le rapport de la perfection des moyens mécaniques et de la
beauté des produits.

Sur la même ligne que Montluçon, Cirey et Saint-Gobain figurent, dans un genre de
fabrication différente, celle du cristal, les importantes usines de Baccarat (Vosges), Saint-
Louis (Moselle) et Clichy. Baccarat est même la seule usine d'Europe qui puisse lutter à
armes égales avec l'usine de Birmingham, pour la confection de la lustrerie. Mais, avant
d'aller plus loin, quelques détails techniques sur la fabrication du verre deviennent indispensables.

De quelque nature, de quelque teinte que soit le verre, les éléments qui le composent
sont partout les mêmes, à de petites différences près. C'est un mélange de silice, de potasse ou de soude, et de chaux ou d'oxyde de plomb, produisant, par la fusion, une masse
amorphe et transparente qui ne se dissout ni dans l'eau ni dans les acides. Par conséquent, le verre est un silicate, c'est-à-dire un sel composé d'acide silicique ayant pour
base un oxyde. Chaque usine a son mélange, selon la qualité des éléments qu'elle emploie et selon le résultat qu'elle veut obtenir.

On distingue trois espèces de verres, savoir : le verre commun ou verre à bouteilles ;
le verre blanc ou verre à vitres et à glaces, et le cristal.

Le verre commun se fait avec du sable ferrugineux, des soudes brutes ou des cendres,
de l'argile jaune et des tessons de bouteilles.

Le verre blanc, verre à vitres et à glaces, exige, pour sa confection, du sable blanc,
du sel de soude ou du sulfate de soude, des rognures de verre blanc, un peu de craie
ou de chaux, et de l'oxyde de manganèse.

Le cristal est un composé de sable, de potasse et de plomb. Cependant, celui de Bohême ne renferme pas de plomb. Cet oxyde métallique se trouve remplacé par de la chaux
et par un surcroît de potasse.

A Clichy, dans ces dernières années, on a substitué le zinc au plomb et l'acide borique
à une partie de la silice ; modification qui rend la matière moins fusible, plus dure, plus

rebelle conséquemment au moulage ainsi qu'à la taille, mais qui permet d'obtenir d'heureuses conditions de réfringence, de transparence et de dispersion pour les verres d'optique. Cette partie savante de l'exposition clichienne ne laissait rien à désirer. Mais là ne se bornait point sa gloire; elle présentait en même temps des vases gros bleu imités de Sèvres, des verres-d'eau variés en rouge-rubis transparent, des services de table à écussons, parmi lesquels brillaient celui commandé par le vice-roi d'Egypte, et celui destiné à S. M. l'Empereur Napoléon III.

L'usine de Saint-Louis, qui fait bien moins des objets de luxe que des objets usuels, avait exposé quantité de cristaux remarquables par la pureté translucide de la matière, par le bon goût et le gracieux des formes, par l'élégance pittoresque des dessins.

Il y a quinze ans, de toutes les cristalleries européennes, Birmingham seul coulait et façonnait des lustres. C'était une exploitation très-productive; Baccarat la lui dispute aujourd'hui. Le lustre exposé par cette usine est un vrai chef-d'œuvre de bon goût, de grâce et d'élégance. Il constitue, avec deux candélabres de forme colossale, la portion essentielle du concours de la grande cristallerie française contre la cristallerie du Royaume-Uni. Ces candélabres, d'environ six mètres de hauteur, sont formés d'une quantité considérable de pièces en cristal, ajustées avec un art infini et reflétant la lumière aussi complètement que possible.

Les lentilles en *crown-glass* de l'exposition anglaise, lentilles d'une admirable limpidité, sans aucune coloration, assurant aux objectifs une valeur qu'on ne saurait trop apprécier dans les expériences d'astronomie, méritent la mention la plus distinguée. Elles nous inspirent le regret de ne pouvoir, faute d'éléments, établir la balance entre la cristallerie savante du Royaume-Uni et celle des autres nations européennes.

La Bohême, assurée d'avance de son mérite et de son omnipotente fabrication, ne fit rien ou presque rien pour l'Exposition universelle. Elle crut suffisant de choisir quelques objets parmi la masse destinée au commerce des acheteurs, et l'on ne fut étonné que de leur bon marché. Les procédés de fabrication n'étonnèrent personne, excepté néanmoins pour divers objets sortis des ateliers du comte de Harrach. Nous avons admiré deux vases rougis d'une magnificence vraiment remarquable, et un genre craquelé qui paraît appartenir en propre au pays dont nous parlons. Il représente, au naturel, les fines arabesques de glace qui, pendant les nuits froides, se déposent sur les vitres d'une chambre chauffée doucement.

La Bavière s'est aussi distinguée en produisant des services à dorure vermiculée d'une exécution irréprochable; la Belgique, en livrant des services de table en mi-cristal, de qualité supérieure malgré leur extrême bon marché. Cette douceur dans les prix, depuis si longtemps exclusivement propre à l'Allemagne, tend à se généraliser. Rien n'annonce, toutefois, que nous puissions jamais en France atteindre la médiocrité des prix auxquels travaillent les Belges, les Bavarois et les Bohémiens : cultivateurs l'été, ils deviennent artistes l'hiver, et savent utiliser ces longues soirées dont nos paysans ne tirent presque aucun fruit.

REVUE DES PRINCIPAUX OBJETS

EXPOSÉS DANS LA DIX-HUITIÈME CLASSE

SOCIÉTÉ ANONYME DE LA MANUFACTURE DES GLACES DE SAINT-GOBAIN
(AISNE) FRANCE.

M. Péligot, rapporteur de la XVIIIe classe, a ainsi rendu compte de l'exposition de la Société anonyme de la Manufacture des Glaces de Saint-Gobain.

« La fabrication des glaces coulées remonte à cent soixante-dix ans environ : l'invention des procédés qu'elle emploie est, comme on sait, d'origine française, et leur première application a donné lieu à la création de la manufacture de Saint-Gobain. Cet établissement a été lui-même l'origine de toutes les fabriques de glaces qui existent ou qui ont existé en Europe. Toutes ont cherché à s'approprier les procédés qu'il emploie, ainsi que les perfectionnements qu'il a successivement réalisés.

« On attribue généralement la belle découverte du coulage des glaces à Abraham Thévart : des recherches récentes, faites dans les archives de la compagnie de Saint-Gobain, qui s'accordent avec les traditions conservées par quelques vieux ouvriers, établissent qu'Abraham Thévart n'a été que le prête-nom d'une société de capitalistes qui obtint, en 1688, le privilège d'exploiter le nouveau procédé. L'invention même appartient à Lucas de Nehou, propriétaire d'une verrerie à Tourlaville, en Normandie, et l'un des principaux directeurs de l'usine de Saint-Gobain, dans laquelle les premières glaces ont été coulées.

« Pendant une cinquantaine d'années le procédé du coulage ne put donner que des produits irréguliers, le plus souvent de mauvaise qualité. En 1756, Pierre Deslandes reconstruisit les halles de coulage et apporta à l'industrie des glaces de grandes améliorations, tant sous le rapport de la qualité qu'au point de vue de la couleur du verre. Les noms de Lucas de Nehou et de Deslandes sont restés en vénération dans les environs de Saint-Gobain : tous les anciens ouvriers les considèrent comme les fondateurs de la prospérité de cet établissement.

« A partir de cette époque, la manufacture de Saint-Gobain a constamment amélioré ses procédés de fabrication ; elle a créé à Chauny une vaste usine de produits chimiques. Le choix intelligent des matières premières les plus pures lui a permis de produire un verre d'une blancheur parfaite ; elle est arrivée tout récemment à améliorer encore la composition de son verre, à lui donner plus de dureté et d'éclat ; enfin, au moyen d'un puissant outillage, elle a rendu possible le coulage des glaces d'une très-grande surface.

« La grande glace en blanc qu'elle a exposée a 5^m,37 de hauteur sur 3^m,36 de largeur, soit 18^m,04 de superficie. C'est, avec celle de Cirey, la plus grande qui ait été faite jusqu'à ce jour. Ce n'est point d'ailleurs un simple tour de force industriel, car la manufacture de Saint-Gobain est en mesure d'en fabriquer couramment de cette dimension si le commerce les demande. Malgré ces vastes proportions, le verre de cette glace est bien affiné ; elle est à peu près exempte de stries, de bulles, de nœuds et des autres défauts qui déparent si souvent les glaces de dimension ordinaire.

« Parmi les autres produits exposés par la manufacture figurent en première ligne les pièces de verre

moulées qu'elle livre aux constructeurs de phares et de fanaux. Le phare exposé dans le Palais de l'Industrie par l'administration des ponts-et-chaussées, et deux autres de ces appareils, construits l'un par MM. Sautter et Cᵉ, l'autre par M. Lepaute, ont été fabriqués avec le verre de Sain:-Gobain. La blancheur et l'éclat de cette sorte de verre ne laissent rien à désirer.

« On remarque aussi les verres épais moulés pour dalles et trottoirs ; des glaces courbes brutes et doucies ; des plaques de verre à glaces blanc qui sont employées en quantité considérable par les opticiens pour servir de *crown-glass* dans les objectifs achromatiques. L'absence de stries et de fils qui distingue presque toujours le verre de cet établissement justifie la préférence que tous les opticiens accordent à la plaque de Saint-Gobain, à l'exclusion du verre des autres glaceries de la France et de l'étranger ; son prix très-modique explique la grande consommation qu'ils en font pour les lunettes de spectacle et pour les appareils d'optique de qualité ordinaire.

« On sait que la manufacture de Saint-Gobain est un des plus grands établissements industriels de France : elle occupe 2,000 ouvriers ; elle produira cette année 160,000 mètres carrés de glaces, tant brutes que polies. Indépendamment des produits chimiques, elle fabrique à Chauny les feutres qui servent au polissage et l'étain battu pour l'étamage.

« Une administration bienfaisante et paternelle veille sans cesse sur le bien-être de ses nombreux ouvriers. Une caisse de retraite leur assure une pension dans leur vieillesse, au moyen de retenues sur leur salaire et de versements à peu près équivalents qui sont faits par la Compagnie. En considération des remarquables produits exposés par la glacerie de Saint-Gobain, le Jury décerne à cet établissement la GRANDE MÉDAILLE D'HONNEUR. »

M. COLVILLE, A Paris (France). M. Colville s'est occupé spécialement de recherches sur les couleurs vitrifiables pour les porcelaines dures. Il exposait, comme spécimen du résultat de ces recherches, une plaque émaillée sur laquelle étaient réunis tous les tons dont il se sert pour sa palette.

A ce spécimen était joint un assortiment des diverses couleurs pour la porcelaine tendre et l'émail sur pâte sous-fondant ; plusieurs pièces de fabrication indiquaient aussi tout le parti qu'on peut tirer de ces couleurs. Cette exposition a valu à M. Colville la Médaille de deuxième classe.

Mᵐᵉ Vᵉ HACHETTE, A Paris (France). Madame veuve Hachette avait dans son exposition de remarquables échantillons de plaques de lave émaillée. Ses produits, au reste, ne se bornaient pas à des applications de luxe ; des plaques destinées à porter le nom des rues ou les numéros des maisons étaient jointes à d'autres plaques pour les tableaux. Médaille de deuxième classe.

M. C.-E. PARIS, A Bercy (France). M. Paris exposait, parmi les divers objets représentant les émaux appliqués sur des surfaces métalliques, différents ustensiles, et notamment trois plats en fer émaillés, décorés par M. Lenoir, et d'une réussite parfaite. D'autres objets peints en grisaille avec un rare talent, et des tuyaux de cheminée en tôle ou fer dits contre-oxydes, complétaient cette exposition.

M. Paris a obtenu la Médaille de deuxième classe.

LA COMPAGNIE DES GLACES DE CIREY (Meurthe), France.

La Compagnie des glaces de Cirey partage depuis longtemps avec la manufacture de Saint-Gobain la supériorité dont celle-ci jouit dans ce genre d'industrie. Les *glaces de France* produites par ces deux établissements sont recherchées du monde entier.

Une grande glace sans tain, exposée par la Compagnie de Cirey, dépassait en étendue celle de Saint-Gobain, mais on pouvait regretter qu'elle n'eût pas été équarrie de quelques centimètres de plus ; la présence de nœuds et de stries se faisait remarquer sur les bords de cette glace ; ces défauts auraient disparu en réduisant   glace de Cirey à la proportion de celle de Saint-Gobain.

La manufacture de Cirey exposait aussi une glace étamée de 13ᵐ 85ᶜ de superficie, d'un verre bien blanc et bien affiné.

Ces glaces sont, avec celles de Saint-Gobain, les plus grandes assurément qui aient jamais été fabriquées. La facilité de produire des morceaux de cette étendue s'accroissant progressivement, les manufactures ont modifié dans le même sens leur personnel et leur outillage : ainsi, en 1834, on admirait à l'Exposition des produits de l'industrie française une glace de Cirey qui n'avait que 10 mètres de superficie ; en 1849, la glace exposée était de 13 mètres ; et, en 1851, elle atteignait 14 mètres.

La Compagnie de Cirey occupe quinze cents ouvriers. Plus de six mille personnes vivent des ressources qu'elle leur fournit. Son administration, comme celle de Saint-Gobain, assure à ses vieux travailleurs une honorable pension de retraite ; elle fonde des écoles gratuites, accorde des subventions à l'instruction primaire, entretient des médecins et des sœurs de charité pour soigner ses ouvriers malades et même des ouvriers étrangers à ses usines ; enfin elle pratique en grand la philanthropie la plus éclairée. La Compagnie de Cirey a obtenu la Médaille d'honneur.

COMPAGNIE DE FLOREFFE, près Namur (Belgique).

Une glace de 15ᵐ 40ᶜ de superficie, exposée par la Compagnie de Floreffe, témoignait des procédés excellents employés dans cette maison quant au coulage, mais prouvait aussi que l'affinage avait besoin encore d'y être perfectionné.

Au reste, l'existence de cette exploitation, remontant à peine à une année, palliait pleinement les quelques imperfections de ses débuts. Telle qu'elle se présentait, la Compagnie de Floreffe n'en offrait pas moins les conditions les plus favorables d'un brillant avenir industriel ; aussi le Jury lui a-t-il décerné la Médaille d'honneur.

M. BERLIOZ et Cᵉ, à Montluçon (France). Quoique de création récente, cette fabrique n'en est pas moins d'une importance considérable.

Quelques glaces étamées, exposées par M. Berlioz, étaient d'une exécution parfaite, malgré leur grande dimension : l'une d'elles, de 14 mètres de superficie, réfléchissait, sans la moindre apparence de déformation, tous les objets exposés dans une longue galerie du Palais.

La manufacture de Montluçon occupe six cents ouvriers, emploie des machines d'une force totale de 220 chevaux, et produit par an plus de 20,000 mètres superficiels de glaces. Médaille de première classe.

SOCIÉTÉ ANONYME DE LA MANUFACTURE DE GLACES D'AIX-LA-CHAPELLE (Prusse).

Cette manufacture, également de création récente, occupait déjà huit cents ouvriers en 1845. Une fabrique de produits chimiques est annexée à cet établissement, qui n'exposait que des glaces d'assez petite dimension, mais irréprochables sous les rapports de l'affinage, de la couleur et du planage. Médaille de première classe.

M. LÉOPOLD HECHINGER, à Furth (Bavière), exposait des échantillons de verres à vitres soufflés comme le verre en plats et étamés. Ces produits minces, purs, polis, et d'un bon marché exceptionnel, représentaient au mieux l'antique fabrication des miroirs de Nuremberg. Médaille de deuxième classe.

MM. HUTTER et Cᵉ, à Rive-de-Gier (France), représentant la Compagnie des verreries de la Loire et du Rhône.

Ces verreries, établies dans les meilleures conditions, disposent de trente-sept fours de fusion contenant de huit à dix creusets, et parfois même douze. Deux mille ouvriers sont employés dans ces manufactures, qui constituent l'un des centres les plus importants de la fabrication du verre.

Sous le rapport du très-bas prix et de l'excellente qualité, la gobeletterie de Rive-de-Gier peut lutter

avec les produits étrangers le plus justement estimés. Parmi les verres de couleur qu'elle fabrique aussi avec une incontestable supériorité, on remarque surtout le verre-pourpre, devenu depuis longtemps, pour les usines de Rive-de-Gier, une véritable spécialité. Leurs bouteilles et leurs verres à vitres sont pareillement renommés pour leur dureté. MÉDAILLE DE PREMIÈRE CLASSE.

MM. CHANCE FRÈRES ET Cᵉ, DE BIRMINGHAM (ROYAUME-UNI). La maison CHANCE avait envoyé de nombreux spécimens de son importante industrie. C'étaient des verres à vitres soufflés en plateaux, manchons et cylindres; des glaces minces soufflées, connues en Angleterre sous le nom de *patent glass*; des glaces brutes coulées et des verres de couleur, des verres peints, des verres d'optique; et enfin un phare de premier ordre à feux fixes, d'après le système d'Augustin Fresnel.

Les verres à vitres de MM. CHANCE, sans leur couleur malheureusement verdâtre, supporteraient aisément la comparaison avec les plus beaux produits français et belges. Leurs *patent glass* sont d'un excellent emploi, et permettent d'avoir à bas prix des vitrages d'une beauté remarquable; on peut les utiliser aussi pour la gravure, la photographie et la vitrerie de meubles.

Les verres à vitres de couleur et ceux ornementés occupent une grande place dans l'exposition de MM. CHANCE; leurs verres d'optique sont spécialement recherchés dans beaucoup de pays, notamment en Allemagne et en Amérique.

MM. CHANCE n'occupent pas moins de deux mille ouvriers. Ils ont reçu, dans la IXᵉ classe, la MÉDAILLE DE PREMIÈRE CLASSE. Le jury de la XVIIIᵉ les a également classés parmi les exposants qu'il a jugé dignes de cette distinction.

MM. JAMES HARTLEY ET Cᵉ, A SUNDERLAND (ROYAUME-UNI). M. JAMES HARTLEY est l'un des premiers fabricants de verres du Royaume-Uni; il est inventeur d'un procédé fort économique pour le coulage des verres cannelés employés à la couverture des grandes constructions en fer, telles que gares de chemin de fer, etc., etc. Ses produits, sans rivaux, sont vendus à des prix très-modérés. MÉDAILLE DE PREMIÈRE CLASSE.

MM. PATOUX-DRION ET Cᵉ, A ANICHES (FRANCE). Ces exposants avaient envoyé des glaces polies et dépolies, sans tain et étamées, ainsi que des verres à vitres de toute force et de toute dimension.

L'établissement d'Aniches, situé dans le département du Nord, est un des plus considérables de ce genre. Fondé en 1822, il s'accroît de jour en jour. On y a annexé, en 1847, la fabrication des produits chimiques, ainsi qu'on l'a fait, du reste, dans tous les établissements de verrerie, où l'on se voit obligé, pour obtenir des produits d'une qualité constamment supérieure, d'avoir recours à des matières premières d'une grande pureté.

La maison PATOUX-DRION occupe environ six cents ouvriers; le chiffre de ses ventes ne s'élève pas à moins de 1,000,000 de francs chaque année pour l'intérieur, et de 800,000 francs pour l'étranger, principalement pour l'Angleterre, l'Allemagne, la Hollande, l'Italie et l'Amérique. MÉDAILLE DE PREMIÈRE CLASSE.

M. JULES FRISON, A DAMPREMI, près Charleroi (BELGIQUE). M. JULES FRISON, pour de très-beaux verres à vitres, bien affinés et d'un remarquable poli, exécutés dans un vaste établissement qui, fondé en 1836, compte aujourd'hui environ trois cents ouvriers, a obtenu la MÉDAILLE DE PREMIÈRE CLASSE.

MM. BENNERT ET BIVORT, A JUMET, PROVINCE DE HAINAUT (BELGIQUE), ont reçu la MÉDAILLE DE PREMIÈRE CLASSE pour leur bel assortiment de verres à vitres. Le chiffre d'affaires de cette maison s'élève à 1,200,000 francs par an.

MM. RENARD PÈRE ET FILS, A FRESNES, près Valenciennes (FRANCE). Ces industriels occupent dans leur établissement trois cents ouvriers. Les premiers ils ont substitué, dans les fours à étendre, la houille au bois, et ils ont perfectionné l'établissement de ces fours. Leurs produits sont d'une beauté remar-

quable, et la fondation de leur maison, qui remonte à 1710, explique cette perfection par une longue expérience acquise.

C'est à MM. RENARD qu'on est redevable des verres dépolis qui forment la toiture du palais de l'Industrie. MÉDAILLE DE PREMIÈRE CLASSE.

MM. JONET ET DORLODOT, A COUILLET, PROVINCE DU HAINAUT (BELGIQUE), occupent un haut rang parmi les verriers belges. Les verres à vitres et les verres de couleur qu'ils avaient exposés étaient d'une excellente fabrication, et leur ont mérité la MÉDAILLE DE PREMIÈRE CLASSE.

MM. DE SUSSEX ET Cᵉ, A SÈVRES, près Paris (FRANCE). Cette verrerie, qui, sous le nom de Verrerie royale, fut fondée en 1785 par lettres patentes de Louis XVI, s'est pendant longtemps livrée à la fabrication exclusive des bouteilles. Depuis quelques années, d'importantes créations ont ajouté à cette fabrication primitive toutes les autres branches de l'industrie du verre.

La verrerie de Sèvres possède aujourd'hui deux fours à fusion pour les bouteilles et pour les cloches de jardin, dont cet établissement alimente, aux environs de Paris, la culture maraîchère.

Elle possède, en outre, deux autres fours à fusion pour verres à vitres, glaces soufflées et cylindres ; trois fours à étendre, et tous les accessoires qui servent à compléter sur les matières premières le travail des fours de fusion.

Après ces améliorations matérielles il faut mentionner aussi les perfectionnements pour ainsi dire intellectuels de l'entreprise, la pratique, le tour de main enseigné par l'expérience, ce qui n'est pas assurément le côté le moins saillant des progrès réalisés à Sèvres par MM. DE SUSSEX.

Ainsi que nous l'avons déjà observé pour d'autres grands établissements, Saint-Gobain et Cirey, par exemple, les ouvriers sont, à Sèvres, l'objet de soins spéciaux qui ne tendent pas moins à leur assurer le bien-être matériel qu'à leur inculquer des préceptes moraux. Leur nombre s'élève à environ douze cents personnes, qui sont logées et chauffées gratuitement. En outre, on a pris soin d'établir des sociétés de secours mutuels et des écoles pour les enfants et les adultes, annexées à la verrerie. Il faut assurément louer l'industrie moderne de sauvegarder ainsi les intérêts intellectuels et physiques de la population ouvrière ; au reste, c'est là une philanthropie profitable autant à ceux qui la pratiquent qu'à ceux qui en sont l'objet.

MM. DE SUSSEX ont obtenu la MÉDAILLE DE DEUXIÈME CLASSE.

Mᵐᵉ VEUVE LEROY SOYEZ, A MASNIÈRE, près Cambrai (FRANCE). La maison LEROY SOYEZ fabriquait autrefois simultanément le verre à vitres et à bouteilles ; mais depuis ces dernières années elle se livre exclusivement à la fabrication des bouteilles dames-jeannes et des cloches de jardin. Non-seulement elle approvisionne une grande partie des commerçants de la Champagne, mais elle exporte une quantité très-considérable de ses produits.

Pour une commande de 3,000,000 de bouteilles qui lui était faite par la société Hartley-Bottle, de Londres, elle a dû opérer d'importantes modifications dans le genre de fabrication, dite en France à moule fermé. Ces modifications, le plus heureusement réussies, ont consisté surtout à faire disparaître des objets coulés les joints du moule et certaines parties rugueuses ou peu solides. L'introduction des machines spéciales pour la manœuvre des creusets, celle du métal dans la confection des moules, ont fait faire des progrès réels à une industrie forcément stationnaire à cause du bas prix de ses produits. Mᵐᵉ LEROY SOYEZ a reçu du jury la MÉDAILLE DE PREMIÈRE CLASSE.

M. ANDELLE, A EPINAC (FRANCE), est un de nos premiers fabricants de bouteilles. Sa verrerie occupe environ cent quatre-vingts ouvriers, et produit annuellement 2,600,000 bouteilles. Il emploie la houille pour la fonte de ses matières premières, et réduit avec le bois les produits fabriqués. Sa collection de bouteilles de toute nature, brunes, demi-brunes et blanches, et particulièrement celles destinées aux liquides gazeux, lesquelles présentent une solidité exceptionnelle, lui ont valu la MÉDAILLE DE PREMIÈRE CLASSE.

COMPAGNIE DES CRISTALLERIES DE BACCARAT (France).

Ce établissement est, de tous ceux qui s'occupent en France du travail du verre, le plus important, et sans aucun doute c'est aussi le plus complet, même en le comparant à ceux de l'étranger. Baccarat produit annuellement pour 3,000,000 de cristaux. Sa fabrication comprend principalement les cristaux ordinaires à base de plomb, c'est-à-dire les cristaux blancs ; les cristaux colorés n'entrent que pour un sixième environ dans le chiffre total de ses affaires.

C'est donc surtout les produits des cristaux blancs qu'exposait l'usine de Baccarat. Les objets très-variés dont se composait cette exposition étaient tous conçus et exécutés selon les règles du goût le plus pur et le plus éminemment français. Chaque objet, bien approprié à sa destination, se recommandait par une richesse d'ornementation qui cependant conservait au cristal sa principale qualité, la transparence la plus pure.

Sous ce rapport, la Compagnie de Baccarat l'emporte sur la plupart des fabricants étrangers, qui, pour décorer le verre, finissent par lui donner l'opacité d'une poterie vulgaire. La couleur, la blancheur et la limpidité du cristal de Baccarat, sont infiniment supérieures, même aux plus beaux verres de Bohême, qui ont toujours une teinte légèrement jaunâtre.

Entre les produits exposés par l'usine de Baccarat, nous nous bornerons à mentionner un grand lustre en cristal blanc taillé, de 140 lumières garnies de verrines, ayant 4m 85c de hauteur sur 3m de diamètre, pesant 2,200 kil. ; et deux grands candélabres de 5m 25c de hauteur, portant chacun 90 bougies.

Ces trois pièces étaient assurément les plus belles et les mieux exécutées de tout ce que l'Exposition universelle offrait en ce genre ; elles donnaient une haute idée des moyens de production de l'usine, et de l'intelligence qu'on y déploie pour le choix des formes et leur heureuse appropriation.

Il faudrait répéter, en l'amplifiant, sur le régime intérieur de la Compagnie de Baccarat, ce que déjà nous avons dit à propos de la verrerie de Sèvres et de la Compagnie de Cirey. On prend à Baccarat tous les soins possibles pour le bien-être et la moralité des travailleurs, employés au nombre de 1,125 environ, sans compter ceux du dehors pour l'exploitation des bois, les transports, etc. Une grande partie est logée à l'intérieur de l'usine, les autres habitent dans le village même ; ils jouissent tous des précieux bienfaits d'une administration paternelle et d'une existence en commun : caisse de secours mutuels, caisse de retraite pour les vieillards, caisse d'épargnes, école primaire, école de dessin, instruction religieuse, salaire élevé même en cas de chômage, etc., etc.

La Compagnie des Cristalleries de Baccarat a obtenu la Grande médaille d'honneur.

CRISTALLERIE DE CLICHY-LA-GARENNE (France).

Cet établissement, dont M. Maes est le propriétaire et M. Clemandot le directeur, a obtenu, avec des moyens moins puissants que ceux de Baccarat, des résultats tout aussi remarquables. Là encore les ornements, la décoration, sont du goût le plus pur, et les formes parfaitement appropriées au service qu'on attend de chaque objet.

Mais ce qui place surtout MM. Maes et Clemandot au premier rang dans leur industrie, c'est l'esprit de recherche qui préside à leurs travaux, et grâce auquel se sont réalisés, dans ces dernières années, les progrès les plus remarquables de la verrerie. Leur exposition offrait le produit d'une de leurs meilleures découvertes : des échantillons de verre à base de zinc.

Si le procédé de fabrication du verre à base de potasse et de zinc n'est point encore généralement répandu, il faut s'en prendre uniquement au prix exagéré de l'acide borique, indispensable à la fusion

des éléments pour obtenir les verres de cette nature, avec lesquels les plus beaux cristaux à base de plomb rivalisent à peine de blancheur et de dureté.

Malgré la cherté de la matière principale, MM. MAES et CLÉMANDOT produisent des verres à base de zinc ou de magnésie destinés aux instruments d'optique, et qui sont très-recherchés dans le commerce : le *crown-glass* et le *flint-glass* qui sortent de leur maison sont particulièrement demandés, l'un pour sa grande pureté, l'autre pour sa parfaite homogénéité.

La MÉDAILLE D'HONNEUR a été décernée à MM. MAES et CLÉMANDOT.

MM. MEYER NEVEUX, à ADOLPHS-MUTH, LÉONORENHAIN, KALSENBACH et FRANZENSTHAL (BOHÊME).

On connaît toute l'importance des fabriques de verre de Bohême; les quatre établissements sus-nommés représentent cette industrie nationale de la manière la plus brillante. Ils n'emploient pas moins de six cents ouvriers. Ils produisent tous les verres fins ou ordinaires propres à la fabrication de la go-beletterie de Bohême, et leur exposition, qui en présentait de nombreux et remarquables spécimens, fait le plus grand honneur à MM. MEYER.

On doit une mention toute particulière à de fort beaux vases taillés et dorés en verre blanc recouvert d'émail, avec couche extérieure d'émail bleu. Ces vases, d'une forme gracieuse et élancée, étaient portés sur des socles découpés en feuilles d'acanthe du plus bel effet, et d'une exécution extrêmement difficile.

Le Jury a décerné à MM. MEYER la MÉDAILLE D'HONNEUR.

MM. STEIGERWALD , à SCHACHTENBACH (BAVIÈRE).

Les produits de MM. STEIGERWALD ont les mêmes qualités que ceux de la Bohême. L'usine de Schach-tenbach est d'ailleurs, par sa position, voisine de celle de MM. Meyer.

On peut reprocher, nous l'avons déjà dit, au verre blanc de Bohême une certaine teinte jaunâtre due sans doute aux matières mêmes dont il est composé. Les produits en ce genre de MM. STEIGERWALD, malgré cet inconvénient, touchent à la perfection, grâce à l'immense habileté de main-d'œuvre déployée par eux.

Deux grands vases de forme égyptienne et deux autres vases de forme arabe, dorés en relief, avec larges vasques en verre albâtre dépoli; plusieurs pièces gravées en verre double, des verres colorés en rouge de cuivre, et surtout des verres craquelés, étaient les principaux objets de l'exposition de MM. STEI-GERWALD. Ils ont reçu la MÉDAILLE DE PREMIÈRE CLASSE.

CRISTALLERIE DE SAINT-LOUIS (FRANCE).

C'est aux directeurs de cet utile établissement, l'un des plus importants de France, que l'on fut rede-vable, en 1781, de la production nationale et à bon marché des cristaux à base de plomb, jusqu'alors fabriqués exclusivement en Angleterre.

L'exposition de la CRISTALLERIE DE SAINT-LOUIS se composait des produits les plus variés comme formes et dimensions, et les plus remarquables comme mérite artistique d'exécution.

Nous devons surtout signaler de belles pièces imitant la malachite, l'agate, ou le marbre. Aucune autre fabrique ne produit de pareils objets, tous parfaitement réussis.

De leur côté, les cristaux ordinaires de Saint-Louis offraient une qualité parfaite sous tous les rap-ports, et présentaient des mérites exceptionnels de main-d'œuvre, à cause de leur grandeur inusitée ou de l'ingéniosité de leur taille.

Pour l'organisation qui régit les quinze cents ouvriers ou manœuvres employés dans l'usine de SAINT-LOUIS, elle surenchérit encore de philanthropie sur celle de Baccarat.

Le Jury a décerné la MÉDAILLE D'HONNEUR à la CRISTALLERIE DE SAINT-LOUIS.

M. LE COMTE DE HARRACH, a Neuwelt (Bohême). Située sur la frontière de la Prusse et de la Silésie, la verrerie de M. de Harrach est l'une des plus anciennes de l'Autriche, dont elle soutient dignement la réputation dans la gobeletterie. Elle occupe deux cent cinquante ouvriers, produisant annuellement une valeur d'environ 500,000 francs d'objets remarquables par leur exécution et leur bon marché.

Deux grands vases en verre rubis, avec dessins en or, brillaient parmi les produits exposés par cette verrerie. Leur exécution soignée et leur belle coloration les recommandaient. Il en est de même de diverses pièces en verre craquelé blanc, vert ou bleu, doublé d'émail blanc. Quant aux formes adoptées par l'usine de Neuwelt, elles diffèrent essentiellement de celles en usage surtout en France. M. le comte de Harrach a obtenu la Médaille de première classe.

M. OSLER et Cᵉ, a Birmingham (Royaume-Uni). Ces fabricants, renommés depuis longtemps dans la lustrerie, avaient exposé un grand candélabre pour le gaz, de 8 mètres de hauteur. Ce candélabre de cristal se distinguait autant par la beauté de la taille, la perfection de l'ajustement et du montage, que par la limpidité de la matière même. Toutefois, sa forme n'était pas à l'abri de la critique. Médaille de première classe.

MM. P. BIGAGLIA ET LA SOCIÉTÉ DES FABRIQUES UNIES DES VERRES ET ÉMAUX DE VENISE ET DE MURANO (Autriche). La verroterie de Venise, universellement connue pour ses prix excessivement modérés et la bonne condition des articles livrés par elle au commerce, a fait, grâce aux soins de M. Bigaglia, des progrès qui la signalent de plus en plus à l'attention. Toutes les fabriques de Venise, aujourd'hui réunies sous la direction de cet habile directeur, occupent de mille à quinze cents ouvriers, et produisent chaque année un million et demi de kilogrammes de perles, émaux, chapelets, etc., d'une valeur de 3,000,000 de francs.

C'est à M. Bigaglia qu'on doit d'avoir retrouvé le secret de la composition de l'aventurine artificielle, sorte de verre qui, découvert au milieu du siècle dernier par M. le docteur Wiotti, s'était perdu après la mort de l'inventeur. A cette fabrication considérable, M. Bigaglia joint celle d'une autre substance vitreuse de son invention, qu'il nomme *obsidians*. Elle est destinée aux mosaïques, dans lesquelles elle produit un bel effet.

Le Jury a décerné à M. Bigaglia la Médaille de première classe.

MM. LAUNAY, HAUTIN et Cᵉ, a Paris (France).

Cette maison, fondée en 1832, n'avait d'abord pour but que l'entrepôt et la vente des cristaux de Baccarat et de Saint-Louis ; maintenant elle reçoit en blanc la plupart des articles expédiés, et fait pratiquer leur ornementation dans ses ateliers de Paris. C'est à son initiative qu'on doit l'heureux élan donné en France aux cristaux de fantaisie, peints, dorés, garnis en bronze, etc.

Du reste, la collaboration d'un habile artiste de Sèvres, M. F. Robert, a puissamment secondé, durant vingt années, MM. Launay et Hautin dans leurs travaux. On lui doit la plupart de ces peintures d'un goût exquis, imitées maintenant dans toute l'Europe, et appliquées soit sur la porcelaine, soit sur le verre.

MM. Launay et Hautin ont reçu la Médaille de première classe.

SOCIÉTÉ en participation sous ces raisons sociales : BURGUN, SCHVERER et Cᵉ, a Meysenthal, Moselle (France); BURGUN, WALTER, BERGER et Cᵉ, a Goëtzenbruck, Moselle (France).

La fondation de ces deux verreries remonte à près d'un siècle et demi, puisque l'une, celle de Meysenthal, est de 1718, et l'autre, celle de Goëtzenbruck, date de 1721.

Chacune d'elles a sa spécialité. Meysenthal fabrique la gobeletterie fine ou commune à des prix très modérés, quoique le verre soit très-beau ; deux cent vingt-cinq ouvriers produisent annuellement pour 340,000 francs de verrerie.

Goëtzenbruck livre au commerce des verres de montre ou de lunettes pour une somme annuelle d'environ 700,000 francs, et quinze cents ouvriers sont employés par cette manufacture, soit dans les ateliers mêmes, soit au-dehors. Trois machines hydrauliques, représentant une force de 30 chevaux, activent la fabrication.

L'importance des fabriques de Meysenthal et de Goëtzenbruck a valu à leurs administrateurs, MM. BURGUN, WALTER, BERGER, SCHVERER et Cᵉ, la MÉDAILLE DE PREMIÈRE CLASSE.

M. LE COMTE DE BOUQUOI, A SILBERBERG, BONAVENTURA ET SCHWASTHAL (BOHÊME). On produit dans ces trois établissements des verres fins taillés, blancs et colorés, des verres de montre, etc. Le verre coloré noir, dit *hyalithe*, y a été fabriqué pour la première fois; enfin, tous les produits si intéressants de la gobeletterie allemande sont dignement représentés dans l'exposition de M. le comte de BOUQUOI. Il emploie environ cent trente ouvriers. MÉDAILLE DE PREMIÈRE CLASSE.

M. CH. STOLZLE, A SCHMELZHUTTE, près Suchenthall (BOHÊME). Ce fabricant est l'un des plus importants de l'Autriche; il n'emploie pas moins de quatre cents ouvriers dans cinq verreries, où sont manufacturés les produits les plus variés, tels que les verres blancs, colorés, à vitres, les verres de montre, les cloches à jardin, les tuyaux de verre. Mais ce qu'on remarquait particulièrement dans les objets exposés par M. STOLZLE, c'étaient des verres mosaïques d'un très-bel effet, qui, pour la première fois, ont été produits par lui.

L'irréprochable et grande fabrication de M. STOLZLE lui a valu la MÉDAILLE DE PREMIÈRE CLASSE.

M. LE BARON DE KLINGLIN ET Cᵉ, A VALLERYSTHALL, Meurthe (FRANCE). Cette verrerie occupe cinq cents ouvriers environ, et produit annuellement pour 5 à 600,000 francs de verre. Sa fondation remonte déjà à plusieurs siècles. M. le baron DE KLINGLIN exposait d'excellente gobeletterie fine et ordinaire, ainsi que quelques pièces fort habilement gravées par M. Becker de Vallerysthall; il a obtenu la MÉDAILLE DE PREMIÈRE CLASSE.

MM. HASSLAWER ET FIOLET, A GIVET (FRANCE). L'industrie des pipes a dû se prêter aux exigences diverses des pays où elle s'exerce. Chacun des exposants qui avaient expédié leurs produits s'était attaché à satisfaire les goûts variés des consommateurs: les Hollandais veulent une terre compacte et impénétrable; les Français, au contraire, une terre légère et poreuse qui s'imprègne rapidement. Parmi les pipes françaises, on remarquait principalement celles de MM. HASSLAWER ET FIOLET, dont la réputation est déjà assez ancienne. Ils ont obtenu la MÉDAILLE DE DEUXIÈME CLASSE.

M. P. GOEDWAGE, DE GOUDA (PAYS-BAS), pour ses pipes d'un mérite traditionnel. Même récompense.

SOCIÉTÉ ANONYME DES TERRES PLASTIQUES ET PRODUITS RÉFRACTAIRES D'ANDENNES (BELGIQUE). Une machine à vapeur de la force de 50 chevaux pétrit et broie la terre dans l'usine d'Andennes, puis trois cents ouvriers lui donnent les formes voulues pour la présenter à la cuisson. Deux cornues à gaz de 270 et 285 centimètres étaient exposées par cette Société, avec une énorme brique pour étalage de haut-fourneau, des creusets de plombagine et des briques destinées aux fours à puddler. Ces différents objets ne laissaient rien à désirer sous aucun rapport; aussi la SOCIÉTÉ D'ANDENNES a-t-elle obtenu la MÉDAILLE DE PREMIÈRE CLASSE.

M. COSTE, A TILLEUR (BELGIQUE). Pour une remarquable collection d'excellents creusets en graphite et terre réfractaire pour la fonte de l'acier et les travaux de laboratoire, a obtenu pareillement la MÉDAILLE DE PREMIÈRE CLASSE.

MM. VILLEROY ET BOCH, A VANDREVANGE ET METTLACH (PRUSSE).

Ces exposants avaient envoyé de grandes pièces en terre cuite, d'une bonne exécution, mais qui, au point de vue du goût, laissaient peut-être à désirer. On remarquait encore dans leur exposition de fort beaux pavés en mosaïque, appelés, par leur prix très-bas, à entrer pour une large part dans la consommation. MM. VILLEROY ET BOCH ont obtenu la MEDAILLE DE PREMIÈRE CLASSE.

MM. VIREBENT FRÈRES, A TOULOUSE (FRANCE), semblent avoir résolu une question importante, celle de suppléer per les terres cuites aux pierres naturelles dans les pays où elles font défaut. Un grand portique romain, d'une belle exécution, et dont la dureté ne le cède en rien à celle de la pierre, a valu à MM. VIREBENT la MEDAILLE DE PREMIÈRE CLASSE.

MM. BOCH FRÈRES A KERAMIS (BELGIQUE). Ces exposants avaient envoyé des grès de diverses natures, soit fins, blancs ou colorés, soit plus grossiers et destinés à la construction.

Les grès fins étaient irréprochables tout à la fois sous le rapport du goût et du fini d'exécution; quant aux grès de construction, ils réunissaient la légèreté à la solidité. Ils peuvent être employés avec succès au couronnement des édifices et aux balustrades des balcons. En les soutenant d'un noyau de fer, ils servent aussi pour colonnes.

La MEDAILLE DE PREMIÈRE CLASSE a été décernée à MM. BOCH frères.

MM. MINTON ET Cᵉ, A STOKE-UPON-TRENT (STAFFORDSHIRE) (ROYAUME-UNI).

Une exécution des plus soignées signalait surtout les produits exposés par M. Minton. Ses faïences présentaient des couleurs d'une grande variété, parfaitement glacées, et des formes variées bien appropriées à la destination de chaque objet. De beaux vases, une jardinière, une buire et son plateau, ainsi que des plaques à relief dans le genre de Lucca della Robbia, des plateaux imités de Bernard de Palissy, des pluts dans le goût des majolica, des tabourets pour jardin, tels sont les objets qu'on remarquait le plus dans cette exposition.

Cet ensemble déjà si satisfaisant de faïence décorative se complétait encore par des porcelaines tendres et des grès destinés au carrelage, ou carreaux de revêtements. Au reste, aucun autre exposant n'a porté si loin que M. MINTON la perfection de l'art de la céramique. Ses porcelaines au phosphate de chaux (tasses à thé) décorées et ses services de dessert ne craignent aucune concurrence comme décoration, émail et fabrication; il en serait de même de ses vases modèle vieux Sèvres, si la peinture ne laissait rien à désirer. Ses figurines en parure sont presque irréprochables.

Le Jury a décerné à MM. MINTON ET Cᵉ la GRANDE MEDAILLE D'HONNEUR.

M. RISTORI, A MARZY, Nièvre (FRANCE). L'élégance des formes, la solidité du glacé, la légèreté des pièces, voilà ce qui distinguait l'exposition de M. RISTORI. Il a mis à profit, pour sa fabrication, les procédés nouveaux du coulage, qui lui permettent d'obtenir des produits très-minces, tout en conservant leur homogénéité et leur bon aspect. Parmi les objets qui se faisaient remarquer par leur élégance d'ornementation, il faut citer des tasses à fond jaune, ornées d'arabesques bleues, ainsi que des vases à jour très-habilement découpés. Bien que son établissement soit encore tout récent, son irréprochable fabrication a valu à M. RISTORI la MEDAILLE DE PREMIÈRE CLASSE.

M. AVISSEAU, A TOURS, Indre-et-Loire (FRANCE). C'est à M. AVISSEAU qu'on est redevable de la découverte faite, il y a quelques années, des procédés perdus de Bernard de Palissy. Le plus grand intérêt s'est attaché tout d'abord aux travaux de cet habile industriel, dont les expériences avaient pour

but de ressusciter en France cet art du potier, tout d'élégance et de fantaisie aux beaux jours de la Renaissance.

La tâche que s'est imposée M. Avisseau est des plus difficiles ; ses consciencieux efforts dans les innovations d'ornements sont d'autant plus arides, qu'il n'est plus secondé, comme les fabricants d'autrefois, par des artistes consentant à mettre leur talent au service d'une manipulation courante. Les exigences de l'art sont tout autres aujourd'hui. Au reste, l'exposition de M. Avisseau se composait de quelques pièces seulement, et l'on doit le regretter, car, entre autres objets, un beau plat rappelait exactement les *rustiques* de Bernard de Palissy.

M. Avisseau a obtenu la MÉDAILLE DE DEUXIÈME CLASSE.

M. W.-T. COPELAND, A STOKE-UPON-TRENT (STAFFORDSHIRE) (ROYAUME-UNI).

L'établissement de M. Copeland n'occupe pas moins de sept cent cinquante ouvriers ; c'est un des plus importants de ce genre en Angleterre. Son envoi se composait de belles faïences de décoration élégante et variée, d'une finesse et d'un glacé parfaits. Un service de table, dont la forme et l'ornementation étaient dans le goût chinois, se faisait particulièrement remarquer des visiteurs. M. Copeland exposait aussi des faïences analogues à celles de M. Minton, des peintures imitant les majolica, et divers objets en pâte de Paros, d'une valeur toute spéciale. Il a obtenu la MÉDAILLE DE PREMIÈRE CLASSE.

MM. LEBEUF, MILLIET ET Cᵉ, A CREIL (OISE) ET A MONTEREAU (SEINE-ET-MARNE) (FRANCE).

Les objets envoyés par ces fabricants étaient d'autant plus intéressants, qu'ils appartenaient tous à leur fabrication courante.

On remarquait surtout quelques pièces marbrées, fabriquées sur le même modèle et d'après les mêmes procédés que celles expédiées d'Angleterre ; quelques services imprimés sous couverte, et deux services du genre dit *flora*, d'un prix vraiment modéré.

Un grand vase, formant vasque, orné de raisins en pâte de Paros, faisait aussi le plus grand honneur aux manufactures de Creil et de Montereau, et prouvait leurs ressources pour exécuter de   ouvrages de dimension extraordinaire, comme des pièces de porcelaine tendre, façon anglaise, établissaient leur compétence dans cette autre branche de la céramique.

On s'est attaché, chez MM. Lebeuf, Milliet et Cᵉ, tout en n'altérant pas la qualité des produits, à diminuer la consommation de l'acide borique ; et c'est là, croyons-nous, une des améliorations les plus importantes que puisse obtenir l'industrie.

MM. Lebeuf et Milliet, pour ce motif et pour l'importance de leurs affaires, qui s'élèvent à 2,000,000 de francs par an, ont reçu la MÉDAILLE DE PREMIÈRE CLASSE.

MM. TH.-J. ET J. MAYER, A BURSLEM, Staffordshire (ROYAUME-UNI). L'établissement de Burslem, qui fait pour l'Amérique de grandes exportations, a été fondé en 1825 ; il occupe douze cents ouvriers et fait 2,000,000 d'affaires par an. Ses excellents produits, parmi lesquels on remarquait quelques beaux vases, ornés de fleurs imprimées par le procédé polychrôme, ont valu à MM. Mayer la MÉDAILLE DE PREMIÈRE CLASSE.

MM. MORLEY ET Cᵉ, A SHELTON, Staffordshire (ROYAUME-UNI). La solidité et la dureté des produits d'usage domestique de cet établissement le placent dans un rang très-remarquable. L'usine de Shelton exporte beaucoup de cette poterie connue en Angleterre sous le nom d'*ironstone*, dont le prix est sensiblement plus élevé que celui des cailloutages ordinaires ; mais cela tient à la grande épaisseur des pièces, plus résistantes, que les fabricants sont forcés de conformer ainsi selon le goût des consommateurs étrangers. MÉDAILLE DE PREMIÈRE CLASSE.

MM. RIDGWAY et Cᵒ, a Cauldon-Place, Staffordshire (Royaume-Uni). La fabrication de M. Ridgway est fort bonne; cet industriel a su se créer une spécialité toute nouvelle dans les garnitures de toilettes et fontaines pour lavabo; au reste, ses prix sont très-modérés et constamment au-dessous de ceux des maisons rivales.

L'établissement de Cauldon-Place date de 1802; aujourd'hui il occupe environ six cents ouvriers, et le chiffre de ses affaires est annuellement de 1,250,000 fr. Ce chiffre important, non moins que la beauté des objets exposés, a valu à M. Ridgway la Médaille de première classe.

MM. J. WEDGWOOD et fils, a Etruria, Staffordshire (Royaume-Uni). Leur manufacture, qui occupe quatre cents ouvriers, date de 1768. Ce qu'on remarquait le plus dans l'envoi de ces exposants, était une certaine pièce dite *cream-colour*, d'un prix fort modéré, et une poterie blanche d'un grand mérite, dite *pearl-work*.

MM. J. WEDGWOOD et fils se sont faits une spécialité de pâte de Paros et de grès colorés en bleu avec reliefs blancs. Ils ont reçu la Médaille de première classe.

MM. UTZSCHNEIDER et Cᵒ, a Sarreguemines (France).

Depuis 1780, époque de sa fondation, l'établissement de MM. Utzschneider n'a pas cessé de marcher activement dans la voie du progrès; aujourd'hui on y fait annuellement 1,500,000 fr. d'affaires, et on y occupe au moins onze cents ouvriers. Les imitations de porphyres, exécutées avec un rare bonheur, attiraient particulièrement l'attention. Du reste, tous les produits de cette maison étaient d'une bonne exécution; les grès et les porcelaines, avec les cailloutages destinés aux usages domestiques, formaient un ensemble des plus satisfaisants. Médaille de première classe.

Mᵐᵉ veuve PICHENOT, a Paris (France), exposait des pièces de faïence de grandes dimensions, entre autres une baignoire émaillée à reliefs extérieurs, et des poêles. Feu M. Pichenot a fait surtout progresser cet ordre de poteries. Médaille de deuxième classe.

MANUFACTURE IMPÉRIALE DE SÈVRES (France).

Nous ne pouvons mieux faire pour rendre compte de l'exposition de la Manufacture impériale de Sèvres, que de reproduire le rapport de M. Regnaud, administrateur de cet établissement, et rapporteur du Jury de la VIIIᵉ classe.

Les motifs pour lesquels le Jury décerne la Grande médaille d'honneur à la Manufacture impériale de Sèvres, dit le rapport officiel, sont les suivants :

1° La perfection exceptionnelle de sa fabrication, qui a été reconnue supérieure à celle de tous les autres exposants;

2° Les perfectionnements récents apportés dans diverses parties des arts céramiques;

3° La grande variété de sa fabrication;

4° Le goût artistique de sa décoration;

5° L'invention des modèles et de la décoration, car presque toutes les formes exposées par la Manufacture sont nouvelles et ont été composées dans ses ateliers depuis peu d'années.

Les perfectionnements récents apportés dans les arts céramiques consistent :

1° Pour la porcelaine dure, dans les nouvelles colorations obtenues au grand feu, soit par les matières colorantes introduites dans la pâte de la pièce, soit à l'aide des pâtes colorées posées par engobe, soit enfin par la coloration de l'émail. Les principales couleurs qui ont été produites ainsi sont les

céladons bleuâtres, les bleus persans, les bleus verdâtres, les jaunes, gris et brun d'urane, etc., etc. Ces colorations n'ont pu être obtenues qu'en modifiant l'encastage des pièces, de manière à pouvoir soumettre chacune d'elles, isolément dans le four, à l'atmosphère qui convient au développement de sa couleur. On est parvenu ainsi à étendre considérablement au grand feu la palette des couleurs qui, jusqu'ici, était très-restreinte. Ces nouveaux procédés de coloration permettent d'obtenir des effets très-variés, et donnent aux poteries un aspect particulier.

2° Le rétablissement de la fabrication de porcelaine tendre, pâte tendre du vieux Sèvres, qui était abandonnée depuis 1804, et dont il ne restait plus traces à la Manufacture. Les recettes pour la fabrication de cette pâte étaient complètement empiriques, et reposaient sur l'emploi de matières mixtes, dont on ne trouverait plus aujourd'hui les analogues dans le commerce. Le secret de la fabrication de ces pâtes n'appartenait même pas à l'ancienne Manufacture royale, mais à un particulier, le sieur Chavent, qui les confectionnait exclusivement pour elle. C'est par des expériences directes de laboratoire et d'atelier que la Manufacture a reproduit récemment cette intéressante fabrication, et qu'elle a composé successivement la pâte, l'émail, la palette des couleurs de fond et celle de peinture.

Pour établir la variété de sa fabrication, il suffit de dire que la MANUFACTURE DE SÈVRES a exposé des porcelaines dures fabriquées par les divers procédés connus, et dont plusieurs ont été inventés par elle;

Des porcelaines tendres ;

Des purians à l'état de biscuits, ou colorés par des émaux transparents ;

Des faïences et terre cuite émaillées, dans le genre des Majolica et des Bernard de Palissy :

Des émaux sur fer, sur cuivre, sur platine et sur or. Les émaux artistiques sur fer présentent des dimensions qui n'ont pas été atteintes jusqu'ici, même dans les temps anciens où la fabrication des émaux était plus développée qu'aujourd'hui.

Tous les bronzes d'art, les objets d'argent et d'or qui se trouvent sur les pièces exposées, ont été ciselés dans des ateliers de nouvelle création qui existent aujourd'hui dans l'établissement.

Le Jury a d'ailleurs tenu grand compte de la création des modèles, et du mérite artistique des décorations.

Par ces diverses considérations, le Jury décerne la GRANDE MÉDAILLE D'HONNEUR à la MANUFACTURE IMPÉRIALE DE SÈVRES.

MANUFACTURE ROYALE DE BERLIN (Prusse).

Cette manufacture a été fondée en 1763. On n'y fabrique que de la porcelaine dure. Trois cents ouvriers y sont aujourd'hui employés, concurremment avec des machines de la force collective de 30 chevaux.

Pour ses directeurs, le but à atteindre est double.

D'abord ils doivent, par une fabrication courante d'objets destinés à l'usage domestique, soit blancs, soit décorés, procurer à l'établissement des moyens de se soutenir, et même rapporter au Gouvernement quelque bénéfice ; et, d'un autre côté, ils doivent, par la création de modèles nouveaux et le perfectionnement continuel de leurs procédés de fabrication, maintenir la MANUFACTURE ROYALE DE BERLIN dans un état de supériorité tel, qu'elle puisse servir, pour ainsi dire, de type aux autres fabriques fondées ou à fonder en Allemagne.

L'exposition de cette manufacture se composait de nombreuses pièces ; les objets de fabrication courante laissaient à désirer sous le rapport de la forme, quoique la matière première en fût très-belle. Mais ce qu'on louait sans restriction, c'étaient les porcelaines d'art, au nombre desquelles on remarquait des plats avec peintures décoratives, imitation des faïences italiennes ; un grand vase fond blanc et or avec une ronde d'enfants peinte sur la cerce ; et quatre vases avec cartels de figures d'après Kaulbach.

Nous devons une mention spéciale à de fort belles lithographies sur porcelaine, qui se recommandaient autant par le fini de l'exécution que par l'heureux choix des modèles.

La Médaille d'honneur a été décernée à la Manufacture royale de Berlin.

M. BAPTEROSSE, a Briare (France).

M. Bapterosse, habile mécanicien, est l'inventeur d'une machine pour la fabrication rapide et économique des boutons de porcelaine. Des Anglais, MM. Fosser de Birmingham, et Minton de Stocker, inventeurs de ces boutons, n'avaient imaginé qu'une presse obtenant un seul bouton à la fois : M. Bapterosse, avec la sienne, en confectionne un grand nombre du même coup.

Alliant cette première amélioration avec celle résultant d'une cuisson mieux combinée, et substituant la houille au bois, ce fabricant est arrivé à produire des boutons à un bon marché tel, que les frais les plus considérables consistent dans l'encartage, occupant à lui seul dans son usine plus de huit cents ouvrières. Cependant la vente annuelle des boutons de M. Bapterosse, malgré leur prix très-bas, n'est pas moindre de 1,000,000 de francs ; il en approvisionne même leur premier inventeur, M. Minton, qui en a abandonné la fabrication.

Les progrès incontestables réalisés par M. Bapterosse, qui d'une spécialité modeste a su faire une grande industrie, lui ont valu la Médaille d'honneur.

MM. ROSE et DANIEL, a Coalbrooke-Dale, Shropshire (Royaume-Uni).

Les porcelaines exposées par MM. Rose et Daniel étaient de la plus belle qualité comme matière première, et leur exécution ne laissait rien à désirer. Leurs couleurs de fond, bien réussies, brillaient aussi par une heureuse variété. Le côté artistique seul, sous le rapport de la peinture, donnait prise à la critique. MM. Rose et Daniel avaient envoyé plusieurs services de dessert fort riches, et de nombreux vases dans le genre du vieux Sèvres. Ils ont obtenu la Médaille de première classe.

MM. J. POUYAT, a Limoges (France). Ces industriels possèdent des carrières de kaolin et préparent eux-mêmes leurs pâtes. Cette circonstance assure à leurs produits une qualité supérieure à celle que les autres établissements réalisent en général. Leur manufacture dispose d'une force hydraulique de 100 chevaux et fabrique annuellement pour environ 700,000 francs de porcelaines.

Les plats ovales, presque toujours mal réussis, sont parfaitement traités par MM. Pouyat; ils exposaient en double le même service de table émail et biscuit, simple d'abord, puis décoré sur les modèles de M. Comoléra. Médaille de première classe.

MM. C. PILLIVUYT, DUPUIS et Cⁱᵉ, a Foëcy (France). MM. Pillivuyt, Dupuis et Cⁱᵉ possèdent trois fabriques dans le département du Cher ; ce sont celles de Noiriac, Foëcy et Mehun. Cette dernière ne date que de 1854, et déjà elle est fort considérable; les deux autres sont aussi fort importantes, puisqu'elles occupent ensemble douze cents ouvriers et font annuellement pour 1,800,000 francs d'affaires.

MM. Pillivuyt, Dupuis et Cⁱᵉ sont du reste placés dans les conditions les plus favorables : presque toutes les matières premières se tirent des environs de leurs usines, et chez eux la cuisson se fait à la houille; aussi livrent-ils leur porcelaine blanche de service à un prix très-modéré. Ils exposaient un bel assortiment de couleurs au grand feu, obtenues par engobe ou émail coloré. Ils ne sont point restés d'ailleurs sans faire des applications de ces couleurs dans des décorations en pâte blanche sous émail, appliquées au pinceau ou par moulage. Leurs vases ainsi décorés étaient fort remarquables et par leur bon goût et par la modicité de leurs prix. Médaille de première classe.

MM. HACHE ET PEPIN-LEHALLEUR, a Vierzon (France).

Les matières premières employées par cette fabrique sont très-variées : outre les sables quartzeux que fournit le département du Cher, le kaolin de Bayonne et celui d'Angleterre y figurent également, quoiqu'on ait fait récemment quelques efforts pour les remplacer par ceux du département de l'Allier.

Les produits des deux usines de Villedieu et de Vierzon, qui représentent une valeur de 1,600,000 fr. et sont confectionnés par onze cent dix ouvriers, sont en grande partie exportés pour l'Amérique. Ces porcelaines, d'un beau blanc, sont bien glacées et d'un prix très-bas. Les pièces sont généralement lourdes, à cause sans doute des exigences des consommateurs, ainsi qu'on a déjà pu l'observer pour d'autres fabricants qui produisent également en vue de l'exportation américaine.

La cuisson d'une grande partie des porcelaines se fait à la houille, et les pâtes sont préparées dans les ateliers mêmes.

MM. Hache et Pepin-Lehalleur ont obtenu la Médaille de première classe.

MM. J. VIEILLARD et Cⁱᵉ, a Bordeaux (France). L'établissement de ces industriels, placé dans les meilleures conditions possibles, pour l'arrivée de ses matières premières et pour l'écoulement de ses produits, mérite de fixer spécialement l'attention et d'être en quelque sorte cité comme un modèle à tous les fabricants de céramique.

Deux industries distinctes sont pratiquées chez MM. Vieillard et Cⁱᵉ : la faïence, et la porcelaine dure; toutes deux sont établies sur les plus larges proportions. On ne compte pas moins de six fours chauffés à la houille pour la porcelaine dure, trois fours à biscuit de faïence et six fours à émail. On prépare les couleurs décoratives dans l'usine même, qui possède de vastes ateliers de peinture et de dorure; une force mécanique de 120 chevaux malaxe en pâte le kaolin et le feldspath provenant des Pyrénées, et plus de mille ouvriers s'occupent des parties de la manipulation qu'on ne peut confier aux machines. Le chiffre des affaires annuelles est de 1,600,000 fr., dont environ 600,000 fr. en porcelaines dures et 1,000,000 fr. en cailloutages.

Les cailloutages de formes très-variées exposés par MM. Vieillard et Cⁱᵉ brillaient par leur excellente qualité et la beauté de leur émail ; de grands plats ronds et ovales, dont la difficulté d'exécution, dans de telles dimensions, est connue, se faisaient surtout admirer par leur bonne réussite et leurs ornements bleus sous couverte d'un goût parfait.

On remarquait aussi leurs autres produits, d'un prix très-modéré, dont la décoration est supérieure à celle qu'on exécute partout ailleurs. La Médaille de première classe a été accordée à MM. Vieillard et Cⁱᵉ.

M. DE BETTIGNIES, a Saint-Amans-les-Eaux (France). M. de Bettignies fabrique une porcelaine tendre, analogue à l'ancienne pâte dite vieux Sèvres, dont elle reproduit aussi la décoration et les couleurs ; en outre, il produit une porcelaine de service à impression bleue, connue sous le nom de Tournai, dont l'habitude seule maintient un peu l'usage dans les localités avoisinantes, et qui ne saurait soutenir la concurrence avec la porcelaine dure. Aussi l'attention du Jury s'était-elle seulement portée sur la fabrication de luxe appartenant en propre à M. de Bettignies, dont les produits se vendent à Paris le plus souvent comme imitation, sinon comme contrefaçon du vieux Sèvres pâte tendre.

M. de Bettignies n'a point d'ateliers de décoration ; ses pièces sortent toutes blanches de ses ateliers et sont ornées par des peintres de Sèvres même. Cette circonstance, favorable à ces artistes par le travail qu'elle leur procure, empêche d'apprécier rigoureusement le mérite de l'émail du fabricant, qui n'exposait que de grands vases ainsi décorés, obtenus par le coulage, et fort bien réussis. Médaille de première classe.

MM. JULIEN et fils, a Saint-Léonard (Haute-Vienne) (France). De beaux services de table, supérieurs et plus légers que ceux de la plupart des fabricants du même pays, ont valu à MM. Julien la Médaille de première classe.

M. GILLE, a Paris (France). Cet exposant avait envoyé une remarquable collection de biscuits de dimensions exceptionnelles, les uns blancs, les autres décorés. La plus belle pièce de son exposition était une cheminée, avec figures aux angles, d'une heureuse exécution; ensuite venaient, dans des proportions tout à fait inusitées, un cerf, une vierge, et une cariatide représentant le printemps.

Un atelier de décoration, et des moufles pour la cuisson des couleurs, sont établis dans la manufacture de M. Gille; aussi quelques peintures sur de grandes plaques de biscuit, d'après des modèles très-heureux, étaient-elles d'une réussite parfaite. Médaille de première classe.

M. MORITZ-ISCHER, a Herend, près Weszprins (Hongrie). Ce fabricant fait des affaires assez restreintes; il exploite des matières premières provenant des environs de son usine, qui ne renferme que deux fours; mais ses produits sont d'une beauté parfaite. Ses imitations de porcelaines chinoise et japonaise présentent la translucidité de leurs modèles, et leur décoration est incontestablement de meilleur goût.

M. Moritz Fischer a obtenu la Médaille de première classe.

MM. DUTERTRE frères, a Paris (France).

Parmi les inventions nouvelles qui se sont produites dans le grand concours de l'industrie et qui paraissent se présenter avec quelques sérieuses chances d'avenir, la création d'un nouveau genre de dorure sur porcelaine dorée, par MM. Dutertre frères, a attiré l'attention et leur a valu une Médaille de deuxième classe.

Cette dorure sort brillante du moufle et n'a pas besoin de brunissage. Jusqu'ici les efforts les plus persévérants et les tentatives les plus diverses avaient échoué devant les difficultés du problème qu'il s'agissait de résoudre. Aujourd'hui la solution est donnée.

Les hommes spéciaux ont compris tout de suite le grand intérêt attaché à cette heureuse découverte. Le public n'en soupçonne peut-être pas l'étendue; mais il lui sera facile de la comprendre lorsqu'il aura l'occasion de visiter une fabrique de porcelaine. Lorsqu'un doreur découvre le moufle et voit la dorure mate, il s'écrie souvent: Ah! si c'était bruni! Dorénavant, ce cri ne s'entendra plus. Les casses, les pertes de temps, les retards, la mauvaise exécution du bruni; tout cela, et mille autres ennuis, dispas- raissent tout d'un coup et comme par enchantement.

Les fabricants le savent bien (et le public en souffrait sans le savoir), le brunissage était un grand obstacle à la bonne fabrication et à la fabrication par masses considérables. Désormais tout est possible; il n'y a presque plus de déchets, et il y a de belles et bonnes dorures qui ne restent pas en magasin, et que tout le monde se dispute. Premier fait acquis, par conséquent, c'est que le brunissage, incomplet, inexact, maladroit, est supprimé avec avantage partout où il était possible.

A la rigueur cela n'est rien, si on songe que partout où le brunissage était impossible, la dorure sera mise avec facilité. Il a été facile, à l'Exposition, de comprendre sous ce rapport toute l'importance de cette découverte d'un procédé nouveau de dorure, lorsqu'on a vu le magnifique étalage des porcelaines de MM. Dutertre. Il n'est pas de caprice qu'on ne puisse maintenant contenter: les plus mignardes découpures de la pâte supportent la dorure la plus brillante; ce sont comme des fils d'or tressés. Nous admirions ainsi mille petits objets de la petitesse la plus jolie et de l'éclat le plus vif, de petits vases, de petites coupes, de petits paniers, de petites corbeilles en treillis; tout cela blanc, colorié, doré avec la plus parfaite apparence. L'usage dira, il a déjà dit, si cette dorure ainsi produite est solide comme elle est belle. Aussitôt qu'on en a connu les ressources, plusieurs grands établissements se sont mis à fabriquer

des pièces spéciales d'une délicatesse, d'une légèreté, d'une originalité toute nouvelle, comme le procédé grâce auquel elles sont assurées d'être dorées à merveille.

Les demandes ont sur-le-champ suivi la découverte. Quatre cents décorateurs travaillent sans relâche et ne peuvent produire au-delà du dixième de ce que le commerce réclame. Aussi de grandes constructions se sont-elles élevées pour que le travail ait des ateliers nouveaux et que la production de la nouvelle porcelaine dorée réponde aux désirs du public.

On a fait à MM. Dutratak frères le reproche de supprimer, par leur procédé, le brunissage à la main et d'enlever une de leurs dernières ressources aux femmes qui travaillent. Le reproche n'est pas juste. Les brunisseuses travaillent toujours, parce que la vente des porcelaines ne cesse de prendre du développement. Un fabricant qui débite beaucoup ne nuit pas, comme on le croit, à ses confrères ; un libraire qui inonde le marché de livres propage le goût de la lecture et sert les intérêts de toute la librairie.

Supposons même que les brunisseuses manquent d'ouvrage ; elles s'habitueront à quelque tâche plus agréable et plus lucrative. Déjà, dans les ateliers de MM. Dutrataz, plus de cinquante femmes, depuis quinze mois, ont été mises à la décoration des porcelaines courantes, et y ont réussi. Se plaignent-elles parce qu'elles peuvent gagner trois francs par jour au lieu d'un franc cinquante centimes ?

F.-A. GOSSE, à Paris (France).

M. Gosse n'a point cherché à entrer en concurrence avec les grands établissements d'où nous viennent tous ces chefs-d'œuvre de pâte fine décorée par les pinceaux de l'art ; il n'avait pas à offrir à nos yeux l'un de ces étalages si riches en dorures et en couleurs de toute sorte qui attirent le regard et le captivent. Mais, sur le terrain de l'économie domestique, qui est proprement celui sur lequel M. Gosse a cherché à bâtir, ces produits prennent une autre apparence et arrivent à leur valeur vraie.

Confondues avec les porcelaines de Limoges, les porcelaines dures à feu n'étaient pas considérées : mises à part, elles sont jugées dignes d'une médaille de première classe.

C'est là l'histoire de quelques expositions particulières.

Pour les porcelaines à feu, elles méritent à merveille la distinction dont elles ont été honorées ; car il n'y a peut-être pas, dans toute l'Exposition, des produits mieux faits pour obtenir l'estime des bons juges et la confiance des consommateurs.

Une première partie de l'exposition de M. Gosse, et comme son bagage scientifique, ce sont les capsules, cornues, creusets, tubes, etc., qu'il fabrique avec tant de soin qu'on ne saurait trouver de produits en ce genre qui leur soient supérieurs.

Vient ensuite la porcelaine de ménage, l'utile porcelaine dure à feu : des assiettes, des plats, des théières, des cafetières, des bouilloires, des tasses, des veilleuses, des casseroles, une vaisselle d'un genre nouveau qui embrasse tous les anciens genres.

L'usage des ustensiles de cuivre est, comme on le sait, très-dangereux ; l'usage des poteries, qui ne fait pas disparaître toutes les craintes, présente des embarras d'une autre espèce ; l'émail qui les recouvre se fendille toutes les fois qu'il y a trop brusque transition entre le froid et le chaud. Ainsi se conduisent les fontes émaillées, les faïences et les grès. Au contraire, la porcelaine dure de M. Gosse se comporte d'une manière irréprochable ; l'émail qui recouvre la pâte résiste parfaitement et ne se fendille pas. Il s'ensuit que le goût de terre n'est pas pris par les aliments, et qu'on les peut conserver aussi longtemps qu'on le veut, avec toutes leurs qualités culinaires, dans ces vases qui ne s'altèrent point.

Le cuivre étant dangereux et la poterie incommode, la porcelaine dure à feu a beau jeu pour les remplacer tout à fait. On l'appelait autrefois *hygio-cérame*, c'est-à-dire porcelaine de santé. En effet, c'est la porcelaine salutaire par excellence.

Il reste toujours, lorsqu'il s'agit d'objets utiles, une question fort importante à régler : celle du prix

de revient du prix de vente. C'est là que le mérite de ces produits est le plus grand ; ils peuvent se vendre aujourd'hui à 30 et à 40 pour 100 meilleur marché qu'ils ne se vendaient, et sont, pour ainsi dire, du même prix que les poteries. Fondée en 1810, la manufacture de Bayeux obtenait, en 1819, une médaille de bronze rappelée depuis à toutes les expositions. La médaille de première classe qui, cette fois, lui a été accordée, est à la fois une récompense et un encouragement.

Avant peu, les porcelaines dures à feu seront dans toutes les cuisines.

M. Gosse a reçu du Jury de la XVIII° classe la Médaille de deuxième classe, et de celui de la XXXI°, la Médaille de première classe.

M. BOYER, a Paris (France).

L'industrie de la décoration sur porcelaine a une grande importance en France. Nous constatons avec regret que le Jury semble avoir oublié le mérite de cette industrie, qui est aussi un art. Les récompenses importantes ont toutes été décernées aux fabricants de porcelaine blanche. Sans amoindrir en rien le mérite de ces derniers, on peut accorder à bon droit un mérite réel aux décorateurs sur porcelaine.

Quoi de plus séduisant qu'un beau vase de porcelaine, décoré avec ce goût exquis qui distingue les œuvres de M. Boyer ?

Cet honorable industriel est un de ceux qui se distinguent le plus dans ce gracieux travail. Toutes les pièces de son exposition, au dire des hommes les plus compétents en céramique, étaient irréprochables, tant par l'élégance des formes que par la richesse de la décoration et des peintures. Le choix des sujets et des dessins accuse l'homme de goût, l'artiste enfin.

M. Boyer a eu la satisfaction de voir ses produits fort admirés par Sa Majesté l'Empereur, qui a daigné le féliciter, surtout *pour la nouveauté et le choix heureux de ses modèles*, et faire l'acquisition de plusieurs pièces importantes.

Le Jury a sans doute assimilé cette industrie à un simple négoce, comme si ceux qui l'exercent vendaient simplement des objets fabriqués par d'autres. Cela est une grave erreur. Ainsi, les charmantes pièces de l'exposition de M. Boyer avaient été non-seulement décorées et peintes d'après ses seules indications, l'artiste n'étant que l'habile interprète de sa pensée; mais, chose plus importante encore, la *forme* de toutes ces pièces était son œuvre *à lui*. Le fabricant les avait exécutées sur ses dessins. Nous devons admettre que plusieurs fabricants de porcelaine blanche ont reçu des récompenses élevées, motivées plus encore par l'élégance des formes que par la finesse de la porcelaine : c'est précisément là le mérite de M. Boyer, mérite reconnu par l'Empereur à l'Exposition : *Nouveauté et élégance des formes*, et cependant il n'a reçu qu'une médaille de bronze ! — Ce vétéran dans l'industrie de la porcelaine décorée méritait beaucoup mieux que cela ! — Tous les gens compétents et consciencieux se plaisent à le reconnaître.

M. MARÉCHAL, a Metz (France), exposait un grand vitrail, destiné à l'église de Montbrison. Cette verrière laissait à désirer sous le rapport de l'assortiment des couleurs, mais les personnages composant le tableau proprement dit étaient fort beaux, et mettaient l'œuvre de M. Maréchal vraiment hors ligne, ce qui lui a mérité la Médaille de première classe.

M. DIDRON, a Paris (France). Les vitraux de M. Didron étaient nombreux et bien exécutés. Le premier offrait un arbre de Jessé, reproduction habilement faite d'un sujet fréquent dans les vitraux du XIII° siècle. Venaient ensuite un vitrail du style de la Renaissance, et un autre représentant Godefroi de Bouillon partant pour la croisade. Il faut encore citer une Vierge bien dessinée, dont l'encadrement présentait une innovation gracieuse, mais nuisible quant à l'effet lumineux : des médaillons en grisaille, placés parmi des enlacements colorés dans le style du XIII° siècle.

M. Didron complétait son exposition par deux vitraux du XIIIᵉ siècle, l'un représentant la fille de Jaïre, l'autre, la résurrection de Lazare. Il a obtenu la MÉDAILLE DE DEUXIÈME CLASSE.

M. COFFETIER, à PARIS (FRANCE), exposait deux vitraux, l'un dans le style du XIIᵉ siècle, l'autre dans celui du XVIᵉ. Ce dernier, dit le rapport, était un des meilleurs de l'Exposition. MÉDAILLE DE DEUXIÈME CLASSE.

M. VESSIÈRES, à SEIGNELAY (FRANCE). Pour un beau vitrail imitant le genre du XVIᵉ siècle, et remarquable par la complication des détails et des personnages, MÉDAILLE DE DEUXIÈME CLASSE.

M. PETIT GÉRARD, à STRASBOURG (FRANCE), MÉDAILLE DE DEUXIÈME CLASSE pour ses verrières bordées de belles grisailles, et surtout pour sa Vierge encadrée dans une gloire garnie de roses, vitraux du plus bel effet.

M. HARDMAN, à BIRMINGHAM (ROYAUME-UNI), se faisait remarquer par deux verrières religieuses à personnages légendaires, d'une couleur parfaite, dans le style du XIVᵉ siècle. En outre, il exposait de beaux vitraux chargés d'écussons, imitant l'ancien travail des verriers anglais, et tirés des salles du parlement de Westminster. Ces vitraux, appliqués à l'architecture civile, offraient un intérêt tout particulier, malgré leur aspect un peu confus. MÉDAILLE DE DEUXIÈME CLASSE.

M. CAPRONNIER, à BRUXELLES (BELGIQUE), avait exposé deux brillantes verrières bien composées, dans le style de la Renaissance, avec personnages et architecture du même temps. MÉDAILLE DE DEUXIÈME CLASSE.

XVIIIe CLASSE. — INDUSTRIE DE LA VERRERIE ET DE LA CERAMIQUE.

RÉCOMPENSES DÉCERNÉES PAR LE JURY INTERNATIONAL.

(EXTRAIT DU *Moniteur* DU 8 DÉCEMBRE 1833.)

GRANDES MÉDAILLES D'HONNEUR.

Compagnie des verreries et cristalleries de Baccarat (Meurthe) France.
Manufacture des glaces de Saint-Gobain, Chauny (Aisne). Id.
Manufacture impériale de Sèvres. Id.
Minton (H.) et comp., Stoke-upon-Trent (Staffordshire). Royaume-Uni.

MÉDAILLES D'HONNEUR.

Bapterosse (J.-F.), Brière-sur-Loire (Loiret). France.
Compagnie de Florelle (Namur) Belgique.
Cristallerie de Saint-Louis (Moselle). France.
Maëz (L.-J.), Clichy-la-Garenne. Id
Manufacture des glaces de Cirey. Id.
Manufacture royale de Berlin. Prusse.
Meyer neveux, Adolphs hütte près Winterberg (Bohème). Autriche.
Steigerwald (Fr.), Schachtenbach (Bavière).

MÉDAILLES DE PREMIÈRE CLASSE.

Andelle et comp., Epinac (Saône-et-Loire). France.
Benners et Bivars, Jumet (Hainaut). Belgique.
Berlioz (F.) et comp., Montluçon. France
Bettignies (M. de), Saint-Amans-les-Eaux. M.
Bigaglia (P.), Venise (Lombardie). Autriche.
Boch frères, Kéramis (Hainaut) Belgique.
Bouquoi (comte de), Schwastzthal et Silderberg (Bohème). Autriche.
Burgun, Schwerer et comp., Meysenthal (Moselle). France.
Burgun, Walter, Berger et comp., Goetzenbrück. Id.
Copeland (W. T.), Stoke-upon-Trente (Stafford). Royaume-Uni.
Coste (Fr.), Tilleur (Liège). Belgique.
Devers, Petit-Montrougo France.
Fischer (Moritz), Herend (Hongrie) Autriche).
Frison (J.) et comp., Damprémy (Hainaut). Belgique.
Gille (J.-M.), Paris France.
Hache (A.) et Pépin-Lehalleur, Paris. Id.
Harrach (comte de), Neuwelt (Bohème). Autriche.
Hartley (J.) et comp., Sunderland. Royaume Uni.
Hutter (P.) et comp., Rive-de-Gier. France.
Jonet et de Dorlodot, Couillet (Hainaut) Belgique.
Julien et fils, Saint-Léonard (Haute-Vienne). France.
Klinglin (baron de) et comp., Vallerysthal (Meurthe). Id.
Launay, Hautin et comp.. Paris. Id.
Lebeuf, Millet et comp., Montereau. Id.
Leroy-Soyez (Mme veuve), Masnières (Nord). Id.
Manufacture des glaces, Aix-la-Chapelle. Prusse.
Marechal, Metz. France.
Mayer (Th.-J.) et Joseph, Stoke-upon-Trent (Stafford) Royaume-Uni.
Morley (F.) et comp., Shelton (Stafford). Royaume Uni
Osler et comp., Birmingham. Id.
Patoux, Drion et comp., Aniche (Nord). France.
Pillivuyt, Dupuis et comp., Foëcy. Id.

Pouyat (J.), Limoges. France.
Renard père et fils. Fresnes-lès-Valenciennes. Id.
Rose et Daniel, Coalbrooke Dale. Royaume Uni
Ridway (J.) et comp. Cauldou-Place (Stafford). Id.
Ristori (T.-H) Marzy (Nièvre). France
Société anonyme des terres plastiques et produits réfractaires d'Andennes. Belgique.
Stolzle (Ch.), Schmelzhütte près Suchenthal (Bohème). Autriche.
Utzschneider et comp., Sarreguemines (Moselle). France.
Vieillard et comp., Bordeaux. Id.
Villeroy et Boch, Vaudrevange et Mettlach. Prusse.
Virebent frères, Toulouse. France.
Wedgwood et fils, Stoke-upon-Trent (Stafford). Royaume-Uni.

MÉDAILLES DE DEUXIÈME CLASSE.

Alluaud aîné (F.), Limoges. France.
Avisseau (Th.), Tours. Id.
Baker (W.) et comp, Stoke-upon-Trent (Stafford). Royaume-Uni.
Bernard (Mme Ch.). Bagneaux (Seine-et-Marne) France.
Billaz, Maumenée et comp., Lyon. Id.
Boch frères, Sept-Fontaines. Grand-Duché de Luxembourg.
Bodmer et Biber, Zurich Suisse.
Boucher (J.), Saint-Ghislain (Hainaut). Belgique.
Boyer (J.), Paris. France.
Burguin (P.), Lurcy-Lévy (Allier). Id.
Chabrol (P.-H.), Limoges. Id.
Chartier (Pr.), Douai. Id.
Christer (Ch.), Waldenburg (Silésie). Prusse.
Coffetier, Paris. France.
Colleville (Ant.), Paris. Id.
Collignon et fils, Treton. Nord. Id.
Compagnie continentale pour l'éclairage au gaz (Van-Aken, directeur), Gand. Belgique.
Capronnier, Bruxelles. Id.
Debay, Paris. France.
Decaën (Mme Em.) et comp., Grigny (Rhône). Id.
Didron, Paris Id.
Dryander (L.-G.). Niderwiller (Meurthe). Id.
Dumas (J.), Paris. Id.
Dumeril, leurs fils et comp., Saint-Omer. Id.
Dumontier (R.-Ant.), Paris. Id.
Dutertre frères. Paris. Id
Duthy (P.-J.-P.), Paris Id.
Elsmore, Forster et comp., Stock-upon-Trent (Stafford). Royaume-Uni.
Fischer (Ch.), Pirkenhammer (Bohème). Autriche.
Fouques (H.). Saint-Gaudens (Haute-Garonne). France.
Geoffroy et comp., Gien (Loiret). Id.
Ginori (le marquis de), Florence. Toscane.
Gizton (E.-A.-D.), Moulins-lès-Lille (Nord. France.
Godin-Theullier (F.-N.). Id.
Goëdewage (P.-H.), Gouda. Pays-Bas.

Gosse (Fr.-A.), Paris France.
Green (S), Londres. Royaume-Uni.
Grotz et comp., Schonmeinzach. Wurtemberg.
Hachette (veuve). Paris. France.
Haidinger frères, Ellebogen Autriche
Hardhmann (J.) et Cⁱᵉ, Birmingham. Royaume-Uni.
Hasslawer et Fiolet, Givet. France.
Havilland et comp , Limoges. Id.
Hechinger (G.), Fürth Bavière.
Hecker (Ch), Berlin. Prusse.
Heilbronn (Leopold), Furth. Bavière.
Hocedé (J.) et comp , Rubelles (Seine-et-Marne). France.
Jacquemin (L.) et frères Morez (Jura). Id.
Janke frères, Blottendorf (Bohème) Autriche.
Jouhanneaud et Dubois, Limoges. France.
Kavalier (Fr.), Sazava (près Kollitz Bohème Autriche.
Keller (A.), Gand. Belgique.
Kerr et Binns, Worcester Royaume Uni.
Lesmes frères, Limoges France.
Manufacture royale de Copenhague. Danemark.
Nivet M), Limoges. France.
Pajot–Ruaut. Montel (Saône-et-Loire). Id.
Paques (A.-Fr. , Blanzy (Saône-et-Loire). Id.
Pâris (Ch.-F). Bercy, près Paris. Id.
Pazett (Ant.). Turnan (Bohême). Autriche
Pelikan (Ignace) neveux, à Meisterdorff. Id.
Petit-Gérard (B), Strasbourg. France.
Pfeil (C.-A.), Charlottenbourg, près Berlin. Prusse.
Pichenot (veuve J.-P.). Paris. France.
Pinder, Bourne, Hope et comp , Stock-upon-Trent,
   Royaume-Uni.
Pratt (F. R.) et comp., Fenton (Stafford). Id.
Rat (Ch.-A.), Saint-Pierre-le-Moutier (Nièvre). France.
Richard et comp., Milan Lombardie). Autriche.
Schmid frères, Vannes (Meurthe). France.
Schmidt (Ch), Bamberg. Bavière.
Shaw et fils, Burslem (Stafford). Royaume-Uni.
Singer et Green, Londres. Id.
Strahl (Otto), Francfort-sur-Oder. Prusse.
sussex (de) et comp , Sèvres. France.
Swinbourne et comp., Londres. Royaume-Uni.
Tharaud (Mᵐᵉ veuve), Limoges. France
Vallet et comp., Forbach (Moselle). Id.
Van Cauwelaert, Wagret et comp., Condé (Nord . Id.
Van der Want (P -J., Gand. Pays Bas.
Van Lecompoël, de Colmet et comp., Quinquengrogne
   (Aisne). France.
Vernon père et fils, Fismes (Marne). Id
Verrerie de Foiembray (Aisne). Id.
Vessières, Seignelay (Yonne). Id.
Violaine (de) frères, Vauxrot, près Soissons, Id.
Vivat (H.), Marbourg Styrie). Autriche
Walker, Podmore et comp., Stoke-upon-Trent. Royaume-Uni.

MENTIONS HONORABLES.

Aaron (M.), Chantilly. France.
Aimard (L.), Paris. Id
Appert, Mazurier et comp , Paris Id.
Beaux, Duhoux et comp., la Rochère (Haute-Saône). Id.
Bernot (Ed.-M.-J.), Revigny (Aube). Id.
Bernot (Ed.) fils, Tregny (Yonne). Id.
Boissière (Ad.), Vanville (Orne). Id.
Bonnet (Eléz.-H.), Apt (Vaucluse). Id.
Bourgeois (Aug), Lhôme-Chamorot (Eure). Id.
Bromo (la verrerie de). Ile de Bromo (Skaraborg). Suède.
Chabert (P.-A.), Saint Just-des-Marais (Oise). France.
Chappuy (L.), Frais Marais-lès-Douai (Nord). Id.
Deyeux (N.Th.), Paris. Id.
Direction des houillères de Hoganas. Suède.
Dodé. Paris. France.
Doisy (Al.), Landel. (Seine-Inférieure) Id.
Doulton et comp., Londres. Royaume-Uni.
Dryander et Schmidt, Saarbrück. Prusse.
Dupira (veuve) et Dumont, Sars-Poteries (Nord).France.

Dutel (J -B.-E.), Montereau. France.
Ernie et Coudère Paris Id.
Evrat (Ad.). Lunéville. Id.
Fabrique de poterie de Wagram. Autriche.
Fairet (P -Al.), Belleville (Seine). France.
Fell (Ch.), Paris. Id
Follet père et fils, Paris. Id.
Galle-Reinemer, Nancy. Id.
Galliot, Courbeton (Seine-et-Marne) Id.
Genot et comp., Saint-Paul-de-Vezelin (Loire). Id.
Gérente (Alf.), Paris. Id
Gilardoni frères, Altkirch. Id.
Gobbe (O.), Fogt (A) et comp., Aniche (Nord). Id.
Godin-Vie, la Chapelle-aux-Pots (Oise). Id.
Gossin frères, Paris. Id.
Grégoire et Masson, Saint-Evroult-Notre-Dame-du-Bois
   (Orne). Id.
Grohmann (J.), Kreibitz près Rumbourg (Bohème). Autriche.
Guinaut (J.-L.), Paris. France.
Gürtler (Fl.), Meisterdorf. Autriche.
Hautefeuille. Paris France.
Hegenbarth (Aug.), Meisterdorf. Autriche.
Herb (A.), Pirmasens (Palatinat du Rhin) Bavière.
Houtard (Firmin) et comp . Lourches (Nord). France.
Jong (L. de) Maëstricht (Limbourg). Pays-Bas.
Kuchelbaecker frères (les dames carmélites du Mans).
   France.
Lacroix (Adolphe). Paris Id.
Lahoche, Paris. Id.
Lambourg (R.), Saumur. Id.
Lagrange (comte de), Lectoure (Gers). Id.
Lancestre (J.-Ph.), Paris. Id.
Landet du Beaufay. Souchart et comp., Paris. Id.
Larcher (V.). Troyes. Id.
Laurent, Gsell et comp., Paris. Id.
Leclerc (G. et J.) frères, Laignelet (Ille-et-Vilaine. Id
Lerber (de), Romainmotier (Vaud). Suisse.
Leroy (Ch -Fr.), Paris France.
Lurgese (Ant.), Paris. Id.
Macé (L -A.-C.), Paris. Id.
Marchand et comp., Paris. Id.
Marietti (Verrerie de), Venise. Autriche.
Martin, Troyes, France.
Martin-Brey (Fr.), Casamène (Doubs). Id.
Masson jeune (N.-J), Id.
Mauny (L.-Fl.), Paris. Id.
Mniszek (comte de), Frain (Moravie) Autriche.
Monestrol (marquis de), Sceaux. France.
Mongin frères, Portieux (Vosges). Id.
Monot et comp , La Villette (Seine). Id.
Oudinot et Harpignies, Paris. France.
Paillioux-Sallatz Chatou (Seine-et-Oise). Id.
Payen (L.-A.), Paris. Id.
Pelikan fils (Fr.), Utrichstal (Bohème). Autriche.
Pilon (J -Em.), Clichy-la-Garenne. France.
Pochet (H.-Pr.), Plessis-Dorin (Loir et-Cher). Id.
Post (H. von), Reymyre. Suede.
Reine père et fils, Voisinlieu (Oise). France.
Regout (P.), Maëstricht, Pays-Bas.
Renaud père et fils, Morez (Jura). France.
Rieder et Chambige, Billom (Puy-de-Dôme). Id.
Rivière et Brocard (J.). Paris. Id.
Rousseaux (J) aîné, la Planchette (Vosges). Id.
Rozan (F) père et fils, Marseille. Id.
Salmon (J.-J.), Saint-Ouen (Seine). id.
Sazerat (L.-Ph -Et.), Limoges. Id.
Schenkelberg, Berlin. Prusse.
Schiller et fils (G.), Bodenbach (Bohème). Autriche.
Schmid frères. Vannes. France.
Schmitz (M.-H), Aix-la-Chapelle. Prusse.
Smal-Verpin, Huy (Liège). Belgique.
Société anonyme de la Verrerie de Peuchot (Aveyron).
   France.
Spinn (J -C.), Berlin. Prusse.
Talmours, Paris. France.

Till (T.) et fils, Stoke-upon-Trent. Royaume-Uni.
Tinel (Charles), Paris. France.
Trouillet (P.), Sens (Yonne). Id.
Véry Paris. Id
Wagner (Ad.) Sulzbach. près Saarbrück. Prusse.
Wagner (Ph.), Friedrichstal, près Saarbrück. Id.
Wentzel (H.-L.), Friedrichstal, près Saarbrück Id.
Zahn, Llatno. Autriche.
Zeller, Fürth Bavière.
Zecchin (J.) Venise. Autriche.
Zeller et comp., Ottwiller Haut-Rhin France.

COOPÉRATEURS,
CONTRE-MAITRES ET OUVRIERS.

MÉDAILLES DE PREMIÈRE CLASSE.

Arnoux, Stoke-upon-Trent, chez M Minton. Royaume-Uni.
Avisse (Paul). manufacture impériale de Sèvres. France.
Berriat. manufacture impériale de Sèvres. Id.
Bourgoing (baron de). Paris. Id
Froment, manufacture impériale de Sèvres. Id.
Gobert, manufacture impériale de Sèvres. Id.
Jeannest (E.), Stoke-upon-Trent, chez M Minton. Royaume-Uni.
Klagmann, manufacture impériale de Sèvres France.
Laurent (Mme Pauline). manufacture impériale de Sèvres. Id.
Looschen, manufacture royale de Berlin. Prusse.
Regnier (Hyacinthe), manufacture impériale de Sèvres. France
Reynolds (Alfred). chez M. Minton, Stoke-upon-Trent. Royaume-Uni.
Roussel, manufacture impériale de Sèvres. France.

MÉDAILLES DE DEUXIÈME CLASSE.

Apoil, manufacture impériale de Sèvres. France.
Bockz (George), chez M Minton. Stoke-upon-Trent. Royaume-Uni.
Bott (Thomas), Coalport et Londres, chez MM Daniel et Rose. Id.
Bourne (Hamlet), chez M. Minton. Stoke-upon-Trent. Id
Carrier, chez M. Minton. Stoke-upon-Trent Id
Choiselat (Ambroise), manufacture impériale de Sèvres. France.
Choquet, artiste peintre, Madrid. Espagne.
Delacour, manufacture impériale de Sèvres. France.
Doering, manufacture impériale de Berlin. Prusse.
Escher, manufacture impériale de Berlin Id
Fischer, manufacture impériale de Sèvres France.
Fragonard, manufacture impériale de Sèvres. Id.
Freppa, chez M. de Generi, Florence. Toscane.
Gely, manufacture impériale de Sèvres France.
Green (Henri), chez M. Minton, Stoke-upon-Trent. Royaume-Uni.
Halot, chez MM. Pillivuyt et comp., Foëcy. France.
Hancock (John), Coalport et Londres, chez MM. Daniel et Rose. Royaume-Uni.
Humbert, manufacture impériale de Sèvres. France.
Krebs (Jacques), à la cristallerie de Saint-Louis Id.
Leguay (Mlle), Sèvres. Id.
Lenoir (Casimir), chez M. Aris, Paris Id.
Mantel, à la manufacture royale de Berlin. Prusse.
Mayer (Sebastien), à la cristallerie de Saint-Louis. France.
Meinelt C), chez M. Schmidt, Ramberg. Bavière.
Monjoie (Constant), produits réfractaires, Andennes Belgique.
Motteau (Pierre-Désiré), chez M Maës, Clichy. France
Pivout, chez MM. Jonet et de Dorlodot, Couillet. Belgique.
Regnier (Ferdinand), manufacture impériale de Sèvres. France.
Schilt (Abel), manufacture impériale de Sèvres France.
Steele (William), chez M. Minton, Stoke-upon-Trent. Royaume.-Uni.

Tranchant, manufacture impériale de Sèvres. France.
Turnatori, chez M. Boyer, Paris Id
Winkler (Pierre), à la cristallerie de Saint-Louis Id.
Wurm (Jean), chez M. Miesbach, Vienne. Autriche.

MENTIONS HONORABLES.

Abraham (Rob.-Fréd.), Coalport et Londres, chez MM. Daniel et Rose Royaume-Uni.
Allain (Frédéric), chef d'atelier de MM. Launay, Hautin et comp., Sèvres. France.
Baert (Fr.), contre-maitre de la compagnie du gaz. Gand. Belgique
Bancroft (Joseph), chez M Minton, Stoke-upon-Trent. Royaume-Uni
Barre, manufacture impériale de Sèvres France
Bentley (Henri), chez M Minton Royaume-Uni.
Bohn (Aug), chez M. Hegenbarth, Meisterdorf. Autriche.
Bonieu, manufacture impériale de Sèvres. France.
Bredl (Jean). Suchenthal (Bohème). Autriche.
Cabau, manufacture impériale de Sèvres France
Cartier (H.), fabrique des produits réfractaires de M Boucher, Saint-Ghislain. Belgique
Cooke (William), chez MM. Daniel et Rose. Royaume-Uni.
Danham (Joseph), chez M. Minton, Stoke-upon-Trent. Id.
Dantroygaz, chez M. Richard, Milan. Autriche.
Decelle, manufacture impériale de Sèvres. France.
Duplanne, chez M. Gasse, Bayeux. Id.
Eggert et Sonnert. Munich. Bavière
Fennell (Fréd). Coalport et Londres, chez MM. Daniel et Rose Royaume-Uni
Ferrand, manufacture de vitraux peints, Tours. France.
Fontaine, manufacture impériale de Sèvres. Id.
Geissler (Jos.), chez M Gurtler, Meisterdorf. Autriche.
Geschwind (Michel) chez MM. Boch frères, Sept-Fontaines. Luxembourg.
Gillet, manufacture de vitraux peints, Tours. France.
Giusti, chez M. de Ginori, Doccia. Toscane.
Gunther, à la manufacture royale de Berlin. Prusse.
Guyonnet, fabrique d'émaux de Rubelles. France.
Habt, verrerie de M. le comte de Bouquoi, Silberberg. Autriche.
Henk (Christian), chez M. Minton, Stoke-upon-Trent. Royaume-Uni
Heyder (François), Suchenthal (Bohème). Autriche.
Hutray, manufacture impériale de Sèvres. France.
Juel, manufacture royale de Copenhague Danemark.
Kerby (Thomas), chez M. Minton, Stoke-upon-Trent Royaume-Uni
Klein, manufacture royale de Copenhague. Danemark.
Lambert, manufacture impériale de Sèvres. France.
Langlois, manufacture impériale de Sèvres Id.
Leason (Georges), chez M. Minton, Stoke-upon-Trent. Royaume-Uni.
Massey (Charles), chez M. Minton, Stoke-upon-Trent. Id.
Merigot, manufacture impériale de Sèvres. France.
Morand, manufacture impériale de Sèvres. Id.
Muller (C.-W.), Munich. Bavière.
Oirick, manufacture royale de Copenhague. Danemark.
Pallandre, manufacture impériale de Sèvres. France
Perchon. manufacture impériale de Sèvres. Id.
Richard (François), manufacture impériale de Sèvres. Id.
Riedl (Joseph), chez M Haidinger, Ellbogen. Autriche.
Roger, manufacture impériale de Sèvres. France.
Seven (Constant), Paris Id.
Strephon (Peter), chez MM Daniel et Rose. Coalport et Londres. Royaume-Uni.
Tire (Louis) fabrique des produits réfractaires de M. Coste. Thieur. Belgique
Trauner (Joseph), chez M. Stolzle, Suchenthal. Autriche.
Ulrich (François), chez M Stolzle, Suchenthal Id.
Van-Marck manufacture impériale de Sèvres France.
Violette, chez M. Gasse, Bayeux. Id.

EXPOSITION UNIVERSELLE

PRODUITS DE L'INDUSTRIE

DIX-NEUVIÈME CLASSE

INDUSTRIE DES COTONS.

Depuis la fin du siècle dernier, époque où fut établie en France la première filature mécanique, les arts ayant pour objet la confection des divers tissus éprouvèrent d'étranges vicissitudes et n'atteignirent point sans peine le degré de perfection auquel ils sont parvenus. Des hommes de génie figurent en tête du mouvement. Vaucanson avait ouvert la voie ; Falcon, Breton, Jacquart perfectionnèrent, étendirent ses procédés ; Arkwright transforma la filature des cotons ; Girard, celle des lins et des chanvres ; Awerkampf donna aux tissus de fil un aspect tout nouveau ; Ternaux nationalisa la fabrique des châles...

L'Exposition de 1855 présente le résumé, les conséquences finales de ces améliorations importantes : plus de quatre mille maisons s'y trouvaient représentées ; et, chose regrettable, l'Amérique, dont l'industrie cotonnière passe avec raison pour la plus importante du monde, sous le rapport des quantités de coton mises en œuvre, s'est abstenue presque complètement de figurer dans la lutte. On dirait que les expéditeurs du Nouveau-Monde éprouvent une sorte d'hésitation à montrer leurs produits en présence du splendide étalage des Européens. A quoi la chose peut-elle donc tenir ? Au caractère positif de cette nation essentiellement commerçante, qui, mettant sa gloire dans les écus, ne veut rien abandonner aux chances d'une renommée de laquelle ne sortirait aucun bénéfice. Ici l'intérêt, puissant mobile de l'industriel américain, ne se trouvant point en jeu, il n'avait que faire de figurer dans une arène qu'il évitera jusqu'au jour, prochain peut-être, où, pouvant nous écraser par la supériorité de son travail, ainsi qu'il nous écrase par la multiplicité

de sa matière première, il considérera les Européens comme autant de clients attachés à son char de triomphe.

Dans la part faite aux différents peuples, gardons-nous, conséquemment, de nous fier aux apparences et d'estimer les progrès respectifs de chaque nation, de chaque pays, d'après les indications superficielles, tant soit peu forcées et mensongères, qu'offrent ces joûtes industrielles de date si récente. Longtemps encore elles auront le sort des foires et des marchés, où le pourvoyeur subordonne bien souvent la gloire de sa maison au facile écoulement des produits qui en émanent. Au fait, tel doit être le but principal du négociant, car il s'agit d'abord de vivre.

En Amérique, l'emploi du coton, comme plante textile, remonte aux temps les plus anciens : le manteau d'une momie du plateau de Tunja était d'un tissu de coton. Quand les Européens firent la conquête du Nouveau-Monde, ils y trouvèrent l'arbre au coton cultivé presque partout : Christophe-Colomb en 1492, Fernand Cortez en 1501, Pizarre en 1522, Vaca en 1536, virent d'immenses plantations de cotonniers à Cuba, au Mexique, au Pérou, au Texas, à la Louisiane. Vers la fin du seizième siècle, sir Walter Raleigh fut témoin de la récolte du coton dans la Virginie et la Caroline du Nord. Pareille exploitation se faisait alors dans la Caroline du Sud et la Géorgie. En 1790, la variété *sea-island*, appelée chez nous *géorgie longue soie*, la plus belle de toutes les variétés connues, était cultivée dans la Caroline du Sud, à l'endroit même où, trois siècles auparavant, Jean Ribault, le pionnier des explorateurs français en Amérique, éleva une colonne de pierre pour marquer leur droit de possession. C'est de là que notre gouvernement a tiré la semence du cotonnier longue-soie que l'on cultive aujourd'hui avec tant de succès en Algérie.

L'Union américaine est actuellement le premier de tous les pays producteurs du coton. En 1747, sept balles de cette matière textile furent expédiées de Charlestown en Angleterre, et lorsqu'en 1784, soixante et onze nouvelles balles, c'est-à-dire 8 ou 9,000 kilogrammes, arrivèrent du même port, on saisit la cargaison comme contrebande, en alléguant l'impossibilité qu'un Etat comme l'Amérique eût fourni une quantité de coton si considérable; mais, dix années après, cette même Amérique jetait 86,000 kilogrammes de coton sur les marchés d'Europe ; l'année suivante, elle en versait 3 millions; en 1820, quatre-vingts millions; en 1840, trois cent soixante-huit millions; en 1850, quatre cent quarante-huit millions ; en 1853, cinq cent quatre-vingt-sept millions de kilogrammes, évalués 600 millions de francs. Voilà donc, dans une période de soixante années, l'exportation du coton devenue sept mille fois plus forte qu'à son origine, sans qu'on puisse assigner de limite à cette progression remarquable.

La valeur de la matière brute étant au moins quadruplée par la fabrication, le produit pécuniaire que le coton entraîne à sa suite dépasse le chiffre énorme de deux milliards, sur lesquels les bénéfices de fabrication atteignent 1,500 millions de francs répartis ainsi qu'il suit : 300 millions pour l'Amérique, un milliard pour le Royaume-Uni, 200 millions pour la France et les autres pays d'Europe.

Dans l'année qui a précédé le 1er juin 1854, l'Angleterre a reçu d'Amérique 286 millions de kilogrammes de coton ; la France en a reçu des mêmes provenances 64 millions

de kilogrammes ; l'Espagne environ 15 millions de kilogrammes. Les autres nations continentales, prises ensemble, n'atteignent point ce dernier chiffre.

Aujourd'hui trois concurrents sérieux surgissent à l'endroit de l'Amérique dans la fourniture du coton, savoir : le Brésil pour 25 à 40 millions de kilogrammes ; … pour 30 à 35 millions de kilogrammes ; les Indes-Orientales pour 30 à 35 millions. Bientôt l'Afrique et quelques autres Etats tels que l'Australie, prendront aussi leur rang. Malheureusement dans ces contrées les bras manquent. En Australie, malgré le concours des nègres, surtout des Chinois, la production reste languissante et ne peut lutter contre la production américaine, à cause du haut prix de la main-d'œuvre. Dans la Guyane anglaise, c'est la même chose. Jusqu'en 1820, le coton avait été, pour cette contrée, l'article principal des exportations ; mais l'Amérique du Nord lui fit une concurrence fatale ; et quand, par la liberté du travail, le prix de la main-d'œuvre s'éleva sur le territoire qu'émancipa le gouvernement anglais, les colons de l'Union américaine, avec leurs esclaves, triomphèrent sur tous les marchés où la Guyane anglaise se mettait en lutte.

Sous plus d'un rapport, l'Algérie française ressemble à la Guyane anglaise et lutte contre les mêmes obstacles. En présence d'un concurrent aguerri, possesseur d'une terre riche au milieu de conditions extérieures très-favorables, possesseur chez lequel le crédit est admirablement organisé, qui jouit d'une main-d'œuvre à bas prix et de transports faciles, l'Algérie n'a qu'une population de 3 millions d'indigènes et d'environ 200 mille Européens, couvrant une immense surface de 40 millions d'hectares, d'où résulte : manque de bras, manque de routes, manque d'argent, et par conséquent manque de culture. Cependant, comme les variétés qui réussissent le mieux en Afrique sont les variétés exceptionnelles qui produisent davantage, notamment la variété longue soie, on espère retirer des qualités du produit ce qu'on ne peut retirer de son abondance ; mais l'emploi commercial du coton longue soie est d'autant plus restreint qu'il est plus beau ; sa vente s'opère avec lenteur, avec difficulté ; et si l'Algérie produisait seulement deux millions de kilogrammes de cette variété choisie, la France ne suffirait point à les consommer, puisqu'aujourd'hui l'Amérique n'en verse dans nos ports que 1,500 mille kilogrammes, qui suffisent grandement aux besoins de la consommation.

D'ailleurs, la culture du coton longue soie, telle qu'on la pratique dans les Etats de l'Union où se récoltent les plus belles variétés, exige un travail considérable, une attention soutenue, un nombre d'ouvriers cultivateurs suffisant, un sol sec et siliceux, un drainage perfectionné. Or, rien de tout cela n'existe en Algérie, où l'on rencontre à peine 1 seul habitant pour 12 hectares, et où les moyens de culture, les voies de communication, les facilités de voiturage laissent tant à désirer.

Nonobstant ces considérations et malgré d'infructueux essais, le gouvernement français fait de louables efforts pour ranimer et soutenir en Algérie la production cotonnière. Il fournit des graines aux colons ; il achète ou promet d'acheter les cotons récoltés par les planteurs ; il alloue des primes à l'exportation en France des cotons algériens, ainsi qu'à l'introduction sur le territoire africain de machines pour égrener ; il distribue des prix

provinciaux importants; il accorde au planteur algérien qui récolte dans l'année les meilleurs et les plus abondants produits en coton, un prix de 20,000 francs dont l'Empereur fait les fonds.

Ces mesures, sans lesquelles la culture cotonnière serait complètement abandonnée en Algérie, ont permis d'affecter 800 hectares de terre à cet objet. Mais si le patronage de la métropole cesse, que deviendra cette culture? Et si le patronage se maintient, pourquoi tant de sacrifices devant les incertitudes de l'avenir? D'autres cultures nous semblent préférables à celle du coton, tant que l'Amérique maintiendra le bas prix de sa marchandise et que l'Algérie ne se peuplera pas davantage.

Une raison puissante qui rend de plus en plus redoutable la concurrence américaine, c'est le progrès que fait, dans une grande partie du Nouveau-Monde, la mise en œuvre du coton. En 1825, l'Amérique absorba dans sa confection manufacturière douze cent mille kilogrammes de coton; en 1853, elle en a absorbé cent vingt-un millions de kilogrammes; c'est-à-dire que la fabrication a fait plus que centupler dans l'espace de vingt-huit années.

Ce développement des manufactures américaines résulte, d'après les documents statistiques recueillis au Ministère du Commerce, de l'espérance qu'éprouvent les négociants de l'Union d'imposer aux Chinois leurs tissus communs, d'écouler, par conséquent, une immensité de marchandises usuelles parmi les 300 millions d'habitants du Céleste-Empire. Mais une raison semblable n'existerait pas, qu'on verrait encore l'industrie cotonnière prospérer sur un territoire où toutes les conditions de culture et de fabrication se trouvent exceptionnellement favorables à cette production : bas prix de la main-d'œuvre, abondance des produits, facilité des transports au moyen de la navigation, etc.

La France n'est point menacée par la concurrence envahissante et progressive de l'Amérique, car ses produits manufacturés, elle les consomme presque tous elle-même, et ceux qu'elle exporte ne sortent guère de nos ateliers sans y avoir reçu un certain cachet qui leur donne une valeur spéciale. Les variétés de dessin, les combinaisons de couleurs, les associations ingénieuses de tissus divers, modifient considérablement la matière première et donnent au coton ouvré des industriels français un passeport de cosmopolitisme qu'aucune nation ne saurait lui disputer.

Entre les rendements attribués à l'Algérie et les rendements des Etats-Unis, on remarque des différences considérables. Par exemple, le coton géorgie longue soie donne, sur le sol africain, 1,460 kilogrammes de produit brut et 267 kilogrammes de produit net, tandis qu'en Amérique on n'obtient que 566 kilogrammes du premier produit et 139 kilogrammes du second. La variété louisiane qui, aux Etats-Unis, fournit 1,005 kilogrammes bruts et 335 kilogrammes nets, donne, en Algérie, 2,005 kilogrammes bruts et 501 kilogrammes nets; différence notable, de laquelle on serait amené à conclure un bénéfice de production presque double en faveur de notre colonie d'Afrique, pour les belles variétés cotonnières. Mais ne vous y trompez pas, ce sont des apparences séduisantes, qui cachent sous un réseau de travail, de soins, d'intelligence active, d'économie singulière, des procédés qu'on ne saurait employer dans un système de grande culture. Les

produits algériens sont récoltés sur de petites surfaces, d'où l'œil du maître ne s'écarte pas. Il fait de sa culture un système d'amour-propre plutôt qu'un système de bénéfice; c'est l'histoire des riches horticulteurs qui font surgir de la serre des phénomènes de végétation, et qui dépensent follement l'argent pour des résultats curieux mais d'une impossibilité pratique absolue.

Aujourd'hui, l'Amérique septentrionale produit annuellement environ 500,000,000 de kilogrammes de coton, c'est-à-dire les quatre cinquièmes de la consommation du monde entier : elle en façonne 110,000,000 de kilogrammes, avec 5,500,000 broches. Le Royaume-Uni met en œuvre, à lui seul, 300,000,000 de kilogrammes de coton, plus de moitié de la masse exploitée, qui sont filés avec 18,000,000 de broches. En France, le pays d'Europe se rapprochant le plus de l'Angleterre par son industrie de filature, le maximum de la consommation des cotons ne dépasse guère 72,000,000 de kilogrammes, filés par 4,500,000 broches. Viennent ensuite, dans l'ordre de production des tissus, l'Autriche, la Russie, le Zollverein, la Belgique, l'Espagne, la Suisse, l'Italie. Dans quelques-unes de ces contrées manufacturières, la fabrication des toiles de coton a remplacé tout-à-fait d'anciennes industries qui n'auraient pas dû tomber, car leur matière première ne cesse pas d'y croître : telles sont les soieries de la péninsule italienne et de la Grèce, les toiles de plusieurs contrées du Nord.

Le travail du coton, automatique en tous points, est très-facile; circonstance qui explique le grand nombre d'enfants recrutés pour les ateliers de fabrication et l'extrême bas prix auquel on livre des tissus d'une belle apparence et d'un usage assez bon. Bien que la moyenne des journées d'ouvriers se soit plutôt élevée qu'abaissée, et que les produits aient acquis beaucoup de perfection sous le rapport de la consistance, de l'apprêt et des dessins, un kilogramme de fil coton n° 30, qui coûtait en 1816 douze francs, en 1834 six francs, revient aujourd'hui à quatre francs cinquante centimes.

L'amour du gain et l'émulation, ces deux puissants mobiles de la prospérité dans les arts industriels, ont tourné singulièrement au profit de la fabrication des tissus de coton. Sur cent chefs d'usine, il s'en trouve soixante-dix à quatre-vingts qui justifient, par leur intelligence, par l'excellente direction donnée à l'établissement qu'ils possèdent, la prospérité croissante de laquelle il jouit.

En examinant d'un œil attentif et curieux la galerie où se trouvaient étalés avec profusion les tissus variés qu'engendre le coton, nous entendions quelques personnes sceptiques déclamer contre les apprêts, et reprocher aux fabricants ce système qui trompe l'œil, qui dépiste la raison... Ne soyons pas si sévères : les apprêts développent mille effets charmants sans lesquels une chose commune demeurerait sans valeur. Dans le monde physique et dans le monde moral, l'apprêt n'existe-t-il point partout? La toilette, c'est l'apprêt de la marchandise humaine, le passe-port de nos vertus, le voile qui couvre nos défauts et nos vices.

En France, quelques provinces semblent affectionner certaines industries qui s'y cantonnent avec prédilection : telles sont la Normandie, la Flandre, les Vosges et l'Alsace, pour la fabrication des objets divers dont le coton forme la base. La Normandie, pour-

voyeuse infatigable des produits intermédiaires, fait concurrence au Royaume-Uni,
comme jadis les soldats de Guillaume-le-Conquérant aux vieux Bretons, qu'ils refoulaient
dans les bois; la Flandre française lutte contre Manchester et Nottingham ; les Vosges et
l'Alsace n'ont point de rivale dans l'art de disposer les dessins sur la toile et d'accom-
moder l'agréable à l'utile. De Rouen et des vallées voisines sortent des fils (n°ˢ 2 à 300)
valant de 30 à 36 francs le kilogramme, et des organdis mousseline de cinq mille fils, sur
une largeur de 0,85. Le département du Nord, notamment la ville de Lille, sait, par
d'ingénieux apprêts, donner aux fils de coton un brillant que la soie seule pouvait offrir
jusqu'à présent; brillant tel, qu'on fabrique des tissus de coton qui présentent un lustre
équivalant au lustre de la moire antique tissée de soie. Les fils retors pour tulle, les fils
de lin à coudre, les fils de laine gazés, lissés, pour la passementerie, la popeline et les
tissus mélangés, n'ont rien qui les surpasse dans la fabrication anglaise; les fils jaspés et
chinés, les fils unis écrus ou blancs destinés au tissage, les mélanges de coton, de laine
et de soie, pour la bonneterie et différentes étoffes de fantaisie, ne laissent rien à désirer. La régularité merveilleuse avec laquelle on file le coton au n° 600 est si perfectionnée, qu'avec 500 grammes de fil on obtient un cylindre flexible, d'une régularité
parfaite, ayant 150 lieues de longueur. Ce cylindre, dont la finesse semblerait inappli-
cable, s'adapte très-bien, au contraire, à la confection des tulles, des dentelles et des
mousselines. C'est le coton à grande soie que l'on réduit de la sorte aux limites extrêmes
de la ténuité : on l'a payé de 12 à 15 francs le kilogramme quand il fallait le retirer de la
Géorgie ; mais la concurrence algérienne, la concurrence brésilienne et la concurrence
indienne l'ont fait baisser de valeur.

Notre colonie d'Afrique ne se borne point à la culture du cotonnier à longue soie :
toute espèce d'arbre cotonnier réussissant en Algérie, on y a pratiqué bon nombre d'essais. Que les machines à égrener, tant perfectionnées depuis peu en Amérique, s'introduisent dans notre colonie d'Afrique, que la main-d'œuvre y descende à des conditions
normales, et les espérances des algérophiles se réaliseront.

Quoiqu'incidemment, nous venons de mentionner les tulles, les mousselines et les
dentelles de coton : jetons un rapide regard sur tous ces tissus de fantaisie qui élèvent le
coton à mille fois sa valeur, et permettent cependant aux femmes d'une condition médiocre de fortune de se donner toutes les apparences du luxe.

Grâce aux progrès merveilleux introduits dans le façonné, le broché et le brodé du
tulle, on obtient maintenant à 3 centimes le mètre des dentelles de coton fabriquées sur
métier, qui produisent tout autant d'effet que des dentelles de fil à 3 francs. Elles durent
beaucoup moins, mais on a le plaisir de les renouveler, et moyennant cinq francs on
orne un bonnet élégant qui eût coûté 40 francs sous l'Empire.

Après cela, faut-il s'étonner que le tulle façonné broché gagne chaque jour du terrain?
On obtient aujourd'hui, automatiquement, quantité d'effets que l'on croyait impossibles.
Certains contours en relief, festonnés jadis à la main, sont brochés avec rapidité et régularité par ce précieux métier à tulle Bobin, que l'on pouvait voir fonctionner dans l'Annexe
du Palais de l'Industrie.

C'est en Normandie, dans le département du Calvados, et à Calais et aux environs de cette ville, que l'industrie du tulle Bobin jouit de toute son activité. Calais, voulant rendre la chose palpable, avait fait monter dans l'Annexe un métier modèle : les visiteurs pouvaient ainsi suivre les transformations du travail et l'admirable régularité des tissus fabriqués sous leurs yeux.

En 1839, Heilmann avait exposé des broderies sur drap exécutées mécaniquement, qui captivaient l'attention générale. Les Anglais se sont emparés de l'idée, et nous avons vu cette industrie, déjà féconde en résultats heureux, franchir le détroit et se poser avec la présomptueuse prétention d'une découverte d'origine anglaise.

Un autre métier, construit à Nancy, façonne les broderies à pois, sans éraillement de tissu, et avec une économie de temps très-notable. C'est une invention heureuse : elle n'ôtera pas le pain aux milliers de femmes lorraines vivant du travail de la broderie, car les pois ne rapportaient presque plus rien, tandis qu'une broderie fine ou compliquée se paiera toujours d'une manière assez large. Aujourd'hui, une brodeuse habile, faisant les jours, les points d'armes, les écussons, peut encore gagner de 60 à 80 fr. par mois. Certaines brodeuses émérites, travaillant à leurs pièces et faisant des échantillons, réalisent même jusqu'à 100 et 120 francs de gain mensuel.

Jusqu'à présent, la Suisse exécutait des broderies à meilleur marché que les broderies françaises, mais moins finies, et exploitait de préférence la broderie au crochet pour l'exportation ; elle vient de se créer un genre nouveau, c'est la combinaison du genre crochet avec le genre aiguille. Elle a traité de grands sujets, des paysages remarquables de perspective, avec un système de remplissage sur fond filoché ; elle a fait des rideaux de tulle brodés au crochet avec application, et diverses broderies sur mousseline, batiste, tulle, avec points de relief satinés.

Les expositions d'Appenzell, Berne, Saint-Gall, rivalisaient entre elles et captivaient l'admiration des plus indifférents, car il y avait là du sentiment de l'art et une entente de la perspective, une savante économie d'effets qu'on rencontre bien peu dans les tableaux à l'huile.

Nous ne saurions quitter cette intéressante partie de l'Exposition universelle sans mentionner une collection complète de tiges, de feuilles et de fibres textiles exotiques, provenant, les unes des possessions anglaises dans l'Inde, les autres des possessions françaises en Afrique. Parmi le spécimens du Jardin des Plantes d'Alger, on remarquait des tiges d'*urtica nivea*, la *china grass* des Anglais, avec laquelle ils confectionnent ces tissus magnifiques ressemblant à la soie par leur brillant et à la batiste par la finesse et la blancheur du tissu. On a vu les feuilles du gigantesque *yucca filamentosa* dont les Américains tirent un si grand parti ; on s'est d'avance rendu compte des avantages possibles que l'industrie obtiendrait tôt ou tard de l'emploi des filaments d'*agave*, de *coretis textilis*, de *corchorus textilis*, de *larrabis sinensis*, de palmier, de dattier, de mauve, de chanvre de Manille, et de tant d'autres plantes qui n'attendent qu'une machine appropriée pour fournir aux besoins d'une consommation multiple. Ce sera dès lors une lutte entre le coton, le lin, le chanvre et toutes ces plantes nouvelles qui viennent réclamer leur part

dans le mouvement de la civilisation. En dernière analyse, le coton gardera sa position élevée, car ses services ne sauraient être remplacés.

C'est à son caractère économique, à ses propriétés hygiéniques, permettant de faire des étoffes à la portée de toutes les positions de fortune et convenables à toutes les saisons; c'est à la facilité avec laquelle il prend les couleurs et les apprêts, aux moyens mécaniques perfectionnés par lesquels s'opèrent les transformations infinies de la matière première, que le coton doit sa fortune rapide, éclatante, universelle; fortune sans analogue dans les fastes du commerce. Cette industrie est entrée dans sa phase de virilité, écrivait, en 1855, l'un des juges les plus éclairés du concours; elle est en possession d'elle-même; l'époque primordiale, l'époque native caractérisée par les élans énergiques mais irréguliers de sa création, s'éloigne chaque jour davantage; les perfectionnements soudains, les bonds inattendus, les résultats merveilleux ont fait place à l'ère calme des études approfondies, des mesures sages et des tentatives prudentes. Presque partout les procédés sont les mêmes; l'art du fileur, du tisseur n'a plus de secrets. En vain l'Anglais soupçonneux ferme-t-il ses ateliers aux visiteurs étrangers : le mécanicien des diverses contrées de l'Europe, le filateur intelligent rivalise avec le maître de Manchester ou de Nottingham. D'une nation à l'autre, d'un atelier à un autre atelier, il n'est vraiment plus de différence que dans l'économie de la main-d'œuvre, la bonne administration, la perfection des turbines, la facilité des routes, et l'influence paternelle de celui qui sait, en fournissant du travail, rendre le salaire en harmonie avec les forces de l'individu et les besoins de sa famille.

REVUE DES PRINCIPAUX OBJETS

EXPOSÉS DANS LA DIX-NEUVIÈME CLASSE

DISTRICTS DE MANCHESTER ET DE SALFORD (Royaume Uni).

Guidés par un sentiment de patriotisme qu'on ne saurait trop louer, soixante fabricants de ces districts s'étaient réunis en gardant l'anonyme, afin que le résultat total des produits élaborés par eux fût considéré comme la simple expression de l'industrie manufacturière des cotons en Angleterre.

Aussi, aucune exposition particulière n'approchait, dans ce genre, de celle des DISTRICTS DE MANCHESTER ET SALFORD. Elle était digne en tous points du pays du monde le mieux doté par la nature pour se livrer à une fabrication d'utilité générale s'il en fut, et la pratiquant sur la plus grande échelle, car elle y emploie des millions d'ouvriers. Cette exposition consistait en fils remarquables par leur bon marché, en tissus écrus et blancs de toute laize et de tous prix, en toiles peintes, en velours de coton, en tissus de mousselines et jaconas unis et façonnés, en piqués, en basins, en étoffes à pantalons, en rubans, en couvertures, et, pour résumer, en tout ce qu'il est humainement, utilement et mécaniquement possible de créer avec le coton, pur ou mélangé de fil, de laine et de soie.

Presque toute l'immense quantité de produits manufacturés de Manchester et de Salford, apprêtés, filés, tissés, teints dans les fabriques presque innombrables de ces deux localités, est destinée à la consommation populaire. Rien, au reste, ne saurait mieux la satisfaire, sous le rapport de l'infinité des taux de vente poussés jusqu'aux dernières limites, et de l'intelligence sans rivale de la confection, relevant par des apprêts pleins de goût les rares imperfections de l'étoffe.

Après le génie mécanique et l'amour du labeur et des découvertes particuliers à la population des districts sus-nommés, on peut citer, comme raisons principales de leur suprématie dans l'industrie cotonnière, le voisinage de la mer, facilitant l'importation de la matière brute et l'exportation de la matière ouvrée, la possession d'un terrain houiller fournissant à peu de frais le combustible nécessaire aux machines, la puissante richesse des chefs d'établissement et l'étendue de leurs relations, enfin l'extrême division du travail, qui, pour chacune de ses parties, ouvre ainsi le champ à des mérites spéciaux d'exécution.

Le Jury de la XIXe classe s'était attaché à l'appréciation des filés simples ou retors d'une qualité également belle, des mousselines de toutes espèces, des tissus brochés et façonnés, du linge de table et de toilette, exposés par les industriels cotonniers des DISTRICTS DE MANCHESTER ET DE SALFORD. Il a dignement récompensé cet ensemble de perfection et de bon marché quasi introuvable dans tout autre foyer de la même industrie, et a décerné à cette brillante collection de produits la GRANDE MÉDAILLE D'HONNEUR, pour être remise au maire de Manchester, afin de perpétuer le souvenir de la part mémorable prise par les fabricants de cette ville et de celle de Salford à la grande Exposition de 1855.

GROUPE INDUSTRIEL DE GLASGOW (ROYAUME-UNI).

Les manufacturiers de Glasgow ont suivi l'exemple de ceux de Manchester et de Salford ; par un noble amour-propre national, ils ont aussi sacrifié leur réputation personnelle à la renommée de leur cité.

Dans l'industrie des cotons, Glasgow aussi est l'émule de Manchester. Pour les tissus légers, ses produits défient toute concurrence. Pour se donner une juste idée de son importance comme fabrication, il faut supposer Mulhouse réunie à Tarare : Glasgow file comme l'une, et tisse comme l'autre. Ses mousselines claires ou serrées, ses jaconas, ses batistes, ses organdis, exportés dans le monde entier, sont cités partout pour leur supériorité et leur bon marché, dus principalement à l'emploi des métiers mécaniques. Les impressions de Glasgow, la broderie, la teinture rouge dite d'Andrinople, les tissus de soie et de laine, ajoutent encore de brillants fleurons au diadème commercial de la première ville industrielle d'Écosse.

Mais ce qui lui crée une spécialité très-importante, c'est la production des fils de coton pour la couture, donnant par an un chiffre d'affaires d'au moins 10,000,000 fr., et occupant exclusivement à sa confection des établissements les plus considérables. Quant à la fabrication totale du GROUPE INDUS-TRIEL DE GLASGOW, elle s'élève annuellement à 150 millions. Le Jury, édifié sur l'excellence et le bas prix des nombreux produits qu'exposait cette réunion de fabricants de coton, lui a décerné la GRANDE MÉDAILLE D'HONNEUR.

GROUPE INDUSTRIEL DE ROUEN (FRANCE).

L'Angleterre pourrait s'enorgueillir de posséder dans l'industrie des cotons les premiers centres de manutention du monde, si la France n'avait pas Rouen à opposer aux cités de Manchester et de Glasgow. La ville de Rouen, en effet, représente l'immense manufacture qui fournit aux classes laborieuses la majorité des tissus indispensables à leur habillement et à leur ménage, et cela non-seulement pour la France et ses colonies, mais encore pour plusieurs autres nations.

Il est inutile de s'étendre ici sur le mérite incontestable, comme couleurs, variété, solidité et bon marché, de ces *rouenneries* au nom si populaire, généralement portées en vêtements par les ouvriers et les campagnards, de ces toiles de coton qui constituent presque uniquement le linge de corps, de table et de maison des masses. Quelques chiffres en diront plus que tous les commentaires ; ils feront comprendre l'importance presque sans égale et, par contre-coup, l'excellente renommée conquise par l'industrie rouennaise.

Elle emploie environ 1,800,000 broches mettant en œuvre, par an, 30,000,000 de kilogrammes de matière première ; son tissage et sa filature alimentent deux cent mille travailleurs : ses produits mis en vente montent annuellement à 200,000,000 de francs. Ils consistent surtout en 800,000 pièces d'impressions, d'un goût réel dans leurs dessins sans cesse renouvelés, puis en des quantités considérables de calicots, de cotonnades, et de mouchoirs dont le bas prix ne s'obtient pas au détriment du taux raisonnable des salaires.

Le jury de la XIX° classe, dit le Rapport officiel, « laisse de côté la production si grande des machines industrielles et des plaques de cardes, qui ajoutent encore à la puissance manufacturière de Rouen, et juge cette ville seulement au point de vue de son tissage en coton. »

En qualifiant d'*éminemment utiles* les nombreux spécimens exposés par le GROUPE INDUSTRIEL DE ROUEN, représenté par la Chambre de commerce de ce chef-lieu de la Seine-Inférieure, le Jury lui a donné la GRANDE MÉDAILLE D'HONNEUR.

La MÉDAILLE DE PREMIÈRE CLASSE a été accordée aux exposants dont les noms suivent, pour leurs heureuses tentatives de propagation et d'amélioration de la culture cotonnière :

MM. PERCHERON, à Biskara, Algérie (**France**), directeur du Jardin d'acclimatation de cette ville. Il avait envoyé à l'Exposition des cotons algériens parmi lesquels une marque surtout, celle dite *Géorgie longue soie*, était plus belle que celle de même semence récoltée chez les meilleurs planteurs dans la Caroline du Sud.

GRIMA, à Philippeville, Algérie (**France**). Il cultive 40 hectares de cotons divers ; la Géorgie courte soie, entre ceux qu'il exposait, était de qualité vraiment supérieure.

ADAM, au Tlélat, Algérie (**France**). Il possède une plantation de coton aussi importante que celle du précédent exposant. Les productions de M. **Adam**, admirables comme lainage, n'étaient, l'année avant l'Exposition, que de qualité médiocre. Elles prouvent l'utilité de continuer les encouragements à la culture cotonnière en Algérie.

MASQUELIER et DUPRÉ DE SAINT-MAUR, à Saint-Denis-du-Sig, Algérie (**France**). Le prix de l'Empereur a déjà récompensé ces habiles planteurs. Les cotons exposés par eux, qui étaient la plupart de plante bisannuelle, jouissaient d'une incontestable supériorité sur tous les produits similaires de provenance algérienne.

FRUITIÉ, à Cheragas, Algérie (**France**). Ses cotons longue soie étaient particulièrement remarquables comme bonne qualité.

CHRISTIAN KRILL, à Bouffarick, Algérie (**France**). Même appréciation pour son coton Géorgie longue soie.

HIPPOLYTE REVERCHON, à Birkadem, Algérie (**France**). Son exposition témoignait particulièrement des soins apportés à la culture, à la cueillette et à l'égrenage de ses beaux cotons Géorgie longue soie.

Le docteur MORIN, à El-Biar, Algérie (**France**). Les cotons courte soie du Mexique et le Jumel qu'il exposait n'offrent que des qualités ordinaires ; mais son Géorgie longue soie ne le cédait en rien à celui de MM. Reverchon et Krill.

J.-B. FERRÉ, à Saint-Denis-du-Sig, Algérie (**France**). Même appréciation pour le Géorgie longue soie exposé par lui.

SEABROCK, Caroline du Sud (**États-Unis**). Le coton Géorgie longue soie envoyé par cet exposant était d'une supériorité incontestable.

PERRIOLAT, Guadeloupe (**Colonies Françaises**). Il exposait du coton Géorgie longue soie qui faisait regretter vivement que la production cotonnière de la Guadeloupe fût si exiguë.

GRELLET-BALGUERIE, à la Basse-Terre, Guadeloupe (**Colonies Françaises**). La meilleure preuve de la bonté de ses cotons longue soie, c'est que MM. Dollfus-Mieg et Comp. ont filé avec eux d'excellentes chaînes 150.

ELDRIGE et Cⁱᵉ, à Brisbane, Australie (**Colonies Anglaises**). Parmi les balles de coton en laine qu'envoyait cette maison, celui similaire au Géorgie longue soie, soyeux, long et fort égal, méritait d'être employé par les filateurs.

M. BEYER, à Montpensier, Algérie (**France**), exposait du coton Louisiane d'espèce nouvelle, aussi beau que soyeux. **Médaille de deuxième classe**.

M. LOUIS DE THORÉ, à la Martinique (**Colonies Françaises**), prouvait, par son exposition, qu'avec de bons soins cette île produirait des lainages supérieurs. **Médaille de deuxième classe**.

MM. DOLLFUS-MIEG et Cᵉ, a Mulhouse (France.)

La présence de l'un des associés de cette importante maison parmi les membres du Jury, mettait ses nombreux produits hors concours; pourtant il nous est impossible de les passer ici sous silence, car ils constituaient bien réellement une des plus brillantes expositions particulières de la XIXᵉ classe. C'étaient de superbes impressions universellement renommées, des jaconas, des calicots, des organdis tenant le premier rang entre les tissus obtenus par les procédés mécaniques; des cotons à broder et de beaux filés fins en coton d'Algérie, deux spécialités généralement recherchées; c'était enfin une collection complète de cotons à coudre, filés, teints, doubles et blanchis. Pour se rendre compte de l'importance de cette dernière branche d'industrie chez MM. DOLLFUS-MIEG et Comp., il suffit de savoir que plus de 5,000 broches sont employées dans leurs ateliers au seul retordage des fils à coudre, auxquels ils font subir ensuite toutes les opérations les rendant propres à leurs divers usages. Sur chaque bobine ils marquent le numéro exact et la longueur du fil enroulé. On ne saurait trop louer cette mesure de probité, qui guide le consommateur dans l'appréciation du prix de son achat et qui n'est malheureusement pas adoptée par la généralité des fabricants de fils à coudre, probablement parce que, comme MM. DOLLFUS-MIEG et Comp., ils ne peuvent combiner l'excellence avec le bon marché de leurs produits.

Aux expositions précédentes, MM. DOLLFUS-MIEG avaient remporté de brillantes récompenses : ainsi, une médaille d'argent à l'Exposition de 1806; des médailles d'or à celles de 1819, 1834, 1839, 1844; enfin, ils ont obtenu une médaille de prix à l'Exposition universelle de Londres.

Tout ce que nous pourrions dire en faveur de cet immense établissement s'efface devant les faits que nous venons de rappeler à leur date, et qui proclament assez la perfection des filés, du tissage et de l'impression.

Cette manufacture occupe un nombre considérable d'ouvriers; elle emploie un matériel énorme; elle comporte enfin tous les éléments de grandeur et de prospérité, joints à un mérite et à une habileté depuis longtemps reconnus chez ses chefs. Le premier rang lui est acquis, et elle contribuera pour beaucoup à l'honneur de l'industrie française.

MM. GARDNER ET BAZLEY, a Manchester (Royaume-Uni).

M. BAZLEY, qui présidait le Jury de la XIXᵉ classe, avait, par ce fait seul, renoncé à toute récompense. Cela ne doit pas empêcher de signaler la perfection, sous tous les rapports, des fils de coton simples et doublés (nᵒ 180), filés de lainage d'Algérie, exposés par cette maison. Entre les produits qui excitaient une véritable admiration, on doit aussi rappeler une paire de bas tissés en fils de coton d'Algérie, puis une pièce de mousseline tissée à Dacca (Australie), de coton australien, filé à Manchester en nᵒ 400.

MM. NICOLAS SCHLUMBERGER et Cᵉ a Guebwiller, Haut-Rhin (France).

Pour la même raison que pour celles qui précèdent, la maison NICOLAS SCHLUMBERGER, quoiqu'elle eût exposé de magnifiques produits, n'a pu être portée par le Jury sur la liste des récompenses. Cette grande maison a doté l'industrie cotonnière du plus important progrès effectué depuis un quart de siècle, car on lui doit la machine à peigner dite d'Heilmann, d'un emploi si réellement utile dans la filature, surtout pour le travail des hauts numéros. Son exposition comprenait des filés de coton du nᵒ 16 à 300, provenant des lainages d'Egypte, de Louisiane, de Géorgie courte et longue soie, et d'Algérie mêmes désignations. Manchester ni Glasgow n'offrent de meilleurs objets similaires.

MM. THOMAS HOULDSWORTH et Cᵉ, a Manchester (Royaume-Uni).

L'établissement de ces habiles industriels existe depuis 1793, et il a toujours marché dans la voie du progrès, comme le prouvent les excellents filés égaux et élastiques envoyés à l'Exposition. Simples ou retors, ils forment une remarquable collection du n° 200 au n° 600 métrique, qui a valu à MM. Thomas Houldsworth et Cᵉ la Médaille d'honneur.

MM. DELLEBART ET LARDEMER, a Lille (France).

MM. Dellebart et Lardemer exposaient une série de cotons filés atteignant le n° 300, et provenant en majeure partie des lainages algériens. L'emploi de la peigneuse Heilmann-Schlumberger explique la perfection de ces filés; l'exemple fourni par une pièce de mousseline fabriquée avec eux à Tarare montre que le coton en laine de l'Algérie peut servir à la filature des numéros les plus élevés.

Le Jury a décerné à MM. Dellebart et Lardemer la Médaille d'honneur.

MM. MALLET FRÈRES, a Esquermes et a Lille (France).

L'excellence sans conteste des filés en lainage d'Algérie atteignant le n° 400, exposés par MM. Mallet frères, avait sans doute aussi pour principale cause l'usage qu'on fait dans leur filature de la machine à peigner de Heilmann. Ils ont également obtenu la Médaille d'honneur.

Les exposants dont les noms suivent ont reçu du Jury la Médaille de première classe pour des progrès constatés dans l'industrie cotonnière :

MM. BOURCART et Fils, à Guebwiller (France). A l'époque de l'Exposition universelle, ils venaient de créer un grand établissement d'après les systèmes de construction et d'outillage les plus perfectionnés. Les filés exposés, des nᵒˢ 30 à 200, étaient d'un bon augure pour l'avenir de la maison Bourcart et Fils, car ils pouvaient soutenir la concurrence avec ceux des premières manufactures de France et d'Angleterre.

EDMOND COX et Cᵉ, à La Louvière, près Lille (France). Ils exposaient des filés fins, en lainage d'Algérie, jusqu'au n° 600, et une pièce de mousseline de 2 mètres 50 de largeur, tissée à Tarare, de fils de leur fabrication. On pourrait s'étonner que leurs produits n'aient pas reçu une plus haute récompense, si l'on n'avait remarqué dans leurs fils des numéros élevés quelques défauts provenant du manque de peigneuses perfectionnées.

HERZOG, à Logelbach (France). Son exposition offrait des filés excellents jusqu'au n° 100, irréguliers jusqu'au n° 300, et une pièce de mousseline tissée à Altkirch, pour faire apprécier l'emploi de ce dernier chiffre de fil. L'infériorité des filés de M. Herzog dans les numéros élevés a la même cause de défectuosité que celle signalée dans les produits secondaires de M. Edmond Cox.

DELAMARE DEBOUTEVILLE, à Fontaine-le-Bourg (France). C'est l'un des filateurs les plus justement renommés de France, et sa manufacture fournit à la consommation industrielle de presque tout le département de la Seine-Inférieure. Il exposait une collection complète de cotons filés du n° 20 au n° 100, faits avec des lainages d'Algérie, d'Égypte et des États-Unis, d'une telle perfection comme force, élasticité et égalité, qu'ils lui ont valu, outre la récompense du Jury, la croix de chevalier de la Légion d'honneur de la part de l'Empereur.

MM. E. DESMET ET Cᵉ, à Gand (BELGIQUE). Leur établissement date de 1847; il est le seul en Belgique qui file, sur une assez grande échelle, les numéros élevés; il emploie 2,500 broches à retordre et 10,000 broches en métiers renvideurs et demi-renvideurs. Ces industriels avaient envoyé à l'Exposition des chaînes teintes et encollées, des fils simples ou retors, du n° 34 au n° 100, d'excellente qualité, et du n° 100 au n° 178 travaillés avec les peigneuses mécaniques, mais péchant par la préparation.

J. HURLIMANN, à Rapperschwyl (CONFÉDÉRATION HELVÉTIQUE). Ce grand fabricant exposait des filés du n° 60 au n° 140, d'une rare beauté sous tous les rapports.

WIELAND, SCHMID ET Cᵉ, à Thalwyl (CONFÉDÉRATION HELVÉTIQUE). Ils produisent surtout des filés de coton destinés à la teinture en rouge. Les n° 27 à 70 exposés par eux se distinguaient comme régularité et comme préparation irréprochable.

RIETER ET Cᵉ, à Winterthur (CONFÉDÉRATION HELVÉTIQUE). Leurs spécimens de fils de coton variaient du n° 65 au n° 250. Jusqu'au n° 140 ils ne laissaient rien à désirer, mais au-dessus ils étaient moins parfaits. Ils provenaient de lainages Jumel, Louisiane et Géorgie longue soie.

J. BROOK ET FILS, à Huddersfield (ROYAUME-UNI). Leur maison, qui date de 1801, est dans sa branche d'industrie cotônnière la plus importante entre celles qui fournissent le marché extérieur de l'Angleterre. Elle est la seule, avec la maison Ermen-Engels, qui produise le fil à coudre, en filant le coton simple dans ses fabriques. Elle possède 80,000 broches à filer ou à retordre; elle teint, blanchit et glace le fil dans ses ateliers; malheureusement ce fil, à l'état simple, est de qualité contestable quoique parfait comme fini. MM. J. BROOK ET FILS font aussi très-bien les cotons à broder, à dentelles et à guipure; leur exposition le prouvait suffisamment.

ARPIN ET FILS, à Roupy, près Saint-Quentin (FRANCE). Possesseurs de la plus ancienne filature du département de l'Aisne, car elle a été fondée en 1803, ils l'ont toujours dotée des machines les plus utiles, entre autres des métiers renvideurs; aussi leurs filés exposés, atteignant en chaîne le n° 70, en trame le n° 110, étaient-ils d'une qualité parfaite.

MOTTE, BOSSUT ET Cᵉ, à Roubaix (FRANCE). Ces industriels occupent une position de premier ordre parmi les filateurs français, aussi bien par l'importance de leur fabrication que par la perfection de leurs produits. Leur établissement, un des mieux montés de France, emploie 55,000 broches, dont 52,000 en métiers renvideurs. Ils exposaient d'excellents fils simples ou doublés du n° 20 au n° 60, ainsi que de très-bons fils glacés pour la confection du galon de Lyon.

LA FILATURE DE COTON DE POTTENDORF (AUTRICHE). Établie en 1801 par les princes J. de Schwartzenberg et Colloredo-Mansfeld, cette filature appartient maintenant à une Société anonyme qui l'a dotée d'une organisation intérieure des plus philanthropiques : un hôpital de vingt-quatre lits, des crèches, des écoles gratuites y ont été fondés au profit des ouvriers travaillant à ses 53,000 broches. Les spécimens de ses produits consistaient en fils simples du n° 25 au n° 70, de qualité parfaite.

M. ERMEN-ENGELS, à Manchester (ROYAUME-UNI). Non-seulement il file, mais il finit aussi les cotons à coudre, à broder, écrus, blanchis ou teints. Ses produits de bonne qualité sont apprêtés par un procédé pour lequel il est breveté. Il possède un second établissement à Barmen (Prusse). MÉDAILLE DE DEUXIÈME CLASSE.

MM. E. BLOT ET FILS, à Douai (FRANCE), ont, les premiers en France, établi un moteur à vapeur dans leur établissement, fondé en 1815, et qui produit de fort beaux fils jusqu'au n° 200 métrique. MÉDAILLE DE DEUXIÈME CLASSE.

M. CRÉPET, à Quevillez-de-Saint-Sever, près Rouen (France), exposait de bons fils en numéros moyens. Il les tire de lainages algériens dont il est si satisfait, qu'il a offert en 1853 au Gouvernement d'acheter toute la récolte des cotons de l'Algérie. Médaille de deuxième classe.

MM. FERAY et Cᵉ, a Essonnes (France).

Pour qu'un de ses chefs pût ajouter son expérience à celle des autres membres du Jury, la maison Feray et Cᵉ avait aussi sacrifié la certitude d'obtenir une récompense. Nous n'en constaterons pas moins la perfection exceptionnelle des produits qu'elle exposait. Ils étaient dignes d'élever encore une réputation commerciale depuis longtemps consacrée, et embrassaient presque toutes les branches de la filature et du tissage. Auprès du coton et du lin sous formes de calicots, de toiles, etc., de nombreux nappages, riches de dessins, parfaits d'exécution, excellents comme tissu, mettaient MM, Feray et Cᵉ au premier rang dans l'industrie des damas de fil.

MM. ERNEST SEILLIÈRE et Cᵉ, a Sénones (Vosges) (France).

Dans son Rapport, le Jury a déclaré qu'entre tous les grands établissements de filature et de tissage mécanique des cotons, celui de M. Ernest Seillière occupait la place la plus remarquable.

Fondée en 1804, la manufacture de Sénones, si importante aujourd'hui, n'était à cette époque qu'une filature de coton de peu d'importance. Grâce aux intelligents efforts de ses propriétaires, et notamment de M. Ernest Seillière, elle est devenue un établissement de premier ordre.

L'établissement de Sénones est divisé en sept usines, où se font exclusivement la filature, le tissage et le blanchiment des cotons ; des cours d'eau les alimentent, et des machines à vapeur de secours y sont une garantie contre le chômage des ouvriers, dont le nombre s'élève à environ quinze cents.

Cet important établissement n'a pas manqué d'obtenir des récompenses de premier ordre aux différentes Expositions qui ont précédé. Le Rapport du Jury international s'est plu, de même, à constater sa prééminence en ces termes :

« MM. Ernest Seillière et Cᵉ doivent occuper la place la plus remarquable dans ce Rapport, car ils ne sortent pas du cadre de la XIXᵉ classe.

« L'usine de Sénones qu'ils dirigent, au centre d'une vallée des Vosges qu'elle vivifie tout entière, est le troisième établissement de France qui réunisse dans son action la triple série du travail manufacturier aux points de vue de la filature, du tissage, des blanchiment et apprêts, en y joignant un commerce égal à sa production, tant à Mulhouse qu'à Paris.

« Ils y ont développé le métier Jacquart mécanique, appliqué aux tissus forts, façonnés et brillantés, dans une proportion qui n'est atteinte nulle part ailleurs; ils sont les premiers, dans les Vosges, qui aient employé le métier à filer dit *self-acting*, dont déjà 8,000 broches marchent chez eux, hâtant ainsi la propagation d'une invention si utile pour ménager les forces et la santé de l'ouvrier.

« Enfin, ils ont obtenu, dans le blanchiment et l'apprêtage des calicots, particulièrement des brillantés, des perfectionnements jusqu'alors inconnus en France, qui là encore les mettent au premier rang, et assurent à leurs produits une préférence marquée. »

Depuis l'époque où ce compte-rendu a été rédigé, l'usine de Sénones a augmenté considérablement ses moyens de travail. Au lieu de 8,000 broches *self-acting*, 32,000 de ces broches y exécutent aujourd'hui tous les numéros ordinaires et mi-fins. 900 métiers à tisser mécaniques, propres à fabriquer des genres de tissus tout à fait différents, surtout des façonnés et brillantés, ont été récemment appliqués au tissage à la Jacquart.

Par suite de ces merveilleux agrandissements, on y prépare non-seulement les tissus sortis des ateliers

de tissage de Sénones, mais encore tous ceux qui proviennent d'autres manufactures sont achetés écrus par MM. Ernest Seillière et Cᵉ. Tous ces tissus sortent donc de Sénones tout apprêtés et entièrement propres à être livrés à la consommation.

Cette maison embrasse, comme on le voit, l'industrie du coton dans son ensemble le plus complet : filature, tissage, blanchiment, et apprêt.

En outre, elle fait un commerce considérable d'articles blancs de tous genres.

M. Ernest Seillière, le chef de cette grande famille industrielle, sait porter sa sollicitude sur chacun de ses membres, tant dans ses maisons de vente que dans ses établissements de fabrication. Les enfants des ouvriers reçoivent une instruction gratuite ; les malades sont traités et secourus jusqu'au terme de leur maladie ; les blessés, les infirmes obtiennent des salaires comme s'ils étaient présents aux ateliers.

A tous ces titres d'industriel de première classe et de philanthrope, M. Ernest Seillière méritait une extrême attention de la part du Jury. Une distinction élevée eût signalé son exposition, s'il n'eût été *hors concours* en sa qualité de membre du Jury même.

Les exposants dont les noms suivent ont obtenu la MÉDAILLE DE PREMIÈRE CLASSE pour leurs tissus de coton :

MM. STATTERS-SMITH, à Preston (ROYAUME-UNI). Il exposait une remarquable collection de *shirtings* et autres tissus blancs pour chemises ; le bas prix et la bonne qualité distinguent sa production, qui a lieu sur une vaste échelle.

EDWARD HOLLINS, à Preston (ROYAUME-UNI). Même genre d'exposition que M. Statters-Smith. Ses tissus appelés *patent-finish*, *book-wolds*, *doutle-warps*, etc., étaient parfaitement distincts comme prix et qualité, mais tous également flatteurs comme apprêts. M. Edward Hollins a aussi imité, mais imparfaitement, l'apprêt français des *chiffons* dans une pièce tissée, par exception, avec du coton longue soie.

MERIAM BREWER et Comp., à Boston (ETATS UNIS D'AMÉRIQUE). Leurs produits, exposés sous la raison sociale AMORKEY MANUFACTURING COMPANY, se composaient de grosses toiles de coton unies, croisées et molletonnées, et de coutils rayés. L'Europe ne livre rien, approchant de ces tissus communs, comme perfection et bas prix. A ce dernier point de vue pourtant, la supériorité des cotonnades de MM. Meriam Brewer et Cᵉ s'explique par la possession des matières premières qu'ils ont pour ainsi dire sous la main.

TOBIE ANDEREGG, à Wathwyl (CONFÉDÉRATION HELVÉTIQUE). Il réunit dans ses vastes ateliers trois branches de l'industrie cotonnière : les tissus de percale, les tissus légers et les tissus de couleur. Sa maison, qui date de 1796, emploie pour cette triple spécialité où elle excelle, un grand nombre d'ouvriers au tissage à la main, à la blanchisserie, au grillage, aux rouleaux sciés et non apprêtés. M. Anderegg exposait des guingamps unis, cravates guingamps croisés et batiste d'Ecosse à carreaux, pleins de goût comme couleur et d'une grande régularité de fil. Ses percales en blanc, travaillées manuellement, étaient aussi d'une beauté presque sans rivale.

M. F. JACQUET, à Bruxelles (BELGIQUE), exposait d'excellents coutils à corsets, et de très-heureux modèles d'un tissage qui lui est particulier : celui des corsets sans couture. MÉDAILLE DE DEUXIÈME CLASSE.

M. W. F. REDLHAMMER, à Reichenberg, et M. F. RICHTER, à Schmichow près Prague (AUTRICHE). Les calicots de ces exposants ont cela d'intéressant, qu'ils sont tissés à trame sèche et à bras pour le blanc et l'impression. Malgré leur régularité et leur parfaite manutention, ils sont d'un bon marché presque égal à celui des calicots anglais. MÉDAILLE DE DEUXIEME CLASSE.

LA COMPAGNIE LISBONNAISE DE FILATURE ET TISSAGE, à Lisbonne (Portugal). Des cotons en toile croisée et de petite largeur prouvaient, par leur bon marché et leur qualité, les progrès sensibles de cet établissement, de création récente. Médaille de deuxième classe.

M. CHARLES MIEG, à Mulhouse (France).

La maison Charles Mieg avait envoyé à l'Exposition une collection de presque toutes les variétés de calicots, madapolams et percales, ainsi que de nombreux types de jaconas et nansouks mi-fins et fins, grandes laizes.

Cet ancien et respectable établissement emploie, seulement pour ses tissus de coton, 1,700 métiers, dont 850 mécaniques et 850 à bras. Grâce à d'intelligents mélanges de numéros et à des procédés perfectionnés de tissage, il arrive à diviser en 265 sortes distinctes les simples toiles de coton précitées dont les filés ne sont pas fabriqués par M. Charles Mieg, mais qu'il choisit chez les producteurs les plus justement repommés. Dans la branche des tissus de coton légers et façonnés, M. Charles Mieg parvient, malgré les difficultés sans nombre de la fabrication, à fournir 110 espèces de jaconas et nansouks tissés mécaniquement. Pour les services importants rendus à l'industrie par M. Charles-Mieg pendant sa longue et honorable carrière, l'Empereur l'a nommé chevalier de la Légion-d'Honneur, et le Jury de la XIXe classe, en considération de l'excellence et du bon marché de ses produits, lui a décerné la Médaille d'honneur.

La Médaille de première classe a été décernée par le Jury à :

MM. Jacques LEVAVASSEUR, à Rouen (France). Il exposait des calicots pour l'impression, des cotons d'Algérie, des cotons militaires, des toiles quatre-fils d'excellente qualité, et des toiles à voiles et à tentes. Ces derniers produits, d'une fabrication novatrice quant à l'emploi du coton, étaient réussis de manière à assurer leur adoption usuelle.

FAUQUET LEMAITRE, à Bolbec (France). Son exposition ressemblait en tous points à celle de M. Jacques Levavasseur. Elle était digne d'un filateur qui tient le premier rang dans la fabrication normande, la plus importante de France.

LA COMPAGNIE ANONYME D'OURSCAMP, Oise (France). Les types exposés par cet établissement, qui emploie 30,0000 broches, consistaient en calicots forts et madapolams pour linge et draps, puis en cotons filés. Leur excellence, sous tous les rapports, prouve en faveur du tissage et de la filature d'Ourscamp, parfaitement montés, dirigés et placés au centre d'une contrée manufacturière et agricole à la fois.

MAC-CULLOCH frères, à Tarare (France). Ces industriels, d'origine écossaise, ont vulgarisé depuis plus de vingt ans, à Tarare et à Saint-Quentin, les procédés d'apprêt usités en Angleterre, particulièrement pour les tissus de coton légers. Les *organdis souples, les batistes d'Écosse* ont été introduits par eux dans notre pays. Leur important établissement de Tarare, toujours en voie de progrès, pratique aussi le blanchiment des tissus par des procédés spéciaux.

E. PEYNAUD frères, à Charleval (France). Ils exposaient une unique pièce de calicot, mais c'était le type de cette fabrication à trame sèche, que les imprimeurs de Rouen prisent plus que tout autre excellent produit similaire.

LEBLON-DANSETTE, à Armentières (France). Il fabrique des toiles de coton ressemblant, à s'y méprendre, aux toiles de fil, dont il embrasse aussi la production. Force et beauté résument les qualités de ses deux spécialités. Mais ce n'est pas seulement pour ses tissus que M. Leblon-Dansette jouit d'une réputation aussi ancienne qu'honorable, c'est encore pour les services pa-

ternels qu'il rend aux ouvriers. Aussi, outre la récompense décernée par le Jury, M. LEBLON-DANSETTE a reçu de l'Empereur la croix de chevalier de la Légion-d'Honneur.

M. BOIGEOL-JAPY, A GIROMAGNY (HAUT-RHIN), FRANCE.

L'exposition de M. Boigeol-Japy se distinguait par des calicots, des madapolams, des basins et des gourgourams très-forts, et dont la qualité a été jugée supérieure.

L'important établissement que possède et dirige M. BOIGEOL-JAPY a eu pour précédent une petite filature montée en 1809 par M. BOIGEOL-JAPY père, avec le concours d'un associé anglais, et dans laquelle on travaillait sur des continues de chaînes, depuis le n° 18 jusqu'à 24. Quelques *mull-jenny* servaient aussi à filer la trame depuis le n° 25 jusqu'à 32. M. BOIGEOL étant mort peu de temps après, l'usine resta stationnaire jusqu'au moment ou, quoique fort jeune, son fils vint se fixer à Giromagny et y remplaça par un établissement considérable la petite filature de son père. Aujourd'hui, l'établissement se compose :

1° D'une ancienne filature de 19,000 broches qu'on convertit en *self-acting ;*

2° D'une filature neuve, contenant 18,000 broches en *self-acting.* Chaque filature est à moulins hydrauliques et à machines à vapeur en suffisance ;

3° De douze cents métiers à tisser mécaniques , et qui sont répartis dans trois établissements qui ont cours d'eau et machines à vapeur ;

4° De quatre cents métiers de tissage à la main, pour les grandes largeurs et les façonnés.

Deux mille ouvriers y sont employés, et l'on y tisse cent mille pièces diverses par an , depuis les 2/3 jusqu'aux 9/4, et en façonnés de toute espèce ayant en moyenne 75 mètres de longueur.

Une caisse d'épargne a été établie par les soins de M. BOIGEOL-JAPY au profit des ouvriers ; on leur bâtit des maisons dont ils peuvent, à la fin, devenir propriétaires.

Ce n'est pas tout encore. Il possède un atelier de construction qui le met à même d'agrandir chaque jour des succès si honorables : toutes les machines à son usage se construisent chez lui, et c'est là un des puissants moyens de la prospérité de sa maison.

Un commerce aussi étendu , de tels bienfaits appliqués au prolétariat, rendent M. BOIGEOL-JAPY l'un des hommes à qui l'industrie et l'humanité sont le plus redevables.

Le Jury a su reconnaître le rang où mérite d'être placé M. BOIGEOL-JAPY, et il lui a décerné la MÉDAILLE DE PREMIÈRE CLASSE.

M. ET.-A. ALBINET, à Paris (FRANCE). Cette ancienne et bonne maison s'occupe surtout de la fabrication des couvertures de coton, presque la seule des industries cotonnières qui s'exercent à Paris. MÉDAILLE DE DEUXIÈME CLASSE.

M. BUREAU JEUNE, à Nantes (FRANCE), représentait presque seul à l'Exposition la fabrication importante et utile des finettes et futaines blanches, grises et écrues, lisses et tirées à poil. MÉDAILLE DE DEUXIÈME CLASSE.

M. DURANTON (J.-B.), A PARIS (FRANCE).

La maison J.-B. DURANTON exposait des tissus de coton et de fil de lin pour devants de chemise.

Sa fabrication donne lieu à des affaires importantes.

Les tissus J. Hulot, nommés ainsi du nom de leur inventeur, breveté en France et en Angleterre, et dont M. DURANTON est cessionnaire unique, ont obtenu l'attention du public et les récompenses du Jury aux expositions universelles de Londres et de Paris.

Ces tissus J. Hulot, employés avec succès pour les devants de chemise, se distinguent entre tous par

la finesse jointe à l'extrême solidité du tissu. Ce sont là des qualités essentielles qui tiennent à la fabrication. Une autre qualité de ces tissus (et celle-ci attachée à la mise en œuvre) vient du travail nouveau de la piqûre arrière-point qui est faite d'une manière bien plus régulière qu'elle ne pourrait l'être à la main.

On conçoit que ces tissus, recommandables à la fois par leur nature exceptionnellement distinguée et par la façon dont les piqûres y sont tracées, se trouvent placés en première ligne parmi les tissus qui doivent être employés dans la confection des devants de chemise. Cette supériorité est incontestable.

Il n'est pas d'article, dans toute la confection de la lingerie à l'usage des hommes, qui doive être plus scrupuleusement soigné que le devant de chemise, et pour lequel il soit nécessaire de préparer un tissu plus fin en même temps que mieux disposé pour recevoir toute espèce de broderie ou d'ornementation délicate.

La fabrique parisienne, si intelligente, de si bon goût, si attentive dans la recherche continuelle qu'elle fait de tous les éléments indispensables de la perfection, a trouvé dans les tissus J. Hulot le plus utile auxiliaire.

M. DURANTON a obtenu une MÉDAILLE DE DEUXIÈME CLASSE.

M. ISAAC KOECHLIN, à Villers, Haut-Rhin (FRANCE). Les cinq types de calicots légers et communs, exposés par cet important fabricant, offraient, d'après le rapport officiel, les points les plus précis de comparaison pour les prix avec les produits similaires fabriqués à Manchester. MÉDAILLE DE DEUXIÈME CLASSE.

MM. B. ET H. TANNER ET KOLLER, A HÉRISAU (SUISSE).

La présence de M. H. KOLLER dans le Jury de la XIXᵉ classe, et sa qualité de rapporteur sur les tissus de coton mélangé, mettaient hors de concours l'honorable et ancienne maison à laquelle il appartient. L'exposition si remarquable de MM. TANNER ET KOLLER aurait, sans cette circonstance, obtenu bien certainement une récompense de premier ordre. Elle consistait en mousselines brochées et brodées pour ameublement d'une immense variété, en rideaux et stores brodés sur tulle et au crochet, avec et sans longs points, aussi riches que bien assortis. Mais l'œuvre hors ligne de cette exposition, c'était un couvre-lit sur mousseline et batiste, représentant une apothéose, et réunissant dans un même cadre tous les points de broderie applicables au genre, pour en tirer les effets les plus saisissants comme reproduction de personnages et entente des perspectives. Un charmant dessus de lit à volants mérite aussi d'être rappelé pour le goût parfait de sa broderie sur mousseline.

En somme, MM. B. ET H. TANNER ET KOLLER méritent d'occuper une place d'honneur parmi les représentants d'une industrie où la Suisse excelle entre toutes les nations, et qui peut doter de travail presque tous les bras dépossédés par le tissage mécanique. Au reste, cette industrie croissante a des mérites presque aussi sérieux que l'impression sur étoffe, car c'est réellement une tâche difficile que celle qui imite, avec la seule couleur mate du coton blanc tranchant sur un tissu léger de nuance plus claire, presque tous les aspects et les formes de la création.

M. J.-C. ALTHERR, A SPEICHER, CANTON D'APPENZELL (SUISSE).

La splendeur et la variété des produits de cet exposant témoignaient en faveur de sa haute intelligence, qui a su tirer les plus ingénieuses ressources de la broderie pour ameublement. Un grand store sur toile, avec de délicats relevés de couleur brodés au crochet, était une de ses innovations les plus gracieuses. Ses stores et rideaux, brodés au long point mêlé de crochet, offraient les effets de perspective

les mieux combinés. Ses dessus de chaise au crochet, en chenille sur velours, imitaient parfaitement la broderie-tapisserie, avec l'avantage de coûter moins cher et d'être aussi solides.

Le Jury a décerné à M. J.-C. ALTHERR la MÉDAILLE D'HONNEUR.

MM. HOLDEREGGER ET ZELLWEGUER, à SAINT-GALL (SUISSE).

La fabrication des stores brodés, dont l'invention est d'origine française, doit sa propagation en Suisse à la maison HOLDEREGGER ET ZELLWEGUER, qui a toujours maintenu sa renommée dans ce genre d'industrie par la variété de ses produits, aussi riches qu'élégants. Elle a aussi inventé un point inconnu dans la broderie pour ameublement, le *double crochet*, dont le couvre-lit sur guipure exposé par elle montrait l'emploi constituant un progrès incontestable. Les rideaux sur tulle au crochet avec relevés de couleur mêlés de longs points, ceux sur mousseline au crochet et au long point, ceux en application sur tulle, prouvaient, par leurs prix minimes, que MM. HOLDEREGGER ET ZELLWEGUER fournissent aussi bien à la consommation courante qu'aux commandes de luxe, et les rendaient tout à fait dignes de la MÉDAILLE D'HONNEUR que leur a décernée le Jury.

MM. FISCH FRÈRES, à Buhler, canton d'Appenzell (SUISSE). Les rideaux et couvre-lits sur tulle exposés par cette maison étaient dignes en tous points de sa réputation déjà ancienne et bien établie même hors de Suisse, grâce à une exportation des plus importantes. MÉDAILLE DE PREMIÈRE CLASSE.

MM. ALDER ET MAYER, à Hérisau (SUISSE). Un superbe store brodé sur tulle au crochet, des rideaux aussi sur tulle, des objets plus petits en mille points et mille fleurs, et des tissus brochés, constituaient la remarquable exposition qui a valu à MM. ALDER ET MAYER la MÉDAILLE DE PREMIÈRE CLASSE.

MM. DEPIERRE FRÈRES, de Lausanne (SUISSE), joignaient à des produits du même genre que ceux des précédents exposants, un prie-Dieu et d'autres broderies en paille d'un goût distingué. MÉDAILLE DE DEUXIÈME CLASSE.

MM. SCHLOEPFER, SLATTER ET KURSTEINER, à Saint Gall, et J.-U. SCHLOEPFER, à Waldstatt (SUISSE), ont aussi obtenu la MÉDAILLE DE DEUXIÈME CLASSE pour des stores riches d'un genre nouveau.

M. FOREST-TREPPOZ, à Tarare (FRANCE). Ce fabricant, ainsi que tous ses confrères français, n'avait pu trouver place à l'Exposition universelle que pour un type capital de ses produits. Par courtoisie pour les représentants étrangers de la broderie pour ameublement, on leur avait laissé presque envahir le local destiné à l'exhibition de cette branche d'industrie. C'est ce qui probablement explique la supériorité de leurs récompenses comparées à celles de nos nationaux. Le beau store sur mousseline exposé par M. FOREST-TREPPOZ lui a valu la MÉDAILLE DE PREMIÈRE CLASSE.

MM. MARGUERITTE-LUCY ET GILLET, à Paris (FRANCE). La décoration du salon de S. M. l'Impératrice, dans le Palais de l'Industrie, prouvait l'irréprochable exécution et le bon goût exquis de leurs grands rideaux et de leurs petites pièces à mille fleurs. MÉDAILLE DE PREMIÈRE CLASSE.

MM. ESTRAGNAT, AINÉ ET VANHENDE, à Tarare (FRANCE). Leurs produits soutiennent une réputation ancienne et des mieux acquises. MÉDAILLE DE PREMIÈRE CLASSE.

FÉROUELLE ET ROLLAND, A PARIS (FRANCE).

La maison FÉROUELLE ET ROLLAND comprend plusieurs établissements.

A Wazemmes, elle a une fabrique très-importante, où se confectionnent des tulles-guipure pour rideaux, des couvre-lits, de aubes et des garnitures d'autel, le tout du goût le plus parfait.

À Carouges sont les ateliers de broderie fine, au crochet, à la main, pour rideaux et pour robes. Le rideau placé dans le boudoir de S. M. l'Impératrice au palais de l'Exposition était un des plus beaux produits de Carouges : il recèle un art et une distinction inouïs.

Dans les Vosges, une autre fabrique est spécialement destinée à la broderie anglaise et aux magnificences du plumetis. Le plumetis est aujourd'hui l'élément préféré pour bandes et jupons.

Enfin, à Saint-Quentin, ils ont établi une succursale qui s'occupe des articles brochés et de la préparation des étoffes. C'est là qu'au moyen d'un *crochet mécanique* de leur invention, qui brode vite, bien, et avec une économie énorme, ils obtiennent des résultats véritablement merveilleux.

À de tels éléments de succès MM. FÉROUELLE ET ROLLAND joignent l'agglomération des ouvriers auprès de leurs fabriques ; des dessinateurs habiles, des contre-maîtres intelligents, leur permettent de lutter de perfection avec l'Angleterre et la Suisse.

Leurs premiers efforts datent de 1847 ; ils réussirent si bien, que, dès 1851, ils eurent à combattre la contrefaçon de leurs dessins en Angleterre. Après l'avoir vaincue, ils se livrèrent largement à l'exportation. Le goût qui présidait à toutes leurs créations, l'excellence de leurs produits, leur ouvrirent bientôt les différents marchés du monde, et la fortune de la fabrique fut assurée.

Leur exposition était très-ingénieusement disposée ; les objets les plus variés la composaient, et ils étaient tous d'une exécution irréprochable.

À l'Exposition universelle de Londres, la grande médaille de prix a été remportée par ces habiles industriels.

On doit vivement regretter que MM. FÉROUELLE ET ROLLAND n'aient pas exposé le métier à broder qui fonctionne dans leurs fabriques, et sur lequel MM. Opigez-Gagelin et Debbeld-Pellerin ont fait à l'Académie nationale un compte-rendu dont nous extrayons ce qui suit :

« ....Ce métier est ingénieux, simple, bien approprié; le travail qu'il produit est régulier et facile d'exécution : une seule ouvrière le fait fonctionner sur trois largeurs de 85 centimètres à la fois, avec deux rangs d'aiguilles : le résultat donne 28 mètres de broderie par jour, représentant le travail de vingt-huit ouvrières.

« Quatorze métiers, conduits par quatorze ouvrières, produisent autant que les mains de cent cinquante à cent soixante femmes, dont le salaire varie de 1 fr. 25 c. à 1 fr. 75 c.

« Jusqu'à présent, les métiers de MM. FÉROUELLE ET ROLLAND n'exécutent que des dessins à la Jacquart, à petits chemins : ils arriveront sans doute à construire de plus larges mécaniques, de façon à produire de grands effets. »

Avec ces industriels, la broderie au crochet doit se vulgariser en France : l'industrie sera donc dotée par eux d'un nouveau moyen de succès et de concurrence efficace. MÉDAILLE DE DEUXIÈME CLASSE.

MM. YATES, BROWN ET HOWATT, à Glasgow (ROYAUME-UNI). Leurs swiss-mulls, india-mulls, india-books démontraient l'excellence de leur fabrication mécanique de tissus grand-clair. Ces bonnes mousselines de toutes sortes étaient d'une modicité de prix remarquable : douze cravates de 85 centimètres, en organdi, coûtaient 3 fr. 75 c. De nombreux stores pour ameublement et des mousselines lamées, le tout fort goûté et digne de l'être, complétaient l'exposition de MM. YATES, BROWN ET HOWATT. MÉDAILLE DE PREMIÈRE CLASSE.

M. C. PATRIAU, à Reims (FRANCE). Il a puissamment aidé au développement progressif de la fabrication des piqués pour gilets, comme l'établissaient ses piqués blancs fins, ses piqués brochés, genre cachemire, et ses piqués avec application de médaillons à sujets, tous produits d'un goût excellent et d'un tissage hors ligne. MÉDAILLE DE PREMIÈRE CLASSE.

M. FRANÇOIS DEBUCHY, à Lille (FRANCE). Cet exposant présentait la collection la plus complète de piqués unis, côtelés et brochés en tous genres, d'une perfection incontestable. Même récompense.

MM. E. MATAGRIN et Cᵉ, à Tarare (France). Leur maison, déjà ancienne, a poussé au progrès de la fabrication des mousselines dans leur centre de production. Les mousselines mi-claires, organdis, linons, exposés par MM. E. Matagrin et Cᵉ, élevaient encore leur réputation déjà si bien établie. Médaille de première classe.

MM. MOTTIN Frères, à Tarare (France). Par ses soins particuliers pour perfectionner le tissage de la mousseline, cette maison arrivera sans doute à rendre un jour quelque grand service à cette industrie. Déjà son exposition la mettait à la tête de la fabrication de Tarare pour les tissus unis en tout genre, tels que les mousselines mi-claires et celles dites mol-mol, qu'elle exécute avec une véritable supériorité. Médaille de première classe.

MM. CAMBRONNE Frères, à Saint-Quentin (France). Cette importante maison embrasse la filature et le tissage du coton et de la laine. La première, elle a établi en 1827, à Saint-Quentin, des métiers mécaniques de toutes largeurs appliqués particulièrement à la fabrication des jaconas et des nansouks. Ses produits en ce genre, provenant presque tous de lainages algériens, étaient d'une excellence n'ayant de rivale que celle de ses tissus de laine unis et façonnés, d'une variété éblouissante. MM. Cambronne Frères, par les améliorations désintéressées qu'ils propagent dans leur district commercial autant que par leur supériorité dans deux industries distinctes, méritaient peut-être une récompense plus élevée que celle à eux accordée dans la XIXᵉ et rappelée dans la XXᵉ classe. Médaille de première classe.

M. LEHOULT et Cᵉ, à Saint-Quentin (France). Cette société a pris aussi sa part dans l'impulsion donnée à l'industrie cotonnière de sa localité. Ses nombreux tissus pour ameublement brillaient par leur bon goût et leur beau travail. Ses mousselines brochées doubles maillons, tissées mécaniquement, constituaient la révélation d'un véritable progrès ; de même que sa gaze soie tricot d'Alger et son rideau gaze soie prouvaient des efforts tendant à doter Saint-Quentin d'une nouvelle branche d'industrie. Ses jaconas et nansouks, ses brillantés tissés à la mécanique ou à la main, ses piqués, ses jupons et ses façonnés, ne laissaient rien à désirer. Médaille de première classe.

M. RUFFIER-LEUTNER, à Tarare (France). Ses mousselines mi-claires, clair-doux ou mol-mol étaient en tous points irréprochables. Même récompense.

M. XAVIER JOURDAIN, à Altkirch (France). Il présentait entre autres des mousselines unies 90 portées, tissées avec les numéros 250 en chaîne et 300 en trame de provenance algérienne ; des façonnés rayés, tissés avec les numéros 150 en chaîne et 180 en trame, également de lainages d'Algérie ; des façonnés organdis, et des nansouks destinés plus spécialement à l'impression. C'est surtout dans ce dernier article que M. Jourdain a introduit une beauté de dispositions bien capable d'augmenter encore l'essor déjà immense de la consommation des mousselines fantaisie imprimées. Même récompense.

M. THIVEL-MICHON, à Tarare (France), exposait des tissus divers, de nombreuses et bonnes argentines blanches, de couleur et moirées. Mais ce qui lui créait une spécialité remarquable, c'étaient ses mousselines tarlatanes, du plus haut au plus bas prix, d'une transparence et d'une régularité sans pareilles. Une pièce de ce genre, tissée avec des cotons 510 à la chaîne, pesait 87 grammes et mesurait 45 mètres. Même récompense.

M. DEFFRENNES-DUPLOUY, à Lannoy (France), pour sa fabrication de courtes-pointes de coton piqué, blanches ou de couleur, et d'excellent goût, a reçu la Médaille de deuxième classe.

M. BOUCLY-MARCHAND, à Saint-Quentin (France), exposait une collection variée de gracieux

et solides devants de chemises plissés mécaniquement, de 40 à 85 centimes la pièce. Chaque pli était cousu par 3,200 à 5,000 points, selon le prix de l'objet. MÉDAILLE DE DEUXIÈME CLASSE.

M. AVRIL, à **Tarare** (FRANCE). Fabricant hors ligne pour les robes organdis couleur de fantaisie, il utilise avec un goût parfait les fils d'or et d'argent dans la confection de ses tissus réellement exceptionnels. MÉDAILLE DE DEUXIÈME CLASSE.

MM. **SCHLUMBERGER, STEINER** ET Cⁱᵉ, à Mulhouse (FRANCE), exploitent en grand les calicots forts, madapolams et cretonnes mécaniques et à bras. Ils produisent aussi des tissus pour l'impression, jaconas, croisés, mousselines, basins, nansouks, couleurs, devant à une bonne fabrication mécanique d'excellentes conditions de qualité et de prix. MÉDAILLE DE DEUXIÈME CLASSE.

MM. **BEAUX-DUHOUX** ET Cⁱᵉ, à Amance (FRANCE), ont introduit dans la Haute-Saône, où l'industrie des cotons était presque nulle, un tissage de piqués, de couvertures de table en couleur et en blanc, et de courtes-pointes. Leurs produits exposés prouvaient que l'intelligence des ouvriers français ne décroît pas, quelle que soit la contrée, s'ils sont bien dirigés. MÉDAILLE DE DEUXIÈME CLASSE.

M. J.-A. **RAMSAUER-ÆBLI**, à Herisau (SUISSE). Cette excellente maison exposait des tissus presque parfaits comme régularité, pour lesquels elle emploie les cotons les plus fins, jusqu'au nᵒ 400. Sa fabrication de mousselines claires et de tarlatanes, en tous prix et de toute finesse, jouit d'une réputation incontestable. MÉDAILLE DE PREMIÈRE CLASSE.

MM. J.-J. **NEF**, à Herisau, et J.-C. **WIGET**, à Flawyl (SUISSE), pour leur spécialité de mousseline imitant le plumetis, ont reçu l'un et l'autre la MÉDAILLE DE DEUXIÈME CLASSE.

MM. C **STOFFREGEN** ET Cⁱᵉ, à Plauen (SAXE-ROYALE). Ils exposaient des tissus pour ameublement, d'une parfaite fabrication et d'un goût irréprochable. C'étaient des mousselines brochées, des stores à dessins sur différents fonds de gaze, et des objets de guipure avec festons brodés. Des mousselines claires et garnies, des batistes d'Ecosse, des nansouks, exposés aussi par MM. STOFFREGEN ET Cⁱᵉ, ne les montraient pas inférieurs dans le tissage des cotons unis. MÉDAILLE DE PREMIÈRE CLASSE.

M. F. **PADREDDI**, à Pise (TOSCANE), est l'un des propagateurs de l'industrie du coton dans son pays. Il possède filature, tissage mécanique, tissage à la main et teinturerie. MÉDAILLE DE DEUXIÈME CLASSE.

MM. CROON FRÈRES, A GLADBACH (PRUSSE).

L'introduction de l'industrie cotonnière dans le district de Gladbach appartient à la maison CROON FRÈRES, dont la fondation remonte à la première moitié du dernier siècle. L'importance de sa fabrication se comprendra, lorsqu'on saura qu'elle exposait des produits, dits lamas imprimés, dont 1 mètre de long sur 62 centimètres de large se vend de 40 à 70 centimes! Aussi tous les pays froids recherchent de tels tissus, qui leur fournissent les éléments de vêtements chauds, solides et d'un bon marché extraordinaire. Les castors, les golias, les bevertens, les articles calmoucks, tirés à poils et imprimés chez MM. CROON FRÈRES, tiennent réellement une haute place dans l'économie domestique : ce qui a fait considérer ces industriels comme ayant rendu des services réels à la classe pauvre des consommateurs, et leur a valu la MÉDAILLE D'HONNEUR.

Le Jury de la XIXe classe a décerné la MÉDAILLE DE PREMIÈRE CLASSE, dans la section des tissus de coton mélangés, à :

MM. ED. LOHSE, à Chemnitz (SAXE). Ses excellents tissus exposés étaient d'une modicité de prix dont voici quelques exemples : Guingamp coton de diverses couleurs, 75/77 centimètres de large, à 62 centimes le mètre; Guingamps quadrillés de deux couleurs, même largeur, à 55 centimes le mètre; Damas reps pour ameublement de salon, demi-laine façonnés, en 0m 66, à 3 fr. 50 c.; façonnés trois couleurs en 0m 130, 5 fr. 55 c.; Étoffe pour robes, toile du Nord tout coton, largeur 0m 65, à 63 centimes le mètre ; Madrilenas floridas pour robes, soie et coton, de 0m 78 de large, à 2 fr. 92 c. le mètre.

MATHS NAEF, à Niederutzwyl (SUISSE). De simple ouvrier, M. NAEF est devenu chef d'un vaste établissement dont les produits de soie et coton mélangés jouissent, en Turquie, d'une préférence marquée. Il réunit la filature, le tissage, la teinturerie et le blanchiment dans un ensemble de fabriques qu'il a créées successivement, en les dotant de tous les perfectionnements possibles.

H. FIFE ET FILS, à Glasgow (ROYAUME UNI). Ils exposaient une collection de guingamps et jaconas tissés à rayures et à carreaux, d'une rare excellence comme solidité des couleurs et choix des apprêts. Quelques prix établiront le bon marché de ces produits : guingamp mode en 76 centimètres, première qualité, 72 centimes le mètre; deuxième qualité, 62 cent. 1/2 ; qualité supérieure, 1 fr. ; unis rose solide, chaîne et trame couleur, 82 centimes; écossais croisés, dits victoria, 85 centimètres de largeur, 1 fr. 32 cent. 1/2 le mètre.

LA SOCIÉTÉ POUR FILATURE ET TISSAGE D'ETTLINGEN (GRAND-DUCHÉ DE BADE). La fabrication des velours de coton n'a pas, dans toute l'Allemagne, d'établissement plus important et plus en renom que celui d'Ettlingen; ses produits ont cela de remarquable, qu'ils sont tous de qualité égale et d'une largeur remarquable de 60 centimètres. Ils ne varient de prix qu'en raison de la couleur : ainsi, les couleurs ordinaires valent 1 fr. 60 c. le mètre; celles extra 1 fr. 75 c., le rose fin 2 fr., et le ponceau, 3 fr.

RENIGNARD-SOYEZ, à Amiens (FRANCE). Ses velours de coton réunissent à leur bonne fabrication l'heureuse application des apprêts usités en Angleterre.

ADOLPHE MOHLER, à Obernay, Bas-Rhin (FRANCE). Les madras des Indes algériennes, tapis rayés et façonnés, cravates, fichus, serviettes, jaconas, enfin tous les tissus de coton variés exposés par M. ADOLPHE MOHLER, étaient non-seulement bien fabriqués, mais encore remarquablement traités quant aux dessins.

WEISSGERBER ET FILS, à Ribeauvillé, Haut-Rhin (FRANCE). Valencias, popelines, cravates, madras, fichus, etc., en chaîne coton, trame laine et soie ou coton pur, prouvaient le goût exquis de ces exposants et les soins particuliers qu'ils apportent dans leur fabrication.

ODÉRIEU ET CHARDON, à Rouen (FRANCE). Dans les piqués brochés de couleur pour gilets, rien ne surpasse la magnificence de leurs produits.

WEBER FRÈRES, à Mulhouse (FRANCE). Déjà récompensés par une médaille d'or en 1849, MM. WEBER FRÈRES ne se sont pas arrêtés dans la voie du progrès; leur belle exposition de valencias, de tissus façonnés, laine, coton et soie, tissus de coton en tous genres, en était la preuve.

XAVIER KAISER ET Cie, à Sainte-Marie-aux-Mines (FRANCE). Cette maison se distingue entre toutes celles de son district manufacturier, par la belle fabrication et la variété de ses nou-

veautés en pignas, mouchoirs madras, de coton pour la trame, de soie pour la chaîne; en madras tout coton ; en foulards d'Italie, chaîne coton, trame soie, de 60 centimètres, à 1 fr. 50 c. Elle produit aussi des mérinos écossais, trame mixte, de 95 centimètres, au prix modique de 1 fr. 15 c. le mètre; des popelinettes, même largeur, à 95 centimes; des robes bayadère et volants, mi-soie, de 1 fr. 35 c. à 1 fr. 75 c., etc., etc.

COQUATRIX ET BOULANGER, à Rouen (France). La magnifique collection de valenciat, trame coton, exposée par cette maison, justifiait la place qu'elle occupe dans son industrie.

TRICOT Frères, à Rouen (France). Ces fabricants exploitent une spécialité offrant de véritables difficultés pour bien établir ses produits, destinés à l'exportation : il s'agit des pagnes de coton servant de manteau aux muletiers de la Colombie et à certains travailleurs du Sénégal. Ces pagnes, largement rayées de blanc et de couleurs, ayant une chaîne très-grosse recouverte par une trame fine et serrée formant côteline, ne sont fabriquées, en France, qu'à Rouen et à Cholet.

PFERDMENGER Frères, à Gladbach (Prusse). Ils avaient envoyé à l'Exposition des draps élastiques, chaîne coton, trame laine et soie mélangées, de 1 fr. 70 c. à 2 fr. 25 c. le mètre, d'une bonne fabrication. Leurs draps coton pur à carreaux satinés, parfaitement établis, sont cependant un peu chers comparativement aux produits similaires de Belgique.

ANTOINE LAMBERTZ Fils, à Gladbach (Prusse). Cette maison et très-ancienne. Elle fabrique des castors et calmouks dignes de rivaliser avec ceux de MM. Croon frères. La confection de ces gros tissus, tout coton, unis ou imprimés, emploie 2,000 ouvriers, et provoque chez M. LAMBERTZ un mouvement commercial de 2,000,000 de fr. par an.

MM. J.-R. RASCHLÉ ET Cᵉ, à Wattwyl (Confédération Helvétique). Leur établissement réunit le tissage à la main à la filature ; il occupe de 2 à 3,000 ouvriers, et ses tissus de tout genre en filés teints de coton sont exportés dans les diverses contrées du monde, particulièrement en Turquie. Médaille de deuxième classe.

MM. J.-B. MULLER ET Cᵉ, à Wyl (Confédération Helvétique). Le tissage à la main, le tissage à la vapeur avec 80 métiers à une ou plusieurs navettes, la teinture, les apprêts, sont déjà réunis dans l'établissement que MM. Muller et Cᵉ ont fondé, il y a quinze ans, dans un pays dénué alors de toute industrie, et qui leur fournit maintenant 2,000 ouvriers confectionnant avec soin des articles spéciaux, de prix très-modiques, et destinés aux habitants des côtes de la Guinée. Médaille de deuxième classe.

VINGT-TROIS EXPOSANTS de Condé-sur-Noireau (France) ont mérité la Médaille de deuxième classe, décernée à cette ville, pour la bonne fabrication, la solide teinture et le bas prix des croisés bleus tissés en fils teints, des étoffes à pantalons unies et à carreaux satinés, et des cotonnades bleues pour tabliers, exposés par eux.

MM. HUNZIKER ET Cᵉ, à Arau (Confédération Helvétique). Cette maison, de première importance, réunit toutes les manipulations du coton. Ses articles pantalons, ses guingamps, ses mouchoirs madras et ses grosses toileries de couleur, lui ont valu la Médaille de deuxième classe.

MM. CATTEAUX Frères, à Courtray (Belgique). Leurs articles pour pantalons en coton, fil et coton, laine et coton, se faisaient remarquer comme élégance, solidité et bon marché : leurs brochés façon cachemire pour gilets ne coûtent que de 60 c. à 1 fr. 80 c. la pièce. Médaille de deuxième classe.

MM. J. SOMMERVILLE et Fils, à Glasgow (Royaume-Uni). Leurs cotonnades tissées, croisées, unies et à rayures faites sur métiers mécaniques, en **78** centimètres, étaient cotées à **60** centimes le mètre. Ils ont encore une autre spécialité : celle du linge de table en coton, dont la qualité n'est pas amoindrie par l'infimité du prix. Ainsi douze de leurs excellentes serviettes dessinées à la Jacquart, de **1** mètre de long sur **70** centimètres de large, coûtent **6 fr. 88 c.** Médaille de deuxième classe.

M. DELARUELLE-HERVILLY, à Etreillers, près Saint-Quentin (France), eût certainement obtenu une haute récompense si le jury avait été à même de juger à temps son exposition, qui se composait d'étoffes dites *albanaises, carolines, silistriennes*, etc., fabriquées en coton tissé cuit mélangé de soie, d'une légèreté très-propre à la toilette des femmes, et coûtant de **85** c. à **1 fr. 25** c. le mètre, en **60** centimètres de largeur. La simplification de ses métiers et de sa production rendait M. Delaruelle-Hervilly digne de l'intérêt de tous ceux qui s'occupent du développement de notre industrie cotonnière, surtout au point de vue de l'exportation.

XIXᵉ CLASSE. — INDUSTRIE DES COTONS.

RÉCOMPENSES DÉCERNÉES PAR LE JURY INTERNATIONAL.

(EXTRAIT DU *Moniteur* DU 8 DÉCEMBRE 1855.)

GRANDES MÉDAILLES D'HONNEUR.

Comité de Manchester et Salford. Royaume-Uni.
La ville de Glasgow. Id.
La ville de Rouen. France.

MÉDAILLES D'HONNEUR.

Altherr (J.-C.), Speicher (Appenzell). Suisse.
Croon frères (Gladbach). Prusse.
Delichart et Lardemer, Lille. France.
Holderegger et Zellweguer. Saint-Gall. Suisse.
Houldsworth (T.) et comp., Manchester. Royaume-Uni.
Mallet frères. Lille. France.
Mieg (Ch.). Mulhouse. Id.

MÉDAILLES DE PREMIÈRE CLASSE.

Adam , le Télat. Algérie. France.
Alder et Mayer. Hérisau. Suisse.
Anderegg (Tobie) et comp. (Saint-Gall). Id.
Arpin et fils, Saint-Quentin (Aisne). France.
Boigeol-Japy, Giromagny (Haut-Rhin). Id.
Bourcart et fils, Guebwiller (Haut-Rhin). Id.
Brook (J.) et frères, Huddersfield (York). Royaume-Uni.
Cambronne frères, Saint-Quentin. France.
Compagnie anonyme d'Ourscamp. Id.
Coquatrix et Boulanger, Rouen. Id.
Cox (E.) et comp., Lille. Id.
Debuchy (F.), Lille. Id.
Delamare-Deboutteville , Fontaine-le-Bourg (Seine-Inférieure) Id.
Desmet (E.) et comp., Gand. Belgique.
Eldrige et comp., Brisbane (Australie). Colonies anglaises
Estragnat aîné et Van Hende , Tarare. France.
Fauquet-Lemaître, Bolbec. Id.
Ferre (J.-B.), Saint-Denis-du-Sig (Oran). Algérie.
Fife (H.) et fils, Glasgow. Royaume-Uni.
Filature de Pottendorf. Autriche.
Fisch frères, Bühler. Suisse.
Forest-Treppoz, Tarare. France.
Fruitie. Chéragas (province d'Alger). Algérie
Grellet-Balguerie, Guadeloupe. Colonies françaises
Grimm, Philippeville (province de Constantine). Algérie.
Herzog (Ant.), Colmar. France.
Hollins (Edward). Preston. Royaume-Uni.
Hurlimann (J.), Rapperschwyl (Saint-Gall). Suisse
Jourdain (Xavier), Altkirch. France.
Kaiser (Xavier) et comp., Sainte-Marie-aux-Mines (Haut-Rhin). Id.
Krill (Christian), Bouffarick. Algérie.
Lambertz (Ant.), fils de Chrétien. Gladbach. Prusse.
Leblon-Dansette (H.-J.), Armentières (Nord). France.
Lehoult et comp., Saint-Quentin. Id.
Levavasseur (J.), Rouen. Id.
Lohse (Ed.), Chemnitz. Saxe.
Mac-Culloch frères, Tarare (Rhône). France
Marguerite-Lucy et Gillet, Paris. Id.

Masquelier et Dupré de Saint-Maur. Saint-Denis-du-Sig. Algérie
Matagrin (Et.) et comp., Tarare. France.
Meriam Brewer et comp., Boston. Etats-Unis.
Mohler (Ad.), Obernay. France.
Morin . El-Biar. Algérie.
Motte, Bossut et comp.. Roubaix. France
Mottin frères. Tarare. Id.
Naef (M.), Niederutzwyl (Saint-Gall). Suisse.
Odérieu et Chardon, Rouen. France.
Patriau (Ch.). Reims. Id.
Percheron, directeur de la pépinière du Gouvernement à Biskara. Algérie.
Perriolat. Guadeloupe. Colonies françaises.
Peynaud (E.), Charleval (Eure). France.
Pferdmenger frères, Gladbach. Prusse.
Ramsauer-Aebli J.-U.), Hérisau. Suisse.
Reignard-Soyez. Amiens. France.
Réverchon, Birkadem. Algérie.
Rieter (J.-J.) et comp , Wintertur. Suisse.
Ruffier-Leuther, Tarare. France.
Schmid Wieland et comp., Thalwyl (Zurich). Suisse.
Seabrook (W., Caroline du Sud. Etats-Unis.
Société pour filature et tissage d'Ettlingen. Grand duché de Bade.
Statters-Smith , Preston. Royaume Uni.
Stoffregen (C.) et comp., Plauen. Saxe-Royale.
Thivel-Michon. Tarare. France.
Tricot frères, Rouen. Id.
Weber frères, Mulhouse. Id.
Weissgerber et fils, Ribeauvillé. Id.
Yates, Brown et Howat, Glasgow. Royaume-Uni.

MÉDAILLES DE DEUXIÈME CLASSE.

Administration de la Guyane française. Colonies françaises.
Albinet (Et.-A.), Paris. France.
Allard (B.), Tournay. Belgique.
Anderstolo (Sv.), Kinna-Sand. Suède.
Annest (J.-S.). Rouen. France.
Auld. Berrie et Matchieson. Glasgow. Royaume-Uni
Avril. Tarare (Rhône). France.
Gaengizer-Kolp et comp., Ebnat (Saint-Gall). Suisse.
Beaux-Duhoux et comp , Amance (Haute-Saône). France.
Bedu frères et Ledoux-Bédu, Viervers-Guislain (Nord). Id.
Belle, Cherchell. Algérie.
Berg (J.-F.), Naas. Suède.
Bertel (N.-J.), Sotteville (Seine-Inférieure). France.
Berlou, Oran. Algérie.
Beyer. Montpensier. Algérie.
Bignault et Delacour, Epehy France.
Bleen frères. Sainte-Marie-aux-Mines (Haut-Rhin). Id.
Bleur Saint-Denis-du-Sig. Algérie.
Blot (Em.) et fils, Douai. France.
Borel (Mⁿᵉ G.-Petrus), Blad-Touaria. Algérie.
Bouely-Marchand (L.-S), Saint-Quentin. France.
Bourgeois et Joly, Sainte-Marie-aux Mines (Haut-Rhin). Id.
Breot et Jourdau. Oran. Algérie.

Brun frères et fils et Denoyel, Tarare. France.
Bryner (Arnold) et comp., Zofingue (Argovie). Suisse.
Bureau jeune (M.), Nantes. France.
Carlisle fils et comp., Paisley (Renfrew). Royaume-Uni.
Catteaux frères, Courtray. Belgique.
Clapperton (W) et comp., Paisley. Royaume-Uni.
Clark (J.-J) et comp., Paisley. Id.
Clark junior et comp., Glasgow. Id.
Clarke (J.-P.), Leicester. Id.
Coats (J.-P.), Paisley. Id.
Comp. des fabriques de tissus de coton, Norrköping. Suède.
Compagnie Lisbonnaise. Portugal.
Condé-sur-Noireau (Calvados). France.
Cordier et Maisons, La Rassauta. Algérie.
Costérisan. Oran. Id.
Crepet (N.), Rouen. France.
Damiens (Aug.), Rouen. Id.
Debast (C), Gand. Belgique.
Debuchy (D.), Tourcoing (Nord . France.
Deffrennes-Duplouy, Lannoy (Nord). Id.
Delattre (le capitaine), Oran Algérie.
Denier, Mustapha. Id.
Depierre frères, Lausanne. Suisse.
Deroussy, Douéra. Algérie.
Desgenétais frères, Bolbec France.
Devillaine. Madinier et Bréguet, Tarare. Id.
Dierman-Seth (F.), Gand. Belgique.
Directeur de la Pépinière de Bone (le). Algérie.
Dreyfus, Werth et comp., Sainte-Marie-aux-Mines (Haut-Rhin) France.
Dubois (Ant -L.-V.), Athezans (Haute-Saône) Id.
Dubois et Garbé. Oran. Algérie.
Duranton (J.-B), Paris. France.
Duret, Rouen Id.
Eide (H.-P.-S,-M.). Farsund. Norwège
Elliot (R.-E.), Caroline du Sud. États-Unis
Erikson (Sven), Rydboholm. Suède.
Ermen-Engels, Barmen. Prusse.
Estragnat frères et Roux, Tarare. France.
Esturgot (Juan), Arzew (Oran). Algérie.
Ferguson veuve P) Ronchamps Haute-Saône. France.
Férouelle et Rolland, Paris. Id.
Filature d'Auf, près Schottwien. Autriche.
Filature de Rosenlund. Gothembourg. Suède.
Filature de Trumau. Trumau. Autriche.
Fion (J.), Tarare (Rhône) France.
Fischer et Kienlin, Sainte-Marie-aux-Mines. Id.
Forster (Ant) Rumbourg Autriche.
Fournier (J -B.), Paris. France.
Frédéric, Montpensier. Algérie.
Garrigue, Philippeville. Id.
Gauran, Birkadem. Id.
Goby, Blidah. Id.
Graciet. Birkadem. Id.
Graillat, Mazagran. Id.
Gravier et Caillol, Blidah. Id.
Grossmann (J.) père et fils, Aarbourg (Argovie). Suisse.
Hauschild (M.), Chemnitz. Saxe.
Hébert (G.), Condé sur Noireau. France.
Heilz et Hoz, Münchweilen (Thurgovie). Suisse.
Hepner (A.) et comp., Sainte-Marie-aux-Mines. France.
Hodges (V. et Ch.), Elles et comp., Manchester Royaume-Uni.
Hooreman-Cambie, Gand. Belgique
Huet (J) et Bourdon (P.). Bolbec. France.
Hunziker et comp., Aarau. Suisse.
Hussy (S.-R.), Saferwyl (Argovie). Id.
Jacob, Koléah. Algérie.
Jacquet (Fr.), Bruxelles. Belgique.
Jore (Cl -Fr.) fils ainé, Rouen. France.
Kaczanowski et Thierry. Bouffarick. Algérie.
Kerr et Clark, Paisley. Royaume-Uni.
King, Caroline du Sud. Etats-Unis.
Koechlin (Isaac), Villers (Haut-Rhin). France.
Lallemand, Aïn-Tedeless (Oran) Algérie
Lambert (Mme). Philippeville. Id.

Langor (N.-W.), Sternberg (Moravie). Autriche.
Leblond (Isaac), Bolbec. France.
Lefournier-Raullin, Vire. Id.
Legrand (Th.), Rouen. Id.
Lepelletier père et fils et Dubois, Paris. Id.
Lepicard ainé et comp., Rouen. Id.
Leumann frères, Mattweil (Thurgovie) Suisse
Levens, Mascara. Algérie.
Liénart-Chaffaux (veuve), Tournay. Belgique
Liotier, à Saint-Leu, près Arzew Algérie.
Loys (J.-E. de), Rouen. France.
Mac-Bride et comp., Glasgow. Royaume-Uni.
Manes, Ile de la Reunion Colonies françaises.
Manetti frères, Navacchio Toscane.
Manufacture de tissus à la mécanique, Linden. Hanovre
Mardoché-Darmon, la Sénia (Oran). Algérie.
Martin et Desnoe, Sidi-Ferruch. Id.
Mazères, Delhy-Ibrahim Id.
Mennet-Pozzoz. Paris France
Mertzdorff et frère, Vieux-Thann (Haut-Rhin) Id.
Meurisse (Th.), Mouscron. Belgique.
Mignard et Girin. Tarare. France.
Morelli, près Koléah. Algérie.
Moureaux et Arnault, Batna. Id.
Moutier-Huet, Bolbec France.
Müller (J.-B.) et comp., Wyl (Saint-Gall). Suisse.
Mykell (J -J.), Caroline du Sud. Etats-Unis.
Nacgeily et comp., Mulhouse France.
Nef (J.-J.), Hérisau (Appenzell). Suisse.
Noin-de-Dieu, Saint-Denis-du-Sig. Algérie.
Officiers de Lalla-Maghrnia (les), Oran. Id.
Oliva, Arzew. Id.
Padreich (F.), Pise. Toscane.
Perrot Bergeras. Oued-el-Halleg. Algérie.
Pic ainé, Guadeloupe Colonies françaises.
Piron (J). Tournay. Belgique.
Plantrou frères, Oissel (Seine-Inférieure) France
Pourrez (B -A.), Lille. Id.
Ponyer et Quertier fils, Fleury sur-Andelle (Eure). Id.
Raschlé (J -R.) et comp., Wattwyl (Saint-Gall). Suisse.
Redlhammer (W -E.), Reichenberg (Haut-Rhin). Autriche
Reuzner (C.-H.), Stockholm Suède.
Richter (Fr), Smichow, près Prague Autriche.
Risier (Math.) et comp., Cernay (Haut-Rhin). France.
Rouchouse, Saint-Denis-du Sig. Algérie.
Ruffat, Birkadem. Id
Sanson père et fils et Bohée. Rouen France.
Scherer, Aïn-Beïda (Oran) Algérie.
Schleepfer J.-J), Saint-Gall. Suisse.
Schœpfer. Slatter et Kursteiner, Saint-Gall. Id.
Schlœpfer (J -U.) et comp., Waldstatt, Appenzell. Id.
Schlumberger, Steiner et comp., Mulhouse. France.
Schlumberger et Hofer, Ribeauvillé (Haut-Rhin). Id.
Schmidt (Henri) et comp., Gattikon (Zurich) Suisse
Sibour, Saint-Denis-du-Sig (Oran). Algérie.
Sommerville (J.) et fils. Glasgow. Royaume-Uni.
Sonnery Cousins, Tarare. France.
Steinheil (G), Dieterlin et comp., Rothau (Vosges) Id.
Teste-Petit et fils, Lille. Id
Thoré (Louis de), Martinique. Colonies françaises.
Uzer (D.), près Bône Algérie.
Van Neste frères, Rolleghem Belgique.*
Varinay (H., et Laforge, Tarare, France.
Vaucher (E.) et comp , Plainfaing (Vosges). Id.
Vaussard fils Boudeville (Seine-Inférieure). Id.
Verlingue. Aïn-Tedeless. Algérie
Wibaux-Florin. Roubaix. France.
Widmer (U.) et comp.. Oberutzwyl (Saint-Gall). Suisse.
Wiget (J et C.), Flawyl. Id.
Wolff, Bône. Algérie
Wolff et Schlaforst, Gladbach. Prusse.
Young (J.-H.) et comp., Glasgow. Royaume Uni.
Zeller frères, Oberbruck (Haut-Rhin). France.

MENTIONS HONORABLES.

André J.-E.), Paris. France.

Arvizet, Orléansville. Algérie.
Bühler et fils, Plauen. Saxe royale.
Banziger (J. J.) et comp., Saint-Gall. Suisse.
Barthels-Feldhoff, Barmen. Prusse
Baumgartner (J.), Vienne. Autriche.
Bonneville (de), Guadeloupe. Colonies françaises.
Bornèque (P.-P., Bavilliers (Haut-Rhin). France.
Bourgeois, Saint-Acheul Id.
Breitenstein (J.) et comp., Zcüngue (Argovie). Suisse.
Bresson et Cartier frères, Paris. France.
Candlot, Paris. Id.
Carcenac et Roy. Paris. id.
Carel-Gentil, Maisoncelles (Calvados). Id.
Carpentier frères Rouen. Id.
Cartois, Saint-Cloud Algérie.
Chaverondier jeune, Saint-Germain-Laval (Loire). France.
Chevalier (A.) et Berrier (L.), Paris. Id.
Conard, Drucourt (Eure). Id.
Côte-Roy, Tarare. Id.
Courrière (Ch.-And.-L.), Lille. Id.
Debu (P.-N.) fils aîné, Eauplet-lez-Rouen (Seine Inférieure). Id.
Dechavanne-Jacquemont, Roanne. Id.
Delamarre fils, Pont-Saint-Pierre. Id.
Derche (A.-V.), Bruxelles. Belgique.
Desmoulins, Sourk-el Mitou (Oran). Algérie.
Dierman (L.), Gand. Belgique.
Dierzer (les héritiers de J.), Theresienthal. Autriche.
Duperrier de Franqueville (baron), Khemis. Algérie.
Dupont et comp., Saint-Michel (Aisne) France.
Erhard (V.), Massevaux (Haut-Rhin). Id.
Fauconnier (Ed.), Bruxelles. Belgique.
Feldman (Jacob) et comp., Ruremonde. Pays-Bas
Fetzner et fils, Burgstacett. Saxe royale.
Filature de coton de Schlan (Bohème). Autriche.
Fischer (G.) jeune, Sainte-Marie-aux-Mines France.
Finlayson (F.) et comp., Glasgow. Royaume-Uni.
Fitze et Sutter, Bühler (Appenzell). Suisse.
Forest cadet, Tarare. France.
Forster jeune, Rumbourg (Bohème). Autriche.
Frétigny (L.) Wetteren Belgique.
Frey-Witz et comp., Guebwiller. France.
Géliot, Plainfaing (Vosges). Id.
Gerardot, Bouffarik. Algerie.
Gosselin, Saint-Cloud. Id
Graemiger, Zundt et comp., Altstaetten Suisse.
Grimaud, Cany (Seine-Inférieure) France.
Griveau-Rolland, Chollet. Id.
Gros-Jenny, Tarare. Id.
Guillemet aîné, Nantes. Id.
Hauser (C.), Vienne. Autriche.
Hebbelynck frères et sœurs, Gand. Belgique.
Hefti frères, Haetzingen (Glaris). Suisse.
Heltmann (N.), Prague. Autriche.
Helxinger (J.-M.-Lt.), Charleval (Eure). France.
Hemptinne (J. de), Gand. Belgique.
Hofer (H.) et comp., Kaysersberg (Haut-Rhin). France.
Horem (veuve) et Denis aîné, Fontaine-Daniel (Mayenne). Id.
Hugot (L.-F.), Paris. Id.
Hurtel, Cayenne. Colonies françaises.
Joyot, Bou-Sef. Algérie.
Juigné (L.-Am.), St-Symphorien-de-Lay (Loire). France.
Keyser (Fr.-L. de). Renaix. Belgique.
Koenig (N.) frères, Sainte-Marie-aux-Mines. France.
Kollner, Stralsund. Prusse.
Lacroix, Rovigo. Algérie.
Lamoureux et Lesslin, Sainte-Marie-aux-Mines. France.
Lang (J.), Vienne. Autriche.
Laumaillier (J.-H.), Paris. France.
Laurent frère et sœur, Tourcoing (Nord). Id.
Lecordier, Aboukir. Algérie.
Lehugeur (Ed.) et comp., Flers (Orne). France.
Lemonnier jeune et fils, Yvetot. Id.
Levavasseur (Ch.), Radepont. Id.
Mac-Arthur et comp., Glasgow. Royaume-Uni.
411.

Marie (G.), Bretonnière et comp., Laval. France.
Martin-Duchat et comp.. Troyes. Id.
Maselin frères, Bernay (Eure). Id.
Matagrin Stoltz et comp., Tarare Id.
Maurin-Bedin et Lefrère, Tarare. Id.
Merz (C.), Stuttgard. Wurtemberg.
Michel, Castiglione. Algérie.
Michelez fils aîné (veuve), Paris. France.
Monier, Tarare. Id.
Morgenroth et comp., Elberfeld. Prusse.
Müller fils (Jos.). Rumbourg (Bohème), Autriche.
Myttenaere (Mlle de), Mouscron. Belgique.
Nussbaum (les fils de J.), Birrwyll (Argovie). Suisse.
Obry (P.-A.), Tarare. France.
Orphelinat de Miserghin (Oran). Algérie.
Petersen (J.), Bergen. Norwège.
Pigelet (P.), Orléans. France.
Plüss (S.), Strengelbach (Argovie). Suisse.
Poincinet, Castiglione. Algérie.
Reidel frères et comp., Ruremonde. Pays-Bas.
Riquier et Delavallée, Paris. France.
Roussel (Al.), Yvetot. Id.
Roussel-Pilatrie, La Ferté (Orne). Id.
Solomonsen (J.), Copenhague. Danemark.
Seller (J.), Barcelone. Espagne.
Spetz (J.-B.), Issenheim (Haut-Rhin). France.
Symington (R.-B.) et comp., Glasgow. Royaume-Uni
Taïti (Administration de). Colonies françaises.
Terrillon-Fort, Tournus (Saône-et-Loire), France
Trocmé et Baudouin Saint-Quentin (Aisne). Id
Ulrich Wurmser, Mulhouse Id.
Union agricole du Sig. Algérie.
Van den Berghe (Ed.), Courtray. Belgique.
Van Heuverswyn et comp., Gand. Id.
Villeroy (J.), Bar-le-Duc. France.
Weddingen et Keller, Rauenthal. Prusse.
Witz (H.), Cernay. France
Wolfrum (C.), Aussig (Bohème). Autriche.

COOPÉRATEURS,
CONTRE-MAITRES ET OUVRIERS.

MÉDAILLES DE PREMIÈRE CLASSE.

Bobeuf (Louis), Saint-Quentin. France.
Bosse (Jacques), Harlem. Pays-Bas.
Boury, Mulhouse. France.
Chavany (Jean-Marie), Tarare. Id.
Clety (Constant), Roubaix. Id
Debuchy (Napoléon), Tourcoing. Id.
Letuppe père, Moyenmoutiers (Vosges) Id.
Marain. Rouen. Id.
Prenant (François), Rouen. Id.
Yselnmann, Guebwiller (Haut-Rhin). Id.

MÉDAILLES DE DEUXIÈME CLASSE.

Bach (Thiébault), Mulhouse. France.
Baer (Pierre), Mulhouse. Id.
Barbier (Frédéric), Rouen. Id.
Béranger (Narcisse), de Roussy, Saint-Quentin. Id
Beuque, Tourcoing. Id.
Caron, Houlme, près Rouen. Id.
Colmant H.), Cateau (Nord). Id.
Dansette (Désiré), Roubaix. Id.
Delahaye (A.), Tourcoing. Id.
Delcourt (Prosper), Tournay. Belgique.
Delescluse (Alexandre), Tourcoing. France.
Demeyer (Guillaume), Gand. Belgique
Desmet (Auguste), Gand. Id.
Dessauvage (J.-B.), Tourcoing. France.
Dioncre (Jean-Baptiste), Roubaix. Id.
Duforest (F.), Roubaix. Id.
Dufour, Rouval-lès-Doullens (Somme). Id.
Flament (Constant), Tourcoing. Id.
Flaveau (Auguste), Tourcoing. Id.

Gehin (Bernard), Senones (Vosges). France.
Groillon L.), Tourcoing. Id
Grout (Ch.-Sever.), Rouen Id.
Guillot (Jean-Claude), Tarare Id.
Huber (Jean-Henry), Winterthur. Suisse.
Juillet, Altkirch. France
Lafosse (Auguste), Saint-Quentin. Id.
Legros (Antoine), Tourcoing. Id
Lemonnier (Louis), Rouen. Id
Lenglet C.) Cambrai (Nord) Id.
Lesourd Victorin), Saint-Quentin. Id.
Mathis père, Rouval-lès-Doullens (Somme). Id
Merz (J.-J.), Herisau. Suisse.
Morel (Isaac), Tarare. France.
Mouis (Thiébaut), Guebwiller Id.
Neveu (Nicolas), Rouen. Id.
Nyrdin (Jean-Nicolas), Verout, près Remiremont. Id.
Pauchant (Gérard). Roubaix. Id.
Picavet (Henry), Roubaix. Id
Picavet (Jean-Baptiste), Tourcoing. Id.
Pollet. Roubaix. Id.
Querette Alexandre), Saint-Quentin. Id.
Salignon, la Rouvière-lès-Lille (Nord). Id.
Schaller (Étienne). Mulhouse. Id.
Schutly, Waldstadt. Suisse.
Scolbert, Tourcoing. France.
Sifferlin (Sebastien), Cernay. Id.
Steinmann (Henry), Winterthur. Suisse.
Stramrulin (François-Joseph), Altkirch. France
Tugele (Etienne-Louis), Rouen. Id
Wable (Julien), Armentières (Nord) Id.
Wattrenez Joseph, au Cateau (Nord). Id.
Wehrlin (Georges), Mulhouse. Id.

MENTIONS HONORABLES.

Agache J.-B père, Tourcoing France.

Baenziger (Mlle Anne), Saint-Gall. Suisse
Bahour (Aug.), Rouen. France
Barbier (Louis), Rouen. Id.
Belpaume (Denis), Rouval-lès-Doullens (Somme). Id
Béraud-Dupéray, Tarare. Id.
Berker (Étienne), Saint-Quentin. Id.
Boulogne, Roubaix Id.
Bourbon (Mme), Tarare. Id.
Buniase (Jean-Pierre-Théodore), Rouen. Id.
Caleran (Félix). Rouen. Id.
Catteau (Henri), Tourcoing Id
Caze (Louis), Saint-Quentin. Id.
Dangey (Charles), Rouen. Id.
Delebecque, Roubaix. Id.
Denis (Auguste), Saint-Quentin. Id.
Denis (Claude, Tarare. Id
Denis-Mercier, Saint-Quentin. Id
Dieul (Alphonse, Rouen. Id.
Dupin (Jean-Baptiste), Tarare Id
Dupin (Jean-Claude), Tarare. Id.
Duport (Calixte), Roubaix. Id.
Fermente (Pierre), Rouen. Id.
Flament (Théodore), Tourcoing. Id.
Foulon (Étienne), Bruxelles Belgique.
Gaillez (Auguste., Tourcoing France.
Gramcourt-Carion, Rouen. Id.
Laacclé (André), Rouen. Id
Larcier, Rouen Id.
Leeru (David, Roubaix. Id
Lemaire (Théodore), Saint-Quentin. Id.
Noël (Jean), Tarare. Id.
Raynaud (Mme). Tarare. Id.
Rossi (Constant), Bruxelles. Belgique.
Sorlin (Claude,) Tarare France.
Strub (Joseph), Oberutwyl. Suisse.

EXPOSITION UNIVERSELLE

PRODUITS DE L'INDUSTRIE·

VINGTIÈME CLASSE

TISSUS DE LAINE.

L'usage de la laine brute, telle que l'offre la nature, c'est-à-dire inhérente à la peau de certains animaux, doit être aussi ancien que le monde. L'usage de la laine filée, quoique bien postérieur, remonte néanmoins très-haut et précède, selon toute probabilité, celui du chanvre, du lin et du coton.

L'art de filer les matières textiles fut un art longtemps domestique, conséquemment isolé, pratiqué au sein de la famille pendant les longues soirées d'hiver. Tant qu'il demeura ainsi, il ne fit aucun progrès. Nous ne pensons pas que l'antiquité ait été fort loin sous ce rapport. Les héros d'Homère n'étaient pas vêtus de fin drap, et les belles étoffes qui décoraient le char des triomphateurs, les manteaux de pourpre qui distinguaient l'aristocratie impériale, jouissent aujourd'hui, comme tant d'autres choses, d'une réputation équivoque qu'aucun témoignage matériel ne justifie.

Vers le XIIᵉ siècle, sous l'influence féconde de l'organisation des communes, naquit l'association, le travail en commun. Certaines industries devinrent le partage exclusif de certaines localités; mais, entre cette association mesquine de quelques travailleurs dirigés par un maître, et l'association manufacturière actuelle, il y a la différence de deux états sociaux qui n'ont plus le moindre rapport de coïncidence ni la moindre analogie.

Les véritables créateurs de l'association pour le travail des matières textiles, et notamment pour celui du lainage, ce sont les mécaniciens. Des premiers, l'illustre Vaucanson comprit que la vraie science, la seule science utile, est celle qui sait se vulgariser et se rendre pratique. Ses automates, ses jouets d'enfants ont fait sa réputation et popula-

risé sa renommée ; mais toute la solidité de sa gloire se cache à travers les rouages ingénieux de quelques machines dont le mécanisme fut appliqué au filage ainsi qu'au tissage
des matières textiles. Après Vaucanson, nous citerons l'obscur et consciencieux Paulet,
qui maniait avec une admirable précision la plume et la navette ; Jacquart, aussi modeste
dans sa gloire qu'il avait été calme dans sa lutte contre les préjugés et la jalousie ; Levis,
qui délivra du tondage à la main l'industrie des laines ; Ternaux, qui fit tant d'heureux
essais, tant d'améliorations importantes ; Declanlieux et Laurent, auxquels l'industrie
des laines peignées est redevable d'améliorations capitales ; Bonjean, sous l'impulsion
duquel la fabrication des draps entre dans une voie nouvelle ; Eck, qui mourut misérable
après avoir fait une révolution au profit de la fabrication des châles ; Thirion, de Metz,
esprit actif non moins qu'éclairé, seul artisan de son immense fortune, et qui se perdit
en politique après s'être prodigieusement élevé par l'industrie ; Josuée Heilmann et Pecqueur, puis cent autres que leur hardiesse ou leur savoir-faire élève au pinacle, que d'im-
prudentes spéculations abaissent, mais qui, dans la sphère qu'ils embrassent, laissent
des témoignages de progrès, des semences fécondes dont leurs heureux successeurs sauront profiter.

Les laines, à quelque origine qu'elles appartiennent, se divisent en trois grandes catégories : laines longues, laines courtes, laines intermédiaires. Les laines longues ne le
sont pas toutes au même degré ; il en est de même des laines courtes. Quant à la finesse,
elle varie selon l'espèce à laquelle la bête appartient, la nourriture qu'on lui donne, les
soins qu'on en a, enfin selon le climat. Les Anglais, qui produisent tant de laine, mais
qui se préoccupent bien davantage du rendement de la viande, sont en mesure de fournir à l'Europe une grande partie de ses laines longues communes. Les laines anglaises,
qui ont gagné, sous le rapport de la force et du brillant, ce qu'elles ont perdu sous le
rapport du moelleux et de la finesse, conviennent très-bien pour la fabrication des étoffes
rases dont la consommation devient chaque jour plus importante. En échange de ses produits, l'Angleterre tire du Cap et de ses possessions dans l'Océanie les laines fines qu'elle
emploie et dont la quantité s'élève annuellement au chiffre de 20 millions de kilogrammes ;
elle expédie ses laines courtes en Australie, à Van-Diemen, etc. La laine mérinos peignée
que reçoit l'Angleterre des régions lointaines qu'elle possède, lui permet d'élever sa fabrication d'étoffes drapées presque au niveau de sa fabrication d'étoffes rases. Ces laines
l'affranchissent du tribut qu'elle payait encore à l'Espagne il y a cinquante années,
dans une proportion trente fois plus forte qu'aujourd'hui, et à l'Allemagne, dans une
proportion triple de ce qu'elle est maintenant. On estime que l'Angleterre produit environ cent vingt-cinq millions de kilogrammes de laines, qu'elle consomme entièrement
chez elle, nonobstant les provenances des pays étrangers.

Quant à nous, qui ne possédons pas moins de moutons que l'Angleterre, nous ne récoltons
que 75 millions de kilogrammes de laine, parmi lesquels la laines fine ou intermédiaire
figure pour 20 millions de kilogrammes. Nos laines communes, très-inférieures aux
laines anglaises, fort au-dessous d'ailleurs des exigences de la consommation, témoignent des efforts qu'il nous faut faire pour gagner du terrain dans ce genre d'industrie,

qui nous laisse tributaires de presque tous nos voisins, nous qui possédons une surface territoriale double de celle du Royaume-Uni, qui ne poussons presque pas nos animaux à la viande, et qui les laissons vivre le double du temps que leur accordent les éleveurs d'outre-Manche. Les toisons de mérinos purs, celles de Dishley-mérinos, les toisons de Rambouillet que nous avons vu exposées, indiquent d'une manière positive la nature de nos produits. Evidemment, c'était un choix de laines ; or, elles ne dépassaient pas, dans leur ensemble, les conditions de la laine intermédiaire.

A cet égard l'Allemagne nous primait. Dans un pays comme celui-là, où la population est rare, où les grandes propriétés se prêtent volontiers à l'agriculture pastorale, où la viande, étant beaucoup moins demandée qu'en Angleterre et en France, tourne au profit des récoltes de laines, il n'est pas étonnant qu'on obtienne une quantité considérable de toisons d'excellente qualité. La Bohême, la Moravie, la Pologne, la Saxe, la Silésie rivalisaient d'importance, sous ce rapport, dans les galeries de l'Exposition universelle.

« En comparant, disait un juge du concours, les belles laines d'Espagne à ces laines allemandes dont l'origine est pourtant espagnole, on sent de combien l'agriculture est restée en arrière par-delà les Pyrénées. Les laines de Ségovie, les laines du royaume de Léon, sont dégénérées et s'abâtardissent ; les laines des troupeaux churras sont à peine bonnes pour couvertures et matelas. La couronne essaie de ressusciter les anciennes races du pays ; elle emploie, dans ce but, le bélier saxon, et l'idée semble bonne, si la production de la laine superfine est celle qui convient le mieux aux besoins réels de l'Espagne actuelle, ce dont je doute. »

Un territoire qui, s'il est bien aménagé, bien colonisé, et surtout bien exploité par les races indigènes, deviendra le pourvoyeur principal des laines qui se consommeront en Europe, c'est l'Algérie. L'Algérie possède aujourd'hui dix millions de moutons qui fournissent seize millions de kilogrammes de laine, dont la consommation indigène n'absorbe que le huitième. Or, dans un pays où les bras sont rares, rien n'exigeant moins de bras que la conduite des troupeaux, on pourrait facilement décupler, en très-peu d'années, le nombre des moutons qui sillonnent nos possessions d'Afrique, et tirer de là, moyennant des croisements avec les races de la Provence et de la Saxe, une récolte en laine non moins abondante que riche de qualités. Si notre industrie lainière rapporte aujourd'hui 580 millions à la consommation et 116 millions à l'exportation, elle peut certainement tripler en peu d'années par le concours de l'Algérie, et nous rendre maîtres d'un grand nombre de marchés d'Europe où nous ne tenons que l'un des derniers rangs.

Ces préliminaires une fois posés sur la production générale et différentielle des laines dans le monde civilisé, voyons quel est leur mode d'emploi d'après le génie de chaque peuple, ou plutôt d'après sa constitution atmosphérique et territoriale, et aussi d'après la nature de ses débouchés d'exportation et d'écoulement commercial.

Trois spécialités de tissus sont nées de l'emploi de la laine : d'abord les tissus foulés et drapés ; ensuite les tissus légers et ras, non foulés ; puis, en dernier lieu, les tissus mixtes, d'invention toute moderne, malgré divers essais qui remontent déjà haut.

Pour les tissus foulés et drapés, on emploie principalement des laines à fibres courtes

et vrillées, travaillées à la carde. Pour les tissus légers et ras, on choisit les laines longues préparées au peigne. Quant aux tissus mixtes, ils n'exigent que des laines courtes, tout au plus des laines intermédiaires, auxquelles on fait subir, avant le filage, un apprêt qui participe des travaux divers de la laine à la carde et de la laine au peigne.

Chacune des trois divisions précitées se subdiviserait encore, si l'on voulait tenir compte des modifications multiples qu'apporte chaque jour le génie des industriels dans la création de tissus nouveaux; mais les façons, quelles qu'elles soient, se ramènent toujours aux types indiqués.

Dans la draperie, on distingue les draps unis des draps façonnés ; les draps lisses des draps croisés ; les zéphirs, les demi-draps, des cuirs-laines ; les étoffes tondues et couvertes dites satins, des étoffes foulées et tirées à poils couchés ; les mêmes satins-laines, des nouveautés dites velours-laine, où le poil se dresse... Les tissus mélangés, ondulés, satinés, croisés, forment autant de genres nouveaux qui portent avec eux leur cachet et qui tâchent de donner crédit au nom d'une localité, au nom d'une maison, d'une fabrique, en le mettant sous le patronage éloquent d'un genre d'étoffes que le public accepte avec faveur. *Tot capita, tot sensus*, autant de têtes, autant de sentiments divers, disait Horace, en parlant des œuvres de littérature : il en est de même, à plus forte raison, des œuvres qui concernent la mise ; et ce qu'un fabricant de nos jours recherche avec le plus de soin, ce n'est pas de maintenir la bonne renommée d'un genre reconnu excellent, c'est d'en imaginer un autre qui puisse remplacer son devancier quand le public s'en lassera. Le nouveau, voilà le ressort principal du succès, et il faut souvent peu de chose pour le conquérir. Nous connaissons un manufacturier millionnaire qui doit l'origine de sa fortune à certaine couleur vert-pomme. Nous en connaissons un autre qui a distancé tous ses émules par l'application habile de la vapeur aux apprêts, d'où résultent des reflets chatoyants sous lesquels se dissimule la grossièreté du tissu.

La laine longue, la laine mérinos lisse ont permis de créer deux spécialités abondantes et variées : 1° tartans écossais, tartans de Reims, mérinos chalys, stoffs, barèges, châles croisés, tous articles d'origine française et qui défient la concurrence étrangère; 2° tartans longs-poils et articles du même genre, où l'Angleterre nous devance et nous écrase. Elle le doit à ses laines magnifiques de Cheviot, Dishley, Lincoln, Southdown, etc., en regard desquelles, avec nos laines, nous ne pouvons fabriquer qu'exceptionnellement des tissus que l'Angleterre fait pour l'usage commun. Ce qui nous manque en matière première est fourni par l'Australie et la Russie pour les tissus de laine intermédiaire et les tissus de fantaisie; par l'Allemagne, la Prusse et la Saxe, pour les tissus à laine fine, courte et vrillée. Mais l'Angleterre elle-même se voit forcée, malgré l'abondance si considérable de sa récolte en laine, de se pourvoir aux mêmes marchés que nous, tant sa fabrication est active et sa consommation importante. La Belgique, dont presque tous les terrains sont ensemencés, dont le sol ne chôme jamais, possède peu de moutons relativement au grand nombre de ses bêtes à cornes. Or, comme elle fabrique beaucoup, il y a pour elle nécessité de demeurer indéfiniment tributaire des nations voisines et des pays transatlantiques. Chose peu croyable, et de laquelle cependant font foi les relevés statistiques, la fabrication

prend, depuis quelques années, une telle extension, que l'Allemagne elle-même, patrie classique de la belle laine et de la laine intermédiaire, se voit forcée d'en demander à l'Australie, à la Russie, à l'Espagne, à l'Italie. Il n'y a point là grand mal : la culture des céréales, des plantes oléagineuses, des légumes, etc., ne saurait s'accroître qu'au préjudice de l'élève du mouton, qui, insensiblement, se trouvera relégué dans les régions incultes ou montagneuses et dans celles où le manque de population met obstacle au défrichement des landes. L'Algérie serait donc, nous le répétons, pour la France et pour toute l'Europe méridionale et centrale, ce que seraient la vieille Prusse, la Pologne et la Russie montagneuse pour les régions du nord, si l'élève du mouton courant recevait une impulsion en rapport avec les exigences croissantes de la population européenne. Nous tournons à la laine et au coton ; l'hygiène, l'instinct de conservation le prescrivent. Il faut donc que les gouvernements sachent favoriser cette tendance.

Au point où en est l'industrie des draps, il serait bien difficile d'apprécier la draperie unie de chaque pays autrement que par les prix ; mais d'une contrée à l'autre les prix varient beaucoup, bien que l'exécution du dégraissage, du foulage, de la tonte et de l'apprêt se fassent partout d'une manière satisfaisante, et que la matière première soit approximativement du même prix. D'ailleurs, la différence dans le prix des draps n'a vraiment qu'une importance secondaire, si l'on considère que le prix de l'étoffe ne représente souvent que le tiers, même le quart de la valeur totale de l'objet : soit 25 francs le prix d'une étoffe par mètre, le tailleur, la tailleuse demanderont 80, 100, 120 francs au consommateur, tout aussi bien que si le mètre d'étoffe ne dépassait pas 15 francs. C'est la localité et le nom du confectionneur qui font la différence ; c'est aussi, quand on ne procède pas au comptant, le degré de solvabilité de la pratique.

En supposant que les conditions de production soient les mêmes à Leeds, à Elbeuf, à Sedan, à Aix-la-Chapelle, à Verviers, en Saxe, en Autriche, à Barcelone, etc., et que nous n'ayons plus qu'à étudier les produits d'une grande confédération, n'est-il pas démontré pour tous que l'on trouvera dans chacun de ces pays des manufactures qui, pour leurs progrès, peuvent être placées sur la même ligne, et qui emploient toutes à peu près de la même manière les mêmes machines, les mêmes moyens, les mêmes procédés ? Aujourd'hui les rapports entre les divers travailleurs du monde sont tels, qu'une découverte est appliquée aussi vite à l'étranger que chez son auteur ; souvent même, l'Exposition universelle le démontre, cette application s'est faite plus rapidement au-dehors que sur le sol natal. Par exemple, les machines à fouler cylindriques, inventées il y a une quinzaine d'années dans le Royaume-Uni, ont été rapidement adoptées et perfectionnées chez nous. C'est à tel point, dit M. Tresca, que les célèbres moulins à maillets ou pilons de don Quichotte n'existeront bientôt plus ; à peine l'industrie anglaise les connaît-elle encore. Dans ces derniers temps, deux ingénieurs, contre-maîtres de l'une des principales fabriques de drap du Midi, ont inventé une machine qui fait simultanément le lainage et le tondage, en supprimant les séchages réitérés qui ont lieu entre les deux opérations et que l'on croyait indispensables pour tondre les filaments : les inventeurs paraissent s'être souvenus que, pour se faire la barbe, on préfère agir par la voie humide que par la

voie sèche; leur machine est bien conçue et pratiquement avantageuse. On sait à peine si la nouvelle machine existe en quelque point de la France, tandis qu'un seul fabricant belge de notre connaissance en a quinze au moins.

Ces exemples et d'autres encore prouvent que les inventions deviennent facilement cosmopolites, mais qu'il faut tenir compte, dans le phénomène de leur émigration et de leur implantation sur divers centres manufacturiers, de la rencontre plus ou moins heureuse qu'elles font de matières propres à leur exercice, à leur succès. Si, pendant de longues années, l'Angleterre a fabriqué presque seule les articles tartans écossais à longs poils, qui constituent l'une des branches principales de son industrie lainière, c'est qu'elle est la patrie des plus belles laines longues ; l'article *moreen*, étoffe de laine commune lisse imitant le crin et jouissant d'une solidité presque aussi grande que lui, n'a pu jusqu'à présent être imité nulle part, attendu que sa fabrication dépend de circonstances locales non moins que d'un savoir-faire spécial. Si l'industrie drapière de la Bohème, de la Hongrie, de la Moravie, de la Saxe, de la Silésie, se maintient florissante, ne le doit-elle pas autant à la qualité de ses laines indigènes qu'à l'habileté de ses chefs d'atelier ? Une raison qui, pour l'Angleterre et l'Allemagne, pour l'Allemagne surtout, prime peut-être toutes les autres raisons d'un progrès spécial dans tel ou tel genre, c'est la persistance du goût, l'acceptation indéfinie de choses reconnues bonnes, la continuation presque définitive d'un mode de production quand une fois on en a bien reconnu l'avantage; tandis que chez nous, le peuple versatile par excellence, qu'un article vieillisse, il passe de mode et reçoit un arrêt de proscription dont il se relèvera peut-être, mais longtemps après.

Pour la création de cette magnifique industrie de tissus où Reims, le Nord, la Picardie, stimulés, dirigés par le génie parisien, ont acquis une réputation si justement brillante, la France ne possédait pas, plus que tel autre pays, une matière première exceptionnelle facilement utilisable : elle fut emportée par l'obligation de créer du nouveau. Ce cachemire indigène tissé avec la laine de Mauchamp; cette mousseline de Chine, espèce de chalys, si moelleuse et si mignonne; ces barèges de toutes réductions; ces gazes-vapeur; ces lainages drapés désignés sous le nom de *satin Bonjean;* ces velours de Sedan, si différents des velours de Lyon pour la solidité et pour le tissu, puisqu'ils sont en laine; créations du jour qu'effacent peut-être déjà les créations du lendemain, témoignent de l'active imagination des fabricants français et de la tyrannie qu'exerce sur eux la mode, cette implacable souveraine qui perpétue autour d'elle l'insomnie.

Résumons par une appréciation judicieuse de M. Tresca · « L'industrie française, dans les spécialités qu'elle produit, est au moins égale à ses concurrentes, lorsqu'elle ne leur est pas supérieure. Pour être complète, il lui manque cependant la production de certains articles qu'elle a timidement abordés, ou qu'elle ne fait pas du tout. Les mélanges d'alpaga de toute espèce et d'autres substances textiles, dans lesquels l'Angleterre excelle, sont dans le premier cas ; les *moreen* sont dans le dernier. Les moyens et les procédés spéciaux de transformation de ces mélanges sont cependant connus. Il serait temps aussi que notre industrie ressaisît la transformation du poil de chèvre, dont elle avait pris l'initiative comme filage, et que nous avons abandonnée au point d'être

obligés d'acheter à nos voisins d'outre-Manche les fils de cette nature pour la fabrication des velours d'Utrecht et pour quelques autres produits spéciaux. »

En France plus que partout ailleurs, le caprice, l'imprévu, le hasard, influent d'une manière notable sur le choix et le mouvement des objets fabriqués. Telle industrie décline, telle autre industrie s'élève, sans qu'il soit toujours bien facile d'en signaler la cause. Somme toute, le progrès existe : progrès dans l'exécution, dans la finesse des tissus; progrès dans le bon marché, progrès dans la rémunération de la main-d'œuvre. Il y a vingt ans, le mètre de mérinos coûtait 12 francs, il se paie aujourd'hui 3 francs; la mousseline-laine, le barège sont descendus de 2 francs 75 centimes à 1 franc, même au-dessous. Sans doute une solidité équivoque se cache fréquemment sous la séduction de l'apparence, sans doute des mélanges trompeurs, des associations mensongères égarent bien plus qu'autrefois la confiance du client; mais les prix peuvent servir de thermomètre à la bonne foi confiante, et il y a telles maisons qui, tout en faisant de la camelote, n'induisent jamais en erreur ceux qui les consultent sur les qualités réelles de leurs marchandises.

Plus de mille exposants représentaient l'industrie du lainage : c'est en apparence beaucoup, c'est en réalité très-peu, si l'on fait état du grand nombre de fabriques et de l'immense quantité de bras qu'occupent le filage et le tissage sur presque tous les points de l'Europe. La Suisse compte 4 exposants, le Wurtemberg 10, l'Espagne 23, la Saxe 23, la Belgique 29, l'Angleterre 100, l'Autriche 147, la Prusse et le Zollverein environ 200, la France 500. De l'Angleterre nous espérions mieux, car elle fabrique pour près d'un milliard, et c'était pour elle le cas de prouver, ce dont les hommes compétents se sont aperçus, que, depuis l'Exposition universelle de Londres, les ateliers anglais ont gagné du terrain, soit en imitant quelques-uns de nos articles indigènes, soit en améliorant, en étendant leurs créations nationales.

BONNETERIE.

Chose bizarre ! c'est dans la production de la bonneterie, article d'origine française éminemment usuel, et que la Champagne fabriquait naguère avec une rare perfection, c'est surtout là que nos voisins les Anglais nous flagellent avec nos propres verges. Leurs premières machines à tricot, ils les ont reçues de nous; leurs machines perfectionnées, ils les ont également tirées de France. Pour le genre tricot, nos laines valent les leurs, et néanmoins nous marchons après eux dans n'importe quelle spécialité de tricot! L'élasticité, la finesse, le moelleux, la solidité de leurs articles ne trouvent qu'en Saxe une rivalité redoutable, et il faut que les moyens mécaniques, que les procédés d'ensemble du Royaume-Uni soient bien perfectionnés, puisque, malgré la cherté de la vie au-delà du détroit, ils peuvent lutter de bon marché avec les produits saxons.

Les hommes compétents pensent que notre infériorité, qui nous interdit les jouissances d'une exportation considérable, tient au manque de bonne préparation des fils et aux procédés inhabiles des apprêteurs. Si notre industrie apportait à l'étude de cette importante question une partie seulement de la persévérance qu'elle a mise à perfectionner l'industrie

des châles, probablement nous n'envierions bientôt plus rien sous ce rapport à nos rivaux du Royaume-Uni et du nord de l'Allemagne. Les étoffes unies, croisées, façonnées et brochées, le genre filet, la ganterie tricotée sortis de différentes maisons de Troyes, en témoignant d'efforts heureux, prouvent qu'avec une volonté ferme la Champagne pourrait reconquérir sa suprématie d'autrefois.

CHALES. — CACHEMIRES FRANÇAIS.

Jadis nous étions, en fait de châles, les humbles tributaires de l'Inde; et quand nous disons jadis, nos souvenirs encore vivaces ne remontent pas plus haut que l'époque du Consulat. C'est la guerre d'Égypte, ce sont nos rapports avec l'Orient qui ont fait adopter par la mode le genre châle, et, de l'impossibilité de procurer à toutes les femmes des châles de l'Inde, dont le prix exorbitant était inabordable, résulta l'invention des cachemires français et des objets si divers d'une fabrication analogue.

Peut-être n'existe-t-il pas un genre de tissus où le progrès soit aussi manifeste que dans le genre châle. Un châle fabriqué sous le Consulat est au châle de l'année 1855 comme un est à cent, par rapport à la finesse, au moelleux, au mélange heureux des couleurs; et cependant le châle d'aujourd'hui coûte moins que n'ont coûté ses nombreux devanciers. Gens du monde, qui ne voyez dans un châle qu'un objet de toilette, examinez-le de plus près, je vous prie, et vous serez frappés des résultats merveilleux de l'industrie du tissage! Il y a tels châles où, dans un centimètre carré, on compte 400 fils qui se croisent. Ces fils possèdent une si grande finesse, que ceux de la chaîne ne résisteraient point aux tractions de la mécanique s'ils n'avaient une *âme*, axe en soie autour duquel le fil cachemire est enveloppé par torsion. Les points des entre-croisements sont imperceptibles, tant ils offrent de ténuité, et ils se prêtent de la manière la plus convenable au mélange des couleurs qu'exigent les dessins.

Il fallait qu'ici la science vînt au secours de l'art, et qu'elle lui indiquât les moyens d'obtenir, avec très-peu de couleurs, toutes les nuances nécessaires à l'effet désiré. Un exemple de cette application nous rendra plus clair, et nous l'empruntons sans hésiter à l'auteur anonyme qui a le mieux fixé la haute portée de l'industrie des laines. « Supposons, dit-il, que l'on veuille obtenir un ton vert clair, et que l'on n'ait que des fils vert foncé et des blancs : au lieu de se servir d'une navette, on en emploiera deux, qu'on chassera successivement, de manière que les deux trames, la verte et la blanche, n'en forment qu'une juxta-posée, qui ne sera ni blanche, ni d'un vert foncé, mais d'un vert clair. On peut faire ces applications pour toutes les nuances par des trames doubles ou triples agissant comme une seule; il faut seulement que la finesse de chacune d'elles augmente dans la même proportion. Ce stratagème, résultant de la combinaison de la science et de l'art, donne la clef de la richesse extraordinaire et du fondu parfait qu'offrent la plupart des châles sortis des mains des grands maîtres de la spécialité. »

Parmi les nouveautés de l'industrie châlière, qu'on veuille bien nous permettre cette épithète, on remarquait notamment un travail mixte de deux procédés distincts, le *spouliné* et le *lancé*. Le spouliné, dont l'idée semble originaire de l'Inde, est un genre

de broderie au fuseau qui ne laisse apparaître la matière qu'aux points juste où il faut qu'elle se montre; tandis que le lancé fait passer, par entre-croisement, la trame d'une lisière à l'autre, ne dût-elle être vue que dans l'épaisseur d'un fil. La portion du fil non apparente passe à l'envers, de sorte qu'il faut accepter autant de superpositions de fils qu'il existe de couleurs; procédé vicieux, de là un manque de solidité et une perte de matière, double inconvénient qui entache le cachemire français, et qui ne se rencontre jamais dans le cachemire indien. Le spoulinage mécanique sera donc une conquête bien précieuse, et nous y marchons. Déjà beaucoup de fabricants ne travaillent au lancé qu'une partie des trames, et réservent au spouliné celles qui se trouvent le moins répétées, d'où résulte un liage solide entre les deux genres d'entrelacements et des effets inattendus, sans que pour cela le tissu soit plus lourd. Assurément nos produits valent ceux de l'Inde sous le rapport de la finesse et du moelleux; ils valent peut-être davantage par leur régularité; mais quelques-unes de nos couleurs sont moins vives et moins durables.

Les principaux fabricants européens font tous des châles en cachemire pur, en cachemire et laine, en laine pure et laines mélangées. L'exécution propre aux ouvriers étrangers, naguère si éloignée de la nôtre, s'en rapproche chaque jour davantage. Bientôt nous ne leur serons probablement supérieurs que dans les articles de grand luxe et dans le façonnement artistique des dessins.

Quand, pour la première fois, le châle se montra sur l'horizon variable de la mode, on fut incertain des destinées que lui réservait le caprice: on ne savait trop s'il traverserait deux ou trois saisons, pour disparaître ensuite comme tant d'autres choses, ou s'il demeurerait inféodé à la garde-robe du beau sexe. L'hygiène, la raison sévère parlaient en faveur du châle, surtout à une époque où le décolleté des femmes compromettait leurs charmes. Mais qu'est-ce que la raison, qu'est-ce l'hygiène auprès des exigences du goût et de l'empire qu'exerce la nouveauté? Heureusement pour le châle, les femmes s'aperçurent qu'il masque bien des défauts, qu'il fait ressortir bien des qualités de taille et de tournure; il n'en fallut pas davantage pour en consacrer, pour en perpétuer l'usage. Aussi la fabrication des châles ne craint plus rien des inventions diverses, des confections plus ou moins heureuses, burnous, paletots, pelisses, etc., qui apparaissent chaque année, sans pouvoir implanter leur usage d'une manière absolue.

TAPIS.

Les tapis sont, comme les châles, originaires de l'Asie. A Constantinople, à Smyrne, à Trébizonde, on fait les tissus ras et les tissus veloutés au moyen d'une espèce de spoulinage qui s'exécute au fuseau; une chaîne verticale sert de canevas, et le fuseau tient lieu de l'aiguille qu'emploient les brodeurs. C'est le procédé qu'on applique aux Gobelins, mais avec une perfection artistique, avec un choix de laines, de couleurs et de dessins qui exigent des dépenses considérables. Aussi les tapis exécutés de cette manière ne peuvent-ils entrer dans le commerce; ils sont d'un prix trop élevé.

Cependant, beaucoup de descentes de lit, beaucoup de tapis-foyers ordinaires s'exécu-

tent par le procédé des Gobelins, mais avec de gros fils, et sous la main des femmes dans certains pays où la main-d'œuvre est à bas prix. Ces produits reçoivent un écoulement facile en raison de leur bon marché et de leur solidité. Ils seraient encore à meilleur prix sans l'énorme déchet de laine qu'occasionne ce travail. Les tapis algériens, indiens, persans, turcs, ne s'exécutent pas difficilement; mais la lenteur du travail, chez des peuples qui n'économisent pas le temps, ajoute peu de chose au prix marchand de l'objet.

En Angleterre, en Belgique, en France, on a eu, depuis plus d'un siècle, l'idée de tisser les tapis comme on tisse les velours façonnés, bouclés ou coupés, avec cette seule différence que les fils de laine, de couleurs diverses, sont substitués à la soie sur la *cantre*. Halifax, Tournai, Tourcoing, Aubusson, Tours, ont produit quantité de tapis ainsi confectionnés moyennant un simple métier à la tire, jusqu'à ce que le métier Jacquart fût substitué à l'ancien métier, non sans difficulté toutefois, car les Jacquart présentent des complications de montage d'autant plus grandes que le nombre des couleurs est plus considérable. Voilà pourquoi les tapis à deux ou trois couleurs sont d'un prix bien inférieur à celui des tapis aux couleurs multiples.

Depuis quelques années, les Anglais ont imaginé un procédé non moins économique qu'expéditif, lequel consiste à imprimer d'avance aux fils de la chaîne la couleur spéciale qu'il leur faut, puis à monter cette chaîne ainsi disposée, et à tisser l'étoffe. On a pu voir, dans l'Annexe du palais de l'Industrie, fonctionner une de ces machines, au moyen de laquelle le fabricant simplifie le montage du métier et fait économie de laine; mais il a ses inconvénients : il exige mille précautions pour l'impression de la chaîne et la disposition préparatoire des fils; on n'en peut tirer avantage que par la répétition indéfinie du même dessin : c'est du reste à cette condition que l'industrie anglaise en obtient d'énormes bénéfices.

Pour les tapis en chenille, genre éminemment français, où Beauvais et Nîmes tiennent le premier rang, les progrès de fabrication ont été notables sous le triple rapport de la solidité des tissus, de la variété des couleurs et de l'économie du revient. Ici, au lieu d'imprimer le fil de la chaîne, on prend une bande de chenille semblable à celle qu'emploient les dames pour leurs ouvrages de fantaisie : cette bande, formée de fils en laine de teintes diverses, est mise à cheval sur les fils d'une chaîne unie, puis relevée en brosse et serrée par le battant, comme si l'on frappait une trame ordinaire. On croise ensuite les fils de la chaîne, on maintient la partie duveteuse que l'on vient de former, puis on insère une seconde trame de chenille, et ainsi de suite. Les nuances de chenille peuvent varier à l'infini; mais il faut toujours que la chenille se produise conformément au dessin de la mise en carte, c'est-à-dire à un dessin colorié sur papier quadrillé.

L'exposition de Beauvais, de Nîmes et de Paris a mis dans tout son relief l'importance industrielle de ces trois villes pour la fabrication des tapis en chenille. Aucun pays ne peut rivaliser avec elles; aussi l'Allemagne s'est ingéniée à créer un genre qui lui appartînt : ce sont des tapis veloutés, nuancés d'une manière si parfaite, qu'on les croirait enluminés au pinceau. Le système qu'elle adopte est beaucoup plus du ressort des brossiers que des tisserands; nous ne nous y arrêterons conséquemment pas.

REVUE DES PRINCIPAUX OBJETS

EXPOSÉS DANS LA VINGTIÈME CLASSE

MM. BILLIET ET HUOT, à Paris (France).

La position officielle de M. Billiet, l'un des rapporteurs du Jury de la XX⁰ classe, mettait hors de concours l'exposition de sa maison, où l'on remarquait particulièrement des chaînes pures, des demi-chaînes et des chaînes laine et soie destinées à la fabrication des châles brochés et des nouveautés de Paris. Ces spécimens en fils beaux et réguliers, ainsi que d'excellents échantillons de filature en laine peignée, rendaient MM. Billiet et Huot dignes des plus hautes récompenses.

M. FRÉDÉRIC DAVIN, à Paris (France).

D'abord établi à Saint-Quentin pendant quatorze années, M. Frédéric Davin est venu couronner à Paris sa haute réputation dans l'industrie lainière, en achetant le vaste établissement de M. Griolet. Depuis plus de dix ans qu'il le dirige, il l'a doté de toutes les améliorations imaginables, entre autres de la peigneuse Heilmann, supérieure à tout autre système mécanique quant à la régularité des rubans. Son chiffre d'affaires est maintenant d'au moins trois millions par an, et il emploie 16,000 broches.

Les laines brutes françaises et étrangères les meilleures pour le peignage, et les laines peignées et filées qu'elles produisent, tels sont les principaux objets de l'exposition de M. Frédéric Davin, dont la filature offrait une perfection si rare comme régularité et solidité, qu'elle lui a valu de la part du Jury la Médaille d'honneur.

MM. SCHWARTZ, TRAPP et Cⁱᵉ, à Mulhouse (France).

Ces honorables industriels montèrent leur établissement en 1838 avec 10,000 broches ; mais la supériorité de leurs filés, due à l'introduction de la machine Heilmann-Schlumberger, et aux heureuses modifications qu'ils lui firent subir, en leur amenant des commandes de plus en plus considérables, les ont forcé d'augmenter constamment leurs moyens de production, qui consistent maintenant en 18.000 broches mues par trois machines à vapeur de la force de 150 chevaux, et près de 700 ouvriers.

MM. Schwartz, Trapp et Cⁱᵉ exposaient des laines peignées filées pour trame, des demi-chaînes en échevettes, des chaînes retorses à deux fils de différents numéros et qualités, toutes de 1,000 mètres au kilogramme, et divers échantillons de laines peignées de Champagne, d'Autriche, d'Australie et d'Italie. La solidité, la régularité et le bon choix de ces produits réunissaient toutes les conditions voulues pour mériter la Médaille d'honneur qui leur a été décornée.

Les peigneurs et les filateurs de laine dont les noms suivent ont obtenu du Jury la Médaille de première classe.

MM. LUCAS Frères, à Bazancourt, près Reims (France). Ces filateurs à façon sont tellement renommés, que, lorsqu'il s'agit de fils pour chaîne, ils obtiennent toujours la préférence sur leurs concurrents, même quand ceux-ci offrent de produire à des prix inférieurs. Leur établissement, fondé en 1828, emploie 9,000 broches et occupe 250 ouvriers au-dedans et 250 tisseurs au-dehors. Ils exposaient des chaînes pour tissus mérinos du n° 52 au n° 84, des trames du n° 96 au n° 132, des demi-chaînes des n° 72 à 77, et des laines mérinos en 5 et 7 quarts de 13 à 14 croisures, le tout d'une supériorité hors ligne.

LISTER et HOLDEN, à Saint-Denis (Seine), à Croisy (Nord), et à Reims (Marne) (France), sont aussi des peigneurs à façon qui emploient le système mécanique Donistrope, épurant aussi bien que la peigneuse Heilmann le cœur de laine de ses blouses, mais lui étant inférieur peut-être quant au maintien du parallélisme entre les brins. Le procédé Donistrope n'étant pas tombé dans le domaine public, on ne saurait apprécier s'il offre plus d'économie que l'autre sur le prix de revient des laines peignées. Quoi qu'il en soit, l'exposition de MM. Lister et Holden résumait en ce genre toutes les provenances françaises et étrangères ; de plus, elle offrait des qualités de premier ordre.

ALLART, ROUSSEAU et C°, à Roubaix (France). Ils exposaient des bobines de laines peignées de différentes qualités et provenances, mais toutes épurées, nettes, sans solution de continuité. Quant au fil, d'un parallélisme irréprochable, les produits obtenus par la peigneuse Heilmann-Schlumberger faisaient grand honneur à cette utile machine.

HARTMANN et C°, à Malmerspach (Haut-Rhin) (France). Dans leur établissement fondé en 1844, une machine à vapeur et un moteur hydraulique représentant ensemble une force de 170 chevaux, mettent en jeu les peigneuses Heilmann-Schlumberger, qui font subir à la laine brute toutes les manipulations nécessaires avant de la livrer, et les 12,000 broches de leur filature. Ils présentaient à l'Exposition des échantillons de filés pour trame, de demi-chaînes en bobines et en échevettes, de fils pour chaînes en bobines, tous produits propres aux tissus de grande consommation, autant par leur bonté que par leur bas prix. MM. Hartmann et C° sont en première ligne parmi les industriels de leur partie exportant en Angleterre et en Allemagne.

DUPONT Père et Fils, à Amiens (France). Une série de fils de laine pure et mélangée de soie ; de fils doubles de 2, 3 et 5 bouts, laine et soie grège ou organsin ; de demi-chaînes en échevettes pour être teintes avant le tissage, faites avec des laines de Kent, d'Italie et d'Australie ; de filés pour trame de diverses provenances, constituait à l'ancienne et honorable maison Dupont une exposition digne de sa réputation si généralement établie.

SENTIS Père et Fils, à Reims (France). Ils consacrent aux fils peignés 2,400 broches, et 9,000 broches aux fils cardés. Ils produisent pour leur compte, et leur exposition montrait presque tous les spécimens de la filature des laines, parmi lesquels on remarquait surtout trente-sept nuances différentes de fils cardés, mélangés de soie. Les deux genres de fils de MM. Sentis Père et Fils offrent par leur grande variété de combinaisons des ressources précieuses aux fabricants d'étoffes de nouveauté.

LACHAPELLE et LEVARLET, à Reims (France). Leur établissement de Reims contient 5,000 broches pour filer la laine peignée et vingt peigneuses Schlumberger. Ils ont en outre une filature de 4,000 broches à Saint-Brice, pour la manipulation des laines cardées. Ils exposaient

trois produits bien distincts dans leur industrie : des laines peignées de diverses provenances et qualités, des filés en laine peignée pour trame, enfin des chaines et demi-chaines du n° 22 au n° 125. Tous ces produits, bons et peu chers, sont surtout appréciés par les fabricants de tissus foulés et ras.

GILBERT et C°, à Reims (France). La maison GILBERT et C° ne travaille qu'à façon, et les fils de laine pour chaines qu'elle exposait justifiaient pleinement sa renommée si répandue en Champagne parmi les producteurs de mérinos ; ils préfèrent la filature de MM. GILBERT et C° à toute autre, fût-ce à un prix supérieur de revient.

HARMEL Frères, au Val-des-Bois, Marne (France). Ces industriels filent à façon. Ils emploient 7,000 broches à la production du *peigné mixte*, dans lequel toute la laine, cœurs et blousses, se trouve mélangée par les machines. Ils ont en outre 5,000 broches pour la filature de la laine cardée. Ils exposaient une collection de fils de laine peignée, cardée (ou mixte), et des fils en laine cardée pour trames, chaines, demi-chaines, chaines en bobines, etc.; le tout aussi varié que parfait.

CH. BELLOT et COLLIÈRES, à Angecourt, Ardennes (France). Ces filateurs à façon possèdent dans leur établissement fondé en 1825, environ 10,000 broches divisées en vingt-cinq assortiments. Les fils cardés exposés par eux sont à la hauteur des meilleurs produits similaires.

F.-G. TRANCHART Fils et Mme Veuve TRANCHART-FROMENT, à la Neuville-lès-Wassigny Ardennes (France). Cette maison possède aussi une filature à la Lobbe (Ardennes). Elle emploie dans ses deux usines une force motrice de 230 chevaux, 30,000 broches, et une peigneuse Schlumberger. C'est peut-être l'établissement le plus considérable de France qui travaille la laine à façon. Son exposition consistait en une série de fils pour trame et pour chaine destinés principalement à la fabrication des mousselines de laine et mérinos.

AUGUSTE TISSERANT, à Cires-lès-Mellot, Oise (France). Même genre d'exposition que la maison Tranchart. Les produits de M. AUGUSTE TISSERANT justifient la bonne réputation de ses deux filatures fondées en 1830, pourvues de machines Schlumberger, et alimentant 8,000 broches.

A. POUYER et QUERTIER Fils, à Fleury-sur-Andelle, Eure (France). Ils travaillent la laine et le coton. Les laines peignées qu'ils exposaient étaient parfaites : leur unique spécimen de calicot tissé à trame sèche les avait déjà fait porter dans la classe précédente pour la médaille de deuxième classe.

ANONYME (France). Une belle collection de fils de laine peignée pour chaine et pour trame, de tissus mérinos et de mousselines de laine, occupait la vitrine de MM. COCQUELET, FOUCAMPREZ et DUBRAY, filateurs à Fourmies (Nord), admis comme exposants et ayant renoncé à leur droit. Elle n'a pas été l'une des moindres curiosités de la grande Exposition de 1855, en ce que, malgré la haute récompense votée par le Jury, personne n'a réclamé la possession de cette remarquable exhibition de l'industrie lainière.

TOWNEND Frères, à Bingley (Royaume-Uni). Leur exposition se divisait en trois séries : 1° des fils mérinos et métis en blanc et en couleur; 2° des fils de poil de chèvre blancs et colorés : 3° des fils alpaga simples et retors, tous bien filés, mais particulièrement les derniers.

SUGDEN et Frères, à Keigleg (Royaume-Uni). Des fils de toute composition, laine, mérinos, métis, laine anglaise, poils de chèvre, alpaga, en simples, doublés en plusieurs bouts et retordus,

blancs et en couleurs, prouvent par leur bon travail l'intelligence de ces producteurs dans ces divers genres de filature.

FR. SCHEPPERS, à Loth en Brabant (Belgique). Il file la laine peignée et cardée, et produit aussi des tissus légers. Ses fils pour la fabrication des draps et flanelles sont nets et réguliers. Les tissus dits Cobourg et Orléans, les lastings tout laine et trame coton exposés par lui, étaient remarquablement fabriqués.

X. CHOFFRAY, BRULS et C°, à Dohlain, Limbourg (Belgique). Leur importante filature manipule fort bien les fils de laine cardée blancs et en couleur, en gras ou dégraissés.

ED. LEIDENFROST, à Brünn (Autriche). Il exposait d'excellents fils de laine cardée de différentes finesses.

H.-F. et E. SOXHLET, à Brünn (Autriche). Même genre de filature que les deux exposants qui précèdent. Les produits de MM. Soxhlet, destinés à la fabrication des étoffes pour gilets et pantalons, ont, outre leur qualité supérieure, l'avantage de briller par le bon goût de leur mélange des couleurs.

KELLER et C°, à Brünn (Autriche). Ces filateurs en laine cardée exposaient des fils en gras et dégraissé « admirés sans réserve par le Jury, » dit le rapport officiel.

FORCHHEIMER Fils, à Karomlenthal près Prague (Autriche). Il file également la laine peignée. Ses trames n° 140, ses demi-chaînes dévidées, ses chaînes doublées avec un bout de soie organsin, étaient d'une grande régularité.

LA SOCIÉTÉ DE LA FILATURE DE VOSLAU (Autriche). Elle exposait une collection assortie de fils de laines peignées pour tissus forts et légers, de fils doublés de 4 à 8 bouts et retordus pour la bonneterie, de fils teints à broder pour passementerie et broderie, parmi lesquels certains sont doublés jusqu'à seize fois. Ce remarquable ensemble de produits démontrait la bonne direction de la Filature de Voslau, qui est appelée à accroître encore son importance déjà si grande.

GODHAIR Frères, à Brünn, et MM. GSHNITZER, à Salsbourg (Autriche). Ces exposants avaient envoyé des fils cardés de bonne qualité.

CH. MOMMER, à Barmen (Prusse). Ses fils à broder, ses fils pour la bonneterie et la tapisserie, doublés et moulinés, étaient d'une exécution parfaite.

BERGMANN et C°, à Berlin (Prusse). Outre des fils du même genre que ceux de M. Ch. Mommer, ils produisent aussi des fils pour la fabrication des châles et des articles de fantaisie. Tous ceux qu'ils présentaient avaient un grand mérite de confection.

G. PASTOR, à Aix-la-Chapelle (Prusse). Les fils cardés blancs de M. Pastor étaient d'une pureté remarquable, ceux de couleur pour gilets d'une solidité extrême.

MM. PASTOR et C°, à Palencia (Espagne). Cette maison file très-bien la laine pour bonneterie et broderie. Médaille de deuxième classe.

SOCIÉTÉ ANONYME DE LA FILATURE DE LAINE PEIGNÉE DE PFAFFENDORF (Saxe). Ses peignés doublés avec un fil de soie et retordus, ses demi-chaînes dévidées, ses fils doublés pour la bonneterie et moulinés en 4 et 8 bouts, faisaient honneur à la fabrication de cette Société. Médaille de deuxième classe.

LA VILLE DE SEDAN (France).

Le créateur de l'industrie drapière en France, l'illustre Colbert, avait donné, dès le dix-septième siècle, une impulsion victorieuse aux manufactures de Sedan, qu'il enveloppait dans son interdit de fabriquer la laine française, afin de les forcer à produire des draps fins, dont la manipulation n'était possible alors qu'avec la toison des mérinos d'Espagne, non encore acclimatés dans notre pays. Depuis Louis XIV, malgré le luxe de la Régence et du règne de Louis XV, donnant la préférence au velours et à la soie; malgré la chute du premier Empire fermant les nombreux débouchés créés par les conquêtes de Napoléon, la fabrique de Sedan a toujours suivi la voie du progrès, elle a toujours mis ses méthodes traditionnelles en harmonie avec les procédés mécaniques se généralisant de jour en jour, tels que la tordeuse de Colher, la machine à filer et à carder la laine de John Cockerill, etc. Mais c'est surtout l'invention de l'article nouveauté par le célèbre Bonjean qui a donné à Sedan une spécialité industrielle, dans laquelle cette ville est restée au premier rang en France et sans rivale à l'étranger.

Aussi, d'après le rapport officiel, le Jury de la XX⁰ classe a-t-il accordé la GRANDE MÉDAILLE D'HONNEUR à la VILLE DE SEDAN « pour la supériorité de ses draps noirs et le bon goût de ses articles de nouveautés. »

LA VILLE D'ELBEUF (France).

Ce qui précède à propos de la ville de Sedan peut s'appliquer aussi à la ville d'Elbeuf. Seulement, ce centre manufacturier ne fut pas enveloppé dans l'interdit de Colbert, ce qui lui permit de travailler plus généralement, c'est-à-dire aussi bien pour les classes élevées que pour les masses, aussi bien avec les produits français pour les draps ordinaires, qu'avec les provenances étrangères pour les tissus fins. Au reste, les laines d'Allemagne, si remarquables de bon marché, ne tardèrent pas à venir en aide à l'insuffisance de la matière première indigène, et Elbeuf en profita pour arriver à sa réputation actuelle, qui, toute immense qu'elle est, grandit encore de jour en jour, grâce à l'habileté remarquable, à l'activité sans égale des maisons de premier ordre pullulant dans ce vaste foyer de fabrication.

Tous les genres de draperie, draps de couleur, draps noirs, nouveautés, étaient représentés d'une manière supérieure par l'exposition de la VILLE D'ELBEUF. Le Jury lui a décerné la GRANDE MÉDAILLE D'HONNEUR.

MM. L. CUNIN-GRIDAINE Père et Fils, à Sedan (France).

M. CUNIN-GRIDAINE père présidait le Jury de la XX⁰ classe. Cette circonstance a nécessité la mise hors concours de sa maison, dont la réputation européenne n'avait plus besoin, au reste, d'être consacrée par des récompenses même les plus élevées. Son exposition résumait pour ainsi dire la fabrique sédanaise arrivée à son degré suprême de perfection, et prouvait que MM. L. CUNIN-GRIDAINE PÈRE ET FILS tiennent toujours le plus haut rang dans l'industrie drapière de France.

M. TH. CHENEVIÈRE, à Elbeuf (France).

On lit dans le rapport officiel : « Cette maison expose une grande variété d'étoffes, toutes de qualités supérieures. Il paraît impossible de pousser plus loin que M. CHENEVIÈRE l'esprit de création. Sous sa main la matière première se transforme, pour ainsi dire, et prend tous les aspects; tout est plein de goût, neuf, et admirable d'exécution. »

Que dire de plus? Par sa position de membre du Jury, M. TH. CHENEVIÈRE était hors de concours.

M. J. RANDOING, à ABBEVILLE (FRANCE).

L'établissement de M. J. RANDOING a été fondé par Louis XIV, à l'instigation de Colbert ; c'est par conséquent l'une des plus anciennes fabriques de France, et la perfection de ses produits suit la progression de cette ancienneté. Ils consistent en draps lisses et croisés, subissant toutes les manipulations préliminaires dans les usines du grand industriel, qui a contribué pour sa large part à la réputation bien acquise d'Abbeville pour la fabrication des draps légers dits zéphirs, des draps fins, des nouveautés, et particulièrement des satins, et qui pourtant n'a pu recevoir aucune récompense, car, membre du Jury, il était également hors de concours.

M. E. DE MONTAGNAC, à SEDAN (FRANCE).

Cet habile manufacturier a donné un démenti éclatant à ce préjugé, que « la laine cardée reste immobile, se considérant comme arrivée à l'apogée du progrès. » Il a inventé le drap velours, dû au battage de l'étoffe mouillée qui, en redressant la laine, produit un tissu rivalisant de souplesse avec le velours ou la soie. Parmi les draps si variés et si parfaits de l'exposition de M. DE MONTAGNAC, se remarquait son nouveau produit sous les formes unies ou façonnées, mais ayant toujours la douceur et l'aspect du plus beau velours. Aussi l'Empereur a-t-il dignement récompensé l'auteur de cette importante création industrielle en le nommant chevalier de la Légion-d'Honneur ; de son côté, le Jury de la XXᵉ classe lui a décerné la MÉDAILLE D'HONNEUR.

M. DUMOR-MASSON, à ELBEUF (FRANCE).

La maison DUMOR-MASSON tient la tête de la manufacture elbeuvienne pour les draps fins et de couleur. Elle est citée comme exemple de régularité constante dans la fabrication, ce qui s'explique par l'excellence de ses produits, dont les prix sont toujours acceptés à l'étranger, même pendant les convulsions du crédit commercial. L'exposition de M. DUMOR-MASSON était admirable et lui a valu la MÉDAILLE D'HONNEUR.

MM. PAUL BACOT ET FILS, à SEDAN ET À PARIS (FRANCE).

« La maison de MM. PAUL BACOT ET FILS est l'une des plus anciennes et les plus considérables de
« Sedan ; elle doit à la beauté de ses draps noirs, dans la fabrication desquels elle concentre tous ses
« moyens d'action, la part très-large qu'elle prend dans la consommation intérieure, et la facilité avec
« laquelle elle soutient au-dehors la concurrence de ses plus redoutables rivaux. Son exposition est digne
« de sa haute réputation, tout y est traité avec un cachet évident de supériorité. »

Tels sont les termes dans lesquels M. Randoing, Député au Corps Législatif, membre et rapporteur du jury de la vingtième classe, signale dans le Rapport officiel la maison de MM. PAUL BACOT ET FILS, à laquelle est décernée la MÉDAILLE DE PREMIÈRE CLASSE.

Certes, il était difficile de faire un plus bel éloge de cette ancienne et honorable maison ; cependant le Rapport a omis de mentionner un des titres de MM. PAUL BACOT ET FILS à l'estime publique, qui est leur sollicitude envers leurs ouvriers et leurs soins incessants pour en augmenter le bien-être. Nous remplirons cette lacune, en indiquant les moyens employés dans cet établissement modèle pour atteindre ce but.

L'origine de l'établissement de Dijonval de MM. PAUL BACOT ET FILS date du milieu du xvıᵉ siècle. Jusqu'alors on avait tenté de fabriquer à Sedan des draps façon de Hollande et d'Espagne, sans obtenir d'autres résultats que de grossières imitations. En 1646, une société de fabricants, dont l'histoire a con-

servé les noms, et parmi lesquels figuraient Abraham Chardron, Nicolas Cadeau, Jean Binet et Jacques de Marseille, fonda, sur un emplacement que le conseil de la ville leur concéda, et avec des matériaux fournis par la commune, l'établissement de Dijonval. Abraham Chardron, envoyé dans les Pays-Bas, explora les manufactures, acheta les machines les plus perfectionnées, enrôla des ouvriers habiles, et ramena une colonie industrielle à Sedan. Le succès fut complet, et le Dijonval prospéra jusqu'au moment où il fut frappé au cœur par la révocation de l'édit de Nantes.

C'est à Sedan que, en 1809, Alexandre Bacot, aïeul des chefs actuels de la maison et son fils Paul Bacot, établirent leur manufacture sous la raison sociale Bacot père et fils.

En 1817 M. Alexandre Bacot se retira, et fut remplacé dans la société par son second fils M. Frédéric Bacot. Cette association entre les deux frères Paul et Frédéric Bacot s'augmenta en 1832 de M. David Bacot, fils de M. Paul Bacot.

En 1835 cette société fut dissoute, et une nouvelle société reformée entre MM. Paul Bacot père et David Bacot fils, sous la raison sociale Paul Bacot et fils ; on y adjoignit, en 1839, M. Paul Bacot fils, frère de M. David Bacot.

En 1846, M. Paul Bacot père se retira des affaires, et les deux frères David et Paul restèrent associés ensemble sous la même raison sociale PAUL BACOT ET FILS.

L'établissement du Dijonval comprend tous les ateliers nécessaires à la fabrication des draps, tels que dégraissage des laines, filatures, dégorgeoirs, fouleries, machines à lainer et à tondre, rames, teintureries, presse et décatissage; les métiers à tisser seuls sont répandus dans les campagnes environnantes.

L'usine occupe quatre cent cinquante ouvriers; au dehors le même nombre est employé au tissage. Au total : *neuf cents ouvriers.*

La force motrice se compose de deux machines ensemble de soixante chevaux de force, indépendamment des chaudières pour chauffage et décatissage.

Le chiffre des affaires annuelles s'élève à 2,500,000 francs.

Les récompenses et les distinctions honorifiques n'ont pas fait défaut à cette grande famille d'industriels, et si l'on fouille ses archives on y trouve entre autres, à la suite de l'Exposition de 1819, la décoration de la Légion-d'Honneur donnée à M. Paul Bacot père, et une médaille d'or décernée à la maison Bacot père et fils.

Aux Expositions de 1823, 1827, 1834, 1844 et 1849, rappel de cette médaille d'or.

En 1849, la croix de la Légion-d'Honneur à M. David Bacot, président de la Chambre consultative de Sedan.

Enfin, en 1851, à l'Exposition universelle de Londres, la *prize medal.*

Mais ces distinctions et ces récompenses honorifiques n'ont pas eu seulement pour cause les progrès apportés dans l'industrie des laines par la famille Bacot.

Les lignes suivantes, extraites de l'*Histoire des Villes de France*, et signées par M. Léon Faucher, le prouveront suffisamment :

« .... Les fabricants ne se contentent pas de veiller à la moralité des ouvriers. Ils s'occupent aussi de leur bien-être. Il y a des villes, dit M. Villermé, où l'on rencontrerait à peine quelques vieillards dans les manufactures ; on trouve qu'il est avantageux de payer plus cher des ouvriers plus jeunes. A Sedan, il n'en est pas ainsi dans plusieurs maisons, et particulièrement chez MM. Bacot : j'y ai vu, avec surprise, de vastes et très-bons ateliers, bien chauffés, tenus avec beaucoup de soin, où il n'y avait guère que des vieillards et des vieilles femmes, occupés à éplucher de la laine ou bien à dévider des fils. Chacun d'eux, commodément assis, annonçait, par la propreté de toute sa personne et par son teint fleuri, une santé et une aisance que l'on trouverait bien rarement dans une réunion de vieilles gens qui ne gagnent pas plus de dix à dix-sept sous par jour. Ils étaient la plupart, il est vrai, plus ou moins secourus par leurs enfants. Il existe, chez le plus grand nombre des fabricants de la ville, un usage très-moral, que l'on doit regretter de ne pas retrouver aussi fréquent, à beaucoup près, dans toutes nos cités manufacturières : c'est l'usage de con-

server à l'ouvrier qui tombe malade son emploi ou son métier pour le temps où il pourra le reprendre. Quand la maladie n'est pas une simple indisposition, celui qui en est atteint ou sa famille présente un remplaçant, que le fabricant admet toujours, lors même qu'il est pris parmi les moins bons sujets de la fabrique. On m'en a montré qui tenaient ainsi la place d'un absent depuis plus de six mois. L'ouvrier malade continue à recevoir son salaire entier, et il paie lui-même son remplaçant, mais de manière à gagner quelque chose sur lui. On concevra maintenant qu'il y ait peu de manufactures dans lesquelles on trouve, proportion gardée, autant d'anciens ouvriers que dans les premières maisons de Sedan. On n'y connaît point le nombre de ceux qu'on emploie sans interruption depuis dix ans, tant il est considérable, et j'en ai vu, dans quelques-unes, qui n'avaient pas cessé d'y travailler depuis plus de vingt ans, et même depuis plus de cinquante ans de père en fils. Les ouvriers savent qu'une fois admis dans ces maisons, il n'y a plus pour eux de chômage, ou qu'il y en a moins que partout ailleurs, et que l'on adoptera également leurs enfants. Ils savent encore que, s'ils tombent malades, ils retrouveront leur emploi lorsqu'ils seront guéris; que, s'ils deviennent vieux ou infirmes, loin qu'on leur refuse tout travail, comme cela se fait dans tant d'endroits, on leur en donnera un proportionné à leurs forces; enfin, qu'ils recevront des maîtres, quand l'âge avancé les rendra incapables de travailler, de généreux et permanents secours. Aussi, dans leur pensée, ce maître est-il très-fréquemment pour eux un protecteur sévère, il est vrai, mais juste; et ils préfèrent être employés chez lui plutôt que dans les autres manufactures. Les fabricants de Sedan se montrent généreux envers leurs ouvriers, ceux-ci le sont à leur tour envers leurs camarades tombés dans le malheur, ou envers les veuves et les enfants en bas âge de ces camarades : des quêtes, auxquelles ils donnent tous, sont faites, chaque semaine, en faveur de ces derniers, dans les manufactures. C'est ainsi qu'ils suppléent aux bienfaits des sociétés de secours mutuels qui n'existent pas à Sedan. »

Il n'y a rien à changer à ce tableau, qui est de la plus entière exactitude. Cependant MM. Paul Bacot et fils, propriétaires du magnifique établissement du Dijonval, ont donné, depuis les observations de M. Villermé, un exemple qui, s'il était généralement suivi, compléterait l'organisation en quelque sorte providentielle de la fabrique de draps à Sedan. Nous voulons parler de la caisse de secours mutuels et de prévoyance fondée en 1842 par ces habiles manufacturiers pour les ouvriers du Dijonval, et qui a déjà commencé à rendre les services que l'on pouvait attendre de cette bienfaisante institution. Au moyen d'une retenue de un pour cent sur les salaires, la caisse fournit aux malades et aux blessés un secours en argent qui représente la moitié de leur salaire; elle fait aussi les frais des soins médicaux, des médicaments et des bains. Une somme de vingt-cinq francs est accordée à la famille de l'ouvrier qui viendrait à mourir, pour subvenir aux dépenses de l'enterrement. Si l'ouvrier laisse des enfants et une veuve, l'allocation peut être portée à cent francs. Tout ouvrier qu'une blessure grave, reçue dans la manufacture, rendrait, à l'avenir, incapable de travailler, doit recevoir une pension annuelle de dix à vingt francs. Après trente ans de service dans la manufacture, l'ouvrier auquel l'âge ou les infirmités ne permettraient pas de pourvoir entièrement à sa subsistance, a droit également à une pension dont la quotité est proportionnée à l'importance du fonds de réserve. Le fonds de réserve est formé par la contribution du manufacturier, qui verse à la caisse de secours une somme égale à la moitié de celle qui provient des cotisations fournies par les ouvriers. Une touchante solidarité s'établit ainsi entre les chefs et les employés de la manufacture, et les invalides du travail voient s'ouvrir devant eux une autre perspective que le dénuement et l'abandon.

La prospérité industrielle de Sedan, déjà favorisée par l'ouverture du canal des Ardennes qui rattache la navigation de la Meuse à celle de l'Aisne, de l'Oise et de la Seine, doit beaucoup gagner à l'établissement des chemins de fer. Le chemin de fer des Ardennes mettra Sedan en communication avec le bassin houiller de Charleroy et donnera à ses manufactures ce qui leur manque, le combustible à bas prix. Ce rail-way réduira encore à une durée de six heures le trajet de Sedan à Paris, à cinq heures le trajet de Sedan à Bruxelles, et à dix heures le trajet de Sedan à Cologne. La manufacture de draps, qui

exige des connaissances si variées et des relations si étendues, verra alors son horizon s'agrandir ; Sedan prendra bien vite les accroissements qui lui ont été jusqu'à présent refusés, et la vallée de la Meuse deviendra encore une fois une grande voie internationale.

Le Jury a décerné à MM. PAUL BACOT ET FILS la MÉDAILLE DE PREMIÈRE CLASSE.

LA MÉDAILLE DE PREMIÈRE CLASSE a été pareillement décernée aux fabricants de draps dont les noms suivent :

MM. BERTÈCHE, BEAUDOUX-CHESNON ET Cᵉ, à Sedan (FRANCE). Ils se distinguent particulière-ment dans la production des étoffes de nouveautés, et ils occupent depuis longtemps le premier rang dans cette spécialité, qu'ils exploitent sur la plus grande échelle.

CH. FLAVIGNY, à Elbeuf (FRANCE). Sa manufacture, de date très-ancienne, excelle dans la production, pour un chiffre important d'affaires, des articles de nouveautés. Il exposait une collection complète et variée d'étoffes pour pantalons et pour manteaux d'hommes et de femmes, parfaites comme goût et comme exécution.

F. CHARY ET J. LAFENDEL, à Elbeuf (FRANCE). Ils ont la même spécialité que MM. P. et D. BACOT, et méritent également des louanges pour leurs produits, qu'ils confectionnent avec d'excellentes matières premières.

M. LEGRIS ET E. BRUYANT, à Elbeuf (FRANCE). Leur importante manufacture a été des pre-mières à fabriquer les étoffes pour paletots, pantalons et gilets. Les spécimens exposés par ces industriels se distinguaient par leur variété et le bon goût de leurs dessins.

D. CHENEVIÈRE ET FILS, à Louviers (FRANCE). Livrés spécialement à la production des étoffes pour pantalons ; ces fabricants sont parvenus à les établir à un bon marché exceptionnel. Les produits similaires des pays où la main-d'œuvre et la matière première sont moins chers qu'en France, ne sauraient pourtant soutenir avantageusement la concurrence contre les draps de MM. D. CHENEVIÈRE ET FILS.

DANNET ET Cᵉ, à Louviers (FRANCE). Leurs articles de nouveautés joignent l'excellent goût à la supériorité de l'exécution.

BORDEREL JEUNE, à Sedan (FRANCE). Il fabrique d'une manière supérieure les draps noirs, unis et façonnés.

CH. VESSERON AINÉ ET JEUNE, à Sedan (FRANCE). Leurs draps et casimirs noirs sont irré-prochables.

LABROSSE FRÈRES, à Sedan (FRANCE). Ils exposaient de beaux tissus façonnés en vigogne et poils d'angora, réunissant tous les soins possibles dans ce genre de fabrication.

BLAMPAIN FRÈRES, à Sedan (FRANCE). Leur manufacture élabore des draps satins noirs, écarlates et blancs, dont les nuances réunissent la pureté à la vivacité.

POITEVIN ET FILS, à Louviers (FRANCE). Les draps lisses et croisés qu'exposaient ces industriels ajoutaient encore à leur renommée, depuis longtemps établie.

MOREL BEER, à Elbeuf (FRANCE). Il réunit à la spécialité de MM. Poitevin et fils celle des étoffes pour paletots et pantalons, et fabrique également bien dans les deux genres.

LAURENT, DEMAR et Cᵉ, à Elbeuf (France). Dans leur exposition se remarquait une pièce mélangée, où se trouvait habilement mis en œuvre le byssus de pinne marine. Ils produisent aussi des étoffes de nouveautés d'un bon goût et d'un fini achevé.

LEFORT et VAUQUELIN, à Elbeuf (France). Même production et même appréciation que ci-dessus.

ED. JOIN-LAMBERT, à Elbeuf (France). Ses étoffes fabriquées à la Jacquart sont recherchées à l'étranger pour la beauté et la variété de leurs dessins.

EDM. BELLEST, à Elbeuf (France). Ses draps noirs et de couleur, ses satins garance, ne laissaient rien à désirer.

CH. FLAMANT et LAVOISY, à Elbeuf (France). Ils produisent spécialement des draps pour les officiers de l'armée, de nuance et d'exécution parfaites.

AD. BEER, à Elbeuf (France). Il exposait des draps satins, des castors et des ouatines d'excellente fabrication.

COSSE et IMHAUS, à Elbeuf (France). Leurs draps légers et tissus pour paletots sont justement renommés.

NORMANT Frères, à Romorantin (France). Une collection d'étoffes de nouveautés et de draps lisses et croisés, exposée par eux, offrait un véritable mérite de confection, surtout lorsqu'on sait que la fabrique de MM. Normant frères n'a pu être établie sur une base aussi large, dans le centre de la France, qu'après de persévérants efforts.

JUHEL-DESMARES, à Vire (France). Sa draperie, obtenue de laines indigènes mises en œuvre avec habileté, peut se livrer pour l'exportation à des prix défiant toute concurrence.

ADRIEN LENORMAND, à Vire (France). Il avait une ample part dans l'éclat inattendu dont brillait l'industrie drapière de Vire à l'Exposition universelle.

J. KUNZER, à Bischwiller (France). La proximité de l'Allemagne permet à cet industriel d'en tirer des laines très-propres à la bonne fabrication des draps légers, noirs et de couleur.

VERNAZOBRES Frères, à Bédarieux (France). En général, l'industrie drapière du midi de la France n'offrait pas de progrès aussi remarquables que celle du Nord ; pourtant le mérite de certains fabricants méridionaux ressortait sur l'ensemble. Parmi eux, on distinguait MM. Vernazobres pour leurs draps dits amazones et leurs draps pour l'exportation, aussi bien nuancés qu'exécutés.

FORTIN BOUTEILLIER et Cᵉ, à Beauvais (France). Ils exposaient des types de leur spécialité de draps feutres d'épaisseurs diverses, parfaitement fabriqués.

ROGER Frères et Cᵉ, à Lastours-Cabardès (France). Ces industriels tenaient le premier rang parmi les manufactures du Midi, grâce à leurs beaux draps noirs, lisses et croisés.

J.-G. DIESTCH et Cᵉ, à Strasbourg (France). Leur établissement a fabriqué le premier, à Strasbourg, des draps légers avec des laines d'Allemagne. Leur exposition en ce genre était aussi variée qu'excellente.

FR. JOURDAIN Fils, à Louviers (France). Des draps lisses de prix divers, des étoffes croisées pour paletots et redingotes, composaient leur très-remarquable exposition.

M. J.-II. OFFERMANN, a BRUNN (AUTRICHE).

La maison OFFERMANN, qui date de 1785, est la plus notable dans l'industrie drapière de l'Allemagne. Elle a toujours obtenu les plus hautes récompenses dans les expositions de ce vaste pays. Son exhibition était à la hauteur de sa réputation. Les draps de couleur teints en laine, les draps noirs, les draps écarlates, les étoffes pour pantalons en fils retors, presque tous les tissus laineux enfin, y brillaient d'une supériorité presque sans rivale, même en France. Il est à regretter que M. CHARLES OFFERMANN, membre du Jury, ait par conséquent mis sa maison hors de concours.

COMPAGNIE POUR LA FABRICATION DES DRAPS, a NAMIEST (AUTRICHE).

Si l'industrie manufacturière de la Moravie tient le premier rang en Autriche, la ville de Namiest est l'un des principaux centres de cette industrie, et la COMPAGNIE POUR LA FABRICATION DES DRAPS l'un des établissements les plus importants de Namiest. Fondée en 1796, malgré des difficultés de tous genres, cette compagnie emploie actuellement plus de douze cents ouvriers. Sa vaste exposition de draps variés et d'étoffes façonnées était d'une perfection qui lui a valu la MÉDAILLE D'HONNEUR.

MM. SCHOELLER FRÈRES, a BRUNN (AUTRICHE).

A la tête des producteurs du premier centre de fabrication drapière du territoire autrichien depuis 1819, MM. SCHŒLLER frères ont fait consacrer par le Jury international leur renommée toujours maintenue. Leurs articles de draperie et de nouveautés, d'un goût exquis, ont obtenu à ces grands industriels la MÉDAILLE D'HONNEUR.

M. SIEGMUND, a REICHEMBERG (AUTRICHE).

Depuis nombre d'années, M. SIEGMUND a conquis dans l'industrie drapière la position la plus élevée. Son exposition résumait tous les genres de tissus pour hommes, et se faisait remarquer par la régularité extrême de sa fabrication. Elle lui a mérité la MÉDAILLE D'HONNEUR.

D'autres fabricants de Brünn (AUTRICHE), dont les noms suivent, ont reçu la MÉDAILLE DE PREMIÈRE CLASSE.

MM. LE PETIT-FILS DE M. L. AUSPITZ. Son vaste établissement réunit toutes les branches de fabrication. Ses produits exposés étaient vraiment supérieurs, principalement ses satins noirs.

AUG-SCHOLL. Ses draps, ses étoffes dites nouveautés, etc., se distinguaient par le fini et le bon goût, particulièrement une pièce de drap de couleur.

SKENE ET Cᵉ. Leur spécialité de draps pour l'armée est très-importante, à cause de la solidité des produits.

TH. BAUER ET Cᵉ. Leurs étoffes et draps de Perse , quoique de qualité courante, étaient très-bien fabriqués.

POPPER FRÈRES. Les satins et draps croisés, les étoffes pour paletots, exposés par eux, étaient parfaitement fabriqués.

STRAKOSCH Frères. La bonne qualité et le bon goût distinguaient leurs étoffes pour pantalons et paletots.

CH. MEYER. Sa spécialité consiste en étoffes écossaises noires et blanches, parfaitement fabriquées.

Les manufacturiers autrichiens suivants ont également obtenu la Médaille de première classe.

MM. MORO Frères, à Klagenfurth. Leurs draps destinés aux officiers de l'armée présentaient une variété et une richesse de nuances égales à leur beauté de fabrication.

DEMUTH Frères, à Reichemberg. Ils exposaient de très-beaux draps noirs légers.

F. ROSSI, à Schio (Lombardie). Ses tissus nouveautés étaient bien conditionnés.

M. J.-L. BIEDERMANN et Cᵉ, à Teltsch. Cette maison fabrique des draps et d'autres tissus de laine de belle qualité.

MM. L. SCHOELLER et Fils, a Duren (Prusse).

L'institution du Zollverein, en confondant dans une unité d'intérêts communs près de vingt millions d'Allemands avec les treize millions d'habitants de la Prusse, a créé à ce pays de grands débouchés commerciaux. C'est particulièrement la production des laines et de la draperie qu'a favorisée l'institution précitée. La draperie surtout est devenue pour la monarchie prussienne une industrie nationale de premier ordre, et qui marche, s'il faut en juger par l'ensemble de son exposition, presque de pair avec l'industrie drapière de la France. MM. L. Schoeller et fils, qui dirigent à Duren une manufacture au renom européen, appuyaient pour leur compte l'assertion précédente par la magnificence de leurs nombreux produits, excellents comme fabrication et comme apprêts. Entre autres, une pièce de drap velours, dit peau de taupe, n'aurait pu être mieux exécutée nulle part. Le Jury a décerné à MM. L. Schoeller et fils la Médaille d'honneur.

M. W.-A. JOHANNY-ABHÖE', a Huckeswagen (Prusse).

M. Johanny-Abhoe jouit aussi d'une réputation européenne pour l'admirable fabrication de sa draperie. Sa superbe exposition contenait des croisés noirs et des draps à double face de toute beauté. Sa maison, d'ancienne fondation, produit dans de très-larges proportions. Médaille d'honneur.

M. J.-A. BISCHOFF, a Aix-la-Chapelle (Prusse).

L'article satin n'a probablement pas de représentant plus important et plus distingué que M. J.-A. Bischoff. Il fabrique aussi des draps, et dans les deux spécialités ses produits entrent en première ligne, non-seulement sur tous les marchés d'Europe, mais encore sur ceux de l'Amérique du Nord. Les satins noirs et les draps assortis soumis au concours par cet habile industriel étaient en tous points dignes de la Médaille d'honneur.

Le Jury a accordé la Médaille de première classe aux manufacturiers d'Aix-la-Chapelle (Prusse) dont les noms suivent :

MM. G. KUETGENS et Fils. Leur fabrique, ancienne et toujours en progrès, élabore un grand assortiment d'étoffes variées, bonnes et d'excellent goût.

CH. NELLESSEN. Il occupe quinze cents ouvriers et produit d'une façon supérieure presque toutes les variétés de draps noirs.

THYWISSEN Frères. Leur exposition consistait en beaux draps noirs et croisés.

J. HEUSCH. Ses satins croisés étaient cotés à bon marché.

AL. KNOPS. Il exposait des draps lisses et croisés fort bien fabriqués.

J.-FR. LOCHNER. Ses draps lisses noirs étaient parfaitement exécutés.

WAGNER et Fils. Ils fabriquent avec perfection les satins noirs.

MALLINCKRODT et Cᵉ. L'apprêt de ses beaux satins méritait particulièrement d'être loué.

J. H. KESSELKAUL. Cet industriel réunit la fabrication des draps à celle des satins ; il excelle dans les deux spécialités.

La MÉDAILLE DE PREMIÈRE CLASSE a été pareillement décernée pour l'industrie des draps aux exposants de la Prusse dont les noms suivent :

MM. J.-P. SCHOELLER, à Duren. On remarquait ses draps fins très-bien faits, ses excellentes étoffes façonnées, et particulièrement sa pièce de velours de laine, digne d'entrer en concurrence avec le velours de soie.

BUSSE Frères, à Potsdam. Leurs draps corsés de couleur sont avantageux comme solidité et comme prix.

GOETZ et JAHN, à Neudamm. Même appréciation.

FR.-A. BORMANN, à Goldberg. Sa draperie ordinaire est bien conditionnée et à bas prix.

MARTINIG et PAUL, à Sommerfeld. Même appréciation.

FR. HENDRICHS, à Eupen. Ses satins noirs étaient parfaits.

FEULGEN Frères, à Werdens-Ruhr. Il fabrique avec soin les draps noirs de qualité fine.

J.-W. BOLTEN et Fils, à Ketwig. Les étoffes pour paletots et les satins exposés par eux unissaient la bonne qualité à la modération du prix.

HILGER Frères, à Lennep. Leur draperie et leurs étoffes noires et de couleur pour paletots étaient fort bien confectionnées.

J.-G. JANSEN, à Montjoie. Même appréciation.

D. et A. HUECK, à Herdeche-sur-Ruhr. Ils exposaient des draps de couleur parfaitement fabriqués.

ZAMBONA Frères, à Borcette. Des jacquart et une collection d'étoffes pour pantalons composaient leur exposition.

J.-M. MULLER Junior, à Montjoie. Mêmes renseignements.

L.-F. HAAS et Fils, à Borcette. Leurs draps satins blancs et leurs étoffes se distinguaient par la beauté de la fabrication.

ERKENS Fils, à Borcette. Des draps noirs et de couleur exposés par eux étaient d'une beauté réelle d'exécution.

SCHURMANN **et** SCHROEDER, à Lennep. Même appréciation.

W. PRINZEN, à Gladbach. Sa spécialité consiste dans les étoffes mélangées : il en offre des types remarquables appelés buckens et cassimettes.

LA VILLE DE VERVIERS (Belgique).

La Belgique, démembrement des anciennes Flandres, où l'industrie drapière prit naissance dans la ville de Bruges, est encore à la hauteur de sa vieille réputation. Ses manufacturiers se sont transmis pour ainsi dire de génération en génération les éléments du progrès et du bon marché dans la draperie, dont le principal centre, après avoir été successivement à Malines et à Louvain, est maintenant à Verviers. On peut se faire une idée de l'importance industrielle de Verviers pour les draps, en sachant que cette ville et ses environs contiennent 132 fabriques, comprenant 400 assortiments et produisant 200,000 pièces qui représentent une valeur d'environ 40 millions de francs. La Hollande, la Suisse, l'Italie, la Turquie et les Etats-Unis consomment à peu près le tiers de cette vaste production. La France ne sert guère que de pays de transit aux draps belges. L'Angleterre leur offre non-seulement le transit, mais en alimente aussi ses marchés. La perfection et le prix avantageux des produits de la Ville de Verviers lui ont valu de la part du Jury la Grande médaille d'honneur.

M. GR.-J. LAOUREUX, a Verviers (Belgique).

M. Laoureux, s'il n'eût été membre du Jury, aurait très-probablement obtenu la plus haute récompense pour l'importance de sa production, qui emploie une force motrice de 120 chevaux, et la perfection des draps, des satins, des casimirs noirs, des tissus qu'il exposait : c'était des étoffes à pantalons, depuis 9 fr. jusqu'à 19 fr. le mètre, tous articles destinés à l'exportation, et qui, sur les marchés américains, narguent la concurrence acharnée qu'on cherche à leur faire.

Les industriels de Verviers dont les noms suivent ont reçu la Médaille de première classe :

MM. F. BIOLLEY **et** Fils. Leur maison, fondée en 1725, occupe treize cent cinquante ouvriers, et produit pour plus de deux cents millions et demi de draps et d'étoffes légères en laine foulée qui jouissent d'une réputation universelle pour leur prix modéré et leur bonne exécution.

IWAN-SIMONIS. Mêmes produits que MM. Biolley et fils ; même appréciation. La maison Iwan-Simonis est la première manufacture belge qui ait lutté avec avantage contre l'exportation anglaise sur les marchés de l'Amérique du Nord.

CH. WEBER **et** C°. Ils ont aussi une maison à Dison. Leur double exposition pour cette ville et pour Verviers consistait en draps et en étoffes remarquables par leur bas prix et par leur bonne fabrication.

V. DORET. Ses draps fins, fort estimés dans le Levant, étaient réellement supérieurs.

F. SIRTAINE. Il exposait des draps légers à 7 et 8 fr. le mètre, bien conditionnés et destinés à l'exportation.

GÉRARD DUBOIS **et** C°. Leurs bons satins et étoffes sont exportés avec un grand succès.

M. F.-J. BLEYFUESZ, à Dison (Belgique), a reçu pour l'excellente confection et le bas prix de ses draps ordinaires la Médaille de première classe.

MM. PAWSON Fils et MARTIN, a Leeds (Royaume-Uni).

L'une des expositions particulières pouvant donner une juste idée de cette production drapière anglaise qui fournit à tous les besoins du Royaume-Uni et de ses innombrables colonies, était celle de MM. Pawson et Martin. Malheureusement l'industrie drapière de l'Angleterre n'avait pas jugé à propos de multiplier les preuves de la fécondité et de la puissance qui la mettent à la tête de l'Europe: MM. Pawson fils et Martin n'avaient qu'un très-petit nombre de concurrents. Leur assortiment de draperies, où l'on remarquait surtout une pièce couleur olive et une pièce tête de nègre, leur assignait au reste la plus haute place parmi les fabricants de draps et de nouveautés; aussi le Jury leur a-t-il voté la Médaille d'honneur.

La Médaille de première classe a été décernée à :

MM. J. et T.-C. WRIGLEY et Cᵉ, à Hudersfield (Royaume-Uni). Deux pièces d'étoffe dite *buffalo* brillaient surtout dans leur magnifique exhibition de draperies et de tissus façonnés pour pantalons.

HARGEAVE et NUSSEYS, à Leeds (Royaume-Uni). Des draps superfins et des étoffes à double face assignaient un rang très-distingué à ces industriels.

J. et CLARK, à Trowbridge (Royaume-Uni). Ils soumettaient au concours des satins noirs teints en laine aussi bien apprêtés que bien exécutés.

F.-G. HERMANN et Fils, à Bischofswerda (Saxe). Ils exposaient des draps fins très-avantageux comme prix, vu leur excellente qualité. Leur maison est l'une des plus importantes de la Saxe, et fabrique surtout pour l'exportation.

ZSCHILLE Frères, à Grossenhayn (Saxe). Leurs draps étaient beaux, bien faits, et très-bon marché.

F. ZSCHILLE et Cᵉ, à Grossenhayn (Saxe). Les étoffes à pantalons et à paletots exposées par eux méritaient d'être citées pour leur parfaite exécution, malgré leur bas prix.

SCHILL et WAGNER, à Calw, et M. J.-G. FINCKH, à Reutlingen (Wurtemberg). Les premiers pour les étoffes en fils retors, le second pour les draps de couleur, soutenaient la réputation datant déjà de trois siècles du Wurtemberg dans l'industrie des tissus de laines ordinaires et de moyenne qualité.

BARRAN Y VOLTA, à Sabadel, GALIE et Cᵉ, et AMAT-FRIAS et VIETA, à Tarrasa (Espagne). Ces trois maisons représentent parfaitement le point où en est la nation espagnole dans cette industrie, qu'elle a pratiquée peut-être des premières en Europe, ayant sous la main la plus précieuse des laines, la toison des mérinos, mais qu'elle a laissé péricliter depuis l'expulsion des Maures et la découverte de l'Amérique. Quoi qu'il en soit, les étoffes pour paletots et les velours de laine de M. Barran y Volta étaient bien fabriqués, et les draperies fines des deux autres manufactures d'une exécution très-soignée.

LARCHER et Beaux-frères, à Portalegre, et MM. CORREA Frères, à Covilha (Portugal). Leurs deux expositions prouvaient la marche ascendante de l'industrie drapière portugaise, dégagée de l'influence commerciale de l'Angleterre. MM. Larcher possèdent la manufacture royale, fondée par un Français, leur ancêtre, sous le ministère du célèbre marquis de Pombal;

ils y exécutent d'excellents draps de troupe. MM. Conrea élaborent de bonnes draperies ordinaires.

LA COMPAGNIE DE LA FABRIQUE DE SMEDJEHOLMEN, à Norrkoping (Suède). Elle fabrique des draps noirs d'une supériorité incontestable, et tient le premier rang dans la ville, que
sa position sur une rivière à chutes fréquentes rend la plus propre à la manipulation de la draperie. Malgré l'acclimatation du mérinos opérée en Suède depuis au moins un siècle et demi,
l'industrie des laines ne compte dans ce pays que des progrès récents, dus à la levée de la prohibition sur les matières premières et tissus étrangers, mesure qui a heureusement stimulé les
manufacturiers indigènes par la nécessité de lutter avec la concurrence.

GODCHAUX Frères, à Schleifmuth (Luxembourg). Ils exposaient des étoffes pour pantalons très-
distinguées.

J.-J. KRANTZ et Fils, à Leiden (Pays-Bas). Les draps et les tricots de ces fabricants donnaient
de légitimes espérances pour l'avenir de leur industrie en Hollande.

LA VILLE DE REIMS (France).

Les tissus de laine lisses, croisés, non foulés ou légèrement foulés, constituent une importante
branche d'industrie où la France excelle entre toutes les nations. C'est principalement à la ville de Reims
qu'elle doit cette suprématie incontestable. Parmi les nombreux produits de la fabrique rémoise se
distingue aussi au premier rang le tissu mérinos, qu'elle a créé en 1801, et qui, malgré la concurrence
redoutable d'articles nouveaux, obtient toujours une préférence marquée dans la consommation indigène
et étrangère.

L'exposition de Reims présentait des types, dans toutes les qualités et largeurs, de mérinos aux
chaînes fines, simples, en comptes très-serrés, prouvant l'habileté sans rivale des tisseurs champenois.
Elle comprenait en outre des flanelles de santé en tous genres, des tissus lisses et croisés, des napo-
litaines pour robes et châles, des châles casimir, des flanelles unies, mélangées et à carreaux pour robes
et manteaux, des tartanelles en laine pure et sur chaîne-coton; des circassiennes, des draps légers dits
sultanes, des étoffes pour gilets, des draps pour pantalons, des châles tartans, des châles écossais
luttant de finesse avec ceux d'Écosse, de Belgique et d'Allemagne; des châles barèges, des voiles et lu-
rats pour religieuses tissés à la main, etc. Ces étoffes si diverses étaient au-dessus de toute louange.

Mais c'est surtout le commerce des tissus non foulés et légèrement foulés de Reims qui vivifie ce
grand centre industriel où s'opère la vente en écru de tous les mérinos des environs, du département
des Ardennes et d'une partie du département de l'Aisne. Là le tissage mécanique, d'une application difficile à la laine cardée sur chaîne simple, a su conquérir un succès complet, et se trouvait déjà employé
dans six établissements à l'époque de l'Exposition universelle. La supériorité de la filature des mérinos
et des tissus légèrement foulés de la Ville de Reims lui a valu la Grande médaille d'honneur.

MM. PATURLE-LUPIN, SEYDOUX, SIEBER et Cⁱᵉ, a Paris (France).

La maison Paturle-Lupin, Seydoux, Sieber et Cⁱᵉ, dont l'usine est au Câteau-Cambrésis, est une
des plus considérables et des plus estimées de l'Europe pour la loyauté de ses transactions, la qualité
toujours supérieure de ses produits et l'étendue de ses affaires.

Elle exposait des peignés et des fils d'une perfection d'exécution rare, puis des tissus de différents
genres, parmi lesquels des mérinos, mousselines-laines, barèges, bombasins, draps d'été, cachemires
d'Écosse, présentant des qualités tout à fait exceptionnelles.

Nous ne pouvons mieux faire, pour donner une juste idée de la puissance commerciale de MM. Paterle-Lupin, Seydoux, Sieber et Cᵉ, que d'emprunter au Rapport officiel l'article dans lequel M. de
Brunet, rapporteur de la XXᵉ classe, rend compte de leur exposition :

« Cette maison, la plus importante de la France dans l'industrie des tissus, est sans rivale à l'étranger
« dans son genre de production. Elle est universellement connue pour la perfection de ses produits et
« la loyauté de ses transactions. Son exposition réalise tout ce qu'on pouvait attendre de sa haute re-
« nommée.

« Ses peignés et ses fils sont magnifiques. On admire dans son étalage des fils pour chaîne d'une
« parfaite régularité, qui vont jusqu'à cent quarante mille mètres au kil., et des trames qui atteignent
« l'extrême finesse de deux cent cinquante-quatre mille mètres, et auxquelles on ne peut rien re-
« procher.

« Tous les tissus que MM. Paterle-Lupin, Seydoux, Sieber et Cᵉ, soumettent au concours, tels que
« mérinos, mousselines de laines, barèges, bombasins, draps d'été, cachemires d'Écosse, sont d'une ré-
« gularité remarquable, et présentent des réductions extraordinaires.

« On doit citer des mérinos de 44 croisures, des draps d'été de 45, des cachemires d'Écosse de 48,
« des barèges qui ont 26 dentés au quart de pouce, et des mousselines-laines qui en ont jusqu'à 68.

« Toutes ces étoffes sont d'une fabrication irréprochable, et on peut dire que tous les produits de cette
« importante manufacture sont exceptionnels sous tous les rapports.

« Le chiffre d'affaires de la maison Paterle-Lupin, Seydoux, Sieber et Cᵉ est considérable : son tis-
« sage absorbe les produits de 36,000 broches. Elle occupe, pour la préparation des matières et la
« filature, seize cents ouvriers environ dans son établissement de Câteau-Cambrésis, et huit mille au-
« dehors pour le tissage.

« Nous sommes heureux de pouvoir affirmer, en terminant, que les besoins moraux et matériels de
« cette importante population ouvrière ont toujours été l'objet de la sollicitude éclairée des honorables
« manufacturiers qui l'occupent. »

Nous ajouterons que depuis la fondation de l'établissement de Câteau-Cambrésis, en 1818, à toutes
les expositions où elle a présenté ses produits, la maison Paterle-Lupin, Seydoux, Sieber et Cᵉ a obtenu des récompenses de premier ordre.

Son fondateur, M. Paterle-Lupin, que la mort vient d'enlever au respect et à la vénération de tous,
a porté le titre de pair de France, et était depuis quinze ans officier de la Légion d'Honneur. M. Aug.
Seydoux et M. Sieber sont tous deux chevaliers de la Légion-d'Honneur.

Le Jury a décerné à ces grands et honorables industriels la Grande médaille d'honneur.

MM. CROUTELLE, ROGELET, GAND ET GRANDJEAN, à Reims (France.)

Le tissage mécanique des tissus légers en pure laine sur chaînes simples est dû aux efforts persévérants de M. Croutelle, secondé dans cette tâche ardue par M. H. Gand, directeur de sa fabrique. Depuis leurs premiers essais, datant de 1838, ces deux infatigables chercheurs ont toujours avancé dans la
voie du progrès, et maintenant ils peuvent se croire arrivés à la perfection. 200 métiers mécaniques
fonctionnent chez MM. Croutelle, Rogelet, Gand et Grandjean pour les flanelles de santé croisées ou
lisses depuis 1 fr. le mètre, jusqu'aux mousselines flanelles les plus belles, dont ils exposaient un
superbe assortiment. L'étranger n'a rien de pareil à ces produits dans les qualités fines.

Les spécimens de châles mérinos écrus de toute largeur, exposés aussi par la maison Croutelle et Cᵉ,
justifiaient pleinement sa renommée dans cette spécialité, qu'elle exploite pareillement sur une grande
échelle. Elle fait annuellement pour deux millions et demi d'affaires en tissus, et pour un million de francs
en fils cardés d'un mérite exceptionnel. Sa filature de Pongicourt renferme tout ce que la philanthropie
peut rêver de bien être pour l'ouvrier et sa famille.

L'Empereur a récompensé dignement l'introducteur du tissage mécanique en France; il a nommé M. Crouttelle chevalier de la Légion-d'Honneur. De son côté, le Jury a décerné à la maison qu'il dirige la Médaille d'honneur.

Les fabricants de Reims (France) dont les noms suivent ont reçu la Médaille de première classe.

MM. BENOIST-MALOT et WALBAUM. Ils filent et teignent les matières premières dont ils fabriquent leurs tissus en peigné et en cardé, pure laine et chaîne coton. Leur exposition consistait principalement en mérinos écossais sur chaînes simples des plus variés, et en châles écossais longs et carrés d'une confection irréprochable. La spécialité de ces industriels est dans les étoffes de grande consommation ; leur importante manufacture les établit dans des conditions de bon goût et de bon marché qui défient toute concurrence.

DAUPHINOT-PÉRARD. Le plus ancien des fabricants de mérinos fins pour châles en cinq quarts et grande largeur, il soutient toujours sa réputation depuis longtemps établie, comme le prouvaient les pièces prises dans ses assortiments ordinaires qu'il soumettait à l'Exposition. Il a contribué largement par ses produits, fort recherchés dans le commerce, à mettre le marché de Reims au-dessus des autres pour les mérinos fins.

HENRIOT Frères et Cᵉ. Leur manufacture contient une filature de laine cardée dont ils emploient tous les fils. Cinq cents ouvriers travaillent chez MM. Henriot, où on les traite d'une façon paternelle. Leurs fils cardés, flanelles de santé, flanelles pour manteaux, mérinos simples ou doubles, valencias et tissus laine et soie, avaient un cachet particulier de beauté.

MACHET-MAROTTE et PAROISSIEN. Ils produisent à bon marché des châles longs écossais, genre de Paisley, qui méritent surtout d'être signalés. Leurs tartanelles fines, flanelles à manteaux mérinos écossais et châ'ces à double face, brillaient aussi parmi leurs beaux tissus pure laine.

CAILLET-FRANGVILLE. Sa spécialité, justement appréciée pour l'exportation, consiste dans les bonnes sortes de mérinos en comptes de chaînes serrées. Il en exposait de 14 à 18 croisures en 5;4, et d'autres de 7/4 et 8/4, tous vraiment parfaits.

LELARGE AUGER et Cᵉ. Leur collection assortie de flanelles de santé pure laine, lisses et croisées, de toutes qualités et de tous prix, était digne de leur honorable maison, fondée jadis par MM. Andrès père et fils.

La Médaille de première classe a également été décernée aux exposants de tissus légers dont les noms suivent :

MM. THÉOPHILE LEGRAND et Fils, à Paris (France). Leur filature de Fourmies (Nord) a une grande importance; ils réunissent aussi le peignage mécanique à la fabrication de mérinos très-bien conditionnés.

CH. CLÉREMBAULT et LECOMTE, à Alençon (France). Ils exposaient des mousselines-laines, popelines unies, cachemiriennes et autres tissus pour lesquels leur fabrique jouit d'une excellente réputation.

E. FOURNIVAL, à Rethel (France). Principal filateur de laines peignées de Rhetel, il en est aussi le premier fabricant de mérinos.

POULAIN Frères et Cᵉ, à Bettry (Nord) (France). Leurs mérinos écrus, mousselines de laine et châles de barèges pure laine, étaient de bonne fabrication. Ils produisent aussi des pièces extra-fines de prix élevés.

MM. F.-G. LEHMANN, à Boehringen (Saxe-Royale). Des étoffes de laine pour robe, des draps zéphirs, des moletons fins, et un assortiment de flanelles de santé à carreaux de couleur, remarquables par leur bas prix et leur qualité, composaient la belle exposition de M. F.-G. Lehmann.

RICHARD LOESCH, à Chemnitz (Saxe Royale). Il fabrique avec de belles matières et livre à très-bon marché ses mérinos écossais si variés ; son exportation est considérable.

KRATZ et BURCK, à Glauchau (Saxe-Royale). Le bon goût et la perfection sont les caractères distinctifs de leurs mérinos écossais pure laine et avec filets de soie; il en est de même de leurs mousselines de laine à double face, produites par deux chaînes découpées.

BRODBECK et Cie, à Richenberg (Saxe). Ils exposaient des châles satin pure laine damassés qu'ils fabriquent spécialement, et des satins de Chine pour robes, le tout avantageux comme prix et comme confection.

MORAND et Cie, à Géra (Principauté de Reuss). Les satins de Chine, cachemires d'Écosse unis, satins doublés et reps forts pour hommes, alépines et mousselines de laine, exposés par eux, justifiaient leur haute renommée pour la grande fabrication des tissus divers en laine peignée.

SUSSMANN et WIESENTHAL, à Berlin (Prusse). Leur importante production était représentée par des châles dits tartans en pure laine cardée, des châles damassés et des châles long tissu satinés excellents et à des prix modiques.

JOHN MORGAN et Co. à Paisley (Royaume-Uni). On remarquait, entre tous les produits similaires, leurs nombreux châles écossais pure laine, dont les qualités fines surtout méritent un rappel spécial, à cause du bel effet de leurs nuances et de leur grande variété de dispositions. C'était un témoignage d'une fabrication vraiment exceptionnelle.

KERR et SCOTT, de Londres et de Paisley (Royaume-Uni). Leur fabrique de Paisley avait envoyé à l'Exposition des châles longs et carrés écossais, des tartanelles écossaises pure laine, ainsi que des étoffes écossaises trame bourre de soie sur chaînes de coton : ces articles étaient très-soignés.

KELSALL et DARTLEMORE, à Rochedale (Royaume-Uni). Une grande collection de flanelles de santé en filatures rondes établissait l'importance de leur production et l'excessif bon marché de leurs tissus.

LAIRD et THOMSON, à Glasgow (Royaume-Uni). Les tartanelles chaîne coton de deux qualités, les tartanelles pure laine, et la toile de laine chaîne coton à carreaux, exposées par eux, étaient bien fabriquées et heureusement variées.

M. ET.-A. ALBINET, à Paris (France).

Ce fabricant tient depuis longtemps à Paris la tête de son industrie. Les récompenses élevées obtenues par lui aux Expositions précédentes en sont la preuve.

Il exposait des couvertures de laine et de coton. Ces dernières, examinées par le Jury de la XIXe classe, lui ont mérité une approbation exprimée dans des termes presque identiques à ceux du rapport du Jury de la XXe classe. Nous ne citerons donc que ce dernier.

« M. Albinet fils, à Paris. Ce fabricant soutient la juste réputation qu'il s'est faite spécialement pour les couvertures de luxe; la beauté des matières qu'il emploie, la blancheur qu'il sait donner à ses produits, le goût qui préside à leur fabrication, lui ont mérité l'approbation du Jury. »

Ce rapport si honorable pourrait faire supposer que M. ALBINET se livre exclusivement à la fabrication des couvertures de luxe. Mais il fabrique aussi sur une très-grande échelle des couvertures de toutes qualités, suivant l'usage auquel elles sont destinées ; il passe journellement des marchés avec les administrations publiques et des particuliers pour des fournitures considérables. Son exposition dans la XXXIe classe, *Produits de l'économie domestique*, qui lui a également valu une récompense, le démontre suffisamment.

M. ALBINET est breveté pour un procédé de fabrication consistant à blanchir la matière première avant le tissage; il arrive par là à produire de belles et bonnes couvertures avec de la matière relativement inférieure. Le blanchiment ayant lieu avant le tissage, la chaîne du tissu n'est pas exposée à l'action du chlore et conserve toute sa solidité.

Le Jury a décerné à M. E.-A. ALBINET la MÉDAILLE DE PREMIÈRE CLASSE.

Ont également reçu la MÉDAILLE DE PREMIÈRE CLASSE pour leurs progrès dans l'industrie des couvertures :

MM. E. BUFFAULT, à Paris (FRANCE). Sa fabrique d'Essonnes (Seine-et-Oise), appartenant jadis à M. Bacot, a été fondée il y a près d'un siècle. Grâce à M. BUFFAULT, elle emploie maintenant deux cents ouvriers, fait 550,000 fr. d'affaires par an, vend ses excellents produits à l'intérieur et à l'extérieur, entreprend enfin les fournitures pour l'armée que lui permet son important matériel.

HAGUES, COOK et WORMALD, à Dewbury (ROYAUME UNI). Leur maison occupe le premier rang pour l'exportation, ce qui s'explique aisément en voyant la beauté de la matière, la régularité de la filature et du tissage de leurs couvertures en tous genres, toutes d'un prix avantageux.

DE KEYSER, à Bruxelles (BELGIQUE). Même genre d'exposition et même appréciation. M. DE KEYSER fabrique aussi des couvertures pour chevaux, variées et de bon goût, à prix modiques.

ZOPPRITZ Frères, à Heidenheim (WURTEMBERG). Dans leur branche d'industrie ils ont un des établissements les plus considérables; il compte 3,200 broches de filature, et emploie de quatre cents à cinq cents ouvriers; leurs couvertures, de qualités diverses, mais toutes à un bon marché relatif, trouvent en partie leur écoulement dans l'Amérique du Sud.

M. LEFEBVRE-GARRIEL, à Elbeuf (FRANCE). Il exposait un genre d'étoffe destinée à remplacer le cuir pour couvrir les cardes de laine et de coton. Cette espèce de feutre, tissé à la mécanique, semble appelé à un grand avenir. MÉDAILLE DE DEUXIÈME CLASSE.

M. G.-L. WEIDENMANN, à Heidenheim (WURTEMBERG). Ses manchons de feutre pour la fabrication du papier, grâce à son procédé nouveau, peuvent être faits dans toutes les largeurs et longueurs demandées. MÉDAILLE DE DEUXIÈME CLASSE.

M. MOYSE-BEN-ABRAHAM-TABET, à Alger (FRANCE). Une remarquable tente arabe en poil de chameau lui a valu la MÉDAILLE DE DEUXIÈME CLASSE.

FABRIQUE DE GAZES, TISSUS ET NOUVEAUTÉS DE PARIS (FRANCE).

Si une forme industrielle pouvait représenter l'esprit d'un peuple, il faudrait choisir la fabrique dite de Paris pour personnifier cet esprit français aux fantaisies élégantes et légères, aux créations novatrices et changeantes, au pouvoir absolu dans l'empire quasi universel de la mode.

En effet, tous les centres manufacturiers, dès qu'il s'agit de nouveautés, procèdent par échantillons préparés d'après les indications du grand commerce parisien, et ne les lancent dans la grande production qu'après avoir reçu l'approbation de la capitale.

Mais au prix de combien d'essais, d'efforts, de travaux, d'argent, d'intelligence, presque de génie, la fabrique de tissus-nouveautés de Paris donne-t-elle cette suprême impulsion au monde industriel ! A quel prix la conserve-t-elle, malgré les tentatives de concurrence de ses nombreuses rivales placées souvent dans de meilleures conditions matérielles qu'elle-même ! Il lui faut créer chaque saison des compositions de tissage et de dispositions, des effets d'impression et de chinage toujours attrayants : il lui faut envoyer à ses auxiliaires ruraux de la Picardie et de l'Artois non-seulement ces modèles d'articles et les matières premières toutes teintes, mais le détail de l'affectation spéciale de ces matières : car de l'emploi de telle ou telle nuance dépend le succès ou la non réussite, c'est-à-dire le gain si le produit est bon, la perte sans palliatif s'il laisse à désirer.

Le Jury a pris en considération la marche toujours progressive de la ville de Paris dans la fabrication des tissus légers en gaze de soie, en laine mélangée de soie, de fantaisie et de coton ; il a constaté de plus que cette importante industrie a, dans le Nord de la France, des ramifications qui procurent le bien-être à des milliers d'habitants des campagnes, sans les détourner des travaux des champs, et il a décerné à la CHAMBRE DE COMMERCE DE PARIS, pour sa fabrique de nouveautés, la GRANDE MÉDAILLE D'HONNEUR.

M. F.-B. HUVET-BEAUVAIS, A PARIS ET A BOHAIN, AISNE (FRANCE).
MM. WATEAU ET MOTELEY, Successeurs.

« La fabrique dite de Paris, » lit-on dans le Rapport officiel, « pour ses tissus légers en gaze de soie, en laine mélangée de soie, de fantaisie et même de coton, est sans égale dans le monde entier, sous le rapport du goût et de la variété infinie des articles nouveaux qu'elle crée chaque année, ou plutôt chaque saison; car, deux fois par an, la consommation intérieure et celle du dehors viennent lui demander de nouvelles combinaisons de tissage et de dispositions, de nouveaux effets d'impression et de chinage qu'elles sont certaines de rencontrer. La nouveauté, c'est sa condition d'existence ! sans cela elle serait bientôt distancée par de très-nombreux rivaux qui, souvent placés dans de meilleures conditions de production, ne manqueraient pas de lui faire une redoutable concurrence.

Si la tête de cette grande industrie est à Paris, les bras s'étendent dans une foule de petites localités qui composent les arrondissements de Saint-Quentin, de Vervins, etc.

C'est à Bohain, arrondissement de Saint-Quentin, que nous trouvons la manufacture de M. HUVET-BEAUVAIS. Les nouveautés pour robes et châles, les gazes, les mousselines de Chine y sont traitées avec un soin tout particulier. Le Jury international s'est plu à le reconnaître, en signalant comme « bonne fabrication » les objets présentés par M. HUVET-BEAUVAIS. On remarquait en outre dans sa vitrine des tissus à l'usage des populations arabes, qui provoquent dans cette maison un grand mouvement d'affaires.

Depuis l'Exposition universelle, la maison HUVET, qui a passé entre les mains de MM. WATEAU ET MOTELEY, s'est fait breveter pour un mode d'impression sur trame présentant de grands avantages.

MM. WATEAU ET MOTELEY occupent à Bohain douze cents ouvriers, dont ils cherchent par tous les moyens en leur pouvoir à améliorer la position.

Le Jury a décerné à M. HUVET-BEAUVAIS la MÉDAILLE DE DEUXIÈME CLASSE.

MM. BERNOVILLE FRÈRES, LARSONNIER FRÈRES, ET CHENEST, A PARIS (FRANCE).

Il n'est pas d'industrie en France qui se soit plus rapidement développée et qui ait jeté, depuis vingt

ans, un plus grand lustre sur la manufacture parisienne, que celle dont nous nous occupons dans cet article.

A peine, en 1844, soupçonnait-on cette industrie, lorsque MM. F. et E. Bernoville et Stéphane Larsonnier, celui-ci comme imprimeur de hautes nouveautés, ceux-là comme fabricants d'étoffes, contribuèrent à lui donner une impulsion qui en rendit bientôt le monde entier tributaire, à commencer par les Anglais, qui n'ont pas encore même tenté de nous suivre, pour ce genre de produits, sur le terrain de la lutte.

Au premier rang des créateurs de ces genres intinis qui composent la grande famille des tissus de Paris, on doit donc, sans contestation, placer la maison F. et E. Bernoville, de même que l'initiative des impressions de goût sur les tissus de pure laine et mélangés de soie ou de coton appartient en grande partie à la maison dont M. Stéphane Larsonnier était chef. — Arrivées toutes deux à l'apogée de leur réputation, chacune dans son genre, ces maisons, complètement distinctes jusqu'alors, mais marchant ensemble à la tête du progrès, se fondirent en une seule, en 1845. Elles créèrent, sur une vaste échelle, une association dont elles établirent le centre à Paris, sous la raison BERNOVILLE FRÈRES, LARSONNIER FRÈRES ET CHENEST, et autour de laquelle vinrent se grouper, comme moyens d'action indispensables, des établissements importants et de nature diverse, qu'une organisation habile plaça de suite sur le pied industriel le plus avancé.

Bien que connus sous la dénomination de *tissus de Paris*, les articles tels que le mérinos, la mousseline de laine, le barège, etc., etc., se fabriquent principalement en Picardie, dans les départements de l'Aisne et du Nord. Il en est de même des étoffes de pure soie ou formées de divers mélanges de laine, de soie ou de coton, tantôt servant à l'impression, et tantôt se fabriquant en fils teints. Aussi la maison BERNOVILLE FRÈRES, LARSONNIER FRÈRES ET CHENEST maintint-elle, au moment de sa formation, les grands centres de fabrication qu'elle possédait depuis longtemps à Saint-Quentin, à Bohain, à Guise. C'est dans cette dernière ville qu'elle monta un peignage de laine ainsi qu'une filature, qui lui assuraient des produits parfaits pour sa fabrication et la mettaient à même de varier ses fils selon les exigences auxquelles donnait lieu la création constante de tissus nouveaux. En même temps elle établit à Puteaux, près Paris, une manufacture d'impressions sur étoffes, qu'elle compléta par un atelier considérable de gravure et une usine de blanchiment.

On voit par ce qui précède que, prenant la matière première à sa source, la maison BERNOVILLE FRÈRES, LARSONNIER FRÈRES ET CHENEST lui fait subir, dans ses propres manufactures, toutes les transformations qui la conduisent jusqu'entre les mains du négociant, de l'exportateur ou du détaillant.

En 1848, MM. BERNOVILLE FRÈRES, LARSONNIER FRÈRES ET CHENEST, dans le but de réaliser une économie de main-d'œuvre, tout en étendant leurs moyens d'action, formèrent à Mulhouse un établissement spécial pour toutes leurs impressions à la main. Ils s'attachèrent en même temps à augmenter et à perfectionner l'ensemble des procédés mécaniques dans leur usine de Puteaux, qui fonctionna dès lors avec une admirable régularité, aidée des systèmes ingénieux que l'expérience faisait naître sous une administration studieuse et éclairée. Les produits imprimés au moyen de la machine dite *perrotine*, et qui ont figuré à l'Exposition de 1855, prouvent en effet que, par des perfectionnements importants, MM. BERNOVILLE FRÈRES, LARSONNIER FRÈRES ET CHENEST ont réussi à faire de cette machine un instrument qui souvent ne le cède en rien, pour la netteté du travail, la vivacité des couleurs et le nombre extraordinaire de celles-ci, aux belles impressions à la main.

Si des articles imprimés nous passons à ceux qui se tissent en couleur, nous en trouvons dans l'exposition brillante de ces grands industriels une si incroyable variété, depuis le barège uni le plus simple jusqu'aux étoffes brochées de la plus grande richesse et du travail le plus compliqué, que nous ne saurions en entreprendre la nomenclature, encore moins la description.

C'est cette variété et cette perfection de produits admirés et déjà récompensés à l'Exposition universelle de Londres en 1851, qui ont valu à MM. BERNOVILLE FRÈRES, LARSONNIER FRÈRES ET CHENEST l'offre de la vitrine d'honneur qu'ils occupaient, en 1855, au Palais de l'Industrie. Les négociants de tous les

points du globe pouvaient admirer dans cette vitrine des articles s'appropriant spécialement à leurs marchés; et bien que les trois quarts des spécimens qu'elle renfermait fussent destinés à l'exportation, il s'en trouvait encore un grand nombre susceptible de satisfaire le goût épuré de nos magasins de Paris les plus en renom.

Ajoutons que, année commune, MM. Bernoville frères, Larsonnier frères et Chenest tissent ou impriment un nombre de pièces assez considérable pour ne pas occuper moins de 6 à 7,000 ouvriers, tant dans leurs usines que dans les campagnes. Disons que partout où ils ont pu agglomérer l'ouvrier et le faire travailler en atelier, ils ont répandu sur lui les bienfaits de l'instruction, de la moralisation, des secours médicaux et de l'épargne. Mais, malgré leurs constants efforts, ils n'ont pu réussir autant qu'ils l'auraient voulu à accoutumer l'ouvrier des campagnes au travail des établissements fermés : le tisserand picard tient avant tout à son indépendance et veut travailler à son heure; c'est donc chez lui, sous son chaume, qu'il faut lui porter le bien qu'on veut lui faire, et MM. Bernoville frères, Larsonnier frères et Chenest n'ont pas failli à cette tâche dans les temps les plus difficiles. Leurs établissements de peignage, de filature et d'impressions, dont ils ont su alimenter le travail même au plus fort de nos crises commerciales, n'occupent donc environ dans leur ensemble que dix-huit cents ouvriers, tandis que le reste est épars dans les campagnes qui environnent leurs principaux centres de fabrication.

C'est dans cette situation manufacturière que MM. Bernoville frères, Larsonnier frères et Chenest se présentaient au grand Jury de 1855, qui, en approfondissant mieux que nous ne pouvons le faire ici leurs titres à la reconnaissance du pays, a trouvé qu'une décoration de l'ordre impérial de la Légion-d'Honneur devait être la juste récompense des services rendus par cette maison au commerce et à l'industrie.

Par suite de la présence de M. Frédéric Bernoville parmi les membres du Jury international, la maison Bernoville frères, Larsonnier frères et Chenest était hors de concours.

MM. GERMAIN THIBAUT et CHABERT Jeune, à Paris (France).

M. Germain Thibaut était membre du Jury de la XXᵉ classe : son ancienne et respectable maison avait donc également renoncé à la haute récompense qu'elle aurait bien sûrement obtenue, à en juger par sa splendide exposition d'étoffes assorties, telles que barèges unis et façonnés, tissus de nouveautés laine et soie, popelines, valencias, etc. Les excellentes mousselines de laine de MM. Germain Thibaut et Chabert entrent de plus en plus en grandes proportions dans l'exportation parisienne.

M. P.-T.-G. MORIN, à Paris (France), a été élève de la manufacture royale de la Savonnerie, et tient le rang le plus haut dans la fabrication parisienne, dont il est l'un des doyens. Inventeur par excellence, M. Morin tire le parti le plus habile, soit du métier à tisser, soit de la mécanique Jacquart, pour obtenir une foule de tissus presque toujours accueillis par la vogue et l'imitation. Son exposition montrait de nombreuses et nouvelles combinaisons de laine, de soie et de fantaisie, sous forme de délicieuses nouveautés, ayant pour bases la popeline, le satin ou le valencias. Celles dites toile de France et coutil de laine, ont fixé particulièrement l'attention du Jury, qui a décerné à leur habile fabricant la Médaille de première classe.

S. M. l'Empereur a nommé M. Morin chevalier de la Légion-d'Honneur, pour ses services rendus à l'industrie.

La Médaille de première classe a été donnée, pour leurs tissus mélangés, aux industriels dont les noms suivent :

MM. S. ROUX, à Paris (France). Cité dans la fabrique parisienne dès 1827, M. S. Roux crée, chaque saison, des tissus que la mode accueille toujours avec empressement. Son exposition prouvait la grande intelligence et le goût parfait qui précèdent à la fabrication de ses produits : elle con-

sistait en mousseline de Chine, en popeline moirée et en gaze de Chambéry, grande largeur, article dont la Savoie avait jusqu'alors le monopole. M. Roux occupe constamment cent à cent cinquante ouvriers, et, quoique son établissement soit situé à Paris même, ce désavantage de position est annulé à force de soins incessants et personnels.

G. HOOPER, CARROZ et TABOURIER, à Paris (France). Leur exposition était l'une des plus belles du genre. Composée exclusivement de toutes les variétés de tissus légers, tels que gazes de soie, barèges, balzorines, robes, châles et écharpes, elle offrait des spécimens de toutes les perfections quant à la délicatesse de l'ensemble, à l'harmonie des couleurs et au bon goût des dispositions. Fondée vers 1849, la maison Hooper, Carroz et Tabourier compte déjà parmi les premières pour les progrès, et parmi les plus importantes pour l'exportation, surtout en Angleterre.

V. SABRAN et G. JESSÉ, à Paris (France). Depuis 1839, date de sa fondation, chaque année a marqué pour la maison Sabran et Jessé comme un pas immense dans la voie des progrès industriels. Elle occupe à présent de mille à quinze cents ouvriers dans le département de l'Aisne, et elle fabrique tous les genres, depuis le mérinos uni jusqu'aux tissus les plus façonnés, écrus ou de couleur. Ses gazes, ses barèges, ses articles de haute nouveauté réunissaient la bonne qualité à des prix avantageux.

DAVID Frères et Cᵉ, à Saint-Quentin (France). Ils occupent une force à vapeur de seize chevaux, et trois à quatre cents ouvriers, tant pour le tissage à l'extérieur que pour le peignage et le parage des chaînes. Le parage mécanique, par lequel ils ont substitué une chaîne simple à une chaîne double, dans la confection de la popeline et de l'article orléans, leur est spécial; mais ils l'exploitent aussi à façon, et ils livrent aux autres fabriques de Saint-Quentin six à huit cents chaînes par semaine. La spécialité de MM. David Frères a trait à la grande consommation, et leurs produits, grâce au perfectionnement précité, défient par leurs bas prix la concurrence de l'étranger même sur ses marchés.

BOULEAU et PETHOTON, à Paris (France). Successeurs de MM. Dumas et Germain, ils ont encore augmenté l'excellente réputation de cette ancienne et importante maison dans l'industrie des gazes et barèges pour robes, châles et écharpes. De plus, ils fabriquent des crêpes, des dentelles mécaniques achevées à la main, et une multitude d'objets en filet de soie, qui occupent journellement un grand nombre de femmes et de jeunes filles. Ils exposaient, parmi leurs excellents articles, une robe et une écharpe sur lesquelles ils avaient appliqué le procédé de dorure sur soie de M. Hock; mais ce procédé ne paraît pas destiné à réussir complètement pour des tissus aussi légers que la gaze ou le barège.

DUNCAN et CHARPENTIER, à Paris (France). M. Duncan a appartenu à la maison Bouleau et Pethoton, et il en continue les excellentes traditions dans son association actuelle. Les gazes et les barèges, principalement ceux de haute nouveauté, constituent pour MM. Duncan et Charpentier une spécialité d'exportation, dont la consommation anglaise surtout apprécie le bon goût et l'irréprochable fabrication.

F. DREYFOUS, à Paris (France). Les articles légers, tels que barèges, foulards, gazes, mousseline-soie, fournissent à M. Dreyfous un chiffre très-élevé d'affaires, traitées principalement à l'étranger. Ses robes à volants établissent les mérites incontestables de sa fabrication quant à la variété des dispositions et à l'harmonie des couleurs.

CAILLAU et LUPPÉ Jeune, à Paris (France). Malgré sa création presque récente, leur maison a conquis, dans la spécialité des tissus mélangés, unis ou façonnés, une belle place que justi-

fiaient pleinement les popelines écossaises et moirées, les mousselines de Chine, les valencias écossais satinés, les moires trame coton sur chaine fantaisie exposés par eux.

JOLIVARD et CHÉREAU, à Paris (France). Ils font tisser des étoffes à Origny (Aisne) par de nombreux ouvriers, et ils en impriment d'autres à Saint-Denis. Dans la première spécialité, leurs tissus écrus destinés à l'impression ne laissent rien à désirer, pas plus que leurs articles de gaze et de barège façonnés en robes et en châles. Un procédé particulier à ces industriels simplifie le montage et réduit de beaucoup les frais de tissage quant à la fabrication à la Jacquart des châles en barège broché, dont ils exposaient un beau type très-compliqué de dessin. Ils ont une suc-cursale à Londres, où a lieu la majeure partie de leurs vastes affaires.

J.-B. ZADIG, à Paris (France). Il exposait une collection des plus variées d'articles de haute nou-veauté, tels que robes à volants et autres en barège satiné, broché et uni, tous types d'une ex-cellente fabrication.

M. F. VATIN Jeune, a Paris (France.)

Cette honorable maison a présenté à l'Exposition la grande variété de ses produits, consistant en ba-règes unis ou façonnés, barèges laine et soie, etc., etc., pour robes, châles et écharpes.

Cette fabrication donne lieu à des affaires importantes sur tous les marchés, où les produits de la maison Vatin sont fort recherchés.

Le genre inauguré par M. Vatin jeune était naturellement peu répandu dans le principe; mais cet in-dustriel est arrivé, grâce à sa persévérance et à ses efforts, à le constituer dans le Nord de la France en une branche d'industrie importante qui occupe un grand nombre d'ouvriers.

Cette industrie qui, à l'époque de l'Exposition universelle, datait de trente ans au plus, n'était re-présentée à l'Exposition de 1834 que par un très-petit nombre de fabricants. Aujourd'hui, elle est en grande faveur : les charmants produits qu'elle crée pour ainsi dire chaque jour sont fort recher-chés, et elle compte plus de vingt maisons honorables et importantes, auxquelles le Jury a décerné col-lectivement une Grande médaille d'honneur.

Cette haute récompense atteste l'importance et les progrès de la fabrique, où la place occupée par l'honorable M. Vatin est définie en ces termes dans le Rapport officiel :

« Cette maison, déjà ancienne, a figuré avec honneur dans toutes les expositions précédentes. Sa fa-« brication, très-importante et très-variée, se compose principalement de gazes de soie, barèges unis, « satinés et brochés. Ses principaux débouchés sont en Allemagne, en Angleterre, et surtout aux États-« Unis. Ses produits sont très-recherchés sur le marché de New-York, où les barèges surtout sont d'une « consommation presque illimitée.

« M. Vatin a toujours marché en tête de son industrie, tant par l'importance des affaires que par les « soins et le goût qu'il apporte à la création d'une foule de jolies nouveautés. »

Outre la part qui lui revient si légitimement dans la distinction collective accordée à son industrie, M. Vatin a obtenu une Médaille de première classe.

La fabrication de cette maison s'accroît sans cesse. Elle emploie environ dix-huit cents ouvriers, répartis dans quatre fabriques situées dans les départements du Nord, du Pas-de-Calais et de l'Aisne.

FABRIQUE DE ROUBAIX (France).

Jadis copiste intelligente de la fabrique de Paris, celle de Roubaix est maintenant son émule et marche presque de pair avec la capitale pour la création de ces tissus mélangés qu'adoptent avec tant d'empres-sement tous les peuples civilisés.

Roubaix comptait, lors de l'Exposition universelle, deux cent vingt-cinq fabricants, soixante filateurs de laine, quinze constructeurs de machines, et quarante industries diverses concourant à l'élaboration de ses élégants produits, qui occupent dans la ville et à quatre-vingts kilomètres alentour plus de quatre-vingt mille ouvriers, et fournissent un mouvement d'affaires d'au moins 150 millions par an. Ajoutons que les habitants des campagnes employés par la fabrique roubaisienne ne désertent pas pour cela le travail agricole, vivent à peu de frais, et se trouvent ainsi dans d'excellentes conditions de bien-être et de salubrité.

L'importance, la perfection et la grande variété des articles exposés par la Fabrique de Roubaix ont fourni au Jury les preuves d'un progrès incessant ; aussi a-t-il décerné à la Chambre de Commerce de cette ville la Grande Médaille d'honneur.

MM. H. DELATTRE Père et Fils, à Roubaix (France).

M. Delattre père appartenait au Jury de la XX⁰ classe, sans quoi il aurait eu sûrement à ajouter une haute récompense de plus à celles déjà obtenues par sa respectable maison, qui fabrique dans la perfection les satins de Chine unis et façonnés, les popelines, les valencias, etc., avec les produits vraiment supérieurs de sa filature.

Les exposants de Roubaix (France) dont les noms suivent ont obtenu la Médaille de première classe :

MM. LEFEBVRE-DUCATTEAU Frères. Ils exposaient une splendide collection de gilets provenant de leurs établissements. Ils réunissent le peignage et le tissage mécanique, la filature, la teinture et les apprêts ; enfin ils sont à l'apogée du progrès manufacturier.

LOUIS CORDONNIER. Il a créé dès 1847 les éléments d'une spécialité dans les nouveautés pour robes, qui constitue à présent la majeure partie de la fabrication roubaisienne. Ses orléans pour paletots et pour robes, ses nouveautés-travers et autres, témoignaient du persévérant esprit d'initiative qui a valu à M. Louis Cordonnier des succès complets dans sa partie.

TERNYNCK Frères. Filateurs, peigneurs et tisseurs, ils avaient depuis longtemps une grande renommée dans l'industrie des nouveautés pour pantalons. Celle des nouveautés pour robes ne leur vaut pas moins d'honneur, bien qu'ils l'aient entreprise tout récemment.

DELFOSSE Frères. D'abord producteurs estimés d'étoffes en laine, ils ont entrepris aussi la fabrication des nouveautés fantaisie, et excellent aujourd'hui dans les deux genres.

CÉSAR SCRÉPEL. Il produit exclusivement des tissus de pure laine d'une grande perfection.

ROUSSEL-DAZIN. L'un des doyens de la fabrique de Roubaix, son mérite est à la hauteur de son ancienneté industrielle.

PIN-BAYART. Les étoffes de laine et les nouveautés pour robes exposées par lui expliquent sa renommée comme fabricant.

BULTEAU Frères. Ils exposaient leurs beaux produits, qui conviennent surtout à la consommation de luxe.

LÉOPOLD FLORIN. Ce créateur présentait au concours de nouveaux types qui donnaient une haute opinion de son goût et de sa fécondité.

JEAN MONTAGNE. Une grande collection de riches popelines et d'étoffes légères pour robes et ameublement de haut prix, composait sa remarquable exposition.

Ont reçu aussi la MÉDAILLE DE PREMIÈRE CLASSE, dans le même genre d'industrie :

MM. MOLLET-WARMEZ Frères, à Amiens (France). Ils exposaient des orientales et des cachemires d'Écosse brochés d'une rare perfection.

J.-B. SCRÉPEL-ROUSSEL, à Roubaix (France). Il a perfectionné beaucoup les tissus de laine, et ses spécimens d'étoffes riches pour paletots montraient son heureuse persévérance dans la voie des améliorations.

V. DAWANT et Cⁱᵉ, à Paris (France). Leurs tissus satins pour chaussures méritaient tous les éloges.

GAMOLNET-DEHOLLANDE, à Amiens (France). Mêmes produits, même appréciation.

W. PRINZEN, à Gladbach (Prusse). Il occupe cinq cents ouvriers dans sa fabrique de tissus laine et coton à pantalons, tissus fort prisés pour l'exportation, et qui lui donnent un chiffre annuel d'affaires montant à 150,000 écus de Prusse.

STEIN Frères, à Rheydt (Prusse). Renseignements exactement pareils à ceux sur M. W. Prinzen.

H. AX, à Rheydt (Prusse). Même production que MM. Stein frères et Prinzen, mais n'employant que trois cents ouvriers.

MM. TITUS SALT Fils et Cⁱᵉ, à Bradford (Royaume-Uni).

C'est à MM. TITUS SALT FILS ET Cⁱᵉ que l'Angleterre doit la fabrication de l'alpaga ou poil de chèvre, industrie que cette grande nation exerce aujourd'hui non-seulement sans rivalité, mais encore sans concurrence possible. La maison TITUS SALT emploie quatre mille ouvriers, un matériel immense de filature, et douze cents métiers à tisser mus par la vapeur. Son gigantesque établissement a coûté 10 millions de francs. Il élabore des tissus admirables comme travail et comme matière, des fils supérieurs de qualité à ceux de France, et inférieurs de prix à ceux de n'importe quelle nation. Entre les superbes produits exposés par MM. TITUS SALT ET Cⁱᵉ, se remarquaient leurs étoffes dites mohair, chaîne de soie, et écossais, rayés et unis. — Le Jury a décerné à ces éminents industriels la GRANDE MÉDAILLE D'HONNEUR.

MM. JAMES AKROYD et Fils, à Halifax (Royaume-Uni).

Voici encore une de ces immenses maisons comme on n'en trouve guère qu'en Angleterre. Elle occupe sept mille ouvriers, met en marche deux mille métiers à tisser, tant à vapeur qu'à bras, et fait à annuellement pour 17,500,000 fr. d'affaires. Sa filature de laine travaille sur la plus grande échelle; sa fabrication produit des masses de beaux damas tout laine, laine et soie, laine et coton. Des orléans pour robes en laine peignée et alpaga mélangé, exposés par MM. JAMES AKROYD ET FILS, étaient cités comme imperméables; un nouvel apprêt argenté donnait à ces tissus un aspect splendide capable de leur assurer une vogue digne de leurs habiles créateurs, auxquels le Jury a voté la MÉDAILLE D'HONNEUR.

Ont obtenu la MÉDAILLE DE PREMIÈRE CLASSE pour leurs progrès dans la fabrication :

MM. WALTER MILLIGAN et Fils, à Bingley (Royaume-Uni). Ils exposaient des tissus pour robes en laine peignée, poils de chèvre, alpaga pur ou mélangé de soie, fort bien fabriqués.

H. PEASE ET C°, à Darlington (ROYAUME-UNI). Ils filent la laine peignée et fabriquent des tissus, parmi lesquels leurs mérinos chaîne coton et leurs étoffes mélangées réunissent toutes les qualités d'exécution.

A. ATKINSON ET C°, à Dublin (ROYAUME-UNI). Ils offraient à l'Exposition leurs popelines d'Irlande trame laine, en moirés et unis mélangés d'or, si recherchées sur tous les marchés.

PIM FRÈRES ET C°, à Dublin (ROYAUME-UNI). Ils fabriquent par excellence les popelines chaîne soie et trame laine, ainsi que les écossaises unies, moirées ou façonnées.

CLABBURN ET CRISP, à Norwich (ROYAUME-UNI). Dans leur exposition, intéressante à tous les titres, se remarquaient de jolis châles en soie, des popelines de qualité supérieure, et par-dessus tout de magnifiques étoffes dites crêpes de Norwich, Paramatta, etc.

J. ET C. LIEBIEG, à Reichenberg (AUTRICHE). Ils ont une filature de laine peignée et un important tissage de mousselines de laine, damassés tout laine, mérinos, cachemiriennes chaîne soie trame laine, lastings trame coton et orléans. — Tous ces produits sont bien conditionnés.

La MÉDAILLE DE PREMIÈRE CLASSE a été accordée aux exposants de châles de cachemire de l'Inde dont les noms suivent :

MM. GOULAB-SING, Maharajah du Cachemire (INDES ANGLAISES). Ce prince a offert à la Compagnie des Indes, qui l'exposait, un des plus merveilleux châles qu'aient tissé des mains indiennes, un cachemire carré à quatre faces, d'une réduction aussi extraordinaire que sa finesse, orné à chaque coin de mille dessins différents. C'était un spécimen des produits de GOULAB-SING, qui possède de nombreux métiers.

WULLEE-JAN, à Sreenugur (INDES ANGLAISES). Ses châles étaient compris dans l'exposition générale de la Compagnie des Indes; ils sont les types de ce que l'industrie de Cachemire fait de plus beau comme composition, coloris et fabrication.

AMEERODEEN, à Sreenugur (INDES ANGLAISES). Mêmes produits et même appréciation que ci-dessus.

SHEIKL-RAJOOL, à Sreenugur (INDES ANGLAISES). Le cachemire carré qu'il exposait luttait d'élégance avec celui de Goulab-Sing.

Pour les châles brochés, la MÉDAILLE DE PREMIÈRE CLASSE a également été accordée à :

MM. H. AHRENS, à Vienne (AUTRICHE). Les châles viennois, dont le bon marché s'explique par le bas prix de la matière première et de la main-d'œuvre, étaient bien représentés dans l'exposition de M. AHRENS. Ses châles longs chaîne laine, à sept couleurs, quoique d'une excellente fabrication, ne coûtaient que 88 francs. Son châle long multicolore offrait une très-belle réduction. Le commerce de M. AHRENS prend une grande extension.

J. BERGER ET FILS, à Vienne (AUTRICHE). Ils exposaient des châles longs, riches, fonds blancs et multicolores, d'un moelleux supérieur à celui des produits similaires français, par cette raison que les filateurs viennois tirent de la matière première un moins grand parti que ceux de France. MM. J. BERGER ET FILS comptent parmi les premiers industriels de Vienne, pour le bon marché, la finesse et l'importance de leur fabrication.

ZEISEL ET F.-CH. BLUMEL, à Vienne (AUTRICHE). Même genre d'exposition et mêmes renseignements que sur MM. J. Berger et fils.

FABRIQUE DE CHALES DE PARIS (France).

Les châles brochés, fabriqués à Paris par d'ingénieuses combinaisons mécaniques, sont incontestablement supérieurs comme mélange harmonieux de couleurs, originalité de conception et hardiesse de lignes, aux produits similaires manufacturés en Europe. On peut ajouter que, dans le genre cachemire, la fabrique parisienne, tout en s'inspirant du style indien, est arrivée souvent à créer des types nouveaux très-heureux. Dans l'article bas prix, l'Autriche lui fait, il faut le constater, une concurrence redoutable sur les marchés étrangers. Pourtant, l'industrie châlière de Paris ne discontinue pas ses efforts extraordinaires pour arriver à l'apogée du progrès ; son exposition l'établissait de reste. On y admirait des châles brochés avec des numéros 140,000 mètres au kilogramme, et c'est là les bornes extrêmes de la filature pour les réductions en France. D'autres offraient une physionomie encore inconnue, car on avait doublé pour eux la quantité de fils de chaîne généralement employée, et ils contenaient en largeur jusqu'à 12,800 de ces fils. D'autres étaient tissés par un procédé économique, grâce auquel le papier est substitué au carton dans l'emploi de la machine Jacquart. D'autres, enfin, montraient la mise en œuvre d'une laine exclusivement française, la laine de Mauchamps, qui, pour le soyeux et le brillant, se rapproche du cachemire.

Il serait trop long d'énumérer tous les essais heureux, mais souvent très-coûteux, tentés par la fabrique de châles de Paris pour diminuer les frais de création ou augmenter la variété de coloris sans changer les couleurs employées. Au reste, le Jury a dignement récompensé la noble émulation de l'industrie châlière parisienne, en lui décernant, par l'intermédiaire de la Chambre de commerce, la Grande médaille d'honneur.

M. MAXIME GAUSSEN, a Paris (France).

Sans la position officielle de M. Maxime Gaussen, un des rapporteurs de la XXe Classe, il aurait pris certainement un haut rang dans le concours, pour le goût sage, l'importance et l'excellence de sa fabrication. Ses imitations des châles de l'Inde brodés en soie sur cachemire sont au-dessus de leurs modèles orientaux.

M. E.-F. HÉBERT, a Paris (France).

Quoique jeune, M. Hébert dirige, avec des succès toujours croissants, l'ancienne maison que lui a léguée son père. Ses châles, quoique très-originaux comme dessin, ont l'aspect magistral des cachemires indiens ; leur grain et leur qualité sont d'une supériorité incontestable. Le Jury a décerné à M. E.-F. Hébert la Médaille d'honneur.

Ont obtenu la Médaille de première classe parmi les fabricants de châles de Paris :

MM. DUCHÉ, A. DUCHÉ, BRIÈRE et Cⁱᵉ. Leur grande maison a pour spécialité le châle riche, auquel elle applique un genre tout particulier de dessin, dont la carte fine et intelligente donne aux produits une réduction extraordinaire tant en trame qu'en chaîne, ainsi que le prouvaient les châles exposés par MM. Duché, Brière et Cⁱᵉ, où la finesse du tissu et la difficulté du tissage atteignaient les dernières limites.

DENEIROUSE, E. BLOISGLAVY et Cⁱᵉ. Leurs dessins ont fait école, ainsi que leur mélange hardi des couleurs, véritable service rendu à la fabrication des châles. M. Deneirouse s'est dis-

tingué surtout par ses tentatives pour tisser économiquement le spouliné, et ses spécimens de châles faits au fuseau sont à la hauteur de ceux de provenance orientale.

GAUSSEN Jeune, FARGETTON et C⁰. M. Gaussen jeune est un des doyens de la fabrique châlière. Sa maison se distingue en ce qu'elle ne cède pas aux entraînements de la mode, et conserve à ses produits une sévérité de goût que relève encore un dessin très-net et une mise en carte irréprochable. Ses châles riches méritent tous les éloges. Ses articles à bas prix sont d'une élégance et d'un coloris des plus intelligents.

FORTIER et MAILLARD. Créateurs de leurs dessins, ils jouissent d'une supériorité sans rivale dans les genres rayés-tapis, fonds pleins et palmettes. Leur maison, très-ancienne, ne s'est jamais arrêtée dans la voie des améliorations, même les plus coûteuses. La beauté des fils employés donne à leurs châles-laine une régularité, un grain et un toucher vraiment exceptionnels.

BOAS Frères. Ils luttent avantageusement, sur les marchés étrangers, avec les fabricants de Vienne. Leurs produits, de prix moyens, ont une originalité pleine de goût, dont ils peuvent revendiquer entièrement la création. Leur chiffre d'affaires est important.

DACHÉZ, DUVERGER et MÉNAGER. Ils exposaient des châles longs et plusieurs articles de fantaisie dignes de leur bon goût et de leur esprit créateur. Leur maison, d'origine récente, le disputera bientôt d'importance avec les plus anciennes et les plus considérables.

CANTIGNY et GÉRARD. Quoique nouveaux dans la fabrication du cachemire, ces producteurs le dotent d'un aspect sévère et d'un coloris digne de son origine asiatique. Outre ce type de châles, ils en exposaient un autre à dessins dont les pareils se remarquaient dans diverses exhibitions.

COUDÉRE Jeune. Son assortiment de châles était des plus variés et des plus distingués : il offrait des palmettes, des châles cousus, reversibles, carrés et longs, enfin un résumé de tous les genres de fabrication, le tout brillant de coloris et parfait d'exécution.

MM. GRILLET Aîné et PIN, à Lyon (France). La manufacture de Lyon s'occupe principalement de fabriquer à bon marché les produits moyens. L'ancienne maison GRILLET AÎNÉ ET PIN est à la tête de cette production, destinée surtout à l'exportation. Elle exposait des châles brochés en laine et brochés en soie, entre lesquels se distinguaient une imitation bien coloriée de l'ancien genre cachemire, et plusieurs châles longs dits aurifères, parfaits pour la vente dans l'Amérique du Sud. MÉDAILLE DE PREMIÈRE CLASSE.

MM. FRANÇOIS CONSTANT et Fils, à Nimes (France). Leur ancienne maison se distingue par la fabrication régulière et avantageuse de ces produits à bas prix qui sont la spécialité de Nimes. Elle soumettait au concours des châles longs et carrés, élégants et bien faits. Un joli carré noir, genre cachemire, offrait surtout une véritable perfection de dessin et de coloris. MÉDAILLE DE PREMIÈRE CLASSE.

MM. FORBES et HUTCHISON, à Paisley (Royaume-Uni), présentaient un assortiment du type dit châle broché anglais, ainsi que de nombreux et beaux tartans. MÉDAILLE DE DEUXIÈME CLASSE.

M. F. CROCO, à Paris (France). L'un des créateurs de la fabrication du gilet broché genre cachemire, M. CROCO s'est toujours maintenu au premier rang dans cette spécialité. Il exposait des gilets brochés d'une richesse merveilleuse, et visant peut-être un peu trop au tour de force comme tissage, mais entre lesquels de magnifiques velours et piqués ne laissaient rien à désirer comme goût et comme élaboration. MÉDAILLE DE PREMIÈRE CLASSE.

La Médaille de première classe a été pareillement décernée à :

MM. PAGÈS-BALIGOT, à Paris (France). Sa maison est à la hauteur de son ancienne renommée pour ses gilets brochés et de fantaisie, toujours de bon goût et toujours renouvelés. De plus, elle s'est lancée avec une égale réussite dans la fabrication des peluches de soie et des étoffes pour meubles en damas fait par la trame.

JULIEN LAGACHE, à Roubaix (France). Cet habile et important industriel produit les étoffes à gilets les plus variées ; ses valencias, ses piqués, ses cachemires brochés sont excellents à tous égards.

SOYER-VASSEUR et Fils, à Lille (France). Ils fabriquent, avantageusement pour le prix, des cachemires et des velours de coton. Leur vaste commerce témoigne de l'estime qui accueille leurs produits sur tous les marchés.

JOSEPH WESTHAUSER, à Vienne (Autriche). Il exposait des gilets brochés, des piqués brochés et des chinés blancs à relief bien fabriqués et d'un bon marché remarquable.

GRAFE et NEVIAND, à Elberfeld (Prusse). Ils exportent sur une grande échelle. Les nombreux gilets brochés exposés par eux réunissaient la bonne qualité et le goût à la modicité du prix.

HERMANN KAUFFMANN, à Berlin (Prusse). Il présentait au concours des velours d'Utrecht, des peluches pour meubles et vêtements, des velours imprimés, des peluches-fourrures, enfin une peluche double face, nouveauté des mieux comprises, surtout appliquée à la consommation des pays froids. Tous les produits de l'importante maison KAUFFMANN sont magnifiques d'exécution et à des prix très-avantageux.

D. J. LEHMANN, à Berlin (Prusse). Il embrasse à la fois la fabrication des velours et celle des châles de laine pure et mélangée, des tissus de laine pure ou de laine et soie pour manteaux de femme, etc. Il produit certains articles fort bien traités, à des bas prix surprenants, et l'ensemble de son exposition témoignait de son remarquable esprit d'initiative.

CHRISTIAN MENGEN, à Viersen (Prusse). Adonné principalement à la production des velours d'Utrecht, des velours de soie et des velours de coton à bas prix, il en livre à la consommation pour un chiffre annuel très-considérable.

CH. NOSS, à Cologne (Prusse). Sa spécialité est le velours d'Utrecht; il emploie à cette fabrication un grand nombre d'ouvriers.

GRIGNON Père et Fils et HUE, à Amiens (France). sont les seuls peut-être en France qui filent aujourd'hui le poil de chèvre. Leur filature livre aussi des produits à la bonneterie, à la passementerie et à la broderie. Les velours d'Utrecht fabriqués par eux, les filés en laine et en alpaga qu'ils exposaient, étaient à la hauteur de l'antique réputation de leur maison.

BULOT et LHOTELLIER, à Amiens (France). Ils offraient au concours de beaux et bons velours d'Utrecht assortis, dont un type, à 10 fr. le mètre, était doué d'une supériorité réelle. Les affaires de cette maison sont très-importantes.

PAYEN et Cⁱᵉ, à Amiens (France). Leurs velours d'Utrecht unis et gauffrés, et leurs moquettes pour meubles, brillaient surtout par une exécution très-soignée. Leur chiffre d'affaires est élevé.

M. H. MOURCEAU , a Paris (France).

La création des tissus soie et laine pour ameublement, dont les effets riches et variés décorent si bien, à prix modique, les intérieurs les moins somptueux, est aussi l'œuvre de la fabrique parisienne. C'est à M. Mourceau que l'on doit l'adoption définitive de ce genre d'étoffe, essayée d'abord par M. Fortier vers 1839. Les armures, appliquées par son habile continuateur à la *vénitienne*, à l'*algérienne*, au *reps*, etc., ont popularisé de tels produits ; aussi les dessins, les tissus de M. Mourceau ont-ils été contrefaits par les fabricants français ou étrangers, ce qui ne l'a pas empêché de présenter une exposition sans rivale comme variété et richesse de composition. Le Jury lui a décerné la Médaille d'honneur.

La Médaille de première classe a été accordée à :

MM. CH. ADOLPHE, de Mulhouse (France). Depuis 1849, quelques villes de province ont suivi la capitale dans la production des étoffes pour ameublement. M. Ch. Adolphe offrait un assortiment varié de ces tissus, tels que damas laine et soie, et damas tout soie à deux couleurs ; une pièce ponceau, au dessin représentant un feuillage vert et jaune, était surtout d'une rare beauté.

SCHMITZ et Cⁱᵉ, à Elberfeld (Prusse). La Prusse a suivi l'exemple de la France dans l'industrie de l'étoffe pour meubles, mais elle se borne à copier les types de Paris. L'importante maison Schmitz représentait ce genre d'imitation avec des damas pure laine, laine et coton, laine et soie, appropriés en tapis de table, en reps brochés à une ou plusieurs couleurs, en velours d'Utrecht, etc., tous articles bien fabriqués et de prix modérés.

H. C. MAC-CREA, à Halifax (Royaume-Uni). Mêmes produits que MM. Schmitz; appréciation identique.

ED. LOHSE, à Chemnitz (Saxe-Royale). Produits et appréciation comme ci-dessus.

H. DELACOUR , à Paris (France). La fabrication du crin employé comme garniture , comme étoffe et comme accessoire de machines, a fait de véritables progrès en France, et M. Delacour y a largement contribué dans la partie des tissus. Parmi ses produits exposés, il faut rappeler ses mélanges de chanvre de Manille, qui diminuent le prix de revient sans nuire à la qualité, et son étoffe présentant la combinaison de cinq couleurs différentes, qui constitue une grande difficulté vaincue. M. Delacour possède à Saint-Germain un établissement important où se tissent et se teignent ses divers articles.

PROUST Frères et NOIROT Fils, à Niort (France). Leurs crins frisés pour garnitures de meubles et de voitures, etc., ainsi que pour confection de matelas et de sommiers, leurs crins carrés pour le tissage des soies redressées pour brosserie, étaient mieux peignés et plus élastiques que les produits similaires, grâce à l'emploi qu'ils font d'une machine appelée *loup*, analogue à celle en usage dans les filatures de laine. Ils occupent trois cents personnes.

ANT. ZERR, à Paris (France). Il exposait une grande variété de jupes, dites crinolines, très-bien réussies, des étoffes en crin pour chaussures, et d'autres pour gilets, ayant le brillant, la souplesse et les élégants dessins de la soie.

ED. WEBB, à Worcester (Royaume-Uni). Digne rival des fabricants français, il présentait au concours des damas de crins de différentes couleurs, et quatre pièces fond blanc rayées façon reps, remarquables également au point de vue du goût et de l'exécution.

XXᵉ CLASSE. — INDUSTRIE DES LAINES.

RÉCOMPENSES DÉCERNÉES PAR LE JURY INTERNATIONAL.

(Extrait du *Moniteur* du 8 décembre 1855.)

GRANDES MÉDAILLES D'HONNEUR.

La Chambre de commerce de Paris. France. — Châles.
La Chambre de commerce de Paris. Id. — Tissus legers.
Paturle-Lupin, Seydoux. Sieber et comp., Paris. Id.
Salt (Titus) fils et comp., Bradford. Royaume-Uni.
La ville d'Elbeuf. France.
La ville de Reims. Id.
La ville de Roubaix. Id.
La ville de Sedan. Id.
La ville de Verviers. Belgique.

MÉDAILLES D'HONNEUR.

Akroyd (James) et fils, Halifax. Royaume-Uni.
Bischoff (J.-A.), Aix-la-Chapelle. Prusse.
Compagnie pour la fabrication des draps fins, Hamiest. Autriche.
Croutelle, Rogelet, Gand et Grandjean, Reims. France.
Davin (Frédéric), Paris. Id.
Dumor-Masson, Elbeuf. Id.
Hébert (E.-F.), Paris. Id.
Johanny-Abloé (W.-A.) Hukeswagen. Prusse.
Montagnac (E. de), Sedan. France.
Mourceau (H.), Paris. Id.
Pawson et Martin, Leeds. Royaume-Uni.
Schoeller frères. Brünn. Autriche.
Scheller (L.) et fils, Düren. Prusse.
Schwartz, Trapp et comp. Mulhouse. France.
Siegmund (G.), Reichenberg. Autriche.

MÉDAILLES DE PREMIÈRE CLASSE.

Adolphe (Ch.), Mulhouse. France.
Ahrens (H.), Vienne. Autriche.
Albinet fils, Paris. France.
Allart, Rousseau et comp., Roubaix. Id.
Amat-Frias et Vieta, Tarrasa. Espagne.
Ameerodeen, Sreenugur. Indes anglaises.
Anonyme. France.
Atkinson (A.) et comp., Dublin Royaume-Uni.
Auspitz (le petit-fils de L.), Brünn. Autriche.
Ax (Henri). Rheydt. Prusse.
Bacot (Fréd.) et fils, Sedan. France.
Bacot (P. et D.), Sedan. Id.
Barran y Volta, Sabadel. Espagne.
Bauer (Th.) et comp. Brünn. Autriche.
Beer (Ad.), Elbeuf. France.
Beer (Moritz), Id. Id.
Bellet (E.), Id. Id.
Bellot (Ch. et Cuillère, Angecourt. Id
Benoist-Malot et Walbaum, Reims. Id.
Berger J.) et fils, Vienne. Autriche.
Bergmann et comp., Berlin Prusse.
Bertèche, Beaudoux-Chesnon et comp., Sedan. France.
Biedermann (L.-M.) et comp., Teltsch. Autriche.
Biolley (Fr.) et fils, Verviers. Belgique.
Blanpain frères, Sedan. France.
Bleyfuesz (F.-J.) et fils, Dison. Belgique.

Boas frères, Paris France.
Bolten (J.-W.) et fils, Ketwig Prusse.
Borderel jeune, Sedan. France.
Bormann Fr.-A.), Goldberg. Prusse.
Bouleau et Petboton, Paris. France.
Brodbeck et comp., Reichenberg. Saxe.
Buffault (E.), Paris, France.
Bulot et Lhôtellier, Amiens Id.
Busse frères, Potsdam. Prusse.
Caillau et Luppé jeune, Paris. France.
Caillet-Frangville, Reims. Id.
Cantigny et Gerard, Paris. Id.
Chary (F.) et Lafendel (J.), Elbeuf. Id.
Chenevière (D.) et fils, Louviers. Id.
Clabburn fils et Crisp, Norwich Royaume-Uni.
Clark (J. et T.), Trowbridge. Id.
Clerembault (Ch.) et Lecomte, Alençon. France.
Comp. de la fabrique de Snedjeholmen, Norrkoping. Suède
Constant (F.) et fils, Nîmes. France.
Cordonnier (L.), Roubaix Id.
Cosse et Imhaus, Paris. Id.
Coudère jeune, Paris. Id.
Croco (F.), Paris. Id.
Dachez, Duverger et Menager. Paris. Id.
Dannet et comp., Louviers. Id.
Dauphinot-Perard, Reims. Id.
David frères et comp., Saint-Quentin Id.
Dawant (V.) et comp., Paris. Id.
Delacour (H.), Paris Id.
Delfosse frères, Roubaix. Id.
Demuth frères. Reichenberg. Autriche.
Deneirouse (M.), Bloisglavy et comp., Paris France.
Dietsch (J.-G.) et comp., Strasbourg. Id.
Doret (V.), Verviers. Belgique.
Dreyfous (Frédéric), Paris. France.
Dubois (Gérard) et comp., Verviers Belgique
Duche, Duche (A.), Brière et comp, Paris. Fr ince
Duncan et Charpentier Paris. Id.
Dupont père et fils, Amiens Id.
Erkens fils, Borcette. Prusse.
Feulgen frères, Werden-sur-Ruhr. Id.
Finckh (J.-G.), Reutlingen. Wurtemberg.
Flamant (Ch.) et Lavoisey. Elbeuf. France.
Flavigny (Ch.), Elbeuf. Id
Florin Leopold), Roubaix. Id.
Forchheimer fils, Karolinenthal. Autriche.
Fortier et Maillard, Paris. France.
Fortin-Bouteillier et comp., Beauvais. Id.
Fournival (E.), Réthel. Id.
Galle (A.) et comp., Tarrasa. Espagne.
Gamouriet-Dehollande, Amiens. France.
Gaussen jeune, Fargetton et comp., Paris. Id.
Gilbert et comp., Reims. Id.
Godechaux frères. Luxembourg. Luxembourg.
Goetz et Jahn. Neudamm. Prusse.
Goulab-Sing (Cachemir). Indes anglaises.
Grafe et Neviand, Elberfeld. Prusse.

Grignon père et fils et Hue, Amiens. France.
Grillet aîné et Pin, Lyon. Id.
Haas (L.-F.) et fils, Borcette. Prusse.
Hagues, Cook et Wormald, Dewsbury Royaume-Uni.
Hargeave et Nusseys, Leeds. Id.
Harmel frères, Val-des-Bois (Marne). France.
Hartmann et comp., Malmerspach (Haut-Rhin). Id.
Hendrichs (F), Eupen. Prusse.
Henriot frères et comp., Reims. France.
Hermann (F.-G.) et fils. Bischofswerda. Saxe.
Heusch (J.), Aix-la-Chapelle. Prusse.
Hilger frères, Lennop. Id.
Hooper (G.), Carroz et Tabourier, Paris. France.
Hueck (D. et A), Herdecke-sur-Ruhr. Prusse.
Jansen (J.-G.), Montjoie. Id.
Join-Lambert (E.), Elbeuf. France.
Jubel-Desmares, Vire. Id.
Jolivard et Chéreau, Paris. Id.
Jourdain fils, Louviers. Id.
Kauffmann (H), Berlin. Prusse.
Keller et comp., Brünn. Autriche.
Kelsall et Bartlemore. Rochedale. Royaume-Uni.
Kerr et Scott, Londres, fabrique à Paisley. Id.
Kesselkaul (J.-H). Aix-la-Chapelle. Prusse.
Keyser (Michel de), Bruxelles. Belgique.
Knops (Al.), Aix-la-Chapelle. Prusse.
Kratz et Burk, Glauchau. Saxe.
Krantz fils (J.-J.), Leyde. Pays-Bas.
Kuetgens (G.) et fils, Aix-la-Chapelle. Prusse.
Kunzer, Bischwiller (Bas-Rhin). France.
Labrosse frères, Sedan. Id.
Lachapelle et Levariet, Reims Id.
Lagache (J.), Roubaix. Id.
Laird et Thompson. Glasgow. Royaume-Uni.
Larcher et beaux-frères, Portalègre. Portugal.
Laurent, Demar et comp., Elbeuf. France.
Lefebvre-Ducatteau frères, Roubaix. Id.
Lefort et Vauquelin. Elbeuf. Id.
Legrand (Théophile) et fils. Paris. Id.
Legris (M.) et Bruyant (E.), à Elbeuf. Id.
Lehmann (D.-J.). Berlin. Prusse.
Lehmann F.-G.), Dœhringen. Saxe royale.
Leidenfrost (Ed.), Brünn Autriche.
Lelarge, Auger et comp., Reims. France.
Lenormand (A.), Vire. Id.
Liebieg (J et C.), Reichenberg. Autriche.
Lister et Holden, Saint-Denis. France.
Lochner (J.-F.), Aix-la-Chapelle. Prusse.
Lœsch (Richard, Chemnitz. Saxe royale.
Lohse (B.), Chemnitz. Id.
Lucas frères, Bazancourt. France.
Mac-Crea (H.-Ch.), Halifax. Royaume-Uni.
Machet-Marotte et Paroissien. Reims. France.
Mallinckrodt et comp., Aix-la-Chapelle. Prusse.
Martini et Paulig, Sommerfeld Id.
Mengen (Ch.), Viersen. Id.
Meyer (C), Brünn. Autriche.
Milligan (Walter) et fils, Bingley. Royaume-Uni.
Mollet-Warmez frères, Amiens. France
Mommer (Ch.), Barmen. Prusse.
Montagne (Jean), Roubaix. France.
Morand et comp., Gera. Principauté de Reuss.
Morgan et comp. (John), Paisley. Royaume-Uni.
Morin (P.-Th.-G), Paris. France.
Moro frères, à Klagenfurth Autriche.
Müller junior (J.-M). Montjoie. Prusse.
Normant frères, Romorantin. France.
Noss (Chr.), Cologne. Prusse.
Nettessen (Ch.). fils de J.-M., à Aix-la-Chapelle. Id.
Pagès-Haligot, Paris France.
Pastor (G.). Aix-la-Chapelle. Prusse.
Payen et comp., Amiens. France.
Pease (H.) et comp., Darlington. Royaume-Uni.
Pim frères et comp., Dublin. Id.
Pin-Bayart, Roubaix. France.
Poittevin et fils, Louviers. Id.

Popper frères, Brünn Autriche.
Poulain frères et comp., Paris. France.
Pouyer et Quertier fils, Fleury (Eure). Id.
Prinzen (W.), Gladbach. Prusse.
Proust frères et Noirot fils, Niort. France.
Roger frères et comp., Lastours-Cabardès (Aude). Id.
Rossi (F.), Schio (Lombardie). Autriche.
Roussel-Dazin, Roubaix. France.
Roux (S.), Paris. Id.
Sabran (V.) et Jessé (G.), Paris. Id.
Schill et Wagner, Calw. Wurtemberg.
Schmitz et comp., Elberfeld. Prusse.
Scheppers (Fr.), Loth Belgique.
Schœtier (J.-P.), Duren. Prusse.
Scholl (Auguste), Brünn. Autriche.
Schurmann et Schrœder, Lennop. Prusse.
Screpel (César), Roubaix. France.
Screpel-Roussel (J.-B.), Roubaix. Id.
Sentis père et fils et comp., Reims. Id.
Sheikl-Bajool, Sreenugur. Indes anglaises.
Simonis Iwan, Verviers Belgique.
Sirtaine (F). Verviers. Id.
Skène et comp., Brünn. Autriche.
Société de la filature, Voslau. Id.
Soxhlet (H.-F. et E.), Brünn. Id.
Soyer-Vasseur et fils, Lille. France.
Stein frères, Rheydt Prusse.
Strakosch frères, Brünn. Autriche.
Sugden (J) et frères, Keigley. Royaume-Uni.
Sussmann et Wiesenthal, Berlin. Prusse.
Ternynck frères, Roubaix. France.
Thywissen frères. Aix-la-Chapelle. Prusse.
Tisserant (Auguste), Cirès (Oise). France.
Townend frères, Bingley. Royaume-Uni.
Tranchart fils et Tranchart Froment (veuve), la Neuville (Ardennes). France.
Vaün jeune et comp., Paris. Id.
Vernazobres frères, Bédarieux. Id.
Vesseron (Ch.) aîné et jeune, Sedan. Id.
Ville de Verviers (Weber (Ch.) et comp.), Belgique.
Wagner et fils. Aix-la-Chapelle Prusse.
Webb (Ed.), Worcester. Royaume-Uni.
Westhauser (J), Vienne. Autriche.
Wrigley (J. et T.-C.) et Cⁱᵉ, Huddersfield. Royaume-Uni.
Wulfes Jän, Sreenugur. Indes anglaises.
Xhoffray (O.), Bruls et comp., Dolhain. Belgique.
Zadig (J.-B.), Paris. France.
Zambona frères, Borcette. Prusse.
Zeizel G.) et Blümel (F.-Ch.), Vienne. Autriche.
Zerr (Ant), Paris. France.
Zoppritz, Heindenheim. Wurtemberg.
Zschille frères, Grossenhayn. Saxe royale.
Zschille (F.) et comp., Id. Id.

MÉDAILLES DE DEUXIÈME CLASSE.

Airecks Colette (veuve), Tourcoing. France.
Albrecht (R.), Chemnitz. Saxe royale.
Alexander (Paul) et comp., Glasgow. Royaume-Uni.
Anceaux (E.), Reims France.
Anthoni A.), Ingerbruck Prusse.
Arduin et Brun frères, Turin. États sardes.
Arendt (Ed.), Zielinzig. Prusse.
Badin, Lambert et Savoye, Vienne. France.
Baerthold, Sagan. Prusse.
Balcke et Schramke, Jordan et Paradis. Id.
Barbe (Km.) et comp., Hauterive, près Castres. France.
Barbier (V.) Elbeuf. Id.
Barbier (V.), Paris. Id.
Begasse (Ch.), Liège. Belgique.
Ben-Daoud (Oran), Algérie. France.
Benoist et comp., Reims. Id.
Berchoud (L), Paris. Id.
Bernard, Collet et Dubois, Amiens. Id.
Bideau, Paris. Id.
Biétry (L.) et fils, Villepreux (Seine-et-Oise). Id.

Bockmühl (Fr.) fils, Dusseldorff. Prusse.
Boinot (F.). Bordeaux. France.
Bollé et Letellier, Beauvais. Id.
Bonhomme 'Napoléon), Paris. Id.
Bonon et Alex frères, Vienne. Id.
Boquet frères et Martin, Amiens. Id.
Bordeaux-Fournel (veuve) et fils, Lisieux. Id.
Bornefeld et Knopges, Gladbach. Prusse.
Bouchard-Florin, Roubaix. France.
Bouchez-Pothier, Reims. Id.
Boufard-Ferrier et comp., Id. Id.
Bouille et comp., Condamine-la-Doye (Ain). Id.
Bourgeois frères, Paris. Id.
Bousquet jeune (J.), Carcassonne. Id.
Boutard, Paris. Id.
Braitwkaite et comp., Kendal. Royaume-Uni.
Bruyant et Desplanque, Elbeuf. France.
Buffet neveu, Reims. Id.
Buxtorf aîné, Amiens. Id.
Camphausen et Kuppers, Gladbach. Prusse.
Cauvet (J.), Chantilly. France.
Cazaben frères, Carcassonne. Id.
Chambellan (G.), et comp., Paris. Id.
Châtel Queillé, Vire. Id.
Chatelain-Féron, Reims. Id.
Chéguillaume et comp., Cugand (Vendée). Id.
Chinard fils, Paris. Id.
Chrétien, Deshouchat, Mastard, Vérit et C°, Nersac. Id.
Christoffel, Montjoie. Prusse.
Cohen aîné, Vire. France.
Combes-Vidal, Carcassonne. Id.
Correa frères, Covilha. Portugal.
Cottereau frères et comp., Romorantin. France.
Crombie (J. et J.) Aberdeen. Royaume-Uni.
Cross (William), Glasgow. Id.
Damiron et comp., Lyon France.
Daniels et fils, Rheydt. Prusse.
David et Silber, Berlin. Id.
Decaux (Ph.), Elbeuf. France.
Decottignies-Dazin, Roubaix. Id.
Delange et Mathieu, Paris. Id.
Delor fils (A. et J.), Limoges. Id.
Depaule (Kt), Mouy (Oise). Id.
Desteuque et Bouchez, Reims. Id.
Deussen (J.), Sagan. Prusse.
Dickzons et Laings, Havick. Royaume-Uni.
Dillies frères, Roubaix. France.
Domaison (Pierre), Nîmes. Id.
Duchesne-Fournel, Lisieux. Id.
Duneau et Brouet, Elbeuf. Id.
Durst-Munt et comp., Paris. Id.
Elbers (J.-H.), Montjoie. Prusse.
Ellinson (L.-J.), Norrkoping. Suède.
Eude (Louis) et Vieugue, Amiens France.
Facilides et comp., Glauchau. Saxe.
Fauveaux (L.-P.-J.), Tremeroles. France.
Feaux et Riedel, Aix-la-Chapelle Prusse.
Fels (Jh.), Gratz. Autriche.
Fial (J.), Vienne. Id.
Florin (Joseph), Roubaix. France.
Forbes et Hutchison, Paisley. Royaume-Uni.
Fort (M.), Saint-Jean-Pied-de-Port. France.
Friedheim (S.-M.) fils, Berlin. Prusse.
Fry (W.) et comp., Dublin. Royaume-Uni.
Fudickar (H.), Elberfeld. Prusse.
Galliei-Baronnet (Ch.-L.), Sommepy. France.
Garbin et Giobatta, Schio (Lombardo-Vénitien). Autriche.
Gebhardt et Wirth, Frauenmuhle. Prusse.
Geissler (Ern.), Gorlitz. Id.
Geissler (C. S.), Id. Id.
Gimbert (Virginie) et Robert, Paris. France.
Givelet (H. R.) et comp, Reims. Id.
Godet (J.), Paris. Id.
Gohin aîné, Vire Id.
Gorinza (J.), Sabadell. Espagne.
Goure jeune et Grandjean, Paris. France.

Grass (A.), Forst. Prusse.
Groescuke (C.-A), Id. Id.
Gründer (F.), Peitz. Id
Grundy (J.-E.), Manchester. Royaume-Uni.
Guilbert et Watteau, Saint-Quentin. France.
Guillin (A.), Lyon. Id.
Guyon E.), Paris. Id.
Guyot-Dumain, Reims. Id.
Guyotin (L.), Reims. Id.
Hanff (Samuel), Berlin. Prusse.
Hanssens-Hap, Vilvorde. Belgique.
Hardtmann frères, Esslingen. Wurtemberg.
Harmel (Felix), Bourixicourt (Ardennes). France.
Hazard père et fils, Orléans. Id.
Heinrich frères, Luckenwalde. Prusse.
Henriot fils et comp., Reims France.
Hess (G.) frères, Paris. Id.
Heyndricks-Dormeuil, Roubaix. Id.
Hlawatsch (Carl), Vienne. Autriche.
Hoenigg (Fred.), Aix-la-Chapelle. Prusse.
Hoffmann, Goenner et comp., Goerlitz. Id.
Horde frères, Amiens. France.
Hospice apostolique St-Michel, à Ripa. États pontificaux.
Houlès père et fils et Cormouls, Mazamet (Tarn). France.
Hudson et Boustield, Leeds. Royaume-Uni.
Huér et Morkramer, Eupen. Prusse.
Huguet (G.) et comp., Nîmes. France.
Huvet-Beauvais (F.-B.). Paris. Id.
Indebetou (O. et H.), Nykoping. Suède.
Javal (B.) et Neymarck (A.). Elbeuf. France.
Jungbluth (E.), Aix-la-Chapelle. Prusse.
Kauwers et comp., Bruxelles. Belgique.
Kayser (Al.), Aix-la-Chapelle Prusse.
Kershaw (S et H.), Bradford. Royaume-Uni.
Kusch (F.-J.), Brünn. Autriche.
Koechlin-Dollfus et père, Mulhouse. France.
Koehler (J.-A.), Ribeauville. Id.
Knupfer et Steinhäuser, Greiz. Principauté de Reuss.
Krammer (S.-B.), Fünfhaus. Autriche.
Krugmann et Haarhaus, Elberfeld. Prusse.
Kuenzel et Birkner. Crimmitschau. Saxe.
Lamourette (Ph.) et Desvignes, Tourcoing. France.
Lamoureux et Leslin, Sainte-Marie-aux-Mines. Id.
Lantin et comp., Reims. Id.
Laporte (veuve) et fils, Limoges. Id.
Laroque et Jaquemet, Bordeaux Id.
Leblan (Al.), Tourcoing Id.
Leclerc Allart et fils, Reims Id.
Lefebvre et Bourdon, Lisieux. Id.
Lefebvre-Garriel, Elbeuf. Id.
Lejeune-Mathon (veuve), Roubaix. Id.
Lemonnier-Chenevière, Elbeuf. Id.
Lenning (J.), Norrkoping. Suède.
Lepoutre-Parent, Roubaix. France.
Leroux-Leplat, Id. Id.
Lesage-Maille, Elbeuf. Id.
Lesueur-Gosselin, Paris. Id.
Leteinturier-Barbot, Vire. Id.
Levy et Aron, Berlin. Prusse.
Lion frères, Paris. France.
Lohr C.), Peitz. Prusse.
Losseau-Leblanc, Reims. France.
Lowen et Nordsieck, Elberfeld. Prusse.
Mantelier (P.) et comp., Lyon. France.
Marbach et Weigel, Chemnitz. Saxe.
Marbaise père et fils, Hordimont. Belgique.
Marcel (L. et Renault (Raph.), Louviers. France.
Markens et Scheffer, Gladbach. Prusse.
Masse frères, Reims. France.
Matthesius et fils, Cottbus. Prusse.
Maugin aîné et comp., Reims. France.
Mazarin et comp., Camaret (Aveyron) Id.
Mazure-Mazure, Roubaix Id.
Méry (Samson), Lisieux. Id.
Meyer J.-F.), Eupen. Prusse.
Meyer (M.) et comp., Aix-la-Chapelle. Id.

Mignart et comp , Elbeuf. France.
Milon-Marquant, Reims. Id.
Mingaud père et fils, Seignourel et C°, à Saint-Pons Id.
Molina Xumilla. Espagne.
Morgenroth et Wolff, Elberfeld. Prusse.
Morin et comp . Dieulefit (Drôme). France.
Mosse ben-Abraham-Tabet. Algérie.
Muller (J .-G) jeune, Metzingen Wurtemberg.
Müller (M.-W.), Montjoie Prusse.
Nebeski (V.), Vienne. Autriche.
Nettmann (II.-D.), Limburg. Prusse.
Noll et comp., Brandebourg. Id.
Oriolle fils et comp., Angers. France.
Overbeck et Loding Gladbach. Prusse.
Parant (E.-L), Paris. France.
Parent (A), Lyon. Id.
Pastor et comp . Palencia. Espagne.
Pauli et Buckholz. Borcette. Prusse.
Paulick (Adalb), Vienne. Autriche.
Paulig et Woise, Sommerfeld. Prusse.
Peill et comp , Duren. Id.
Peillon fils et comp . Lyon. France.
Pepin-Veillard, Orléans Id.
Périlleux, Michelez et Ackermann. Paris Id.
Pesel et Menuel. Paris. Id.
Pesle Vernois et fils, Orléans. Id
Petit fils (D.), Reims. Id.
Pezé (Ed.-P.), Amiens. Id.
Philippot (J.-M.) et comp., Reims. Id.
Plantefor-Gariel, Elbeuf. Id.
Poiret frères et neveu, Paris. Id.
Ponche-Bellet (L -J.-B), Amiens. Id.
Ponchon fils aîné, Vienne. Id.
Posselt (Ant) fils. Reichenberg. Autriche.
Poulain (C), père et fils, St-Pierre-lès-Talsy. France.
Prade-Poulc, Nîmes Id.
Pradine et comp., Reims. Id.
Pressprich (E.), Grossenhayn. Saxe.
Preuvost (Am.) et comp., Roubaix. France.
Quivy, Legaye, Vert et comp., Villers-sire-Nicolle. Id.
Rahlenbeck et comp., Dalhem Belgique.
Rebeyre (S.), Lyon. France.
Redlich (M), Brüner. Autriche.
Reiss (V.), Rutha. Saxe-Weimar.
Reymond et Bayard-Baron. Vienne. France.
Ribes-Roux, Nîmes. Id.
Riccius (H.-E.) Pratz. Prusse.
Rime et Renard, Orléans. France.
Ritcher et Schwetasch Forst. Prusse.
Rittinghaus et Braus, Werden. Id.
Rives (Ulysse), Mazamet. France.
Robert-Galland, Reims. Id.
Robert Mathieu. Reims. Id.
Rodier (E.), Paris. Id.
Rouderer (J.), Bischwiller. Id.
Rogelet (Victor) et comp . Paris. Id.
Rousselet (Ant.) et fils, Sedan. Id.
Roustic (Madame veuve Aug), Carcassonne. Id.
Ruef et Bicard. Bischwiller. Id.
Ruffer (J .-B.) et fils, Liegnitz Prusse.
Sadon et comp , Roubaix. France.
Saint-Denis-Petit, Reims. Id.
Saltares. Sabadell. Espagne.
Saurel (Ant.), Nîmes. France.
Sautrel fils. Reims. Id.
Sauvage (A -J), Francomont. Belgique.
Schellema (J), Leyde. Pays-Bas.
Schiffner et Zimm-rmann, Glauchau. Saxe.
Schinka (Johann). Vienne. Autriche.
Schlief (C.) et Schlief (S.), Guben. Prusse.
Schlumberger (Caspard) et comp., Mulhouse. France.
Schmalzer-Weiss, Mulhouse Id.
Schmelz (Ch.), Burg. Prusse.
Schmidt et fils, Reichenberg. Autriche.
Schmitt (Franz), Aïcha, près Reichenberg. Id.
Schmitt (Héritiers J.-M.), Heugedein. Id.

Schwebel et Schmidt, Bischwiller. France.
Société anonyme de la filature de laine peignée de Pfaffendorf. Saxe
Sormani (Ag.), Paris. France.
Stehelin-Schœner, Thann (Haut-Rhin). Id.
Sterrken (H.), Aix-la-Chapelle. Prusse.
Strauss et Leuschner, Glauchau. Saxe.
Talbot (Stanislas). Louviers. France.
Tannenbaum-Fariser et comp, Luckeuwalde. Prusse.
Teschenmacker (J.-C.) et Kaltenbusch, Werden. Id.
Tettelin Montagne, Roubaix. France.
Tobias (T.), Gromberg. Prusse.
Touzé (Alph). Elbeuf. France
Tribu des Djaafras, centre de Tiaret. Algérie.
Ulenberg et Schnitzler, Opladen. Prusse.
Vaucher-Picart, Rethel. France.
Véné , Houlès et comp., Mazamet. Id.
Vernazobres (J) et fils, Bédarieux. Id.
Villeminot-Huart et comp., Reims. Id.
Vonwiller et comp., Seuftenberg. Autriche.
Voos (J.-J.), Verviers. Belgique.
Walbaum (Louis) et comp , Reims. France.
Walthausen (Ch.), Aix-la-Chapelle. Prusse.
Watel (Florimond), Roubaix. France.
Weber frères, Gorlitz. Prusse.
Weigert et comp., Berlin. Id
Weigert frères , Berlin. Id.
Weil (L.), Paris. France.
Wenda (veuve de A.-C), Vienne. Autriche.
Wiedenmann (C -F.), Heidenheim. Wurtemberg.
Witz, Greuter et comp., Guebwiller. France.
Wulverick et Couturié, Paris. Id.
Xhibitte (E.), Charneux. Belgique.

MENTIONS HONORABLES.

Allbaud fils aîné et comp., Digne. France.
Alscher (J.), Jaegerndorf. Autriche.
Amboni (C.), Côme. Id.
Andries et Wauters, Malines. Belgique.
Aubanel (Alp.) et comp., Sommières France.
Aubeux (L.-Ch.), Paris. Id.
Banon frères, Digne Id.
Baranger frères, Château-Renard (Loiret). Id.
Barbeaux (Hipp.). Reims. Id.
Bargeat et Leignies, Amiens. Id.
Baum (J). Bielitz. Autriche.
Baum L.). Bielitz. Id.
Bégot, Vienne. France.
Benedig , Strassich. Autriche.
Bertrand (J.-P.), Bischwiller France.
Biennert (Fl), Vienne. Autriche
Billon, Paris. France.
Bisson (J), Bernay. Id.
Blaschke (J.), Weiskirch. Autriche.
Blin père et fils et Bloc, Bischwiller. France.
Bœringer (P), Mulhouse. Id
Bonafous aîné et comp., Mazamet. Id.
Bonnel (Henri), Tourcoing. Id.
Boudon jeune, Mazamet. Id.
Boula (V.) et fils, Paris. Id.
Bouteille frères. Paris. Id.
Bouvier et Vialleton, Vienne. Id.
Bouvier frères, Vienne Id.
Boyer-Thomas, Limoges. Id.
Brenier aîné et comp., Vienne. Id.
Bruneaux aîné père et fils, Réthel. Id.
Budin-Signez, Beauvais. Id.
Bulteau-Desbonnets, Roubaix. Id.
Bum , Brünn. Autriche.
Cailleux (Eugène), Paris. France.
Callandre père et fils et Burle, Gap. Id.
Callou-Commaerts (P.-A.), Bruxelles. Belgique.
Campos Mello frères, Covilha. Portugal.
Carcenac frères , Rodez France.
Carriol, Baron et fils aîné, Angers. Id.

Cerfon fils, Nancy. France.
Champion (L.-M.-V.), Paris. Id.
chemin père et fils. Tillier. Id.
Chenautals (L.), Loches. Id.
Cohn et Schreiner, Berlin. Prusse.
Coïsne (H) et comp., Roubaix France
Compagnie de filature de tissage, Lordello Portugal.
Cresson-Dieu et Choquet. Amiens. France
Darras-Lemaire (D), Tourcoing Id.
Daudier père et fils, Orléans Id.
David-Labbez et comp , Reims. Id.
Debeselle (A.-J), Thimester, près Verviers. Belgique.
Delarue (A.), Elbeuf France.
Deroubaix (Henri), Tourcoing Id.
Desmortreux (J.-F.). Vire. Id.
Desperelles et Latouche, Paris. Id.
Diamandi (A. G). Kronstadt. Autriche.
Birmoser, Brünn Id.
Dollfus-Dettwiller, Mulhouse. France.
Dotter (J.). Fünfhaus Autriche.
Duboc (A.-A.), Elbeuf. France.
Duchesne Rogelet, Reims Id.
Duvillier Delattre, Tourcoing Id.
Ellis. Everington et comp., Londres. Royaume Uni.
Ervens (P.), Aix-la-Chapelle. Prusse.
Fahart et Tiret, Paris. France.
Feller (J.-G.) et fils, Guben. Prusse.
Feis (Z.). Gratz. Autriche.
Ferrier (Ed.). Roubaix. France.
Ferry fils et Zeder, Metz Id.
Fevez (P.), Atlelix et comp. Amiens. Id.
Pickenchor (B.), Vienne. Autriche.
Forster, Jaegerndorf. Id.
Gasse frères. Elbeuf. France
Gaucheron-Greffier, Orléans Id.
Gaudchaux Picard fils. Nancy Id.
Gauthier (C), Paris. Id.
Geoffray et Chanel, Paris. Id.
Gesson-Mazille, Rethel. Id.
Gigot et Bois-Jean Pontfaverger. Id.
Gill et Bishop. Leeds. Royaume-Uni
Godhair frères, Brünn. Autriche.
Gourdon frères, Chemillé. France
Gschnitzer M.), Salzbourg Autriche
Guillier et Hubert, Châteaudun. France.
Guittard (Léon) fils, Prémiau. Id.
Guittard (V), Prémiau. Id.
Gurtler, Brünn. Autriche.
Haan (Carl) et fils. Coblentz. Prusse.
Hahma-ben-Messaoud, (O.. Bousselam Algérie.
Hammacher (P.) et comp., Lennop. Prusse.
Harmkouch et comp , Roubaix. France.
Herschmann (H.), Neurausnitz Autriche.
Hœninghaus et Meyer. Aix-la-Chapelle. Prusse.
Hoffmann (E.), Solau Id.
Hoffmann (Ch-T), Norrköping. Suède.
Honnorat (E fils d'André), à Saint-André-de-Méouilles (Basses-Alpes). France.
Horny, Jaegerndorf. Autriche.
Hoschek fils, Brünn. Id
Hourblin-Doyen, Suippes Marne). France.
Huber (Seb), Vienne. Autriche.
Hufmann frères, Werden. Prusse.
Hugon (P.), Nîmes France.
Jourdan (Alb.), Paris. Id.
Juhel Pont Degrenne (veuve), Vire. Id.
Jullien (J et Ant.). Vienne. Id.
Klaschke (Dav) Fünfhaus. Autriche.
Kettner, Nedweditza, Id.
Kirgpel, Brünn. Id.
Konrad (And.) et fils, Vienne. Id.
Kopetzki, Brünn. Id.
Krause (E.-G), Schwiebus. Prusse.
Lacombe et Degrand, Carcassonne France.
Larcher et Neveux, Portalegre. Portugal.
Lardière et comp., Vienne. France.

Larivière (veuve Louise), la Chapelle-Saint-Denis. France.
Laroque et Jacquemet, Bordeaux. Id.
Lebègue et Mallet, Fourmies. Id.
Lee (Georges) et comp , à Wakefield Royaume-Uni.
Leichner et Morgenstern, Sagan. Prusse.
Lenot (V.), Paris. France.
Le Parquois fils aîné (A), Saint-Lô. Id.
Lepaulle, Neuville et Gontier-Féart, Reims Id.
Leplat-Dewavrin. Tourcoing. Id.
Lepoutre (Auguste), Roubaix. Id.
Lerosey, Vire. Id.
Leroux-Berthelemot. Reims Id.
Leroux-Delecroix, Roubaix. Id.
Lignières (Pascal). Carcassonne. Id.
Lindenlaub (C) Lah. Grand-duché de Bade.
Lindner (Fr), Vienne Autriche
Lob (Albert), Aix-la-Chapelle. Prusse.
Locker frères, Krembourg. Autriche.
Lormier (N), Darnétal. France.
Maas fils, Delft. Pays-Bas.
Macaigne neveux, Macaigne (N.-J.), Paris. France
Mach. Brünn. Autriche.
Mac-Millan (J.) et comp , Glasgow. Royaume-Uni.
Magni-z (F.). Belloy-sur-Somme France.
Maillebeau, Marvejols (Lozère) Id.
Maison de correction, Christiania. Norwège.
Mannheimer et comp , Brandebourg. Prusse.
Manufacture d'Ismith. Turquie.
Mathieu (L.), Vienne France.
Matthesius aîné (D.), Leisnig. Saxe.
May (Carl), Vienne. Autriche.
Melion et comp , Elbeuf. France.
Metzke (Aug), Sagan. Prusse
Milde, Brünn. Autriche.
Millegenne (veuve), Delisle et comp , Amiens. France.
Mohammed-ben-Abou, tribu de Dreat (Algérie).
Mouïsse (J.-F), Limoux. France.
Müllender (C) et fils, Eupen Prusse.
Muller (A.-E). Mulhausen. Id.
Neumeister (J.), Brünn. Autriche.
Nourtier et comp.. Paris. France.
Nouvion aîné, Pontfaverger Id.
Olivier et comp , Verviers Belgique.
Olombel frères, Mazamet France.
Osmont et Leroux. Elbeuf. Id.
Oudinot-Lutel (veuve), Paris Id.
Pannoc (C) et comp , Summerfeld Prusse.
Paret (Marius), Sedan. France.
Pintner, Brünn Autriche.
Poincignon (D), Metz France.
Pollack, Brünn. Autriche.
Pontois-Queille , Vire France.
Pouillier-Delerue (L.), Roubaix. Id.
Pourcherol et comp , Nîmes Id.
Prouvost (H.), Roubaix Id.
Rech et comp , Essonnes Seine-et-Oise). Id.
Reisse (V., à Rulba Saxe-Weimar.
Retif (J.-B.), Vassy-sous-Pizy (Yonne) France.
Rivière (Al.), Elbeuf. Id
Rocher jeune, Paris. Id.
Ronnet, Pont-Maugis Id.
Roulé fils aîné J.-A.), Elbeuf Id.
Roussel (F.), Roubaix. Id.
Rouvière-Cabane, Nîmes. Id.
Roze Abraham frères, Tours. Id.
Rüttre (E.) et comp.. Paris. Id.
Sallès père et fils, Toulouse. Id.
Salvaing jeune, Mazamet. Id.
Sangouard (C), Paris. Id.
Sautoy (G. Du) et comp , Annonay Id.
Savin-Lapinthe, Reims. Id.
Scamps (Ph. , Roubaix. Id.
Schaller frères et Goldschmiedt, Bielitz. Autriche.
Scheibler (J.-F.), Montjoie. Prusse.
Schlief (E.-P.), Guben Id.
Schlumberger (F.-M.), Mulhouse. France.

Schmidt (F) et comp., Sommerfeld, Prusse.
Schmidt (J.-Ph.), Reichenberg Autriche.
Schnieger, Brünn. Id.
Schoiler (Ad.), Brünn. Id.
Schwarz (A), Bielitz. Id.
Siegel (F.), Heilbronn. Wurtemberg.
Signoret (Paul), Vienne. France.
Simon F), Elbeuf. Id.
Sompairac aîné, Cosne Id.
Spengler (Ch.), Cremmitschau. Saxe.
Stancomb (W. et J.), Trowbridge Royaume-Uni.
Stowe frères et comp., Leeds York. Id.
Stulich (J). Vienne. Autriche
Teissier et comp.. Mornigues France.
Turnision (Ant.-Al.), Elbeuf Id
Thiebaut-Delahaye et fils, Amiens. Id.
Vellard (A.), Reims. Id.
Vernazobres jeune et comp., Bédarieux. Id.
Vieville et comp , Reims. Id.
Vigoureux (S.), Id. Id.
Vimont frères, Vire. Id.
Vitalis frères, Lodève. Id
Voreux-Lemaire, Roubaix. Id.
Warschak, Brünn. Autriche
Waulers (Aug. et Ad.), Tamise Belgique.
Weir J.) et comp., Londres. Royaume-Uni.
Werner (H). Forst. Prusse.
Wilsch, Jaegendorf. Autriche.
Wilson et Armstrong. Hawich Royaume-Uni.
Witcowski (Michel), Vire France.
Wunderlich, Brünn. Autriche.
Wünsche (C. E.), Breslau. Prusse.
Zaalberger et fils, Leyde. Pays-Bas.
Zacharias, Debreczin. Autriche.

COOPÉRATEURS,

CONTRE-MAITRES ET OUVRIERS.

MÉDAILLES DE PREMIÈRE CLASSE.

Bermeut (M), maison Toussaint Grandin; Elbeuf. France.
Botte (F.-A.), maison Jourdain (F.) et Cⁱᵉ, Louviers Id.
Bourguignon (C.-L.), maison Davin (F.), Paris. Id
Brancourt (R. , maison vᵉ Davant et Cⁱᵉ, Esserteaux Id
Castrel (J , maison Randoing (J.), Abbeville. Id.
Dutrieux (Louis), maison Paturle-Lupin, S ydoux, Sieber
   et comp , Cateau-Cambrésis. Id.
Gand (Henri), maison Croutelle, Rogelet, Grand et Grand-
   jean, Reims. Id.
Leclerc (Hippolyte). maison Chenevière (Th.), Elbeuf Id.
Legris Marie-Joseph , maison Mercier. Louviers. Id.
Mainier (Michel), maison Boutigny, id Id.
Marcel Couprie, maison Paul Bacot et fils, Sedan. Id.
Marchand (L.-E.., maison C. Bellot et Collière, Elbeuf. Id
Martin (Charles), maison Duperier, Louviers. Id.
Meunier (H.), maison Biolley (F.) et fils, Verviers. Belgique
Mutel Jules , maison Bertèche, Bandou Chernon et comp.,
   Paris. France.
Pohu (Jean-Alexandre), maison Paturle-Lupin, Seydoux,
   Sieber et comp., Cateau-Cambresis. Id.
Ponsin (Jean-Baptiste , maison Paturle Lupin, Seydoux,
   Sieber et comp., id Id.
Protin, maison Cunin-Gridaine père et fils, Sedan. Id
Runge (F), maison Offermann (J.-H.), Brünn. Autriche.
Saubinet-Trousson (Étienne), gérant de la Société des
   dechets , Reims. France.
Sivel (Prosper), maison Germain-Thibaut et Chabert
   jeune , Bohain. Id.
Troisier (D.), maison Iwan Simonis, Verviers. Belgique

MÉDAILLES DE DEUXIÈME CLASSE.

Alain (Marie), femme Deboos, maison Grandin (R.-C).
   Elbeuf. France.
Alavoine (Ambroise), maison Legris, id. Id.
Albeau (Jean), maison Massé frères, Reims Id.

Alex (Pierre), maison Mercier, Louviers. France.
Allard (A.), vᵉ Lepage, maison Houllier, Elbeuf. Id
Ansorge (A.), maison Posselt (A.) fils, Reichenb rg
   Autriche.
Bellony-Gobinet maison Fournival. Rethel. France.
Berthe Edouard), maison Maquet-Harmel. Bouizicourt. Id.
Berthe (Jean-Baptiste). maison Fournival, Rethel. Id.
Bertrand Joseph), Id. id. Id.
Bodineaux (J.-B.), maison Laoureux (P.-J.), Verviers.
   Belgique.
Boland, maison Bleyfuesz (F.-J.) et fils, Disson Id
Boniver (Jean-Simon), maison Biolley et fils, Verviers Id.
Bonjean (H). maison Desteuque et Boucher, Reims. France.
Boquillon (Louis), maison Poussin, Elbeuf. Id.
Bosson (Thomas), maison Laoureux (P. J.), Verviers.
   Belgique.
Boucher, maison Chenevière (Th), Elbeuf. France.
Bouliaud, maison Chenevière (D., Louviers. Id.
Breard Ols Gustave , menuisier, Id. Id.
Bruls (Philippe), maison Xhoffray (O), Bruls et comp.,
   Dolhain-Limbourg (Liège), Belgique
Carpentier (J.-B.). maison Mourceau. Solesmes. France.
Challiez fils. maison Vernazobres (J.) et fils, Bedarieux. Id.
Chevalier (Pierre-Jacques), maison veuve Jouen, labou-
   reur, Louviers. Id.
Crosset (N -J.), maison Biolley et fils, Verviers Belgique.
Cuttier (J -B.), maison Croutelle, Rogelet, Gand et Grand-
   jean, Reims. France.
Cuynet (Etienne-Claude), maison Couder jeune, Paris. Id.
Defawe, maison Laoureux (P), Verviers. Belgique
Degreef (Thomas), maison Keyser (Michel , Bruxelles. Id.
Delaval (Edouard), maison Mercier, Louviers. France.
Dequatremare, maison Chenevière (Th). Elbeuf. Id.
Derripont (Auguste). maison Paturle-Lupin, Seydoux ,
   Sieber et comp., Cateau-Cambrésis. Id.
Desmares (François), appréteur, id. Id.
Desquien F), maison Delattre père et fils. Roubaix. Id.
Dolesol. maison Offermann (J.-H.), Brünn. Autriche.
Driol Jean), maison Paul Bacot et fils, Sedan. France.
Dubois Léon), maison Chenevière, Elbeuf. Id.
Dufossé, maison Randoing (J.), Abbeville. Id
Dupasseur (Antoinette), maison Fouard, Elbeuf. Id.
Duperrey, maison Caillet Frangville, Bazancour. Id.
Dupre, maison Boutigny, Louviers. Id.
Durand, maison Dauphinot-Pérard, Isle-sur-Suippe. Id.
Duret, maison Badin-Lambert et Savoye, Vienne. Id.
Duval (Guillaume-Emmanuel), contre-maître, Elbeuf. Id.
Ebrard , maison Deneirouse-Boisglavy (E.) et comp.,
   Corbeil Id.
Ellet (M), maison Legrand (T) et fils, Fourmies. Id.
Ertenbusch (G), maître tisserand. Wurtemberg.
Escalle (Etienne), maison Vernazobres (Jules) et fils,
   Bedarieux. France
Eslot, maison Sabran (V.) et Gessé G , Thenelles. Id.
Evesque, maison Duche, Duche (A.), Brière et Cⁱᵉ. Paris. Id
Flamand, maison Bleyfuesz (F.-J.), Disson. Belgique.
Florence (Jean-Léon), maison Biolley et fils, Verviers. Id.
Forteaux (Ferdinand). maison Jourdin (Fred.) et fils,
   Louviers. France.
Foucher, maison Proust frères et Noirot fils, Niort. Id
Fournier, maison Desplanches, Louviers. Id.
Fournier François , maison Vichy-Henri, Paris. Id.
Françoise, maison Mᵐᵉ Gaussen et comp., Paris. Id.
Fremont, maison Pagès-Baligot, Paris. Id.
Funnell (John), maison Clapburn fils et Crisp, Norwich.
   Royaume-Uni.
Gaberle (Louis-Victor), maison Bideau, Paris. France.
Galland F -A.), maison Desteuques et Bouchez, Reims Id.
Gardin (Philippe,. maison Louvier, Louviers. Id.
Gauchet (L.-G.), maison Hébert (F) et fils, Paris. Id.
Gilles (Louis), maison Mercier, Louviers Id.
Girard (Edmond,. maison Mourceau. Paris. Id.
Gladieux (C.), maison Fortier et Maillard Grougis. Id.
Goddard (Georges), maison Marcel, Louviers. Id.
Godechaux (Jacob), maison Godchaux frères, Schleifmuhl.
   Grand duché de Luxembourg.

Godet (Jean-Pierre), maison Turgis, Elbeuf. France.
Golzmann, maison Kunzer, Bischwiller Id.
Goura (A), maison Schiflebel et Schmidt, Bischwiller. Id.
Govaere (Louis), dessinateur, Roubaix. Id.
Grieux (Jean-Baptiste), maison Favrel, Louviers. Id.
Guibert (Frédéric), maison Dannet et comp., id. Id.
Hache (Jean-Alexandre), maison Corneville-Cardin, id. Id.
Hareng (Louis-Apollonius), maison Javal (B) et Neymarck (A.), Elbeuf. Id.
Hausen (Bernard-Antoine), maison Bischoff (J.-A), Aix-la-Chapelle. Prusse.
Hazet (Toussaint), maison Poussin, Elbeuf. France
Heintz (Isaac), maison Kunzer, Bischwiller. Id.
Heller (Philippe-Constant), maison veuve Fauvel, Paris. Id.
Herkner (Jean), maison Schmidt (Fr. et fils, Reichenberg. Autriche.
Heudebourg (F.), maison Dupérier, Louviers. France
Holf (William), maison Schepper (F. , Loth. Belgique.
Houard, maison Laoureux (P.-J.), Verviers. Id.
Huel, maison Lelarge, Auger et Cᵉ, Reims. France.
Ivernaux (H.), m. Lucas frères, Hazancourt. Id.
Javry, maison Chennevière (Th.), Pecquigny Id
Jeune-Champs (François), maison Bellot (Ch. et Collière (O.), Angecourt. Id
Ka'z, maison Keiser (Michel, Bruxelles. Belgique.
Katz (Salomon), maison Godchaux frères, Schleifmuhl. Grand duché de Luxembourg
Kint (P.), maison Leman et comp., Turcoing France
Koren (J.), chambre de commerce, Klagenfurth. Autriche.
Kramer (L.-F.), maison Schmidt Fr. et fils, Reichenberg. Id
Krokaert (C.), maison Billet et Huet, Bruxelles. Belgique.
Krug (Jules), maison Schmidt (Fr., et fils, Reichenberg. Autriche.
Lambert, maison Billet et Huet. Rethel. France.
Lambotte (Henri Joseph), maison Biolley et fils, Verviers. Belgique.
Lange (Jean-François , maison Deguenet. Louviers. France
Lauon, maison Jourdain (F. et fils. Louviers. Id.
Lecomte (A.-J), maison Randouiny, Abbeville. Id
Leroq (Mme), maison Lelarge, Auger et comp. Reims. Id.
Ledran (Rose), femme Morisse, maison Dupérier, Louviers. Id.
Lefebvre (Jean Baptiste) maison Decaux (Ph.), Elbeuf. Id.
Lefebvre (Pierre-Théodore , maison Decaux (Ph.), id. Id.
Lefèvre fils, maison Mme Gaussen et comp., Paris. Id.
Léger (Jean), maison Poitevin et fils, Louviers. Id.
Legrand Alfred , entrepreneur de broderie. Paris. Id.
Lemonnier (Guillaume), maison Grandin, Elbeuf. Id.
Léonard (C.), maison P.-J Laoureux, Verviers Belgique.
Leprêtre Jean , maison Mercier, Louviers. France.
Letellier (Jean-Baptiste , maison Bertèche. Baudoux-Chesnou et comp., Sedan. Id.
Longuet, maison Benoist Mallet et Walbaum, Reims. Id.
Lucas, maison Th. Chennevière, Elbeuf Id.
Ludovicy (Pierre), maison Godchaux frères, Schleifmuhl. Grand-duché de Luxembourg.
Mallet (Louis), maison Mercier, Louviers. France.
Malval, maison Machet, Marotte et Paroissien, Reims. Id.
Manoury (Célestin , tisseur, Aizecourt le Bas. Id.
Martel, maison Randoug. Abbeville. Id.
Martin (G), maison Iwan Simonis, Verviers Belgique.
Martin, maison Poitevin et fils, Louviers France
Melchior : Constant , maison Ch. Bellot et O. Collière, Augecourt (Ardennes) Id.
Mercier (Achille , maison Mercier, Louviers. Id.
Meunier François), maison F Hébert et fils, Paris. Id.
Michel P.-Joseph , maison Sirtaine, Verviers. Belgique.
Mommers (P.-J.) maison P. Kauwerz et Cᵉ, Bruxelles Id.
Paneau (Mme Thérèse), maison F. Henriot et comp., Reims France.
Pasquier (veuve Marie Anne , maison Sautrey fils, Bethoniville (Marne) Id.
Paumier (Jules , maison Mercier, Louviers. Id.
Payen (Louis), maison Dupérier, id Id.
Perret Etienne , maison Mme Gaussen et comp , Paris Id.

Petit 'J. F.), maison Iwan Simonis. Verviers Belgique.
Picard, maison Mercier, Louviers. France.
Pollek (A. , importateur de laines à Paris, Prague. Autriche
Poquet, maison S -M Philippot, Reims France.
Potron, maison Gaussen jeune et Fargetton, Paris. Id.
Prevost Martinon (Charles), maison Henriot frères et comp. Reims. Id.
Prévôt fils, dit Paul, maison Grandin, Elbeuf Id.
Provost Adolphe , maison Demar et comp., id. Id
Rahler N. J.), maison Biolley et fils, Verviers. Belgique.
Raskin, maison P. J Laoureux, Verviers Id.
Reinhard Meyer , maison Godchaux frères, Schleifmuhl. Grand duché de Luxembourg.
Renoult Pierre , maison Roy. Louviers. France.
Richard (E), maison Billet et Huot Château-Porcien. Id
Rocherel, maison Gaussen jeune et Fargetton, Paris. Id.
Ruf, maison J -Kohler, Ribeauvillé Id.
Saillard, maison Chennevière Louviers. Id
Sdaville, maison Roas frères et comp , Paris. Id
Schumacker Henri , maison Pierre Kauwerts et comp., Bruxelles. Belgique.
Seignes (Joseph), maison Paturie Lupin, Seydoux. Siebert et comp. Cateau-Cambrésis France
Servin, maison Gaussen et comp , Paris. Id
Soibinet (Etienne), maison Fournival, Rethel Id.
Sorel Marie-Honor , maison Fouard, Elbeuf. Id.
Stoquis, m. Biolley et fils, Verviers Belgique.
Taine 'J.-B.), maison Th. Chennevière, Brabain. France.
Thiemister (J.), maison G. Delahaye frères. Hodimont. Belgique.
Thorel Jules , maison Randoug. Abbeville. France
Thys (H.), maison F.-J Bleyfuesz et fils, Disson Belgique.
Tirel (L.), maison Henriot frères et comp., Reims. France
Tourneur, maison J. Cauvet, Chantilly Id.
Vandervende (C), maison vᵉ Lejeune-Mathon Roubaix. Id
Ventejoul, maison François Croco, Paris. Id.
Veutin (Pierre), maison Prévotel, Paris. Id.
Vieil Voye (G), maison F. Sutaine, Reims. Belgique
Walker (William), maison Scheppers F). Loth. Id.
Weirig Flor.), maison Langlois et Fresné, Louviers. France.
Winkler (G. , maître tisserand. Wurtemberg.

Alexandre (Jacques René), maison Croutelle, Rogelet, Gand et Grandjean, Reims. France.
Alliaume aîné, maison Sautret fils. Reims. Id
Antoine (Frédéric , maison Pannet et comp , Louviers. Id.
Aubert, maison F. Jourdain et fils. id. Id.
Barras (T.), maison F. Sirtaine, Verviers. Belgique.
Basilier. maison F. Biolley et fils, id , Id
Raudelot , maison Lachapelle et Levariel, Reims. France.
Bechard, maison Leroux-Berthelemot. id. Id.
Bellemain (F.). Gentilly, près Paris. Id
Benter (F. , maison Mathesius aîné. Leisnig Saxe Royale.
Béranger, maison Augustin Delarue. Elbeuf. France.
Bernard, maison Henriot fils, Reims. Id.
Biegmann (Charles , maison J.-H Offermann. Vienne. Autriche.
Bindel (Marie , Verviers. Belgique
Birambeau (Augustin , maison Paturie-Lupin, Seydoux, Sieber et comp., Cateau-Cambrésis France
Bladt (Guillaume) maison J Kunser, Bischwiller. Id.
Blas (Henri), maison Paturie-Lupin, Seydoux. Sieber et comp , Cateau-Cambrésis. Id
Boizard-Levert (F.), maison Rouy-Thiriet, Sedan. Id
Boulangé père, maison Destenque et Bouchez, Reims. Id.
Bourgeois veuve), maison Poitevin et fils. Louviers. Id
Boy (Jean-Charles , maison Paturie-Lupin, Seydoux, Sieber et comp., Cateau Cambrésis. Id.
Brion (J.), maison C. Bellot et Collière, Angecourt. Id.
Brion père, maison C. Bellot et Collière. Id
Briste (Isidore), maison J. Aroux, Elbeuf. Id.
Brunel, maison Boutigny, Louviers. Id.
Bulté (Aug.), maison Morel Beer, Elbeuf. Id.

Burchard (C.), maison J.-H. Offermann Vienne. Autriche.
Bussin Petronelle). Verviers Belgique.
Canard J.-L.), maison Margottin-Compas, Reims. France
Charles (J.-B.), maison de Keyser. Bruxelles. Belgique.
Charlier J.-B.), maison Lachapelle et Levarlet. Reims. France
Charlier (Pierre-R.), maison Dauphinot-Pérard, Reims. Id.
Clarin, maison Ch. Bellot et Collière, Angecourt Id.
Colignon (J.-F., maison Oudin-Dubois, Reims. Id
Colson-Warin (J.-Baptiste), maison Rouy-Thiriet, arrondissement de Sedan. Id.
Cornet (A.-A.-J.), maison Pradine et comp., Reims. Id.
Cosmans (P.), maison de Keyser, Bruxelles. Belgique.
Crète, maison Mercier, Louviers. France.
Defraiteur (P., maison F Biolley et fils. Verviers. Belgique.
Delahaye (François), maison Henri Delattre père et fils, Roubaix. France.
Delbushaye (L., maison Fr Sirtaine. Verviers. Belgique.
Delice, maison Mercier, Louviers. France.
Deruy (J.-E.), maison Aug. Camoin, Sedan. Id.
Desnelles, maison Mercier, Louviers Id
Destordeur (Michel), maison G.-J. Laoureux, Verviers. Belgique.
Deudon, maison Paturle-Lupin. Seydoux, Sieber et comp., Cateau-Cambrésis. France
Devaux (J., maison J.-H Offermann. Vienne. Autriche.
Diet, maison E. Xhibitte, Charneux. Belgique.
Douillet (T), maison Viéville et comp., Reims. France
Duboc (A), F me Pellier, maison Houllier fils. Elbeuf. Id.
Dupont, maison Fontaine-Delberq. Roubaix. Id.
Duval (Thomas), maison Augustin Delarue, Elbeuf. Id.
Ernelding (Mathias), maison Auguste Camoin, Sedan. Id.
Favre, maison Chipier, apprêteur, Paris. Id
Fécoune (Rose), maison Dupérier. Louviers Id.
Ferret (Louis), maison Delattre père et fils. Roubaix. Id.
Féry (F.-G.), maison Boucher-Pothier, Warmereville. Id.
Gantois, maison Mercier. Louviers Id
Garbadol (Paul-Georges), maison Houlier fils, Elbeuf. Id.
Garnotel (Jean-Pierre), maison Massé frères, Reims. Id.
Gens (Etienne), maison Dupérier. Louviers. Id.
Gérard (Pierre), maison Ch. Bellot et Collière, Angecourt. Id
Gilbert (J.), maison P. Kauwers et C°, Bruxelles. Belgique.
Gilles, maison Delplanches, Louviers. France.
Goupil, maison Th. Chenevière, Elbeuf. Id.
Guyot, maison Viéville et comp. Reims. Id
Hardouin (Alexis, maison Dupérier. Louviers. Id.
Herman, maison F. Biolley et fils. Verviers. Belgique
Hermann (Charles Guillaume), maison Matthésius aîné, Leisnig. Saxe royale.
Hermann (Fred), maison Nebesky, Vienne. Autriche.
Heudebourg (Jacq), maison Dupérier. Louviers. France
Heulmatte, maison Mercier. Louviers. Id.
Huberty (T), maison Iwan Simonis, Verviers. Belgique.
Jodin maison G.-J. Laoureux, Verviers. Id
Kreizschmann, maison Matthésius aîné, Leisnig. Saxe royale.
Krins Joseph), maison E. Xhibitte, Charneuf. Belgique.
Lallemand (Prosper, maison Duchesne Rogelet, Novion Porcien. France
Lelot, dit Nicolas, maison J. Randoing, Abbeville. Id.
Lanique (Nicolas), maison Croutelle, Rogelet, Gand et Granjean, Pontgivart, près Reims. Id.
Lapierre aîné, maison Lelarge et Auger, id. Id.
Lardé (E), maison Ch. Bellot et Collière, Angecourt. Id.
Larzarit, maison F. Rubelli. Venise Autriche.
Laurent (François), maison Paturle-Lupin. Seydoux, Sieber et comp., Cateau-Cambrésis. France.
Laurent (veuve), maison Th. Chenevière, Elbeuf. Id.
Laurent (Pierre Rose), maison Petit fils, Reims Id.
Lelret (Pierre, maison Th. Chenevière, Elbeuf. Id.
Lenoir (Suzanne veuve), Id. Id. Id.

Lefrançois (Norbert), maison Houllier fils, Elbeuf. France.
Lefrançois (Virginie), maison Poitevin, Louviers. Id.
Legrand (P.), maison H Delattre père et fils, Roubaix. Id.
Lemery (Jean Roulin), maison Croutelle, Rogelet, Gand et Grandjean. Reims. Id.
Leroux, maison Mercier. Louviers. Id.
Leroy (Victor), maison Th. Chenevière, Elbeuf. Id
Lesnes (Constant), maison Paturle Lupin, Seydoux, Sieber et comp., Cateau-Cambrésis. Id.
Levasseur (L.-P. E), maison Houllier fils, Elbeuf. Id.
Levert Buizet. maison Rouy-Thiriet Sedan. Id.
Liebert, maison Destenques et Bouchez Reims. Id.
Lincé (A), maison Xhibitte, Charneuf, Liège. Belgique.
Martin (Rosalie), maison Dupérier. Louviers. France.
Martinet (Michel), maison Ch. Bellot et Collière, Angecourt. Id
Mauroy, maison Lelarge, Auger et comp., Reims Id.
Medley (Edvin), maison E. Xhibitte, Loth. Belgique.
Melchior (J.), maison C. Bellot et Collière, Angecourt. Id
Melchior père, maison Ch. Bellot et Collière, id. Id.
Michaux (Martin), maison Godchaux frères, Schleifmuhl. Grand-duché de Luxembourg.
Moïse (Gédéon), maison Poitevin et fils, Louviers. France.
Moutier (Elisa), Id. Id. Id.
Muzerelle (J.-B.), maison Margottin Compas. Reims. Id.
Nice, maison Massé frères. Id. Id.
Nissen (V.), maison F. Biolley et fils, Verviers Belgique.
Notat, maison Margottin-Compas, Reims. France.
Osterlay (Jacq), maison Kunzer, Bischwiller. Id.
Paniera (Jean), maison F Rubelli, Venise. Autriche.
Peltier (J.-B), maison Boucher-Pothier, Warmereville. France.
Perrillat, maison Chippier, Paris. Id
Perrin (D.-A.), maison Margottin Compas, Reims. Id.
Picard, maison Poitevin et fils, Louviers Id.
Pinchon (Calixte), maison Dupérier, id. Id
Poursaint, maison Ch. Bellot et Collière, Angecourt. Id
Poutrel (Jean-Baptiste), maison Ch. Flavigny, Elbeuf. Id.
Prévost, maison Mercier, Louviers. Id
Prévost (Antoine), maison Dupérier, id. Id.
Quatremare (Marie), Id. id. Id.
Quinart (Mlle Adèle), maison Duchesne-Rogelet, Novion-Porcien. Id.
Radermacher, m. M. de Kunzer. Bruxelles. Belgique.
Rapp (Jacques), maison J. Kunzer, Bischwiller France.
Rensoumet, maison G.-J Laoureux, Verviers Belgique.
Richard, maison Lelarge, Auger et comp., Reims. France.
Romain, ma son Ch. Bellot et Collière, Angecourt. Id
Rouart, maison Boutigny Louviers. Id.
Rousseau, maison J.-M Philippot, Reims. Id.
Rouyer, maison Pradine et comp., id. Id.
Schütz (H.), m J-H Offermann, Vienne. Autriche.
Sohmet fils, maison Fournival, Rethel. France.
Soligny, maison F. Jourdain et fils, Louviers. Id.
Suchy (Ch.), maison J.-H Offermann, Vienne Autriche.
Taillart, m. Caillet-Frangeville, Bazancourt France.
Tanquin (F.), maison F. Biolley et fils, Verviers Belgique.
Thiriet, m. Ch. Bellot et Collière Angecourt. France.
Thiriet (Fienne), maison Ch. Bellot et Collière, id. Id.
Thiriet, maison Ch. Bellot et Collière. Id.
Thompson, maison Mercier, Louviers. Id.
Thourais (Etienne-Isidore), maison Petit fils, Reims. Id.
Toussaint, maison Poitevin et fils, Louviers Id
Trônel (B), Compagnie d'éclairage au gaz, Elbeuf. W.
Trouva, m. P. Kauwers et C°, Bruxelles. Belgique.
Varnier, maison Varnier, Louviers. France.
Vautrin (Jean), maison Trouy-Thiriet, Sedan. Id.
Vergeat, maison Caretan-Garbin, Schio, Autriche.
Verson, maison J. Aron, Elbeuf France.
Villain (Adolphe), maison Croutelle, Rogelet, Gand et Grandjean, Reims. Id.
Wilkinson (F.), maison E. Xhibitte, Loth. Belgique.

EXPOSITION UNIVERSELLE

PRODUITS DE L'INDUSTRIE

VINGT ET UNIÈME CLASSE.

INDUSTRIE DES SOIERIES.

Expression charmante de l'élégance, du goût et du bien-être d'une nation, les soieries sont le genre d'étoffes qui se prête le mieux aux besoins que fait naître la richesse, aux caprices qu'inspire la fantaisie. L'art et l'industrie s'unissent pour les produire, et l'on doit considérer comme une époque de haute civilisation celle où, par la perfection des soieries, le luxe le plus exigeant trouve chaque jour des parures nouvelles ainsi que des ornements nouveaux.

L'antiquité n'a pas compris l'usage de la soie. C'est dans les régions lointaines de la Haute-Asie, dans les mystérieux laboratoires du Céleste-Empire, qu'elle paraît avoir pris naissance. La vieille Egypte, la Grèce primitive ne l'ont point connue. Nous nous demandons même si Alexandre, prenant possession de l'Asie, occupant les capitales des rois de Perse, mettant le pied sur les rives de l'Indus et du Gange, aura rencontré sous la tente de Darius ou dans la smala des riches tribus errantes quelque étoffe tissée avec le fil du cocon ou avec quelque autre fil extrait de certaines productions végétales de l'Orient.

Rome, devenue maîtresse du monde, accueillit avec faveur, de la main des marchands d'Asie, un genre d'étoffe qui constitua la plus belle parure de ses patriciens et de ses courtisanes; mais longtemps encore elle ignora le secret de sa fabrication. A l'empereur Justinien est accordé l'honneur d'avoir introduit en Europe l'industrie de la soie. On raconte même l'histoire de deux moines voyageurs qui auraient traversé l'Asie pour remplir la mission du monarque, et qui lui auraient rapporté des œufs de vers à soie ca-

chés dans des bambous creux, œufs qui éclosent en route et dont ils nourrissent les produits jusqu'au lieu de leur destination. Cette tradition semble une légende inventée à
plaisir ; mais n'y a-t-il pas de la grâce dans un récit qui donne une origine si chétive
aux glorieux travaux que provoquent maintenant les soieries européennes ?

De Constantinople, la fabrication des soieries se serait répandue en Grèce, en Anatolie,
en Syrie, d'où elle serait venue dans les régions occidentales. Les chroniques se contre-
disent ; les actes seuls font foi : or, déjà du temps de Charlemagne, en Allemagne comme
en France, on tissait l'or et l'argent avec la soie ; sous Charles-le-Chauve, quelques-uns
des ateliers ruinés précédemment furent rétablis, et quand les croisés rapportèrent d'O-
rient l'art de filer et de tisser la soie, ils ne firent que rétablir une industrie tombée.

A partir du XIIIe siècle, la fabrication des soieries se répandit en Sicile, en Italie, en
Espagne, d'où elle passa en Suisse, en Angleterre et dans les Pays-Bas. En France, elle
eut pour parrain Louis XI, qui, vers l'année 1470, fit venir à Tours des ouvriers de Gênes,
de Venise, même de Constantinople. Les fabriques qu'ils établirent, favorisées par le
goût naturel de la nation française pour le luxe, acquirent un développement tel, que,
sous le ministère du cardinal de Richelieu, on comptait à Tours plus de six mille métiers tissant les étoffes de soie et plus de cinq mille métiers tissant les rubans.

La culture du mûrier, introduite par Olivier de Serres, sous le patronage de Henri IV,
ne pouvait manquer d'imprimer à la fabrication des étoffes de soie une grande impulsion.
On s'en aperçut bientôt. Toutefois cette industrie déclina en Touraine ; mais elle gran-
dissait dans le Dauphiné, à tel point qu'en l'année 1685, époque où la révocation de l'édit
de Nantes força tant de fabricants de s'expatrier, on comptait à Lyon douze mille métiers,
qui furent instantanément réduits à trois mille. Il fallut près d'un siècle pour que cette
ville, déshéritée d'une branche de commerce qui devait constituer sa principale source de
richesse, eût recouvré les métiers qu'elle avait perdus.

Depuis 1760, les métiers du Lyonnais s'étaient élevés du chiffre de douze mille à celui de
dix-huit mille. Malheureusement, les troubles qui accompagnèrent la Révolution française,
le siège de Lyon, la ruine d'une partie de cette ville, y réduisirent presque à rien la fabrication de la soie. Sous le Directoire, quatre mille métiers fonctionnaient. Sous le Consulat et
sous l'Empire, les métiers atteignirent un chiffre qui dépassait quinze mille ; mais,
malgré l'immense territoire qu'occupaient nos aigles, malgré les efforts que faisait le
chef du Gouvernement pour encourager cette industrie, ses produits demeurèrent presque
toujours au-dessous de la situation heureuse où ils se trouvaient avant la révolution.

Dès 1816, grâce à la paix générale, le nombre des métiers atteint le chiffre de vingt
mille ; et, malgré de fréquentes perturbations politiques, les besoins du luxe se multiplient tellement, que la fabrication de la soierie occupe aujourd'hui, dans le Dauphiné,
plus de soixante-quinze mille métiers.

« La situation exceptionnelle de l'industrie des soieries et des rubans, écrivait en 1855
M. Arlès-Dufour, dans le prospectus qui annonçait notre livre, tient à ce que, plus
de la moitié de ses produits s'exportant, elle souffre relativement peu des crises intérieures, pourvu que les débouchés extérieurs restent ouverts. Cette industrie gracieuse,

élégante, est par excellence l'industrie de la paix. En voici la preuve : dans l'exportation générale de tous les tissus français, les soieries et les rubans figurent à 40 pour 100. Sur le chiffre de 400 millions auquel on peut porter, sans exagération aucune, la production française annuelle des articles où la soie domine, 250 millions s'exportent, principalement aux États-Unis, en Angleterre, en Allemagne, dans la mer du Sud, en Suisse, dans les Pays-Bas, en Russie, et même en Orient.

« Les matières premières employées à cette immense production se composent à peu près de 150 millions de soies indigènes, de 100 millions de soies étrangères, et d'environ 30 millions de matières mélangées avec la soie, comme la laine, la bourre de soie, le coton, le lin, l'or et l'argent. Le nombre des métiers employés au tissage des articles où domine la soie peut être évalué à cent cinquante mille, répartis entre Lyon, Saint-Etienne, les montagnes voisines, Nîmes, Avignon, Paris et les différentes localités de la Picardie, de la Normandie, de l'Alsace et de la Lorraine.

« On voit, par ces chiffres, quel rang distingué tient l'industrie de la soie parmi les diverses industries qui honorent le travail français. Aucune autre ne porte mieux le sceau de notre génie national ; c'est en travaillant la soie que ce génie élégant, intelligent, ami du beau, accomplit ses plus éclatantes merveilles.

« Les soixante-quinze mille métiers qui travaillent pour le commerce de Lyon sont dispersés dans l'agglomération lyonnaise, le département du Rhône et les départements voisins. Les agitations politiques, la grande valeur des matières premières, la question de main-d'œuvre, ont fait porter les métiers loin de la ville ; et c'est aussi loin de la ville que se sont établis les premiers grands ateliers à métiers mécaniques. La transformation de l'industrie domestique par foyer, en industrie agglomérée par ateliers, n'est plus qu'une question de temps ; elle s'accomplira pour la soie comme elle s'est accomplie pour le coton, pour la laine, et même pour le lin.

« La Providence pousse les hommes dans les voies de la centralisation, de l'agglomération, de l'association ; ce ne peut être qu'au profit de tous, riches et pauvres. En effet, Dieu ne saurait permettre une révolution, ou plutôt une évolution aussi profonde que celle de la transformation du travail de famille en travail par atelier, dans le simple but du bon marché ou du perfectionnement des produits. Cette concentration providentielle permettra, bien mieux que l'isolement et la dispersion, l'intervention sociale dans la réglementation des heures de travail, des heures de repos et d'instruction, et dans le mode de rétribution pécuniaire. Il deviendra beaucoup plus facile d'adopter certaines mesures de prévoyance qui garantiront à l'ouvrier un foyer et du pain pour sa vieillesse, jusqu'au moment où les progrès sociaux lui permettront de prendre sa part d'intérêt dans la production commune. Il faut absolument que la science sociale résolve ce grand problème du jour, la transformation du prolétaire *en intéressé :* alors seulement l'antagonisme qui divise le maître et l'ouvrier fera place au sentiment de solidarité qui peut seul garantir la paix publique et la permanence d'un progrès indéfini.

« Ce qui se passe autour de nous, le sentiment de bienveillance et d'intérêt qui se manifeste chez les hommes éclairés de n'importe quel pays à l'égard des classes qui

vivent du salaire de leurs bras, prouve que l'époque de la réalisation de ce que bien des gens appellent encore un rêve, est plus proche que les plus croyants d'entre nous n'eussent osé l'espérer. Des questions d'un intérêt si vif, si naturel, ne peuvent être qu'effleurées par nous, mais leur programme ne saurait mieux se poser ailleurs que dans l'Album de l'Exposition universelle. Désormais, plus nous irons, et plus nous comprendrons qu'il est de l'intérêt de tous qu'elles soient étudiées, abordées, résolues dans des temps de calme et de tranquillité dont chacun salue l'aurore. »

Dans l'industrie de la soie et des soieries, la France occupe, sans conteste, le rang que tient l'Angleterre dans l'industrie du coton. Depuis l'élève attentive et minutieuse du ver à soie jusqu'aux applications diverses de la matière qu'il donne, aucun peuple ne saurait nous disputer la prééminence que nous avons si justement conquise. L'Angleterre produit peut-être tout autant de tissus que la France, mais il faut que la matière première lui vienne du dehors. L'Italie, l'Autriche, l'Espagne, la Grèce abondent en cocons et en soie grège ; la fabrication autrichienne et la fabrication italienne fournissent même des quantités très-considérables de tissus, mais leur fini, leur goût, leur élégance n'approchent point des nôtres. En Asie, on récolte le double de la soie qui se récolte en Europe; mais quelle distance encore, malgré des progrès réels, entre nos moyens mécaniques et les moyens des régions orientales !

Par suite de la maladie grave qui décimait les vers à soie et qui faisait dégénérer l'espèce, on aurait pu craindre que la production européenne fût menacée dans sa source. Ici la Providence est venue, comme tant d'autres fois, au secours des populations alarmées; son ministre est une femme, qui, ayant pénétré les causes réelles du mal, trouvé les remèdes qui le combattent, met à la portée de tous des moyens simples dont l'efficacité s'appuie sur dix-huit années de pratique et d'expériences. Les cocons exposés par cette femme, la soie qui en provient, possèdent toutes les qualités désirables. La Société d'encouragement pour l'industrie nationale, dont les commissaires ont examiné avec un soin minutieux les résultats de cette importante découverte, s'est chargée de la propager ainsi qu'elle le mérite.

Du temps de Colbert, et même à une époque beaucoup plus rapprochée de nous, notre soie grège était si mauvaise, qu'on en interdisait l'emploi pour certains tissus auxquels les soies d'Italie paraissaient convenir seules. La cause du discrédit des soies grèges tenait principalement au mode de dissémination de ce genre de produits dans un nombre infini de petits ateliers campagnards, d'où résultait : imperfection, irrégularité de filage, infériorité manifeste des soies européennes comparées aux soies de la Chine et du Levant.

Aujourd'hui, l'industrie du filage et du moulinage s'opère dans de vastes fabriques, comparables, sous le rapport du matériel et du personnel, aux grandes filatures des matières textiles. Ouvrez la première des vitrines où resplendissent les soies de la France et de l'Italie; prenez-y un écheveau, déplissez-le, examinez la netteté, la rondeur du brin, la force et le brillant du fil ; assurez-vous de la précision merveilleuse avec laquelle on a su juxta-poser les brins imparfaits que fournit l'insecte et former de ces baves un fil égal,

un fil fort, d'une application industrielle certaine. Si l'art de l'homme ne rectifiait point, ne corrigeait point l'art presque automatique et machinal de l'insecte, les tissus laisseraient beaucoup à désirer ; certains fils seraient même inapplicables, en raison de leur extrême ténuité.

Il faut que le dévidage des cocons développe les baves ou fils élémentaires ; qu'il fasse disparaître le vrillement ou les ondulations des brins pour leur donner le brillant dont ils sont susceptibles, et que, dans le collage, les boucles et les bouchons disparaissent ; opération délicate, minutieuse, difficile, et d'autant plus importante qu'elle forme le premier élément de succès des étoffes.

L'inspection seule des produits en fils grèges et en fils ouvrés et tordus ne permettrait point aux plus attentifs de reconnaître dans quelles conditions s'est effectué, depuis 1849, le progrès de la fabrication. Peut-être les produits en eux-mêmes n'ont-ils rien gagné sous le rapport de la valeur intrinsèque ; mais le filateur a perfectionné ses agents, traité les cocons d'une manière plus rationnelle, plus rapide, et conséquemment plus économique qu'autrefois.

La cuisson par l'eau bouillante, la recherche du bout par les balais, qui présentent de nombreux inconvénients, sont déjà proscrites de beaucoup d'ateliers : on leur préfère avec raison la vapeur. Les cocons sont placés dans le vide ; au balai on substitue un sac ou filet renfermant les cocons, que la vapeur pénètre. S'ils sont traités convenablement, les bouts s'y attachent d'une manière spontanée, de telle sorte que l'ouvrière n'ait plus qu'à les réunir et à les éclaircir.

Pour épargner une main-d'œuvre et un déchet considérables, qu'occasionne la transformation de l'écheveau en bobines, on recherchait depuis longtemps le moyen de remplacer la disposition du fil en écheveau sur l'asple, par le filage direct sur bobines. Cette modification dans le travail offrait des difficultés, en raison de l'humidité du fil et de l'obligation de le sécher au préalable, ou du moins d'empêcher le gommage. Le problème semble résolu, si nous en jugeons d'après de fort belles soies disposées sur bobines. Reste à savoir si l'application en grand n'exigera point des frais trop considérables.

Les fils de soie tendus pour trames et organsins, traités naguère avec peu de soin par les machines d'une imperfection déplorable, ont atteint une netteté, une régularité qui résultent d'études longues, d'essais nombreux, de sacrifices multipliés. Au travail du retordage ou à la teinture, il arrivait trop souvent qu'on mélangeait à la soie des substances lourdes, peu coûteuses, qui compromettaient les intérêts des acheteurs. La fraude ne fut pas découverte, jusqu'au jour où une substance toxique ayant été substituée aux substances gommeuses et sucrées employées d'habitude, cela fixa les yeux de la police.

Le travail de la soie grège occasionne des déchets connus sous les noms de *frisons* et *bassinats*. Les cocons percés, résultant du passage des papillons destinés à la reproduction, sont réservés pour la confection des fils et des tissus de *bourre* et de *fantaisie*. Ces déchets de soie subissent, dans leur transformation, l'action de moyens semblables à ceux qu'on emploie en traitant la laine longue : aussi les fabricants font-ils les mélanges les plus divers de soie, de laine, de coton et de fil. Pour ces tissus, la soie,

ou plutôt la bourre de soie, se trouve, tantôt à l'état de chaîne, tantôt à l'état de trame, tantôt incorporée de la manière la plus intime aux fils qui ont avec la soie le moins d'analogie.

Dans les articles *tout soie*, ces fils n'ont pu néanmoins, jusqu'à présent, remplacer la soie grège la plus commune. Ainsi, les tissus écrus pour foulards, bien qu'exécutés avec infiniment d'art, ne soutiendront jamais la concurrence avec les foulards de l'Inde, ni même avec les foulards d'Europe tramés en soie grège de la Chine ou du Levant. Les barèges, les tarlatanes, tous les articles laine et soie pour robes et châles, dont la fabrique parisienne inonde l'univers, peuvent passer pour le triomphe de la soie grège : les imperfections du tissu, la substitution du coton et de la laine à la soie, s'y trouvent masquées par la perfection ravissante des dessins et des dispositions.

L'Angleterre, l'Autriche, la France, la Prusse et la Suisse se disputent la prééminence des marchés d'Europe pour les étoffes unies en soie pure. L'Angleterre a pour elle son tissage mécanique, de la perfection duquel nous n'approchons pas encore, et une entente admirable de réduction des frais généraux. Les autres contrées s'appuient sur le bas prix de la main-d'œuvre, sur des procédés spéciaux légués héréditairement, ou sur diverses circonstances locales exceptionnelles. Cependant quelques articles, comme le velours et la peluche, dont la Prusse rhénane garda le monopole pendant près d'un demi-siècle, ont acquis en France un degré de perfection qui permet à nos fabricants de lutter avantageusement contre les fabricants étrangers.

Quant aux soieries façonnées, Lyon, Saint-Étienne, Nîmes tiennent un rang si élevé, sous le rapport du choix des dessins, de la disposition des ornements, de la variété des nuances, que nulle fabrication étrangère n'oserait se mettre en lice avec nous. Cette industrie nationale s'est réellement surpassée, et quiconque douterait de la perfection qu'elle a conquise, n'aurait d'autre effort à faire pour se convaincre, que d'interroger ses yeux. Ah ! que les femmes le savent bien ! les femmes du beau monde, s'entend : les fabricants émérites ne recherchent pas d'autres suffrages, et ils ont raison. Comparez nos soieries, sur lesquelles on imprime des sujets imitant la gravure en taille-douce, aux produits analogues des autres pays, et, sans exagération, sans dénigrement systématique, vous trouverez certes les mêmes différences qu'on observe entre le dessin original du grand maître et la pâle copie de l'élève. La manière française est telle, qu'il faut être prévenu pour ne pas confondre le tissu avec une gravure estimée. Dans tous les articles étrangers, il y a quelques mauvais coups de navette, j'allais dire quelques fausses notes qui sautent à l'œil, comme en musique elles crispent l'oreille ; qui donnent aux provenances de nos rivaux certain caractère d'étrangeté plus frappant que ne l'est l'analyse physiognomonique des traits du visage inscrite au passeport d'un voyageur. Tous les articles de Lyon, haute nouveauté, portent ce cachet-type, ce cachet exceptionnel. Et ici, ce n'est pas seulement le dessin qui assure, qui perpétue le succès ; ce sont les connaissances variées et profondes des ouvriers du Dauphiné dans l'art difficile du montage. Souvent ils obtiennent, d'une manière économique et prompte, les effets les plus admirables, les plus inattendus. Le dessin, c'est la pensée ; mais que deviendrait la pensée sans l'exécution ?

une idéalité. L'ouvrier monteur lui donne du corps, de la consistance ; il la matérialise ; il lui imprime la valeur usuelle dont elle a besoin pour se produire par le monde.

Les bornes étroites qui nous sont imposées, en présence de la multiplicité d'objets nés de l'industrie séricicole, ne nous permettent pas de les décrire. D'ailleurs, ceux qui nous liront, tous acquéreurs et consommateurs de soieries, soit pour eux-mêmes, soit pour leur famille, sont forcément initiés à la valeur, au mode de fabrication de ces étoffes luxuriantes, témoignages d'aisance, de luxe ou de vanité. Signalons cependant, comme nouveaux, les articles à franges rebouclées obtenues par le tissage, les tissus à double chaine qui produisent des façonnés d'un fond net et pur, les étoffes imprimées d'or, les bourres de soie tirées à poils, les foulards avec combinaisons d'effets d'impression et de tissage, etc. Somme toute, néanmoins, c'est principalement dans l'usage des soies grèges que le progrès se montre le mieux à découvert.

Sous Louis XIV, nous l'avons déjà dit, les soies grèges étaient d'une si médiocre qualité, qu'elles ne pouvaient être employées pour la fabrication de tous les tissus. Ce n'est qu'en ces derniers temps qu'elles ont été perfectionnées, et insensiblement amenées à l'état où elles se trouvent. Elles s'amélioreront encore, lorsque la production sera plus concentrée, et lorsque les petits ateliers de filature, disséminés dans la campagne, auront pu se grouper ensemble. L'élève des vers peut demeurer sans péril attachée aux coutumes anciennes ; mais la filature et l'ouvraison ne sauraient se soustraire aux lois qui régissent aujourd'hui les développements du travail. Il en est de même de la fabrication. Si habiles, si bien doués que soient nos ouvriers, si rapides, si constants que soient leurs progrès, il faut qu'ils se groupent et se réunissent.

La rubannerie française, dont l'origine remonte au xve siècle, a partagé en tous points les destins de l'industrie des soieries. Toutes deux ont acquis une incontestable supériorité, en dépit et peut-être à cause de l'absence de protection accordée sous forme de droits prohibitifs ou de primes d'exportation.

Le centre de notre rubannerie est Saint-Étienne ; Saint-Chamond peut à peine, aujourd'hui, compter comme une succursale.

« En 1840, la production atteignait déjà le chiffre de 65 ou de 70 millions ; nous ne craignons pas d'en porter l'estimation actuelle à 90 millions, dont 60 millions au moins s'exportent. Il est vrai que les tableaux des douanes ne fournissent pas les bases d'une évaluation aussi élevée ; mais toute la confection, robes, fichus, chapeaux, bonnets parés, qui s'expédie au loin, même en Asie, en Amérique, sous les Echelles du Levant, représente une portion considérable de notre rubannerie indigène. Ainsi, c'est avec ses étoffes de soie, avec ses tissus, ses rubans, ses modes, ses fleurs, ses bronzes, que la France porte à l'étranger, jusque sur les confins les plus éloignés du monde, le goût, l'esprit et la distinction qui la caractérisent. Les produits de fabrique, en matière de soierie et de mode, servent de véhicule et de passeport à nos idées. Ce ne sont que des formes, il est vrai, des formes capricieuses et changeantes, mais autour d'elles rayonne l'esprit vivace et fertile de cette France qui a tant fait pour la civilisation moderne.

« Il y a quatre ans, quand s'ouvrit la première exposition de l'industrie universelle, l'ad-

miration publique se prit d'enthousiasme en présence des soieries. Depuis ce temps, si
rapproché encore, les soieries ont fait des progrès nouveaux, et, pendant que toutes les
industries, encouragées et comme électrisées par le rapprochement, marchaient en avant
avec cette rapidité, ce bonheur qui nous étonne aujourd'hui et promet tant de merveilles
à l'avenir, l'industrie spéciale des soieries a tenu à honneur de garder son rang. Quel
spectacle, quels enchantements, quelles glorieuses consolations données à la faiblesse de
l'homme, lorsqu'il voit, ardemment recherchée du monde entier, l'œuvre de ses mains
chétives exciter l'admiration universelle !

« Il s'en faut que les fabriques de Coventry aient progressé comme les fabriques d'étoffes
de Spitalfield et de Manchester. Quoiqu'elles aient depuis longtemps de grands ateliers à
métiers mécaniques, quoiqu'elles emploient avec intelligence les soies de la Chine et du
Bengale, elles restent fort en arrière des fabriques de Saint-Etienne et de Bâle.

« Cette dernière ville est le centre de l'industrie des rubans de la Suisse, comme la ville de
Zurich l'est de l'industrie des soieries. Les ouvriers tisseurs qu'elles occupent, s'adon-
nant accessoirement aux travaux agricoles, produisent moins que les nôtres. Il y a 25,000
métiers à Zurich et 12,000 métiers à Bâle, qui livrent à la consommation une valeur de
70 ou de 75 millions de francs. A Lyon ou à Saint-Etienne, le même nombre de métiers
produirait une valeur d'environ 95 millions de francs.

« Tirant du dehors le fer, la soie, le coton, le charbon, et même les céréales, la Suisse a
triomphé de ces conditions désavantageuses. Créées à l'époque où la persécution chassait
de l'Italie et des Pays-Bas une population industrieuse, ses fabriques n'ont cessé de perfectionner leurs produits, tout simplement parce qu'elles ont toujours eu la liberté d'a-
cheter partout où bon leur semblait le fer, la soie, le coton, le charbon, le blé et les
ustensiles.

« L'Autriche était un peu en arrière; les progrès qu'elle a faits sont véritablement extraordinaires, et il faut l'en féliciter.

« Déjà, en 1851, on avait admiré la bonne exécution, la variété, l'entente, le goût des articles destinés aux meubles et aux ornements d'église ; mais les nouveautés, les cravates,
les mouchoirs, les écharpes, tout cela était copié sur nos modèles : aujourd'hui l'Autriche, débarrassée enfin des entraves de la prohibition, a prouvé qu'elle saurait tenir un
rang distingué dans l'industrie de la soie. Du reste, le progrès est sensible partout.
Après la France, l'Autriche, l'Angleterre, la Suisse et la Prusse, d'autres nations encore
méritent des éloges, quoiqu'elles n'arrivent pas aux mêmes résultats que nous. Le mouvement imprimé de toutes parts aux œuvres manuelles par l'Exposition de Londres a été,
de toutes parts, un mouvement utile; ceux-là même qui ne figurent qu'en seconde ligne
ont travaillé plus vigoureusement que par le passé et mieux réussi.

« Le Zollverein présente des articles remarquables. Il existe dans les provinces rhénanes,
à Berlin, dans les montagnes de la Saxe, des fabriques de soieries et de rubans qui occupent environ 30,000 métiers. Certes l'association allemande possède des industriels éminents. On sait du reste que les rubans de velours de la Prusse rhénane sont admirables.

« Nous devons regretter que la Russie n'ait pas pris part, cette fois, au concours uni-

versel. Son exposition de Londres était brillante et lui permettait de concevoir de grandes espérances.

« L'Italie, cette patrie antique des soieries européennes, notre institutrice avec la Grèce, se réveille peu à peu et promet de prendre une part active dans les concours de l'industrie. La Sardaigne compte cinq mille métiers et produit pour 10 millions; elle se distingue dans la fabrication des velours unis et façonnés pour robes, gilets et tentures.

« Le Portugal se réveillera comme l'Italie. Si l'Espagne s'organise définitivement et entre en possession du calme qui convient aux grandes nations, elle jouera son rôle avec succès : les travaux de Barcelone le prouvent.

« Le mouvement a gagné la Turquie, la Grèce, l'Egypte et les Etats barbaresques, dont les soieries se recommandent par le choix des dessins et des couleurs ; mais il n'atteint pas la Chine, qui reste fermée aux innovations. Cet empire immense produit, généralement à meilleur marché que l'Europe, de beaux damas, des satins épais, de riches broderies sur châles et écharpes; mais son esprit stationnaire, son ignorance des caprices de la mode, neutralisent souvent les avantages de bon marché, et sa concurrence ne nous touche que sur les marchés des Amériques du nord et du sud. Pour être dangereuse, il faudrait que la Chine se régénérât par l'examen des modèles européens. Depuis trois mille ans immobile, mais immobile dans la possession des formes les plus élégantes, des dessins les plus capricieux, et pour longtemps encore docile aux traditions de son étonnante civilisation d'autrefois, l'Inde offre le plus vaste sujet d'études à nos artistes dessinateurs : ses soieries pour robes, pour écharpes et pour châles sont d'une richesse et d'une variété qui confondent l'imagination. »

Tel est l'aperçu sommaire, mais exact, tracé des mains de M. Arlès-Dufour, l'un des hommes les plus compétents, sur l'histoire si complexe de cette importante industrie. Vingt-deux pays se disputent les honneurs de la lice, et tous ont des droits d'y poser avec distinction ; ce sont :

France,
Algérie (provinces d'Alger et d'Oran),
Colonies françaises (la Guadeloupe et la Réunion), Etablissements français dans l'Inde,
Etats-Unis d'Amérique,
Duchés d'Anhalt-Dessau et Coethen,
Empire d'Autriche,
Grand-duché de Bade,
Suède, qui entre à son tour dans la carrière; la Suède, pays du fer et des sapins, qui veut, comme les autres nations, tisser la soie orientale, et qui, pour son coup d'essai, a merveilleusement réussi,
Royaume de Bavière,
Royaume de Belgique,
Confédération Suisse,
Royaume d'Espagne,

Possessions espagnoles (Puerto-Rico),
Royaume de la Grande-Bretagne,
Royaume de la Grèce ,
République Mexicaine,
Royaume des Pays-Bas ,
Etats Pontificaux ,
Royaume de Prusse,
Etats Sardes ,
Grand-duché de Toscane.

Tous ces lutteurs, les uns fiers de leur glorieux passé, les autres pénétrés du sentiment de leur valeur actuelle, quelques-uns remplis de verve et de jeunesse, marchent
du même pas vers l'avenir; mais la France ne redoute rien des rivalités étrangères. Au
bon marché de ceux-ci, aux qualités solides de ceux-là, elle oppose la souplesse merveilleuse, le nuancé, le dessin varié de ses tissus; elle oppose ce je ne sais quoi qui fait le
succès, qui justifie la mode et qui arrache de la bouche de ses propres rivaux cet aveu :
En fait de goût il n'y a qu'un peuple, le peuple français.

REVUE DES PRINCIPAUX OBJETS

EXPOSÉS DANS LA VINGT ET UNIÈME CLASSE

LE DÉPARTEMENT DE L'ARDÈCHE (France).

La production de la soie constitue un des plus brillants fleurons de cette couronne industrielle de la France, qui surpasse en richesse, dans le royaume universel du progrès, les diadèmes de presque tous les peuples. Cette production livre par an à la fabrication française pour 180 à 200 millions de matières premières réellement supérieures, et c'est le département de l'Ardèche qui représente son principal centre, surtout pour les soies grèges et ouvrées. Là se trouvent largement mis en pratique ces deux grands principes consacrés par l'expérience séricicole : division en petites magnaneries des éducations de vers à soie dans l'intérêt d'une meilleure hygiène, et pour augmenter la quantité en améliorant la qualité des cocons ;—centralisation de la filature et de l'ouvraison de la soie dans des établissements pouvant leur procurer les perfectionnements mécaniques et l'impulsion manufacturière impossibles à réaliser par le travail domestique.

Le Jury ayant trouvé chez les sériciculteurs français trop d'égalité dans la supériorité pour décerner à l'un d'eux, de préférence aux autres, la GRANDE MEDAILLE D'HONNEUR, a attribué cette haute récompense au DÉPARTEMENT DE L'ARDÈCHE.

MM. BUISSON et Eugène ROBERT, a Manosque (France).

La position officielle de M. Eugène Robert, rapporteur du Jury de la XXIᵉ classe, mettait hors de concours la maison Buisson, à laquelle il appartient. Elle n'en avait pas moins exposé une collection des plus variées de soies grèges, de trames du pays et de France, et de trames étrangères de tous types. Elle a introduit dans les Basses-Alpes, où l'industrie séricicole s'est fondée à grand'peine, le perfectionnement de la filature et du moulinage.

LA MAGNANERIE EXPÉRIMENTALE DE SAINTE-TULLE (Basses-Alpes) (France).

Cet établissement est dirigé par MM. Guérin-Méneville et Eugène Robert. Aussi, pour la même cause que pour la maison Buisson, le Jury n'a pu récompenser ses consciencieux travaux, dont le but principal est d'établir une bonne classification industrielle des races de vers à soie. Voici comment MM. Eugène Robert et Guérin-Méneville, doués d'une persévérance d'autant plus louable qu'ils suivent en cela leur impulsion privée, cherchent à atteindre ce but avec leurs propres ressources. M. Eugène Robert reçoit dans l'école de sériciculture pratique fondée par lui en 1839, des élèves de tous pays, et fait chaque année

des cours gratuits, auxquels, depuis douze ans, M. Guérin-Méneville prête son concours, en ce qui concerne la zoologie appliquée à la magnanerie. En outre, ces deux intelligents directeurs étudient et expérimentent tout ce qui a rapport aux diverses parties de l'industrie de la soie, principalement l'amélioration hygiénique et le perfectionnement des races des précieux insectes domestiques qui la produisent. Toutes ces recherches ont lieu en public, et leurs résultats sont immédiatement soumis à l'appréciation générale. Au reste, le Gouvernement a consacré l'utilité de la magnanerie expérimentale de Sainte-Tulle en y établissant, depuis 1853, un atelier de graine de vers à soie perfectionnée. Son exposition consistait en collections de cocons des principales races, avec les échantillons de soie qu'ils produisent, et en un grand nombre de dessins et de préparations délicates pour pouvoir étudier la richesse en soie et la spécialité de fabrication des cocons, ainsi que les maladies des vers à soie.

M. LOUIS BLANCHON, a Saint-Julien-Saint-Alban (Ardèche) (France).

Ce vétéran de l'industrie offre un des plus beaux exemples de l'illustration acquise par le travail, et sa supériorité est tellement incontestée, qu'elle excite l'émulation de tous les gens de progrès, mais jamais leur envie : c'est que, depuis plus d'un demi-siècle, rien n'a coûté à M. Blanchon; temps, argent, il a tout sacrifié pour arriver à doter ses soies filées et moulinées d'une réputation européenne: aussi sa production est-elle considérable. Des distinctions dignes de lui avaient déjà récompensé la haute intelligence de ce respectable industriel; depuis dix ans il était chevalier de la Légion-d'Honneur : à l'occasion de l'Exposition universelle, Sa Majesté l'a nommé officier dans cet ordre, et le Jury lui a décerné la Médaille d'honneur.

MM. BARRÉS Frères, à Saint-Julien-Saint-Alban (France). La maison Barrès date aussi de plus d'un demi-siècle. Son directeur actuel, M. Auguste Barrès, à peine au milieu de sa carrière, a porté déjà sa renommée d'intelligence et d'activité au pinacle. La filature des cocons et le moulinage des soies occupent pendant toute l'année de nombreux ouvriers chez MM. Barrès frères, dont les organsins pour satin ont une supériorité généralem   reconnue. Le Jury leur a donné la Médaille de première classe.

La Médaille de première classe a été pareillement obtenue par les producteurs de soies dont les noms suivent :

MM. JULES CHAMPANHET-SARGEAS, à Vals, Ardèche (France). Il est toujours en avant dans la carrière des perfectionnements. Ses organsins peluche jouissent d'une faveur presque sans rivale dans tous les pays de fabrication, à cause de leur régularité et de leur élasticité hors ligne. Il produit par an 10,000 kilogrammes de soies grèges et 15,000 kilogrammes de soies moulinées, aussi nerveuses que nettes, qui occupent plus de quatre cents ouvriers.

SÉRUSCLAT, à Étoile, Drôme (France). Il a suivi de près, dans la voie progressive de l'industrie séricicole, son parent M. Louis Blanchon ; aussi sa marque est-elle généralement recherchée sur les marchés de soies grèges et de soies ouvrées en organsins. Ses établissements de filature et de moulinage sont très-importants.

PAUL DEYDIER, à Ucel, Ardèche (France). Digne descendant d'une famille citée dès les premiers temps de l'industrie des soies, il dirige l'un des plus vastes établissements de filature et de moulinage que possède la France. Six cent cinquante ouvriers y trouvent un travail quotidien qui n'a pas même été interrompu en 1848. La fabrique de Lyon et de Saint-Étienne y va chercher annuellement pour plus de 3,000,000 fr. de produits. M. Deydier a fondé en outre une filature de 85 bassines dans le Mont-Liban, et ses soies syriennes sont déjà presque à la hauteur des premières qualités françaises.

MM. JACQUES GUERIN, à Chomerac, Ardèche (France). Son honorable maison porte sur tous les marchés des soies grèges et moulinées qui sont appréciées en première ligne.

MARTIN et Cᵉ, à Lasalle, Gard (France). Quoique de date peu ancienne, la maison MARTIN fait de grandes affaires et s'est acquise une haute renommée, pour ses différentes spécialités de soies destinées à la fabrication de Paris et du nord de la France, ainsi que pour ses tissus de blutage. Son exposition de soies grèges et de soies ouvrées était admirable.

Mᵐᵉ Veuve LOUIS CHAMBON, à Saint-Paul-Lacoste (France). L'évite-mariage, cet ingénieux système dont l'adoption est générale dans toutes les filatures perfectionnées, et qui empêche les fils de soie de se mêler, a eu pour inventeur feu M. Louis Chambon, dont le fils et la veuve suivent les belles traditions de progrès dans l'industrie des soies moulinées et filées.

P. MAZELLIER, à Saint-Privat, Ardèche (France). L'importance de la maison MAZELLIER croît en raison de son ancienneté. Elle emploie beaucoup d'ouvriers à la confection de ses grèges et de ses organsins, dont la marque est en faveur sur les marchés de Lyon et de Saint-Etienne.

LOUIS SOUBEYRAN, à Saint-Jean-du-Gard (France). Il produit pour la France et pour l'Étranger, notamment pour Londres. Ses soies grèges et ouvrées en titres fins sont presque toutes employées à Saint-Etienne pour la fabrication des rubans ; sa marque est très-estimée et son commerce très-étendu.

JAMES BIANCHI et DUSEIGNEUR, à Lyon (France). L'honneur de leur exposition revient particulièrement à M. DUSEIGNEUR, chargé du moulinage et de la filature de la soie dans la maison dont il est l'associé. Les objets offerts au concours composaient la collection la plus complète des produits de l'industrie séricicole, depuis les diverses qualités de cocons jusqu'aux échantillons les plus variés des produits tissés avec la soie.

M. DUSEIGNEUR se distingue aussi dans l'application des inventions à sa fabrication. Il a trouvé un nouvel appareil de dévidage mis en œuvre dans sa grande filature de Mirmande et dans d'autres établissements français et étrangers. Cette machine réunit assez de perfectionnements ingénieux pour prétendre à une adoption générale.

H. MEYNARD et Cᵉ, à Valréas, Vaucluse (France). Encore une maison dont le chef est en même temps un industriel et un savant. M. H. MEYNARD, infatigable chercheur de solutions aux difficultés les plus ardues de la pratique, appelait, à l'époque de l'Exposition universelle, l'attention des théoriciens et des praticiens sur la question des éducations d'automne, qui auraient des avantages incalculables si l'usage venait à en démontrer la possibilité absolue. La maison MEYNARD exposait des soies provenant de ces deuxièmes éducations. Elle produit pour des sommes importantes, vend aussi bien à la France qu'à l'étranger, et comprend tous les arts séricicoles, depuis l'éducation des insectes et l'élaboration de leur graine, jusqu'à la fabrication des organsins les plus parfaits.

THOMAS FRÈRES, à Avignon (France). Leur maison est à la tête de l'industrie des soies dans leur centre manufacturier. Elle possède onze filatures, plusieurs moulinages, et de nombreux métiers à tisser. Cet ensemble complet de production donne lieu à un mouvement d'affaires de plus de 3,000,000 fr. par an. Dans toutes leurs usines, le progrès et la philanthropie marchent côte à côte ; des écoles et des salles d'asile y reçoivent les enfants des très-nombreux ouvriers ; des perfectionnements de tous genres y ont lieu, ainsi que le prouvait la supériorité des soies grèges, des trames et des organsins exposés par MM. THOMAS FRÈRES.

MM. MONESTIER Aîné et ROCHAS Aîné, à Avignon (France). Si la soie de Provence, considérée comme très-inférieure, s'est relevée depuis quelques années sur le marché de Lyon, c'est à MM. Monestier et Rochas que l'on doit en grande partie cette réhabilitation. Ils ont réformé les anciens procédés moins que soigneux appliqués, dans le Midi, à l'ouvraison et à la filature séricicoles. Ils jouissent surtout d'une réputation méritée pour l'ouvraison des trames, qu'on laisse à tort tomber presque en désuétude, depuis que les rapides progrès de la filature des grèges ont donné un immense développement aux ouvraisons en organsins.

CHARTRON Père et Fils, à Saint-Vallier, Drôme (France). Voici quelques chiffres qui donneront une idée de l'importance de la maison Chartron : elle a 240 bassines pour la filature des cocons, 4,000 tavelles pour le dévidage des soies, et 25,000 broches à organsins. Sa fondation remonte à la fin du siècle dernier. Ses perfectionnements dans l'ouvraison des soies de Chine, ses encouragements à la production du cocon de seconde récolte, représentés par les prix élevés qu'elle en donne, la qualité supérieure de ses soies grèges et moulinées, sont autant de titres honorables qui expliquent la bonne renommée de cette maison sur tous les marchés.

GIBELIN et Fils, à Lassale, Gard (France). Leur marque est justement appréciée sur la place de Lyon, et leur chiffre d'affaires très-élevé. Les fines soies grèges, jaunes et blanches, exposées par eux, réunissaient le mérite de la matière première à celui de la filature.

GALIMARD Père et Fils, à Vals, Ardèche (France). Même réputation et à peu près pareil mouvement d'affaires que MM. Gibelin et fils. Leurs soies grèges sont excellentes, et leurs organsins parfaitement ouvrés.

LEYDIED Frères, au Buis, Drôme (France). Ils exposaient des grèges à quatre cocons, et des trames à deux ou trois bouts, tout à fait irréprochables. Leur marque est très-connue.

MOLINES, à Saint-Jean-du-Gard (France). Encore une réputation établie, et dans plusieurs spécialités. Les grèges jaunes en 14/15, et les grèges blanches en 15/16 de son exposition étaient excellentes.

FOUGEIROL, aux Ollières, Ardèche (France). Intelligent et actif, il donne une impulsion toujours progressive à ses vastes établissements. Ses grèges et ses organsins en titres fins offrent des qualités supérieures.

TOUREL Fils et Cⁱᵉ, à Paris (France). Grands commerçants en soieries à Paris, ils sont en outre filateurs émérites à Saint-Hippolyte-du-Gard. Là, ils traitent par les systèmes les plus perfectionnés les spécialités pour la fabrique de Paris, dont ils connaissent à fond les besoins et les exigences. Ils exposaient de fines grèges irréprochables. Leurs flottes sont à tours comptés par un procédé nouveau de filature.

BOUDON, à Saint-Jean-du-Gard (France). Ses soies exposées, grèges jaunes et blanches, en titres fins, faisaient honneur à sa filature, dont la marque est citée surtout à Paris, où elle dessert plusieurs spécialités.

VALLÉLION Frères, à Sumène, Gard (France). Ils exposaient des soies grèges excellentes, filées de trois à cinq cocons par deux procédés différents, afin qu'on puisse établir une comparaison. Ces industriels bien connus ont l'esprit du progrès à la hauteur de la réputation.

BONNETON, à Saint-Vallier (France). Son exposition de soies grèges de 9/10 et d'organsins au titre 20/21, justifiait, par les qualités exceptionnelles de ses produits, la confiance générale qu'inspire la marque de M. Bonneton, dont les affaires ont un grand développement.

MM. DUMAINE, à Tournon, Ardèche (France). Sa filature comprend les deux procédés à la tavelle et à la Chambon. Ses grèges à quatre cocons et ses organsins étaient dignes de leur intelligent producteur.

HENRY LACROIX, à Montboucher, Drôme (France). Il compte parmi ces chercheurs persévérants et pratiques qui font tant d'honneur aux arts séricicoles. Sa filature produit des grèges de 9/10, d'une élasticité à l'épreuve, et des organsins supérieurs.

GÉRIN et ROSSET, à Chabeuil, Drôme (France). Le nombre considérable de leurs ouvriers est le garant de l'importance de leurs affaires, qui comprennent les grèges et les organsins. Ces produits sont parfaits comme filature et comme ouvraison.

BLACHIER et FILS, à Tournon, Ardèche (France). Mêmes spécialités et même appréciation. Le marché de Lyon recherche leur marque.

TEYSSIER DU CROS, à Valleraugue, Gard (France). Sa maison est honorablement connue depuis longtemps, et ses soies blanches des Cévennes jouissent sur tous les marchés d'une faveur très-marquée, soit pour la filature, soit pour l'ouvraison; ses soies grèges jaunes et blanches à titres fins, et ses organsins étaient parfaits.

REGARD Frères, à Privas (France). Dans leurs grandes usines de filature et de moulinage, ils font travailler cinq cents ouvriers à la production de leurs excellents organsins et soies grèges.

J. MENET, à Annonay (France). Dans la spécialité des soies blanches, il n'a probablement pas de rivaux. Au reste, ses succès sont de longue date et toujours maintenus.

M. CH. BUISSON, à la Tronche, près Grenoble (France). Ses établissements, de date récente, se distinguaient déjà en 1855 par la mise en pratique de procédés nouveaux, qui font désirer que des expériences plus complètes prononcent définitivement sur leurs avantages apparents. MÉDAILLE DE DEUXIÈME CLASSE.

CHAMBRE DE COMMERCE DE MILAN (Autriche).

Le royaume Lombardo-Vénitien est la terre privilégiée du mûrier, par conséquent celle la plus propre à l'éducation du ver à soie. Le gouvernement autrichien a habilement profité de ces avantages naturels, et, grâce à son stimulant, l'industrie séricicole de la Lombardie et de la Vénétie élabore à elle seule une masse de matières premières presqu'égale à celles réunies de la France et du Piémont. Ces produits depuis longtemps supérieurs progressent pourtant toujours en qualité. Dans la spécialité des trames particulièrement, ils n'ont pas de rivaux.

Le Jury, considérant la CHAMBRE DE COMMERCE DE MILAN comme le principal représentant de l'industrie des soies en Autriche, lui a décerné la GRANDE MÉDAILLE D'HONNEUR.

Les producteurs autrichiens dont les noms suivent ont reçu chacun la MÉDAILLE DE PREMIÈRE CLASSE.

MM. VERZA Frères, à Milan. Leur maison, très-ancienne, a toujours suivi la voie du progrès pour toutes les qualités et les spécialités de soies, dont elle fait un grand commerce.

PIERRE GAVAZI, à Milan. Mêmes produits ; même appréciation.

J. STEINER et FILS, à Sala. Ils exposaient de superbes spécimens de soies jaunes et blanches, en trames ou en organsins, qu'ils produisent en grande quantité dans tous les titres, en s'aidant de procédés nouveaux de filature et de moulinage.

MM. BETTINI, à Roveredo. Tous les produits de la filature et du moulinage des soies étaient représentés dans son exposition, remarquable entre toutes par la perfection de ses grèges et de ses organsins.

CHIVALLA et Cᵉ, à Vienne. Ses grèges, ses organsins, ses trames en tous titres, valaient la haute estime qu'on en fait sur les marchés séricicoles.

LA SOCIÉTÉ DE STYRIE, à Gratz. Ses soies étaient remarquables. Les efforts persévérants de cette Société ont toujours eu pour but la propagation et le progrès de l'industrie séricicole.

TACCHI, à Roveredo. Sa grande variété de titres en soie grège, en organsins, en trames jaunes et blanches, réunissait dans son ensemble toutes les perfections.

MATTIUTZI, à Varmo. Ses soies grèges étaient d'une véritable beauté.

LA FILATURE DE ZINKERNDORF. Même appréciation.

SIMEONI Frères, à Vérone. Ils produisent presque tous les genres. Ils sont surtout réputés entre tous dans la fabrication des cordonnets en soie.

MILIUS et Cᵉ, à Buffalora. Leurs grèges, leurs organsins et leurs trames de titres divers sont excellents.

PIAZZONI Frères, à Adda. Même appréciation.

CORTI Frères, à Milan. Même appréciation. Leurs affaires sont importantes.

RONCHETTI, à Milan. Même appréciation.

STOFFELA, à Roveredo. L'ouvraison de ses organsins et de ses trames est parfaite.

L'Abbé MAZZA, à Vérone. Il s'est sacrifié aux progrès de l'industrie de la soie, en même temps qu'à l'humanité. Les établissements hospitaliers fondés par lui travaillent les soies grèges et ouvrées d'une façon remarquable.

M. MANGANOTI, à Vérone. Il s'occupe surtout de l'acclimatation d'espèces nouvelles de vers à soie. L'une d'elles, le *bombyx-cinthia*, avait fourni à son exposition de curieux échantillons de cocons et de soie. MÉDAILLE DE DEUXIÈME CLASSE.

M. IANISKANY, à Temeswar. L'introduction de la filature de la soie en Gallicie est due à M. IANISKANY, dont les grèges jaunes et blanches sont de bonne qualité. MÉDAILLE DE DEUXIÈME CLASSE.

CHAMBRE DE COMMERCE DE TURIN (États Sardes).

Le Piémont compte l'industrie de la soie parmi ses premières richesses nationales. Devancier de la France dans les arts séricicoles, il ne s'est pas laissé dépasser par elle quant aux progrès pratiques concernant la propagation de la culture du mûrier, les méthodes d'éducation de l'insecte producteur, la disparition des petites filatures au profit de la perfection et de l'importance des grandes, l'application de la mécanique aux moulinages, etc. Aussi alimente-t-il nos fabriques avec la moitié de ses produits, dont la valeur s'élève à environ 100 millions par an. Au reste, les soies du Piémont jouissent d'une réputation européenne, et les principaux marchés se les disputent surtout pour les appliquer à la fabrication du velours.

Le Jury de la XXIᵉ classe, considérant la CHAMBRE DE COMMERCE DE TURIN comme représentant l'industrie séricicole du Piémont, lui a décerné la GRANDE MÉDAILLE D'HONNEUR.

MM. RIGNON ET Cᵉ, à Turin (États Sardes). Leurs établissements sont les plus importants du Piémont comme production, comme perfection et comme progrès. Leurs soies grèges et ouvrées soutiennent partout la concurrence avec les marques les mieux accueillies. MÉDAILLE DE PREMIÈRE CLASSE.

Ont également reçu la MÉDAILLE DE PREMIÈRE CLASSE, parmi les exposants de soies filées et de soies ouvrées des États-Sardes :

MM. ANDRÊIS ET BARBERIS, à Turin. Cette maison tient en Piémont la première place dans son industrie, et pour l'importance de ses affaires, et pour le mérite de ses soies grèges ainsi que de ses organsins.

KELLER, à Turin. Même appréciation.

MUSY, à Turin. Même appréciation.

PÉLISSERY, à Turin. Même appréciation.

A. MANCARDI Frères, à Turin. Même appréciation.

FORMENTO, à Turin. Même appréciation.

IMPERATORI, à Intra. Même appréciation.

BOLMIDA Frères, à Turin. Même appréciation.

BRAVO ET FILS, à Turin. Ils ont leurs filatures et leurs moulinages à Pignerol, où ils mettent en pratique les systèmes français ou lombards les plus justement renommés. L'importance de leurs affaires est, comme la qualité de leurs produits, de premier ordre.

SINAGAGLIA Frères, à Busca. Ils marchent non-seulement à la hauteur du progrès, mais encore ils lui servent parfois de guide pour certaines applications utiles à leur industrie. De plus, l'instruction et la moralisation de leurs nombreux ouvriers sont leur préoccupation constante. Les soies grèges et ouvrées que produisent leurs vastes établissements sont en faveur sur beaucoup de marchés.

DENINA, à Turin. Sa filature doit son développement croissant à l'excellente réputation de ses soies grèges jaunes et blanches.

CASISSA, à Novi. Même appréciation.

BALBI-PIOVERA, à Piovera. Même appréciation ; de plus, ses magnaneries dénotent en faveur de son esprit de progrès.

BORELLI, à Savigliano. Ses organsins à fort apprêt étaient bons et bien faits.

NOVELLIS, à Sévillan. Même appréciation.

ZANETTI, à Comeri. Il exposait une soie grège en titres fins d'excellente nature.

La MÉDAILLE DE PREMIÈRE CLASSE a été donnée pareillement à :

MM. BERETTA, à Ancône, FEOLI, à Rome, et OPPI, à Bologne (États Pontificaux). Ces trois producteurs exposaient des soies grèges presque sans rivales pour la nature et la qualité, mais dont la filature était loin encore de la perfection.

LA FILATURE DU GRAND-DUC, à Rigotino (Toscane). Les soies grèges, jaunes et blanches qu'elle exposait étaient remarquablement filées. Sa production a de l'importance.

MM. RAVAGLI, à Marradi, et MASSI, à Monterchi (Toscane). Le premier se distinguait à l'Exposition par la beauté de ses grèges blanches. Le second fait un grand commerce de bonnes soies grèges.

FOGLIARDI, à Meluno (Confédération Helvétique). Les progrès qu'il a accomplis en très-peu de temps dans son grand établissement semblent indiquer à son pays une industrie de plus à exploiter : celle des soies grèges.

DOTRÉS, CLAVÉ et FABRA, à Barcelone (Espagne). Ils produisent sur d'assez vastes proportions des soies grèges parfaites.

YUNG et C°, à Elberfeld (Prusse). Les soies dont ils pratiquent l'ouvraison en Europe proviennent des importantes filatures qu'ils ont fondées dans les Indes, où ce genre de travail restait depuis longtemps stationnaire. Les produits grèges et ouvrés exposés par eux étaient excellents.

LA FILATURE ROYALE D'ATHÈNES (Grèce). Si la culture du mûrier et la production des cocons de soie grège prennent de l'extension et s'améliorent en Grèce, c'est surtout grâce à la Société de la filature royale. Les belles grèges qu'elle exposait prouvaient l'efficacité de ses louables efforts.

WATSON, à Calcutta, Indes anglaises (Royaume-Uni). Il tire du nord-ouest du Bengale de grandes quantités de soie de première qualité.

MM. LANGEVIN et C°, a La Ferté-Alais, France.

La position officielle de M. Langevin, membre du Jury de la XXI° classe, a été cause qu'une haute récompense ne s'est pas ajoutée à celles, déjà si nombreuses, décernées à l'industriel ayant le plus contribué, en France, à l'introduction et aux progrès de la filature des déchets de soie. La magnifique exposition de la maison Langevin établissait, par la variété et la perfection de ses produits, l'importance du service rendu à l'industrie, en trouvant un si utile emploi de matières premières qu'on délaissait jadis avec tant de dédain.

MM. DOBLER, WARNERY et MORLOT, a Tenay (Ain), France.

L'exposition de MM. Dobler, Warnery et Morlot consistait en fils excellents sous tous les rapports, en fantaisies blanches en long d'une grande beauté, en chapes genre suisse, en fantaisies de laines mélangées, dites Thibet. Tous ces produits, pour lesquels MM. Dobler et C° ont épuisé les perfectionnements, sont maintenant d'une consommation importante pour la fabrication des étoffes de nouveautés, foulards et étoffes de meubles. Aussi, le mérite exceptionnel de sa filature a-t-il valu à la maison Dobler la Médaille d'honneur.

Le Jury a décerné la Médaille de première classe à :

MM. PLATARET, à Paris (France). Ses fils de fantaisie écrus et teints étaient parfaits.

REVIL et C°, à Amilly, Loiret (France). Leur importante production en bourre de soie coupée brille par son excellence.

THOMPSON, à Lancastre (Royaume-Uni). Ses produits, quoique bons, sont à bas prix, ce qui lui vaut un grand nombre d'affaires.

BOLGER et RINGEVALD, à Bâle (Confédération Helvétique). Ils font pour un chiffre annuel très-important des fils de fantaisie, chapes en long, d'une grande perfection.

H. DE GÉROLD-ZUPPINGER et Cᵉ, à Eichhol, Zurich (Confédération Helvétique). Leur bonne teinture ajoute encore au mérite des fantaisies blanches et des chapes en long qu'ils produisent.

HAMELIN, à Paris (France). Si le Jury n'avait été forcé par les décrets à se renfermer dans des limites assez étroites, il aurait certainement accordé la médaille d'honneur à la maison HA-MELIN, dont l'importance commerciale n'est surpassée que par sa réputation, défiant toute concurrence pour les soies écrues, teintes et ouvrées applicables à la mercerie, à la passementerie, aux dentelles, aux guipures, ainsi que pour les filets et soies à coudre.

CH. TORNE, à Paris (France). Son exposition comprenait les mêmes spécialités en soies à coudre, écrues, ouvrées et teintes, que celle de M. Hamelin. Il offrait, de plus, des échantillons de fils écrus et teints provenant de vers à soie sauvages, ainsi que d'agréables tissus bien réussis, obtenus de cette soie nouvelle. Ces essais méritaient toute l'attention des hommes spéciaux.

E. DALQUE-MOURGUES, à Aïn-Hamadé, près Beyrouth (Empire-Ottoman). Ce filateur français a introduit dans l'établissement qu'il a fondé en Syrie tous les perfectionnements séricicoles de son pays. Les soies grèges, depuis 9/10 jusqu'à 13/14, qu'il exposait, sont fort bien traitées. Ses affaires sont aussi très-nombreuses.

FRÉDÉRIC DIERGADT, a Viersen (Prusse).

HORNBOSTEL et Cᵉ, a Vienne (Autriche).

CH. GHIGLIERI et Cᵉ, a Milan (Autriche).

M. A. GIRODON, a Lyon (France).

La mise hors de concours de ces quatre importantes maisons se trouve ainsi constatée dans le Rapport officiel : « M. F. Diergadt, fabricant de velours ; M. Th. Hornbostel, fabricant de soieries unies ; M. le docteur Ch. Ghiglieri, fabricant de soieries, et M. Ad. Girodon, aussi fabricant de soieries, occupent dans leurs pays respectifs le premier rang ; leur exposition explique et justifie leur haute position comme jurés. »

LA CHAMBRE DE COMMERCE DE LYON (France).

L'exposition générale des soieries lyonnaises a été faite par les soins de la Chambre de commerce de la seconde cité de France, et cent mille francs au moins de frais composent une somme minime, relativement au nombre des exposants et à la valeur des produits exposés. Comme chaque principal fabricant va nous fournir à son tour des détails sur sa part dans ce magnifique ensemble, nous ne nous étendrons pas ici à propos des ressources de goût, d'intelligence manufacturière et de hardiesse commerciale qu'a mises en relief l'industrie de Lyon, dont les progrès en tous genres, accomplis seulement depuis l'Exhibition de Londres, tiennent du prodige.

Le Jury a décerné à la Chambre de commerce de Lyon, pour la variété infinie et la supériorité sans rivale des soieries lyonnaises, la Grande médaille d'honneur.

MM. HECKEL et Cᵉ, a Lyon (France).

MM. Heckel et Cᵉ excellent dans la production des satins unis de toutes qualités, et ne craignent

nulle concurrence, surtout pour ceux de couleur. Leur chiffre d'affaires approche de dix millions par an. Leurs produits légers, qui occupent un grand nombre de métiers mécaniques, sont ensuite répandus sur tous les marchés indigènes et étrangers. Le Jury a accordé à la maison HECKEL ET Cᵉ, qui est depuis longtemps au premier rang dans la fabrique lyonnaise, la GRANDE MÉDAILLE D'HONNEUR, et S. M. l'Empereur a nommé M. HECKEL chevalier de la Légion-d'Honneur.

MM. MARTIN ET CASIMIR, A TARARE (FRANCE).

Deux machines à vapeur, une machine à dévider, une machine à pelucher, un vaste matériel des plus parfaits, deux mille ouvriers, 6 à 7 millions d'affaires par an, voilà de quoi s'édifier sur l'importance que MM. MARTIN ET CASIMIR ont donnée à la fabrication du peluche pour chapeaux, qui, par leur marche constante depuis douze années dans la voie du progrès, remplace presque généralement aujourd'hui le feutre, et représente une des principales branches de l'industrie séricicole. MM. MARTIN ET CASIMIR ont mérité la GRANDE MÉDAILLE D'HONNEUR. De plus, M. J.-B. Martin a reçu de l'Empereur la croix de chevalier de la Légion-d'Honneur.

MM. SCHULZ FRÈRES ET BÉRAUD, A LYON (FRANCE).

La grande consommation européenne reconnaît dans MM. SCHULZ FRÈRES ET BÉRAUD ses plus féconds novateurs et ses plus intelligents pourvoyeurs. Il serait trop long d'énumérer la prodigieuse variété de soieries extraordinaires, de riches inventions dues à ces éminents créateurs. Citons seulement leurs imitations des broderies de Chine, leurs moires antiques supérieures à celles d'ancienne fabrication, leurs impressions sur chaînes, d'un goût véritablement artistique ; leurs velours façonnés sur gaze d'argent, sur fond de taffetas, de drap d'or, etc., d'une souplesse remarquable ; enfin, pour tout dire en une phrase, ajoutons que le manteau de cour de Sa Majesté l'Impératrice est sorti des ateliers de MM. SCHULZ FRÈRES. Ils ont obtenu la GRANDE MÉDAILLE D'HONNEUR, et S. M. Napoléon III a créé M. Schulz aîné chevalier de la Légion-d'Honneur.

MM. BERTRAND, GAYET ET DUMONTAL, A LYON (FRANCE).

La maison BERTRAND ET Cᵉ compte parmi celles qui ont donné à la fabrique lyonnaise son suprême renom d'élégance. Elle exposait de très-beaux châles en tissus légers et des articles de fantaisie, tels que écharpes, spolines mêlées d'or et d'argent, etc., remarquables par l'originalité et la perfection du tissage ; ce qui prouve que les progrès correspondent aux efforts incessants de ces industriels, dont les affaires sont très-importantes, surtout pour l'exportation. Le Jury leur a accordé la MÉDAILLE D'HONNEUR.

MM. CL.-J. BONNET ET Cᵉ, A LYON (FRANCE).

M. BONNET occupe deux mille ouvriers et fait annuellement pour plus de cinq millions d'affaires. Ses établissements d'ouvraison et de tissage sont des modèles du genre, d'où sortent constamment des procédés nouveaux. Les taffetas, les satins et les tissus unis noirs de toutes sortes, constituent à la maison Bonnet une spécialité des plus remarquables. MÉDAILLE D'HONNEUR.

MM. BOUVARD ET LANÇON, A LYON (FRANCE).

Les articles pour ameublements et ornements d'églises sont fabriqués exclusivement par MM. BOUVARD ET LANÇON, qui leur donnent un cachet de supériorité provenant du choix habile des matières premières et du goût exquis des dessins. MÉDAILLE D'HONNEUR.

MM. BRUNET-LECOMTE, GUICHARD ET Cᵉ, A LYON (FRANCE).

Ces fabricants exposaient des foulards , des robes à volants brochés et des étoffes façonnées, qu'on peut considérer comme l'une des plus brillantes spécialités de la soierie lyonnaise : charmants dessins et frais coloris, inventions toujours nouvelles, combinaisons ingénieuses de l'impression sur chaîne et du tissage, voilà ce qui rend MM. Brunet-Lecomte et Cᵉ remarquables entre tous leurs concurrents. Médaille d'honneur.

MM. CAQUET-VAUZELLE , RACINE ET COTE , A LYON (FRANCE).

Des tissus de soie brochés à dispositions et mélangés de velours, des articles très-riches de haute nouveauté, témoignaient infailliblement en faveur du bon goût et de la fabrication supérieure de MM. Caquet-Vauzelle et Cᵉ. Médaille d'honneur.

MM. CHAMPAGNE ET ROUGIER , A LYON (FRANCE).

La fabrication des étoffes pour robes en tissus de soie façonnés ou brochés, doit une partie de son développement à MM. Champagne et Rougier, qui livrent à la grande consommation de beaux produits très-estimés. Médaille d'honneur.

MM. H. CROIZAT ET Cᵉ, A LYON (FRANCE).

La consommation courante fournit un chiffre considérable d'affaires à la maison Croizat, dont les soieries pour robes et pour ombrelles sont très-recherchées à l'étranger. Médaille d'honneur.

MM. DURAND FRÈRES , A LYON (FRANCE).

Les tissus foulards, pour l'impression et les crêpes, sont les articles de fabrication de MM. Durand Frères, et leur supériorité en ce genre sera suffisamment établie, en sachant qu'ils font assez d'affaires pour employer deux mille cinq cents ouvriers. Médaille d'honneur.

MM. FEY ET MARTIN , A TOURS (FRANCE).

La réputation de Tours comme fabrique d'étoffes pour ameublement et ornements d'églises, doit de reprendre son antique splendeur à MM. Fey et Martin, dont les produits se distinguent autant par leur bonté que par leurs prix modiques. Médaille d'honneur.

MM. FURNION PÈRE ET FILS , A LYON (FRANCE).

L'article gilets façonnés, brochés, très-riches, constitue la très-difficile spécialité où MM. Furnion mettent en jeu les métiers les plus compliqués pour arriver à une supériorité presque sans rivale. Comme preuves principales , leur exposition montrait surtout un velours peluche à deux faces , sans en-

vers, véritable innovation, et deux superbes tableaux tissés représentant les empereurs Napoléon 1er et Napoléon III. Médaille d'honneur.

MM. GIRARD Neveu, E. POIZAT, SÉVE et Cᵉ, a Lyon (France).

Les velours unis, ceux à dispositions pour robes, exposés par MM. Girard et Cᵉ, étaient de qualités magnifiques ; ils expliquaient la vogue qui vaut à ces industriels des affaires très-considérables tant à l'intérieur qu'à l'extérieur. Médaille d'honneur.

MM. GODEMARD, MEYNIER et Cᵉ, a Lyon (France).

La maison Godemard et Cᵉ a contribué beaucoup à doter les étoffes françaises de leur supériorité sur tous les produits similaires étrangers. Ses soieries brochées et espoulinées par le battant brocheur, et par les procédés nouveaux d'un de ses associés, M. Meynier, brillaient surtout par le dessin et les dispositions. Médaille d'honneur.

MM. LEMIRE Père et Fils, a Lyon (France).

Les ornements d'églises et les étoffes pour ameublements de MM. Lemire prouvaient, par leur perfection et leur bon marché, les progrès constants de ces fabricants. Médaille d'honneur.

MM. MATHEVON et BOUVARD, a Lyon (France).

La belle exposition de la maison Mathevon et Bouvard comprenait des tentures et des portières, où les fleurs brochées, les effets de velours, les matières d'or et d'argent se mêlaient avec un goût tout artistique ; de splendides damasquinés pour chapes, brochés or et argent; enfin un portrait tissé de Washington parfait sous tous les rapports. Médaille d'honneur.

MM. J.-P. MILLION et Cᵉ, a Lyon (France).

Les moires antiques et les étoffes unies de M. Million se recommandent entre toutes par la beauté des couleurs. Elles emploient annuellement à leur fabrication plus de six cents ouvriers. Médaille d'honneur.

MM. A. MONTESSUY et CHOMER, a Lyon (France).

Les établissements de ces fabricants ont eu les premiers la mécanique appliquée à l'élaboration des crêpes. Toutes les qualités de cette spécialité font honneur à MM. Montessuy et Chomer, qui occupent au moins quinze cents ouvriers, et exportent pour des sommes considérables. Médaille d'honneur.

M. C.-J. PONSON, a Lyon (France).

Tous les genres unis en qualités supérieures, taffetas, gros de Naples, velours, armures pour robes, sont produits en abondance et avec un progrès toujours croissant par M. Ponson. Médaille d'honneur.

M. CL.-M. TEILLARD, à Lyon (France).

La partie de M. Teillard est pareille à celle de M. Ponson. Il occupe plus de quinze cents ouvriers, et ses produits sont beaux et pleins de goût. Médaille d'honneur.

Le Jury a décerné la Médaille de première classe, pour leurs tissus de soie, aux exposants français dont les noms suivent :

MM. F. BALLEYDIER, à Lyon. Velours façonnés pour robes et pour gilets, variés et d'excellent goût comme dessin et comme dispositions.

J. GAILLARD, à Lyon. Mêmes produits, même appréciation.

ANDRÉ DONAT et Cᵉ, à Lyon. Mêmes produits, même appréciation.

BALMONT et Cᵉ, à Lyon. Etoffes façonnées pour voitures, dont la richesse et la variété dénotaient l'importance comme production.

BOYRIVEN Frères, à Lyon. Mêmes produits, même appréciation.

BARTH, MASSING et PLICHON, à Sarreguemines. Peluches pour chapeaux d'hommes parfaitement fabriquées.

MASSING Frères, HUBER et Cᵉ, à Puttelange. Mêmes produits, même appréciation.

Mᵐᵉ Veuve WALTER, à Metz. Mêmes produits, même appréciation.

BELLON et Cᵉ, à Lyon. Maison de premier ordre. Ses taffetas et satins noirs sont universellement estimés.

VALENÇOT et Cᵉ, à Lyon. Mêmes produits, même appréciation.

BLACHE et Cᵉ, à Lyon. Exposition très-remarquable d'étoffes à dispositions et de velours unis, supérieurement traités.

BRUNET, COCHAUD et Cᵉ, à Lyon. Mêmes produits, même appréciation.

GIRARD, GAUTIER et Cᵉ, à Lyon. Mêmes produits, même appréciation.

ROUGIER et BONNET Neveu, à Lyon. Mêmes produits, même appréciation.

BROSSET Ainé et DE BOISSIEUX, à Lyon. Mêmes produits, même appréciation.—Florences, lustrines, satins de Chine, soutenant avec avantage la concurrence suisse et prussienne. M. Brosset ainé, chevalier de la Légion-d'Honneur depuis 1840, a été promu par l'Empereur, pour ses services rendus à l'industrie, au commerce et à la classe ouvrière, au grade d'officier dans le dit ordre.

ANDRÉ CHAVENT, à Lyon. Exposition d'étoffes façonnées brochées, de haute nouveauté, remarquables par l'élégance et la science du dessin.

F. POTTON, CH. RODIER et Cᵉ, à Lyon. Même genre d'exposition, même appréciation.

COUDERC et SOUCARET, à Montauban. Gazes à bluter, d'une réduction extrême, et grèges filées par eux et préparées spécialement pour la meunerie.

J.-F. HENNECART, à Paris. Mêmes produits, même appréciation.

F. FONTAINE, à Lyon. Velours et rubans, velours façonnés, de bien meilleur goût et d'un prix égal aux produits similaires de l'étranger.

MAURIER, P. EYMARD et Cᵉ, à Lyon. Même spécialité, même appréciation.

GINDRE et Cᵉ, à Lyon. Satins unis et articles à dispositions d'une rare élégance, et devant à l'ingéniosité de leur tissage mécanique une préférence marquée sur tous les marchés extérieurs.

GONDRÉ et Cᵉ, à Lyon. Velours unis d'excellente fabrication.

GUISE et ROLLET, à Lyon. Mêmes produits, même appréciation.

JANIN et FALSAN, à Lyon. Velours unis et d'excellente fabrication. Ils tissent par pièces doubles, grâce à un procédé de leur invention qui réduit la main-d'œuvre de moitié et leur assure les bénéfices de la concurrence, même sur les marchés allemands.

LAPEYRE Neveu et DOLBEAU, à Lyon. Etoffes façonnées et robes à volants d'une fabrication parfaite.

THOLOZAN et Cᵉ, à Lyon. Mêmes produits, même appréciation.

MARTEL, GEOFFRAY et VALENÇOT, à Lyon. Assortiment de châles fichus, d'écharpes, de cravates de soie, aussi complet que distingué.

REYNIER Cousins et DREVET, à Lyon. Mêmes produits, même appréciation.

TRESCA et Cᵉ, à Lyon. Mêmes produits, même appréciation.

ROCHE et DIME, à Lyon. Mêmes produits, même appréciation. Ils façonnent pour l'exportation.

MEAUZÉ Fils et PILLET, à Tours. Etoffes riches et courantes pour ameublement et ornements d'église, d'un véritable mérite.

GRAND Frères, à Lyon. Mêmes produits, même appréciation.

YÉMÉNIZ, à Lyon. Mêmes produits destinés spécialement à la consommation de l'Orient. Même appréciation.

MICHARD, GIREL et Cᵉ, à Lyon. Châles de soie façonnés et imitation de crêpes de Chine comparables aux véritables, comme travail et comme prix.

C. MOLLIÈRE, à Lyon. Popelines assorties qui lutteraient avantageusement avec celles d'Irlande, si les droits sur la laine filée étaient moins élevés.

REPIQUET et SILVENT, à Lyon. Etoffes, velours façonnés et brochés pour robes, gilets et rubans, le tout parfaitement traité.

SAVOYE, RAVIER et CHANU, à Lyon. Etoffes unies, à dispositions et façonnées, provenant d'une production vaste et consciencieuse.

SERVANT, DEVIENNE et Cᵉ, à Lyon. Nouveautés nombreuses pour gilets en tous genres, indices d'une fabrication aussi belle qu'importante.

SILO Cousins et Cᵉ, à Lyon. Gazes brochées, imprimées ou peintes, d'une fraîcheur et d'un goût exquis.

TRESCA et Cᵉ, à Lyon. Articles de fantaisie et de nouveauté en brochés, cravates, écharpes et mouchoirs, nombreux et très-bien réussis.

VERZIER et Cᵉ, à Lyon. Exposition de façonnés où brillait surtout un tableau tissé, témoignant une véritable science quant à l'usage du métier Jacquart.

LA CHAMBRE DE COMMERCE DE SAINT-ÉTIENNE (France).

Comme celle de Lyon, la CHAMBRE DE COMMERCE DE SAINT-ETIENNE, afin de donner de l'unité à l'exposition des rubans stéphanois, avait pris les frais de cette exhibition à son compte, tout en laissant aux cinquante-six fabricants admis au concours leur libre arbitre pour le choix des produits offerts au jugement officiel. Aussi la suprématie de la France a-t-elle été maintenue pour ces rubans façonnés, que tous les marchés du monde accueillent avec une espèce d'admiration, et le Jury de la XXIᵉ classe a décerné à la CHAMBRE DE COMMERCE DE SAINT-ETIENNE, représentant l'ensemble industriel de son centre manufacturier, la GRANDE MÉDAILLE D'HONNEUR.

MM. COLLARD et COMTE, a Saint-Etienne (France).

La spécialité où se distingue entre toutes la maison COLLARD et COMTE, c'est celle des rubans façonnés riches, brochés à bouquets et guirlandes. Brillantes couleurs et dessins heureux, fabrication hardie et création incessante, telles sont les principales qualités qui rendaient frappante l'exposition de cette féconde association. On remarquait surtout deux cadres contenant des médaillons d'un tissage parfait, plus des rubans à dispositions et des rubans écossais d'une suprême élégance. Le Jury a voté à MM. COLLARD et COMTE la MÉDAILLE D'HONNEUR.

M. DEBARRY-MERIAN, a Guebwiller (France).

Les rubans de soie unis et à dispositions de M. DEBARRY-MERIAN ont cela de particulier, que, quoique parfaitement réussis et réguliers, ils sont d'un bon marché tel, qu'à l'étranger ils soutiennent la concurrence avec ceux de Bâle, où la main-d'œuvre coûte bien moins qu'en France. Cela tient à ce que la maison DEBARRY-MERIAN emploie un assez grand nombre de métiers mécaniques dans ses ateliers. MÉDAILLE D'HONNEUR.

MM. LARCHER, FAURE et Cᵉ, a Saint-Étienne (France).

Ces fabricants ont un mérite supérieur dans la production des rubans façonnés riches, tels que brochés or et argent pour coiffures et écharpes, grisailles, à dispositions, etc. Leurs dessins sont somptueux, leur élaboration du goût le plus délicat. MÉDAILLE D'HONNEUR.

MM. ROBICHON et Cᵉ, a Saint-Étienne (France).

La maison ROBICHON fabrique par excellence les rubans riches, les velours brochés et à dispositions, basse-lisse et brochés. Le genre courant sur métier Jacquart est aussi de son ressort. De plus, elle produit des satins unis de qualité irréprochable. Ses inventions sont pour ainsi dire perpétuelles, et sa sollicitude pour la classe ouvrière se montre sous toutes les formes vraiment philanthropiques. Ces deux

causes ont valu à M. Robichon la croix de chevalier de la Légion-d'Honneur. De son côté, le Jury a décerné à l'association Robichon et Cᵉ la Médaille d'honneur.

MM. VIGNAT Frères, a Saint-Étienne (France).

MM. Vignat frères ont, les premiers en France, appliqué les métiers mécaniques au tissage des rubans façonnés, et leurs ateliers, où fonctionnent ces machines, sont de vrais types du genre. Ils exposaient des rubans façonnés, brochés, chinés, de haute nouveauté, et des impressions sur chaîne, le tout d'un goût charmant et des dispositions les mieux choisies pour les nuances. Médaille d'honneur.

Le Jury a accordé la Médaille de première classe, dans l'industrie des rubans, aux exposants de Saint-Etienne (France) dont les noms suivent :

MM. J. BALAY, introducteur à Saint-Etienne de la fabrication des rubans unis et façonnés grèges, teints en pièce. Son exportation est considérable.

BARRALON et BROSSARD. Spécialité de rubans imprimés sur tissus; bons et beaux rubans grèges.

BAYON et DENIS. Rubans unis et à dispositions en gazes, coulissés et façonnés; volants pour robes. Fabrication élégante.

GÉRINON Fils. Mêmes produits, même appréciation.

SERRE et Cᵉ. Mêmes produits, même appréciation.

REY EPITALON. Mêmes produits, même appréciation.

A. BODOY. Mêmes produits, même appréciation.

VICTOR BERTHOLET. Rubans unis, façonnés, coupés à diverses franges, des plus remarquables et des plus riches.

BUISSON Ainé et Cᵉ. Mêmes produits, même appréciation.

COLCOMBET Frères et Cᵉ. Rubans en toutes qualités, bien fabriqués et à prix modérés, aussi bien pour les genres légers que pour les genres riches.

JULES DAVID. Production importante d'excellents rubans en velours de soie, unis, façonnés et brochés.

DONZEL et MASSIER. Mêmes produits, même appréciation.

GIRON Frères. Mêmes produits, même appréciation.

EPITALON Frères. Rubans et articles simples, très-frais et très-bien traités.

FRAISSE Frères, VAILLANT et MARSAIS. Fabrication considérable de beaux et riches rubans sur des métiers mécaniques.

MELQUION, MAZILIER et Cᵉ. Invention de bons rubans de gaze se dédoublant jusqu'au nombre de quatre ou de deux.

MOLLIN et VAUCANSON. Magnifiques rubans brochés d'or et d'argent, et rubans en gros de Naples.

MM. MOUNIER Père et Fils. Rubans grèges, simples et façonnés, de toutes couleurs, parfaits pour la grande consommation.

PASSERAT Fils. Mêmes produits, même appréciation.

ROUX Frères. Florences légères, soutenant, pour le prix et l'exécution, la concurrence avec la Suisse.

MM. DUTROU Fils et Cᵉ, à Paris (France). Ils exposaient des rubans pour diverses décorations et d'autres dispositions. Leur supériorité a créé pour eux une spécialité de ces beaux articles. **Médaille de première classe.**

MM. GRANGIER Frères, à Saint-Chamond (France). Leurs rubans de gaze luttaient de qualité avec les produits similaires de Saint-Étienne. **Médaille de première classe.**

M. F. BUJATTI, a Vienne (Autriche).

L'industrie des soieries proprement dite, toute nouvelle en ce qui concerne l'Autriche, était représentée dans presque tous les genres par l'exposition de la maison Bujatti. Les taffetas, les satins unis façonnés, les foulards imprimés ou unis pour robes, principalement les étoffes riches et courantes pour ameublement, y brillaient par le choix excellent des matières premières, par le bon goût des dessins, par l'habileté de la fabrication, par la modicité relative des prix. Nul doute que les produits de M. F. Bujatti ne puissent soutenir la comparaison avec ceux des fabricants français. Aussi le Jury a-t-il décerné à cet intelligent industriel la **Médaille d'honneur.**

MM. LEEMANN et Fils, a Vienne (Autriche).

Ces producteurs sont plus exclusifs que M. Bujatti. Ils traitent spécialement, avec une grande perfection au reste, les articles pour ornements d'église. Ils font de plus des satins et quelques fantaisies pour robes. Les brocarts d'or et d'argent, les riches étoffes brochées qu'ils exposaient, offraient des dessins d'une belle exécution quoique d'un goût un peu banal. Les prix de ces objets étaient très-modérés. **Médaille d'honneur.**

Ont obtenu la **Médaille de première classe**, parmi les exposants de Vienne (Autriche) :

MM. BADER Frères. Étoffes façonnées et gazes pour robes, de fabrication irréprochable ; jolis châles nouveautés.

A. SCHLEE. Mêmes produits, même appréciation.

FRIESCKLING, ARBESSER et Cᵉ. Velours unis ottomans et armures de qualité parfaite.

HAAS et Fils. Tissus pour meubles bien dessinés et bien exécutés.

A. HARPKE. Beaux rubans unis, ombrés, à dispositions, façonnés, brochés, etc.

SCHREIBER. Mêmes produits, même appréciation.

CH. MÖRING. Mêmes produits, se rapprochant par l'élégance des objets similaires français.

G. HELL. Étoffes bien assorties pour meubles et ornements d'églises, et nombreux articles variés bien traités et dessinés, prouvant l'esprit novateur de l'exposant.

L. KLINGER. Rubans taffetas, brochés et impressions sur chaîne très-bien réussies.

REICHERT et Fils. Étoffes unies et taffetas glacés d'un véritable mérite.

M. J. ESCUDERO, à Barcelone (Espagne), exposait des étoffes unies et façonnées, où l'imitation des genres françnis était à la hauteur des modèles. Médaille de première classe.

MM. C. et J. BISCHOFF, a Bale (Confédération helvétique).

Les soieries unies et les taffetas noirs sont les objets spéciaux des vastes affaires de la maison Bischoff, qui , placée dans d'excellentes conditions de production, ne craint pas la concurrence des premières fabriques lyonnaises sur les grands marchés de consommation, où ses produits étaient un ensemble de mérites vraiment exceptionnel. Le Jury a décerné à MM. C. et J. Bischoff la Médaille d'honneur.

MM. FICHTER et Fils, a Bale (Confédération helvétique).

Ce que nous avons affirmé à propos de MM. Bischoff peut aussi s'appliquer à MM. Fichter, dans la partie des rubans de soie façonnés. Leur exposition de velours à effets de grisaille et de moires antiques, leurs façonnés de tous genres, étaient des types de perfection comme fabrication et comme invention. Médaille d'honneur.

La Médaille de première classe a été accordée aux exposants de la Confédération Helvétique dont les noms suivent :

MM. BAUMAN et STREULI, à Horgen. Gros du Rhin unis, glacés et quadrillés, de bonne exécution.

J. FLURY, à Uctikon. Mêmes produits, même appréciation.

LUSSY et Cᵉ, à Seefeld. Mêmes produits, même appréciation.

WIDMER et NAGELY, à Horgen. Mêmes produits, même appréciation.

BISCH OFF Frères, à Bâle. Rubans, taffetas avec effets de velours, effets épinglés, et taffetas unis, le tout digne de louange.

J. DEBARRY et BISCHOFF, à Bâle. Mêmes produits, même appréciation.

DUFOUR et Cᵉ, à Thal. Gazes pour le blutage très-perfectionnées.

FREY VOGEL et HEUSLER, à Bâle. Rubans brochés à bouquets, rubans façonnés très-recherchés pour leurs jolis dessins, leurs belles nuances et leur parfaite exécution.

KOECH LIN et Fils, à Bâle. Mêmes produits, même appréciation.

J.-F. SARRASIN, à Bâle. Mêmes produits, même appréciation. Affaires considérables.

SARRASIN et Cᵉ, à Bâle. Beaux rubans grèges assortis, et petits rubans coupés.

S. RÜT SCHI et Cᵉ, à Zurich. Satins de Chine noirs et glacés, dignes d'éloges.

J. SCWA RTZENBACH-LANDIS, à Thaweil. Mêmes produits, même appréciation.

WIRZ et Cᵉ, à Seefeld. Mêmes produits, plus d'excellentes florences.

MM. J. ZURRER, à Hausen-sur-Albis. Gros du Rhin, florences et marcelines d'une fabrication supérieure.

LES FILS DE M. J. STAPFER, à Horgen. Mêmes produits, même appréciation.

RYFFEL et Cᵉ, à Staefa. Mêmes produits, même appréciation.

J.J. SCHWARTZENBACH, à Kilchberg. Taffetas unis et à carreaux, armures pour robes, élégantes et bien traitées.

SOLLER et Cᵉ, à Bâle. Mêmes produits, même appréciation.

SULGER et STUCHELBERGER, à Bâle. Articles façonnés de bon goût, et large ruban moiré parfaitement réussi, malgré ses difficultés d'exécution.

MM. COURTAULD et Cᵉ, a Londres (Royaume-Uni).

Des crêpes de toutes sortes composaient l'exposition de la maison Courtauld, et donnaient une juste idée de son importance dans cette intéressante spécialité. Les lisses, les crêpés, les aérophanes se distinguaient autant comme fabrication que comme bon choix de la matière première, chose facile à expliquer, au reste, puisque MM. COURTAULD et Cᵉ filent et montent eux-mêmes la majorité de leurs soies. Le Jury a décerné à ces industriels distingués la MÉDAILLE D'HONNEUR.

Des MÉDAILLES DE PREMIÈRE CLASSE ont été accordées aux exposants de Londres (ROYAUME-UNI) dont les noms suivent :

MM. CAMPBELL, HARRISON et LLOYD. Étoffes unies et façonnées pour robes et modes, dénotant une grande entente de la fabrication.

KEMPE et Cᵉ. Mêmes produits, même appréciation.

KEMPS, STONE et Cᵉ. Mêmes produits, même appréciation.

GROUT et Cᵉ. Crêpes lisses, crêpés et gazes de soie, irréprochables comme exécution.

HARROP et TAYLOR. Excellentes étoffes noires et façonnées.

VANNER et Fils. Moires antiques et étoffes pour ombrelles des mieux réussies.

WILSON, CASEY et Cᵉ. Étoffes et velours unis très-remarquables.

MM. WINCKWORT et PROCTORS, à Manchester (ROYAUME-UNI), ont aussi reçu la MÉDAILLE DE PREMIÈRE CLASSE pour leur exposition d'étoffes unies, à dispositions et façonnées, légères et fortes, et pour leurs robes à volants. Ce bel ensemble brillait surtout par l'habile application des matières premières.

LA FABRIQUE IMPÉRIALE, à Constantinople (EMPIRE OTTOMAN), avait réuni presque tous les spécimens des soieries de Turquie. On remarquait dans cette intéressante collection : des satins brochés or et argent, de la manufacture d'Érické ; des étoffes brochées, mélangées de soie et coton, à couleurs ternes, de Brousse, Alep et Scutari ; des lampas et damas à arabesques pour ameublement ; des tapis en soie brochés pour la prière ; des gazes brochées soie et or, etc. MÉDAILLE DE PREMIÈRE CLASSE.

M. CH. ANDREA, a Mulheim-sur-le-Rhin (Prusse).

L'industrie des velours, importée en Prusse par des réfugiés français, est restée dans ce pays digne

III.   27

de son origine, et peut soutenir encore la comparaison avec celle de la France, à en juger par l'exposition de M. CH. ANDRÉA, dont les excellents velours unis, les velours pour gilets à charmants dessins, les beaux rubans, sont d'un prix tellemen tmodéré, qu'ils mettent leur producteur en grande faveur sur tous les marchés, largement approvisionnés par lui. Le Jury a décerné à M. CH. ANDRÉA la MÉDAILLE D'HON-NEUR.

MM. SCHEIBLER ET Cⁱᵉ, A CREFELD (PRUSSE).

La maison SCHEIBLER exposait un grand assortiment de rubans de veloursunis et façonnés, ainsi que des velours unis. Les premiers produits expliquaient, par leur perfection, l'engouement qui accueille, même en France, où ils sont importés annuellement pour plusieurs millions, les rubans-velours de fabrication prussienne. Le chiffre considérable des affaires de MM. SCHEIBLER ET Cⁱᵉ, la modération de leurs prix, qui n'ôte rien à la supériorité de leurs soieries, leur ont valu la MÉDAILLE D'HONNEUR.

Parmi les exposants de la Prusse, ont obtenu la MÉDAILLE DE PREMIÈRE CLASSE :

MM. GOLDENBERG ET SEYFFERT, à Mülheim. Rubans, velours façonnés et peluches de belle qualité.

H.-G. HIPP ET BETTER, à Crefeld. Mêmes produits, même appréciation.

P.-W. GREEFF, à Viersen. Étoffes unies, satins et taffetas noirs d'une fabrication émérite.

MENGHIUS FRÈRES, à Aix-la-Chapelle. Rubans de velours et velours très-bien réussis.

G. ET H. SCHROERS, à Crefeld. Mêmes produits, même appréciation.

VAN DER WESTEN ET Cⁱᵉ, à Crefeld. Mêmes produits, même appréciation.

SCHEIDT ET BECKERATH, à Crefeld. Gros de Naples écossais et dispositions pour robes d'un rare mérite.

SPECKEN ET WEYERMANN, à Dülken. Étoffes pour gilets, cravates et satins unis très-bien exécutées.

SCHRAMM ET VAN LUMM, à Crefeld. Rubans de velours écossais ombrés et dentelles fines d'une beauté remarquable.

MM. BLANC ET Cⁱᵉ, à Favergis (ÉTATS-SARDES), exposaient diverses sortes d'étoffes unies, types distingués de leur importante fabrication. MÉDAILLE DE PREMIÈRE CLASSE.

Ont aussi obtenu la MÉDAILLE DE PREMIÈRE CLASSE :

MM. CHICHIZOLA ET Cⁱᵉ, à Turin (ÉTATS-SARDES). Velours noirs ayant valu à ·cette maison une réputation méritée.

L. MEYERSON, à Stockholm (SUÈDE). Étoffes pour ameublement, damas, lampas et brocatelles d'une bonne fabrication, qui occupe une centaine de métiers.

LA FABRIQUE DU CAIRE (ÉGYPTE). Tissus foulard uni et glacé, rayé et façonné pour vêtements, tapis à carreaux brochés pour ameublement, crêpes de soie pour chemises, châles carrés, bordures écossaises avec or pour coiffures : tels étaient les principaux spécimens vraiment originaux de la soierie égyptienne.

XXIᵉ CLASSE. — INDUSTRIE DES SOIES.

RÉCOMPENSES DÉCERNÉES PAR LE JURY INTERNATIONAL

(Extrait du *Moniteur* du 8 décembre 1855.)

GRANDES MÉDAILLES D'HONNEUR.

La chambre de commerce de Saint-Etienne. France.
La chambre de commerce de Lyon. Id.
La chambre de commerce de Milan. Autriche.
La chambre royale d'agriculture et de commerce de Turin. Etats sardes.
Les départements séricicoles du midi de la France. France.
Heckel (L.) et comp., Lyon. Id.
Martin et Casimir, Tarare. Id.
Schulz frères et Béraud, Lyon. Id.

MÉDAILLES D'HONNEUR.

Andrea (Ch.), Mulheim-sur-le-Rhin. Prusse.
Bertrand. Gayet et Dumontal, Lyon. France.
Bischoff (C. et J), Bâle. Suisse.
Blanchon (Louis), Saint-Julien-Saint-Alban. France.
Bonnet (Cl.-J.) et comp., Lyon. Id.
Bouvard et Lançon, Lyon. Id.
Brunet Lecomte, Guichard et comp., Lyon. Id.
Bujatti (Fr), Vienne. Autriche.
Caquet-Vauzelle, Racine et Côte. Lyon. France.
Champagne et Rougier, Lyon. Id.
Collard et Comte, Saint-Etienne Id.
Courtauld et comp , Londres Royaume-Uni.
Croizat (H.) et comp., Lyon. France.
Debarry-Merian. Guebwiller. Id.
Dobler, Warnery et Morlot, Tenay (Ain). Id.
Durand frères, Lyon. Id.
Fey et Martin, Tours. Id.
Fichter et fils, Bâle. Suisse.
Furnion père et fils. Lyon. France.
Girard neveu, Poizat (E.), Sève et comp., Lyon Id.
Godemard, Meynier-Delacroix et comp , Lyon. Id.
Larcher, Faure et comp., Saint-Etienne. Id.
Leeman et fils, Vienne. Autriche.
Lemire père et fils. Lyon. France.
Mathevon et Bouvard, Lyon. Id.
Million (J.-P.) et comp. Id.
Montessuy (A.) et Chomer, Lyon. Id.
Ponson (Cl.), Lyon. Id.
Robichon et comp., Saint-Etienne. Id.
Scheibler et comp., Crefeld. Prusse.
Taillard (C.-L.-M.), Lyon. France.
Vignat frères, Saint-Etienne. Id.

MÉDAILLES DE PREMIÈRE CLASSE.

Andrels et Barberis, Turin. Etats sardes.
Bader frères, Vienne. Autriche.
Balay (J), Saint-Etienne. France.
Balbi-Piovera (marquis J.), Turin. Etats sardes.
Balleydier, Lyon. France.
Balmont et comp., Lyon. Id.
Barralon et Brossard, Saint-Etienne. Id.
Barrès frères, Saint-Julien (Ardèche). Id.
Barth, Massing et Pilchon, Sarreguemines. Id.
Bauman et Streuli, Horgen (Zurich). Suisse.

Bayon et Denis, Saint-Etienne. France.
Bellon et comp , Lyon. Id.
Beretta, Ancône. Etats pontificaux.
Bertholet (V.), Saint-Etienne France.
Bettini, Roveredo. Autriche.
Bischoff frères, Bâle. Suisse.
Blache et comp., Lyon. France.
Blachier et fils, Tournon (Ardèche). Id.
Blanc et comp., Faverzis (Savoie). Etats sardes.
Bodoy (A.). Saint-Etienne France.
Boelger et Ringevald, Bâle. Suisse.
Bolmida frères et comp., Turin. Etats sardes.
Bonneton, Saint-Vallier (Drôme). France.
Borelli (H.). Savigliano. Etats sardes.
Boudon (L.). Saint-Jean-du-Gard. France.
Boyriven frères et comp., Lyon. Id.
Bravo (M.) et fils Turin. Etats sardes.
Brosset ainé et de Boissieux, Lyon. France.
Brunet, Cochaud et comp., Lyon. Id.
Buisson ainé et comp. Saint-Etienne. Id.
Campbell, Harrison et Lloyd, Londres. Royaume-Uni.
Casissa (F.), Novi Etats sardes.
Chambon (veuve L.), Saint-Paul-Lacoste (Gard). France.
Champanhet (J.-M.-M), Vals (Ardèche). Id.
Chartron père et fils, Saint-Vallier. Id.
Chavent (André), Lyon. Id.
Chichizola (J.) et comp., Turin. Etats sardes.
Chivalla et comp , Vienne. Autriche.
Colcombet frères et comp., Saint-Etienne. France.
Corti frères, Milan. Autriche.
Coudere et Soucaret, Montauban. France.
Dalgues Mourgues, Ain-Hamade. Empire Ottoman.
David (J.-B). Saint-Etienne. France.
Debarry (J.) et Bischoff. Bâle. Suisse.
Denina (Vincent), Turin Etats sardes.
Deydier (Ch.-P.), Ucel (Ardèche). France.
Donat (And.) et comp , Lyon. Id.
Donzel et Maussier, Saint-Etienne. Id.
Dotrés, Clavé et Fabra, Barcelone. Espagne.
Dufour et comp., Thal (Saint-Gall). Suisse.
Dumaine, Tournon. France.
Dutrou fils (J.-B.), Paris. Id.
Epitalon frères. Saint-Etienne. Id.
Escudero (J.). Barcelone. Espagne.
Exposition sous le nom du pacha d'Egypte. Caire. Egypte.
Fabrique impériale Empire Ottoman.
Feoli, Rome. Etats pontificaux.
Filature du grand-duc. Rigotino. Toscane.
Filature royale de la Société séricicole, Athènes. Grèce.
Flury (J.). Uetikon (Zurich). Suisse.
Fogliardi (J.-B). Melano. Id.
Fontaine, Lyon. France.
Formento (C.), Turin. Etats sardes.
Fougeirol, Ollières. France.
Fraisse frères, Vaillant et Marsais, Saint-Etienne. Id.
Friesckling-Arbesser et comp., Vienne. Autriche.
Freyvogel et Heusler, Bâle. Suisse.

Gaillard (J.) et comp., Lyon. France.
Galimard père et fils, Vals. Id.
Gavazi (Pierre), Milan. Autriche.
Gérin et Rosset. Chabeuil (Drôme). France.
Gérinon fils, Saint Etienne Id.
Gibelin et fils, Lasalle (Gard). Id.
Gindre et comp., Lyon. Id.
Girard et Gautier, Lyon. Id.
Giron frères, Saint-Étienne. Id.
Goldenberg et Seyffert, Mülheim-sur-le-Rhin. Prusse.
Gondré et comp., Lyon. France.
Grand frères, Lyon. Id.
Grangier frères, à Saint-Chamond. Id.
Greeff (F.-W). Viersen. Prusse.
Grout et comp., Londres. Royaume-Uni.
Guérin (J.), Chomérac (Ardèche). France.
Guise et Rollet, Lyon. Id.
Haas et fils, Vienne. Autriche.
Hamelin. Paris. France.
Harpke (A.). Vienne. Autriche.
Harrop. Taylor et comp., Manchester. Royaume-Uni.
Hell (G), Vienne. Autriche.
Hennecart (J.-F), Paris. France.
Hipp et Better, Crefeld. Prusse.
Imperatori (H) et comp., Intra. États sardes.
James Bianchi et Duseigneur, Lyon. France.
Janin et Falsan, Lyon. Id.
Keller (A). Turin. États sardes.
Kempe (Th) et fils, Londres. Royaume-Uni.
Kemps. Stone et comp., Londres. Id.
Klinger (L.), Vienne. Autriche.
Kœchlin et fils, Bâle. Suisse.
Lacroix (H.). Montboucher (Drôme). France.
Lapeyre neveu et Dolbeau, Lyon. Id.
Leydier frères, Buis (Drôme). Id.
Lussy et comp., Seefeld (Zurich). Suisse.
Mancardi (A) et frères. Turin États sardes.
Martel, Geoffray et Valençot, Lyon. France.
Martin et comp., Lasalle Id.
Massi (D.), Monterchi. Toscane.
Massing frères, Hubert et Cª, Puttelange (Moselle). France.
Mattiutzi, Varmo. Autriche.
Maurier, Eymard (P) et comp., Lyon. France.
Mazellier. Saint-Privat (Ardèche). Id.
Mazza .l'abbe), Vérone. Autriche.
Meauzé fils et Pillet, Tours. France.
Melquion, Mazilier et comp., Saint-Etienne. Id.
Menet, Annonay. Id.
Menghius frères, Aix-la-Chapelle. Prusse.
Meyerson (L.), Stockholm. Suède.
Meynard (H.) et comp., Vairéas (Vaucluse). France.
Michard, Girot et comp , Saint-Etienne. Id.
Millus et comp., Buffalora Autriche.
Molines (V.), Saint-Jean-du-Gard. France.
Mollière (C.), Lyon. Id.
Mollin et Vaucanson, Saint-Etienne. Id.
Monestier et Rochas, Avignon. Id.
Moring (Ch.). Vienne. Autriche.
Mounier père et fils, Saint-Etienne. France.
Musy (A.-G.). Turin. États sardes.
Novellis (C.), Savigliano. États sardes.
Oppi, Bologne. États pontificaux.
Passerat fils et comp., Saint-Etienne. France.
Pelisseri (P .). Turin. États sardes.
Piazzoni frères, Adda. Autriche.
Plataret et comp., Paris. France.
Potton (F.), Rodier (Ch) et comp., Lyon. Id.
Ravagli (S.), Marradi. Toscane.
Regard frères, Privas. France.
Reichert et fils, Vienne. Autriche.
Repiquet et Silvent, Lyon. France.
Revil (Ch.) et comp., Amilly (Loiret). Id.
Rey-Epinaion. Saint Etienne. Id.
Reynier cousins et Drevet, Lyon. Id.
Rignon (F) et comp., Turin. États sardes.
Roche et Dime, Lyon. France.

Ronchetti, Milan. Autriche.
Rougier et Bonnot neveu. Lyon France.
Roux frères, Saint-Etienne. Id.
Rütschi (S) et comp , Zurich. Suisse.
Ryffel et comp., Staefa (Zurich). Id.
Sarrasin (J -F.) et comp., Bâle. Id.
Sarrasin et comp., Bâle. Id.
Savoye, Ravier et Chanu. Lyon. France.
Scheidt et Beckerath, Crefeld. Prusse.
Schlee (A .). Vienne. Autriche.
Schramm et Van Lumm, Crefeld. Prusse.
Schreiber (H), Vienne. Autriche.
Schroers (G. et H), Crefeld. Prusse.
Schwartzenbach (J.-J.), Kilchberg (Zurich). Suisse.
Schwartzenbach-Landis, Thalweil (Zurich). Id.
Serusclat, Étoile (Drôme). France.
S-rre et comp., Saint-Etienne Id.
Servant, Devienne et comp., Lyon. Id.
Silo cousins et comp., Lyon Id.
Simeoni frères, Verone. Autriche.
Sinagaglia (S.) frères, Busca. États sardes.
Société de Styrie, Gratz. Autriche.
Soller et comp., Bâle. Suisse.
Soubeyran (L.), Saint-Jean-du-Gard. France.
Specken et Weyermann, Dulken. Prusse.
Siapfer (les fils de J., Horgen (Zurich). Suisse.
Steiner et fils, Sala Autriche.
Stoffels, Roveredo. Id.
Sulger et Stuchelberger, Bâle. Suisse.
Tacchi, Roveredo. Autriche.
Teyssier du Cros (Ern), Valleraugue (Gard). France.
Tholozan et comp., Lyon. Id.
Thomas frères. Avignon. Id.
Thomson, Lancastre. Royaume-Uni.
Torne (Ch.), Paris. France.
Tourel fils et comp., Paris Id.
Tresca et comp., Lyon. Id.
Valençot et comp , Lyon Id.
Vallelion frères et comp.. Sumène (Gard). Id.
Van der Westen et comp., Crefeld. Prusse.
Vanner (J.) et fils, Londres. Royaume-Uni.
Verza frères, Milan. Autriche.
Verzier et comp., Lyon. France.
Walter aîné (V.) et comp., Metz. Id.
Watson (J. et R.) Royaume-Uni.
Widmer et Nagel, Horgen (Zurich). Suisse.
Wilson, Casey et comp., Londres. Royaume-Uni.
Winkworth et Proctors, Manchester. Id.
Wirz et comp., Seefeld (Zurich). Suisse.
Yéméniz, Lyon. France.
Yung et comp., Elberfeld Prusse.
Zanotti (E), Comeri. États sardes.
Zinkerndorf (filature de), Hongrie. Autriche.
Zuppinger (H. de Gerold) et comp , Eichhol. Suisse.
Zurrer (J.), Hausen-sur-Albis (Zurich). Id.

MÉDAILLES DE DEUXIÈME CLASSE.

Abrial et comp., Saint-Etienne. France.
Affourtit, Nîmes. Id.
Alioth (J -S.) et comp., Bâle Suisse.
Amann (J). Thalweil (Zurich). Id.
Angliviel (J) Valleraugue (Gard). France.
Arduin et Chancel, Briançon. Id.
Ascoli (Hélène), Podgora. Autriche.
Assom frères (F. et T.), Villastellone. États sardes.
Avigdor aîné et fils, Nice. Id.
Ayné frères, Lyon. France.
Ayop-Thehouboukjen. Brousse. Empire ottoman.
Bachoven et Wollschwitz, Zeraast. Anhalt-Dessau.
Barofen (J.-J.) et fils. Bâle Suisse.
Badoil (G.) et comp , Lyon. France.
Baldini (L.), Pérouse. États pontificaux.
Ball (J.-L. de et comp., Lobberich Prusse.
Barbe et Trouilleux, Saint-Etienne. France.
Barbier et David, Saint-Etienne. Id.
Barral (C.-E.), Ganges. Id.

Barral et Lascours, Crest. France.
Bayon (M.) et comp., Saint-Etienne. Id.
Bellino frères, Rivoli. Etats sardes.
Berthon frères et Dupis, Saint-Etienne. France.
Bétencourt (J.-J. de), Lisbonne. Portugal.
Blondeau-Billet, Lille. France.
Bocoup, Villard et Saunier, Lyon. Id.
Bois (Ant.), Lyon. Id.
Bolognini-Rimediotti (Ann.). Pistole. Toscane.
Bonnal (L.), Montauban. France.
Borgagni et Borgogvini, Florence. Toscane.
Boudet (Fr.), Uzès. France.
Braun (A.), Vienne. Autriche.
Breband, Salomon et comp., Lyon. France.
Briganti-Bellini frères, Osimo. Etats pontificaux.
Brooks (Th.) Londres. Royaume-Uni.
Brosse et comp. (association d'ouvriers), Lyon. France.
Brussbacher-Müller, Zurich. Suisse.
Buisson, la Tronche (Isère). France.
Cabrit et Boux, Saint-André-de-Valborgne. Id.
Carrière, Saint-André de-Valborgne. Id.
Casparsson et Schmidt, Stockholm. Suède.
Causse et Gariot, Lyon. France.
Châlon et comp., Alais. Id.
Charbin et Troubat, Lyon. Id.
Chilliat (Ant.-Ed.), Paris. Id.
Colombet (Michel-Stéphane), Paris. Id.
Cornell, Lyel et Webster, Londres. Royaume-Uni.
Corominas, Barcelone Espagne.
Couriet, Lyon. France.
Critchley, Brinsley et comp., Londres. Royaume-Uni.
Delarbre (veuve), Ganges (Hérault). France.
Della Ripa (Laudallio), Florence. Toscane.
Dème de Sparte. Grèce.
Desmarquet (F.) et comp., Lyon. France.
Donat (J.) et comp., l'Arbresle (Rhône). Id.
Dubouchet, Saint-Chamond. Id.
Duplomb, Saint-Etienne. Id.
Durselin frères, Viersen. Prusse.
Dussol J.-B.), Sumène (Gard). France.
Edel-Castilloy-Povéa, Séville. Espagne.
Engelmann (Chr.) et fils, Crefeld. Prusse.
Ernst (J.-K.), Neumünster (Zurich). Suisse.
Exposition sous le nom du bey de Tunis. Tunis.
Eymien père et fils, Sallians (Drôme). France.
Farjon (H.). Roquemaure (Gard). Id.
Fayeton fils et Morin, Lyon. Id.
Feer (F.) et comp., Aarau Suisse.
Félix (De), Montélimart. France.
Ferrari (Fr.), Codogno. Autriche.
Figon (I.-R.), Privas France.
Font et Chambeyron, Lyon. Id.
Fossi et Bruscoli, Florence. Toscane.
Franceschini (T.). Prato. Id.
Frank (F.), Vienne. Autriche.
Frank père et fils, Lyon. France.
Franquebalme (Ad.), Avignon. Id.
Funke (R.), Gladbach. Prusse.
Gascou neveu et Aibrespy. Montauban. France.
Gémier fils et comp., Saint-Etienne. Id.
Gierlings frères, Dulken. Prusse.
Giovanszzi (J.), Villuta. Autriche.
Grataloup (J.-B.) et comp., Lyon. France.
Guigou père, fils et comp., Nyons (Drôme). Id.
Hart (J.), Cocentry. Royaume-Uni.
Hector (J.-J.), Saint-Ranz (Isère). France.
Hell (J.), Vienne. Autriche.
Hemendall jeune (G.), Barmen. Prusse.
Hopfner (J.), Gräiz Autriche.
Hohn et Staubli, Horgen (Zurich) Suisse.
Huisgen (F. et A.), Uerdiogen. Prusse.
Hunt Stettler, Horgen. Suisse
Janiskany (Ign.), Temeswar Autriche.
Institut agricole catalan, Barcelone. Espagne.
Jacobs et Béring. Crefeld. Prusse.
Jarosson et Gonin, Lyon. France.

Kagi-Fierz, Küssnacht (Zurich). Suisse.
Keith et comp., Londres. Royaume-Uni.
Keppel (J.), Roveredo. Autriche.
Kofler et comp., Saint-Antoine (Tyrol). Id.
Koster, Vienne. Id.
Kronig (C.-H.), Bielefeld.Prusse.
Lamberti (L.), oncle et neveu, Codogno. Autriche.
Landwehr, Berlin. Prusse.
Lapierre père et fils, Vallerauge (Gard). France.
Lardinelli, Osimo. Etats pontificaux.
Le Mare (J.) et fils, Londres. Royaume-Uni.
Lepori (Th.), Monigliana. Toscane.
Lepoutre-Parent, Roubaix. France.
Levionnois-Dekens, Alost. Belgique.
Lingenbrinok et Vennemann, Viersen. Prusse.
Luscan frères, et comp., Blajan (Haute-Garonne). France.
Lyal et comp., Inde anglaise. Royaume-Uni.
Manganotti (Ant.), Vérone. Autriche.
Martin-Francklin (Fanny) et comp., Chambery. Etats sardes.
Maurice et Devillaine. Saint-Etienne. France.
Mejean fils, Lyon Id.
Mello (J. d'Albuquerque), Porto. Portugal.
Merle frères et Lenoir, Lyon. France.
Meyer et comp., Zurich. Suisse.
Mignot frères, Annonay. France.
Moras (F.), Lyon. Id.
Morier, Camus et comp., Lyon. Id.
Neumann frères, Zurich. Suisse.
Neviandt et Pfeiderer, Mettmann. Prusse.
Noé frères (C. et R.), Cerano Etats sardes.
Nogarède (J.-L.), Saint Jean-du-Gard. France.
Noyer frères, Dieulefit. Id.
Panisset et Meffre, Saint-Robert. Id.
Pautakki, Brousse. Empire ottoman.
Pélegrin (M.), Bollène (Vaucluse). France
Perret. Bigot et comp., Lyon. Id.
Petrucci (C.), Sienne. Toscane.
Peyot (Fr.), Lyon (Rhône). France.
Picquefeu. Paris. Id.
Pieri Reis (Comte J.), Sienne. Toscane.
Pimentel (J.-M.), Lisbonne. Portugal.
Plailly, Paris. France.
Pointner. Vienne. Autriche.
Poncet-Vermorel, Lyon. France.
Pramondon et comp., Lyon. Id.
Prat et comp., Saint-Etienne. Id.
Preiswerk (D.) et comp., l'Île. Suisse.
Preynat. Roster et comp., Saint-Etienne. France.
Preiswerk (Luc), Bâle. Suisse.
Privat Ribot, Anduze. France.
Querini (J.), Venise. Autriche.
Ragni (G.), Sale. Etats sardes.
Reder (F.). Vienne Autriche.
Reidon (E.). Saint-Jean de Valeriscle (Gard). France.
Renard frère et comp., Sarreguemines. Id.
Rey (J.-P.), Saint-Sauveur-de-Montagut. Id.
Rey (M.) et frères, la Rochette. Etats sardes.
Reybaud (J.), Lyon. France.
Rhallis (Loucas), Pirée Grèce.
Risler et Kerner, Crefeld. Prusse.
Roche (Ant.) et comp., Lyon. France.
Rouget frères. Toulouse. Id.
Russ (F.) et comp., Saint-André-de-Valborgne (Gard). Id.
Rybiner et fils, Bâle. Suisse.
Salari (C.), Foligno Etats pontificaux.
Santonja (F.), Barcelone. Espagne.
Sarda (M.) Mazeau (Haute-Loire). France.
Sissé (Ch.-J.), Cologne Prusse.
Sauvaire et comp., Lyon. France.
Schmaltz, Metz. Id.
Schmitt (A.) Vienne. Autriche.
Schultress frères, Golibach (Zurich). Suisse.
Selner fils (J.), Düsseldorf Prusse
Seven, Barral (S.) et comp., Lyon France.
Sibuet (R.) et comp., Chaley (Ain). Id.

Siébert, Vienne. **Autriche.**
Simon (H.), **Deux-Ponts. Bavière.**
Simonetti, Osimo. **Etats pontificaux.**
Soper (H.). **Londres. Royaume-Uni.**
Spanrast, Vienne. **Autriche**
Staub (E), Maennedorf. **Suisse.**
Steinkauler et comp., **Mülheim-sur-le-Rhin. Prusse.**
Stocker (J.-E.), Zurich. **Suisse.**
Suremann et comp., Meilen (Zurich). **Id.**
Tani (Ph.). Figrino. **Toscane.**
Ter-Meer et comp.. **Crefeld. Prusse**
Thévenet, Raflin et Roux, Lyon **France.**
Thibert, Adam et comp., **Metz. Id.**
Thurneysen (Frey) et Christ, Bâle **Suisse.**
Tivet (Cl.) et comp., **Saint-Etienne. France.**
Troccon (Ach..), Lyon. **Id.**
Vagnone frères, Pignerol. **Etats sardes.**
Valazzi, Pezaro. **Etats pontificaux.**
Vanel (L.), Lyon. **France.**
Verset et Forest, Lyon **Id.**
Vianna (Fr.-J.) et Mazzlotti (V.), Lisbonne. **Portugal.**
Vindry et comp., **Saint-Etienne. France.**
Violes (C.). Bollène Vaucluse). **Id.**
Waschka, Vienne. **Autriche.**
Weissenberger J.), Vienne. **Id.**
Wiefeld et comp., Crefeld. **Prusse.**
Wortech (F.). Vienne. **Autriche.**
Wunster (H.), Brunzlau-sur-Bober. **Prusse.**
Zavagli (P), Palazzuolo. **Toscane.**
Zinggeler frères, Waedenschwil (Zurich). **Suisse.**

MENTIONS HONORABLES.

Almgren (K.-A.). Stockholm. **Suède.**
Amadieu (P.-F.), Martel (Lot). **France.**
Arbaud (veuve). Manosque (Basses-Alpes). **Id.**
Arlos (comte L. d'), Gramont (Ain). **Id.**
Autran et Rochas, Montélimart. **Id.**
Balog (Paule-Marie, née Popovies), Clausenbourg. **Autriche.**
Barlet et Belingard, Saint-Etienne. **France.**
Barnin, Constantine. **Algérie.**
Barrau (J.). Barcelone. **Espagne.**
Bartolommei marquis F.), Florence. **Toscane.**
Bastide, Vinezac. **France.**
Bauche, Mexico. **Mexique.**
Bayard frères, Lyon. **France.**
Benn (J.-A) et Buder, Zofingue. **Suisse.**
Berard, Lyon. **France.**
Berenger (A.). Chamaret (Drôme). **Id.**
Bertram-Poupy et Floret, Lyon. **Id.**
Bibet R. et Compare (J.), Saint-Rambert (Ain). **Id.**
Blachier frères, Aunonay. **Id.**
Bonnal (L. fils, Montauban. **Id.**
Bondon, Mulhouse. **Id.**
Boullenois (de), Paris. **Id.**
Boutard ainé. Sainte-Radegonde (Indre-et-Loire). **Id.**
Bretton (Baron Ch. de), Zlin 'Moravie). **Autriche.**
Buffet Fr.), Chaley (Ain. **France.**
Burckhardt et fils, Horgen. **Suisse.**
Bussin, Aïn-Tedeless. **Algérie**
Buxtorff et Bischof, Bâle. **Suisse.**
Carouillet (M.-M), Lyon. **France.**
Chabot-Debonel (Cl.), Lokeren. **Belgique.**
Chadwick (J.), Manchester. **Royaume-Uni.**
Changea, La Mastre. **France.**
Chavannes, Lausanne. **Suisse.**
Chenevior-Roux et Duressy, Lyon. **France.**
Colombon père et fils. Allan (Drôme). **Id.**
Constantoulskis, Hydra. **Grèce.**
Corberon (comte de), Famisever (Croatie). **Autriche.**
Couturier (A) et Renauld (Ad.), Paris. **France.**
Cussinel (L), Saint-Etienne. **Id.**
Dailbe (Max), Taulignan (Drôme). **Id.**
Darvieu ainé, Tailmail et comp., Ganges. **Id.**
Denegri (J.-B.), Novi. **Etats sardes.**
Desq (P.) et comp., Lyon. **France.**

Deverinne, Punjab. Inde anglaise. **Royaume-Uni.**
District de Manchester et Salford. **Id.**
Dominici frères. Bastia. **France.**
Dreyfus (les fils d'Isaac), Bâle. **Suisse.**
Drogue, Saunier et Binoux, Lyon. **France.**
Dutour (B), Montélimart. **Id.**
Egli (J.-C.), Richterschwell (Zurich). **Suisse.**
Escales frères, Deux-Ponts. **Bavière.**
Faure (Ern.) frères, Saillans (Drôme). **France.**
Fayolle (Nicolas) et comp., Lyon. **Id.**
Fink (J.), Vienne. **Autriche.**
Florentino, Florence **Toscane.**
Flanich (veuve), Vienne. **Autriche.**
Foot (J.) et comp., Londres. **Royaume-Uni.**
Fossi et Bruscoli, Florence. **Toscane.**
Foucamprez frères et comp., Fourmies (Nord) **France.**
Franck (I.), Vienne. **Autriche.**
Frangoulis, Cumi. **Grèce.**
Frey (J-F. et J), Aarau. **Suisse.**
Friedberg (J.), Ewegg. **Autriche.**
Gabaldoni (V). Gênes. **Etats sardes.**
Giraud (A.), Lyon. **France.**
Gonon, Remilleux et Gérinon, Saint-Etienne. **Id.**
Gouiraud, Tlemcen **Algérie.**
Granier fils, Camaret (Vaucluse). **France.**
Gruber et Philippi, Vienne. **Autriche**
Helly (Ad. , Avignon. **France.**
Hermann frères, Thann (Haut-Rhin). **Id.**
Herzig (J), Vienne **Autriche.**
Hindermann-Mérian (J.-J.), Bâle. **Suisse.**
Hoff (C.), Viersen **Prusse.**
Hoffmann (Em.), Bâle. **Suisse.**
Huffuagie. Indes orientales. **Royaume-Uni.**
Hurlimann, Trumpler et comp., Waendenschwell. **Suisse.**
Imperatori (J.), Intra. **Etats sardes.**
Jorge (J), Mexico. **Mexique.**
Kiszewski (Ant.), Paradies. **Prusse.**
Kuister-Margaron, Lyon. **France**
Lacoste père et Bouilhane, Montélimart. **Id.**
Lambert et comp , Valence. **Id.**
Landolt et comp., Küsnacht. **Suisse.**
Larcher et comp , Saint-Etienne. **France.**
Lebrun (P.), Flobecq **Belgique.**
Lenassi (R-A), Goritz (Illyrie). **Autriche.**
Leschenault (du), Villrs (Saône-et-Loire). **France.**
Lévy et comp., Soultz (Haut-Rhin). **Id.**
Liehermann et Auerbach, Berlin. **Prusse.**
Lindo (H), Vienne. **Autriche.**
Lombezzi (Ph.) San-Sepulcro. **Toscane.**
Loyère Ed de la , Savigny (Côte-d'Or). **France.**
Maffio et Rossi frères, Sondrio. **Autriche.**
Magistris (P.), Udine. **Id.**
Malenotti (Gesualde , Vecchio. **Toscane.**
Masquard (E. de), Nimes. **France.**
Masson, Mustapha. **Algérie.**
Mayer (A) et fils, Vienne **Autriche.**
Mazel et comp., Lyon. **France.**
Mazzotti (A.), Modigbana **Toscane.**
Meiswinkel (F-H), Viersen. **Prusse.**
Mercier, Vuillemot et Neyret, Lyon. **France.**
Meyer-Wolf (M.). Crefeld. **Prusse.**
Meyer-Mérian et comp , Soultz (Haut-Rhin). **France.**
Montagni (J.). Riva. **Autriche.**
Monti (L), Borgo-San-Lorenzo. **Toscane.**
Morel (J.-B.) et comp. , Lyon. **France.**
Morlacchi, Ancône. **États pontificaux.**
Mosca (A.-J.-B et A.) frères, Chiavassa. **Etats sardes.**
Moser et comp., Herzogenbuschsee. **Suisse.**
Municipalité de Murcie **Espagne.**
Musy et Gallier, Lyon **France.**
Naegli et comp., Horgen. **Suisse.**
Nesme (A.), Crest (Drôme). **France.**
Neumann (N.-H.), Berlin. **Prusse.**
Noz et Diggelmann, Zurich. **Suisse.**
Padoa, Cento. **Etats pontificaux.**
Pasquier (Ch.-A , Paris. **France.**

Pelissier fils, Saint-Etienne. France.
Pépinière de Bone. Algérie
Perrier et Rocheblave, Valleraugue (Gard) France.
Portalès et comp., Talavera. Espagne.
Pradier (I), Annonay. France.
Rappart et Riepe frères, Bruxelles. Belgique.
Reboul (J.-J.-A.), Mondragon (Vaucluse). France
Religieuses du monastère de Saint-Constantin. Grèce.
Ressegaire (G.), Saint-Ruf (Vaucluse). France.
Roffenschweiller-Hunt, Horgen. Suisse.
Roger, Bruges (Gironde). France.
Roque-Niel frères, Avignon. Id.
Roth (G.), Langgasse (Zurich). Suisse.
Sagnier-Teulon, Nîmes. France.
San-Luis (département de). Mexique.
Schindler (Mme M.), Fixin (Côte-d'Or). France.
Schmid (C.), Küssnacht (Zurich). Suisse.
Schroeder (P.-A.) et comp., Crefeld. Prusse.
Secchi (F.), Milan. Autriche.
Segré (S.), Verceil. Etats sardes.
Semodocaes (comte de), San-Cosmodo. Portugal.
Senn (J.-A.) et Suter, Zolingen. Suisse.
Sicardi (S.), Ceva. Etats sardes
Sieber (J.), Neumünster (Zurich). Suisse.
Silva (J.-J.), Lisbonne. Portugal.
Société impériale d'agriculture, Lyon. France.
Solichon (J.-M.-A.), Id. Id.
Soubeyran frères, Montélimar. Id.
Stachelin (Balthasar), Bâle. Suisse.
Stanpli (J), Horgen. Id.
Stapfer-Hunt et comp., Id. Id.
Stapfer-Kolla, Staefer. Id.
Strazid (Filature de), près de Gorice (Illyrie). Autriche.
Ustéri frères. Zurich. Suisse.
Valencogne fils, Saint-Etienne. France.
Veyre (A.), Bueil (Isère). Id.
Vialleton et Durieu, Saint-Etienne. Id.
Viel et comp., Montélimar. Id.
Vilumara frères et comp., Barcelone. Espagne.
Vincent, Meyrueis. France.
Vukassinovich (A.), Fiume. Autriche.
Wardle et comp., Londres. Royaume-Uni.
Weigle, Ludwigsburg. Wurtemberg.

COOPÉRATEURS,
CONTRE-MAITRES ET OUVRIERS.
MÉDAILLES DE PREMIÈRE CLASSE.

Bert, Lyon. France.
Guinet, Voiron. Id.
Nowak, Vienne. Autriche.
Poncau, Lyon. France.
Riot, Gonesse (Seine-et-Oise). Id.
Rollet, Lyon. Id.
Silberling (Ch.), contre-maître de M. Lomann, Vienne. Autriche.
Wilmen (Francis), à Viersen. Prusse.

MÉDAILLES DE DEUXIÈME CLASSE.

Bardet, Lyon. France.
Barmond, id. Id.
Berger (Matthieu), Id. Id.
Bergeret, id. Id.
Bois (Ant.), id. Id.
Bonnet, à Alais. Id.
Bournay (Me), Lyon. Id.
Bruk (William), Londres. Royaume-Uni.
Chalamel (Joseph), Lyon. France.

Challard ainé, Saint-Etienne. France.
Challard, id. Id.
Chwalla (Jean), Vienne. Autriche.
Clair, Saint-Etienne. France.
Cornnaud Louis, Manchester. Royaume-Uni
Coutier, Lyon. France.
Deroche, id. Id.
Desplantes, id. Id.
Devriendt (Joseph), Alost. Belgique.
Doré (Joseph), Lyon. France.
Douglas (James), Londres. Royaume-Uni
Droz, Lyon. France.
Dubost, id. Id.
Dufour, id. Id.
Eisler (Ferdinand), Vienne. Autriche.
Escot, Lyon. France.
Faure (Raymond), id. Id.
Fevrier (Eug.), Valleraugue (Gard). Id.
Fournier (Baptiste), Lyon Id.
Friedrich (Leopold), Vienne. Autriche.
Fuchi (François), Lyon. France.
Fulchiron, Saint-Etienne. Id.
Girard (Benoit), Annonay. Id.
Goy, Lyon. Id.
Guillat, id. Id.
Hofhammer, Vienne. Autriche.
Jourjeon ainé, Saint-Etienne. France.
Jownsing Shepherd, Londres. Royaume-Uni.
Kauertz (Armand), Viersen. Prusse.
Kehren (Frédéric), id. Id.
Kropf (Ch.), contre-maître de M. Harpke, à Vienne. Autriche.
Lavau (Louis), Montauban. France.
Lheiral (Paul), Grune, près Annonay. Id.
Malpertens, Lyon. Id.
Morellet (Laurent), id. Id.
Neyron, id. Id.
Penel, Saint-Etienne. Id.
Pernet, Lyon. Id.
Pernoliot (J.-Claude), id. Id.
Pfingster-Aloyse, Vienne. Autriche.
Pichon, Saint-Etienne. France.
Protiot, Lyon. Id.
Quersonnier, Sailly (Somme). Id.
Rebont (Charles), Saint-Etienne. Id.
Reiter, Vienne. Autriche.
Remillieux (Benoit), Lyon. France.
Roedel (G.), dessinateur de M. Bujatti, Vienne Autriche.
Romain (Nicolas), Lyon. France.
Roux (Mlle Catherine), Vals Ardèche). Id.
Seurre, Lyon. Id.
Sodoma, Vienne. Autriche.
Tranchant, Lyon. France.

MENTIONS HONORABLES.

Bastide (Antoinette), Saint-Etienne. France.
Bresenz (Sébastien), Vienne. Autriche.
Châtillon (M.), chef d'atelier, Lyon. France.
Gaillard (Thérèse), Saint-Etienne. Id.
Hertl (Fr.), ouvrier d'elite de M. Bujatti, Vienne. Autriche.
Hubsch (Léopold), Vienne. Id.
Kamps (Math.), Viersen. Prusse.
Kirchuer (Barth.), ouvrier d'élite de M. Bujatti, Vienne. Autriche.
Kopp (Guillaume), id. Id.
Mikesele (Ad.), ouvrier d'élite de M. Bujatti, id. Id.
Schleinzer (J.), Id. Id. id. Id.

EXPOSITION UNIVERSELLE

PRODUITS DE L'INDUSTRIE

VINGT-DEUXIÈME CLASSE.

TISSUS DE LIN ET DE CHANVRE.

Lorsque, dans sa tragédie d'*Athalie*, Racine représente vêtu de lin le jeune Joas, arraché aux fureurs de cette reine et élevé par les soins du grand-prêtre, Racine se conforme au texte de la Bible; il jette un trait de lumière sur l'histoire des matières textiles. Sous la plume du poète, comme sous la plume des écrivains sacrés, le mot lin se trouve pris génériquement; on employait alors le chanvre tout aussi bien que le lin, et les tissus qu'on en formait, à juger de la chose d'après les bandelettes qui ceignent les momies, étaient très-bien tissés, très-variés de texture et de couleurs. D'après les calculs d'Anglais spéculateurs, les tombeaux actuels de l'Egypte fourniraient encore au moins vingt millions de quintaux métriques de tissus de lin. Ces industriels, voulant trafiquer sur la cendre des morts (jamais idées semblables ne viendront aux peuples sauvages), voulant convertir en papiers bristol les dépouilles des sarcophages, eurent l'impudique audace de proposer au pacha d'Egypte de les acheter. Le pacha d'Egypte ne leur répondit point. Mais vous verrez qu'un jour quelque administrateur pressé d'argent accueillera l'offre et vendra les langes où, depuis trois mille ans, reposent ses ancêtres!...

Le travail du chanvre et du lin a suivi les phases diverses de la civilisation; il a passé d'un peuple à l'autre, en se modifiant selon les mœurs et les climats. Cependant, malgré l'ancienneté de ce genre de travail et l'intérêt personnel qu'on y attachait, puisque chaque famille se revêtait des tissus filés par ses ménagères, il s'en faut bien qu'au point

de vue mécanique la fabrication de ces matières textiles ait atteint la perfection que présentent les cotonnades.

Lorsque, dans le tissage automatique du coton, les machines exécutent, sans obstacle, toute espèce de fils, depuis les plus grossiers jusqu'aux plus fins, on ne peut obtenir des procédés imaginés pour la fabrication des tissus de chanvre ou de lin que des gros fils et des fils extra-fins, sans intermédiaires gradués ; uniformité qui tient à la nature essentiellement différente de la matière textile : coton, chanvre et lin. Les caractères fibrineux du cotonnier sont tels, qu'on peut, sans opération préalable, livrer aux machines cette matière première, tandis qu'il faut tout d'abord débarrasser le chanvre et le lin en filasse d'une substance gommo-résineuse qui lui donne de la raideur et dont elle n'est jamais entièrement dépouillée avant de subir l'action des machines. Pour opérer les transformations du fil, on emploie des moyens énergiques, un mécanisme puissant.

Sans conteste, la France a droit de se poser comme la terre classique de l'industrie linière. Quand je dis la France, je dis aussi la Belgique, appendice d'un État dont ce petit royaume parle la langue, dont il épouse toutes les croyances, toutes les habitudes. Cependant, aux Anglais revient l'honneur d'avoir imaginé la filature automatique, qui centuple les produits ouvrés et qui réduit presque à rien le prix de la main-d'œuvre.

Ainsi que l'exprime M. Alcan, dans son *Essai sur les matières textiles*, c'est en 960 que les Anglais, voyant l'extension considérable que prenait le commerce des étoffes, sentirent le besoin de produire un plus grand nombre de fils, et cherchèrent à construire une machine qui, mue par un seul ouvrier, produisît à la fois plusieurs fils. Le métier appelé *Jenny* ou *Jeannette* sortit dès lors du cerveau d'un homme de génie ; la spéculation intelligente s'en empara, l'appliqua sur une grande échelle, et, après des perfectionnements successifs, on vit surgir le métier *Mull-Jenny self-acting*, le *nec plus ultra* des métiers qui opèrent automatiquement l'étirage, la torsion et le renvidage du fil.

La quantité considérable de produits enfantés par le métier *Mull-Jenny* nécessita bientôt des procédés plus rapides dans le jeu des machines à préparer. Pour le cardage comme pour les autres opérations préliminaires, on substitua le travail mécanique au travail à la main ; puis, sous l'influence forcée de l'encombrement croissant des fils, de l'obligation d'utiliser au plus vite une matière qui représentait d'immenses capitaux, on remplaça les métiers ordinaires autour desquels jadis une famille se groupait pour vivre, par les métiers mécaniques qui opèrent le tissage avec une célérité merveilleuse.

Ce mode de tissage, dû au génie créateur des Anglais, mais dont le premier germe naquit dans quelque coin ignoré de la France, revint sur le sol natal et s'y perfectionna. Citer Vaucanson, Jacquart, c'est d'un mot détrôner l'Angleterre de ses prétentions à l'universalité des inventions.

Dans l'industrie du filage, nous aurions bien encore un autre nom que nous pourrions produire avec orgueil, si nos voisins d'outre-Manche ne nous disputaient pas le droit de revendiquer seuls sa mémoire. Il s'agit du baron Girard, de cet homme éminent qui dota son pays d'un procédé dont Napoléon Ier avait coté la valeur à un million, et qui, pour le faire accepter des Français, dut le mettre sous le patronage des lords du Royaume-Uni.

Après le tissage uni, disons quelques mots du tissage façonné, œuvre de goût par excellence, œuvre conséquemment française, et que nulle nation du monde n'oserait nous contester. Les noms, les dates le prouvent. En 1606, Claude Dagon monte, dans la ville de Lyon, le premier métier à la grande tire ; en 1717, J.-B. Garon substitue une machine au tireur de lacs ; en 1725, Basile Bouchon imagine le papier percé et met ses aiguillettes en communication avec les cordes du semple ; en 1788, Falcon coordonne le papier percé, l'aiguillette et le crochet, fixant ce crochet à la corde du semple par son extrémité supérieure, et lui faisant faire fonction de continuité ; en 1746, Vaucanson supprime le semple, la rame et le cassin qui demandaient une masse considérable de cordes et de plus un tireur de lacs pour les faire mouvoir ; il détermine, au moyen d'une pédale, le mouvement du métier, et enroule l'étoffe avec un régulateur à vis sans fin. En 1775, Ponçon invente une petite mécanique armée de cavacine et de lamettes qui, par un mouvement de bascule de l'alléson fixé au plancher, s'abaissent en enlevant les ligatures. Vingt-trois années plus tard, Versier perfectionne la mécanique Ponçon et augmente considérablement sa puissance. En 1804, Jacquart, modifiant le métier Vaucanson, substitue au cylindre un prisme percé de trous, au carton cylindrique un carton sans fin, et, modifiant ainsi les principaux éléments du métier, crée la machine qui porte son nom. Un demi-siècle plus tard, M. Michel trouve moyen de faciliter le dégriffement des crochets qui s'opère sans frottement ni bruit, en armant d'une double tranche ces mêmes crochets dont Jacquart avait bien compris le jeu vicieux, mais sans découvrir un remède efficace. L'heureuse modification apportée par M. Michel fut introduite dans l'industrie en même temps que le métier électrique de M. Bonelli, auquel divers systèmes, plus ou moins ingénieux, sont appliqués déjà.

Telle a été la marche successive du tissage mécanique, le mode d'emploi du chanvre, du lin, du coton, soit isolés, soit réunis pour la confection des toiles et des étoffes qui alimentent la consommation de l'univers.

Aujourd'hui, les fabricants cherchent à remplacer, pour le tissage façonné, les cartons du métier Jacquart par du papier continu. Il en résulte une notable économie ; mais l'extensibilité du papier sous l'influence inévitable de l'air humide, expose à beaucoup de mécomptes et d'erreurs. Cependant, plusieurs machines semblent avoir presque résolu le problème. Nous ne nous y arrêterons pas, car il s'agit bien moins ici du mécanisme en lui-même que du produit.

C'est également par d'ingénieuses machines que les chaussettes, les bas, les jupons, les cache-nez, certains bonnets de femme, sont exécutés d'une manière économique et rapide. La matière première coûtant peu de chose, et la main-d'œuvre coûtant moins encore, on se procure ces objets presque pour rien. Il en résulte de grands avantages à l'endroit de la santé publique, car le vêtement confortable est un des éléments les plus certains du mécanisme régulier des fonctions vitales. Nous irons même beaucoup plus loin sans crainte de hasarder une hérésie scientifique, en disant que, toutes choses égales d'ailleurs, l'ouvrier chaudement vêtu éprouve moins le besoin de réparer ses forces à l'aide d'une alimentation substantielle ou de boissons alcoolisées.

Aujourd'hui, tous les pays manufacturiers filent et tissent le lin par les moyens mécaniques, d'une manière plus ou moins générale. A cet égard, la France et la Grande-Bretagne marchent sur la même ligne, avec cette différence néanmoins que chez nos voisins d'outre-Manche le travail est presque entièrement automatique, tandis que chez nous quantité de mains agissent encore. En Angleterre, 1,268,093 broches fonctionnent; en France, 350,000; disproportion bien notable si l'on compare la population des deux pays. Dans la Belgique, où tant de ménagères filent encore, où le tissage isolé s'exécute au fond des villages comme si la grande mécanique n'existait pas, on compte 150,000 broches, chiffre énorme, qui, mis en parallèle avec l'exiguïté de la population des Pays-Bas comparée à celle de l'Angleterre et surtout à celle de la France, place la Belgique au premier rang de toutes les nations européennes qui fabriquent des tissus de toile. Le Zollverein possède 80,000 broches; l'Autriche, 30,000; la Russie, 50,000; l'Espagne, 6.000. On n'estime pas que les États-Unis d'Amérique en aient plus de 15,000. Cependant les habitants du Nouveau-Monde ne tirent pas d'Europe une quantité bien considérable de tissus de lin et de chanvre : qu'en feraient-ils? L'usage des tissus de coton sied mieux que celui des tissus de fil aux pays chauds et aux pays froids. Il n'y a que les régions intermédiaires auxquelles les tissus de fil conviennent réellement.

Les toiles fines anglaises, quoique tissées mécaniquement, présentent d'admirables conditions de finesse, de régularité, de netteté, malgré les obstacles qu'il faut vaincre pour assouplir la rudesse et le manque d'élasticité des fils; leurs toiles à voiles, leurs toiles communes ne sont pas moins dignes d'éloges; et ici, avouons-le franchement, nous ne sommes, nous autres Français, qu'imitateurs. En revanche, nos œuvres façonnées ne redoutent aucune rivalité. Comparez les tissus damassés de la Saxe, réputés sans rivaux, à la plupart des tissus du même genre fabriqués chez nous avec le métier Jacquart, et vous reconnaîtrez dans nos grands services de table qu'étalaient les vitrines de la Flandre française et du Dauphiné, des qualités à travers lesquelles éclate le génie français. Un progrès que nous nous plaisons à constater, résulte d'une amélioration notable et d'un abaissement sensible de prix pour les services ordinaires ou bourgeois. Vous tirez maintenant des fabriques du Nord certaines toiles excellentes ayant en largeur 6 mètres 70 centimètres et coûtant moins que les anciennes toiles de cretonne; d'où résulte la possibilité de confectionner des draps sans couture et de les vendre à des prix que peut aborder le commun des acheteurs. Nous avons constaté le même progrès pour les coutils du Nord, pour les toiles à sarreaux, pour les articles du Calvados, de la Mayenne, etc.

C'est principalement aux opérations préparatoires de la filasse, à l'intervention de la peigneuse Heillmann, que l'on est redevable de ces résultats. Les fils d'étoupes se filant presque aussi fins, presque aussi réguliers que les fils à longs brins, ces fils d'étoupes remplacent les fils de chanvre et de lin communs, qui, eux, remplacent à leur tour des fils beaucoup plus déliés qu'on destine aux tissus extra-fins. Aucune distinction n'est presque possible aujourd'hui entre les tissus damassés, les types à petites armures de la France, et ceux du Royaume-Uni et de la Belgique.

Plus remarquable par son talent d'imitation et par son habileté d'emprunt que par

son génie inventif, la Suisse cultive avec ardeur la fabrication des tissus de fil. Elle a
pour elle d'abondantes chutes d'eau, du charbon qui lui coûte peu, une main-d'œuvre
qui ne dépasse jamais un chiffre raisonnable, et, de plus, un régime gouvernemental sous
le protectorat duquel le fabricant suisse peut combattre ses adversaires avec avantage :
nous voulons dire que les inventeurs d'origine helvétique peuvent, dans tous les États
de l'Europe, invoquer à leur profit la législation des brevets d'invention, qui constate
leur propriété et leur en garantit les fruits, mais que les étrangers ne sont pas admis en
Suisse à jouir de la réciprocité et à faire breveter leurs inventions. Aussi les perfectionnements émanés de la Belgique, de l'Angleterre, de la France ne font qu'un saut rapide par-
dessus les Alpes et trouvent là un accueil d'autant plus bienveillant qu'ils n'imposent
aucune charge et qu'on espère en tirer bon profit.

Divers fabricants de la Confédération Helvétique ont exposé des produits fort esti-
mables, œuvres de patience, de délicatesse et de goût, relevées souvent par des prix doux
qui allèchent le consommateur. Il en a été de même de quelques provinces d'Allemagne.
La Belgique, qui brille dans toute espèce de confection, depuis le fil uni ou le fil retord
jusqu'au tissu damassé, comptait soixante-six exposants ; l'Angleterre n'en avait que
soixante-dix-sept ; la France brillait au milieu d'un cortège de deux cent vingt-six fabricants ou négociants. Presque tous les exposants du Royaume-Uni appartiennent à l'Écosse
et à l'Irlande. Pourquoi tant d'autres fabricants distingués manquaient-ils au rendez-
vous ? Ce ne pouvait être incertitude du succès, car la lutte ne saurait être qu'inégale avec
quelques maisons d'outre-Manche ; ce ne pouvait être dédain, car nos principaux établissements de Lyon, Roubaix, Tarare, Rouen, se pèsent dignement dans la balance de
tous les concours industriels. Le *cui bono* du négociant américain aurait-il trouvé de
l'écho sur les rives de la Tamise ? Alors nous en déplorerions les conséquences.

Malgré l'invasion du tulle coton et du tulle Bobin, cette précieuse ressource de la coquetterie bourgeoise, la dentelle proprement dite, exécutée à la main, avec du fil de lin
d'une finesse extrême, conserve son légitime empire. La Belgique et la France, sous ce
rapport, ne se laissent devancer par personne. L'Angleterre, qui, grâce au *point* qu'elle
avait inventé, menaçait de sa concurrence et Bruxelles, et Malines, et Valenciennes,
l'Angleterre a trouvé un rival dans le *point* de Paris, voire même dans un point nouveau
d'origine française, et que son inventeur, taquinerie ou conscience d'artiste, a qualifié
de point d'Angleterre.

Les magnifiques dentelles d'Angleterre, les vraies dentelles, si recherchées autrefois,
et qui ont bien encore leur mérite relatif, se faisaient de toute pièce, c'est-à-dire qu'on
exécutait simultanément dans le même réseau le fond et les ornements du tissu. On
se contenta ensuite de faire isolément la partie façonnée, et de l'appliquer avec l'aiguille
sur un fond à mailles unies. Ce genre d'application fit fortune.

A l'Exposition universelle de 1855, la France produit quantité d'applications dignes
des plus belles applications belges, dignes des vieilles applications anglaises. « Les
fils traînants ou brides de l'envers, laissés à dessein, témoignent de la restauration de
l'ancien procédé, et démontrent que l'étoffe tout entière, fond et sujets, forme un seul et

même réseau sans *rentrants*. Il y a là des difficultés vaincues au point de vue technique, que comprendront les personnes compétentes , et qu'apprécieront toutes les dames. Ce n'est pas tout : pour développer la production et la mettre sans délai en rapport avec les exigences de la mode, on a songé, déjà depuis un certain temps , au moyen de ne pas laisser éterniser l'ouvrage sur le métier. Or, en confiant à une seule ouvrière l'exécution d'une pièce entière, elle exigerait souvent des années , et ne serait terminée que quand le dessin imaginé aurait passé de mode. Il a donc fallu diviser le travail et mettre un seul objet, une robe, un mantelet, des volants, etc., simultanément entre plusieurs mains. On s'est déterminé à faire le tissu par bandes, à les distribuer aux ouvrières, puis à les rassembler par une couture délicate, imperceptible à l'œil nu. C'est là, comme on voit, la méthode des Indiens pour leurs châles si renommés. Mais ce procédé présente des imperfections : lorsqu'on réunit les bandes, il faut souvent déchiqueter une partie du fond pour raccorder les dessins. » (Exposé de l'industrie des dentelles, par M. Tresca.)

Pour obvier aux inconvénients précités, un industriel français a imaginé un procédé nouveau de *mise en barre*, c'est-à-dire de transport du dessin par le piquage sur le papier, procédé qui permet l'assemblage des bandes sans qu'il en résulte perte de temps et de matière, double économie fort importante. C'est une heureuse invention. Elle promet les plus beaux résultats, et déjà le Palais de l'Industrie en a présenté les avant-coureurs.

La broderie au plumetis, la broderie au crochet, ont remplacé, dans la main de la plupart des jeunes ouvrières de la campagne et de la ville, le rouet et le tricot, qui ne leur rapportaient guère, dans les derniers temps de leur usage, que 5 à 6 sous de profit par jour. C'est donc un service réel que les métiers de filage et de tissage de la laine, du coton, du chanvre et du lin, ont rendu à la population féminine, pendant les vingt ou trente années qui viennent (de s'écouler, puisque ces métiers conservent la bonté des yeux et la dextérité des doigts d'une foule d'ouvrières. Quand ces deux éléments de travail productif diminuent, les femmes passent à des broderies de moins en moins délicates, puis, vers le déclin de l'âge, elles reviennent au rouet, au tricot, que l'on n'abandonnera jamais d'une manière absolue, nous l'espérons bien, comme occupation paisible, comme distraction sans fatigue, comme accompagnement des causeries du coin du feu pendant les longues soirées d'hiver. Les bas, les toiles façonnés en ménage, avec un fil que l'on ourdit soi-même, ou avec un coton, une laine bien choisis, présentent d'ailleurs des conditions de solidité et de durée qui s'harmonisent très-bien avec les rudes occupations et les sueurs abondantes des travailleurs.

A l'Exposition universelle de Londres, certaine filasse, obtenue d'une plante textile presque inconnue en Europe, fit fureur. Les Anglais , qui recherchent avec ténacité le moyen de subvenir, pour leurs cordages et leurs papiers , au manque de chanvre et de chiffons, poussèrent des cris de jubilation quand on leur indiqua les vertus de la ramie, l'*urtica utilis*, baptisée chez nos voisins du nom de *china grass*.

Depuis les temps les plus reculés, la Chine emploie cette précieuse ortie à fabriquer des tissus renommés; les Indes Orientales l'exploitent dans le même but. Dès le XVIe siècle,

les étoffes fabriquées avec la ramie, sur les rives du Gange, étaient vendues en abondance aux Hollandais, qui les préféraient aux toiles de lin. La filasse dont s'agit ayant été importée dans les Pays-Bas, on y fabriqua une espèce de batiste ou de mousseline qui eut cours sur les marchés, mais qu'on cessa de renouveler, par les difficultés sans doute d'obtenir la matière première.

Les indigènes des Moluques et des îles principales de l'Archipel Indien emploient la ramie pour cordages, pour filets et pour tissus; les Chinois, les Cochinchinois la cultivent en grand et l'exploitent de la même manière. Des expériences toutes récentes, exécutées avec le plus grand soin par ordre du gouvernement hollandais, ont fait voir que la quantité de fibres obtenue de la ramie l'emporte sur le rendement du meilleur lin; que la ténacité de ces fibres surpasse de beaucoup celle du lin et du chanvre; qu'elles sont un bien meilleur usage, et que leur blancheur éclatante rend ternes à côté d'elles les fibres du lin le plus beau. D'après la même commission administrative, la ramie pourrait être apportée dans les ports de l'Europe en très-grande quantité et vendue sur le pied de 1 fr. 20 c. à 1 fr. 60 c. le kilogramme, prix du meilleur lin. Ainsi, les planteurs indiens auraient une ressource immense, et, par suite de cette culture, des milliers d'hectares où les Européens sèment du lin et du chanvre, seraient rendus à la culture des céréales. A Pondichéry, à Cayenne, en Algérie, surtout dans les marais de La Calle, où croissent naturellement différentes plantes tropicales, on pourrait faire venir la ramie, puisque, en 1850, M. Decaisne, professeur au Jardin-des-Plantes, ayant semé de sa graine en pleine terre, obtint des tiges d'un mètre et demi d'élévation. Ce sont les produits de ces tiges parisiennes qui, transportés en Algérie, ont produit les échantillons mis au rang des objets les plus remarquables de l'exposition algérienne.

Nous n'introduisons pas sans motif la date 1850 dans cet aperçu rapide des provenances exotiques. Nous mettrons au-dessus d'elle la date 1815, car à cette année remonte une note publiée par M. Decaisne, relative au bon usage qu'on pourrait faire en Europe de l'*urtica utilis* ou ramie. Les Anglais sont venus depuis; mais tandis que notre administration supérieure délibérait, hésitait sur l'opportunité d'essais de culture que lui conseillait M. Decaisne, l'administration anglaise agissait et prenait les devants, comme il arrive pour la plupart des questions pratiques.

Une autre plante, le bananier, objet d'études sérieuses à la Guyane anglaise et à la Jamaïque, semble aussi devoir remplacer incessamment, dans certaines proportions, le chanvre et le lin. D'après des calculs faits avec une scrupuleuse exactitude, pendant dix années de culture, par un propriétaire qui ensemençait 200 hectares, il résulte qu'en exploitant le bananier d'une manière exclusive, pour ses propriétés textiles, et en négligeant les produits alimentaires du même arbre, on peut obtenir en deux années, après trois coupes exécutées chacune de huit mois en huit mois, 11,250 tiges environ par hectare. Chaque tronc pèse 33 à 34 kilogrammes; toute sa partie solide consiste en fibres que relie les unes aux autres un tissu cellulaire plus ou moins abondant, selon le terrain où croît le bananier. La partie solide du tronc forme le dixième de son poids; les neuf autres dixièmes ne sont que de l'eau. On en retire un kilogramme 134 de fibre textile

propre, et 684 grammes de fibre décolorée. Partant de ces données, on récolterait chaque
année, par hectare, 20 à 24,000 kilogrammes de matière textile, dans lesquels les fibres
propres figureraient pour 12 à 13,000 kilogrammes, et les fibres décolorées pour 7 ou
8,000. En deux années, l'entretien d'une plantation de bananiers coûtant 750 fr. par
hectare, la récolte et le transport des tiges exigeant une dépense de 5 fr. pour 100 tiges,
les frais d'exploitation atteindraient approximativement 1,300 fr. pour une récolte de
11,250 troncs fournissant 20 à 24,000 kilogrammes de fibres textiles : soit 11 centimes 1/2 le prix de revient du tronc, et 6 centimes 4 le prix du kilogramme de fibres.

Diverses machines ont été proposées pour l'extraction des fibres du bananier. M. Sharp,
de Londres, vient de proposer une usine spéciale qui serait organisée dans la Guyane
anglaise, cette terre promise des bananiers. Mais, quelque effort que l'on fasse, nous ne
pensons pas qu'on réussisse jamais à tirer de la fibre résistante et dure de cet arbre des
fils assez menus, assez flexibles pour remplacer le chanvre.

Il serait impossible, quant à présent, de rien préjuger sur l'avenir que réservent aux
nouvelles matières textiles les besoins croissants du consommateur. Constatons seulement, comme chose remarquable, que l'énorme introduction du coton dans l'usage vestiaire des peuples du nouveau monde et de l'ancien monde n'a diminué en rien ni la
culture du lin et du chanvre, ni la quantité de tissus fabriquée avec eux; constatons
aussi que malgré les mécaniques, malgré les milliers de métiers à tisser répartis sur le
globe, le nombre de bras qu'occupait jadis la confection des toiles et des grossières
draperies de ménage n'a pas décru d'une manière sensible : n'étaient les broderies,
qui absorbent environ le cinquième des travailleuses, peut-être le chiffre des fileuses, des
dévideuses et des tricoteuses serait à peu de chose près le même qu'autrefois. Certainement il y a là une action providentielle, qui veut que la mère de famille, que les femmes,
à quelque condition qu'elles appartiennent, conservent sous la main des éléments faciles
de travail. Un intérieur attache d'autant plus qu'on s'en occupe davantage, et, sous le
rapport de la moralité des familles, le temps qu'emploient les femmes dans la confection des objets ordinaires de leur garde-robe ne doit point être considéré comme un
temps perdu.

REVUE DES PRINCIPAUX OBJETS

EXPOSÉS DANS LA VINGT-DEUXIÈME CLASSE

MM. FERAY ET Cᵉ, A Essonnes (Seine-et-Oise) et a Paris (France).

M. E. Feray, membre du Jury de l'Exposition de Paris en 1849, et membre de la Société d'encouragement, était le rapporteur du Jury de la VIIᵉ classe de l'Exposition universelle (Mécanique spéciale et
matériel des manufactures de tissus), pour la section des machines à peigner et à filer le chanvre et le
lin. Cette haute fonction mettait hors de concours la maison dont M. E. Feray est le chef. Mais il semblerait qu'une telle radiation, quoique commune à tous les membres exposants du Jury international, ait
laissé comme une espèce de regret aux collègues de l'honorable rapporteur, à en juger par les expressions
mêmes dont ils se sont servis à son égard, et cela dans deux appréciations diverses, car la maison Feray
embrasse largement, à mérite égal, plusieurs industries différentes.

En effet, la commission d'examen de la XIXᵉ classe (Industrie des cotons) « ne peut s'empêcher de
rendre hommage au désintéressement avec lequel MM. Feray et Cᵉ, d'Essonnes, ont sacrifié aux fonctions
de juré les récompenses les plus élevées qui étaient réservées à la perfection industrielle de leurs produits. Cette perfection, appuyée sur une ancienne renommée justement acquise, est devenue absolue soit
qu'on la cherche dans la filature du coton, dans celle du lin, dans le tissage de ces deux matières en calicots et toiles, ou dans leurs magnifiques nappages. »

De son côté, le rapport officiel de la XXIIᵉ classe (Industrie des lins et des chanvres) s'exprime ainsi :
« Puisqu'il nous est interdit de faire figurer sur la liste des récompenses les honorables fabricants qui sont
exclus du concours par leur présence dans le Jury, qu'il nous soit permis de donner à leurs produits les
justes éloges qu'ils méritent... MM. Feray et Cᵉ occupent le premier rang dans l'industrie des damas
de fil. Les collections de services damassés qu'ont exposés ces habiles industriels sont également remarquables par la richesse des dessins, leur parfaite exécution et la beauté du tissu. »

De pareilles citations entraînent certains détails sur l'importante maison qu'elles placent hors ligne.

Les établissements de MM. Feray et Cᵉ se composent :

1º D'une filature de coton de 24,000 broches, — d'un tissage de calicots, — d'un tissage de linge damassé en fil, — et d'ateliers de construction, — situés à Chantemerle, commune d'Essonnes (Seine-et-
Oise) ;

2º D'une filature de lin de 5,000 broches, située à Corbeil ;

3º D'une filature de lin de 4,000 broches, située à Palleau près Ballancourt.

Le nombre total d'ouvriers employés par ces six établissements varie de 1,300 à 1,500; la moyenne générale des salaires s'élève à 2.500 fr. par jour.

La filature de coton et le tissage de calicots de MM. Feray et Cᵉ, à Chantemerle, ont été fondés en 1804,
par M. Oberkampf de Jouy et par son gendre M. Louis Feray. Les produits de la filature de coton exposés au Palais de l'Industrie consistaient surtout en chaînes Jumel nᵒˢ 50 à 75, en trames Louisiane

n°ˢ 24 à 70, en trames Jumel et mélange de Géorgie longue soie n°ˢ 75 à 115. La majeure partie de ces cotons filés est employée par les fabricants de tissus de Saint-Quentin et par ceux de Troyes qui font de la belle bonneterie, et qui ont besoin par conséquent de filés de matière supérieure, d'une régularité parfaite. — Quant aux calicots forts, madapolams et croisés tissés à Chantemerle, leur excellence est établie par les marchands de nouveautés et les chemisiers de Paris eux-mêmes : ils les paient plus cher que ceux d'aucune autre fabrique.

Pour son tissage de damassé en fil, la maison FERAY et C° emploie les lins filés de première qualité de sa filature de Corbeil. Elle exposait dans cette spécialité des services à la portée des plus petites bourses, et d'autres qui, par leur richesse, pouvaient figurer sur la table des têtes couronnées. On remarquait surtout, en ce dernier genre, des échantillons des services armoriés faits pour la reine d'Espagne et pour celle de Portugal, ainsi qu'une quantité de serviettes avec chiffres dans le médaillon du milieu.—Au reste, le linge damassé de MM. FERAY et C° a été classé en toute première ligne par le Jury (sur le rapport d'un fabricant de Silésie), comme excellence de fabrication.

Les ateliers de construction de Chantemerle ont été fondés, en 1820, par M. Louis Feray. Ils sont spécialement consacrés à la construction des machines pour moulins à blé, des roues hydrauliques, turbines, transmissions de mouvement pour papeteries, filatures de lin et de coton, etc., et d'autres grosses mécaniques. — MM. FERAY ET C° ont monté tous les moulins à blé de M. Darblay. —On peut voir, comme modèle de leur talent de constructeurs, le beau moulin de vingt et une paires de meules qui dessert la manutention militaire du quai de Billy, à Paris. — La pile à broyer les chiffons et la machine à vapeur faisant corps avec elle, exposées par M. Gratiot, directeur de la papeterie d'Essonnes, sortaient aussi des ateliers de Chantemerle.

La filature de lin de Corbeil a été fondée, en 1834, par la société FERAY ET C°, à laquelle appartenaient alors MM. Louis Feray, Ernest Feray, Boëcking Sydenham et Philippe Widmer. —A ces courageux novateurs on doit faire honneur d'une initiative qui constitue un service de premier ordre rendu à notre industrie nationale : ils ont produit nos premiers lins filés mécaniquement, avec les machines exportées par eux à grands frais d'Angleterre, malgré les rigueurs de la prohibition. En cette occurrence, la filature de Corbeil a primé de plusieurs mois de travail celle du même genre fondée à Lille par M. Scrive.

MM. FERAY ET C° n'emploient dans leurs filatures que des lins de première qualité, dont ils tirent des fils supérieurs; ils les consomment en partie pour leur tissage, le reste sert à la fabrication des meilleures toiles de la Sarthe, de la Mayenne, de l'Orne, de l'Eure et du Calvados.   Ils exposaient, comme spécimens, des fils de lin n°ˢ 30 à 120 anglais (18 à 80 mille mètres au kilog.), et des fils d'étoupes n° 20 à 60 anglais (12 à 40 mille mètres au kilogramme).

La filature de lin de Palleau près Ballancourt, fondée en 1830, est exploitée depuis 1842 par MM. FERAY ET C° qui y filent surtout n°ˢ 20 à 60 anglais en lin, 14 à 25 en étoupes. Ces produits, dont des échantillons figuraient aussi à l'Exposition universelle, sont appréciés par tous les fabricants qui ont besoin de fils très-réguliers et très-nerveux.

Les deux établissements de Corbeil et Palleau réunis consomment par jour plus de 2,000 kilogrammes de lin teillé.

Ces renseignements exacts sur les industries si variées de la maison FERAY ET C°, sont certes les meilleurs commentaires à l'appui de l'opinion du Jury international , qui la place au rang le plus élevé parmi les associations industrielles de la France.

M. DE SAINT-HUBERT, à Bouvignies (BELGIQUE), exposait des lins rouis et teillés par le procédé manufacturier, que leur finesse, leur régularité et leur souplesse rendaient des plus propres à la filature mécanique. Ces lins , comparés à ceux provenant du travail agricole, établissaient suffisamment l'avantage, comme réduction de prix et amélioration des produits, que présente la séparation de la culture du lin d'avec sa préparation commerciale; aussi le Jury a-t-il décerné à M. DE SAINT-HUBERT une MÉDAILLE DE PREMIÈRE CLASSE.

LA SOCIÉTÉ POUR LA CULTURE DU LIN, à Hansdorff (Autriche), offrait, par son exposition, une nouvelle preuve de l'excellence d'une manutention linière toute spéciale, pour les pays que l'absence de cours d'eau contraint au rouissage sur terre. MÉDAILLE DE PREMIÈRE CLASSE.

MM. WILMANN et WEBER, à Patsch-Kau (Prusse), présentaient au concours des lins rouis, des fils de lin et d'étoupe, et des fils retors. Ces produits témoignaient d'importants efforts pour obtenir des perfectionnements de préparation capables d'augmenter considérablement la valeur de la matière première. MÉDAILLE DE PREMIÈRE CLASSE.

MM. SIX Frères, à Wazemmes (France), pratiquent le rouissage et le blanchiment du chanvre brut. Leurs procédés tendent à vulgariser l'emploi des chanvres communs pour la filature des nᵒˢ 20 mille mètres et au-dessous, qualité d'une consommation générale. Nul doute que si le système de MM. Six Frères avait reçu la consécration de l'expérience, il n'eût été regardé comme un grand service rendu à l'industrie, et ne leur eût valu du Jury une récompense plus élevée que la MÉDAILLE DE DEUXIÈME CLASSE.

Ont obtenu la MÉDAILLE DE DEUXIÈME CLASSE, pour leur bonne préparation du lin et du chanvre par la méthode agricole, ou pour l'importance de leur culture :

MM. TROUVÉ et Cⁱᵉ, à Bologne (États Pontificaux). Chanvres et étoupes de chanvres peignés.

F. ROUXEL, à Saint-Brieuc (France). Lins teillés et peignés.

C. HOMON, à Morlaix (France). Lins en grumes et en branches, lins broyés, teillés et peignés.
M. Homon a rendu à l'industrie, au commerce, à l'agriculture et à la classe ouvrière d'assez importants services pour que Sa Majesté Impériale l'ait trouvé digne du grade de chevalier de la Légion-d'Honneur.

L. DUMORTIER, à Bousbecques (France). Lins teillés.

LE ROUTOIR D'ULLERSDORFF (Autriche). Lins rouis.

DE RATZERSBERG, à Wartemburg (Autriche). Lin brut.

LA SOCIÉTÉ D'ENCOURAGEMENT POUR L'INDUSTRIE LINIÈRE, à Berlin (Prusse).
Lins préparés et lins bruts.

LA SOCIÉTÉ D'HIRSCHBERG (Prusse). Lins préparés et lins bruts.

LE BARON DE LUTTWITZ, à Simmenau (Prusse). Lin brut.

BECKENBACH, à Rheydt (Prusse). Lin préparé.

MM. BONTE-NYS, à Courtray; WATTEYNE-DELTENZE, à Soignies, et A. COOREMAN, à Bebecq (Belgique), ont obtenu chacun la MÉDAILLE DE DEUXIÈME CLASSE, pour des fils de lin produits à la main qui présentaient une finesse vraiment merveilleuse (jusqu'au nᵒ 1,800 millim.) et qui servent à la confection des batistes et des dentelles. Ces fils, à cause de leur ténuité, ne sauraient être encore fabriqués à la mécanique.

LA SOCIÉTÉ DE LA LYS, à Gand (Belgique).

Les fils de lin et d'étoupe exposés par la Société DE LA LYS prouvaient, par leur régularité parfaite, les progrès de la filature mécanique belge dans une catégorie de produits dont l'Angleterre s'était fait une espèce de monopole, et pour la fabrication desquels elle trouve maintenant une concurrence sérieuse sur le continent.

La Société de la Lys, malgré sa création récente, emploie plus de 37,000 broches. Elle a dû émettre des capitaux considérables et braver des difficultés de travail presque insurmontables pour arriver si rapidement à une pareille importance. Le Jury lui a décerné la Médaille d'honneur.

LA SOCIÉTÉ LINIÈRE DE SAINT-LÉONARD, a Liège (Belgique).

La Société Linière de Saint-Léonard livrait à l'Exposition des produits du même genre que la Société de la Lys. Ses fils d'étoupe surtout, filés à la mécanique jusque dans les numéros les plus élevés, rivalisaient avec tout ce que la fabrication manuelle avait de plus fin et de plus parfait. 20,000 broches témoignent de l'étendue de ses affaires. Le Jury lui a décerné la Médaille d'honneur.

LA SOCIÉTÉ ANONYME DE FILATURE DE LIN ET D'ÉTOUPE, a Saint-Gilles-lès-Bruxelles (Belgique).

Parmi les échantillons des produits élaborés par les 12,000 broches de la Société de Saint-Gilles, se remarquait une série de fils de lin pour chaîne dans les nᵒˢ 200 et au-dessus, dont la supériorité incontestable militait en faveur de l'introduction de la mécanique dans une industrie qui semblait pourtant ne devoir progresser que grâce au travail à la main. La Société de Saint-Gilles a obtenu la Médaille d'honneur.

MM. DROULERS et AGACHE, a Lille (France).

MM. Droulers et Agache exposaient des fils de lin et d'étoupe écrus, et des fils teints et blanchis pour selliers, cordonniers, etc. Cette série, complète s'il en fut, allait jusqu'au nᵒ 500 anglais, d'environ 330 mille mètres. Au reste, l'importance de la fabrication de la maison Droulers et Agache est à la hauteur de sa perfection de travail. Elle possède 16,000 broches et file annuellement 60,000 paquets, représentant une valeur de 3,600,000 fr. Le Jury lui a décerné la Médaille d'honneur.

MM. C.-G. KRAMSTA et Fils, a Freyburg (Prusse).

Des fils de lin et d'étoupe, des tissus unis et damassés, le tout élaboré à la mécanique, composaient l'exposition de MM. Kramsta et venaient prouver que si l'industrie linière est assez restreinte en Prusse, elle peut cependant lutter de mérite avec celle de France et de Belgique.

La filature de Kramsta se compose de 15,000 broches ; elle emploie avec une rare intelligence le lin indigène de Silésie, pur ou mélangé, même pour la manipulation des numéros fins. Elle a, en outre, d'importantes annexes pour le tissage, le blanchiment et les apprêts. Une aussi complète organisation a permis à ses possesseurs de maintenir la haute réputation de leur maison, malgré toutes les secousses que l'industrie linière a éprouvées pour arriver à sa transformation actuelle, c'est-à-dire pour passer de la pratique quasi-individuelle au travail manufacturier.

Si MM. C.-G. Kramsta et fils avaient joint à leurs fils si égaux et si forts de plus nombreux types de leurs tissus pour l'exportation, le Jury leur aurait décerné très-probablement une récompense plus élevée encore que la Médaille d'honneur.

La Médaille de première classe a été décernée par le Jury à :

MM. F. DAUTREMER, à Lille (France), pour la bonté, la netteté et la régularité de ses fils de lin, des numéros 100 à 300 anglais, mesurant 70 à 200 mille mètres.

MM. DESCAMPS Aîné, à Lille (France), pour ses fils de lin et d'étoupe jusqu'au numéro 300 anglais (200 mille mètres), remarquables en ce que, malgré leur excellence, ils sont à prix très-modiques et non préparés en vue de l'Exposition universelle.

MAHIEU-DELANGRE, à Armentières (France), pour la bonne qualité de ses produits et pour l'importance de sa fabrication, comprenant une filature de 10,000 broches, ainsi que des établissements de tissage et de blanchiment appliqués aux toiles de lin.

FAUQUET-LEMAITRE et Cᵉ, à Pont-Audemer (France), pour leurs bons fils de lin, dont la matière première se tire du pays de Caux et de Bernay, fils toujours recherchés pour la manutention des cretonnes. La maison FAUQUET-LEMAITRE est aussi à la tête de la manufacture française par le nombre de ses établissements de filature et de tissage.

LAINÉ-LAROCHE et MAX-RICHARD, à Angers (France), pour leurs fils de chanvre très-réguliers et parfaitement appropriés à la fabrication des toiles à voiles.

A. BOCQUET et Cᵉ, à Ailly (France), pour leur production élevée, montant à 1,400 000 kilog. de fil par an, et pour l'excellente qualité de leurs produits. La maison BOCQUET possède 3,000 broches filant à sec et deux moteurs représentant une force de 135 chevaux. Elle importe annuellement des Indes environ 6,000 balles de jute ou phormium.

BOUCHER Frères, à Tournay (Belgique), pour leurs fils de lin et d'étoupe écrus ou débouillis, leurs toiles écrues blanches et bleues, tous types d'une fabrication des plus remarquables.

LA SOCIÉTÉ LINIÈRE GANTOISE, à Gand (Belgique), pour le bon traitement de ses fils de lin et d'étoupe, que 20,000 broches produisent en quantité considérable.

LA FILATURE DE SCHOENBERG, en Moravie (Autriche), pour des fils de lin pour chaîne de 20 à 70 millimètres et des fils d'étoupes de 10 à 20 millimètres, atteignant presque la perfection.

LA FILATURE DE WIESENBERG, en Moravie (Autriche), pour la qualité supérieure de sa fabrication et de son matériel industriel, prouvée par de bons fils en lin de Moravie, de 10 à 20 millimètres.

BOZY Frères et Cᵉ, à Bielefeld (Prusse), pour leurs fils de qualité courante très-parfaite, qui démontraient les progrès de la filature mécanique du lin en Prusse.

LA FILATURE MÉCANIQUE D'URACH (Wurtemberg), pour ses fils de lin à chaîne de 10 à 85 millimètres, longs, forts et réguliers, employés à la fabrication des tissus damassés et écrus. Ces fils sont dignes de l'ancienne réputation d'un établissement des premiers créés en Allemagne.

MM. VALDELIÈVRE Fils et Cᵉ, à Saint-Pierre-lès-Calais (France), exposaient des fils numéros 30 et 40 anglais, 20 à 25 millimètres français, beaux et réguliers. Leur filature de lin et d'étoupe compte 4,000 broches. Ils ont, en outre, un établissement agricole où les lins du pays sont préparés, rouis et teillés. MÉDAILLE DE DEUXIÈME CLASSE.

MM. VERSTRAETE Frères, à Lille (France). Lors de l'Exhibition de Londres, la France avait vu contester sa suprématie dans la spécialité des fils à coudre. Grâce à la maison VERSTRAETE, l'industrie française des fils retors a réalisé des progrès qui ont laissé bien loin derrière eux les efforts des autres nations. MM. VERSTRAETE FRÈRES ont reçu la MÉDAILLE DE PREMIÈRE CLASSE pour la régularité de torsion et le lustre de leurs produits.

M. A. LEBEUF, à Paris (France). Cet industriel est sûrement à la tête de la fabrication des cordes et ficelles. Il livre par an 420,000 kilogrammes de filasse peignée, et emploie 600,000 kilogrammes de chanvres bruts dans ses corderies de toute espèce, qui occupent 345 ouvriers. Ses produits sont de bonne qualité. MÉDAILLE DE DEUXIÈME CLASSE.

MM. PÉAN Frères, à Nantes (France). Leurs chanvres en filasse, leur fil et leur ficelle ne craignent aucune comparaison comme qualité et comme exécution. MÉDAILLE DE DEUXIÈME CLASSE.

MM. SCRIVE Frères et J. DANSET, à Lille (France).

M. Désiré Scrive, comme membre et rapporteur du Jury de la XXIIe classe, enlevait les chances du concours à la maison dont il fait partie, et qui, bien certainement, aurait obtenu une haute récompense, ne fût-ce que parce que MM. Scrive frères ont introduit des premiers en France les procédés du rouissage manufacturier et du teillage mécanique. De plus, leur association possède des établissements de filature et de tissage d'une grande importance; aussi exposait-elle des fils de lin et d'étoupe, des lins et chanvres rouis, des toiles communes et du linge de table en lin, d'une supériorité incontestable.

M. CH. OBERLEITHNER, à Schœnberg (Autriche).

Mis hors de concours pour la même cause que M. Scrive, M. Ch. Oberleithner avait exposé des damas de fil, qui lui assignaient le premier rang parmi les industriels ayant le plus contribué aux progrès du tissage du lin.

M. BEVERIDGE, à Dunfermline, Écosse (Royaume-Uni).

Membre du Jury de la XXIIe classe, M. Erskine Beveridge se trouvait, par cet honneur, hors de concours. Sa superbe collection de nappes, serviettes, layettes écrues et ouvrées, de toiles de lin damassées, de tapis de table en coton pur et en laine peignée et coton, réunissait la richesse des dessins à la parfaite exécution des tissus.

M. SEAMANN, à Stuttgard (Wurtemberg).

M. Seamann appartenait aussi au Jury; par conséquent ce grand fabricant a dû sacrifier à ce poste honorifique la récompense que lui aurait valu sa belle exposition de toiles de lin, comparables aux meilleurs produits similaires de l'Irlande.

MM. COHIN et Ce, à Paris (France).

M. Cohin aîné, filateur et fabricant, membre du Jury international, a été nommé président de la XXIIe classe de l'Exposition universelle, après la mort du titulaire de ce poste éminent, M. Legentil, président de la Chambre de commerce de Paris, membre de la Commission impériale, des Jurys des Expositions de Paris (1849) et de Londres (1851), décédé entre la première et la deuxième période des importants travaux d'examen et d'appréciation dont il était déjà l'une des plus sûres lumières.

Le choix de M. Cohin aîné pour succéder, dans une pareille tâche, à un homme aussi remarquable et aussi regretté que M. Legentil, constituait un véritable hommage, non-seulement à son mérite personnel, mais encore à la juste renommée de la maison de premier ordre gérée par lui, ainsi que par MM. F.-A.

Bocquet et Millescamps. Par conséquent, il est presque inutile de faire remarquer que, sans la mission d'honneur acceptée par son associé principal, cette maison, rentrant alors dans les conditions ordinaires du concours universel, aurait sûrement obtenu une des plus hautes récompenses. Dès 1849, et bien que ses produits figurassent pour la première fois aux Expositions, une médaille d'or lui était accordée par le Jury et la plaçait au premier rang pour la fabrication des fils et des tissus de lin et de chanvre. Cette distinction, loin de déterminer un niveau fixe de progrès pour MM. Cohin et Cᵉ, a été, au contraire, un irrésistible stimulant pour les lancer dans la voie des perfectionnements continus, et leur magnifique envoi au Palais de l'industrie en offrait les preuves irréfutables.

Au reste, la mise hors concours de MM. Cohin et Cᵉ a été motivée par deux fois, et par ordre, dans le rapport officiel, de façon à leur présenter une large compensation au sacrifice dont ils avaient généreusement assumé la chance certaine.

Le Jury de la XXIIᵉ classe, après avoir regretté de ne pouvoir récompenser l'association à laquelle appartient son président, M. Cohin aîné, déclare vouloir rendre au moins aux produits exposés par elle la justice qui leur est dûe, et s'exprime ainsi : « MM. Cohin et Cᵉ, de Paris, ont fabriqué de fortes et très-bonnes toiles, spécialement destinées aux fournitures militaires. Cette maison possède des établissements considérables de filature et de tissage. C'est à ses efforts intelligents que nous devons en grande partie les progrès obtenus dans la fabrication des toiles communes. »

Le rapporteur de la XXXIᵉ classe, formée exclusivement des produits de l'économie domestique, se montre plus explicite encore : « Avant tout, un hommage juste et mérité est dû à une maison dont l'honorable chef fait partie du Jury, et qui se trouve ainsi exclue de notre liste de récompenses, quoique ses produits aient figuré avec honneur dans la galerie d'économie domestique ; cette circonstance, le concours empressé qu'elle a apporté à la formation de la dite galerie, et son importance commerciale, sont pour cette maison autant de droits à être signalée. Ajoutons que MM. Cohin et Cᵉ, qui occupent six mille ouvriers dans le département de la Sarthe, en outre d'un commerce considérable de toiles de fil de toutes provenances, justifient leur haute réputation de bonne qualité et de bas prix par les quelques types de ce genre qu'ils ont exposés. »

Quoi de plus éloquent et de plus concluant, pour mettre hors ligne la maison Cohin et Cᵉ, que ce chiffre officiel de six mille ouvriers employés par elle durant toute la durée de la campagne de Crimée, et seulement dans un de ses centres de fabrication, dans sa manufacture dite du *Breil* (Sarthe), dont, en temps normal, le personnel monte au moins à deux mille cinq cents travailleurs ! Ce chiffre ne prouve-t-il pas que la France aussi commence à se lancer dans la voie des gigantesques associations commerciales ou industrielles qui semblaient le privilège exclusif de l'Angleterre, associations ayant pour bienfaisants résultats, outre la mise en réquisition d'une masse de bras voués sans elles à une inactivité relative, la baisse sensible des prix et l'amélioration continue des produits qu'elles exploitent par la raison même de la puissance des capitaux et des moyens d'exécution à leur disposition ? MM. Cohin et Cᵉ viennent confirmer ceci, car les toiles si diverses exposées par eux, et provenant du vaste établissement qu'ils ont créé au Breil, étaient remarquables sous tous les rapports : elles satisfaisaient également les besoins du pauvre et du riche. Celles de forte qualité, aux types dûs à l'initiative novatrice de M. Cohin aîné qui dirige personnellement la manufacture du Breil, sont admises dans les services de l'État, pour les armées de terre et de mer, et la dernière grande guerre a prouvé leur immense utilité. Ces toiles fortes sont aussi recherchées entre toutes pour les usages domestiques des classes populaires. Ces deux faits significatifs démontrent assez que les incessants travaux et les sacrifices sans nombre de l'association gérée par MM. Cohin aîné, Bocquet et Millescamps, arrivent à rendre un véritable service, non-seulement à l'industrie nationale, mais aussi à la majorité de la population de notre beau pays.

Mais, nous le répétons, le Breil (Sarthe) n'est qu'un des centres d'exploitation de la maison Cohin et Cᵉ. Elle exposait aussi des fils de lin et d'étoupes d'une excellente qualité provenant de sa filature de Frévent (Pas-de-Calais). Cet établissement, l'un des plus considérables de la France en son genre, a été fondé en 1834 ; et, successivement agrandi, il compte à présent 13,000 broches, qui occupent d'une

manière permanente huit cents ouvriers. Depuis sa création, la culture du lin a pris un très-grand développement dans les départements du Pas-de-Calais et de la Somme.

Enfin, MM. Cohin et Cᵉ fabriquent à Abbeville des tissus damassés, pour linge de table, avec un succès à la hauteur de celui de leurs autres produits. C'est là encore une industrie en progrès continu, et l'importante maison qui fait l'objet de cet article peut toujours revendiquer sa large part de l'impulsion donnée.

Il est presque inutile d'ajouter que les nombreux travailleurs concentrés soit au Breil (Sarthe), soit à Frévent (Pas-de-Calais), soit à Abbeville (Somme), sont soumis par MM. Cohin et Cᵉ au régime le plus philanthropique et le plus moralisateur. Aussi S. M. l'Empereur, appréciant les éminents services rendus à la classe ouvrière et à l'industrie par la société dont M. Cohin aîné est l'un des gérants, a nommé celui-ci chevalier de la Légion d'Honneur. Un autre gérant de la maison Cohin et Cᵉ, M. Millescamps, avait été déjà créé membre de cet ordre illustre, à cause de ses utiles travaux industriels.

M. GODARD, a Valenciennes (France).

M. Auguste Godard, l'un des Jurés de la présente classe, avait exposé différents types de charmants mouchoirs à vignettes. Il produit aussi des mouchoirs à bordures qui, pour le prix et la qualité, bravent la concurrence belge et irlandaise. La position officielle de cet industriel n'a permis au Jury que de lui adresser de justes éloges.

LA VILLE DE BELFAST (Royaume-Uni).

Dix-huit fabricants de ce grand centre manufacturier ont délégué M. Mac-Adam pour présenter à l'Exposition universelle leurs produits réunis, et pour déclarer qu'ils abandonnaient toute chance de distinction personnelle, au profit d'une récompense collective décernée à leur cité. Grâce à cet acte de patriotisme local, l'exhibition de Belfast représentait dignement, comme importance et comme variété, la fabrication irlandaise tout entière. Des assortiments de fils allant jusqu'au numéro 500, des toiles de toutes finesses et de toutes dimensions, du linge ouvré dit *diaper* de 4 pence 1/2 à 6 shillings le yard, des batistes unies et imprimées, des damas de fil, composaient un magnifique ensemble où les tissus brillaient par la régularité, la blancheur, l'apprêt et le bon marché ; où les fils faisaient comprendre, par leur beauté, la supériorité si connue de ces toiles d'Irlande, à la manipulation desquelles ils sont employés en grande partie.

Ajoutons que Belfast est à la tête de l'industrie linière ; 600,000 broches fonctionnent dans son district. La France et la Belgique ne comptent pas ensemble un nombre plus élevé de ces instruments de travail. Le Jury a décerné à la ville de Belfast la Grande médaille d'honneur.

LES VILLES DE VALENCIENNES, CAMBRAI et BAPAUME (France).

Un des plus beaux actes de justice du Jury de la XXIIᵉ classe, c'est celui qui décerne aux fileuses et aux tisserands des environs de Valenciennes, Cambrai et Bapaume, et non aux exposants n'étant réellement que leurs intermédiaires, la Grande médaille d'honneur méritée pour la fabrication d'un produit français par excellence. En effet, notre batiste et notre linon, que l'étranger a vainement cherché à imiter, sont l'œuvre d'une industrie purement rurale. Malgré l'usage restreint de cet article de luxe, il s'en importe chaque année pour une douzaine de millions de francs! Aussi, sans avoir une importance comparable à celle de Belfast, le centre manufacturier compris entre Valenciennes, Cambrai et Bapaume, ne résume pas moins une spécialité sans rivale au monde. La plus haute récompense a été

délivrée à la CHAMBRE DE COMMERCE DE VALENCIENNES, comme représentant les habiles ouvriers producteurs de ces magnifiques tissus de lin admirés de tous à l'Exposition universelle.

MM. MALO, DICKSON ET Cᵒ, A DUNKERQUE (FRANCE).

La filature de MM. MALO, DICKSON ET Cᵒ est de 4,000 broches ; ils ont de plus un rouissage manufacturier des mieux organisés ; ils emploient en tout 650 ouvriers. Leur production exclusive consiste en toiles à voiles. Celles qu'ils exposaient étaient d'une solidité à toute épreuve ; et lorsque l'on songe que de cette solidité de la voilure dépend souvent le salut d'un navire et de son équipage, on comprend la raison presque d'intérêt public qui a fait décerner à ces industriels la MÉDAILLE D'HONNEUR.

MM. BAXTER FRÈRES, A ARBROATH (ROYAUME-UNI).

On peut juger de l'importance des établissements où MM. BAXTER FRÈRES confectionnent leurs toiles à voiles et leurs diverses toiles de lin destinées à l'exportation, en sachant que les dites manufactures comprennent une filature de 15,000 broches et des ateliers de tissage (dont un seul contient 400 métiers) mus par une force mécanique de 350 chevaux. Les produits de la maison BAXTER, irréprochables comme régularité de trame et de lisière, sont fort estimés en Angleterre, et les spécimens exposés prouvaient que partout ils étaient dignes du premier rang. MM. BAXTER FRÈRES ont obtenu la MÉDAILLE D'HONNEUR.

M. VERCRUISSE BRUNNEL, A COURTRAY (BELGIQUE).

M. VERCRUISSE BRUNNEL exposait des toiles de lin dont les plus fines comptaient jusqu'à 9,000 fils en chaîne, sur 90 centimètres en longueur. Cet habile industriel maintient dans tout son éclat la renommée des toiles fines belges, qui constituent l'une des supériorités industrielles les mieux établies de son pays. Il a reçu du Jury la MÉDAILLE D'HONNEUR.

MM. RADIGUET, HOMON, GOURY ET LEROUX, à Landernau (FRANCE). Leurs toiles à tentes et à voiles se distinguaient par la force et la régularité, ainsi que par la netteté des lisières, c'est-à-dire par les qualités les plus propres à leur destination. Outre le tissage mécanique, ces producteurs pratiquent aussi la filature, et leurs 6,000 broches élaborent des fils très-estimés. MÉDAILLE DE PREMIÈRE CLASSE.

MM. LANIEL FRÈRES ET Cᵒ, à Vimoutiers (FRANCE), ont rendu aux toiles dites *cretonnes* la réputation qu'elles avaient jadis, en proportionnant habilement la finesse de la trame avec celle de la chaîne, et en choisissant de bonnes matières premières. C'est à la mécanique que ces fabricants produisent leurs toiles, parfaites de grain et de qualité. Ils possèdent un atelier de 150 métiers, et occupent, en outre, 400 ouvriers. Une blanchisserie qu'ils dirigent aussi est justement renommée. MÉDAILLE DE PREMIÈRE CLASSE.

MM. DELLOYE ET LELIÈVRE, à Cambrai (FRANCE), exposaient des toiles de ménage et pour fournitures militaires, parfaitement établies. Ils ont été des premiers, en France, à tisser à la mécanique. MÉDAILLE DE PREMIÈRE CLASSE.

M. LEMAITRE-DEMEESTÈRE, à Halluin (FRANCE), a créé dans son pays la fabrication des toiles destinées au blanc et à la teinture, toiles dont la Belgique nous approvisionnait il y a peu d'années encore. Les tissus exposés par M. LEMAITRE-DEMEESTÈRE réunissaient la bonne qualité à la modicité du prix. MÉDAILLE DE PREMIÈRE CLASSE.

III.

M. VERDIER, à Fresnay (France), soumettait au concours des pièces de toiles d'une finesse exceptionnelle. L'une de ces pièces contenait 7,200 fils en chaîne : les meilleures fabriques de Courtray n'exposaient rien de supérieur. Il est à regretter que les beaux produits de M. Verdier coûtent un «peu trop cher. Médaille de première classe.

M. ANDREW LOWSON, à Arbroath (Royaume-Uni), dirige un vaste établissement possédant une force motrice de 110 chevaux, et comprenant un tissage mécanique et une filature. Ses produits consistent en toiles à voiles renommées en Angleterre et méritant de l'être partout. Médaille de première classe.

M. DE BRABANDÉRE, à Courtray (Belgique), a conservé, dans sa fabrication de toiles belles, fortes et fines à la fois, l'ancien type si justement estimé de Courtray, remarquable par son grain carré et sa solidité de tissu. Médaille de première classe.

M. PARMENTIER, à Iseghem (Belgique). Même appréciation qu'à propos de M. de Brabandère pour ses tissus blancs et écrus. Médaille de première classe.

M. VAN-ACKÈRE, à Vevelghem (Belgique), exposait des lins écrus et teillés, et des fils de lin à la main. Mais c'est surtout pour ses toiles blanches, genre ancien de Courtray, pour ses batistes et ses mouchoirs de toile et batiste, qu'il a obtenu la Médaille de première classe.

MM. REY Aîné et Fils, à Bruxelles (Belgique), sont comptés parmi les premiers industriels belges comme variété des tissus et comme importance de production. Leurs ateliers contiennent 452 métiers mécaniques. Le chiffre de leurs affaires s'élève à plus de quatre millions par an. Ils fabriquent des toiles écrues, teintes, blanches, des linges ouvrés et damassés, des mouchoirs blancs et imprimés d'une bonne qualité courante, et d'une modération de prix très-remarquable. Médaille de première classe.

M. DEROUBAIX, à Courtray (Belgique), avait envoyé à l'Exposition des toiles, des batistes et du linge ouvré. Tous ces tissus brillaient par l'apparence, la finesse et la solidité ; le blanc, l'apprêt et le pliage ne laissaient non plus rien à désirer. Les produits de M. Deroubaix sont justement appréciés pour l'exportation. Médaille de première classe.

LA SOCIÉTÉ D'HERFORD (Prusse) représentait à l'Exposition la fabrication des toiles filées à la main, atteignant le plus haut degré de finesse et de perfection. Elle occupe 2,400 ouvriers. Il est fâcheux que ces tissus, plus chers que ceux filés à la mécanique, n'offrent pas, malgré cette cherté, des garanties certaines de supériorité comme solidité. Médaille de première classe.

M. ASCHROTT, à Cassel (Hesse Électorale), exposait des toiles de lin et de chanvre en qualité commune, mais bien fabriquées, et d'un bon marché presque sans rival. Médaille de première classe.

M. LANG, à Blanbeuren (Wurtemberg), a fondé dans son établissement un atelier modèle et une école d'apprentissage. Il occupe 300 ouvriers à la fabrication de toiles comparables aux meilleurs tissus similaires d'Irlande, et d'une régularité, d'une blancheur, d'un apprêt dignes de tous les éloges. Médaille de première classe.

M. BANCE, à Mortagne (France), pour ses toiles cirées pour tableaux, atteignant jusqu'à la largeur extraordinaire de 8 mètres, a obtenu la Médaille de deuxième classe.

M. FOURNET, à Lisieux (France), emploie une filature de 2,000 broches, et pratique le tissage à la main de toiles cretonnes fortes et régulières. Même récompense.

MM. BOULARD et PIEDNOIR, a Cholet et a Paris (France).

La maison Boulard et Piednoir avait envoyé à l'Exposition universelle des tissus de fil, des mouchoirs imprimés et des toiles pour mouchoirs, dont le Jury de la XXII. classe a établi « les bonnes conditions de fabrication », et que celui de la XXXI. classe a rangé « parmi les produits de l'économie domestique, formant une fort belle collection, qui mérite d'être distinguée. »

Ces appréciations officielles semblent d'un rigoureux laconisme, dans leur application à l'une des plus anciennes et des plus notables maisons d'un centre commercial aussi important que Cholet. En effet, le bel établissement dont M. Boulard est devenu le chef en 1837, et M. Piednoir le co-propriétaire en 1848, a été fondé par M. Leroy fils aîné, il y a déjà au moins soixante années. Ses excellents produits ont obtenu diverses médailles aux Expositions de Paris de 1844 et 1849. Nul doute que s'ils avaient figuré à la grande Exhibition de Londres, en 1851, ils n'eussent valu à leurs fabricants une nouvelle distinction.

C'est qu'aussi l'industrie de Cholet doit surtout à M. Boulard ses améliorations pour les procédés du blanchiment. De plus, il a été le premier introducteur, dans sa zone manufacturière, de la fabrication des batistes de fil à la mécanique ; il a même engagé sur ce terrain la concurrence avec l'Angleterre, et ses efforts ont eu les plus heureux résultats, car l'article précité est devenu pour lui et pour les cinquante à soixante autres industriels de sa cité, l'objet d'une exploitation très-étendue.

A propos de ces soixante principales maisons de fabrique ou de commerce, comprises dans Cholet seulement, il est à regretter qu'elles n'aient pas réuni leurs ressources en une exposition collective, comme l'ont fait plusieurs villes de France et de l'étranger ; cette réunion aurait permis de mieux apprécier la valeur générale d'un arrondissement français des plus riches, mais aussi des moins connus, sans doute parce qu'il est privé de cours d'eau navigables, et qu'aucune voie ferrée ne le relie encore au rapide mouvement du va-et-vient universel.

Rien que pour son industrie manufacturière, qui embrasse sur une grande échelle les tissus de fil, de laine et de coton, cet arrondissement comp'e, en outre des cinquante à soixante établissements capitaux de son chef-lieu, cinq à six cents petits fabricants disséminés dans plus de cent vingt communes environnantes. Une pareille fabrication n'emploie pas moins de cinquante à soixante mille ouvriers, et les transactions qu'elle nécessite entrent pour une large part dans les 100 millions d'opérations de banque traitées annuellement à Cholet. Les autres villes de l'arrondissement jouissent pareillement d'une véritable importance commerciale.

Mais c'est particulièrement pour son agriculture que cette contrée favorisée mérite le premier rang. Ses propriétaires ruraux, imitant ses industriels, y introduisent toutes les améliorations conquises par la science et la pratique. Ses éleveurs livrent chaque année à la consommation jusqu'à 300.000 têtes de bétail gras de différentes espèces, d'une qualité de viande reconnue constamment meilleure que celle provenant des autres pays de production. Au reste, les agriculteurs de l'arrondissement de Cholet obtiennent toujours les premières récompenses dans tous les concours spéciaux.

D'après de pareils détails, on peut se faire une juste idée du haut degré de prospérité actuelle d'un centre agricole et manufacturier qui ne sera pourtant à l'apogée de ses immenses ressources que lorsque le chemin de fer d'Angers à Niort, concédé à la Compagnie d'Orléans, le rattachera intimement à Paris, et conséquemment à l'Europe entière, par la vitesse et la facilité des communications. Cholet deviendra alors un milieu de production de premier ordre. Aussi son rail-way projeté, véritable route du progrès en tous genres, ne saurait tarder à s'exécuter sous un gouvernement dont la noble et intelligente sollicitude s'attache à favoriser le développement de toutes les richesses nationales.

Pour en revenir à la part prise par l'industrie particulière de Cholet à l'Exposition universelle, ses produits exposés étaient surtout d'utilité et de première nécessité, d'une excellente fabrication, et d'un

bon marché excessif. Ils justifiaient, quant aux teintures et au blanchiment, leur réputation établie de résistance à toute épreuve et d'éclat obtenu dans les meilleures conditions, sans altération de la solidité. Le Jury international a décerné à MM. BOULARD ET PISDNOIR la MÉDAILLE DE DEUXIÈME CLASSE.

MM. EDWARD ET Cᵉ, à Dundee (ROYAUME-UNI), exposaient 150 sortes de toiles et damas communs destinés à l'exportation. Leur établissement très-important, mû par une force de 400 chevaux, embrasse la filature et le tissage mécanique. MÉDAILLE DE DEUXIÈME CLASSE.

LA SOCIÉTÉ INDUSTRIELLE, à Hanovre (HANOVRE), offrait une collection de divers tissus communs de lin et de chanvre de fortes qualités et do prix modérés. Elle traite annuellement pour 15 millions d'affaires. Même récompense.

LES HÉRITIERS PELDRIAN, à Hohenelbe (AUTRICHE), occupent 600 métiers à la fabrication de toiles de Bohème teintées. Même récompense.

M. JOURDAIN DEFONTAINE, à Tourcoing (FRANCE). Il exposait des coutils blancs et des satins pur fil, dignes d'être comparés aux meilleurs produits anglais du même genre. Le bon goût et la variété de sa fabrication lui ont valu la MÉDAILLE DE PREMIÈRE CLASSE.

M. SAMSON JEUNE, à Évreux (FRANCE). Des étoffes pour teintures réunissant d'agréables dispositions à de solides qualités, des coutils pour literie et corsets, tissés avec une perfection capable de braver toute concurrence, ont mérité à cet intelligent fabricant la MÉDAILLE DE PREMIÈRE CLASSE.

MM. MARIE BRETONNIÈRE ET Cᵉ, à Laval (FRANCE), produisent des coutils fil et coton bien fabriqués, mais inférieurs comme qualité à ceux de Lille et de Tourcoing, qu'ils priment cependant comme modération de prix. MÉDAILLE DE PREMIÈRE CLASSE.

M. H DUFAY, à Condé (FRANCE), exposait des étoffes fil et coton damassé pour ameublement. Comme dispositions et comme couleurs, ces tissus soigneusement faits étaient réellement charmants. MÉDAILLE DE PREMIÈRE CLASSE.

MM. VONWILLER ET Cᵉ, à Haslach (AUTRICHE). Leur exposition comprenait des coutils tout fil et fil et coton irréprochables à tous égards. Ils réunissent dans leur établissement des ateliers de tissage, une blanchisserie et une imprimerie. MÉDAILLE DE PREMIÈRE CLASSE.

MM. GROGER FRÈRES, à Sternberg (AUTRICHE). Des coutils très-variés, très-bons et très-beaux, pour literie et pour robes, en pur fil et mi fil, avaient été envoyés au Palais de l'industrie par ces manufacturiers, dont la vaste production s'élève annuellement à 150,000 pièces. MÉDAILLE DE PREMIÈRE CLASSE.

MM. WILFORD ET FILS, à Brompton (ROYAUME-UNI), soutenaient par leur exhibition la renommée de la fabrique anglaise pour les genres toiles et coutils. Leurs articles, sans irrégularité ni bouchon, étaient d'une épaisseur indiquant une solidité à l'épreuve. MÉDAILLE DE PREMIÈRE CLASSE.

MM. KISSEL ET KRUMBHOLZ, à Bœblingen (WURTEMBERG), exposaient exclusivement des coutils fil et coton, très-réguliers, à dispositions bien entendues et d'une force remarquable. Leur maison est de première importance. MÉDAILLE DE PREMIÈRE CLASSE.

MM. WAENTIG ET FILS, à Zittau (SAXE ROYALE), élaborent spécialement des coutils pur fil et mi-fil, bons et forts, dont l'Allemagne et l'exportation se partagent la consommation; aussi la maison WAENTIG compte-t-elle un chiffre considérable d'affaires. MÉDAILLE DE PREMIÈRE CLASSE.

MM. LEURENT FRÈRES ET SŒURS, à Tourcoing (FRANCE), pratiquent la spécialité d'articles pour pantalons sur une très-grande échelle. Dans leur exposition, un nombre considérable de spécimens, de-

puis 70 centimes jusqu'à 6 francs le mètre, étaient bien établis, surtout en vue de l'exportation. MÉDAILLE DE DEUXIÈME CLASSE.

M. NEUMANN, à Eylau (SAXE), exporte les lestados, les arabias, les coutils fil pur et fil coton que lui tissent fort bien les neuf cents ouvriers qu'il emploie. Ses affaires montent par an à 900,000 francs. Même récompense.

MM. GRASSOT ET Cᵉ, à Lyon (FRANCE). Ces intelligents producteurs ont reporté à la fabrication des damas de fil presque toutes les ressources manufacturières que l'industrie lyonnaise concentre sur le travail des soieries. Il en est résulté que leurs services damassés, comme tissu et comme dessin, comme bon goût et comme perfection, font de dignes pendants aux plus belles étoffes de soie. MÉDAILLE DE PREMIÈRE CLASSE.

M. CASSE, à Lille (FRANCE). La collection de services damassés exposée par M. CASSE était nombreuse, riche et excellente entre toutes. La pièce d'élite consistait en une nappe de 4 mètres 25 centimètres de large, destinée à la maison de l'Empereur, dont les proportions inusitées et la variété infinie de dessins faisaient presque une œuvre d'art. MÉDAILLE DE PREMIÈRE CLASSE.

MM. KUFFERLÉ ET WIESNER, à Freiwaldau (AUTRICHE). Encore une maison dont les damas de fil sont inférieurs, comme finesse, à ceux de Saxe ou de France, mais qui, en revanche, fabrique à des prix infimes, n'excluant nullement la bonté du tissu et le bon choix du dessin. MM. KUFFERLÉ ET WIESNER, qui font des affaires excessivement nombreuses, sont blanchisseurs en même temps que tisseurs. MÉDAILLE DE PREMIÈRE CLASSE.

MM. LUEDER ET KISKER, à Bielefeld (PRUSSE). Ils occupent trois cents ouvriers à l'élaboration des toiles fines, des damas et du linge de table ouvré. Ces deux derniers articles sont parfaits de régularité, de dessin et d'apprêt. MÉDAILLE DE PREMIÈRE CLASSE.

MM. CH.-R. WAENTIG ET Cᵉ, à Gross-Schœnau (SAXE ROYALE). Leur exposition consistait en linge damassé de fil de lin, en serviettes à thé de fil de lin et de fil et soie, écrues et blanches, le tout digne, pour l'excellence des dispositions, de la réputation ancienne et élevée que la maison WAENTIG s'est faite en Saxe. MÉDAILLE DE PREMIÈRE CLASSE.

M. DAUDRÉ, à Paris (FRANCE), exposait des damas de fil parmi lesquels un service d'une grande finesse était un véritable type de perfection. Rien que ce produit méritait peut-être une récompense plus haute que la MÉDAILLE DE DEUXIÈME CLASSE.

MM. NEISH ET Cᵉ, à Dundee (ROYAUME-UNI). L'industrie des tapis, si utile au comfort, ne pouvait offrir ses produits qu'aux classes aisées, tant que la laine a été la principale et coûteuse matière composant ce genre de tissus : cette raison a fixé l'attention sur les produits de MM. NEISH ET Cᵉ. Leurs tapis exposés étaient fabriqués en fil de jute et en chanvre de Manille ; un examen attentif établissait seul la différence existant entre eux et les tapis de laine, dont les prix sont si élevés comparativement aux leurs. La maison NEISH a donc mis une des quasi-nécessités de l'ameublement à la portée des masses, ce qui lui a valu la MÉDAILLE DE PREMIÈRE CLASSE.

MM. WIDLEY ET Cᵉ, à Londres (ROYAUME-UNI), appliquent les fibres de la noix de coco à la confection de nattes, paillassons et tapis de pied les mieux appropriés à leurs diverses destinations. MÉDAILLE DE DEUXIÈME CLASSE.

XXII CLASSE. — INDUSTRIE DES LINS ET DES CHANVRES.

RÉCOMPENSES DÉCERNÉES PAR LE JURY INTERNATIONAL.

(EXTRAIT DU *Moniteur* DU 8 DÉCEMBRE 1853.)

GRANDES MÉDAILLES D'HONNEUR.

La chambre de commerce de Valenciennes. France.
La ville de Belfast. Royaume-Uni.

MÉDAILLES D'HONNEUR.

Baxter et comp., Arbroath. Royaume-Uni.
Droulers et Agache. Lille. France.
Kramsta et comp. (C.-G-), Freyburg. Prusse.
Malo-Dickson et comp.. Dunkerque. France.
Société anonyme de filature du lin et d'étoupe, Saint-Gilles-lez-Bruxelles. Belgique.
Société linière de Saint-Léonard, Liége. Id.
Société de la Lys. Gand. Id.
Vercruisse-Brunel, Courtray. Id.

MÉDAILLES DE PREMIÈRE CLASSE.

Aschrott (H.-J.\ Cassel. Hesse-Electorale.
Bocquet (A.) et comp, Ailly-sur-Somme. France.
Boucher frères, Tournay. Belgique.
Bozy frères et comp., Vorwaert. près Bielefeld. Prusse.
Brabandère (de', Courtray. Belgique.
Casse et fils. Lille. France.
Dautremer (F.), Lille. Id.
Delloye et Lel èvre, Cambrai. Id.
Deroubaix. Courtray. Belgique.
Descamps aîné, Lille. France.
Dufay (H.), Condé. Id.
Fauquet-Lemaître et comp., Pont-Audemer. Id.
Filature mécanique de Schœnberg. Autriche.
Filature mécanique J'Urach. Wurtemberg.
Filature mécanique de lin, Wiesenberg. Autriche.
Grassot et comp., Lyon. France.
Groger frères, Sternberg. Autriche.
Jourdain-Defontaine. Tourcoing. France.
Kissel et Krumbholz. Bœtlingen. Wurtemberg.
Kufferlé et Wiesner, Freiwaldau. Autriche.
Lainé-Laroche et Max-Richard. Angers. France.
Lang (A.-F., Blanbeuren. Wurtemberg.
Laniel frères, Vimoutiers (Orne. France.
Lemaître-Demeestère, Halluin (Nord) Id.
Lowson (And), Arbroath Royaume-Uni.
Lueder et Köker, Bielefeld. Prusse.
Mahieu-Delangre, Armentières (Nord). France.
Marie Bretonnière et comp., Laval. Id.
Neish (James) et comp.. Dundee. Royaume-Uni.
Parmentier (P.), Iseghem, Belgique.
Radiguet, Homon. Goury et Leroux, Landernau. France.
Rey aîné (H), Bruxelles. Belgique.
Saint-Hubert (E. de, Bouvignies. Id.
Samson jeune, Évreux. France.
Société d'Herford. Prusse.
Société pour la culture du lin, Hannsdorff. Autriche.
Société linière gantoise, Gand. Belgique.

Van-Ackère (J.-C.), Veveghem. Belgique.
Verdier, Fresnay. France.
Verstraete frères, Lille. Id.
Vonwiller et comp., Haslach. Autriche.
Waentig et comp., Zittau. Saxe royale.
Waentig (Chr.-D.) et comp., Gross-Schœnau. Id.
Wilford et fils, Brompton. Royaume-Uni.
Wilman et Weber, Pasich-Kau. Prusse.

MÉDAILLES DE DEUXIÈME CLASSE.

Alberti frères. Waldenburg. Prusse.
Aubry-Millerand, Marigny-sur-Loire. France.
Bance (Y.), Mortagne. Id.
Basquin, Lille. Id.
Beck père et fils, Courtray. Belgique.
Beckenbach (J), Rhevdt. Prusse.
Bégué et Tournier, Pau. France.
Berlemont aîné. Bruxelles. Belgique.
Berna d et Bayard, Lille. France.
Berrio (Alexandre, Dundee. Royaume-Uni.
Boyer (veuve) et comp., Zittau. Saxe-Royale.
Billon fils, Fernay-sur-Sarthe. France.
Blankenburg et comp.. Lippstadt. Prusse.
Blockro e (S.), Delft Pays-Bas.
Blériot-Lemaître (A.), Cambrai. France.
Bonte-Nys, Courtray. Belgique.
Boulard et Piednoir, Cholet. France.
Butscherk et Graf, Brünn. Autriche.
Caternault, Caillie et comp. Cholet. France.
Champion (Ach.). Rennes. Id.
Compagnie de Torrenovas, Torresnovas. Portugal.
Coreman (Am.-J.), Rebecq. Belgique.
Cornillau aîné, le Mans. France.
Cumont-Duclercq, Alost. Belgique.
Dargan (W.) et com., Dublin. Royaume-Uni.
Daudré (Ant.-J.-B.), Paris et Saint-Quentin. France.
Decock, Waltrelot et Baudouin, Roulers. Belgique.
Delcourt et comp., Wazemmes. France.
Deneux, Michaud, Abbeville. Id.
Dresler, Fickenhutter. Prusse.
Durhemin aîné Th.), Dinan. France.
Duhamel frères, Merville. Id.
Dumorlier (L.) Bousbecques. Id.
Duncan et comp., Arbroath. Royaume-Uni.
Edward et comp., Dundee. Id.
Eickoldt (les héritiers d'Ant), Warendorf. Prusse.
Escudero et comp., Cervera de Rio Albama. Espagne.
Evette (H). Lisieux. France.
Férie, Melklew Id.
Filature de lin, Friedland. Autriche.
Filature de lin. Krumau. Id.
Filature de lin, Lambach. Id.
Filature de lin de Pont-Remy (Somme). France.
Filature de lin de Pottendorf. Autriche.

Fournet (J.-L.), Lisieux. France.
Goens et Verlongen, Termonde. Belgique.
Guyau-Barbot, Laval. France.
Haikett et Adam. Dundee. Royaume-Uni.
Hamon Dufougeray, Laval. France.
Hattersley et Parkinson. Barnsley. Royaume-Uni.
Heidsik, Bielefeld. Prusse.
Homon (Ch.), Morlaix. France.
Jaeger (F.), Prague. Autriche.
Iche, Alost. Belgique.
Jélie, Ritschel et Stoezek, Hohenelbe. Autriche.
Jonglez-Huvelacque, Lille. France.
Joubert-Bonnaire et comp., Angers. Id.
Journé, Laval. Id.
Kauffmann et Gutmann frères, Cœppingen. Wurtemberg.
Königs et Buckiers, Dulken. Prusse.
Kortenhover (J.), Gouda. Pays-Bas.
Krüng (Fr. W.) et fils, Bielefeld. Prusse.
Laing et Ewans, Dundee. Royaume-Uni.
Lambert frères, Saint-Jacques de Lisieux. France.
Lassmann et fils, Hermsdorf. Prusse.
Lebeuf (A.), Paris. France.
Leurent frères et sœurs, Toureoing. Id.
Lüttwitz (baron de), Simmenau. Prusse.
Millet et Bautin, Laval. France.
Moreau, Evreux. Id.
Neumann cadet, Eylau. Saxe.
Norrie et fils, Dundee. Royaume-Uni.
Oldenhove, Eisentürk et comp., Bruxelles. Belgique.
Péan frères. Nantes. France.
Peldrian (les héritiers de). Hohenelbe. Autriche.
Perrier et Salmon, Fougères. France.
Pick (J.), Nachod. Autriche.
Piderie (Fr.), Bielefeld. Prusse.
Fiednoir et Gontier, Laval. France.
Pineau jeune, Cholet. Id.
Porteu (A.) aîné, Rennes. Id.
Pouchain (V.). Armentières (Nord). Id.
Proelss (les fils de feu A.), Dresde. Saxe.
Ratzesberg-Wattembourg (L. de), Voklabruck. Autriche.
Regnaert (A.., Armentières (Nord). France.
Renard-Guillet, Fresnay (Sarthe). Id.
Riche, Levèque et Marigne, Alençon (Orne). Id.
Richer, Levêque, Grête et Toury, Alençon. Id.
Routoir de lin, Ultersdorff. Autriche.
Rouxel, Saint-Brieuc. France.
Schmidt frères, Eryswylt. Suisse.
Six frères, Wazemmes. France.
Société d'encourag. pour l'industrie linière, Berlin. Prusse.
Société industrielle du royaume de Hanovre. Hanovre.
Société linière, Hirschberg. Prusse.
Springmann et comp., Bielefeld. Id.
Sternenberg, Schwelm. Id.
Taillandier, Evreux. France.
Thompson (D. et T.), Dundee. Royaume-Uni.
Trouvé (M.) et comp., Bologne. Etats-Pontificaux.
Trudin et comp., Boulogne-sur-Mer, France.
Valdelièvre fils et comp., Saint-Pierre-lès-Calais. Id.
Vaudenbuckie et comp., Gand. Belgique.
Wannebroug, Lille. France.
Watteyne-Dellenze, Soignies. Belgique.
Veillard père et fils, Pontlieue (Sarthe). France.
Wideman (G.). Gladbach. Prusse.
Widley et comp., Londres. Royaume-Uni.
Wilmann (A. et W.), Sagan. Prusse.
Wittgenstein (H.-M.), Bielefeld. Id.

MENTIONS HONORABLES.

Administration de l'atelier de charité. Gand. Belgique.
Bender-Junior (G.). Melcherode. Prusse.
Bilande (J.-B.). Iseme. Belgique.
Bisson père et fils et Guilbert, Guisseray, France.
Glossier (J.), Fresnay-sur Sarthe. Id.
Boucher P.-P.), Flines les-Raches (Nord). Id.
rubier (V.), Moulins-Bleus (Somme). Id.

Bruneel de Vettere Courtray Belgique.
Cherul frères et comp., Nantes. France.
Coibrun (Ch.), Bielefeld Prusse.
Comité des lins. Guingamp. France.
Comité des lins Usel. Id.
Cox frères, Dundee. Royaume-Uni.
Crosson, Paris France.
Cuny-Marchal, Gerardmer (Vosges). Id.
David (C.-B.). Anvers. Belgique.
Demersman et comp., au Blanc (Indre). France.
Don frères et comp., Dundee Royaume-Uni.
Dulieu (P.-J.), Flines-les-Raches (Nord). France.
Duport (Ch.), Sec in (Nord). Id.
Ekelabeke (J.), Courtray. Belgique.
Ellerman (A.), Rotterdam. Pays-Bas.
Ferrigni (J.), Livourne. Toscane.
Folser (L.), Lichtenau. Autriche.
Fontenveau frères, Cholet France.
Fraenkel (S.), Neustadt. Prusse.
Fraser (D.), Arbroath Royaume-Uni.
Goossens (C.-Ant.), Lockeren. Belgique.
Haupt (L.), Brünn. Autriche.
Hausmann (F.), Reichenberg Id.
Heinz (Fr. et Ant.), Freudenthal. Id.
Herrmann (A.-L.), Schœnugen. Duché de Brunswick.
Hofmann (H.), Carlsruhe. Grand-duché de Bade.
Hye-Hoye et comp., Gand. Belgique.
Jacquenet (C.-L.), Voiron (Isère). France.
Josselin (M.-H.), Dinan. Id.
Kerschieter (de) et Naes, Iseghem. Belgique.
Kuns (Ed.), Anvers. Id.
Lahousse-Delmotte, Werwicq. Id.
Lescornet et comp., Saint-Nicolas (Oise). France.
Low (Alexandre), Dundee. Royaume-Uni.
Maison centrale de Fontevrault. France.
Merle de Massonneau fils (L.-Ant.-G.), Aiguillon. Id.
Meerman-van Laere. Gand Belgique.
Nouchain et comp., Lille France.
Moricet frères, Cholet. Id.
Noël frères (J. et Fr.), Alost. Belgique.
Oehimann (J.-H.). Pays-Bas.
Ostyn-Beynaert, Werwicq Belgique.
Pesnel (G.), Bernay. France.
Piller et Lug, Saint-Dié. Id.
Pluquet-Vandermissen, Alost. Belgique.
Pommer et comp., Urach. Wurtemberg.
Rodenbach-Mergaet (Ed.), Roulers. Belgique.
Samson Hugh et fils, Dundee. Royaume-Uni.
Schuzmann (A.). Munich. Bavière.
Société linière, Suckau. Prusse.
Sorin (F.) fils, Paris. France.
Stem Martin). Mulhouse. Id.
Stenberg (veuve G.), Jonkoping. Suède.
Sternenberg R.) et fils, Schwelm. Prusse.
Tampier P.) Paris. France.
Tant Verlinde, Roulers. Belgique.
Taulez-Bolteher Ch.), Bruges. Id.
Tschorn et Baerzel, Wurstegierdorf Prusse.
Van Brabander (Fr.), Wichelen-lez-Termonde. Belgique
Vandensteen, Termonde. Id.
Van Haver (P. B.), Hamme. Id.
Vaucher (J.-G.), Sasselot-le-Mauconduit. France.

COOPÉRATEURS.

MÉDAILLES DE PREMIÈRE CLASSE.

Barbry (Désirée), Marquette-lez-Lille (Nord). France.
Carmichael (James), Ailly-sur Somme. Id.
Cohin-Thoury (François), Breil (Sarthe). Id.
Moriot (Georges), Essonne. Id.

MÉDAILLES DE DEUXIÈME CLASSE.

Avignon (Raymond), Pau. France.
Blondeau (René), le Mans. Id.
Bochdalek, Troppau. Autriche.

Bossuyf (François) , Heule. Belgique.
Brasseur (Casimir) , Frévent. France.
Cedené (Julien), Connerré (Sarthe). Id.
Common aîné (L.), Breil (Sarthe). Id.
Deleu (Frédéric-Ignace), Wewelghem. Belgique.
Deneu (Denis), Bouloire (Sarthe). France.
Denis, d'Avesnes-lez-Aubert (arr. de Cambrai). Id.
Dickie (James), Dumferline. Royaume-Uni.
Durin. Simmenau. Prusse.
Easson (Kenneth), Perenchies. France.
Frichot , Pont-Remy. Id.
Haussy, Somaing-sur-Ecaillon, canton de Solesmes. Id.
Hein (François), Troppau. Autriche.
Hennebault (René), Dolon (Sarthe). France.
Jacqmart (Célestin , Saint-Wast, arr. de Cambrai. Id.
Julyan (miss Mary), Dumferline. Royaume-Uni.
Landwehrmann (Jean-Henri), Hersford. Prusse.
Lefaucheux (Mlle), le Mans. France.
Machu (J.-B.), Saint-Wast, arr. de Cambrai. Id.
Mauclair (François-Louis), le Mans. Id.
Membré, Morval, canton de Bapaume. Id.
Millet (J.-B.), Saint-Wast, arr. de Cambrai. Id.
Percheron (Alding), Connerré (Sarthe). Id.
Plouvier, Croisilles, arr. d'Arras. Id.
Renard-Guillet et Fresnay. Id.
Saillant (Prosper) , Valenciennes Id.
Serizai (Jacques), Fresnay (Sarthe). Id.
Setzer (François), Janowitz. Autriche.

Steimlen (Christophe), Pottendorf. Autriche.
Vandestegen (Henri), Gand. Belgique.
Van Ouhyve, Iseghem, Id.
Vérin (Timothée), Beauvais. France.

MENTIONS HONORABLES.

Anderson (David), Dumferline. Royaume-Uni.
Antosch (Joseph), Prague. Autriche.
Bald (William), Dumferline. Royaume-Uni.
Bonnegens (Louis-Romain), le Mans. France.
Burtin (Jacques). Marcigny-sur-Loire. Id.
Dereuwe (Pierre), Gand. Belgique.
Eckert (Jean), Pesth. Autriche.
Ferguson (James), Dumferline. Royaume-Uni.
Gheysens (Pierre), Guilleghem. Belgique.
Heggie (Charles), Dumferline. Royaume-Uni.
Hetherington (James), Id. Id.
Lagarde, établissement de Bequé, à Pau. France.
Lhommeau (Pierre), le Mans. Id.
Paul (William), Lille. Id.
Repohl (W.), Bielefeld. Prusse.
Sauersching (Jean), Fiume. Autriche.
Stocky (Françoise), Liége. Belgique.
Stransky (Antoine). Autriche.
Swet (Jean), Prague. Id.
Vandertaelen (Pierre), Alost. Belgique.
Vogt, Bielefeld. Prusse.
Wessel (F.-G.), Herford. Royaume-Uni.

———————

EXPOSITION UNIVERSELLE

PRODUITS DE L'INDUSTRIE

VINGT-TROISIÈME CLASSE.

BONNETERIE, TAPIS, CHALES, PASSEMENTERIE, BRODERIES ET DENTELLES.

S'il est une industrie qui rattache les habitudes modernes aux habitudes anciennes, qui, sous le rapport hygiénique, appartienne à tous les peuples, à tous les siècles, à tous les climats, à tous les tempéraments, c'est la *bonneterie*. Pratiquée d'abord dans la domesticité, au coin du foyer paternel, par la ménagère et par les femmes d'intérieur, elle se pose en contemporaine de la vie patriarcale, et ne devient branche de commerce qu'au moment où le luxe s'entremêle aux premiers besoins des sociétés primitives. On peut même faire cette remarque, que généralement les produits courants de la bonneterie industrielle se fabriquent chez les peuples simples, isolés du courant des grandes choses, et qui, sans abandonner leurs occupations traditionnelles, trouvent dans ce travail une ressource de bien-être. L'Allemagne, l'Irlande, la Suisse, le Tyrol, la France du nord-ouest, la Pologne, fournissent des quantités considérables de bonneterie ordinaire; mais, depuis l'invention des machines à tricot, la fabrication se généralise et se groupe même au sein de villes populeuses, telles que Troyes, Dublin, Leeds, Dresde, etc., où l'abondance du produit permet de réaliser des bénéfices en rapport avec la cherté de la vie.

Il fut un temps où la bonneterie française ne redoutait aucune rivale. Ce temps n'est plus : nos machines à tricot sont encore les meilleures, nos ouvriers sont encore les plus habiles et les plus ingénieux de l'Europe; nous créons chaque jour diverses spécialités de draperies élastiques, croisées, façonnées et brochées, ainsi que des articles genre filet dont les formes et les nuances sont infiniment variables; mais nous demeurons inférieurs

III. 31

à nos voisins, les Anglais et les Saxons, par rapport au bon marché non moins qu'au mode de préparations spéciales qu'exigent les fils et les étoffes.

L'Exposition universelle ne nous permet point de nous faire la moindre illusion. Que les fabricants se tiennent donc pour avertis, et qu'ils redoublent d'efforts pour reconquérir la primauté dont jouissaient leurs ancêtres.

CHALES.

Après une confession si humble et si modeste, prenons la position glorieuse que nous donne le genre châle, et rappelons, en peu de mots, l'origine, les progrès d'un complément de toilette que l'on considère aujourd'hui comme indispensable.

Sous le Directoire, les costumes imités de l'antique avaient pris faveur; le *peplum*, les amples draperies s'harmonisaient avec la tunique ou la robe étriquée des femmes; et quand la campagne d'Égypte tourna vers l'Orient tous les regards, le châle de l'Inde apparut dans le lointain et fut salué d'un salut de convoitise et d'espérance.

Dès lors, malgré de brillants exploits, malgré d'immenses services rendus à la patrie, nos héros, nos ambassadeurs, n'obtinrent un gracieux accueil de leur femme, de leur maîtresse, qu'à la condition de déposer à leurs pieds un châle ou quelque pièce d'étoffe tissée sur les rives du Gange; le Sultan, le Shah de Perse en furent prodigues; les malles de certains généraux et de certains diplomates ressemblaient bien plus aux colis d'un négociant faisant l'exportation, qu'au bagage d'un guerrier ou d'un homme du monde, et bientôt le châle indien, la mousseline indienne, furent considérés comme indispensables dans les corbeilles de mariage aristocratique.

Des bourgeoises enrichies, des fiancées de fournisseurs, eurent bien aussi la prétention d'obtenir cet élément de toilette si digne d'envie; mais, en dehors des hauts rangs de la finance, de l'administration et de l'aristocratie territoriale ou militaire, il n'y avait de châle pour personne. C'était à en mourir de dépit et de jalousie.

Qu'ont fait les fabricants français? Ils ont trouvé le seul parti possible. En présence des exigences navrantes de tant de femmes déshéritées de la jouissance du châle, voulant tendre une main secourable à tous ceux qui ne pouvaient, sans se ruiner, satisfaire des désirs exprimés sous mille formes, ils imaginèrent le châle imité de l'Inde, et soudain le *cachemire français* prit son essor.

Les premiers produits de cette industrie nouvelle datent à peine d'un demi-siècle. On y applaudit avec transport : elle faisait heureuses tant de femmes dont les châles indiens troublaient le sommeil! On les vendait cher, c'était justice; et pourtant leur confection laissait beaucoup à désirer. Insensiblement, les procédés se sont améliorés, les laines, mieux choisies, mieux filées, combinées d'ailleurs avec la soie, sont devenues des éléments de dessin prodigieux de délicatesse et d'effet.

Le commerce parisien, centre principal de la fabrication du cachemire français, présente aujourd'hui, pour certains tissus, jusqu'à deux cents fils sur un centimètre de largeur et le même nombre en longueur; de telle sorte que dans la chaîne et dans la trame la réduc-

tion se trouve égale. Cette finesse extrême des fils est telle, qu'ils ne résisteraient point aux exigences du travail s'ils n'avaient une *âme*, axe en soie autour duquel la torsion enveloppe chaque fil de cachemire. C'est la finesse et l'extrême régularité qui, jointes au mélange habile des couleurs, produisent les images peintes, les reflets chatoyants sur lesquels l'œil se repose d'une manière si agréable.

Jamais il n'eût été possible, avec un nombre restreint de couleurs, d'obtenir les nuances infiniment variées qu'offrent les tissus du châle cachemire. Cette fois, comme toujours quand on l'appelle, la science est venue au secours de l'industrie. « Supposons, par exemple, dit un fabricant émérite, que l'on veuille obtenir un teint vert clair et que l'on n'ait que des fils vert foncé et des fils blancs : au lieu de se servir d'une navette, on en emploiera deux qu'on chassera successivement, de façon que les deux trames, la verte et la blanche, n'en forment qu'une juxta-posée, qui ne sera ni blanche, ni d'un vert foncé, mais d'un vert clair. On peut faire ces applications pour toutes les nuances, par des trames doubles ou triples agissant comme une seule trame : il faut seulement que la finesse de chacune d'elles augmente dans la même proportion. Ce stratagème, résultant de la combinaison de la science et de l'art, donne la clef de la richesse extraordinaire et du fond parfait qu'offrent la plupart des châles sortis des mains des grands maîtres de la spécialité. »

Nous serions injustes envers les autres nations européennes, si, après avoir mentionné d'une manière toute exceptionnelle les châles de Paris, les châles de Nîmes, puis ceux de Reims, nous ne nous hâtions de constater les progrès effectués par l'Angleterre, par l'Autriche et par la Saxe.

Au commencement du siècle, l'Angleterre se préoccupa moins de l'industrie *châlière* que de telle autre industrie parallèle : l'Inde était sous sa main; et, pourvu que l'acheteur y mît le prix, les manufactures de l'Indoustan ne refusaient rien à sa convoitise. Malheureusement, là aussi, ce prix demeurait inabordable pour les fortunes médiocres, et en dehors de l'aristocratie titrée se trouvaient bon nombre de nobles dames et de femmes gracieuses qui aspiraient après un châle, surtout quand la mode leur eût persuadé que le châle fait ressortir les gracieux contours de la taille, dérobe ses irrégularités, et rectifie, au point de vue hygiénique, ce qu'une toilette trop légère peut offrir de compromettant pour la santé. La sage Angleterre, la prudente Allemagne apprécièrent beaucoup mieux que nous les vertus hygiéniques du châle; aussi le châle tapis, le châle-manteau, pièces d'étoffe non moins épaisses qu'étendues, mais souples et légères, prirent naissance dans le Nord et se répandirent dans toutes les classes. Bientôt chaque maîtresse de maison, chaque ménagère eut son châle; pas une jeune fille ne se maria sans recevoir un châle dans sa corbeille : châles mélangés de soie, de laine et de coton, châles plus ou moins souples, plus ou moins variés de couleurs, plus ou moins riches de dessin, mais graduellement établis d'après la fortune, le goût et la position sociale de chacun.

Pendant ces vingt dernières années, l'industrie *châlière* dans le genre commun, tâtonnée d'abord par l'Angleterre, puis par l'Autriche, la Prusse, la Saxe et la Suisse, a pris une extension des plus considérables : ses produits, qui jouissent de qualités incontes-

tables, inondent les marchés de l'Europe, et la France s'en trouve repoussée très-souvent, à cause de l'élévation de ses prix. Nous ne conservons notre prééminence que dans la fabrication de luxe, où, mettant en jeu notre bon goût, notre intelligence du beau, nous faisons de l'art en faisant de l'industrie.

Souvent le châle de l'Inde a des défauts, et ces défauts relevant ses qualités sont le témoignage authentique de son origine, comme ces hommes et ces chevaux de race qui offriraient moins de valeur réelle s'ils étaient plus parfaits. Il ne suffirait donc point d'imiter les châles indiens dans leur souplesse, dans leurs nuances, dans la complexité merveilleuse de leur tissu, il faudrait encore les imiter dans leurs défauts ainsi que dans leur marque, et c'est à quoi les fabricants français n'ont peut-être pas encore suffisamment réfléchi. Qu'on ne se récrie pas contre cet avis immoral de contrefaçon, dirai-je avec M. Tresca : la chose existe, et nous n'y sommes pour rien. Tout bien examiné, la cliente y gagne au lieu d'y perdre. Son amour-propre, plus que ses intérêts, aurait à souffrir si elle pouvait se douter que le châle dont elle est si fière sort parfois en partie, sinon tout entier, de tel atelier des environs de Paris, au lieu d'arriver en droite ligne des manufactures de l'Indoustan.

Dans le genre *mixte*, travail où le *spouliné*, d'origine indienne, se combine heureusement avec le *lancé*, d'origine française, et qui, pour la première fois, apparut à l'Exposition universelle de Paris, on remarquait une innovation capitale, c'est la liaison intime de deux entrelacements, liaison qui donne à l'étoffe une solidité d'autant plus grande qu'elle n'a plus besoin d'être découpée. Les châles n'en paraissent ni plus épais, ni plus lourds.

TAPIS.

L'usage des tapis doit être presque aussi ancien que le monde : non pas qu'on ait eu, de prime-abord, des tissus de laine; mais la peau des bêtes servant de vêtements dut servir aussi de tapis. Après un temps plus ou moins long, le filage de la laine amena le tricot, et le tricot produisit des pièces d'étoffe qui servirent de vêtements pour le jour, de couvertures pour la nuit. Enfin, la fraîcheur du sol, jointe au froid des hivers non moins qu'au sentiment de mieux-être qu'éprouve l'homme civilisé, firent imaginer les amples couvertures, les tentures et les tapis. L'homme n'avait pas encore de maison, il se réfugiait sous des huttes ou sous des tentes, qu'il reposait déjà sa tête et ses membres sur des tapis. Les sculptures assyriennes, les peintures hiéroglyphiques de l'Égypte, le texte de la Bible, et divers passages des poëtes les plus anciens, ne laissent à cet égard aucun doute.

Une chose notable, et qui prouve combien l'action énervante du soleil, combien l'action stimulante du froid exercent d'influence sur les habitudes, c'est que l'ample couverture et le tapis ne prennent point leur origine chez les peuples septentrionaux, qui en avaient le plus besoin, mais chez les Orientaux, où la vie molle, la vie facile, les pratiques somnolentes, semblent avoir été de tous les lieux et de toutes les époques. Il y eut cepen-

dant là des races fortes, des races chasseresses, guerroyantes, intrépides, qui, presque constamment à cheval, presque constamment en lutte, ne songeaient guère aux commodités de l'existence. Quelques-unes de ces races, la race tartare, la race mongole, par exemple, existent encore, et les tapis chez elles sont très-rares, tandis qu'en Perse, en Turquie, au Japon, où la civilisation n'atteint pas un degré relatif supérieur, on trouve des tapis presque partout.

Jusqu'à l'époque des guerres de la République romaine avec l'Asie, le peuple-roi, ignorant les délicatesses du bien-être, ne soupçonna même pas le luxe des tapis ; mais, après la défaite de Pyrrhus et de Mithridate, après l'invasion de la Grèce et de l'Asie-Mineure, les tapis d'Orient s'introduisirent jusque sous la tente.

Nous ne savons rien du mode suivant lequel les anciens fabriquaient ces sortes de tissus. Probablement on les faisait près du foyer domestique et dans les gynécées, vastes ateliers auxquels les empereurs accordaient une protection spéciale. Les femmes seules maniaient le fuseau. Le Romain, quoique déchu de sa valeur traditionnelle, eût regardé comme avilissants des travaux dont les hommes de l'époque byzantine et du moyen âge acceptèrent sans scrupule l'exécution. Mais alors ce n'était déjà plus le règne exclusif de la force brutale : le christianisme adoucissait les mœurs ; la famille, l'éducation domestique prenaient racine, et les travaux d'intérieur, les travaux paisibles qui se font soit au fuseau, soit à l'aiguille, devenaient le partage de cette portion du peuple chétive et malingre, ou trop jeune ou trop vieille pour guerroyer. La femme transmettait de la sorte ses attributions, ses fonctions sédentaires à des hommes qui n'avaient pas encore ou qui n'avaient plus les qualités essentielles et distinctives de leur sexe.

Du temps de Charlemagne et de ses successeurs, on fabriqua dans les couvents beaucoup de tapis remarquables par leur tissage et par la hardiesse originale de leurs dessins. Après la naissance du XIe siècle, cette fabrication, interrompue depuis les rêves absurdes des millénaires, reprit avec fureur, surtout en Italie, en France, en Suisse et dans quelques parties de l'Allemagne. Les brillants faits d'armes, les pèlerinages, les miracles, les cérémonies politiques ou religieuses, les tournois, furent l'objet de patrons variés que l'on appliquait à la confection des tapis et des tentures : plus les églises étaient hautes et froides, plus les manoirs seigneuriaux étaient vastes, plus on éprouvait le besoin de corriger, de mitiger ces inconvénients. La vie entière d'une châtelaine se consumait quelquefois dans l'exécution des tentures et des tapis de sa demeure.

Avec la renaissance, les tapis changèrent d'aspect sans changer de forme ; avec le siècle de Louis XIV leur exécution devint moins commune, mais plus recherchée, plus habile, plus savante. Des artistes éminents, tels que Lebrun, Lesueur, Mignard, Leclerc, etc., ne dédaignèrent pas d'en tracer les modèles ; les Gobelins furent créés, et le genre tapis, le genre tenture, devint une institution du Gouvernement. Depuis lors, Aubusson et Beauvais exécutèrent comme les Gobelins, mais avec un autre système beaucoup moins coûteux, des tapis abordables aux fortunes moyennes. Le Gouvernement encouragea leur industrie, qui continua de prospérer, malgré de puissants rivaux indigènes dans le Languedoc et la Touraine, et des rivaux étrangers non moins redoutables,

à Tournay, Tourcoing, Felletin, Halifax, etc. Nous ne parlons ni des Arabes, ni des Indiens, ni des Persans, ni des Turcs, parce que leur fabrication, toute importante qu'elle soit, ne se montre encore que d'une manière peu distincte sur les marchés européens. L'Algérie seule, cette annexe du territoire français, trouve chez nous un écoulement facile, qu'expliquent la solidité, la bizarrerie et le bon marché de ses produits.

Le travail façon Turquie, pour l'exécution des tapis râpés et des tapis veloutés, est le mode le plus ancien, mais aussi le plus lent et le plus cher. C'est une sorte de spoulinage, une étoffe faite au fuseau, dans laquelle une chaîne verticale tient lieu de canevas. Ce procédé, perfectionné aux Gobelins, employé avec toutes les ressources de couleurs, de dessin, de main-d'œuvre et de patience qu'autorise une fabrication dont le Gouvernement demeure propriétaire, produit d'admirables choses, mais fort coûteuses, surtout pour les sujets compliqués.

Toutefois, en certaines localités éloignées des villes, où le travail des femmes se trouve à bas prix, où les manufactures et les usines n'absorbent point l'enfance presque au sortir du berceau, le tissage des tapis communs, qui n'a besoin pour métier que d'un cadre de bois, occupe beaucoup de mains et présente des ressources réelles, malgré la lenteur de la production et le prix, relativement considérable, de la matière absorbée et du déchet qu'elle subit. Dans l'Asie, dans l'Afrique, où la matière abonde, où le temps n'a point de valeur, ce double désavantage est presque insensible, et les tapis communs sont livrés à des prix minimes. Une concurrence dangereuse doit s'ensuivre. Si déjà les marchés d'Europe ne la subissent pas, il faut l'attribuer aux communications difficiles, aux distances qui séparent des consommateurs les producteurs. Viennent les chemins de fer, vienne la navigation par les canaux au-delà des Balkans, de la mer Noire et de la mer Caspienne, et vous verrez soudain le tapis de la Perse, de la Turquie et de l'Indoustan rivaliser avec le tapis d'Europe.

Voulant conjurer le danger, quelques fabricants anglais, belges et français ont imaginé de tisser les tapis comme on tisse les velours façonnés, bouclés ou coupés, avec cette seule différence qu'ils substituent à la soie sur la cantre les fils de laine de couleurs diverses.

Le métier à la tire, qu'emploie toujours exclusivement la fabrique royale de Tournay, fut longtemps seul en usage ; mais les Anglais, les Français, et depuis quelques années les Suisses, ont confié au métier Jacquart l'exécution de la moquette et des différentes étoffes du même genre pour meubles.

Comme le métier Jacquart présente des complications de montage d'autant plus grandes que le tissu doit offrir des nuances plus multipliées, les Anglais, depuis quinze ans, ont imaginé d'imprimer les fils de la chaîne, de telle sorte que chaque fil prenne sa couleur au point même où elle doit apparaître dans le tissu. La chaîne se trouvant imprimée, montée de cette manière, le tissage s'exécute sur un métier ordinaire propre aux étoffes unies. On a vu, dans l'Annexe destinée aux machines, fonctionner un de ces métiers, dont le moteur produisait même le duvet en coupant les boucles. Il en résulte économie notable de temps pour le montage, et économie de laine ; mais l'impression de la chaîne, la disposition préparatoire des fils, exigeant beaucoup de soin, on ne saurait tirer avantage d'un

tel procédé qu'en débitant le même dessin dans des proportions très-considérables. Nous autres Français, nous n'en sommes point là, tant s'en faut ; nous sondons encore les écueils d'un océan sur lequel la fabrication anglaise s'élance à pleines voiles.

Mais si la France reste inférieure sous certains rapports, elle prend sa revanche dans l'exécution des grands sujets, des sujets artistiques, dans tous ceux qui font appel au bon goût ; elle a, dans l'établissement des Gobelins, dans ceux d'Aubusson, de Beauvais, de Nîmes, autant d'arènes où nul jouteur étranger n'oserait essayer ses armes. Il existe même un genre bon marché, le genre chenille, propre aux manufacturiers de Paris et du Languedoc, qui l'emporte, par la solidité non moins que par la variété des couleurs, sur les divers procédés qu'emploient les étrangers.

Au lieu d'imprimer le fil de la chaîne, on prend une bande de chenille analogue à celle employée pour les ouvrages que font les femmes. Cette bande, formée de fils de laine de teintes variées, est mise à cheval sur les fils d'une chaîne unie, puis relevée en brosse et serrée par le battant, comme si l'on frappait une trame ordinaire. On croise ensuite les fils de la chaîne, on insère un fil ordinaire qui maintient la partie duveteuse, puis on insère une seconde trame de chenille, et ainsi des autres trames. Supposons, par exemple, que l'on veuille obtenir un damier noir et blanc alterné : il faudra prendre une chenille composée de fils en laine alternativement blanche et noire, de manière à distribuer les teintes comme elles doivent l'être sur le damier. Il en serait de même pour une chenille dont les nuances varieraient, pourvu que la chenille fût conforme au dessin peint sur papier quadrillé et disposé de la manière usitée aux Gobelins.

Au moyen d'une espèce de scie circulaire, on découpe la chenille en pièces, par bandes, lesquelles bandes sont adaptées sur des métiers à tisser de la toile, par des femmes qui les déposent dans l'ordre où le découpeur les leur livre : système ingénieux, au moyen duquel on fabrique non-seulement de petites pièces, mais encore des pièces de n'importe quelle dimension.

L'Exposition universelle de Londres et l'Exposition de Paris ont consacré le triomphe de l'industrie française dans le genre chenille ; industrie féconde en heureux résultats commerciaux, car l'élégance, le plaisir des yeux, s'y trouvent réunis à la solidité de l'usage ainsi qu'au bon marché. Mais une industrie rivale, dont l'aurore, pointe d'hier, menace la nôtre et mérite d'autant plus qu'on s'en préoccupe qu'elle arrive avec des procédés économiques d'exécution, c'est un genre velouté, originaire d'Allemagne, qui semble moins l'œuvre des tisserands que celle des brossiers, mais qui, par la vivacité, par l'ordonnance des couleurs, par le bon goût des dessins, ne peut manquer d'obtenir une vogue remarquable.

A voir superficiellement ces tapis veloutés, on les dirait enluminés et coloriés au pinceau. Il n'en est rien toutefois ; la personne la plus étrangère au dessin et à la peinture exécutera sans peine, d'après les modèles qui lui seront livrés, les sujets les plus charmants. Supposons, par exemple, deux plaques égales, percées de trous carrés et maintenues entre elles à certaine distance, d'une manière parallèle : on passe, dans la première rangée d'ouvertures, des mèches de laine alternativement blanches et noires, de telle sorte

qu'elles soient saisies par les deux plaques; on passe ensuite dans la seconde rangée d'ouvertures des mèches alternativement noires et blanches, et ainsi de suite à toute la surface des plaques; on serre les mèches convenablement, puis on divise en autant de sections égales la distance comprise entre les deux plaques. Admettons que l'on veuille obtenir un tissu d'un centimètre d'épaisseur : il faudra faire cent sections parallèles aux surfaces des plaques, enduire chaque tranche d'une couche de caoutchouc pour établir entre toutes les mèches d'une même tranche une solidarité réciproque, et déterminer, moyennant un collage, leur adhésion à un tissu quelconque. Vous obtenez de la sorte cent tranches ou tapis. Et si, au lieu de mèches à deux couleurs disposées dans un ordre régulier, vous suivez les éléments d'un dessin régulier, vous produirez des nuances qui varieront à l'infini.

Ce travail semble très-simple et très-naturel; il présente néanmoins ses difficultés. Il faut chez l'ouvrier beaucoup d'expérience, une grande habileté de main; mais au préalable il faut, chez l'artiste, une entente parfaite des nuances et des reflets, afin d'obtenir, moyennant les combinaisons les plus simples, des effets aussi beaux que s'il y avait une complication de travail ou de savoir dont la cherté des tissus serait l'inévitable conséquence.

BRODERIES, DENTELLES ET TULLES.

La broderie, cette efflorescence du travail à l'aiguille, a dû naître sous les doigts délicats de quelque noble châtelaine, et s'étaler, dès l'origine, ou sur un cou d'albâtre, ou sur des mains dignes de la porter. Pendant bien longtemps peut-être, la broderie, comme accessoire de toilette, fut interdite aux bourgeoises, aux femmes du peuple, et il n'y a pas cinquante années qu'on bornait encore son usage à d'étroites limites.

Aujourd'hui le port de la broderie devient universel : l'extrême bon marché des tissus et des fils, la facilité qu'ont les femmes de faire elles-mêmes ce que les magasins fournissent, les progrès incessants du luxe, le mélange qu'offrent entre elles les différentes classes sociales, et l'espèce de lutte d'amour-propre qu'amène chaque mode nouvelle, sont devenus pour la broderie autant de causes d'universalité.

Avec des fils-lin dont la valeur varie depuis dix mille francs jusqu'à vingt-cinq mille francs le kilogramme; avec des fils-coton beaucoup moins fins et moins solides, mais offrant néanmoins leur caractère particulier de résistance et d'usage, on obtient des résultats prodigieux. Depuis l'intervention des machines, il y a des dentelles-tulles qui se vendent trois centimes le mètre. La dentelle-fil n'en a cependant pas souffert, parce qu'elle s'adresse à d'autres bourses.

La Belgique, la France et la Suisse, si justement célèbres pour leurs dentelles magnifiques, ont conservé, à l'Exposition, le rang qu'elles occupaient naguère. Sous le rapport du goût, de l'élégance et de la perfection, rien n'était comparable aux splendides vitrines de Bruxelles, de Metz, de Nancy, des Vosges et de Paris, ce foyer central de la bonne entente artistique. La grande cité des arts, dit un rapporteur intelligent, ne s'est pas contenté d'établir les beaux articles connus : comme toujours, elle a voulu aller au-

delà. L'un de nos premiers industriels s'est ingénié à reproduire des types presque perdus : nous voulons parler du point d'Angleterre, qu'on retrouve uniquement aujourd'hui comme *application*. Les belles dentelles d'Angleterre, si recherchées, si enviées, étaient en effet, dans l'origine, des tissus de toute pièce, c'est-à-dire que l'habile ouvrière façonnait simultanément, dans le même réseau, le fond et l'ornementation du tissu ; mais, depuis, la portion façonnée s'est faite à part, et on l'a déposée harmonieusement avec l'aiguille sur un fond à mailles unies, d'où lui est venu le nom d'*application*, qu'elle conservera sans doute d'une manière indéfinie.

L'application moderne imite les dessins d'autrefois : plus elle y réussit, plus elle approche de la perfection. Notre siècle, pour les arts comme pour les lettres, n'est qu'imitateur : dans la fantaisie poétique qui s'attache aux vêtements des femmes, comme dans tous les colifichets de mode, nous avons été devancés et distancés, tantôt par la Hollande, tantôt par l'Espagne, tantôt par l'Allemagne, l'Angleterre et l'Italie. C'est à nous maintenant de distancer les autres, et nous le pourrons si l'œuvre matérielle des doigts, coïncidant avec l'œuvre de l'intelligence, s'opère sous des conditions de bon marché sans lesquelles une concurrence redoutable arrêterait l'élan de nos produits.

L'exposition de l'industrie parisienne nous a fait voir des dentelles soi-disant d'Angleterre, et des points soi-disant de Bruxelles, offrant l'alliance heureuse de toutes les qualités anciennes des plus beaux tissus avec les qualités vivaces qu'offre le goût actuel. Les fils traînants ou brides de l'envers, laissés à dessein, témoignent de la restauration de l'ancien procédé, et démontrent que l'étoffe tout entière, fond et sujets, forme un seul et même réseau sans *rentrants*. Il y a là des difficultés vaincues, au point de vue technique, que les personnes compétentes comprendront et que toutes les dames sauront apprécier.

Les exigences, les caprices de la mode sont tels, qu'une broderie laissée longtemps sur le métier perd le cachet de la nouveauté, cachet qui fait les trois quarts de son mérite. C'était le plus grand danger que pût encourir une pièce de broderie compliquée. Pour y obvier, on imagina de diviser, de subdiviser le travail, et de le mettre en plusieurs mains : mais on ne le put qu'en opérant par bandes, comme les Indiens dans le tissage des châles, et en réunissant après, moyennant une couture imperceptible, ces bandes d'une coïncidence toujours difficile.

Ici encore, nous constaterons un véritable progrès dû à l'imagination française : un fabricant a trouvé le moyen de transporter, par le piquage sur papier, tous les dessins possibles. On peut ainsi, sans perdre ni temps ni lambeaux de tissus déchiquetés, réunir les bandes du vêtement. Cette *mise en barre* sera sans doute adoptée, comme l'a été la *mise en bande ;* double défi porté aux inconstances despotiques de la mode.

Des articles nouveaux, créés en Suisse, et qui présentaient le relief d'une bonne gravure, avec ces effets de lumière qu'on rencontre sous l'inimitable palette de Vélasquez, attiraient tous les regards. Ils représentaient des paysages, exécutés au crochet à jours, sur fond filoché, et sur mousseline, batiste, tulle unis, avec points de relief satinés. C'est de l'art assurément, de l'art aimable et gracieux, pour lequel la modeste ouvrière,

qui épuise ses yeux de lynx et ses doigts de fée, ne mérite pas moins de gratitude que l'artiste créateur du genre et l'artiste créateur du dessin.

Les dentelles à la mécanique, les tulles façonnés et brochés prennent une extension en rapport avec l'amour du luxe et l'extrême divisibilité des fortunes. Toutes les femmes ne pouvant acheter de hautes dentelles en fil-lin, achètent des dentelles en fil-coton, qu'exécutent automatiquement diverses machines perfectionnées. Le métier à tulle-Bobin opère des contours en relief qu'avant lui la main seul exécutait, et broche les tissus avec la plus admirable délicatesse. C'est surtout de la ville de Calais et des principales localités du Finistère que proviennent les tulles ainsi façonnés.

D'autres broderies, appliquées sur drap, avec des reliefs puissants et une finesse de détails remarquable, rappellent les créations Heillmann, nées au-delà de la Manche, mais perfectionnées chez nous. L'ameublement peut en tirer grand parti. Leur origine date déjà de vingt années. Elles sont dans la voie du progrès sous le double rapport de la confection améliorée et de l'abondance des produits.

En terminant, nous exprimerons le regret que tant d'ouvrières intelligentes, ministres habiles des dessinateurs qui leur imposent leurs patrons, ne soient point venues à l'Exposition, pour se bien pénétrer de l'effet qu'elles produisent, et pour recevoir du chef ce mot d'ordre qu'un général donne la veille d'une bataille. Les luttes artistiques, les luttes industrielles ont leur champ d'honneur, leurs camps de manœuvre, comme les luttes armées : il ne suffit point au soldat de manœuvrer isolément et de suivre la lettre d'une théorie, pour remplir les vues de son général; il faut encore qu'il se pénètre de l'esprit d'ensemble du commandement, et qu'il voie de ses yeux les résultats du combat, les lauriers qui couronnent la victoire.

REVUE DES PRINCIPAUX OBJETS

EXPOSÉS DANS LA VINGT-TROISIÈME CLASSE

MM. GRAHAM, JACKSON et GRAHAM, a Londres (Royaume-Uni).

La position officielle de M. Peter Graham, membre du Jury de la XXIII⁰ classe, mettait sa maison hors de concours. Sans cette honorable circonstance, les tapis composant l'exposition de la Société Graham, Jackson et Graham lui auraient valu sans doute une distinction de premier ordre, car ils étaient d'une distinction de travail tout à fait exceptionnelle.

M. SALLANDROUZE DE LAMORNAIX, a Felletin (France).

Vice-président du Jury de la présente classe, M. Sallandrouze de Lamornaix prouvait par son exposition que ce poste d'honneur l'empêchait seul d'obtenir une des hautes récompenses décernées à son industrie. Ses tapis d'Aubusson ordinaires, ses tapis de foyer de haute laine, ses tapisseries pour portières, rideaux, siéges et canapés, décelaient une nouvelle extension de progrès donnée par lui à cette admirable manufacture d'Aubusson, que son père et prédécesseur semblait pourtant avoir conduite jadis à l'entière perfection par ses efforts éclairés.

MM. FLAISSIER Frères, a Nimes (France).

L'un des MM. Flaissier appartenait au Jury. La réputation de ces industriels n'avait plus besoin d'être consacrée par aucune médaille; elle est à la hauteur de leur désintéressement, qui ne s'est pas montré seulement à l'occasion de l'Exposition universelle. En effet, inventeurs brevetés des veloutés chenilles, MM. Flaissier ont généreusement abandonné le procédé de cette fabrication au domaine public. Ils ont été les principaux créateurs à Nimes d'un des grands foyers de l'industrie des tapis moquette, si prospère aujourd'hui. Leur exposition, où se trouvaient aussi des reps, des carpettes et foyers, des tentures fines pour meubles, des tapis écossais et à reliefs, réunissait la variété à la magnificence.

MANUFACTURES IMPÉRIALES DES GOBELINS et de BEAUVAIS (France).

C'est sans doute pour offrir au monde le résumé complet d'une industrie scientifique et artistique à la fois dont se glorifie la France, c'est sans doute pour montrer la tapisserie arrivée à toutes les perfections imaginables, que le Jury a réuni dans un même examen les merveilleux produits de la manufacture de Beauvais et de celle des Gobelins.

Ces deux superbes établissements datent de la même époque. Ils doivent leur origine à la glorieuse

initiative de Colbert et à la protection éclairée de Louis XIV. En les créant, ces hommes illustres ont voulu établir des espèces de guides infaillibles, pour montrer la voie du progrès à cette fabrication des tapis dont l'origine remonte en France au VIII° siècle. Grâce à une dotation qui les affranchit de toutes les entraves commerciales, nos deux manufactures impériales ont pleinement réalisé les vues de leurs fondateurs, elles sont devenues les sources inépuisables où l'industrie des tapis tout entière vient chercher le bon et le beau. La chimie n'a plus de secret pour elles quant à la coloration des matières; la physique ne leur cèle plus rien quant aux applications de la chaleur, de la lumière et de la vapeur à la teinture; la mécanique les aide par d'ingénieuses machines dans le tissage et la filature; enfin la peinture leur sert plutôt de concurrent que de modèle dans l'imitation, le coloris et l'union sympathique des couleurs.

Nous ne saurions, sans outre-passer notre cadre, citer, en détaillant leurs beautés, tous les produits exposés par les manufactures des Gobelins et de Beauvais. Rappelons seulement, parmi les tapisseries de haute lisse du premier de ces établissements impériaux : *Psyché* et la *Pêche miraculeuse* d'après Raphaël Sanzio; le *Christ au tombeau*, d'après Philippe de Champaigne; les *Confidences*, d'après F. Boucher; et parmi les tapis de la Savonnerie, celui exécuté pour un salon du pavillon Marsan. Une *Nature morte*, d'après Desportes; une *Fable de La Fontaine*, d'après Oudry; un meuble style Louis XIV, un canapé, des fauteuils et des chaises à fleurs sur fond bleu, méritent aussi de revenir particulièrement à la mémoire, lorsqu'on songe aux belles tapisseries de Beauvais qui brillaient à l'Exposition universelle.

Le Jury a décerné la GRANDE MÉDAILLE D'HONNEUR AUX MANUFACTURES IMPÉRIALES DE BEAUVAIS ET DES GOBELINS réunies.

LA VILLE D'AUBUSSON (FRANCE).

Aubusson a vu naître une industrie où la France excelle maintenant entre toutes les nations. C'est en 738 que les Sarrasins, échappés au grand massacre de Poitiers et faits prisonniers par Charles-Martel, fabriquèrent à Aubusson les premiers tapis français; ils enseignèrent à leurs vainqueurs les secrets d'un travail pratiqué par les Orientaux depuis les temps les plus reculés.

La ville d'Aubusson a mis ses progrès à la hauteur de l'ancienne origine de son industrie. Elle a puissamment contribué à généraliser l'usage des tapis, en baissant les prix soit des imitations des œuvres de l'art, soit des ouvrages d'utilité domestique. Elle s'est faite enfin le foyer d'une spécialité qui tenait une vaste place dans l'Exposition universelle. Ses tentures, ses moquettes pour meubles, ses tapis de pied, ont pris son nom comme garantie de leur supériorité. Le Jury a décerné la GRANDE MÉDAILLE D'HONNEUR à la VILLE D'AUBUSSON.

MM. BRAQUENIÉ ET C°, A AUBUSSON (FRANCE).

La maison BRAQUENIÉ exposait des tapis d'Aubusson, des tapis de ... , des tapisseries pour tenture, des tapisseries et moquettes pour rideaux, fauteuils et canapés. Tous e x mérites du sujet, de l'exécution et de la fabrication se réunissaient dans ces divers objets; aussi MM. BRAQUENIÉ ET C° ont-ils obtenu la MÉDAILLE D'HONNEUR.

MADAME V°° CASTEL, A AUBUSSON (FRANCE).

Parmi les tapis de pied d'Aubusson , les moquettes et les tapisseries de M°°° VEUVE CASTEL , on remarquait surtout un panneau d'un fini d'exécution tellement hors ligne, qu'il explique parfaitement la décision du Jury octroyant la MÉDAILLE D'HONNEUR à l'exposante.

MM. CROSSLEY et Fils, a Halifax (Royaume-Uni).

Les tapis de velours, ceux de Bruxelles, ceux de qualité commune, avaient leur place dans la vaste exhibition de MM. Crossley; mais les tapis à chaîne imprimée représentaient surtout leur principale spécialité.

Cette branche de la tapisserie a pris un immense développement en Angleterre, et le doit à la modicité de prix de ses produits, avantage qui n'exclut pas pourtant la netteté des dessins et l'éclat des nuances. MM. Crossley sont les inventeurs des tapis à chaîne imprimée; ils les ont dotés depuis leur création de nombreux perfectionnements, et, quoiqu'ils aient acquis en conséquence des brevets pour une somme de plus de 1,500,000 fr., ils ont laissé les fabricants anglais jouir gratuitement des bénéfices de leurs heureuses recherches.

Prenant en considération le désintéressement et le mérite de MM. Crossley et Fils, le Jury leur a décerné une Médaille d'honneur.

MM. CROC Père et Fils, à Aubusson (France), teignent, filent et tissent les excellents produits de leur important établissement, qui trouvent partout de larges débouchés, et qui contribuent beaucoup à la réputation industrielle d'Aubusson. Ce n'est pas dans la tapisserie de luxe qu'excellent ces manufacturiers; les tapis intermédiaires, jaspés, veloutés, oursins, les tapis imitation turque, sont leurs principaux titres à l'obtention de la Médaille de première classe.

Ont pareillement obtenu la Médaille de première classe les exposants de tapis et tapisseries à l'aiguille dont les noms suivent :

MM. PARIS Frères, à Aubusson (France). Leurs tapis de pied, de table, de foyer en haute laine, leurs portières, canapés, écrans, etc., étaient excellents d'exécution et de qualité. Ils expliquent la position et les affaires importantes de leurs producteurs.

LE NIZAM DE KINDERABAD, Indes anglaises (Royaume-Uni). Cette exposition donnait une haute opinion de l'industrie indoue dans la spécialité de la tapisserie. Un grand tapis de laine surtout était remarquable par la distinction de son dessin, la fraîcheur de ses nuances et l'harmonie de son ton général. Son tissu offrait une grande épaisseur, mais manquait de finesse. De jolis panneaux brillaient aussi par l'heureux choix de la composition et la grâce de l'exécution.

J.-J. et CH. SALLANDROUZE-LEMOULLEC, à Aubusson (France). Parmi les tapis de moquette et les tapis veloutés, preuves de l'excellente fabrication de ces industriels, une superbe pièce d'Aubusson à point réduit captivait l'attention générale. Ce beau travail représentait les armes et le port de Marseille, entourés d'arabesques et de fleurs; il était d'un fini et d'une splendeur de détails vraiment supérieurs.

LAURENT, à Amiens (France). Il se livre depuis longtemps à la production exclusive des moquettes, tapis, tapisseries et velours d'Utrecht, et leur donne un cachet bien approprié à leurs diverses destinations. Entre les types exposés par M. Laurent, ses tapis imitation turque offraient à un haut degré le caractère de la perfection.

VAYSON, à Abbeville (France). Un tapis semé de bouquets, des tapis rouge et noir, vert et rouge, et imitation turque, satisfaisaient pleinement les appréciateurs de la belle collection de tissus exposés par M. Vayson.

MM. ARNAUD-GAIDAN et Cᵉ, à Nîmes (France). Leur manufacture est considérable et dirigée avec intelligence; elle aide à soutenir la réputation justement acquise de la fabrique de Nîmes. Leurs tapis haute laine brochés et veloutés, et leurs tissus pour portières et pour meubles, empruntés à leur fabrication journalière, étaient bien exécutés, sans trop de recherche.

LAROQUE et JAQUEMET, à Bordeaux (France). Ils fabriquent en grand les laines à tricot, les couvertures et les fils de laine, concurremment avec les tapis. Ils élaborent également les qualités ordinaires et les types de luxe. Leur grand tapis aux armes de Bordeaux, d'une excellente confection, présentait comme encadrement des combinaisons toutes nouvelles.

LAVAL et GRAVIER, à Nîmes (France). Leur fabrique est l'une de celles qui font de Nîmes un grand centre manufacturier. Ils produisent surtout des descentes de lit et des devants de foyer en haute laine, très-recherchés en raison de leurs dessins variés, de leur solidité et surtout de leurs prix modérés.

TEMPLETON et Cᵉ, à Glasgow (Royaume-Uni). Grâce à leur habileté, ils poussent puissamment à la consommation des tapis en Angleterre. Ceux qu'ils exposaient dénotaient une expérience hors ligne dans la fabrication, particulièrement les pièces pour foyers.

LA MANUFACTURE ROYALE, à Tournay (Belgique). Les moquettes et les tapis imitation de Smyrne et de la Savonnerie de cet établissement ne sont plus tout à fait à la hauteur de son ancienne réputation; cependant un tapis de haute laine pour la grande décoration était un véritable type de ce que pourrait la manufacture de Tournay si ses directeurs voulaient lutter avec nos produits les plus artistiques.

HAAS, à Vienne (Autriche). Cet industriel a établi en Autriche d'importantes fabriques de moquettes, de tissus variés dans les genres veloutés et imitation turque. Tous ces tapis sont d'une supériorité qui explique leur vogue en Allemagne, et qui prouve les progrès de l'industrie autrichienne.

BON et Cᵉ, à Amsterdam (Pays-Bas). Ils exposaient des tapis imitation de Smyrne, fabriqués par M. Heukensfeldt, à Delft (Autriche). Le travail de ces tissus ne laissait rien à désirer.

PRÆTORIUS et PROTZEN, à Berlin (Prusse). Dans leur collection se distinguaient surtout un grand tapis fond rouge velouté tissé à la mécanique, et des tapis à chaîne imprimée qui réunissaient tous les mérites de la qualité et de l'exécution.

BRIGHT, à Manchester (Royaume-Uni). Les tapis imprimés sur tissus, veloutés, chenillés et bouclés, sont accessibles aux fortunes les plus modestes, grâce à M. Bright, inventeur de ces excellents tissus, d'une apparence très-flatteuse et d'un prix peu élevé, comme l'établissait l'exposition de cet habile manufacturier.

HENDERSON et WIDNELL, à Lanswade (Royaume-Uni). Ils ont inventé un système breveté d'impression appliqué aux bordures des tapisseries et des portières. Leurs moquettes et leur tapis sont très-bien faits; leurs établissements ont une grande importance.

Mˢᵉ PARLANTI, à Bugrano (Toscane), exposait une Vierge et un portrait de Van-Dyck, esquisses brodées en soie, d'une admirable exécution. Médaille de deuxième classe.

MM. PARDOE-HAMONS et PARDOE, à Kidderminster (Royaume-Uni), ont une fabrication qui s'adresse surtout aux classes peu favorisées de la fortune. Ils produisent des tapis haute-laine, chenilles, et des feutres imprimés aux prix les plus modestes. Même récompense.

MM. CAVREL-BOURGEOIS, à Beauvais (France), joignent à leur élaboration des couvertures celle des tapis, qu'ils teignent, filent et tissent d'une façon irréprochable, grâce à un matériel spécial. Même récompense.

MM. ABRAHAM ROZE Frères, à Tours (France), ont un important établissement comprenant trois manipulations bien distinctes : celles des draps, des couvertures, et des tapis. Dans cette dernière spécialité, leurs veloutés chenilles et leurs jaspés étaient fort bien exécutés. Même récompense.

M. ALLENDORFER, à Cassel (Hesse Electorale). Il exposait un grand tapis et des descentes de lit en fourrures de chat sauvage. Les ornements, tels que palmes, rosaces, etc., étaient pleins de goût, et le travail supérieurement exécuté. Médaille de première classe.

M. WASMING, à Aarhuus (Danemark), avait probablement choisi les pièces de son exhibition de tapis de fourrures en vue de l'Exposition universelle. On distinguait particulièrement entre ces beaux produits un tapis de salle à manger où des chancelières se trouvaient dissimulées sous une charmante rosace. Médaille de première classe.

M. TRAYVOUX, à Lyon (France). Sa principale pièce exposée consistait en une descente de lit à rosaces et à galerie, d'une bonne exécution et renfermant de jolis détails. Médaille de deuxième classe.

MM. HINE, MUNDELLA et Cᵉ, A Nottingham (Royaume-Uni).

Cette maison avait envoyé à l'Exposition universelle des bas de coton blanc à 1 fr. 50 c. la douzaine, d'autres bas à 4 fr. 50 c. et à 7 fr. 50 c., des chaussettes et des articles coton, laine et coton, enfin tous les spécimens d'une fabrication de bonneterie destinée surtout à l'exportation; fabrication qui, par sa qualité, son importance et ses bas prix, se place au premier rang de l'industrie anglaise. Le Jury de la XXIIIᵉ classe a décerné la Médaille d'honneur à MM. Hine, Mundella et Cᵉ.

MM. T. BALL et Cᵉ, à Nottingham (Royaume-Uni), ont introduit d'ingénieuses modifications dans le métier double broche servant à la confection des étoffes à la chaîne pour gants : ils ont empêché la maille de couler et la trame de se défiler. Ils exposaient des types soie unie et peluchée de leur invention, pour laquelle ils ont pris un brevet. Leurs dentelles noires à effets de velours, d'après le système Warp, offraient autant de perfection que leurs tissus pour gants. Médaille de première classe.

MM. PELLEY, HURST et Cᵉ, à Nottingham (Royaume-Uni). La bonneterie de soie, de laine et de coton compte parmi ses principaux représentants en Angleterre la maison Pelley, Hurst et Cᵉ, dont principalement les bas de soie pour l'exportation et les gants sont d'une beauté remarquable, eu égard à leurs bas prix. Médaille de première classe.

LA VILLE DE KINGSTOWN, au Canada (Royaume-Uni). Les articles de bonneterie de Kingstown témoignaient d'une industrie perfectionnée, et ses tricots à la main et au métier étaient d'une exécution parfaite. Médaille de deuxième classe.

M. MILLON Aîné, A Paris (France).

M. Millon aîné exposait une brillante collection de bonneterie fine, où les bas en coton d'Algérie tissés pour S. M. l'Impératrice pouvaient compter comme un chef-d'œuvre. Des maillots et pantalons de soie pour le théâtre ou les bals travestis auraient déjà suffi à attirer une haute récompense sur cet éminent fabricant, si sa qualité de membre du Jury ne l'avait mis hors de concours.

MM. LAURET Frères, a Paris (France).

MM. Lauret frères possèdent, outre leur établissement de Paris, une fabrique de bonneterie à Ganges (Hérault). Leur spécialité consiste dans l'article fin, ainsi que l'établissait leur superbe exposition, où les bas et chaussettes de soie, de fil d'Ecosse, unis, à jours et brodés, les gants de laine et de filet de soie, les fichus, les coiffures, les châles pareillement en filet, suivaient une échelle graduée, des prix infimes aux prix les plus élevés, mais n'en étaient pas moins les uns et les autres d'une supériorité proportionnelle, qui assurait à leurs producteurs le premier rang dans l'industrie de la bonneterie. Le Jury de la XXIIIe classe a décerné à MM. Lauret frères la Médaille d'honneur.

M. ED. TAILBOUIS, à Paris (France), possède de plus une manufacture à Saint-Just-en-Chaussée. Il emploie dans ses vastes établissements, où s'élaborent tous les articles de bonneterie fine, de douze à treize cents ouvriers. Novateur intelligent, M. Tailbouis a créé dans sa partie la fabrication des gants satin-peau. Il a appliqué la machine à coudre à la confection des gants en général. Il produit aussi des gilets circulaires en mérinos, très-demandés pour l'exportation. Il serait trop long de citer ici tous les perfectionnements trouvés par cet habile industriel, à qui le Jury a décerné la Médaille de première classe.

M. J.-B. BLANCHET, à Paris (France). Son exposition de produits en soie, mi-soie, en coton et en laine, offrait le type de toutes les perfections du genre; elle ajoutait encore à la renommée fort ancienne de la maison Blanchet. Médaille de première classe.

Parmi les exposants de bonneterie de la France, ont obtenu aussi la Médaille de première classe :

MM. LAVALLARD Frères, à Paris. Ils ont une filature, une peignerie et une fabrique à Roye (Somme). Ils apprêtent par conséquent leurs matières premières de laine. Le chiffre de mille à douze cents ouvriers employés par eux donne la mesure de leurs importantes affaires. Les premiers en France, ils ont fait les tricots de laine par le procédé anglais, qui peigne ensemble la laine et le coton. Leurs articles tricot, flanelle, laine et laine-coton sont d'une régularité exceptionnelle.

FRÉDÉRIC CONTOUR, à Paris. Il fait un grand commerce de bonneterie courante, soit à l'intérieur, soit à l'étranger. Il produit aussi les articles fins et occupe au moins douze cents ouvriers.

DUBUY-RAGUET, à Paris. L'article flanelle-tissu lui constitue une spécialité qu'il a introduite un des premiers en France. Ses caleçons diminués en coton, faits sur métier, ne craignent aucune concurrence indigène ou étrangère pour la modération des prix et les qualités de la fabrication. Ses établissements, assez considérables, ont vivifié les pays où ils s'élèvent.

MEYRUEIS Frères, à Paris. Ils ont une filature de soie justement renommée. Les bas unis, à jours et brodés, les chaussettes et les bas de coton exposés par eux, résumaient tous les progrès d'une fabrication des plus soignées et du meilleur goût.

THÉODORE DELACOUR et Fils, à Villers-Bretonneux (Somme). Ces industriels tiennent le premier rang dans leur partie. Ils font peigner et filer chez eux à l'aide du mull-jenny leurs matières premières. Ils emploient douze cents ouvriers. Leurs produits, remarquables surtout par la beauté et la régularité du fil, sont de prix fort modéré.

GRÉAU et Cie, à Troyes. La maison Gréau est à la tête de son industrie en Champagne. Elle embrasse toutes les branches de la bonneterie, et réussit avec une égale perfection tous ses produits.

MM. BRUGNIÈRE Père et Fils, à Ganges (Hérault). A la fois filateurs et fabricants de bonneterie de soie, ils méritent surtout une mention spéciale pour leurs bas et leurs chaussettes, depuis longtemps préférés entre tous les objets similaires.

LUCE-VILLIARD, à Dijon. Auteur d'une des plus ingénieuses innovations dans son industrie, il a réussi à fabriquer le caoutchouc sur le métier à bas, comme la laine, le coton ou la soie. Grâce à l'élasticité adhérente de cette matière, l'usage des jarretières pour les bas et chaussettes, des cordons ou bretelles pour les tricots circulaires, devient inutile dans tous les tissus où M. Luce-Villiard mêle le caoutchouc. Il est breveté pour cette invention, très-goûtée en France et en Angleterre.

GERMAIN Fils, à Nîmes. Ses bas, gants et mitaines, quoique bien soignés, rivalisent, comme modicité de prix, avec toutes les concurrences sur les marchés étrangers. Sa fabrique, très-ancienne, et l'une des plus importantes du Midi, offre, par le grand nombre d'ouvriers qu'elle emploie, une puissante ressource au pays où elle a été fondée.

JULES CHAMBAUD, à Paris. Sa manufacture de bonneterie, située à Arcis-sur-Aube, produit tous les genres, soie, coton, laine et cachemire. Ses grandes pièces, aussi bien que ses bas et ses gants, étaient des mieux réussies et à des prix avantageux.

M. CH. BELLAMY, à Caen (France), fabrique, outre les bas de coton, la bonneterie d'Angora en châles et en gants pour l'exportation. Beaux produits. Médaille de deuxième classe.

MM. BOILEAU Frères, à Paris (France), sont les auteurs des premiers essais pour coudre les bas sur le métier ; ils fabriquent bien et à prix raisonnable. Médaille de deuxième classe.

MM. BONGRAND et BEUDIN, à Paris (France), exposaient de bons articles de bonneterie faits sur métier circulaire, avec proportions. Cette amélioration toute nouvelle promet beaucoup pour l'avenir. Médaille de deuxième classe.

M. JULES CAMBON, à Paris (France), a trouvé le moyen d'appliquer aux gants de soie satin-peau le montage à boutons, tel qu'on l'opère pour le gant de chevreau. Médaille de deuxième classe.

M. E.-J.-B. DELÉTOILLE Fils, à Arras (France), exposait d'excellents articles de coton, laine et bourre de soie, parmi lesquels un couvre-lit se recommandait par les difficultés de son beau travail, exécuté à l'aide de trois cents bobines. Médaille de deuxième classe.

M. ÉTIENNE GUILLAUME, à Troyes (France), a fondé à Troyes la spécialité des articles laine et coton mélangés. Il produit beaucoup et à prix infimes. Médaille de deuxième classe.

LA VILLE DE PONDICHÉRY (Colonies Françaises) a obtenu une Mention honorable pour ses gants mi-soie, tricotés avec la soie du ver sauvage du badenier.

MM. WEX et LINDNER, à Chemnitz (Saxe), exposaient des bas de coton blancs, unis et à jours, et des chaussettes, le tout dans de bonnes conditions de prix et de qualité. Médaille de première classe.

MM. G. HECKER et Fils, à Chemnitz (Saxe). Leur exposition se composait de bas de coton blancs, écrus et couleurs, de chaussettes écrues et rayées, de bas de fil d'Écosse, de camisoles de coton et de laine. Une grande partie de ces articles, tous dignes de l'ancienne renommée de la maison Hecker, étaient offerts aux prix les plus modérés. Même récompense.

M. H.-CH. HARTEL, à Waldenburg (Saxe), a trouvé pour la bonneterie divers perfectionnements qui l'ont fait honorablement distinguer. Il soumettait au concours une belle collection d'articles en coton.

en lin, en laine et en vigogne, parmi lesquels on remarquait des bas de coton très-avantageux à 2 fr. 75 c. la douzaine, et des gilets en mérinos à 66 francs. MÉDAILLE DE PREMIÈRE CLASSE.

M. J. PLOSS, à Asch (AUTRICHE), exposait des bas de coton à jours et brodés, ainsi que des bas unis, bien faits et à prix très-minimes. MÉDAILLE DE DEUXIÈME CLASSE.

Mᵐᵉ STEINBERGER, à Klostergral (AUTRICHE), pour ses pantalons, gilets et chemises de tissus doux et bien fabriqués. Même récompense.

M. J. MAUTHÉ, à Ebengen (WURTEMBERG), produit des bas, chaussettes, gilets et tricots de laine de bonne qualité et à prix modérés. Même récompense.

M. H. BRUCKLACHER, à Reutlingen (WURTEMBERG), fait confectionner au crochet, au fuseau ou à l'aiguille, de la bonneterie de laine et de coton avantageuse de prix et bien conditionnée. Même récompense.

Mᵐᵉ VEUVE EL. FROSBERG, à Norrkoping (SUÈDE). Un couvre-pieds grande largeur se remarquait surtout dans son envoi de belle bonneterie de laine. Même récompense.

M. JOHN SODERBERG, à Stockholm (SUÈDE). Ses chaussettes laine et coton, ses cravates en laine, ont des dessins d'assez bon goût, et lui ont mérité la même récompense.

MM. WITTEKIND ET Cᵉ, à Francfort-sur-le-Mein (VILLES HANSÉATIQUES). Leurs bas, chaussons et gants de laine sont bons et à prix avantageux. L'exportation fournit des débouchés à leur vaste fabrique, à laquelle est adjointe une filature. Même récompense.

MM. C. ET L. CROCCO FRÈRES, à Gênes (ÉTATS-SARDES), sont les principaux manufacturiers de leur ville, et, grâce à leurs améliorations continuelles, les articles flanelle et flanelle peluchée exposés par eux étaient vraiment supérieurs. Même récompense.

LE DÈME DE MYCONE (GRÈCE). Son exposition collective comprenait des bas, des chaussettes et des bonnets très-bien tricotés à l'aiguille. Même récompense.

LA FABRIQUE IMPÉRIALE DE JANINA (EMPIRE OTTOMAN) produit à bas prix sa bonneterie de laine tricotée à la main et au crochet. Même récompense.

LE GROUPE DES PASSEMENTIERS DE PARIS (FRANCE).

Sous cette dénomination LE GROUPE DES PASSEMENTIERS DE PARIS, le Jury de la XXIIIᵉ classe a compris les trente-quatre ou trente-cinq mille ouvriers qui font de la capitale le foyer le plus actif et le plus intelligent d'une industrie où la France excelle encore entre toutes les nations, parce que là aussi les combinaisons du travail, du goût et de l'invention atteignent presque les proportions de l'art. C'est également dans les six branches de leur état, divisées elles-mêmes d'une infinité de manières, que se signalent les passementiers parisiens. Leur passementerie militaire est brillante, légère, solide et brodée souvent d'une façon inimitable ; celle d'ameublement est riche, gracieuse, féconde en innovations ; celle dite de nouveautés impose ses élégantes garnitures à tous les accessoires des toilettes vraiment à la mode ; celle pour habillement montre presque toujours l'emploi le plus ingénieux du point de Milan dans ses galons, ses cordonnets, ses lacets et même ses boutons ; celle pour voitures et livrées offre une finesse d'exécution extraordinaire dans les galons veloutés, brodés, épinglés et autres ; enfin, leur superbe passementerie d'église et de vêtements sacerdotaux réunit la science des époques et des styles au respect des convenances religieuses.

Pour se faire une juste idée de l'importance commerciale de l'industrie passementière de Paris,

qui emploie surtout un grand nombre de femmes et d'enfants, il suffit de savoir qu'elle élabore annuellement pour plus de cent millions de francs de produits.

Le Jury a décerné au GROUPE DES PASSEMENTIERS DE PARIS la MÉDAILLE D'HONNEUR.

M. ALEXANDRE SIMON, à Paris (FRANCE). Ses tresses, soutaches et ganses d'une exécution supérieure, ses galons de soie, de laine et de coton pour vêtements, d'une qualité tout-à-fait hors ligne et d'un emploi très-étendu, lui ont valu la MÉDAILLE DE PREMIÈRE CLASSE.

M. FÉLIX CAGNET, à Paris (FRANCE). Ses galons pour livrées et pour voitures, établis au métier Jacquart, et ses franges pour housses de siége, réunissaient la beauté à la richesse. MÉDAILLE DE PREMIÈRE CLASSE.

MM. MAZADE ET VIVIER, à Paris (FRANCE). Mêmes produits, même appréciation. Même récompense.

M. GUILLEMOT, à Paris (FRANCE). Mêmes produits, même appréciation. Même récompense.

M. CH.-ED. HAHNEL, à Stockholm (SUÈDE). Il exposait de la passementerie pour meubles et pour voitures, de couleurs charmantes et de formes aussi élégantes que nouvelles. MÉDAILLE DE PREMIÈRE CLASSE.

M. GRUINTGENS FILS AINÉ, à Paris (FRANCE). Ses chenilles au métier mécanique présentaient une économie réelle sur celles manuellement exécutées. Sa passementerie pour ameublement, d'un très-bon goût, se soumet sans se briser, grâce à son intérieur en métal, à toutes les exigences du placement. MÉDAILLE DE PREMIÈRE CLASSE.

M. ATHANASE LOUVET, à Paris (FRANCE). Les crêtes, les galons, les franges, les glands, les embrasses de soie et de laine de cet exposant offraient, à un égal degré, toutes les perfections d'élégance et d'exécution appliquées aux besoins de la grande consommation. Même récompense.

M. MORIN, à Beauvais (FRANCE). Même produits, même appréciation. Même récompense.

MM. VANHOEY FRÈRE ET SŒUR, à Bruxelles (BELGIQUE). Mêmes produits, même appréciation. Même récompense.

MM. MALÉZIEUX FILS, LEFEBVRE ET Cᵉ, à Paris (FRANCE). Leur passementerie militaire doit à une innovation qui leur est spéciale une beauté et une solidité hors ligne. Même récompense.

M. A. PANNIER, à Paris (FRANCE), tisse mécaniquement, par un excellent système, des galons et tresses pour les tailleurs, d'une force extraordinaire. Même récompense.

MM. RICHARD FRÈRES, à Saint-Chamond (FRANCE). Les lacets et cordons de soie de cette ancienne maison ont un brillant, une force et un coloris qui les font universellement rechercher des consommateurs. Même récompense.

M. SAMUEL GUÉRIN, à Nîmes (FRANCE). Mêmes produits, même appréciation. Même récompense.

M. SENS CAZALOT, à Paris (FRANCE). Des effilés de soie et garnitures de robe or, soie et chenille, des ganses et galons soie et or, brillaient par leur délicatesse, leur goût et leur nouveauté, dans la remarquable exposition de ce fabricant. Même récompense.

MM. J. GUIBOUT ET Cᵉ, à Paris (FRANCE). Leurs filés d'or et d'argent étaient d'une excellente exécution, et leur belle passementerie militaire offrait toutes les garanties possibles de durée. Même récompense.

MM. JAILLARD Père et Fils, à Lyon (France). Mêmes produits, même appréciation. Médaille de première classe.

MM. VAUGEOIS et TRUCHY, à Paris (France). Mêmes produits, même appréciation. Leur brillant tableau d'armoiries brodées soie et or mérite un rappel spécial. Même récompense.

M. BIAIS, à Paris (France). Il fabrique la broderie pour ornements d'église dans les genres les plus variés. Sa broderie gothique avec bordure était bien rendue et d'un goût parfait. Même récompense.

M. LIMAL BOUTRON, à Paris (France), exposait des vêtements sacerdotaux confectionnés et brodés, parmi lesquels se signalaient deux chasubles, l'une moyen-âge, véritable travail artistique, et l'autre d'un effet riche, quoique d'un prix modéré. Même récompense.

M. VAN HALLE, à Bruxelles (Belgique). Mêmes produits enrichis de pierreries. Un dais en velours cramoisi, brodé d'or, parfait de forme et de dessin, distinguait surtout l'exposition de M. Van Halle. Même récompense.

M. HUBERT MÉNAGE, à Paris (France). Ses ornements d'église, brodés avec personnages, étaient superbes comme fini d'exécution, comme savante application du style de chaque époque, et comme harmonie du coloris avec la destination des objets. La richesse, le goût, la variété des couleurs brillaient principalement dans la chasuble moyen âge à charmants médaillons, et dans l'élégante bannière exposées par cet intelligent fabricant. Même récompense.

M. MÉLOTTE, à Bruxelles (Belgique), exposait aussi une très-élégante bannière brodée, rehaussée d'or et d'argent avec franges d'or, qui faisait regretter que son producteur, cité aussi pour sa passementerie militaire, se soit contenté de soumettre au concours un seul type principal de ses travaux. Même récompense.

M. A LAVIGNE, à Paris (France), fabrique des garnitures de croisée de bon goût. Ses écussons de soie et d'or attiraient surtout l'attention des connaisseurs. Même récompense.

M. W. OSTERROTH et Fils, à Barmen (Prusse). En général, toute la passementerie de cet industriel est bien faite; mais ses lacets, ses rubans et ses cordonnets, qu'il produit en quantité considérable, sont surtout d'un bas prix exceptionnel. Même récompense.

MM. SAUVAGE et Cᵉ, à Rouen (France), confectionnent de nombreux tissus pour bretelles et jarretières, à des prix très-avantageux; ces produits sont destinés à l'exportation. Ils traitent aussi la passementerie de goût, et, par l'emploi du métier Jacquard, ils obtiennent des brochés et des effets épinglés très-gracieux. Leur important établissement à la vapeur pour principal moteur. Même récompense.

L'EMPIRE OTTOMAN. Les passementiers de cet État excellant dans les broderies d'or et d'argent appliquées aux objets de luxe, de parure, de sellerie, et dans la fabrication de galons et de franges d'une richesse presque sans égale, le Jury leur a accordé collectivement la même récompense.

LA RÉGENCE DE TUNIS. Mêmes produits, même appréciation. Même récompense.

M. RADLEY, à Londres (Royaume-Uni), offrait au concours un plafond brodé d'or d'un style élevé. Médaille de deuxième classe.

M. STOLTZENBERG, à Ruremonde (Pays-Bas), avait envoyé une belle étole supérieurement brodée. Même récompense.

M. BAYNO, à Turin (États-Sardes), exposait un bel assortiment de galons épinglés pour voitures et pour livrées. Même récompense.

M. PALBROY, à Médéah, Algérie (France), est maître sellier au 1er régiment de spahis. Ses selles et leurs accessoires, brodées or, argent et soie, sur maroquin, luttaient d'élégance et de solidité avec les produits similaires et si vantés de provenance arabe. Médaille de deuxième classe.

LE DÉPARTEMENT DES VOSGES (France).

A propos de la broderie blanche, le Jury de la XXIIIe classe a suivi les mêmes errements que celui de la XXIIe classe pour l'industrie de la batiste. Dans l'impossibilité de connaître les véritables producteurs, dont les exposants n'étaient guère que les prête-nom, il n'a pas décerné de suprême récompense individuelle, mais il a proposé la Grande médaille d'honneur pour le département des Vosges, représenté par Épinal, son chef-lieu. C'est en effet dans ce centre que la broderie blanche a rencontré le plus d'aptitudes spéciales et le développement le plus rapide : trente mille ouvrières au moins y exécutent des broderies fines sur métiers d'une perfection extrême, et des objets destinés à la grande consommation, entre autres les broderies dites anglaises, d'un bas prix sans rival. En apprenant que les brodeuses des Vosges sont les meilleures de France, qu'elles ont seules réalisé les progrès vraiment sérieux de leur partie, et que la majorité des produits qui ont attiré les honneurs du concours sur des exposants ont été brodés par elles, on comprendra toute la justice de la décision du Jury international.

M. BARTHÉLEMY Aîné, à Nancy (France), avait exposé des rideaux et divers objets, brodés au plumetis-crochet, dont les jolis dessins dénotaient le goût d'un véritable artiste. L'introduction du crochet, pour travailler le plumetis et l'imitation du point d'armes, constitue un véritable progrès. Médaille de première classe.

Mme VEUVE BOIS-DUVAL, à Paris (France), exposait un superbe service de table en batiste, brodé au plumetis dans les Vosges, représentant comme goût et comme exécution la pièce capitale de la broderie offerte au grand concours. Médaille de première classe.

MM. DEBBELD-PELLERIN et Ce, à Paris (France), pour leur assortiment si varié de cols et de mouchoirs brodés en mousseline, d'un travail et d'une beauté hors ligne, ont reçu la Médaille de première classe.

MM. DUPERLY et Ce, à Paris (France). Un bel écran de mousseline, brodé à Metz et portant les armes de la ville de Paris, des cols, des mouchoirs brodés dans les Vosges et réalisant une ingénieuse nouveauté comme disposition de dessin, ont valu à ces industriels la Médaille de première classe.

M. HORRER, à Nancy (France). Sa robe et son châle de mousseline, brodés au plumetis, étaient des travaux fort remarquables, surtout par leur nuancé de points sablés et leurs jours dits d'Alençon. Médaille de première classe.

M. HUET-JACQUEMIN, à Saint-Quentin (France). Sa collection de pièces diverses brodées dans les Vosges représentait au suprême degré ces trois qualités : variété, bonté et modicité de prix. Médaille de première classe.

M. LACHEZ-BLEUZE, à Paris (France). Sa robe brodée à Vinoy (Vosges) était l'un des objets les plus remarquables de l'Exposition comme dessin et comme exécution. Médaille de première classe.

M. LALLEMANT, à Paris (France). Des robes, des mouchoirs, des cols brodés à Mirecourt, dans les Vosges, et exposés par M. Lallemant, offraient, entre tous leurs mérites, celui d'appliquer les jours dits d'Alençon d'une façon riche et variée. Médaille de première classe.

M. CHARAVEL, à Paris (France). Des broderies, et particulièrement un devant d'autel, témoignaient de l'intelligence de ce fabricant pour la création de genres nouveaux aux dessins les mieux appropriés. Médaille de première classe.

MM. LEBÉE, COULON et ROUSSEAU, à Saint-Quentin (France). Leur riche assortiment de broderies diverses d'Epinal, dans le style dit *écossais*, se distinguait principalement par la profusion des jours et du point d'armes, magistralement exécutés. Médaille de première classe.

Mme MAUCHANT, à Nancy (France). Le plus beau type de la fabrique de Nancy avait été exposé par cette dame : c'était une admirable robe au dessin plein de goût et aux jours d'Alençon les plus variés. Médaille de première classe.

Mme L. PAYAN, à Paris (France). Ses trois robes brodées sur mousseline présentaient une riche nouveauté comme exécution, par l'application de la dentelle et des jours d'Alençon. Médaille de première classe.

M. LESEURE, à Belleville (France). Un tapis de couleur magnifique, des châles, des gilets, étaient les spécimens d'un genre nouveau de belles broderies destinées à l'ameublement, et produites à la mécanique par M. Leseure. Médaille de première classe.

LE SYNDICAT DE LA BRODERIE, à Nancy (France), avait exposé une robe commandée par Sa Majesté l'Impératrice, dont la broderie et le travail concentraient toutes les admirations. Médaille de première classe.

MM. MOREAU Frères, à Paris (France). Leurs nombreux devants de chemise, brodés à Plombières, étaient dignes de tous les éloges comme variété, comme dessin, et comme exécution. Médaille de première classe.

MM. S.-R. et TH. BROWN, à Glasgow (Royaume-Uni). L'exposition variée et vaste de ces fabricants se composait de broderies au plumetis et au point d'armes, avec jours d'Alençon. Leurs articles de vente courante se recommandaient par des prix infimes, les autres par les dessins les plus variés, mais toujours de bon goût. Médaille de première classe.

M. D.-L.-J. MACDONALD, à Glasgow (Royaume-Uni). Sa collection d'objets divers brodés réunissait l'élégance des dessins à la modération des prix. Médaille de première classe.

MM. COPESTACKE, MOORE, CRAMPTON et Cie, à Londres (Royaume-Uni). Les délicieuses toilettes exposées par cette maison montraient la broderie au plumetis et les dentelles blanches au point d'Alençon dans ce qu'elles offrent de meilleur goût. Médaille de première classe.

MM. SCHNEIDER et BANZIGER, à Hochest (Autriche). Dans leur assortiment de pièces brodées au plumetis et au point d'armes avec des jours d'Alençon, toutes de prix raisonnables, se distinguait une robe d'un goût et d'un dessin charmants. Médaille de première classe.

M. FR. NOVETRY, à Vienne (Autriche). Ses châles et mantelets, brodés en blanc et en couleurs diverses, étaient parfaitement exécutés et de dessins très-élégants. Médaille de première classe.

MM. E.-L. BOHLER et Fils, à Plauen (Saxe). Les belles broderies au plumetis et au point d'armes de MM. Bohler étaient offertes à des prix avantageux, comparés à leurs rares mérites d'exécution. Médaille de première classe.

M. J. BÆNZIGER, à Thall (Confédération Helvétique). Toutes les formes de la broderie sont mises en œuvre par l'importante maison Bænziger, d'après de jolis dessins, et d'une façon supérieure. Médaille de première classe.

M. F.-G. KIRCHHOFER, à Saint-Gall (Confédération Helvétique). Parmi ses différentes broderies, dont les jours d'Alençon étaient parfaits, se distinguaient des objets très-bien travaillés en fil de lin. Médaille de première classe.

MM. KOCH et Cᵉ, à Saint-Gall (Confédération Helvétique). Leurs articles brodés au crochet témoignaient d'un progrès réel, et leurs broderies de luxe étaient dignes d'éloges. Médaille de première classe.

M. C. STAHELI-WILD, à Saint-Gall (Confédération Helvétique). Un nouveau point de relief attirait surtout l'attention sur les brillants produits de ce fabricant. Médaille de première classe.

Mᵐᵉ LUCE, à Alger (France), exposait des broderies de couleur style arabe, d'un beau travail. Médaille de deuxième classe.

LA VILLE DE BAYEUX (France).

L'industrie des dentelles et des blondes au fuseau et à l'aiguille verrait encore la France à sa tête, si la Belgique ne disputait cette suprématie à notre pays. Cependant, pour les dentelles de soie noire, les blondes blanches, les dentelles de fantaisie, la France ne craint aucune concurrence, et c'est surtout à la ville de Bayeux qu'elle doit depuis près d'un siècle sa supériorité incontestable dans une production qui devient d'un usage journalier, maintenant que la mode et le luxe se répandent sur toute la société. Ajoutons que cette production procure une grande somme de travail pour un déboursé minime, qu'elle emploie les mains les plus débiles, et qu'elle utilise tous les moments perdus, principalement dans les ménages campagnards. A l'Exposition universelle, la ville de Bayeux a prouvé qu'elle était la seule fabrique produisant avec succès les grandes pièces de dentelles de fil, robes, aubes, etc., les morceaux en blonde mi-mate et gros mate, mantilles espagnoles, havanaises ou mexicaines, tous objets si recherchés pour l'exportation; elle a prouvé aussi, par les morceaux les plus riches, que nul ne la surpassait pour la beauté des dessins, la perfection du travail et la finesse du réseau. Le Jury lui a décerné à l'unanimité la Grande médaille d'honneur.

LE ROYAUME DE BELGIQUE.

La Belgique est sans rivale dans l'élaboration des riches points de Bruxelles et des inimitables valenciennes dites d'Ypres. Dans le premier genre, la renommée de l'industrie dentellière belge date de plusieurs siècles; mais la seconde spécialité, moins ancienne, emploie en revanche de deux à trois fois plus d'ouvrières, et développe un commerce d'exportation d'une importance énorme. Au reste, cette fabrication de la dentelle, où la Belgique brille entre toutes les nations, occupe un quarantième de sa population totale : trente mille dentellières sont disséminées seulement à Bruxelles et aux environs, et quatre-vingt mille dans les Flandres. Outre Bruxelles et Ypres, Bruges, Courtray, Gand, etc., fournissent des types spéciaux de points dont les manufactures étrangères cherchent en vain à imiter la perfection.

Pour toutes ces raisons, et à cause aussi de l'immense impulsion qu'en ces dernières années la Belgique a donnée à son industrie dentellière, le Jury a voté à ce royaume la Grande médaille d'honneur.

M. AUGUSTE LEFEBURE, a Bayeux et a Paris (France).

L'exposition de la maison Auguste Lefebure comprenait des dentelles de fil de lin, dites de Bayeux;

d'autres dentelles de fil de lin, dites reliefs de Venise ; des dentelles d'Alençon, des dentelles de soie noire, enfin des blondes de soie blanches et noires.

Cette série de produits, représentant une valeur de plus de cent mille francs, résumait toutes les grâces, toutes les perfections, tout le luxe d'une industrie qu'on peut appeler poétique et aristocratique par excellence.

On remarquait principalement, dans cette splendide collection, le châle en' dentelle noire choisi par S. M. l'Impératrice lors du concours spécial de 1854, des voilettes et des volants, une robe tunique en point d'Alençon, une toilette-Psyché, une aube, tous objets d'une richesse et d'une pureté de travail hors ligne; deux mouchoirs exécutés, l'un à Alençon, l'autre à Bayeux, avec le même point, mettant en présence ces centres rivaux de fabrication, et donnant la suprématie à Bayeux; enfin, des fleurs en relief en dentelle blanche, d'un charmant effet, qui peuvent être placées sur les volants ou dans la coiffure des dames, montraient une des plus ingénieuses combinaisons de la partie, et, en même temps, une spécialité appartenant tout entière à la maison Auguste Lefebure.

Voici comment s'exprime, à l'égard de cette maison, M. Félix Aubry, l'un des rapporteurs de la XXIII° classe de l'Exposition universelle :

« M. Lefebure expose une collection admirable et très-complète de dentelles en fil et en soie, depuis les plus petits objets jusqu'aux plus magnifiques morceaux.

« Tous les produits exposés par M. Lefebure se recommandent par une perfection exceptionnelle due à l'art et au goût de cet habile fabricant.

« Depuis plus de trente ans, M. Auguste Lefebure occupe la première place dans l'industrie dentellière; il n'a cessé de lui donner une impulsion aussi sérieuse qu'incontestable par diverses innovations de genres et par de véritables progrès réalisés. »

Ce n'est pas seulement dans son intérêt personnel que M. Auguste Lefebure déploie tant d'activité et de science, M. le maire de Bayeux l'a reconnu lorsque, dans une circonstance solennelle où il se faisait l'organe de son arrondissement tout entier, il a remercié l'habile fabricant de ses éminents services rendus à un centre industriel qui lui doit d'être actuellement à la tête de la production dentellière du monde. Nul doute que si la Grande médaille d'honneur a été obtenue par l'arrondissement de Bayeux, la généreuse initiative de M. Auguste Lefebure n'en soit l'une des principales causes, car elle a développé jusqu'au merveilleux le talent proverbial des ouvrières en dentelles du Calvados.

Les dentellières de Bayeux sont maintenant sans rivales, principalement pour les articles de grand luxe : les unes élaborent le point d'Alençon, qui constitue la plus belle dentelle, et la plus chère aussi, à cause de sa grande solidité et des soins extrêmes qu'exige sa fabrication; les autres font, avec non moins d'habileté, la dentelle noire de Chantilly, et elles excellent également dans la confection de la dentelle blanche.

Bayeux a la spécialité des grandes pièces en fil de lin, telles que robes, dessus de lit, aubes, châles, etc.: la perfection avec laquelle s'opère aujourd'hui le point de raccroc permet de les établir bien plus facilement qu'autrefois. Dix ouvrières peuvent travailler à la fois aux différentes parties d'une même pièce, qui, réunies ensuite au moyen du point précité, présentent une cohésion, un ensemble tel, qu'il est presque impossible de reconnaître leur ligne de jonction, leur endroit de raccord.

On produit aussi particulièrement à Bayeux les blondes destinées aux pays méridionaux et qui exigent des dessins spéciaux. De la fabrique de M. Lefebure sortent exclusivement, pour l'exportation, la plus grande partie de ces articles; ils donnent lieu à des affaires très-importantes. Un dessinateur est chez lui occupé seulement à créer les modèles du genre.

M. Auguste Lefebure a établi pareillement à Bayeux une fabrique spéciale de point d'Alençon, qu'il désigne sous le nom de point de Bayeux.

On ne saurait s'étonner, après ces détails, de l'accroissement prodigieux de la clientèle acquise à l'industrie dentellière du Calvados, centre producteur qui prélève au reste plus de quarante mille ouvrières, sur les trois cent mille femmes que le même travail emploie dans une vingtaine de nos dépar-

tements. Cet accroissement amène la production du Calvados en fait de dentelles à la somme de 12,000,000 de francs par an. Ce chiffre est le meilleur commentaire à l'appui de l'habileté des fabricants à satisfaire les caprices de la mode, ainsi que de la variété et de l'élégance des dessins, de la finesse et de la fraîcheur des tissus.

M. Auguste Lefebure a notablement influencé sur un pareil résultat. Non-seulement il a attiré à Bayeux et à ses dépendances manufacturières une vogue aussi générale que méritée, mais il a donné, comme le constate le Rapport officiel, à l'industrie dentellière française une grande partie de l'impulsion progressive qu'elle suit depuis plusieurs années : l'exemple de Bayeux et de tout le Calvados a tiré les autres fabriques de France de leur engourdissement traditionnel, les vieilles méthodes ont été abandonnées par elles pour l'application de perfectionnements quasi-artistiques.

L'industrie si brillante de la dentelle, comme celle de la broderie, est bienfaisante entre toutes, car elle donne du travail à un grand nombre de femmes, sans les détourner des soins du ménage ni même des occupations agricoles lors de la récolte. M. Auguste Lefebure sert pour ainsi dire, depuis plus de trente ans, de principe stimulant à l'extension de cette industrie. On ne peut donc qu'applaudir à la décision du Jury international décernant au principal fabricant de Bayeux, déjà nommé chevalier de la Légion d'Honneur en 1849 pour ses services industriels de tous genres, la MÉDAILLE D'HONNEUR.

Cette haute récompense était le digne complément des distinctions conquises par la maison LEFEBURE aux Expositions de Paris en 1823 (médaille d'argent), en 1827 (médaille d'or), en 1847 et 1849 (rappels de médaille d'or); de Londres en 1854 (prize medal); de New-York, Dijon, Caen, etc.

MM. VIDECOQ et SIMON, a Paris et a Alençon (France).

L'exposition de MM. Videcoq et Simon était digne de leur maison de premier ordre dans l'industrie dentellière. Elle se composait d'une série de grands et petits articles en dentelle noire, de points d'Alençon et d'applications de Bruxelles.

Ce qui frappait le plus l'attention compétente, dans la vitrine si bien remplie de ces grands fabricants, au Palais de l'Industrie, c'était deux châles carrés, garnis chacun de 10 mètres de volants, une jupe d'un mètre 25 c. de hauteur, des voilettes rondes qui constituaient une des plus jolies nouveautés de l'époque, des coiffures, barbes et cols; le tout en dentelle noire d'un fini admirable comme fabrication, d'un goût parfait comme création. Une jupe d'application de Bruxelles, qui reproduisait le dessin de la jupe noire, méritait aussi toutes les louanges pour les détails de ses jours et la finesse de ses fleurs. La pièce capitale de cette riche exhibition était, sans contredit, la robe en point d'Alençon commandée par S. M. l'Impératrice au concours spécial de la dentelle, en 1855. Ce superbe article, le plus grand qui ait été jamais exécuté à Alençon, n'a pas occupé moins de cent ouvrières pendant dix-huit mois.

On ne saurait être plus flatteusement juste, pour l'envoi de MM. Videcoq et Simon à l'Exposition universelle, qu'en citant les expressions mêmes du rapporteur du Jury de la XXIIIe classe, chargé de la section des dentelles : « Brillante collection de produits splendides, provenant de leurs fabriques de Chantilly et d'Alençon. La robe en point d'Alençon commandée par S. M. l'Impératrice est un chef-d'œuvre d'une perfection exceptionnelle où l'art se marie heureusement au travail industriel.

Déjà une médaille d'argent gagnée à Alençon en 1843, et une autre médaille d'argent obtenue à Paris en 1844, avaient récompensé la maison Videcoq et Simon de ses généreux efforts dans la lice du progrès. Le jury de l'Exhibition de Londres, en 1851, lui avait aussi décerné une prize medal, à la suite d'une magnifique expédition de dentelles noires et blanches, parmi lesquelles brillaient de féeriques volants en point d'Alençon appelés plus tard à l'honneur de figurer dans la corbeille de noces de S. M. l'Impératrice Eugénie. Il semblerait, au reste, que les produits de MM. Videcoq et Simon aient l'heureux privilège d'être particulièrement destinés à l'illustre famille qui tient en France le rang suprême, car ils occupaient encore une place distinguée dans la layette exécutée pour S. A. le Prince Impérial.

Lorsque, en 1840, MM. VIDECOQ ET SIMON voulurent entreprendre, à Alençon, la fabrication du point portant le nom de cette ville, ils trouvèrent ce genre de travail sinon tout à fait abandonné, au moins en décroissance ; des femmes d'un âge déjà avancé le pratiquaient seules ; ils résolurent de lui donner un nouvel élan, et, deux ans après, l'exposition qui eut lieu à Alençon établissait le succès de leur persévérante et intelligente initiative. Ils ne s'arrêtèrent point là : des élèves habilement dirigées par Mme Hutin, représentante de leur maison, devinrent graduellement des ouvrières de première force ; elles purent bientôt rivaliser de talent avec les anciennes dentellières, et les remplacer au besoin. Enfin, MM. VIDECOQ ET SIMON donnèrent bien véritablement au point d'Alençon la perfection qui lui a valu la vogue extraordinaire dont il jouit depuis plusieurs années. Cette industrie est aujourd'hui, grâce à eux, une des principales du département de l'Orne, où elle emploie plusieurs milliers d'ouvrières, au lieu de deux cents à peine qu'elle occupait avant la création de leur fabrique à Alençon.

La maison VIDECOQ ET SIMON n'a pas qu'un centre de production : elle a laissé aussi les traces de sa bienfaisante impulsion dans le département de l'Oise. Jadis la dentelle dite de Chantilly s'y élaborait seulement aux environs de Chantilly. Un grand nombre de dentellières, habitant le côté sud-ouest (canton de Coudray-Saint-Germer) et la partie limitrophe des départements de l'Eure (canton de Gisors) et de la Seine-Inférieure (canton de Gournay), se livraient uniquement à la fabrication de la dentelle de fil et de la dentelle noire de moyenne hauteur. En 1828, M. Simon, natif de la contrée, tenta d'ouvrir à l'industrie de son pays un plus vaste horizon, en lui faisant spécialement produire la dentelle noire, dont la consommation augmentait de jour en jour. Agrandissant petit à petit les dessins qu'il donnait à exécuter, il finit, à force de surveillance personnelle, par rendre les ouvrières des cantons précités capables d'entrer avantageusement en lutte avec les meilleures dentellières de Caen, de Bayeux et de Chantilly, même dans leur genre particulier, car il était parvenu à faire réussir aux premières les ouvrages les plus importants de ces trois centres de production.

En 1836, M. Simon s'adjoignit M. Videcoq, employé d'une maison homonyme de Paris, afin de fonder avec lui, dans cette ville, un nouvel et vaste établissement. Étendant toujours leurs affaires, ces messieurs arrivèrent à doter aussi la capitale de la France d'un type de dentelle qui ne tarda pas à se confondre, comme mérite et identité, avec celui de Chantilly. La mort de M. Videcoq, arrivée après l'Exposition universelle de 1855, a laissé M. Simon seul propriétaire de la maison dont il a été le premier fondateur, et qu'il continue à gérer personnellement.

De nombreuses récompenses ont été décernées par le Jury aux employés de MM. SIMON ET VIDECOQ. Quatre MÉDAILLES DE COOPÉRATION DE DEUXIÈME CLASSE ont été obtenues : la première par Mme Hutin, qui représente la maison à Alençon depuis 1842 ; la seconde par Mme Béranger, dont les services datent d'une trentaine d'années ; la troisième par M. Marchand, piqueur de MM. VIDECOQ ET SIMON depuis vingt-cinq ans ; la quatrième par Mme Gergonne, de Paris, qui a toujours terminé les plus grands articles présentés par cette maison aux diverses expositions de l'industrie.

Le Jury a voté à MM. VIDECOQ ET SIMON la Médaille D'HONNEUR.

MM. DUHAYON, BRUNFAUT et Cⁱᵉ, A BRUXELLES (BELGIQUE).

M. Félix Duhayon, comme artiste et comme fabricant, a doté son industrie d'un développement défiant toute concurrence dans la partie des valenciennes. Aussi, depuis plus de vingt ans, la maison qu'il dirige est à la tête de la fabrication belge, à laquelle elle sert de guide pour tous les progrès. Elle occupe environ quatre mille cinq cents ouvrières à Bruxelles et à Ypres, et voit ses produits recherchés partout. Sa vaste exposition, variée et distinguée à la fois, comprenait des applications de Bruxelles sur réseau et sur tulle, des articles de points plat, rond et de Venise ; des volants, bandes, mouchoirs, barbes et cols de dentelles valenciennes ; des mouchoirs de dentelles de nouveau point d'Ypres, etc. Toutes ces pièces réunissaient l'art et le goût suprême du dessin au mérite exceptionnel du travail.

Le Jury a voté à MM. DUHAYON, BRUNFAUT ET Cⁱᵉ la Médaille D'HONNEUR.

La Médaille de première classe a été accordée aux exposants de dentelles dont les noms suivent :

MM. PIGACHE et MALLAT, à Paris (France), pour leur splendide exposition de dentelles de soie de Chantilly et de Bayeux, de point d'Alençon en fil de lin fabriqué à la main, de fil d'Écosse sur tulle ou application de Bruxelles faite à la mécanique, au fuseau ou manuellement. La perfection, comme exécution et comme dessin, de tous ces travaux mettait leurs producteurs à la tête des industriels de la spécialité.

AUBRY Frères, à Paris (France), pour des applications françaises qui, dans leur genre, rivalisaient avec les applications belges : leur manteau de cour surtout prouvait des progrès très-importants dans cette branche de l'industrie dentellière.

DELCAMBRE, à Paris (France), pour des dentelles noires et des blondes blanches magnifiques de travail et d'un goût exquis.

COLNOT Aîné, à Diarville, Meurthe (France), pour sa collection complète de dentelles à bas prix fabriquées à Mirecourt (Vosges), parmi lesquelles une grande pièce en point d'honiton, modèle sans rival d'exécution, faisait comprendre quel progrès l'exposant avait dû accomplir dans son industrie.

GEFFRIER-VALMEZ et DELISLE Frères, à Paris (France), pour leurs belles dentelles françaises et belges. Leur pointe en point de Bruxelles était au-dessus de toute comparaison avec les pièces similaires.

LEBOULANGER Jeune, à Paris (France), pour des dentelles de fantaisie d'un goût charmant et d'un genre tout à fait neuf.

LECYRE, à Paris (France), pour un splendide volant à fils d'or, d'un travail ardu et pourtant supérieurement réussi. Ses superbes blondes étaient aussi d'une rare originalité.

A. PAGNY, à Paris (France), pour l'ensemble de son exposition, l'une des plus remarquables de l'industrie dentellière de France. Son admirable châle était incomparable comme finesse de réseau.

PAGNY Aîné, à Paris (France), pour son assortiment de grandes pièces de dentelle de soie noire et de blondes, d'un excellent travail, et cotées à des prix modérés indiquant des objets de vente réellement courante.

ROBILLARD, à Paris (France), pour un manteau de cour dont les fleurs, fabriquées en Belgique, ont été appliquées à Paris ; œuvre magistrale où le goût lutte sans désavantage avec l'habileté.

SEGUIN, à Paris (France), pour les dentelles fines et riches qu'il exposait, et qui, provenant du Puy, représentaient les types par excellence de cette fabrique. Une pointe de dentelle noire et un tapis de guipure blanche témoignaient surtout de l'intelligente initiative de leur exposant.

VIOLARD, à Paris (France), pour ses volants, pointes, châles et mantelets de dentelle noire faits sans raccords, ses guipures et volants de dentelle d'Angleterre, son volant de guipure de fil de lin, etc. Dans les imitations des anciens points de Belgique, ce fabricant, à qui l'industrie dentellière doit des recherches et des innovations de premier ordre, réussit d'une façon merveilleuse : son volant en guipure blanche et son châle en dentelle noire méritaient l'admiration des connaisseurs.

MM. H. ROBERT-FAURE, à Paris (France), pour un mouchoir et une dentelle en point à l'aiguille dont le travail féerique semblait ressusciter ce fameux point de Venise, abandonné depuis le milieu du siècle dernier, et qui jouissait jadis d'une si éclatante renommée.

L'ÉCOLE D'APPRENTISSAGE DE LA PROVIDENCE, à Dieppe (France), pour ses charmantes valenciennes à réseau carré, preuves des progrès incontestables et de la bonne direction féminine de cet établissement religieusement philanthropique, où les petites filles pauvres trouvent le nécessaire, matériellement et intellectuellement parlant.

TREADWIN, à Exeter (Royaume-Uni), pour des dentelles au point d'honiton, parfaites à tous égards.

J. FITÉS, à Vich (Espagne), pour sa grande fabrication de blondes et de dentelles, d'une véritable originalité et d'un bon travail.

MARGARIT et C°, à Vich (Espagne). Mêmes produits; même appréciation.

EVERAERT et Sœurs, à Bruxelles (Belgique), pour leur collection de dentelles noires, genre Chantilly, dont une robe d'une exécution et d'un dessin parfaits formait la pièce capitale.

VANDERKELEN-BRESSON, à Bruxelles (Belgique), pour son assortiment complet d'applications de Bruxelles et de dentelles en point gazé ; son volant en guipure, point à l'aiguille, était surtout de toute beauté.

VAN EECKOULT, à Bruxelles (Belgique), pour un châle admirable en plat et en point, dont le volant sur vrai réseau, avec point gazé dans les fleurs, dénote une intelligence de fabrication vraiment supérieure.

ROSSET et NORMAND, à Bruxelles (Belgique) et à Paris (France), pour leurs dentelles, types de ce que produisent de plus beau les deux pays. Leur châle sur réseau contient un chef-d'œuvre d'exécution, c'est un motif en point à l'aiguille.

Mme SOPHIE DEFRENNE, à Bruxelles (Belgique), pour une dentelle à jours variés avec fleurs en relief, très-difficile d'exécution et d'un style tout nouveau, ainsi que pour un col en point et un bonnet d'enfant d'un goût irréprochable.

Mme DE CLIPPÉLE, à Bruxelles (Belgique), pour un châle noir en point gazé, innovation d'une élaboration longue et ardue. Sa pièce de dentelle représentant les armes de Belgique était très-artistement ombrée et d'une finesse exceptionnelle de réseau.

M. BONNAIRE, à Caen (France), avait exposé un superbe manteau de cour en dentelle de soie d'or mélangée de perles, dont le travail, plein de difficultés heureusement vaincues, semblait mériter plus que la Medaille de deuxième classe.

L'INDUSTRIE TULLIÈRE DE NOTTINGHAM (Royaume-Uni).

La fabrication de la dentelle à la mécanique a cela de particulier que, loin de nuire au développement de la production dentellière à la main, elle l'a stimulée pour ainsi dire. Les classes riches ont recherché avec plus d'avidité que jamais les chefs-d'œuvre du carreau et du fuseau, dès que l'industrie tullière a imité ces beaux travaux de manière à rendre l'illusion presque complète, de manière aussi à rendre le luxe de la dentelle accessible à tous.

C'est surtout à Nottingham, et dans son rayon manufacturier, qu'on peut juger de l'immense importance de la fabrication de ce tulle, qui devient la base ou la matière première de plusieurs autres

grandes industries. Là, trois mille cinq cents métiers divers à tulle bobin, plusieurs centaines de métiers à aiguilles, des immeubles, des machines à vapeur, des établissements dépendant des fabriques, représentent un matériel de cent millions de francs, emploient quatorze mille ouvriers ou ouvrières, donnent en outre du travail à cent vingt mille personnes, et fournissent matière à un mouvement annuel d'affaires d'une centaine de millions.

L'exposition de L'INDUSTRIE TULLIÈRE DE NOTTINGHAM était digne, par ses brillantes qualités, ses rares perfections et ses bas prix, de la MÉDAILLE D'HONNEUR votée par le Jury.

L'INDUSTRIE TULLIÈRE DE CALAIS ET DE SAINT-PIERRE-LES-CALAIS (FRANCE).

Sans avoir l'importance manufacturière de Nottingham, Saint-Pierre-lès-Calais et Calais représentent dignement la France pour l'industrie tullière. Reconnaissons pourtant que dans cette spécialité, où les sacrifices sont immenses et le matériel d'une valeur considérable, le Royaume-Uni l'emporte sur nous de toute la hardiesse de ses puissants capitaux et de son esprit d'initiative commerciale. Cependant, dans les imitations de dentelles dites de Chantilly, de blondes de soie et surtout de valenciennes, la manufacture calaisienne ne redoute aucune concurrence anglaise, ni pour le bas prix, ni pour la perfection du travail. Ses divers produits sont répandus à profusion dans les modes, la lingerie, la confection, la broderie, dont elle compose les principales fournitures. Sur la fabrication annuelle des tulles, qui monte en France à 20 millions, le groupe calaisien produit pour 14 à 15 millions. Il possède un ensemble d'établissements, de métiers et de machines représentant une valeur de 14 à 15 millions. Il emploie spécialement cinq mille ouvriers ou ouvrières, et occupe par intervalle cinquante mille personnes. Le Jury, pour la perfection de ses produits toujours accessibles aux masses, a décerné à L'INDUSTRIE TULLIÈRE DE SAINT-PIERRE-LES-CALAIS ET DE CALAIS la MÉDAILLE D'HONNEUR.

M. FERGUSON Aîné, A CAMBRAI ET A PARIS (FRANCE).

L'envoi de M. FERGUSON AÎNÉ à l'Exposition universelle se composait de produits nombreux et réellement supérieurs, en dentelle dite de Cambrai (genre Chantilly). De beaux rideaux, d'une confection extra-solide, méritaient surtout d'être distingués au milieu de tous ces articles d'une exécution parfaite. Enfin, un genre nouveau, appelé dentelle de lama, prouvait que l'esprit novateur de l'exposant ne s'en était pas tenu à une première création devenue presque une révolution dans la fabrication dentellière, et qu'il cherchait de plus en plus la réalisation à la lettre de cette phrase du rapport officiel sur les tulles et les blondes : « Ils ont mis le luxe de la dentelle à la portée de tout le monde. »

L'allusion précédente mérite quelques explications.

En 1838, M. SAMUEL FERGUSON AÎNÉ, habile fabricant anglais, vint s'établir en France, à Cambrai, dans le but de tirer parti d'une invention dont il avait déjà le plan tout tracé. Il trouvait, au grand honneur de notre législation industrielle et commerciale, la loi française plus protectrice, offrant plus de garantie aux découvertes en tous genres que celle qui régissait alors la matière en Angleterre. Peu de temps après, il prenait le premier brevet pour l'application du système Jacquart aux métiers circulaires : en un mot, il créait personnellement la dentelle noire qui a emprunté son nom à la ville de Cambrai. Toujours en 1838, il s'associait à MM. Jourdan et Cⁱᵉ, pour l'exploitation de cette nouvelle industrie, qui, dès 1839, recevait une consécration éclatante et officielle à l'Exposition de Paris : elle valait à la seule maison la représentant une médaille d'or. Une seconde médaille d'or venait de nouveau récompenser MM. Ferguson et Jourdan lors de l'Exposition parisienne de 1849. Puis ils obtenaient à la dentelle de Cambrai un triomphe plus général encore pour ainsi dire, car, en 1852, le Jury de l'Exhibition de New-York leur décernait la médaille de première classe.

L'association de la maison Jourdan et Cⁱᵉ ayant été dissoute en 1855, M. FERGUSON AÎNÉ a exposé en son

nom seul cette collection de dentelles de Cambrai, genre Chantilly, qui inspirait la réflexion suivante à M. Lieven-Delhaye, fabricant de tulles, appréciateur des plus compétents nécessairement, et l'un des rapporteurs du Jury de la XXIII° classe : « Par sa belle fabrication et ses bas prix excessifs, par l'immense variété de ses magnifiques dessins, elle soutient dignement la haute réputation que la maison s'est faite depuis longtemps. »

Il convient de donner certains renseignements sur l'invention principale de M. FERGUSON AINÉ.

La dentelle de Cambrai est la première dentelle de soie noire qui ait imité celles de Chantilly et de Bayeux ; par conséquent, les autres dentelles du même genre ne sont que des imitations secondaires d'une imitation capitale. Ces espèces de copies appelées dentelles de Lyon, de Paris, etc., et fabriquées à Lyon, à Calais, à Lille ou en Angleterre, deviennent parfois des contrefaçons véritables, car elles se vendent alors faussement sous le nom de dentelles de Cambrai.

La création authentique de M. SAMUEL FERGUSON, faite avec les mêmes soies grenadines de France que les plus riches produits de Chantilly et de Bayeux, présente sur les dentelles confectionnées au carreau l'avantage énorme de la solidité. En effet, quelle que soit la grandeur de la dentelle de Cambrai, elle est toujours d'une seule pièce, tandis que les dentelles faites au carreau se composent de bandes cousues ensemble. Un autre de ses avantages consiste dans son prix, qui la met à la hauteur de toutes les bourses : elle coûte huit à dix fois moins que les qualités semblables de Chantilly ou de Bayeux.

Pour ces diverses raisons, la dentelle de Cambrai est tellement entrée dans la consommation générale, que de nombreux fabricants du *Chantilly* proprement dit ont jugé nécessaire d'en avoir un assortiment dans leurs magasins.

En résumé, M. FERGUSON AINÉ a établi incontestablement en France une industrie nouvelle, qui a la priorité sur celle du même genre que possèdent maintenant les autres nations. Cette industrie occupe environ dix mille ouvrières, jeunes filles et mères de famille, dont deux mille cinq cents sont employées directement par l'inventeur, les quatre cinquièmes à la campagne. Elles mènent leur besogne de dentellières conjointement avec les travaux d'intérieur, combinaison vraiment philanthropique, qui leur procure une existence assurée.

De plus, M. FERGUSON AINÉ a trouvé un nouveau débouché aux soies grenadines de France, c'est-à-dire un emploi beaucoup plus étendu, dans notre pays même, d'un de nos produits nationaux ; par contre-coup, il a répandu une marchandise de luxe chez un plus grand nombre de consommateurs.

Ces services rendus à l'industrie, au commerce et au travail, semblaient présenter les conditions officielles exigibles pour obtenir les plus hautes récompenses : M. SAMUEL FERGUSON AINÉ n'a cependant reçu que la MÉDAILLE DE PREMIÈRE CLASSE.

La MÉDAILLE DE PREMIÈRE CLASSE a été votée aussi pour leurs tulles et blondes à :

MM. R. BIRKIN, à Nottingham (ROYAUME-UNI). Ses blondes en soie à la mécanique réunissaient tous les mérites du dessin, de l'exécution et de l'apprêt. Sa fabrication est vaste.

W. VICKERS, à Nottingham (ROYAUME-UNI). Ses dentelles de soie noire, de vente courante, étaient excellentes malgré leurs prix modérés.

RECKLESS ET HICKLING, à Nottingham (ROYAUME-UNI). Mêmes produits que M. Vickers, même appréciation ; de plus, des broderies sur tulle très-belles.

J.-D. DUNNICLIFFE, à Nottingham (ROYAUME-UNI). Les valenciennes et les fleurs d'application faites au métier, ainsi que les blondes de cet exposant, montraient, par la perfection extraordinaire de leur fabrication, qu'il s'était maintenu à la hauteur industrielle où l'avait placé le conseil de l'Exposition universelle de Londres, en lui décernant la grande médaille.

MM. H. MALLETT, à Nottingham (Royaume-Uni). Ses articles de soie en maille de vraie blonde, d'une blancheur sans pareille; ses belles valenciennes à l'apprêt si parfait, étaient pourtant, malgré leur style élégant, destinés à la consommation courante.

BARNETT et MALTBY, à Nottingham (Royaume-Uni). Des dentelles de soie au métier, noires et blanches, supérieurement apprétées et à prix infimes ; de jolies guipures d'usage général, fabriquées au métier Warp ; des dentelles en soie avec chenilles et franges pour la confection, composaient la brillante et excellente exposition de ces producteurs.

THOMAS HERBERT et Cᵉ, à Nottingham (Royaume-Uni). Ils ont inventé une dentelle de coton exécutée sur métier à la chaîne, avec picot nouveau, que sa solidité et ses prix plus que modiques désignent à la préférence des masses.

HEYMANN et ALEXANDER, à Nottingham (Royaume-Uni). Nottingham subit souvent l'intelligente initiative de ces grands industriels, dont les rideaux et articles d'ameublement d'une modicité extrême de prix, les nouvelles et solides dentelles noires, les superbes tulles unis, mailles réseau et Bruxelles, fabriqués en grandes largeurs avec des cotons nᵒ 610 anglais, attiraient à juste titre l'attention générale.

WILD et BRADBURY, à Nottingham (Royaume-Uni). Leurs articles assortis en dentelles de soie noire au métier, et leurs blondes exécutées sur métier à chaîne, étaient des mieux réussis.

M. CHAMPAILLIER Fils aîné, à Saint-Pierre-lès-Calais (France). Son exposition se composait de diverses genres de dentelles à la mécanique, où des blondes en soie tenaient le premier rang par l'élégance de leurs dessins ; de dentelles guipures de toutes dimensions, en soie noire : de châles et points en guipure ; de tulles à point d'esprit ; enfin, de tissus de laine fabriqués sur métiers à aiguilles, et appartenant à la section de la bonneterie. Solidité et beauté arrivées aux suprêmes limites résument l'appréciation de ces objets si variés. L'on ne s'en étonnera pas quand on saura que M. CHAMPAILLIER a importé en France le point d'esprit, d'une application générale maintenant ; qu'il est le premier introducteur dans notre pays de la fabrication des blondes blanches en soie, et qu'il a organisé, avant aucun de ses confrères de Saint-Pierre-lès-Calais, un important moulinage de soie dont il emploie les produits. Aussi les constants services rendus à son industrie par M. CHAMPAILLIER, les intelligents progrès dont il a été l'initiateur, ont attiré sur lui l'attention de S. M. l'Empereur, qui a ajouté à la récompense du Jury décernée à ce fabricant hors ligne, celle de la croix de chevalier de la Légion-d'Honneur.

HERBELOT Fils et GENET DUFAY, à Calais (France), exposaient une grande variété de dentelles style Chantilly fabriquées sur le métier Pushers , des blondes en soie, et divers objets de leur industrie courante. Leur pièce capitale était une pointe en fil de lin, remarquablement belle. Leur maison se recommande par son importance, par la perfection de ses apprêts et par la bonté de ses produits, dont les prix sont d'une rare modération. Elle a été fondée en 1825, et, par esprit national, elle n'admet que des Français dans son nombreux personnel.

DUBOUT Fils aîné, à Calais (France). Des dentelles valenciennes , des dentelles nouvelles brodées sur le métier, de nombreuses et magnifiques dentelles brodées à l'aiguille, formaient la collection de M. Dubout, l'une de celles où le bon goût des dessins et le véritable mérite de l'exécution faisaient le mieux ressortir le tarif avantageux des prix. Cet intelligent fabricant a un droit éminent à la reconnaissance de sa cité : avant tout autre il établit à Calais des métiers à tulle, et les premiers ouvriers tulliers se sont formés dans sa manufacture.

MM. L. RÉBIER et VALOIS, à Saint-Pierre-lès-Calais (France), sont les industriels qui ont apporté les améliorations principales à la fabrication mécanique de la valenciennes. Leur exposition contenait les plus admirables et les moins coûteux produits de ce genre de dentelle.

Mme VEUVE CARDON et MM. WATRÉ et Co, à Saint-Pierre-lès-Calais (France). Ils terminent en les brodant à l'aiguille leurs articles neuvilles et malines ; ils produisent aussi des guipures en coton blanc brodées au métier. Tous leurs spécimens avaient un vrai mérite.

MULLIÉ-BÉNARD et HERMANT, à Saint-Pierre-lès-Calais (France). Leurs dentelles en soie et coton, produites au métier Leavers, leurs dentelles brodées et leurs tulles en grandes largeurs, étaient bons, beaux, et à prix modiques. Leur établissement est au premier rang.

DOGNIN Fils et ISAAC, à Calais (France). L'un de ces grands manufacturiers, M. Isaac, a tenté la première application à Calais du système Jacquart aux anciens métiers circulaires. Leur exposition offrait des dentelles genre Chantilly fabriquées sur métiers à bobines, brillantes de dessins, malgré leur destination véritablement commerciale.

MAILLOT et OLDKNOW, à Lille (France). De beaux rideaux en tulle élégamment rehaussés de dessins, de charmantes blondes faites au métier, et des bandes genre mousseline recherchées par la consommation courante, leur composaient une collection des plus remarquables.

ROBERT BELIN et Co, à Calais (France). Ils ont aidé à l'essor de la fabrication des blondes en soie : celles qu'ils exposaient, faites au métier, ainsi que leurs grands volants genre Chantilly en dentelle et en guipure, méritaient une attention spéciale.

CLIFF Frères, à Saint-Quentin (France). Ils soumettaient au concours des blondes au métier d'un blanc parfait, d'un charmant dessin, d'un bel apprêt, et de prix très-modiques.

LEFORT, à Grand-Couronne (France). Ses blondes de soie fabriquées au métier ressemblaient d'une manière frappante aux plus belles blondes faites au carreau.

M. F. MONARD, à Paris (France).

Créateur du genre de dentelle à la mécanique qui porte justement son nom, M. Monard avait envoyé à l'Exposition universelle une série de ses produits, dans le genre Chantilly, que le rapport officiel qualifie de magnifiques, et dont il loue « la fabrication supérieure et le bon goût des dessins à grands effets. »

C'est que la dentelle Monard justifie pleinement cette vérité industrielle : que les dentelles élaborées mécaniquement ne diffèrent de celles faites à la main que par leurs moyens économiques de fabrication et les bas prix qui en résultent. En effet, si un mètre de dentelle de Chantilly vaut de 100 à 150 francs, la même quantité de dentelle Monard coûte de 18 à 20 francs, et ne saurait guère se distinguer de la première que par plus de solidité, car, dans toutes deux, l'entourage de fleurs se fait manuellement.

M. F. Monard a surpassé les fabricants anglais dans sa spécialité, en combinant ingénieusement les trois principaux systèmes usités. Il a obtenu la Médaille de deuxième classe.

M. D.-M. POLAK, à Bruxelles (Belgique), avait exposé des articles unis, en grandes largeurs, destinés à l'application des fleurs, et parfaitement réussis. Médaille de deuxième classe.

M. FR. SCHLUCK, à Vienne (Autriche), pour ses bonnes dentelles noires dites à la chaîne, d'un prix infime, a obtenu la même récompense.

XXIIIᵉ CLASSE.

INDUSTRIE DE LA BONNETERIE, DES TAPIS, DE LA PASSEMENTERIE, DE LA BRODERIE ET DES DENTELLES.

RÉCOMPENSES DÉCERNÉES PAR LE JURY INTERNATIONAL

(Extrait du *Moniteur* du 8 décembre 1855.)

————————

GRANDES MÉDAILLES D'HONNEUR.

Le Gouvernement belge. Belgique.
Les manufactures de Beauvais et des Gobelins. France.
La ville d'Aubusson. Id.
La ville de Bayeux. Id.
La ville d'Epinal. Id.

MÉDAILLES D'HONNEUR.

Braquenié (A.-J.) et comp., Paris. France.
Castel (Mme veuve), Aubusson. Id.
Crossley et fils, Halifax (York). Royaume-Uni.
Duhayon, Brunfaut et comp., Bruxelles et Ypres. Belgique.
Hine, Mundella et comp., Nottingham. Royaume-Uni.
Laurel frères, Paris et Ganges. France.
Lefébure (Auguste), Paris. Id.
Les passementiers de Paris. Id.
Réquillart, Roussel et Choquel, Paris. Id.
Videcoq et Simon. Paris. Id.
Ville de Nottingham. Royaume-Uni.
Villes de Calais et Saint-Pierre-lez-Calais. France.

MÉDAILLES DE PREMIÈRE CLASSE.

Allendorfer, Cassel. Hesse électorale.
Arnaud-Gaidan et comp., Nimes. France.
Aubry frères, Paris. Id.
Ball (T.) et comp., Nottingham. Royaume-Uni.
Baenziger (J.), Thal (Saint-Gall). Suisse.
Barnett et Maltby. Nottingham. Royaume-Uni.
Barthélemy ainé, Nancy. France.
Biais, Paris. Id
Birkin (R.), Nottingham. Royaume-Uni.
Blanchet (J.-B.). Paris. France.
Bohler (E.-L.) et fils, Plauen. Saxe.
Bois-Duval (veuve), Paris. France.
Bright et comp., Manchester. Royaume-Uni.
Brown (S.-R. et Th.), Glasgow. Id.
Brugnière père et fils, Ganges (Hérault). France
Cagnet (Félix), Paris. Id.
Cardon Watré et comp., Saint-Pierre-lez-Calais. Id.
Chambaud (Jules). Paris. Id.
Champaillier fils ainé, Saint-Pierre-lez-Calais. Id.
Charavel, Paris. Id.
Chif frères, Saint-Quentin. Id.
Clippèle (Mme de), Bruxelles. Belgique.
Colmot ainé, Diarville (Meurthe). France.
Compagnie des Indes (Nizam de Kinderabad). Royaume-Uni.
Contour (Frédéric), Paris. France.
Copestacke, Moore, Crampton et comp., Londres. Royaume-Uni.
Croc père et fils, Aubusson. France.
Debbeld-Pellerin et comp., Paris. Id.
Defrenne (Sophie). Bruxelles. Belgique.
Delacour (Th.) et fils. Villers-Bretonneux. France.
Delcambre, Paris. Id.

III.

Bognin fils et Isaac, Calais. France.
Dubout fils ainé, Id. Id.
Dubuy-Haguet, Paris. Id.
Dunnicliffe J.-D.), Nottingham. Royaume-Uni.
Duperly et comp., Paris. France
École d'apprentissage de la Providence, Dieppe. Id.
Empire Ottoman. — Récompense collective.
Everaert et sœurs Bruxelles. Belgique.
Ferguson ainé, Cambrai. France.
Fites (J.) Vich. Espagne.
Geffrier-Valmez et Delisle, Paris. France.
Germain fils, Nimes. Id.
Gréau et comp., Troyes. Id
Gruintgens fils ainé, Paris. Id.
Guérin (Samuel), Nimes. Id.
Guibout (J.) et comp., Paris. Id.
Guillemot, Id. Id.
Haas et fils, Vienne. Autriche.
Halmel (Carl), Stockholm. Suède.
Hartel, Waldenburg (près Chemnitz). Saxe royale.
Hecker (G.) et fils, Chemnitz. Id.
Henderson et Widnell, Lanswade. Royaume-Uni.
Herbelot fils et Genel Dufay, Calais. France.
Herbert (Thomas) et comp., Nottingham. Royaume-Uni.
Heymann et Alexander, Id. Id.
Horrer, Nancy. France.
Hubert-Menage, Paris. Id.
Huet-Jacquemin, Saint-Quentin. Id.
Jaillard père et fils, Paris. Id.
Kirchhofer (F.-G.), Saint-Gall. Suisse.
Koch et comp., Id. Id.
Lachez-Bleuze, Paris. France.
Lallemant, Id. Id.
Laroque et Jaquemet, Bordeaux. Id.
Laurent et fils, Amiens. Id.
Laval et Gravier, Nimes. Id.
Lavallard frères. Paris. Id.
Lavigne (Ant.), Id. Id.
Lebée (E.), Couton et Rousseau, Saint-Quentin. Id.
Leboulanger jeune, Paris. Id.
Lecyre, Id. Id.
Lefort (L.-P.), Grand-Couronne (Seine-Inférieure). Id.
Leseure, Bolbville. Id.
Limal Boutron, Paris. Id.
Louvet (A.) Id. Id.
Luce-Villiard, Dijon. Id.
Macdonald (D.-L.-J.), Glasgow. Royaume-Uni.
Maillot et Oldknow, Lille. France.
Malezieux fils, Lefebvre et comp., Paris. Id.
Mallett (H.), Nottingham. Royaume-Uni.
Manufacture royale, Tournay. Belgique.
Margarit et comp., Vich. Espagne.
Mauchant (Mme), Nancy. France.
Maza e et Vivier, Paris. Id.
Mesdre, Bruxelles. Belgique.

35

Meyrueis frères, Paris. France.
Moreau frères, Paris. Id.
Morin (Th.-G.), Beauvais. Id.
Mullié-Bénard et Hermant, Saint-Pierre-lès-Calais. Id.
Novetry (Fr.), Vienne. Autriche.
Osterroth (V.) et fils. Barmen. Prusse.
Pagny (aîné), Paris. France.
Pagny (A.), Paris. Id.
Pannier (A.). Paris. Id.
Paris frères. Aubusson. Id.
Payan (Mme L.), Paris. Id.
Pelley, Hurst et comp., Nottingham. Royaume-Uni.
Pigache et Mallat, Paris. France.
Prætorius et Protzen, Berlin. Prusse.
Rebier et Valois, Saint-Pierre-lès-Calais. France.
Reckless et Hickling, Nottingham. Royaume-Uni.
Richard frères, Saint-Chamond (Loire). France.
Robert-Behn et comp., Calais. Id.
Robert Faure (Ch.), Paris. Id.
Robillard, Paris. Id.
Rosset et Normand, Bruxelles. Belgique.
Sallandrouze-Lemoullec (J.-J. et Ch.), Aubusson. France.
Sauvage et comp., Rouen. Id.
Schneider et Banzinger, Hochest. Autriche.
Séguin, Paris. France.
Sens-Cazalot, Paris. Id.
Simon (Alexandre), Paris. Id.
Staheli-Wild (C.), Saint-Gall. Suisse.
Syndicat de la broderie, Nancy. France.
Tailbouis (E.-D.), Paris. Id.
Templeton (J.) et comp., Glasgow. Royaume-Uni.
Treadwin, Exeter. Id.
Tunis (Régence de). Récompense collective.
Vanderkelen-Bresson, Bruxelles. Belgique.
Van-Eeckoult (H.), Bruxelles. Id.
Van-Halle (J.-Ant.-Alb.), Bruxelles. Id.
Vanhoey frère- et sœur, Bruxelles. Id.
Vaugeois et Truchy, Paris. France.
Vayson J.-A., Abbeville. Id.
Vickers (W.), Nottingham. Royaume-Uni.
Violard, Paris. France.
Wex et Lindner, Chemnitz. Saxe royale.
Wild et Bradbury, Nottingham. Royaume-Uni.
Wittekind et comp., Francfort. Villes libres.

MÉDAILLES DE DEUXIÈME CLASSE.

Ange, Paris. France.
Atelier de charité, Bellem. Belgique.
Auget-Chedeaux (F.-G.), Paris. France.
Avril (Mme Zénobie), Paris. Id.
Baillet et Schmidt, Strasbourg. Id.
Barsez-Chauvin, Valenciennes. Id.
Bally-Schmitter, Aarau. Suisse.
Balme (Celine), le Puy. France.
Bang (A.-C.), Copenhague. Danemark.
Barbe Schmidt, Nancy. France.
Baril fils, Amiens. Id.
Bayno J., Turin. Etats sardes.
Beck père et fils, Courtray. Belgique.
Bellamy (Ch.-T.). Caen. France.
Belloni-Alice, Bruxelles. Belgique.
Benkowits (Marie), Vienne. Autriche.
Berleville, Paris. France.
Berr et fils, Paris. Id.
Berthot (Mme C.), Fixin près Dijon. Id.
Billecoq, Paris. Id.
Blackborne, Londres. Royaume-Uni.
Blanchardiere (Diégo de la), Londres. Id.
Boile-u frères. Paris. France.
Bonataukos, Athènes. Grèce.
Bongrand et Beudin, Paris. France.
Bonnaire, Caen. Id.
Bourriaud frères, Paris. Id.
Bruston et fils, Kidderminster. Royaume-Uni.
Brown, Scharps et Tyars, Londres. Id.

Brucklacher, Reutlingen. Wurtemberg.
Brunot et Lefebvre, Calais. France.
Caen frères. Paris. Id.
Cambon (Jules), Paris. Id.
Cavanas (J.-R.), Vich. Espagne.
Cavrel Bourgeois, Beauvais. France.
Champagne (A.), Lyon. Id.
Chassaigne, Aubusson. Id.
Clarke (Esther), Londres. Royaume-Uni.
Clarke (Jane), Id. Id.
Cochois et Colin, Paris. France.
Communauté du Cœur-de-Marie, Nancy. Id.
Commune de Mycone. Grèce.
Costa (M.) et comp., Gênes. Etats-Sardes.
Costaillat (Mme Louise), Bagnères-de-Bigorre. France.
Courtet et comp., Lyon. France.
Couturat et Guivet, Troyes. Id.
Crocco (chev. C. et L.) frères, Gênes. Etats sardes.
Dariet, Paris. France.
Dartevelle et Manoury, Bruxelles. Belgique.
David (J.-B.), Saint-Etienne. France.
Del Beccario (Laurent), Pessia. Toscane.
Deletoille fils (Ed.-J.-B.), Arras. France.
Denis (Josephine), Bruxelles. Belgique.
Desmedt (V.), Sweveghem. Id.
Deverny, Paris. France.
Devot (J.), Saint-Pierre-les-Calais. Id.
Dimitrewitz (J.), Vienne. Autriche.
Dinglinger, Berlin. Prusse.
Dognin fils, Isaac et Roque frères, Lyon. France.
Dorier (J.-G.), Saint-Gall. Suisse.
Draps, Paris. France.
Dubois (N.), Id. Id.
Dubus, Id. Id.
Ducis frères, Lyon. Id.
Durousseau (Ch.-Fr.), Paris. Id.
Dussol, Sumene (Gard). France.
Ebel (Fr.), Berlin. Prusse.
Ecole de broderie de Bielstadt, Bielstadt. Autriche.
Ecole de broderie de Trinkselfen, Trinkselfen. Id.
Ecole de broderie de Zinsvald, Zinsvald. Id.
Ecole de tissage de Danias, Haida. Id.
Ecole pour la fabrication des dentelles, Secklingen. Id.
Ecole pour la fabrication des dentelles. Joachimsthal. Id.
Ecole des orphelines, Cassel. France.
Ecole pour ouvrages en paille, Joachimsthal. Autriche.
Ecole des enfants pauvres, le Puy. France.
Etablissement de l'abbé Mazza, Vérone. Autriche.
Etablissement de Saint-Joseph, Verviers. Belgique.
Fabrique impériale de Janina. Turquie.
Fallon (Ch.-Th. de), Soumedieu (Meuse). France.
Favier et Foley. Paris. Id.
Fawcett et comp. Kidderminster. Royaume-Uni.
Forrest, Dublin. Id.
Foulquier et comp., Paris. France.
Fournier Vardon, Caen. Id.
Francœur (Fr.), Paris. Id.
Frérot (Al.), Troyes. Id.
Frosberg (Mme veuve E.-C.), Norrköping. Suède.
Gavotti-Orteli (Mme Louise), Trevise. Autriche.
Germain et Peyre, le Vigan (Gard). France.
Girard-Thibault, Paris. Id.
Gillon-Lehane, Rennes. Id.
Glénard (Ed.) et comp., Paris. Id.
Glenny (Ch.), Londres. Royaume-Uni.
Goblet, Londres. Id.
Gotthold Hermann (F.), Oberlungwitz. Saxe.
Gouguenheim (veuve) et Hesse, Paris. France.
Grellet (Ad.), Aubusson. Id.
Grote. (H.-C.), Barmen. Prusse.
Guillaume (Etienne), Troyes. France.
Harrisson (Ch.), Londres. Royaume-Uni.
Hartwig (Annette), Wadstena. Suède.
Heilbronner (G.), Paris. France.
Heilbronner (Mme Sophie), Id. Id.
Heller (J.-B.), Id. Id.

Henderson et comp., Durham. Royaume-Uni.
Harisé, Plombières (Vosges) France.
Hiétel (J.-K.), Leipsick. Saxe-Royale.
Hospice apostolique de Saint-Michel, Ripa (Rome) États pontificaux.
Huet (veuve Abraham), Rouen (Seine-Inférieure). France.
Huler (J.-B.), Paris. Algérie.
Jafer Saliel, Indes anglaises. Royaume-Uni.
Ismaël-ben-Mustapha-Khodja-et-Ahmed-ben-Mami. Algérie.
Jeanneret frères, Neufchâtel. France.
Julien et comp., le Puy. Id.
Kaddour-ben-Marabet, Alger. Algérie.
Keenan frères, Paris. France.
Kephalinalou (Mme). Athènes. Grèce.
Kingstown (la ville de), Canada. Colonies anglaises.
Kittenwaitz (Ch.), Vienne. Autriche.
Kollreutter. Saint-Gall. Suisse.
Krauss (G.-F.), Rheineck. Id.
Kreichganer, Paris. France.
Kronenberg (W.-J.), Deventer, Pays-Bas.
Lacroix, Paris. France.
Lagache et Dessin, Calais. Id.
Laporte (R.-F.) et comp., Vienne. Autriche.
Lapworth et comp., Londres. Royaume-Uni.
Laurence (H.), Orléans. France.
Laurent (J.-B.) et fils, Paris. Id.
Lecomte, Paris. France.
Ledoux (F.-L.), Paris. Id.
Le Gendre (A.-A.), Saint-Lô. Id.
Lemoine, Nantes. Id.
Levy-Idril, Lyon. Id.
Lichtenauer (veuve et fils), Vienne. Autriche.
Lievain, Bruxelles. Belgique.
Lindgren (Mlle Constance). Stockholm. Suède.
Llampallas y Guix, Barcelone. Espagne.
Loiseau, Paris. France.
Loyssl et Comp., Caen. Id.
Luce (Damé), Alger. Algérie.
Maisch (C.-J.), Ravensburg. Wurtemberg.
Maison de Sainte-Marie, Cherbourg. France.
Malaper (Ch.), Paris. Id.
Marcellino et Guglielmossi, Turin. États sardes.
Marion. Saint-Genis. France.
Marius-Vidal (J.), Paris. Id.
Martineau (E.-S.), Paris. Id.
Mary dit l'Épine, Alençon. Id.
Nauchand (Henriette). Fontenoy-le-Château. Id.
Mauthé (J), Ebenzen. Wurtemberg.
Meinl (les héritiers d'Ant.), Vienne. Autriche.
Meriotte (Mme), Paris. France.
Merz (K), Stuttgart. Wurtemberg.
Mohamed-ben-Hassem, de la tribu des Telagma. Algérie.
Mohamed-ben-Tusqui, de la Medjana. Id.
Mohamed-ben-Rouzian, Tlemcen. Id.
Monard (F.), Paris. France.
Monnin, Mottet et Laur, Paris. Id.
Morton et Fils, Londres. Royaume-Uni.
Muller (Ch.), Gummersbach. Prusse.
Neuburger fils, Stuttgart. Wurtemberg.
Nevil et comp., Londres. Royaume-Uni.
Norden (Lissa), Posen. Prusse.
Novario (Mlle), Paris. France.
Ouvroir de la ville d'Aurillac. Id.
Pallier, Nîmes. France.
Palbroy, Noddah. Algérie.
Paridant, Aerschot. Belgique.
Pariot-Laurent, Paris. France.
Parianti (Mme Hersilie), Borgo à Bugrano. Toscane.
Payen (J.-B.), Paris. France.
Perrier, Bailleul. Id.
Petti (Ed) et E. Quaren, Calais. Id.
Piston (Fl.-J.), Wingehies. Id.
Pinto (Anne Julie), Porto. Portugal.
Ploos (J.-N.) Asch. Autriche.
Polak (D.-M.), Bruxelles. Belgique.
Quinquariet-Dupont, Troyes. France.

Radley, Londres. Royaume-Uni.
Rein Buchholz. Saxe.
Roheck, Nuertingen. Wurtemberg.
Robert, le Puy. France.
Robert Lindsay et comp., Belfast. Royaume-Uni.
Romanet du Caillaud Limoges. France.
Rosey (Ch.) et Lebée, Saint-Quentin. Id.
Roze-Abraham frères, Tours. Id.
Salles (J.) et comp., Lyon. Id.
Salomon (B.) et fils. Londres. Royaume-Uni.
Savouré (J.), Paris. France.
Schaerff (R.), Brieg. Prusse.
Schluck. Vienne. Autriche.
Schmidt et Muller, Plauen. Saxe.
Schœnfeld (L.), Paris. France.
Simon frères et Guillot. Troyes. Id.
Söderberg (John). Stockholm. Suède.
Solderquelk (F. O.), Lyon. France.
Spiquel, Paris. Id.
Steinberger (la veuve du neveu de), Klostergral. Autriche.
Stoltzenberg (F.), Ruremonde. Pays-Bas.
Stoquart frères, Grammont. Belgique.
Tanner et Schiess, Hérisau. Suisse.
Tavarès (D. Marie de Jésus) Péniche. Portugal.
Thiboust (L.-Ant.), Saint-Germain-en-Laye. France.
Toffin frères, Caudry. Id.
Trapet fils, Felletin. Id.
Travoux, Lyon. Id.
Tribu des Beni-Abbès, province de Constantine. Algérie.
Turquand-Courbe (J.-L.), Briare, près Poitiers. France.
Vallette (E., Caen. Id
Vandamme-Maieur, Menin. Belgique.
Vander-Plancke (sœurs) Courtray. Id.
Van-Heynsbergen (W.-J.) La Haye. Pays-Bas.
Van Hoey de Bruyne, Bruxelles Belgique.
Van-Renterghem (Mme M), Bruges. Id.
Vercruysse et sœurs, Courtray. Id.
Verdure-Bergé, Tournay. Id.
Vernier sœurs, Epinal. France.
Victoria-Carpet-Company, Londres. Royaume-Uni.
Viennot (Mlles Clara et Carol), Paris. France.
Vieville, Paris. Id.
Villaire (Ed.). Paris. Id.
Virey (Mme Louise), Saint-Dié. Id.
Vom-Baur fils (J.H.), Ronsdorf. Prusse.
Wallace (J. et W.). Glasgow. Royaume-Uni.
Watson, Lowe et Bell, Londres. Id.
Wechselman. Grossengrunn. Autriche.
Wehner (F.), Lichtenstein. Saxe.
Williams, compagnie des Indes. Royaume-Uni.
Withwell et comp., Kendal. Id.
Worth (W.H et J), Kidderminster. Id.
Wulff (J), Brede. Danemark.
Zelger (Th), Vienne. Autriche.
Zoeller, Paris. France.

MENTIONS HONORABLES.

Administration de la ville de Pondichéry. Colonies françaises.
Ahmed-ben-Ayad, Tlemcen. Algérie.
Almer Mme Anna), Stockholm. Suède.
Amoz Jacques), Wasselonne Bas-Rhin. France.
Aubert jeune, Lyon. Id.
Aucoc (A.), Paris. Id.
Aujard, Lyon. Id.
Bœuziger et Moser, Altstatten (Saint-Gall). Suisse.
Balp, Saint-Bonnet-le-Château (Loire). France.
Barbel, Alençon. Id.
Baton-Rambos, Vitré. Id.
Bauer et comp., Chemnitz. Saxe.
Beasse (P.-A.), Hesdin. France.
Beckh frères, Berlin. Prusse.
Belin, Nancy (Meurthe). France.
Bellotin, Venise. Autriche.
Bellingrath et Linckenbach, Barmen. Prusse.

Benger (W.), Degerloch. Wurtemberg.
Bernard-Beauvois (Mme Vve), Melun. Id.
Besson (A.) Couvet. Suisse.
Bidault, Lausanne. Id.
Blanchard-Millard, Troyes. France.
Boinot (F.), Bordeaux. Id.
Bonsor-Morris, Lille. Id.
Boyard et fils (A.), Sainte-Messine (Seine-et-Oise). Id.
Boyze (Mme), Paris. Id.
Bracker et Seller, Barmen. Prusse.
Brun et comp., Saint-Chamond. France
Burchardt et fils, Berlin. Prusse.
Bussières frères, Felletin. France.
Calandra C., Turin. Etats sardes.
Cambon-Cadet et fils, Sumène (Gard). France.
Capell (Mme), Paris. Id.
Champailher (Alf.), Lyon Id.
Chapron (L.-D.), Paris. Id.
Charbonnet, Trevoux. Id.
Charvet, Paris. Id.
Colditz (M.lle A.-D.), Christiana. Norwège.
Commune de Caryeto. Grece.
Compagnie de l'exportation de Wurtemberg, Stuttgart. Wurtemberg.
Cornu, Paris. France.
Croze (Mme de), Alger. Algérie.
Daudie père et fils, Orléans France.
Davin (Mlle Mathilde), Lund. Suède.
Davin (Mlle Helene), Id Id.
Debacker et Deslandes, Calais. France.
Debisschop-Grau, Roubaix. Id.
Defonseca, Lisbonne. Portugal.
Delétoile (A.), Amiens. France.
Delon (J.-E.), Paris. Id.
Deserabie, Caen. Id
Desroches (F.L.), Aubusson. Id.
Devillers sœurs. Ornans (Doubs). Id.
Dezutter, Bruges. Belgique.
Direction royale du Groënland. Danemark.
Doctor fils (M.), Francfort Villes libres.
Donne, Troyes. France.
Durand. Usson. Id.
El-Hadji-ben-N'Djadi, tribu des Beni-Mahadjas. Algérie.
Elaou-ben-Temoun Tiemcen. Id.
Engel, bertha Prusse.
Evrard (Ed F.). Troyes. France.
Faivre ainé (L.), Paris Id.
Ferrière et C. abert, Nîmes. Id.
Feschotte (L.-J.-A.), Amsterdam. Pays-Bas.
Fitze et Sutter. Bühler Suisse.
Foot et comp., Londres. Royaume-Uni.
Forsslund (Mlle), Stockholm. Suède.
Foye-Davenne et comp, Abbeville. France.
Francke, Bruxelles. Belgique.
Fuchs (J.) et fils, Eibenstoch. Saxe.
Fuchs et fils, Graslitz Autriche.
Fyrwald, Stockholm. Suède.
Galbiati G., Milan. Autriche.
Gamanier fils, Nîmes. France.
Godefroy (Mlle), Paris. Id
Gompertz (Mlle B.), Hambourg. Villes hanséatiques.
Greck (Mme C.), Matanzas (Cuba). Colonies espagnoles.
Gregoir-Geluen (N.-G.), Bruxelles. Belgique.
Guérin neveu (S.), Laget et comp., Nîmes. France.
Haeck (Clémence), Bruxelles. Belgique.
Harrisson Londres. Royaume-Uni.
Hebb (Alphens), Nottingham. Id.
Henderkott fils, Barmen. Prusse.
Henriques (Mlle Emilie), Stockholm. Suède.
Hetzer (Ch.), Vienne. Autriche.
Hilb (D.), Carlsruhe. Bade.
Hinault-Cor et comp., Saint-Quentin. France.
Honken (F.-W.), Barmen. Prusse.
Ho den et comp., Belfast. Royaume-Uni.
Huet, Paris, France
Humphries (Th.), Kidderminster. Royaume-Uni.

Indermuhle (Mme), Unterseen. Suisse.
Institut des aveugles. Milan. Autriche.
Institut de broderie, Beuron. Wurtemberg.
Jacmart, Paris, France.
Jacob Kalfoun. Tlemcen. Algérie.
Jacoby et comp., Nottingham. Royaume-Uni.
Jacquemin-Lefebre, Caudry (Nord) France.
Jenny de Monlaur (Vve), Tarbes. Id.
Jermou. Athènes. Grèce
Jones (Mme J.). (Canada). Possessions anglaises.
Kaddour si-ben-Aouda, Mostaganem. Algérie.
Kadja-Bourari et Ben-Mustapha, Oran. Id.
Klose et Feltzin, Berlin. Prusse.
Kuhn et fils, Saint-Gall. Suisse.
Kyriakouta (Maria), Atalante. Grèce.
Laboureau et comp, Puteaux. France.
Laignier J.), Turin Etats sardes.
Langenbeck et comp. Barmen. Prusse.
Lavocat (L.-Ch.), Troyes. France.
Lecomte (Coralie et Léocadie), Bruges. Belgique.
Legras (Mme E.). Paris. France.
Lemoine, Nantes. Id
Leonard (Mme Adele), Corcleux (Vosges). Id.
Leletlier, Paris, Id.
Liljistrate (Mlle Ebba de), Stockholm. Suède.
Lincke (Mlle Wilhelmine), Gothembourg. Id.
Llampallas y Guix, Barcelone. Espagne.
Longneville. Paris. France.
Mahilde, Gand. Belgique.
Mac-Arthur (D.) et comp., Berwick. Royaume-Uni.
Maillot (Mlle Elise), Paris. France.
Manufacture de dentelles, crins et paille, Spaichingen. Wurtemberg.
Marot ainé et Jolly, Troyes. France.
Martens Johann et Amélie), Cologne. Prusse.
Martin ainé (Ch.-A.), Paris. France.
Marx Moritz. Nottingham. Royaume-Uni.
Mercier et comp, Firmeny. France.
Merhand-Jolly, Paris. Id.
Michon (Mme) Moreuil (Somme). Id.
Minnaer-Giet (Mme veuve, Grammont. Belgique.
Mockthar-et-Baroudi, Tlemcen. Algérie.
Mohamed ben-Karbouch, tribu de Zamcha. Id.
Mohamet-ben-Amar. Betdha. Id.
Mohamet-ben-Kroura, Mascara. Id.
Morgat (.-J.). Paris France.
Nathan-ben-Mayer, Tiemcen. Algérie.
Neher (H.), Rotweil. Wurtemberg.
Nessi (Fr.), Côme. Autriche.
Nygren (Mlle Frederique). Lund. Suède.
Nyssen Dhooghe. Tamise. Belgique.
Oppenheimer (Véronique). Neu-Raussnitz. Autriche.
Pamboin. Passy. France.
Palmer (W.) Kidderminster. Royaume-Uni.
Parisot-Louillère, Nancy. France.
Partenais (Mlle I.), Montréal (Canada). Possessions anglaises.
Patris (J.), Gênes. Etats sardes.
Petitpierre (Mme Ch.), Couvet. Suisse.
Poinat, Paris. France.
Point, Saint-Chamond. Id.
Porcile (Ant.) et fils, Rivarolo de Gênes. Etats sardes.
Praetzsch (M.) Holf. Bavière.
Priis (veuve L.-J.), Arnheim. Pays-Bas.
Prud'homme (Mme), Châlons-sur-Marne., France.
Quinquarlet, Aix-en-Othe (Aube). Id.
Raffard E.), Lyon. Id.
Ramusso (J.-B.), Gênes. Etats sardes.
Rech et comp., Essonne. France.
Rescher. Paris. Id.
Richier, Caen. Id.
Richter, Presnitz. Autriche.
Rocher, le Puy. France.
Ruldos (Ant.), Mataro. Espagne.
Romanson (Mlle Marianne), Lund. Suède.
Roulet et Chevron. France.

Roux (F.-M.), Saint-Chamond. France.
Rubio (C.), département de Queretaro. Mexique.
Salamero de Barberia, Madrid. Espagne.
Sallandrouze (Alexis), Amiens. France.
Santonja (Francisco), Barcelone. Espagne.
Saumon, Hesdin. France.
Schmidt et Harzdorf, Hartmansdorf près Chemnitz. Saxe.
Schuloff (Mme Rosalie), Vienne. Autriche.
Sculfort (Ed.-D.), Paris. France.
Sichel et Planard, Paris. France.
Simakesis, Athènes. Grèce.
Si-Mohamed Khodja-ben-Amed-Khodja. Algérie.
Sorré-Delisle. Paris. France.
Spelty, Copenhague. Danemark.
Spiers et fils, Londres. Royaume-Uni.
Stefani (Av.-G.), Turin. Etats sardes.
Strybosh, Bois-le-Duc. Pays-Bas.
Sundell (Mlle Brigitte), province de Skaraborg. Suède.
Tachy (Al.) et comp., Paris. France.
Tessada (F.), Gênes. Etats sardes.
Tevanne, Nancy. France.
Thos (F.-P.) Barcelone. Espagne.
Tribout, Paris. France.
Trotry-Latouche (J.-L.), Biard, près Poitiers. France.
Trotté (Henri), Paris. Id.
Turnbull (J.) et comp., Glasgow. Royaume-Uni.
Van-Alphen (G.), Breda. Pays-Bas.
Vanhaelen (Mme E.) et sœurs, Bruxelles. Belgique.
Volpini (A.) et fils, Vienne. Autriche.
Walter Wilson. Harrick. Royaume-Uni.
Wancke (Mlle Caroline), Stockholm. Suède.
Washer (V.), Bruxelles. Belgique.
Weigl (J.), Jaegerndoff. Autriche.
Weil-Meyer et comp., Anvers. Belgique.
Youssef-Akenin, Tlemcen. Algerie.

COOPÉRATEURS,

CONTRE-MAITRES ET OUVRIERS.

MÉDAILLES DE PREMIÈRE CLASSE.

Bagguley, Nottingham. Royaume-Uni.
Benier (Mme), née Chancerel, Schamberg (Vosges). France.
Chabal, Beauvais. Id.
Chevalier (Eugène, Beauvais. Id.
Commune de Fontenoy-le-Château (Vosges) (pour les ouvrières brodeuses). Id.
Deshérault, Aubusson. Id.
Gilbert, Gobelins, Paris. Id.
Jonas Mlle Esther), Bayeux (Calvados). Id.
Julien (Théodore), Halifax. Royaume-Uni.
Limosin-Laforest. Gobelins, Paris. France.
Lebois (Sylvestre), Gobelins. Id.
Legrand (Théodore), Gobelins. Id.
Maison des religieuses de la Poterie de Bayeux, Id.
Martin (le R. P. Arthur), Paris. Id.
Milbau Alphonse), Nîmes. Id.
Milice (Auguste), Beauvais. Id.
Milice (Rigobert), Beauvais. Id.
Morin (Mlle Julie), Nancy. Id.
Potier (Mme), Nancy. Id.
Rançon (Louis), Gobelins, Paris. Id.
Schubert Charles), Halifax Royaume-Uni.
Simon, Aubusson. France.
Wolouwski Joseph), Aubusson. Id.
Wrancken (Virginie), Gand. Belgique.

MÉDAILLES DE DEUXIÈME CLASSE.

Adam (Mlle), Bayeux France.
Alais (Veronique, Rosières Id.
Alès (Eléonore), Rosières. Id.
Aligier (Mme), Belleville. Id.
Arthur (Rose), Bernières près Bayeux. Id.
Aubert (Mme), Epinal. Id.
Aubrée, Berny-sur-mer (Calvados). Id.

Aubry jeune (Mlle), Bazoilles. France.
Aubry, Paris. Id.
Aulanier (Marie, le Puy. Id.
Aymar, Aubusson. Id.
Bail (François, Villers-Bretonneux. Id.
Baillet (Joséphine), Saint-Nabort (Vosges). Id.
Balme (Léon), le Puy Id.
Barbe (Marguerite), Argentières (Haute-Loire). Id.
Baroue (Emilie), Epinal. Id.
Baton (Victoire). Creuilly. Id.
Baucy (Olive). Choain près Bayeux Id.
Bayt (Melanie), le Puy. Id.
Benard (Fanny), Bayeux. Id.
Beranger (Mme Marie-Rose), Puisieux. Id.
Beraud (Mlle Constance), Mirecourt. Id.
Bernard (Julie), Bayeux. Id.
Bernard (Rose), le Puy. Id.
Bigaud, Bordeaux. Id.
Billecoq (Adolphe), Beauvais. Id.
Binet (Mme), Bayeux. Id.
Blanchebarbe, Metz Id.
Blanchet (François). Id.
Blanchon (Léger), Aubusson. Id.
Blank fils (Henry). Lille. Id.
Blé (Véronique, Verre près Bayeux. Id.
Bolton (James, Halifax. Royaume-Uni.
Boulon (Nicolas-Hippolyte). France.
Bourguignon Catherine), Verviers. Belgique.
Breuil (Marie et Françoise), Retournac (Haute-Loire). Id.
Brice, (née Couvel), Epinal (Vosges). Id.
Brisson (Mlle Juliette), Paris. Id.
Brisson (Mlle Virginie), Paris. Id.
Buchette (Mme), Nancy. Id.
Caen, Luneville). France.
Canon (Mme), Nancy. Id.
Cardonneret (Marianne). Bayeux. Id.
Castellain (Louis), Tourcoing. Id.
Castellain (Lucien, Tourcoing. Id.
Caudron Henri), Saint-Quentin. Id.
Chambery (Mme), Nancy. Id.
Chambon (Augustine, le Puy. Id.
Chancerel Julie), Bayeux. Id.
Chapus (Mme), née Vignon, Felletin Id.
Chassart (Marguerite), Mirecourt. Id.
Chatagnon (Théophile, Bordeaux. Id.
Chenet (Louis, Biard Vienne. Id.
Chevalez (Eugène, Plombières (Vosges). Id.
Cholery (Marguerite et Christine), les Granges-du-Val-d'Ajol (Vosges. Id.
Cholery (épouse Sthevenot), les Granges-de-Plombières Vosges Id.
Cholez Catherine), Midigny (Vosges) Id.
Ciceri (Ernest, Paris. Id.
Clairaveaux, Aubusson. Id.
Claudel-Collenne Epinal Id.
Colasse Jean-Baptiste, Tourcoing. Id.
Collier Jean, Bruxelles Belgique
Colpin (Mme Eugénie), Saint-Sylvain. Id.
Costal (Nicolas. Id.
Costy (Colombe, Bernières près Bayeux. Id.
Couture (Elmire), Bayeux. Id.
Couvel (Mme, Epinal. Id.
Couvent de Saint-Joseph (la supérieure du). Id.
Crouzet (Mariette, Ours (Haute-Loire). Id.
Cuoq (Colombe), Polignac. Id.
Dayre (Pierre), le Puy Id.
Debreu (Mme), née Verheyde, Bailleul. Id.
Delande (Mlle, Revisse Id.
Deleclerc, Bruxelles Belgique.
Detliége (Joseph), Bruxelles Id.
Delorme (Marie, Saint-Jean-d'Aubrignoux. France.
Demangeon Louis, Epinal. Id.
Deniau, Nancy. Id.
Denize Augustine, Bayeux Id.
Denize Clemence, Bayeux. Id.
Depouchon (Joséphine), Verviers. Belgique.

Deschedt (Sophie), Cassel. **France.**
Desclais (Edouard), Baveux. Id.
Deshogues (Désiré). Bayeux. Id.
Devillers jeune, Levergis (Aisne). Id.
Dey (Rosalie), Mattaincourt (Vosges). Id.
Didelot (Virginie). Ouistreham (Calvados). Id.
Diffe (Clarisse). Bayeux. Id.
Directrice de l'ouvroir des enfants pauvres, Epinal. Id.
Doublet aîné, Balancourt (Aisne). Id.
Doumet. Aubusson. Id.
Drouin, Igney (Vosges). Id.
Duchamp (Sophie). Plombières. Id.
Dufour (Mlle), Paris. Id.
Dufour, Beauvais. Id.
Duhornay (Angeline), Dieppe. Id.
Dumontel (Antoine). Paris. Id.
Dupré, Epinal Id.
Dupuy (Rosalie), Coulon. Id.
Dureau (Mlle), Paris. Id.
Etienne (Mélanie), Vincy (Vosges). Id.
Eutry, Paris. Id.
Falcon (César, Hector et Régis), le Puy. Id.
Farron, née Vautren, Grucy, près de Châtel (Vosges). Id.
Faucon (Angeline). Bayeux. Id.
Fauconnier (Désirée). Bayeux. Id.
Faugère Mélanie, Vals. près le Puy. Id.
Faure (Bénédite), femme Valentin, Chaumont. Id.
Feremback, Ep nal. Id.
Feuillette (Mme), Nancy. Id.
Fialon, Issarlès (Ardèche). Id.
Fischer (Mlle) Vienne. Autriche.
Fixon (Amédée), Paris. **France.**
Flaissier (Jules). Nimes. Id.
Flament (Edouard) Gobelins, Paris Id.
Florentin Laurent, Diarville. Id.
Fournigaud (César), Puteaux. Id.
Fréjan, Beauvais. Id.
Gachenot (Mme), née Gérard (Augustine), Mirecourt. Id.
Gadeau (Mlle Rosalie), Fontenoy-le-Château. Id.
Galien (Rosalie), Poyer (Haute-Loire). Id.
Garnier (Rosine), Usson (Loire). Id.
Gaudefroy, née Delaunay (Clémence), Bayeux. Id.
Gay (Constance). Vousse-Betaunac. Id.
Georget Jean-Baptiste, Lorquin (Meurthe). Id.
Gérard, Mirecourt. Id.
Gérard (Reine), femme Fixon, Paris. Id.
Gerardin (Mme), Baccarat (Meurthe). Id.
Gergonne (Julie, . Paris. Id.
Giel (François). Athesans (Haute-Saône). Id.
Giudicelli (Mme, . Paris. Id.
Glairo (Mlle Ursule., Valenciennes. Id.
Gody (Alphonse-Claude). Id.
Gosgu (Sylvie), Grammont. Belgique.
Gouvernel (Marianne, , Moriville (Vosges). **France.**
Graeffer (F), Vienne. Autriche.
Grand, le Puy France.
Grangeon (Auguste), le Puy. Id.
Gravier, Epinal. Id.
Griffon (Justine), Ypres. Belgique.
Groscolas, Ribauvois (Vosges). **France.**
Grouchy, Beauvais. Id.
Guilbot. Paris. Id.
Guillaume (Julie). Nancy. Id.
Haas (Mlle) Vienne. Autriche.
Habemont (Mlle Anne), Mirecourt. **France.**
Habert (Pierre), Dijon. Id.
Haillecourt. Nancy. Id.
Hain (Mlle), Vienne. Autriche.
Hardy (Louis), Lorquin (Meurthe). **France.**
Hargez (Jules), Beauvais. Id.
Haulinck (Mme), née Costenoble, Bailleul. Id.
Hebblethwait Henry. Halifax. **Royaume-Uni.**
Heroult (Céleste). Litry, près Bayeux. **France.**
Heroult (Aimée). Litry, près Bayeux. Id.
Heroult (Mlle Zoé), Saint-Lô. Id.
Hervieu (Mlle), Fougerolles-sur-Orne. Id.

Heuzel (Mme), le Locheur, près Caen. **France.**
Hindenmayer (Simon), Epinal. Id.
Hoffmann (Th.), Vienne. Autriche.
Hofstetter (Elisabeth), Herbitsheim (Bas-Rhin). **France.**
Holle (Mlle), Vienne. Autriche.
Huner (Edouard , Paris. **France.**
Hutin (Louise-Désirée), Alençon. Id.
Jamard (Annonciade) Bayeux. **France.**
Jandel (Mlle Léonie, Diarville. Id
Jaquemin (Mme François), Châtel (Vosges) Id.
Jean-Pierre, Nancy. Id.
Jeanvoine (Christine). Plombières (Vosges). Id.
Joubirot (Mathieu), Vincey (Vosges). Id.
Jouve (Jean-Baptiste), le Puy. Id.
Jouvenot (Elisabeth), le Puy. Id.
Jouvin (Mme), Nancy. Id.
Julien (Félicité). Saint-Vigor-le-Grand. Id.
Kowalski, Epinal Id.
Kremer, Herbitzheim (Bas-Rhin). Id.
Lachaud Mme), le Puy. Id.
Lafont (Marguerite), Chavagnac (Haute-Loire). Id.
Langlois (Jules). Arcis-sur-Aube. Id.
Laporte (François , Aubusson. Id.
Laroche (Mlle., Nancy. Id.
Laroche (Mlle Henriette), Mirecourt. Id.
Laumé (Caroline), Dieppe Id.
Laurin (Mme). Nancy. Id.
Lebugle (P). Bayeux Id.
Lechevin (Hippolyte), Tournay Belgique.
Lecomte (J.-B.), Mirecourt. France.
Lefèvre (Alfred , Aubusson. Id.
Lefevre (Auguste , Bruxelles. Belgique.
Lefrançois Madeleine), Commes. France.
Legoupil (Marie-Anne), Bayeux. Id.
Legoux (Charles). Bayeux. Id.
Legras (Mlle Victoire), Bouxrulles. Id.
Lemaître (Mme , Bayeux. Id.
Lemarchand (Mme), Noyers, près Caen. Id.
Lemoine (Auguste), Aubusson. Id.
Lemonnier, Caen. Id.
Le Play (Aglaé), Bayeux. Id.
Le Pley (Louise). Vaux-sur-Aure, près Bayeux. Id.
Lermusiau (Adolphine), Paris. Id.
Letourneur (Marie-Annie), Litry, près Bayeux. Id.
Levy, Nancy. Id.
Lievain, Bruxelles. Belgique.
Logre, Caen France.
Loisleur (Véronique), Ver. près Bayeux. Id.
Loiseleur (Marie-Anne , Litry, près Bayeux. Id.
Lourdereau, Paris. Id.
Lucie (Augustine), Paris. Id.
Lynde (Céline), Cassel. Id.
Lyonnet (Victorine), les Granges-du-Val-d'Ajol. Id.
Machet, Paris. Id.
Madeleine (Mme Id.
Madeleine (Léon), Paris. Id.
Magne (Flicie et Elisa), le Puy. Id.
Magnier (Jean), Bordeaux. Id.
Maillié aîné. Ganges. Id.
Mainpain (Marie Joséphine). Plombières. Id.
Malardot (Catherine-Marguerite), Metz. Id.
Malfraix (Rose), religieuse, la Roche-en-Regnier. Id.
Malberbe (Mme Adele), Caen. Id.
Mallarmé (Mme). Nancy. Id.
Mallières (Charles), Valfroicourt. Id.
Marais (Henriette). Bayeux. Id.
Marchand, Talmontier. Id.
Margarita (Adolphe), Gobelins, Paris. Id.
Marie (Henriette). Commes, près Bayeux. Id.
Marie (Mme). le Locheur, près Caen. Id.
Marion (P.-H), Saint-Pierre-lès-Calais. Id.
Martel, religieuse, Langogne (Lozère). Id.
Martin (Henriette), Epinal. Id.
Martin (Marguerite), Vals. près le Puy. Id.
Mathey (Josephine et Sophie), Plombières. Id.
Mathieu (A.), Jevoncourt. Id.

Mathieu (Marie), Igney (Vosges). France.
Mathieu, née Aubertin, Metz. Id.
Maufras (L.), Bayeux. Id.
Maurice-Champion (Mme), Paris. Id.
Mauvoisse, Rechicourt-le-Château (Meurthe). Id.
Mayer (Adélaïde), Belleville. Id.
Mazaudier Victorine et Anaïs), Pradelles (Haute-Loire). Id.
Mempey (Mlle Rosalie), Diarville. Id.
Messonnier (Beate), Champagneux-le-Vieux. Id.
Michel (Mme Marie-Anne), femme Soyer, Paris. Id.
Michel Pierre), Paris. Id.
Migault (Hippolyte), Paris. Id.
Miroy (Alphonse), Tournay. Belgique.
Moing (Isabelle), Saint-Just. France.
Moissonnet (Louis), le Puy. Id.
Moitessier (Mlle), Basoilles. Id.
Monet (Mme), Nancy. Id.
Mougel (Marie) Nomexy (Vosges). Id.
Mougeolle, Longchamp (Vosges). Id.
Mougeot (Marguerite), Epinal. Id.
Mouillerat (Mme), Nancy. Id
Moyaux, Dongermain (Meurthe). Id.
Muhlknecht (Mlle), Vienne. Autriche.
Munier (Joseph), Gobelins, Paris. France.
Nallet, Paris. Id.
Nardi (Leonard), Felletin. Id.
Nicolas (Alexis), Bordeaux. Id.
Nicolle (Mlle), Courseulles. Id.
Noël (Henri), Paris. Id.
Notaire (Nancy. Id.
Oudot, Epinal. Id.
Paris (Amélie), Plombières. Id.
Pastelot, Nîmes. Id.
Pauly, Paris. Id.
Pautrel (Anne), Gobelins. Id.
Pelot (Justine), Epinal. Id.
Penaud, Felletin. Id.
Pernot, Toul. Id.
Petruns (L.-B.), Bruxelles. Belgique.
Peyre (Louis), le Puy France.
Peyrolier (Jeanne-Marie), Vals, près le Puy. Id.
Philippe (Vve), le Puy. Id.
Piernot, née Pierrot, Mirecourt. Id.
Pierre (Reine), Charmois (Vosges). Id.
Pierson-Pierre, Epinal. Id.
Pigeyre (Mélanie), Rodez Id.
Pilarey (Marie-Rose), Calvet-Saint-Jean-d'Aubrigoux. Id.
Pinson, Aubusson. Id.
Plisat (Joseph), Gobelins, Paris. Id.
Pontviarne (Angeline), le Montel-de-Craponne (Haute-Loire). Id.
Porteneuve (Marguerite), Argentière (Haute-Loire). Id.
Poulet-Gérard, Toul Id.
Pouviaune (Rose) Retournac (Haute-Loire). Id.
Préjan, Aubusson Id.
Prud'homme (Mme) Nancy. Id.
Quintar (Jacques-François) , Tournay. Belgique.
Radiguin (Mme), née Roby, Aubusson. France.
Ramberviliers (Mme). Epinal. Id.
Ramousse (Mélanie), Chalignac-Saint-Vincent. Id.
Reich , Saint Gall. Suisse.
Reigner (Elisa), Metz. France.
Reiveiler (Mlle Emilie), Epinal. Id.
Renard (Joseph), Gobelins, Paris. Id.
Renard (Louis), Saint-Pierre-lez Calais. Id.
Richard (Marie), Bayeux. Id.
Richard Mlle), Sommervieux, près Bayeux. Id.
Robert (Alphonse), le Puy. Id.
Robert (Mme), Courseulles. Id.
Roby (Louis), Bordeaux. Id.
Roche (Numa), Nîmes Id.
Roland (Prosper et Henri), Paris. Id
Rose (Guillaume), Bruxelles. Belgique.
Rosel, Paris. France.
Rosenont (Mlle), Bruxelles. Belgique.
Rougier (Mme), religieuse de Notre-Dame, le Puy. France.

Sagon (Mme Eléonore), Bailleul. France.
Saron (Georgette), Bayeux. Id.
Schemerzinger, née Jeanneriol, Nancy. Id.
Schneider (Mme Eugénie), veuve François-Lecomte , Beauvais. Id.
Schwal, née Couvel, Epinal. Id.
Segalas , Aubusson. Id.
Segard aîné, Levergis (Aisne) Id.
Segaut (Henri), Beaumont (Seine-et-Oise). Id.
Seguin-Gay, le Puy Id.
Seigner jeune (Mme), Epinal. Id.
Seinier (Anaïs), Bayeux. Id.
Senet (Jean François), Paris. Id.
Sens (Mme Marie-Louise). Paris. Id.
Serres (François), Ganges (Herault). Id.
Shutthewort (William), Halifax. Royaume-Uni.
Sœur Duval au couvent de Cherbourg. France.
Sœur Amélie, directrice de l'école des pauvres, Bailleul. Id.
Sœur Marie-Agnès Laporte (Beate), au Fraisse-Saint-Georges l'Agricole Id.
Sœur Marie-Joseph, supérieure de la communauté Saint-Maurice de-Roche Id.
Sœur Saint-Louis , communauté des Carmélites , Saint-Georges-l'Agricole. Id.
Sœur Victoire Perot (Béate). Id.
Sontag, Paris. Id.
Soubie (Julie), le Puy Id.
Souprey (Aimée), Saint-Martin-des-Entrées, près Bayeux. Id.
Spinoy (Mlle Désirée Hyacinthe), Paris. Id.
Sudeski (Mlle), Vienne. Autriche.
Taïs (Barbe), Bruxelles Belgique.
Teissonnier (Eugène), Ganges France.
Tenniers Elisabeth), Bruxelles. Belgique.
Thaille, Aubusson. France.
Thomas, née Boutanger, Mattaincourt (Vosges). Id.
Thomassin, Nancy. Id.
Tilliard (Virginie), Vienne, près Bayeux. Id.
Tisserand (Julie), Granges du-Val d'Ajol (Vosges). Id.
Toranche (Sophie), le Puy. Id.
Toulouse, née Maurice, Epinal. Id.
Trigo (Isabelle), Bruxelles Belgique.
Vallon (Lucie). Nancy. France.
Vandenede (Marianne), Bruxelles. Belgique.
Vander Hast, la Villette. France.
Vanderwists (Josephine), Dieppe. Id.
Van Exter (Mme), la Villette. Id.
Van-Heecke (Adélaïde), Cassel. Id.
Varneuil (De), Paris. Id.
Varnier (Marie), Frapponcourt (Vosges). Id.
Vasset (Apolline), Bouxurules. Id.
Vasselle (Marie et Madeleine), le Puy. Id.
Vautier (Mme), Bayeux. Id.
Vaxelaire, Chatel-sur-Moselle. Id.
Verhaeghes (Amélie), Sweveghem. Belgique.
Verrier (Jean-Laurent), Bordeaux. France.
Vialatte (Angéline), Lausonne. Id.
Vieville (Jules), Paris. Id.
Virias, Epinal. Id.
Wagener (Mlle), Vienne. Autriche.
Wallet (Jean-Baptiste), Amiens. France.
Youf (Virginie), Bayeux. Id.

MENTIONS HONORABLES.

Alexandre (Ant.), Troyes. France.
Bacaud, Aubusson. Id.
Barbier, Paris. Id.
Bauli (Mlle Antoinette), Milan. Autriche.
Berias (André), Aubusson. France.
Blechy J.-C.), Lyon. Id.
Bourbon, Aubusson. Id.
Bourgoin Louis Alex), Troyes. Id.
Bourret (Mme), née Marie Chazeau, Aubusson. Id.
Bruenne , Saint-Pierre-lez-Calais. Id.
Cotelle (Alexandre), Orléans. Id.

Coustier (Auguste), le Vigan. France.
Debuc, Saint-Pierre-lez-Calais. Id.
Decaux (Marcel), Villers-Bretonneux (Somme). Id.
Decorte (Auguste), Saint-Pierre-lez-Calais. Id.
Elie (Héloïse), Bernay-sur-Mer. Id.
Eutry, Lyon. Id.
Gambarini (Mlle Madeleine), Milan. Autriche.
Genouvier (Elisa), Ganges (Hérault). France.
Goulon (Thérèse), Dijon. Id.
Guérin (Mme Joséphine), Nantes. Id.
Guillot-Berthier, Romilly (Aube). Id.
Hardy (Laurent), Pussay (Seine-et-Oise). Id.
Havard (Alexandre), Génicourt, près Pontoise. Id.
Hequet (Jean), Biard. Id.
Jamot, Paris. Id.
Kotsterlitzki (Ernst), Francfort. Villes libres.
Mauiné (Antonin), Aubusson. France.
Menigozzo (Mlle Marie), Milan. Autriche.

Minarsch, Klostergrab Autriche.
Paquerot (Charles), Orléans. France.
Paris, Aubusson. Id.
Pompée (Mlle), Paris. Id.
Rey (Martial-Eugène), Calais. Id.
Rey (Pierre-Jacques), Id. Id.
Richard (Léonard), Aubusson. Id.
Rochard, Aubusson. Id.
Rosse (Jacques), Aubusson. Id.
Rougeron père, Aubusson. Id.
Salvadori (Madeleine), Venise. Autriche.
Saponello (Joseph), Venise. Id.
Sauvat (Mme Bernard, née), Aubusson. France.
Schultz (François), Klostergrab. Autriche.
Stabel (Georges), Francfort. Villes libres.
Tabard Charles), Saint Genis-Laval. France.
Thomas (Mme), Paris. Id.
Tupinier (Mlle Marie), Dijon. Id.

———

EXPOSITION UNIVERSELLE

PRODUITS DE L'INDUSTRIE

VINGT-QUATRIÈME CLASSE.

INDUSTRIES QUI EMBRASSENT L'AMEUBLEMENT ET LA DÉCORATION.

Si j'avais sous les yeux le coffre où Pénélope serrait sa tapisserie et ses fuseaux ; la couche où, mollement étendue, Didon écoutait attentive le récit d'Énée ; l'écrin dans lequel fut concentré l'arsenal amoureux de Cléopâtre et la garde-robe de la princesse Julia, fille d'Auguste, qui détermina l'exil de l'un des plus grands poëtes de l'époque, j'acquerrais sur les mœurs, sur les habitudes grecques, africaines et romaines des notions beaucoup plus exactes que n'en renferment les dissertations savantes de messieurs de l'Institut, car une image parle bien autrement qu'une description.

Par malheur, les œuvres en bois des anciens âges ne sont point venus jusqu'à nous ; les métaux seuls, surtout le bronze, révèlent certains secrets de la vie intime, mais il faut arriver aux Carlovingiens pour que le meuble se montre avec une physionomie d'universalité caractéristique ; encore ne faisait-on presque rien à l'aide du bois seul. L'art des assemblages, qui constitue l'ébénisterie, est d'une date presque récente. Antérieurement au XVe siècle, les pièces de bois s'ajustaient au moyen de goujons en fer. Les joints à la colle, les découpures délicates, les juxtà-positions de pièces différentes sont contemporains de l'époque ogivale, et ne figurent même qu'en proportion minime dans la confection du mobilier. On préféra longtemps aux placages le bois plein.

Avec la Renaissance l'ébénisterie prit un essor remarquable ; la sculpture en bois atteignit la hauteur, la fermeté, l'indépendance de la sculpture en pierre ; des monuments de bois, retables, niches, bahuts, armoires, chapelles, maisons, palais, sortirent du ciseau

d'artistes habiles : en France Jean Goujon, Germain Pilon ; en Italie le Giotto et ses élèves ; en Belgique Quentin Metsus, produisirent des chefs-d'œuvre. A Paris le Louvre et le musée de Cluny, à Berlin, à Anvers, à Vienne les musées royaux, renferment quantité d'objets curieux qui témoignent des habitudes d'intérieur de la société du Moyen âge et de la Renaissance.

Généralement le meuble a toujours pris l'empreinte des mœurs : poétique, capricieux et prodigieusement ornementé dans le xv° siècle, il adopte, avec le xvi° siècle, des formes d'une élégance plus symétrique. Sous Louis XIII ces formes s'alourdissent, prennent un aspect de tristesse sombre, et n'offrent plus rien du confortable qu'on recherchait naguère avec tant de soin. On dirait que la vie ne doit plus s'user ailleurs que dans les rues, sur les places et dans les agitations de l'émeute. La Ligue et la Fronde semblent envahir jusqu'aux objets matériels.

Avec Louis XIV, le meuble comme l'édifice, prenant des dispositions grandioses, larges, amples, commodes, gagne en richesse ce qu'il perd en légèreté ; le bois s'allie avec le bronze, et Boule crée ces magnifiques incrustations de cuivre et d'écaille qu'on recherche avec tant d'ardeur aujourd'hui.

Sous le Régent, mais principalement sous Louis XV, l'élégant confortable du boudoir, la splendeur du salon, l'ornementation commode des moindres pièces, donnèrent naissance à un mobilier gracieux tout imprégné de ce sensualisme mondain qui respire dans la littérature de l'époque : aux jambages perpendiculaires et raides succédèrent les jambages et les pieds contournés ; aux bois massifs les bois plaqués ; aux teintes lisses, aux fonds d'or, les carraudages et les fleurons en bois de rose.

Marie-Antoinette protégeant Riésener et Goutière, on vit apparaître ces bonheurs-du-jour en marqueterie garnie de cuivres ciselés, ces secrétaires à volutes, ces commodes, toilettes, tables de nuit, encoignures, étagères qui constituaient le plus gai mobilier possible. Des ouvriers habiles sculptaient les fauteuils, les canapés et les bergères avec une entente d'ornementation remarquable, et sur leurs dossiers et leurs assises resplendissaient des bouquets de fleurs ou des sujets de fantaisie en tissus de Beauvais, en damas, en brocatelles de Lyon. Le bois était ordinairement doré, tantôt à toutes ses faces, tantôt par rainures et fleurons isolés.

Entre l'ameublement d'une pièce et la disposition générale de ses boiseries et de ses tentures régnaient une concordance parfaite et une appréciation non moins intelligente des poses, des habitudes et des manières du grand monde. La vie facile, la vie insouciante et blasée respirait à travers ces meubles.

Sous la République, durant la double période de la *Terreur* et du *Directoire*, jusqu'au 18 brumaire 1799, époque de lutte et de brisement dans laquelle l'ancienne société devait succomber, l'ébénisterie perdit ses vieilles traditions avec ses soutiens naturels. Les salons des riches (si tant est que quelqu'un fût riche) devinrent tout-à-fait déserts, tandis que la bourgeoisie et le peuple, s'agitant par les rues, guerroyant contre l'étranger, ne songeaient point aux commodités d'intérieur.

Pendant dix années l'ébénisterie demeura somnolente, faute d'aliment. Elle ne se ré-

veilla qu'au retour de l'Égypte, surtout après la victoire de Marengo. Mais on copia les bizarreries du style égyptien, les raideurs du style grec, sans tenir compte de leur magnificence; on introduisait dans l'usage commun des formes réservées naguère à un ordre de civilisation sans analogie avec la nôtre, et de ce pastiche on fit un contre-sens.

L'Empire, néanmoins, avec ses idées larges et hautes, avec le sentiment de sa force et de sa gloire, fit un pas vers l'idéal en adoptant les traditions de la Grèce et de Rome; quelques artistes distingués, quelques ouvriers intelligents créèrent de beaux meubles, des meubles riches d'ornementation en cuivre doré, et qui, de nos jours encore, conservent une place d'honneur dans les maisons les plus somptueuses.

Après la Restauration, surtout après 1830, l'ébénisterie réalisa d'énormes progrès. Elle le doit à l'ensemble du mouvement régénérateur qui s'opérait dans les arts, à l'aisance générale des populations, aux habitudes de luxe qui s'introduisirent partout, à l'esprit d'imitation avec lequel on copia les bahuts du Moyen-âge et de la Renaissance. Aujourd'hui, les meubles en chêne établis d'après les données des siècles précédents, sont presque aussi nombreux que les meubles simples, plaqués d'acajou, qu'emploie la bourgeoisie.

Parmi les meubles de l'Exposition, si variés de forme, à lignes si correctes, chargés d'ornements si divers, de fleurons si délicats, incrustés de tant de manières différentes, rehaussés de bronzes dorés pris sur les meilleurs modèles, nous avons remarqué :

1° Un meuble en noyer, parfaitement sculpté dans le style Renaissance, et destiné à renfermer des objets de curiosité. Le corps du bas est plein; les portes en sont décorées de bas-reliefs calqués sur ceux des chanteurs de Lucca della Robbia, de Florence; le corps du haut présente, au milieu, une partie vitrée, des deux côtés de laquelle se trouvent accostés les esclaves de Michel-Ange supportant deux étagères. Au centre de la toilette, et en avant, une pendule en bois, supportant deux des figures à demi-couchées du tombeau des Médicis, relie ensemble, d'une façon très-élégante, les deux corps dont se compose ce petit monument;

2° Une armoire de chasse, à trois parties saillantes sur les quatre côtés, pour y serrer les armes, et une rentrante dans le milieu, avec une panoplie formant médaillon, que supportent deux figures sculptées d'un faire non moins ferme que délicat;

3° Un buffet colossal, accosté de quatre figures sculptées en demi-bosse et symbolisant les quatre parties du monde;

4° Une cheminée en chêne, style Louis XIV. Dans le cartouche de la pendule qui forme le centre de l'ornementation, se trouve un cadran magnifique en émail;

5° Un bureau à cylindre, dans le style Louis XVI, couvert de bronzes ciselés avec une finesse exceptionnelle et avec une profusion des plus riches;

6° Une toilette qui d'elle-même verse l'eau; une armoire à glace renfermant un lit tout monté avec son baldaquin et ses rideaux; un tableau qui contient un porte-manteau, etc., objets ingénieux sortis de la même fabrique;

7° Une jardinière en bois d'amourette, avec encadrement en ébène et incrustation de lapis, vrai bijou garni de bronzes d'une délicatesse et d'un goût délicieux;

8° Un bureau de dame, en ébène, à deux corps, sans cuivre, avec quelques incrustations de pierres dures et de lapis d'un style pur et sévère; un meuble d'appui pour salon, en bois de rose et d'amaranthe, sans incrustations ni marquetterie, mais avec des bronzes ciselés parfaitement et des portes garnies de médaillons. Ces deux meubles sortent des mains de deux frères dont la renommée repose, depuis longtemps, sur des travaux remarquables.

La marqueterie tient une grande place à l'Exposition, grâce aux provenances de l'Amérique, à celles de l'Algérie, et aux bois teints en grume par le procédé Boucherie. Autrefois, pour donner aux bois des teintes diverses, on les brûlait; c'est encore le faire de quelques ouvriers; mais la plupart d'entre eux trouvent, dans la perfection du sciage et de l'assemblage à la colle, le moyen d'établir des panneaux infiniment variés, que les ébénistes mettent en œuvre.

Il est un nouveau genre de plaques imitant le travail de Boule, qu'il importe de signaler, car on l'applique à toutes sortes de meubles, et ces meubles peuvent se vendre bien au-dessous du prix des Boules véritables. La galvanoplastie reproduit exactement une plaque modèle, en cuivre, dans laquelle on pratique des creux qu'on remplit ensuite d'une pâte destinée à remplacer l'écaille. C'est un procédé très-économique auquel on doit d'heureuses combinaisons.

Les laques, que les Chinois travaillent avec une incontestable supériorité, occupent, disait un industriel éminent, une place distinguée dans l'industrie française, qui en trouve le principal débouché dans son commerce d'exportation. L'Amérique, à elle seule, consomme plus des trois quarts de la fabrication. Cette fabrication consiste dans l'application d'un vernis copal sur du bois, qu'on a soin de choisir très-poreux, pour qu'il s'imprègne mieux de vernis; alors elle prend le nom de laque proprement dite. Quand, au lieu de vernis, on applique une pâte pétrie dans des moules, on appelle cela du *papier mâché*.

Le papier mâché sert particulièrement à la composition de petits meubles, de boîtes, de coffrets et de plateaux. Le brillant qui les distingue est dû au nombre des couches de vernis qu'on y applique (les plus beaux laques n'ont pas moins de seize à dix-huit couches). On a soin de les faire sécher au feu après chaque opération de vernissage; on les décore ensuite avec de la peinture, de la nacre, surtout de la dorure, puis on leur donne le poli nécessaire en les frottant avec la main, jusqu'à ce que le brillant soit parfait.

L'ornementation due au papier mâché, toujours lourde et empâtée, nous semble d'un effet artistique fort secondaire. Les Anglais se passionnent pour lui, et longtemps, en Europe, ils ont joui, dans ce genre, d'une réputation peut-être usurpée. N'en soyons pas jaloux; c'est un genre conventionnel hasardé, une manière qui s'éloigne des traditions pures et simples de l'antiquité; c'est une sorte de compromis avec l'art japonais et l'art chinois, si remarquables par la finesse d'une exécution patiente, mais si peu satisfaisants au point de vue des reliefs et de la pureté des lignes. Cependant le papier mâché, ou laque faux, prend faveur en France. Il jette de la diversité, de l'originalité dans l'ensem-

ble d'un ameublement; mais il ne saurait prévaloir sur les incrustations de marbres, de pierres fines et d'ivoire, sur les émaux enchâssés, sur les compartiments de thuya, d'olivier, de houx d'Afrique et de tant d'autres espèces que nos conquêtes trans-méditerranéennes ont naturalisées en France. Assurément, ces espèces remplaceront avec avantage, dans un avenir très-prochain, les bois d'acajou et de palissandre, les bois de rose et de frêne, entre lesquels se disputaient les préférences des gens riches.

Généralement, l'ébénisterie anglaise diffère de la nôtre sous bien des rapports. Elle est confortable, adaptée aux besoins matériels bien plus qu'à la fantaisie, mais elle n'offre jamais la grâce des meubles français, à moins que des artistes étrangers n'en aient fait les dessins. Les ouvriers du Royaume-Uni, les peintres surtout, s'entendent bien à mettre de l'accord, de l'harmonie entre les bois divers et les teintes du même meuble; mais ils se préoccupent principalement des exigences incessantes de la vie usuelle. Sous ce rapport, nous devrions nous rapprocher d'eux plus que nous ne le faisons.

En Allemagne, on travaille très-bien le meuble: l'Exposition universelle de Londres l'a prouvé; mais il ne nous est venu de ces contrées que de rares échantillons qui ne nous permettent pas de modifier, d'une manière générale, l'examen critique des objets.

Le Danemark, la Hollande, ou plutôt les villes de Copenhague, de Ruremonde et de Bois-le-Duc, se sont fait représenter par quelques meubles d'une richesse d'exécution remarquable et d'un goût distingué. Quant aux autres nations, elles ont négligé de figurer dans une lice où d'avance la primauté ne pouvait faillir à notre pays.

Nous voici en présence des riens indispensables, coffrets, nécessaires, jardinières, tables à ouvrage, tables à jeu, caves à liqueurs, cages, buvards, que sais-je?... Tous les ouvriers habiles y concourent, tous les styles, tous les caprices confondus, entremêlés, viennent se donner la main dans ce bazar de coquetterie, dans cet arsenal de désœuvrement forcé; on ne sait où fixer l'œil, où faire un choix; on marche de surprise en surprise; c'est un résumé complet de la grande ébénisterie, du grand art des bronzes statuaires, de la grande marqueterie; c'est le triomphe de la patiente intelligence appliquée aux bois étrangers, aux métaux précieux et aux métaux communs.

Combien d'amateurs qui, dans l'impossibilité d'un choix, accablés sous le charme de tant de luxe et de tant de somptuosité, sont allés se consoler de n'y pouvoir atteindre, en s'asseyant philosophiquement sur quelque chaise en roseaux, sur quelque natte rustique dont la simplicité servait de contraste aux objets étalés avec magnificence par les Audiot, les Giroux, les Janselme et les Taban. Les meubles en paille et en roseaux viennent presque tous des contrées lointaines. Cependant il s'en fait beaucoup en France, depuis quelques années, destinés aux ameublements des campagnes et des jardins.

PAPIERS PEINTS, STORES ET TENTURES.

Naguère, entre la nudité des murailles blanchies au lait de chaux ou peintes d'une main grossière, et les tentures d'étoffes ou les boiseries, on ne pouvait prendre un moyen

terme ; il fallait subir le prix élevé des tentures ou l'exécution tant soit peu primitive et barbare du lait de chaux. Grâce aux papiers peints, industrie qui ne remonte guère plus loin que la naissance du siècle, le petit bourgeois, le rentier modeste, le prolétaire, décorent à très-peu de frais leur demeure et ajoutent ainsi aux diverses conditions du mieux-être matériel les jouissances d'amour-propre qui font aimer son chez-soi.

Les premiers papiers peints étaient chers ; le coton n'avait pas encore usurpé la place du chanvre sur les marchés d'Europe, et le chiffon ne donnait presque pas en raison de l'usure trop lente du linge. Et puis ces papiers se ressentaient des progrès lents d'un art à son enfance ; la chimie étudiait plutôt qu'elle n'effectuait l'introduction de couleurs nouvelles, de nuances heureuses et de préparations diverses qui constituent le satinage, le velouté, qui jettent du relief dans cet ensemble de surfaces monotones dont il fallait tempérer l'uniformité. Le premier pas franchi, les premiers obstacles aplanis, on eut l'idée de tableaux complets, de paysages à grandes dimensions. Les vues d'Égypte, d'Italie, de Sicile, les batailles, les sites pittoresque furent reproduits avec intelligence, mais on n'en tira que de mauvais tableaux, qui plaisaient néanmoins, car la plupart des salons furent décorés de la sorte sous le premier Empire. Peu à peu cependant le goût se perfectionna ; on ne demanda plus au papier peint que ce qu'il fallait lui demander, des lignes rubannées, des fleurons, des semis sur fonds lisses et des imitations d'étoffes, puisqu'il était dans la destinée du papier de remplacer économiquement la laine et la soie dont nos ancêtres décoraient leurs pièces.

Les trente années qui viennent de se succéder ont été, pour les papiers peints, des années de progrès étonnants. Plusieurs fabricants ont su donner à leurs produits l'aspect des étoffes brochées de toute nature en soie, en or et en argent, même du broché de soie couleur sur couleur. Certes, il y a là une entente parfaite des conditions d'imitation qu'exige le papier peint : l'art consiste à ce que le papier se fasse étoffe.

Aussi louons-nous peu les fabricants qui, dans leur amour du nouveau, voudraient ressusciter le passé et remettre à la mode le genre tableau, le genre paysage, dont nous blâmions tout-à-l'heure l'idée. L'Exposition présente quelques essais de cette nature. Mais, en les proscrivant d'une manière générale, nous ne pouvons refuser des éloges bien sincères à certain panneau représentant un tableau de Müller, *la Jeunesse*, qui réunit des qualités rares de dessin et de teintes heureuses.

Pour le papier peint, de quelque nature qu'il soit, la France ne redoute personne. Ses produits alimentent le monde entier. Les concurrences qu'on a voulu lui créer, même avec des artistes et des ouvriers tirés de son sein, n'ont pu réussir. On dirait qu'il en est du papier français comme de la langue française, qui, dépaysée, s'altère et n'offre plus que son ombre ou son squelette.

Les stores, intermédiaires gracieux placés entre les rayons du soleil qu'ils tamisent et nos yeux qu'ils protègent, ont fait, depuis quelques années, des progrès étonnants. On exécute, pour les stores, des tableaux charmants, des paysages agréables, des dessins d'une finesse exquise. La Russie, qui de l'intérieur des maisons fait un Orient factice, les pays chauds, qui n'ont pas de vitrerie et qui ne se ferment que par des cloisons mobiles et flot-

tantes, se sont empressés d'adopter nos stores. Nous en expédions partout, et si la concurrence étrangère s'entremêle à nos efforts, elle ne nous nuira pas de sitôt dans l'exécution
et l'appropriation des sujets.

Sans prétendre déclasser les vitraux peints du rang qu'ils occupent ailleurs, sans les
faire déchoir de leur destination élevée, nous devons les considérer aussi comme de véritables stores, car, pour l'usage matériel, leur effet est le même.

Mosaïque transparente que les artistes du moyen âge ont transportée du pavé des temples à leur faîte, les vitraux peints datent de l'ère carlovingienne. Nés en France, peut-
être en Lorraine (d'anciens manuscrits le font supposer), ils passèrent de là en Allemagne,
puis en Angleterre; ils firent comme l'imprimerie, qui, avant d'illuminer le monde, jeta
ses premières lueurs sur les rives de la Moselle et du Rhin.

Originairement, la vitrerie peinte n'exécuta que des pièces d'étroite dimension et fort
épaisses, toutes à teintes plates. Jusqu'au XIIᵉ siècle, on ne disposa guère les sujets qu'en
médaillons. La marqueterie diamantée caractérisa les deux siècles suivants. Ce ne fut
qu'au XIVᵉ siècle que l'on commença d'exécuter des images plus grandes que nature. Le
XVᵉ siècle fut l'époque triomphale du spiritualisme dans la vitrerie peinte, et le XVIᵉ siècle
l'époque triomphale de la forme ou du réalisme. Depuis lors, l'art suivit une pente de
décadence très-sensible; décadence due à l'affaissement de la foi, aux discussions
rationalistes, plus encore qu'aux malheurs des temps et à l'oubli de secrets soi-disant
perdus.

On ne peut pas dire que la vitrerie peinte ait eu ses écoles comme l'architecture et la
sculpture avaient les leurs, attendu qu'en vitrerie les maîtres étaient presque tous ambu-
lants. Ils groupaient autour d'eux leur famille, leurs élèves, et se transportaient successivement dans les localités où d'importants travaux devaient les fixer. Les données générales du métier ne pouvaient être un mystère pour personne; mais ce qui différenciait
l'œuvre, c'étaient les patrons et surtout l'emploi de certains secrets traditionnels, de certains coups de main pour la composition, l'apprêt, le mélange des couleurs et pour la
cuisson de la matière. Nous possédons incontestablement la théorie de l'art, mais nous
ignorons quantité de procédés que le hasard fera retrouver sans doute.

Aujourd'hui, la vitrerie peinte s'exécute d'après un système mixte, tenant à la fois des
traditions anciennes et des progrès de la chimie. Les Anglais, les Suisses, les Allemands
réussissent très-bien dans le genre héraldique. Plusieurs temples protestants et plusieurs
palais, notamment celui de Westminster, le prouvent. Quant au genre religieux, où nous
avons encore tant de progrès à faire, aucune nation ne peut rivaliser avec la nôtre. La
Moselle, le Limousin, la Touraine possèdent des fabriques importantes de vitraux qui
ont fourni à l'Exposition des spécimens remarquables. Quelques-uns avaient le cachet, le
relief, l'enchâssement même de vieux vitraux; mais la teinte des chairs n'est point
encore saisie, et l'expression de résignation pieuse, de sainte grandeur qu'on observe dans
les œuvres du moyen âge, laisse beaucoup à désirer chez les artistes contemporains, quel
que soit leur mérite. C'est que la foi ne se donne pas comme le talent; elle marche indépendante des écoles; on y arrive par inspiration, par tempérament, et aussi par le mou-

vement général des choses humaines quand elles tournent au spiritualisme. Cette manifestation idéale de la vitrerie peinte appartient spécialement à la dix-huitième classe, et
nous y renvoyons. Mais nous réservons ici, pour la placer au niveau des stores et des
papiers enluminés, la vitrerie coloriée de second ordre dont nos architectes décorent avec
bonheur les porches des grands hôtels, les corridors, les antichambres et les boudoirs.
Ils n'emploient guère que des mosaïques à teintes plates, tout au plus parsemées de fleurons ou d'armoiries ; c'est de la vitrerie de fabrique, bien différente de la vitrerie d'église,
et dont on n'a jamais discontinué de faire usage. Elle remplace même très-souvent la
vitrerie artistique dans les pauvres sanctuaires de la campagne où la décoration se trouve
subordonnée aux ressources paroissiales, au mauvais goût des paroissiens, et trop souvent, disons-le franchement, au défaut de sentiment artistique chez les curés et les fa-
briciens.

Cette lacune d'éducation religieuse, que d'incontestables efforts tendent à combler, se
trahissait d'elle-même dans certaines vitrines, mais surtout sous la nef principale de
l'Exposition, où se trouvaient réunis des autels, des chaires à prêcher, des confessionaux,
des châsses, des croix, des vases sacrés, les uns composés d'après d'anciens types, les
autres émanés de notre *imaginative* panthéiste et profane. Tant que nous ne croirons pas,
copions l'œuvre de ceux qui croyaient, et ne mettons pas la décoration, l'ameublement
des lieux saints, en désaccord avec les doctrines évangéliques qu'on y proclame.

REVUE DES PRINCIPAUX OBJETS

EXPOSÉS DANS LA VINGT-QUATRIÈME CLASSE.

M. FOURDINOIS, a Paris (France).

Dans tous les cas où l'industrie a besoin de l'alliance de l'art, la France tient le premier rang parmi les nations. C'est pour l'ébénisterie surtout que cette vérité devient incontestable, et c'est M. Fourdinois principalement qui en fournissait les preuves éclatantes lors de l'Exposition universelle.

Déjà, au Palais de Cristal, à Londres, on avait vu le triomphe de ce grand fabricant ; au Palais de l'Industrie, à Paris, on pouvait constater que, loin de déchoir, il avait encore ajouté à l'impulsion puissamment intelligente qui fait sortir de ses vastes ateliers ces beaux meubles, ou plutôt ces chefs-d'œuvre, résultats de la coopération intime de l'inspiration artistique avec l'habileté manuelle. Un simple rappel des principaux objets d'ameublement exposés par M. Fourdinois en dira plus, à ce sujet, que tous les éloges.

On se souvient de sa grande cheminée d'apparat, style Renaissance, au corps de marbre vert orné de bronzes, aux quatre lions héraldiques en haut-relief, supportant des écussons d'armoiries et décorant les principaux pilastres : des enfants groupés en allégories de l'Hiver se détachaient à jour dans le bandeau de la frise ; au milieu de la partie supérieure, un bas-relief en noyer déroulait une chasse au cerf ; d'un côté, une figure de femme, jeune et belle, terminant sa toilette, symbolisait le départ ; de l'autre, une figure d'homme, fière et noble, caractérisait l'arrivée ; un entablement formé d'enfants et de chiens couronnait cette magnifique composition. On se souvient aussi du dressoir en forme de bibliothèque, en bois de poirier imitant l'ébène, rehaussé d'émaux sur fer ; du cabinet à deux corps et à quatre ventaux, en noyer sculpté dans le style du XVIe siècle ; du grand meuble en thuya, pistachier, olivier et cèdre, destiné à populariser l'emploi de nos superbes bois d'Algérie ; des tables de jeu en bois de rose et marqueterie, du piano de Herz, enfin de tous ces travaux d'élite pour lesquels M. Fourdinois a su si bien trouver la majesté de l'ensemble, la convenance de la forme, la correction du modelé et la sobriété de l'ornementation.

En se rappelant de tels résultats, on applaudira à la décision du Jury qui a décerné à l'industriel « dirigeant le mieux l'ébénisterie dans la voie de l'art et des saines traditions du goût, » dit le Rapport officiel, la Grande médaille d'honneur.

M. BARBEDIENNE, a Paris (France).

L'emploi des procédés de M. Achille Collas pour la réduction des chefs-d'œuvre de l'antiquité et de la Renaissance appartient à M. Barbedienne ; mais ce qui le met, avant tout, au rang le plus éminent

III. 37

dans son industrie, c'est son heureuse tentative pour appliquer les beaux produits du système Colas à l'ameublement. Une admirable bibliothèque d'ébène, déjà trouvée digne d'une suprême récompense à l'Exposition universelle de Londres, venait de nouveau prouver, au grand concours de 1855, que le bronze accouplé par la puissance mécanique avec l'ébénisterie devenait pour elle, au lieu d'une simple décoration, une assimilation des plus intimes. Dans la composition de ce meuble entraient des reproductions réduites de sublimes morceaux dûs à Ghiberti et à Michel-Ange. Mais M. BARBEDIENNE ne s'en était pas tenu à un seul spécimen de l'innovation qu'il perfectionne chaque jour : il avait ajouté, pour pendant à sa bibliothèque, un dressoir aussi remarquable par l'artistique distinction de son dessin que par l'excellent effet de ses bronzes. Avec le bois de noyer supérieurement sculpté s'harmonisaient les chanteurs de Lucca della Robbia, le ravissant modeleur du XVe siècle, les magistrales figures de la Chapelle des Médicis, et les Esclaves de l'immortel Michel-Ange. La composition de ce grand meuble d'apparat appartenait à M. Manguin, de même que celle de l'autre principal ouvrage exposé par M. BARBEDIENNE, que le Jury a dignement récompensé de ses nobles efforts pour diriger l'ébénisterie dans une voie nouvelle où l'art véritable sait résister aux exigences de la mode et de la fantaisie, en lui décernant la GRANDE MÉDAILLE D'HONNEUR.

M. BEAUFILS, a Bordeaux (France).

L'ébénisterie, amenée à la délicatesse et à l'éclat de l'art sous François Ier, et, plus tard, noblement ou élégamment traitée par Boulle et Riesener, n'est revenue que depuis fort peu de temps aux traditions des maîtres, et c'est aussi depuis peu de temps que la fabrication des meubles a acquis une véritable importance commerciale.

D'après les tableaux statistiques de Tolozan, la production annuelle de l'ébénisterie s'élevait à peine, en 1788, au chiffre de 800,000 fr. Mais, dès le Consulat, le progrès est marqué. En 1819, suivant le comte Chaptal, elle s'élève à seize millions de francs, rien que pour les meubles de luxe. Depuis cette époque, la marche ascendante continue si bien, qu'on peut aujourd'hui estimer la valeur de cette production à 120 ou 130 millions.

Les belles œuvres qui ont élevé si haut la réputation de l'ébénisterie française ne s'exécutent pas seulement à Paris, et l'Exposition universelle de 1855 a permis de s'en convaincre par l'examen des travaux de M. BEAUFILS, de Bordeaux.

Simple ouvrier au début de sa carrière, M. BEAUFILS est aujourd'hui à la tête de la plus importante fabrique de meubles qui soit en France, et de l'une des mieux entendues : presque tous les meubles que demandent, au delà des mers, les cités étrangères et les colonies, sortent de ses ateliers.

Déjà, à Londres, en 1851, dans son rapport sur l'Exposition universelle, Adolphe Blanqui, de regrettable mémoire, disait de M. BEAUFILS :

« Il est parvenu à faire des meubles qui bravent les variations de température si meurtrières aux colonies ; il choisit ses bois et il les débite avec tant d'intelligence, qu'aucun de ses meubles ne se tourmente et que ses placages résistent à toutes les épreuves. Grâce à lui, notre ébénisterie devient chaque jour plus populaire dans les régions tropicales, et des marchés immenses s'ouvrent chaque jour devant elle. Cette élégante solidité a été fort remarquée dans tous les articles exposés par M. Beaufils. »

Après avoir créé en grand et exporté partout ces excellents meubles auxquels le Jury de Londres rendait pleine justice, il a voulu raviver les souvenirs de la grande sculpture en bois, et, n'ayant plus rien à faire dans la production de l'ébénisterie courante, il a mis tous ses soins à produire une de ces œuvres à la création desquelles les artistes d'autrefois vouaient leur vie.

Nous voulons parler de la bibliothèque en noyer sculpté, décorée de figures en ronde bosse (les Quatre Parties du Monde), et de bas-reliefs représentant les Génies des arts, des sciences et de l'industrie. L'entablement, aux armes de la ville de Bordeaux, est surmonté d'un aigle aux ailes déployées, accom

pagné des figures symboliques de la Paix et de l'Abondance ; à droite et à gauche sont les statues de la Foi et de la Loi.

Ce meuble est conçu dans de larges proportions, et se recommande par la beauté de ses sculptures.

Bibliothèque en noyer sculpté, par M. Beaufils, de Bordeaux.

M. BEAUFILS exposait aussi divers objets d'ébénisterie courante : des bahuts, une bibliothèque, un dressoir, une armoire, un canapé.

L'un des bahuts est incrusté de bois sur bois ; l'autre, de bois de rose et de porcelaine, avec bronzes : un troisième, de marbre et de pierres rares, en style florentin. La bibliothèque est ornée de bronzes, de cuivres et d'écaille ; le dressoir, l'armoire et le canapé sont sculptés dans le bois de palissandre.

Tous les meubles de cet exposant sont d'une solidité extrême, et remarquables par la modicité de leurs prix : une bibliothèque en marqueterie de Boulle à deux corps ne dépasse pas 800 francs : un meuble en bois de rose avec plaques de porcelaines peintes et bronzés dorés, 700 francs. « Ces prix, dit le Rapport officiel, s'expliquent par l'étendue de la fabrication, et surtout par l'emploi d'ingénieuses machines à découper qui multiplient une même ornementation d'une manière à peu près indéfinie. »

M. Beaufils emploie trois cent vingt personnes, et le nombre d'objets fabriqués chez lui ,en 1854, s'est élevé à 8,000 environ, représentant un chiffre de plus de 750,000 fr. Son établissement, qui contient dix-neuf ateliers tels que scierie, menuiserie, bâtonnerie, incrustation de mosaïques, fonderie, sculpture, etc., ne prend par conséquent aucun auxiliaire au-dehors.

Le Jury international, considérant « l'impulsion donnée par M. Beaufils à une branche d'industrie des plus importantes dans une ville de premier ordre, et les efforts faits par ce fabricant pour offrir à nos produits des débouchés assurés sur les marchés étrangers, et pour maintenir par une bonne fabrication la réputation de l'ébénisterie française, » lui a décerné la Médaille d'honneur.

MM. JEANSELME Père et Fils, a Paris (France).

La maison Jeanselme était depuis longtemps au premier rang dans la fabrication de l'ébénisterie de siège, lorsqu'en 1847, prenant la continuation des affaires de M. Jacob-Desmaller, elle adjoignit à sa branche spéciale d'industrie celles des meubles de luxe, d'apparat, d'appartement et d'usage courant. Maintenant, ses vastes ateliers sont des types de bonne tenue et d'habile direction ; ils contiennent plus de trois cents ouvriers, et l'Exposition universelle a pu faire juger de la richesse, de l'élégance, de la solidité exceptionnelles de leurs produits si variés. Mentionnons, entre autres travaux, une armoire en chêne sculpté formant râtelier d'armes, un buffet en bois noir rehaussé de bronzes dorés, une petite bibliothèque en noyer sculpté, style du règne d'Henri II, et des sièges de salon en bois sculpté et doré, d'une rare finesse de détails et d'un aspect magistral.

Le Jury a décerné à l'unanimité à MM. Jeanselme père et fils la Médaille de première classe, et S. M. Napoléon III, prenant en considération que M. Jeanselme père s'est créé, par son travail et sa haute probité, une position éminente dans l'ébénisterie, qui lui doit une partie de ses progrès actuels; que de plus il exerce sur son nombreux personnel une autorité toute paternelle, l'a nommé chevalier de la Légion-d'Honneur.

M. ROUDILLON, à Paris (France). Continuant les affaires de la maison Ringuet-Leprince, à l'époque du grand concours de 1855, M. Roudillon n'avait pas voulu être inférieur à son prédécesseur, honorablement connu par ses succès, surtout à l'Exposition du Palais de Cristal. Il avait présenté une grande cheminée et des panneaux en chêne sculpté (style Louis XIV), supérieurement exécutés, réunissant la richesse à la distinction, dignes en un mot de M. Diéterle, qui avait fourni les dessins de cette superbe décoration d'appartement, dont les peintures devaient être reproduites en tapisseries des Gobelins ou de Beauvais.

Des meubles de fabrication courante prouvaient aussi l'habileté de M. Roudillon, qui a obtenu la Médaille de première classe.

M. MEYNARD Fils, à Paris (France). La maison Meynard, fondée en 1804, a reçu déjà de nombreuses récompenses honorifiques pour l'utilité sans conteste, l'élégante simplicité et l'exécution irréprochable de ses ameublements ; c'est ce qui nous fait regretter qu'elle n'ait pas envoyé au Palais de l'Industrie ses excellents meubles d'usage général auxquels elle doit sa solide renommée. La grande bibliothèque en noyer sculpté, avec application de moulures en ébène, exposée par elle, méritait néanmoins tous éloges pour l'habileté de ses dispositions et de sa conception, quoique ses détails bien finis fussent peut-être un peu uniformes, et que son couronnement manquât de légèreté. Une armoire à glace en thuya établissait, de plus, que M. Meynard compte parmi les intelligents ébénistes qui veulent tirer parti de nos richesses forestières d'Algérie. Médaille de première classe.

MM. RIBAILLIER Ainé et MAZAROZ, à Paris (France). Le buffet en noyer sculpté à deux corps,

pour salle à manger, qu'exposaient ces fabricants, démontrait une vraie perfection de main-d'œuvre et un excellent goût d'ajustement. Les deux grandes figures en ronde-bosse (la Chasse et la Pêche) qui l'ornaient, étaient d'un choix plus heureux que les peintures sur fond d'or décorant les panneaux ; mais , en somme, l'ensemble de ce superbe meuble méritait bien la MÉDAILLE DE PREMIÈRE CLASSE accordée à MM. RIBAILLIER ET MAZAR Z.

M. JULES FOSSEY, à Paris (FRANCE). Cet ancien associé de M. Fourdinois, devenu à son tour chef de maison, est l'une des plus hautes personnifications de l'artiste fabricant. D'abord auteur émérite et médaillé des meilleurs dessins pour les industries des bronzes, de l'ébénisterie, de l'orfévrerie et des papiers peints, quand il s'est lancé dans l'application spéciale et manuelle de ses talents à l'ébénisterie il n'a pas tardé à se mettre au-dessus de toute concurrence. Aussi son grand meuble formant râtelier d'armes, en bois de noyer sculpté, était-il un des ouvrages réellement admirables de l'Exposition. Il a valu à son créateur la MÉDAILLE DE PREMIÈRE CLASSE. De son côté, S. M. l'Empereur a récompensé M. JULES FOSSEY des services rendus par lui aux arts industriels comme dessinateur et comme sculpteur, en le nommant chevalier de la Légion d'Honneur.

M. BRULAND, à Paris (FRANCE). Il exposait une élégante bibliothèque en bois de palissandre, simple de forme, sobre d'ornementation, parfaite d'exécution, digne enfin d'être classée parmi les meilleurs ouvrages de l'ébénisterie parisienne. MÉDAILLE DE PREMIÈRE CLASSE.

M. HOEFER, à Paris (FRANCE). Encore un fabricant distingué qui emploie habilement nos bois d'Algérie : son exposition montrait le thuya, si riche de tons, si fin de grain et de veines, heureusement combiné avec le houx, conservant pures toutes les teintures, et se fendant pas comme l'ébène, dans un meuble de placage qui présentait, comme les autres produits de M. HOEFER, de rares qualités de goût et d'exécution, n'excluant pas cependant la modération du prix. MÉDAILLE DE PREMIÈRE CLASSE.

M. CHRISTOPHE CHARMOIS, à Paris (FRANCE). Déjà médaillé collectivement avec son frère dans deux précédentes expositions, M. CH. CHARMOIS exposait pour son compte personnel, en 1855, les produits soignés, bien disposés, et relativement peu chers, de l'établissement créé par son prédécesseur, M. Royer, il y a quarante ans. C'étaient un meuble de boudoir à deux corps, marqueté de cuivre et d'étain gravé, avec bronzes dorés au mat, sur fond d'argent ; un grand buffet-étagère en noyer, à moulures de chêne, incrustations de marbre vert, et bas-reliefs en bronze ; un meuble de salon, en ébène orné de bronzes dorés, et un grand buffet en thuya d'Algérie. Tous ces meubles démontraient une grande entente de l'art. MÉDAILLE DE PREMIÈRE CLASSE.

M. BALNY JEUNE, à Paris (FRANCE). Ce fabricant, déjà récompensé aux concours industriels de Londres et de New-York, présentait à l'Exposition universelle un buffet en chêne blanc avec sculptures en relief et incrustations de marbre, d'une pureté de goût n'ayant de rivale que l'habileté de la main-d'œuvre. Ce beau meuble exécuté sur les dessins de M. Liénard, et les excellents produits courants de M. BALNY, lui ont valu la MÉDAILLE DE PREMIÈRE CLASSE.

MM. GUÉRET FRÈRES, à Paris (FRANCE). Plutôt sculpteurs en bois qu'ébénistes, MM. GUÉRET établissaient sans conteste leur habileté artistique, en exposant un buffet de chasse formant râtelier d'armes, un bureau de dame surmonté d'un corps de bibliothèque, des coffrets, des encriers, des miroirs, où détails et ensemble arrivaient à la perfection. Rien que le groupe de nature morte décorant le râtelier d'armes méritait, par son admirable exécution, la MÉDAILLE DE PREMIÈRE CLASSE.

M. RIVART, à Paris (FRANCE). L'une des plus marquantes innovations dans la décoration des objets d'ameublement est due à M. RIVART : après de persévérants efforts, il a réussi à rendre parfaite l'application aux meubles de bouquets de porcelaine découpée et incrustée. Tel est sommairement le procédé employé par cet habile fabricant : il fait le calibre en bois du dessin qu'il veut représenter, puis l'exé-

cute en porcelaine, qu'il aplanit et redresse ensuite avec précision sur la face; une fois les défauts de découpage corrigés à la meule, les pâtes sont passées à l'émail, peintes, et incrustées dans le bois, le marbre, le cuir, le velours, etc. Grâce à la modération des prix de revient, ce système de décoration peut s'employer pour tous les menus produits d'ameublement et de fantaisie. Médaille de première classe.

M. CREMER, à Paris (France). C'est encore un remarquable novateur que M. Cremer. D'abord distingué par divers Jurys antérieurs pour ses travaux en marqueterie de bois coloriés, dont le Palais de l'Industrie possédait de superbes spécimens sous forme de panneaux, il a voulu encore remplacer, dans l'ameublement, la marqueterie de Boulle par un système d'ornementation plus solide, d'exécution plus simple, de procédés moins coûteux de revient, et il a réussi. Sur une plaque de cuivre préparée par la galvanoplastie, il a coulé une pâte légèrement grasse et chauffée au feu, puis il a poncé le tout à vif, de manière à ce que la pâte et les dessins saillants du cuivre affleurent au point de donner une surface nette et polie. Les meubles ainsi ornés semblent incrustés de cuivres sur écaille, ils offrent une repro- duction exacte des dessins les plus minutieux, que n'altèrent pas les transitions du froid au chaud; ils sont enfin d'une rare modicité de prix. Médaille de première classe.

M. MARCELIN, à Paris (France). L'exposition de M. Marcelin consistait en modèles de parquets au dixième, en parquets de grandeur naturelle, en une boiserie riche pour cabine de navire, en tables, en boîtes et sphères, tous objets offrant des applications ordinaires de l'industrie si féconde en difficultés vaincues, pratiquée avec un si grand succès par ce fabricant hors ligne. Il s'agit du travail mosaïque, obtenu par la puissance mécanique avec une dextérité, une finesse sans égales, et dépassant parfois en correction, en charme, ce que l'Inde produit manuellement de plus parfait dans ce genre aux mille com- binaisons de pièces imperceptiblement juxtaposées. Le système de M. Marcelin s'appuie sur des calculs géométriques : il procède en disposant par bandes des lames de matières et d'épaisseurs diverses, coupées ensuite en prismes de tous angles et de toutes formes, suivant les dessins à représenter; ces prismes, col- lés ensemble et fortement comprimés, forment des masses qui, divisées en feuilles, reproduisent cha- cune le même principe de géométrie; les feuilles placées l'une près de l'autre développent le dessin pour lequel elles ont été calculées. On comprendra maintenant que cet ingénieux système de mosaïque s'ap- plique à tout : surfaces planes ou sphériques, boiseries, parquets, meubles, objets volumineux ou infimes; par conséquent, on appréciera les titres méritoires de M. Marcelin à la Médaille de première classe.

MM. MÉGARD et DUVAL, à Paris (France). La menuiserie, la dorure, le plafond, les corniches, les portes, les cheminées, les tentures, les rideaux et velours aux crépines d'or, les siéges en tapisserie du salon de repos de Sa Majesté l'Impératrice, au Palais de l'Industrie, avaient été disposés aux frais et par les soins de MM. Mégard et Duval. Une partie de la décoration générale des salles de l'Expo- sition universelle était aussi de ces intelligents fabricants, et l'approbation que tous les visiteurs ont donnée à la richesse de leurs étoffes, à l'habileté de leurs dispositions, justifiait pleinement la décision du Jury leur décernant la Médaille de première classe.

M. DEVILLE, à Paris (France). Il exposait des tentures de croisées, des meubles en bois doré et en noyer sculpté, garnis d'étoffes de soie ou montés en canne, tous produits élégants, bien exécutés et sur- tout d'une savante composition comme dessin. Médaille de première classe.

M. PLANIER, a Paris (France).

M. Planier exposait des bourrelets élastiques. Voilà un titre bien simple à ce qu'il semble, une fabri- cation toute modeste. Ne vous y trompez pas; il s'agit ici d'une très-jolie industrie qui ne se sert que d'une ouate légère pour nous rendre à tous un fort grand service.

M. PLANIER s'est imposé un devoir qu'il a rempli ; il nous délivre définitivement, et par une invention qui n'est pas sans élégance, des courants d'air, de l'humidité, de la poussière et du bruit des rues. Voilà donc nos retraites à l'abri de ces vilains fléaux. Nos portes et nos fenêtres, hermétiquement et invisiblement fermées, nous protégent désormais sans nulle trahison. Autrefois, les architectes plaçaient le long des fentes pernicieuses de grossiers bourrelets d'étoupe, serrés dans une gaine de toile, péniblement arrondis, très-durs, c'est-à-dire d'une élasticité horriblement rebelle, et, par-dessus le marché, cloués avec fracas. Ces bourrelets faisaient semblant d'intercepter l'air, et c'est tout au plus s'ils en divisaient un peu les courants ; mille petites brises fines, se glissant çà et là en silence, et quelquefois avec un murmure de mauvais présage, venaient se jouer au milieu de nos appartements, en dépit des apparences de clôture. Et nous savons ce que ces jeux de la brise d'hiver peuvent souvent nous coûter : on s'enrhume, on reçoit un coup d'air, on a des douleurs ; et la fraîcheur, si aimable en été, lorsqu'elle arrive franchement, à pleines fenêtres, à pleines portes, n'a rien que de perfide en ces moments-là.

Avec les courants d'air venait l'humidité, qui ternit, salit, gonfle, gâte, détruit peu à peu nos papiers et nos tentures ; avec l'humidité la poussière, le plus ennuyeux, le plus infatigable, le plus subtil des ennemis de la propreté ; avec la poussière, le bruit.

Et que faisait-on pour nous faire croire que nous étions en sûreté ? On déchirait, on déchiquetait nos boiseries délicates en clouant, en déclouant les bourrelets d'étoupe, si inflexibles et si laids.

Maintenant nous n'aurons plus rien à craindre, et nos boiseries restent sauves. Voici comment M. PLANIER, depuis plusieurs années, a résolu toutes les difficultés du problème ; cela est simple comme toutes les inventions utiles ; cela est même si simple qu'on est étonné d'avoir si longtemps attendu ce remède contre les morsures de l'air frais, les corruptions de l'humidité, les désagréments de la poussière et les clameurs de la rue, qui, dans les instants de mauvaise humeur ou de souffrance, déchirent le tympan et agacent les nerfs. M. PLANIER prend du coton, de la ouate ; par un procédé mécanique il en fait un rouleau qu'un enduit gommeux et souple enveloppe au fur et à mesure que le rouleau se fabrique. Voilà le bourrelet nouveau dans toute sa simplicité. Faut-il qu'il soit très-épais, plusieurs couches concentriques se superposent les unes aux autres, chacune pourvue de son enduit gommeux, et le bourrelet devient de plus en plus solide et de plus en plus élastique. Car il est élastique, compressible, souple, et c'est là qu'est le secret de sa vertu. On ne le cloue pas, on le pose véritablement celui-là ; on n'a même qu'à le coller au moyen d'une colle particulière, et, sans délai, sans fracas, sans dérangement, la chose est faite. On est à l'abri. Le bourrelet collé dans les jointures s'écrase, s'aplatit quand on ferme la fenêtre ou la porte, et il est impossible que le moindre sifflement de l'air se fasse jour, que le moindre grain de poussière se fraie un chemin. Rouvrez la porte ou la fenêtre, le bourrelet écrasé se dilate un peu ; rafraîchi ainsi, il conserve assez d'élasticité pour faire un long service et le faire en toute modestie, puisqu'il demeure invisible.

Ce petit bourrelet de coton est mignonnement enveloppé dans de très-jolies robes, dès qu'on désire qu'il soit rose ou vert, jaune ou lilas, azuré, blanc, violet. Il est capable de devenir coquet, mais jamais il ne devient cher, et, fabriqué par un procédé simple et rapide, il présente sur les bourrelets d'étoupe une économie de 150 pour 100.

La Société centrale des architectes s'est empressée de mettre l'invention de M. PLANIER sous son intelligent patronage, et le Jury lui a décerné la MÉDAILLE DE DEUXIÈME CLASSE.

MM. COSSE, RACAUT ET Cⁱᵉ, à Paris (FRANCE), sont les dignes successeurs de la maison Kriéger : ils excellent dans la fabrication des meubles à plusieurs usages, comme l'établissait surtout leur armoire à glace formant lit à baldaquin. MÉDAILLE DE DEUXIÈME CLASSE.

Nous distinguons encore, parmi les ébénistes français ayant reçu la MÉDAILLE DE DEUXIÈME CLASSE :

MM. DAUBET ET DUMAREST, à Lyon, pour le mécanisme adroitement disposé de leurs toilettes, bureaux, cabinets, etc.

MM. OUVRIER, à Paris, pour des comptoirs de marchands de vin réunissant à l'élégance de l'aspect les meilleures conditions de salubrité.

BOITTEUX et Cᵉ, à Epinal, pour un procédé nouveau de sculpture sur bois ébauchée à la mécanique, et finie à la main, procédé ayant pour résultat l'extrême modicité des prix de revient.

A. TOULOUSE, à Joigny, qui, simple sabotier, exécute par les moyens les plus primitifs des médaillons sculptés d'une finesse remarquable.

L'ASSOCIATION DES OUVRIERS EN SIÈGES sous la raison AUGUSTE ANTOINE et Cᵉ, à Paris. Elle compte soixante-dix-huit participants, emploie cent cinquante ouvriers, est subventionnée par l'Etat, travaille surtout pour l'exportation, et fabrique bon à prix modiques.

D. SAINT-UBÉRY, à Tarbes : il donnait par ses beaux échantillons de marqueterie la mesure de l'utilité industrielle des bois des Pyrénées.

SEILER, MUHLEMANN et Cᵉ, à La Villette : ils emploient près de 200 ouvriers à l'exécution rapide de parquets mosaïques d'une qualité supérieure.

M. CAUMONT, à Paris (FRANCE), prouvait, par ses tables exposées, tout le parti à tirer des bois peu connus de l'Australie. MENTION HONORABLE.

M. TESTUT, à Alger (FRANCE), exposait des meubles simples de formes et d'usage général, mais qui se recommandaient par la richesse et le bel effet des matières premières, splendides spécimens des bois africains comprenant le cèdre, le genévrier, l'oranger, l'olivier et le jujubier sauvages, l'arbousier, le laurier-rose, le thuya-lentisque, le cyprès odorant, le tamaris-térébinthe, le sumac gris et jaune, le noyer noir, le chêne vert, et le pistachier. Le Jury a décerné à M. TESTUT, pour les heureux efforts de mise en œuvre établis par ses nombreux produits, la MÉDAILLE DE PREMIÈRE CLASSE.

M. GRANDJEAN, à Alger, et M. ANTOINE CAILLIEZ, à Mustapha, Algérie (FRANCE) : l'un pour son buffet de salle à manger, l'autre pour son grand coffre en marqueterie, deux beaux objets ayant un caractère original dénotant bien leur provenance algérienne, ont obtenu chacun la MÉDAILLE DE DEUXIÈME CLASSE.

M. MADROLLE et M. LACOSTE, à Saint-Denis de la Réunion (COLONIES FRANÇAISES), le premier comme fabricant d'un élégant buffet en hêtre, le second comme sculpteur d'un joli bénitier en bois verni, méritaient d'autant plus l'attention compétente, que les colonies françaises tirent à bon compte l'ébénisterie de luxe de la mère-patrie, ce qui éteint chez elles presque toute idée de concurrence indigène. MÉDAILLES DE DEUXIÈME CLASSE.

MM. JACKSON et GRAHAM, A LONDRES (ROYAUME-UNI).

M. PETER GRAHAM est le principal introducteur en Angleterre de l'élégance de la forme, du piquant de la fantaisie qui distinguent et mettent au premier rang l'ébénisterie française. Tout en conservant l'habileté du travail et l'emploi des plus belles matières premières, primitifs apanages de l'ancienne et importante maison à laquelle il appartient, M. GRAHAM a donné à ses ameublements un style artistique entièrement nouveau dans la fabrique anglaise, grâce à l'heureux choix qu'il a fait d'habiles coopérateurs étrangers, et notamment du dessinateur français M. Prignot, élève de M. Fourdinois.

Un grand meuble à hauteur d'appui établissait, à l'Exposition universelle, le point culminant où la Société JACKSON et GRAHAM était arrivée dans l'exécution de l'ébénisterie de haut goût. Ce meuble,

décoré de plaques de porcelaine et de bronze, surmonté d'une glace, avec bordure en bois sculpté et doré, rassemblait tous les mérites de la sculpture, du bronze, de la dorure et de l'ajustement. Les nombreux ouvriers d'élite dirigés par M. GRAHAM fabriquent aussi, en quantité considérable, d'excellents meubles simples d'aspect, d'usage ordinaire, et à la portée de toutes les fortunes.

Le Jury a décerné à MM. GRAHAM ET JACKSON la MÉDAILLE D'HONNEUR, pour la haute impulsion qu'ils ont imprimée à leur industrie en Angleterre.

MM. TROLLOPE ET FILS, à Londres (ROYAUME-UNI). Dès sa fondation, en 1788, la maison TROLLOPE a su conquérir une belle place dans l'ébénisterie, et elle s'est toujours maintenue à la hauteur de tous les progrès. La qualité exceptionnelle des matières premières et l'ingénieuse application de la marqueterie en bois de couleurs naturelles, sont ses principaux titres à une juste renommée. Les meubles envoyés par elle au concours dénotaient une supériorité sans rivale dans ce dernier genre de travail; ils étaient toutes les variétés de nuances, obtenues avec des bois teintés par la nature, et par conséquent à l'abri des dégradations de tons qu'éprouve parfois la marqueterie artificiellement coloriée; ils dénotaient, de plus, un goût distingué de composition et de grands soins d'exécution. Le Jury a voté à MM. TROLLOPE ET FILS la MÉDAILLE DE PREMIÈRE CLASSE.

MM. HOLLAND ET FILS, à Londres (ROYAUME-UNI). Ils emploient 400 ouvriers, font des affaires énormes, et exportent dans le monde entier leurs meubles d'une exécution irréprochable. MÉDAILLE DE DEUXIÈME CLASSE.

M. THOMAS WILKINSON WALLIS, à Louth (ROYAUME-UNI). est l'un des plus remarquables sculpteurs en bois de l'Angleterre, comme l'établissait surabondamment son groupe nature morte, composé d'une bécasse, d'une perdrix et d'une bécassine taillées dans un bloc de tilleul. MÉDAILLE DE DEUXIÈME CLASSE.

MM. J. ET H. HILTON, à Montréal (COLONIES ANGLAISES), ont mérité aussi la MÉDAILLE DE DEUXIÈME CLASSE pour leurs excellents meubles en noyer noir, garnis en soie.

MM. THONET FRÈRES, à Vienne (AUTRICHE). Ils exposaient une collection de meubles en bois courbé qui consacrait l'utilité de premier ordre de leur intéressant procédé de fabrication. Des sièges surtout réunissaient la commodité et la légèreté à l'élégance. Le système de M. THONET s'applique aussi aux parquets mosaïques ; il permet de démonter avec une rare facilité tous ses produits, ce qui les fait rechercher pour l'exportation autant qu'à cause de leurs prix modérés. Ces habiles fabricants, qui emploient de nombreux ouvriers, ont obtenu la MÉDAILLE DE PREMIÈRE CLASSE.

MM. ROSANI FRÈRES, à Brescia (AUTRICHE). Une grande table ronde, un secrétaire en citronnier, une petite table à ouvrage, témoignaient du talent minutieux et fin de MM. ROSANI pour l'exécution de la marqueterie de bois. MÉDAILLE DE PREMIÈRE CLASSE.

MM. GODEFROY FRÈRES, à Bruxelles (BELGIQUE). L'ébénisterie belge n'était largement représentée, au Palais de l'Industrie, que dans la partie des parquets, MM. GODEFROY FRÈRES, pour cette spécialité, lui ont valu un vrai triomphe. Leurs produits, des plus solides, doivent à un ingénieux procédé l'application de dessins charmants et variés à l'infini; ils se montent vivement et sans embarras, par feuilles détachées. Ces industriels ont, de plus, inventé un avantageux système de fermeture, où toute la serrure de la porte disparaît, remplacée par un mouvement de bascule invisible au-dehors. Le Jury, constatant les résultats hors ligne obtenus par les efforts de MM. GODEFROY FRÈRES, leur a décerné la MÉDAILLE DE PREMIÈRE CLASSE.

M. EMMANUEL CAMBIER, à Ath (Belgique), pour ses ingénieux lits se fermant et prenant l'aspect d'une commode, et pour ses utiles fauteuils de malade à bas-prix, a reçu la Médaille de deuxième classe.

M. C.-B. HANSEN, à Copenhague (Danemark), pour une grande bibliothèque en chêne sculpté, digne échantillon de l'ébénisterie danoise : Médaille de deuxième classe.

M. FRANCISCO NUNEZ GARCIA, à Madrid (Espagne), pour ses consoles en bois sculpté, bien disposées comme sujet, et d'une grande finesse de détails : Médaille de deuxième classe.

MM. VERNER et PIGHLEIM, a Hambourg (Villes Hanséatiques).

La présence de M. Pighleim dans le Jury de la XXIV° classe a seule empêché l'octroi d'une haute récompense à la maison dont il fait partie.

Elle exposait une bibliothèque, un chevalet gothique, des chaises, des causeuses, des cadres excellents sous tous les rapports. Mais ce qui méritait surtout un haut intérêt parmi les produits de MM. Verner et Pighleim, c'étaient des meubles faits en sciure de bois et imitant exactement les marbres de couleurs. Par cette heureuse invention et par leurs autres travaux, parfaits comme goût et comme main-d'œuvre, ces grands fabricants prenaient la tête de l'industrie de l'ébénisterie.

M. G.-B. GATTI, à Rome (États Pontificaux). Le cabinet rehaussé de mosaïques de bois, ivoire et nacre de perle, si heureux de décoration et d'aspect, exposé par M. Gatti, lui devait spécialement sa perfection comme marqueterie. Médaille de première classe.

M. GIUSEPPE CIAUDO, à Nice (États Sardes). Une grande bibliothèque, qu'exposait M. Ciaudo, présentait une marqueterie des plus remarquables, mais offrait de véritables défectuosités d'ornementation. Médaille de deuxième classe.

MM. RINGUET-LEPRINCE, MARCOTTE et Cⁱᵉ, à New-York (États-Unis), avaient envoyé au concours un grand dressoir habilement sculpté, et qui rappelait plutôt la fabrication parisienne, à laquelle a longtemps appartenu M. Ringuet-Leprince, que le style spécial aux ameublements des États-Unis. Médaille de deuxième classe.

M. FR. WIRTH, à Stuttgard (Wurtemberg). La maison Wirth, qui compte plus de vingt ans d'existence, marche des premières dans l'ébénisterie allemande. Elle exposait un échantillon hors ligne de ses parquets mosaïques, dont la décoration pleine de goût et la parfaite exécution méritaient bien la Médaille de première classe.

M. KLEEMANN, à Bietigheim (Wurtemberg), montrait des spécimens vraiment extraordinaires de sa spécialité, qui consiste en objets de marqueterie se pliant et se démontant à volonté. Ses tables, par exemple, peuvent se placer dans un carton. Tous ces petits meubles, autant par leurs bas prix que par la commodité de leurs formes, sont très-propres à l'exportation. Médaille de deuxième classe.

M. PH.-A. BOUHARDET, à Paris (France). La fabrication des billards, où la France excelle entre toutes les nations, possède un digne représentant dans M. Bouhardet, dont la maison existe depuis au moins une quarantaine d'années. Ses deux magnifiques billards à tables d'ardoise, parfaits de construction, établissaient en outre l'excellence de son procédé de lames en bois découpé pour donner une élasticité uniforme aux bandes des billards. Médaille de deuxième classe.

M. BARTHÉLEMY, à Paris (France). Pour son beau billard en bois d'Afrique, excellent comme forme et comme main-d'œuvre, M. Barthélemy, qui a le premier substitué dans les billards les tables en ardoise aux parquets assemblés, a obtenu la Médaille de deuxième classe.

MM. P. LEPELLETIER et Cᵉ, à Caen (France). La Société des granites de l'Ouest, dirigée par M. Paul Lepelletier, occupe 1,500 ouvriers et répand ses produits non-seulement à Paris, mais encore en Belgique, en Hollande et même en Russie. Grâce à elle, la supériorité des granites de Normandie s'établit partout, pour les travaux d'utilité publique. Une vasque colossale, exposée par cette Société, était entièrement et supérieurement exécutée au poinçon. Médaille de deuxième classe obtenue dans la XIVᵉ classe.

M. SAPEY, à Paris (France), pour douze spécimens de ses marbres de l'Isère et des Hautes-Alpes, qui ne le cédaient en rien aux plus beaux produits des carrières renommées dans l'antiquité : Médaille de deuxième classe.

MM. MICHEL Fils, CANTINI et Cᵉ, à Nancy et à Marseille (France), pour deux cheminées en marbre, pièces élégantes quoique sobrement ornées : Médaille de deuxième classe.

MM. H. LIESCHING et Cᵉ, à Paris (France), pour leurs remarquables travaux en mosaïques de couleurs sur marbres et en incrustations diverses sur dallages : Médaille de deuxième classe.

M. J. CRAPOIX, à Paris (France). Toutes les applications possibles du stuc ont été réalisées par M. Crapoix, comme le prouvaient les nombreux spécimens qu'il exposait de sa fabrication courante. Ses guéridons à sujets, ses tables, ses colonnes torses, d'autres de forme antique, dénotaient une rare entente du style et une véritable science de la forme. Médaille de première classe.

M. LALLA PERSAUD, Compagnie des Indes (Royaume-Uni), avait exposé des marbres incrustés de pierres dures, d'un charme de dessin et de couleurs, d'une finesse de travail exceptionnels. Médaille de deuxième classe.

M. GIOVANNI ISOLA, à Carrare (Autriche). Professeur d'architecture et d'ornements à l'Académie de Massa, il exposait une brillante toilette en marbre statuaire, représentant le Triomphe de l'Amour. Médaille de deuxième classe.

S. A. LE VICE-ROI D'ÉGYPTE, pour les superbes tables en albâtre qu'il a envoyées à l'Exposition, a reçu la Médaille de deuxième classe (Voir 2ᵉ volume, page 480).

M. SIÉGEL, à Athènes (Grèce). Deux candélabres en marbre blanc sculpté, avec montants en marbre rouge, présentés par cet exposant, offraient le véritable caractère antique, et une richesse, une élégance, une habileté de main-d'œuvre sans pareilles. Médaille de première classe.

M. L. GALLAND, à Rome (États Pontificaux). La partie la plus remarquable de l'exposition romaine était bien certainement la vaste collection de mosaïques, de tables et de coupes en matières dures, envoyée par M. Galland. Sa mosaïque du Forum constituait un chef-d'œuvre plutôt artistique qu'industriel. Ses tables reproduisaient, comme décorations, presque tous les monuments renommés de l'Italie, des épisodes historiques de la Rome ancienne, des chasses, des fleurs, des fruits, etc. Deux de ses coupes étaient tirées, l'une d'un bloc de jaune antique, l'autre d'un morceau d'albâtre tigrée, précieux débris des magnificences païennes. Enfin des reproductions habiles des colonnes Antonine et Trajane, des fragments des temples de Jupiter Stator et de Jupiter Tonnant, en rouge antique, complétaient cette intéressante exhibition d'une industrie touchant par tant de points au domaine de l'art. Médaille de première classe.

Mᵐᵉ LA MARQUISE DE SAMPIERI, à Bologne (États Pontificaux). Pour une table en mosaïque élégante et bien dessinée : Médaille de deuxième classe.

M. GAETAN BIANCHINI, à Florence (Toscane). Sous la protection libérale du souverain, l'industrie privée a fait, à Florence, des progrès presque égaux à ceux de la manufacture royale dans la spécialité des mosaïques. M. Bianchini en fournissait la preuve par son exposition de tables à guirlandes de

fleurs, incrustées sur le marbre noir et la pierre de touche. Rien de plus délicat et de plus fin, de plus délié comme forme et de plus harmonieux comme nuances, que ces incrustations, qui ont valu à leur auteur la Médaille de première classe.

M. HIRAM TUCKER, au Massachusetts (États-Unis), pour son procédé peu coûteux d'application instantanée des couleurs sur matières dures et unies, dont ses cheminées en ardoise imitant le marbre prouvaient l'excellence à l'Exposition, a reçu la Médaille de deuxième classe.

M. TRONCHON, à Saint-Cloud (France). Les meubles en fer se sont presque complètement substitués aux meubles en bois dans la décoration des jardins, et la solidité, le bas prix des uns, comparés à la cherté, au difficile entretien des autres, donnent amplement raison à cette substitution, dont M. Tronchon est un des plus éminents propagateurs. Il exposait des fauteuils, des bancs, des chaises de fabrication courante, des jardinières, des corbeilles, des volières dorées, et jusqu'à des kiosques de jardin, des grilles et des grands pavillons garnis de tous leurs meubles. Ces divers objets en fer travaillé témoignaient des heureuses innovations, de l'excellente exécution et du bon goût de leur producteur, qui a obtenu la Médaille de première classe.

M. ALPHONSE CLAIRIN, à Versailles (France). Les meubles riches pour salons, la volière blanc et or, les cages, les corbeilles dorées, les paniers, les jardinières et les ameublements de jardin de ce fabricant, le mettaient au premier rang de son industrie, autant par la modération des prix que par l'élégance, le confortable et la bonté de l'exécution. Médaille de première classe.

MM. GROHÉ Frères, a Paris (France).

L'exposition de la maison Grohé consistait en une grande variété de meubles où l'unité d'un goût épuré dominait toujours. On y remarquait particulièrement un cabinet à doubles ventaux, en bois de rose et d'amarante, dans le genre Louis XVI, avec ornements, guirlandes et médaillons de bronze doré; un autre cabinet de même forme, style du xvi° siècle, en bois d'ébène, orné de sculptures, d'incrustations en lapis et d'allégories en bronze argenté; un troisième cabinet à deux corps, en ébène, avec fermeture à glaces; deux trépieds, bois d'amarante et bronze doré; un petit cabinet incrusté de matières précieuses, un bureau ministre en palissandre, une jardinière, enfin un petit lustre sculpté et incrusté de lapis.

Ce qui distinguait tous ces beaux travaux, c'était la réunion savante de l'élégance avec l'ingéniosité, le mélange harmonieux de l'ébénisterie avec la décoration empruntée aux bronzes les plus originaux. Ce sont ces qualités qui ont valu à MM. Grohé frères, depuis la fondation de leur établissement en 1829, des récompenses nationales de premier ordre, et qui les ont désignés au Jury de l'Exposition universelle pour la Médaille d'honneur.

M. HENRY HOOLE, a Sheffield (Royaume-Uni).

Les cheminées en métal et autres appareils de chauffage appartiennent autant à la décoration, à l'ameublement, qu'à l'industrie concernant l'emploi économique de la chaleur; aussi les grands fabricants anglais et belges avaient-ils réclamé du Jury l'admission de leurs produits dans la XXIV° classe, au lieu de la IX°. M. Henry Hoole, pour son compte, justifiait une pareille prétention, car son exposition témoignait d'une révolution du genre de celle opérée par M. Peter Graham dans l'ébénisterie anglaise; c'est-à-dire que s'associant M. Alfred Stevens, dessinateur de mérite, M. H. Hoole est parvenu à donner à ses productions une véritable valeur artistique, à en faire souvent le principal ornement des endroits où leur utilité les appelait tout d'abord. Ses cheminées de luxe rehaussées de bronzes, déco-

rées de figures et de bas-reliefs, ses foyers moins riches en fer poli, ses grilles pour l'usage courant, étaient tous d'une exécution parfaite, d'une forme simple et gracieuse à la fois. Ils révélaient le changement radical opéré par M. H. HOOLE dans l'importante industrie des *Green lane works of Sheffield*, si renommés en Angleterre, si surchargés jadis de détails d'un goût plus que douteux. C'a été sans doute l'une des causes déterminantes de la haute récompense accordée à l'honorable novateur, qui a reçu la MÉDAILLE D'HONNEUR.

MM. HUBER FRÈRES, à Paris (FRANCE). L'industrie du carton-pierre, qui remplace parfois la sculpture avec avantage, empiète par conséquent sur le domaine de l'art d'une façon capitale. Elle met à la portée de tous, sinon comme matière, au moins comme aspect, ces riches ornements qui jadis n'étaient abordables, par leurs prix élevés, que pour les classes privilégiées. L'exposition de MM. HUBER donnait une idée complète du développement que prend cette fabrication, dont la création ne remonte pas pourtant à un demi-siècle. Consoles, supports, panneaux d'appartements, encadrements de glaces, guirlandes, bas-reliefs allégoriques, composaient une série de travaux où la supériorité de l'exécution s'alliait à l'élégance des sujets. Une grande cheminée d'apparat, décorée dans le style du XVIᵉ siècle de figures, de fleurs et de fruits, relevée d'or, de bronzes et de peintures, était l'œuvre vraiment magistrale de cette réunion de charmants produits. MÉDAILLE DE PREMIÈRE CLASSE.

M. CRUCHET, à Paris (FRANCE). Les panneaux en pâte moulée et les trophées de chasse et d'animaux, exposés par M. CRUCHET, le présentaient en même temps comme fabricant de carton-pierre et comme sculpteur en bois. Dans ces deux parties il excelle également, et cela de longue date. Ses grands sujets décoratifs méritent une mention spéciale : pour la forme du modelé, l'ampleur de la composition et le charme de l'exécution, c'était des productions remarquables entre toutes. MÉDAILLE DE PREMIÈRE CLASSE.

MM. JACKSON ET FILS, à Londres (ROYAUME-UNI). M. JACKSON père a introduit en Angleterre le système économique qui remplace par les pâtes et papiers mâchés, grâce au moulage, les ornements sculptés dans la décoration des intérieurs. La maison qu'il a fondée, et qui occupe le premier rang à Londres, avait envoyé au concours une grande voussure, des cadres, des consoles, des ornements divers, aussi riches de composition que légers de détails. Ces objets confirmaient pleinement la haute réputation de MM. JACKSON ET FILS, qui ont décoré les principaux édifices de leur grande ville, aidé dans leurs travaux par une pléiade artistique de sculpteurs et de mouleurs. MÉDAILLE DE PREMIÈRE CLASSE.

M. H.-E. MEYER JUNIOR, à Hambourg (VILLES HANSÉATIQUES). Sa composition nouvelle recevant la couleur des marbres, des bois, des bronzes et de toutes les matières dures, acquérant le poli le plus brillant et le plus solide, résistant également au froid et au chaud, capable enfin de prendre toutes les formes applicables à l'ameublement et à la décoration, lui a mérité la MÉDAILLE DE DEUXIÈME CLASSE.

Mᵐᵉ VEUVE OSMONT, à Paris (FRANCE). Pour les progrès qu'elle a fait faire à l'ébénisterie en laque et en papier mâché, avec rehauts d'or et incrustations de nacre, progrès dus en grande partie à la solidité de ses produits si variés et à la supériorité de leurs peintures et reliefs : MÉDAILLE DE DEUXIÈME CLASSE.

MM. JENNENS ET BETTRIDGE, à Birmingham (ROYAUME-UNI). Successeurs de MM. John Taylor et Clay, qui avaient fait de l'industrie des laques appliquées sur papier mâché leur spécialité victorieuse, MM. JENNENS ET BETTRIDGE les ont aussi continuées dans la voie des heureuses innovations. Leur procédé de production consiste dans le collage feuille à feuille du papier par un moule de fer, et non dans le cou-

lage ordinaire de la matière en pâte ; c'est ainsi qu'ils obtiennent ces plaques minces, mais d'une force extrême, inaltérables aux variations du temps, noires de fond et polies de surface à pouvoir rivaliser sans désavantage avec les belles laques indiennes ou japonaises.

Les meubles, bureaux, chaises, tables et plateaux décorés de peintures, rehaussés d'applications de nacre, qu'envoyaient au concours MM. JENNENS ET BETTRIDGE, joignaient l'élégance de la forme à la perfection des détails. C'étaient les spécimens d'une fabrication occupant des ouvriers par centaines, et dont les procédés sont livrés généreusement à l'examen de tous. MÉDAILLE DE PREMIÈRE CLASSE.

M. TRUE, à Copenhague (DANEMARK), pour ses meubles en laque incrustée bien exécutés : MÉDAILLE DE DEUXIÈME CLASSE.

M. ZEEGERS, à Amsterdam (PAYS-BAS), pour ses meubles en laque dans le genre chinois, reproductions élégantes et fidèles : MÉDAILLE DE DEUXIÈME CLASSE.

MM. SHAAFHAUSEN ET DIETZ, à Coblentz (PRUSSE), pour leurs meubles en laque, papier mâché et tôle vernie, d'un goût parfait et d'un prix modéré : MÉDAILLE DE DEUXIÈME CLASSE.

M. PROSPER SOUTY, à Paris (FRANCE). Les ateliers de M. PROSPER SOUTY occupent de nombreux ouvriers, car non-seulement la dorure, la sculpture en bois, la fabrication du carton-pâte y servent aux cadres , mais aussi à l'ameublement et au décor. C'est seulement comme fabricant d'encadrements que M. SOUTY figure ici, et ceux livrés à l'Exposition universelle donnaient une juste idée de la variété, de l'excellence de dorure et d'exécution de ces beaux produits. Le grand cadre du portrait de l'Empereur était parmi eux une œuvre d'élite. MÉDAILLE DE DEUXIÈME CLASSE.

MM. BLACK ET GRAMM, à Bonn, et MM. WEYERSBERG ET Cᵉ, à Cologne (PRUSSE). Leurs baguettes dorées pour cadres et décors, bien exécutées et de prix infimes, ont valu à chacune de ces maisons la MÉDAILLE DE DEUXIÈME CLASSE.

M. CHARLES VETTER, à Stuttgard (WURTEMBERG), pour ses baguettes dorées et vernies faites à la mécanique, solides et à bas prix : MÉDAILLE DE DEUXIÈME CLASSE.

M. F. LAMBERT, à Bordeaux (FRANCE), pour sa fabrication de tapis, nattes de jonc indigène, nattes de latanier d'Amérique, sparterie, paillassons, tous objets finement exécutés, élégants de dessin, et réellement en première ligne dans cette spécialité de l'Exposition : MÉDAILLE DE DEUXIÈME CLASSE.

M. RENNES, à Paris (FRANCE). Tous ses articles de grosse brosserie, fabriqués par des procédés mécaniques de son invention, étaient d'un excellent usage et de prix très-modérés ; des brosses à frotter articulées, pour se prêter à tous les mouvements du pied, et des balais mécaniques mobiles, méritaient surtout l'attention. De plus, les brosses fines montées en ivoire sculpté de M. RENNES étaient aussi élégantes que solides. MÉDAILLE DE DEUXIÈME CLASSE.

M. GAGIN, à Montmartre (FRANCE), pour ses kiosques et pavillons de jardin en toile caoutchoutée, en toile sablée et en toile transparente, parfaitement appropriés comme exécution et comme tissus à leurs diverses destinations : MÉDAILLE DE DEUXIÈME CLASSE.

M. GUICHARD, à Paris (FRANCE), pour ses soufflets d'appartement décorés avec luxe, ses beaux balais de foyer et ses soufflets à fumigations : MÉDAILLE DE DEUXIÈME CLASSE.

TRIBU DES BENI-SNOUS, Algérie (FRANCE), pour d'élégantes nattes dans le goût oriental et de l'alpha en laine d'une fabrication parfaite : MÉDAILLE DE DEUXIÈME CLASSE.

MM. WILDEY ET Cᵉ, à Londres (ROYAUME-UNI), pour leur emploi ingénieux des fibres de la noix de coco sous forme de meubles, literies, nattes, paillassons et brosses : MÉDAILE DE DEUXIÈME CLASSE.

M. SOMZÉ CADET ET M. SOMZÉ MAHY, à Liége (BELGIQUE), pour leurs crins frisés, leurs soies de porc, et leurs articles de grosse brosserie, tous produits parfaitement travaillés, ont reçu chacun la MÉDAILLE DE DEUXIÈME CLASSE.

ADMINISTRATION ROYALE DES COLONIES (PORTUGAL), pour ses nattes en jonc riches de couleurs et parfaites d'exécution : MÉDAILLE DE DEUXIÈME CLASSE.

M. MAACK, à Hambourg (VILLES HANSÉATIQUES), pour ses meubles de jardin en jonc travaillé, solides à la fois et élégants : MÉDAILLE DE DEUXIÈME CLASSE.

M. DÉLICOURT, A PARIS (FRANCE).

Si la fabrication des papiers peints arrive à cette perfection de dessin, à cette harmonie de couleurs qui la mettent, dans certains cas, au-dessus de la peinture décorative et de la tapisserie, comme tenture à effet et à prix modérés, c'est en grande partie aux efforts continuels de M. DÉLICOURT que cette industrie doit un si heureux résultat. Dès 1839, ce fabricant établissait sa supériorité incontestée par-devant l'Exposition nationale, et pourtant son établissement n'avait que quatre ans d'existence. Une médaille d'or, la grande médaille de Conseil de l'Exhibition universelle anglaise, une haute distinction du chef de l'État, sont venues depuis consacrer l'apogée d'un mérite industriel que le concours suprême de 1855 a indubitablement prouvé aux yeux de tous. En effet, qui ne se rappelle le magnifique tableau exécuté en impression et exposé par M. DÉLICOURT sous le titre de *la Jeunesse*? Qui ne se rappelle ce radieux paysage italien, où trois belles jeunes filles dansent au milieu d'enfants se livrant à tous les jeux de leur âge? Le charme de cette composition revenait, il est vrai, à l'auteur de la peinture originale, M. Ch.-L. Muller, un éminent artiste. Mais quelles difficultés n'offrait pas la reproduction d'une pareille œuvre! quelle quantité infinie de planches diverses à employer pour arriver à un tel résultat! L'honneur de conduire au succès cette entreprise hardie avait été confié à M. Dussauce, l'habile dessinateur auquel l'industrie doit de si précieux emprunts à l'art élevé.

A côté de cette grande page quasi-picturale, figuraient une scène de chasse, digne pendant de celle sur panneau qui fit l'admiration générale au Palais de Cristal; un vaste paysage offrant une véritable science de dégradation des teintes; de beaux trophées de nature morte ; enfin de nombreux spécimens de fabrication courante, toujours parfaits de goût, harmonieux de dispositions, et nouveaux de détails.

M. DÉLICOURT, dont le chiffre d'affaires est considérable, emploie plus de 250 ouvriers à exécuter ses créations, qui constituent presque toutes de véritables services rendus à l'industrie française ; aussi le Jury international a-t-il décerné à cet éminent producteur la GRANDE MÉDAILLE D'HONNEUR.

MM. JEAN ZUBER ET Cᵉ, A RIXHEIM, PRÈS MULHOUSE (FRANCE).

Une simple énumération suffira pour faire apprécier l'importance de la belle fabrique de Rixheim, dont la fondation remonte déjà à 1797. Elle occupe 250 personnes, produit annuellement pour 600,000 francs de papiers peints, manipule aussi l'outremer artificiel, les couleurs, etc., possède une machine à vapeur d'une force de 12 chevaux, des machines à rayure, à foncer avec séchage continu, à imprimer et à gauffrer; des appareils pour dorure, veloutage, fonçage et lissage; plus 80 tables à imprimer. Les productions de ce puissant matériel, en tous points perfectionné, embrassent en même temps les genres riches et usuels, ainsi que le prouvaient trois pièces capitales exposées par MM. ZUBER (une vue de Suisse, un paysage oriental, une scène des mers polaires), des papiers écossais exécutés par procédés mécaniques, des papiers gauffrés et estampés avec dessins dorés, imprimés à la planche ; enfin des impressions au cylindre en relief, à 70 centimes le rouleau, et des papiers communs sans fond, dont l'établissement de Rixheim élabore 800 rouleaux par jour, au prix de 55 centimes la pièce.

Toutes ces variétés de la papeterie pour tenture réunissaient l'heureux choix des couleurs à la modicité relative des prix. Les trois pages artistiques précitées se signalaient surtout par l'harmonie des tons et le brillant de l'exécution.

En citant en outre MM. Zuber père et fils comme les introducteurs de divers perfectionnements notables dans leur industrie, notamment l'emploi des machines à vapeur pour l'impression au cylindre en relief à plusieurs couleurs, système anglais des plus avantageux pour les papiers d'usage courant ; en ajoutant que ces fabricants, justement renommés, avaient déjà mérité de nombreuses et éminentes récompenses honorifiques dans les concours industriels de France et d'Angleterre, nous établirons assez l'équité de la décision du Jury international qui a décerné à la maison Zuber et Cⁱ la Médaille d'honneur.

M. JULES DESFOSSÉ, à Paris (France). Il exposait de grands décors à fleurs, des papiers veloutés imitant la soie, des tentures de luxe et des produits d'usage ordinaire, qui révélaient ses puissants efforts pour donner une impulsion plus active encore dans la voie du progrès à l'excellente maison Mader, dont il est devenu le propriétaire. Mais c'est principalement pour avoir suivi l'exemple industriel de M. Délicourt que M. Desfossé a mérité l'approbation générale : ses deux panneaux commençant une série de sujets intitulés *les Vices et les Vertus*, constituaient d'heureux et hardis essais dans le genre de la peinture destinée à être reproduite par l'impression ; ils avaient exigé pour leur confection l'adjonction d'artistes distingués, et une constance stoïque contre les rudes difficultés de l'exécution. Le Jury a accordé à M. Jules Desfossé la Médaille de première classe.

M. GENOUX, à Paris (France). Parmi les spécimens exposés par M. Genoux, on remarquait une tenture dans le style adopté sous Louis XVI, relevée d'or, et des papiers de fantaisie, veloutés ou damassés, qui donnaient une idée exacte de la composition élégante, du goût parfait et de l'exécution irréprochable, distinguant entre tous les produits de ce fabricant. Il a créé aussi les papiers peints brochés et rehaussés de groupes de fleurs en soie, innovation du meilleur effet, qui paraît appelée à prendre une place importante dans la décoration. Médaille de première classe.

M. DUSSAUCE, à Passy (France). Non-seulement c'est un collaborateur de premier mérite que M. Dussauce, mais encore ce dessinateur-décorateur, qui s'est associé à tous les progrès de l'industrie du papier peint, occupe une place hors ligne comme exposant, grâce à ses belles peintures. De plus, la partie décorative de plusieurs monuments publics, celle de l'église Saint-Vincent-de-Paul, entre autres, lui doit tout son éclat, de l'avis même des artistes chargés de la direction de ce genre de travaux. Il a livré à la publicité, avec un désintéressement des plus honorables, ses excellents procédés de préparation pour les enduits de la peinture à la cire et à l'encaustique. Enfin, ses constants et fructueux efforts, durant trente-cinq années, au profit d'une industrie importante, ses nobles qualités qui lui ont valu l'estime générale, tout cela désignait M. Dussauce pour la Médaille de première classe, qu'il a reçue du Jury, et pour le titre de chevalier de la Légion-d'Honneur, que lui a conféré S. M. I. Napoléon III.

MM. CLERC-MARGERIDON et Cⁱ, à Paris (France), pour leurs riches et harmonieux papiers peints donnant du travail à près de 175 ouvriers : Médaille de deuxième classe.

MM. MESSENER et Fils, à Paris (France). Propriétaires de la plus ancienne manufacture parisienne du genre (fondée en 1786), ils produisent par an 180,000 rouleaux de papiers très-élégants, et emploient 130 ouvriers. Médaille de deuxième classe.

MM. JOHN WOOLLAMS et Cⁱ, à Londres (Royaume-Uni). Pour leurs rouleaux de velouté, sur lesquels le mordant est imprimé par un cylindre en bois, et leurs belles décorations de luxe : Médaille de deuxième classe.

MM. SPOERLIN et ZIMMERMANN, à Vienne (Autriche), ont les mêmes procédés de fabrication que

la maison Zuber, de Rixheim, dont M. Spœælin a été longtemps l'associé ; ils ont pour principale spécialité les articles de luxe. Les plafonds et panneaux de décoration exposés par eux devaient leurs dessins originaux autant à nos dessinateurs français qu'aux artistes autrichiens Enfin ils ont découvert, en 1832, l'impression croisée, innovation des plus heureuses. MÉDAILLE DE DEUXIÈME CLASSE.

M. LUCKE, à Munster (PRUSSE), pour sa fabrication variée de papiers habilement traités et à prix modérés : MÉDAILLE DE DEUXIÈME CLASSE.

M. DULUD, à Paris (FRANCE), pour ses cuirs en reliefs estampés, servant aux tentures et aux garnitures de meubles, et pour ses inventions de sculpture en haut relief, ayant l'aspect du bois, deux innovations utiles et élégantes, qui se généraliseront vu leurs prix modérés : MÉDAILLE DE DEUXIÈME CLASSE.

M. A. GELLIN, à Paris (FRANCE), pour ses stores bien exécutés, aux sujets choisis, et aux couleurs harmonieuses : MÉDAILLE DE DEUXIÈME CLASSE.

M. SIEVERS, à Munich (BAVÈRE), pour ses stores au dessin correct, à la composition ingénieuse, spécimens d'une fabrication importante : MÉDAILLE DE DEUXIÈME CLASSE.

M. HUSSENOT, à Metz (FRANCE). Une innovation des plus précieuses pour l'art de la décoration, et qui lui a procuré des commodités jusqu'alors inconnues, c'est celle trouvée par M. Hussenot pour l'application instantanée et durable, sur les murs des édifices, des peintures ordinaires faites dans l'atelier. Par cet ingénieux système, elles sont enlevées en feuilles et transformées en peintures murales, pareilles à celles exécutées sur place. Les procédés de M. Hussenot peuvent en outre puiser de nombreuses ressources dans l'impression à la planche, la lithochromie ou la taille douce, pour obtenir des résultats plus fins, plus réguliers, plus parfaits que ceux du mode vulgaire de la décoration proprement dite. Les spécimens exposés de cette belle invention en faisaient apprécier l'heureux avenir; ils montraient aussi toutes les phases parcourues par une même peinture murale. MÉDAILLE DE PREMIÈRE CLASSE.

M. C. MOXON, à Londres (ROYAUME-UNI). Ses peintures en décors sur meubles ne craignaient aucune comparaison parmi les travaux analogues exposés ; elles lui ont valu la MÉDAILLE DE PREMIÈRE CLASSE.

M. KERSHAW, à Londres (ROYAUME-UNI). Les adroites imitations de bois de toutes sortes, de marbres et d'albâtres de cet habile décorateur, atteignaient les bornes de la perfection. MÉDAILLE DE PREMIÈRE CLASSE.

M. P. KREYENBIELT, à Paris (FRANCE). Pour sa menuiserie d'art servant spécialement à l'ameublement des églises, dont un prie-Dieu et une petite châsse en bois doré donnaient une haute idée aux visiteurs de l'Exposition : MÉDAILLE DE DEUXIÈME CLASSE.

M. JABOUIN, à Bordeaux (FRANCE). Pour ses autels, chaires à prêcher et fonts baptismaux, en marbre ou en pierre, bien exécutés et de prix modérés : MÉDAILLE DE DEUXIÈME CLASSE.

M. HENRY GEORGES, à Londres (ROYAUME-UNI), pour son autel en pierre d'Aubigny, prouvant une grande habileté de main, et pour ses sculptures et ornements dans le genre moyen âge : MÉDAILLE DE DEUXIÈME CLASSE.

MM. GOYERS FRÈRES, à Louvain (BELGIQUE). Exécuteurs renommés de travaux publics de haute importance, entre autres de la restauration des sculptures de l'hôtel-de-ville de Louvain, MM. GOYERS FRÈRES avaient exposé un grand autel en chêne sculpté, digne de leur brillante réputation, par l'habileté hors ligne de son exécution et la sévère majesté de son aspect. MÉDAILLE DE PREMIÈRE CLASSE.

MM. CUYPERS ET STOLTZENBERG, à Ruremonde (PAYS BAS), pour leur chaire à prêcher dans

le style du xve siècle, riche de détails et de sculptures, qui les place au premier rang d'une industrie tombée avant eux en désuétude dans leur pays : MÉDAILLE DE DEUXIÈME CLASSE.

OEUVRE DE L'ACHÈVEMENT DE LA CATHÉDRALE DE COLOGNE (Prusse).

Sous ce titre existe ure association, ou, pour lui donner son nom technique, une *loge*, rappelant au plus haut degré, et dans ce qu'elles avaient d'excellent, ces maîtrises du moyen âge qui ont semé toute la chrétienté des magnifiques monuments de leur foi religieuse, gigantesques témoignages de l'art patient et convaincu de nos pères, que l'art moderne regarde avec une admiration mêlée de stupeur. Pourtant l'explication de ces étonnantes constructions se trouverait dans les ateliers actuels de la ville de Cologne, qui sont aussi de véritables écoles d'appareil, de taille de pierre et de sculpture. Là, trois cents ouvriers, régis par de libérales constitutions, payés à la journée selon leur mérite réel, dirigés par un architecte de génie, M. Zwirner, prennent la matière brute, la taillent, la sculptent, la livrent aux simples et puissants engins qui transportent les matériaux ouvrés au point qu'ils doivent occuper, car rien ne se fait sur place dans ces travaux, dont la perfection inusitée est la conséquence de leur mérite même, de l'amour inspiré à chacun pour l'œuvre générale.

Des fragments destinés à la cathédrale de Cologne et envoyés à l'Exposition universelle, témoignaient de l'habileté suprème des membres de la loge, et du haut mérite de M. Mohr, sculpteur, ayant composé la plus grande partie des figures et ornements de l'édifice.

Par la belle construction précitée, l'Allemagne verra se terminer une entreprise immense et vraiment nationale, commencée en 1248, abandonnée durant plusieurs siècles, reprise depuis 1833 avec une activité qui en fait prévoir la bonne fin d'ici à cinq ou six années. En effet, la nef, les portails du nord et du midi, l'enceinte et les voûtes des bas-côtés de la colossale église étaient déjà terminés en 1855 ; il restait à élever les tours à une hauteur de cinq cents pieds. L'achèvement de cette grande métropole aura coûté au plus huit millions de francs entre les mains habiles et loyales de M. Zwirner.

Le Jury international, pour l'influence morale qu'exerce sur les ouvriers LA LOGE DE L'ACHÈVEMENT DE LA CATHÉDRALE DE COLOGNE, ainsi que pour les résultats hors ligne de ses travaux, lui a décerné la MÉDAILLE D'HONNEUR.

M. MEYER, A Paris (France).

Le savant secrétaire de la XXIVe classe, M. Du Sommerard, conservateur-administrateur du Musée des Thermes et de l'Hôtel de Cluny, a donné, dans le rapport officiel, les explications les plus claires sur l'industrie de M. MEYER : les voici :

« La reproduction des vases de la Chine et du Japon à l'aide d'une matière compacte et d'une solidité éprouvée, a fait l'objet de nombreuses recherches de la part de M. MEYER, et les résultats qu'il présente à l'Exposition universelle sont assez remarquables pour mériter une mention spéciale.

« Si l'imitation de vases précieux et dont le mérite ne consiste pas moins dans la curiosité qui s'attache à leur grande rareté que dans le charme des couleurs, la fantaisie extraordinaire des contours et la capricieuse recherche des détails, constitue un avantage contestable au point de vue de l'ameublement de luxe, l'invention de M. MEYER n'en est pas moins intéressante et semble de nature à recevoir de nombreuses applications dans la décoration des escaliers, vestibules, serres et jardins.

« Les vases qu'il présente sont nombreux, et, sous les formes les plus variées, offrent tous une reproduction exacte et absolue des produits de la Chine et du Japon ; grands vases céladons à fleurs, potiches chargées de pâtes dorées en relief, cornets de grandes dimensions, toutes les formes consacrées se retrouvent dans l'exposition de M. Meyer, avec les vives couleurs qui distinguent les porcelaines des temps anciens.

« Le procédé de ce fabricant a pour base une pâte composée d'éléments divers et passée au four à une température élevée, pâte sur laquelle les décors conservent toute la richesse de leurs tons et que recouvre un vernis habilement préparé. Les produits ainsi obtenus sont d'un prix peu élevé, mais qui varie en raison de la richesse de l'ornementation ; leur solidité est parfaite et très-supérieure à celle de la porcelaine, et leur aspect ne laisse rien à désirer sous le rapport du brillant, qui a tout l'effet d'un bel émail. »

D'après les conclusions aussi justes que flatteuses du Rapporteur de la XXIVᵉ classe, il y a presque lieu de s'étonner que M. MEYER n'ait obtenu du Jury que la MÉDAILLE DE DEUXIÈME CLASSE.

M. AUGUSTE DUPONT (E. LACROIX, successeur), A Paris (France).

Si l'industrie si utile des meubles en fer est aujourd'hui en pleine prospérité, c'est en grande partie aux intelligents efforts de M. AUG. DUPONT qu'elle doit cet heureux résultat.

Entre tous les produits de cette fabrication solide par excellence, les lits constituent naturellement l'article de première nécessité, celui qui prime tous les autres, celui qui peut s'introduire dans

Lit riche en fer, exposé par M. Aug. DUPONT.

tout ameublement d'ébénisterie sans jurer avec son entourage, celui enfin que ses précieuses qualités d'être antipathique à certains insectes nuisibles et d'offrir une élasticité de couche incomparablement supérieure à la souplesse négative des lits en bois, recommandent au double point de vue de la salubrité et de la commodité.

C'est donc à la spécialité des lits en fer que M. AUG. DUPONT a consacré ses connaissances pratiques, ses soins incessants, ses ingénieux essais de perfectionnement. Aussi cette spécialité a-t-elle pris un développement considérable et une place importante dans les industries qui se rattachent à l'ameublement. Ajoutons, au reste, que son principal représentant a toujours répondu aux besoins incessants de la consommation, ce que prouvait sans conteste son envoi à l'Exposition universelle.

Les produits exposés par M. AUG. DUPONT se distinguaient par une excellente exécution pour les lits d'usage courant et à la portée de tous, comme par une grande richesse d'ornementation pour les meubles de luxe et d'un prix élevé. Les applications de fonte ouvragée et de bronze doré avaient donné à ces derniers un caractère de richesse et de grâce qui leur manquait dans le principe : on comprenait, en voyant leur somptuosité élégante, leur emploi à peu près général, même dans les classes les plus riches.

La maison Dupont a clairement établi, au Palais de l'Industrie, que la principale partie de l'ameublement en fer était loin d'exclure d'une manière absolue toute recherche de la forme, quoique la nature même de la matière employée commandât, avant tout, une grande simplicité de contour et une certaine sobriété de détails. Elle a prouvé encore ses progrès notables sous le rapport de la bonne confection aussi bien que sous celui de l'abaissement général des prix.

L'honorable secrétaire de la XXIVe classe, M. Du Sommerard, indique précisément, dans le rapport officiel, une marche pareille à celle suivie par M. Aug. Dupont pour arriver à la perfection dans sa partie.

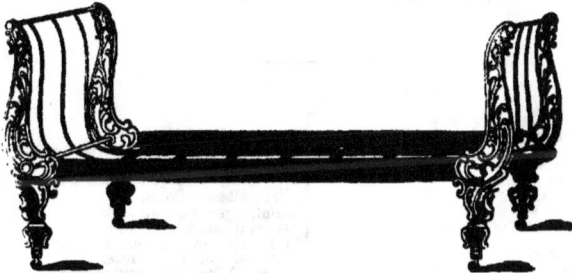

Lit simple en fer, exposé par M. Aug. Dupont.

Aussi le Jury international a-t-il décerné à ce fabricant distingué, déjà récompensé à l'Exposition nationale de 1849 pour ses meubles en fer, la Médaille de première classe, « en raison de ses louables efforts pour amener son industrie au degré de prospérité où elle se trouve aujourd'hui. »

Depuis que cette haute distinction est venue consacrer son mérite et ses succès, la maison Aug. Dupont a eu le malheur de perdre son honorable chef, mais il a laissé pour successeur son associé, M. E. Lacroix, qui a continué ses traditions, et dont la haute intelligence a fait encore progresser une industrie que, dès 1855, on aurait pu croire à son apogée.

M. L. PETIT, a Paris (France).

Certes, si M. Petit avait cru devoir exposer des meubles ordinaires destinés à servir aux besoins de tous les instants, il les aurait dotés de cette simplicité gracieuse, de cette commodité d'usage, seules qualités qui puissent cadrer avec nos mœurs, répondre à nos besoins et à nos habitudes.

Mais cet ébéniste, plutôt artiste que fabricant, s'était contenté d'envoyer au Palais de l'Industrie un seul spécimen de sa fabrication, celui qui sortait du domaine du métier.

C'était une belle et grande bibliothèque en bois de palissandre, d'une composition élégante, d'un dessin très-remarquable, et qui représentait, d'après certains juges compétents, un des meilleurs modèles du genre.

Ce qui était visible pour tous, c'est que le meuble de M. Petit répondait bien aux saines traditions du goût en matière de haute ébénisterie : il réunissait la pureté de la forme, la distinction des contours, à l'habileté pratique de l'exécution.

Nul doute que si cet exposant, au lieu de soumettre un échantillon unique de son savoir-faire aux appréciations du Jury, lui avait fourni des preuves d'une fabrication importante, celui-ci lui aurait décerné une plus haute récompense que la Mention honorable.

Grâce à sa récente association avec M. Guntz, M. Petit pourra réaliser, à la prochaine Exposition, l'alliance de la quantité et de la qualité.

XXIVe CLASSE.

INDUSTRIE CONCERNANT L'AMEUBLEMENT ET LA DÉCORATION.

RÉCOMPENSES DÉCERNÉES PAR LE JURY INTERNATIONAL

(Extrait du *Moniteur* du 8 décembre 1855.)

GRANDES MÉDAILLES D'HONNEUR.

Barbedienne (F.), Paris. France.
Delicourt et Cⁱᵉ, Paris. Id.
Fourdinois (Al.-J.), Paris. Id.

MÉDAILLES D'HONNEUR.

Beaufils, Bordeaux. France.
Grohé frères Paris. Id.
Hoole (H.-E.), Sheffield. Royaume-Uni.
Jackson et Graham, Londres. Id.
Manufacture royale des mosaïques en pierre dure, Florence. Toscane. (Voir la revue de la XIVe classe, 2e volume. page 479).
Œuvre de l'achèvement du dôme de Cologne Prusse.
Zuber (J) et Cⁱᵉ, Rixheim (Haut-Rhin). France.

MÉDAILLES DE PREMIÈRE CLASSE.

Balny jeune (J.-P.), Paris. France.
Bianchini (G), Florence. Toscane.
Bruland (Ant.), Paris. France.
Charmois (Che·), Paris. Id.
Clairin (A.), Versailles. Id.
Crapoix (J.), Paris. Id.
Cremer J.), Paris. Id
Cruchet (M.-V.), Paris. Id.
Deville (J.-P.), Paris. Id.
Desfossé (J.), Paris. Id.
Dupont (Aug.), Paris Id.
Dussauce (A.), Paris. Id.
Fossey (J.-A.), Paris. Id.
Galland (L.) Rome. Etats Pontificaux.
Gatti J.-A), Rome. Id.
Genoux (F). Pⁱᵉ Paris France
Godefroy frères (J. et J., Bruxelles. Belgique.
Goyers frères, Louvain. Id.
Guéret D.-D.) et Guéret (On.), Paris. France.
Hœfer (P), Paris. Id.
Huber frères. Paris. Id.
Hussenot (J.-A.-M.), Metz. Id.
Jackson (G.) et fils, Londres. Royaume-Uni.
Jeanselme père et fils, Paris. France.
Jennens et Bettridge, Birmingham. Royaume-Uni.
Kershaw (Th.), Londres. Id.
Magnus (G.-E.), Londres. Id. (Omis dans la liste de la XIVe classe).
Manufacture de porphyre, Elfdalen. Suède. (Voir la revue de la XIVe classe, 2e volume, page 479).
Marcelin (Ch.-J.-L.), Paris. France.
Mégard et Duval, Paris. Id.
Meynard fils (G), Paris Id
Moxon (C). Londres. Royaume-Uni.
Ribaillier et Mazaroz, Paris. France.

MÉDAILLES DE DEUXIÈME CLASSE.

Rivart (J.-N.), Paris France.
Rosani frères P. et B), Brescia. Autriche.
Roudillon (E.), Paris. France.
Seguin (A), Id. Id. (Omis dans la liste de la XIVe classe).
Siegel, Athènes Grèce.
Testut, Alger Algérie.
Thonet frères, Vienne. Autriche,
Trollope (G , et fils, Londres. Royaume-Uni.
Tronchon (N.), Paris France.
Wirth (F.), Stuttgard Wurtemberg

MÉDAILLES DE DEUXIÈME CLASSE.

Abate et Clero de Clerville, Londres. Royaume-Uni
Achima-Purboo, Indes, Colonies anglaises.
Almeida (R. J. d'). Lisbonne. Portugal.
Antoine (Aug) et Cⁱᵉ, Paris. France.
Archambault (A.), Paris. Id.
Aversenu, Delorme et Cⁱᵉ, Toulouse. Id.
Bach Pères (A), Paris. Id.
Barthélemy. Paris. Id.
Bellangé (Al), Paris. Id.
Beurdeley, Paris. Id.
Beck et Gramm, Bonn. Prusse.
Bluner (Ch.), Strasbourg. France.
Boitteux et Cⁱᵉ, Epinal Id.
Boubardet (Ph -A.), Paris. Id.
Brag (M), Paris. Id.
Buoninsegni frères, Florence. Toscane.
Cailliez (Ant.), Mustapha. Algérie.
Cambier (E), Ath. Belgique.
Camus et Cⁱᵉ, Paris France.
Canepa (J -B). Chiavari. Etats Sardes.
Ceylan (île de), Ceylan. Colonies anglaises.
Chaix (P -Amb), Paris. France.
Chastanet et Cⁱᵉ, Paris Id.
Chazotte, Paris. Id.
Caudo (J.), Nice Etats Sardes.
Cier, Margueridon et Cⁱᵉ, Paris France
Comité exécutif de la Tasmanie. Colonies anglaises
Cosse, Bacaut et Cⁱᵉ, Paris France.
Cosson veuve (Ph -A.), Paris. Id.
Crace (J -R.), Londres Royaume Uni.
Cuypers et Stolzenberg, Ruremonde. Pays-Bas
Dagrin et Philippe, Paris. France.
Daubet et Dumarest, Lyon. Id.
Delaplace (E.), Paris Id.
Diehl (C) Paris. Id.
Drum W.) Québec Canada. Colonies anglaises.
Dulud (J.-M.), Paris. France,
Dumas (Al.-Ars), Paris Id.
Dumont (Fr), Bruges. Belgique.
Dumont-Peirelle (F -D.), Paris. France.
Dupont (El. , Paris. Id.

Durand (E.-Ph.), Paris. France.
Farjat (B), Rouen. Id.
Feetham et Ce, Londres. Royaume-Uni.
Feldtrappe frères, Paris. France.
Ferreira (Th.-J), Lisbonne. Portugal.
Fonsek-Mokandiram, Ceylan. Colonies anglaises
Gagin, Montmartre. France.
Garcia (F.-N.), Madrid. Espagne.
Gates et George, Londres. Royaume Uni.
Gelin (A.), Paris. France.
Grandjean, Alger. Algérie.
Guichard (A-A.), Paris. France.
Hansen (C.-B), Copenhague. Danemark.
Hardouin et fils, Paris. France.
Héomet. Versailles Id.
Hilten (J. et H.), Montréal. Canada. Colonies anglaises.
Holland et fils. Londres. Royaume-Uni.
Hood. Hobart-Town. Tasmanie. Colonies anglaises.
Hubel (H. Ern.). Paris. France.
Huret (L.), Paris. Id.
Isola (G.), Carrare. Autriche.
Jabouin aîné (B). Bordeaux. France.
Jeanselme jeune (A.), Paris. Id.
Jimenez (M), Madrid. Espagne.
Junod (L), Paris France.
Kleemann (G.), Bietigheim. Wurtemberg.
Knecht (E.-Fr), Paris. France.
Kneib (Ant.), Paris. Id.
Kreyenbielt (P.), Paris Id.
Lacoste. Saint-Denis (la Réunion). Colonies françaises.
Lagnier (J P.) Bordeaux. France.
Lalla-Persaud. Indes Colonies anglaises.
Lambert (F.), Bordeaux. France.
Lapeyre (S.), Kob et comp., Paris. Id.
Laurent (Fr.), Paris. Id.
Legost A., Paris. Id.
Lemaigre L.-N.), Paris. Id.
Lemoine (A.), Paris Id.
Léonard Ch , Paris. Id.
Levêque (A.), Paris. Id.
Levien (J.-M.), Londres. Royaume-Uni.
Liesching et Corasse, Paris. France.
Lucke (A.-F.). Munster. Prusse.
Maack P.), Hambourg. Villes hanséatiques.
Mainfroy (Ch.), Paris. France.
Malacates (J.). Athènes. Grèce.
Manackee-Nowroje Inde. Colonies anglaises.
Madrolle, Saint-Denis (la Réunion). Colonies françaises.
Mayer, Paris. France.
Mercier (Cl.). Paris. Id.
Messener et fils. Paris. Id.
Meyer (C.-H.), Hambourg. Villes hanséatiques.
Michel fils, Cantini et comp., Paris. France.
Moorogapah-Achazy, Inde Colonies anglaises.
Osmont (L.-Ph., Paris. France.
Osmont (veuve), Paris. Id.
Ouvrier père et fils, Paris. Id.
Pantz et Soret. Metz. Id.
Planier (L.-E , Paris. Id.
Poinciguon. Metz. Id.
Presson (Aug.), Paris. Id.
Pretot, Paris. Id.
Proust frères et Noirot fils, Niort. Id.
Quignon (N.-J.). Paris. Id.
Rahon J.-D), Paris. Id.
Ranchum-Chatterjee, Indes. Colonies anglaises.
Rennes (A.-J.-M.), Paris. France.
Rhampdone-Nustry. Inde. Colonies anglaises.
Ringuet-Leprince-Marcotte et comp., New-York. États-Unis.
Riottot (J.), Chardon et Pacon, Paris. France.
Rœbrs (Fr.) et fils, Prague. Autriche.
Roll (J.), Paris. France.
Roussel (Alb.), Paris. Id.
Rustonji Nowji, Inde Colonies anglaises.
S. A. Saïd-Pacha. Egypte.

Saint-Ubéry (D.), Tarbes. France.
Salomon (J.), Paris. Id.
Sempieri (Mme), Bologne. Etats Romains.
Santerre (H.-Fr.), Paris. France.
Sapey, Paris. Id.
Sauvrey (A.-H, Paris. Id.
Schaafhausen et Dietz, Coblentz. Prusse.
Scheder J.-B.), Vienne. Autriche.
Seiler Muhleman et comp., la Villette, près Paris. France.
Sicard, Lyon. Id.
Sievers (A.), Munich. Bavière.
Smith (Th.), Herstmonceux, près Hailsham. Royaume-Uni.
Solano (J.-G.), Lisbonne. Portugal.
Somzé-Cadet (H.), Liège. Belgique.
Somzé-Mahy (H.-M.), Liège Id.
Souty (P.-D.), Paris. France.
Spœrlin et Zimmermann, Vienne. Autriche.
Toulouse (Aug.), Joigny. France.
Treloar (Th.), Londres. Royaume-Uni.
Tribu des Beni-Snous. Algérie.
True (J.-M.), Copenhague. Danemark.
Tucker (H.) Massachusetts. Etats-Unis.
Van Balthoven (P.), Paris. France.
Veneman (L.), Bois-le-Duc. Pays-Bas.
Vetter (C.), Stuttgard. Wurtemberg.
Viardot frères et comp. Paris France.
Visconti et Bracci, Florence. Toscane.
Wallis (Th.-W., Louth. Royaume-Uni.
Weiber-Pitetti et comp., Paris. France.
Weyersberg et comp., Cologne. Prusse.
Wildey et comp., Londres. Royaume-Uni.
Williams, Cooper et comp., Londres. Id.
Woollams (J.), Londres. Id.
Zeegers (F.), Amsterdam. Pays-Bas.

MENTIONS HONORABLES.

Adam (Ant.), Paris. France.
Ahlbron (Ch., Stockholm. Suède.
Allard (veuve) et fils, Paris. France.
Amoros (J.), Barcelone. Espagne.
Armès, Lyon. France.
Armstrong J), Londres. Royaume-Uni.
Barheine (R.), Berlin. Prusse.
Bertolotto (J) Savone. Etats Sardes.
Bevis (J.), Hamilton (Canada). Colonies anglaises.
Bignoneau frères, Niort. France.
Bigot (C.) et comp , Paris. Id.
Blanchet (P.), Paris. Id.
Boge (A.), Berlin. Prusse.
Bonnet et comp., Paris. France.
Bouquet (J.-J.), Paris. Id.
Bühler, Paris Id.
Capellemans aîné (J.-B.), Bruxelles. Belgique.
Carraz (J.-B.), Porentruy (Berne). Suisse
Casanova, Paris. France.
Caumont, Paris. Id.
Chaton et Estienne, Florence. Toscane.
Charmois (P.). Paris. France.
Cheville (J. A.), Paris. Id.
Choyer l'abbé) Angers. Id.
Cottam jeune et comp., Londres. Royaume-Uni.
Cristofoli (Ant.) et comp., Padoue. Autriche.
Croset (S.), Paris. France.
Dagand (M. , la Motte-en-Beauges. Etats Sardes.
Degnaili et Tilbury, Londres. Royaume-Uni.
Daud (J.-B.), Compiglione. Etats Sardes.
De Bey, Paris. France.
Debin (J.-J), Liège. Belgique.
Dejeante (P -B), Lisbonne, Portugal.
Descartes (J), Paris. France.
Desgranges, Paris. Id.
Dessolle fils (M.-Fr., Paris. Id.
Dessolle père (P -Fr.), Paris. Id.
Deixbeimer (Ph.), Melun. Id.

Diétremont, Paris. France.
Douillet (Et.), Lyon. Id.
Drouart (L.), Paris. Id.
Drugeon (Adr.), Paris. Id.
Drure jeune, Nevers. Id.
Edberg (C.-K), Stockholm Suède.
Engels (H.-W.-M.), Hambourg. Villes hanséatiques.
Etablissement des pauvres, Florence. Toscane.
Falcini (L.), Florence Id.
Faure, Notre-Dame-du-Thil (Oise). France.
Fessard (C.-B.), Rouen Id.
Finlay (J.), Glasgow. Royaume-Uni.
Fischer (G.). Furstenwalde. Prusse.
Fontaine (F.), Paris France.
Foradori (J.), Vérone. Autriche.
Fouqueau-Lecomte (A.), Orléans. France.
Fry (W.) et comp , Dublin Royaume-Uni.
Gaubert (B.), la Réole. France.
Geisselle (C.-Fr), Feldrenbach. Wurtemberg.
Gelot (J.), Paris. France.
Gillow et comp., Londres. Royaume-Uni.
Godin (N.-P.), Rouen. France.
Godin (A.) et Pecquereau, Paris. Id.
Gownld-Hurgi, Inde Colonies anglaises.
Gram (cap. J.-B), Ringeriget. Norwége.
Gros (J.-L.-B), Paris. France.
Guérard, Paris. Id.
Guéroult (A.) et Causse. Paris. Id.
Guiléiouvette (veuve), Paris. Id.
Guinaud, Lyon. Id.
Guyot. Paris. Id
Hald-bel (D.), Paris. Id
Hall (J. et Th) Derby Royaume-Uni.
Hartmann J. J.,, Munich. Bavière.
Hattat (Ant.) Paris. France.
Hermant (Fd.), Rennes Id.
Jaikissen-Moekerjee, compagnie des Indes. Colonies anglaises.
Jansson (J.). Starte. Suède.
Jeannin (P.-A.-A.), Paris. France.
Joseph (J.), Paris. Id
Kaltenecker (J.-L.) et fils, Munich. Bavière.
Kersten (Alb), Berlin Prusse.
Klein (J.-B), Paris. France.
Kowars, compagnie des Indes. Colonies anglaises.
Kreisser (Ed), Paris. France.
Kuntz (J.-L.), Paris. Id.
Lachenal (M.), Genève Suisse.
Lahaye (J.), Paris. Id.
Lajoie (J.-A.). Paris. Id.
Lalemand (Fr.-J), Anvers. Belgique.
Langoisseur et Plée, Paris. France.
Laude jeune (S.-Am), Paris. Id.
Leboue (J.-L.-J), Saint-Georges-de-Reintembault. Id.
Lecomte (A.), Constantine. Algérie.
Lemasson, Paris. France.
Leroy (Is.), Paris. Id
Lexcellent ainé (Fr.-P) Paris. Id.
Lichtenauer. Kreuth. Bavière.
Luiz (J.). Funchal. Portugal.
Macdonald (Al.). Aberdeen. Royaume-Uni.
Mac-Garvey (O.) Montréal (Canada). Colonies anglaises.
Mallet (J.-Ant.), Paris. France.
Maneglia et Bando, Turin. Etats Sardes.
Mantin (V.), Moulins. France.
Marguerie. Paris. Id.
Mariella (Et), Paris. Id.
Mazinghi (Ant.). Florence. Toscane
Mercier (H.-V.), Paris. France.
Meyer J). Coblentz. Prusse.
Moglia (chev. L), Rome. Etats Pontificaux.
Moglia (D). Milan. Autriche.
Mousset, Paris. France.
Muller (R.), Paris. Id.
Munz (Ch.) Paris Id
Noël (N.-B.), Paris. Id.

Olsen (J.), Bergen. Norwège.
Palm (Ed.), Stockholm. Suède.
Périer (S.) et C°. Paris. France.
Petit (L.), Paris. Id.
Pierce (W), Londres. Royaume-Uni
Plambeck (C.-F.-H.), Hambourg Villes hanséatiques.
Polti (Fr.), Florence. Toscane.
Puissant frères, Merbes-le-Château. Belgique.
Rampendahl (H.-F. C.), Hambourg. Villes hanséatiques.
Reborst (Fr.). Breslau. Prusse.
Rexer (K.), Stuttgard. Wurtemberg.
Reydellet et C°, Paris. France.
Rhegwan Madowpe. Indes. Colonies anglaises.
Ribaillier (P.), Paris. France.
Ribal, Paris. Id.
Richstaedt (Fr.), Paris. Id.
Rint (J.). Vienne. Autriche.
Rolland (Ch), Paris. France.
Rossi (J.). Gênes. Etats Sardes.
Roth (J.), Wangen. Berne. Suisse.
Rümmel (Ern.-G.), Paris. France.
Savary. Paris. Id.
Scheggi (V et J.), Florence. Toscane.
Semey (Ed.-C.). Paris. France.
Sterne (R.) et C°, Landau. Bavière.
Stevens (G.-H.), Londres. Royaume-Uni.
Sutter (Ign), Paris. France.
Tessier (Ch.-Hipp.), Paris. Id.
Tiebault, Paris. Id.
Tiefenbruner (M.). Paris. Id.
Troeger (J.), Cologne Prusse.
Van Loo (P.). Paris. France.
Van Schouvenburg (C.-D.), La Haye. Pays-Bas.
Viette-Michaud, Paris. France.
Ville de Vervins (Aisne). Id.
Vossy (P.-M). Montrouge (Seine). Id.
Waaser (Ch.-A.), Paris. Id.
Wallerstein (Low et Elio), Prague. Autriche.
Wassmuss (H.), Paris. France.
Widder (Mlle), Toronto (Canada). Colonies anglaises.
Zora (J.), Turin. Etats Sardes.

COOPÉRATEURS,

CONTRE-MAITRES ET OUVRIERS.

MÉDAILLE DE PREMIÈRE CLASSE.

Bailly (François), atelier de M. Cruchet, Paris. France
Carlier (Em.), sculpture, Paris. Id.
Chabraux, sculpture. Paris. Id.
Dilori (Jacq), atelier de M. Goyers, Louvain. Belgique.
Dury (Fr.), maison Delicourt et comp., Paris. France.
Ehrmann. maison Zuber et comp., Rixheim. Id.
Gilbert, maison Barbedienne. Paris. Id.
Manguin, maison Barbedienne, Paris. Id.
Mohr, atelier du Dôme, Cologne. Prusse.
Müller, maison Desfossé. Paris. France.
Phoenix Eug), chez M. Barbedienne. Paris. Id.
Party, chez M. Fourdinois, Paris. Id.
Questel, autel exposé par M. Poussielgue-Rusand, Paris. Id.
Stevens (Alf), chez M. Hoole Sheffield. Royaume-Uni.
Viollet-Leduc, autel exposé par M. Bachelet, Paris. France

MÉDAILLE DE DEUXIÈME CLASSE.

Ateliers Jackson et Graham, Londres. Royaume-Uni.
Baudoin, chez M. Tronchon Paris. France.
Bimuller (Charles , travaux du Dôme, Cologne. Prusse.
Bloche (Charles), chez M. Cruchet. Paris. France.
Borde J.-B. , chez MM. Huber frères, Paris Id.
Bouchery (Armand), chez M. Brag, Paris. Id.
Briere, chez M. Meynard, Paris. Id.
Brüstlein (Pierre), chez MM. Zuber et comp., Rixheim. Id.

Brandely, dessinateur, Paris. France.
Cibert (Philadelphe), chez M. Camus, Paris. Id.
Chapetet (Étienne), chez M. Brag, Paris. Id.
Chauvin, chez M. Beaufils, Bordeaux. Id.
Cornu, chez M. Tahan, Paris. Id.
Corvée (Prosper), chez M. Brag, Paris. Id.
Erismann (Théod.), chez MM. Zuber et comp. Rixheim. Id.
Faes Em.-Ch., chez MM. Jeanselme père et fils, Paris. Id.
Florentin P., chez M. Dupont. Paris. Id.
Girad (Nicolas), chez M. Genoux, Paris. Id.
Gruchy Théodore, chez M. Genoux. Paris. Id.
Guyon. chez M. Barbedienne, Paris. Id.
Hottoz Victor, chez M. Clairin, Versailles. Id.
Jaudon (B.). chez MM. Jeanselme père et fils, Paris. Id.
Leclercq, chez M. Tronchon. Paris. Id.
Lhoste. chez M. Jules Fossey, Paris. Id.
Maiache (Antoine), chez M. Jules Fossey, Paris. Id.
Marchand (Jules, travaux du Dôme, Cologne. Prusse.
Marie (Fr., chez M. P. Lepelletier et comp. Paris. France.
Meigret aîné, chez M. Fourdinois, Paris. Id.
Michel Jean-Louis-Joseph, chez M. Camus, Paris. Id.
Nivelier, chez M. Fourdinois, Paris. Id.
Penel Henri, chez MM. Grohé frères, Paris. Id.
Pavost Célestin) chez M. Gambier. Ath. Belgique.
Prignot, chez Jackson et Graham, Londres. Royaume Uni.
Pyanet, sculpture, Paris. France.
Robert, chez M. Desfosse, Paris. Id.
Roccheggiani fils, chez M. Galland, Rome. États-Romains.
Roccheggiani père, chez M. Galland, Rome. Id.
Rubie L. -Al., chez M. Delicourt et comp., Paris. France.
Schmidt Frédéric, travaux du Dôme, Cologne. Prusse.
Schmitz Mathias, travaux du Dôme, Cologne. Id.
Schuylen Henri, chez M. Marcelin. Paris. France.
Sentens (Jean) chez M. Mathys, Bruxelles. Belgique.
Stegmeyer (Antoine) travaux du Dôme, Cologne. Prusse.
Tailleur, chez M. Desfossé, Paris. France.
Vase (Jules, chez M. Gambier. Ath. Belgique.
Vincent, sculpture, Paris. France.
Vincent-Vilain, chez M. Roudillon, Id.

Dujardin, chez M. Fourdinois, Paris. France.
Dumont aîné, chez MM. Lapeyre, Kob et comp., Paris. Id.
Dumont Victor, chez M. Delicourt, Paris. Id.
Durrant (J.), chez M. Jules Desfossé, Paris. Id.
Duval (Ad.), chez M. Deville, Paris. Id.
Fabrègo P., chez M. Deville, Saint-Béat. Id.
Fahr (Hermann), travaux du Dôme, Cologne. Prusse.
Febrel (Charles). chez M. Meynard, Paris. France.
Feldskov, chez M. Hansen, Copenhague. Danemark.
Ferrière, chez MM. Daubet et Dumarest, Lyon. France.
Freet Michel, chez M. Mathys, Bruxelles. Belgique.
Gestelly (Ant.), chez M. Jeanselme jeune, Paris. France.
Gregoire (Victoire). chez M. Jeanselme jeune, Paris. Id.
Guertling, chez M. Testut Alger. Algérie.
Hartz (Pierre), travaux de Dôme, Cologne. Prusse.
Hamon (Pascal). chez M. Crapoix, Paris. France.
Harlay Louis, chez MM. Lapeyre, Kob et comp., Paris. Id.
Hermans (Jean). association Chastanet et comp., Paris. Id.
Hilaire. chez M. Fourdinois, Paris. Id.
Jefferies, chez M. Trollope, Londres. Royaume-Uni.
Julien (Pierre), chez M. Mantin, Moulins. France.
Juy (Claude, association Chastanet et comp., Paris. Id.
Labarre (Jules, chez M. Cremer, Paris. Id.
Labé (Henri), association Chastanet et comp., France.
Lanneau, chez MM. Jeanselme père et fils, Paris. Id.
Lassieur, chez M. Séguin, Paris. Id.
Laude, chez M. Lemaigre, Paris. Id.
Lehuer Alexandre, chez M. Scheder. Vienne. Autriche.
Liegh (James). chez M. Magnus, Londres. Royaume-Uni.
Leis en Joseph, travaux du Dôme, Cologne. Prusse.
Leparmentier chez M. Fourdinois, Paris. France.
Lester, chez M. Magnus, Londres. Royaume-Uni.
Linder (Samuel) chez M. Roth, Herzogebuche. Suisse.
Long (Henri) ass. Chastanet et comp., Paris. France.
Lucas (G.-Ed., chez M. Fr. Laurent, Id. Id.
Magne, chez M. Dupont, Paris. Id.
Marcel Émile Jean, chez M. Rennes, Paris. Id.
Massbach (Jean), travaux du Dôme, Cologne. Prusse.
Martin (Henry), chez M. Mantin, Moulins. France.
Merck (Jacques, ass. Chastanet et comp., Paris. France.
Michel (Alexis), chez M. Séguin Paris. Id.
Monloup J., chez M. Fr. Laurent, Paris. Id.
Nicolas. chez M. Dupont. Paris. Id.
Noosgen (Gui), travaux du Dôme. Cologne. Prusse.
Normand (Émile), chez M. Jeanselme jeune, Paris. France.
Oriot chez M. Lemaigre. Paris. Id.
Pischek (Venceslas), chez M. Scheder, Vienne. Autriche.
Peel Samuel), chez M. Holland, Londres Royaume-Uni.
Pessois, ouvrages en laque et papier mâché, Paris. France
Philippe (Jacques) chez M. Brag, Paris. Id.
Prost, chez MM. Daubet et Dumarest, Lyon. Id.
Quesnel, tapissier, Caen. Id.
Ramillon, chez M. Petit. Paris. Id.
Ratton, c. ez M. Jabouin, Bordeaux. Id.
Ravier, chez M. Dupont. Paris Id.
Riondet, chez M. Cruchet Paris. Id.
Rivière, chez M. Jules Fossey, Paris. Id.
Schaar J.-B), chez M. Mathys, Bruxelles. Belgique.
Schulze (Rudolphe), travaux du Dôme, Cologne. Prusse.
Soullier (Henri), chez M. Cruchet, Paris. France.
Stang (Guillaume), travaux du dôme, Cologne. Prusse.
Strasser (Jean) chez M. Roth, Wangen (Berne). Suisse.
Teckleubourg (Louis), chez M. Drugeon, Paris France.
Tessier, laque et papier mâché, Ronquerolles. Id.
Tricot, chez M. Jules Fossey, Paris. Id.
Van den Brande, chez M. Trollope, Londres. Roy.-Uni.
Ve. mant, chez M. Jules Fossey. Paris France.
Vayre (Ant.), chez M. Cremer, Paris. Id.
Vidal (Jean), chez M. Soury, Paris. Id.
Wagner (Jean) Chastanet et comp., Paris. Id.
Wills, chez M. Holland, Londres. Royaume-Uni.

MENTIONS HONORABLES.

Abercrombie (A.), chez MM. Holland et fils. Londres. Royaume-Uni.
Albertella. chez M. Beaufils. Bordeaux. France.
Andre (V.), chez M. Leclercq, Bruxelles. Belgique.
Authier, chez M. Brag Paris. France.
Bauquier (V.), chez M. Charmois. Paris. Id.
Beaudin. ouvrages en papier mâché, Paris Id.
Belloc (A.), chez M. Jabouin, Bordeaux. Id.
Besson L.), chez M. Barbedienne, Paris Id.
Bichon. chez M. Barbedienne. Paris. Id.
Billard (L.), association Chastanet et comp, Paris. Id.
Boulton chez M. Henry-Georges, Londres. Royaume Uni.
Bove chez M. Beaufils, Bordeaux. France.
Briet P.), chez MM. Chastanet et comp., Paris. Id.
Brodeau (P.), chez M. Leclercq. Bruxelles. Belgique.
Carré (F.), chez M. Tronchon, Paris. France.
César (J.), chez M. Deville, Paris. Id.
Chalumeau, chez M. Beaufils, Bordeaux. Id.
Chatellard (A.), chez M. Cremer, Paris. Id.
Collinet dite Vesnier (Mlle F.), chez M. Rennes. Paris. Id.
Congden (J.) chez M. Magnus, Londres. Royaume-Uni.
Cornelis, chez M. Leclercq, Bruxelles Belgique.
Courtin (H.), chez M. Dupont, Paris. France.
Debie (A.), chez M. Mathys, Bruxelles. Belgique.
Deboule (Desiré), chez M. Brag, Paris. France.
Deguille chez M. Petit, Paris. Id.
Dehouck (Baptiste) chez M. Brag. Paris. Id.
Dubief, chez M. Testut, Alger. Algerie.

EXPOSITION UNIVERSELLE

PRODUITS DE L'INDUSTRIE

VINGT-CINQUIÈME CLASSE.

Dans les siècles primitifs, comme aujourd'hui chez les peuples encore barbares, les caractères du costume sont aussi tranchés que les types de race. Non-seulement on distingue, à première vue, l'habitant du nord de l'habitant du midi, mais on peut, grâce aux nuances infiniment variées de l'industrie vestiaire, différencier d'une manière nette et précise la géographie de chaque partie du monde.

Ne parlons pas des Israélites, qui furent toujours un peuple à part. Comparons les Égyptiens aux Nubiens, aux Abyssiniens, aux Assyriens, aux Mèdes, et nous leur trouvons un type distinctif dont les nuances varient quelquefois d'une montagne à l'autre, d'un cours d'eau à un autre cours d'eau. Les Chinois, les Mèdes, les Étrusques, les Persans viennent prendre part au banquet de la civilisation, apportant avec eux des costumes spéciaux qui ne permettent pas de les confondre. Il en est de même plus tard des Romains, des Carthaginois, des Gaulois, des Grecs, et enfin de toutes ces hordes sauvages que la voix de Mahomet, de Timour et de Gengiskhan réunit pour en accabler l'Europe.

Jusqu'à la fin du siècle dernier, la circonscription provinciale de la France ressortait non-seulement de l'aspect du sol, de la différence des produits, du type architectural, mais encore de la physionomie et du costume des habitants. Malgré leur voisinage, malgré leurs points de contact multipliés, le Normand ne ressemblait point au Breton, le Bourguignon au Lorrain, le Languedocien au Provençal. Chaque province puisait dans son propre sol les éléments typiques du costume des indigènes. Cette originalité vestiaire

disparaît. On ne la rencontre plus qu'en des points éloignés du mouvement commercial; les grandes routes d'abord, les chemins vicinaux ensuite, puis les chemins de fer, mêlant, confondant toutes les populations, ne faisant des diverses parties de la France qu'une seule France, des diverses parties de l'Europe qu'une seule Europe, il n'y aura bientôt plus qu'un mode de vêtement, et ce mode, la capitale l'imposera.

Déjà le nombre prodigieux des ateliers de confection qui existent à Paris, à Londres et dans les principales villes commerciales, permet de fournir aux artisans, même aux paysans, quantité de vêtements simples qu'ils adoptent d'autant plus volontiers qu'ils les trouvent plus élégants que ceux sortis des mains de la plupart des ouvriers provinciaux. Nous sommes loin de l'époque où la bonne ménagère filait la laine dont le tisserand du lieu confectionnait le tissu qui prenait, sous les doigts de cette même ménagère, sa forme définitive. Peu à peu, les tailleurs se sont substitués aux femmes d'intérieur; aujourd'hui, les tailleurs isolés sont annihilés par les ateliers de confection, qui font plus vite et à meilleur marché. Certes le consommateur y gagne ; l'uniformité des choses est toujours économique; mais des idées de luxe, des principes d'élégance et de goût s'insinuent au milieu de gens simples qui n'y pensaient point auparavant; le costume traditionnel disparaît ; non-seulement en France, en Allemagne, les types provinciaux s'effacent, mais en Suisse, en Suède, en Espagne, en Italie, ils tendent à prendre un caractère d'uniformité monotone et prosaïque. L'Orient aura son tour; sa porte, fermée longtemps à l'esprit d'innovation, s'ébranle sur ses gonds aux coups redoublés que lui porte une civilisation envahissante.

Chez les peuples qui ont conservé leur individualité primitive, on constate des variétés infinies de substances, de couleurs et de formes; substances génératrices, couleurs vives et heurtées, formes bizarres et capricieuses sentant la fantaisie, la vie d'aventure, l'idéal plutôt que l'art cultivé.

Dans les vitrines du Palais de Cristal de Londres, ou à l'Exposition universelle de Paris, l'Inde étala de longues tuniques ruisselantes de broderies d'or et d'argent, scintillantes de paillettes qui miroitaient encore avec magie, celles-ci sur des coiffures, celles-là sur des écharpes et des ceintures rehaussées de pierreries et accompagnées de plumes ondulées ou de soyeux veloutés.

L'Australie et la terre de Van-Diémen ont présenté des coiffures de paille, les unes très-simples, les autres ornées de plumes sans apprêt. Des peaux garnies de coquillages, de dents d'animaux et de plumages, formaient le complément des envois de l'Océanie.

Le Canada, qui se produit avec tant d'avantage sur la plupart des voies ouvertes à l'industrie, envoya des vêtements de pelleteries, des mocassins, des ceintures de guerre, qu'on ne connaissait en Europe que par les romans de Cooper.

Tunis étala non sans orgueil ses riches pelisses, ses vestes brodées, ses écharpes pour turbans, tissus souples et chauds que fabriquent les Juifs et les Maures, et qu'ils portent presque seuls, car ils aiment l'éclat. Les femmes juives, notamment, sont les plus élégantes créatures qu'éclaire le soleil africain. Pour elles, l'or et l'argent n'ont point de filigranes trop ténus, la soie et la laine de tissus trop moelleux. Elles tirent de l'Algérie

des broderies sur velours d'un effet ravissant, des burnous onduleux d'un blanc mat qui encadrent merveilleusement leurs longs cils et leurs sourcils d'ébène.

L'Egypte, la Turquie, la Grèce, ont envoyé de jolis vêtements brodés et d'élégantes coiffures de femmes. Nous avons remarqué surtout des soutaches exécutées avec une délicatesse rare.

Un industriel viennois a eu l'heureuse idée d'exposer des costumes hongrois, moldaves et valaques, qui rivalisaient d'éclat avec certains costumes albanais renfermés sous d'autres vitrines. C'était d'anciennes traditions consacrées avec le faire moderne.

Le drap blanc autrichien, sans rival au monde, a dédaigné de prendre pour passeport les formes élégantes de l'uniforme militaire ; mais il s'est étalé, avec un luxe remarquable de broderies en soie, sur l'épaule de maintes femmes du grand monde : leurs sorties de bal ont été remarquées et méritaient de l'être.

Nous ne ferons que citer les vêtements de feutre sans couture, dans la fabrication desquels quelques industriels français se distinguent éminemment. Nous réussissons moins bien les vêtements imperméables ; sous ce rapport, les Anglais l'emportent sur tous les autres producteurs européens, quoiqu'ils aient encore beaucoup à faire pour adapter aux exigences variées de la vie les étoffes de drap revêtues de caoutchouc.

Quelques étoffes en fourrures nous ont paru exécutées avec soin ; mais si la Russie avait exposé, nul pays d'Europe, excepté peut-être le Danemark et la Suède, n'eût osé lutter contre elle dans l'art d'opposer au froid la texture protectrice de la peau des bêtes fauves.

Quant à l'article pompeux des costumes de femmes pour soirées et pour bals, pour toilettes de chambre et toilettes de ville, article qui représente, pour Paris, un chiffre d'affaires d'environ dix millions, aucune concurrence, aucune rivalité ne serait possible chez l'étranger. Au sanctuaire des boulevards, entre la rue de la Paix et la rue Vivienne, la mode trône sur le monde et dicte ses arrêts à des millions d'humbles esclaves qui les acceptent sans murmure.

Jusqu'ici nous n'apercevons guère l'innovation notable. La machine à coudre, importée d'Amérique, vient donc se poser, au centre de la confection, comme l'invention capitale du moment. Il y a là, pour les destinées de la couture, un immense horizon. Faire solidement, en moins d'une heure, tel pantalon, tel paletot ; habiller en vingt-quatre heures un régiment tout entier, n'est-ce pas la vapeur et l'électricité substituées au mécanisme des doigts ? Effectuer à la minute deux cent cinquante points, c'est tout aussi merveilleux que de franchir cinquante lieues en une heure.

L'NGERIE.

Expression fidèle du confortable de la toilette et des vues hygiéniques d'un peuple quant à la propreté élégante du corps, la lingerie, depuis quelques années, a pris l'extension la plus notable. On se préoccupe moins qu'autrefois de garnir les bahuts et les armoires d'une masse de draps, de nappes et de serviettes ; mais en revanche on possède

quantité de tissus légers, ornementés avec goût, mouchoirs, jupons, fichus de mille espèces, chemises, chemisettes, camisoles ouvragées, manches et manchettes brodées, accessoires indispensables d'un trousseau, et sans lesquels la robe, quelque riche qu'elle fût, manquerait de l'encadrement qui lui devient nécessaire.

L'invasion des tissus de coton a porté spontanément la lingerie fort loin, par l'extrême bon marché de la marchandise ; de sorte qu'aujourd'hui rien de nouveau n'apparaît, excepté dans l'introduction de certains tissus étrangers, comme les fichus et les mouchoirs en fils d'aloës. Quoi dire qui n'ait été déjà dit aux précédentes Expositions, sur les chemises-cravates, les chemises-gilets, les devants de chemise à double face, systèmes compliqués dont la mise élégante ne retire aucun fruit ? Cependant, quelques chemisiers ont amélioré leurs coupes, combiné avec bonheur le tissu de coton avec le tissu de fil, trouvé moyen d'abaisser les prix, et produit des chemises de bonne étoffe à 18, 21 et 24 fr. la douzaine.

Dans le fin, la lingerie parisienne, sous le rapport des formes et des accessoires, ne laisse rien à désirer. La lingerie anglaise, la lingerie hollandaise et la lingerie allemande la suivent de très-près, et l'emportent quelquefois sur elle par l'excellence des étoffes et par la variété des combinaisons ou des ornements, mais l'art y manque toujours quelque peu ; l'art, ce ministère de l'idée, cette fantaisie vagabonde, sautillante, capricieuse, qui se glisse à travers les choses, et qui, dans notre France plus qu'ailleurs, donne une valeur idéale à tant de chiffons, à tant de riens qui sans lui seraient de nulle valeur.

CHAPELLERIE.

Autrefois, un chapelier fabriquait de toutes pièces, depuis le feutre grossier jusqu'au castor superfin. Aujourd'hui, le chapelier ne fait plus qu'exposer et vendre ; il ne confectionne plus chez lui ; il va en fabrique ; il est l'intermédiaire qui sépare et qui lie le consommateur à l'ouvrier.

L'Angleterre, les Etats-Unis, la France sont de tous les Etats du monde ceux qui fournissent les meilleurs chapeaux de feutre, de soie et de castor. Au moyen âge, la France primait les autres pays pour la préparation du feutre. Mais déjà la Toscane la menaçait d'une redoutable concurrence en introduisant ses tissus de soie dans le domaine de la chapellerie. Ce fut la révocation de l'édit de Nantes qui fit passer de France en Angleterre une partie de nos ouvriers chapeliers ; ce fut la perte du Canada qui priva l'Europe des peaux de castor dont elle faisait un usage si commun ; enfin, il y a un siècle environ que Florence, réalisant largement sa pensée d'autrefois de substituer la soie au poil des animaux dans l'art de la chapellerie, nous créa une redoutable concurrence. Maintenant les Français, sous ce rapport, ne craignent plus rien des Toscans ; il en est de même des Prussiens. Dans ces deux pays les peluches ont acquis une telle finesse et une telle légèreté, leur teinture est si bonne, leur brillant si solide, et le prix de revient si médiocre, qu'il faut au Canada, pour lutter contre nous, toute la qualité de

ses castors, et encore lui préfère-t-on généralement les tissus de soie, qui, beaucoup moins chers, permettent d'avoir, au même prix, deux chapeaux neufs, deux chapeaux de forme nouvelle, au lieu d'un qui fait la moitié de son temps avec une forme surannée.

En 1851, les Anglais l'ont emporté sur nous dans l'article des feutres fins, tandis que nous l'emportions sur eux dans celui des feutres ras et des feutres de fantaisie. En 1854, les chapeliers français avaient regagné le terrain perdu, grâce à d'ingénieuses machines qui créent des tissus si légers et si souples, qu'on voit des chapeaux peser moins de 40 grammes et s'enrouler comme un foulard.

« Quelques fabricants, dit M. Tresca, ont tenté de substituer (et c'est peut-être là une bonne innovation) aux carcasses de chapeaux de soie en toile et en carton, des carcasses végétales largement tressées, et qui permettent une libre circulation de l'air. Il est à craindre que ces carcasses résistent moins bien aux chocs et aux pressions. Nous avons remarqué des chapeaux en caoutchouc vulcanisé recouvert de peluche, qui peuvent être froissés de toute manière sans perdre leur forme primitive. Le reproche qu'on a fait aux vêtements imperméables s'applique surtout à la coiffure ; nous craindrions que les principes d'une bonne hygiène ne permissent pas l'emploi de ce chapeau. »

Les chapeaux de paille semblaient s'être donné rendez-vous général sous les galeries de l'Exposition. On en a vu venir de l'Italie, de la Suisse, du Tyrol, de l'Autriche, pour lutter avec nos fabricants du Dauphiné. Malheureusement les pailles de la Toscane l'emportent sur les nôtres en flexibilité, en élasticité, en résistance et en blancheur. Celles du territoire vénitien n'en approchent même pas, quoiqu'elles soient supérieures à celles de nos provinces méridionales. La culture seule pourra donc nous obtenir ultérieurement la prééminence dans l'article chapeau de paille, qui arrive du dehors sous forme de cornet, et auquel la main de nos modistes donne un passeport d'élégance qui en double le prix.

Les tresses de Manille et de Java peuvent lutter avantageusement avec les tresses de la Toscane. Elles présentent la même régularité de spirales, la même finesse de brins, la même blancheur et la même force. L'indigène des Antilles sait en tirer bon parti; mais le Toscan, plus fantaisiste, plus ingénieux, plus habile, ne fait pas seulement avec sa paille des chapeaux de femmes et des chapeaux d'hommes, il produit quantité de petits paniers délicieux de forme, des pantoufles de dames pour l'été, des étuis à ouvrage, des porte-cigares, des fleurs charmantes de souplesse, de grâce et de teintes.

Nous avons vu dans quelques vitrines une heureuse association de la paille d'Italie et de la paille française avec le crin, le verre filé, les plumes, le fil, et la soie; nous avons également remarqué des chapeaux en tresses de palmier, fabriqués en Algérie et en France, qui rivalisent de souplesse et de solidité avec les chapeaux dits *panamas* dont le Mexique couvre les marchés d'Europe.

CHAUSSURE, CORDONNERIE.

Le nom de *cordonnerie* et celui de *cordonnier* n'ont plus de sens depuis que le cuir de Cordoue, appelé *Cordouan* par les écrivains du moyen âge, ne sert plus exclusivement à

la chaussure élégante. Cette pauvre Cordoue, vieille décrépite, nous l'avons visitée jadis, et nous n'y avons plus trouvé la moindre trace des immenses tanneries qui faisaient sa réputation et sa fortune : aujourd'hui, le cuir fort, le cuir fin, le cuir verni, le cuir ouvragé, estampé, repoussé, se fabrique avec perfection presque dans toutes les contrées. Il n'y a de différence entre telle et telle nation que par la main d'œuvre, qui est plus ou moins habile, plus ou moins économique.

La Grande-Bretagne semble aspirer au privilège insigne de chausser le monde entier. Naguère elle ne produisait que de la grosse chaussure, soit commune, soit épaisse, et résistante quoique confortable. Maintenant, elle fabrique le fin, à l'instar de la France, et elle y réussit dans des conditions de bon marché désespérantes. Il y a des maisons de Londres qui fournissent des souliers d'homme à 3 fr. 15 cent., des bottes à 10 fr., et des souliers de femme à 62 centimes et demi la paire. On en a pour son argent, mais en élevant le prix d'un tiers seulement, on trouve une chaussure solide qui résiste aux fatigues non moins qu'aux intempéries. Généralement l'Angleterre néglige l'élégance pour réaliser le confortable. Chaque jour de nouveaux modèles, de nouvelles combinaisons arrivent d'outre-Manche, et la bottine militaire de M. Atloff, tant vantée à l'Exposition de 1851, se trouve depuis longtemps dépassée. Des ressorts d'acier, combinés soit avec le caoutchouc, soit avec un tricot de soie, conservent au pied toute la souplesse des mouvements sans trop alourdir la marche.

La chaussure solide se fabrique aussi très-bien en Autriche, mais elle laisse beaucoup à désirer sous le rapport de la tournure et du prix de revient, qui dépasse les chiffres d'Angleterre et de France. Les villes hanséatiques, le pays de Bade, au contraire, font d'excellente marchandise et à bon marché.

Une soixantaine d'exposants représentaient la cordonnerie française. La plupart d'entre eux n'offraient rien d'original ni de nouveau, mais, çà et là, nous avons pu remarquer d'heureuses applications du caoutchouc et de la gutta-percha. Ainsi, des semelles de gutta-percha sont rivées à vis sur une semelle intérieure de liège ; des lames de caoutchouc revêtent la face supérieure de certaines semelles, tandis que l'intérieur de la chaussure se trouve doublé d'une feuille de cuir cousue à l'empeigne vers la partie moyenne de sa hauteur.

C'est principalement dans les chaussures de chasse que la fantaisie française s'est mise en lutte sérieuse avec la fantaisie britannique. On nous a fait voir des bottines qui, au lieu d'être clouées à l'extérieur, présentent les bords de l'empeigne pincés entre deux épaisseurs de bois et sont clouées intérieurement. Le ministre de la guerre ayant chargé le conseil d'équipement d'examiner ce genre de chaussure, le fit essayer par les troupes, même en Crimée. Nous ne savons quelle a été depuis la décision de Son Excellence, mais, en tous cas, les conditions d'imperméabilité et de solidité d'une semblable chaussure paraissent devoir plaider pour elle. Reste à savoir si les conditions de pesanteur et de flexibilité seront satisfaisantes ; chose douteuse, et sur laquelle nous appelons toute l'attention des hommes de guerre, car, de toutes les parties de l'habillement du soldat, la chaussure est peut-être celle qui laisse le plus à désirer.

GANTERIE.

Si, comparant le gant en fin chevreau du premier muscadin venu au gantelet de fer des preux du moyen âge, on étudie les deux époques, on voit la force changer de rôle et se déplacer, l'homme s'amoindrir physiquement mais grandir au moral, et la machine remplacer les robustes étreintes de ces générations humaines près desquelles nous ne sommes que des rejetons frêles et pâles.

Anciennement, les hommes pas plus que les femmes ne portaient des gants comme objet de luxe ou de toilette; c'est depuis la Renaissance que la mode en est venue. Elle a commencé par les femmes; des femmes elle a passé aux mignons, des mignons aux grands seigneurs, des grands seigneurs aux bourgeois, des bourgeois aux gens du peuple, et des gens du peuple aux soldats. Dans l'armée française ces derniers ne portent des gants que depuis peu d'années.

La ganterie française, qui se compose des gants de chevreau et d'agneau fabriqués à Paris ou à Grenoble, des gants de daim et de castor sortis de Niort, des gants tressés et tricotés que produisent les ateliers de la Champagne et des départements du Nord, craint peu la concurrence étrangère. En 1851, son exportation atteignait le chiffre de 38 à 40 millions de francs.

Cependant, depuis trente années, l'Angleterre, l'Autriche, la Bohême, la Prusse et la Russie ont fait de notables progrès dans la ganterie. Dans le Royaume-Uni, presque tous les gants de chevreau se fabriquent à Londres; les gants d'agneau viennent du comté de Worcester; les gants de castor et de daim sont préparés dans le comté d'Oxford. Les formes de composition des gants anglais sont infiniment variées et se distinguent toutes par l'utilité pratique plutôt que par l'élégance : gants de drap garnis de peau de daim à la paume, gants de fourrure à la Crispin, gants épais fourrés, gants peluchés, gants barriolés de diverses peaux calculées d'après les formes de la main, aucun type ne manque à cette *exhibition*.

En France, nous ne sortons jamais, comme le fait l'Angleterre, des conditions normales qu'exige le bon goût; nous brillons par la netteté de la nuance, par la régularité de la coupe, par le fini de la couture, mais nous ne l'emportons point sous le rapport de la souplesse et de la résistance de la peau.

BOUTONS.

La boutonnerie, accessoire de la quincaillerie et de la passementerie, confondue souvent avec elles, jouit en France, à Paris surtout, depuis un temps immémorial, d'une réputation méritée. Le Livre des Métiers prouve qu'au XIV° siècle de simples fabricants de boutons avaient acquis une fortune considérable. La mode, si changeante, n'a pas fait déchoir la boutonnerie de son crédit légitime, et on le conçoit quand on pense que

sans boutons les vêtements d'homme seraient destitués d'ornement et les robes de femme privées d'un des accessoires les plus agréables.

Les boutons se fabriquent avec toute espèce de matière, le fer, le cuivre, le plomb, l'étain, le zinc, l'écaille, l'or, l'argent, l'ivoire, la nacre, la corne, la baleine, le caoutchouc, les marbres de toute nature, les bois de toute espèce, la soie, le fil, la laine, le coton, les os, la porcelaine, la faïence, le verre, les émaux, et diverses compositions ingénieuses. Tantôt c'est le bouton de soie, de crin, de fil ou de laine qui domine, tantôt c'est le bouton de métal ou de composition. A cet égard la mode offre des caprices dont elle n'est justiciable envers personne.

La fabrication des boutons n'a point de limites qu'on puisse apprécier. L'abaissement seul de leur valeur prouve sur quelle large échelle on les produit. Tels boutons dont la douzaine valait 30 centimes il y a trente ans, se donnent au prix de 5 centimes, et ils sont mieux faits.

ACCESSOIRES DE VÊTEMENT.

Que n'a-t-on pas dit du corset, de ses avantages, de ses inconvénients? Est-il chose au monde plus vantée, plus outragée, plus calomniée? Et pourtant il se fait jour à travers le monde et l'espace; il se rit des colères de ses détracteurs et s'implante, sans conteste, dans toutes les gardes-robes des femmes du monde et des simples bourgeoises. Pour expliquer une pareille vogue, on ne saurait méconnaître au corset des qualités positives; nul vêtement ne garde mieux la chaleur du corps, nul ne maintient d'une manière plus exacte la régularité des formes, nul ne masque avec une dissimulation mieux entendue la flaccidité, même l'absence de la gorge...... Nous irions trop loin, peut-être, si nous écoutions le témoignage des partisans fanatiques du corset. Somme toute, ses inconvénients, ses dangers dépendent plutôt de l'exagération de son emploi que de son application pure et simple. Si vous ne voulez point, à l'aide du corset, redresser, corriger les irrégularités de la taille; si vous n'avez d'autre but que d'assurer le maintien, et si, en appliquant cette cuirasse flexible, vous ne sanglez pas votre victime, le corset n'offrira guère qu'une constriction semblable à celle qu'éprouve le militaire sous l'habit d'uniforme. L'introduction du caoutchouc dans la confection des corsets, l'emploi des baleines flexibles, la proscription absolue des buscs d'acier ont modifié, depuis vingt années, d'une manière bien favorable, la confection du corset. Il s'adapte mieux que jamais aux ondulations de la taille, au caprice des poses, aux tendances insolites du geste. Le mode de fermeture en avant, substitué au mode de fermeture en arrière, permet aussi de graduer avec mesure la constriction.

Quant aux corsets pour les cas de grossesse, ils nous semblent en désaccord avec leur objet. Nous conseillerons plutôt les ceintures élastiques, et même encore rien du tout. Si la femme enceinte ne peut marcher, qu'elle ne marche pas.

La crinoline, invention passagère, n'a fait qu'un saut de la Cour, où elle a pris naissance, sous les galeries de l'Exposition, où l'attendait un public ébahi. Ses excentricités,

ses hardiesses ont été aussi loin que possible; la baleine, le jonc, l'acier, le caoutchouc
se sont prêtés avec complaisance à toutes les fantaisies de la crinoline, jusqu'à ce qu'enfin, abusant d'un empire dont rien ne justifie suffisamment le despotisme, elle trouve
dans son exagération même, dans l'excès de sa gloire, la cause prochaine de sa chute.

Il faudrait être femme pour apprécier dignement les riens délicieux qui, sous la dénomination générale d'*articles de Paris*, remplissent la corbeille d'une jeune mariée et
composent l'arsenal du boudoir : écrans, éventails, sachets, pelottes, ceintures, jarretières, aucune de ces choses ne saurait être omise. Il y manquait un porte-jupe :
l'année 1857 en a doté les dames, et les dames reconnaissantes ne tarissent point sur
son éloge.

FLEURS ARTIFICIELLES ET JOUETS D'ENFANTS.

Que les fleurs soient naturelles ou simplement artificielles, toujours elles formeront le
plus joli complément de toilette qu'il soit possible d'imaginer. L'imitation des fleurs date
de très-loin. J'en ai vu sur d'anciennes tapisseries contemporaines de Charlemagne, et
sans doute qu'aux époques les plus anciennes, dans les temples païens, comme depuis
dans les églises chrétiennes, on aura voulu perpétuer l'ornementation florale par l'imitation des produits de la nature.

Le siècle dernier, si avancé sous le rapport de l'art, laissait néanmoins beaucoup à
désirer dans la confection des fleurs, non que l'on manquât de goût, mais on manquait
des principaux éléments nécessaires : les papiers avaient moins de souplesse, les couleurs moins de vivacité; on ne savait, comme aujourd'hui, teindre en velours, en mousseline, ni obtenir, à l'emporte-pièce, les pétales les mieux déchiquetés. Les moyens mécaniques, la chimie, sont venus au secours de l'artiste fleuriste, de telle sorte que maintenant on imite la nature avec une admirable perfection.

A Londres, en 1851, l'exposition des artistes fleuristes laissa loin d'eux tous leurs
rivaux; en 1855, loin de déchoir, ils avaient encore grandi. Chacun s'arrêtait avec
intérêt devant une collection d'orchidées, dont la variété des couleurs, le port et la
forme ne laissaient rien à désirer. C'était la nature saisie au vol, interprétée avec un
sentiment exquis de délicatesse dont ne sont capables que les âmes sensibles et amies
du beau.

En groupant les fleurs artificielles à côté des jouets d'enfants, et ces derniers objets
parmi les fantaisies de toilette, la Commission d'examen a-t-elle voulu donner une leçon
de morale pratique, et insinuer que les créations éphémères de la toilette sont les jouets
des imaginations enfantines? A-t-elle voulu marquer la distance qui sépare, dans les
plus jolies choses, l'œuvre humaine de l'œuvre divine, et prouver la nécessité de se
rapprocher le plus possible de la nature? car la nature c'est Dieu dans sa partie tangible.

Depuis longtemps la Bavière, la Saxe, le Wurtemberg, le Tyrol, la Suisse, sont en

possession de fournir au monde entier des jouets d'enfants. De Nuremberg sortent des milliers de petits ménages en ferblanterie et en quincaillerie; des vallées du Tyrol et des Alpes, d'innombrables armées, des troupeaux à l'infini, des myriades de villages et quantité d'ustensiles de ménage en bois; de la Saxe, toutes sortes de vases mignons en terre, en verroterie et en porcelaine. Pendant onze mois de l'année, plus de cent mille personnes préparent les éléments d'une vente qui dure quinze jours, et durant laquelle se réalisent d'immenses bénéfices. L'arbre de Noël donne le signal à cette vente, qui se termine par le gâteau des Rois.

La France produit surtout des jouets mécaniques et des poupées à ressort. L'Angleterre seule peut rivaliser avec elle; et encore ses poupées se ressentent-elles du manque de laisser-aller qu'on remarque chez John Bull. L'esprit, le caractère d'un peuple ne ressort pas seulement des grandes choses qu'il fait.

MAROQUINERIE DE BUREAU, DE SALON, DE BOUDOIR ET DE TOILETTE.

Autrefois l'Allemagne, sans faire précisément de l'élégance, s'était mise en demeure de répondre à toutes les demandes qu'on pourrait lui adresser d'objets en cuirs lisses et en cuirs repoussés avec compartiments, incrustations, fermoirs de cuivre et d'acier, etc. Les fabricants actuels de Vienne, de Francfort, de Berlin, de Munich et de Stuttgard n'ont pas déchu du mérite de leurs devanciers. Ils font toujours des portefeuilles solides, des porte-monnaie inusables, des étuis à cigare portatifs, des nécessaires à pupitre bien établis, mais ils ne varient presque pas leurs formes; ils restent sourds dans leur fabrication comme dans leurs idées, et l'habileté particulière avec laquelle ils apprêtent leurs peaux a passé depuis longtemps des rives du Danube aux rives de la Seine et à celles de la Tamise.

Les Anglais trouvent le confortable tout aussi bien chez nous que chez eux. Depuis que nous nous sommes mis à voyager, ce qui date de peu d'années, les fabricants français d'objets en cuir pour toilette de route ont deviné, prévu les moindres besoins. Ils présentent, dans une boîte de vingt centimètres carrés, un nécessaire complet applicable à n'importe quelles nécessités, à n'importe quelles fantaisies.

L'Écosse elle-même, qui avait imaginé quantité de petits meubles portatifs quadrillés à la couleur de ses divers clans, et qui méritait de demeurer en possession de cette industrie nationale, voit surgir une concurrence française redoutable, sinon par le bon marché, du moins par la solidité et par la forme heureuse des produits.

L'Amérique réussit également dans la préparation des petits objets en cuir; mais elle demande au caoutchouc et à la gutta-percha les éléments d'une industrie moins coûteuse. Nous doutons que le cuir soit jamais dépossédé par la gomme du terrain qu'il occupe si légitimement depuis plusieurs siècles.

REVUE DES PRINCIPAUX OBJETS

EXPOSÉS DANS LA VINGT-CINQUIÈME CLASSE.

En présence d'une classe de l'Exposition universelle qui comprend les spécimens d'une trentaine d'industries, et, parmi leurs producteurs et fabricants, mille quarante et un diversement récompensés, nous prenons le parti, pour éviter toute confusion, de diviser notre Revue entre chaque branche industrielle qui nous fournira des objets dignes d'être signalés.

BOUTONS.

MM. WELDON ET WEILL, à Paris (FRANCE). Successeurs de la maison Trelon-Weldon et Weill, ils n'ont pas laissé déchoir sa réputation hors ligne, consacrée par diverses expositions. Leurs produits, solides, finis, atteignant la limite des perfectionnements et du bon marché, leur ont valu la MÉDAILLE DE PREMIÈRE CLASSE.

MM. GOURDIN ET Cᵉ, à Paris (FRANCE). Leurs matrices de boutons de livrées, à lettres ingénieusement combinées, épargnent de grands frais de gravure et d'outils. Ils exposaient des échantillons d'une fabrication riche et parfaite. MÉDAILLE DE PREMIÈRE CLASSE.

M. BINDA, à Milan (AUTRICHE). Introducteur dans son pays du moulage mécanique des boutons d'étoffe, puis de la confection de ceux de métal et de corne, sa vente est considérable, et ses spécimens exposés dénotaient une exécution soignée. MÉDAILLE DE PREMIÈRE CLASSE.

M. LANGE, à Vienne (AUTRICHE). Il fabrique en grand, surtout pour l'exportation, des boutons de nacre à trous, d'excellente qualité et de prix infimes, dont le travail occupe de nombreux ouvriers : MÉDAILLE DE PREMIÈRE CLASSE.

M. WILLIAM ASTON, à Birmingham (ROYAUME-UNI). Son importante manufacture emploie un personnel considérable à la confection exclusive de bons boutons d'étoffe, montés mécaniquement, et livrés surtout pour l'exportation. MÉDAILLE DE PREMIÈRE CLASSE.

MM. J.-P. GREFF ET FILS, à Barmen (PRUSSE). Inventeurs de procédés spéciaux qui donnent une grande variété à leurs modèles et une belle régularité à leurs boutons, ils fabriquent aussi avec perfection des doublés d'or et d'argent laminés. MÉDAILLE DE PREMIÈRE CLASSE.

Parmi les exposants ayant obtenu la MÉDAILLE DE DEUXIÈME CLASSE, sont à citer :

MM. LETOURNEAU, PARENT ET HAMEL, à Paris (FRANCE), pour les boutons de soldats de leur invention et pour leurs clous de tapissier d'une seule pièce.

J. PLANÇON, à Paris (FRANCE), pour ses beaux et solides produits en papier mâché verni, dont la consommation s'étend considérablement.

MM. J. WINTER, à Ottokring (Autriche), pour son amélioration du procédé chimique transformant les nacres jaunes pour boutons en nacres noires.

SHALC, à Lisbonne (Portugal), pour avoir créé dans son pays la fabrication des boutons métalliques et d'étoffe, montés à la mécanique, et pour sa bonne confection d'agraffes.

ŒILLETS MÉTALLIQUES.

M. DAUDÉ, à Paris (France), pour divers petits mécanismes applicables aux corsets et généralement adoptés, ainsi que pour ses œillets très-estimés, a reçu la Médaille de deuxième classe.

MM. GAUPILLAT, ILLIG, GUINDORF et MASSE, à Sèvres (France). Outre leur importante fabrication de capsules, MM. Gaupillat et Cⁱᵉ font encore les œillets de corsets sur la plus grande échelle; ils exportent leurs produits dans tout l'univers civilisé, et les œillets mécaniques à leur marque jouissent d'une faveur sans rivale. Aussi, malgré la Médaille de première classe obtenue dans la XIIIᵉ classe par la maison Gaupillat, elle a été de plus mentionnée honorablement par le Jury de la XXVᵉ classe.

LINGERIE.

M. S. HAYEM Aîné (Maison du Phénix), a Paris (France).

Il n'y a rien de chétif dans le domaine de l'industrie, et, pour ne pas mettre en mouvement de bruyantes machines, pour ne point faire figurer dans les tableaux de leurs dépenses d'énormes quantités de houille, de fer ou de bois, certaines fabriques n'en ont pas moins une importance comparable aux plus actives de ces usines où la mécanique et la chimie travaillent côte à côte.

En France, du reste, on a moins de peine que partout ailleurs à admettre cette vérité, et ce n'est pas là qu'on fera fi jamais des industries qui se sont imposé la tâche de rendre la vue agréable en s'occupant de la parure du corps. La XXVᵉ classe fournit plus d'un exemple de vastes entreprises commencées, accrues sans cesse et sans cesse florissantes, qui n'ont eu d'autre ambition et d'autre raison de succès que le développement du goût et la satisfaction des besoins superflus.

La maison du Phénix, entre autres, exposait des chemises, des devants de chemise, des gilets de flanelle et des cols-cravates. Ce bagage n'a certainement pas le poids des arbres de fonte de nos maîtres de forges, et ne brille pas de l'éclat qui accompagne les produits de la bijouterie ou de la cristallerie. Mais cette exposition d'articles de toilette avait certainement un mérite qui lui appartenait en propre et dont nous avons à parler ici.

Le Jury a décerné deux récompenses à M. S. Hayem aîné, directeur de la maison du Phénix. L'une est une Médaille de première classe pour les articles qui figuraient dans l'exposition de la classe XXVᵉ; l'autre est une Mention pour mémoire, pour les produits économiques qui figuraient dans l'exposition de la classe XXXIᵉ.

Les articles présentés au concours de l'industrie universelle par cet établissement, sont au nombre de ceux qui figurent avec le plus d'avantage sur la liste de nos exportations. L'Europe entière, et, encore plus que l'Europe, le Nouveau-Monde, est avide de ces chemises, de ces cravates, de ces cols français, qui nous semblent à nous si peu de chose parce que nous sommes habitués à en jouir, qu'on admire ailleurs, parce qu'on ne peut parvenir à les imiter, et que si, par hasard, on les imite, on ne saurait les recréer.

La maison du Phénix doit à vingt-cinq ans d'études, à vingt-cinq ans de perpétuelles inventions et

de perfectionnements véritables, la position qu'elle occupe à la tête de l'industrie qui fournit les nations étrangères du linge façonné, des cravates et des cols de la France.

Elle avait déjà obtenu à l'Exposition de Londres une récompense qui constate sa supériorité. En 1855, elle est la seule qui ait obtenu une MÉDAILLE DE PREMIÈRE CLASSE pour les articles cols-cravates, faux-cols, chemises, devants de chemises, gilets de flanelle ; et même le rappel qui lui a été donné pour ses produits économiques prouve qu'elle ne se contente pas de fournir à l'exportation des articles élégants, mais qu'elle a aussi le désir de satisfaire les besoins pressants de ceux qui, parmi nous, demandent du luxe à bon marché.

La durée, la solidité et le bon goût sont les qualités premières de ses cols-cravates. Nous citerons particulièrement le col-impératrice, le col-phénix, le nœud-bascule et la boucle sans ardillons. Par parenthèse, n'y a-t-il pas un service rendu dans la création de ce col, dont la mise est si rapide et qui, d'ailleurs, dispense d'adresse les inhabiles ?

Les faux-cols exposés par M. HAYEM, avec des formes variées et toujours d'un bon dessin, offraient des perfectionnements qui sont loin d'être sans valeur, comme l'invention de la crémaillère et la fermeture en caoutchouc connue sous le nom d'*attache-col*. Quiconque s'est impatienté contre un ancien faux-col rebelle, lorsqu'il s'agissait de l'attacher promptement à la chemise, saura bon gré à ceux qui ont empêché ces accidents nombreux et qui ont rayé ainsi de la liste de nos petites misères l'une des plus hargneuses.

Les chemises de la maison du PHÉNIX unissent à tous les avantages que l'acheteur peut désirer l'élégance de la coupe, la qualité des tissus, la solidité de la couture, et la plus grande variété. Les chemises de couleur sont renommées pour les dessins de l'étoffe et le bon marché des prix.

Il y a encore les devants unis et brochés qui ont été très-appréciés à l'Exposition universelle.

Enfin, la maison S. HAYEM aîné a rendu la flanelle irrétrécissable, et cela en donnant simplement une qualité supérieure aux tissus qu'elle emploie. Cette flanelle, sa propriété exclusive, est bordée d'une lisière rouge et noire dont l'échantillon a été déposé au greffe du tribunal de commerce.

Mᵐᵉ GOSSEIN-JODON, à Paris (FRANCE). Sa maison, connue sous le nom de l'*Éclair*, a pour spécialité les layettes et les vêtements d'enfants. Les nombreux spécimens exposés par Mᵐᵉ GOSSEIN étaient confectionnés d'une façon des plus soignées et des plus heureuses. MÉDAILLE DE PREMIÈRE CLASSE.

ÉTABLISSEMENT INDUSTRIEL POUR LES FEMMES INDIGENTES, à Christiana (SUÈDE ET NORWÈGE), pour sa lingerie excellente et dont la confection emploie de nombreuses ouvrières : MÉDAILLE DE DEUXIÈME CLASSE.

Mᵐᵉ PAPAZOGLOU et Mᵐᵉ KAROUKI, à Athènes (GRÈCE), pour leur élégante lingerie brodée d'or, ont obtenu chacune une MENTION HONORABLE.

CORSETS, BRETELLES ET JARRETIÈRES.

M. J.-J. JOSSELIN, A PARIS (FRANCE).

« M. JOSSELIN, disait l'honorable M. Gervais (de Caen) dans un des rapports officiels de la XXVᵉ classe, a sur les inconvénients et les dangers du corset des idées fort justes et fort saines. Il est toujours à la tête de sa profession, à laquelle il a rendu de très-grands services par ses inventions et ses perfectionnements. On lui doit entre autres innovations utiles, le *laçage* et le *délaçage instantané*, qui a causé une véritable révolution dans la confection des corsets. Il expose des produits de différents modèles bien coupés et bien faits. »

De la part du savant et spirituel rapporteur qui a écrit : « le corset est un instrument de gêne et de mensonge destiné à déformer la femme, » une telle appréciation correspond à peu près à celle-ci pronon-

cée par un juge moins prévenu : « Grâce à M. Josselin et à ses remarquables inventions, le corset a pris une importance très-réelle et une utilité aujourd'hui incontestable, au double point de vue de la santé et de la conformation. Il est devenu un vêtement véritablement *hygiénique* , approprié à tous les âges, à tous les tempéraments, à toutes les espèces de dispositions de grossesse et d'allaitement, à tous les cas de maladies et même de difformités, dont il dissimule les imperfections. »

Pour démontrer la justesse d'une pareille interprétation, il suffrait de rappeler les rapports et certificats des docteurs Lisfranc, Vallot, Tavernier, Jacquemeyn, etc., constatant les résultats merveilleux de l'application, sur la taille et les membres informes de plusieurs enfants, des ingénieux mécanismes et appareils inventés par M. Josselin; les médailles de la Société d'Encouragement pour l'industrie nationale (1832), du Jury central de l'Exposition de 1834, et du Jury international de l'Exposition universelle de Londres (*prize medal*), indiquant la supériorité de ce fabricant dans la délicate spécialité où il s'est créé une clientèle européenne.

Mais un calcul statistique en dira plus encore : depuis trente ans, c'est-à-dire depuis l'entrée de M. Josselin dans la lice des perfectionnements, la fabrication des corsets, d'abord insignifiante, a progressé jusqu'au chiffre actuel de douze millions de francs !

La maison Josselin, dirigée par Mme Josselin jeune, vient encore de se signaler par la création des corsets à goussets mobiles, qui répondent complétement à toutes les exigences de la respiration et de l'allaitement.

Le Jury de la XXV° classe a décerné à M. Josselin la Médaille de première classe.

MM. ROBERT WERLY et C°, à Bar-le-Duc (France). Le métier à tisser les corsets, par lequel a débuté la fabrication si générale à présent des corsets sans couture, est dû à M. Jean Werly, prédécesseur de MM. Robert Werly et C°, qui ont amené à son apogée cette spécialité industrielle. Leurs corsets exposés brillaient par la coupe et se cotaient à des prix modérés. Médaille de première classe.

M°° CHARLOTTE SMITH, à Bedford (Royaume-Uni), pour ses corsets lacés sur le côté, d'une intelligente conception et donnant lieu à un grand mouvement d'affaires : Médaille de deuxième classe.

M°°° WILLMANN Sœurs, à Carlsruhe (Grand-duché de Bade), pour deux corsets élégants et bien coupés entre tous ceux de l'Exposition · Même récompense.

M. MACÉ Jeune, a Paris (France).

On remarquait dans l'exposition de M. Macé : 1° un *corset pour femme enceinte*, pouvant servir, au besoin, aux nourrices. Ce corset, muni d'élastiques croisés sur les côtés et disposés de manière à faciliter la transmission de l'air extérieur, n'exerce aucune pression gênante sur les organes respiratoires et n'intercepte ni n'active la transpiration ; 2° un *corset garni de buleines sous les bras*, avec des ganses : ce corset sert à soutenir la taille des personnes frêles et délicates qui sont exposées aux déviations, et ne gêne en rien les mouvements : 3° un *corset à boucles sans ardillons* (dit *Marie-Stuart* ou *à la danseuse*). Ce corset, au moyen des boucles qui le ferment par devant, se serre par degrés avec une pression quasi insensible et se desserre très-vite sans qu'on craigne les piqûres ; 4° une *ceinture garnie d'élastiques croisés*. Cette ceinture, d'une grande légéreté, offre, par la disposition de ses élastiques qui sont croisés sur le devant, les mêmes avantages hygiéniques que le corset inscrit sous le numéro 1 et préparé pour les femmes enceintes.

On ne peut méconnaître l'utilité des perfectionnements introduits par M. MACE dans la construction du corset et de la ceinture. Les certificats de la science médicale constatent surabondamment l'excellence de ces appareils délicats.

Ce que chacun a pu soi-même constater, c'est la solidité de la confection et la grâce des formes. Cités favorablement à Paris en 1849, les corsets de M. MACE JEUNE avaient été récompensés à Londres lorsqu'ils se sont présentés à l'Exposition universelle de 1855.

On y a remarqué surtout les corsets fabriqués très-convenablement pour l'exportation, a 132 francs la douzaine.

M. BELORGÉ, à Paris (FRANCE). C'est l'intelligence ei non l'étendue de la production que le Jury a récompensée en décernant la MÉDAILLE DE PREMIÈRE CLASSE à M. BELORGÉ. Cet industriel ne fabrique que des bretelles à haut prix. Mais ses continuelles recherches ont amené de nombreux perfectionnements dans sa partie, entre autres l'application du métier Jacquart au tissage des bretelles, et la création d'articles toujours nouveaux et d'un goût parfait.

VÊTEMENTS D'HOMMES.

M. PARISSOT (ÉTABLISSEMENT DE LA BELLE-JARDINIÈRE), A PARIS (FRANCE).

Aux expositions industrielles de Paris, en 1844 et 1849, les commissions chargées de l'admission des produits avaient repoussé du concours les vêtements pour hommes établis par des tailleurs ou par des confectionneurs, sous prétexte que ces objets d'habillement ne constituaient pas une fabrication véritable. Aussi, quand s'ouvrit l'Exposition universelle de 1855, M. Parissot crut à la continuation de ces errements; il s'abstint de demander une place pour sa maison au Palais de l'Industrie, et se contenta d'aller installer, dans les bâtiments des *Comptoirs de vente*, une vaste exhibition, qui, pour avoir un caractère privé, n'en attira pas moins l'attention et la louange générale.

Dès lors, on comprit que cette exposition particulière, si richement fournie, représentait l'une de nos plus heureuses industries nationales, une industrie dont le chiffre d'exportation annuelle dépasse vingt millions de francs, — et on la déclara partie intégrante de l'Exposition universelle. M. Parissot s'empressa aussitôt de présenter au Jury international les articles simples, durables, variés, résistants, rustiques dans toute la bonne acception du mot, et toujours à bon marché, qui sont fabriqués à la *Belle-Jardinière*; les vêtements soignés, fins, de bonne qualité et de bon goût qui s'y confectionnent également. Le Jury de la XXVᵉ classe l'en récompensa en lui votant la MÉDAILLE D'HONNEUR « pour, dit le Rapport, avoir réussi plus que personne à mettre les habillements solides et salubres à la portée des classes laborieuses. » De son côté, le Jury de la XXXIᵉ classe (Produits de l'Économie domestique) mentionna pour mémoire que si cette haute distinction n'avait déjà été obtenue par M. Parissot, elle la lui aurait décernée.

Que dire de plus, et qu'ajouter surtout au suffrage des personnes qui, par milliers, s'approvisionnent à l'immense bazar toujours ouvert, toujours abondamment fourni, de la *Belle Jardinière* ? Qui n'a pas eu l'occasion, même parmi les plus riches et les plus habitués aux élégances de la vie, d'entrer dans ces magasins si bien ordonnés, et n'y a pas choisi quelque vêtement dont la qualité autant que la solidité l'a surpris? Car si le plus grand mérite et l'œuvre capitale de la maison dirigée par M. Parissot est de fournir bon à bon marché, cela ne l'empêche nullement de produire des articles de luxe qui, pour coûter la moitié du prix de ceux qu'on achète ailleurs, n'en sont pas moins fort remarquables.

Voici le secret, donné par ce grand fabricant lui-même, de ses bas prix, de sa supériorité et de sa vogue dans toutes les branches de son industrie.

« Achat à leur source de belles et bonnes étoffes aux meilleurs producteurs de chaque spécialité. —
« Main-d'œuvre confiée à des ouvriers d'élite stimulés par une rétribution convenable. — Concessions
« et forts escomptes obtenus en raison même de l'acquisition considérable et directe des marchan-
« dises. — Economie évaluée à plus de 20 pour 0/0, résultant de l'entre-coupe d'un grand nombre d'ar-
« ticles taillés ensemble. — Habileté des travailleurs qui, employés toute l'année dans le même genre,
« ne sont pas exposés à des retouches augmentant les frais. — Enfin, petits bénéfices, mais se répé-
« tant à l'infini sur une vente énorme, encore accrue par l'établissement d'une maison auxiliaire à
« Paris et de succursales à Lyon, Marseille, Angers, Nantes, etc. »

Quinze cents ouvriers sont en compte ouvert avec la *Belle-Jardinière*. Cette armée du travail, intelligente et disciplinée, a ses constitutions, son organisation réglée par M. PARISSOT pour la distribution
des secours mutuels. Une caisse particulière est chargée de servir des pensions à quelques-uns des plus
vieux ou des plus malheureux serviteurs de l'établissement, dont le chef subventionne les caisses d'as-
sistance créées par ses ouvriers disséminés. Enfin une pension annuelle de 120 fr. est payée par la
maison à soixante-quinze participants, hommes et femmes, aux conditions suivantes : 1° dix années au
moins de travail continu ; 2° cinquante-cinq ans d'âge ; 3° à défaut de cinquante-cinq ans d'âge, des
infirmités constatées.

C'est par de telles institutions que les chefs de l'industrie française montrent qu'ils ont compris l'esprit de leur siècle, et qu'on préparera sans secousse l'inévitable transformation de la condition des
ouvriers.

M. LEMANN, à Paris (FRANCE). Successeur de l'ancienne maison Coutard, M. LEMANN embrasse
toutes les branches de la confection pour hommes ; la classe riche recherche ses produits, il a une
vente de détail des plus considérables ; enfin ses tentatives intelligentes lui ont ouvert d'importants débouchés en Amérique, en Orient et en Australie, contrées qui tiraient jadis leurs vêtements d'Angleterre
et de Belgique exclusivement. MÉDAILLE DE PREMIÈRE CLASSE.

MM. ASC CAVY ET Cᵉ, à Nevers (FRANCE). La maison CAVY, de création déjà ancienne, a un véritable mérite philanthropique, à ce point de vue qu'elle occupe à la mégisserie, à la fourrure et à la couture, une notable portion de la population ouvrière de la Nièvre. Ses produits, solides, bien façonnés et
de prix modiques, consistent en vêtements de peaux de chèvre indigènes, en manchons de fourrures
des fauves du Nivernais, et en pelleteries préparées. Le Jury a décerné à MM. ASC CAVY ET Cᵉ la MÉDAILLE
DE PREMIÈRE CLASSE.

Mᵐᵉ LUCE, à Alger (FRANCE). Encore une œuvre industrielle qui est en même temps une bonne
œuvre. L'entreprise de Mᵐᵉ LUCE fait confectionner par des jeunes filles arabes abandonnées les
vêtements légers, les écharpes, les voiles brodés, dont elle avait envoyé de si charmants spécimens
à l'Exposition. En outre, elle donne une instruction élémentaire à ses ouvrières, elle les forme aux
coutumes européennes pour les placer ensuite dans d'honorables familles. MÉDAILLE DE PREMIÈRE
CLASSE.

LA MÉDAILLE DE PREMIÈRE CLASSE a été aussi accordée par le Jury à :

    BEN NACEUR BEN SALEM, à Alger (FRANCE), pour ses gandouras parfaitement fabriqués.

    LA CORPORATION DES FABRICANTS DE HAIKS ET DE BURNOUS LÉGERS de
    Tlemcen, en Algérie (FRANCE), pour l'importance de son commerce.

    LA CORPORATION DES FABRICANTS DE BURNOUS SNOUSSI DES BENI-SNOUSS,
    d'Oran, en Algérie (FRANCE), pour le mérite spécial de ses produits.

    BEL GAID CADI, à Oran (FRANCE), pour ses burnous et haïks exposés, qui étaient de véritables
    types de bonne fabrication.

AB DOSSELAM OULD BRAHIM, agha des Ouled-Aoula, en Algérie (France). Mêmes produits, même appréciation.

LA CORPORATION DES FABRICANTS DE BURNOUS ZORDANI, à Mascara (France), pour ses burnous noirs d'une solidité exceptionnelle.

LA CORPORATION DES FABRICANTS DE BURNOUS DE SOUEF, en Algérie (France), pour confirmer la juste renommée de ses produits.

LA CORPORATION DES FABRICANTS DE BURNOUS DES BEN-ABBÈS, en Algérie (France), pour la bonne exécution de ces vêtements indigènes.

SI MOHAMED SGHIR BEN GANAH, caïd de Biskara, en Algérie (France), pour ses excellents haïks à l'usage masculin et à l'usage féminin.

M. C.-M. FRANCK, à Vienne (Autriche), pour ses vêtements d'un excellent usage, également propres à la consommation intérieure et à l'exportation, dont la confection occupe de nombreux ouvriers.

L'ASSOCIATION DES TAILLEURS DE LISBONNE (Portugal), pour ses habits exposés, spécimens d'une rare élégance, coupés, piqués et cousus supérieurement, dignes enfin des principaux tailleurs de Lisbonne qui forment ladite association.

LA FABRIQUE IMPÉRIALE DE FEZ, à Constantinople (Empire Ottoman), pour les qualités hors ligne de tissu et de couleur qui distinguent les produits très-recherchés de cet établissement.

MOUSTAPHA-AGHA, à Constantinople (Empire Ottoman), pour son exposition de superbes costumes albanais, témoignant d'une fabrication qui doit donner lieu à un commerce important.

ALI-AGHA, à Brousse (Empire Ottoman), pour ses vêtements de feutre, souples et solides à la fois.

HADJI BEKIR AGHA, à Constantinople (Empire Ottoman), pour ses vêtements de toile piqués et ornés de charmants dessins exécutés à l'aiguille : les prix infimes d'aussi élégants produits peuvent donner une idée de la modicité extrême de rétribution des ouvriers qui les confectionnent.

L'EGYPTE, pour l'ensemble de son exposition, qui consistait en vêtements, coiffures et chaussures, curieux échantillons de l'industrie de la confection en Orient.

VÊTEMENTS DE FEMMES.

MM. OPIGEZ-GAGELIN et Cⁱᵉ, à Paris (France).

La maison OPIGEZ-GAGELIN ET Cⁱᵉ est au premier rang parmi celles qui sont en possession d'imposer aux nations étrangères le bon goût et les élégances de l'industrie des nouveautés françaises; aussi, en 1852, l'Académie nationale décernait à cette maison une médaille d'honneur de première classe. En 1851, à l'Exposition universelle de Londres, la récompense accordée avait été plus belle encore, en ce sens que c'était la seule du genre, la distinction unique accordée à la France dans la spécialité : une médaille de prix, due, selon l'expression du Jury international, à un mérite incontestable.

C'est qu'en effet l'association GAGELIN, si honorablement distinguée dans les concours industriels, a créé elle-même une industrie considérable, celle des nouveautés confectionnées, l'une des plus élégantes, des plus coquettes, des plus riches, des mieux choyées de toutes les industries de la France. Le chiffre des exportations, pour ces gracieux produits, dépasse déjà cent millions de francs.

Novatrice par excellence, la maison OPIGEZ-GAGELIN a, en 1836, trouvé la dentelle au métier, dite de Paris, de Cambrai, etc. : l'Exposition de 1839 en offrait des spécimens. En 1848 elle a fondé une concurrence de plus en plus redoutable aux cachemires brodés dans l'Inde, qui maintenant se soutiennent difficilement sur les différents marchés de l'Europe, car il s'en fabrique de parfaites imitations, depuis le prix de 25 francs jusqu'aux prix les plus élevés.

Lyon lui doit la broderie de Chine et de l'Inde façonnée sur étoffes, les fourrures de soie, le tartan broché, le chalis, le coutil de laine, et bien d'autres articles du goût le plus charmant et qui ont fait fortune.

MM. OPIGEZ-GAGELIN ET C° occupent plus de trois cents ouvriers qui, forment dix-huit ateliers. Ils créent, chaque année, trois ou quatre cents modèles, types reproducteurs de la mode; ils influent ainsi d'une façon notable sur les caprices du goût parisien, qui s'impose à la France, puis répand ensuite ses combinaisons infinies dans l'univers entier qui les réclame et les attend. Leurs incessants efforts stimulent puissamment la production générale des dentelles, des broderies et de la passementerie de fantaisie.

Le manteau de cour qu'ils ont exposé dans le trophée d'honneur de l'industrie parisienne était une pièce remarquable entre toutes celles de ce trophée, où ne figuraient que des objets de la plus haute distinction. Ce chef-d'œuvre a demandé deux mille journées d'ouvrières ; c'était de l'orfèvrerie d'art appliquée à l'étoffe de soie : coupe, forme, caprices d'ornement, tout y est nouveau, et, en même temps, tout y est réglé par l'étiquette.

MM. OPIGEZ-GAGELIN ET C° avaient exposé en outre des châles types indiens, brodés soie, et soie et or. Le coloris, l'entente de la distribution, le goût, les dessins, y étaient tels qu'ils restaient presque sans rivaux.

Il nous reste à mentionner les confections diverses de la maison GAGELIN : manteaux, mantelets, broderies, châles, étoffes de soie, fantaisies de toute espèce, qui représentaient, comme ses produits plus chers, l'alliance intime de la perfection du goût avec toutes les grâces de la mode.

Cette heureuse alliance, l'ancienneté et l'importance de l'établissement de MM. OPIGEZ-GAGELIN ET C°, la puissante influence qu'ils exercent sur le développement de la confection élégante des vêtements pour femmes par la multiplicité de leurs modèles, enfin le succès général et mérité qui accueille toujours leurs délicieuses créations, ont valu à ces honorables industriels la MÉDAILLE DE PREMIÈRE CLASSE, que leur a décernée le Jury de la XXVe classe.

M. CREMIÈRE-LARGE, à Paris (FRANCE). C'est surtout pour l'exportation que la maison CREMIÈRE-LARGE confectionne avec un goût et un soin parfaits ses vêtements de femmes, dont les spécimens exposés lui ont valu la MÉDAILLE DE PREMIÈRE CLASSE.

M. BOUILLET, à Paris (FRANCE). Il fait confectionner surtout en vue de la vente de nouveautés, et de nombreux magasins de cette spécialité, tant français qu'étrangers, s'approvisionnent dans son établissement. On remarquait dans son exposition des articles de soieries brodées d'une exécution supérieure. MÉDAILLE DE PREMIÈRE CLASSE.

M. PRAMONDON, à Paris (FRANCE). Les marchands français composent la principale clientèle de M. PRAMONDON, qui leur fournit des costumes féminins où l'appropriation de la forme et l'élégance marchent de pair. Il exposait des articles riches et d'autres à prix modérés, mais toujours d'un gracieux aspect. MÉDAILLE DE PREMIÈRE CLASSE.

M. CH. TSANTILAS, à Athènes (GRÈCE). Deux vêtements de femme, une polka de drap noir

passementé et une mantille de velours brodé, exposés par M. Tsantilas, étaient d'une confection aussi élégante que soignée. Médaille de première classe.

MM. GAY FILS ET Cᵉ, a Paris (France).

La maison Gay fils et Cᵉ compte parmi celles qui se sont fait une renommée toute particulière d'élégance et de bon goût dans cette spécialité si multiple, si délicate, on pourrait dire si fugace, appelée la confection pour femmes.

Les articles qu'elle exposait réunissaient, dans leur diversité, l'excellence du travail à ce je ne sais quoi, ce bonheur d'invention qui assure la suprématie des modes parisiennes partout l'univers, à tel point que Londres, Berlin, Vienne, Bruxelles, où pourtant les grands confectionneurs abondent, avaient compris qu'ils n'avaient pas intérêt à envoyer au concours leurs produits plus ou moins heureusement imités des nôtres.

MM. Gay fils et Cᵉ ont surtout un article qui les distingue entre leurs concurrents, l'article soierie. Depuis assez longtemps déjà leur maison s'est créé dans ce genre une clientèle d'élite, composée des femmes qui comprennent que le véritable luxe ne consiste pas dans la richesse sans grâce, dans l'étrangeté sans originalité, mais que, seule, l'exquise harmonie de l'ensemble avec les détails, des nuances avec la forme, constitue vraiment l'aristocratie de la toilette féminine.

Si l'industrie des vêtements confectionnés a pris à Paris, depuis un certain nombre d'années, un cachet artistique qui permet même aux dames du plus haut rang de porter certains de ses produits, c'est à des efforts pareils à ceux de MM. Gay fils et Cᵉ qu'elle doit un si heureux résultat ; aussi ces habiles industriels ont-ils obtenu la Médaille de deuxième classe.

CHAUSSURES.

LES FABRICANTS, CONTRE-MAITRES, OUVRIERS ET OUVRIÈRES EN CHAUSSURES POUR FEMMES, a Paris (France).

C'est surtout à Paris que la cordonnerie pour femmes confectionne ses produits les plus remarquables à tous égards ; c'est là qu'elle allie au plus haut degré le goût, la richesse, l'élégance à la commodité de la chaussure ; c'est là aussi qu'elle se prête le mieux aux fantaisies coûteuses du luxe et aux exigences des classes peu fortunées, quant à la pondération des prix. Mais il ne serait guère possible d'assigner à qui revient la part capitale de mérite dans la création de ces pantoufles, de ces souliers, de ces bottines, etc., appliquant presque tous les cuirs, toutes les peaux, toutes les étoffes à leurs diverses formes de confection imposées par la mode et la fantaisie ou simplement par la nécessité. Cette raison dictait probablement la décision du Jury international lorsque, enveloppant dans une haute récompense collective fabricants et coopérateurs, il a décerné à l'industrie de la cordonnerie pour femmes de Paris la Médaille d'honneur.

MM. PH. ET M. LATOUR Frères, à Liancourt (France). Des chiffres feront voir de quelle utilité immense la fabrique de chaussures clouées de MM. Latour doit être pour la population du pays où ils l'ont fondée en 1844 : elle occupe quinze cents hommes ou femmes, et parvient à établir journellement 5,800 paires de souliers de toutes sortes, toujours bien faits et à prix modérés, grâce aux inventions intelligentes que M. Latour aîné a su appliquer à leur confection. Le Jury a voté à MM. Ph. et M. Latour une Médaille de première classe.

S. M. l'Empereur, prenant en considération l'importance de sa fabrication de chaussures mécaniques

et les institutions philanthropiques créées par M. Latour aîné en faveur de ses ouvriers, l'a nommé chevalier de la légion d'honneur.

M. MASSEZ, à Paris (France). Ce grand fabricant, outre son établissement de Paris, en possède un autre à Châlons-sur-Marne. C'est spécialement les chaussures de femmes et d'enfants qu'il entreprend pour l'exportation ; et à en juger par les spécimens qu'il exposait, la solidité, l'élégance, la régularité de ses produits doivent faire grand honneur à la cordonnerie parisienne sur les marchés de l'étranger. Son centre d'exploitation mérite d'être cité comme type d'organisation particulière du travail. Médaille de première classe.

M. B. SUSER, à Nantes (France). Les vastes établissements de M. Suser réunissent tous les degrés de la fabrication du cuir. Les peaux entrent en vert chez-lui, y sont tannées, corroyées, et en sortent transformées en chaussures, qui lui fournissent la matière d'un grand commerce d'exportation. Les produits qu'il exposait étaient fort bien confectionnés. Médaille de première classe.

MM. FANIEN et Fils, à Lillers (France). L'industrie de la chaussure pour hommes, qui a pris une grande importance à Lillers (Pas-de-Calais), doit sa création dans ce pays à MM. Fanien et fils. Ils occupent sept à huit cents ouvriers pour faire les produits si corrects dont leur exposition offrait de remarquables échantillons. Médaille de première classe.

M. FR.-A. BEAUQUIS, à Paris (France). Ses chaussures pour hommes, excellentes comme couture et matière première, sont largement répandues à l'étranger et fort recherchées au détail ; son commerce est très-important. Médaille de première classe.

LES OUVRIERS CORDONNIERS ANGLAIS (Royaume-Uni). La couture et la piqûre des chaussures d'hommes des exposants anglais faisaient un véritable honneur, par leur perfection, à l'habileté de leurs ouvriers. Médaille de première classe.

M. TH. WARM, à Londres (Royaume-Uni). La maison Warm est au premier rang de la confection des chaussures : son exportation est très-considérable, et les souliers de troupe qu'elle exposait étaient d'une rare solidité. Médaille de première classe.

MM. W. HICKSON et Fils, à Londres (Royaume-Uni). La vaste fabrique de chaussures de cet exposant produit surtout en vue de la consommation générale ; la marine, l'armée et les artisans des villes et des campagnes y achètent des produits d'une solidité à l'épreuve. Médaille de première classe.

M. CH. HUBERT, à Londres (Royaume-Uni). L'élégante cordonnerie française possède en Angleterre un digne représentant dans M. Ch. Hubert, à en juger par les chaussures supérieurement travaillées et coupées qu'il avait envoyées à l'Exposition. Médaille de première classe.

L'ASSOCIATION FRATERNELLE DES CORDONNIERS, à Lisbonne (Portugal). Les principaux représentants de la cordonnerie et de la confection de chaussures de la capitale du Portugal forment cette société, qui exposait des produits en tous genres, la plupart remarquablement travaillés. Médaille de première classe.

MM. J.-J. POLLAK et Fils, à Prague (Autriche). Ces grands industriels réunissent à leur importante fabrication de chaussures, la tannerie, la corroierie, la mégisserie, la chamoiserie, le vernissage, enfin tout ce qui se rapporte aux divers emplois et préparations des cuirs. Aussi MM. Pollak, outre leurs souliers de troupe bien réussis, avaient envoyé des équipements militaires et des articles de commerce, dignes spécimens de leur production vaste et variée. Médaille de première classe.

MM. C.-J. DUMERY et SYLVAIN DUPUIS, à Paris (France). Si les chaussures à vis rivalisent aujourd'hui avec les chaussures cousues, c'est aux intelligentes machines de M. C.-J. Dumery que la cor-

donnerie doit cet important résultat. Cet habile ingénieur et M. Lefébure sont les créateurs de cette spécialité ; mais ses derniers perfectionnements, ceux qui remplacent totalement le travail manuel par le travail mécanique pour arriver au suprême degré de la perfection et du bon marché relatif, sont dus à la seconde association de M. Dumery avec M. Sylvain Dupuis. Leur exposition collective de chaussures à vis supérieurement exécutées a obtenu la MÉDAILLE DE PREMIÈRE CLASSE.

GANTERIE.

MADAME VEUVE XAVIER JOUVIN et Cᵉ, A Paris (France).

L'industrie de la ganterie est essentiellement française, et, au même titre que les modes, elle fait apprécier à l'étranger la délicatesse de notre goût et notre savoir-faire.

Si la ganterie française jouit de cette vogue et si elle la mérite, c'est à feu Xavier Jouvin qu'elle le doit, c'est à ses travaux et à ceux de sa femme, son unique héritière, qu'il faut attribuer la perfection où sont arrivés ces élégants et utiles articles de la parure.

Le croirait-on ? les gants figurent pour une valeur de quarante millions parmi les marchandises taxées à l'importation. L'élévation de ce chiffre s'explique par l'excellente nature de nos peaux de chevreau et la valeur du procédé inventé par M. Xavier Jouvin pour les traiter. Certaines nations et villes étrangères — ainsi l'Angleterre et la Russie, ainsi Vienne, Prague et Berlin — commencent à faire quelques progrès dans la fabrication des gants, en imitant le système Xavier Jouvin, mais pour longtemps encore la France garde une incontestable supériorité.

Autrefois, la renommée de la belle ganterie française appartenait exclusivement à la ville de Grenoble, berceau de cette fabrication.

Mais, plus tard, des fabricants de Grenoble vinrent exercer leur industrie dans la capitale et y établirent la réputation des gants de Paris. Toutefois, il faut constater que là seulement où est suivi le système Xavier Jouvin se trouve le perfectionnement réel.

Xavier Jouvin est né en 1801, à Grenoble, où sa famille exerçait la profession dans laquelle il a fait de si heureuses découvertes et dont il a si largement agrandi le domaine.

Dans les premières années de notre siècle, la ganterie était loin d'avoir dans la toilette l'importance qu'elle y a prise ; on se contentait de couvrir la main au lieu de chercher à la vêtir. Aussi les gants étaient-ils fabriqués sans aucune mesure ni proportions.

Dès ses débuts, Xavier Jouvin comprit toutes les imperfection de son industrie et entreprit d'y porter remède. Il étudia, combina, créa de toutes pièces le système régénérateur de la ganterie. — Mais, cela fait, il eut à combattre la routine, et ce n'est qu'après de longues années de lutte qu'il put appliquer sa méthode et mettre ses idées en pratique.

Peu de temps après, le gant Jouvin était connu de tout le monde civilisé. Son inventeur est mort en 1844, jeune encore : durant sa vie si courte, il a restauré ou plutôt recréé une des plus importantes et des plus délicates industries de la France. En outre, il a trouvé les moyens les plus philanthropiques pour améliorer le sort des travailleurs voués à cette industrie : citons entre autres ses dons à la Société des ouvriers gantiers, et la pension assurée par lui à dix de ses membres.

L'héritage si honorable du nom de Xavier Jouvin a été bien convoité, et plusieurs ont tenté de s'en emparer ; mais la suite véritable de son entreprise est restée entre les mains de sa veuve, Mᵐᵉ Xavier Jouvin, qui s'est associé MM. Berrier et Rey sous la raison sociale Veuve Jouvin et Cᵉ.

Cette maison, qui, en octobre 1850, s'est fait breveter pour une nouvelle coupe de gants piqués à l'anglaise, et qui avait, aux expositions précédentes, obtenu des récompenses d'un ordre élevé, offrait à l'appréciation du Jury international de l'Exposition universelle des produits prouvant qu'elle est toujours en progrès. La beauté de la peau, le goût, et surtout une admirable précision dans les proportions et

dans la forme, réunissaient supérieurement les trois grandes qualités requises par l'inventeur du **gant** *Jouvin*. Aussi le Jury a-t-il décerné à la société VEUVE JOUVIN ET Cᵉ la MÉDAILLE DE PREMIÈRE CLASSE, autant à cause des services importants rendus à la ganterie par feu XAVIER JOUVIN, que pour l'importance de ses affaires et sa très-bonne fabrication actuelle.

MM. DENT ALLCROFT ET Cᵉ, à Londres (ROYAUME-UNI). Non-seulement cette maison de premier ordre fabrique des gants de toute sorte, en chevreau, en agneau, en castor, en laine, etc., mais elle importe une grande quantité de produits français, et elle fait avec l'extérieur de très-grandes affaires. MÉDAILLE DE PREMIÈRE CLASSE.

M. V. ROUQUETTE, à Paris (FRANCE). Le genre de gants d'agneau dit gants de Paris est dû à M. ROUQUETTE. Par sa fabrication parfaite, il a donné une grande vogue à cette spécialité, à laquelle il réunit celle des gants de chevreau et de castor. Ses affaires sont importantes. Même récompense.

MM. LEYDET FILS AÎNÉ ET Cᵉ, à Niort (FRANCE). Les peaux de daim, d'agneau et de castor sont travaillées en gants excellents par MM. LEYDET ET Cᵉ, qui comptent parmi les fournisseurs de l'armée et font, tant en France qu'avec l'étranger, un commerce considérable. Même récompense.

M. J.-AD. NOIROT, à Niort (FRANCE). Ce fabricant est en même temps mégissier et chamoiseur. Ses produits de daim, d'agneau et de castor, qu'il établit depuis l'arrivée des peaux en laine jusqu'à leur perpétration en gants très-bien faits, lui procurent un grand mouvement d'affaires. Même récompense.

MM. CHARLES ET WERLING, à Luxembourg (GRAND-DUCHÉ DE LUXEMBOURG). L'Allemagne entière et plusieurs autres contrées européennes demandent à MM. CHARLES ET WERLING leurs gants de chevreau et d'agneau élégants et bien coupés, dont ils mégissent et teignent eux-mêmes la matière première. Même récompense.

M. ALEXANDRE, à Paris (FRANCE). Il fabrique les gants de chevreau, qu'il envoie en masse à l'extérieur. Il est un des premiers introducteurs à Paris de la mégisserie et de la préparation des peaux de gants. Même récompense.

MM. JOUVIN ET Cᵉ, à Paris (FRANCE). Ils font d'importantes affaires intérieures, et leurs exportations sont très-considérables. Même récompense.

M. F. ROUILLON, à Grenoble (FRANCE), pour ses gants bien faits, dont la couture est transportée sous le pouce, au lieu d'occuper le côté externe de la main, a reçu la MÉDAILLE DE DEUXIÈME CLASSE.

COIFFURES.

LES FABRICANTS, CONTRE-MAITRES, OUVRIERS ET OUVRIÈRES DU CANTON D'ARGOVIE
(CONFÉDÉRATION HELVÉTIQUE).

Les passementeries et tissus de paille, de crin et de soie végétale, dont les matières premières ont si peu de valeur intrinsèque, constituent pourtant une industrie où le goût, la variété, presque l'art, brillent dans tout leur éclat. En effet, cette spécialité pour chapeaux subit l'empire de la mode, et, par conséquent, doit, à chaque saison nouvelle, changer ses dessins et la composition même de ses types. La fécondité inépuisable, la beauté de ses travaux toujours en progrès, sont dues exclusivement aux fabricants, contre-maîtres et ouvriers du canton d'Argovie, où s'est fondée, en 1818, cette intéressante industrie, dont l'exportation annuelle dépasse maintenant 12 millions de francs, répartis entre les 50,000 personnes qu'elle emploie, la main-d'œuvre représentant les frais presque uniques d'une pareille exploitation, qui livre pourtant ses produits à des prix très-modérés.

Le Jury international a décerné à la manipulation générale des passementeries et tissus de paille. de crin, ou de soie végétale du canton d'Argovie, une haute récompense collective : la MÉDAILLE D'HONNEUR.

LES FABRICANTS, OUVRIERS ET OUVRIÈRES DE LA TOSCANE.

La renommée des chapeaux de paille d'Italie n'est basée solidement que sur les produits toscans. En vain le royaume Lombard-Vénitien, la France même, ont tenté de se lancer dans la voie de l'imitation, ils n'ont pu approcher de cette égalité de nuance, de cette force et de cette souplesse de matière première, de cette finesse et de cette régularité du tressé que les chapeaux remmaillés de Florence doivent autant à l'influence propice du climat qu'au talent spécial de leurs producteurs. Ajoutons que la Toscane exporte annuellement pour dix à douze millions de francs de ces coiffures, ayant fourni de l'ouvrage à trente-cinq mille personnes, et suivant de plus une proportion inverse entre leur perfection et leur prix de vente. On comprendra à présent la justice de la décision du Jury international, décernant à l'exposition collective et si complète des fabricants et ouvriers toscans la MÉDAILLE D'HONNEUR.

MM. LANGENHAGEN Frères, à Saar-Union (France). Les chapeaux de paille cousus et de fantaisie, ceux de palmier ou brésiliens, constituent une industrie où l'élégance et la variété des formes veulent marcher de pair avec la perfection du travail. Aussi n'est-il pas étonnant que la France ait fourni les principaux représentants d'une telle fabrication, dont MM. LANGENHAGEN FRÈRES exposaient de curieux et excellents spécimens : c'étaient des chapeaux de soie avec carcasse de palmier, Panama et imitation de Manille, qui leur ont valu la MÉDAILLE DE PREMIÈRE CLASSE.

LA REINE POMARÉ, à Taïti (Océanie). Il est vraiment mémorable de voir cette majesté aborigène, qui jadis fournit presque un *casus belli* entre deux des plus grandes puissances de l'Europe, prendre une place d'honneur sur les tables de mémoire du concours conciliateur et pacifique par excellence de l'Exposition universelle. Mais les couronnes en feuilles d'arrow-root, exécutées par la reine Pomaré (ou sous sa direction), ne devaient pas probablement à leur seule perfection de travail la MÉDAILLE DE PREMIÈRE CLASSE décernée par le Jury; elles l'obtenaient sans doute en échange de l'hommage tacite qu'elles semblaient représenter envers la souveraineté intellectuelle de l'industrie.

M. CÉSAR CONTI, à Florence (Toscane). Il exposait la collection la plus complète et la plus régulièrement travaillée de tresses et de chapeaux d'Italie, dans laquelle se distinguaient spécialement des *cornets* admirablement finis. MÉDAILLE DE PREMIÈRE CLASSE.

MM. VYSE et Fils (Prato (Toscane). Les nombreux chapeaux et tresses de paille qu'ils exposaient présentaient une supériorité d'exécution hors ligne. MÉDAILLE DE PREMIÈRE CLASSE.

MM. CHESNARD Frères, à Paris et à Lyon (France). La chapellerie proprement dite était dignement représentée, à l'Exposition universelle, par MM. CHESNARD FRÈRES, qui ont des établissements dans deux des principaux centres de cette industrie où la France excelle. Leur maison, fort ancienne, n'a pas déchu de son honorable réputation de progrès, à en juger par les chapeaux de castor, de feutre, et les chapeaux dits cachemire qui ont valu à ces habiles industriels la MÉDAILLE DE PREMIÈRE CLASSE.

M. J. COUPIN, à Aix (France). Le feutre, qui s'était vu quelque temps supplanter par la soie dans la fabrication des chapeaux, a repris une véritable faveur par la souplesse qu'on su donner à cette matière des chapeliers comme M. COUPIN, dont les beaux produits exposés offraient de rares avantages de prix. MÉDAILLE DE PREMIÈRE CLASSE.

M. DUCHÈNE Aîné, à Paris (France). La chapellerie mécanique a reçu d'éminents services de

M. Duchêne. Parmi les perfectionnements les plus heureux trouvés par ce fabricant, il convient de citer le feutre séropile, fait de matières poils et soie, qui réunit beauté, souplesse et solidité. **Médaille de première classe.**

MM. LAVILLE et POUMAROUX, à Paris (France). Leurs chapeaux de castor et de soie sont justement renommés, et leurs coiffures souples ont une finesse et une légèreté hors ligne. **Médaille de première classe.**

MM. BERNI et MELLIARD, à Londres (Royaume-Uni). Leurs produits élégants et finis font exception entre ceux bien fabriqués, mais un peu lourds, élaborés en Angleterre. **Médaille de première classe.**

M. PAPAJOANNOU, à Athènes (Grèce). La coiffure grecque par excellence, le fez rouge, n'a pas de producteur plus important que M. Papajoannou, dont la vente se recommande encore par le bon marché. **Médaille de première classe.**

MM. AILLIÉ Aîné et Fils, à Paris (France). Outre qu'ils fabriquent bien leurs chapeaux de soie, ils ont aussi inventé un très-utile outil pour prendre mesure de la tête. **Médaille de deuxième classe.**

Mme MÉLANIE BRUN et Ce, à Paris (France). L'industrie parisienne pouvait seul représenter dignement à l'Exposition la gracieuse spécialité des modes et coiffures pour femmes, dont le cachet indéfinissable se compose d'un si intime mélange d'élégance et de bon goût. Les chapeaux de Madame Mélanie Brun résumaient le plus complètement ces deux qualités. Ses garnitures étaient d'une richesse splendide ; ses articles de confection d'un aspect charmant. **Médaille de première classe.**

Mme ALPHONSINE, à Paris (France), pour ses chapeaux d'une originalité toujours pleine de charme, qu'elle envoie comme modèles en province et à l'étranger : **Médaille de deuxième classe.**

FLEURS ARTIFICIELLES ET PLUMES.

MM. PERROT, PETIT et Ce, à Paris (France). L'imitation de la nature dans ce qu'elle a de plus suave, devait valoir encore à la France, ou plutôt à Paris, cette terre natale de l'imagination et du bon goût, un véritable triomphe lors de l'Exposition universelle. Les fleurs artificielles en tissus ou en plumes de nos monteurs fleuristes, celles de MM. Perrot, Petit et Ce principalement, n'offraient à la vue aucune différence avec leurs sœurs les plus fraîches des jardins et des serres. Mais la reproduction fidèle n'était qu'une des principales qualités de cette intelligente fabrication, qui avait su en outre mêler, tresser, grouper ses gracieux produits en parures, en bouquets d'ornement et de toilette, parfaits de formes et de dispositions. Aussi le Jury a-t-il donné à MM. Perrot, Petit et Ce la prééminence en leur votant la **Médaille de première classe.**

Mme MARIE PITRAT, à Paris (France). C'est dans l'imitation frappante des roses et des rhododendrons qu'excelle Mme Marie Pitrat, à en juger par l'exposition si remarquable qui lui a valu la **Médaille de première classe.**

M. DUTÉIS, à Paris (France). Les plantes et les fleurs exposées par ce fabricant, élégamment employées en parures, avaient une véritable valeur artistique. **Médaille de première classe.**

M. et Mme LOUIS DE LAERE, à Paris (France). Dans l'exposition de ces habiles fleuristes, on distinguait surtout des études de plantes d'après nature, de jolies coiffures et des roses fort belles, quoique d'un prix peu élevé. **Médaille de première classe.**

M. MARIENVAL-FLAMET, à Paris (France). Il exposait des fleurs artificielles, des plumes de parure et des plumes teintes en bleu, spécimens d'une excellente fabrication, qui trouve surtout à l'étranger d'importants débouchés. **Médaille de première classe.**

M. CHAGOT Aîné, à Paris (France). Des bouquets de fleurs et de fruits artificiels, des guirlandes, des plumes de parure blanches ou de couleur, mais également bien préparées, donnaient aux visiteurs du Palais de l'Industrie une haute opinion de l'importance et de l'habileté de la maison Chagot Aîné, qui traite en effet des affaires considérables, surtout à l'extérieur, et qui a rendu de véritables services à l'industrie des fleurs en perfectionnant leur fabrication et leur monture, tout en diminuant sensiblement leur prix d'achat. Même récompense.

M. PARENT-NATTIER, à Paris (France). Ses parures de bal étaient ravissantes, ses fleurs joignaient la finesse exquise de l'exécution à la richesse des nuances. Même récompense.

MM. FOSTER, SON et DUNCUM, à Londres (Royaume-Uni). Leur établissement mérite plutôt d'être signalé comme importance que comme valeur de produits. Il occupe plus de cent personnes, mais les plantes, branches, guirlandes et bouquets de fleurs qu'il avait envoyés ne pouvaient lutter, malgré leur bonne exécution, avec les objets similaires de Paris, pour l'exactitude de la forme et la modération du prix. MM. Foster, Son et Duncum ont dû vaincre néanmoins de nombreuses difficultés pour amener l'industrie des fleurs, si arriérée en Angleterre, à un résultat passable; aussi le Jury leur a voté la Médaille de première classe.

M. CYPRIEN RÉDÉLIX, à Paris (France), pour son emporte-pièce et ses outils à raccord, gaufroirs, etc., qui constituent de véritables services rendus au travail préparatoire des fleurs artificielles, a reçu la Médaille de deuxième classe.

ARTICLES A L'AIGUILLE ET AU CROCHET.

M. ALLAIN-MOULARD, à Paris (France), exposait des bourses, sacs, calottes, bracelets, boîtes, coffrets et porte-monnaie, échantillons d'une fabrication ingénieuse et d'un bon marché relatif; il occupe plus de soixante-dix personnes. Médaille de deuxième classe.

GULMEZ-OGLOU, à Constantinople (Empire Ottoman). Entre les jolis objets brodés et confectionnés à l'aiguille envoyés par le gouvernement ottoman, des fleurs en soie, destinées à border des voiles de femme, étaient d'une telle délicatesse d'exécution qu'elles ont valu à leur fabricant, Gulmez Oglou, la même récompense.

M. VENCESLAS PROHASKA, à Karolinenthal (Autriche). Ses tapis de drap avec ornements de drap de couleur, appliqués et cousus sur fond découpé, étaient d'un bon effet, d'une solidité satisfaisante, et d'un prix modéré. Même récompense.

ÉVENTAILS ET ÉCRANS A LA MAIN.

M. DUVELLEROY, à Paris (France). Il compte parmi les éventaillistes qui ne négligent aucune occasion de changer leurs modèles pour les faire progresser, comme charme des sujets et comme élégance des bois. Les pièces de luxe qu'il exposait étaient de bons types d'accord entre les peintures de la feuille et l'ornementation de la monture. Médaille de première classe.

M. FRÉDÉRIC MEYER, à Paris (France). C'est surtout en vue de l'exportation pour l'Amérique que M. Meyer produit en quantité ses éventails ordinaires d'un si bon travail. Ses articles riches offraient une application intéressante: celle du caoutchouc durci et estampé, sous forme de bois. Les affaires de ce fabricant sont très-importantes. Même récompense.

M. FÉLIX ALEXANDRE, a Paris (France).

Qui ne connaît l'éventail mignon de nos aïeules ? les bergères poudrées conduisant, avec un ruban rose, leurs moutons blancs sur l'herbe verte ? les petits Amours, pétris de lait et de carmin par Watteau, voltigeant dans un ciel bleu lapis ? les arlequinades et les pantalonnades italiennes, encadrées dans des guirlandes de fleurs ? toutes les grâces enfin de cet éventail qui, sous M⁰⁰ de Pompadour, M⁰⁰ Dubarry ou Marie-Antoinette, fut en si grande faveur à Versailles et à Trianon ?

M. Desrochers, en **1828**, fonda la maison qui ressuscita cette gracieuse éventaillerie ; il en replaça les chefs-d'œuvre rajeunis dans les mains de nos mères. Son gendre, M. **Alexandre**, après lui avoir succédé dans la même entreprise, a eu l'heureuse idée de créer un nouvel éventail, l'éventail moderne, le véritable éventail d'art. Il emprunte à grands frais les modèles de ses feuilles aux peintures de MM. Ingres, Vernet (Horace), Cogniet (Léon), Fleury (Robert), Amigua, Balzé-Raymond, Vidal, Lami (Eugène), Plassan, Diaz, Baron (Henri), Hamon (Gérôme), Gendron Auguste, Nanteuil (Célestin), Besson-Faustin, Picou, Wattier (Émile), Trayer, de Beaumont (Edouard), Liénard, Werassat, Mlle Pauline Girardin, MM. Billotte, Ballue (Hippolyte), Bouchardy, Moreau (Edouard), Hervy (Paul), Haussoullier (William), Lafont, Soldé, Suisse, Mlle Rosa Bonheur, MM. Delacroix (Eugène) et Français. Ses moulures sont dessinées d'après lui-même ou d'après Liénard, Rossigneux, Émile Wattier. Enfin il confie la bijouterie de ses éventails régénérés à MM. Wièse, Bourderot, Teterger et Sollier. Rien n'y manque donc plus, ni la vraie beauté, ni l'élégance, ni la légèreté, ni la richesse.

Quatre divisions constituent l'ensemble de la fabrication de M. **Alexandre** ; les voici :

Première catégorie. Éventail avec feuille d'artiste, unique, originale, signée des noms indiqués plus haut, exclusif de toute reproduction, monture ornée de bijouterie. Ces objets d'art, du prix moyen de 3 000 fr., peuvent s'élever jusqu'à **10,000 fr.**

Deuxième catégorie. Éventail composé par des artistes avec feuilles de maîtres, peintures originales et sans reproduction, du prix de 600, 1,000, 1,200 et 1,500 fr.

Troisième catégorie. Éventail avec feuille-copie des maîtres par leurs premiers élèves, du prix de 300, 200 et 100 fr.

Quatrième catégorie. Éventails *fac-simile* avec reproductions des œuvres de maîtres ou originaux dus aux artistes éventaillistes, spécialement destinés au commerce d'exportation, et qui peuvent être vendus depuis 36 fr. jusqu'à 80 fr. la douzaine.

Sa Majesté l'Impératrice a payé 1,200 fr. l'éventail représentant le *Départ pour Cythère* de Watteau. Récompensé à Paris en **1849** et à Londres en **1851**, M. **Félix Alexandre** s'est surpassé lui-même, et, aujourd'hui plus que jamais, il mérite d'être considéré comme l'un des créateurs de la haute éventaillerie artistique. — Le Jury de la XXXe classe lui a décerné la **Médaille de première classe.**

M. **Taveaux**, à Sainte-Geneviève (**France**). L'un des plus intelligents et des plus considérables fabricants de ces bois d'éventails en nacre, en os, en bois, etc., qui sont une des ressources industrielles du département de l'Oise. M. **Taveaux** en exposait de beaux spécimens. Ses éventails brisés méritaient surtout l'attention compétente. **Même récompense.**

MM. **Toupillier** et **Dehamme**, à Sainte-Geneviève (**France**). Ils ont aussi contribué, dans les mêmes proportions que M. **Taveaux**, à activer les progrès de la production des bois d'éventails. Leur exposition fournissait le sujet d'une appréciation pareille à celle qui précède. **Même récompense.**

MM. **Fleury Dehamme et Cⁱᵉ**, à Sainte-Geneviève (**France**). Même spécialité que M. **Taveaux**, appréciation identique. Pourtant, un exemple de la facilité merveilleuse de découpure de M. **Henri Fleury** mérite d'être signalé : un bois de nacre exposé par lui présentait 256 trous de foret et 1,024 traits de scie par centimètre carré. **Même récompense.**

PERRUQUES ET OUVRAGES EN CHEVEUX.

M. BEAUFOUR-LEMONNIER, A Paris (France).

« C'est un sentiment à peu près général que le désir d'avoir un souvenir durable de ceux qu'on aime ;
et le don de cheveux à cette fin est consacré depuis fort longtemps. Le prix qu'on attache à ces souve-

Grand tableau tout en cheveux, fait et exposé par M. Beaufour-Lemonnier

nirs a fait chercher des moyens d'en assurer la conservation, soit qu'on veuille les avoir sans cesse devant les yeux, soit qu'on préfère ne pas s'en séparer. »

Ainsi s'exprimait M. Natalis-Rondot, l'un des rapporteurs de la XXV⁰ classe, à propos de l'industrie au caractère tranché, aux procédés et aux produits tout particuliers, dans laquelle M. Beaufour-Lemonnier excelle entre tous.

On peut dire que c'est aux efforts persévérants, aux intelligents essais, aux continuelles créations de ce novateur que le travail des cheveux doit son caractère artistique. Sans dénaturer en rien la matière première, il a réussi à lui faire produire des objets d'une distinction réelle ; ses ornements, ses bracelets, ses chaînes, ses chiffres, ses bagues, ses épingles sont de véritables bijoux, où les cheveux travaillés dans le goût le plus pur ne le cèdent pas en splendeur aux pierres et aux métaux précieux avec lesquels ils s'allient, se marient et s'harmonisent.

Un grand tableau exposé au Palais de l'Industrie montrait aussi les effets originaux et frappants que M. Beaufour-Lemonnier sait tirer des cheveux disposés ou plutôt dessinés en paysages, portraits, etc.

La variété de ses modèles, l'excellence de sa fabrication, la modération de ses prix et l'importance de ses affaires ont valu à la maison Beaufour-Lemonnier la plus haute récompense accordée à la France dans sa spécialité : le Jury de la XXV⁰ classe lui a décerné la Médaille de deuxième classe.

MM. NORMANDIN Frères, à Paris (France). A notre époque, toutes les branches de l'industrie sont en progrès, et celle des perruques, si infime en apparence, n'est pas restée stationnaire. L'exposition de MM. Normandin frères en était la preuve. Là, on pouvait juger de l'utilité du tulle de cheveux comme légèreté, solidité et perméabilité à l'air. Les postiches pour femmes, sans ressorts, comptaient aussi parmi les spécimens des nombreuses et ingénieuses innovations de ces habiles fabricants. Médaille de deuxième classe.

PARAPLUIES, OMBRELLES ET CANNES.

MM. LEQUIN et GRUYER, à Paris (France). Le commerce d'exportation des parapluies et ombrelles de qualités ordinaires était bien représenté, à l'Exposition universelle, par les produits élégants et réussis de ces fabricants, qui ont avec l'Amérique du sud, Cuba et les colonies françaises, de grandes relations d'affaires. Ils laissent travailler chez leurs parents les nombreuses jeunes filles qu'ils emploient, en leur payant en moyenne 2 fr. 75 c. par jour. Médaille de première classe.

MM. RÉQUÉDAT et C⁰, à Paris (France). Leur grande fabrication de cannes, fouets et cravaches, s'adresse principalement à l'étranger, qui apprécie dignement la variété de leurs modèles, le soin apporté à leur travail, et la modération de leurs prix. Même récompense.

M. CAZAL, à Paris (France). Ses parapluies et ombrelles de luxe ont été particulièrement distingués, tant à cause de leurs utiles perfectionnements que pour leur distinction. Même récompense.

M. COLLETTE, à Paris (France). D'ancien ouvrier il est devenu l'un des fabricants d'élite de la spécialité des fouets, cannes et cravaches. Ses prix sont avantageux. Même récompense.

M. JOURNIAT, à Paris (France). Cet industriel, grâce à la vigueur et à l'intelligence de sa fabrication, lutte victorieusement avec la concurrence sur les marchés étrangers, où ses manches de parapluies et d'ombrelles jouissent d'une faveur explicable par leur perfection de travail et leur coût modéré. Même récompense.

TABLETTERIE ET PEIGNES.

M. POISSON, à Paris (France). La tabletterie parisienne n'a de rivale que celle de la Chine ; aussi les principaux fabricants de cette spécialité font-ils tous un grand commerce avec l'extérieur. Pourtant

ce qui distingue M. Poisson, c'est qu'il connaît à fond non-seulement l'art du tabletier, mais encore le travail spécial de l'ivoire, ainsi que le prouvaient pleinement ses beaux spécimens exposés. Médaille de première classe.

MM. THIENNET et PINGEON, à Paris (France). L'ancienne maison Thiennet et Pingeon exporte en quantité ses riches produits, dont les coffrets, livres de messe, porte-cigares en nacre, en écaille ou en ivoire, ornés d'argent et d'or, envoyés au Palais de l'Industrie, étaient des échantillons pleins de charme comme dessin et comme exécution. Même récompense.

MM. PINSON Frères, à Paris (France). Le père de ces fabricants a inventé la nacre artificielle, connue sous le nom impropre de gélatine Pinson ; quant à eux, ils y ont apporté des perfectionnements tels, que cette composition, joignant à une solidité extrême une rare perfection d'imitation, est devenue d'un emploi général en placage, médaillons, mosaïques, etc. Même récompense.

M. ALLESSANDRI, à Paris (France). Inventeur d'une machine à dérouler l'ivoire qu'il fixe par feuilles légères sur des plaques d'ardoise, il a rendu par là un véritable service à la peinture en miniature, qui, grâce à son procédé, trouve des fonds d'une dimension inusitée, comme l'établissait une plaque de 2 mètres de long sur 0 m. 66 centimètres de large, exposée par lui. Il fabrique aussi des peignes fins, des touches de piano et des grands coffrets en feuilles d'ivoire d'un morceau, que l'on peut seulement exécuter à l'aide de son système. Même récompense.

M. MERCIER, à Paris (France), pour ses élégantes tabatières en bois exotiques et en racines, dont les charnières, ingénieusement combinées, sont d'une rare solidité, a pareillement obtenu la Médaille de première classe.

M. BARBIER, à Beaumont (Oise) (France), pour sa tabletterie au tour et celle des garnitures de voitures, dont il fait un commerce de premier ordre : Médaille de deuxième classe.

M. DAVID CHAPUIS, à Saint-Claude (France), pour ses couverts en buis et en corne, ses tuyaux de pipes, ses tabatières moulées par pression, etc, tous objets bien traités et à bas prix, qui donnent lieu à un grand mouvement d'affaires : Même récompense.

M. FAUVELLE-DELEBARRE, à Paris (France). Il continue le commerce de l'ancienne maison Cauvard, et produit également sur une vaste échelle, pour l'intérieur et pour l'étranger, des peignes d'écaille ainsi que des peignes en caoutchouc solidifié. Médaille de première classe.

M. MASSUE, à Paris (France). Sa fabrique mécanique de peignes fins et de peignes en ivoire est d'une importance capitale, car ses excellents produits, recherchés en France et pour l'exportation, doivent à ses inventions diverses d'être toujours cotés à des prix avantageux. Même récompense.

MM. MARGAGE et TRAUTMANN, à Paris (France), pour leurs peignes de l'écaille la plus belle et offrant les modèles les plus en vogue : Médaille de deuxième classe.

BROSSERIE ET PLUMEAUX.

M. LAURENÇOT, à Paris (France). Ses belles brosses à tête, à dents et à ongles, indiquaient une fabrication considérable et fort intelligente quant à la préparation de l'ivoire ou de l'os, et quant à l'emploi de la sculpture pour orner le dos de l'instrument. Médaille de première classe.

M. A.-A. LODDÉ, à Paris (France), pour ses plumeaux perfectionnés, parmi lesquels ceux dits à ressort, inventés par lui, sont fort demandés pour l'exportation : Médaille de deuxième classe.

PIPES ET LEURS ACCESSOIRES.

MM. GANEVAL, BOUDIER et DONNINGER, à Paris (France). M. Donninger a puissamment contribué à importer en France l'industrie des pipes de luxe. Celles qu'exposait sa maison luttaient avantageusement d'élégance avec les pipes autrichiennes, jusqu'alors au premier rang ; leurs figures, sans être aussi nombreuses, aussi recherchées comme difficulté d'exécution, surpassaient celles des pipes viennoises comme dessin. Médaille de première classe.

MM. SÉJOURNANT-CARDON et Cᵉ, à Paris (France). La maison Séjournant-Cardon mérite pour ses produits la même appréciation que la maison Ganeval, Boudier et Donninger, qu'elle dépasse peut-être en importance commerciale. Même récompense.

M. GÉRARD FLOGE, à Vienne (Autriche). La pipe de terre magnésienne, dite *écume de mer*, qui représente la plus haute perfection relative dans ce genre d'objets devenus d'un usage si général, a son principal centre de fabrication en Autriche, et M. Gérard Flöge tient le premier rang parmi ses producteurs, comme l'établissent les hautes récompenses honorifiques qu'il a déjà obtenues à Londres, à Vienne et à Munich. Même récompense.

M. JEAN FRIEDRICH, à Vienne (Autriche). L'un des plus habiles sculpteurs dans sa spécialité, il exposait des pipes en écume de mer où les délicatesses de l'ornementation, semées à profusion, prouvaient d'autant plus de mérite, qu'elles avaient dû vaincre, pour se produire, les difficultés présentées par la fragilité de la matière mise en œuvre. Même récompense.

M. PHILIPPE BEISIEGEL, à Vienne (Autriche). Ses produits, fort renommés en Autriche, méritaient, d'après les échantillons exposés, leur réputation, car ils joignaient à une égale perfection d'exécution un dessin plus correct que ceux des pipes de ses concurrents. Même récompense.

M. LOUIS HARTMANN, à Vienne (Autriche). Outre ses pipes simples mais excellentes, il exposait des tuyaux de cerisier, des bouts d'ambre et des écrans de fumeur contenant une pipe et un sac à tabac, tous objets de prix modérés. M. Louis Hartmann emploie près de 150 ouvriers dans sa fabrique. Même récompense.

M. SAMUEL ALBA, à Vienne (Autriche). Sa collection de pipes, d'objets en ambre, de tuyaux et de cannes, prouvait un commerce fort important et une fabrication des plus soignées. Même récompense.

PETITS MEUBLES DE FANTAISIE, COFFRETS ET NÉCESSAIRES.

M. TAHAN, à Paris (France).

Autrefois, chez les anciens, quoiqu'on vécût plus volontiers sur la place publique, la maison particulière était construite, peinte, décorée, meublée avec la plus grande élégance. Le foyer était un petit temple. Il faut espérer que le jour viendra où les modernes sentiront naître en eux quelque chose de cet amour des anciens pour la beauté de leurs demeures ; que le jour viendra enfin où le plus beau privilége de la richesse sera non pas la facile recherche d'un luxe éclatant, mais l'habitude des choses vraiment élégantes, vraiment gracieuses, vraiment belles. Ce jour-là, les parois de nos maisons seront peintes comme elles le sont à Pompéi, et nos appartements seront meublés par les élèves de Tahan.

Ce n'est pas une si chétive gloire que celle d'avoir habitué le goût public à comprendre et à désirer

les belles œuvres de l'ébénisterie. Surtout c'est un grand mérite que celui d'avoir donné l'exemple à une industrie tout entière et de lui fournir chaque jour de nouveaux modèles.

La volière qu'exposait M. Tahan a obtenu un grand succès au Palais de l'Industrie ; et cependant ce n'est pas là que le talent de l'artiste s'est le mieux découvert. Sans doute voilà une cage bien jolie, bien délicatement posée entre les feuillages, au-dessus du lac de cristal que traversent en se jouant les poissons rouges aux rames dorées ; on ne sait si les feuilles et les fleurs qui grimpent aux angles et couronnent le palais des oiseaux ne sont pas des fleurs et des feuilles naturelles, c'est une merveille de légèreté et de grâce ; et pourtant il y avait des œuvres plus belles encore et d'un plus haut style, abritées, recouvertes par le baldaquin Louis XIII qui s'élevait au-dessus de l'exposition de M. Tahan.

La bibliothèque-étagère, en style Louis XVI, commandée par l'Empereur et destinée aux Tuileries, était un meuble véritablement impérial : les foyers allumés, les génies, les attributs de bronze doré qui la décorent, ont été choisis et placés avec le meilleur goût ; les lignes sont correctes, agréables, et ont de la dignité. Que cette bibliothèque s'ouvre, que les coffrets, sculptés comme des bijoux, qui la remplissent, soient écartés : le chef-d'œuvre de l'ébéniste apparaît alors. C'est un fond d'un aspect si heureux, cette marqueterie d'acajou à contre-fil semée d'abeilles légères. Une harmonie parfaite règne dans toutes les parties de ce fond tressé, ourlé, brodé avec le bois.

La même harmonie, le même goût souriait dans cette tapisserie colorée qui, sur l'armoire de cabinet en noyer, représente, à l'aide des bois d'Amérique, un paysage américain : de grands feuillages peints de toutes les nuances de la nature, des eaux, le ciel chaud et limpide, et l'oiseau aux grands plumages qui rêve dans la solitude. Les tons se soutiennent ; c'est une peinture tranquille, c'est un tableau.

Et le guéridon incrusté de porcelaine ! Ces jeux de l'incrustation, M. Tahan les aime, et il y est heureux. Comme tout cela est d'accord, et comme la porcelaine crue s'unit sagement aux lames qui l'encadrent ! Il y avait encore le prie-Dieu xve siècle pour ceux qui ont le goût du gothique, le bureau bibliothèque de dame en poirier, un bijou qui ne coûte que 3,500 francs, un autre bureau Louis XVI, décoré de porcelaines qui ont la grâce des peintures de Primatice, une jardinière taillée en châtaume fort, une autre jardinière de bois de rose et d'amarante, et cent autres admirables œuvres sorties des mêmes ateliers.

M. Eugène Cornu avait exposé les dessins de la plupart des meubles composés par lui chez M. Tahan. Qui l'emporte, et qui faut-il louer le plus : celui qui a dessiné les charmants modèles, ou celui qui a traduit si habilement la pensée ? Heureuse union en tout cas, et qui fait la fortune de l'art !

Le Jury de la XXVe classe a décerné la Médaille de première classe à M. Tahan, que le XXIVe comité avait déjà mentionné pour une pareille récompense.

M. J.-A.-L. PLANSON, à Paris (France). Pour ses petits meubles en chêne sculpté, qui luttaient de délicatesse avec ceux qu'il produit ordinairement pour les marchands d'objets de fantaisie : Médaille de deuxième classe.

M. TURLEY, à Birmingham (Royaume-Uni). Pour ses objets en papier mâché d'une ornementation harmonieuse : Même récompense.

M. PÉRET, à Paris (France). Les nécessaires de toilette et de déjeuner de ce fabricant étaient habilement agencés : ceux de luxe, avec pièces d'argent ou de vermeil, brillaient par leur fini exquis ; ceux plus modestes, consciencieusement établis, affichaient des prix modérés. Médaille de première classe.

M. E. WEST, à Londres (Royaume-Uni). La fabrication des nécessaires de voyage, de toilette ou de bureau, a cela de particulier, qu'elle réunit dans une spécialité de luxe, par conséquent d'une consommation restreinte, les divers travaux de l'ébéniste, du sculpteur, du bronzier, du garnisseur, de l'orfèvre, du cristallier, etc. C'est l'Angleterre qui a créé cette industrie où elle excelle encore, à en juger par les belles pièces que M. West exposait, pièces assez chères, mais soignées dans tous leurs dé-

tails, judicieusement organisées, et ne contenant pas, comme la plupart des nécessaires français, des objets d'une utilité plus que contestable et ne servant qu'à augmenter les prix de vente. MÉDAILLE DE PREMIÈRE CLASSE.

M. CH. GIRARDET, a Vienne (Autriche).

L'Exposition universelle n'offrait rien de supérieur aux articles de maroquinerie de luxe de M. Girardet. Ceux qui brillaient entre tous, c'étaient de grands écrins où le bijoutier et le ciseleur ont aussi leur part de travail, et qui servent en Allemagne à renfermer les diplômes et les actes publics. Dans les objets d'un usage plus général, la maison Girardet ne prouve pas moins l'adresse hors ligne de ses maroquiniers par le fini et la perfection de leurs œuvres ; elle a cela d'exceptionnel, qu'elle concentre dans un même établissement une centaine d'ouvriers qui, en France, par exemple, seraient disséminés selon leurs industries très-diverses, mais se rattachant pourtant toutes à la confection des nécessaires de peau et à la maroquinerie. L'idée de se former un important personnel embrassant chacun des degrés d'une fabrication complexe, depuis la matière brute jusqu'au suprême achèvement, mise si victorieusement en pratique sur une grande échelle par M. Ch. Girardet lui-même, lui a valu de la part du Jury international la MÉDAILLE D'HONNEUR.

Mᵐᵉ Veuve HENRY SCHLOSE et Frère, à Paris (France). La petite maroquinerie se verrait peut-être encore monopolisée par l'Allemagne, sans les efforts heureux de la maison Schlose, qui non seulement l'a importée à Paris, mais l'a ramenée ensuite, revêtue du cachet français, faire une triomphante concurrence à la maroquinerie allemande sur son terrain même. Au reste, les nombreux perfectionnements trouvés par MM. Schlose ont été imités par presque tous les maroquiniers européens. Cette considération, et celle basée sur l'organisation intelligente, active et philanthropique de leurs ateliers, ont fait décerner à Mᵐᵉ veuve Henry Schlose et frère la MÉDAILLE DE PREMIÈRE CLASSE.

MM. MIDOCQ et GAILLARD, à Paris (France). Ils opposent mérite pour mérite à la fabrication anglaise et allemande des nécessaires de bureau, genre riche. Leurs prix sont moins élevés que les prix anglais, et leurs produits exposés l'emportaient même comme perfection de travail sur ceux de leurs concurrents indigènes ou étrangers. Même récompense.

MM. GELLÉE Frères, à Paris (France). Leur fabrication exclusive a trait à la gainerie, spécialité peu brillante, mais dont ils savent relever l'utilité par l'excellence de leurs produits. Aussi leurs affaires sont-elles importantes. La modération de leurs prix mérite d'être citée. Même récompense.

M. KLEIN, à Vienne (Autriche). L'un des plus grands producteurs autrichiens dans la petite maroquinerie, il a fondé lui-même l'établissement où il emploie un grand nombre d'ouvriers. La collection des plus variées exposée par lui résumait le travail soigneux et élégant joint à l'extrême réduction du prix. Une conception qui lui est particulière, c'est celle de coffrets en bois recouverts de peau avec montures de cuivre, d'un goût tout à fait indigène. Même récompense.

MM. JACOB MONCH et Cᵉ, à Offenbach (Hesse Ducale). Avant l'entrée en lice des fabricants français, la maison Monch tenait le premier rang dans l'industrie de la petite maroquinerie. Maintenant, elle est encore l'une des meilleures et des plus considérables de la partie, et donne du travail à près de trois cents personnes. Même récompense.

M. Paul SORMANI, a Paris (France).

La maison Paul Sormani est le seul établissement qui réunisse dans son intérieur fabriques d'ébénisterie, de gainerie et d'orfèvrerie ; elle est la seule par conséquent qui fasse elle-même le nécessaire

complet et qui le puisse faire dans un même esprit, sur un même plan et dans une parfaite harmonie de pensée, de dessin et d'exécution.

C'est là une garantie réelle de bonne fabrication, et surtout de fabrication distinguée.

La principale pièce de son exposition était le *nécessaire à développement*, qui présente au voyageur une superficie utile plus grande, qui, par cela même, et grâce aussi à d'ingénieuses combinaisons, est beaucoup plus commode que tout autre, et renferme une glace adaptée au couvercle. Les pièces de ce nécessaire étaient en argent. C'est un meuble de luxe et un meuble indispensable. Il mérite le nom sous lequel on le désigne dans l'ébénisterie.

Les sacs de voyage (système anglais), que la maison Sormani fabrique depuis longues années, complétaient le nécessaire en ne laissant rien à désirer au voyageur. C'est spécialement par la production de ces deux articles, où l'élégance et le bon marché sont unis, que cette maison se recommande.

Aux nécessaires et aux sacs de voyage se joignaient, en un assortiment considérable, les caves à liqueurs de tous genres, les paniers à ouvrage, les caves à odeurs, les boîtes à gants, les boîtes à mouchoirs et les boîtes pour mariage, les toilettes, les pupitres, les sacs, les étuis à chapeau, et une foule d'autres petits meubles, tous très-jolis et très utiles.

Cette mignonne ébénisterie familière est peut-être celle où le choix est le plus difficile et qu'on tient à avoir le mieux à son goût. La maison de M. Paul Sormani s'en est créé une spécialité, et y a réussi de manière à contenter les goûts les plus divers.

Le Jury de la XXV° classe a décerné à ce fabricant distingué la Médaille de première classe.

MM. DELECOURT, Veuve BECHET et C°, à Paris (France), pour leurs coffrets, coupes, corbeilles, etc., faits ou garnis de métal, élégants comme exécution, ont obtenu la Médaille de deuxième classe.

VANNERIE ET SPARTERIE FINES.

M. BRIZET-TORDEUX, à Paris (France). La vannerie, qui, malgré sa simplicité encore primitive de moyens d'exécution, donne lieu à un énorme mouvement d'affaires, ne se signalait guère à l'Exposition universelle que dans la spécialité de fantaisie dite de Paris, où M. Brizet-Tordeux tient le haut rang, tant par l'importance de ses affaires, que par le bon marché de ses excellents articles simples ou décorés, et de ses clissages fins et bien faits, dont l'exportation consomme de grandes quantités. Médaille de première classe.

M. KUMPF, à Schluchenau (Autriche), pour sa sparterie et ses tissus de bois, d'une bonne exécution et de prix modiques : Médaille de deuxième classe.

CARTONNAGES, PAPIERS DE FANTAISIE, PAPIERS FAÇONNÉS.

MM. THOMAS DE LA RUE et C°, à Londres (Royaume-Uni).

La maison de la Rue et C°, de Londres, est probablement la plus importante association commerciale qui ait envoyé ses produits, variés à l'infini et parfaits au possible, à l'Exposition universelle. A en juger par les Rapports officiels, c'était bien certainement la représentation élevée entre toutes du progrès industriel.

Ses nombreuses spécialités avaient une telle valeur relative, que le Jury international fut obligé de partager leur examen en grandes masses dévolues à divers comités.

Dans la VI° classe (Mécanique spéciale et matériel des ateliers industriels), MM. Thomas de la Rue et C° recevaient une Mention pour ordre pour leur ingénieuse machine à plier les enveloppes de lettres, inventée dès 1845 par MM. Warren de la Rue et Edwin Hill, et qui substitue avec tant d'avantage

le mécanisme à la main-d'œuvre dans une fabrication uniforme par excellence. Cette machine, soigneusement étudiée dans toutes ses parties, solide, élégante, bien disposée, était d'une précision mathématique dans ses divers mouvements.

La IXe classe (Industries concernant l'emploi économique de la chaleur, de la lumière et de l'électricité) possédait les électro-types de timbres-postes, de figures de cartes à jouer et d'objets divers exposés par la maison DE LA RUE, applications typographiques d'une telle perfection, qu'elles lui auraient valu une MÉDAILLE D'HONNEUR, si la plus forte partie de son vaste envoi n'avait appartenu à la XXVe division de l'Exposition universelle.

Dans la Xe classe (Arts chimiques, teintures, impressions, industrie des papiers, etc.), MM. DE LA RUE ET Ce se trouvaient hors concours par suite de la présence de M. Warren de la Ruë au sein du Jury, ce qui n'empêchait pas l'honorable rapporteur M. E. de Canson de citer particulièrement les cartes pour adresses et les cartons Bristol, « supérieurs à tout ce qu'il a vu » de ces grands fabricants. M. de Canson ajoutait : « Ils s'appliquent également à la préparation des papiers, qu'ils achètent bruts en très-grande quantité pour leur donner le glaçage et le satinage avec un rare degré de supériorité, par des moyens qui leur sont propres. »

M. THOMAS DE LA RUE était à son tour membre du Jury de la XXVIe classe (Dessin et plastique appliqués à l'industrie, lithographie, photographie, typographie, etc.) : mais le Rapport officiel ne pouvait laisser sans CITATION POUR MÉMOIRE les belles cartes de sa maison, fabriquées par des procédés de son invention et pour lesquels il est breveté, cartes supérieures à toutes pour le papier, la vivacité des couleurs obtenues par la chromo-typographie, le glaçage et la beauté du dessin des revers représentant des fleurs, des fruits, des ornements d'une grande perfection d'exécution, grâce à la litho-chromie et au crayon artistique de M. Owen Jones.

Revenons à la XXVe section de l'Exposition universelle, à laquelle appartenait particulièrement l'exhibition de premier ordre de l'association DE LA RUE ET Ce. Ses articles de bureaux recouverts en peau réunissaient tous les mérites : production immense et toujours régulière, dispositions intelligentes, confection irréprochable, solidité parfaite, prix modérés. Ses papiers et enveloppes de lettres, ses cartes de visite porcelaine et autres, ses cartons pour métier Jacquart, ses papiers de fantaisie, moirés, irisés, quadrillés ; ses étiquettes et ses ornements pour les tissus, imprimés, gauffrés, dorés ; ses portefeuilles et divers articles de maroquinerie, ses albums de dessin ou de musique reliés, ses petits registres, carnets, encres, etc., etc., méritaient la même appréciation.

Et pourtant ce n'est pas seulement l'excellente qualité, l'exécution soignée, le bon marché de leurs innombrables ouvrages, presque tous travaillés mécaniquement, qui élèvent si haut dans l'industrie MM. THOMAS DE LA RUE ET Ce, c'est plutôt leurs belles inventions, que tant de branches manufacturières en Angleterre et en France ont consacrées en les adoptant. Voici l'indication de leurs principales machines, de leurs systèmes les plus remarquables :

Les applications de la galvanoplastie à la production des timbres-postes et de commerce, le mécanisme qui compose et grave en même temps le dessin de moire sur papier ou percaline, sont deux inventions de M. Warren de la Ruë. — Le moyen de transporter par la gravure le moirage des soieries à la papeterie et l'irisation chimique du papier, représente deux découvertes de M. Thomas de la Ruë. — Enfin, l'impression typographique des bandes et des étiquettes sur les toiles d'Irlande, celle en couleurs des papiers de fantaisie à l'aide de toiles métalliques tissées à la Jacquart, l'emploi de la gutta-percha dans la galvanoplastie et des couleurs à l'huile pour les cartes à jouer, l'imitation à peu de frais avec des planches gravées des dessins écossais de Mauchline, la création des rouleaux à encrer où la mélasse est remplacée par la glycérine, celle d'utiles machines pour la fabrication des papiers peints et des cartons pour le lissage et le découpage du papier à lettres, sont autant d'innovations fécondes dues à l'active collaboration de ces deux infatigables chercheurs ayant noms Thomas et Warren de la Ruë.

Un dernier détail pour bien poser leur maison au premier rang dans cette industrieuse Angleterre, si féconde en associations colossales : elle emploie journellement six cents ouvriers, une force motrice de

50 chevaux, et construit dans ses propres ateliers le matériel si parfait servant à sa multiple fabrication.

Le Jury de la XXV° classe a fait décerner par le conseil des présidents, à MM. Thomas de la Rue et C°, la GRANDE MÉDAILLE D'HONNEUR pour leurs importantes découvertes et pour leurs produits exceptionnels à tous égards.

Mᵐᵉ VEUVE T. MAYER, à Paris (FRANCE). Les enveloppes, sacs de bonbons, cartonnages, papiers de fantaisie, papiers-dentelle, feuilles d'éventail en chromo-lithographie de Mᵐᵉ VEUVE MAYER, montraient à l'Exposition d'élégants et bons spécimens d'une fabrication importante et justement estimée. MÉDAILLE DE PREMIÈRE CLASSE.

M. GUESNU, à Paris (FRANCE). Inventeur d'un procédé d'impression sur porcelaine par décalque de lithographie en couleur et passage au feu, M. GUESNU est en outre l'un des plus intelligents fabricants de papiers de fantaisie. Ses spécimens réunissaient la bonté des dessins, l'excellence de l'impression et la modération des prix. Même récompense.

M. ALFRED ANGRAND, à Paris (FRANCE). Des imitations de bois, des papiers vernis unis ou imprimés, des satinés argent ou or, du papier bleu pour dentelles, à 30 fr. la rame, brillaient surtout parmi les nombreux produits de cet habile et estimable industriel. Même récompense.

M. J.-V.-M. DOPTER, à Paris (FRANCE). Déjà avantageusement signalée par la commission mixte des impressions dans la personne de M. DOPTER fils, qui a trouvé avec M. Hocker un procédé d'application de la chromo-lithographie à l'impression des étoffes, la maison DOPTER mérite en outre toutes louanges pour ses impressions lithographiques en noir et en couleur, ses gaufrages, ses découpages de dentelle, etc., produits ne laissant rien à désirer malgré leurs prix infimes, et qui emploient à leur importante fabrication deux cent vingt-cinq ouvriers et quarante-quatre presses. Même récompense.

M. J.-FR. LIMAGE, à Paris (FRANCE). Sa fabrication, spécialement de luxe, porte l'empreinte d'une supériorité réelle ; elle consiste en papiers or et argent, moirés et gaufrés. Même récompense.

MM. MARICOT ET MARTEAU, à Paris (FRANCE), sont les premiers qui aient fabriqué à la mécanique les cartes pour cartonnages fins, dites de Lyon ; ils les produisent en qualités supérieures, à des prix très-doux. Leurs papiers de fantaisie imprimés à la planche sont aussi à très bon marché. Leur fabrication complète et de grande importance sait s'assimiler tous les progrès. Même récompense.

MM. C. KNEPPER ET C°, à Vienne (AUTRICHE). Leurs divers papiers de fantaisie reviennent à des prix assez avantageux. Ils fabriquent aussi des bordures, des toiles de couleur et imprimées pour cartonnages et reliures, d'une exécution satisfaisante. L'exportation emploie une notable partie de leur vaste production. Même récompense.

MM. GLÉNISSON ET VAN GENECHTEN, à Turnhout (BELGIQUE). Ces industriels pratiquent sur une grande échelle, et principalement pour l'exportation, la fabrication intéressante des papiers de fantaisie et des cartes à jouer, qu'ils produisent en bonne qualité et à prix infimes. Même récompense.

MM. WATERLOW ET FILS, à Londres (ROYAUME-UNI). L'article de bureau est la spécialité de ces fabricants ; et pour juger du pied sur lequel ils l'exploitent, il suffit de savoir que quatre cent cinquante-huit ouvriers sont employés dans leur établissement. Parmi la multitude d'objets qu'ils exposaient, des portefeuilles, des registres, des carnets d'ivoire, des porte-plumes, des nécessaires de bureau, se recommandaient par divers petits perfectionnements. Même récompense.

M. VANDENDORPEL FILS, à Paris (FRANCE). Il a substitué le cylindre gravé au balancier dans

la fabrication des bandes et bordures, ce qui permet d'en faire journellement 5 à 6,000 au lieu de 1,500, avec le même nombre d'ouvriers. MÉDAILLE DE DEUXIÈME CLASSE.

JOUETS D'ENFANTS ET COLLECTIONS DIVERSES.

M. AL. THÉROUDE, à Paris (FRANCE). Dans un but moins élevé, M. THÉROUDE s'est fait l'imitateur heureux de Vaucanson ; il a appliqué la mécanique à la fabrication de ces petits automates destinés à l'amusement de l'enfance. Certaines parties de son exposition le mettaient presque à la hauteur de son illustre modèle : ses animaux de grandeur naturelle, ses singes joueurs de violon particulièrement, exécutaient, de manière à faire illusion, tous les mouvements caractéristiques de leur espèce. Si ces pièces remarquables étaient à prix élevés, en revanche les nombreux et jolis jouets à ressorts de M. THÉROUDE atteignaient le bon marché voulu pour l'exportation. MÉDAILLE DE PREMIÈRE CLASSE.

M. AND. VOISIN, à Paris (FRANCE). Grâce à l'exposition de M. VOISIN, la prestidigitation ne peut guère plus avoir de mystères pour le profane. C'est en effet cet habile mécanicien qui fabrique la plupart des tables à combinaisons, des coffrets et des boîtes, qui servent aux exercices de la grande physique. Une précision rigoureuse et le concours de plusieurs industries sont nécessaires dans la confection de ces pièces, que M. VOISIN exécute avec des soins dignes d'éloges. MÉDAILLE DE DEUXIÈME CLASSE.

MM. J.-B. PURGER ET BAPT, à Saint-Ulrich (AUTRICHE), pour leurs jouets sculptés et leurs poupées articulées, très-communs mais à prix infimes, ainsi que pour leurs statuettes et mannequins d'une bonne exécution : MÉDAILLE DE DEUXIÈME CLASSE.

M. J.-H. ISMAYER, à Nuremberg (BAVIÈRE), pour ses inventions dans le genre de jouets dits magnétiques : Même récompense.

Mᵐᵉ AUGUSTA MONTANARI ET M. NAP. MONTANARI, à Londres (ROYAUME-UNI), pour leurs groupes, statuettes et poupées en cire, ont obtenu chacun la MÉDAILLE DE DEUXIÈME CLASSE.

M. VERASAURNY NAICK, à Trichinopoly (INDES ANGLAISES), pour ses monuments et statuettes en moelle d'æschynomène, petits chefs-d'œuvre de travail patient et soigneux : Même récompense.

M. G. SOHLKE, à Berlin (PRUSSE), principalement pour sa représentation mouvementée de la bataille de l'Alma, en soldats d'étain très-naturels d'attitude : Même récompense.

M. AND. VOIT, à Hildburghausen (SAXE-MEININGEN), pour sa collection de petites têtes à poupées en carton : Même récompense.

M. MAC ARTHUR, commissaire de la Nouvelle-Galles du Sud (COLONIES ANGLAISES). Les collections présentant l'ensemble des productions de certains pays où la civilisation n'est pas encore assez victorieuse pour pousser les habitants à exposer eux-mêmes, avaient une place spéciale dans le Palais de l'Industrie. Entre toutes, on remarquait celle aussi curieuse que variée des naturels et colons de la Nouvelle-Galles du Sud, qui devait d'être si complète au zèle éclairé et aux soins incessants du commissaire chargé de la rassembler ; aussi le Jury a-t-il voté à M. MAC ARTHUR la MÉDAILLE DE PREMIÈRE CLASSE.

INSTITUTION IMPÉRIALE DES JEUNES AVEUGLES, à Paris (FRANCE). Les nombreux objets exposés et fabriqués par cet établissement étaient autant de preuves de l'excellente éducation donnée à ses élèves, éducation si habile qu'elle semble faire disparaître l'une des infirmités qui neutralisent le plus complètement l'adresse humaine appliquée au travail manuel. MÉDAILLE DE PREMIÈRE CLASSE.

XXVᵉ CLASSE.

CONFECTION DES ARTICLES DE VÊTEMENT, FABRICATION DES OBJETS DE MODE ET DE FANTAISIE.

RÉCOMPENSES DÉCERNÉES PAR LE JURY INTERNATIONAL

(Extrait du *Moniteur* du 8 décembre 1855.)

GRANDES MÉDAILLES D'HONNEUR.

Chambre de commerce de Paris. (Pour les fabricants, contre-maîtres, ouvriers et ouvrières de Paris qui concourent à la production des chaussures de femmes, gants, fleurs artificielles, éventails et modes.)
Thomas de la Ruë et comp., Londres. Royaume-Uni.

MÉDAILLES D'HONNEUR.

Canton d'Argovie (Pour les fabricants, contre-maîtres et ouvriers qui font les tissus, les tresses et la passementerie de paille, de crin et de soie végétale). Suisse.
Girardet (Ch), Vienne. Autriche.
Ouvriers en tresses et chapeaux de paille. Toscane.
Parissot (à la Belle Jardinière). Paris. France.

MÉDAILLES DE PREMIÈRE CLASSE.

Abd-el-Selam-Ould-Brahim, Oran. Algérie.
Alba (S), Vienne. Autriche.
Alexandri (L.-J.-T.), Paris, France.
Alexandre (F), id. Id.
Alexandre, J. Id.
Ali-Agha, Brousse. Empire ottoman.
Angraud (Mlle), Paris. France.
Association des cordonniers, Lisbonne. Portugal.
Association des tailleurs, Lisbonne. Id.
Aston (W), Birmingham. Royaume-Uni.
Atmaram-Vulleram, Bombay. Indes anglaises.
Aucoc aîné (L), Paris. France.
Audot (L.-J.-D), id. Id.
Beauquis F.-A.), id. Id.
Belsiegel (Ph.), Vienne. Autriche.
Bel-Caïd, cadi, Oran. Algérie.
Belorge (P.-A , Paris. France.
Ben Naceur-Ben-Salem, Laghouat. Algérie.
Berni et Meillard, Londres. Royaume-Uni.
Binda (Amb. , Milan. Autriche.
Bouillet, Paris. France.
Brizet-Tordeux, id. Id.
Brun (Mme Mélanie) et comp. id. Id.
Cavy (A) et comp., Nevers. France.
Casal (B.-M.), Paris. Id.
Chagot aîné (D.-A.), id. Id.
Charles et Verling, Luxembourg. G.-duché de Luxembourg.
Chénard frères, Paris. France.
Collette (J.-A.), id. Id.
Comité de la Nouvelle-Galles du Sud, Sydney. Nouvelle-Galles du Sud.
Commission centrale portugaise, Lisbonne. Portugal.
Conti (Cesar), Florence. Toscane.
Corporation des fabricants de burnous Snouf, oasis de Snoussi. Algérie.

Corporation des fabricants de burnous Snoussi, Be Snouss. Algérie.
Id. Id Beni Abbès. Id.
Id. Id. Zorduxi, Mascara. Id.
Id. Id. Tlemcen. Id.
Coupin (J), Aix. France.
Cremiere Large, Paris. Id.
De Lière (L), id. Id.
Dent, Allcroft et comp. Londres. Royaume-Uni.
Dopter (J. V.-M.), Paris. France.
Duchêne aîné, id. Id
Dumeril et Dupuis, id. Id.
Luteis (B), id. Id.
Empire ottoman.
Fabricants de coffrets de santal, Mysore. Inde.
Fabrique impériale de fez, Constantinople. Empire ottoman.
Fauien et fils, Lillers. France.
Fauvelle-Delchurre, Paris. Id.
Fleury-Dehanne et comp., Petit-Fercourt (Oise). Id.
Floge (G) Vienne. Autriche.
Foster, Son et Dancum. Londres. Royaume-Uni.
Frank (C.-M), Vienne. Autriche.
Friedrich J. id. Id
Garnoyd, Boucher et Donninger, Paris. France.
Gelée frères, id. Id.
Glensson et Van Genechten, Turnhout. Belgique.
Gossclin-Jodon (Mme), Paris. France.
Gourdin et comp. id. Id.
Gouvernement égyptien.
— tunisien.
Greff J.-P) et fils, Barmen. Prusse.
Guesnu (J. P), Paris France.
Hadgi Bekel-Aga, Constantinople. Empire ottoman.
Hartmann (C , Vienne. Autriche.
Hayem (A), Paris. France.
Hixson (W.) et fils, Londres. Royaume-Uni.
Hule t (Charles), id. Id.
Institution des Aveugles, Paris. France.
Joannou P.) Athènes. Grèce.
Josselin (J.-J.), Paris. France.
Journial, id. Id.
Jouvin veuve X), id. Id.
Jouvin et comp Claude Jouvin et Doyon , id. Id.
Klein A), Vienne. Autriche.
Knepper et comp., id. Id.
Lange (V) id Id
Langenhagen frères, Saar-Union. France.
Latour (P.-M.) frères, Liancourt (Oise). Id.
Laurencot (K.), Paris. France.
Laville et Poumaroux, id. Id.
Lemann, id. Id.
Lequin et Gruyer (Ach), id. Id.
Leydet (A.) et comp., Niort. Id.

Limage (P.-F.), Paris, France.
Luce (Mme), directrice des jeunes filles musulmanes, Alger Algérie.
Maricot et Marteau, Paris France
Marienval-Flamet (L.), id. Id
Massez, id. Id
Massue (L.-J.), id. Id.
Mayer (Mme veuve), id. Id.
Mercier (Cl.-V.), id. Id
Meyer (Fred.), id. Id.
Midocq (N.-F.) et Gaillard (Ed.-A.), id. Id.
Monch et comp., Offenbach Grand duché de Hesse.
Moustapha-Agha, Constantinople Empire ottoman.
Noirot (J.-Ad.-J.), Niort France.
Opigez-Gagelin et comp., Paris, Id.
Parent-Naltier (Et.-P.-X.), id. Id.
Peret, id Id.
Perret, Petit et comp., id. Id.
Pinson frères, id. Id.
Pitrat (M le M.), id. Id.
Poisson (P. L.-M.), id. Id.
Pollak J.-J. et fils Prague Autriche.
Pomare reine, Taïti, Colonies françaises.
Pramondon G., Paris France.
Requedat et comp., id. Id.
Rouquette V., et comp., id. Id
Schlose veuve II.) et frère, id. Id.
Séjourné Gandin et comp., id. Id
Si Mohamed's hor ben Ganah, Bakra, Algérie.
Sormani Paris, France.
Suser (M.-B.), Nantes, Id.
Tahan (A.), Paris Id.
Taveaux, Sainte-Geneviève (Oise), Id.
Théroude (M.-N.), Paris, Id.
Thiennet et Pigeon, id. Id.
Toupelier et Delamare Sainte-Geneviève, Id.
Tsantilas Ch., Athènes Grèce.
Vyse et fils, Prato, Toscane.
Warm Th., Londres Royaume Uni.
Waterlow et fils, id. Id.
Weldon et Wolf, Paris, France,
Werly Robert, et comp, Bar le-Duc. Id.
West (E.), Londres, Royaume Uni.

MÉDAILLES DE DEUXIÈME CLASSE.

Abt frères, Bunzen (Argovie), Suisse.
Adler V., Vienne Autriche.
Adt frères Forbach France
Ahmed-ben-Seddiq, Beni-Abbès, Algérie.
Aimable (A), M. id Espagne.
Aktoucht, tribu des Beni Yadel, Algérie.
Allan-Mom id L.-V.), Paris, France.
Allie ainé et fils, id. Id.
Alphonsine Mlle, id. Id.
Aoun-ben-Saïd, Seddi Algérie.
Appel F. Paris France.
Ardiet Lyon, id. Id.
Aron, Hesse et Mallach, id. Id.
Artin, Gand et comp, Empire ottoman.
Aspres ch., Londres Royaume Uni.
Aubert, Paris France.
Barzous M. id., Id.
Bally-Schmid, Aarau, Suisse.
Bala... F., Royaume de Chine anglaises
Berbier, Beaumont (Oise), France.
Baron F., Porto Portugal.
Barre veuve, Paris France.
Briton frères, Lyon, Id.
Baxter B., Truro, Royaume-Uni.
Beatty J., Southampton, Id.
Beaufour-Lemesnier, Paris, France.
Berker (I.) et Odin (A.), id. Id.
Ben A. Ev Zélpeh, Teniers, Algérie.
Berg W., Lüdenscheid Prusse.
Bergstrom P. N.), Stockholm, Suède.

Bernard (J.-J.-T.), Paris, France.
Berthet (J. Fr.), id. Id.
Berthier J.-M.), id. Id.
Bertrand (J.), Roclenge Belgique.
Bessard (O.-J.-D.), Paris, France.
Beason frères, Bordeaux. Id.
Bevenbak (H. W.), La Haye, Pays-Bas.
Bard (J.), Paris, France.
Billion (Ant.), id. Id.
Bondeck (M.), Baden, Autriche.
Bira M'baye, Sénégal Colonies françaises.
Blank (F. D.), Paris, France.
Bléon B., id. Id
Bondon (F.-L.), id. Id.
Bouasse-Lebel (veuve) et fils, id. Id.
Bouille-Bénard, id. Id.
Bologne et Bodin, Prague, Autriche.
Breante et Tolle, Paris, France.
Depuis et Dierckx n., Turnhout, Belgique.
Breteau (Ch.), Paris, France.
Brunner (S.), Vienne, Autriche.
Budker (Ant.), Mâcon, France.
Bu soel frères, Paris, Id.
Ceirizas, Mexico, Mexique.
Calvat (Fr.) et comp., Grenoble, France.
Camacato Van Kalassonay, N. m. pulli, Lutchenzuna. Condupilly, Colonies anglaises.
Canaret (H.), Paris France.
Cares (H.-B.), Londres, Royaume-Uni.
Culisson C.-A., Stockholm Suède.
Castelly et Comp. (E., Igualada Espagne.
Cer et Nivena, Bordeaux France.
Chaguel-Brun père et fils, Paris, Id.
Claudon (A.), id. Id.
Chapelle (G.), id. Id.
Croop tis David, Saint-Claude, Id.
Chirag at G.-T.), Paris Id.
Châtelain (Martin), id. Id.
Chaumont et comp., id. Id
Chedley (Pr.-A.) jeune, id. Id.
Chexaud frères, id. Id.
Clad (W.-H.), Lomates, Royaume-Uni.
Coolman, Paris, France
Chertin (L.), Venise, Autriche.
Chosson et comp., Paris, France.
Closque (Jaune) id. Id.
Christt J.), Vienne Autriche.
Clémençon, Mme, Paris, France.
Cerx (A.-M.), id. Id.
Comité exécutif de la Tasmanie, Colonies anglaises.
Commission centrale des Cismato, États pontificaux.
Congere (Er.) et comp, Paris, France.
Cornud, Bez et Contis, la Bastide, Id.
Costabat-Bouchard, Paris, Id.
Compasin (L.), id. Id.
Couvoisier (P.), id. Id.
Judy G. et comp., Stutgard, Wurtemberg.
Daud (P.-J. G.), Paris, France.
Daunou et Tristan Mans, id. Id.
David-Chapuis Saint-Claude (Jura), Id.
David (N.) et comp, Copenhague, Danemark.
Decaud (J.), veuve Bechet et comp, Paris France.
Decaux id. Id.
Delaussal (Aim.), Limoges, France.
Deolisse (Fr.), Vienne Autriche.
Direction de l'institut des sourds, Amsterdam, Pays-Bas.
Direction de la Société des prisons cellulaires, Berlin Prusse.
De B... id. Louves, Portugal.
Dapont (P.) Madrid Espagne.
Duclos et Marchand id. Id.
Dariot (M.-G.) id. Id.
Dacruy J.) et fils, Grenoble, Id.
Duliosse (D. J. B.), Paris, Id.
Dufour (L.), id. Id.
Dumoulin (Mme S.), id. Id.

Duployez de Sonnet, Turin. Etats sardes.
Dupont et Deschamps, Beauvais. France.
Durand (C.-P.), Kœnigsberg. Prusse.
Ecole industrielle du reverend Thurstan. Ceylan. Colonies anglaises.
Engeler (B.) et fils, Berlin. Prusse.
Erhard P.). Paris. France.
Ericsson (A.) et comp., Stockholm. Suède.
Etablissement industriel pour les femmes indigentes. Christiana. Norwège.
Eveleigh (S. et fils, et trois fabricants de Manchester. Royaume Uni.
Fabricants de coffrets d'ébène et de courbaril sculptés de Ceylan (Inde. Colonies anglaises.
Fabricants de coffrets de sandal sculpté, district de Canara (Inde. Colonies anglaises.
Fabricants de cure-dents, Lervao Portugal.
Fabricants d'éventails de sandal, Mysore (Indes). Colonies anglaises.
Fabricants de houkas, Madras (Inde. Colonies anglaises.
Fabricants de Kishnaghür, Sattara, Belgaun, Poonah, Surate (Inde. Colonies anglaises.
Fabricants de Nursapoor, Masulipatam, Travancore, etc. (Inde. Colonies anglaises.
Fabricants de pipes diverses laquées et autres de Yarpoor (Inde. Colonies anglaises.
Fabricants de plateaux et boîtes de papier mâché peints et vernis, Lahore (Inde. Colonies anglaises.
Fabricants de porte-cigares de paille. Nouvelle-Grenade.
Fabricants de Punjkah, Mourshedabad et autres districts (Ind. Colonies anglaises.
Fabricants de vases, coupes, boîtes et houkas, Nizam (Inde. Colonies anglaises.
Fabricants de vases peints et vernis, Pégu (Inde). Colonies anglaises.
Faller, Tristacheller et comp., Vallanora. Empire d'Autriche.
Fatma-ben-Embarek (Mme), O. Gueba. Algérie.
Fayet (D.-J.). Paris. France.
Felix (J.), id. id.
Fillion (J.-G.), id. id.
Filajean (H.), id. id.
Flandin (Fr.). Toulouse. Id.
Florimond (J.). Paris. Id.
Forssell (D.), Stockholm. Suède.
Fownes frères, Londres. Royaume-Uni.
Fox (S.) et comp., Deepear. Id.
Fröse (A.). Prague. Autriche.
Frey (M.). Christiana. Norwège.
Fromont (L.-M.-H.), Laon. France.
Galo M'Baye, Sénégal. Colonies françaises.
Ganivet-Roy, Saint-Claude. France.
Garnier, Paris. Id.
Garnot A.) id. id.
Garside (J.), Newark. Etats-Unis.
Garzea-Hadji-Ousta, Trébizonde. Empire Ottoman.
Gaudet du Fresne (J.). Paris. France
Gaudriau, la Sablière. Id.
Gay fils et comp., Paris. Id.
Gener, id. id.
Gerboulet (veuve El.), id. id.
Geresme (M.-G.), id id.
Gerville (G. Ar.), Hambourg. Villes hanséatiques.
Goldbeck Berlin. Prusse.
Gosdowoz (Chev.-Ant. de). Rakzawa. Autriche.
Gouda, Schendel et comp. Francfort-sur-Mein.
Gouguenheim (V.-L.) et Hesse. Paris. France.
Granger M.). id. id.
Guersant (A.) et comp., id. Id.
Guillard (Mme Victoire), id. id.
Guilia (C.-B.), Turin. Etats-Sardes.
Guimez-Oglou, Constantinople. Empire Ottoman.
Gunzl (V.), Vienne. Autriche.
Haarhaus, Paris. France.
Hadji-Hossem-Agha, Constantinople. Empire Ottoman.
Hahn (C.-G.), Fürth. Bavière.

Hall et Alderson, Sydney. Australie. Colonies anglaises.
Hall Sparkes, Londres. Royaume-Uni.
Hamilton et comp., Calcutta (Inde). Colonies anglaises.
Handerson et comp., Quebec. Canada. Id.
Hansen (H.-F.), Christiana. Norwège.
Heha (J.), Vienne. Autriche.
Hénoc (Cl.-A.). Paris. France
Henry ainé (Ch.), id. id.
Herpin-Leroy (L.-E.-H.), id. id.
Hiess (Fr.), Vienne. Autriche.
Hippolyte (Mme vve Soules. Paris. France.
Hirsch (Ign.), Lisbonne. Portugal
Hitch (M.), Cowes. Royaume-Uni
Horau Mme L.-N..., la Réunion. Colonies françaises.
Hofer (Fr.), Botzen (Tyrol Autriche.
Hoffmann ainé (C.-W.). Duitzeck. Prusse.
Hook (J.), Londres. Royaume-Uni
Hoppe (J.), id. id.
Hostetey (G.), Barmen. Prusse.
Huet vve Abraham), Rouen. France.
Hur t Mlle C., Paris. Id.
Iser (J.) et comp., Wohlen (Argovie). Suisse.
Ismayer (J.-H.), Nuremberg Bavière.
Janowitz (S.), Brünn. Autriche.
Jehin (H.-J. Spa. Belgique.
Jennens et Bettridge, Birmingham. Royaume-Uni
Joannides N., Athènes. Grèce.
Julien (J.-B.-F., Paris. France.
Jumeau (P.-F.), id. id.
Jundt et fils Strasbourg. Id.
Jung Bahadour le général, Népaul (Inde. Colonies anglaises.
Kapp (And. et Standiger L.), Paris. France.
Kidinnath, Delhi Inde. Colonies anglaises.
Kielaibl (Fr.), Vienne. Autriche.
Koumvis (J.), Grèce.
Krebs (G.), Berlin. Prusse.
Kretschmar (G.-A.), Rimö-Izombath Autriche.
Kristian (Ign.), Vienne. Id.
Kurpf (Ign.), Schirchenau. Id.
Kunerth, Vienne. Id.
Laine (J.-M.). Paris. France.
Landerer et Burkhardt, Surmensdorf (Argovie). Suisse.
Larbaud (A.-G.), Paris. France.
Larivière Duprez L., Liège Belgique.
Laurent et Letuch. Paris. France.
Lavessier-Buisseau A., id. Id.
Leborgne et Dutour, Grenoble. Id.
Leclerc Cabot, Paris. Id.
Lefort (V.-T., id. Id.
Lefort ainé, Javey et comp., id. Id.
Lede et Soares Mme, Ponte-Delgada. Portugal.
Lemaire Danne, Andresy. France.
Lemoele (D.) Paris. Id.
Lemermand (Marguerite). Turin. Etats sardes.
Letourneau (V.), Parent (A. et Hamel T.), Paris. France.
Lenouar-W. Londres. Royaume-Uni.
Lavinson (T., id Id.
Lhuilier E., Paris. France.
Lhuilier Ch., D., id. id.
Line (W. et J. Daventry. Royaume-Uni.
Ljungberg (A.), Helsingborg. Suède.
Lodie A.-A., Paris. France.
Longueville. Id.
Lucas (.) et comp., Londres. Royaume-Uni.
Lucknow ville de, Indes. Colonies anglaises.
Ludwig F., Vienne. Autriche.
Maes et Boulanger, Paris. France.
Maillet frères, id. Id.
Mallet (L.), Limoges. Id.
Maquet (H.), Paris. Id.
Marchais frères, id. id.
Margage et Trautmann, id. Id.
Marion (A.), id. id.
Martini et fils, Offenbach. Grand-duché de Hesse.
Marzioli (B.), Pise. Toscane.

Massenot (J.-Cl.). Paris. France.
Masson (P.-J), id. Id.
Masson (Mme Alexandrine), Bruxelles. Belgique.
Mathes (Th.). Vienne. Autriche.
Meier (F.), Paris. France.
Melies (J.-L.-G.), id. Id.
Mello (Isabelle de). Lisbonne. Portugal.
Ménard-Dubin, Paris. France.
Metcalfe, Bingley et comp., Londres. Royaume-Uni.
Meyer J.-L.) frères, Wohlen (Argovie). Suisse.
Meyers (Bartlett), Londres. Royaume-Uni.
Mignon (H) fils. Paris. France.
Misree (Doodee, Hyderabad Inde) Colonies anglaises.
Mohamed ben-Hamon, tribu des Beni-Abbès. Algérie.
Mohamed Sgir-ben Abderhaman, Biskra. Id.
Mohr (W.) Berlin Prusse.
Moller (P.-D.). Malmö Suède.
Montanari (Mme Aug), Londres. Royaume-Uni.
Montanari (Nap), id. Id.
Mooroogasem-Moodelli, Madras. Colonies anglaises.
Mora (J.-B) jeune, Lisbonne Portugal.
Muck de Marxental (J. . Prague. Autriche.
Mustapha-Bittone, Alger, Algérie.
Nalg (H) Vienne. Autriche.
Nannucci (A.), Florence Toscane.
Neunherdt et comp. Wasselonne France.
Normandin frères, Paris. Id.
Normandin A.), id. Id.
Notre (E. P. , id Id.
Ouvriers de la terre de Bokezawa. Autriche
Pagliacci (A), Rome. États pontificaux.
Paillette (A) père et fils, Paris France.
Panayoti (Dme d), Grèce.
Paro ssien (Am), Paris. France.
Patisson (J.), Londres. Royaume-Uni
Pelisser et Frm. Paris France.
Pereira (J. Ant.), Lisbonne. Portugal.
Petsriktie (L.), Malmö, Suède
Peyrol (Adr), Paris. France.
Peyrerouot (A , id Id
Lifoz J.-B.-C., id Id.
Planeau (J , id Id
Planson (J. Al.), id Id
Poleret (J.-B). id. Id.
Poulain Bourgogne (Mme A.) id. Id.
Paupe (J. G id. Id.
Pradel-Hec-Laire et comp. id. Id.
Previll (H.-L.) A L., id. Id.
Prohaska (V), Knoterndhal, Autriche.
Proust (H), Paris. France.
Purger (J.-H , Saint-Ulrich, Autriche.
Pursebolah Chiduram, Bombay Inde Colonies anglaises.
Quintos G. de B , Porto. Portugal.
Ramperrsad Roy, Bareilly (Ind) Colonies anglaises.
Rasmussen (H.), Copenhague. Danemark.
Ravrat et comp., Paris. France.
Rébelo (Cap), id. Id.
Redor. frères, Milhau. Id.
Richard F. Leipsk, Saxe royale.
Reinetta., Madrid. Espagne.
Richez J) Paris. France.
Rigaud frères, Saint-Léonard Limoges, Id.
Ritter (F. , Portois Autriche.
Robertson (J.-L.), Detmold, duché de Lippe-Detmold.
Rocheroy J.-M. , Paris France.
Ronsay, Prague Autriche.
Rord (F., Paris France.
Rossignol, id. Id.
Roubion (A) Grenoble Id.
Rutherford, Madras Colonies anglaises.
Sad ben K , tribu des Beni-Abbès Algérie.
Sailhet M. Goldmann (M.) et Escher J., Vienne   Au
Indes.
Salvaret (L), Châlon. France.
Saunders (Ch , Reading Royaume-Uni.
Saungster (W (J.), Londres Id.

Sauvage et comp., Rouen. France.
Sauvages du Canada, Canada. Colonies anglaises.
Scherendazka. Loodhiana (Inde). Id.
Schmidt (Al.) et comp., Luxembourg. Grand-duché de Luxembourg.
Schumacher fils (J.), Mayence. Grand-duché de Hesse.
Schulz (Ch.), Essen. Prusse.
Schwarz (veuve de J.), Vienne. Autriche.
Seegers A), Paris. France.
Seel (G.), Dusseldorff. Prusse.
Shale, Lisbonne. Portugal.
Shaw (Benjamin , New-York. États-Unis.
Si-Kaddour-Ben-Wrir, Biskra. Algérie.
Smith (Mme Ch.), Bedford. Royaume-Uni.
Smith et comp., Montréal (Canada). Colonies anglaises.
Smith, Kemp et Wright, Birmingham. Royaume-Uni.
Sohlke G., Berlin. Prusse.
Solal B.-G., Alger. Algérie.
Spezziotes (N , Athènes. Grèce.
Spulder-Denereaz L., Bulle. Suisse.
Stake H.-C., Magdebourg Prusse.
Stammer et Breuil, Vienne. Autriche.
Steinpflug et fils, Lisbonne. Portugal.
Stichter (J.-G). Paris. France.
Stuebecke (A.-M.), Stockholm. Suède.
Suchel-Rimas, Tissy (Rhône). France.
Taamu, grand juge Taïti. Colonies françaises.
Tautz (N), Vienne. Autriche.
Taylor (R.-H.), Birmingham. Royaume-Uni.
Taylor et Rowley, Londres. Id.
Tema Porot, Taïti. Colonies françaises.
Tinberge (G.), Paris. France.
Toomas R.) et fils, Londres. Royaume-Uni.
Thonnerieux Et), Paris France.
Trane (Fr.), Stockholm, Suède.
Treibous (Ch), Paris. France.
Tress et comp., Londres. Royaume-Uni.
Tresning (J.-L. , Copenhague. Danemark.
Tolefus et Ettlinger, Paris. France.
Tsacutsopouli frères, Athènes. Grèce.
Turley (R , Birmingham Royaume-Uni.
U.S. et al. Loodhiana Inde. Colonies anglaises.
Van-Heneden Braets (J.-G.) Bruxelles. Belgique.
Van Berlo J. et A., Aix-la-Chapelle. Prusse.
Vand mine (A), Port-Louis (île Maurice. Colonies anglaises.
Vin den Bos-Poelman G.) Gand. Belgique.
Vandeul orpel fils, Paris. France.
Vanderoost M.), Bruxelles. Belgique.
Vriel (G.) et comp , Stuttgard. Wurtemberg.
Vemmer J.) Luxembourg Grand-duché de Luxembourg.
Verassomy Nayck Inde. Colonies anglaises.
Versy J. T , Paris. France.
Vivalt J.-L. -J. B.), id. Id.
Vohermot. id. Id.
Villadell (A), Valladolid. Espagne.
Vincent-lou fils, Bordeaux. France.
Vincer J , Ottakring. Autriche.
Voisin And.), Paris. France.
Vessin-Vannier Ars.), id. Id.
Volponi (A) et fils Vienne. Autriche.
V. R. A., Hildburghausen, Saxe-Meiningen.
Wirth W., Londres. Royaume-Uni.
Walter (J.), Paris. France.
Weber (J. et comp., Esslingen. Wurtemberg.
Wilhams, veuve Mme , Carlsruhe Grand-duché de Bade.
Wirlh frères, Paris. France.
Wody junior (J), Vienne. Autriche.
Xafredo, Lisbonne Portugal.
Zeitler J. , Vienne Autriche.
Zegor Em., Vienne. Id.

MENTION HONORABLES.

Abd el-Kader-ben-Hamed, Tlemcen. Algérie.
Ackermann et Vioiland, Sarreguemines. France.

Ahmed-Ousta, Kara-Hissar. Turquie.
Ahmedshah. Loodhiana, Inde. Colonies anglaises.
Albrech. Brême Villes hanséatiques.
Albrecht (J.-H). Id. Id.
Allix (And.-J.-L.), Paris. France.
Angrelius (F.-R.). Gothembourg. Suède.
Anquetin (L.-J.) et Giraud (L.-H.), Paris. France.
Artus (Mlle L.), Genève Suisse.
Aston (J.), Birmingham Royaume-Uni.
Atloff (J.-G.), Londres Id.
Aubert et comp., Paris. France.
Audoucet (veuve), Id. Id.
Austin (G.). Dublin Royaume-Uni.
Avet (Marie-Honorine). Turin, États sardes.
Avisse, Paris. France.
Badin (Mme Est.), Id. Id
Baillant (J.), Id Id.
Baldi (J.), Florence Toscane.
Balloo-Najendra-Mitter, Benarès. Inde
Banka (J.). Vienne. Autriche.
Barbano (Kv.), Turin. États sardes.
Barnet, Paris France.
Barral (D.-F.-A.). Madère Portugal.
Basset père et fils, Saint-Claude. France.
Bastman (Mme Tu.), Stockholm. Suède.
Bathier (N.). la Souterraine. France.
Baudisch, Vienne. Autriche.
Bauerkeller et comp.. France.
Baulant (Ch.-Fr.-At.), Paris. Id
Baumann (C.), Weingarten. Wurtemberg.
Baumann (W.), Obersontheim. Id.
Beaufort (Mme veuve K. de), Paris. France.
Beauraux fils (G.) et comp., Id. Id.
Beguerie neveu (J.), Mauléon. Id.
Béguin (A.). Paris Id
Behne (G.-Em.) Berlin. Prusse.
Bengale. Colonies anglaises
Berce et Chapsal. Paris. France.
Berg-Duerich, Ettelbruck. Luxembourg.
Berger-Walter et comp.. Paris. France.
Bergères d'Acarnanie et d'Arcadie. Grèce.
Bernard (J.-J.-T.), Paris. France.
Bernardel, Id., Id.
Bertin (F.), Id. Id.
Betz C. et Mielke, Worms. Grand duché de Hesse.
Bezanger (J.-C.), Paris. France.
Bicheron frères, Id. Id.
Bjorklund (Isr.) junior, Gefle. Suède.
Blanjot (J.-M.). Paris. France.;
Blank (J. D.), Id. Id.
Bloc (T.). Bordeaux. Id.
Boivin ainé, Paris. Id
Bonafoux (G.) et Gaillard-Saint-Ange. Id. Id.
Borbottoni (Assunta) et Filles, Florence. Toscane.
Botly-Tilman fils, Lille France.
Bouchez (C.-A.), Sainte Marguerite. Id.
Boulet (C.-J.), Paris. Id.
Bouquier et Chapilet, Id. Id.
Bourgeois (K.), Id. Id.
Bourgeois (veuve J.) et Simon. Id. Id.
Bourmance (J.) Id. Id.
Boyd (J.), Van-Diemen. Colonies anglaises
Bredif frères, Paris. France.
Brouillac jeune, Niort Id.
Bricard (L.-F.-At.), Gournay. Id
Brière et Jouhy. Paris. Id.
Briquet et Perrier, Id Id.
Brochier père et fils, Grenoble. Id.
Brolling (G.-A.), Norrkoping. Suède.
Brown (H.), Londres. Royaume-Uni
Buch (Mlle), Oxford. Norwège.
Burnel, Paris France
Busquet (Mme veuve), Montmartre. Id
Cabanis (Ch. H.), Paris Id
Cailleaux (O.), Id. Id
Caillies (Ant.), Mastapha. Algérie.

Calandra (Camilla). Turin États sardes
Callier (M...) Paris. France.
Cantrel (H.), Id Id
Cartier (A.-J.). Id. Id.
Carpouschilar Kyassi Mustapha. Turquie
Cataly (L.), Limoges. France.
Ceccato (M.), Feltre. Autriche
Chamberlan (J.-B.-F.), Paris. France.
Chandeson, Champlan. Id.
Chantepie (P.), Saint-Sulpice. Id.
Chatenoud (C.), Paris. Id.
Chiquet (T.-E.) et Tavernier (V.), Id Id.
Chollet (P-F.), Versailles Id.
Christophersen (J.), Christiana. Norwège.
Ciblel (M...), Brioude. France
Clarke, Londres. Royaume-Uni.
Classen (J.-H.), Paris. France
Claude frères. Id Id.
Clément frères, Madrid Espagne
Clifford, Van-Diemen. Colonies anglaises.
Corbet (veuve L.-L.), Paris. France.
Cohen (H.-S.), Copenhague Danemark.
Cohen et Prudhomme, Paris. France.
Comité exécutif de la Tasmanie, Van Diemen Colonies anglaises
Comité de la Dalécarlie Suède.
Comité de la province de Jemtland Ostersund. Id
Comité de la ville de Carlskrona. Id.
Comité de la ville de Malmo. Id.
Comité central de la Suède, Stockholm. Id.
Compagnie du monopole du tabac. Xabregas Portugal
Corporation des cordonniers, Debreczin. Autriche.
Correaux J.-B., Paris. France.
Coster (H. de). Bruxelles, Belgique.
Cottin (veuve C.), Paris. France
Croake. Van-Diemen Colonies anglaises
Croisat, Paris. France.
Cumont. Id.
Cuvillier-Boitin M...s A.-At. Paris. Id.
Cxampula, Prague, Autriche.
Czmelik (J.), Id. Id.
Dadoc, Hyderabad. Inde
Danjard (A.). Paris. France.
Barthenay (J.), Id. Id.
Daubie-Cantier, Id Id
Davidson et Wilson, Birmingham. Royaume-Uni.
Debray (J.-B.), Paris. France.
Decroix (H.) et Turlotte, Lillers. Id.
Dejean et comp., Limoges. Id.
Delajoux (R.), Châtel-Saint Denis Suisse
Delavennat-Hugon, Saint Claude. France.
Delbès (A.) et frères, Paris. Id
Dercks et Barbotte. Id. Id.
Derois (Fr., Id. Id.
Devarenne (G.), Méru. Id.
Devrange (J.-F.), Paris. Id.
Diehl (Ch.), Id. Id.
Dieke et Kugel. Ludenscheid Prusse
Dieterich (C.-F.), Ludwigsburg. Wurtemberg
Dietz (H. et comp., Vienne. Autriche
Dietze (G.), Dessau. Anhalt.
Dorph (Mlle S.). Stockholm. Suède.
Drouin (V.), Paris. France.
Dubouloy fils ainé (L.-H.), Id. Id.
Dubugel, Rouen. Id
Dufosse (J.-B.-X.), Paris. Id.
Dümmich (P.), Mayence. Grand duché de Hesse
Dumont (A.-A.), Paris. France.
Dumont jeune. Id. Id.
Dupin (Fr.). Id Id.
Dupuy et comp. Id Id.
Durand et Monestrol, Id. Id.
Eckelt (Ch.), Vienne Autriche.
Eister (A.), Berlin. Prusse.
Enfants des paysans du domaine d'Oby. Suède
Kilhofer J.), Vienne. Autriche.

Ewart (D.), Sainte-Elisabeth (Jamaïque). Colonies anglaises.
Fabricants de cannes sculptées. Inde. Id.
Fabricants de cassettes et de porte-livres. Empire ottoman.
Fabricants de chasse-mouches. Inde anglaise.
Fabricants de cannes, de parapluies et parasols. Pays-Bas.
Fabricants de coffrets de bois estampé. Burmah. Inde. Colonies anglaises.
Fabricants de coffrets d'ébène sculptés. Bombay. Id.
Fabricants de corbeilles de vétiver, Poonah. Id.
Fabricants d'écrans à main, Seebsaghur. Id.
Fabricants d'éventails. Andrinople. Turquie.
Fabricants de houka. Bénarès. Inde anglaise.
Fabricants de houka en étain, Keroly. Id.
Fabricants de pipes genre turc, Poonah. Id.
Fabricants de plateaux, Saharanpore. Id.
Fabricants de porte-pinceaux et de boules. Dacca. Id.
Fabricants de punkah, Masulipatam, Vizianagrum et Poonah. Id.
Fabricants de Rangoon. Id.
Fabricants de tabletterie de corne, Monghir. Id.
Fabricants de tuyaux de pipes de Sivas. Empire ottoman.
Fabricants de vannerie et de sparterie, Madras. Inde anglaise.
Faucon (L.), Laval. France.
Fauquier (L.-T.), Paris. Id.
Fechner (F.), Guben. Prusse.
Fecht (W.), Fedelbach. Wurtemberg.
Feneux (P.-G.), Paris. France.
Fessard (L.-R.), id. Id.
Fichet (C.-A.), id. Id.
Filloz-Clement (J.), Saint-Claude (Jura). Id.
Fino (J.), Turin. Etats sardes.
Fioroni (M.), Milan. Autriche.
Firmin et fils, Londres, Royaume-Uni.
Fischer (Ch.), Goppingen. Wurtemberg.
Fleisch (N.), Enshiem. Bavière.
Focke (les fils d'Antoine), Rumbourg. Autriche.
Fontaine Felix, Lyon. France.
Franck (C.-G.), Furth. Bavière.
Franck-Alexander, Paris. France.
Francoz (Alp.), Grenoble. Id.
Frey (M.), Christiania. Norwège.
Frohlich et Hohfeld, Liegnitz. Prusse.
Fuchs (M.), Vienne. Autriche.
Gaines S. et N., Londres. Royaume-Uni.
Gaissad (F.), Paris. France.
Gamet (L.), id. Id.
Gardet (A.-Al.), id. Id.
Garnier-Valletti Fr., Avigliana. Etats sardes.
Gaudard E., Dijon. France.
Gaupillat, Illig, Guindorff et Masse, Sèvres. Id.
Gauthier (Ed.), Montréal (Canada). Colonies anglaises.
Geiger (Z.), Paris. France.
Geissmann (J.) et comp., Wohlen. Suisse.
Gendry Fr., Craon. France.
Georgantas (A.), Grèce.
George (J.-B.), Paris. France.
Gervaisot (L.), id. Id.
Giard (J.-Al.), id. Id.
Gibory (Fr.-Fl.), id. Id.
Gieck (J.-G.), Mayence. Grand-duché de Hesse.
Gillet d'Auriac (P.-C.-E.-E.), Saint-Flour. France.
Gillon (Mme), Paris. Id.
Girard-Viault (Mme), id. Id.
Gjerling (Mme R.), Stockholm. Suède.
Gjerulfsen (Ol.), Draumen. Norwège.
Gmelin jeune (A.), Ludwigsburg. Wurtemberg.
Goebel et Martin, Paris. France.
Goetzinger A., Mersebourg. Prusse.
Gompertz (Mlle B.), Hambourg. Villes hanséatiques.
Gonin (A.), Florence. Toscane.
Grade (L.), Paris. France.
Grand'homme (W.), Schotten. Grand-duché de Hesse.
Grandjean (Mme veuve), Paris. France.

Grass (Al.), Munich. Bavière.
Greffier. Paris. France.
Grenier, Saint-Claude (Jura). Id.
Gross (C.), Stuttgard. Wurtemberg.
Groh (J.), Rumbourg. Autriche.
Guicharn (A.), Rennes. France.
Guillat (Fr.), Limoges. Id.
Guillon-Casaubon, Paris. Id.
Guilmard (Mme), Bruxelles. Belgique.
Haas (J.), Paris. France.
Hackzell (Mlle E.), Stockholm. Suède.
Hadji-Kada, Gul-Zassa. Algérie.
Hagström (G.), Stockholm. Suède.
Hammond, Turner et comp., Birmingham. Royaume-Uni.
Hangest (D.-F. d'), Paris. France.
Harand (Ed.) id. Id.
Haselbach (J.-Th.), Berlin. Prusse.
Hassentendel, Prague. Autriche.
Heller (H.-J.), Teplitz. Id.
Henderson (J.), Londres. Royaume-Uni.
Henrard-Cajot (G.), Spa. Belgique.
Henriques (Mlle Em.), Stockholm. Suède.
Herpin (T.), Condé-sur-Noireau. France.
Heude (T.-E.), Melun. Id.
Herrlinger (G.), Reutlingen. Wurtemberg.
Hirsch Fr., Vienne. Autriche.
Hochappel (J.-G.), Strasbourg. France.
Hofmann ainé (G.-W.), Dantzick. Prusse.
Hoffmayer sœurs Mlles), Paris. France.
Houzeau (Et.), id. Id.
Hubert (J.-A.-Alf.), id. Id.
Huelse (E.-R.), Dresde. Saxe.
Indiens de la rivière Pomeroun, Guyane anglaise.
Industrial quincallera, Barcelone. Espagne.
Institution des Sourds-Muets, Paris. France.
Institution des Sourds-Muets, Bordeaux. Id.
Isler et Meyer, Wohlen. Suisse.
Itsos (A.), Grèce.
Ivernois (d') et Matthey, Paris. France.
Jackson (W.), Sheffield. Royaume-Uni.
Jacquemard (Ed.-J.), Paris. France.
Jantzen (G.-F.), Stolp. Prusse.
Jaquet (Ant.), Paris. France.
Jecta Mistree, Delhi (Inde). Colonies anglaises.
Jeugnaux. Paris. France.
Johannsdatter (fille Maren), Oter Guelbransdalen. Norwège.
Joly sœurs. Paris. France.
Jordan (J.-F.), Furth. Bavière.
Josselin fils. Paris. France.
Jouve Delorme, id. Id.
Kaddour-ben-Marabet et Mohamed-ben-Hadj-Kaddour, Alger. Algérie.
Kanelopoulos (Sat.), Grèce.
Kapiezka B), Prague. Autriche.
Karouki (Mme), Athènes. Grèce.
Nathan (P.), Augsbourg. Bavière.
Ketterl (Ed.), Vienne. Autriche.
Klotz (M.), Paris. France.
Kolbe (L.) et comp., Dessungen. Grand-duché de Hesse.
Konig J.-G.), Francfort. Prusse.
Konig (L.), Berlin. Id.
Kunisch (J.), Vienne. Autriche.
Kurschid, Aga. Empire ottoman.
Lajosse et Hechet (Mmes), Paris. France.
Lagneaux (L.-E.-D.), id. Id.
Lafin, Madrid. Espagne.
Lambert frères, Toulouse. France.
Lambourg (L.), Saumur. Id.
Lang (les héritiers de G.), Oberammergau. Bavière.
Langethal (L.), Erfurth. Prusse.
Langlois J.-G., Paris. France.
Languepin-Batardi, Rochy-Condé. Id.
Latour (E.), Rive Gupore. Inde anglaise.
Laurent frères, Dijon. France.
Lausser père et fils, Aurillac. Id.

Lebrun, Paris. France.
Lacharpentier, id. Id.
Leclercq (N.), Bruges. Belgique.
Lefèvre (N.), Paris. France.
Leibinger, Ulm Wurtemberg.
Leite (H.-J.), Porto Portugal.
Lejeune (E.), Paris. France.
Lejeune (T.-M.), Id. Id.
Lenigan (Mme E.), Fagerth (Irlande). Royaume-Uni.
Lépicier (Ch.-B.), Paris. France.
Leros (P.-S.), Id. Id.
Leroy (Ch.), Nantes. Id.
Lascoche (L.-A.), Paris. Id.
Letailleur (P.-D.), id. Id.
Levis et Salomon. Id. Id.
Lhuillier, id. Id.
Lienarts (J.), Utrecht. Pays-Bas.
Lievain (L.), Malines (Anvers). Belgique.
Litzendorf (J.-B.), Mayence. Grand-duché de Hesse.
Livio (Mlle), Paris. France.
Loréal (L.) et comp., id. Id.
Louvel (F.), Id. Id.
Louvet frères et Rebulet, Rouen. Id.
Loysel (Edid), Londres. Royaume-Uni.
Luiz (J.), Funchal (Madère). Provinces portugaises.
Lundgren (F.-F.-O.), Stockholm. Suède.
Lundquist (A.), Helsingborg Id.
Lusk (Ad.), Berlin. Prusse.
Mac Cullum et Hodson. Birmingham. Royaume-Uni.
Macridakis (Al.), Grèce.
Madrugas (Mme), Fayal. Portugal.
Maggi (A.-T.), Paris. France.
Maillot (N.), Sens. Id.
Majesté. Paris. Id.
Mancelle-Brécheux. id. Id.
Mansart-Piggiani, id. Id.
Mantovani (P.), id. Id.
Maquet (Ch.), id. Id.
Maraval (V.), Alby. Id.
Marçais (V.), Rennes. Id.
Maréchal (N.-B.), Paris. Id.
Marie, id Id.
Marie (C.-L.), id. Id.
Marion et Martland Mmes), Londres. Royaume-Uni.
Martin fils ainé (K.), Paris. France.
Matega (Ant.), Bernals. Autriche.
Mathieu (J.), Paris. France.
Mattat (P. et fils), Randers. Danemark.
Mauclerc-Prémont (L.), Vervins. France.
Maurin (J.-L.), Valsen. Id.
May (F.), Vienne Autriche.
Mazzinghi (Ant.), Florence. Toscane.
Medwent (J.) et comp., Londres. Royaume-Uni.
Mercier (D.), Québec (Canada. Colonies anglaises.
Merryfield et Sheridan, Toronto (Canada). Id.
Métral père (E.), Nantua. France.
Michaud-Marmillon, Saint-Claude (Jura). Id.
Michel (Fr.), Paris. Id.
Millot (Mme Vve et fils. id Id.
Miquel fils (Et.), Septfonds (Tarn-et-Garonne). Id.
Mitta Vadda, Hyderabad (Indes. Colonies anglaises.
Moch (Fr.), Paris. France.
Molière (L. Et. S. Ad.), id. Id.
Moller (D.-A.), Helsingborg. Suède.
Monneret (Ch.-Fr.), Paris. France.
Montanari (B.), Londres. Royaume-Uni.
Mora (L.-D.), Paris. France.
Mordant (F.), id. Id.
Moreau (U.-A.), id.
Morejon (Mme F.-M.), la Havane. Colonies espagnoles.
Moulin et Bolliard, Fougères. France.
Mourat (Sophie). Turquie.
Muck de Muckenthal, Prague. Autriche.
Muller (Th.), Berlin. Prusse.
Muller L.-Ed.), Paris. France.
Mustapha-Daßou, Alger. Algérie.

Mutel. Paris. France.
N., Athènes. Grèce.
Nessi (F.), Côme. Autriche.
Nicoll, Londres. Royaume-Uni.
Niese (F.), Dantzick Prusse.
Oulman (veuve) et comp., Paris. France.
Pagès et Hantich, id. Id.
Panagiotakis Grèce.
Paralta. Iles de la Société. Colonies françaises.
Paraulia Teharoa, Taïti. Id.
Parran (A.), Paris. France.
Peat (Nath.), Londres. Royaume-Uni.
Pellucci frères, Fiesole. Toscane.
Penot et comp., Paris. France.
Perronnet dit Candy. Laval Id.
Perrier (J.), Séville. Espagne.
Petermann (G.-Ern.), Leipsick. Saxe.
Petit. Barbe. Coutel et comp., Sainte-Geneviève. France.
Pettersson (M.), Stockholm. Suède.
Photine Papasoglou. Grèce.
Picault (J.-B.), Paris. France.
Pierron (E.-G.), Id. Id
Pierson père (Ch.), id. Id.
Pietschmann (J.), Hambourg Autriche.
Pillaut (V.-App.), Paris. France
Pinguet (Mme), id. Id.
Pitte, Aubervilliers près Paris. Id.
Plé Horain Mme., Paris. Id.
Poirier (P., Châteaubriant. Id.
Poodoomany Coomjo Mercoyer Cauder Meera Saib et femmes de la caste Paravor, Tinnevelly Inde anglaise.
Poulet J.-B.-V., Méru. France.
Poulit Pr., Moulcon. Id.
Poumarou-D. et comp., Bordeaux. Id.
Poussin (D.), Paris. Id.
Prevost Bernard Al., Id. Id.
Prieur, id. Id.
Ptak J., Kramau. Autriche.
Quétard A.-Ad., Paris France.
Raluc Ch., Gotha. Duché de Saxe-Cobourg-Gotha.
Rafael (Balbin-Emilie), Lisbonne. Portugal
Rager F., Erlangen. Bavière.
Rah-Jarash, Travancore Inde anglaise.
Raible J., Vienne Autriche.
Raimond, Alger. Algérie.
Ramstedt Mde Fred.), Stockholm. Suède.
Rapd-Abye, Robiteul h, Rampore, et les fabricants de Mysore et de Patna, Inde anglaise.
Rau et comp. Goeppingen. Wurtemberg.
Redelix J.-B., Paris France.
Regad F., Saint Claud Jura. Id.
Reichel H.-H., Diepoldsswalde. Saxe.
Remaudin (P., Paris France.
Renault (Mme L.), id Id.
Reynault de Mich-l-Ange. id Id.
Rhodes Mme, Québec Canada. Colonies anglaises.
Richard et comp., Boston Etats-Unis.
Richez Mme Marie, Paris. France.
Ringel (P., id Id.
Riollot J.-Ch. l'Isle-Adam. Id.
Ritzel veuve, Lusdencheid. Prusse.
Rivier (P.-L.), Paris. France.
Riviers J.-B., Gaillac. Id.
Robertson Mme, Nassau, Bahama. Colonies anglaises
Roeser C.-G., Nuremberg Bavière.
Ross G., Lausanne. Suisse.
Royer P.-E., Tripett. France.
Sadeck, Cachemire Inde. Colonies anglaises.
Saintin (A.), Paris. France.
Sander (J.-A.), Hambourg. Villes hanséatiques
Sanguinède Ant.), Paris France.
Santhonax-Gros, Saint-Claude Jura. Id.
Sattler A., Offakring. Autriche.
Sawant Waree. Inde Colonies anglaises.
Scanbirth et Robinson, Toronto Canada Id

Sceurat (A.) et Cebert, Paris, France.
Schanche (J.-N. et Mlle Am.), Tana. Norwège.
Schauer (G.), Berlin. Prusse.
Scheild (J. . Salzburg. Autriche.
Scheller-Weber et Wittich, Cassel. Hesse électorale.
Schestack (F.), Prague. Autriche.
Schmerbauch H., Berlin. Prusse.
Schroder (C.-Ph.), id. id.
Schroder Ch. . Laasphe. Id.
Schuldbeis (A.-E). Stockholm Suède.
Schulz (Ch). Essen. Prusse.
Schüppler J., Vienne. Autriche.
Sciadopoulos Grèce.
Scoti Ant.), Livourne. Toscane.
Seanbirth et Robinson. Toronto. Canada.
Sedashebbum, Vizagapatam (Inde). Colonies anglaises.
Sellier, Grenoble France.
Shedashboolo. Vizagapatam (Inde). Colonies anglaises.
Sigean-Hoyer W), Paris. France.
Signy (L.-A.-N). id. Id.
Sirmakesis, Athènes. Grèce.
Sjosteen Mlle G. . Stockholm. Suède.
Smedt (Mme de), Paris. France.
Smith T.-J. et J. . Londres. Royaume-Uni.
Smith (W. A -A), Birmingham. Id.
Solberg N). Christiana. Norwège.
Sœurs de la Providence, Montreal. Canada.
Sorensen (G.). H Copenhague. Danemark.
Sorh (Anne-Eud.), Christiana. Norwege.
Soulier P., Paris. France
Spelty J.-And . Copenhague. Danemark.
Spiers et fils, Oxford. Royaume-Uni.
Spurin E.-C., Londres. Id.
Stab ainé C.-G), Berlin. Prusse.
Stainier (Ch.-D.), Bruxelles. Belgique.
Steffelbauer (J., Gorht. Prusse.
Stegmuller (Chr.-C.). Paris. France.
Steinberger et Feldmann, id. Id.
Stephan. Turquie.
Stoekens (C), Londres. Royaume-Uni.
Strohschneider (S). Prague Autriche.
Tachy (Al.) et comp., Paris France.
Taulzua. chef d'Atimaa. Colonies françaises.
Tessier (Ch - L.) Stolp. Prusse.
Testut, Alger. Algérie.
Texier fils, Niort. France.
Theunissen (P.). Amsterdam. Pays-Bas.
Tissot (A. . Saint-Claude (Jura). France.
Toche (A.) et fil., Bamberg. Autriche.
Tourrier (Ch), Paris France.
Trappmann et Spitz, Bermen. Prusse.
Trebitsch Arm), Vienne. Autriche.
Trenner J.. Baden. près Vienne. Id.
Troczanyi A.). Debreczin Id.
Troustenberghe (H). Bruges. Belgique.
Vaillant J). Andeville. France.
Valant (T.), Paris. Id.
Valette ainé, Lyon. Id.
Van Beneden (veuve), Bruxelles. Belgique.
Vandereyken H.), Paris France.
Vangorp (Al.), id. Id.
Verdavaine (H.) id. Id.
Verdier (A.), Copenhague. Danemark.
Vialard (A.), Aurillac. France.
Viel et Rouge, Paris. Id.
Viginet (V.) et comp , id. Id.
Ville (J.), id. Id.
Vincent-Genet H., Saint-Claude. Id.
Violet J.-Ant.), Paris. Id.
Vullah. Hyderabad (Inde). Colonies anglaises.
Wagner (J.-G.), Vienne. Autriche.
Wamborough (J), Londres. Royaume-Uni.
Wantiez-Deresme. Merville Nord). France.
Werl A. . Schaffhouse. Suisse
Wessel J.-H . Drammen. Norwège.
Westphal (C.-A.), Stolp. Prusse.

Whitehorne (Mme), Jamaïque. Colonies anglaises.
Whitehorne (Mme S.), Kingston, id. Id.
Wiecek (Ant.), Prague Autriche.
Winterfeld (J.-A.), Breslau. Prusse.
Witcha, Vizladroug (Inde). Colonies anglaises.
Wittich (A.) et comp., Geisslingen. Wurtemberg.
Wobke, Hambourg Villes hanséatiques.
Woel fert (Ch.), Dresde. Saxe.
Wolf (E.) et comp., Offenbach. Grand-duché de Hesse.
Wuillot Lheureux J.-B.), Landouzy. France.
Wunsche (A.), Ehreberg. Autriche.
Zampoula. Suède.
Zandra (J.). Vienne Autriche.
Zinn et Carlquist, Stockholm. Suède.

COOPÉRATEURS.

ARTISTES, CONTRE-MAITRES ET OUVRIERS.

MÉDAILLES DE PREMIÈRE CLASSE.

Bassot (Em), chez Gondrin et comp., Paris. France.
Clapham (Richard), chez MM. Th. de la Rue et comp., Londres. Royaume-Uni.
Daumain, Paris. France.
Guimbel frères, peintres de feuilles d'éventail, Strasbourg. Id.
Guy (Charles Henri , chez MM. Th. de la Rue et comp , Londres. Royaume-Uni.
Jones (Owen), chez MM. Th. de la Rue et comp., id. Id
Mangin, chez M. Guesnu. Paris. France.
Ouvriers anglais qui ont concouru à la fabrication des chaussures d'hommes exposees. Royaume-Uni.
Ouvriers débiteurs, façonneurs, reperceurs, sculpteurs et doreurs de bois d'éventails, à Sainte Geneviève. Andeville, Corbeil-Cerf et Méru (Oise). France.
Soldé (Alexandre), peintre de feuilles d'éventail. Paris. Id.
Van de Voorde (Alouise), chez M. Fr. Meyer, id. Id.

MÉDAILLES DE DEUXIÈME CLASSE.

Alexandre, chez M Dufossé, Montmartre. France
Arrault (E.-J.-E), chez M. Charageat, Paris. Id.
Daché, id. Id.
Raison P.), chez Mme veuve H. Schlosse et frère, id. Id.
Bantian Mme), chez M. Lemann, id. Id.
Barbier (L), à la Belle-Jardinière, id. Id.
Baudeux, id. Id.
Baur (Ch.-L), chez MM. Réquédat et comp., id. Id.
Bertrand (M.-Ant.), chez M. Bertrand, Hoirs-Glons. Belgique.
Bircklen (Fr.-Ant.), à la Belle-Jardinière. Paris France.
Boiusset Jean Marie), chez MM. Maricot et Marieau, id. Id.
Bonck (Mme) chez M. Marienval-Flamet, id. Id.
Bonfils (Emile), chez M. Laurençot, id. Id.
Bonnetarre (Fr.-Ed), chez M. Charageat, id Id.
Bouvet (Mlle Emilie), chez M. Suser (chaussures). Nantes. Id.
Brealy (Edw), chez MM. Th. de la Rue et comp , Londres Royaume-Uni.
Bresson (D.-U), chez M. Aucoc, Paris. France.
Bryant (Edw), chez MM. Th. de la Rue et comp., Londres. Royaume-Uni.
Burke (L.), chez M. Tahan, Paris. France.
Buché, chez MM. Pollack et fils, id. Id.
Busch (Jacob), Prague. Autriche.
Buret L.-Ant.), chez M Limage, Paris. France.
Cammas Jean), chez M. Préville, id. Id.
Capelet (Mlle Amélie), chez MM. Perrot, Petit et comp., id. id.
Castle (G.-W), chez MM. Th. de la Rue et comp., Londres. Royaume-Uni.
Chaffiner (Frédéric), chez Th. Margage et Trautman, Paris France.
Chalumeaux, chez M. F. Alexandre, id. Id.

Chardin (F.-E.), chez MM. Weldon et Weil, Paris, France.
Chérau père, chez M. Noirot. Niort. Id.
Chollet (F.), chez MM. Latour frères, Liancourt. Paris. Id.
Chrétien, chez M. Pramondon, Sampigny (Meuse). Id.
Cordes Honoré-Chrétien . Paris. Id.
Cornavault (Ed.), chez Mme veuve Mayer, id. Id.
Couffard (Mlle), chez M. Bertrand, Bussenge. Belgique.
Hangoisse (E.) chez MM. Midoc et Gaillard, Paris. France.
Daniel (B.), chez M. L. Aucoc id Id.
Danvel (H.-Louis) chez MM. Charles et Werling, Luxembourg. Grand-duché de Luxembourg.
Delesse (Alexandre), chez M. Pradel Huet, Paris. France.
Desruelles, chez M. Fauvelle-Delebarre, Gamy. Id.
Bonieux (A.), Spa. Belgique.
Douret. Paris. France.
Bourlet, id. Id.
Drouet (A.), chez MM. Réquédat et comp., id. Id.
Dubois-Davesnes Mile), chez M. Duvelleroy, Passy. Id.
Durand (Julien), chez M. Poisson, Andeville. Id.
Durget (Et.), chez M. T. han, Paris. Id.
Duval (Mme, chez Mme Melanie Brun, id. Id.
Eichberger (Léopold), chez M. Alba, Vienne. Autriche.
Favrot, chez M. Fauvelle-Delebarre, à Paris. France.
Fayol (A.), chez MM. Midoc et Gaillard, id. Id.
Fenestrier (Joseph). à la Belle-Jardinière, id. Id.
Fetizner, chez M. Audot, id. Id.
Fink (J.), chez M. Frank, Vienne. Autriche.
Flandin (Mile J.), à la Belle-Jardinière, Paris. France.
Flousa (Mile D.), chez M. Jumeau, id. Id.
Gacher (J.), chez M. Cazal. id. Id.
Gaillon (Amédée), chez MM. Guesnu, id. Id.
Gargault (F.), chez MM. Dupont et Deschamps, Beauvais. Id.
Garnier, peintre de feuilles d'éventail, Paris. Id.
Garnier, chez M. Beauquin, id. Id.
Gautier, chez M. Compère, id. Id.
Getaz (Mile Caroline), Rossignières. Suisse.
Gibert (Arnaud), chez MM. Cerf et Naxara, Bordeaux. France.
Gorius (Et.), chez M. Chosson, Paris. Id.
Gravelin (J.-J.), à la Belle-Jardinière, id. Id.
Girit, chez M. Noirot, Niort. Id.
Guichon (J.-L.), à la Belle Jardinière, Faris. Id.
Guidollet (Cl., chez MM. Margage et Trautmann, Belleville. Id.
Hallgarten (Miles Clara et Amélie). Noël (Mile Emilie, Cuvillier (Mile Eugénie), Leybe (Mile Célina), chez Mile Pitrat. Paris. Id.
Henrard-Cajot (G.), chez M. N. Jobin, Spa. Belgique.
Hervy (Paul), chez M. F. Alexandre, Paris. France.
Jannin (A.), chez M. Peret. id. Id.
Jardin (J.), chez Mme veuve H. Schlose et frère, id. Id.
Jean (Ch.-Ant.), chez MM. Weldon et Weil, id. Id.
Kreps (Ch.-G), chez M. Journiat, id. Id.
Lafond (P.), à la Belle-Jardinière, id. Id.
Laroche (Aug.-Jean), chez MM. Maricot et Marteau, id. Id.
Laury (Mile), chez M. Pracet-Huet, id. Id.
Lécluse (François), chez M. Fanien et comp., Lillers. Id.
Ledru (Mile C.-V), à la Belle-Jardinière, Paris. Id.
Lelièvre (Mile), chez M. Pramondon, id. Id.
Lemoine (Émile), chez M. Masses, id. Id.
Leroy (Amb.), id. Id.
Liégeois, id. Id.
Loguet (P.), chez M. Collette, id. Id.
Mandé (Mme), chez M. Allain-Moulard, id. Id.
Nantelet (Mile Irma), chez M. Meier, id. Id.
Marais (L.), chez M. Tahan, id. Id.
Marchand, chez M. Ponieu et comp., Lillers. Id.
Martin (H. J), chez M. L. Aucoc, Paris. Id.
Merlo (L.), chez M. Chitarin, Venise. Autriche.
Mestray, Paris France.
Morel (Ch.), chez M. Chosson. Id.
Morin (François), chez M. Augrand, id. Id.
Nicolas (André), à la Belle-Jardinière, id. Id.
Noël (Antoine), chez M. Masses, id. Id.

Ouzy (Mile E.), à la Belle-Jardinière. Paris. France.
Ouzy (Fr.), à la Belle-Jardinière, id. Id.
Patzowski (V), chez MM. Krach frères, Prague. Autriche.
Penon (F.), chez M. Collette, Paris. France.
Perinot père, chez M. Alexandre, id. Id.
Pierre (Théophile), chez M. Meier. id. Id.
Pineau (L.), chez Mme veuve H. Schlose et frère, id. Id.
Prévost (Clément), chez M. Barbier, Beaumont. Id.
Raparlier (Ant.), Paris. Id.
Rathel (C. L.), chez M. Peret. id. Id.
Renoux (Charles), chez M. Lemann, id. Id.
Rochereau (Placide), chez M. Laurencot. id. Id.
Roesier (Hermann), chez M. Girard, Vienne. Autriche.
Rolland (Charles), Paris. France.
Roy, Lyon (Rhône). Id.
Rube (J.-P.-L.), chez MM. Latour, Liancourt, Id.
Sabey (Allen), chez MM. Th. de la Rue et comp., Londres. Royaume Uni.
Salle (Simon), chez MM. Latour. Liancourt. France
Samson (D.), chez M. Peret, Paris. Id.
Sander (Mathieu), id. Id.
Schillemans (J.), chez M. Tahan, id. Id.
Schrunkenmuller (N., chez MM. Jundt et fils, Strasbourg. Id.
Simon jeune (P.-V.), chez M. Leydet fils ainé, Niort. Id.
Théroude (A.-F.), chez M. Théroude, Paris. Id.
Thiebaux, chez M. Noirot. Niort. Id.
Troivaux (Désiré), chez Mme veuve Mayer. Paris. Id.
Uwira (Ch.), chez MM. Krach frères. Prague. Autriche.
Valmour, chez M. Duvelleroy, Paris. France.
Vogel Antoine, chez M. Alpa, Vienne. Autriche.
Vankeserlande P. et A.), chez M. Ronj. Paris. France.
Vie ainé, chez M. Poisson, id. Id.
Vincent (Mme Agathe, id. Id.
Visser (Louis), chez MM. Cerf et Naxara, Bordeaux. Id.
Vogel (A.), chez M. Alba, Vienne. Autriche.
Wallace (James), chez MM. Th. de la Rue et comp., Londres. Royaume-Uni.
Warnemunde, chez M. Tahan, Paris France.
White (James), chez MM. Th. de la Rue et comp, Londres. Royaume-Uni.
Woitgel (Charles), chez M. Girardet, Vienne. Autriche.

MENTIONS HONORABLES.

Allendy, Paris, France.
Andrevont (Mme Esther), à la Belle-Jardinière. id. Id.
Arvisenet (A.-L.), chez M. Peret. id. Id.
Augier (Jules), chez M. Binda. Milan. Autriche.
Averbeke, chez M. Leclercq Bruges. Belgique.
Babitz (J.), chez M. Trozangi. Debreczin. Autriche.
Bacus (Alexis), chez M. Bourgeois. Paris. France.
Bar, chez M. Fanien et comp., Lillers. Id.
Barbarin, chez M. Compère, Paris. Id.
Barbe (Aimable), chez M. Traveaux Sainte-Geneviève, Id.
Barbier (Achille). id. France.
Barbier (Romain), chez M. Fleury-Dehamme et comp., Petit-Fercourt. Id.
Barnier (Ch.), maison Tahan. Paris. Id.
Barthelemy (Mme, à la Belle-Jardinière, id. Id.
Bastard, Sainte-Geneviève, id. Id.
Benoît et sa femme, chez M. Thonnerieux, Paris. Id.
Bernard (J.), chez MM. Méricot et Marteau, id. Id.
Bernier, chez M. Bessard. id. Id.
Berthier, chez M. Lemesle, id. Id.
Bertrand (Simon), chez M. Roudière, id. Id.
Beyer, chez M. Helia, Vienne. Autriche.
Biarley (Mme), chez M. Pradel Huet, Paris. France.
Biki (Joseph), Rimaszombath Autriche.
Biot, chez M. Molière, Paris. France.
Bitterlich (Th.), chez M. Klein, Vienne. Autriche.
Boiffard, chez M. Leydet fils ainé, Niort. France.
Boismaure (J. A.), Paris. Id.
Boissat (F.), chez M. Peret, id. Id.
Bonnelarge, chez M. Bessard. id. Id.

Bonnet Richard, chez M. Chilman, Paris. France.
Briant (Mlle Adèle), chez M. Leydet, fils aîné, Niort. Id.
Burais, chez M. Jouvin et comp., Paris. Id.
Buraux (P.-C.), chez MM. Letourneau, Parent et Hamel, id. Id.
Calmus (Mlle A.), chez M. Harand, id. Id.
Carré (Mme), chez M. Fanien et comp., Lillers. France.
Castelnau (Mlle). Id.
Casteran, chez M. Pramondon Paris. Id.
Challiou (Mme), chez Mme veuve Barré, id. Id.
Chorau fils, chez M. Noirot, Niort. Id.
Chollet (Mme), chez M. Pradel-Huet, Paris. Id.
Clémancé, chez M. Lemann, id. Id.
Colier, chez M. Mollère, id. Id.
Chilenski (Jacques), chez M. Franck, Vienne. Autriche.
Colivard (V.-F.-M.), Paris. France.
Coudray (James), chez M. Roudière, id. Id.
Cuchet (H. Jean), chez M. Demassiat, Limoges. Id.
Dahm (Guil.), chez M. Berg Diederich, Ettelbruck. Grand duché de Luxembourg.
Dalbergue, chez M. Aucoc, Paris. France.
Dalein (Mme), Sainte-Geneviève. Id.
Dalaine (Désiré), id. Id.
Dalle (Jean), chez M. Rond, Paris. Id.
Debs (G.), chez MM. Jund et fils, la Roberstau. Id
Delabaye (Em.), maison Tahan, Paris. Id.
Delaitre (Mme), Sainte-Geneviève. Id.
Delaruelle, chez M. Préville. Paris. Id.
Delorme (Mlle C.), chez M. Jouve-Delorme, id. Id.
Demar (Henri), chez MM. Decroix et Turlotte, Lillers. Id
Demet (Mme), chez M. Masser, Paris. Id.
Denant (N.), chez MM. Steinberger et Feldmann, id. Id.
Dequeux (Fr.), chez MM. Requédat et comp., id. Id.
Diehold (B.), chez M. Geiger, id. Id.
Dohain (Mme C.), chez M. Chagot aîné, id. Id.
Dubois (Mme), id. Id.
Duchemin (Jules), Sainte-Geneviève. Id.
Duménil (A.-V.), chez M. Peret, Paris. Id.
Dumontel, chez M. Dufossé, id. Id.
Durdan, id. Id.
Durupt, chez MM. Cheilley, Chaumont. Id.
Ebner (J.), chez M. Tahan, Paris. Id.
Eschberger (L.), chez M. Alba, Vienne. Autriche.
Esmard (Mme veuve), à la Belle-Jardinière, Paris. France.
Etienne (Al., chez M. Sormain, id. Id.
Feuterer (J.), chez M. Walter. id. Id.
Finoël (J.-B.), à la Belle-Jardinière, id. Id.
Fleischandel, chez M. Frese, Prague. Autriche.
Fleury (Mme D.), chez MM. Fleury-Dehamme et comp, Petit-Fercourt France.
Fleury-Marthe (Mme), chez MM. Henry Dehamme et comp., id. Id.
Forceville. Paris. Id.
Fouché (Jules), Nantes. Id.
Fouché (Fr.), chez M. Suzer, Nantes Id
Foulon (Pierre), chez M. Vandendorpe, Belleville. Id.
Francken, chez M. Vanderost, Bruxelles. Belgique.
Franquin, Paris. France.
Frerin (Mme Elisabeth), chez MM. Dupuis et comp., id. Id.
Fréville, à la Belle-Jardinière, id. Id.
Frintier (Mlle Ad.), chez M. Herpin-Leroy, id. Id.
Galland (J.-B.), chez M. Tavaux, Sainte-Geneviève. Id.
Galland (Mme), id. Id.
Garant (Mlle Ad.), chez M. Mancelle-Bréchaux. Paris. Id.
Garcis (E.), chez M. Beisiegel, Vienne. Autriche.
Gaucher (Auguste), chez MM. Bredif frères, Paris. France
Gillot (A.-P.), à la Belle-Jardinière, id. Id.
Gomaux (L.-A.). chez MM. Weldon et Weil, id. Id.
Gosselin (Mme), chez M. Allain Moulard, id. Id.
Goulet (Mme L.-J.), id. Id.
Gourdet, chez M. Larbaud. id. Id.
Grancher (Etienne), chez M. Veault, id. Id.
Gravat (Philippe), chez M. Leydet fils aîné, Niort. Id.
Guillemaut (Mme), chez M. Fanien et comp., Lillers. Id.
Gyorke (François), chez M. Klenner, Oldembourg. Autriche.

Habl, chez M. Cheilley, Paris. France.
Haexel, chez M. Lemann, id. Id.
Halter (Fr.), chez M. Tautz, Vienne. Autriche.
Hanny (F.-J.-B.), chez M. Geiger, Paris. France.
Hautefeuille (Mlle J.), chez MM. Perrot, Petit et comp., id. Id.
Henmguy (Raphaël), Sainte-Geneviève. id. Id.
Henning (Joseph), chez M. Chilman, Paris. Id.
Henrard (H.), chez Mme veuve Massardo. Spa. Belgique.
Henriet (Bruxes), chez M. Notré. Paris. France.
Herbet (Mme), chez M. Masser, id. Id.
Hess (Fr.), chez M. Beisiegel, Vienne Autriche.
Hines (Mme Marguerite), à la Belle-Jardinière, Paris. France.
Hirt, chez M. Franck, Furth. Bavière.
Hodent (Mme), Sainte-Geneviève. France.
Holzknecht, chez M. Purger, Botzen. Autriche.
Hokflaisch (Jean), chez Mme veuve Schwarz, Vienne. Id.
Humblot, chez M. Cheilley, Paris. France.
Huchet, chez M. Pradel-Huet, id. Id.
Huszt (Jean), chez M. Kretschmer, Rimaszombath. Autriche.
Jardineau, chez M. Logneaux, Paris. France.
Jeuland (Mme), chez M. Prévost-Bernard, id. Id.
Johannès (L.), chez M. Charles et Westling, Luxembourg. Grand-duché de Luxembourg.
Jope (W.), chez MM. Th. de la Rue et Comp., Londres. Royaume-Uni.
Jordin (W.), chez M. Meier, Paris. France.
Jorel (Mme Vict.), chez M. Taveaux, Sainte-Geneviève. Id.
Journal (Ernestine), chez M. Chilman. Paris. Id.
Judel (Joseph), chez MM. Krach frères, Prague. Autriche.
Julien (Mlle D.), chez M. Julien, Paris. France.
Kadietz (Ad.), chez M. Adler, Vienne. Autriche.
Kaeppler (G.), chez MM. Requédat et comp, Paris. France.
Kaiser (Martin), chez M. Much de Muckenthal, Prague. Autriche.
Kaiss, chez M. Beisiegel, Vienne. Id.
Klatil (Joseph), chez MM. Krach frères, Prague. Id.
Kulbelm (Joseph), chez M. Adler, Vienne. Id.
Krau (N.), chez MM. Schmidt et comp., Luxembourg. Grand-duché de Luxembourg.
Laleuf, chez M. Meilles, Paris. France.
Lambert (Mme Louise), à la Belle-Jardinière, id. Id.
Labouche, chez M. Compère, Paris. Id.
Laurent (J.-J.), à la Belle-Jardinière. id. Id.
Lawrence (James), chez M. Chilman, id. Id.
Lawrence (Cécilia), chez M. Chilman, id. Id.
Lebatten (Maria), à la Belle-Jardinière. id. Id.
Lebon (Hippolyte), chez M. Vandendorpel, id. Id.
Lécuyer (Louis), chez M. Limage, id. Id.
Leclerc (Mlle A.-D.), chez M. Lemann, id. Id.
Lefèvre, chez MM. Fanien, Lillers. Id.
Lefort (Aimé), Sainte-Geneviève. Id.
Lefort (Hormidas), chez M. Taveaux, id. Id.
Lefort (J.-B), id. Id.
Lefort (J.-B.) (Mme), id. Id.
Legendre (Eugène), chez M. Rond, Paris. Id.
Lepetit, chez M. Pillot, id. Id.
Leroy (A., chez MM. Midoc et Gaillard, id. Id.
Letoy, chez M. Poirier, Châteaubriant. Id.
Lehman (Mme), à la Belle-Jardinière, Paris. Id.
Lorilière (Mme), à la Belle-Jardinière. id. Id.
Mailer (Abel), chez M. Beisiegel, Vienne. Autriche.
Manseau, chez MM. Gourdin et comp., Paris. France.
Marchand, id. Id.
Marie (Louis), chez MM. Margage et Trautmann, id. Id.
Mariette (Mlle), chez M. Allain-Moulard, id. Id.
Martel, chez M. Masser, id. Id.
Martilier (Albert), chez MM. Bredif frères, id. Id.
Martin (G.-E.), chez M. Sormani, id. Id.
Massa (Sébastien), chez M. Chitarin, Venise. Autriche.
Mathias (J.), chez M. Dupuis, Paris. France.
Mathias (Mme Marguerite), id. Id.
Matschek (Henri), chez M. Tautz, Vienne. Autriche.
Mazurier (Mlle A.), Paris. France.
Menossade (Mme), chez M. Meier, id. Id.

Michel (Léonide), chez MM. Fleury-Dehamme et comp., Petit-Forcourt. France.
Morand (Mlle Th.), le Paquier. Suisse.
Moreau (Mlle Ad.), Paris. France.
Moreau (François), à la Belle-Jardinière, id. Id.
Morel (Louis Xavier), à la Belle-Jardinière, id. Id.
Morrisson (Mme Sophia), chez MM. Th. de la Rue et comp., Londres. Royaume-Uni.
Neuviller (David), chez MM. Jundt et fils, la Robertsau. France.
Niclaus (F.), chez M. Audot, Paris. Id.
Noël (Vve), id. Id.
Pagès (Pierre). chez MM. Cerf et Naxara, Bordeaux. Id.
Patry (Mme), chez M. Pradel-Huet, Paris. Id.
Pelé (Jean), chez M. Suser, Nantes. Id.
Perdriau (Julien), chez M. Dufossé, Paris. Id.
Perrot (Mme), chez M. Pradel-Huet, id. Id.
Piestch, chez M. Frese, Prague. Autriche.
Pimpo, chez M. Demassiot. Limoges. France.
Pinson (J.-J.) chez M. Pradel-Huet, Paris. Id.
Piskartch (Joseph), chez M. Frank, Vienne. Autriche.
Poulet (Romain), chez MM. Schmidt et comp., Luxembourg. Grand-duché de Luxembourg.
Poirot (G.), chez MM. Jouvin et comp., Paris. France.
Pryor (John). chez MM. Th. de la Rue et comp., Londres. Royaume-Uni.
Rabiser (Antoine), chez M. Purget, Botzen. Autriche.
Rainot (Jean-Alphonse), chez M. Guesnu, Paris. France.
Robin (Victor), chez Mme Vve Mayer, id. Id.
Roddek (Émile), chez M. Klein, Vienne. Autriche.
Rolland (Charles), Paris. France.
Rossignol (B.), chez M. Leydet fils aîné, Niort. Id.
Rousseau (Mme Désirée), à la Belle-Jardinière, Paris. Id.
Rouve (Florentin), chez MM. Maricot et Marteau id. Id.
Roze (Nicolas), chez MM. Margage et Trautmann, id. Id.
Sanoner (Jean), chez M. Purget, Botzen. Autriche.

Sclat (J.), chez MM. Jouvin et comp., Paris. France.
Simer (Mme), femme Mathias, id. Id.
Sion, chez M. Massaz, id. Id.
Smith, chez MM. Th. de la Rue et comp., Londres. Royaume-Uni.
Stainer, chez M. Vanderoost, Bruxelles. Belgique.
Suchet (Mlle El.), le Pacquier. Suisse.
Tenaillon (Mme Vve), chez M. Marienval-Hamet, Paris. France.
Termes (Mlle Annette), chez M. Suzer, Nantes. Id.
Thibault (Jules), chez MM. Dupont et Deschamps, Beauvais. Id.
Thorn (W.), chez MM. Th. de la Rue et comp., Londres. Royaume-Uni.
Thill (John), chez MM. Th. de la Rue et comp., id. Id.
Tiret (Aimé), chez M. Taveaux, Andeville. France.
Tiret-Devarenne, id. Id.
Tissard (Adine), chez M. Chilman, Paris. Id.
Toulouse (Augustin), Joigny. Id.
Toupillier (C.), chez MM. Fleury Dehamme et comp. Petit-Forcourt. France.
Toupinard, Sainte-Geneviève. France.
Touvenel (A.-J.-B), à la Belle-Jardinière, Paris. France.
Trappel (J.), chez M. Beisiegel, Vienne. Autriche.
Trabé (H.-J), chez M. Daudé. Paris. France.
Trultin, chez M. Masser, id. Id.
Varlet (Joseph), Sainte-Geneviève Id.
Vasseur (Mme Clara), chez Mme veuve Mayer, Paris. Id.
Villard (Mme), chez MM. Laurat et Clébart, id. Id.
Vincent (Mme Agathe), à la Belle-Jardinière, id. Id.
Wagner (Mme Marta), femme Brossette, chez M. Dupais, id. Id.
Weber (Robert), chez M. Weber, Greuceinischau. Saxe.
William Jourdan, Paris. France.
Zilak (François), chez MM. Krach frères, Prague. Autriche.
Zipponi (André), chez M. Chitarin, Venise. Id.

EXPOSITION UNIVERSELLE

PRODUITS DE L'INDUSTRIE

VINGT-SIXIÈME CLASSE.

DU DESSIN ET DE LA PLASTIQUE APPLIQUÉS A L'INDUSTRIE. — GRAVURE, LITHOGRAPHIE ET PHOTOGRA-
PHIE. — IMPRIMERIE EN CARACTÈRES ET EN TAILLE-DOUCE. — BROCHURE ET RELIURE.

Pendant bien des siècles l'art et l'industrie marchèrent complètement isolés : l'art y gagna sous le rapport de la perfection des formes, du fini des détails, de l'expression séduisante des physionomies et de cet ensemble perfectionné qui fait l'idéalisme ; mais l'industrie demeura l'humble servante de l'art, sans même penser qu'il lui fût possible de devenir autre chose ; les premières années du siècle commencèrent leur alliance, alliance d'abord équivoque, incertaine, mais qui peu à peu devint plus solide et plus féconde.

Déjà l'Exposition universelle de Londres avait produit d'intéressants exemples des ressources qu'offrent la plastique, la gravure et la lithographie ; mais il était réservé à l'Exposition de Paris de laisser pressentir les limites lointaines auxquelles parviendrait tôt ou tard la fabrication artistique des modèles.

Nous avons vu la Vénus de Milo, type éternellement admirable de l'art grec, augmentée de moitié, d'après le modèle du Musée, sans avoir rien perdu de sa grâce ni de la pureté de ses formes ; nous avons vu la statue équestre de l'Empereur, accrue du double, conserver la fidélité d'expression qui distingue le modèle sorti des mains de l'artiste éminent auquel on le doit.

Jusqu'en 1836 il n'existait qu'un seul appareil reproduisant mécaniquement les formes sculpturales, et il n'était applicable qu'aux objets de petite dimension et de faible saillie, tels que coins de monnaie et médailles. Dans ce système, l'augmentation ou

la réduction de la copie, par rapport au modèle, étaient obligatoires d'une manière absolue, et demeuraient subordonnées aux places respectives qu'occupaient, sur la machine, le modèle et la copie.

Les appareils modernes ont pour base un principe identiquement semblable ; mais d'heureuses combinaisons permettent aux artistes d'en tirer un parti beaucoup plus avantageux quant à la finesse et à la régularité du trait. C'est ainsi qu'aujourd'hui, en deux ou trois séances, s'exécute tel buste qui exigeait jadis quinze jours de travail.

Parmi les bustes réduits, nous avons remarqué celui de Rotrou ; parmi les statues, celle de Mᵐᵉ de Montpensier ; parmi les bas-reliefs, une œuvre de Luca della Robbia, et quantité d'objets charmants empreints de toute la finesse des originaux.

Au lieu de ces sculptures de Dieppe sur ivoire, souvent copiées d'après les mêmes modèles ; au lieu de ces tailles, de ces ciselures grossières au couteau, exécutées par les pâtres de la Suisse et qui n'ont pour elles qu'une naïveté grotesque ; de tous côtés, soit d'Allemagne, soit d'Angleterre, soit d'Italie, mais surtout de France, se manifestait une volonté ferme de sortir des sentiers battus et d'étendre le domaine de l'art sans rétrécir celui de l'industrie.

Les marchands de fantaisies meublantes, ceux de jouets d'enfants ou d'objets pieux semblent comprendre merveilleusement la tendance actuelle. Leurs magasins, je parle des magasins d'élite, deviennent de petits musées d'où l'artiste le plus exigeant pourrait tirer des modèles, à la condition d'y mettre le prix.

Une dame appartenant à la haute aristocratie, qui fait de l'art sans le rechercher ni le vouloir, Mᵐᵉ la comtesse de Dampierre, a exposé des fleurs, des cadres, un écran, des vases en cuir repoussé, qui faisaient l'admiration des visiteurs. Chacun s'arrêtait devant eux, parce qu'on y sentait la nature prise sur le fait, la nature comme tout le monde la comprend.

C'est avec un goût non moins distingué que plusieurs industriels éminents ont introduit dans le commerce, et par suite dans l'usage ornemental des appartements, divers modèles offrant l'application du relief aux cuirs de tenture ; reliefs de toutes sortes, moulures, fleurons, figurines, demi-reliefs et rondes bosses, selon l'effet qu'on veut obtenir.

L'Angleterre, avec ses cartons-pâtes, avec son échantillon de la frise composée pour le salon du Club de la marine et de l'armée, avec ses médaillons d'animaux si vrais d'attitude et d'expression, ne pouvait rien redouter des cuirs repoussés de fabrique allemande ou de fabrique française : l'art éclatait partout ; la pensée dominait le travail de la main.

Une imitation plus sérieuse et plus savante des caprices de la nature préoccupa longtemps un mouleur émérite du Jardin des Plantes de Paris, qui, grâce aux efforts d'une patience éprouvée et d'une observation minutieuse, a su reproduire, avec la plus grande vérité, des feuilles de plantes moulées des deux côtés, des bivalves, des mollusques, et différentes têtes d'hommes et d'animaux. Nulle représentation, nul calque, ne saurait être aussi profitable à l'étude des sciences naturelles, et spécialement de l'anthropologie, puisqu'on touchera de l'œil et du doigt des objets fugitifs qui se décomposent ou s'altèrent presque toujours avant qu'on ait pu déterminer un organe, classer un être, hasarder une théorie de rapports ou de développements.

Les personnes inquiètes sur les destinées de l'art doivent se rassurer après l'examen attentif des objets exposés. Nous avons été frappé d'une chose, c'est de l'entraînement inévitable qu'éprouve l'idéal à subir l'esclavage intelligent de la pratique usuelle, et nous trouvons bien des points de ressemblance entre la France d'aujourd'hui et la Rome des empereurs. A dix-huit siècles d'intervalle, même luxe d'ornementation, même goût pour les petits bronzes, pour les meubles de fantaisie, coffrets, cassolettes, presse-papiers, porte-crayons, cachets, écritoires ; même abandon des grands sujets qui absorbent un capital considérable, même recherche dans les réductions et dans leur appropriation aux exigences de chaque demeure patricienne ou plébéienne. Ce n'est qu'aux époques ascensionnelles de l'art, et sous l'influence féconde de grandes fortunes héréditaires, qu'il crée des chefs-d'œuvre ; dès que la richesse publique se subdivise, les encouragements font défaut, et les artistes sont forcés de transformer leur talent d'après les conditions sociales de l'époque. Ainsi, du temps des Egyptiens, des Assyriens, des Grecs, des Romains, chaque fois que la prospérité publique diminua, les grandes œuvres, les statues à haute proportion diminuèrent ; le bois, la terre et la pierre furent substitués aux métaux précieux, à l'ivoire, à l'ébène ; puis insensiblement, les particuliers riches, mais beaucoup moins riches que leurs ancêtres, usant d'économie dans la garniture artistique de leur demeure, y introduisirent de petits modèles calqués sur des modèles anciens.

Ce qui s'est fait alors, nous le faisons aujourd'hui, et les meilleurs esprits s'y prêtent ; car la première condition est de vivre, et ensuite de trouver dans le débit même de ses travaux des éléments certains de réputation et de popularité. A l'artiste il faut un public ; il ne saurait marcher seul sous peine de s'égarer et de s'épuiser bientôt, sous peine de demeurer étranger à son siècle, sans points de contact ni avec le présent, ni avec l'avenir.

Canova en Italie, Pradier en France, ont habilement saisi cette obligation qui fait rentrer forcément l'art superbe dans les allures modestes de l'industrie marchande. Sans renoncer aux sujets d'apparat, à la sculpture monumentale qui donnent la gloire, mais la gloire indigente, ils ont exécuté des surtouts, des modèles de pendules, des réductions de leurs différentes œuvres. Ce qu'ils n'ont pu faire eux-mêmes, faute de temps, leurs disciples l'ont exécuté avec amour, avec la pratique intelligente et filiale qui lie un élève à son maître. Et le public reconnaissant, amené vers l'art par l'art lui-même descendant jusqu'à lui, s'est rappelé, pour ne les plus oublier désormais, le nom des artistes dont la pensée réduite et rendue portative couvre les cheminées, les tables, les guéridons, les encoignures, ou descend des plafonds avec les guirlandes et les bougies étincelantes.

En se vulgarisant ainsi, l'art prend un pied sérieux dans notre société frivole. On s'habitue aux belles choses, aux formes distinguées ; les artistes se créent le public qui leur manquait ; non le public mécène, impossible sans d'immenses revenus, mais le public acheteur et consommateur, le petit public, qui assure les détails mesquins de la vie, en attendant que le grand public vienne, s'il vient jamais au train dont marchent les choses.

GRAVURE.

La gravure sur bois, la première de toutes les gravures par ordre de découverte, et aussi par ordre d'importance, était depuis longtemps négligée, lorsqu'après les événements de 1815 on imagina diverses publications pittoresques à bon marché, dont le tirage considérable assurait l'existence. Ce furent les Anglais et les Américains qui se livrèrent d'abord à ce genre de spéculation. Il leur réussit. Imités bientôt par les Français, puis par les Belges et par les Allemands, nos rivaux perdirent insensiblement leur suprématie, de telle sorte qu'aujourd'hui les Français dominent seuls le vaste domaine de la gravure sur bois : Albert Dürer, les Lucas de Leyde, les Hans Burgner, malgré leurs qualités incontestables, ne régneraient même point sans partage, s'ils étaient nos contemporains.

Le *Musée des Familles*, le *Magasin pittoresque*, la *Vie de tous les Peintres*, l'*Illustration*, la *Touraine*, l'*Alsace*, le *Moyen Age et la Renaissance*, l'*Histoire des Costumes*, et quantité de publications du même genre, sont là pour attester les progrès des artistes français dans une carrière d'où personne, à l'heure qu'il est, ne les ferait déchoir. Ils travaillent avec une fermeté remarquable et avec une finesse qui égale celle des gravures au burin ; ils exécutent des dessins de machines, des lettres ornées, des groupes de personnages, des paysages, des armoiries, des sceaux et des monnaies d'un travail achevé quant aux reliefs et à la hardiesse du trait.

Les planches gravées en taille-douce, sur cuivre et sur acier, beaucoup plus rares que les planches sur bois nous ont paru présenter moins de perfection. La *Sainte Amélie*, de Mercudi, la *consolation des affligés* de Ary Scheffer, quelques autres planches d'après Delaroche, offraient d'incontestables qualités, mais elles se ressentent de nos préoccupations mondaines, de la religiosité moderne, si différente de la vraie religion. Elles sont sèches d'expression, raides d'attitude ; elles semblent protester contre la foi. Les vierges de Raphaël, les gravures de la Bible, éditées par la librairie Furne, tombent dans ce défaut capital. Nous adressons le même reproche à n'importe quelle collection de dessins de sainteté mis à la portée du vulgaire.

Des planches d'anatomie et d'histoire naturelle, d'une extrême ténuité de lignes, d'une grande finesse de ton, obtenues en couleur, par l'application du pinceau sur des planches de cuivre, captivaient l'attention des connaisseurs. Il en était de même de certaines épreuves de cartes à jouer, de cartes géographiques, gravées avec infiniment de perfection par l'application de la galvanoplastie. On grave ainsi mécaniquement, sans burin, sur acier, sur bois, sur ivoire ; on reproduit, d'autre part, en clichés de cuivre ou de métal d'imprimerie, toute espèce de gravure sur pierre, sur acier, sur bois, sur cuivre, et on peut l'introduire avec le texte découlant du compositeur. Ces essais heureux ont pour auteurs des Français, des Allemands et des Anglais. L'imitation des aquarelles ou des dessins au crayon par la gravure à l'aqua-tinta, si elle n'est pas d'origine française, s'est du moins perfectionnée chez nous. On fait dans ce genre des bou-

quets de fleurs, des paysages qui sont de vrais trompe-l'œil ; leur richesse et la douceur
de leurs teintes ne laissent rien à désirer. Évidemment ici la perfection du tirage
constitue la perfection des épreuves ; c'est une affaire de main, peut-être devrions-nous
dire une affaire de tact et de sentiment.

LITHOGRAPHIE ET CHROMO-LITHOGRAPHIE.

Depuis que d'une bourgade de l'Allemagne est sorti le procédé de dessiner et de graver sur pierre tendre, la lithographie a réalisé les plus vastes conquêtes. Bornée d'abord
à de simples épreuves au crayon, elle a porté ses vues plus haut, elle a remplacé son
pinceau classique par des teintes qu'applique le tirage, chaque pierre portant la couleur
qu'elle doit déposer sur la première épreuve, d'où lui est venu le nom de *Chromo-lithographie.*

« On conçoit avec quelle fidélité et quelle justesse de contours les repères doivent être
faits, car il est des dessins qui exigent jusqu'à dix-huit ou vingt pierres différentes ; on
conçoit également quelle variété de tons peuvent donner ces superpositions successives
en se modifiant les unes par les autres à l'infini. Cette nouvelle application de la lithographie a rendu d'immenses services aux sciences et aux arts, et se plie avec un bonheur
infini à toutes les exigences. Ainsi, pour citer un exemple, il est telle carte géographique
éditée par l'Imprimerie impériale qui, coloriée à la main, coûtait une dizaine de francs,
et qui maintenant, coloriée par le nouveau procédé, avec une plus grande égalité de
teintes, ne coûte plus que 2 fr. 25 c. Les manuscrits eux-mêmes, ces chefs-d'œuvre
de patience et d'art des moines du VIe au XVIe siècle, sont reproduits par ce procédé
de la manière la plus satisfaisante. »

Ce témoignage d'un juge compétent s'applique surtout aux œuvres parisiennes et
alsaciennes, car Paris et Strasbourg sont en possession, depuis nombre d'années, de
fournir des spécimens parfaits d'un art à l'aide duquel l'archéologie, l'histoire monumentale, l'histoire naturelle ont pris une extension prodigieuse. Les connaisseurs remarquaient notamment une suite d'épreuves coloriées faites d'après des dessins de Raffet.
d'autres imitant les ébauches à l'huile, mais surtout diverses impressions en noir, genre
sévère, genre exact, que préféreront toujours les vrais artistes.

Malgré notre scrupule à ne citer que les œuvres, sans y attacher des noms auxquels
s'appliquerait la critique ou l'éloge, nous ne pouvons passer sous silence les Engelmann,
parce qu'un procédé spécial leur appartient pour l'imitation des vieux manuscrits et de
la vitrerie peinte. Ils sont parvenus à rendre cette dernière avec son admirable transparence, sa vigueur de tons et sa religieuse naïveté ; ils ont tiré sur vélin, sans humidi-
fier la peau, des planches d'une exécution minutieuse et d'un fini parfait.

La chromo-lithographie s'est également surpassée dans un dessin frontispice de l'Alhambra, dans des Évangiles et des livres de messe, dans l'exécution de cartes géographiques, et dans des fac-simile d'aquarelles qui prendront place au milieu des plus
somptueux ameublements.

Chose remarquable et qui prouve à quel point l'art tend à se généraliser, c'est que Paris, son sanctuaire presque unique autrefois, n'absorbe pas d'une manière exclusive, tant s'en faut, l'élan naturel des esprits vers l'imitation de la nature et vers l'idéal. La chromo-lithographie règne en province, en Alsace, en Champagne, en Bretagne, en Touraine, en Bourgogne, aussi bien que sur les rives de la Seine. Peut-être même l'Alsace prime-t-elle Paris, dans ce sens qu'on y apporte un soin d'interprétation plus religieusement exact.

L'Angleterre a produit des spécimens de chromo-lithographie dignes d'éloges. Ce sont, en général, des gravures à l'aqua-teinte, coloriées par les procédés lithographiques. Nous avons remarqué des paysages très-animés, très-variés de teintes, et une *Fuite en Égypte* qui, par la vigueur de ses tons, rappelle à s'y méprendre la touche de Paul Véronèse.

Quand l'Autriche aura su se dépouiller de la dureté qu'elle apporte encore dans le système de dégradation des tons, et quand chez elle la souplesse gracieuse des lignes rachètera ce qu'un dessin académique trop rigoureux présente de roideur, elle se placera au niveau de la Grande-Bretagne; mais il lui restera encore des progrès à faire pour lutter avec les artistes chromo-lithographes français.

PHOTOGRAPHIE.

Une œuvre en tête de laquelle brillent les noms de MM. Daguerre et Niepce de Saint-Victor, qui l'ont imaginée et perfectionnée, mérite toutes nos sympathies, puisqu'elle est d'origine nationale, et que, adoptée maintenant dans l'Europe entière, elle y fait des progrès justifiés par les services qu'elle rend et par les résultats imprévus qu'elle amène.

Quelques photographes, demeurés fidèles au système de la plaque métallique, ont exposé des épreuves de portraits, de groupes, de monuments et de paysages, d'une admirable et franche netteté. On remarquait, entre autres objets d'art, la représentation successive des travaux du Louvre, galerie historique du plus haut intérêt, puisqu'elle fera voir à nos arrière-neveux comment cheminaient la pensée et la main dans l'exécution de cette œuvre colossale. Mais c'était moins vers les épreuves sur plaque que vers les épreuves sur glace et sur papier que se dirigeait l'attention générale. La question pratique, l'affaire usuelle, les ressources d'application, sont ici, et non pas dans le système des plaques, malgré l'heureuse découverte de l'*héliographie* due à M. Niepce de Saint-Victor, découverte au moyen de laquelle la plaque de métal présente à la gravure solaire une profondeur suffisante pour en tirer plusieurs épreuves.

Pour rendre la plaque sensible à l'action de la lumière, on la recouvre d'une couche d'albumine ou de collodion, opération qui demande certaine habileté, certaine habitude. Dès que la couche de collodion recouvre le verre encore humide, on plonge, pendant plusieurs secondes, la glace dans un bain de sel d'argent, qui lui communique la sensibilité dont elle a besoin; on l'expose ensuite à la lumière dans la chambre noire, puis on la retire en la préservant de toute impression de lumière extérieure. Alors, dans un milieu obscur que n'éclaire qu'une bougie, on fixe, en la lavant, l'image obtenue. Cette

image sert de matière à un nombre infini d'épreuves, que l'on obtient en la posant sur une feuille de papier préparé, et en l'exposant, dans un cadre, à l'action du soleil et même de la lumière diffuse. On peut également opérer avec des papiers préparés, qui, remplaçant la glace albuminée ou collodionée, fournissent de magnifiques épreuves.

De toutes les branches photographiques, le paysage nous a paru, comme bien d'autres, constituer le point triomphal de l'œuvre. Pourquoi? Parce que le succès est subordonné à l'intelligence de l'artiste, qui choisit ses points de vue, qui groupe ses personnages dans le système le plus favorable possible. Beaucoup d'épreuves nous ont frappé d'admiration. Nous nous rappelons, entre autres, des copies d'Albert Durer et de Rembrandt, des reproductions inédites de certains bas-reliefs antiques, d'une finesse et d'une fermeté de lignes, d'un modelé tout à fait exceptionnels. La vue panoramique de Paris, prise des toits du Louvre, présente d'admirables lointains, chose rare en photographie. Les vues du Mont Dore, des Arènes de Nîmes, de différentes croupes du Mont Blanc, de quelques sites pyrénéens obtenus par des artistes français, soutiennent très-bien la comparaison avec celles des principaux monuments d'Athènes et de Rome, avec le Campo-Santo de Florence, dues à des photographes étrangers. Mais toutes pâlissent incontestablement devant la transparence des lointains qu'offrent les planches anglaises dites *Hack fall*, *Boston Abbey* et *Valley of the Wharf*.

Quant aux portraits, comme ils demandent presque tous des retouches, le talent du photographe reste à la merci du peintre aquarelliste. Nous avons cependant remarqué une collection assez considérable de beaux portraits sur toile cirée, vrais chefs-d'œuvre n'ayant besoin d'aucune addition au pinceau, et qui ne laisseraient rien à désirer s'ils offraient un aspect moins triste. Divers portraits grands comme nature, des charges de Dantan et du pierrot Debureau saisies avec une vérité frappante, attiraient tous les regards. Ceux des vrais connaisseurs ne pouvaient se détacher d'une collection d'épreuves obtenues par les procédés héliographiques, sur les modèles gravés par Marc-Antoine.

Dans l'un des coins les plus obscurs de l'Annexe, dans la galerie nord, se trouvait relégué un atelier modeste, dont les productions marquent le point de départ d'une ère nouvelle en photographie, savoir : la reproduction facile et fidèle de toute espèce de dessins au crayon, d'épreuves d'imprimerie, de gravures en taille-douce, de lithographies, etc.

Cet ingénieux procédé repose sur un principe découvert en 1846 par M. Niepce de Saint-Victor, qui, le premier, a constaté que si l'on soumet à la vapeur d'iode un dessin ou une épreuve imprimée, les traits du dessin se chargent plus vite d'iode que le blanc du papier, et que l'on peut de la sorte en obtenir par la pression un décalque, soit sur papier amidonné, soit sur plaque métallique.

Les visiteurs exécutaient au crayon n'importe quel dessin; on le soumettait à l'action de la vapeur d'iode, puis on l'appliquait sur une plaque de cuivre jaune poli, et l'on soumettait le tout à l'action d'une petite presse à copier. L'iode qui s'était fixé aux traits du dessin se décalquait immédiatement sur la plaque de cuivre. Prenant alors un peu de mercure sur un tampon d'ouate, on en frottait la plaque, et le dessin y apparaissait, le

mercure se portant sur tous les points touchés par l'iode, et respectant, au contraire, ceux que cette substance laisse intacts. Pour isoler du reste de la plaque ce dessin, il suffit de repasser par-dessus un rouleau de lithographe chargé d'encre grasse, qui, se déposant sur les places exemptes de mercure, rend le dessin beaucoup plus visible, et se détache en blanc sur un fond noir. On se débarrasse alors du mercure au moyen d'une dissolution de nitrate d'argent avec excès d'acide, et le métal de la planche se trouve non-seulement à nu, mais aussi creusé légèrement.

Désirez-vous obtenir une planche en taille-douce, il faut la faire mordre avec les acides ordinaires. Voulez-vous tirer la planche dans les conditions de l'impression lithographique, il faut opérer sur le dessin, par les procédés de l'électrotypie, un léger dépôt de fer réduit de son chlorhydrate, puis, au moyen de l'essence de térébenthine, on enlève l'encre grasse qui recouvre le fond de la planche. Alors il faut passer de nouveau à la vapeur d'iode la planche tout entière, et la frotter de mercure. Ce mercure, couvrant complétement la planche, moins les traits du dessin qu'il respecte, amène cette dernière dans une condition inverse de celle qu'elle offrait précédemment. Les traits du dessin chargés de mercure ne prennent pas l'encre du rouleau typographique, qui la dépose exclusivement sur le reste de la planche. L'encre, au contraire, couvre les traits du dessin, et permet le tirage d'un nombre d'épreuves indéfini.

La gravure en relief obtenue photographiquement, pour être employée à la typographie, exige des procédés plus longs, mais non moins décisifs. Il faut que les traits du dessin soient couverts d'un léger dépôt d'or qui, préservant ces traits de l'action des acides, détermine la morsure du reste de la planche à la profondeur qu'exige le tirage des presses d'imprimerie. Cette découverte, toute récente, conséquemment en voie d'expérience et de progrès, a déjà donné d'importants résultats. Elle forme un nouveau trait d'union entre deux arts, l'imprimerie et la gravure, dont l'origine se confond et dont la marche accepte la solidarité constante de procédés qui leur sont communs.

TYPOGRAPHIE.

Il ne s'agit point ici d'apprécier les procédés typographiques, ni le jeu puissant de leurs machines. Nous devons nous borner aux œuvres qui en émanent. Or, un fait curieux vient se produire, c'est le caractère différentiel des œuvres selon les peuples et selon les époques. On dirait que l'imprimerie, remplaçant l'écriture, a voulu, comme elle, décalquer le tempérament, la physionomie morale des races et des temps; on dirait qu'en présence des transformations que subit la littérature tous les quinze ans, la typographie ne veut pas demeurer stationnaire. Tout œil exercé reconnaîtra, sans qu'il soit besoin de lire une date ou l'adresse d'un imprimeur, que tel livre appartient à telle nation, à telle époque; et s'il sort d'une grande fabrication, comme celle de l'imprimerie impériale de Paris, ou des Didot, ou des Mame, on peut, à certains signes, reconnaître sa provenance. Les livres français ne ressemblent point aux livres anglais. Ils ne ressemblent pas davantage aux livres allemands, italiens, espagnols. Les compositeurs de Turin et de

Venise diffèrent des composteurs de Rome; ceux de Berlin et de Munich des composteurs de Vienne, et ceux de Madrid n'ont presque aucun rapport avec ceux de Barcelone. Entre toutes ces contrées, entre toutes ces villes, foyers divergents d'une existence personnelle, d'une vie propre et intime, il y a des différences tranchées; et quand on voit, en typographie, un pays imiter un autre pays, c'est que, sous d'autres points de vue, des raisons sociales prépondérantes y conduisent. Depuis douze ou quinze années, nous nous rapprochons singulièrement des types anglais, soit par la fonte des caractères, soit par l'agencement des titres, des lignes et des blancs, soit par le format. La littérature courante, les classiques, les livres compacts et à bon marché, rentrent presque tous dans la manière anglaise, tandis que nous conservons les formes nationales, les beaux types traditionnels pour les livres de bibliothèque et pour les tirages de bibliophiles.

L'Exposition universelle a rendu palpables les réflexions qui précèdent. Au point de vue du luxe et de la perfection dans la composition et dans le tirage, nous citerons, comme bijou, une charmante petite édition d'*Horace*, avec des photographies imitant l'aqua-tinta, et avec des gravures sur bois nettement burinées; nous citerons *la Touraine*, un *Voyage en Égypte*, les *Vies des Peintres*, mais, par-dessus tout, l'*Imitation de Jésus-Christ*, traduite par Corneille, la plus belle œuvre que présentent les annales typographiques.

Après ces essais dispendieux que les produits de la vente ne couvrent jamais suffisamment, nous pourrions indiquer quantité de produits remarquables, d'un débit beaucoup moins difficile, parce que le nombre auquel on les tire compense les frais de tirage et de composition; mais du moment que la gravure sur acier ou la chromo-lithographie s'y introduisent, les prix s'élèvent et dépassent les facultés des amateurs à fortune médiocre. Il y a de tels livres que les gouvernements seuls peuvent et doivent exécuter. Les grandes œuvres d'histoire naturelle, d'archéologie, d'architecture et de mécanique sont de ce nombre.

Grâce aux progrès de la gravure sur bois et au goût du peuple pour l'image artistement traitée, des journaux qui se tirent à 30, 40, 50 et 100 mille exemplaires, et qu'on livre au prix incroyable de 5, 10, 15 et 20 centimes le numéro, ont ouvert, dans le sein des classes pauvres, une voie d'enseignement par les yeux dont les résultats heureux seront immenses si l'on sait diriger, moraliser cet enseignement. L'Angleterre nous avait devancés; elle nous est encore supérieure eu égard à l'abondance des tirages; mais nous la surpassons pour le choix, l'originalité des sujets, non moins que pour l'élégance et la finesse du trait. Peut-être l'emportent-ils en naïveté, peut-être leurs papiers, leurs procédés d'exécution matérielle sont-ils préférables aux nôtres; mais s'il faut jouer serré avec nos rivaux d'outre-Manche, afin de ne pas se laisser distancer, nous ne redoutons rien du reste de l'Europe, malgré les œuvres justement estimées sorties de quelques grandes capitales, comme Vienne et Berlin.

BROCHAGE ET RELIURE.

Les procédés économiques et rapides appliqués au brochage, la nature du papier coton qui ne tient pas le point, ont fait descendre l'art du brocheur bien au-dessous de

ce qu'il était naguère. L'élégance actuelle des formes ne compense pas le défaut de solidité. Quel que soit l'atelier, nous adresserons à tous les brocheurs le même reproche.
Ils font, sans le vouloir, les affaires des relieurs, dont la coopération devient, pour n'importe quel livre lu deux ou trois fois seulement, une condition de salut.

Quant à la reliure moderne, elle n'a rien gagné non plus sur la reliure d'autrefois. Les
maisons qui voudraient conserver leur vieille renommée sont forcées de la mettre à la
merci des fortunes médiocres ou d'amateurs dont le nombre diminue chaque jour. Il n'y a
plus aujourd'hui de bibliothèques. Les importantes collections de livres sont allées se fondre
dans les jeux de bourse et les éventualités fatales de la vie politique. Le premier coup de
marteau donné aux monastères, aux résidences seigneuriales, a fait rouler sur le pavé
des monceaux de livres que rien ne remplace, et les relieurs émérites s'en sont allés avec
les livres.

L'Angleterre, qui possède une aristocratie riche et de nombreuses villas, l'Angleterre a
conservé les traditions de la bonne reliure, de la reliure de luxe, et aussi de la reliure à
bon marché. Ses cartonnages, imités en France, l'emportent sur les nôtres par leur
mérite d'exécution solide. Leurs guides de voyage, *hand books*, font le tour du monde
et reviennent à Londres avec leur habit sans déchirure.

REVUE DES PRINCIPAUX OBJETS

EXPOSÉS DANS LA VINGT-SIXIÈME CLASSE.

DESSINS INDUSTRIELS.

LES ARTISTES INDUSTRIELS EN TISSUS, PAPIERS PEINTS, IMPRESSIONS, BRONZES, ORFÉVRERIE, BIJOUTERIE, ÉBÉNISTERIE, GRAVURE SUR BOIS DE PARIS (France).

L'Exposition universelle de 1855 a montré, pour la première fois, la classe presque entière des dessinateurs industriels secouant le patronage absorbant des fabricants, pour venir, en son nom propre, demander la consécration de la haute importance de ses travaux de collaboration dans la création de produits innombrables exigés par les nécessités ou les fantaisies de l'humanité. C'est qu'en effet la part de l'artiste ne doit pas s'effacer sous celle du producteur, dans les diverses transformations qui font passer les matières brutes à l'état d'objets utiles ou agréables. Au contraire, cette part est souvent plus méritante pour le premier. Il assure un résultat lucratif au second par les combinaisons agréables de la forme, les agencements harmonieux de la couleur, les applications heureuses des découvertes de la science ; il lui évite les chances de perte en restant dans les conditions rationnelles de son industrie par le rejet de certains éléments d'ornementation hétéroclites ou dangereux, en le mettant à même de lutter victorieusement contre la concurrence étrangère par la création incessante de types plus séduisants, plus riches et plus économiques à la fois.

Donc, il faut que le dessinateur industriel connaisse à fond toutes les ressources, toute la théorie, toute la pratique de la spécialité qu'il exploite : orfévrerie, ébénisterie, ivoirerie, mécanique, bronzes, impressions, papiers peints, etc., et principalement pour les tissus, où il est enfermé dans le cercle immuable de la fabrication.

C'était tout naturellement la ville des arts par excellence qui avait doté le Palais de l'Industrie de l'exhibition la plus remarquable et la plus complète en dessins de fabrique. C'est qu'à Paris beaucoup de cabinets, d'ateliers consacrés à ce genre de travaux, sont devenus de véritables établissements commerciaux, dont quelques-uns font par an jusqu'à 250,000 fr. d'affaires ayant le goût pour toute matière première. Devant de pareils résultats, le Jury international, après avoir émis l'espérance de voir un jour le nom du dessinateur joint à celui du fabricant sur les produits de leurs talents réunis, a décerné à la CHAMBRE DE COMMERCE DE PARIS, représentant les ARTISTES INDUSTRIELS EN TISSUS, PAPIERS PEINTS, IMPRESSIONS, BRONZES, ORFÉVRERIE, BIJOUTERIE, ÉBÉNISTERIE, GRAVURE SUR BOIS de cette ville, la GRANDE MÉDAILLE D'HONNEUR.

M. AMÉDÉE COUDER, à Paris (France). Le premier il a fondé, dès 1830, un atelier-école dans lequel se traitent toutes les parties du dessin appliqué aux industries si diverses dont il est le moteur capital. Sa généreuse initiative a valu à la France ces nombreux établissements qui se sont formés à

l'instar du sien, et d'où sont sortis la plupart des dessinateurs distingués de l'art industriel. Médaille de première classe.

M. LAROCHE, à Paris (France). Il exposait un superbe album et des spécimens très-remarquables de ses travaux, qui consistent dans l'application de formes pratiques aux découvertes des chimistes ou des graveurs, et dans la création de genres nouveaux d'aspect et de dessin pour les fabricants. Il est aussi au premier rang comme *artiste en fantaisie*, spécialité toute parisienne qui n'emprunte rien à la gravure, à la couleur et à la main-d'œuvre, et qui doit tout à l'élégance et au bon goût. S. M. l'Empereur a fait M. Laroche, pour ses services comme dessinateur industriel, chevalier de la Légion-d'honneur; le Jury lui a décerné la Médaille de première classe.

MM. BERRUS Frères, à Paris (France). La maison Berrus, qui traite seulement les dessins et la mise en carte du châle cachemire français, occupe plus de cent personnes et fait par an de 235 à 250 mille francs d'affaires. Elle exposait une vingtaine de modèles, parmi lesquels un a été choisi par S. M. l'Impératrice et exécuté en châle pour elle par M. Diétry. Ce dessin, entre tous ses mérites, offrait au plus haut degré celui de l'harmonie des couleurs. Les autres types étaient destinés aux fabricants principaux de Lyon, Paris, Vienne en Autriche, et Paisley en Écosse.

Le Jury, pour récompenser la fécondité et l'activité incessantes de la maison Berrus, lui a décerné la Médaille de première classe. S. M. Napoléon III a créé M. Berrus aîné chevalier la Légion-d'honneur.

M. CHEBEAUX, à Paris (France). Dans son exposition, on remarquait le dessin du grand tapis de salon de Napoléon Ier, fabriqué par M. Sallandrouze de Lamornaix, et celui d'un grand panneau destiné au Palais impérial de Marseille. Il alimente en même temps les fabriques étrangères et les principaux établissements français de ses compositions ingénieuses ou novatrices, destinées à être reproduites par la tapisserie, l'ameublement, la soierie, les papiers peints, les impressions en étoffes de toutes sortes et de tous emplois, etc. Enfin, il est l'inventeur de l'imitation du cachemire broché, création importante s'adressant à des besoins moins luxueux que les autres spécialités, avec lesquelles M. J. Chebeaux lie annuellement d'importantes relations commerciales. Médaille de première classe.

M. F. HENRY, à Paris (France). C'est l'introducteur des ressources du pastel dans le dessin industriel, que la fabrication réussissait difficilement à traduire avec fidélité avant cette innovation. Son important atelier, où presque tous les grands fabricants d'Aubusson, d'Abbeville et les grands manufacturiers d'Alsace puisent les sujets de leurs tapis et de leurs impressions, est en outre une pépinière d'élèves distingués. Son grand tableau et sa magnifique collection de dessins variés portaient un cachet élevé d'ingéniosité, de goût et de bonne exécution. Médaille de première classe.

M. CHABAL DU SURGEY, à Paris (France). Il exposait les cartons d'un meuble composé de grands canapés, fauteuils, etc., exécuté par les Manufactures impériales des Gobelins et de Beauvais. Ces dessins représentaient l'invasion complète de l'art élevé dans l'art industriel; ce n'était plus des imitations conventionnelles de la nature, c'était des fleurs véritables en apparence, dont M. Chabal du Surgey avait semé, avec une gracieuse et énergique adresse, les modèles à reproduire par la tapisserie. Au reste, cet artiste n'en était pas à son premier essai. Déjà, à côté de M. Ingres, il avait entrepris avec grand succès la partie décorative de la salle dite *Louis III*; et une publication faite conjointement avec M. Braun, en servant de méthode dans toutes les écoles où la fleur est enseignée, établissait, en dehors de ses services à l'industrie, ceux rendus aussi aux élèves qui sont l'espoir du dessin industriel, par le compositeur en titre des Gobelins. Médaille de première classe.

M. AD. BRAUN, à Mulhouse (France). A côté de ses dessins remarquables à tous égards, cet habile

artiste exposait une nombreuse collection de fleurs photographiées d'après nature, sur clichés de verre, dont la destination s'expliquait par ses précédentes tentatives, si souvent couronnées de succès, pour doter l'industrie des tissus, robes, écharpes, etc., de formes inusitées, de charmantes richesses puisées dans l'imitation de la flore si intéressante et si simple à la fois de nos montagnes et de nos vallées. La série d'études de M. Braun, où il reste pourtant à indiquer les combinaisons les plus propres à l'application industrielle, n'en doit pas moins avoir d'importants résultats, et surtout pour la production presque quotidienne qui subit l'empire changeant de la mode. Quant à l'importance des opérations de ce dessinateur, un fait suffit pour en donner la mesure : il a fourni, durant une année, pour 50,000 fr. de dessins à la seule maison Montis de Glasgow. MÉDAILLE DE PREMIÈRE CLASSE.

M. LIÉNARD, à Paris (FRANCE). Toutes les variétés ingénieuses d'un beau talent se révélaient dans le dessin d'un frontispice qui était la pièce capitale de la magnifique exposition de cet éminent artiste. Au reste, les œuvres de M. LIÉNARD sont répandues et applicables partout, dans les monuments publics comme dans les maisons privées, et le bronze, la fonte de fer, l'ameublement doivent à son intelligence novatrice et féconde, à son exécution rapide et facile, leurs créations les plus originales, les plus riches, les mieux appropriées à leurs destinations diverses. Le Palais de l'Industrie offrait deux exemples frappants de cette vérité : la fontaine monumentale au milieu du transept, et une splendide grille d'un agencement parfait. Leur auteur, déjà tant de fois récompensé dans d'autres concours industriels, a reçu du Jury international la MÉDAILLE DE PREMIÈRE CLASSE.

M. A.-L.-M. CAVELIER, à Paris (FRANCE). Depuis le commencement du siècle, cet honorable artiste a consacré exclusivement à l'industrie le talent puisé par lui à des sources qui inspirent habituellement de plus ambitieuses mais moins utiles visées, aux études de l'École des Beaux-Arts, par exemple. Tour à tour les plus importants fabricants de bronze, de surtouts, de candélabres, de pendules, etc., se sont servis de ses dessins pour leurs productions les mieux réussies. Citons le berceau du roi de Rome de Denière et Odiot, et l'orgue des Tuileries d'Érard, entre mille conceptions dont son crayon a tracé ou complété l'ornementation délicieuse. Pendant au moins trente ans, M. CAVELIER a travaillé sans réclamer la lumière pour son mérite, mais aussi sans relâche, à enrichir presque toutes les industries de sujets et de formes empruntés aux plus pures réminiscences de l'art élevé. Vers 1834, époque où les expositions nationales se sont ouvertes aux artistes industriels, il s'est vu tirer forcément de sa trop modeste humilité. Enfin, à l'occasion de l'Exposition universelle, S. M. l'Empereur l'a fait chevalier de la Légion-d'honneur, et le Jury lui a décerné la MÉDAILLE DE PREMIÈRE CLASSE.

M. VALCHER, à Paris (FRANCE). Il exposait des dessins de théière, seau à glace, fontaine à thé, chandelier, etc., où son charmant crayon avait fondu, dans un parfait ensemble de composition, les formes heureuses, la grâce des détails et la finesse de l'exécution. Cet ancien élève de M. Victor Paillard prouvait de quelle puissante influence sont les études premières habilement dirigées, pour développer promptement les facultés nécessaires à l'application de l'art à la fabrication. MÉDAILLE DE PREMIÈRE CLASSE.

M. E. BRANDELY, à Paris (FRANCE). L'exposition de ce dessinateur hardi autant qu'habile montrait un charmant modèle d'ornementation pour piano, un dessin de tapis aussi heureux de formes que de couleurs, des types de panneaux de portes à exécuter en sculpture ou en marqueterie, etc. Une chose à remarquer, c'est que M. BRANDELY possède à fond la connaissance des diverses fabrications pour lesquelles il dessine; aussi dirige-t-il souvent lui-même les ouvriers qui exécutent ses brillantes conceptions. MÉDAILLE DE PREMIÈRE CLASSE.

M. J.-J. SAJOU, à Paris (FRANCE). Il a importé en France la tapisserie au crochet, que Berlin monopolisait jadis ; et non-seulement il a rendu cette ville tributaire à son tour de Paris, mais il est parvenu,

par le bon goût de ses compositions, à les faire rechercher dans tous les pays. Il fait annuellement pour plus de 400,000 francs d'affaires. MÉDAILLE DE PREMIÈRE CLASSE.

M. MARTIN RIESTER, à Paris (FRANCE). Il exposait de superbes dessins pour armes, etc. Mais son principal titre d'artiste fécond et distingué était un ouvrage dû à son crayon et à son burin, et d'une utilité hors ligne pour toutes les industries ayant besoin du concours du dessinateur. MÉDAILLE DE PRE- MIÈRE CLASSE.

M. AD. PARGUEZ, à Paris (FRANCE). Ses dessins variés pour tissus imprimés étaient des types d'en- tente supérieure de la fabrication, où l'intelligence de l'artiste s'éclairait encore de l'expérience d'une longue pratique ; aussi Vienne, Glasgow, Birmingham procurent-ils à M. PARGUEZ d'importantes affaires. MÉDAILLE DE PREMIÈRE CLASSE.

M. HENRY VICHY, à Paris (FRANCE). C'était à l'industrie des châles brochés et imprimés que s'a- dressaient les nombreux dessins de M. VICHY. Deux chiffres feront juger de sa réputation comme pro- fond connaisseur de la fabrication et compositeur pratique : son cabinet traite par an 130,000 francs d'affaires et occupe une moyenne de 60 employés. MÉDAILLE DE PREMIÈRE CLASSE.

M. CH.-E. CLERGET, à Paris (FRANCE). Les spécimens de son ouvrage d'ornements en couleurs le mettaient à la hauteur de celui déjà gravé et publié par lui à l'adresse des dessinateurs. Ces deux con- ceptions ont une utilité presque absolue pour diverses industries artistiques. MÉDAILLE DE PREMIÈRE CLASSE.

M. L. LEMAIRE, à Paris (FRANCE). Il a puisé à l'école d'Henry le charme de la composition et l'harmonie des couleurs, comme l'établissaient les deux cadres, ou plutôt les deux vrais tableaux de dessins de fleurs au pastel qu'il exposait. Presque autant que celles de son ancien maître Henry, ses productions sont en vogue chez les fabricants de papiers peints et de tissus. MÉDAILLE DE PREMIÈRE CLASSE.

M. AD.-CH. LEBLANC, à Paris (FRANCE). Il grave avec autant d'habileté qu'il dessine. Auprès de sa collection remarquable d'appareils divers relatifs aux machines, un tableau pour les démonstrations du cours du Conservatoire des Arts et Métiers était aussi d'un intérêt capital. MÉDAILLE DE PREMIÈRE CLASSE.

M. J. FOUCHÉ, à Paris (FRANCE). Les lavis de machines locomotives exposés par lui étaient d'une précision de détails qui n'avait d'égale en mérite que l'exécution de ses dessins pour papiers peints, d'un usage si pratique néanmoins. MÉDAILLE DE PREMIÈRE CLASSE.

M. LOUIS DUPASQUIER, à Lyon (FRANCE). La monographie de l'église de Brou, cette admirable et fidèle reproduction d'un intérêt aussi palpitant pour l'artiste que pour l'archéologue, était l'œuvre de M. DUPASQUIER, qui a rendu, en l'exécutant, un important service à l'art religieux. MÉDAILLE DE PREMIÈRE CLASSE.

M. DIGBY-WYATT, à Londres (ROYAUME-UNI). L'Angleterre était dignement représentée par cet éminent artiste pour les dessins industriels. La magnifique publication qu'il exposait contenait des modèles gravés et coloriés d'architecture, d'ameublements, de vases, d'instruments, etc., de toutes les époques, et capables de guider toutes les capacités pratiques. MÉDAILLE DE PREMIÈRE CLASSE.

M. STUMMER, à Vienne (AUTRICHE). Une collection d'une importance capitale pour l'enseignement public, composée de tableaux de dessins coloriés pour l'histoire des chemins de fer du Nord, avait été

exposée par M. Stemmer, et prouvait l'exécution hardie, complète, lucide de cet habile artiste. Médaille de première classe.

M. L. GLUER, à Berlin (Prusse). L'Allemagne, l'Angleterre et l'Italie recherchent les modèles de broderies dont M. Gluer exposait les spécimens, et qui ont surtout une haute réputation à Vienne (Autriche). Médaille de première classe.

Mme FLORE POLAK, à Bruxelles (Belgique). Ses dessins de dentelles pour robes, cols et mouchoirs étaient ce que l'Exposition offrait de plus charmant dans cette gracieuse spécialité. Médaille de deuxième classe.

M. HORTWITZ, à Hambourg (Villes Hanséatiques). Ce dessinateur pour tissus et pour meubles avait donné aux intéressantes productions qu'il exposait la consécration parisienne, car il était fixé à Paris à l'époque du grand concours universel. Médaille de deuxième classe.

M. FILIPO BALBI, à Rome (États pontificaux). Pour son curieux tableau représentant une tête anatomique formée de corps humains : Médaille de deuxième classe.

PINCEAUX A PEINDRE, BROSSES, ETC.

Mme veuve H. FILLION, à Paris (France). Son exposition très-variée de brosses à peindre et de pinceaux se distinguait par l'excellence de la confection et la qualité supérieure des soies. L'importance toujours croissante de sa clientèle prouve les progrès que Mme Fillion fait faire à son industrie. Médaille de première classe.

M. BEIS BARTH, à Munich (Bavière). Il exposait des produits du même genre que ceux de Mme Fillion et d'aussi bonne qualité ; sa maison est l'une des plus importantes de l'Allemagne dans sa spécialité. Médaille de première classe.

M. L.-AMB. GARNERAY, à Paris (France). Les toiles préparées par lui résolvaient le problème, si important pour la peinture, du rapprochement des craquelures. Médaille de deuxième classe.

LITHOGRAPHIE.

M. LEMERCIER, a Paris (France).

Bien des noms français doivent être cités en première ligne lorsqu'il s'agit de lithographie, car notre pays a pris une large part dans le développement général de cette invention allemande. Mais celui qui se présente sans trève toutes les fois qu'on signale une nouvelle amélioration de l'art de Senefelder, celui qui se lie intimement et immanquablement à chacune de ses évolutions progressives, c'est le nom de M. Lemercier.

On peut dire que, dans la rapide ascension de la lithographie vers son apogée, les perfectionnements de cet infatigable novateur ont été autant d'échelons aussitôt franchis, après lui, par tout ce que la France et l'étranger comptent de maîtres distingués ou d'adeptes intelligents dans la spécialité. Depuis plus de vingt ans, au reste, tous ses succès ont eu une importance telle, qu'ils lui ont valu de hautes récompenses. Son procédé conservateur des dessins sur pierre est devenu d'un emploi universel, tant il était incontestablement supérieur à tous les autres. Les retouches des pierres, les changements partiels des dessins, l'imitation de l'aquarelle et de l'estompe, le lavis en noir et en couleur, sont des opérations

portées dans ses ateliers à une perfection presque absolue. Sa préparation nouvelle du papier auto-lithographique a permis aux peintres et dessinateurs de tracer directement sur papier leurs œuvres, qui ne perdent plus ainsi de leur pureté par la reproduction sur pierre.

La photographie a ouvert ensuite un champ inexploré aux recherches de M. Lemercier, recherches commencées avec MM. Barreswil, Lerebours et Davannes, qui, les premiers, ont compris tout le parti qu'on pouvait tirer des découvertes de Niepce appliquées à la lithographie. Les épreuves soumises à l'examen du Jury de l'Exposition universelle, et provenant de cette association de savants émérites, avaient été appelées par eux *litho-photographies*. M. Louis Forster, l'honorable rapporteur et président de la XXVI° Classe, au compte-rendu duquel sont empruntés presque tous ces détails, ajoute : « M. Lemercier a continué ses essais seul ; aujourd'hui il n'y a plus de doute quant à l'avenir réservé à cette invention. C'est donc une perspective inconnue jusque-là qui s'offre à la reproduction directe et immédiate des objets par la lithographie, tandis que M. Niepce de Saint-Victor fait des efforts vers le même but par la gravure en taille-douce. »

Nous ne saurions trop le répéter, malgré son origine purement tudesque, la lithographie doit à l'ardeur pour le progrès, au goût pour tous les arts, à l'habileté pratique de notre nation, l'importance européenne qui lui est acquise désormais ; mais aussi il faut reconnaître que, sans M. Lemercier, elle ne se serait pas si instantanément francisée et popularisée. Pour confirmer la justesse de cette appréciation, il suffit de se rappeler que l'homme dont les travaux brillaient le plus, au milieu de tant de belles œuvres du même genre qu'on a admirées au grand concours de 1855, c'était toujours M. Lemercier.

En somme, l'établissement de cet imprimeur lithographe jouit d'une renommée sans égale. Il occupe jusqu'à deux cents ouvriers. Il a plus de cent presses en activité continuelle. Enfin ses affaires sont considérables.

Voilà déjà bien des titres à une distinction hors ligne pour le Jury de la XXVI° Classe. Mais ce qui a surtout dicté son équitable arrêt, ce sont les innovations apportées dans un art qui appartient en propre à notre temps, qui en exprime toutes les tendances, qui doit multiplier enfin certaines productions magistrales de la pensée humaine d'une façon économique, de manière à les mettre à la portée du plus grand nombre. Aussi, M. Lemercier, pour les puissantes ressources dont il a doté la lithographie, pour la supériorité de ses impressions et l'importance de sa maison, a reçu la Médaille d'honneur.

MM. JACOMME et DUFAT, à Paris (France), pour leurs splendides lithographies artistiques, ont obtenu la Médaille de première classe.

M. BERTAULT, à Paris (France). Pour ses remarquables travaux au crayon : Même récompense.

M. EDM. BRY, à Paris (France). Particulièrement pour ses superbes produits à l'estompe : Même récompense.

M. HAUGARD-MAUGÉ, à Paris (France). Pour ses impressions en lithochromie, d'une finesse sans égale, surtout celles ayant rapport à l'architecture : Même récompense.

MM. ENGELMANN et GRAFF, à Paris (France). Pour leurs objets si variés en lithochromie sur papier et sur verre (leur admirable exemplaire, tiré sur peau de vélin, des statuts de l'ordre du Saint-Esprit, méritait aussi d'être signalé comme une pièce hors ligne même dans leur belle exposition) : Même récompense.

M. EM. SIMON, à Strasbourg (France). Pour la diversité et la perfection de ses lithographies, qui le mettaient au premier rang dans sa spécialité : Même récompense. — En outre, comme M. Simon a donné en Alsace une impulsion si vigoureuse à la lithographie qu'elle s'en est trouvée pour ainsi dire régénérée, Sa Majesté Napoléon III l'a nommé chevalier de la Légion d'honneur.

M. BARBAT, à Châlons-sur-Marne (France). Pour sa belle lithochromie et ses reports typographiques sur pierre d'une perfection irréprochable : Médaille de première classe.

MM. DUPUY et Cⁱᵉ, à Paris (France). Pour leurs parfaits *fac-simile* d'aquarelles en chromolithographie : Médaille de première classe.

M. CARLES, à Paris (France). Pour ses dessins linéaires et ses écritures commerciales sur pierre, qui lui ont valu une réputation spéciale : Médaille de première classe.

M. KAEPPELIN, a Paris (France).

Les belles impressions en litho-chalcotypie et les cartes géographiques de M. Kaeppelin avaient particulièrement attiré l'attention du Jury de la XXVIᵉ Classe, qui les a déclarées dignes d'ajouter encore à la réputation si honorablement établie de cet imprimeur-lithographe.

Depuis la découverte de l'art de Senefelder, le moyen de raviver les anciennes impressions, pour pouvoir reproduire la gravure à l'aide de la lithographie, était resté un problème auquel de nombreux chercheurs n'avaient trouvé que des solutions incomplètes.

Pourtant, dès l'année 1842, M. Kaeppelin obtenait dans ce genre des résultats assez satisfaisants, car la Société d'Encouragement pour l'industrie nationale l'en récompensait par le vote d'une médaille d'argent. Mais la réussite s'arrêtait alors à la reproduction des épreuves anciennes de typographie et de gravure sur bois : celle des gravures en taille-douce était toujours considérée comme offrant des difficultés invincibles.

Malgré cette opinion accréditée auprès de la majorité des hommes compétents, M. Kaeppelin n'en persévéra pas moins dans ses études de prédilection, et son envoi à l'Exposition universelle est venu prouver que ses recherches obstinées avaient eu enfin le succès complet pour couronnement.

Il présentait des spécimens très-intéressants de son nouveau procédé reproducteur, appelé par lui *pantypie*, sans doute pour exprimer que tout type peut être retracé par la lithographie ; et comme, à l'époque du grand concours industriel de 1855, les ressources offertes à nos chefs d'armée constituaient une question d'intérêt public, il avait appliqué sa découverte à la reproduction des cartes géographiques. Grâce à ce procédé spécial, on obtient à l'instant même autant de copies d'une carte étrangère que le service militaire en réclame, n'aurait-on qu'un seul exemplaire original.

Une carte des environs de Rome, imprimée et publiée à Berlin, tombée par hasard entre les mains de M. Kaeppelin, reproduite et exposée par lui, montrait, dans des épreuves d'une exactitude parfaite, la valeur d'une invention qui lui a valu les bienveillants encouragements de divers officiers supérieurs, et l'expression de la satisfaction d'un auguste personnage.

Au reste, ce novateur imprime avec un égal bonheur presque tous les genres de lithographie. A l'exposition de 1850, il se signalait déjà par ses grands progrès dans les reports de gravure sur pierre. C'est ici le cas de rappeler ses fonds damassés pour coupons d'action, produits du report d'une planche d'acier gravée au tour à guillocher, dont les traits, presque imperceptibles à l'œil nu, faisaient de la feuille imprimée un véritable chef-d'œuvre ; ainsi que sa carte topographique de l'arrondissement de Meaux, ayant 118 sur 86 centimètres de gravure, obtenue d'un seul tirage par le report sur pierre de six planches en cuivre provenant de la collection de la carte de France, opération effectuée avec tant de précision que l'examen le plus minutieux ne réussissait pas à découvrir les points de repère.

De plus, M. Kaeppelin est parvenu à faire des additions sur des cartes géographiques, telles que lignes de chemins de fer, etc., sans être astreint, comme autrefois, à des grattages longs et dispendieux, qui ne donnaient en définitive qu'un ouvrage imparfait.

Mais le titre capital de cet honorable imprimeur-lithographe à la médaille d'or obtenue par lui en

1849, ce fut l'économie qu'il procura à l'État lors de l'impression de la carte de France. La gravure sur cuivre de cette carte, qui est établie par zone, revenait en moyenne à 12.000 francs pour chaque planche. Si l'assemblage de ces zones en départements avait dû se faire sur le même métal, l'État aurait dépensé pour cet objet plus de 2 millions, tandis que, par les intelligents efforts de M. KAEPPELIN, la carte de trente de nos départements, tirée à 350 exemplaires, n'a coûté que 60,000 francs environ.

Il n'est pas douteux que si le Jury de la XXVIᵉ Classe avait pu faire entrer en ligne de compte le passé et le présent de M. KAEPPELIN, ce dernier aurait reçu une plus haute distinction que la MÉDAILLE DE PREMIÈRE CLASSE.

M. ERHARD SCHIEBLE, à Paris (FRANCE). Pour sa gravure sur pierre de cartes géographiques, avec expression de terrain, spécialité où il excelle : Même récompense.

MM. AVRIL FRÈRES, à Paris (FRANCE). Pour leurs plans et cartes géographiques d'une exécution parfaite : Même récompense.

MM. G. REIFFENSTEIN ET ROESCH, à Vienne (AUTRICHE). Ils ont acquis l'un des plus renommés établissements lithographiques d'Allemagne, celui de M. Rauch, et ils ont maintenu à ses impressions artistiques en tous genres leur réputation d'excellence et de perfection. MÉDAILLE DE PREMIÈRE CLASSE.

M. ÉDOUARD SIÉGER, à Vienne (AUTRICHE). Son important établissement se recommande par la beauté autant que par la variété de ses objets lithographiés pour le commerce. MÉDAILLE DE PREMIÈRE CLASSE.

MM. DAY ET FILS, à Londres (ROYAUME-UNI). Les travaux de ces éminents lithographes pouvaient seuls disputer à ceux des principaux producteurs français la suprématie dans leur art. Leurs épreuves d'un format presque gigantesque, en noir et en couleur, étaient surtout admirables. MÉDAILLE DE PREMIÈRE CLASSE.

M. V. BROOKS, à Londres (ROYAUME-UNI). Parmi les très-bonnes impressions qu'il exposait, ses chromo-lithographies, imitant l'aquarelle à s'y méprendre, méritent particulièrement d'être rappelées. MÉDAILLE DE PREMIÈRE CLASSE.

M. G. BAXTER, à Londres (ROYAUME-UNI). Ses reports typographiques excitaient l'intérêt compétent, déjà éveillé par ses belles impressions lithographiques. MÉDAILLE DE PREMIÈRE CLASSE.

MM. M. ET N. HANHART, à Londres (ROYAUME-UNI). Leurs superbes reproductions en impressions lithochromiques étaient l'objet de l'attention et de l'approbation de tous les connaisseurs à l'Exposition universelle. MÉDAILLE DE PREMIÈRE CLASSE.

MM. WINCKELMANN ET FILS, à Berlin (PRUSSE). Déjà tout à fait hors ligne comme lithographes, leur exposition d'impressions en noir et en chromo-lithographie ajoutait encore à leur juste renommée. MÉDAILLE DE PREMIÈRE CLASSE.

MM. STORCH ET KRAMER, à Berlin (PRUSSE). Leurs excellentes lithochromies se distinguaient entre tous les produits similaires envoyés par la Prusse. MÉDAILLE DE PREMIÈRE CLASSE.

MM. DOYEN FRÈRES, à Turin (ÉTATS-SARDES). Pour leurs impressions lithographiques variées autant que belles : Même récompense.

M. CH. SCHMAUTZ, à Paris (FRANCE). Pour l'excellence de ses pierres lithographiques, ses presses, ses rouleaux, etc., puissants accessoires contribuant en première ligne à la supériorité de la lithographie française : Même récompense.

PHOTOGRAPHIE.

M. BENJAMIN DELESSERT, a Paris (France).

M. BENJAMIN DELESSERT a été mis hors de concours comme membre du Jury. Nul doute que, sans cette circonstance, les superbes et peu coûteux fac-simile des estampes de Marc-Antoine Raimondi et sa belle planche héliographique d'après Albert Durer ne lui eussent valu une haute récompense.

M. NIEPCE DE SAINT-VICTOR, a Paris (France).

Si la belle découverte de Daguerre, de Talbot et de Nicéphore Niepce commence à sortir du domaine de la science purement spéculative, si elle se range de plus en plus parmi les arts nouveaux d'une application universelle et d'une pratique facile, c'est en grande partie à M. NIEPCE DE SAINT-VICTOR qu'en revient l'honneur ; c'est aussi à lui qu'appartient la première place après les inventeurs dont les recherches parallèles aux siennes ont obtenu les premières, peut-être par un heureux hasard, ces curieux résultats baptisés des noms de daguerréotype, de photographie et de talbotypie.

Pour prouver les précédentes affirmations, il suffit d'indiquer sommairement les principaux travaux de ce généreux et modeste savant, qui, renonçant à leurs profits dès qu'ils étaient couronnés de succès, les a toujours mis à la portée et à la disposition de tous.

En 1822, M. NIEPCE DE SAINT-VICTOR découvre et livre gratuitement au Gouvernement, pour lui économiser une dépense de plus de 100,000 francs, un procédé pour transformer la couleur et teindre, sans le découdre, une partie de l'uniforme des dragons.

En 1827, il présente à l'Académie des sciences un premier mémoire sur l'action des vapeurs, où étaient indiqués les moyens de reproduire, par la vapeur d'iode, les images gravées, dessinées ou imprimées. Puis deux autres mémoires viennent, dans la même année, établir sa découverte de la photographie sur glace, au moyen d'une couche d'amidon ou d'albumine. Plus tard, s'aidant des recherches de M. Edmond Becquerel, il parvient à reproduire toutes les couleurs des objets sur la plaque argentée placée dans la chambre noire ; pourtant, à l'époque de l'Exposition universelle, la fixation restait encore à obtenir pour résoudre complétement le problème de l'héliochromie.

Enfin, il trouve l'héliographie ou gravure par la lumière, le plus important, le plus curieux de ses procédés, le plus utile et le plus fécond, en ce qu'il dégage la photographie des doutes d'instabilité qui tendaient justement à la discréditer. En effet, M. NIEPCE DE SAINT-VICTOR remplace dans son nouveau système les épreuves photographiques ordinaires, qu'altère plus ou moins l'action du jour, par des épreuves imprimées à l'encre sur des planches d'acier gravées dans la chambre noire, épreuves devenues ainsi indélébiles.

Le Jury international, « pour ses travaux qui ont puissamment contribué au développement et au progrès de la photographie, et pour la libéralité avec laquelle il a divulgué et publié ses importantes découvertes, » a décerné à M. NIEPCE DE SAINT-VICTOR la GRANDE MÉDAILLE D'HONNEUR.

M. LEGRAY, à Paris (France). Il s'est voué à la photographie dès son origine. Cet art lui doit un de ses plus heureux progrès : l'invention et la vulgarisation du procédé du papier négatif ciré. Son exposition, composée de portraits savamment éclairés, de monuments, de paysages, de reproductions de dessins et bas-reliefs, le montrait également expert dans toutes les spécialités photographiques. MÉDAILLE DE PREMIÈRE CLASSE.

MM. BISSON FRÈRES, à Paris (France). Leur vaste établissement résume toutes les branches de la

photographie exploitées avec un égal succès. Ils reproduisent en *fac-simile* les estampes des grands maîtres, tels que Rembrandt et Albert Durer, les chefs-d'œuvre de la statuaire antique de la grandeur même des originaux; ils offrent ainsi aux artistes et aux écoles de dessin d'excellents modèles à bon marché. Ils tirent, en outre, des épreuves de types et de dessins de fabriques pour les industriels.

Parmi les pièces colossales exposées par MM. Bisson frères et prises sur verre collodionné d'un seul morceau, le panorama, de plus d'un mètre de superficie, de l'Oberland bernois, établissait toute la dextérité, toute la science de ces praticiens d'élite, et l'application facile de leurs procédés dans les localités les plus froides et les plus sauvages. Médaille de première classe.

M. BALDUS, à Paris (France). Digne concurrent de MM. Bisson frères, cet éminent photographe arrive à des résultats aussi remarquables, par un système tout différent, celui du papier préparé à la gélatine. Le ton qu'il obtient ainsi est peut-être plus agréable, plus solide que le ton des épreuves des praticiens précités. Son œuvre magistrale, le Lac, avait 1 mètr. 30 c. de longueur, son négatif se composait de trois clichés habilement rapportés. M. Baldus exposait d'autres ouvrages capitaux et des gravures héliographiques obtenues d'après Lepautre, par les procédés de M. Niepce de Saint-Victor, procédés qui permettaient à peine de distinguer les originaux des copies. Médaille de première classe.

M. LE SECQ, à Paris (France). Il exposait les spécimens nombreux de la statuaire gothique, précieux pour les études des architectes et des ornemanistes; des épreuves de tableaux de l'école française, parmi lesquelles une charmante tête de femme, d'après Latour, montrait combien le pastel se prête à la reproduction photographique : enfin des copies de monuments religieux poussées au degré suprême de perfection. Le porche de la cathédrale de Chartres, entre autres, était un véritable chef-d'œuvre. Les plus petits grains de la pierre s'y trouvaient rendus sans la moindre dureté. Qu'il opère sur papier sec ou humide, M. Le Secq exécute toujours admirablement ses travaux. Médaille de première classe.

M. PIOT, à Paris (France). Voyageur intrépide, il a photographié sur papier sec pour ses négatifs, par l'acide gallique pour ses positifs, les monuments antiques de la Sicile, de la Grande-Grèce, de la Grèce et du midi de la France, ainsi que les édifices remarquables du moyen âge en Italie. Ces vues, prises avec autant de goût que de discernement, mettent littéralement sous la main des artistes les chefs-d'œuvre de l'architecture de toutes les époques et de tous les pays. C'est donc un véritable service rendu à l'art que représentait la collection exposée par M. Piot. Médaille de première classe.

M. ROBERSTON, à Londres (Royaume-Uni). Ses vues de Constantinople et d'Athènes, prises sur glace et déjà remarquables d'exécution, offraient de plus une particularité fort intéressante : elles étaient animées de personnages servant à bien fixer les proportions des édifices. Médaille de première classe.

M. LORENT, à Venise (Autriche). Pour ses vues de Venise, d'une vaste dimension, prises sur papier et admirablement réussies : Médaille de première classe.

M. MICHIELS, à Cologne (Prusse). Pour son habile reproduction de la cathédrale de Cologne, en planches grandes et bien prises, quoique d'un prix modéré : Médaille de première classe.

M. MARTENS, à Paris (France). Il a triomphé de la sécheresse et de la dureté de contraste résultant du procédé sur glace albuminée, employé pour rendre les paysages. Ses nombreuses vues de Suisse prises d'après ce système prouvaient sans réplique sa complète réussite par leur suave perfection. Médaille de première classe.

M. LE COMTE AGUADO, à Paris (France). Ses vues de forêts, par la présence de personnages et d'animaux, avaient non-seulement l'animation qui manque aux photographies, mais encore elles montraient parfaitement réussi ce que les paysages de ce genre rendent presque toujours imparfaitement :

tous les détails de la verdure et du feuillage. Auprès de ces épreuves sur collodion, les reproductions de gravures sur verre albuminé de M. AGUADO offraient un mérite aussi capital, car les traits de burin pouvaient littéralement y être comptés. MÉDAILLE DE PREMIÈRE CLASSE.

M. HEILMANN, à Pau (FRANCE). Ses photographies sur collodion de vues des Pyrénées et du pays de Bade avaient la finesse de détails, la vérité de perspective, les effets de transparence qui distinguent les produits de l'école anglaise. MÉDAILLE DE PREMIÈRE CLASSE.

M. ROGER-FENTON, à Londres (ROYAUME-UNI). Secrétaire de la Société photographique de Londres, il exposait une foule de paysages dont les teintes étaient dégradées avec une vérité introuvable dans la plupart des vues photographiques de ce genre, où les plans de terrain semblent arrangés facticement comme des décorations de théâtre. Des épreuves instantanées de la flotte de l'amiral Napier quittant Portsmouth, faisaient voir aussi l'excellent parti que M. FENTON a su tirer du procédé sur collodion. Enfin il possède trois cents clichés de vues prises devant Sébastopol, qu'il n'a malheureusement pas exposés, car ils auraient établi l'utilité première de la photographie pour relever exactement une place ou un pays au profit des opérations militaires. MÉDAILLE DE PREMIÈRE CLASSE.

M. MAXWELL-LYTE, à Londres (ROYAUME-UNI). Ses vues des Pyrénées, et principalement celle du village de Gavarnie, avec des effets de neige d'une grande difficulté d'exécution, étaient d'une finesse, d'un pittoresque élevant au plus haut degré la belle réputation de l'école anglaise. Il emploie la glace collodionnée et sensibilisée, qu'au moyen d'un lavage à l'eau mieillée il conserve ainsi quelquefois vingt jours avant de s'en servir. Ce nouveau procédé ouvre un avenir large et plein de commodités jusqu'alors inconnues à la photographie sur collodion. MÉDAILLE DE PREMIÈRE CLASSE.

M. LLEWELYNN, à Londres (ROYAUME-UNI). Ses paysages, ses vues de Bristol et de Pentlegawe, pris sur collodion, étaient de frappants exemples de l'art tout particulier des photographes anglais pour bien choisir et convenablement disposer la lumière éclairant leurs épreuves. MÉDAILLE DE PREMIÈRE CLASSE.

M. HENRY WHITE, à Londres (ROYAUME-UNI). Ses études de forêts et de moissons, son *Cottage*, délicieux épisode de la vie de campagne en Angleterre, enfin toutes ses œuvres champêtres sur collodion, montraient le moelleux des effets de verdure, la transparence de l'air, la vigueur des détails de feuillage, rendus avec la vérité même de la nature. MÉDAILLE DE PREMIÈRE CLASSE.

M. SHERLOCH, à Londres (ROYAUME-UNI). Les vues de images, les scènes de campagne animées de personnages de cet artiste, étaient de véritables petits tableaux de genre, pittoresques et charmants de composition, habilement disposés comme effets de lumière; le *Vieillard lisant* mérite surtout d'être rappelé. MÉDAILLE DE PREMIÈRE CLASSE.

M. NÈGRE, à Paris (FRANCE). Ses groupes pris instantanément, ses joueurs de cornemuse entre autres, prouvaient un goût vraiment artistique. Mais ce qui distinguait surtout son exposition, c'était ses belles gravures héliographiques d'après le procédé de M. Niepce de Saint-Victor : la plus grande, le portail de *Saint-Trophime* d'Arles, placée à côté de l'épreuve photographique, produisait un effet presque aussi frappant. MÉDAILLE DE PREMIÈRE CLASSE.

MM. ÉVRARD BLANQUART et H. FOCKEDEY, à Lille (FRANCE). Ils exposaient des albums renfermant les épreuves de publications photographiques dont ils ont tiré les positifs. Leur procédé, dans lequel ils emploient l'iodure d'argent pour préparer le papier, et l'acide gallique pour développer l'image, permet d'obtenir des épreuves presque instantanément par les temps les plus sombres. Aussi livrent-ils leurs produits à des prix tellement modérés et avec une rapidité si grande, que, les premiers, ils ont pu entreprendre avec succès la publication des grands ouvrages d'art ou de voyage. C'est là un véritable

service rendu au public, aux savants et aux photographes, mais qui demande pour être complet une amélioration dans les tirages, d'un ton généralement blafard, uniforme et désagréable à l'œil. MÉDAILLE DE PREMIÈRE CLASSE.

M. LE COMTE DE MONTEZON, à Londres (ROYAUME-UNI). Ses planches instantanées sur collodion, d'après des animaux vivants, indiquaient le merveilleux parti que la zoologie pourrait tirer de la photographie. Ses reproductions d'un tigre et d'un vautour montraient des spécimens du règne animal pris sur le fait même de l'existence. MÉDAILLE DE PREMIÈRE CLASSE.

M. C. HUIRSTON THOMPSON, à Londres (ROYAUME UNI). Il exposait des *fac-simile* de dessins à la plume et de dessins lavés de Raphaël, tellement parfaits qu'ils semblaient être l'œuvre originale elle-même. Ces copies, dues à la noble initiative du prince Albert, établissaient la supériorité incontestable du procédé photographique sur la chalcographie pour la reproduction parfaite et à bon marché de ce genre de chefs-d'œuvre. M. THOMPSON avait envoyé aussi de magnifiques épreuves d'après d'anciens meubles, des armes du moyen âge, etc., d'une utilité aussi neuve qu'incontestable pour le développement du bon goût dans les arts. MÉDAILLE DE PREMIÈRE CLASSE.

MM. BINGHAM ET WARREN THOMPSON, à Paris (FRANCE). Leurs portraits étaient excellents, lumineux, vivants en un mot. Chez eux point de sacrifices au mauvais goût du public. Leurs négatifs sont faits sur collodion, ils opèrent aussi d'une façon hors ligne sur plaque daguerrienne. Une de leurs productions les plus curieuses consistait en personnages de grandeur naturelle obtenus sur verre collodionné. MÉDAILLE DE PREMIÈRE CLASSE.

MM. MAYER FRÈRES ET PIERSON, à Paris (FRANCE). L'important établissement de ces photographes produit le portrait avec ou sans retouche. Dans la première catégorie, plusieurs types coloriés décelaient un certain talent de miniaturiste, assez mal employé, du reste, au profit d'un genre bâtard. Dans la spécialité du portrait sans retouche, quelques produits de MM. MAYER ET PIERSON pouvaient se classer parmi les meilleures œuvres exposées. MÉDAILLE DE PREMIÈRE CLASSE.

MM. DISDÉRI ET Cᵉ, à Paris (FRANCE). Des portraits sur verre collodionné positif représentaient une innovation de MM. DISDÉRI ET Cᵉ, fort remarquable comme finesse des détails, mais, vu le fond noir, assez sombre comme aspect général. En photographie, ils avaient exposé le portrait en pied d'un Espagnol, un groupe de cinq personnes, et des scènes instantanées d'une exécution parfaite. Ils reproduisent aussi les modèles pour les fabricants et les tableaux pour les artistes. MÉDAILLE DE PREMIÈRE CLASSE.

MM. TOURNACHON, NADAR JEUNE ET Cᵉ, à Paris (FRANCE). Leurs superbes portraits décelaient un goût véritablement artistique, et leurs reproductions spontanées d'animaux vivants pouvaient servir de types pour étudier l'histoire naturelle; aussi leur établissement faisait-il, à l'époque de l'Exposition universelle, d'importantes affaires. Depuis lors, les frères Tournachon se sont séparés, et chacun d'eux a pris la direction d'une maison de photographie. — Celle de M. TOURNACHON aîné, connue sous le nom de maison NADAR, et dont la spécialité est le portrait, est parvenue à ne pas avoir de rivale; son atelier est un musée d'illustrations et de célébrités; les portraits de nos plus éminents contemporains y figurent; et c'est là, croyons-nous, le plus bel hommage rendu au talent d'un artiste. MÉDAILLE DE PREMIÈRE CLASSE.

M. FR. HANFSTÆNGL, à Munich (BAVIÈRE). Son exposition était l'une des plus parfaites du genre; ses portraits sur verre collodionné brillaient par l'harmonie de la lumière et la simplicité de l'expression, qualités obtenues grâce aux soins intelligents de l'opérateur pour faire poser ses modèles. Ses épreuves positives avaient aussi le ton le plus heureux. MÉDAILLE DE PREMIÈRE CLASSE.

M. BAYARD, à Paris (FRANCE). Ses épreuves sur verre albuminé et celles sur papier étaient dignes de l'artiste qui peut revendiquer à l'Anglais Talbot la partie la plus importante de l'invention de la photographie sur papier, de celui à qui la photographie sur verre doit presque en totalité sa perfection actuelle. MÉDAILLE DE PREMIÈRE CLASSE.

M. CLAUDET, à Londres (ROYAUME UNI). Ce praticien français a importé le daguerréotype en Angleterre, où il a lutté victorieusement contre la concurrence du talbotype. Divers instruments des plus utiles à son art ont été combinés par lui, notamment le miroir pour redresser sur la plaque l'image que l'objectif reproduit renversée, et le dynamomètre pour indiquer à l'opérateur le temps précis que nécessitera la pose. Il a poussé jusqu'à la perfection la fabrication des stéréoscopes, et son établissement fort important est justement renommé pour la beauté de ses produits. MÉDAILLE DE PREMIÈRE CLASSE.

M. KOCK, à Paris (FRANCE), pour son pied d'atelier, facile et solide à manœuvrer, et pour sa chambre noire, d'un nouveau système, commode pour les voyages, a obtenu la MÉDAILLE DE DEUXIÈME CLASSE.

M. VAILLAT, A PARIS (FRANCE).

« C'est surtout dans la fabrication des portraits », dit M. Benjamin Delessert, rapporteur du Jury de la XXVIe classe, « que la photographie est devenue une industrie importante. Tel atelier à Paris vend pour plusieurs centaines de mille francs par an, et on cite une maison qui dans un mois a fabriqué pour 50,000 fr. Malheureusement le bon goût ne préside pas toujours à cette industrie. A côté de portraits disposés avec art, éclairés avec intelligence, le Jury a remarqué un plus grand nombre de productions médiocres. »

En effet, la photographie, dans ces derniers temps, a si bien perfectionné le portrait, qu'on lui en demande sans cesse la reproduction. On délaisse l'art de Van Dick pour l'art de Daguerre. Mais combien peu de photographes exécutant le portrait ont le sentiment de la pose à indiquer à leur modèle! de là cette multitude de caricatures que signale avec raison M. le rapporteur du Jury. M. VAILLAT est un des habiles artistes qui savent le mieux tirer parti des ressources de l'invention moderne.

Il présentait au concours international des productions héliographiques où l'on devine l'esprit sous la lettre, rendu sans effort. L'harmonie s'y mêle à la mélodie, si l'on peut s'exprimer ainsi, parce que M. VAILLAT sait demander et indiquer les poses les plus favorables, parce qu'il a le secret de telle ou telle expression qui transfigure une vérité, sans que la vérité quitte son piédestal, son maintien, son allure, son accent.

En cherchant à étudier les collections de tous les photographes exposants, le Jury a dû passer outre sur une foule d'exécutions médiocres; mais les cadres de M. VAILLAT ont attiré l'attention et la louange. Ce sont surtout ses portraits de grande dimension qu'on remarquait, et dont l'extrême finesse était un des attraits les plus particuliers.

M. VAILLAT exposait aussi quelques portraits sur papier, autour desquels les juges ont groupé leurs éloges.

M. VAILLAT, d'ailleurs, ne débutait pas dans la carrière des récompenses. A l'Exposition de 1844 il obtenait une mention honorable; à celle de 1849 on lui décernait une médaille de bronze. Le Jury de l'Exposition universelle de 1855 lui a accordé une MÉDAILLE DE DEUXIÈME CLASSE.

MOULAGE ET ESTAMPAGE.

M. MALOISEL, à Paris (FRANCE). Professeur de tour à l'Institut impérial des sourds-muets, et frappé lui-même de cette double infirmité, il a inventé une machine, dite ciseau à sculpter au tour, qui repro-

duit également bien les groupes de plusieurs figures, les meubles et les sculptures à jour. Un Christ et un chapiteau en bois, une tête de Christ en marbre, des pommes de canne en ivoire, etc., supérieurement ébauchés par l'admirable outil de M. MALUISEL, ont valu à cet inventeur, savoir : du Jury international, la MÉDAILLE DE PREMIÈRE CLASSE, et de la munificence impériale, une rente annuelle et viagère de 300 francs.

M. BLANCHARD, à Boston (ÉTATS-UNIS). La machine à réduire la sculpture, le bas-relief, les médailles ou la ronde-bosse de cet inventeur, d'origine française, joignait, à la pureté d'exécution sur toutes matières, une vitesse qui lui permettait de livrer pour 4 fr. les objets que d'autres machines similaires ne peuvent livrer à moins de 12 fr. M. BLANCHARD est de plus l'auteur d'un mécanisme pour courber les bois de marine, qui sert aussi, dans des dimensions réduites, à produire d'excellents bois de chaises. MÉDAILLE DE PREMIÈRE CLASSE.

MM. SAUVAGE FILS ET CAFFORT, à Paris (FRANCE). Ils ont perfectionné la machine à amplifications et à réductions de Sauvage père, dont l'Exposition universelle montrait le double et parfait résultat dans une mignonne et dans une colossale reproduction de la Vénus de Milo ; ils lui ont donné, sur les instruments de même nature, l'avantage d'opérer des coupes moins nombreuses dans le modèle. MÉDAILLE DE PREMIÈRE CLASSE.

M. LEBLOND, à Paris (FRANCE). Ses mannequins avaient la souplesse et la réalité des mouvements de la nature. C'est là une invention des plus indispensables pour les peintres et les sculpteurs, afin de remplacer le modèle vivant. MÉDAILLE DE PREMIÈRE CLASSE.

M. NOREST, à Paris (FRANCE). Cet habile sculpteur, natif de Dieppe, où s'est longtemps concentrée la fabrication des articles en ivoire, exposait des crucifix et des statuettes de cette matière, dignes, par leur exécution artistique et supérieure à toute autre, de figurer au Palais des Beaux-Arts. MÉDAILLE DE PREMIÈRE CLASSE.

MM. MOREAU PÈRE ET FILS, à Paris (FRANCE). Leur coffret d'ivoire était riche de détails, soigné d'exécution, et fort ingénieux comme construction. MÉDAILLE DE PREMIÈRE CLASSE.

M. RIETMANN, à Saint Gall (CONFÉDÉRATION HELVÉTIQUE). Ses petits hauts-reliefs, ses chalets suisses en ivoire, décelaient un goût délicat et une très-grande légèreté de main. MÉDAILLE DE PREMIÈRE CLASSE.

M. SOREL, à Paris (FRANCE). Son ciment métallique sert aux constructions, à la peinture, et surtout pour les reproductions artistiques, aux moulages desquelles le rend très-propre son extrême solidité. MÉDAILLE DE PREMIÈRE CLASSE.

M. LECAVELIER, à Caen (FRANCE). Il exposait un cadre de médailles antiques, reproduites avec une fidélité scrupuleuse en or, en argent et en bronze. Le prix modique de ces pièces établissait leur grande utilité, car il permettait aux cabinets des villes départementales d'acquérir facilement ainsi de précieux matériaux pour les études numismatiques. MÉDAILLE DE PREMIÈRE CLASSE.

TYPOGRAPHIE, FONDERIE, ENCRES, ETC.

MM. FIRMIN DIDOT, à PARIS (FRANCE).

La présence de M. AMBROISE-FIRMIN DIDOT dans le Jury de la XXVIe classe mettait sa maison hors de concours.

Au reste, la renommée universellement acquise à cette imprimerie-librairie par ses immenses publi-

cations, qui ont été comme autant d'élans donnés à l'art typographique dans la voie du progrès, lui créait à l'avance des conditions de supériorité telles, que toute concurrence avec elle eût été impossible. Et puis MM. Firmin Didot avaient assez récolté de récompenses aux expositions précédentes pour sacrifier, en 1855, les bénéfices du concours aux devoirs d'une mission officielle.

L'IMPRIMERIE IMPÉRIALE, à Paris (France).

Ce magnifique établissement, le plus grand et le plus complet qui soit en ce genre, exposait l'*Imitation de Jésus-Christ*, splendide ouvrage dans lequel la gravure et la fonte spéciale des titres, le dessin et la gravure sur bois des ornements et des planches, le tirage en noir, en couleur et métaux, le papier fabriqué exprès luttaient de perfection. La galvanoplastie avait aussi aidé, par de nouveaux procédés, à la reproduction rapide de ce chef-d'œuvre de l'art typographique, digne en tous points de la fondation illustre qui imprimait, dès 1640, une *Imitation de Jésus-Christ* encore remarquable de nos jours.

L'Imprimerie impériale, riche en caractères étrangers de toutes sortes, possédant un matériel sans rival au monde, brillait aussi à l'Exposition universelle par ses électrotypes et ses impressions en couleur pour cartes géographiques ; elle justifiait enfin l'application à son endroit de ces termes du décret relatif aux récompenses : « perfection exceptionnelle due à l'art, au goût, à la science et au travail. » Aussi le Jury international lui a voté la Grande médaille d'honneur.

L'IMPRIMERIE IMPÉRIALE, à Vienne (Autriche).

L'Imprimerie impériale de Vienne avait envoyé à l'Exposition une collection des plus complètes de tout ce qui peut exciter l'émulation et offrir une haute utilité, dans les branches d'industrie ayant pour but la reproduction au moyen de l'impression typographique, lithographique ou en taille-douce. Ce superbe ensemble montrait l'application, et parfois les prémices, des découvertes importantes appelées à modifier heureusement les différentes spécialités qui se rattachent à l'imprimerie. La galvanoplastie surtout jouait un grand rôle dans la réalisation des types de différents caractères, des planches gravées sur bois, sur cuivre ou sur verre, des objets d'ostéologie et d'histoire naturelle, destinés à l'instruction des jeunes aveugles, exposés par l'Imprimerie impériale de Vienne, qui a pris, en moins de quinze années, une notoire influence sur la typographie en particulier. Elle la doit surtout à l'initiative éclairée du Gouvernement autrichien, ainsi qu'à l'intelligente persévérance et aux importants travaux de son savant directeur M. Auer. Le Jury international a proposé pour l'Imprimerie impériale de Vienne la Grande médaille d'honneur.

M. MAME, à Tours (France).

M. Mame n'est mentionné que pour mémoire dans la XXVIᵉ classe, et à propos de l'ouvrage *la Touraine*, l'un des plus beaux produits de l'art typographique. Il a obtenu du Jury la Grande médaille d'honneur dans la XXXIᵉ classe, comme créateur de la librairie à bon marché. Sa *fabrique* de livres réunit toutes les industries qui se relient à l'imprimerie ; elle occupe douze cents ouvriers, et produit chaque jour quinze mille volumes d'une moyenne de 210 pages chacun.

M. CLAYE, à Paris (France).

M. Claye est non-seulement un typographe d'un mérite exceptionnel pour l'ensemble de ses impressions, mais encore son tirage de vignettes, d'une supériorité à peu près sans rivale, le met aussi à la tête des représentants de la branche de l'imprimerie offrant le caractère le plus artistique. On peut ajouter

que c'est surtout à ses efforts, à sa persévérance, qu'elle doit la perfection à laquelle elle touche, dans la catégorie des gravures sur bois ou sur cuivre.

Une pareille appréciation était amplement justifiée par deux ouvrages provenant des presses de M. Claye, et bien dignes de figurer à l'Exposition universelle comme spécimens de ce que la France a su faire des arts reproducteurs à l'infini de la pensée écrite ou dessinée, arts sortis enfants, pour ainsi dire, du giron maternel de l'Allemagne, pour venir se développer chez nous, en s'assimilant notre esprit national.

Les ouvrages dont il s'agit s'appelaient l'*Histoire des Peintres*, livre splendide, où la gravure et l'impression luttent de beautés, et les *Musées de l'Europe*, publication du même genre, mais traitée avec plus de luxe encore, présentant enfin un progrès réel sous tous les rapports, quand déjà on avait pris l'*Histoire des Peintres* pour le *nec plus ultra* du genre.

Une partie de l'exposition de M. Claye était placée dans des cadres qui, au Palais de l'Industrie, figuraient sans désavantage au milieu des lithographies et des tailles-douces des meilleures maisons consacrées tout entières à ces deux spécialités. « N'était-ce pas là un succès bien honorable pour la typographie, et sur lequel ne permettait guère de compter, il y a quelques années, la grossièreté des tirages obtenus par nos presses, ainsi que la médiocrité des dessins ou des gravures fournis par nos artistes ? »

Cette réflexion, empruntée au rapport officiel, est un véritable certificat d'activité, d'intelligence, de mérite théorique et pratique pour M. Claye, surtout si on la rapproche de celle-ci :

« En résumé, ce qui distingue les produits de cette maison, c'est la beauté des caractères, leur parfaite harmonie, leur application sagement raisonnée aux différents genres d'ouvrages, tout ce qui constitue le goût typographique, enfin le tirage exceptionnel des vignettes à la mécanique. »

Mais, d'après nous, ce qui élève plus haut encore M. Claye dans l'estime des gens de cœur, c'est d'être le fils de ses œuvres. Avant de devenir maître, il a été ouvrier ; mais quel ouvrier, il est vrai ! l'un des élèves de Firmin Didot, ce roi de l'imprimerie moderne. Plus tard, il a conduit comme prote l'établissement de M. Fournier, dans lequel a réellement pris naissance l'art de la mise en train et du tirage des vignettes.

Maintenant, l'imprimerie dont il est le propriétaire, le directeur et l'âme, représente bien certainement un modèle à suivre, pour tous ceux qui cherchent encore le moyen de concilier la spontanéité et l'assiduité du travail avec l'intérêt et la santé des travailleurs. Rien de mieux organisé que les vastes ateliers où M. Claye maintient en activité constante imprimeurs, compositeurs, etc., grâce aux nombreuses entreprises que lui vaut sa renommée, consacrée par tous les hommes compétents.

Aussi le Jury de la XXVIe classe, voulant récompenser les améliorations apportées dans son art par ce digne héritier de Guttemberg et prenant aussi en considération l'importance des affaires de M. Claye, lui a décerné la Médaille d'honneur.

M. PAUL DUPONT, à Paris (France).

Le plus important imprimeur de Paris pour les travaux administratifs, M. Paul Dupont, outre les différents modèles, les traités et les journaux qui sont ses travaux ordinaires, s'occupe encore avec une rare persévérance de perfectionner de plus en plus les ressources de son art. Aussi présentait-il à l'Exposition, auprès de ses beaux *Albums* et *Essais pratiques sur l'Imprimerie*, des applications de ses reports typo-lithographiques, une *Histoire de l'Imprimerie* en plusieurs formats, un *Paroissien romain* in-18, et différents modèles de composition de filets, parmi lesquels le *Guttemberg* surtout était un vrai chef-d'œuvre. Un modèle de presse à platine, inventé par M. V. Dériame, ouvrier de la maison Paul Dupont, mérite aussi l'attention compétente. Cet établissement présente enfin une particularité d'une haute importance philanthrophique : tous ses employés et ouvriers ont une part d'intérêt dans les bénéfices. Médaille d'honneur.

M. H. PLON, a Paris (France).

M. H. PLON est à la fois imprimeur, éditeur et fondeur en caractères, et sa maison, sous ces trois rapports, ne craint aucune concurrence, soit comme importance, soit comme perfection. En typographie, elle exposait toutes les variétés du genre, depuis la modeste brochure jusqu'aux ouvrages illustrés du plus grand luxe : sa fonderie présentait aussi tous les accessoires possibles de gravure et d'applications galvano-plastiques. Enfin ses *impressions polychromiques*, ou aquarelles typographiques, étaient des essais heureux s'il en fut. MÉDAILLE D'HONNEUR.

M. DEST, à Paris (France). Le tirage des vignettes du *Magasin Pittoresque*, que M. DEST opère à la fois comme imprimeur et comme artiste-directeur, montre l'apogée des progrès énormes qu'il a fait faire à la gravure sur bois et à son impression. Il exposait aussi des essais de polychromie qui donnaient bon augure de l'avenir commercial de cet art. MÉDAILLE DE PREMIÈRE CLASSE.

M. WIESENER, à Paris (France.) Ce graveur distingué est le premier qui ait créé une imprimerie spéciale pour les actions industrielles en couleur, avec fond teinté et contre-impression. Ces produits, l'une des meilleures applications de la galvanoplastie, faisaient le plus grand honneur à M. WIESENER comme artiste, typographe, mécanicien et savant. MÉDAILLE DE PREMIÈRE CLASSE.

M. PERRIN, à Lyon (France). Il exposait plusieurs superbes ouvrages archéologiques qui montraient l'emploi de types imitant les caractères des inscriptions antiques. On doit à sa maison, ancienne et considérable, de répandre ce beau genre d'ornements typographiques chez les principaux imprimeurs parisiens. MÉDAILLE DE PREMIÈRE CLASSE.

M. SILBERMANN, à Strasbourg (France). Il a, sinon inventé, au moins pratiqué le premier en France l'impression typographique en couleur, et il a puissamment aidé à la découverte de la polychromie, qui ouvre un avenir nouveau et pratique à la typographie. Son établissement est en première ligne sous tous les rapports. MÉDAILLE DE PREMIÈRE CLASSE.

M. STEPHEN AUSTIN, à Hertfort (Royaume-Uni). Il exposait beaucoup de beaux ouvrages, la plupart orientaux, textes ou traductions, tous traités avec de grands soins, quelques-uns avec un véritable luxe typographique. MÉDAILLE DE PREMIÈRE CLASSE.

MM. CLOWES, à Londres (Royaume Uni). Ces imprimeurs, des plus importants d'Angleterre, ont exécuté le *Official, descriptive and illustrated Catalogue*, véritable monument typographique élevé, à force de soins et de dépenses, à la première Exposition universelle. MÉDAILLE DE PREMIÈRE CLASSE.

LES RELIGIEUX MÉCHITARISTES ARMÉNIENS, à Venise (Autriche). Ils ont rendu de véritables services aux lettres et aux sciences d'Europe, en répandant à profusion leurs meilleurs ouvrages en Orient. Ils exposaient des impressions en caractères arméniens et un volume de prières en vingt-quatre langues qui piquaient vivement la curiosité. MÉDAILLE DE PREMIÈRE CLASSE.

M. DESSAIN, MAISON HANICQ, à Malines (Belgique). Il exposait de nombreux et magnifiques livres de liturgie tirés en rouge et noir, traités avec un véritable luxe, offrant de plus la gravure sur bois dans son utile perfection, car elle remplace en ce cas, sans infériorité notable et avec grande économie, les planches en taille-douce. MÉDAILLE DE PREMIÈRE CLASSE.

M. WIEWEG, à Brunswick (Brunswick). Ses ouvrages de science in-8°, avec bois dans le texte, sont d'importantes publications, par ce fait seul que leur quantité aide largement à la diffusion du savoir

dans toutes les classes. Aussi l'établissement de M. Wizweg, auquel s'adjoint une fabrique de papier, est assez considérable pour employer une énorme force motrice de 133 chevaux. MÉDAILLE DE PREMIÈRE CLASSE.

L'IMPRIMERIE VICE-ROYALE DE BOULAK (ÉGYPTE). Cet établissement exposait plus de deux cents volumes imprimés et reliés, pour la majorité, par des ouvriers égyptiens. Ces ouvrages étaient du genre le plus sérieux et des plus utiles. MÉDAILLE DE PREMIÈRE CLASSE.

M. COROMELAS, à Athènes (GRÈCE). Introducteur en Grèce de la stéréotypie et de l'imprimerie, il exposait deux ouvrages ayant rapport à l'instruction publique, dont l'un avait été cliché à Athènes même, et qui le mettaient à la hauteur des pays les plus civilisés dans une industrie civilisatrice par excellence. MÉDAILLE DE PREMIÈRE CLASSE.

SOCIÉTÉ POUR LES INTÉRÊTS DE LA LIBRAIRIE NÉERLANDAISE, à Amsterdam (PAYS-BAS). Les principaux éditeurs de Hollande avaient, sous cette raison collective, exposé une quantité d'ouvrages parfaitement exécutés, qui prouvaient que la typographie de ce pays est restée, en s'aidant du progrès, digne de son ancienne renommée. MÉDAILLE DE PREMIÈRE CLASSE.

MM. CHIRIO ET MINA, à Turin (ÉTATS-SARDES). Une publication officielle envoyée par eux étalait un véritable luxe, joint à un mérite typographique incontestable. MÉDAILLE DE PREMIÈRE CLASSE.

MM. GIESECK ET DEVRIENT, à Leipsig (SAXE ROYALE). Leur maison, quoique nouvelle, est d'une importance capitale : elle réunit à la typographie les accessoires de lithographie, taille-douce, gravure sur bois, et application des inventions dues à l'électricité. Ses ouvrages exposés représentaient tous les genres et tous les mérites de l'imprimerie. MÉDAILLE DE PREMIÈRE CLASSE.

M. TEUBNER, à Leipsig (SAXE ROYALE). Ses nombreuses et sérieuses publications, où les livres grecs dominaient, réunissaient la beauté et la bonté de l'exécution. MÉDAILLE DE PREMIÈRE CLASSE.

M. BROCKHAUS, à Leipsig (SAXE ROYALE). Sa maison est d'une importance de premier ordre pour le nombre et la qualité de ses publications, dont l'exécution typographique, assez négligée autrefois, s'améliorait à l'époque de l'Exposition. MÉDAILLE DE PREMIÈRE CLASSE.

M. PERTHES, à Gotha (SAXE-GOTHA). L'*Almanach de Gotha*, des Atlas géographiques, et divers autres ouvrages de cet exposant, montraient de remarquables applications à la typographie de la chimitypie, de la galvanoplastie et d'autres découvertes scientifiques. MÉDAILLE DE PREMIÈRE CLASSE.

LA FONDERIE GÉNÉRALE, CH. LABOULAYE, A PARIS (FRANCE).

Sous cette raison sociale sont réunies les maisons les plus considérables fondées depuis 1800 pour la fonte des caractères ; aussi la FONDERIE GÉNÉRALE représente-t-elle le premier établissement de France dans sa spécialité. Parmi les importants perfectionnements dus surtout à l'infatigable habileté de son directeur, M. CH. LABOULAYE, et qu'il a joints aux immenses ressources offertes déjà par 50,000 poinçons divers, il faut citer ceux utilisant les moules et les matrices ordinaires pour fondre les caractères au moule mécanique, les caractères si solides dits *à traits soutenus*, les nombreuses matrices produites économiquement par la galvanoplastie, la machine pour la confection des lettres à crénure, celle pour opérer en même temps le frottage et la composition ; enfin, en dehors de la typographie proprement dite, l'application de vignettes mobiles pour la composition de cylindres destinés à l'impression des étoffes. MÉDAILLE DE PREMIÈRE CLASSE.

M. MARCELLIN-LEGRAND, à Paris (FRANCE). Cet habile fondeur est aussi le graveur particulier de l'Imprimerie impériale, pour laquelle il a exécuté les plus beaux types de caractères modernes. C'est en outre l'auteur de perfectionnements importants à la fonderie à la machine. Le premier, il a fait des dépenses considérables pour la gravure des caractères orientaux, mais il en a été bien récompensé, car ses lettres japonaises, chinoises, etc., lui valent des relations importantes et quasi universelles. MÉDAILLE DE PREMIÈRE CLASSE.

M. CH. DERRIEY AÎNÉ, à Paris (FRANCE). Il fond spécialement les vignettes, fleurons, filets, passe-partout et l'ornementation typographique en général. Il se distingue non-seulement comme inventeur, mais aussi parce qu'il met lui-même à complète et immédiate exécution chacune de ses conceptions. Son outillage, dont il est l'auteur et le fabricant, n'a rien de commun avec celui de ses confrères. Enfin ses produits jouissent d'une renommée si générale, qu'ils lui valent par toute l'Europe les honneurs, assez préjudiciables à ses intérêts, de la contrefaçon. MÉDAILLE DE PREMIÈRE CLASSE.

M. CASLON, à Londres (ROYAUME-UNI). Il exposait divers spécimens de caractères particuliers d'écriture d'une exécution hors ligne, comme presque tous ses produits, parfaits de dessin, de gravure et de fonte, fabriqués dans son important établissement. MÉDAILLE DE PREMIÈRE CLASSE.

M. BESLEY, à Londres (ROYAUME-UNI). Ses nombreux types de caractères d'écriture et de fantaisie, de deux-points et de grasses, de caractères compactes très-lucides pourtant à la lecture, étaient les preuves non équivoques de l'importance de sa fabrication. MÉDAILLE DE PLEMIÈRE CLASSE.

M. FIGGINS, à Londres (ROYAUME-UNI). Ce fondeur de premier ordre avait envoyé des spécimens remarquables sous tous les rapports de ses nombreux types, de caractères de texte et de fantaisie. Une reproduction du premier ouvrage imprimé par William Caxton en 1474, était une œuvre hors ligne, ayant exigée des ressources toutes spéciales de gravure et de fonte, en même temps qu'un hommage patriotique à la mémoire du rival anglais de Guttemberg. MÉDAILLE DE PREMIÈRE CLASSE.

M. DRESSLER, à Francfort-sur-le-Mein (VILLE LIBRE). Son spécimen de fonderie était fort varié, et annonçait un établissement considérable ; il contenait, entre autres produits remarquables, des tarots et de la musique mobile d'une excellente exécution. MÉDAILLE DE PREMIÈRE CLASSE.

M. ENSCHEDÉ, à Harlem (PAYS-BAS). Il exposait des poinçons de nombreux caractères javanais et gothiques et des machines à fondre, qui dénotaient une bonne et vaste fabrication. MÉDAILLE DE PREMIÈRE CLASSE.

M. LAWSON, à Paris (FRANCE). Le principal fournisseur des encres employées par l'Imprimerie impériale. Il ne redoute plus rien de la concurrence anglaise, qui, il y a peu de temps encore, mono-polisait, pour ainsi dire, cette fabrication. MÉDAILLE DE PREMIÈRE CLASSE.

M. SPINA, à Vienne (AUTRICHE). C'est surtout son impression de musique, hors ligne comme gra-vure, forme, régularité et tirage, qui a valu à M. SPINA d'être mis au premier rang. Les autres publica-tions de son importante maison méritaient aussi une place honorable dans la spécialité typographique. MÉDAILLE DE PREMIÈRE CLASSE.

M. ARISTIDE DERNIAME, à Paris (FRANCE). Cet ouvrier imprimeur, toujours resté tel, a inventé, dès 1836, la mise en train adoptée généralement pour le tirage des vignettes sur les mécaniques. De plus, en 1838, il donnait l'idée première des machines en blanc, les meilleures pour les tirages des publi-cations de luxe. A l'Exposition universelle, ses ouvrages, malgré leur antériorité de date, ne redoutaient aucune comparaison avec les travaux plus récents des meilleures maisons d'imprimerie. M. ARISTIDE

Dervtame, au reste, a généreusement abandonné ses inventions au domaine public. Aussi, pour le dédommager, S. M. l'Empereur lui a fait une rente de 300 francs, et, pour le récompenser, le Jury lui a voté la Médaille de première classe.

M. COBLENCE, à Paris (France). Cet ancien ouvrier imprimeur, devenu chef d'un établissement commercial non sans importance, a la priorité pratique d'au moins six années sur toutes les autres applications de la galvanoplastie, d'abord à la typographie, puis à d'autres industries. Rien n'égale le désintéressement de M. Coblence quant à ses procédés, qu'il communique, aussitôt trouvés, à ses confrères et à ses concurrents. Médaille de première classe.

M. DUJARDIN, à Paris (France). Ce graveur sur bois a introduit dans son art des effets nouveaux qui sont de véritables tours de force : il reproduit parfaitement les entre-tailles et le pointillé de la gravure en taille-douce. Une autre spécialité où il ne craint pas de rivaux, c'est la gravure des figures d'appareils scientifiques. L'*Histoire des Peintres*, dans le premier genre de travaux, et les ouvrages publiés par MM. Victor Masson et Langlois, dans le second genre, témoignaient assez de son double et incontestable mérite. Médaille de première classe.

M. GUSMAN, à Paris (France). Son exposition de gravures du *Magasin pittoresque*, de l'*Histoire des Peintres*, etc., établissait la variété de son talent hors ligne, qui traite tous les genres avec la même perfection. Peut-être son burin, à force de netteté de coupe, manque-t-il un peu de moelleux, mais il conserve toujours avec une fidélité extrême l'effet et le sentiment du dessin. Médaille de première classe.

M. CARBONNEAU, à Paris (France). Cet habile graveur a prouvé, dans l'*Histoire des Peintres* et dans *la Touraine*, un consciencieux talent, qui possède le sentiment et la couleur joints à la fidélité parfaite de reproduction. Médaille de première classe.

M. PONTENIER, à Paris (France). Les remarquables épreuves de M. Pontenier, sans avoir tout à fait le mérite de celles des précédents exposants, étaient dignes de ce graveur si généralement employé aux travaux des principales publications pittoresques ou autres éditées à Paris. Médaille de première classe.

M. FLEGEL, à Leipsig (Saxe Royale). Son exposition de vignettes, quoique trop restreinte, indiquait un talent fort distingué de graveur. Médaille de première classe.

M. ÉDOUARD KRETZSCHMAR, à Leipsig (Saxe-Royale). De vastes planches d'un ensemble remarquable donnaient une grande idée de la manière vigoureuse de M. Kretzschmar. Médaille de première classe.

CALLIGRAPHIE.

M. HARRIS, à Londres (Royaume-Uni). Le tableau d'écritures qu'il avait envoyé montrait des textes, des ornements, des vignettes imités à la plume ou au pinceau, de manière à les faire prendre, par l'œil le plus exercé, pour une réunion de feuillets détachés de livres anciens et de manuscrits. Médaille de première classe.

M. LABOUE, à Paris (France). Calligraphe de la préfecture de la Seine, il exposait une copie de l'Adresse écrite par lui, et remise au lord-maire de Londres en 1851, plus une autre adresse au même, en date d'avril 1855. Cette dernière pièce semblait répondre au reproche qu'on pourrait faire à la première d'être écrite en une gothique allongée plutôt allemande que française; elle était tracée en une ma-

gnifique ronde ayant bien le caractère national. Au reste, toutes les œuvres de M. Laroux prouvent une remarquable sûreté de main, un goût pur, un dessin correct et plein d'effets. Médaille de première classe.

M. BERLINER, à Paris (France). Son exposition était un ensemble remarquablement utile pour l'enseignement. Elle offrait la digne continuation de l'école des Barbedor et des Allias. Si l'écriture française n'est pas encore tombée en complète décadence, des travaux du genre de ceux de M. le professeur Berliner peuvent seuls la retenir dans la voie des vrais principes de l'art. Médaille de première classe.

GRAVURE.

M. CAMPAN, à Paris (France). En sa qualité de peintre héraldique et de graveur de la grande chancellerie de la Légion-d'honneur, il exposait le brevet de cet ordre et des armoiries, dessinés par lui à la main avec un goût, une pureté, une perfection bien au-dessus du talent limité exigé par sa spécialité. Médaille de première classe.

M. RIFFAUT, à Paris (France). Ses diverses gravures, exécutées d'après des photographies, par le procédé héliographique, avaient la vie et l'effet qui manquent souvent à ces reproductions très-fidèles. Au reste, elles devaient leur animation aux habiles retouches de M. Riffaut, qui, par certaines de ces planches représentant des animaux, pouvait rivaliser avec les plus beaux produits de l'aqua-tinte. Médaille de première classe.

M. SAUNIER, à Montrouge (France). Dans son exposition, ses belles épreuves de billets de banque gravés sur acier en relief, le maintenaient au premier rang où l'avaient placé plusieurs concours industriels antérieurs. Médaille de première classe.

LA SOCIÉTÉ ARTISTIQUE de Florence (Toscane). Sous ce titre, cinq des premiers graveurs en noir d'Italie ont exposé deux ouvrages considérables, qu'on peut nommer collectivement une œuvre de dévouement artistique. L'un est la *Galerie de l'Académie florentine des Beaux-Arts*, choix des plus belles peintures des anciens maîtres, en soixante planches, avec texte explicatif; l'autre offre quarante copies des chefs-d'œuvre de peinture du couvent de Saint-Marc de Florence. Le tout représentait l'histoire de la peinture florentine par ses monuments reproduits dans leur vrai caractère original, avec un talent hors ligne et une fidélité scrupuleuse. Médaille de première classe.

M. ISNARD DESJARDINS, à Paris (France). La gravure en couleur doit à cet artiste ses plus belles réussites, celles qui lui assurent une supériorité marquée sur la lithochromie, par les imitations exactes des peintures à l'huile et par le bon marché. La reproduction des tons des modèles, la manière du maître, l'entente artistique des effets, l'apparence du papier même, étaient tellement bien réussies dans les *fac-simile* des dessins à l'aquarelle, à la sépia ou à la mine de plomb exécutés par M. Desjardins, que leurs auteurs n'auraient pu, sans un examen attentif, distinguer les copies d'avec les originaux. Médaille de première classe.

M. ACHILLE COLLAS, à Paris (France).

La gravure mécanique, qui produit rapidement et à prix si modique ce que le burin exécutait jadis avec lenteur et à grands frais, a toute son histoire écrite dans celle des inventions de M. Achille Collas. Il n'a pas découvert, il est vrai, la machine à graver, que Conté employa le premier pour faciliter l'exécution du solennel ouvrage publié, à l'instigation de Napoléon Ier, sur l'expédition d'Egypte, mais il lui a donné de tels perfectionnements qu'il l'a popularisée, rendue pratique, pour ainsi dire, dans l'industrie.

La machine de Conté ne gravait sur cuivre que des lignes droites ou ondulées : M. Collas, après avoir ajouté à la régularité de sa marche en changeant tout le système, lui adjoignit le principe du tour à guillocher, et obtint toutes les lignes bizarres possibles. Puis, faisant tourner le support de la planche sur un pivot, il traça par la machine toutes les figures régulières ayant le cercle pour principe. Enfin, plus tard, par l'adjonction d'un deuxième plateau mobile et d'une touche directrice, il réussit à imiter mécaniquement les nuages du ciel, et, par contre-coup, à produire d'admirables effets de relief et de creux, ce qui rendit possible l'exécution du *Trésor de numismatique et de glyptique*, gigantesque publication que n'auraient pu réaliser les anciens procédés de gravure.

Une nouvelle application des merveilleux travaux de M. Collas se voyait à l'Exposition universelle : c'était un ingénieux mécanisme, amplifiant les ressources du pantographe, en obéissant à la main qui calque un dessin de manière à le graver en même temps. De plus, à l'aide d'ornements et de lettres gravés en creux sur zinc et se réunissant, pour faire des modèles, à la façon des caractères d'imprimerie, l'enfant le moins expérimenté peut exécuter, avec la machine de M. Collas, tous les dessins d'une façon facile autant que précise. L'orfévrerie, la tabletterie, les arts employant la pierre, le bois ou les métaux, ou se servant de la pointe de diamant, doivent tirer de cette invention un parti immense, comme diminution de leurs frais et comme augmentation de leur célérité d'ornementation. La gravure de la lettre pour les cartes géographiques et les divers usages du commerce y trouverait aussi matière à réduire singulièrement ses prix.

Deux autres instruments du célèbre mécanicien méritent d'être signalés ici : l'un produit à la fois cinq copies du même dessin ; l'autre fait disparaître une des grandes difficultés de l'art, celle de graver à rebours : il est spécialement précieux pour la confection des billets de banque et autres papiers-monnaie.

M. Collas est aussi l'auteur de la gravure irisée, véritable tour de force mécanique si utile à la fabrication des boutons métalliques ; de deux mécanismes pour les réductions de la ronde-bosse et du bas-relief, dont la *Vénus de Milo* et les chefs-d'œuvre de la sculpture antique et moderne placés dans les magasins de M. Barbedienne démontrent assez la perfection ; enfin, chose assez ignorée, il a compris avant tous l'utilité, si généralement reconnue maintenant, des briques creuses et des tuyaux de terre cuite pour l'agriculture et le drainage, comme le prouve un brevet de fabrication par compression de ces objets pris par lui dès l'année 1842.

Ajoutons qu'autant le génie de ce grand praticien est inventif, autant son esprit est insouciant pour tirer profit de ses découvertes, ce qui assure presque toujours la fortune des spéculateurs assez bien avisés pour reprendre ses conceptions en sous-œuvre.

Le Jury international, considérant les services importants rendus par M. Achille Collas aux arts industriels et particulièrement à la gravure et à la sculpture, lui a décerné la Grande médaille d'honneur.

M. D. BARRÈRE, à Paris (France). Cet habile constructeur de machines de précision en avait exposé trois très-intéressantes pour l'art de la gravure. La première, opérant sur cuivre, acier ou pierre lithographique, produisait tous les effets numismatiques réduits ou amplifiés, et donnait également les lignes diverses et les fonds moirés qu'exigent le billet de banque et les effets de commerce. La seconde gravait, avec une vitesse et une délicatesse surprenantes, jusqu'à quatre étoiles concentriques et presque microscopiques. La troisième était un tour à portrait, exécutant aussi des réductions et augmentations de médailles et de monnaies, dans les matières les plus dures et avec une rapidité extrême. Médaille de première classe.

MM. ABATE et CLERO DE CLERVILLE, à Londres (Royaume-Uni). M. Abate a découvert deux procédés qui sont de véritables conquêtes de la science sur la nature. L'un consiste dans la transmission sur une feuille de papier, à l'aide de la presse et d'une dissolution acide, de tous les dessins que portent

les veines des bois réduits en surfaces planes et cylindriques. L'autre imprime avec un mordant sur une étoffe, colorée ensuite par l'art du teinturier, tous les traits des bois préalablement mouillés. Ces inventions capitales rendent inutile le pinceau de l'artiste dans d'importantes et difficiles parties de l'ornementation ou de la tenture. MÉDAILLE DE PREMIÈRE CLASSE.

M. LÉON SCHONINGER, à Munich (BAVIÈRE). Les neuf planches produites par la méthode galvanographique de M. le professeur de Kobell, montraient tous les avantages de ce procédé, qui rend par une seule opération électrique la gravure en creux pour l'impression en taille-douce. Les planches de M. SCHONINGER étaient d'un superbe effet de manière noire, qui prouvait de nouveaux perfectionnements apportés au système primitif. MÉDAILLE DE PREMIÈRE CLASSE.

M. CHARDON AINÉ, à Paris (FRANCE). La haute renommée de l'important établissement fondé par le . . . e de cet imprimeur en taille-douce, n'a pas périclité. M. CHARDON est chargé du tirage des plus beaux . . . rages français et étrangers, particulièrement des impressions de la chalcographie du Louvre : une m oyenne annuelle de trois millions d'épreuves sorties de ses ateliers établit la confiance des artistes et des éditeurs en son rare mérite. MÉDAILLE DE PREMIÈRE CLASSE.

M. W.-H. MAC-QUEEN, à Londres (ROYAUME-UNI). Il rivalise d'habileté avec M. Chardon, et ses impressions en taille-douce dans la manière noire étaient admirables. Beaucoup des plus belles planches exposées par les meilleurs éditeurs de gravure d'Angleterre sortaient de son établissement. MÉDAILLE DE PREMIÈRE CLASSE.

M. DIGEON, à Paris (FRANCE). Cet imprimeur en couleur exposait des *fac-simile* et des reproductions coloriées qui prouvaient une étude sérieuse de la combinaison des tons, des recherches profondes sur l'action réciproque des divers principes colorants, et une habileté extraordinaire pour l'exactitude des rentrées. MÉDAILLE DE PREMIÈRE CLASSE.

M. CL.-J. RÉMOND, à Paris (FRANCE). En première ligne pour les impressions de taille-douce artistique et pour les tirages de couleur, il mérite sa haute réputation ; ses beaux produits de gravures d'histoire naturelle en étaient les preuves irréfragables. MÉDAILLE DE PREMIÈRE CLASSE.

MM. GOUPIL ET Cᵉ, à Paris (FRANCE). La clôture inopinée des séances du conseil des Présidents a seule empêché l'effet du vote du Jury, qui décernait à l'importante maison GOUPIL la médaille d'honneur. Quelques détails suffiront pour prouver combien elle méritait cette haute récompense.

MM. GOUPIL ET Cᵉ sont les premiers qui aient donné au commerce des estampes l'importance d'une industrie nationale. Ils ont payé en deux années quatre millions de francs tant aux artistes qu'aux ouvriers de leur spécialité. Ils possèdent des succursales à Londres et à New-York, une correspondance étendue en Allemagne et dans les diverses parties du monde. Ils assurent ainsi aux œuvres de l'art français une propagation quasi-universelle. Pour conserver aux artistes leurs travaux menacés d'une suspension indéfinie par la crise européenne et révolutionnaire de 1848, ils ont cherché une nouvelle voie à leur commerce, qu'ils ont acclimaté aux Etats-Unis. Cette terre des intérêts matériels, jadis si inhospitalière aux beaux-arts, entrait, en 1854, pour 570,000 francs dans les 1,400,000 francs d'affaires d'exportation de la maison GOUPIL.

Enfin, comme imprimeurs en taille-douce, ces grands industriels, quoique n'ayant guère de presses que pour leurs propres besoins, sont au premier rang par leur tirage soigné et le mérite de leurs épreuves.

MM. GOUPIL ET Cᵉ, par le choix qu'ils savent faire des tableaux à reproduire ou à traiter en estampes, par leur habileté à reconnaître la meilleure application du talent des artistes qu'ils emploient, par leur infatigable activité poussée jusqu'à l'abnégation au profit de l'art, avaient certes droit à mieux que la MÉDAILLE DE PREMIÈRE CLASSE.

MM. ARTARIA ET FONTAINE, à Manheim (GRAND-DUCHÉ DE BADE). Ces éditeurs n'ont pas de rivaux en Allemagne pour la publication des gravures et des lithographies. Ils donnent des travaux non-seulement aux artistes leurs compatriotes, mais encore à tous ceux en renom en Europe. Leur riche catalogue se compose des planches publiées, pendant plus d'un siècle, par les maisons ARTARIA ET FONTAINE, qui ne se sont fondues ensemble que vers 1819. MÉDAILLE DE PREMIÈRE CLASSE.

L'UNION DES ARTS, à Londres (ROYAUME-UNI). Cette association, établie sur les mêmes bases que la Société des Arts de Paris, exposait des objets artistiques et de nombreuses gravures qui témoignaient du bon goût de ses directeurs autant que du talent des artistes anglais à manier le burin. MÉDAILLE DE PREMIÈRE CLASSE.

LE MINISTÈRE DU COMMERCE, DE L'INDUSTRIE ET DES TRAVAUX PUBLICS,
A BERLIN (PRUSSE).

Une splendide collection de gravures et de lithochromies ornait les brillantes et utiles publications que le Gouvernement prussien entreprend à ses frais pour le progrès des arts, de l'archéologie et de l'in-struction professionnelle, publications envoyées au grand concours, et parmi lesquelles les *modèles de dessins industriels pour les fabricants et les artisans, les édifices publics du royaume de Prusse, les an-ciens monuments de Constantinople*, doivent encore être rappelés ici pour leur ensemble de perfection. Le dernier ouvrage surtout, dû au crayon et à la plume de M. de Salzenberg, est l'histoire vivante, pour ainsi dire, de la transformation de l'architecture païenne en cet art chrétien qui, à sa naissance, remplaçait la pureté de la forme matérielle par l'inspiration chercheuse du beau au-delà du monde réel.

Les auteurs et les artistes qui ont contribué aux importantes publications que la libéralité d'une admi-nistration protectrice des arts a fait naître, étaient à la hauteur d'une si noble initiative. Le bon goût des modèles, le mérite hors ligne des dessins et de la gravure, le luxe de l'exécution typographique con-couraient à montrer ces vastes œuvres dignes en tous points de leur origine officielle. En conséquence, le Jury a décerné au MINISTÈRE DU COMMERCE de Prusse, pour son exposition lithographique, la MÉDAILLE D'HONNEUR.

M. FORSTER, A VIENNE (AUTRICHE).

L'éminent professeur à l'Académie des Beaux-Arts de Vienne, M. FORSTER, présidait le Jury de la XXVIe classe, et il avait sacrifié à cette honorable tâche la récompense élevée que lui aurait certainement value son exposition de la collection du *Journal d'Agriculture*. Cet ouvrage se composait de vingt volumes in-4° de texte et de vingt volumes in-folio de planches, le tout rédigé, gravé et édité par M. FORSTER. Rien que l'importance de son procédé de gravure, où le zinc remplace le cuivre économiquement et sans désavantage artistique, aurait mérité à ce savant émérite une distinction exceptionnelle, s'il ne s'était mis hors de concours.

M. CÉSAR DALY, à Paris (FRANCE). Auteur et éditeur de la *Revue de l'Architecture et des travaux publics*, qui avait plus de treize ans de publication en 1855, M. CÉSAR DALY, à force de soins et de sacri-fices, a su rendre cet ouvrage périodique aussi splendide qu'utile, d'une exécution irréprochable comme impression typographique, et d'un véritable mérite comme dessins. MÉDAILLE DE PREMIÈRE CLASSE.

M. DESROSIERS, à Moulins (FRANCE). Le spécimen de la *Légende de Saint-Pourçain*, riche chromo-lithographie exposée par M. DESROSIERS, prouvait suffisamment, par sa typographie et ses dessins, que cette publication serait à la hauteur de celles qui ont déjà valu à leur éditeur, imprimeur et lithographe, une excellente réputation dans ces trois spécialités. MÉDAILLE DE PREMIÈRE CLASSE.

MM. CHARPENTIER PÈRE ET FILS, à Nantes (FRANCE). Leurs deux grands ouvrages, *Nantes et la*

Loire-Inférieure, et la *Normandie illustrée*, avaient particulièrem ent attiré la favorable attention du Jury par l'importance de leur format in-folio, la valeur des dessins et lithographies de leurs nombreuses planches à deux teintes, et l'impression soignée de leur texte. Si MM. CHARPENTIER suivent toujours une telle voie de progrès, ils ne tarderont pas à rivaliser, comme imprimeurs, lithographes et éditeurs, avec les meilleures maisons de Paris. MÉDAILLE DE PREMIÈRE CLASSE.

M. HENRI KELLER, à Francfort-sur-le-Mein (VILLE LIBRE). *Le livre des Tournois de l'empereur Maximilien Ier*, *les Empereurs d'Allemagne*, et deux autres ouvrages ayant trait aux arts, aux meubles et aux coutumes du moyen âge, donnaient à M. KELLER, leur exposant, une belle renommée d'éditeur recherchant l'importance historique et artistique dans ses publications, aussi luxueuses par leurs superbes gravures coloriées que par la perfection de leur texte. MÉDAILLE DE PREMIÈRE CLASSE.

M. CH. MUQUARDT, à Bruxelles (BELGIQUE). Il serait trop long de citer tous les grands ouvrages d'architecture, d'archéologie, de sculpture, d'histoire naturelle et d'indus trie qui ont rendu l'établissement de M. MUQUARDT le plus célèbre de la Belgique par les mérites de leurs lithographies à plusieurs teintes, de leurs gravures sur cuivre ou coloriées, et de leur exécution typographique. Il suffit d'ajouter, pour établir la valeur du riche catalogue de cet éditeur, que l'Allemagne, cette terre de toutes les études, commande à M. MUQUARDT d'importants et continuels envois. MÉDAILLE DE PREMIÈRE CLASSE.

RÉUNION POUR LE PERFECTIONNEMENT DES MÉTIERS, à Munich (BAVIÈRE). Le journal que publie cette Société doit, à tous égards, exercer une utile influence sur les progrès de l'industrie, et, comme exécution matérielle, il se posait de pair avec son but moral. MÉDAILLE DE PREMIÈRE CLASSE.

M. LOCKETT, A MANCHESTER (ROYAUME-UNI).

Si la gravure sur cylindres pour l'impression des étoffes a fait depuis quelques années de véritables progrès, c'est principalement à M. LOCKETT qu'elle doit d'être sortie de son état stationnaire. Il a tiré de l'injuste oubli où l'avaient laissé les graveurs sur cylindre le tour à guillocher, un admirable instrument auquel il a demandé des effets jusqu'alors inconnus. En combinant son opération et l'action des acides, il a obtenu avec un seul appareil une variété de nuances que n'arrivaient à rendre que difficilement plusieurs cylindres.

Puis il a demandé l'aide de la galvanoplastie afin d'ouvrir une nouvelle voie à la gravure pour étoffes, et il a fourni ainsi aux imprimeurs les moyens peu coûteux d'obtenir aisém ent une grande variété de dessins et de tons dont la création exigeait jadis des dépenses considérables.

Avec les machines trouvées par lui, M. LOCKETT compose ses gravures sans le secours des artistes spéciaux ; aussi ses produits sont-ils recherchés, pour leur bon marché et leur perfection, par tous les imprimeurs sur étoffes du monde, ce qui lui permet d'employer dans ses ateliers deu x cents ouvriers pour le service de ses cinquante tours à graver et à guillocher.

M. LOCKETT se sert, de plus, avec une réussite complète, de l'appareil numismatique. Le Jury a décerné à cet habile praticien la MÉDAILLE D'HONNEUR.

MM. BENTZ ET FILS, à Deville, près Rouen (FRANCE). Ces graveurs distingués exposaient de bonnes empreintes de dessins à la molette, au poinçon molette, à l'eau forte et à la main, pour impressions sur indiennes et sur étoffes d'ameublements ; plus deux cylindres gravés, l'un au tour à guillocher et à l'eau forte, représentant fort bien un bouquet, l'autre portant un petit dessin modifié au moyen de la galvanoplastie, par un précipité de cuivre. Ce dernier procédé doit avoir un immense avantage économique. Si le cuivre déposé dans la gravure de cylindre y reste adhérent, on pourra bouche r les creux du dessin, au lieu de l'enlever complètement pour le remplacer, et par là ne plus diminuer le diamètre de l'appareil. MÉDAILLE DE PREMIÈRE CLASSE.

MM. FELDSTRAPE Frères, à Paris (France). Leur cadre d'empreinte des dessins exécutés par eux semblait défendre de pousser plus loin la production parfaite des tons les plus clairs et les plus foncés. Quant à leurs deux cylindres, les effets produits par les molettes attestaient une science complète de ce genre de gravure. Médaille de première classe.

MM. HANRIOT et GAIFFE, à Paris (France). Dix-neuf dessins exécutées à la main, à la molette et au poinçon molette, attestaient, par le parfait détachement de toutes leurs parties, les ressources que ces graveurs savent tirer de leur art. De deux cylindres exposés par eux, l'un offrait une nouvelle application de la galvanoplastie et du précipité de cuivre ; à l'aide d'un second rouleau gravé à la main, il permettait d'obtenir des effets qui coûteraient autrement de grands frais de gravure. Médaille de première classe.

M. CRIPPS, à Londres (Royaume-Uni). Pour son ingénieuse machine destinée à la gravure mécanique des cylindres et d'une grande utilité pour l'industrie des dessins d'impression, il a obtenu la Médaille de première classe.

M. A.-E. CHEVALIER, à Paris (France). Pour ses jetons, ses médailles, ses boutons armoriés, gravés en creux ou en relief avec un talent tout artistique, et pour ses beaux clichés des revers de monnaie espagnole : Médaille de première classe.

M. BIRNBŒCK, à Munich (Bavière). Pour ses sceaux et ses armoiries, véritables sculptures en miniature dignes de la glyptique de l'antiquité : Médaille de première classe.

M. ADRIEN GAVARD, à Paris (France). Ce mécanicien, par les perfectionnements qu'il a apportés au diagraphe de M. Charles Gavard, l'a rendu très-utile aux grands ouvrages artistiques, puisque c'est en partie à cet instrument qu'on doit la belle publication des tableaux des galeries de Versailles. En outre, il a doué d'une précision qui lui a valu la clientèle du Ministère de la guerre, le pantographe ancien et le pantographe carré, appareils géométriques destinés à copier un dessin, soit en le réduisant, soit en l'amplifiant. Médaille de première classe.

M. G.-H. GODARD, à Paris (France). Pour ses planches de cuivre ou d'acier, dont la dimension extraordinaire, le remarquable poli et la parfaite exécution le mettent au premier rang des planeurs, il a reçu la Médaille de première classe.

RELIURE.

Mme GRUEL-ENGELMANN, à Paris (France). Ses charmants volumes exposés réunissent la solidité de la reliure au charme de la dorure. Mme Gruel, grâce au concours artistique de M. Engelmann, a créé pour ainsi dire la mode des reliures romantiques dites d'étagères, et rien n'approche, comme goût et style, des ornements dont on les décore dans ses ateliers. Médaille de première classe.

M. LORTIC, à Paris (France). Sa reliure approche de la perfection : le corps est bien exécuté, la dorure d'un bon dessin ; c'est l'imitation bien réussie du genre ancien et classique. Médaille de première classe.

M. BRUYÈRE Aîné, à Lyon (France). Ce relieur trop modeste n'avait envoyé qu'un petit nombre de volumes, qui prouvaient néanmoins une sûreté de main, un goût comme doreur et une solidité d'exécution tout à fait hors ligne. Médaille de première classe.

M. LENÈGRE, à Paris (France). La spécialité de cet exposant est le cartonnage emboîté devenu plus usuel en France que la reliure. Il lutte avantageusement, dans ce genre de couvertures de livres,

avec les fabricants anglais, parce qu'il le rend définitif au lieu de provisoire, en lui donnant plus de solidité et en l'ornant de dorures appliquées à la vapeur, ce qui en fait une véritable reliure de luxe à bon marché. Aussi les ateliers de M. Lenègre ont-ils l'importance d'une manufacture de cartonnages ; en outre, les reliures pleines et demi-reliures y sont exécutées d'une façon irréprochable. MÉDAILLE DE PREMIÈRE CLASSE.

M. FRANCIS BEDFORD, à Londres (ROYAUME-UNI). Un volume grand in-folio exposé par lui résumait un ensemble de difficultés heureusement vaincues, tant par le nombre des figures que par la force du papier de l'ouvrage. M. BEDFORD a relié ce livre en maroquin rouge, largement doré à la Pasdeloup ; il lui a donné solidité parfaite, élégance d'ornementation et facilité d'ouverture remarquable dans un si grand volume. MÉDAILLE DE PREMIÈRE CLASSE.

M. HOLLOWAY, à Londres (ROYAUME-UNI). Ses reliures, et particulièrement celle de son volume in-8°, ornée d'une charmante mosaïque, offrent la combinaison intime du bon goût et de la bonne exécution. MÉDAILLE DE PREMIÈRE CLASSE.

M. RIVIÈRE, à Londres (ROYAUME-UNI). Son exposition était principalement composée d'in-folio et d'in-4° assez bien exécutés, mais dont la plupart tendaient trop à imiter le genre français, d'assez mauvais goût, de la fin du dix-huitième siècle. Pourtant un *Virgile* en maroquin blanc, avec ornements en mosaïque, présentait les indices d'un rare mérite comme reliure et d'un vrai talent comme dessins. MÉDAILLE DE PREMIÈRE CLASSE.

M. WRIGTHS, à Londres (ROYAUME-UNI). Les couvertures des volumes grand in-folio, grand in-4° et grand format d'atlas de l'exposition du libraire Bohn offraient un tel mérite de facture, de solidité et de maroquinage, joint à un prix si modéré, qu'elles ont attiré l'attention du Jury sur leur auteur M. WRIGTHS, non exposant, et qu'elles ont valu à ce relieur hors ligne la MÉDAILLE DE PREMIÈRE CLASSE.

MM. LEIGHTON FILS ET HODGES, à Londres (ROYAUME-UNI). Dans leurs ateliers se fabriquent en grand ces cartonnages emboîtés en toile et en peau, d'origine toute anglaise, et dont ils cherchent avec quelque succès à augmenter la solidité assez contestable. MÉDAILLE DE PREMIÈRE CLASSE.

MM. EELES ET FILS, à Londres (ROYAUME-UNI). Ils n'exposaient que des modèles de couvertures de livres, mais d'un superbe choix, toutes dorées, très-variées, et souvent de dessins très-heureux. MÉDAILLE DE PREMIÈRE CLASSE.

M. BELLANGÉ, à Paris (FRANCE). Ce relieur de registres les traite avec un soin et une intelligence qui le mettent à la tête de son industrie. Grâce à l'encartage anglais et au jeu que M. BELLANGÉ donne à leurs faux dos, ses registres ont une ouverture complète et facile. Mais le principal titre de cet habile relieur, c'est l'appareil en cuivre appliqué à la tranche inférieure des gros volumes pour empêcher leur déformation en soutenant continuellement le poids de leurs feuilles, comme le ferait le fond d'une boîte. MÉDAILLE DE PREMIÈRE CLASSE.

M. DESSAIGNE, à Paris (FRANCE). Le prodige de la reliure à l'Exposition universelle était le registre d'un mètre trente centimètres de largeur, soixante-dix-huit centimètres de hauteur, quarante centimètres d'épaisseur, mille vingt-quatre pages in-plano de papier grand-aigle, fabriqué et relié à l'italienne par M. DESSAIGNE, pour l'établissement typographique de M. Migne, à Montrouge. Il est impossible de se figurer les difficultés qu'offraient le collage, la couture, l'encartage, l'endossage, la rognure de ce livre colossal, du poids de trois cents kilogrammes. Qu'il suffise de savoir que sa complète réussite a été due en partie à la presse-monstre que son relieur avait dessinée et fait construire exprès pour un labeur aussi herculéen.

M. DESSAIGNE est aussi l'éditeur justement estimé de dessins de fabrique et de papiers de mise en carte. MÉDAILLE DE PREMIÈRE CLASSE.

M. DEVILLERS, à Mulhouse (FRANCE). Il a fondu les divers systèmes anglais et français de reliure de registres en un tout auquel il a ajouté ses innovations personnelles, pour arriver à une grande solidité dans les faux dos, à une élasticité notable dans les mouvements d'ouverture ou de fermeture, et à la disparition du tirage des charnières sur certaines feuilles. Mais peut-être a-t-il nui à la solidité des cahiers en voulant, par la suppression de la moitié des rubans, diminuer l'épaisseur de l'endossure. Ses livres étaient parfaits, au reste, pour la partie si importante de la réglure. M. DEVILLERS forme ses ouvriers et crée son outillage lui-même. Il confectionne en outre d'une manière supérieure tous les autres articles de papeterie. MÉDAILLE DE PREMIÈRE CLASSE.

M. GASTÉ, à Paris (FRANCE). Ses registres à dos métallique apparent réunissaient les avantages du double carton et ceux de l'encartage anglais ; ils se fermaient et s'ouvraient facilement, n'importe à quel endroit, et possédaient des qualités de solidité dignes de tout éloge. MÉDAILLE DE PREMIÈRE CLASSE.

M. MARIE, à Rouen (FRANCE). Il exposait un solide registre à dos de métal et à plats en bois, d'une ouverture facile et complète ; un registre du même genre, à reliure mobile, très-économique pour les commerçants dont les livres auxiliaires se renouvellent plusieurs fois par an ; deux portefeuilles garde-notes et un carnet à l'italienne, dont on peut remplacer à volonté les intérieurs. Toutes ces inventions sont d'une utilité notable pour le consommateur. MÉDAILLE DE PREMIÈRE CLASSE.

M. ROLLINGER, à Vienne (AUTRICHE). Son établissement de reliure pour registres est un des plus importants de l'Allemagne, et, comme bon marché, comme solidité, ses produits ne laissent rien à désirer. MÉDAILLE DE PREMIÈRE CLASSE.

M. SMITH, à Londres (ROYAUME-UNI). Ses registres de diverses dimensions réunissaient tous les mérites de la bonne reliure. MÉDAILLE DE PREMIÈRE CLASSE.

MM. WATERLOO ET FILS, à Londres (ROYAUME-UNI). Ces relieurs exposaient des livres de commerce, à charnières métalliques intérieures, offrant l'avantage de pouvoir enlever le volume rempli de sa couverture, pour le remplacer par un nouveau. MÉDAILLE DE PREMIÈRE CLASSE.

DIVERS.

M. DE LA GARDE DE LA PAILLETERIE, à Paris (FRANCE).

Il a inventé le *Catalogotype*, ou moyen d'imprimer l'inventaire général de toutes les bibliothèques de France et de le transformer à volonté en répertoire alphabétique, en catalogue méthodique, chronologique, etc., et en catalogue particulier de chaque bibliothèque. Ce moyen a pour principe la stéréotypie, pour application la division en autant de petits clichés que chaque page stéréotypée contiendra de titres d'ouvrages, pour résultats principaux la faculté d'imprimer presque simultanément avec la transcription des titres, d'opérer la classification facilement, jour par jour, et de la tenir toujours au courant ; d'épargner à l'imprimeur la nécessité d'un immense matériel de caractères mobiles, enfin de recueillir économiquement, en peu d'années, la liste générale des richesses littéraires de la France. De là à une bibliographie universelle, il n'y a plus guère que l'invitation aux bibliothèques étrangères de mettre en pratique le procédé de M. DE LA GARDE. Au reste, l'Allemagne l'a exécuté sans invitation, si la France a reculé devant de mesquines considérations de dépenses et de difficultés matérielles. Un professeur d'institut de Boston s'est servi du projet du *Catalogotype* et s'en est attribué l'invention ; mais le Jury a

consacré le mérite profond du véritable inventeur en décernant à M. DE LA GARDE la MÉDAILLE DE PREMIÈRE CLASSE.

M. ÉMILE BEAU, à Paris (FRANCE). Ses planches d'anatomie et d'histoire naturelle dessinées en lithographie et en chromo-lithographie, réunissaient, fondues dans un parfait ensemble, l'exactitude scientifique et la verve artistique. MÉDAILLE DE PREMIÈRE CLASSE.

M. GUICHARD, à Paris (FRANCE). Il a inventé, pour faire le papier tontisse, une matière laineuse, qui ne craint pas, comme la laine, les attaques des vers, car elle est tirée de la fibre du bois. De plus, ses décors de papiers de tenture le posaient en dessinateur habile. MÉDAILLE DE PREMIÈRE CLASSE.

MM. CRONIER PÈRE ET FILS, à Rouen (FRANCE). Pour leur fabrication de tissus gaufrés, souples, solides, à bon marché, imitant parfaitement les plus belles peaux chagrinées, véritable service rendu à la reliure française, tributaire jusque-là de l'Angleterre pour ce genre de produits : MÉDAILLE DE DEUXIÈME CLASSE.

M. PFEIFFER, à Paris (FRANCE). Pour sa machine à rogner les livres, soit à tranche plane ou concave, et pour sa presse avec outil nouveau pour l'endossage, inventions qui n'ont que le défaut d'un prix trop élevé pour pouvoir être acquises par les petits ateliers de reliure : MÉDAILLE DE DEUXIÈME CLASSE.

M. ALP. ARNOULT, à Paris (FRANCE). Pour son importante fabrication de cartes à jouer, françaises, belges, espagnoles, anglaises, typographiées ou imprimées en taille douce, et pour sa vaste confection du carton-pâte : MÉDAILLE DE DEUXIÈME CLASSE.

XXVIᵉ CLASSE.

DESSIN ET PLASTIQUE APPLIQUÉS A L'INDUSTRIE; IMPRIMERIE EN CARACTÈRES ET EN TAILLE-DOUCE; PHOTOGRAPHIE.

RÉCOMPENSES DÉCERNÉES PAR LE JURY INTERNATIONAL

(Extrait du *Moniteur* du 8 décembre 1855.)

GRANDES MÉDAILLES D'HONNEUR.

La chambre de commerce de Paris, pour les artistes industriels de Paris. France.
Collas, id. Id.
Imprimerie impériale d'Autriche, Vienne. Autriche.
Imprimerie impériale de France, Paris. France.

MÉDAILLES D'HONNEUR.

Claye, Paris. France.
Dupont (Paul), id. Id.
Lemercier (R.-J.). Id. Id.
Lockett. Manchester. Royaume-Uni.
Ministère du commerce, de l'industrie et des travaux publics de Berlin. Prusse.
Plon, Paris. France.

MÉDAILLES DE PREMIÈRE CLASSE.

Abaté, Londres. Royaume-Uni.
Aguado comte), Paris. France.
Armengaud (J.-E.), id. Id.
Artaria et Fontaine, Manheim. Grand-duché de Bade.
Avril frères, Paris. France.
Austin (Stephen), Herfort. Royaume-Uni.
Baldus (E.-D.), Paris. France.
Barbat (Louis). Châlons-sur-Marne. Id.
Barrère (B.), Paris. Id.
Baxter (G.), Londres. Royaume-Uni.
Bayard, Paris. France.
Beau Émile. Id. Id.
Bedfort (Francis), Londres Royaume-Uni.
Belabarth, Nuremberg. Bavière.
Bentz et fils, Déville. France.
Bellanger, Paris. Id.
Berlier (A.), id. Id.
Berrus frères. Id. Id.
Bertautet, id. Id.
Besley, Londres. Royaume-Uni.
Best, Paris. France.
Best, Hotelin et comp., id. Id
Bingham et Thompson (W.), id. Id.
Birnbach, Munich. Bavière.
Bisson, frères, Paris. France.
Blanchard, Boston. États-Unis.
Blanquart (Evrard). et Fockedey (A.-A.), Lille. France.

Brandely (J.), Paris. France.
Braun (Ad.). Mulhouse. France.
Brockhaus, Leipsick Saxe Royale.
Brooks (V.), Londres. Royaume Uni.
Bruyère, Lyon. France.
Bry (M.-Fdm.-A.), Paris. Id.
Campan, id. Id.
Carbonneau. Id. Id.
Carlès (J.-P.), id Id.
Caslon, Londres. Royaume-Uni.
Cavelier (A.-L.-M.), Paris. France.
Chabal du Surgey, id. Id.
Chardon aîné, id. Id.
Charpentier, Nantes. Id.
Chébeaux, Paris. Id.
Chevalier (A.-Et.), id. Id.
Chirio et Mina. Turin. États sardes.
Claudet (J.-Ant. Fr), Londres. Royaume-Uni.
Clerget (Ch.-E.), Paris. France.
Clowes, Londres. Royaume-Uni.
Coblence, Paris. France.
Compagnie des Indes orientales. Inde anglaise.
Coromelas, Athènes. Grèce.
Conder (Amédée), Paris. France.
Cripps, Londres. Royaume-Uni.
Daly (César), Paris France.
Day (W.) et fils, Londres. Royaume Uni.
Delagarde de la Pailleterie, Paris. France.
Derniame (Aristide), id. Id.
Derriey (Ch.) aîné, id. Id.
Desrosiers, Moulins, Id.
Dessaigne, Paris. Id.
Dessain (H.), maison Hanicq, Malines. Belgique.
Devilliers, Mulhouse. France.
Digby-Wyatt. Royaume-Uni,
Digeon, Paris. France.
Disdéri et comp., id. Id.
Doyen frères. Turin. États sardes.
Dresser, Francfort-sur-le-Mein. Ville libre
Dujardin, Paris. France.
Dupasquier (Louis), Lyon. Id.
Dupuy et comp., Paris. Id.
Eeles et fils, Londres, Royaume-Uni.
Engelmann et Graf, Paris. France.
Enschédé, Harlem. Pays-Bas.
Feldstrappe frères, Paris. France.
Fenton (Roger), Londres. Royaume-Uni.
Figgins. Londres. Royaume Uni.

Fillion (H.), Paris. France.
Fivel, Leipsick. Saxe Royale.
Fonderie générale. Paris. France.
Fourbé (J). id. id.
Gaété. id. id.
Gavard (Adrien). Id. Id.
Giesecke et Devrient, Leipsick. Saxe Royale
Glüer (L.). Berlin. Prusse.
Godard (P.-H.). Paris. France.
Goupil et comp., id. id.
Gruel-Engelmann (Mme), id. id.
Guichard. id. id.
Guesnon. id. id.
Hanfstaengl (F.), Munich. Bavière.
Hangard Maugé, Paris. France.
Harmart M. et N.), Londres. Royaume-Uni.
Hanriot et Gaulle, Paris. France.
Harris, Londres. Royaume-Uni.
Hédouine, Pau. France.
Henry (F.), Paris. Id.
Holloway, Londres. Royaume-Uni.
Imprimerie vice-royale. Boulak. Égypte. Emp. Ottoman.
Isnard-Desjardins, Paris. France.
Jacomme et Dufat, id. id.
Kamp lin (K.-P.), id. id.
Kler (Henri). Francfort sur-le-Mein. Ville libre.
Kretzschmar (Kd.), Leipsick. Saxe Royale.
Laroche. Paris. France.
Larcue (J. P.-L.). id. id.
Lawson, id id.
Leblanc (Ad.-C.), id. id.
Lehland. id. id.
Leravelier. Caen. Id.
Legrand (Marcelin). Paris. Id.
Legray (J.-B.-G.), id. id.
Leighton (J.), Londres. Royaume-Uni.
Leighton fils et Hodge, id. id.
Lemaître (..., Paris. France.
Lembre. id. id.
Leurq (M.). id. id.
Lienard, id. id.
Llewelyn, Londres. Royaume-Uni.
Lorand (A.), Venise. Autriche.
Lortie, Paris. France.
Mac-Queen. Londres. Royaume-Uni.
Malaisel. Paris. France.
Marie, Rouen. Id.
Marlens (P. R.), Paris. Id.
Maxwell Lyte, Londres. Royaume-Uni.
Mayer frères et Pierson P.-L., Paris. France.
Michels (J.-F.-B.), Cologne. Prusse.
Montézan (le comte de-) Londres. Royaume-Uni.
Moreau père et fils. Paris. France.
Muquardt, Bruxelles. Belgique.
Ney et Cie.), Paris. France.
Noret (J.-F.), id. id.
Parques (id.), id. id.
Perrin, Lyon. Id.
Prilier, Gotha. Saxe-Gotha.
Piot (J.-B.-K.), Paris. France.
Pontenier. id. id.
Reittenstein (G.) et Rosch (successeurs de Rauch), Vienne. Autriche.
Remmer, Berlin. Prusse.
Religieux Mechitaristes arméniens, Venise. Autriche.
Renouard (C.-J.-N.), Paris. France.
Reyel R., Berlin. Prusse.
Riester (Martin) Paris. France.
Rietmann (J., saint Gall. Suisse.
Riffaud (Ad.) Paris. France.
Rivière. Londres. Royaume-Uni.
Ruberston, Constantinople. Empire Ottoman.
Rollinger, Vienne. Autriche.
Sayou (J.-J.), Paris France.
Saunier (Th.-M.). Montrouge. Id.
Sauvage et Caillart, Paris. Id.

Schieble (Erhard), Paris. France.
Schmantz (Ch.), id. id.
Schoeninger, Munich. Bavière.
Sherlock. Londres. Royaume-Uni.
Ségu (Édouard). Vienne. Autriche.
Silbermann, Strasbourg. France.
Simon (Em.), id. id.
Simon, Munich. Bavière.
Smith, Londres. Royaume-Uni.
Société pour les intérêts de la librairie néerlandaise. Amsterdam. Pays-Bas.
Société pour les progrès de l'enseignement professionnel. Munich. Bavière.
Sorel. Paris. France.
Spina, Vienne. Autriche.
Storch et Kramer, Berlin. Prusse.
Stummer, Vienne. Autriche.
Teubner, Leipsick. Saxe Royale.
Thompson C. (Huirston) Londres. Royaume-Uni.
Tournachon. N. dar jeune et comp., Paris. France.
Union des arts, Londres. Royaume-Uni.
Vaucher, Paris. France.
Vichy (Henri), id. id.
Vieweg, Brunswick. Duché de Brunswick.
Vincent (H), Paris. France.
Vrights, Londres. Royaume-Uni.
Waterloo, id. id.
White (H.), id. id.
Wiesener, Paris. France.
Winckelmann et fils, Berlin. Prusse.

MÉDAILLES DE DEUXIÈME CLASSE.

Acker. Paris. France.
Adan (E.) et Gourdet, id. id.
Adelman (C.), Francfort-sur-le-Mein. Ville libre.
Alexandre, Paris. France.
Alinari frères. Florence. Toscane.
Antonelli, Venise. Autriche.
Appel. Paris. France.
Areati (J.), Londres. Royaume-Uni.
Argentin (A.), Paris. France.
Arnould. id. id.
Baillière (J.-B.), id. id.
Balbi (F.), Rome. États pontificaux.
Basse, Paris. France.
Barbier Wabonne, id. id.
Birbou frères, Limoges. id.
Basset, Paris. id.
Belhoste ainé. id. id.
Belin Leprieur et Morizot, id. id.
Belino (A.), id. id.
Benard, id. id.
Bérenger (R.-Ism.-M.), marquis de), id. id.
Berger-Levrault (Mme veuve) et fils, Strasbourg. Id.
Bermond (Alph.), Florence. Grand-duché de Toscane.
Berthau, Tours. France.
Bertsch (A.) et Arnaud, Paris. Id.
Bilordeaux (Ad.), id. id.
Black, Edimbourg. Royaume-Uni.
Blanvillain, Paris. France.
Blard (Th.) et Blard (A.), Dieppe. Id.
Bleideau, id. id.
Bonaventure et Successeurs, id. id.
Douasse-Lebel (veuve et comp.), id. id.
Bouchard-Huzard (Mme veuve), id. id.
Boudreaux, id. id.
Bradbury et Evans, Londres. Royaume-Uni.
Brasseux (G.-J.-H.), Paris. France.
Braun (S.), id. id.
Brunier, Alger. Algérie.
Brudker. Macon. France.
Bruyer. Paris. Id.
Buitner (J.-P.-G.), id. id.
Captier (V.-Em.), id. id.
Cartier jeune, Rouen. Id.

Carnet (F.-X.), Paris. France.
Cavasse, le Puy. Id.
Cavigliol (C.), Turin États sardes.
Chardon jeune, Paris. France.
Charpentier, id Id.
Chatagnon (E.-F.), Aubusson. Id.
Clausel. Troyes. Id.
Cléments, Londres Royaume-Uni.
Cocchini, Venise. Autriche.
Coen, Milan. Id.
Cohn (Ch.), Paris. France.
Colnaghi, Londres. Royaume-Uni.
Compagnano (C.), Florence. Toscane.
Constantin, Nancy. France.
Contreras, Grenade. Espagne.
Correaux (J.-B.), Paris. France.
Cosquin, id. Id.
Cotelle, id. Id.
Cousin (Ch.), id. Id.
Crière (Alf.), id Id.
Cronier, Rouen. Id.
Cumplido, Mexico. Mexique.
Cu·mer. Paris. France.
Dilmon, id Id.
Dames du Saint-Cœur de Marie, id. Id.
Danel (L.), Lille. Id.
Delalain. Paris. Id.
Delamain (P.), id Id.
De la Motte (Ph.), Londres. Royaume-Uni.
Delcambre et comp., Paris. France.
Delestre-Gras et fils, id Id.
Delevingue et Gallewaert. Ixelles-lez-Bruxelles. Belgique.
Delsol (J.-Th.), Paris. France.
Despierres, id. Id.
Deviliers et Sellerin, Mulhouse. France.
Diamond (D.), Londres. Royaume-Uni.
Dikes (W.). id. Id
Dorville, Paris. France.
Dovizielli (P.), Rome. États pontificaux.
Dubois (Ad.), Chaux-de-Fonds. Suisse.
Dubois (L.), Paris. France.
Ducroquet, id. Id.
Dufailly (V.), id Id.
Dulos. id Id.
Dummler Berlin. Prusse.
Dumont. Paris France.
Duncker, Berlin. Prusse.
Durand-Narat. Paris. France.
Durheim (Ch.), Berne. Suisse.
Dyonnet, Paris. France.
Ehtinger (J.), id Id.
Engel (H.), Vienne. Autriche.
Ernst et Korn, Berlin. Prusse.
Fabrique de lettres prismatiques, Vienne. Autriche.
Ferini et Rubm. Portugal
Fessard (L.B.), Paris. France.
Forestie, Montauban. Id
Fottier (Fr.-Alph.), Paris. Id.
Franck Ch.), Furth. Bavière.
Frommann, Darmstadt. Grand-duché de Hesse.
Furne. Paris. France.
Garneray (L.-Amb.), id. Id.
Garnier et Salmon, Chartres. Id.
Gaspard (P.-A.), Paris. Id.
Gattiker (J.), id. Id.
Gautier B.), id. Id
Gaymard et Gerault, id. Id.
German (Marie Joséphine), id. Id.
Gillot, id Id.
Giolli (G.), Toscane.
Giordana, Grandidier et Salussella, Turin. États Sardes.
Girollet (F.), Le Puy. France.
Goda d Paris. Id.
Gonthier Dreyfus et comp., id. Id.
Gouelle frères, id. Id.
Gouizviller. id. Id.

Graillon. Dieppe. France.
Grandbarbe (M.), Paris. Id.
Grandjean Perremond, Chaux-de-Fonds. Suisse.
Gratiot (G.), Paris. France.
Graves et comp., Londres. Royaume-Uni.
Greuze (Ch.-J.-Alph.), Malines Belgique.
Groll (And.), Vienne. Autriche.
Gruner (L.), Londres. Royaume-Uni.
Gruntbal, Berlin. Prusse.
Guiguet (L.), Paris. France.
Gurney (J.), New-York États-Unis.
Haarhaus (R.) Paris. France.
Hall et Virtue, Londres. Royaume-Uni.
Harvey (J.-K.), id. Id.
Heugel et comp, Paris. France.
Himely (S.), id. Id.
Hirschfeld Leipsick. Saxe Royale.
Holmblad, Copenhague Danemark.
Horwitz, Paris et Hambourg. Ville libre.
Hostin (J.-B.), Etel. France.
Hucher (E.) et Monnoyer (Ch.), le Mans. Id.
Hulbert (J.), Paris. Id.
Hunger, Berlin. Prusse.
Jœne (R.), id. Id.
Jamar (Al.), Bruxelles. Belgique.
Jardeaux-Rav et Leroy (A.), Bar-sur-Aube. France.
Jardin-Blancoud, Paris. Id.
Jose de Castro, Lisbonne. Portugal.
Katz frères, Dessau. Anhalt-Dessau.
Kilkardy (David), Londres. Royaume-Uni.
Kingsley, id. Id.
Kobig Kruthoffer, Francfort-sur-le-Mein. Ville libre.
Kock (G.-L.), Paris. France.
Kraetzschmer (F.). Leipsick. Saxe Royale.
Kraft, Vienne. Autriche.
Kramer (Fr.), Cologne Prusse.
Krebs (R.). Vienne. Autriche.
Kundert (Fr.) Chaux-de-Fonds. Suisse.
Lachave (J.-J.-A.), Saint-Cloud. France.
Lacoste, Paris. Id.
Lahure, id. Id.
Lalande, id. Id.
Lamb, Aberdeen. Royaume-Uni.
La glois et Leclerq, Paris. France.
Laurent et Deberny, id. Id.
Leclère (Adrien), id. Id.
Ledion (J.), id Id.
Lefort (V-T.), id. Id.
Lefranc frères, id. Id.
Léonard, Bruxelles. Belgique.
Lerby (Ch-L.), Paris. France.
Lhoest Cl.), id. Id.
Limbery, Constantine. Algérie.
Lorilleux, Paris. France.
Mallet-Bachelier, id. Id.
Marc Aurel, Valence (Drôme). France.
Marchi (S.), Paris. Id.
Margarites (P.-H.) Grèce.
Marrel Paris. France.
Martial-Ardant, Limoges. Id.
Martin (L.), Paris. Id.
Masson (Victor), id. Id.
Mathieu (L.), id. Id.
Mauduit (Mme), id Id.
Meissonnier père et fils, Toulouse. Id.
Meunier (L.), Munich. Bavière.
Meyer, Paris. France.
Meyer (B.), id. Id.
Meynier frères (G.), id. Id.
Michel, id. Id.
Millet (D.-Fr.), id Id.
Morin fils. Alexandre et comp., id. Id.
Moussard. id. Id.
Moyse et Henri (H.-F.), Vaugirard. Id.
Muti Capazurri, Savorelli. États pontificaux.
Nachmann, Paris. France.

Naze fils et comp., Paris. France.
Neale, Londres. Royaume-Uni.
Neraudau, Paris. France.
Nissou. id. Id.
Oberthur (Fr.-Ch.), Rennes France.
Omkens Van Barknem et Damsté, Groningue. Pays-Bas.
Opigez aîné (J), Paris. France.
Paulet (L.). id. Id.
Paulon et Bail, id. Id.
Perez Altamirano, Madrid. Espagne.
Perini (Antoine), Venise. Autriche.
Pelibon et Longien, Paris. France.
Petit-Colin. id. Id
Petit et Bizieux, id. Id.
Pfeiffer (J -D.), id Id.
Picard Ed.), Rouen. .Id.
Pilet aîné, Paris. Id.
Plumier (V.), id Id.
Polak (Mlle Flora), Bruxelles. Belgique.
Pouillain, Paris. France.
Prodhomme Fr), id. Id.
Quertinier, id. Id.
Rabanel, id. Id.
Rafael, Mexico. Mexique.
Rawdon et comp , New-York. États-Unis.
Renault et Rubcis, Paris. France.
Renouard (Jules) et comp , id. Id.
Reuler, Darmstadt. Grand-duché de Hesse.
Richard, Châlon-sur-Saône France.
Richardin (sourd-muet), Paris. Id.
Robert (E), id Id.
Rouget de l'Isle, id. Id.
Rousseau (L.), id. Id.
Roux-Mollard (A), id. Id.
Rowney (G.) et comp., Londres. Royaume-Uni.
Rylander Id. Id.
Sacchi (L.), Milan. Autriche.
Salle, Paris. France.
Samson et Commecy, id. Id.
Sandborn et Corster États-Unis.
Saunier (S. , Paris. France.
Schreiner et Winter, Munich. Bavière.
Schropp, Berlin. Prusse.
Seages, Paris. France.
Sheppard (Mlle), Londres. Royaume-Uni.
Sivel (Mlle . France.
Société artistique, Florence. Toscane.
Soulier et Clouzard, Paris. France.
Speiser (Ad.), Rouen. Id.
Stahl (J), Paris. Id.
Steiger, Vienne. Autriche.
Szathmari, Bucharest. Empire Ottoman.
Tachet, Paris. France.
Tambon, id. id.
Tamelier et Jehan (Ch.), id. Id .
Tanteinstein, id Id.
Tardat (M), Angoulême. Id
Taupenot, La Flèche. Id.
Texier (Victor), Paris. Id.
Thez G.-A., id Id.
Thierry frères, id. Id.
Thierry (J.-F.), Lyon. Id.
Toppan et Carpenter, Philadelphie. États-Unis.
Touway Londres Royaume-Uni.
Toussaint (J.), Paris. France.
Townsend, Londres Royaume-Uni.
Trimborn (X.), Munich. Bavière.
Tripier-Bradel. Paris. France.
Tronquoy (A), id Id.
Turner (B. D.), Londres. Royaume-Uni.
Typographie galiléenne, Florence. Toscane.
Vaillant frères, Paris. France.
Vaillat (A.-C -E.), id. Id.
Vander-Dussen (B.-)), Bruxelles. Belgique.
Vandoouxlaee (Is -S.) Gand. Id.
Van-Helden-Snarnowski (L.), Erfurt. Prusse.

Vatar, Rennes. France.
Verdaguer J), Barcelone. Espagne.
Vidal Marius), Paris. France.
Wagner, Berlin Prusse.
Wesmael Legros, Namur. Belgique.
Westermann, Brunswick. Brunswick.
Williams B.-R. , Paris. France
Wilson (M.), Londres. Royaume-Uni.
Wust, Francfort sur-le-Main Ville libre .
Z ller (F.), Munich. Bavière.
Zeller (Mme P), id. Id.

MENTIONS HONORABLES.

Adler, Hambourg Villes hanséatiques.
Anger (Mlle), Paris. France.
Aveugles (Institution des), Amsterdam. Pays-Bas.
Bacot, Caen. France
Baloureau (M -P -N.), Paris. Id.
Barois, id Id.
Barrunche, Lisbonne. Portugal.
Barthélemy (Mlle) Paris. France.
Bastide, Alger. Algérie.
Bauplan-Palaiseau (de), Paris. France.
Beck (F), Stockholm Suède.
Beer, Munich. B.vière.
Bertrand Lœuilliet, Paris. France.
Bertschinger et Codina, Barcelone. Espagne.
Banes y Irigoyen (J -Manuel) Montevideo. Uruguay.
Bishop, Londres. Royaume-Uni.
Biard (A.), Dieppe France.
Bohn, Londres. Royaume-Uni.
Boitouzet (J. E.-Fr.), Paris. France.
Bonnraseur (Ch.. id. Id.
Bouquillard, id. Id.
Bourdin. id. Id.
Bourquin (J.-P.), id Id.
Bouschott, la Haye. Pays-Bas.
Bousselon (Alp), Nantes. France.
Brehon, Paris. Id.
Breitenstein, id. Id.
Brogger et Christie. Christiana. Norwège.
Brunel (L), Dieppe. France.
Bruneteau, la Rochelle. Id.
Buchanan G). Id.
Bucker (J) Zutphen Pays-Bas.
Calfa, Paris. France
Cardon, Troyes. Id.
Carrte. Paris. Id.
Chatelain, Mostaganem. Algérie.
Cnouquet jeune. Paris. France.
Claussen, Copenhague. Danemark.
Clement, Paris. France.
Cochrane. Canada Colonies anglaises.
Cole, Londres. Royaume-Uni.
Contaxaki (Elisabeth), Athènes. Grèce.
Cornillac, Châtillon-sur-Seine. France.
Cosnier et Larheze, Angers. Id.
Courbellon, Sydney Colonies anglaises.
Courcelle (L.-Ed. de), Paris. France.
Cuvelier (A), Arras Id.
Dampierre (comtesse de), Paris. Id.
Dartois (Et.), Besançon. Id
Daveluy Ed.), Bruges Belgique.
Dzelk (E -B G.), B thléem États pontificaux.
Decaen Mexico Mexique.
Delahaie (N.-B.), Paris. France.
Delaye (P V.), id Id.
Depoilly (F.) id. Id.
Derrry jeune. id Id.
Deschamps niveau. id. Id.
Dewolf (Ant. , id. Id.
Didier. id Id
Dies G), Rome. États pontificaux.
Doane (J.-C.), Montreal (Canada). Colonies anglaises.
Domazelowistch, Leibach. Autriche.

Douglas-Kilburn, Australie. Colonies anglaises.
Ducrot et Boiste. France
Duperey (Adolphe), Jamaïque. Colonies anglaises.
Edholm (F.). Orebro. Suède.
Ernst Zell, duché de Saxe-Cobourg-Gotha.
Escherich, Munich Bavière.
Felsing. Darmstadt. Grand-duché de Hesse.
Ferrier (C.). Paris. France.
Fisher et Kluge. Pappenheim. Bavière.
Fleury, Paris. France.
Floiz-Fherlé, Francfort-sur-le-Mein. Ville-libre.
Fontana (Mme Louise), Paris. France
Franchi (G.) et fils. Londres. Royaume-Uni.
François-Xavier (Le Père), capucin, Gênes. Etats sardes.
Gagnery (J.-Ant.). Changy France.
Galster (L.), Cologne Prusse.
Gangel (Ch.-N.-A.), Metz France.
Garnier Valetti F., Avigliana. Etats sardes.
Gattey Th.), Vienne. Autriche.
Gaudin (Al.) et frères, Paris France.
Gaumé, le Mans. Id.
Geibl, Pesth. Autriche.
Gerolhwohl et Tanner Paris. France.
Geruzet Pondichery. Id.
Géruzet J.). Bruxelles Belgique.
Giroux And.. Paris. France.
Goësin (J.-E.), id Id
Gout (A.), Montpellier Id.
Gow (J.), Sydney. Australie Colonies anglaises.
Grases (P.-N.), Gerona. Espagne.
Grimaud, Paris France.
Grimauld, la Réunion. Colonies françaises.
Grimauld, la Réunion. Id.
Guesno (J.-M.), Paris. France.
Guillemin Id Id.
Guilletat, id. Id.
Guilmard J.-D), id Id.
Gutierrez (M.), Rosas (Mexico). Mexique.
Hackel et Geher, Vienne Autriche.
Haguenthal, Pont-à-Mousson. France.
Hall et Tweedy. Royaume-Uni.
Hayez, Bruxelles Belgique
Hebert (veuve), Dieppe. France.
Heinrich (Aug.). Aix-la-Chapelle. Prusse.
Henritz, Lubeck. Villes hanséatiques.
Hezard (L.), Paris. France.
Hérault, id Id.
Hermann (W.) et comp., Berlin. Prusse.
Hertle (Ed.), Hall Wurtemberg.
Heu (Ed.). Dieppe. France.
Hœrler, Paris. Id.
Hubert, id Id.
Hudnandel et Walton. Londres. Royaume-Uni.
Humbert de Molard (L.-A.), Paris France.
Hundt (Fr.), Munster Prusse.
Ironskle (Mlle) North-Shore, Australie Colonies anglaises.
Isberg (Sophie), Mutara. Suède
Jeunes Malgaches, a la Réunion. France.
Jeunet, Abbeville Id.
Jons, Christiana Norwége.
King, Londres. Royaume-Uni.
Knats, Francfort-sur-le-Mein. Ville libre.
Knecht. Glaris. Suisse.
Knop! (F.), Erlangen Bavière.
Knopp, Pesth. Autriche.
Kurner. Erfurth. Prusse.
Kutter, Francfort-sur-le-Mein. Ville libre.
Koppe Christiana Norwége.
Laigneaux, Paris. France.
Lamperi, Gladbach. Prusse.
Lausedat, Senè et Allegre, Clermont-Ferrand. France.
Lefèvre (Mme), Taïti. Colonies françaises.
Léon et Richy Paris. France
Lehmann et Mohr Berlin Prusse.
Leighton (J.) Londres. Royaume-Uni.
Lemaitre (Em.), Strasbourg. France.

Lespiault fils. Nérac France.
Leroy (T.), Nantes Id.
Lhurier, Bolbec. Id.
Lourdereau, Paris. Id.
Louesse, id. Id.
Lutz, Bamberg. Bavière.
Mac Lees, (Archibald), New-York. États-Unis.
Maillet, Paris. France.
Malling Christiana Norwége.
Marteville et Oberthur. Rennes France.
Martines (J.-P.), Madrid Espagne.
Mattes, Guyane Colonies françaises.
Mauberti-Hubert, Paris. France.
Mayall (J.-E.). Londres Royaume-Uni.
Meade frères, New-York. États-Unis.
Meris (J.-B), Munich Bavière.
Meissonnier père et fils, Toulouse France.
Met et Meylinck, Harlem. Pays Bas
Michaud et de Villeneuve. Paris. France.
Micolei, Hambourg Villes hanséatiques.
Mikiska. Prague Autriche.
Miller, Canada (Montréal. Colonies anglaises.
Minutoli (Baron Al. de. Liegnitz. Prusse.
Montela. Toulouse. France.
Moreau A. G). Paris. Id.
Moulin Fr.), id. Id.
Muller id. Id.
Neio (L.) Berlin. Prusse.
Neitsch (L.-E.), Erlangen. Bavière.
Newton (Sir W.), Loston. Royaume Uni.
Nieburg. Hambourg. Villes hanséatiques.
Omigüke et Riemschneider, Neu Rupin Prusse.
Ollon (Ed., Paris. France.
Omer (Henri), id Id.
Ouin (F.). Dieppe. Id.
Ouvrier (F.), id Id.
Palmor (T.-J., Toronto (Canada). Colonies anglaises.
Parent (J.-J. Fi.), Bruxelles Belgique.
Patton, la Chaux-de-Fonds. Suisse.
Paulorski, Zailau. Autriche.
Pew (J.-, Londres Royaume-Uni.
Pennequin Cie), Ixelle-les Bruxelles. Belgique.
Percepied. Maison neuve Paris. France.
Perier G.-J-P), id Id.
Pernot (J.). Gand Belgique.
Perrolin. Paris France.
Petard fils. (L.-A.), id. Id.
Petin id. Id.
Philippe, Rouen. Id.
Pierret, Nancy. Id.
Pierron, Paris. Id.
Pilion, id. Id.
Plancher C.-P., id. Id.
Planchon, id Id.
Planson J. A.), id Id.
Plumier (Alph.), Bruxelles. Belgique.
Poncy et comp., Genève. Suisse.
Pottin (Mme veuve, et fils, Nantes. France.
Poussin, Paris Id.
Prisons cellulaires (Direction des). Berlin. Prusse.
Puech (L.), Paris France.
Raudour, Brunswick. Duché de Brunswick.
Reade, Londres. Royaume-Uni.
Relaudin (Ch.). Paris. France.
Renard, Bonbonne-les-Bains. Id.
Ropos, Digne Id
Revntion (L.), Paris. Id.
Riccio, Naples. Deux-Siciles.
Risaler et Cohon, Paris. France.
Ripamonti-Carpano, Milan Autriche.
Ross et Thomson. Edimbourg. Royaume-Uni.
Rouchon, Paris France.
Roussin la Réunion Colonies françaises.
Sac-Epee A.-A), Dieppe. France.
Saillard, le Havre. Id.
Schmier (J.), Francfort-sur-le-Mein. Ville libre.

Schorrer (Ch.), Nancy. France.
Scholz, Mayence. Prusse.
Schonenberger, Paris. France.
Schubert (K.) Berlin. Prusse.
Schulz (F.-G.), Stuttgard Wurtemberg.
Schulze (H.), Berlin. Prusse.
Schwarz, Solenhofen. Bavière.
Sidi-Hadji Mustapha-ben-Abderhaman, Tlemcen. Algérie.
Sidi-Mohammed Ould-Ben-Morabeth, id. id.
Simier. Paris. France.
Sinet (H.). id. id.
Sirrasse, id. id.
Su Igrave et Thompson, Sidney. Colonies anglaises.
Sœurs de la Providence, Canada. id. id.
Solon (F.) Paris. France.
Soyza (de), Ceylan. Royaume-Uni.
Traudl (le). Beauregard. France.
Thiergarten, Paris. id.
Thomas, id. id.
Thiebsa, id. id.
Touze et comp. id. id.
Trosel Saint-Nicolas près Nancy. id.
Trepon (J.-B.) Paris. id.
Troch lut J.-N.), Besançon. id.
Tudo (M. Moulins. id.
Underwood (T.) Birmingham. Royaume-Uni.
Van Heest II Wiesbaden. Nassau.
Vander Heuvel frères. Le Havre. Pays-Bas.
Vanderklyp. Gand. Belgique.
Vangorp (A.) Paris. France.
Verdelet, id. id.
Vialon (Ant.) id. id.
Viannay. le Havre. id.
Villerey (N. A. id. id.
Vingtrinier, Lyon. id.
Walirbach, Nuremberg. Bavière.
Wallis, Londres. Royaume-Uni.
Waugh et Cox, Sidney. Colonies anglaises.
West, Londres. Royaume-Uni.
Wetteroth. Salzbourg. Autriche.
Wilks Londres. Royaume-Uni.
Winkler (M.) Presth. Autriche.
Weol et et Clarke. Sidney. Colonies anglaises.
Wess Hambourg. Villes hanséatiques.
Wulff et comp., Paris. France.
Yates (H.), Nottingham. Royaume-Uni.
Young, Canada (Montreal). Colonies anglaises.

COOPÉRATEURS,

MAITRES ET OUVRIERS.

GRANDES MÉDAILLES D'HONNEUR.

Niepce de Saint-Victor, Paris France. — Découvertes et perfectionnements à la photographie.
Talbot. Londres. Royaume-Uni. — Découverte de la photographie sur papier.

MÉDAILLES DE PREMIÈRE CLASSE.

Cabasson, chez M. Renouard et comp., Paris. France.
Derivienssnil, Imprimerie impériale de France, id. id.
Fournier, maison Mame, de Tours. id.
Français, mais n maine, de Tours id.
Girardet (Karl. Paris. id
Hunkner, chez M. Forster, Vienne. Autriche.
Langlois, chez M. Lemercier. Paris. France.
Lavoignat, id. id.
Lefevre (Tucotiste), imprimerie Didot, id. id.
Lemercier, id. id.
Mathieu (Ch.). id. id.
Tasus, correcteur, id. id.
Worring (André, Vienne Autriche. — Imprimerie impériale d'Autriche.

Alphonse, chez M. Best, Paris. France.
Bailleul (Th.-Marie-Alex.), imprimerie Mallet-Bachelier. id. id.
Boysse, chez M. Goupil, id. id.
Bramel, chez M. Paul Dupont, id. id.
Bressy, chez M. Mame, Tours id.
Butain (Emile), chez M. Moureau. Saint-Quentin. id.
Cheronnais, Imprimerie impériale. Paris. id.
Duval (Ad.), chez M. Mame, Tours. id.
Dernlaine (Victor), chez M. Paul Dupont, Paris. id.
Herrley (Fr.) chez M. Plon, id. id.
Duca p (Maxime), id. id.
Durand (Alexandre, Wesserling. id.
Fessier, chez M. Didot. Paris. id.
Girard, imprimerie impériale id. id.
Grumel (Ad.) chez M. Plon. id. id.
Greene (John), id id.
He dlle. Hall Wurtemberg.
Hub rt, maison Didot frères, Paris. France.
Laeppie (J.). Heilbonn. Wurtemberg
Lame Louis, chez M. Stokiet, Paris. France.
Laurent (Alex.) chez M. Lerbesne, id. id.
Lechevalier, chez M. Lechesne, id. id.
Maréchal, chez M. P. Dupont, id. id.
Marius, id id.
Mell, chez M. Rest. id. id.
Mouline, chez M. P. Dupont id. id.
Perin, Imprimerie impériale. id id.
Perret Jean, chez M. Kœchlin. Mulhouse. id.
Preignon, (Auguste) chez M. Mame, Tours. id.
Plon (Aug. chez M. Plon. id id.
Rodwell, chez M. Vrights. Londres Royaume-Uni.
Roiling r. chez M. Rollinger, Vienne. Autriche.
Schzuuni, Paris. France.
Tanner (Ch.) Stuttgart Wurtemberg.
Texter Guillaume) Paris. France.
Thaller (Ign.), Wesserling. id.
Uisinger Ch.) chez M. Plon, Paris. id
Vaittenaire A.; id id
Vincent (J B.), chez M. Heyne, Bruxelles Belgique.
Wilbert, chez M. Benard, Paris. France.
Wilk (W.), chez M. Scormayer, Munich Bavière.
Wintersinger Joseph, chez M. Claye, Paris France.
Wirth (P.), Stuttgard. Wurtemberg.

Ancel. Imprimerie impériale, Paris. France.
Andre, Imprimerie impériale, id. id.
Baer L.), Stuttgard Wurtemberg.
Baeni, Imprimerie impériale. Paris. France.
Baraguet (Jules), id. id.
Carlier, chez M. Dupont. id. id.
Caudron H, maison Engiebert. Coulon et Rousseau, à Saint Quentin id.
Chamot Varand, Mlle Adèle), chez M. Bruyère, Lyon France
Chappel chez M. P. Dupont, Paris. id.
Chaussemiche (H.) chez M. Mame, Tours. id.
Can Joseph), Vienne. Autriche
Defrance Aug., chez Mme Gruel-Engelman, Paris. France
Delgardette G.). maison Simier. id. id.
Denis (Antoine, chez M. Wesbael Legros. Namur. Belgique.
Desmett (Joss.), chez M. Greuze Saerbeck. id
Dorfuil, chez M. Best Paris France.
Doreau, chez M. Paul Dupont, id. id.
Duval. Alexandre., chez M. Moreau, id. id.
Frimal, maison De perron, id. id.
Kimel, maison Mayer frères et Pierson, id. id.
Kichevary, chez M. Carla, id. id.

Falconi (Jacques), maison Cocchini (J.), Vienne. Au-
  triche.
Feriat, chez MM. Sauvage et Coffort, Paris. France.
Ferry, Imprimerie impériale, id. Id.
Froment (Firmin), chez M. Mame, Tours. Id.
Gand (Ed.). Somme. Id.
Godron, Imprimerie impériale, Paris. Id.
Haume, chez M. Vandoeselaere, Gand. Belgique.
Hotot (Ursule), chez Mme Gruel-Engelman, Paris. France.
Huguet, chez M. P. Dupont, id. Id.
Joss. chez M. Cardon, Troyes. Id.
Kopp (Ch.), Biberach. Wurtemberg.
Lagarde (F.-A.), chez MM. Bisson frères, Paris. France.
Lebon, chez M. Jamar, Bruxelles. Belgique.

Lehu, Imprimerie impériale, Paris. France.
Lepipée. chez M. Monoyer, le Mans Id.
Letourneau (Alph.), chez M. Plon, Paris. Id.
Linassier, chez M Mame, Tours. Id.
Lussier (Adolphe). Paris. Id
Marmand (Jean), maison Bisson frères, id. Id.
Marmond. Id Id.
Mézamat. Imprimerie impériale. Id. Id.
Perini (Antoine), Vienne. Autriche.
Petit, maison Diedéri, Paris France.
Thirault, chez M. P. Dupont, id. Id.
Vauvray, maison Mayer frères et Pierson, id. Id.
Vaié. chez M. P. Dupont, Id Id.
Wampflugs, maison Lortic, id. Id.

EXPOSITION UNIVERSELLE

PRODUITS DE L'INDUSTRIE

VINGT-SEPTIÈME CLASSE.

INSTRUMENTS DE MUSIQUE.

La musique des peuples est comme leur langue. Réduite d'abord à quelques sons élémentaires qui partent du gosier ou d'instruments très-simples exécutés avec du bois et des cordes, elle voit les sons se moduler à mesure que les besoins et les passions se développent, jusqu'au moment où la métallurgie crée des instruments compliqués qui correspondent aux progrès du vocabulaire de phonation.

Dans les annales des nations primitives, l'eau paraît avoir été le type de l'harmonie, l'eau roulant par flots le long du lit des fleuves, l'eau tombant en cascade, ou distribuée par jets harmonieux. Toutes les divinités musicales sont des divinités ondines, et l'on pourrait, en étudiant attentivement les fastes de l'antiquité, saisir les progrès mystérieux d'un art où l'antagonisme des systèmes joue le plus grand rôle.

Il n'est pas présumable que la musique instrumentale ait jamais porté ses inventions aussi loin qu'aujourd'hui. Le travail des métaux doit aux progrès de la chimie une perfection que l'antiquité ne pouvait atteindre. Je doute que les fameuses trompettes du temple de Salomon puissent soutenir la comparaison avec les cuivres de Sax, et l'orgue envoyé par Charlemagne au calife Al-Raschild avec l'*harmonium* et tels autres instruments du même genre, où le choix du bois se combine d'une manière si parfaite avec le jeu des tuyaux.

Quatre cent soixante-douze exposants, dont trois cent vingt-cinq français ou habitant la France, composaient la légion des fabricants enrégimentés sous les bannières de la mélomanie. De ces trois cent vingt-cinq Français, cinquante-deux seulement sont sortis

de la province, les autres habitent Paris et sa banlieue. Parmi ces fabricants, deux cent neuf se livrent d'une manière exclusive à la factorerie du piano, instrument qui, après s'être emparé de tous les salons du grand monde et de la bourgeoisie, descend jusqu'aux loges des concierges.

Telle est aujourd'hui, nous ne dirons pas le goût, mais la manie, la mode impérative du piano, qu'avant de songer aux moyens de loger des fauteuils et des chaises, on décide l'emplacement du piano. Peu importe que la fille de la maison tapotte une contredanse ou chantonne une romance; si personne n'est musicien dans la famille, il surgira des artistes du sein des connaissances qu'on possède, et le piano résoudra les principales difficultés d'une tenue de salon, chez les gens qui savent le mot sans savoir la chose.

Il serait presque aussi facile de nombrer les étoiles du ciel que les pianos sortis chaque année des deux ou trois mille ateliers de fabrication européens. Tous ne sont pas bons, mais presque tous sont passables, et parmi les bons il en est d'excellents.

Malheureusement pour les facteurs, le savoir, l'habileté des ouvriers ne suffisent pas pour réaliser un instrument irréprochable. Il faut certaines conditions de fortune qui permettent, d'une part, de choisir longtemps d'avance et de laisser sécher les bois; et d'autre part, de confectionner une quantité considérable de pianos qu'on laisse reposer plusieurs mois avant de les livrer au commerce, afin de procéder aux retouches qu'exige toujours l'instrument le mieux soigné. Souvent, d'ailleurs, un piano dont la disposition générale plaît, n'offre point des sons en harmonie avec le goût de celui qui l'achète: il faut alors le modifier en faisant varier plus ou moins la densité du feutre dont les marteaux sont garnis; chose facile depuis que le feutre a remplacé la peau et que des mains habiles savent établir les claviers avec la plus rigoureuse uniformité.

Dans la fabrication des pianos, la question du *contre-tirage*, c'est-à-dire le moyen d'équilibrer la puissance des cordes, d'empêcher l'instrument de gauchir et la table d'harmonie d'être refoulée sur elle-même, se présente tout d'abord comme difficulté capitale, comme champ d'épreuves entre les facteurs.

Dès 1810, deux Anglais, James Tom et W. Allen, avaient imaginé de placer au-dessus du plan des cordes des lames métalliques arc-boutées qui contre-balançaient, par leur rigidité, le tirage des cordes. Deux années après, Erard entrait dans la même voie de fabrication, et nous ne saurions trop dire s'il est inventeur attardé ou seulement simple imitateur.

Retournant la question, M. Pape rendit la table elle-même l'organe du contre-tirage. Par l'action énergique des cordes, il produisit sa tension au lieu de son refoulement, en plaçant entre le plan des cordes et la table un châssis en fer qui s'arc-boute contre les parois de la caisse: celle-ci, tirée par les cordes, tend à s'écarter derrière le châssis: mais comme la table est collée sur les bords des parois de la caisse, l'écartement de ces parois détermine une tension à la table proportionnelle au tirage des cordes.

Ainsi le refoulement de la table d'harmonie, cause ordinaire, constante et rapide de la détérioration d'un piano, n'existe point dans les pianos de M. Pape. Bien plus, la

tension de la table lui procure à la longue une plus grande sonorité. Elle conserve invariablement sa position normale; le châssis qui l'entoure offre plus de résistance, et la table ne lui reste pas subordonnée. D'autre part, comme les cordes tirant spécialement sur les sonneries du châssis pourraient les faire basculer, on neutralise cette action au moyen d'un tirage contraire.

Telles sont les bases générales du système de *contre-tirage*, système qui tend chaque jour à se perfectionner et pour lequel divers facteurs ont fait d'heureux essais. L'un d'eux, sous le nom d'*archet-tirant*, applique au tirage des cordes une résistance qui s'opère dans le sens du fil d'un certain nombre de pièces de bois fixées à l'arrière des sommiers. Un autre facteur loge au fond des sommiers les deux extrémités de larges bandes en fer, dont le centre s'appuie sur une forte traverse en bois placée à mi-hauteur de l'instrument. Des boulons à écrou permettent d'infléchir ces lames entre les sommiers et la traverse de manière que le tirage des cordes s'équilibre. Un fabricant ingénieux, qui a voulu rendre sa table d'harmonie tout-à-fait indépendante du tirage des cordes, s'est affranchi du contre-tirage : écartant des deux sommiers la table d'harmonie, il lui donne pour supports des éclisses collées sur les parois de l'instrument; mais peut-être ne tient-il pas assez compte du cordage des cordes sur le chevalet, et du déplacement possible de la table dans le sens du décollement des éclisses. C'est, au reste, une pensée neuve, une pensée hardie qui mérite attention.

Le mode d'accorder les pianos n'excite pas moins de controverses que la fabrication des tables. Ceux-ci conseillent l'accord à vue, ceux-là l'accord à l'unisson ou à l'octave ; divers facteurs emploient un genre mixte dans lequel l'œil conserve sa prépondérance légitime, et la main son action.

L'accord à vue, qui s'opère au moyen d'une vis enfoncée dans le sommier et dont la tête appuie sur la corde, ou par un pilote dont la tête repose également sur la corde, présente l'incontestable utilité de se passer d'accordeur, chose précieuse à la campagne; mais aussi un accord de cette nature offre l'inconvénient de ne point laisser aux cordes la fixité solide dont elles ont besoin pour jouir de leur complète sonorité. Les ressorts qui les tendent cèdent sous l'influence des vibrations énergiques que leur imprime le marteau. Mais, en tous cas, mieux vaut un instrument moins sonore qu'un instrument désaccordé.

L'accord à l'unisson se compose, en principe, d'une traverse fixée invariablement et qui occupe, en face du plan des cordes, l'étendue d'une octave ou de douze notes. Les douze notes étant bien accordées, on règle la position de douze sillets placés sous la traverse, de sorte que chacun d'eux, dès qu'on l'appuie sur la corde à laquelle il correspond, la divise de manière à lui faire donner l'unisson de la corde la plus aiguë. Pour établir l'accord il suffit d'abaisser la traverse, de mettre à l'unisson toutes les cordes placées sous elle, puis, la traverse une fois relevée, d'accorder à l'octave ou à la double octave toutes les cordes de même nom. Ce système est fort ingénieux, mais il a l'inconvénient d'occuper beaucoup de place et de ne pas se prêter facilement aux dimensions restreintes qu'on exige du piano droit.

Un facteur allemand a eu l'heureuse idée d'appliquer aux chevilles de ses pianos la vis tangente, qu'on emploie pour tendre les cordes de la contre-basse, du violoncelle et quelquefois même de la guitare. D'autres facteurs, dans le but de déterminer la flexion de la corde entre deux sillets, se servent d'une vis conique placée contre la corde qu'elle infléchit latéralement. Quelques fabricants disposent sur le sommier, au dessus du plan des cordes, une série de petites potences traversées chacune par une vis, dont l'extrémité pressant la corde lui imprime la flexion nécessaire. Aux potences multiples, un facteur de Paris et un facteur de Nîmes ont cru devoir substituer une seule barre occupant toute la longueur du piano et traversée en face de chaque corde par une vis. Mais le mouvement circulaire de la vis exerçant sur la corde un frottement très-énergique qui pourrait compromettre sa solidité, les deux facteurs dont nous parlons y ont obvié en faisant de leur vis simple une vis à deux parties : chez l'un, l'extrémité de la vis est coiffée d'un petit chaperon où elle tourne et qui porte à son sommet extérieur une fente dans laquelle la corde se loge ; chez l'autre, la vis se trouve surmontée d'une pièce pleine fendue à l'une de ses extrémités pour loger la corde, et prolongée par une queue cylindrique qui s'insinue dans un trou de même forme occupant l'axe de la vis.

Entre ces deux modificateurs ingénieux du principe de tension des cordes, surgissent les débats les plus vifs. L'amour-propre, la prééminence commerciale sont en jeu bien plus que l'intérêt de l'art, comme jadis entre les Gluckistes et les Piccinistes, et la tourbe des facteurs de second ordre profite de la querelle pour s'instruire, pour essayer et se faire un nom par quelque heureuse tentative.

La barre métallique du facteur de Nîmes, dont l'invention première ne saurait lui être contestée, avait été d'abord appliquée par le facteur de Paris à l'harmonicorde qu'il a sinon créé, du moins notablement perfectionné ; mais l'emprunt, ou plutôt la similitude des procédés lui pesait : il voulut s'en affranchir, et il imagina une nouvelle disposition.

Cet appareil ingénieux consiste en un arc de cercle métallique dont les extrémités, portant une rainure, se posent sur une portion de la corde prise entre deux filets. La corde se trouve infléchie dans la cavité de l'arc de cercle au moyen d'un crochet dont la tige filetée traverse le sommet de celui-ci, et reçoit extérieurement un écrou au moyen duquel on tend la corde plus ou moins pour la mettre au ton.

Quelques pianos présentent, sous le nom de *prolongement*, un dispositif au moyen duquel un accord étant frappé, il continue à vibrer sans que la main tienne abaissées les touches qui l'ont produit, ce qui permet d'exécuter d'autres notes pendant la durée de l'accord ; mais avec ce mécanisme on ne saurait obtenir un second accord prolongé si le prolongement du premier n'est détruit.

Divers facteurs, à la tête desquels se place M. Pape, rapprochant du plan des cordes tout le système des marteaux, donnent aux exécutants la faculté d'affaiblir les sons autant qu'ils le veulent, sans diminuer en rien la vigueur avec laquelle on doit attaquer les touches.

Par leur *piano scandé*, deux artistes habiles ont cherché le moyen de prolonger des

accords successifs et de déterminer en même temps, sur telle autre portion du clavier, tous les degrés de forté, et sur telle autre portion toutes les nuances du piano ou pianissimo. A cet effet, ils disposent au bas de l'instrument deux séries de pédales dont l'une, s'abaissant sous le pied, agit sur les étouffoirs qu'elle soulève, tandis que la pointe du pied repousse l'autre qui rapproche les marteaux du plan des cordes. On donne à celles-ci le nom de *contre-pédales*. Chaque pédale et chaque contre-pédale correspondante exercent leur action sur un certain nombre de cordes; et comme le même pied peut attaquer facilement deux pédales ou contre-pédales, l'exécutant produit d'une manière instantanée, s'il le veut, le même effet sur quatre octaves au moyen d'un organe spécial qu'il pousse du doigt; il jouit aussi de la faculté de déterminer le forté sur une ou plusieurs octaves, et le piano sur une ou plusieurs autres; conditions heureuses pour les commençants, qui tâtonneront beaucoup moins et qui, de plein saut, franchiront le dédale d'exercices fastidieux qu'on les obligeait à traverser avant d'acquérir le sentiment des nuances délicates dont le secret se trouve dans l'âme, dans l'oreille, sous les doigts, un peu partout, mais résumé, condensé par le *piano scandé*.

Nous qui ne sommes point pianiste, mais qui aimons le piano, parce qu'il est, de tous les instruments de salon, celui qui fait le mieux concert et qui accompagne la voix avec le plus de justesse, nous avons été frappé de l'immense avantage, pour une maîtresse de maison non musicienne, de posséder un de ces pianos qui vont au moyen d'une manivelle, comme les orgues de Barbarie, et que l'on nomme *pianos-mécaniques*. Toute autre dénomination nous semblerait plus convenable, mais en faveur de la chose ne disputons pas des mots.

Le *piano-mécanique* présente le clavier d'un piano ordinaire, et, de plus, certain mécanisme au moyen duquel une *planchette* recouverte de pointes en saillies, comme la superficie des cylindres de musique à ressorts ou à manivelle, détermine le mouvement du clavier dans le sens du morceau noté sur la planchette, qui représente ainsi le texte d'une page de musique gravée. On conçoit dès lors l'énorme quantité de planchettes qu'exige un répertoire étendu, et le prix considérable de revient, non pas de l'instrument, mais de la musique notée.

Avec le *piano-mécanique* on n'exécutera jamais avec charme ces airs passionnés qui vibrent dans l'âme de ceux qui les exécutent avant de passer sous leurs doigts ou sur leurs lèvres : ce sont des notes, des sons d'une grande justesse, et voilà tout. Mais pour la contredanse et la valse, pour l'ariette et la chanson, pour rompre, dans les longues soirées d'hiver, la monotonie d'un salon, rien ne saurait remplacer le piano-mécanique. Grâce à lui un bal peut s'improviser; et pendant que le premier venu fait aller l'instrument, la maîtresse et la fille de la maison jouissent de la liberté d'allures qu'exige une réception aimable.

Si nous n'avions été séduit par le nombre et aussi par la qualité des facteurs de pianos, nous aurions placé l'orgue en tête de notre examen. Au vacarme qu'il faisait dans la nef principale de l'Exposition, qui ne l'eût pris pour le souverain maître des instruments, et quel dilettante se fût permis de contester ses titres de noblesse ou d'origine? Cependant, en

isolant le clavier des jeux des tuyaux, et en prenant le clavier comme un type primordial d'où dérivent les pianos actuels, en isolant également les tuyaux par registres et en rattachant chaque registre à la flûte dite de Pan, qui présente la même disposition, l'orgue perd sa primauté et ne sait plus à quelle souche rattacher ses aïeux : c'est un composé bâtard de divers instruments, réunissant dans sa haute parenté la flûte, la trompette, le hautbois, le basson, et puisant son âme dans l'air, qui est l'essence de l'harmonie.

Naguère, l'orgue appartenait exclusivement aux églises; aujourd'hui qu'il s'est modifié et rapetissé, on en fait deux instruments distincts, l'un qui conserve son ancienne place, l'autre qui se rapproche des chantres sous la qualification d'*orgue de chœur*. Ce genre d'orgue, le seul que se permettent les sanctuaires pauvres de la campagne, tend à s'introduire dans les appartements et s'y trouve effectivement très-bien placé, surtout à l'intérieur des vieux châteaux.

Le système de construction des orgues, demeuré longtemps stationnaire, après avoir fait, du quatorzième au seizième siècle, de notables progrès, se perfectionne sensiblement depuis quelques années, tant par rapport à la qualité métallique des tuyaux, que par rapport à la disposition générale de l'instrument. Dans le siècle dernier, on citait à peine une dizaine d'orgues considérées comme chefs-d'œuvre, et l'on possédait trois cents organistes du premier mérite. Aujourd'hui on citerait trois cents jeux d'orgue excellents, et tout au plus dix organistes.

Dans un jeu d'orgue, si l'on prend pour unité de volume le tuyau qui donne le ton le plus grave, le tuyau à l'octave immédiatement supérieure n'aurait que le huitième du volume du premier ; celui de la troisième octave, le soixante-quatrième en volume ; celui de la quatrième octave, le cinq cent seizième, celui de la cinquième octave, le quatre mille quatre-vingt-seizième, et ainsi de suite. Or, le son d'un tuyau ayant une intensité proportionnelle au volume de l'air qui le produit, la maigreur extrême des sons élevés de l'orgue comparativement à l'ampleur des basses, s'explique d'une manière tout à fait mathématique. Un facteur distingué, auteur des orgues de Saint-Denis et de la Madeleine, a eu l'idée d'employer, pour les notes aiguës du clavier, les sons harmoniques de gros tuyaux, et de forcer ainsi la colonne d'air qu'ils contiennent à se subdiviser en un nombre de parties vibrantes calculé d'après le chiffre des sons que l'on veut obtenir.

Un autre facteur, voulant laisser au clavier le plus de mobilité possible, quel que soit le nombre des jeux mis en action et celui des claviers accouplés, adapte un petit soufflet à chacune des touches du clavier. Ces touches ouvrent autant de petites soupapes qui communiquent à un soufflet rempli d'air. L'air est suffisamment comprimé pour que l'action de la paroi mobile détermine l'ouverture des soupapes mises en rapport avec lui.

L'orgue, dit à piston, exécuté par un fabricant de la petite ville de Mirecourt, présente un dispositif analogue aux précédentes : soupapes, registres, pilotis tournants, tirasses, conduits, sont supprimés. Chaque tuyau reçoit le vent directement au moyen d'un piston adapté à sa base, et le clavier est très-doux, très-facile à toucher.

D'autres orgues d'église présentent encore divers perfectionnements. Mais comme les grands facteurs de Birmingham, de Vienne, de Prague, de Milan, ont dédaigné de se

produire à l'Exposition universelle, nous manquons d'éléments pour faire entre les diverses factoreries européennes la part légale qui leur revient. La France a fait d'incontestables conquêtes sur ses rivaux d'autrefois ; mais leur importance ne diminue pas, et l'Allemagne ne nous semble pas près d'abandonner l'ancienne suprématie que possédaient ses organistes-facteurs.

L'orgue expressif, l'orgue d'appartement, d'origine milanaise selon les uns, autrichienne selon d'autres, chinoise au dire de certains voyageurs, en tout cas étrangère à la France, s'y montra vers l'année 1810, mais avec un tel caractère de monotonie, qu'on ne lui fit qu'un très-froid accueil.

Cependant, quelques-uns de nos compositeurs dramatiques ayant introduit sur la scène des accompagnements d'orgue et des chants d'église, l'orgue expressif vint se mêler à l'action théâtrale et conquérir ainsi son entrée au milieu des salons du grand monde. Aujourd'hui beaucoup de grands salons possèdent un piano à queue, d'Erard ou de Pleyel, et un orgue expressif d'Alexandre ou de Debain.

Voilà deux noms qui font éruption sous ma plume, pour s'entrechoquer, dirait-on, comme les artistes compétiteurs qui les portent.

Au lieu d'un seul jeu d'anches libres, organe unique du son dans l'orgue expressif, l'*harmonium* Debain en possède quatre. Dans chacun d'eux, les anches recouvrent l'ouverture d'une cavité dont la forme et la grandeur diffèrent de celles des autres jeux, d'où résultent quatre espèces de timbres, qui donnent aux effets de l'instrument une variété très-grande. Placées dans le vent, c'est-à-dire dans le sommier même, les anches jouissent d'une vibration soudaine, et permettent d'exécuter des valses, des tarentelles et tels autres morceaux du rhythme le plus vif et le plus accentué. Ce n'est donc pas seulement l'intensité des sons qui varie par la pression des pédales, même des soufflets, c'est aussi leur succession plus ou moins rapide.

Le *mélodium* Alexandre repose absolument sur les mêmes principes que l'*harmonium* Debain ; il ne diffère que par l'application d'une mécanique à marteau cédée à M. Alexandre par un facteur de Provins, et par diverses additions heureuses, propres tantôt à l'un des facteurs rivaux, tantôt à l'autre. C'est ainsi que M. Debain, pour chaque touche, a joint l'action d'une corde de piano qui marche à l'unisson des anches, ce qui fait de l'harmonium un instrument double, qu'on peut faire entendre isolément ou à l'unisson.

L'harmonium et le mélodium ont la forme d'un piano droit, mais tiennent un peu plus de place. Il n'est pas très-difficile d'en jouer d'une manière agréable, mais il faut posséder ce que l'étude ne donne jamais, un sentiment exquis, une entente parfaite de la mélodie.

Quand les orgues et les pianos, bavards, criards, infatigables, assourdissaient les visiteurs de l'Exposition universelle, les instruments modestes que le Jury avait placés dans la première section, pour les récompenser sans doute de leur retenue, demeurèrent silencieux au fond de leur vitrine. Ce sont les *instruments à vent non métalliques*.

Ces instruments, par l'épaisseur des parois qui les constituent, présentent des trous d'une capacité variable, qui modifie, à proportion, la qualité des sons produits. Une con-

tinuité parfaite de la paroi intérieure ne pouvant qu'augmenter les bonnes qualités de ces instruments, un facteur éminent a eu l'idée d'amincir, sur chaque trou, l'extérieur de la paroi jusqu'à ce que les bords du trou présentent un angle très-aigu ; puis de couvrir ce trou avec une cannelle de métal, articulée comme une clef et maintenue soulevée par un ressort. La pression du doigt opère la fermeture hermétique du trou.

Sous l'influence du progrès de la métallurgie et des belles expériences d'acoustique faites par les savants, les *instruments à vent métalliques* ont acquis, depuis trente années, une perfection remarquable, car la musique régimentaire s'est transformée complétement, et jusque dans l'orchestre des théâtres, beaucoup d'instruments de bois ont dû céder le pas à leurs rivaux en cuivre. Le cornet à piston, l'ophicléide, la trompette à clef règnent avec une souveraineté despotique. Vainement le larynx des chanteurs proteste ; vainement les poitrines s'épuisent dans leur lutte contre une instrumentation trop puissante : force leur est de subir la loi commune ; et s'il arrivait au compositeur de négliger les cuivres dans sa partition et de laisser aux instruments à corde la part légitime qu'on leur doit, vous verriez soudain les parterres blasés protester contre une musique généreuse et douce qu'ils ne comprennent plus.

Avant M. Sax, qui fait époque dans l'histoire de l'art, la forme des instruments de cuivre, leurs nombreuses spirales ne suivaient aucune loi d'acoustique. Abandonnés aux caprices du facteur, ils présentaient des plis, des courbes, des angles plus ou moins aigus, où venaient se heurter et se perdre une partie des vibrations, et, par conséquent, une partie du son.

Sax, mieux inspiré que ses devanciers, a fait de l'acoustique, appliquée aux instruments en cuivre, un système raisonné dont les lois produisent toujours le même résultat. Il a supprimé les angles, réduit les spirales, arrondi les courbes, et ménagé le plus grand rayon possible à chacune d'elles pour que le métal vibre en toute liberté et que l'air trouve, dans l'étendue de l'instrument, un parcours facile.

Sur trente-sept exposants d'instruments à vent métalliques, dix-sept appartiennent à la France et seize à l'Allemagne, qui ne nous est point inférieure, si même elle ne nous surpasse, dans la généralité de ses fabricants. Prague et Vienne, puis Berlin et Stuttgard, sont en possession d'excellents ateliers qu'entretiennent surtout les fournitures de musique militaire. L'usage du cor, beaucoup plus commun en Allemagne qu'en France, donne aussi lieu à une fabrication spéciale très-importante.

La lutherie française, qui s'est traînée si longtemps à la remorque de la lutherie allemande et de la lutherie italienne, a fait, depuis quelques années, d'incontestables progrès ; Paris, Lyon, Rouen, Lille, mais surtout Mirecourt, tiennent le premier rang. Nous ne savons même si, sous le rapport du mérite des inventions, Mirecourt n'occupe pas un rang supérieur à celui de Paris. Nous avons remarqué des violons d'un timbre très-vigoureux, se rapprochant de l'alto ; des altos plus maniables par suite de l'abaissement imprimé à leur table ; des archets à hausse fixe ; des guitares presque aussi sonores que la harpe ; une harpe à laquelle se trouve annexé un dispositif ingénieux qui permet de diminuer la tension de toutes les cordes dès qu'on ne joue plus de l'instrument, et enfin

différentes créations bizarres, comme celle d'un facteur de Mirecourt qui a produit un instrument mixte résultant de l'adossement d'un violon avec un alto.

Dans l'exécution des instruments à table, comme le violon, l'alto, le violoncelle, la guitare, la mandoline, le choix du bois, on le comprend, est d'une importance capitale : vient ensuite son desséchement, son sciage, puis son collage, procédés préliminaires qui exigent des mécaniques parfaites et des mains habiles. Nous tirons aujourd'hui de l'étranger des bois durs, vibrants comme le métal, et qui donnent des qualités de son que les anciens n'obtenaient presque jamais ; nous avons aussi un choix d'échantillons variés et un mode d'incrustation d'ébène, de nacre ou d'autres ornementations qui, sans rien ajouter aux qualités harmoniques de l'instrument, rendent son aspect plus agréable et augmentent de beaucoup sa valeur commerciale.

Autrefois, nous faisions venir de Naples toutes les cordes qu'exigeaient nos instruments ; aujourd'hui nous les produisons aussi bonnes, et nous ne demeurons tributaires de l'étranger que pour les chanterelles ; encore cela tient-il à un fait d'octroi qui, du 24 juin de chaque année (jour de la Saint-Jean), classe au nombre des moutons tous les agneaux et les impose en conséquence : or, les bonnes chanterelles ne se font qu'avec des intestins d'agneaux parvenus à certain âge.

Nos cordes filées ne redoutent non plus aucune concurrence. Elles offrent, dans toute leur longueur, une parfaite cylindricité, une consistance, un poids uniformes, et une flexibilité constante. L'avantage de posséder sous la main d'excellentes cordes, et de ne pas les payer trop cher, fait qu'on les renouvelle sans hésitation et que l'instrument ne perd aucune des qualités qui le distinguent. Leur mode d'attache s'est aussi perfectionné. On voit beaucoup moins souvent qu'autrefois un artiste interrompre son morceau pour remonter ou cheviller l'instrument.

Au total, les instruments actuels, même ceux à cordes, qui, de tous les instruments, ont le moins progressé, présentent d'inappréciables avantages sur les instruments anciens. Il faut un fanatisme d'antiquaire, un culte exaspéré des souvenirs, pour rechercher tel violon, tel alto, tel violoncelle, telle basse, parce que c'est un *Amati*, un *Stradivarius* ou un *Steiner*. Il en sera bientôt de même des harpes d'Erard, qui tombent, avec tant d'autres harpes non moins bonnes, dans le domaine du bric-à-brac. C'est un peu l'histoire des bibliomanes qui se croiraient déshonorés s'ils avaient sur leurs rayons des livres imprimés par d'autres que par les Alain, les Elzévir, les Mamert-Palisson ou les Crapelet.

Pour économiser la bourse ordinairement légère des artistes, ménager leur amour-propre et favoriser la *vantardise* de tant d'instrumentistes qui posent, un facteur s'est attaché à l'imitation rigoureuse du vieux ; il a fait, avec des éléments tout neufs, des instruments de deux ou trois siècles, et leur a donné un vernis authentique auquel la tache rouge-fauve traditionnelle, devant laquelle s'extasient les vrais connaisseurs, ne manque pas plus que ne manque la faute à la meilleure édition de tel ouvrage.

Moyennant trois ou quatre cents francs, vous achetez maintenant un violon identiquement le même que celui qui se vendait naguère huit ou dix mille francs ; moyennant six

cents francs, une basse qui vaut celle de Duport, vendue vingt-deux mille francs : mêmes qualités de son, même forme, même aspect, même vernis; la vétusté d'emprunt fait pâlir la vétusté réelle.

A de semblables supercheries l'art ne saurait rien perdre, et le public y gagnera toujours; car, faute d'un bon instrument, faute surtout d'un instrument qui pût, sans rougir de honte, afficher la fausse aristocratie de son origine, quantité d'artistes déclinaient l'honneur de se produire dans les salons. Ils y viendront avec leur *Amati* ou leur *Stradicarius* postiche, certains d'en tirer d'admirables sons et de faire sécher de jalousie leurs rivaux moins heureux.

Est-ce de la générosité, de la grandeur d'âme, comme on voudrait en voir à tous les hommes d'un vrai mérite? Non certes, mais c'est du savoir-faire, sans lequel le vrai savoir meurt sur un lit d'hôpital.

REVUE DES PRINCIPAUX OBJETS

EXPOSÉS DANS LA VINGT-SEPTIÈME CLASSE.

M. TH. BOEHM, à Munich (Bavière).

A M. Boehm est due la réforme radicale de construction de plusieurs importants instruments à vent, qui, malgré l'ancienneté de leur origine, n'avaient rencontré, en traversant les temps, que des perfectionnements de détail ne corrigeant guère leur principal défaut, le manque de justesse. La flûte ancienne, par exemple, était établie d'une manière toute défectueuse, qui mettait dans la communication des ondes vibrantes un désordre en opposition directe avec les lois de l'acoustique. M Boehm l'a habilement rénovée, ou plutôt il a inventé la flûte à quatorze trous, donnant trois octaves complètes d'une échelle chromatique parfaitement juste, se fermant et s'ouvrant régulièrement pour les gammes ascendante et descendante, évitant enfin la monstruosité harmonique des fourches. Et comme dans cet instrument les quatorze trous n'ont que neuf doigts de l'exécutant à leur disposition, le pouce droit servant uniquement à soutenir la flûte, l'habile inventeur a trouvé une combinaison de clefs à anneaux qui permet que deux fonctions différentes soient remplies par le même doigt, levant une clef et bouchant un trou simultanément. Quant à la forme de cette nouvelle flûte, elle constitue le renversement de l'ancienne. Sa tête est conique au lieu d'être cylindrique; dans sa grande pièce, la perce au contraire est cylindrique au lieu d'être conique. Pour la matière servant à la fabrication des tubes, M. Boehm a reconnu que l'argent et le cuivre valaient mieux que le bois et tous les métaux employés précédemment.

Dans les deux flûtes envoyées à l'Exposition par cet illustre facteur, se remarquait en outre un système original de clefs, donnant plus de solidité au mécanisme et rendant le doigté plus facile. Ces flûtes avaient un volume, une pureté sonore que nul autre, parmi les meilleurs fabricants, n'a pu obtenir de ses produits à pareil degré.

Ce que la réforme radicale de M. Boehm a d'admirable, c'est qu'elle s'applique non-seulement à la flûte, mais encore à tous les instruments à embouchure latérale et à anches, hautbois, bassons, clarinettes, jusque-là imparfaits de justesse et inégaux de sons. Les hautbois de son invention ont été les premiers instruments coniques construits dans des proportions normales. Ses clarinettes à dix-sept clefs, dotées d'un mécanisme ingénieux, n'exigent qu'un seul doigt et un seul mouvement pour deux fonctions. Ses bassons offrent une échelle chromatique irréprochablement juste.

En résumé, tous les perfectionnements de M. Boehm ont et auront une heureuse et immense influence sur la facture des instruments à vent. Ceux-ci lui doivent déjà la réforme de presque tout ce qui déparaît leurs incontestables qualités mélodiques. Aussi le Jury international a-t-il décerné au savant artiste la Grande médaille d'honneur.

M. ADOLPHE SAX, à Paris (France).

La musique instrumentale a fait en ce siècle un pas immense. Si elle a conquis en moins d'une exis-

III.

tence humaine presque autant de moyens matériels d'exécution qu'elle en avait acquis depuis son antique naissance ; si elle a perfectionné la plupart de ses vieux et défectueux producteurs de bois ou de cuivre, c'est surtout à M. Adolphe Sax qu'elle doit ces splendides résultats.

Il a reconstruit en métal le basson à trous bouchés avec des clefs, et l'a rendu aussi excellent que ses grandes clarinettes heureusement imitées du système Bœhm. Il a donné à la musique militaire une petite clarinette aiguë beaucoup plus juste encore. La clarinette basse manquait aussi de justesse, il en a fourni un modèle irréprochable. Enfin il a complété cette famille d'instruments à vent par la clarinette contre-basse, dont la sonorité puissante et douce offre aux compositeurs des effets vraiment nouveaux.

Mais où M. Adolphe Sax a montré toute son intelligence et sa puissance créatrice, c'est dans la construction originale de ces nombreux instruments auxquels il a imposé intimement et justement son nom mêlé aux leurs. Sa famille des saxophones, complète en huit variétés, a été dès le premier jour ce qu'elle sera dans l'avenir : nul n'ajoutera aux qualités de son timbre, vraiment spécial, beau, malléable, sympathique entre tous, et préférable à cause de sa mélancolie pour le chant et l'harmonie, malgré qu'il soit d'articulation très-prompte. En outre, le saxophone a en général l'avantage de se jouer avec facilité, son doigté étant à peu près semblable à celui de la flûte et du hautbois. La famille des bugles dits *saxhorns* a vu aussi sa justesse et sa sonorité peu satisfaisantes, corrigées par le *compensateur* de M. Sax. Celle des saxtromba, au son participant des timbres du bugle et de la trompette à cylindre, celle des saxtuba qui, sans tomber dans le bruit, domine les accords les plus puissants de la musique militaire, sont nées presque aussi parfaites et complètes que la famille des saxophones, grâce aux incessants travaux de l'infatigable inventeur.

Il a procédé en outre à la réforme du clairon. En remplaçant la petite branche d'embouchure par un appareil garni de pistons variés selon les tons voulus, il a tiré toute une famille de cet instrument jadis si primitif, si barbare, et qui compose maintenant une bonne musique d'harmonie, d'une facile exécution par de simples soldats. Par l'adjonction d'un seul piston, il a donné au trombone ténor le *mi* bémol qui lui manquait. Enfin le cornet à piston, devenu si vulgaire par sa mauvaise facture, se réhabiliterait s'il avait toujours la justesse de ceux de M. Sax.

Le Jury international, pour l'ensemble de ses inventions et de ses perfectionnements dans les diverses catégories d'instruments à vent, a décerné à M. Adolphe Sax la Grande médaille d'honneur.

MM. TRIEBERT et Cⁱᵉ, à Paris (France).

La maison Triebert, fondée depuis plus d'un demi-siècle, ne s'est pas arrêtée dans la voie du progrès, et, à l'époque de l'Exposition universelle, ses appareils mécaniques et son outillage de fabrication pour la précision des pièces, étaient dignes de servir de modèles à tous les bons facteurs d'instruments de musique. Ses hautbois ont une réputation de supériorité sans rivale ; ils sont en effet les meilleurs qu'on connaisse. Parmi les perfectionnements dont MM. Triebert et Cⁱᵉ les ont dotés, il faut citer celui par lequel le même doigt remplit l'office de plusieurs, et celui qui consistait, dans le hautbois exposé (descendant au *la* et d'un son si pur), en l'adjonction d'une clef pour le demi-trou, adjonction faisant disparaître une des plus grandes difficultés du doigté.

Ces facteurs hors ligne ont de plus complété la famille des hautbois par la création de ceux en *mi* bémol et autres tons, destinés à la musique militaire, mais très-acceptables aussi dans les orchestres d'opéra, malgré que leur timbre se rapproche trop du son de la clarinette. Ils ont amélioré, par le système des clefs à anneaux de M. Bœhm, les contraltos de hautbois ou cors anglais. Ils ont ressuscité, sous le nom de *baryton*, le ténor de hautbois en lui donnant une sonorité satisfaisante, mais manquant un peu de justesse. Un basson dont ils avaient seulement exposé le tube, était digne de leurs autres instruments de la même famille. Enfin le bec de la clarinette leur doit une importante amélioration,

celle qui consiste dans le règlement mécanique de l'ouverture de l'anche en raison même de sa force et de l'embouchure de l'exécutant.

Le Jury a décerné à MM. Triebert et Cie, la Médaille d'honneur.

M. J.-D. BRETON, à Paris (France). Il exposait des clarinettes, flûtes, hautbois et des becs et embouchures d'instruments en cristal ; mais l'excellence de ses flageolets lui a valu surtout la Médaille de première classe.

Ont pareillement obtenu la Médaille de première classe :

MM. BESSON, à Paris (France). Ses bugles de tous diapasons, ses clairons ordinaires, ses trombones à coulisse avaient des qualités réelles, mais ses trompettes droites étaient défectueuses, ses bugles à tubes fins offraient une imitation du saxtromba, et son trombotonar semblait aussi monstrueux comme son que comme forme.

BUFFET Jeune, à Paris (France). Son basson reconstruit présentait quelque imperfection comme sonorité et justesse. Parmi ses clarinettes aiguës, une très-petite attirait surtout l'attention des connaisseurs. Sa clarinette alto était d'une sonorité parfaite.

BUFFET et CRAMPON, à Paris (France). Leurs grandes clarinettes étaient les meilleures de l'Exposition universelle.

GODEFROY Ainé, à Paris (France). Les flûtes de M. Godefroy, établies d'après le système Bœhm, avaient tous les mérites. Ses flûtes ordinaires ou anciennes offraient dans le haut une brillante sonorité, mais d'une justesse un peu douteuse.

L. LOT, à Paris (France). Les flûtes à perce cylindrique et les flûtes anciennes ou coniques de ce facteur justifiaient leur bonne renommée.

TULOU, à Paris (France). Cet habile artiste a perfectionné certains détails de la flûte Tromlitz ou ancienne flûte ; elle lui doit une qualité de son brillant et pur dans le haut, mais il lui reste toujours un léger manque de justesse. Les mêmes observations pouvaient s'appliquer au hautbois ancien système exposé par M. Tulou. Son basson n'atteignait pas tout à fait la perfection de celui de M. Adolphe Sax.

ANTOINE COURTOIS, à Paris (France). Ses cors d'orchestre, ses clairons ordinaires, ses trompettes d'ordonnance étaient d'une bonne qualité, ses cornets à piston d'une justesse et d'un son excellents, ses bugles meilleurs encore que ses clairons, ses ophicléides moins défectueuses que ne le sont d'habitude ces instruments à la disgracieuse sonorité, ses trompettes à cylindre distinguées à tous les points de vue. Les trompettes à coulisse de M. Courtois sont préférées aux trompettes à pistons par beaucoup d'artistes. Il exposait aussi des saxhorns-basses, contre-basses et saxtromba dignes d'éloges.

CZERVENY, à Kœniggraetz (Autriche). Parmi les bons instruments à vent de cet habile facteur se distinguaient des cors à gros tube et à cylindre. Le cornone, gros cor en fa grave, de l'invention de M. Czerveny, peut être très-utile comme cor basse dans tous les orchestres. Ses trombones à pistons, surtout ceux du système conique, étaient plus justes que les instruments de ce genre fabriqués en France. En général, la sonorité des basses d'instruments de M. Czerveny péchait par l'absence de sympathie.

HALARY Fils, à Paris (France). Ses trompettes avaient un joli son, mais manquaient de justesse

dans le bas. Ses bugles de tous diapasons étaient excellents. Il exposait une innovation sans application dans la musique actuelle : un trombone à double coulisse descendant jusqu'au contre-*fa*.

MM. F. MICHAUD, à Paris (France). Ses trombones à coulisses étaient les meilleurs du concours. Ses cors d'orchestre, ses trompettes à coulisses et à cylindre, en métal dit *venusium*, méritaient d'être distingués. Ses saxhorns et ses saxtromba étaient irréprochables.

RAOUX, à Paris (France). La maison RAOUX possède depuis plusieurs générations une réputation méritée pour ses cors anciens. Auprès d'eux, ses cornets à pistons pouvaient revendiquer une honorable place comme sonorité et comme pureté. Ses clairons ordinaires étaient bons, ses bugles meilleurs encore. Ses trompettes à cylindre avaient le défaut ordinaire de justesse dans le bas.

M. A. CAVAILLÉ-COLL, a Paris (France).

M. CAVAILLÉ-COLL, après avoir travaillé dans plusieurs villes de la France et à l'étranger, n'a débuté à Paris qu'en 1833. Peu d'années lui ont donc suffi pour se placer en tête de son art et de son industrie.

Les grandes orgues de Saint-Denis, de la Madeleine, de Saint-Vincent-de-Paul, de la cathédrale de Carcassonne, dont la réputation de perfection est européenne, sont l'œuvre de M. CAVAILLÉ-COLL.

On doit à cet éminent artiste un grand nombre d'innovations dans la facture des orgues, dont l'une est la plus importante de celles faites pour l'amélioration de ces puissants instruments. Il est parvenu, et cela à l'aide de moyens d'une simplicité extrême, à mettre en équilibre la force productrice des sons et la capacité absorbante des agents de résonnance; de là, la parfaite égalité qu'on admire dans ses instruments. « N'eût-il fait que cette heureuse découverte », dit M. Fétis, rapporteur du Jury de la XXVII° Classe, dans son rapport sur l'Exposition de M. CAVAILLÉ-COLL, il laissera un nom que n'oubliera pas la postérité. »

Nous serions entraîné beaucoup trop loin, si nous voulions énumérer toutes les autres découvertes à l'aide desquelles l'habile facteur donne à ses instruments leur cachet de si grande perfection.

Le Jury, appréciant au plus haut degré les services rendus par M. CAVAILLÉ-COLL, lui a décerné la Grande médaille d'honneur.

M. STOWASSER, à Vienne (Autriche). Ses cors à gros tubes et ses bugles brillaient par leur perfection. Trois petites trompettes d'une sonorité rigoureuse et juste, et une contre-basse, dite *hélicon*, distinguaient surtout l'exposition de ce facteur. Médaille de première classe.

M. C.-S. BARKER, à Paris (France). Quoique contre-maître de la maison Ducroquet, M. BARKER, sujet anglais, n'a pas été considéré par le Jury comme collaborateur, mais comme inventeur. Et en effet, ses *leviers pneumatiques* constituent l'une des plus utiles innovations apportées dans la construction des claviers de l'orgue, en annulant la résistance qu'ils offraient autrefois aux doigts de l'exécutant par la compression de l'air extérieur. Ce mécanisme, que met en jeu la bascule des touches, ouvre des soupapes a un vent très-comprimé, qui soulève rapidement de petits soufflets en nombre égal à celui des touches du clavier du grand orgue; il est comparable au mécanisme de conden   qui fait descendre le piston dans les machines à vapeur.

Lorsqu'on saura, en outre, que la belle ordonnance et toute la partie méc   du grand orgue de Saint-Eustache fourni par M. Ducroquet, sont dues à M. BARKER, on comprendra non-seulement la décision du Jury, qui lui a décerné la Médaille de première classe, mais l'acte rémunérateur de S. M. Napoléon III, qui l'a créé chevalier de la Légion d'honneur.

MM. BEVINGTON et Fils, à Londres (Royaume-Uni). Ils exposaient un grand orgue d'une harmonie noble et majestueuse, mais dont le positif ne communique pas avec les autres claviers, défaut capital de toutes les orgues anglaises, que ces excellents facteurs ont laissé probablement subsister pour se conformer à l'usage de leur pays. Médaille de première classe.

MM. CLAUDE Frères, à Mirecourt (France). Leur orgue à pistons était peu remarquable comme sonorité et comme ressources offertes à l'organiste, mais il avait pour particularité que le souffle y arrive de même qu'en un instrument joué par des lèvres humaines. Son avantage réel consiste dans sa simplicité de construction, qui le rend d'un achat facile pour les églises assez pauvres des petites communes. MM. Claude frères prétendaient en outre qu'il n'avait pas, ainsi que l'orgue à registre, les inconvénients de subir les variations de la température et l'inégale distribution du souffle. Même récompense.

M. DUCROQUET, à Paris (France). L'ancienne maison Daubluine et Collinet, maintenant Ducroquet, est en France la plus importante dans sa spécialité, commercialement parlant. Ses produits sont d'une belle facture, surtout pour la partie mécanique, et déjà la grande exhibition de Londres avait consacré leur supériorité sur toutes les orgues anglaises, en décernant la grande médaille à M. Ducroquet. Le bon orgue de vingt-huit registres qu'il avait exposé au Palais de l'industrie, quoique de moyenne dimension, avait une sonorité brillante, parce que tous les jeux, moins la pédale, étaient en étain, matière préférable au bois pour obtenir du mordant et de l'éclat, mais inférieure pour la majesté et la suavité du son. M. Ducroquet a le premier importé en France le jeu dit *kéraulophone*, inventé pour le piano par Hill. Même récompense.

M. l'Abbé GUICHENÉ, à Mont-de-Marsan (France). Il a inventé le *symphonista*, petit orgue du système à anches libres, composé d'un clavier ordinaire et d'un clavier à touches larges, en bois, portant le nom des notes. Cette combinaison ingénieuse permet aux personnes qui ne savent que le plain-chant de s'accompagner en faisant entendre une harmonie complète et redoublée dans plusieurs octaves. Aussi le symphonista est-il d'une utilité artistique de premier ordre pour les églises de village. Même récompense.

M. LORENZI, à Vienne (Autriche). L'orgue dit *phonochromique* qu'il a exposé était absolument original de composition : ses sons nuancés produisaient les effets les plus variés et les plus énergiques. Le système de M. Lorenzi repose sur la fonction variable des claviers et sur l'enfoncement plus ou moins complet des touches mises en action. C'est une heureuse conception, mais n'ayant guère d'application à l'orgue d'église, dont le son doit être simple et majestueux, et non l'imitation de tout un orchestre. Même récompense.

MM. MERCKLIN, SCHÜTZ et Cᵉ, à Bruxelles (Belgique). Le grand orgue de ces facteurs, acheté pour la nouvelle église de Saint-Eugène, offrait une heureuse alliance des systèmes allemand et français, et montrait l'avantageux usage des pistons dans de pareils instruments. Quoique de trente-trois jeux seulement, la sonorité de l'orgue de MM. Mercklin et Cᵉ était considérable, ce qu'on doit attribuer au bon caractère des timbres et à leur juste proportion entre eux. Tout le mécanisme, parfaitement traité, fonctionnait sans bruit et sans secousse. Les matériaux étaient tous du meilleur choix.

L'orchestrion, inventé par les mêmes exposants, pourrait remplacer l'orgue ordinaire dans les chapelles et dans les petites églises, d'autant plus qu'il coûte beaucoup moins cher. La simplicité de la construction de cet orgue sans tuyaux le met en outre à l'abri des fréquentes altérations des instruments à tuyaux, et il produit d'heureux effets acoustiques par la variété de ses timbres et la combinaison de ses claviers. Même récompense.

M. NIZARD, à Batignolles (France). Il exposait un orgue expressif à anches libres avec un nou

vœu clavier, transposant sans préparation et d'une manière tout à fait distincte le plain-chant et la musique moderne. Sous le rapport de la sonorité douce et moelleuse, surtout comme transition aux orgues véritables, trop chères encore pour les églises des petits centres, l'invention de M. Nizias constitue un service rendu à l'art instrumental. Médaille de première classe.

M. SURET, à Paris (France). L'orgue de Sainte-Élisabeth est l'œuvre de M. Suret, et son placement représente une grande difficulté vaincue, vu l'espace restreint à occuper. Sa sonorité est très-satisfaisante ; ses jeux ne laissent rien à désirer, comme timbre, qualité et promptitude d'articulation. Même récompense.

MM. ALEXANDRE Père et Fils, à Paris (France).

Voici en quels termes M. Fétis, rapporteur du Jury de la XXVII° Classe, a rendu compte de l'Exposition de MM. Alexandre père et fils.

« Dans le concours ouvert entre les instruments à anches libres, le Jury a distingué en première ligne les produits de la maison Alexandre père et fils, à cause de leur excellence et de la variété de leurs combinaisons. Depuis le petit orgue du prix de *cent francs*, dont il sera parlé tout à l'heure, jusqu'au magnifique instrument appelé *orgue-piano-mélodium*, tous les développements du principe de la sonorité de l'anche libre ont été présentés à l'examen du Jury par ces industriels, et, dans tous ces instruments, on a reconnu la bonté, la sympathie des timbres, leur variété, le bon goût de leurs associations, la promptitude de l'articulation, la bonne alimentation du vent, et une richesse d'effets qui n'existent pas dans les instruments d'autre origine. Par de grands sacrifices d'argent, MM. Alexandre ont acquis le droit d'exploitation de tous les perfectionnements épars qu'ils ont réunis à ceux qui leur sont propres, et, par ces dépenses bien entendues, ils ont pu produire des instruments complets, qu'on chercherait vainement ailleurs. Le dernier mot de leurs efforts, indépendamment des harmoniums, depuis le plus simple jusqu'au plus riche en timbres divers, ce dernier mot, disons-nous, est le *piano-mélodium*.

« Le *piano-mélodium* est un instrument à deux claviers. Le clavier supérieur est celui du piano ; l'inférieur, celui de l'orgue.

« Le piano et l'orgue restent à volonté indépendants l'un de l'autre, ou se réunissent pour produire des effets combinés.

« L'orgue, avec plus ou moins de jeux, selon l'importance qu'on veut donner à l'instrument, n'offre de différence dans ses dispositions extérieures avec l'harmonium ordinaire, que par la position des registres, lesquels sont placés à gauche pour les basses, à droite pour les dessus. Le registre d'expression aux pédales se trouve sous le clavier, et les pédales de la soufflerie restent dans les conditions ordinaires.

« Composé de deux instruments complets, le piano-mélodium conserve à chacun sa sonorité indépendante, mais offre, dans leur alliance facultative, des ressources nouvelles, et en quelque sorte inépuisables, pour la production d'une multitude d'effets auparavant inconnus. Tour à tour le piano et l'orgue peuvent devenir ou la partie principale ou l'accompagnement. Par le prolongement, la double action de la corde et de la lame vibrante se combine dans de telles conditions de timbre et de simultanéité, que les deux sons n'en forment qu'un seul au moment de l'attaque de la touche, et que la vibration de la corde venant à diminuer d'intensité, celui de l'anche continue seul, et a tant d'analogie avec le son du piano, qu'on les prend l'un pour l'autre, et que l'illusion est complète.

« Le plus grand développement donné à l'idée de la réunion du piano et de l'orgue à anches libres se trouve dans le grand instrument fait par MM. Alexandre pour Liszt, et dans celui qui a été mis à l'Exposition. Il consiste en un grand piano d'Érard réuni à un orgue à deux claviers, dont le premier se

combiné avec le piano, et dont l'autre reste indépendant. La richesse d'effets qui résulte de la quadruple combinaison de cet instrument est en quelque sorte sans limites.

« A ne considérer que son volume et son prix, ce petit orgue de sept francs, construit par les mêmes fabricants, paraît peu digne d'intérêt ; mais, si l'on songe qu'abordable par les positions sociales les moins fortunées, il peut pénétrer dans la plus humble chaumière, dans le réduit le plus obscur, y porter des consolations, rasséréner les cœurs attristés, inspirer de douces émotions, et, peut-être, révéler des talents qui se seraient ignorés, il acquiert des droits à l'attention de tout homme de cœur. L'étendue de son clavier est de quatre octaves ; la qualité de son de son registre unique est à la fois sympathique et suffisamment puissante.

« C'est à MM. Alexandre père et fils que l'industrie des instruments à anches libres est redevable de la grande extension qu'elle a prise depuis quelques années. Bornée originairement dans leur maison à la fabrication des accordéons, elle produit aujourd'hui les instruments les plus beaux et les plus riches de combinaisons. »

MM. Alexandre père et fils ont reçu du Jury la Médaille d'honneur.

M. DEBAIN, à Paris (France). Cet habile mécanicien a réuni toutes les nuances de sonorité de l'anche libre dans un même instrument, sous le nom d'harmonium à quatre registres ; il a fait disparaître ainsi la monotonie caractéristique des anciens harmoniums, et c'est là une amélioration considérable. Son harmonicorde, piano unicorde accolé à l'harmonium, a du mérite. Quant au piano mécanique exposé par M. Debain, dont on peut jouer à l'aide d'une manivelle faisant agir un système de planches mouvantes et de marteaux, il offre peut-être l'élément d'une bonne spéculation industrielle, mais l'art n'a rien à y voir. La même réflexion est applicable à son harmonium mécanique, qui montre l'instrument à touches libres privé de son principal avantage, celui d'être expressif. Médaille de première classe.

M. CH.-V. MUSTEL, à Paris (France). Il a exposé un orgue de chambre, instrument à double expression, dont le régulateur différentiel présente le caractère d'une véritable invention. Médaille de première classe.

M. VUILLAUME, à Paris (France).

Ce véritable artiste a prouvé que pour la construction des instruments à corde il ne fallait pas innover, mais suivre les principes infaillibles des grands luthiers dont les œuvres font encore aujourd'hui l'admiration de tous les musiciens. Au reste, quelle invention aurait demandé plus d'étude et de recherches sérieuses que la résurrection de ces principes des vieux maîtres de Crémone, écrits, non dans des traités restés, non dans des traditions, déchiffrables seulement par l'analyse approfondie de quelques-unes de leurs admirables instruments parvenus jusqu'à nous ?

C'est ce qu'a fait M. Vuillaume. Par exemple pour le violon, il a reconnu, à force d'expériences ingénieuses, que le sapin du versant méridional des Alpes est le plus propre à la confection de la table d'harmonie ; que le dos doit être en érable à coudes larges, d'un ton plus bas comparativement à celui de la table ; que la coupe du chevalet établie par les luthiers illustres ne saurait être altérée sans nuire à la sonorité, etc. ; en résumé, que l'équilibre des proportions, la vibration aiguë de toutes les pièces ligneuses, adoptés d'après les anciens et bons modèles, constituaient les meilleures garanties d'excellence pour les nouveaux instruments. De plus, il a retrouvé le secret du vernis de Stradivarius, dont la souplesse et la beauté sans pareilles écrasent tellement notre vernis moderne, qu'il étouffe littéralement en vieillissant les violons enveloppés par lui comme dans une carapace.

Quatre violons exposés par M. Vuillaume reproduisaient exactement les qualités d'harmonie et les

formes extérieures des produits des quatre maîtres par excellence : Magini, Amati, Stradivarius et Guarnerius ; à l'audition, l'illusion était complète pour les plus experts. Son alto était le plus parfait du concours. Sa contre-basse et son violoncelle offraient une supériorité incontestable ; ce dernier instrument pouvait coûter 600 francs, lorsque ses modèles génériques de Stradivarius se payent 12, 15 et même 25 mille francs.

M. Voillaume exposait aussi un alto d'une nouvelle forme, offrant le véritable caractère de sonorité intermédiaire entre le violon et le violoncelle, et digne d'être recherché pour les parties basses d'alto ; enfin un octo-basse, instrument étant à la contre-basse ce qu'elle est au violoncelle, se jouant à l'aide d'un clavier de touches d'acier et de pédales, produisant de beaux effets pour les notes larges.

Le Jury international a décerné la GRANDE MÉDAILLE D'HONNEUR à M. VUILLAUME, pour la perfection de ses produits dans les instruments à archet.

Ont obtenu la MÉDAILLE DE PREMIÈRE CLASSE :

MM. BERNARDEL, à Paris (FRANCE). Son imitation d'un violon de Magini était très-satisfaisante ; celle d'une basse de Stradivarius, bonne comme sonorité des trois premières cordes ; son violoncelle avait aussi les mêmes cordes excellentes ; l'émission des sons de sa contre-basse se faisait avec facilité.

DERAZEY, à Mirecourt (FRANCE). Ses violons alto et ses violoncelles avaient la prétention d'être originaux, mais ne présentaient pas la valeur artistique de ceux savamment imités d'après les grands maîtres.

GAND FRÈRES à Paris (FRANCE). Même observation que pour M. Derazey, produits identiques.

J. GRANDJON FILS, à Mirecourt (FRANCE). Même observation que pour MM. Derazey et Gand, à propos de ses violons, altos et basses.

JEANDEL, à Rouen (FRANCE). Ses violons et ses basses, quoique d'assez bonne qualité, prouvaient que les luthiers modernes ne sauront jamais atteindre la perfection de leurs devanciers de Crémone, s'ils ne cherchent à se servir habilement de leurs principes.

D. BITTNER, à Vienne (AUTRICHE). Même remarque que ci-dessus pour l'importante collection d'instruments à cordes de ce fabricant.

LEMBOECH, à Vienne (AUTRICHE). Un de ses beaux violons, imité de Guarnerius, était d'une égalité des quatre cordes digne du célèbre élève de Stradivarius.

MIRMONT, à New-York (ÉTATS-UNIS). Ses copies exactes des instruments à cordes des grands maîtres étaient d'excellente qualité. On remarquait spécialement ses bonnes basses établies d'après celles de Stradivarius.

RAMBAUX, à Paris (FRANCE). Il a trouvé une amélioration sensible pour les violons imparfaits, par l'introduction d'une barre de plus, sur laquelle l'âme est posée. Il leur procure ainsi une émission de sons facile, égale et puissante. Un violoncelle qu'il exposait avait les première, deuxième et quatrième cordes fort bonnes, la troisième corde un peu faible.

THIBOUT, à Paris (FRANCE). Ses basses, construites suivant les principes de Stradivarius, avaient de brillantes qualités.

VUILLAUME, à Bruxelles (BELGIQUE). Parmi ses bonnes copies des instruments à cordes des illustres luthiers de Crémone, on remarquait surtout une belle basse d'après Stradivarius.

LA CHAMBRE DE COMMERCE DE PARIS,
REPRÉSENTANT LA FACTURE GÉNÉRALE DES PIANOS DE PARIS (France).

L'industrie des pianos est la plus considérable parmi celle des instruments de musique, et nul doute que la ville de Paris n'entre pour une très-large part dans les dix millions annuels que produit maintenant cette fabrication en France. Les facteurs parisiens tiennent aussi la première place comme mérite d'exécution pour les pianos artistiques, et comme modération de prix pour les pianos d'études. L'indication donnée ci-après des innovations ou des perfectionnements principaux dus à ces habiles industriels, rend inutile une plus longue paraphrase de la thèse de leur supériorité incontestable dans une spécialité dont les produits, soumis à la science, appartiennent à l'art. Ajoutons seulement que, quelle que soit la faiblesse du chiffre de production, comparativement à ceux des grandes industries de luxe, il n'en témoigne pas moins du développement croissant que prend l'usage du piano ; et pourtant cet usage sera toujours une exception, comparativement aux autres besoins factices de la société.

Le Jury international a voté à la Chambre de commerce de Paris, représentant les facteurs de pianos en tous genres de ce principal centre de fabrication, la Grande médaille d'honneur.

M. J.-B.-P.-O. ERARD, a Paris (France).

Vouloir relater les immenses services rendus à la facture des pianos par l'illustre maison Erard, ce serait écrire l'histoire même de ce remarquable instrument en France. Son premier modèle, construit dans notre pays vers 1777, l'a été par Sébastien Erard ; c'est au même artiste que nous devons le premier piano carré établi en 1790, le premier grand piano à queue en 1796, enfin le plus nouveau grand piano à double échappement réalisé par Pierre Erard, et qui a doté le clavier d'une sensibilité satisfaisante pour toutes les exigences artistiques jusqu'alors imparfaitement contentées.

À l'Exposition universelle, la maison Erard ne se montrait pas inférieure à sa haute renommée, consacrée par tous les célèbres pianistes et par tant de brillantes récompenses officielles, depuis la première exhibition industrielle de 1806. La succursale de Londres avait envoyé un bon piano carré à deux cordes, genre qu'on ne fait plus en France. Ses instruments à queue de petit format étaient excellents. On remarquait aussi un piano d'une très-grande dimension, avec un clavier de pédales destiné à exécuter la musique d'orgue, et d'une sonorité majestueuse.

C'est à la maison Erard, et particulièrement à M. Pierre Erard, que le clavier doit d'avoir atteint ses hautes limites actuelles, et c'est probablement ce qui lui a valu, autant que la perfection de ses produits exposés, la Médaille d'honneur.

MM. PLEYEL et Cⁿ, a Paris (France).

La maison Pleyel, dirigée aujourd'hui par M. Wolf, ancien associé de M. Pleyel, occupe, avec les maisons Erard et Herz, le premier rang parmi les fabricants de pianos de Paris. Aux Expositions de 1827, 1834, 1839, 1844, 1849, ses produits ont obtenu la médaille d'or.

Elle exposait des pianos à queue et des pianos droits qui lui ont mérité cette fois la Médaille d'honneur.

M. H. HERZ, a Paris (France).

M. Herz exposait quatre pianos (un à queue grand format, un autre à queue petit format, et deux demi-obliques), qui résolvaient le problème si important de produire dans toute l'étendue de l'instrument

un son à la fois large, moelleux et clair. C'était là une réussite complète, jusqu'alors inconnue des plus habiles facteurs, et d'autant plus méritoire, que dans toutes les conditions possibles d'emplacement et de distance les instruments de M. HERZ conservent la puissance sans bourdonnement, la douceur sans mollesse, et l'éclat sans sécheresse. Ses pianos demi-obliques, particulièrement, jouissaient d'une incomparable supériorité sur ceux des autres exposants; ils possèdent, grâce à une ingénieuse disposition de leur charpente, une solidité exceptionnelle, de première utilité pour de pareils produits, sans cesse soumis aux rudes labeurs des études.

Le Jury international a voté à M. H. HERZ la MÉDAILLE D'HONNEUR.

M. BLANCHET FILS, à Paris (FRANCE). Parmi ses pianos exposés, il s'en trouvait un oblique, d'un mètre de hauteur. Sa sonorité puissante, claire et sympathique, prouve que dans les instruments de ce genre la difficile combinaison ayant pour but de diminuer l'élévation obtenait les meilleurs résultats. Ses pianos à queue petit format étaient aussi fort bons. L'importance de sa fabrication et l'excellence de sa facture ont valu à M. BLANCHET FILS la croix de chevalier de la Légion-d'honneur, accordée par Sa Majesté l'Empereur, et la MÉDAILLE DE PREMIÈRE CLASSE décernée par le Jury international.

Parmi les facteurs de Paris (FRANCE), la MÉDAILLE DE PREMIÈRE CLASSE a été décernée également à :

MM. BORD. Ses excellents pianos offraient la mise en pratique de sa cheville à épaulement, qui évite dans les cordes les changements brusques de tension, non-seulement nuisibles à l'accord, mais encore fatiguant outre mesure et rompant lesdites cordes.

DELSARTE. Son appareil accordeur ou stonotype est l'invention la plus simple et la plus utile pour arriver à l'accord excellent du piano. Il s'applique également bien à tous les instruments cordes avec ou sans touches.

KRIEGELSTEIN. Son piano demi-oblique, d'un mètre dix centimètres de hauteur, était par sa sonorité claire, brillante et sympathique, l'un des meilleurs du genre parmi ceux de l'Exposition. Ses pianos à queue de petit format méritaient aussi d'être remarqués. M. KRIEGELSTEIN est l'inventeur d'un ingénieux système d'échappement double par lequel la répétition des coups de marteau est des plus promptes, car la note se trouve reprise à la moitié de l'enfoncement de la touche.

MONTAL. Son système, dit à contre-tirage, a l'avantage d'empêcher le cintrage de la table d'harmonie des pianos, sans toutefois l'alléger suffisamment de la tension des cordes. Il a de plus construit, d'après les principes de M. Boisselot, de Marseille, un piano à sons coutenus.

SOUFLETO. Ses nouveaux pianos à échappement s'opérant sur la touche étaient de qualité satisfaisante ; son piano droit à table bombée n'offre pas une heureuse innovation, le son en est maigre et court.

GAIDON Jeune. Ses pianos sont bons, et son système d'échappement double ne manque pas d'ingéniosité.

M. J. BARDIES, M. LIMONAIRE, Mme Veuve RINALDI, M. MERCIER, à Paris (FRANCE), ont également reçu chacun la MÉDAILLE DE PREMIÈRE CLASSE pour l'importance et la qualité de leur fabrication de pianos de toutes sortes.

M. BOISSELOT FILS, à Marseille (FRANCE). Ses instruments exposés étaient excellents; seulement un piano à cordes verticales, auquel il avait donné la hauteur inusitée de deux mètres deux centimètres, afin d'obtenir avec puissance les sons de la basse, manquait de clarté dans le clavier, et tombait dans le

bourdonnement, à cause de la longueur même des susdites cordes. Mais le titre de gloire de cet habile facteur, c'est l'invention du piano à sons soutenus à volonté, qui détruit la principale imperfection du piano, celle résultant de l'uniformité de caractère de ses accents. L'importance hors ligne de la fabrication de M. BOISSELOT FILS l'a fait créer chevalier de la Légion d'honneur par S. M. Napoléon III, et lui a valu du Jury la MÉDAILLE DE PREMIÈRE CLASSE.

Ont aussi obtenu la MÉDAILLE DE PREMIÈRE CLASSE :

MM. BEREGHSZASKY, à Pesth (AUTRICHE). Son grand piano, établi d'après le mécanisme très-léger de Vienne, était remarquable de sonorité et de clarté ; contre l'habitude, sa caisse de bêtre était d'un joli effet.

BOISSELOT ET Cᵉ, à Barcelone (ESPAGNE). Leurs pianos à queue de petit format avaient d'excellentes qualités : leur échappement à équerre et à recul fonctionnait bien.

FLORENCE, à Bruxelles (BELGIQUE). Dans son piano demi-oblique, le châssis à arc-boutant ne contenait pas un seul morceau de fer, et prouvait visiblement l'infériorité du système métallique, car l'instrument était le meilleur en son genre à l'Exposition. Ses pianos de petit format étaient bons.

HORNUNG ET MÖLLER, à Copenhague (DANEMARK). Leurs pianos carré, droit et à queue attiraient justement l'attention des artistes.

HÜNI ET HUBERT, à Zurich (CONFÉDÉRATION HELVÉTIQUE). Leurs pianos se distinguent par la bonne qualité du son.

LADD, à Boston (ÉTATS-UNIS). Il avait envoyé un piano carré d'un très-grand format, à cordes croisées et à deux tables d'harmonie ; cette innovation brillait par la puissance et l'égalité de sa sonorité.

HOPKINSON, à Londres (ROYAUME-UNI). Son grand piano était la solution du problème qui consiste à obtenir le plus vaste volume de son possible, indépendamment du timbre. M. Hopkinson est l'inventeur d'un système d'échappement au moyen duquel il arrive à la répétition la plus délicate avec des moyens d'une simplicité et d'une efficacité exceptionnelles.

STERNBERG, à Bruxelles (BELGIQUE). Son piano demi-oblique montrait par sa bonté que la moindre élévation possible est une des premières conditions de supériorité pour ce genre d'instrument.

VOGELSANGS, à Bruxelles (BELGIQUE). Son grand piano, construit d'après le système de mécanisme d'Érard, avait une qualité de son chantante et sympathique.

M. GERHARD, à Wesel (PRUSSE), et M. J.-L. SCHIEDMEYER, à Stuttgard (WURTEMBERG), ont également reçu la MÉDAILLE DE PREMIÈRE CLASSE pour l'importance ou les qualités de leur facture de pianos.

M. CH. HEUTS, à Lemberg (BAVIÈRE), a obtenu la même récompense pour la supériorité de ses bois pour tables d'harmonie, supériorité qui concourt d'une façon notable à la valeur musicale de l'instrument. MÉDAILLE DE PREMIÈRE CLASSE.

M. J. ADORNO, à Mexico (MEXIQUE). Il livrait à l'examen du Jury un ingénieux système de musique

théorique et pratique dont il est l'auteur. A ce système se trouvait lié un piano mélographe, c'est-à-dire un instrument écrivant la musique par l'action même de l'exécution sur le clavier. Malheureusement, le modèle seul de son mécanisme était à l'Exposition et ne permettait pas de juger si l'inventeur avait réellement vaincu les immenses difficultés opposées à un tel résultat. MÉDAILLE DE PREMIÈRE CLASSE..

M. DOMÉNY, à Paris (FRANCE). Ses bons pianos n'étaient pourtant pas le principal titre de cet habile facteur à une place honorable parmi les exposants. Ses innovations appliquées à la harpe le distinguaient surtout. Elles achevaient l'œuvre régénératrice de Sébastien Erard en faveur d'un instrument trop dédaigné maintenant, et que nul autre ne remplacera complétement dans les orchestres de théâtre, notamment pour la danse. Les harpes de M. DOMÉNY, outre leur puissance et leur sonorité, avaient un avantage capital : la rupture et le froissement des cordes y étaient mécaniquement impossibles. MÉDAILLE DE PREMIÈRE CLASSE.

M. CL. DI BARTOLOMEO, à Naples (DEUX-SICILES). Ses cordes harmoniques, particulièrement ses chanterelles de violons, étaient aussi solides que sonores et justes. MÉDAILLE DE PREMIÈRE CLASSE.

M. HENRI SAVARESSE, à Paris (FRANCE). Sa fabrique de cordes harmoniques occupe la tête de cette industrie, non-seulement par la beauté de ses produits exposés, mais encore pour l'importance de ses affaires. Ses cordes de contre-basse, entre autres, ont une égalité hors ligne et une clarté presque diaphane. MÉDAILLE DE PREMIÈRE CLASSE.

M. RODHEN, à Paris (FRANCE). Une bonne moitié des pianos admis à l'Exposition devaient leur mécanisme à cet industriel, dont les affaires sont considérables, et qui exécute avec une finesse remarquable tous les systèmes connus, au choix du facteur. MÉDAILLE DE PREMIÈRE CLASSE.

M. MULLER FILS, à Gumperdorf (AUTRICHE). Ses cordes d'acier pour pianos sont d'une solidité remarquable. MÉDAILLE DE PREMIÈRE CLASSE.

M. WEBSTER, à Londres (ROYAUME-UNI). Le premier il a fabriqué des cordes d'acier pour remplacer avantageusement les cordes de fer dans les pianos, et il tenait le premier rang à l'Exposition quant à la solidité, à l'égalité et au poli de ses produits. MÉDAILLE DE PREMIÈRE CLASSE.

M. DARCHE, à Paris (FRANCE), exposait des timbales bien sonores et d'un bon mécanisme quant à l'accord. MÉDAILLE DE DEUXIÈME CLASSE.

M. RZEBISTSCHEK, à Prague (AUTRICHE). Ses boîtes à musique avaient une harmonie riche, variée et de bon goût. MÉDAILLE DE DEUXIÈME CLASSE.

M. HENRY, à Paris (FRANCE). Pour ses excellents archets, se rapprochant du type célèbre créé par Tourte : MÉDAILLE DE DEUXIÈME CLASSE.

M. SIMON, à Paris (FRANCE). Ses archets sont du même genre et de la même qualité que ceux de M. Henry. MÉDAILLE DE DEUXIÈME CLASSE.

XXVIIe CLASSE.

FABRICATION DES INSTRUMENTS DE MUSIQUE.

RÉCOMPENSES DÉCERNÉES PAR LE JURY INTERNATIONAL.

(EXTRAIT DU *Moniteur* DU 8 DÉCEMBRE 1855.)

GRANDES MÉDAILLES D'HONNEUR.

Boehm (Th.), Munich. Bavière.
Cavaillé-Coll (A.), Paris. France.
Chambre de commerce de Paris, pour l'industrie des pianos. Id.
Sax (Ad.), id. Id.
Vuillaume, id. Id.

MÉDAILLES D'HONNEUR.

Alexandre père et fils, Paris. France.
Erard (J.-B.-P.-O), id. Id.
Herz (H.), id. Id.
Pleyel et comp., id. Id.
Triébert et comp., id. Id.

MÉDAILLES DE PREMIÈRE CLASSE.

Aderno (J.-N.), Mexico. Mexique.
Bardies (J.), Paris. France.
Barker (Ch.-Sp.), id. Id.
Bartolomeo (Cl.-Di), Naples. Deux-Siciles.
Beregszaszi (Al.), Pesth. Autriche.
Bernadel (L.-Ph.), Paris. France.
Besson (G.-A.), id. Id.
Bevington et fils, Londres, Royaume-Uni.
Bittner (D.), Vienne. Autriche.
Blanchet fils, Paris. France.
Boisselot et comp. Barcelone. Espagne.
Boisselot fils, Marseille. France.
Bord (A.-J.-D), Paris. Id.
Breton (J.-D.), id. Id.
Buffet jeune (L.-A.), id. Id.
Buffet et Crampon, id. Id.
Claude frères, Mirecourt. Id.
Courtois (Antoine), Paris. Id.
Czerveny (V.-F.), Koeniggraetz. Autriche.
Debain (Al.), Paris. France.
Delsarte (Fr.-Al.-N.), id. Id.
Derazey (J.-J.), Mirecourt. Id.
Domény (L.-J.), Paris. Id.
Ducroquet (P.-Al.), id. Id.
Florence (J.), Bruxelles. Belgique.
Gaidon jeune, Paris. France.
Gand (Ch.-Ad. et Ch. N.-E.), id. Id.
Gerhard (Ad.), Wesel. Prusse.
Godefroy aîné (G.), Paris. France.
Grandjon fils (J.), Mirecourt. Id.
Guichené (l'abbé), Mont-de-Marsan. Id.
Halary fils (Ant.), Paris. Id.
Heutsch, Lindberg. Bavière.
Hopkinson (J. et J.), Londres. Royaume-Uni.
Hornung et Möller, Copenhague. Danemark.
Hüni et Hubert, Zurich. Suisse.
Jeandel (P.-N.), Rouen. France.
Kriegelstein (J.-G), Paris. France.
Land (W.) et comp., Boston, États-Unis.
Lemböck (G.), Vienne. Autriche.
Limonaire (Ant.), Paris. France.
Lorenzi (J.-B. de), Vicence. Empire d'Autriche.
Lot (L.), Paris. France.
Martin (Al.), id. Id.
Mercier (S.), id. Id.
Merklin, Schutz et comp., Bruxelles. Belgique.
Michaud (N.-F.), Paris. France.
Mirmont (Cl.-A.), New-York. États-Unis.
Montal (Cl.), Paris. France.
Muller fils, Gumpendorf. Autriche.
Mustel (Ch.), Paris. France.
Nisard (Ph.), Batignolles. Id.
Rambaux, Paris. Id.
Roeux (M.-A.), id. Id.
Rinaldi (veuve), id. Id.
Rodhen, id. Id.
Savaresse (H.), id. Id.
Schiedmayer (J.-L.) et fils, Stuttgard. Wurtemberg.
Souflèto (Fr.), Paris. France.
Sternberg (L.), Bruxelles. Belgique.
Stowasser (Ign.), Vienne. Autriche.
Seret (M.-Ant.-L.), Paris. France.
Thibout (G.-Ad.), id. Id.
Tulou (J.-L.), id. Id.
Vogelsangs (J.-Fr.), Bruxelles. Belgique.
Vuillaume (N.-F.), id. Id.
Webster, Londres. Royaume-Uni.

MÉDAILLES DE DEUXIÈME CLASSE.

Ancher frères (L. et J.), Paris. France.
Bachmann (G.), Tours. Id.
Barbier (L.-V.), Paris. Id.
Berden (Fr.) et comp., Bruxelles. Belgique.
Bock (Fr.), Vienne. Autriche.
Chanot (G.-E.), Paris. France.
Couturier (J.), Lyon. Id.
Cropet (Ph.), Toulouse. Id.
Darche, Paris. Id.
Dobus (F.), id. Id.
Duval (C.-P.), id. Id.
Eické (Fr.), id. Id.
Fourneaux (J.-L.-N.), Passy. Id.
Franche (Ch.-L.), Paris. Id.
Gaillard-Lajoue (J.-B.-J.), Mirecourt. Id.
Gandonnet (P.), Paris. Id.
Gautrot aîné (F.-L.), id. Id.
Gaveaux (J.-G.), id. Id.
Gemünder (G.), New-York. États-Unis.
Gyssens (Fr.-J.), Paris. France.
Henry (J.), id. Id.
Indri (A.), Venise. Autriche.
Issaurat-Leroux, Paris. France.

Kelsen (P.-E.), Paris France.
Kiendl (Ant.), Vienne. Autriche.
Lagradi, Kronstadt. Id.
Lapaix (J.-A.), Lille. France.
Lentz et Houdart, Paris. Id.
Loddé (J.-Ch.), Orléans. Id.
Martin frères, la Couture-Bousset (Eure) Id.
Maucotel (Ch.-Ad.). Paris. Id.
Mennegand (Ch.), Amsterdam. Pays-Bas.
Michel (S.), Paris France.
Müller (L.), Lyon. Id.
Müller (Th.-Ach.), Paris. Id.
Pelitti, Milan Autriche.
Pol-Louis, Nîmes. France.
Rosellen (Fr.-E.), Paris. Id.
Roth (J.-Gh.), Strasbourg. Id
Rott (A.-H.). Prague. Autriche.
Rzebischek (Fr.), id. Id.
Sax père, Paris. France.
Schamal (V.), Prague. Autriche.
Schiedmayer J. et P), Stuttgard. Wurtemberg.
Simon (P.), Paris. France.
Stoltz et Schaaf. Id. Id.
Tillancourt (de). id. Id.
Van-Overberg (P.-J.), id. Id.
Venturini (L.). Padoue. Autriche.
Verani, Clermont-Ferrand. France.
Vuillaume N). Mirecourt. Id.
Westermann et comp., Berlin. Prusse.
Wiznieski jeune (veuve). Dantzick. Id.
Ziegler (J.) et fils. Vienne. Autriche.
Ziégler (J.-Fr.), Paris. France.

MENTIONS HONORABLES.

Angenscheidt (Fr.), Paris. France.
Baudaisé (J.). Montpellier. Id.
Beunon (L.-Ant.). Paris. Id.
Blondel (Alph), id. Id.
Busson. Id. Id.
Buzchhardt (D.), id. Id.
Cerull (J.), San-Benedetto, Autriche.
Colin (L.-Ant). Paris. France.
Deschamps et comp., Montmartre (Seine). Id.
Duquairoux-Lebrun. Paris. Id.
Faivre (J.), id. Id.
Gadauld (Ch.-J.-B.), id. Id.
Gaidon (E.) neveu, id. Id.
Gilson (J.-B.), id. Id.
Giovannetti (L.), Lucques. Toscane.
Gouillart (M). Paris. France.
Groetz (Igin), Vienne. Autriche.
Hell, id. Id.
Henri (C.), Paris France.
Hensel (J.), id. Id.
Herce et Mainé (E.), id. Id.
Jaccard frères. Sainte-Croix. Suisse.
Jacquot (Ch.), Paris France.
Janus (H. G.), id. Id.
Jaulin (Z.-J.), id. Id.
Laborde (J.-B.), id. Id.
Lausschmidt, Olmütz. Autriche.
Lecoultre-Sublet (L.), Sainte-Croix (Vaud). Suisse.
Maillard et comp., Paris. France.
Martin de Corteuil (J.-J.), id. Id.
Maury et Dumas. Nîmes. France.
Moulié (J.-E.), Paris. Id.
Mussard frères, id. Id.
Niederreither (F.), id. Id.
Ollbrich (Ant.) Vienne. Autriche.
Ottensteiner (G), Munich. Bavière.
Padewet (J.), Carlsruhe. Grand-duché de Bade.
Periebon aîné (S.), Paris. France.
Riedl (J.), Presbourg. Autriche.
Rocca J.), Gênes. États sardes.

Roth (J.-G.), Strasbourg. France.
Savaresse fils. Paris Id.
Scates (J), Dublin. Royaume-Uni.
Schutz (P.), Ratisbonne. Bavière.
Sylvestre (P.), Lyon. France.
Simonin (Charles), Toulouse Id.
Sörensen (I.-P.), Copenhague. Danemark.
Steigmüller (Fr.), Strasbourg France.
Thibouville aîné (M.), Paris. Id.
Tiefenbrunner (G.), Munich. Bavière.
Toudy (N.), Paris. France.
Villeroy (D. du), Montrésor. Id.
Westermann et comp., Berlin. Prusse.
Wolfteh (M.), Paris, France.
Wygen (H.) père, id. Id.
Yot (E.), Schreck (Ph.) et comp., id. Id.

COOPÉRATEURS,

CONTRE-MAITRES ET OUVRIERS.

MÉDAILLES DE PREMIÈRE CLASSE.

Benoît (Ch.), Mirecourt. France.
Brusand (Ch.), maison Erard, Londres. Royaume-Uni.
Crosnier, maison Alexandre père et fils, Paris. France.
Klein (Daniel), maison Erard. Id. Id.
Knust (Marcus, maison Herz. id. Id.
Linnemann P.E.), maison Erard, id. Id.
Rodhen. id. Id.
Schairer (F.-X.), maison Pleyel, id. Id.
Vuillorgue (J.-B.-A.), maison Pleyel, id. Id.

MÉDAILLES DE DEUXIÈME CLASSE.

Bartosch. maison Czervény, Koniggraetz. Autriche.
Colson (Ign.) Mirecourt. France.
Derret (J.-B). maison Florence, Bruxelles. Belgique.
Dois (Gérard), maison Sternberg, id. Id.
Gand (Charles), Mirecourt. France.
Gergone (Nicolas), maison Montal. Paris. Id.
Halzenbuhler, maison Hérold, id. Id.
Heinemann (Charles), maison Berden, Bruxelles. Belgique.
Houzé (Henri), maison Gautrot, Paris. France.
Hazard (Élie), maison Alexandre père et fils, id. Id.
Marcard (Pierre), Mirecourt, Id.
Monginot (Christophe), id. Id.
Nonon. Paris. France.
Pestrelle (Luc.), maison Erard, id. Id.
Petex-Muffat (J.-M.), maison Raoux, id. Id.
Rollin-Thomassin, Mirecourt. Id.
Roufet, maison Alexandre père et fils. Paris. Id.
Rousil (L.-H. J.), maison Montal, id. Id.
Thérèse (Joseph), Mirecourt, Id.
Zimmermann (H), maison Ducroquet, Paris. Id.

MENTIONS HONORABLES.

Avisse, maison Alexandre père et fils. Paris. France.
Brosch (Louis), maison Gerard-Adam, Wesel. Prusse.
Codhaut fils, maison Alexandre père et fils, Paris. France.
Daxemberg, maison Gérard-Adam, Wesel. Prusse.
Fiedermuss (Mathias), maison Rott, Prague. Autriche.
Gouillart, Paris. France.
Grandjon, ouvrier, id Id.
Indri (L.), maison Indri, Vienne. Autriche.
Kappés, chez M. Delsarte, Paris. France.
Kuechti (Sébastien), chez M. Siégler, Vienne. Autriche.
OEhm (Fr.), maison Schamal, Prague. Id.
Prunier (Prosper), maison Gautrot, Paris. France.
Rzebitschek (J.), chez son frère. Prague. Autriche.
Svpel (J.), ouvrier, maison Schamal, id. Id.
Smidt (Pierre), maison Sternberg. Bruxelles. Belgique.
Tichy (Georges). maison Siégler, Vienne. Autriche.
Trickss (Adelbart), maison Schamal, Prague. Id.

EXPOSITION UNIVERSELLE

PRODUITS DE L'INDUSTRIE

TRENTE ET UNIÈME CLASSE (1).

PRODUITS DE L'ÉCONOMIE DOMESTIQUE

Cette dernière classe des produits presque infinis de l'Exposition universelle en forme pour ainsi dire le résumé, puisque en fait l'économie domestique constitue la base de la vie matérielle, et que l'homme pense, agit, travaille dans le but d'accroître son bien-être. Or, le bien-être étant une idéalité, un ensemble de caprices fondés dans des jouissances factices, l'économie domestique n'a d'autres limites que les limites de l'imagination humaine. Elle s'encadre, comme la mode, dans chaque état social, avec des nuances caractéristiques qui dépendent de la race, du climat, des produits du sol, des habitudes indigènes et du degré de civilisation auquel on a pu parvenir.

L'économie domestique des Danois, des Suédois et des Russes, de ces peuples qui vivent huit mois dans la neige, qui habitent presque tous des huttes en terre ou des maisons en bois, qui se couvrent de peaux d'animaux et qui s'arrosent le gosier d'abondantes libations de liqueurs fortes, diffère complétement de l'économie domestique des Italiens, des Espagnols et, à plus forte raison, des Orientaux, auxquels le ciel accorde une existence facile, en harmonie avec leur nature nonchalante et paresseuse, des fruits succulents, des breuvages toniques, des abris qui s'ouvrent à tous les vents et semblent n'avoir qu'un seul but, celui d'éviter la fournaise solaire dont ils subissent l'action presque continue.

Tandis que, chez les Septentrionaux, tous les meubles, tous les instruments accusent une vie essentiellement laborieuse, une économie domestique réparatrice, applicable à des organes robustes et à des instincts d'activité, chez les Méridionaux les instruments

---

(1) La XXXI° Classe se rapportant plus spécialement à l'Industrie, nous l'avons comprise dans la I° Division et placée avant les XXVIII°, XXIX° et XXX° Classes, consacrées aux Beaux-Arts.

et les meubles accusent deux sentiments qui prédominent et qui marchent d'une manière parallèle : la paresse et le repos. Ils sont délicats comme les mains qui s'en servent, légers comme la volonté qui les meut, et plus on approche des limites extrêmes de l'Orient ou du Midi, plus l'économie domestique se simplifie, au point de n'être presque rien. L'Arabe vivant en commun avec son cheval et son troupeau, se nourrissant des fruits qu'il cueille, des bêtes qu'il tue, des poignées de blé et de riz qu'il récolte ; changeant de lieu quand les ressources lui manquent, et laissant inculte la tête intelligente de ses enfants, existe sous un régime économique des plus rudimentaires. Les chefs de tribus, les riches qui s'y dérobent en certains points, soit par l'élégance de leurs armes et de leurs burnous, soit par le nombre de leurs femmes et de leurs esclaves, demeurent fort éloignés du luxe européen, de ses mille fantaisies qu'ils ne comprennent pas et qui remplissent le vide des sociétés modernes.

Les peuples chez lesquels l'économie domestique a pris le plus d'extension, sont les peuples des régions moyennes de l'Europe : Anglais, Allemands, Français, Hollandais ; d'une part, en raison des intempéries, des alternatives constantes de chaud, de froid, d'humide auxquelles il faut qu'ils se soustraient ; et, d'autre part, en raison de la civilisation avancée de ces mêmes peuples, qui, fabricants, négociants, navigateurs, agriculteurs, éprouvent des besoins à proportion du degré d'aisance auquel ils parviennent. Plus on monte les échelons de la hiérarchie sociale, plus l'économie domestique se complique ; à tel point que les classes inférieures ne se font point idée de l'usage d'une infinité de choses dont l'aristocratie de la fortune et de la naissance ne saurait se passer.

L'art des économistes a pour objet de mettre les producteurs et les consommateurs dans un rapport tel que le travail des pauvres, en augmentant le bien-être des riches, améliore également, dans une proportion raisonnable, la condition pénible de la classe ouvrière. Il ne faudrait point, comme en Irlande, comme en Saxe et dans une partie de l'Allemagne centrale et de la Suisse, que le vil prix de la main-d'œuvre ne permît pas aux producteurs de se créer des ressources suffisantes, et qu'en se faisant eux-mêmes une concurrence fatale, ils tombassent vis-à-vis du maître dans un véritable esclavage ; il ne faudrait pas non-plus qu'une exubérance de population obligeât quantité de chefs de famille d'émigrer et d'aller chercher au-delà des mers le pain qu'ils ne trouvent point chez eux. L'administration française sait éviter cet inconvénient grave, qui s'accroît d'une manière déplorable sur divers points de l'Allemagne. Nous n'avons à redouter que l'agglomération du campagnard dans les villes, et, par suite, l'alanguissement de l'agriculture ; encore les machines venant suppléer à la main-d'œuvre, et beaucoup de gens riches reprenant les habitudes *villegiaturales*, maintiennent l'équilibre de relation entre la terre et le bras qui doit la féconder.

L'abondance et le bon marché, tel est le grand problème que poursuit la société moderne ; tel est le but final de l'économiste philanthrope. Or, à cet égard, nous avons fait d'incontestables progrès. Dans l'industrie du fer, le travail d'un homme produit aujourd'hui trente fois, au moins, ce qu'il produisait sous les Romains ; dans l'industrie de

la mouture, nous opérons, comparativement à nos pères, deux cents fois plus vite qu'eux ;
pour la filature du coton, un filateur moderne fait trois cent soixante fois la besogne d'un
filateur contemporain de Louis XVI.

Or, dans les États bien administrés comme la France, la Prusse, la Bavière, la Belgique et la Hollande, on obtient ce surcroît extraordinaire de production sans que l'ouvrier s'exténue de travail, ainsi qu'il le faisait autrefois : des forces autres que les siennes,
plus puissantes, et constamment infatigables, sont mises en jeu et réalisent toutes les conditions exigibles au rôle de simple manœuvre. L'ouvrier, grâce aux nouvelles machines,
s'élève au rôle de surveillant, même de directeur d'un appareil plus ou moins grand de
forces passives qu'il anime de son regard et de son geste. S'il travaille en quelques circonstances, la rudesse des engins ou des outils se prête aux besoins de ses muscles, aux
exigences hygiéniques de son organisation.

Qu'elle disparaisse donc cette hostilité systématique non moins qu'aveugle des phi-
lanthropes pessimistes contre le régime des manufactures ! Il ne s'agit plus de combattre
ni de proscrire un fait acquis, et sans lequel la production deviendrait ruineuse pour les
maîtres, compromettante pour les ouvriers, désavantageuse pour les consommateurs,
mais d'améliorer, de régulariser le fait de telle sorte qu'il devienne un élément universel
de mieux-être, de richesse et de bonheur.

Grâce aux grands ateliers, grâce à l'agglomération des forces intelligentes servies par
d'autres forces brutes qui ne reculent devant aucun obstacle, la femme du plus pauvre
manœuvre se couvre, moyennant 60 ou 75 centimes le mètre, de robes d'indienne qui coûtaient un louis l'aune aux duchesses du siècle de Louis XIV ; les épingles, les aiguilles,
les lacets, les cordons, les boutons, les agrafes, mille riens qui grossissaient extraor-
dinairement le budget d'une femme, même modeste, se vendent à vil prix. Nous avons
vu une batterie de cuisine complète, composée de dix-neuf pièces solides en fer battu et
dont quelques-unes étaient étamées, ne coûter que 19 francs. La baisse opérée dans la
lingerie commune, dans les tapis, dans les meubles ordinaires, dans la faïencerie et la
porcelainerie, n'est pas moins extraordinaire. Les appareils économiques pour le combustible et pour la distribution de l'air chaud dans les ateliers et les maisons, la fabrication du pain depuis qu'elle a passé de l'industrie privée à l'industrie professionnelle,
l'éclairage au gaz, l'ornementation des appartements, la substitution du zinc, du fer-blanc
et de la tôle à la rosette, de l'argenture à l'argent, sont autant de ressorts qu'utilise l'économie domestique.

Dans la fantaisie du luxe, toutes les imitations, conformes à s'y méprendre aux modèles
de haut prix, agrandissent singulièrement le cercle des jouissances, sans compromettre
l'avoir des petites fortunes. La confection des vêtements, lingeries, habits, chaussures,
organisée en masses, présente de réels inconvénients pour l'ouvrier producteur, qui voit
une partie de ses bénéfices passer entre les mains d'intermédiaires placés entre lui et le
consommateur, mais il trouve l'avantage de posséder un labeur assuré et d'aller plus vite
en ne faisant toujours que la même chose.

C'est par ce système de subdivision de la matière à travailler que l'imprimerie, le

brochage, la reliure, la lithographie, fournissent à vil prix des objets d'une exécution très-
soignée comparativement aux objets avec lesquels fut élevée notre enfance. Nous nous
rappelons avoir vu, dans les papiers de la grande aumônerie, une discussion très-longue,
très-curieuse, entre Napoléon Ier et plusieurs évêques, relativement au prix du *Caté-
chisme de l'Empire*. Napoléon voulait que cet excellent livre, base de l'éducation primaire, ne coûtât que 10 centimes, afin de le mettre à la portée des malheureux. Les marchands de papier, les imprimeurs consultés, ne purent l'établir au-dessous de 15 centimes, et il fallut le vendre 20 centimes. Tous les livres d'Eglise, toutes les grammaires
furent à l'avenant : la petite Grammaire de Lhomond coûtait 75 centimes ; le Paroissien
ordinaire, 1 fr. 25 c. à 1 fr. 50 c., ce qui, relativement à la différence de valeur moné-
taire entre cette époque et la nôtre, double presque le prix des objets. Aujourd'hui, chez
certains fabricants de province, un petit paroissien romain in-18 de 316 pages, en reliure
pleine basane, se vend 35 centimes, avec le treizième et 5 pour 100 d'escompte ; la Grammaire de Lhomond, format in-12, reliée en carton, coûte 15 centimes. Les livres durent
moins, je l'accorde, car ils sont en papier-coton ; mais ils durent assez relativement à l'u-
sage qu'on en fait, et ils sont exécutés avec des caractères plus beaux qu'autrefois, sur
un papier plus agréable à l'œil.

Cette pratique du bon marché, poussée dans ses dernières limites, aurait des inconvénients très-graves pour l'art, si elle devenait industrielle ; mais il existera toujours une
aristocratie d'idées, de naissance et de fortune qui, ne voulant point copier les autres classes
et conservant le sentiment du beau, veillera sur son maintien ; il y aura toujours près
des Gouvernements éclairés des écoles types comme Sèvres, Beauvais, les Gobelins, etc.,
qui garderont les bonnes traditions, et çà et là, au milieu du déluge effrayant de barbouil-
leurs et d'ouvriers vulgaires que font surgir les Expositions, quelques artistes hors
ligne, dignes d'obtenir les encouragements et les faveurs d'une administration
éclairée.

Nous ne savons trop si les chemins de fer contribueront au bon marché des choses,
nous en doutons ; ils sont plutôt faits, ce nous semble, pour équilibrer la valeur des produits sur les divers points de l'Europe, pour multiplier les jouissances et favoriser la
consommation des riches. Les classes moyennes peuvent y prétendre, mais les classes
pauvres, les masses qui ne possèdent pas, qui ne cultivent pas la terre et qui ne vivent
pas directement de ses produits, les payeront désormais plus cher qu'autrefois. L'élévation du salaire des journées compensera peut-être cette différence.

La réalisation du bon marché rencontre deux obstacles sur son chemin : 1° les intermédiaires ; 2° la fraude : c'est l'histoire de l'emprunteur, qui, au lieu de traiter lui-même
avec le prêteur et de lui payer 4 ou 5 pour 100, subit le pressurage du banquier et du
notaire et paye juste le double.

Dans l'état actuel des choses, les marchandises, en passant des mains du fabricant ou
du producteur qui vend en gros, à celles du consommateur qui achète en détail, subissent une exagération de valeur vraiment abusive. Par exemple, chez la plupart des hô-
teliers, des restaurants et des cafetiers, le bénéfice sur les liquides est au moins de 200

pour 100; chez les apothicaires il est au moins de 30 0/0 (chiffre moyen) et quelquefois de 90 0/0 sur certains articles, l'émétique, par exemple, qui est sans valeur et qu'on paye au moins 5 centimes les cinq centigrammes. Sans l'élasticité de ces bénéfices énormes, jamais un apothicaire, un hôtelier, un cafetier, ne paierait ses frais de maison, frais que le public lui impose lui-même en se laissant prendre par les yeux et en allant de préférence dans les lieux les plus élégants. Le chapitre des annonces augmente encore considérablement le prix des marchandises : nous connaissons un marchand de cirage qui chaque année fait pour 100 mille francs d'annonces; un droguiste breveté pour divers médicaments, dont les frais de propagande dépassent 150,000 francs par année. Dans les villes importantes, il existe quantité de marchands de diverses sortes qui ne vendent pas annuellement pour plus de 20 à 25,000 francs d'objets, et qui, en raison du loyer, de l'éclairage, des impositions, des gages des commis et des domestiques, sont obligés de joindre 100 à 125 pour 100 aux 25,000 francs qu'ils ont payé le gros. L'acheteur couvre donc de sa bourse les quatre cinquièmes de la valeur réelle des choses qu'il achète. Cela se fait surtout sentir pour la bijouterie, qui passe de mode très-rapidement, pour la lingerie, pour certaines importations étrangères, et pour la mercerie. Ainsi, vous payez vos aiguilles et vos épingles dix fois ce qu'elles ont coûté de fabrication; vous payez un sou deux douzaines de boutons en porcelaine pour chemises, lesquelles ne reviennent qu'à un demi-centime la douzaine. La quincaillerie anglaise se vend le double de ce qu'elle coûte; le thé, les fécules étrangères, trois ou quatre fois plus qu'ils ne valent. Très-heureux encore l'acheteur quand la fraude ne l'aveugle point. Je ne crois pas que les neuf dixièmes des pharmaciens donnent pur leur sulfate de quinine; je ne rencontre presque nulle part des huiles d'olive sans mélange d'autres huiles, des chocolats sans fécule, etc. La police surveille, mais pas encore assez; et, malheureusement pour le public, les progrès de la chimie garantissent autant le succès de la fraude que l'excellence des produits entre les mains des fabricants honnêtes.

« La constitution de grands magasins ou celle de bazars réunissant un grand nombre de boutiques, peut fournir des garanties contre les fraudes commerciales. Un grand magasin aurait trop à perdre en se livrant à ces pratiques condamnables. Une fois déconsidéré, il ne pourrait s'en relever. Quant aux bazars, on conçoit que dans chacun d'eux il serait possible d'instituer une sorte de police, avec le concours des marchands eux-mêmes. Dans le but d'assurer à l'établissement une bonne renommée, et par conséquent la faveur publique, il pourrait aussi être fait un règlement portant que tout marchand de la part duquel des fraudes qualifiées auraient été constatées, ne pourrait y être admis ou devrait en sortir. Par des associations libres et volontaires, il serait possible d'atteindre le même objet, la répression des fraudes. La sociabilité est un des attributs les plus admirables et les plus féconds de notre nature, un de ceux qui répondent le mieux à quantité de besoins publics et privés. Lorsqu'on aperçoit dans l'industrie moderne des désordres ou des souffrances, on a quelque chance d'en découvrir le remède en se tournant vers la sociabilité. Quelle objection soulèveraient des associations volontaires de marchands au sein desquelles pourrait s'organiser une police qui ne serait pas offensive?

Qu'est-ce qui s'opposerait à ce qu'un certain nombre de commerçants convinssent entre eux de se soumettre ainsi à une inspection dont ils auraient réglé les formes? Les fabricants eux-mêmes, jusqu'ici trop désarmés contre les exigences abusives des intermédiaires, ont acquis assez de force pour réagir efficacement contre des abus qui ne leur sont pas moins préjudiciables qu'au public, je veux dire l'exagération des prix et même les fraudes. A l'égard des prix exagérés, il serait possible, dans bien des cas, aux manufacturiers, en se concertant, d'ouvrir au sein des grandes villes un magasin de détail où les prix, bien fixés et livrés même à la publicité, deviendraient forcément la règle pour les détaillants. »

Depuis que ces lignes ont été écrites par l'un de nos meilleurs économistes, des essais ont été faits, surtout à Paris; des tailleurs, des épiciers se sont associés : ceux-ci ont établi de grands comptoirs de détail, ceux-là des magasins immenses; nous avons vu fonctionner aussi, pendant deux années, un bazar de comestibles. Mais jusqu'à présent il n'appert pas que le public en ait beaucoup profité, et qu'il ait été moins déçu dans ses espérances. La vente de la viande et de la marée à la criée est aussi une tentative d'amélioration, un pas fait vers une voie nouvelle, dont personne ne saurait pressentir les résultats. Certes il y a là beaucoup de choses à faire; l'administration préfectorale, le ministère, le Gouvernement le sentent bien; mais la chose nous semble d'autant plus difficile qu'il faut louvoyer entre l'autorité d'habitudes prises, de droits acquis, et l'impatiente ardeur des classes nécessiteuses qui se plaignent surtout du prix des comestibles.

L'idée si philanthropique des cités ouvrières, où les familles pauvres eussent trouvé tout le confortable qu'exige la vie matérielle, cités dont Paris et Mulhouse ont donné spontanément l'exemple, semblait bien digne d'un chaleureux accueil; et néanmoins, tels sont les caprices, les appréhensions bizarres, le défaut de logique des classes souffrantes, qu'on n'a tenu presque aucun compte à l'administration des efforts qu'elle a faits pour atteindre ce but.

La Commission des récompenses nationales, voyant la chose de haut, s'est montrée plus juste envers M. Emile Muller, auteur du projet des cités ouvrières de Mulhouse; elle lui a voté une médaille de première classe.

Une grande médaille d'honneur a récompensé la maison Mame des efforts qu'elle fait depuis 1799 pour répandre de bons livres au meilleur marché possible. Dans le même ordre d'idées, la Commission a jugé digne d'une médaille de première classe le *Magasin Pittoresque*, publié à Paris, et l'OEuvre de propagation des bonnes gravures, qui siège à Dusseldorff.

C'est autant pour les qualités artistiques de ses porcelaines que pour l'excellence de leur usage et le bon marché qui les recommande, qu'un fabricant de Bayeux très-distingué, M. Gosse, a obtenu une médaille de première classe. La fabrique de Briare, dont le propriétaire, M. Bapterosse, a été nommé membre de la Légion d'honneur, est mentionnée très-honorablement.

Nous avons encore remarqué les procédés d'étamage de M. Girard, de Paris; le système de buanderie de Madame Charles, où les lois hygiéniques sont observées si judicieuse-

ment; les foyers mobiles de M. Laury, décoré de la Légion d'honneur et medaillé tant de fois; l'orgue Alexandre, qui joint au charme des sons le charme du bon marché; les images éminemment classiques d'une sœur d'école, sœur Maria, à la poitrine modeste de laquelle l'Empereur a suspendu une médaille de première classe, etc., etc.

Parmi les fabricants drapiers qui savent réaliser deux choses presque incompatibles, la qualité de l'étoffe et la douceur du prix, nous citerons M. Auspitz, à Brünn, MM. Chennevière et fils, à Louviers, distingués par une médaille d'honneur; parmi les tailleurs, qui ne connaît M. Parissot, de Paris, dont les vêtements élégants et gracieux, consacrés par une médaille d'honneur, ne laissent rien à désirer sous le rapport de la solidité.

REVUE DES PRINCIPAUX OBJETS

EXPOSÉS DANS LA TRENTE ET UNIÈME CLASSE.

LA SOCIÉTÉ DES CITÉS OUVRIÈRES DE MULHOUSE, a Mulhouse (France).

La Société des Cités ouvrières de Mulhouse avait envoyé les plans et les dessins des constructions qu'elle a élevées dans la dite ville pour loger les ouvriers. Moyennant une redevance annuelle très-modique, chaque locataire d'une de ces maisons peut, dans un temps relativement court, en devenir propriétaire, puisque certaines d'entre elles coûtent au plus 1,300 fr. Cette innovation d'intérêt général, qui devrait servir d'exemple à toutes nos villes manufacturières, aurait, dit le Rapport officiel, probablement valu la grande médaille d'honneur à son créateur, si le Conseil des présidents n'avait clos ses séances avant la remise de la proposition à lui faite par le Jury de la XXXIᵉ Classe. Le Jury, pour témoigner son regret d'un pareil contre-temps, a décerné, à l'unanimité, la MÉDAILLE DE PREMIÈRE CLASSE à M. Émile Muller, l'intelligent architecte des CITÉS OUVRIÈRES DE MULHOUSE.

M. DOMERGUE, à Paris (France). Sa collection complète de laines à matelas pouvait servir de leçon aux acheteurs pour apprécier la valeur exacte et diverse de cette importante partie de la literie. MÉDAILLE DE DEUXIÈME CLASSE.

M. MAME, a Tours (France).

La XXVIᵉ Classe a apprécié le mérite de M. Mame comme typographe de premier ordre. *La Touraine* a été déclarée un chef-d'œuvre ; la XXXIᵉ classe ne devait s'occuper que du créateur de la librairie à bon marché. Elle a décerné à M. Mame la GRANDE MÉDAILLE D'HONNEUR.

La maison Mame, fondée en 1799 par M. Armand Mame, est aujourd'hui dirigée par son fils, qui en est l'unique propriétaire. Cette librairie, ou plutôt cette fabrique de livres, réunit les industries diverses de l'éditeur, de l'imprimeur, du libraire et du relieur, avec les fonctions accessoires du dessinateur, du graveur et de l'imprimeur en taille douce. Elle occupe 1,200 ouvriers ; elle est pourvue de douze presses mécaniques qui produisent chaque jour 1,500 volumes, en prenant pour moyenne un volume de 240 pages. Le bon marché des livres de M. Mame n'est nullement dû à l'abaissement du prix de la main-d'œuvre ; ses ouvriers ont des salaires très-convenables et plus élevés que dans le plus grand nombre des établissements du même genre, et les plus nécessiteux reçoivent chaque jour, dans les temps de cherté, du pain proportionnellement à leurs besoins.

Il reste deux choses importantes à faire : M. Mame ne négligera ni l'une ni l'autre. Il faut que la révolution du bon marché s'accomplisse au profit de tous. Pour cela, M. Mame a un moyen certain : c'est d'inscrire sur ses livres un prix maximum. L'intermédiaire pourra vendre au-dessous de ce prix ; il ne pourra rien exiger au-delà. Il faut aussi que les procédés si ingénieux, si heureusement combinés, qui permettent de produire à bon marché, s'appliquent exclusivement à des livres de choix. En ce point, une

commission spéciale, si elle est permanente, pourra aider puissamment aux libraires, en faisant appel à nos savants, à nos littérateurs, etc. Un traité de physique, de chimie ou d'économie populaire, par exemple, ne se vendrait pas moins qu'un autre livre, et l'auteur qui gagnerait un sur cent mille exemplaires serait mieux partagé que celui qui gagne dix sur un tirage à mille ou quinze cents ; or, cette proportion n'est pas exagérée.

Cet appel sera entendu ; déjà les maisons les plus importantes, MM. Hachette, Delalain, Langlois et Leclercq, et c., sont entrées dans cette voie et ont livré au commerce des livres excellents à un prix relativement très-réduit.

ŒUVRE POUR LA PROPAGATION DES BONNES ESTAMPES, à Dusseldorff (PRUSSE). Cette association a résolu le problème de mettre l'illustration des livres dans les mêmes conditions de bon marché que leur impression. Elle a complété, au point de vue des produits de la librairie, la trinité voulue par le progrès : excellence de l'œuvre, beauté de la forme, modicité du prix. MÉDAILLE DE PREMIÈRE CLASSE.

LE MAGASIN PITTORESQUE, à Paris (FRANCE). Cette publication, aussi utile qu'intéressante, marche depuis sa création, c'est-à-dire depuis près de trente années, toujours dans la voie du progrès. A son imitation, de nombreux recueils périodiques ont surgi et sont venus contribuer aussi pour leur part à perfectionner de plus en plus la gravure typographique. MÉDAILLE DE PREMIÈRE CLASSE.

LA SŒUR MARIA, à Paris (FRANCE). On avait exposé, au nom de la SŒUR MARIA, directrice de l'Asile de Reuilly, des tableaux zoologiques à l'usage des enfants des salles d'asile. Cette femme d'élite a, de plus, inventé un petit meuble, véritable nécessaire de l'institutrice, d'un prix tellement modique, qu'il semble inviter la charité à en gratifier toutes les écoles du premier âge. Mais ce n'est pas seulement par l'ingéniosité que la sœur MARIA brille ; son asile, qui contient trois cents enfants, est le modèle du genre; elle est la mère de ses petits écoliers et la Providence de leurs pauvres mères. MÉDAILLE DE PREMIÈRE CLASSE.

H. VALERIUS, à Paris (FRANCE). Pour ses bandages et appareils chirurgicaux tarifés à un taux uniforme, contre l'habitude qui les fait vendre à prix modique seulement aux clients recommandés par le médecin : MÉDAILLE DE DEUXIÈME CLASSE.

M. LAURY (G.-J.-J.), A PARIS (FRANCE).

M. LAURY exposait un appareil de chauffage qui semblait répondre au double but proposé à la XXXIᵉ Classe : économie, salubrité. C'était un foyer surmonté d'une petite armoire en tôle qui, par un ingénieux système de bascule, peut à volonté servir à cuire des aliments et à chauffer une chambre. L'armoire empêche les vapeurs produites par le foyer de se répandre dans la pièce.

Les efforts constants de M. LAURY pour mettre sa spécialité à la hauteur des philanthropiques combinaisons de l'économie domestique lui ont valu une MÉDAILLE D'HONNEUR, votée par le Jury de la XXXIᵉ Classe, et la croix de chevalier de la Légion-d'honneur, accordée par S. M. I. Napoléon III.

M. ANCELIN, à Paris (FRANCE), pour ses lampes bien établies à des prix modiques, a reçu la MÉDAILLE DE DEUXIÈME CLASSE.

M. F.-X. GIRARD, à Paris (FRANCE), avait réuni en un seul lot, dans la galerie de l'Économie domestique, tout ce qui peut constituer une petite batterie de cuisine confortable, et l'avait cotée de 18 à 20 fr. Il est regrettable que ce prix ne soit probablement pas celui du détail ordinaire. MÉDAILLE DE DEUXIÈME CLASSE.

M. E. PEULLARD, à Paris (France), fabrique en gros des miroirs à prix infimes. Il absorbe, rien que pour la confection de ces petits meubles de propreté publique, 50 à 80 mille kilogrammes de zinc par année. Médaille de deuxième classe.

MM. VITRY et MARTIN, à Paris (France), prouvaient, par leur exposition, que la coutellerie peut réunir la qualité au bon marché. Même récompense.

FABRICATION DE LA FAIENCE ANGLAISE (Royaume-Uni). Cet assortiment d'un des produits les plus élégants de l'industrie britannique aurait trouvé, dans les expositions françaises du même genre, plus d'une rivalité heureuse ; mais l'infériorité marquée des prix a fait pencher la balance en sa faveur. Médaille de première classe.

FABRICATION DU GRÈS ANGLAIS (Royaume-Uni). Le travail du grès en poteries peu coûteuses et d'une propreté toute hygiénique, constitue une spécialité véritablement anglaise et qui méritait bien, pour sa gracieuse et utile originalité, la Médaille de première classe.

M. FR.-A. GOSSE, à Paris (France). Inscrire ici le nom de M. Gosse, c'est rappeler la porcelaine de Bayeux, ayant l'immense avantage de résister au feu, dont cet habile fabricant a répandu partout l'usage, en la gratifiant des deux principales conditions requises par la véritable économie domestique : la bonne qualité et le bon marché. Médaille de première classe.

M. BETZ, à Hulay (France). Grâce à ses consciencieux travaux, il est parvenu à enlever au maïs l'âcreté que lui communique le germe. Ces perfectionnements tendent à introduire en France l'usage d'un nouveau pain, agréable au goût et à l'œil, contenant moitié de froment et coûtant moitié moins aussi que le pain de froment pur. Médaille de première classe.

ACADÉMIE D'AGRICULTURE DE TURIN (États-Sardes). Cette Académie royale représentait dignement la production alimentaire, bonne et à bas prix, de la Sardaigne. Les farines diverses, les légumes secs, les maïs, les riz, dont elle offrait d'excellents échantillons, outre qu'ils nourrissent toute la population pauvre du pays, fournissent aussi un chiffre considérable à l'exportation. Les vins ordinaires des États sardes méritent bien aussi de l'économie domestique pour leurs prix. Médaille de première classe.

MM. LAPOSTOLET Frères, à Paris (France). L'un de ces industriels a rendu un signalé service à l'alimentation première par l'application de son nouveau système de décortication du riz, qui donne un produit meilleur à frais réduits. Médaille de première classe.

M. E. BERGERET, à Grenoble (France), exposait des juliennes et autres légumes secs bien dignes d'être classés parmi les meilleures ressources de nourriture accessibles aux plus pauvres ménages. Médaille de deuxième classe.

LA CHAMBRE DE COMMERCE DE BORDEAUX (France). La fabrication des vins de la Gironde était largement représentée, dans tout ce qu'elle avait de plus remarquable, à l'Exposition universelle, grâce aux soins empressés de la Chambre de commerce de Bordeaux, qui s'occupe sans relâche de signaler au Gouvernement des débouchés nouveaux à ses produits hygiéniques par excellence. Médaille de première classe.

LA VILLE DE DIJON (France). L'industrie viticole de la Bourgogne ne pouvait mieux être représentée que par le chef-lieu de cette Côte-d'Or, dont les produits d'élite, à l'arome délicieux, réjouissent le cœur. Médaille de première classe.

LA VILLE DE MACON (France). Les vins de Mâcon méritent surtout une récompense distinguée dans la classe de l'économie domestique, puisqu'ils joignent à l'agrément du goût la modération du prix. MÉDAILLE DE PREMIÈRE CLASSE.

LA VILLE DE MONTPELLIER (France) centralise les résultats de cette viticulture méridionale, aux prix suprenants de bon marché, et qui fournit aux classes ouvrières du pays une boisson du meilleur effet sur leur santé. MÉDAILLE DE PREMIÈRE CLASSE.

LE ROYAUME D'ESPAGNE, quoique la préparation des vins y laisse à désirer, doit à son sol et à son climat de mettre les produits ordinaires de sa viticulture à la portée des classes les plus pauvres et de voir ses produits supérieurs accessibles à la partie moyenne de sa population. L'Espagne prend en outre une importance croissante pour ses exportations de légumes. MÉDAILLE DE PREMIÈRE CLASSE.

M. CAZALIS, à Montpellier (France). Il exposait les produits divers, naturels et sans addition d'alcool, d'un même vignoble, duquel, par des cépages variés et des procédés particuliers de fabrication, il a obtenu plusieurs espèces bien distinctes de vins. MÉDAILLE DE PREMIÈRE CLASSE.

MM. MALINEAU et Cⁱᵉ, à Bordeaux (France). Leurs conserves de viandes et de fruits étaient excellentes et d'un coût d'une modération extrême. Ainsi, leur ration de 187 grammes de viande vaut 0 fr. 30 c., prix qui la classe naturellement au rang des aliments possibles pour les plus nécessiteux. MÉDAILLE DE PREMIÈRE CLASSE.

M. LAUSSEMELLE-DALMAS, à Draguignan (France). Fabrique, d'après l'ancienne méthode, des savons marbrés et unicolores qui ne le cèdent en rien aux produits de la savonnerie marseillaise. MÉDAILLE DE DEUXIÈME CLASSE.

MM. GEORGES HOWIT et FILS, à Bradford (Royaume-Uni). Négociants et fabricants, ils ont réuni dans leur exposition des draps de coton, des toiles de fil pour pantalons, de grosses peluches et flanelles, des couvertures de laine, des velours rayés en coton, des futaines grises, formant un ensemble extraordinaire pour le bas prix comparé à la qualité. MÉDAILLE DE PREMIÈRE CLASSE.

MM. MATHIEU RISLER et Cⁱᵉ, à Cernay (France). Ils exposaient trois types d'un nouveau tissu de coton velours, appelé par eux drap de coton, à 1 fr. 45 c., 1 fr. 55 c. et 1 fr. 70 c. le mètre, en 65, 68 et 70 centimètres de large. Durée et beauté exceptionnelles, tels sont les caractères qui recommandent ce tissu à la consommation générale. MÉDAILLE DE PREMIÈRE CLASSE.

MM. AL. DUJONCQUOY et FILS, à Tanay (France). Leur fabrique séculaire produit spécialement des bas, chaussons et gants de laine drapés, pour plus de 800,000 fr. par an. Elle emploie une machine de la force de 30 chevaux. Leurs prix sont plus que modiques, relativement à la quantité énorme de matières premières qu'ils consomment et à l'excellente qualité de leurs objets de première nécessité pour les laboureurs et les ouvriers. MÉDAILLE DE DEUXIÈME CLASSE.

MM. PINCHON et RENÉE, à Paris (France). Leur tissu à double face, dessus maillé en coton, dessous en laine tirée à poil, offrent peut-être l'élément le plus convenable pour la confection de chauds vêtements d'hiver. Son prix modéré rendait en outre son acquisition facile à tous. Même récompense.

M. D. CHENNEVIÈRE et FILS, à Louviers (France). De beaux écossais à 8 fr. 30 c., des satinés à 6 fr. et à 4 fr. 25 c., le tout d'une bonne qualité et très-avantageux pour les prix, ont, d'après

le Rapport officiel, motivé la MÉDAILLE D'HONNEUR décernée à cette importante maison qui, à
juste titre, a la réputation de produire très-bien et à bon marché.

MM. BENOIST-MALOT ET WALBAUM, à Reims (FRANCE). L'exposition de MM. BENOIST-MALOT
ET WALBAUM leur avait déjà valu, dans la XXe Classe, une récompense qui se confond avec la MÉDAILLE
D'HONNEUR que leur a votée le Jury, en appréciateur des produits de l'économie domestique. Il est inutile
de reprendre ici la revue des nombreux et excellents articles envoyés par ces grands producteurs. Il
suffit d'affirmer que leurs prix ne craignaient aucune concurrence, et que leurs mérinos écossais, à
2 fr. 50 c., méritaient de tenir le premier rang dans la XXXIe Classe.

LA VILLE ET LE GROUPE INDUSTRIEL DE VIRE (FRANCE).

Si la fabrication des draps ordinaires a fait en France des progrès sensibles depuis quelques années,
c'est surtout à la ville de Vire que l'on doit cet heureux résultat. Ce centre manufacturier a relevé la
valeur de nos laines indigènes, et il rivalise facilement à présent, dans un certain genre d'étoffes, avec
les pays les plus favorisés par le bas prix de la matière première et de la main-d'œuvre. Aussi le Jury
de la XXXIe Classe a-t-il voté au GROUPE INDUSTRIEL DE VIRE la MÉDAILLE D'HONNEUR.

MM. DARNTON LAPTON, à Leeds (ROYAUME-UNI). Cette importante maison comptait dans son
exhibition des étoffes en poil d'Angora de belle qualité, et des draps croisés mélangés, à des prix véritablement économiques. MÉDAILLE DE PREMIÈRE CLASSE.

LE PETIT-FILS DE M. AUSPITZ, à Brunn (AUTRICHE).

Dans le même cas que MM. Benoist-Malot et Walbaum, M. AUSPITZ a vu aussi élever d'un degré, par
le Jury de la XXXIe Classe, la récompense votée par le Jury de l'industrie des laines. Sa vaste production
au plus bas prix possible, et la bonté réelle des étoffes qu'il exposait, lui ont valu la MÉDAILLE D'HONNEUR.

MM. A. MARÇAIS ET Ce, à Angers (FRANCE). La collection des vêtements en toile cirée de ces importants industriels, offrait des prix qui en permettent l'usage aux classes les moins fortunées. MÉDAILLE
DE PREMIÈRE CLASSE.

MM. CHILMAN ET Ce, à Paris (FRANCE). Fondée en 1849, sans autre capital que la persévérance et
l'intelligence de ses créateurs, la maison CHILMAN occupait déjà, lors de l'Exposition de 1855, un grand
nombre d'ouvriers à la confection des chaussures d'hommes et d'enfants ; ses affaires étaient considérables relativement surtout à sa spécialité. MÉDAILLE DE PREMIÈRE CLASSE.

M. J. KRAMMER, à Vienne (AUTRICHE). Pour son exportation de châles longs multicolores et de
châles carrés, à prix très-avantageux : MÉDAILLE DE DEUXIÈME CLASSE.

M. SOMZE MAHY, à Liége (BELGIQUE), pour la bonne condition toute exceptionnelle de ses chaussures exposées a reçu la Même récompense.

XXXIᵉ CLASSE. — ÉCONOMIE DOMESTIQUE.

RÉCOMPENSES DÉCERNÉES PAR LE JURY INTERNATIONAL (1).

(EXTRAIT DU *Moniteur* DU 8 DÉCEMBRE 1855.)

GRANDE MÉDAILLE D'HONNEUR.

Mame (A.) et comp., Tours. France. — Ensemble et importance de ses produits typographiques. — Très-grande modicité de prix.

MÉDAILLES D'HONNEUR.

Auspitz (le petit-fils de M.), Brünn. Autriche. — Draps.
Benoist-Malot et Walbaum (Ant). Reims. France. — Mérinos et tissus demi-foulés.
Chennevière (D.) et fils, Louviers. Id. — Étoffes nouveautés pour pantalons.
Laury (G.-J.-J.) Paris. Id. — Chauffage économique.
Magnin (J.-V.), Clermont-Ferrand. Id. — Pâtes alimentaires.
Ville de Vire. Id. — Draps.

MÉDAILLES DE PREMIÈRE CLASSE.

Académie royale d'agriculture de Turin. États sardes. — Légumes, vins.
Betz (Fr.-J.), Bulay. France. — Maïs.
Cazalis, Montpellier. Id. — Vins.
Chambre de commerce, Bordeaux. Id. — Vins.
Darnton Layton, Leeds. Royaume-Uni. — Draps et nouveautés.
Dijon (la ville de), France. — Vins
Dujonquoy et fils. Fussay. Id. — Bonneterie.
Espagne (l'). — Vins et légumes.
Faïence anglaise (fabrication de la). Royaume-Uni.
Gosse (Fr.-A.), Paris France. — Poterie.
Howit (Georges) et fils, Bradford. Royaume-Uni. — Tissus de coton, de fil et de laine.
Lapostolet frères. Paris. France. — Riz.
Mâcon (la ville de). Id. — Vins.
Magasin pittoresque, Paris. Id. — Progrès de la gravure sur bois.
Malineau et comp., Bordeaux. Id. — Conserves.
Marçais (A., et comp.) Angers. Id. — Toile cirée.
Maria (sœur), Paris. Id. — Imagerie, nécessaires des salles d'asile.
Montpellier (la ville de). Id. — Vins.
Muller, Mulhouse. Id. — Cités ouvrières.
Œuvre pour la propagation des bonnes estampes. Dusseldorf. — Prusse.
Pinchon et Renée, Paris. Id. — Bonneterie et tissus à poil, laine et coton.
Risler (Mathieu) et comp., Cernay. Id. — Draps de coton pour vêtements.

MÉDAILLES DE DEUXIÈME CLASSE.

Ancelin. Paris. France. — Lampes.
Aischer (Joseph), Jaegerndorf. Autriche. — Tricots en laine.

Aubert (A.-P.). Paris. France — Fourneaux.
Barret (Léon), Périgueux. Id. — Draps.
Baudin, Paris. Id. — Farines, semoules et pommes de terre.
Bergeret (E.), Grenoble, Id — Juliennes et autres légumes.
Bohin (B.), Laigle (Orne). Id. — Ferblanterie.
Boissellerie américaine. Etats-Unis
Bonnet et comp., Paris. France. — Literie.
Bonnefeldt et comp., Gladbach. Prusse. — Étoffes de coton et de laine.
Boyer Thomas, Limoges. France. — Flanelles, droguets.
Budy (A.), Paris. Id. — Étamages.
Caussemille Dalmas. Draguignan. Id. — Savon
Denize (C.) Caen. Id. — Horloges.
Dupasquier. Lyon. Id. — Literie.
Domergue, Paris. Id. — Laine à matelas.
Donadei. Bédarieux. Id. — Draps.
Fritz et Sollier, Caudevan. Gironde. Id. — Toiles cirées.
Foussat frères et comp., Bordeaux. Id. — Décorticage du riz.
Girard X.F., Paris. Id. — Ustensiles de ménage.
Goudchaux Picard (les fils), Nancy. Id. — Draps.
Gourdin frères, Chamillié, Id. — Droguets, chaîne, coton.
Grass (Ad.), Gorls. Prusse.
Haase Al., Znaim (Moravie) Autriche. — Vins.
Haas, Paris. France. — Casquettes.
Joly (Ch.) et comp., Courbevoie. Id. — Savon léger.
Ketterer-Douville (C.), Valognes. Id. — Horloges en bois.
Krammer J.), Vienne. Autriche. — Châles.
Lacour, les Chartreux-lès-Rouen. France. — Savon légal.
Laine. Paris Id. — Teinture.
Lebrun, Colombes. Id. — Pommes de terre
Leleux et Collignies. Paris. Id. — Vêtements confectionnés.
Lemcolais, Soudevalle-Lahure, id. Id. — Chandeliers en fer.
Lenot (Victor), id. Id. — Couvertures de coton et de laine.
Leroy (Is.), id. Id. — Papier peint.
Marchal (J.-A.), id. Id. — Pâtes alimentaires.
Mill-Company, Hull. Royaume-Uni — Toiles de coton et calicots écrus et blancs.
Muret (P.), Solanet et Palangié, Saint-Geniez. France. — Flanelles.
Paillard (E.), Paris. Id. — Miroirs.
Paillart (E.), id. Id. — Chapeaux de paille.
Pelliart et comp., Lyon. Id. — Semoules de pommes de terre.
Petitdidier, Paris. Id. — Teinturerie.
Planès (Paul), Saint-Chinon. Id. — Draps.
Pontois-Queillé, Vire (Calvados). Id. — Draps.
Poteries noires du Portugal. Portugal.
Sagey, Bordeaux. France. — Culture du riz.
Schmidt F.) et comp., Pommerfield. Prusse. — Étoffes de laine ; drap zephyr.

---

(1) Nous n'indiquons pas ici les récompenses décernées *pour mémoire* aux Exposants en ayant reçu de semblables dans les autres classes.

Schwarz (Auguste), Bielitz. Autriche. — Draps.
Turquetil, Matzardet, Caillebotte, Paris. France.
Valerius Th.-Ch.), id. Id. — Bandages.
Vellard aîné, Reims. Id — Tartans à bas prix.
Verenoke-Serley, Bergues. Id. — Chapellerie.
Vitry et Martin, Paris. Id. — Coutellerie.

MENTIONS HONORABLES.

Ardillon G.), Paris. France. — Gril.
Aussaguee et comp., Castres. Id. — Draps.
Boehm, Wartzbourg Bivière. — Conserves de lait.
Boudant frères, à la Villette. France. — Chocolat.
Brustier, Mirepoix. Id. — Draps
Chazelle (Elie . Tours. Id. — Chaussures
Codet-Négrier, Paris. Id — Chaussures collées.
Courtoise (H), id Id. — Vêtements en caoutchouc.
Duche de Nassau. — Grès.
Dutertre (Alphonse , Paris France. — Toile cirée.
Edwarts, id. Id. — Ventilation.
Friedrich Bugerfeld, Prusse. — Couverts.

Hacque Aïnsselin, Adseauvilliers, France. — Toiles de fil et de coton.
Herm-Rozenkrang (de). Finsterwaldo. Prusse. — Draps
Herzfeld fils, Neuss. Id. — Tissus de coton purs et mélangés.
Hussenot-Burne et Bernard. Paris France. — Châles imprimés.
Lebealle, id Id. — Cartes de France.
Magdeleine et Dezobry. id. Id. — Librairie.
Marguerite, Pratt et comp., id. Id. — Sel raffiné précipité.
Perrin frères et comp., Nancy. Id. — Draps.
Picamole, Aussilon. Id. — Draps.
Plaut (le) et Schreiber, Jessemitz Prusse. — Draps.
Pobla (F), Ragulin, Anhalt. Dessau. — Draps.
Regent (F.) et comp , Paris. France. — Pendules.
Régnier (Mmo), née Lux, id. Id. — Biscuits.
Sellier, id Id. — Chaussures.
Sibiliat, Château-Chinon. Id. — Lampes.
Silliman (Charles). Paris. Id. — Chemisier
Société anonyme de la manufacture d'Annecy et Pont. États sardes — Mouchoirs de coton imprimés.
Tricoche (Ern), Batignolles. France. — Foyers.

FIN DE LA PREMIÈRE DIVISION.

EXPOSITION UNIVERSELLE

IIme DIVISION. — BEAUX-ARTS

INTRODUCTION GÉNÉRALE

Les arts comme les sciences sont la propriété commune du genre humain; leur histoire ne peut être complète qu'en se généralisant. Ce n'est qu'à l'aide de comparaisons avec le passé, de rapprochements entre les manières et les procédés de diverses écoles contemporaines, qu'on peut se rendre un compte exact de leur situation présente. C'est devant ces œuvres de nature si variée que la critique doit chercher les lumières qui lui manquent. Pour proclamer la rénovation de l'art ou pour s'affliger de sa décadence, il faut être sorti de chez soi et avoir étendu ses regards au-delà d'un certain horizon national beaucoup trop limité.

L'art, quant à son développement, diffère essentiellement de la science. Ses évolutions, sans être en sens inverse de celles de la science, ainsi qu'on l'a prétendu, n'ont ni le même caractère de certitude ni la même continuité progressive. Dans les sciences, ce qui est acquis devient la propriété assurée de l'avenir; l'expérience des pères profite aux enfants. Dans les arts, les conquêtes du passé ne sont jamais certaines; on désapprend.

Les anciens, n'ayant pu connaître que bien imparfaitement les rapports réels des êtres, savaient peu : la science, ainsi qu'on l'a dit avec une grande justesse, n'étant que l'expression de ces rapports. En revanche, placés plus près de la nature et doués d'un sentiment plus exquis du beau et du vrai, ils étaient à même de mieux voir et de mieux exprimer. Aussi, tandis que le premier écolier venu peut, au sortir des bancs, faire la leçon aux Aristote et aux Pline sur bien des points des sciences naturelles et positives, les plus habiles de nos statuaires n'égalent peut-être pas, pour tout ce qui tient à l'intelligence de la nature, à l'harmonieuse entente des proportions et de la ligne, les praticiens de Lysippe et de Phidias. Nous devons donc reconnaître que si, pendant les trente dernières années, on a fait plus de progrès dans les sciences que dans les trente derniers siècles, les arts n'ont pas suivi cette rapide progression. Les hommes qui les cultivent ont pu se rapprocher du vrai ; ils n'ont pas su y toucher comme leurs devanciers le firent, il y a déjà trois mille ans.

Retrouvera-t-on la beauté proprement dite et cette perfection idéale de la forme qui a placé si haut les grands artistes de l'antiquité? L'état actuel de la société nous permet peu de l'espérer. Nos mœurs, qui proscrivent le geste et le nu, ne sont rien moins que favorables aux beaux-arts. Les artistes grecs vécurent dans les conditions les plus heureuses ; ils purent étudier la beauté et la reproduire. Leur culte divinisait la forme, que la facilité des mœurs et la douceur du climat permettaient d'exposer aux regards de la foule. Les hommes étaient nus dans les gymnases et les bains publics. Les cérémonies voluptueuses d'une religion toute matérielle dépouillaient les femmes d'une partie de leurs vêtements. Le peintre et le statuaire choisissaient leurs modèles parmi les athlètes d'Olympie, les prêtresses de Gnide ou de Paphos, ou les vierges aux bras nus des Panathénées. Cet amour de la forme nue allait jusqu'à l'idolâtrie. On raconte que Praxitèle fit deux Vénus : l'une était drapée, l'autre nue. Gnide acheta cette dernière, et lui dut sa célébrité. La Vénus drapée fut oubliée dans l'île de Cos, où le moyen âge la recueillit pour en faire une madone. Les vierges pudiques de Raphaël ne descendent-elles pas de la Vénus de Cos?

A l'époque de la Renaissance, l'art échappant aux influences byzantines, latines ou gothiques, se modifia dans un sens plus humain, et, remontant à son point de départ chez les tribus européennes, chercha, comme autrefois, son idéal dans la perfection de la forme. Les symboles furent abolis ; le caractère hiératique des saints personnages, à commencer par le Christ et la Vierge, se combina avec un nouvel élément qui l'altéra profondément,

et à notre avis dans un sens heureux : l'élément antique. Cet art nouveau, pratiqué par les Raphaël, les Michel-Ange, les Corrège, sera, quoi qu'on dise, l'éternel honneur du génie humain. Malheureusement l'homme abuse de tout, même de beau et du bon. Nous devons donc convenir que le nouvel élément ne tarda pas à dominer et à s'échapper des heureuses limites où ces grands artistes l'avaient fixé. Quarante ans après Raphaël, on était retombé en plein paganisme, et l'école néo-grecque triomphait. Saint-Pierre de Rome est le monument le plus complet de l'art à cette époque, c'est l'art complexe et scientifique à sa plus haute expression. Le paganisme s'y mêle partout au catholicisme ; l'humanité a triomphé. Saint-Pierre de Rome est le symbole de la religion humanisée, de la puissance papale en tant que temporelle.

Lanzi, ingénieux historien de la peinture italienne, a dit quelque part « que les artistes modernes feraient bien d'étudier les œuvres des artistes des premières époques de l'art de préférence à celles de Raphaël ; car, dit-il, Raphaël est sorti de ces peintres ses prédécesseurs et leur a été supérieur, tandis que de tous ceux qui sont sortis de Raphaël aucun ne l'a égalé. » Ce n'était là qu'un paradoxe spirituel. Les artistes allemands, mais surtout ceux que l'étude de leur art avait conduits en Italie, y virent une incontestable vérité, en firent l'axiome fondamental de leur esthétique, et fondèrent sur cette base tous leurs systèmes de prétendue rénovation de l'art. Hitz, Meyer et toute la secte néo-chrétienne retournèrent au Pérugin et aux peintres qui l'avaient précédé, s'imaginant que, de cette façon, ils allaient reprendre la tradition chrétienne au même point où le peintre d'Urbin l'avait laissée pour sacrifier aux faux dieux, comme ils disaient. Il suffit d'examiner les œuvres que cette nouvelle doctrine a inspirées pour comprendre toute la vanité de ces prétentions. Nous admettrons, si l'on veut, que ceux qui la confessèrent par leurs paroles et par leurs actes avaient eu la foi ; mais, surtout en fait d'art, sans les œuvres, qu'est-ce que la foi ?

Les arts, comme les sciences, comme la politique, passent de l'état théologique à l'état métaphysique, pour arriver à l'état positif ou pratique. C'est vers cette dernière phase que l'art incline aujourd'hui. Les efforts que l'on tenterait pour le faire rétrograder vers l'état théologique seraient vains. Les Allemands eux-mêmes, de quelque mysticisme qu'ils semblent encore s'envelopper, sont déjà passés de l'état théologique à l'état métaphysique. Cet ordre d'idées, chez nous, peuple essentiellement positif, n'a fait qu'apparaître. L'art, en France, a passé, sans transitions bien distinctes, de l'état théologique à l'état pratique. Les hommes qui le cultivent aujourd'hui peuvent tenter d'ingénieux

essais de rénovation du passé, au fond ils ne sont pas moins de leur temps. Il est bien
entendu que le culte de la beauté naturelle et positive n'exclut pas un certain idéal sans
lequel l'art ne peut exister. L'art doit être en effet plutôt la compréhension intelligente de
l'objet ou de la forme que son imitation servile. Qui dit imitation de la nature, dans les
arts, dit imitation du simple phénomène extérieur, mais révélation du souffle interne
qui l'anime ou de son idéal poétique. Tout dans la nature a son modèle idéal, tout jusqu'au rocher qui pend sur l'abîme, jusqu'au torrent qui ronge les flancs de la montagne,
jusqu'au saule décrépit penché sur l'eau dormante du lac, jusqu'au roseau qui croît à ses
pieds et dont le vent courbe harmonieusement la tige élancée; tout jusqu'aux fleurs qui
diaprent les gazons de l'Alpe sauvage ou que la main de la piété suspend en guirlandes
devant de religieux simulacres. C'est ce modèle idéal et poétique que l'artiste qui veut
vivre doit s'efforcer de reproduire.

Sans vouloir, comme les disciples des nouvelles écoles spiritualistes, attribuer aux
beaux-arts une prédominance excessive; sans prétendre qu'à eux seuls est réservée la plus
glorieuse des missions, celle de tirer la société de cet abîme de misère où les tendances
matérialistes l'ont plongée; sans proclamer que les beaux-arts seuls peuvent lui imprimer cette activité permanente, cette action favorable et continue de toutes ses forces et
des facultés de chacun de ses membres, qui n'est autre chose que le progrès; sans
accorder à l'imagination dont les arts ne sont que la plus noble des émanations, ce rôle
prépondérant et essentiellement civilisateur qui a pu lui appartenir à l'origine des sociétés,
nous devons reconnaître, toutefois, qu'une part considérable d'influence leur est réservée
dans ce grand mouvement de réorganisation sociale imprimé aux nations européennes.
Cette part d'influence est surtout préservatrice; elle s'exerce par la persuasion. Aux artistes
seuls, poëtes, peintres, statuaires ou musiciens, a été dévolu de tout temps, dans l'enfance des sociétés comme dans la vieillesse des nations, le pouvoir de passionner la
masse des hommes par des chants qui frappent leur imagination et se gravent dans leur
mémoire, par de nobles exemples, ou par de magnifiques représentations qu'ils placent
sous leurs yeux. Eux seuls, en leur inspirant le goût du beau, l'idée du grand, la
passion du vrai, ouvrent leurs âmes aux sentiments élevés, aux émotions généreuses;
eux seuls combattent avec avantage l'égoïsme qui glace les cœurs, la corruption qui
les énerve, la peur qui les avilit et les livre; eux seuls sauront placer, au besoin, devant la barbarie toujours prête à nous envahir, une digue qu'elle ne pourra
franchir.

Ces idées, qui nous ont préoccupé depuis longtemps, ne sont restées stériles jusqu'à ce jour que parce qu'elles avaient été dédaignées par des hommes dont l'esprit, ou trop ingénieux ou trop positif, s'arrêtait à la théorie et ne pouvait deviner leur portée. Aujourd'hui qu'une initiative intelligente préside aux actes du pouvoir, elles devaient être comprises, et elles le sont. Cette haute et active volonté qui saisit tout, et qui sait essayer tout ce qui mérite de l'être, a donné, en effet, une sorte d'application aussi heureuse qu'inespérée, en ouvrant, à côté de l'Exposition universelle de l'Industrie, une Exposition universelle des Beaux-Arts.

La réalisation de cette grande pensée produit déjà les résultats les plus féconds. Ces résultats sont dus surtout à ce caractère d'universalité de l'Exposition, qui permettait les comparaisons entre les écoles, l'étude de leurs œuvres, et qui a rétabli ces luttes morales de peuple à peuple qui, dans l'antiquité, et surtout chez les Grecs, ont été le principe de tant de belles et grandes choses.

Oui, nous en sommes convaincu, l'Exposition universelle des Beaux-Arts, comprise comme elle doit l'être, aura une influence inappréciable, non-seulement sur l'art lui-même et sur l'industrie qui suit nécessairement ses inspirations, mais aussi sur les mœurs et l'avenir des diverses sociétés européennes, dont ces glorieuses solennités stimulent et réveillent le génie, que la comparaison éclaire, et qui ne peuvent manquer de puiser dans cette réunion d'œuvres, remarquables sous tant de rapports, de précieux et d'utiles enseignements.

F. DE MERCEY,
Commissaire spécial de l'Exposition des Beaux-Arts.

XXVIIIᵉ CLASSE. — PEINTURE, GRAVURE, LITHOGRAPHIE.

RÉCOMPENSES DÉCERNÉES PAR LE JURY INTERNATIONAL.

(EXTRAIT DU *Moniteur* DU 8 DÉCEMBRE 1858.)

On lit dans le rapport officiel :

« OBSERVATIONS. L'article 13 du décret du 10 mai 1855 et les articles 27 à 31 du réglement du 11 mai
« 1855, ayant limité les récompenses à décerner par le Jury pour les œuvres d'art, et prescrit la forme
« des scrutins de liste pour la désignation des artistes ayant droit à ces récompenses, il n'y a pas eu lieu,
« par suite, à faire de rapport motivé à l'appui des décisions du Jury.

« Il a été décidé, en outre, que la liste des récompenses serait dressée par ordre alphabétique, la réu-
« nion dans une même classe d'œuvres d'art de genres très-différents rendant impossible le classement
« par ordre de mérite dans chaque catégorie de récompenses. »

Par les mêmes motifs, nous adoptons la même marche dans les **XXVIIIᵉ**, **XXIXᵉ** et **XXXᵉ** Classes.

GRANDES MÉDAILLES D'HONNEUR.

Cornelius (Pierre de), Prusse.
Decamps (Alexandre-Gabriel), France.
Delacroix (Eugène). Id.
Heim (François-Joseph). Id.
Henriquel Dupont (Louis-Pierre). Id. — Gravure.
Ingres (Jean-Auguste-Dominique). Id.
Landseer Sir E. Royaume-Uni.
Leys (Henri) Belgique.
Meissonnier (Jean-Louis-Ernest). France.
Vernet (Emile-Jean-Horace). Id.

MÉDAILLES DE PREMIÈRE CLASSE.

Abel de Pujol (Alexandre-Denis). France.
Achenbach (André). Prusse.
Baldi Alexandre, France. — Dessin.
Bonheur (Mlle Rosa). Id.
Brascassat (Jacques-Raymond). Id.
Couture (Thomas). Id.
Cattermole G. . Royaume-Uni. — Aquarelle.
Calamatta (Louis). États pontificaux. — Gravure.
Calame (Alexandre). Suisse.
Cabanel (Alexandre). France.
Chenavard (Paul). Id.
Cogniet (Léon). Id.
Corot (Jean-Baptiste-Camille). Id.
Dauzats (Adrien). Id.
Flandrin (Jean-Hippolyte). Id.
Forster (François). Id. — Gravure.
Français (François-Louis). Id.
Gordon (sir J. Watson). Royaume-Uni.
Grant (F.). Id.
Gudin (Théodore). France.

Hébert (Antoine-Auguste-Ernest). France.
Herbelin (Mme), née Jeanne-Mathilde Hubert. Id. —
    Miniature.
Hockert Je n Frédéric. Suède.
Huet (Paul). France.
Isabey (Eugène Louis Gabriel). Id.
Jalabert (Charles-François). Id.
Kaulbach (Guillaume de). Prusse.
Knaus Louis (Duché de Nassau)
Leleux (Charles-Barthélemy). France.
Lehmann (Charles-Ernest-Rodolph-Henri). Id.
Leslie C.-R. Royaume-Uni.
Maréchal (Charles-Laurent). France. — Pastel.
Madrazo (Frédérico de). Espagne.
Muller (Charles-Louis). France. — Lithographie.
Muller (Émile-Louis). Id.
Robert (Henry-Joseph-Nicolas). Id.
Roberts (David). Royaume-Uni. — Gravure.
Roqueplan (Camille). France.
Rouget (Georges). Id.
Rousseau (Théodore). Id.
Schaffer (Henri). Id.
Schnetz (Jean-Victor). Id.
Stanfield (C.). Royaume-Uni.
Thorburn (R.). Id. — Miniature.
Tidemann (Adolphe). Norwége.
Troyon (Constantin). France.
Willems (Florent). Belgique.
Winterhalter (François-Xavier). France.

MÉDAILLES DE DEUXIÈME CLASSE.

Barrias (Félix Joseph). France.
Bellangé (Joseph-Louis-Hippolyte). Id.
Benouville (François-Léon). Id.

Bouguereau (Adolphe-Williams). France.
Brisset (Pierre-Nicolas). Id.
Chassérian (Théodore). Id.
Chavet Victor. Id.
Comte (Pierre-Charles). Id
Court (Joseph-Desiré). Id.
Cousins (H.) Royaume-Uni. — Gravure.
Dubufe fils (Edouard) France.
Grith W.-P.) Royaume-Uni.
Gérôme Jean-Léon). France.
Glaize A.-Barthélemy. Id
Gronland (Theude). Danemark.
Hude (Hans-Frederik). Norwège.
Haghe (Louis). Royaume-Uni. — Aquarelle.
Hamon (Jean-Louis). — France.
Healy Georges-P.-A.). Etats-Unis
Hildebrandt Edouard). Prusse.
Lamy Eugène). France.
Laugée (Desiré-François). Id.
Lenepveu (Jules-Eugène) Id.
Madou Jean-Baptiste) Belgique
Magnus (Edouard). Prusse.
Nandel (Edouard) Id. — Gravure.
Martinet A. h le-Louis). France. — Gravure.
Meyerheim (Frédéric-Edouard). Prusse.
Millais (J.-E. Royaume-Uni.
Muyden Alfred Van. Suisse.
Pignerolle Charles-Marcel de). France.
Pils (Isidore-Adrien-Auguste). Id.
Podesti (le chevalier François) Etats pontificaux.
Portael Jean-François. Belgique.
Richer (Gustave). Prusse.
Richter (Adrien-Louis). Saxe.
Robbe Louis. Belgique.
Roberts D. Royaume Uni.
Rousseau (Philippe. France
Saint-Jean Simon. Id.
Schrader Jules) Prusse.
Steinle (François). Autriche.
Stevens (Alfred) Belgique
Stevens Joseph. Id.
Taylor (F.). Royaume-Uni. — Aquarelle.
Van Moer Jean Baptiste). Belgique.
Verlat (Charles) Id
Vetter (begesippe-Jean) France.
Vinchon Jean Baptiste-Auguste). Id.
Webster T.) Royaume-Uni.
Ward (E.-M.). Id.
Yvon (Adolphe France.

MÉDAILLES DE TROISIÈME CLASSE.

Achard (Jean Alexis) France.
Ansdell R. Royaume-Uni.
Antiga Jean-Pierre-Alexandre). France.
Ba on Henri). Id.
Blaas (Charles). Autriche.
Bles (David). Pays-Bas.
Bodmer (Karl) France.
Bonhomme (François) Id.
Boisbouln Johannes). Pays-Bas
Breton (Jules-Adolphe). France.
Busson Charles. Id
Browen (mlle Henriette) Id.
Couturier (Philibert Léon. Id.
Daubigny Charles-François). Id.
Desjobert (Louis-Eugène). Id.
Devers (Joseph). Id.   Peinture sur émail.
Zillens (Adolphe) Belgique.
Doo (Georges-T). Royaume-Uni — Gravure.
Ferri (Gaëtan) Etats sardes.
Frère (Pierre Edouard). France.
Gendron Auguste) Id.
Gsell (Jules-Gaspard) Suisse. — Dessins de vitraux.
Hamman (Edouard). Belgique.
Hédouin (Edmond). France.

Hunt (William). Royaume-Uni. — Aquarelle
Hurlstone (F G.). Id.
Jadin (Louis Godefroy). France.
Kruger (François). Prusse.
Landelle (Charles). France.
Laurent (Mme) France. — Peinture sur émail.
Lecointe (Charles Joseph). Id.
Lefebvre Charles. Id.
Lepoitevin (Eugène). Id.
Leroux (Eugène) Id. — Lithographie.
Leroy (Alphonse). Id. — Gravure en fac simile.
Lumimois (Evariste Vital. Id.
Magnee (D.). Royaume-Uni.
May Etats Unis
Melin (Joseph) France.
Meyer (Louis) Pays-Bas.
Ouvrié (Pierre Justin) France.
Pollet (Victor-Florence) Id. — Gravure.
Poole (P F.) Royaume Uni.
Riesener (Louis Antoine-Léon). France.
Robert Alexandre). Belgique.
Roberts (Arthur-Henri) France.
Rodskowski (Henri). Id.
Ruding (Jules). Prusse.
Rossiter (Thomas P.) Etats-Unis.
Steffeck (Charles) Prusse
Tassaert (Nicolas-François Octave). France.
Thomas (Alexandre) Belgique.
Thompson J.). Royaume-Uni.
Tissier (Ange) France.
Trayer (Jean Baptiste Jules). Id.
Verboeckhoven (Eugène). Belgique.
Ziem (Felix). France.

MENTIONS HONORABLES.

Achenbach (Oswald). Prusse.
Anastasi (Auguste) France.
Appert Eugène). Id
Aze (Valère Adolphe). Id.
Blanchard (Auguste) Id. — Gravure
Bellel (Jean Joseph) Id.
Benouville (Jean-Achille). Id.
Barrière (Narcisse). Id.
Billotte (Léon-Joseph) Id
Blanc-Fontaine Henri). Id.
Boe (Frantz-Diderick). Norwège.
Bohn (Guerman) Wurtemberg.
Bonheur (Auguste) France.
Boulard (Auguste). Id.
Brunel Borque (Léon). Id.
Brion (Gustave) Id.
Burdet Augustin) Id. — Gravure.
Caraud (Joseph. Id.
Caron (Ado phe-Alexandre Joseph). Id. — Gravure.
Chevandier de Valdrome (Paul). Id.
Cibot (Edouard). Id.
Coignard (Louis). Id.
Compte-Calix (François Claudius). Id.
Cooke (E W.) Royaume-Uni.
Corbould (E.-H.). Id.
Cross (J.). Id.
Curzon (Paul-Alfred de). France.
Damour (Charles). Id. — Gravure.
Danby (F.). Royaume Uni.
David (Maxime). France. — Miniature.
Delaroche (Charles Ferdinand). Id. — Miniature.
Desclaux (Théophile-Victor) Id.
Desmaisons (Pierre Emile). Id. — Lithographie.
Duval Le Camus (Jules-Alexandre. Id.
Elmore (A. Royaume-Uni.
Exner (Jean-Jules) Danemark.
Faivre (Emile). France — Pastel.
Faivre Duffer (Louis Stanislas). Id. — Pastel.
Fauvelet (Jean). Id.
Fecker (Gustave). Prusse. — Lithographie.

Fortin (Charles), France.
François (Alphonse). Id. — Gravure.
François (Jules). Id.
Ganermann (Frédéric. Autriche.
Gastaldi (André). Etats sardes.
Gertner (Guillaume). Danemark.
Girardet (Karl) France.
Girardet (Édouard) Suisse.
Girardin (Julien). France.
Giraud (Eugène-Pierre François). Id.
Goodall (F.) Royaume-Uni.
Gourlier (Paul) France.
Graeb (Charles-George-Antoine). Prusse.
Gruner (L.) Royaume Uni. — Gravure
Guillemin (Alexandre-Marie). France.
Harding J.-D.). Royaume Uni.
Hillemacher (Eugène-Ernest). France.
Holland (J.). Royaume-Uni.
Horsley (J.-C.). Id.
Hunner (Charles). Prusse.
Induno (Dominique. Autriche.
Induno (Jérôme) Id.
Kaiser (Johan-Wilhelm). Pays-Bas. — Gravure.
Kalckreuth (Stanislas, comte de). Prusse.
Kane (Herman Ten. . Pays-Bas.
Keller (Joseph . Prusse. — Gravure.
Kellerhoven (François). Id. — Lithographie.
Kniff A. de). Belgique.
Kuwasseg (K n). Autriche.
Kuytenbrouwer Martin-Antoine). Belgique
Laemlem (Alexandre). France.
Lane R.J.). Royaume Uni. — Lithographie.
Lanoüe (Hippolyte Félix). France.
Lambinet (Emile). Id
Lansac (François-Emile de). Id.
Lapierre (Louis-Emile). Id.
Lapito (Louis-Auguste). Id.
Larson (Marcus) Suède.
Lavieille (Eugène-Antoine-Samuel). France.
Laurens (Jules Joseph-Augustus) Id. — Lithographie.
Lécluse Mlle Anne-Henriette). Id.
Lehmann Rodolphe . Id.
Leman (Jacques-Edmond). Id.
Leray (Prudent Louis). Id.
Leu (Auguste). Prusse.
Lindemann-Frommel (Karl). Bade. — Lithographie.
Loubon (Emile). France
Madrazo (Louis de) Espagne.
Marchal (Charles) France.
Meuron (Albert de) Suisse.
Mertz Jean-Cornelis) Pays Bas.
Monginot (Charles). France.
Müller (Morton) Norwége.
Nanteuil (Celestin). France.
Nash (Joseph) Royaume-Uni — Aquarelle.
Noël (Jules . France.

Pape (Edouard), . Prusse.
Passot (Gabriel Aristide). France. — Miniature.
Paton (J.-N.). Royaume-Uni.
Penguilly-l'Haridon. France.
Pérignon fils Alexis). Id.
Peyrol (Mme) née Juliette Bonheur. Id.
Pezous Jean . Id.
Philipp J. . Royaume-Uni.
Philippe (Désiré). France.
Pieron (Gustave). Belgique.
Pluvette Auguste-Victor). France.
Plassan (Antoine-Emile . Id.
Pommeyrac (Pierre-Paul de). Id.
Poussin (Pierre-Charles. Id.
Pron Louis-Hector. Id.
Pye (John). Royaume-Uni. — Gravure.
Regemorter (Van-Ignace). Belgique.
Reigner (Jean). France.
Richomme (Jules). Id
Ribera (Charles-Louis) Espagne.
Ricard Louis-Gustave). France.
Robie Jean . Belgique.
Roehn fils Alphonse-Jean). France.
Robben Jean-François). Belgique.
Rolier (Jean). France.
Ronot Charles). Id.
Rosenfelder (Louis). Prusse.
Rousseau Eime. France. — Miniature
Roux (Prosper Louis) Id.
Sail (Georges-Otto Edmond). Bade.
Salmon (Louis Adolphe France.
Saltzmann Gustave). Id.
Sirouy (Achille) Id. — Lithographie.
Sorieul Jean) Id.
Soulange-Teissier (Louis-Emmanuel). Id. — Lithographie.
Springer (Cornelis) Pays Bas.
Stocks Lumb. Royaume-Uni. — Gravure.
Stone (F.) Id
Stroobant François . Belgique.
Topham (F W) Royaume-Uni. — Aquarelle.
T'Schaggeny (Charles-Philogène). Belgique.
Ulrich (Jacques). Suisse.
Villain (Eugène). France.
Waldmüller (F.-G.). Autriche.
Waldorp (Antoine). Pays-Bas.
Warren (E.). Royaume-Uni.
Weber (Frédéric). Suisse. — Gravure.
Webnert (H.-C. . Royaume-Uni. — Aquarelle
Wells (H.-T.). Id. — Aquarelle.
Wervee (Samuel-Léonidas). Pays-Bas. — Gravure.
Wilman (Édouard) Bade.
Wilson (J.). Royaume-Uni.
Winter Louis de . Belgique.
Wyll (William). France.
Zimmermann (Richard). Bavière.

XXIXᵉ CLASSE. — SCULPTURE ET GRAVURE EN MÉDAILLE.

RÉCOMPENSES DÉCERNÉES PAR LE JURY INTERNATIONAL.

(EXTRAIT DU *Moniteur* DU 8 DÉCEMBRE 1858.)

GRANDES MÉDAILLES D'HONNEUR.

Dumont (Augustin-Alexandre). France.
Duret (Francisqu-). Id.
Rietschell (Ernest) Saxe.
Rude (François). France.

MÉDAILLES DE PREMIÈRE CLASSE.

Bonassieux (Jean-Marie) France.
Debay Auguste-Hyacinthe) Auguste.
Dupré Prof J T scane.
Fraccaroli (Innocent) Autriche.
Guillaume (Claude-Jean Baptiste Eugène). France
Loquesse Eugène Louis Id.
Perraud Joseph . Id
Simart (Pierre-Charles). Id.

MÉDAILLES DE DEUXIÈME CLASSE.

Cabet (Paul). France
Debay Jean Baptiste-Joseph). Id.
Fernkorn Antoine- Dominique) Autriche.
Foyatier Denis . France
Gatteaux (Jacques Édouard . Id.
Geefs Guillaume . Belgique.
Jaley Jean Louis-Noel . France.
Kiss (Auguste) Prusse
Maillet Jacques Léonard . France.
Mercereau . Id.
Meglinck . Belgique.
Moreau Mathurin . France.
Oudine Eugène-André . Id.
Perrey Léon Adolphe . Id.
Roux Constant . France.

MÉDAILLES DE TROISIÈME CLASSE.

Barre Jean-Auguste . — Gravure en médailles.
Caqué . France
Cavelier Pierre-Jules . Id.
Gruyère Théodore-Charles . France.
Dardan . France . — ciment, Id.
Depaulis Alexis-Joseph . Id. — Médaille en médailles
Droz Jules-Émile . Id.
Fisch Charles-Auguste . Belgique.
Franchi Emmanuel . Toscane.
Gumery Charles-Alphonse . Id.
Iselin (Henri-Frédéric) . Id.
Lando Francisque-Laurent Marie . Id.
Mène Pierre Jules . Id.
Montagny (Étienne) . Id.
Nieuwerkerke (Comte Alfred-Émilien de). Id.
Oliva (Alexandre) . Id.
Rochet (Louis) Id.

Salmson (J.-B.). France. — Gravure sur pierres fines.
Travaux Pierre). Id.
Van Hove (Victor). Belgique.

MENTIONS HONORABLES.

Benzoni (Jean-Marie). États pontificaux.
Bissen (Herman-Vilhelm). Danemark.
Bienaimé (Pierre Antoine-Hippolyte). États pontificaux.
Brunet Eugène. France.
Cain (Auguste) Id.
Chardon (Jean) Belgique.
Chatrousse (Émile). France.
Cumier (Charles) Id.
Della Torre che marquis Torquato). Autriche.
Desprez Louis). France.
Diéboll Georges). Id.
Drake Frédéric). Prusse.
Dubray (Vital-Gabriel). France.
Elex (Antoine) Id.
Fabisch Joseph). Id.
Foley J.-H . Royaume-Uni.
Frison Barthélemy). France.
Gayrard (Raymond) père. Id.
Geefs Jean. Belgique.
Grand Noel . France.
Godefroi Guillaume . Id.
Hébert Pierre . Id.
Husson Antoine . Id.
Jaquet Jean-Baptiste. Belgique.
Joly . France .
Klagmann Jean-Baptiste-Jules . Id.
Lequesne Eugène Louis-Léon-Baptiste. Id.
Leverrier . France . Anne-Louise. Id.
Lescorné Jean Baptiste . Id.
Loison Pierre. Id.
Macdonald Lawrence . Royaume-Uni.
Macdowell (P.) . Id.
Max Joseph Autriche.
Mathieu . États-Unis. France.
Merley. Id.
Noel P. . Français . Id
Petrelli Joseph Autriche.
Pochon François . France.
Radnitski Charles. Autriche.
Ramus Joseph-Marius. France.
Sharp (Fr.). Royaume-Uni.
Truphème (François) . France.
Tuerlinkx Joseph . Belgique.
Vechte (Antoine). France.
Vela Vincent. Autriche.
Voigt (Charles-Frédéric). Bavière.
Weekes (N.). Royaume-Uni.

XXXᵉ CLASSE. — ARCHITECTURE.

RÉCOMPENSES DÉCERNÉES PAR LE JURY INTERNATIONAL.

(EXTRAIT DU *Moniteur* DU 8 DÉCEMBRE 1856.)

OBSERVATIONS. L'exposition des dessins d'architecture comprenant un grand nombre de travaux anciens, puisés dans les cartons des Écoles, des Administrations et des Collections publiques, le Jury de la XXXᵉ Classe a demandé et obtenu l'autorisation de diviser son travail par catégories, et d'indiquer, à la suite de chaque récompense individuelle, l'œuvre spéciale à laquelle elle se rapporte.

GRANDES MÉDAILLES D'HONNEUR.

Barry (sir Charles). Royaume-Uni. — Nouvelle chambre du Parlement ; villa de Cliefden.

Duban (Félix-Jacques). France. — Restauration du château de Blois ; restauration du portique d'Octavien, à Rome ; études sur les diverses époques de l'architecture.

MÉDAILLES DE PREMIÈRE CLASSE.

Première catégorie.

PROJETS DE MONUMENTS EXÉCUTÉS ET NON EXÉCUTÉS.

Questel (Charles-Auguste). France. — Eglise de Saint-Paul, à Nîmes ; restauration de l'amphithéâtre d'Arles ; restauration du pont du Gard.

Deuxième catégorie.

RESTAURATIONS ET RESTITUTIONS DE MONUMENTS.

1ʳᵉ DIVISION.

Monuments antiques.

Caristie (Augustin-Nicolas). France. — Restitution du temple de Sérapis, à Pouzzoles ; restauration de l'arc de triomphe d'Orange.

Duc (Joseph Louis). Id. — Restitution du Colisée.

Labrouste (Pierre-François-Henri). Id. — Restitution du temple de Pæstum.

Normand (Alfred-Nicolas). Id. — Restitution du Forum.

2ᵉ DIVISION.

Monuments du Moyen âge.

Bœswillvald (Emile). France. — Restauration de la cathédrale de Laon et autres monuments historiques de la France.

Viollet-le-Duc (Eugène Emmanuel). Id. — Restitution des fortifications de Carcassonne et autres monuments historiques de la France.

3ᵉ DIVISION.

Monuments de la renaissance.

Vaudoyer (Léon). France. — Édifices civils d'Orléans ; restitution du temple de Vénus, à Rome.

Troisième catégorie.

ÉTUDES D'INVENTION OU D'APRÈS DES MONUMENTS EXISTANTS.

Cockerell (Charles-Robert). Royaume-Uni. — Monument élevé à la mémoire de Wren.

Jones (Owen). Id. — Etudes sur l'Alhambra à Grenade.

Donaldson (T.-L.). Id. — Étude d'un temple de la Victoire sous l'empereur Adrien.

MÉDAILLES DE DEUXIÈME CLASSE.

Première catégorie.

PROJETS DE MONUMENTS EXÉCUTÉS ET NON EXÉCUTÉS.

D'Arnim. Prusse. — Projet de résidence princière ; projet de ferme.

Hardwick (Philippe). Royaume-Uni. — Hôtel des Orfévres, à Londres ; vue de Lincoln's-inn-Hall.

Scott (G.-G.). Id. — Vue de l'église Saint Nicolas, en construction à Hambourg ; vue de l'hôtel-de-ville, à Hambourg.

Zanth (Louis de). Wurtemberg. — La Wilhelma, maison de plaisance.

Deuxième catégorie.

RESTAURATIONS ET RESTITUTIONS DE MONUMENTS.

1ʳᵉ DIVISION.

Monuments antiques.

Baltard (Victor). France. — Restitution du théâtre de Pompée.

Clerget (Jacques-Jean). Id. — Restitution de la maison d'Auguste, au Palatin.

Lefuel (Hector-Martin). Id. — Restitution du temple de Junon Matuta, du temple de la Paix et du temple de l'Espérance.

Pacard (Alexis). Id. — Restitution du Parthénon.

Tétaz (Jacques-Martin). Id. — Restitution de l'Erechtheum, à Athènes.

2ᵉ DIVISION.

Monuments du Moyen âge.

Daly (César). France. — Restauration de la cathédrale d'Alby.

Lassus (Jean-Baptiste-Antoine). France.— Restauration de l'église de Saint-Aignan ; dessin de la châsse de sainte Radegonde.

Millet (Eugène-Louis). Id. — Restauration de l'église de Paray-le-Monial.

Ruprich Robert (Victor-Marie-Charles). Id. — Restauration de l'église de l'Abbaye-aux-Dames.

Troisième catégorie.

ÉTUDES D'INVENTION OU D'APRÈS DES MONUMENTS EXISTANTS.

Falkener (E.). Royaume-Uni. — Etudes de monuments de l'Italie et de l'Asie Mineure.

Hamilton (Thomas). Id. — Vue de divers monuments à Édimbourg.

Quatrième catégorie.

ORNEMENTS D'ARCHITECTURE INVENTÉS OU REPRODUITS.

Denuelle (Alexandre-Dominique). France. Dessins d'anciennes peintures ; décoration du chœur de l'église de Saint-Paul, à Nîmes.

Petit (Savinien). Id. — Peinture de la Chapelle du Liget (Indre-et-Loire).

Cinquième catégorie.

GRAVURE ET LITHOGRAPHIE D'ARCHITECTURE.

Beau (Emile). France. — Diverses chromolithographies, dessins de vitraux.

Gaucherel (Léon). Id. — Statue de la cathédrale de Chartres, vue de l'hôtel de ville de Sienne.

Guillaumot (Louis). Id.   } Gravures sur bois du dic-
Guillaumot (Claude-Nicolas- } tionnaire d'architecture
Eugène). Id.   } de M. Viollet Leduc.

Huguenet (Jacques). Id. — Diverses gravures d'architecture.

MENTIONS HONORABLES.

Première catégorie.

Bilezikji (Pascal-Artin). Empire ottoman. — Projet d'un monument pour l'alliance de la France, de l'Angleterre et de la Turquie.

Burton (Decimus). Royaume-Uni. — Projets de monuments à Londres.

Fowler (Charles). Id. — Projets de monuments à Londres.

Garnaux (Antoine-Martin). France. — Projet d'Opéra.

Hesse (Charles). Prusse. — Additions au palais de Sans-Souci.

Wyatt (Thomas). Royaume-Uni. — Eglise Saint-Nicolas et Sainte-Marie, à Wilton.

Deuxième catégorie.

Abadie (Paul). France. — Restauration de monuments.

Desjardins (Tony). France.— Porte de l'église de Charlieu.

Durand (Alphonse). Id. — Restauration de l'église de Vétheuil.

Jareno. Espagne. — Campanile de la cathédrale de Palerme.

Laisné (Jean-Charles). France. — Restauration de la Maladrerie d'Ourscamps et de l'église Notre-Dame d'Etampes.

Lambert (Eugène). Id. — Dessin du jubé du Faouet.

Lenoir (Albert-Alexandre). Id. — Restauration de l'hôtel de Cluny.

Lenormand (Louis). Id. — Restauration du château de Meillant (Cher).

Mallay (Jean-Baptiste-Emile). Id. — Rue principale de Montferrand.

Mauguin (Pierre). Id. — Dessin de la porte antique de Die.

Merindol (Jules-Amieth de). Id. — Restauration de l'église de Saint-Genac.

Revoil (Henri). Id. — Dessin de la chapelle de Saint-Gabriel.

Verdier (Aymar). Id. — Dessins de la maison de Cluny.

Troisième catégorie.

Allom (T.). Royaume-Uni. — Études d'embellissements à Londres.

Digby Wyatt. Id. — Dessin de l'arc de Titus et de l'église supérieure de San-Benedetto, à Sublaco.

Kendall (H.-E). Id. — Dessins d'architecture.

Quatrième catégorie.

Delton (Etienne-Albert). France. -- Vitraux du chœur de Ferrière en-Gâtinais.

Frappaz (Jules-Marc). Id. — Dessins de la Bibliothèque impériale.

Laval (Eugène). Id. — Tapisserie en soie de Tarascon.

Shaw (H.). Royaume-Uni. — Dessin du poêle funèbre de la corporation des poissonniers, à Londres.

Cinquième catégorie.

Clément (Mme Anne-Clara). France. — Planches gravées d'architecture.

Guillaumot (Auguste-Alexandre). Id.— Planches gravées d'architecture.

Hibon. Id. — Planches gravées d'architecture.

Lemaître (Augustin-François). Id. — Vue gravée de l'arc d'Orange.

Penel (Louis-Félix). Id. — Planches gravées d'architecture.

Ribault (Auguste-Louis-François). Id. — Planches gravées d'architecture.

Sauvageot (Claude). Id. — Planches gravées d'architecture.

FIN DU TROISIÈME ET DERNIER VOLUME.

PARIS. -- IMPRIMERIE MORRIS ET COMP., RUE AMELOT, 64.

TABLE DES MATIÈRES

CONTENUES DANS LE TROISIÈME ET DERNIER VOLUME.

FIN DU TROISIÈME ET DERNIER VOLUME.

PARIS — IMPRIMERIE DE J. CLAYE, RUE SAINT-BENOIT, 7.

www.ingramcontent.com/pod-product-compliance
Lightning Source LLC
Chambersburg PA
CBHW060951280326
41935CB00009B/688